Alcock

Das Verhalten der Tiere

John Alcock

Das Verhalten der Tiere

aus evolutionsbiologischer Sicht

Übersetzt aus dem Amerikanischen von
Matthias Sauerland,
Helmut Prior,
Klaus Schüling

Mit 407 Abbildungen, davon 21 in Farbe,
und 37 Tabellen

SEMPER BONIS ARTIBUS

Gustav Fischer • Stuttgart • Jena • New York
1996

Anschrift des Autors:

Prof. Dr. John Alcock
Department of Zoology,
Arizona State University,
POB 871501,
Tempe, AZ 85287-1501, U.S.A.

Anschrift der Übersetzer:

Matthias Sauerland, Dr. Helmut Prior, Klaus Schüling
Institut für Neuro- und Verhaltensbiologie der Universität Münster,
Badestraße 9,
48149 Münster

Original English language edition

ANIMAL BEHAVIOR
An Evolutionary Approach - Fifth Edition

Published by arrangement with Sinauer Associates, Inc.
Sunderland, Massachusetts 01375 U.S.A.

Die Deutsche Bibliothek – CIP-Einheitsaufnahme

Alcock, John:
Das Verhalten der Tiere aus evolutionsbiologischer Sicht:
mit 34 Tabellen / John Alcock. Übers. aus dem Amerikan.
von Matthias Sauerland ...– Stuttgart; Jena; New York:
G. Fischer, 1996
Einheitssacht.: Animal behavior <dt.>
ISBN 3-437-20531-5

Gesetzt in der Palatino und Avant Garde auf QuarkXPress™ 3.3.1., gedruckt auf Opako Matt 90 g/m² und Opako Plus glänzend 115 g/m².
Umschlaggestaltung: Klaus Dempel, Stuttgart
Gesamtherstellung: Wilhelm Röck, Weinsberg
Printed in Germany

Vorwort

Kürzlich verglich ich die erste amerikanische Auflage meines Buches „Das Verhalten der Tiere" mit der dieser Übersetzung zugrundeliegenden fünften Ausgabe. Jeder würde sofort sehen, daß beide Auflagen vom selben Autor verfaßt wurden, selbst wenn mein Name nicht auf dem Einband stünde. Die Gliederung ist im Prinzip die gleiche, einige der ursprünglichen Illustrationen haben bis heute überlebt, und vieles von der ursprünglichen Intention ist geblieben. Als ich mich erstmals daran machte, dieses Buch zu schreiben, wollte ich zeigen, wie Wissenschaftler die Evolutionstheorie angewandt haben, um zu verstehen, warum Tiere sich so verhalten wie sie sich verhalten.

Dies ist nach wie vor eines meiner hauptsächlichen Ziele. Aber mein Buch hat sich gegenüber der ersten amerikanischen Auflage auch erheblich gewandelt. Insbesondere habe ich im Laufe der Jahre immer größeren Wert darauf gelegt, zu zeigen, daß Wissenschaftler Wissenschaft betreiben, indem sie nicht einfach „Fakten" darbieten, sondern alternative Erklärungsmöglichkeiten prüfen. Die Schlußfolgerungen von Wissenschaftlern ändern sich häufig und entwickeln sich weiter; die grundlegenden Methoden haben sich in den letzten zwei Jahrzehnten aber nicht geändert und werden sich wohl auch in den nächsten beiden Jahrzehnten nicht allzu sehr ändern. Die Vorgehensweise bewährt sich, und ich wünsche mir, daß mein Buch Studenten hilft, zu verstehen, wie unser Vorgehen aussieht und warum wir uns zu Recht dafür begeistern.

In der dieser Übersetzung zugrundeliegenden fünften amerikanischen Auflage von „Das Verhalten der Tiere" wurde der Text erneut dahingehend weiterentwickelt, daß das wissenschaftliche Arbeiten in der Verhaltensbiologie in den Vordergrund rückt. Ich habe weitere Beispiele aufgenommen, die allein oder zusammen konkurrierende Erklärungen für spannende Fragen aus der Welt des tierlichen Verhaltens anbieten. Anhand solcher Untersuchungen können wir konkurrierende Hypothesen bewerten. Derartige Arbeiten finden sich in der immer stärker anwachsenden Literatur über das Verhalten reichlich. In der vorliegenden Auflage werden mehr als 1000 Arbeiten zitiert; in der ersten Auflage waren es halb so viele. Ich hätte auch 2000 geeignete Veröffentlichungen diskutieren können, hätte es nicht aufgrund der Zeit und des Platzes, der zur Verfügung stand, und der Aufnahmefähigkeit meines Gehirns für das, was ich gerade gelesen habe, Grenzen gegeben.

Der behandelte Stoff wurde durchweg auf den neuesten Stand gebracht; zusätzlich habe ich ein neues Kapitel über die Kommunikation bei Tieren geschrieben. Dem Kapitel über elterliche Fürsorge habe ich einen anderen Platz zugewiesen; es steht nun zwischen dem Kapitel über das Fortpflanzungsverhalten und dem Kapitel über das Sozialverhalten. Ich habe sämtliche Kapitel umgeschrieben und dabei Änderungen im Inhalt und im Aufbau vorgenommen, die meinen Lesern hoffentlich helfen werden, die wichtigsten Dinge im Gedächtnis zu behalten. Falls meine Überarbeitungen gelungen sind, werden die Leser noch leichter erkennen, daß es nur wenige grundlegende Konzepte sind, die unsere Vorstellung von bestimmten Problemen und Rätseln prägen. Ich hoffe, daß die Studenten diese Ideen aus ihrer Lehrveranstaltung mitnehmen, sich auch nach dem Examen an sie erinnern, und sie gelegentlich auch dann anwenden, wenn sie sich über die wunderbare Welt um uns herum Gedanken machen.

Arizona State University John Alcock

Danksagung

Das allgemeine Konzept für diese Neubearbeitung ergab sich aus einer sorgfältigen, kritischen Prüfung der vorhergehenden Auflage durch Charles Snowdon und Jon Waage. Anhand ihrer Vorschläge habe ich den Text umgeschrieben. Verschiedene Kapitel der ersten Fassung der dieser Übersetzung zugrunde liegenden fünften amerikanischen Auflage wurden dann von Luis Baptista, Eliot Brenowitz, Charles Brown, Martin Daly, Paul Ewald, Steven Gaulin, Erick Greene, Darryl Gwynne, Ann Hedrick, Walter Koenig, Donald Kroodsma, Robert Montgomerie, Randy Nelson, John Ringo und Margo Wilson nochmals überprüft. Ich danke diesen Kollegen, die wirklich wissen, was eine „konstruktive Kritik" ist. Mein Buch hat sich durch ihre Mühe sehr verbessert.

Meinen besonderen Dank möchte ich Jon Waage aussprechen, dessen außergewöhnlich detaillierte kritische Anmerkungen und Vorschläge einen großen Einfluß auf mein Vorgehen bei dieser Überarbeitung hatten.

Natürlich habe ich auch eine Reihe von Vorschlägen, die mir unpassend erschienen, mit Vergnügen ignoriert, und zweifelsohne enthält die vorliegende Fassung noch viele Unzulänglichkeiten und einige handfeste Fehler. Hierfür trage ich allein die volle Verantwortung (zumindest diese Aussage wird wohl keiner meiner Korrekturleser in Frage stellen).

Viele andere Personen und Verlage haben durch die Bereitstellung von Abbildungen und Genehmigungen geholfen. Ihnen danke ich entweder in den jeweiligen Abbildungslegenden oder im Abbildungsnachweis. Ein besonderer Dank gilt auch Greg Ball und Marc Breedlove für ihre hilfreichen Vorschläge zur Abb. 4-3.

Mein neuer Lektor beim Sinauer-Verlag, Peter Farley, und seine Mitarbeiterin Kathaleen Emerson machten da weiter, wo Carlton Browse aufhörte, und halfen mir bei den unzähligen kleinen Dingen, die das Schreiben eines Buches mit sich bringt. Während ich mich mit diesen Dingen beschäftigte, hatte ich das Glück, an der Arizona State University, wo ich derzeit bin, James Collins als Institutsvorsitzenden zu haben. Er hat das Institut mit Ruhe geführt und mir die Freiheit gelassen, meine Zeit am Computer zu verbringen, um bereits Überarbeitetes nochmals umzuschreiben. Gelegentlich unterrichte ich Studenten. Diese Erfahrung ist auch für mich lehrreich. Und verschiedene Kollegen, schnell alternde, aber immer noch ziemlich muntere Männer aus der weißen Mittelschicht, helfen mir auch, auf Trab zu bleiben. Dasselbe gilt für meine Frau Sue und meine Söhne Joe und Nick. Obwohl die beiden inzwischen nicht mehr zu Hause wohnen, kommen sie dennoch von Zeit zu Zeit vorbei und zeigen uns, wie man mit dem Videorecorder umgeht, oder beraten uns beim Autokauf. Ihnen allen vielen Dank.

Inhalt

Vorwort

Danksagung

1 Das Verhalten der Tiere aus evolutionsbiologischer Sicht

2 Die Vielfalt des Verhaltens

3 Die Verhaltensgenetik

4 Die Entwicklung des Verhaltens

5 Nervenzellen und Verhalten

6 Die Organisation des Verhaltens

7 Die Evolution des Verhaltens: Evolutionsgeschichtliche Abläufe

8 Die Evolution von Anpassungen

9 Die Evolution der Kommunikation

10 Einen Ort zum Leben finden

11 Adaptives Ernährungsverhalten

12 Der Umgang mit Beutegreifern

13 Fortpflanzungsstrategien von Männchen und Weibchen

14 Die Ökologie von Fortpflanzungssystemen

15 Elterliche Fürsorge

16 Die Ökologie des Sozialverhaltens

17 Das Verhalten des Menschen aus evolutionsbiologischer Sicht

Über Hunderttausende von Jahren beobachteten die Menschen Tiere aus ganz und gar praktischen Gründen: Vom Wissen über das Verhalten von Tieren hing ihr Leben ab. Auch heute bringt das Studium dieses Gebietes viel Nützliches mit sich. Beispielsweise gibt es unter den Insekten viele Schädlinge. Kenntnisse über ihr Fortpflanzungsverhalten können dazu beitragen, ihre Vermehrung unter Kontrolle zu halten. Wissen über das Wanderverhalten einer bedrohten Art kann Artenschützern helfen, geeignete Reservate einzurichten, um die Tiere vor dem Aussterben zu bewahren. Aber selbst dann, wenn das Studium des Verhaltens von Tieren mit keinerlei praktischem Nutzen verbunden wäre, lohnte es sich auf diesem Gebiet zu forschen, aus dem einfachen Grund, weil es faszinierend ist. Tiere sind zu außerordentlichen Leistungen fähig. Gottesanbeterinnen können die Ultraschallrufe jagender Fledermäuse wahrnehmen. Ziesel behandeln ihre Vollgeschwister anders als ihre Halbgeschwister. Einige Libellenmännchen kratzen mit ihrem Penis den Samen anderer Männchen aus dem Samenspeicher ihrer Partnerin, bevor sie ihren eigenen Samen übertragen. Ich bin beeindruckt von diesen und anderen Entdeckungen über das Verhalten der Lebewesen, welche die Welt mit uns teilen, und ich hoffe, daß Sie genauso beeindruckt sein werden. Das Anliegen dieses Buchs ist aber nicht nur, Sie mit diesen aufregenden Entdeckungen bekannt zu machen, sondern auch verstehen zu helfen, wie Wissenschaftler bei der Untersuchung des Verhaltens von Tieren vorgehen. Wissenschaftlich denken zu lernen hat die Art und Weise geprägt, wie ich fast alles in meinem Leben angehe, nicht nur meine Forschungsarbeit. Dieses Buch ist in der Überzeugung geschrieben, daß der Prozeß der wissenschaftlichen Arbeit ebenso interessant ist wie die Entdeckungen, die am Ende stehen.

1 Das Verhalten der Tiere aus evolutionsbiologischer Sicht

1.1 Fragen zum Verhalten

Ich verbrachte einen Sommer in Monteverde, einer kleinen Gemeinde in den Bergen von Costa Rica. Während meines Aufenthalts lieh mir ein Freund eine UV-Lampe (Schwarzlicht), die ich neben ein weißes Tuch an die Rückseite unseres Hauses hängte. Die ultravioletten Strahlen zogen abends hunderte von Faltern an, und viele blieben bis zum Morgen auf dem Tuch, wo ich sie dann bequem inspizieren konnte. Einige Male sah ich morgens einen riesigen, leuchtend gelben Falter auf dem Tuch sitzen. Dieser attraktive Falter aus der Gattung *Automeris* hielt seine Vorderflügel so, daß sie das Abdomen und die Hinterflügel bedeckten. In der kühlen Dämmerung war der Falter sehr träge und wehrte sich nicht, wenn ich ihn vorsichtig aufnahm. Aber wenn ich ihn plötzlich anstieß oder auf seinen Thorax klopfte, spreizte der Falter schlagartig seine Vorderflügel ab und entblößte so die vorher verborgenen Hinterflügel. Die Hinterflügel waren wunderbar gezeichnet, mit großen runden Flecken aus blauen, schwarzen und weißen Schuppen auf einem tiefgelben Untergrund. Die Flecken sahen wie zwei Augen aus, die mich anzustarren schienen (Abb. 1-1).

Jeder, der zum ersten Mal sieht, wie ein *Automeris* seine Hinterflügel-„Augen" entblößt, wird sich erstaunt fragen, was da vor sich geht. Ich jedenfalls tat es. Meine Fragen über das Flügelspreizen bei *Automeris* wuchsen zu einer beachtlichen Liste an, aber unabhängig davon, wie lang die Liste wurde, konnte ich jede Frage einer von zwei Kategorien zuordnen: „Wie-Fragen" über die **proximaten Ursachen** des Verhaltens und „Warum-Fragen" über seine **ultimaten Ursachen** [619, 707]. Wie-Fragen zielen darauf ab, wie ein Individuum eine bestimmte Aktivität bewerkstelligt; sie fragen nach den Mechanismen, die in einem Tier tätig sind, um eine bestimmte Verhaltensweise zu ermöglichen. Warum-Fragen zielen darauf, wieso ein Tier die proximaten Mechanismen evoluiert hat, die ihm ermöglichen, eine bestimmte Tätigkeit auszuführen. Die beiden Arten von Fragen sind nicht gegensätzlich, sondern komplementär, da sie grundsätzlich verschiedene Ebenen der Analyse betreffen.

1.1.1 Wie-Fragen

Am Beispiel des Flügelspreizens bei *Automeris* als Reaktion auf einen heftigen Stoß sollen nun einige Wie-Fragen formuliert werden:

- Was ist die ursächliche Beziehung zwischen den Genen des Tiers und seinem Verhalten?
- Ist die Verhaltensweise zum Teil von den Eltern des Falters ererbt?
- Wie hat sich die Entwicklung des Falters aus einer einzelnen Zelle zum Adulttier mit vielen Millionen Zellen auf sein Verhalten ausgewirkt?
- Welche Reize lösen die Reaktion aus, und wie werden diese Reize wahrgenommen?
- Wie sind Nervensystem und Muskulatur des Tieres strukturiert, damit die entsprechende Reaktion auf einen Stoß möglich ist?

Was diese fünf Fragen trotz ihrer Verschiedenartigkeit gemeinsam haben, ist das Interesse an den Mechanismen, die bewirken, daß der Falter die Vorderflügel abspreizt und seine eindrucksvollen Hinterflügel zeigt. Die Vielfalt an proximaten Fragen ist jedoch groß genug, daß wir sie in zwei komplementäre Klassen weiter unterteilen können. Die eine betrifft die Wirkungen von Vererbung und Entwicklung auf die Ausbildung der Mechanismen, die dem Flügelspreizen zugrunde liegen; die andere befaßt sich damit, wie die vollentwickelten Mechanismen funktionieren, um die Reaktion zu bewirken.

Bezüglich des Einflusses der Erbanlagen auf die Entwicklung können wir danach fragen, wie die speziellen Mechanorezeptoren, Gehirnzellen und Motoneuronen, die am Flügelspreizen beteiligt sind, in einem Individuum entstehen. Der adulte Falter begann sein Leben als befruchtetes Ei, als einzelne Zelle, welche die von seinem

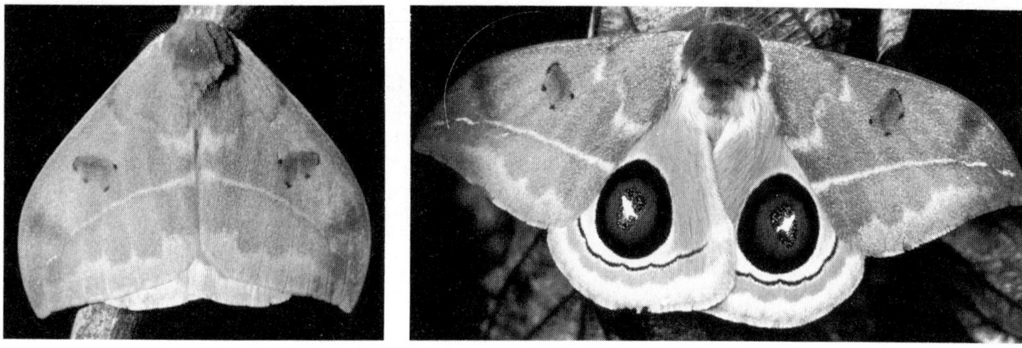

Abb. 1-1: ***Automeris*-Falter** aus Costa Rica. (Links) Der Falter in Ruhehaltung, mit den Vorderflügeln über den Hinterflügeln. Foto des Autors. (Rechts) Nach heftiger Berührung des Thorax spreizen Falter dieser Art die Vorderflügel ab und exponieren so die „Augen" auf den Hinterflügeln. Foto von Michael Fogden.

Vater und seiner Mutter weitergegebenen genetischen Programme enthielt. Diese Programme steuerten die Entwicklung des Falters, indem sie die Vermehrung und Spezialisierung von Zellen entlang bestimmter Bahnen lenkten, die das Nervensystem mit seinen für das Adulttier typischen Eigenschaften hervorbrachten. Dies ist ein wunderbar komplexer Vorgang, über den bei fast allen Organismen noch wenig bekannt ist, vom *Automeris*-Falter ganz zu schweigen.

Selbst wenn die Entwicklung des Reaktionsmechanismus vollständig bekannt wäre, könnten wir noch untersuchen, wie die vollentwickelten neuronalen Mechanismen des adulten Falters bestimmte Reize wahrnehmen und wie die Information weitergeleitet wird, um eine muskuläre Antwort auszulösen. Kein einziger Forscher hat die neurophysiologische Basis des Verhaltens des von mir in seiner Ruhe gestörten *Automeris*-Falters studiert, aber die zugrunde liegenden Mechanismen existieren und warten auf künftige Untersuchungen.

1.1.2 Warum-Fragen

Nehmen wir an, Sie persönlich hätten alles entdeckt, was man über Genetik und Entwicklung sowie über Sensorik und Motorik des Flügelspreizens beim *Automeris*-Falter wissen kann. Sie könnten, um Ihre Neugier zu befriedigen, fortfahren, das Verhalten des Falters zu studieren, und eine ganze Reihe weiterer Fragen stellen, etwa:

- Was ist der Zweck, die Funktion des Verhaltens?
- Wie hilft das Verhalten dem Individuum, Hindernisse für das Überleben und die Fortpflanzung zu überwinden?
- Wie evoluierte das Verhalten, und wie änderte es sich im Laufe der Evolution?
- Welches war der ursprüngliche Schritt in der Evolutionsgeschichte, die zur Existenz des gegenwärtigen Verhaltens führte?

Dies alles sind Fragen über die evolutionären oder ultimaten Gründe dafür, daß Tiere bestimmte Verhaltensweisen ausführen. Warum spreizt der Falter plötzlich seine Vorderflügel und entblößt seine Augenflecken, wenn er gestört wird? Der britische Wissenschaftler David Blest stellte die Hypothese auf, daß dieses Verhalten sich ausbreitete, weil es die Falter vor Prädatoren schützt, indem es Vögel erschreckt und fortscheucht, denen Nachtfalter als Nahrung dienen. Die Vögel halten die Augenflecken fälschlicherweise für die Augen ihrer Feinde, beutegreifender Eulen [85].

Falls das Flügelspreizen dazu führte, daß in der Vergangenheit das Leben von Faltern bewahrt wurde, ist der Evolutionsprozeß teilweise verantwortlich für das Verhalten der heutigen Individuen. Die Gene in einem rezenten Falter sind ein winziger Teil aller je vorhandenen Gene. Diejenigen Gene, die es geschafft haben, sich bis in die Gegenwart zu halten, haben in irgendeiner Weise zu ihrem eigenen Überleben beigetragen. Wenn ein Gen das Erscheinungsbild oder das Verhalten in einer Weise beeinflußt, die einem Falter hilft, prädatorische Vögel zu vertreiben, hat das Gen vermutlich eine bessere Chance, an die Nachkommen dieses Falters weitergegeben zu werden. Dies könnte eine Erklärung dafür sein, daß die in Monteverde beheimateten *Automeris*-Falter genetisch bedingte Mechanismen haben, welche die Entwicklung des Flügelspreizens bewirken. Der Entwicklungsplan, und damit die Verhaltensleistungen von jedem heute lebenden Mitglied der Art, wurde durch unterschiedliche Überlebenschancen von Genen herausgebildet, die während der Evolutionsgeschichte der Art auftraten.

Das Studium der gegenwärtigen Funktionen eines Verhaltens ermöglicht uns daher einen Einblick in seine ultimaten oder evolutiven Ursachen. Wenn man die Evolution von Verhalten untersucht, gibt es aber noch einen weiteren Aspekt. Dieser betrifft die Frage, wie eine Eigenschaft auftrat und dann (vielleicht) mit der Zeit verändert wurde, bis sie ihren heutigen Stand erreichte. Das gegenwärtige, heftige Flügelspreizen wurde von den Vorfahren des heutigen *Automeris* sicher nicht immer so ausgeführt. In der Anfangsphase gab es wahrscheinlich Flügelbewegungen, die mit dem Auffliegen verbunden waren. Diese Bewegungen wurden dann mit der Zeit verändert, genauso wie sich die Zeichnung der Hinterflügel sicherlich mit der Zeit gewandelt hat [84]. Für ein umfassendes

Tab. 1-1: **Ebenen der Analyse** bei der Untersuchung des Verhaltens von Tieren. Quellen: Holekamp und Sherman (454), Sherman (853) und Tinbergen (931).

Proximate Ursachen

1 Genetische und entwicklungsbiologische Mechanismen
- Wirkung des Erbguts auf das Verhalten
- Wechselwirkungen zwischen Genom und Umwelt während der Ontogenese, die zur Ausbildung sensorischer und motorischer Mechanismen führen

2 Sensorische und motorische Mechanismen
- Wahrnehmung von Reizen aus der Umgebung: durch Nervensysteme
- Regulierung der inneren Reaktionsbereitschaft: durch hormonale Systeme
- Ausführen der Verhaltensantwort: durch Bewegungsapparate

Ultimate Ursachen

1 Evolutionsgeschichtliche Grundlagen eines Verhaltens
- Ursprung eines Verhaltens und seine Abwandlung im Laufe der Zeit

2 Wirkungen der natürlichen Selektion in der Vergangenheit auf die Ausformung des gegenwärtigen Verhaltens
- Frühere und gegenwärtige Nützlichkeit eines Verhaltens im Hinblick auf die Fortpflanzung

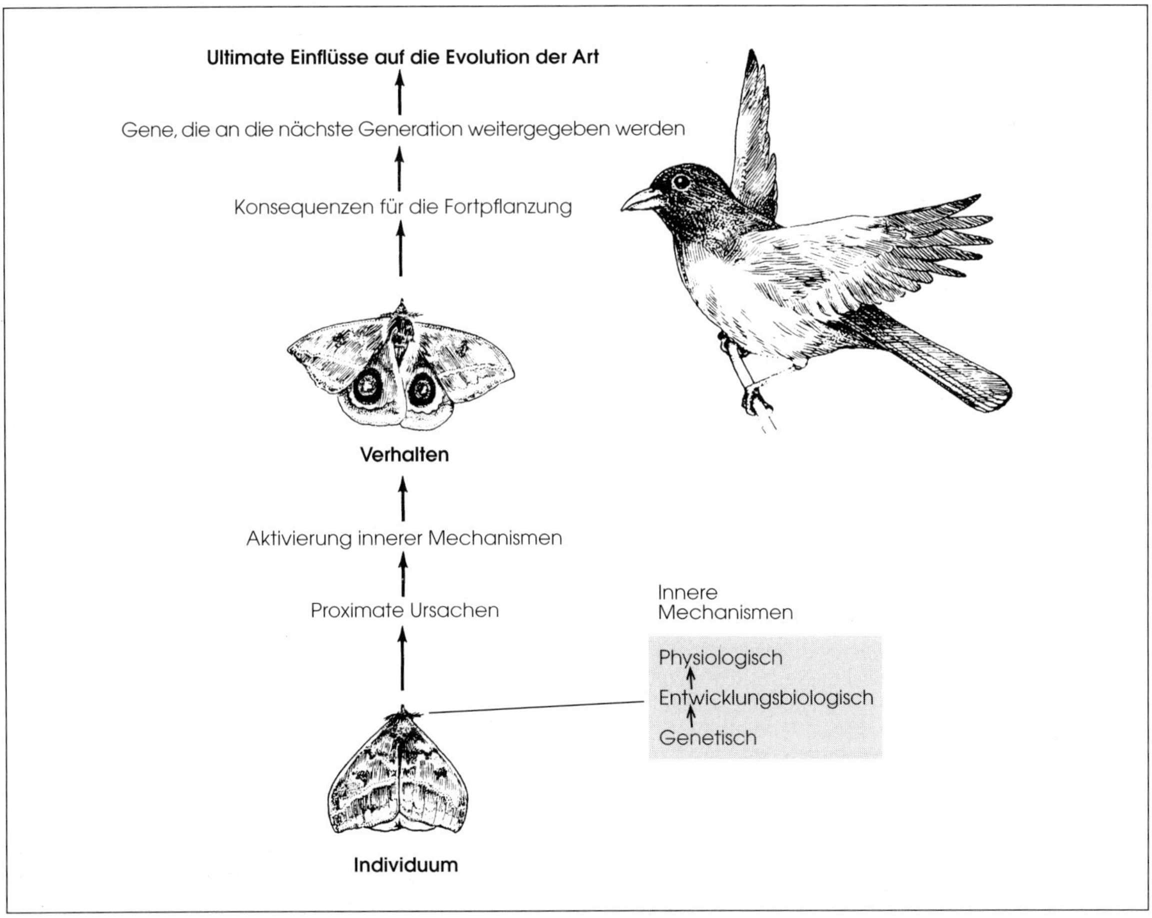

Abb. 1-2: **Proximate und ultimate Ursachen des Verhaltens**, dargestellt anhand des Flügelspreizens beim Automeris-Falter. Auf proximater Ebene gibt es mehrere Mechanismen im Innern eines Falters, welche die Ausführung des Verhaltens ermöglichen. Auf ultimater Ebene beeinflußt die Reaktion des Falters auf mögliche Prädatoren seinen Fortpflanzungserfolg, gemessen an der Zahl der Kopien seiner Gene, die an die nächste Generation weitergegeben werden. Der unterschiedliche Fortpflanzungserfolg verschiedener Individuen entscheidet darüber, welche Gene von einer Generation zur nächsten überleben, und damit auch darüber, welche genetische Information die Entwicklung der Falter in der jeweiligen Generation steuert.

proximat - unmittelbar
ultimat -

Verständnis der ultimaten Ursachen des Flügelspreizens ist eine Untersuchung bezüglich der ursprünglichen Form und der folgenden Abwandlung dieses Verhaltens über die Jahrtausende nötig.

Tabelle 1-1 faßt die Diskussion über die beiden grundsätzlichen Ebenen der Verhaltensanalyse, die proximate und die ultimate Ebene, zusammen. Sie sollten nun in der Lage sein, zwischen mechanistischen und evolutionären Erklärungen zu unterscheiden. Wenn jemand behauptet, daß *Automeris*-Falter ihre Hinterflügel entblößen, wenn sie gestört werden, weil ihr Nervensystem die Reaktion des Flügelspreizens steuert, ist dies eine proximate Erklärung – wie alle Hypothesen, die sich auf die genetischen, entwicklungsbiologischen, nervösen oder hormonalen Mechanismen im Körper eines Tieres beziehen. Vertritt jemand die Auffassung, daß die Reaktion sich aufgrund des Feinddrucks entwickelt hat, welchem die Art in der Vergangenheit ausgesetzt war, wissen Sie, daß dies eine ultimate Erklärung ist – wie alle Erklärungen, bei denen es um den reproduktiven oder adaptiven Wert einer Eigenschaft und um ihre Geschichte, ihre evolutiven Grundlagen, geht (Abb. 1-2).

Falls des weiteren jemand behauptet, daß Studien über die genetischen (oder nervösen) Mechanismen der Verhaltensweise es unnötig machen, Hypothesen über den möglichen Nutzen für die Fortpflanzung zu untersuchen, wissen Sie, daß ein Mißverständnis vorliegt; Information darüber, wie Mechanismen arbeiten, beantwortet nicht die Frage, warum diese speziellen Mechanismen existieren. Die vollständige Analyse eines jeden Verhaltens beinhaltet sowohl proximate als auch ultimate Erklärungen.

Unsere Beschäftigung mit dem Flügelspreizen beim *Automeris*-Falter verdeutlicht, daß Verhalten vielfältige Phänomene einschließt: die Tätigkeit von Genen, die Gehirnstruktur eines Tieres, die Beziehung zwischen einem Individuum und seinen Prädatoren sowie Evolutionsereignisse, die im Laufe von Jahrmillionen auftreten. Jede vollständige Einführung in das Gebiet der Verhaltensbiologie muß daher sowohl den Weg aufzeigen, den Wissenschaftler, die sich bei ihrer Forschung mit proximaten Fragen befassen, beschreiten, als auch den Weg, auf dem Wissenschaftler, die an ultimaten Fragen interessiert sind, die sehr verschiedenen Arten von Problemen zu lösen versuchen. Dieses Buch widmet die Kapitel 2 bis 4 den genetischen und entwicklungsbiologischen (proximaten) Komponenten tierlichen Verhaltens und die Kapitel 5 und 6 den sensorischen und motorischen (proximaten) Komponenten. Der Schwerpunkt wechselt dann zu den ultimaten Ursachen des Verhaltens: Kapitel 7 behandelt die Evolutionsgeschichte von Verhaltensänderungen, während es in den Kapiteln 8 bis 17 vor allem um den adaptiven Wert des Verhaltens von Tieren geht.

1.2 Evolutionstheorie und Verhalten

In weiten Teilen dieses Buches stehen Arbeiten über die adaptiven Grundlagen des Verhaltens im Mittelpunkt. Daher ist eine Einführung in Darwins Evolutionstheorie an dieser Stelle angebracht. Theorien sind allgemeine Erklärungsrahmen, die sich auf ein breites Spektrum von Phänomenen anwenden lassen. Sie bilden eine Basis, von der aus bestimmte zu prüfende Erklärungen (Hypothesen) abgeleitet werden können. Die Art der Theorie, von der man ausgeht, kann deshalb erheblich die Art der Hypothesen beeinflussen, die man entwickelt, um ein bestimmtes Phänomen zu erklären. Dies wird besonders gut an Darwins Evolutionstheorie deutlich, die enorme Auswirkungen auf die Methoden hatte, mit denen Forscher ultimaten Fragen über Lebewesen nachgegangen sind.

1859 veröffentlichte Darwin (Abb. 1-3) sein Werk „On The Origin of Species" [211], durch das seine Evolutionstheorie bekannt wurde. Sie erklärt, wie natürliche Selektion dazu führt, daß eine Evolution stattfindet. Die Theorie von der Evolution durch natürliche Selektion wurde sofort von vielen als außerordentlich wichtige Idee erkannt, da sie einfach war, Voraussagen erlaubte und auf einen weiten Bereich biologischer Themen angewandt werden konnte. Darwins großer Gedanke stützt sich auf drei Phänomene, die bei vielen Arten zu beobachten sind:

1. **Variabilität**: Die Mitglieder einer Art können sich in ihren Eigenschaften unterscheiden (Abb. 1-4).
2. **Erblichkeit**: Eltern können ihre spezifischen Eigenschaften an ihre Nachkommen weitergeben.
3. **Unterschiedlicher Fortpflanzungserfolg**: Aufgrund ihrer speziellen erblichen Eigenschaften hinterlassen einige Individuen mehr Nachkommen als andere.

Darwins geniale Leistung bestand darin, zu erkennen, daß evolutiver Wandel unvermeidlich auftritt, wenn diese drei Bedingungen in einer Spezies vorliegen. Wenn bestimmte Individuen sich stärker fortpflanzen als andere, und wenn deren Nachkommen die Eigenschaften ererbt haben, die ihren Eltern eine so erfolgreiche Fortpflanzung ermöglichten, dann werden auch sie diese Eigenschaften, welche die Fortpflanzung steigern, verbreiten (Abb. 1-5).

Die andere Seite der Medaille ist genauso offensichtlich. Wenn einige Individuen aufgrund ihrer Erbanlagen weniger Nachkommen hinterlassen als andere, erben die Nachkommen die ungünstigen Anlagen ihrer Eltern und hinterlassen ihrerseits weniger Nachkommen. Eigenschaften, welche die Fortpflanzung beeinträchtigen, werden also im Laufe der Evolution zunehmend seltener. Darwin nannte diesen Vorgang **natürliche Selektion**, da er die Ausschaltung ungünstiger Eigenschaften und die Ausbreitung von günstigen als natürliche Folge von individuellen Unterschieden im **Fortpflanzungserfolg** bzw. der **direkten Fitness („Darwin-Fitness")** ansah (gemessen an der Zahl der sich fortpflanzenden Nachkommen,

Abb. 1-3: **Charles Darwin** kurz nach der Rückkehr von seiner Weltreise auf der Beagle (links), und am Ende seines Lebens, lange nachdem er „On the Origin of Species" geschrieben hatte (rechts). Mit freundlicher Genehmigung des Darwin-Museums in Down House.

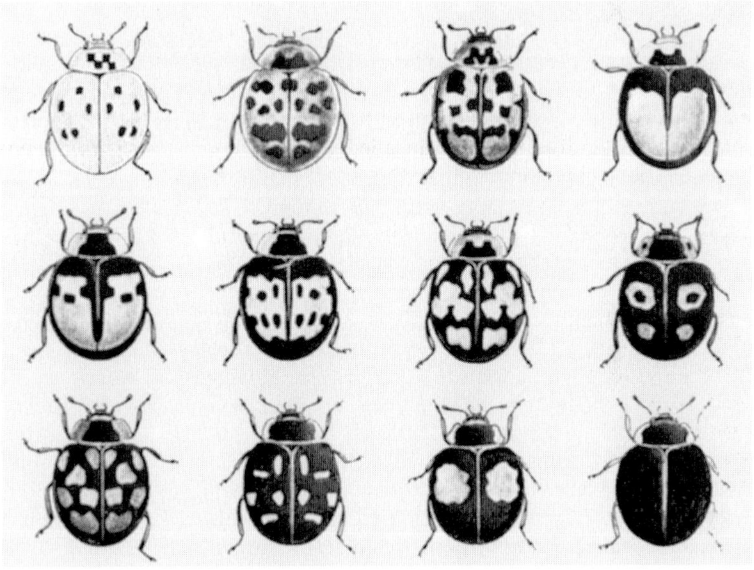

Abb. 1-4: **Variabilität innerhalb einer Art.** Der Marienkäfer *Harmonia axyridis* zeigt eine große Vielfalt im Farbmuster seiner Deckflügel. Ein großer Teil der Unterschiede zwischen diesen Individuen ist genetisch bedingt.

die ein Individuum hinterläßt). Daher ist zu erwarten, daß Tiere Eigenschaften entwickeln, die den individuellen Fortpflanzungserfolg fördern.

Darwin entwickelte seine Theorie der natürlichen Selektion, bevor die entscheidenden Entdeckungen über die Natur der Erbvorgänge gemacht wurden. Heute weiß man, daß Gene Nucleinsäuren sind, in denen die Information für die Synthese der Proteine, der Bausteine aller Lebewesen, zuverlässig kodiert ist. Wir können Darwins Theorie genauso auf der Ebene der Gene verwenden, wie Darwin sie auf Individuen bezog. Dies wird uns helfen, moderne evolutionsbiologische Erklärungen des Verhaltens von Tieren besser zu verstehen [227]:

1. **Genetische Variabilität**: Gene können innerhalb einer Art in zwei oder mehreren alternativen Formen oder **Allelen** auftreten. Verschiedene Allele haben zur Folge, daß das gleiche Protein jeweils in etwas unterschiedlicher Form hergestellt wird.
2. **Erblichkeit**: Definitionsgemäß können die Allele von Eltern an ihre Nachkommen weitergegeben werden.
3. **Unterschiedliche Reproduktion**: Einige Allele bewirken, daß sie von ihren Trägern häufiger vervielfältigt werden als andere Allele des betreffenden Gens von ihren Trägern.

Wenn diese drei Bedingungen gegeben sind, werden Allele, die im Hinblick auf die Fortpflanzung „erfolg-

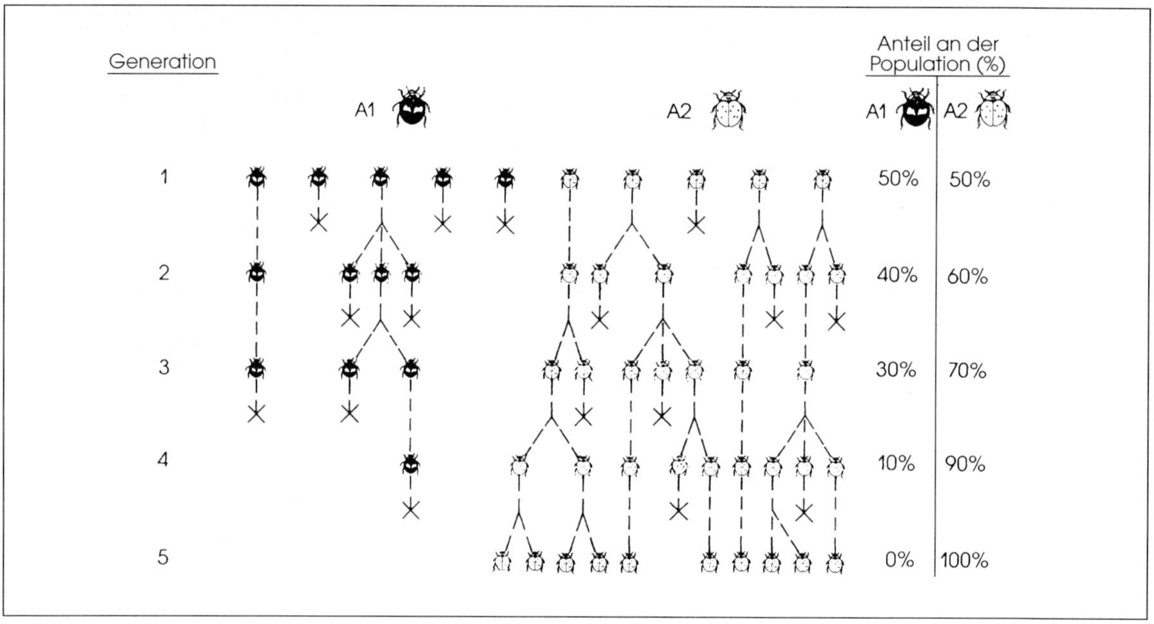

Abb. 1-5: **Natürliche Selektion.** Falls die Individuen mit der erblichen Eigenschaft A1 im Durchschnitt weniger lebensfähige Nachkommen hinterlassen als Individuen mit der alternativen Eigenschaft A2, werden Individuen mit der Eigenschaft A1 schließlich aus der Population verschwinden.

reich" sind, in der Population häufiger. Falls das Verhältnis zwischen genetischen Differenzen und Fortpflanzungserfolg lange genug erhalten bleibt, können konkurrierende Allele vollständig verdrängt werden. (Wir setzen dabei voraus, daß Populationen nicht fortdauernd exponentiell wachsen können, so daß zu einem bestimmten Zeitpunkt nur eine begrenzte Anzahl von Exemplaren eines Gens vorhanden sein kann.)

Als logische Schlußfolgerung ergibt sich, daß bei der Selektion von Individuen solche Allele begünstigt werden, die zur Entstehung von Phänotypen beitragen, welche besonders tauglich für das Überleben und die Weitergabe dieser Allele sind. So gesehen sind Individuen eigentlich „Überlebensmaschinen", von der natürlichen Selektion entwickelt, um das Überleben der in ihnen enthaltenen Allele zu fördern [227]. Nach einer Formulierung von E. O. Wilson ist ein Huhn eigentlich der Weg eines Gens, mehr Kopien von sich selbst zu machen [1007]. Um diese Sichtweise zu verstehen, muß man sich klarmachen, daß sich Individuen eigentlich nicht selbst reproduzieren. Statt dessen reproduzieren sie (teilweise) ihr genetisches Material und übertragen es an ihre Nachkommen. Jede stringente ultimate evolutionsbiologische Hypothese sollte erklären können, weshalb Allele, die einer bestimmten Eigenschaft mit Anpassungswert zugrunde liegen, häufiger kopiert wurden als alternative Allele.

1.2.1 Darwins Theorie und die Erforschung des Verhaltens

Wie auch immer man die Theorie der natürlichen Selektion darstellt, es ist eine umwälzende Vorstellung; dies war vielen sofort klar, als sie das Buch „On the Origin of Species" lasen, das schnell zum Bestseller wurde. Falls die Theorie wahr ist, bedeutet dies, daß Menschen und alle anderen Lebewesen existieren, um sich zu reproduzieren; dies ist die biologische Bedeutung des Lebens. Ein Verständnis von Darwins Theorie[1] bringt deshalb eine bestimmte Sichtweise bezüglich des Verhaltens von Tieren mit sich. Diese prägt die Art der Hypothesen, die wir zu prüfen versuchen.

Welche Bedeutung theoriegeleiteter Forschung zukommt, läßt sich sehr gut aus den wissenschaftlichen Arbeiten der Pioniere der Verhaltensforschung ersehen. Den Ursprung der Verhaltensforschung als wissenschaft-

[1] Für wissenschaftsgeschichtlich Interessierte sei hier angemerkt, daß Charles Darwin in „On the Origin of Species" die von ihm entdeckte natürliche Selektion als einen der beteiligten Prozesse angesehen hat, der parallel zu einer Vererbung erworbener Eigenschaften wirkt. Das im vorliegenden Buch vorausgesetzte Konzept von „Darwins Theorie" entspricht der „Synthetischen Evolutionstheorie", die in der ersten Hälfte unseres Jahrhunderts entwickelt wurde, und vor allem mit den Namen Theodosius Dobzhansky, Julian Huxley, Ernst Mayr, George Gaylord Simpson, Bernhard Rensch und G. Ledyard Stebbins verbunden ist (Anm. d. Übers.).

Abb. 1-6: **Die Begründer der Ethologie.** Von links nach rechts: Niko Tinbergen, Konrad Lorenz und Karl von Frisch. Fotos von B. Tschanz, Sybille Kalas und O. von Frisch.

liche Disziplin kann man auf das Jahr 1937 datieren, als die erste Zeitschrift über das Verhalten von Tieren erschien (Zeitschrift für Tierpsychologie). Es dauerte allerdings bis in die 50er Jahre, bevor das Gebiet breite Anerkennung als ernstzunehmendes wissenschaftliches Unterfangen erlangte. Drei Wissenschaftlern, Karl von Frisch, Niko Tinbergen und Konrad Lorenz, kam eine Hauptrolle bei der Entwicklung moderner Forschungsansätze in der Verhaltensbiologie zu (Abb. 1-6). Als diese drei Begründer der **Ethologie** 1973 den Nobelpreis für Physiologie oder Medizin erhielten, traf das Nobelkomitee seine Wahl wohl vor allem aufgrund der proximaten Komponente in ihrer Forschung. Aber ein ebenso wichtiges Ziel der Ethologie war das Verständnis der adaptiven (ultimaten) Funktion der Verhaltensweisen von Tieren.

So bedeutend ihr Werk war, die frühen Ethologen gingen häufig von der Annahme aus, daß die natürliche Selektion Tiere hervorbringt, die ihren individuellen Fortpflanzungserfolg dem allgemeinen Wohl ihrer Art opfern [z. B. 587]. Diese Denkweise basiert auf der Theorie der **Gruppenselektion**, die wir uns etwas genauer vornehmen wollen, um zu verstehen, warum die meisten Biologen diese Theorie inzwischen verwerfen.

1.2.2 Das Problem mit der Gruppenselektion

Die These, daß das „Artwohl" ein wesentlicher Selektionsfaktor ist, wurde von V. C. Wynne-Edwards in seiner Arbeit „Animal Dispersion in Relation to Social Behaviour" (1962) ausgeführt [1019]. Wynne-Edwards vertrat dort die Auffassung, daß nahezu alle Aspekte des Verhaltens von Tieren dazu beitragen, daß eine Art ihre Populationsdichte niedrig halten kann, damit die lebensnotwendige Nahrungsgrundlage nicht zerstört wird. Als Hauptargument führte er an, daß nur Arten mit Mechanismen, welche die Populationsgröße regeln, bis in die Gegenwart überlebt haben; andere Arten, denen solche Mechanismen fehlten, starben durch übermäßige Nutzung der Ressourcen, von denen sie abhingen, aus.

Wynne-Edwards zwang die Biologen, die theoretischen Grundlagen für die Evolution des Sozialverhaltens zu untersuchen, und ein glückliches Ergebnis war G. C. Williams' Antwort, „Adaptation and Natural Selection", die er 1966 veröffentlichte [1001]. Williams und einige andere Biologen [547] erkannten den entscheidenden Fehler in Wynne-Edwards' Argumentation. Wynne-Edwards ging davon aus, daß die Selektion vor allem aufgrund von Unterschieden zwischen Gruppen vonstatten geht, wobei Populationen unbewußt um ihr Überleben konkurrieren; diejenigen Gruppen, deren Mitglieder ihre potentielle Vermehrungsrate zugunsten ihrer Population einschränken, hätten die besten Überlebenschancen. Williams legte dar, daß sich diese Theorie der Gruppenselektion von Darwins Theorie der natürlichen Selektion grundsätzlich unterscheidet. Natürliche Selektion vollzieht sich nach Darwin als Folge von Differenzen zwischen Individuen, und Selektion auf dieser Ebene bewirkt mit sehr viel größer Wahrscheinlichkeit evolutiven Wandel als Selektion auf der Ebene der Gruppe.

Williams' Argumentation sieht ungefähr so aus: Man stelle sich eine bestimmte Art oder Gruppe vor, deren Individuen bereit sind, sich für den Langzeiterfolg ihrer Art zu opfern. Vielleicht begehen beispielsweise einige Berglemminge (*Lemmus lemmus*) „Selbstmord", wenn die lokale Populationsdichte so hoch wird, daß die Nahrungsgrundlage und damit das Überleben der Gruppe gefährdet ist. In solch einem Fall würde man sagen, daß eine Gruppenselektion im Sinne von Wynne-Edwards die Allele für selbstmörderisches Verhalten begünstigt, da die Art als ganze von der Beseitigung des Bevölkerungsüberschusses profitiert.

Allerdings würde in einer Population von Lemmingen mit Suizidbereitschaft die natürliche Selektion auf der Grundlage von Variabilität zwischen den Individuen ebenso am Werk sein. Ein Cartoon von Gary Larson verdeutlicht den zentralen Fehler von Wynne-Edwards' Theorie. Der Cartoon zeigt Lemminge, die sich ins Wasser stürzen, um Suizid zu begehen. Ein Individuum aber trägt einen Rettungsring um die Taille (Abb. 1-7). Falls es in der Natur jemals zwei Typen von Lemmingen gäbe, einen mit der Neigung, sich bei hoher Populationsdichte selbst zu töten, einen anderen mit der Neigung, die

Selbstopferung des ersteren – ohne sich selbst daran zu beteiligen – zuzulassen, welcher Typ würde einen größeren Anteil in der nächsten Generation ausmachen? Wenn die beiden Lemming-Typen genetisch verschieden wären, welches Erbmaterial würde überleben, um an die folgenden Generationen von Lemmingen weitergegeben zu werden? Was würde im Laufe der Evolution mit den Selbstmordneigungen in unserer hypothetischen Lemming-Population passieren?

Der Hauptpunkt in Williams' Argumentation ist, daß eine Selektion, die an Unterschieden zwischen Individuen ansetzt, in der Regel auf die Zusammensetzung des Erbguts in der nächsten Generation einen stärkeren Effekt haben wird als eine Selektion, die an Unterschieden zwischen Gruppen ansetzt. Deshalb berufen sich die meisten Forscher, die an der adaptiven Funktion einer Eigenschaft interessiert sind, auf die Selektion, die zwischen Allelen oder Individuen wirkt, und nicht auf die Gruppenselektion, wenn sie ihre Hypothesen entwickeln.

Obwohl die Forschung über Formen der Gruppenselektion, die komplexer sind als die von Wynne-Edwards vorgeschlagenen, weitergeht, haben fast alle Verhaltensbiologen die Argumente von Williams akzeptiert. Darwins Theorie der natürlichen Selektion ist derzeit die am meisten herangezogene Grundlage für die Entwicklung von Arbeitshypothesen über die ultimate, reproduktive Funktion biologischer Charakteristika. Innerhalb dieses Rahmens gibt es viel Spielraum für Kontroversen, Untersuchungen und Ideen. Sollte letztendlich nachgewiesen werden, daß die natürliche Selektion nicht die Haupttriebkraft für die Evolution der Eigenschaften aller Lebewesen ist, wird dies wahrscheinlich aufgrund von Entdeckungen erfolgen, die bei der Prüfung von Arbeitshypothesen gemacht werden, welche auf der Annahme basieren, daß die natürliche Selektion in der Tat die Triebkraft der Evolution ist. Und solange keine Alternativtheorie vorhanden ist, die sich behaupten könnte, sollte ein Verständnis des Wirkens der natürlichen Selektion Teil der Ausbildung eines jeden sein, damit wir die Welt um uns herum besser verstehen.

Abb. 1-7: **Eigennütziges Verhalten contra Selbstopferung.** Gary Larsons Cartoon erfaßt das wesentliche Manko der Gruppenselektions-Theorie, nämlich, daß die eigennützigen „Mutanten" gegenüber ihren aufopferungsbereiten (genetisch bedingte Suizidbereitschaft) Artgenossen einen Selektionsvorteil hätten.

1.3 Die Wissenschaft der Hypothesenprüfung

Theorien prägen unsere Hypothesen. Wer von Darwins Theorie der individuellen Selektion ausgeht, entwickelt ultimate Hypothesen anderer Art als jemand, der eine Evolution durch Gruppenselektion annimmt. Eine vergleichbare Beziehung zwischen Theorie und Hypothesenentwicklung gibt es bei Studien zu den proximaten Grundlagen des Verhaltens. Beispielsweise hatte die Theorie, daß die Entwicklung eines Organismus sich als Wechselspiel zwischen den Erbanlagen eines Individuums und seiner Umwelt vollzieht, einen großen Einfluß auf die Diskussion über die Ursachen angeborenen und erlernten Verhaltens (Kap. 2 und 4).

Wenn sich aber ein Wissenschaftler eine mögliche Erklärung, sei sie proximat oder ultimat, einmal ausgedacht hat, was dann? Kernstück wissenschaftlicher Arbeit ist die Bewertung von Hypothesen zur Frage, warum bestimmte Dinge passieren. Wenn Wissenschaftler Hypothesen prüfen, müssen sie zunächst einmal eine oder mehrere prüfbare Voraussagen (bezüglich erwarteter Beobachtungen) aus ihnen ableiten. Um dann die Richtigkeit der Voraussagen zu testen, vergleicht man die erwarteten Beobachtungen mit der Wirklichkeit (den tatsächlichen Beobachtungen). Falls die Voraussage nicht mit der Realität übereinstimmt, kann die Hypothese als vermutlich falsch verworfen werden. Hypothesen, die zu korrekten Voraussagen führen, können vorläufig akzeptiert werden.

Beispielsweise könnte jemand erklären wollen, wie das Nervensystem eines *Automeris*-Falters das Flügelspreizen ermöglicht. Er könnte vermuten, daß eine spezielle Nervenzelle dafür zuständig ist, die Muskelkontraktionen auszulösen, welche die Reaktion bewirken. Derartige Zellen gibt es bei anderen Tieren. Falls diese Hypothese stimmt, sollte es möglich sein, eine bestimmte Nervenzelle ausfindig zu machen, deren Reizung bewirkt, daß in einem lebenden, fixierten Falter das Flügelspreizen auftritt (Voraussage). Wenn die Aktivierung aller in Frage kommenden Zellen das Flügelspreizen nicht ausgelöst hat (Prüfung), wäre es konsequent, die ursprüngliche

Hypothese zu verwerfen und Alternativen in Betracht zu ziehen.

Jemand, der am Wert des Flügelspreizens für die Fortpflanzung interessiert ist, geht prinzipiell denselben Weg. Er oder sie könnte vermuten, daß das Präsentieren der Augenflecken Beutegreifer abschreckt und damit die Überlebens- und Fortpflanzungschancen bei flügelspreizenden Individuen erhöht. Dies wäre dann die Ursache dafür, daß sich das Verhalten in dieser Art durch natürliche Selektion ausbildete. Falls dies richtig ist, müßten *Automeris*-Falter, bei denen die Augenflecken experimentell mit gelber Farbe bedeckt sind, folglich von Beutegreifern häufiger verzehrt werden als Falter mit intakten Augenflecken. Sollte diese Voraussage nicht bestätigt werden, würden wir die Abschreckungs-Hypothese für die Augenflecken anzweifeln.

1.3.1 Das Prüfen von Alternativhypothesen

Untersuchen wir das Prüfen von Hypothesen noch genauer anhand eines anderen anschaulichen Beispiels. Hanuman-Languren (*Presbytis entellus*) leben in Gruppen, die gewöhnlich aus einem großen, fortpflanzungsaktiven Männchen und mehreren kleineren adulten Weibchen mit ihren Nachkommen bestehen (Abb. 1-8). Von Zeit zu Zeit wird das etablierte Männchen von einem Neuling aus der Gruppe vertrieben, gewöhnlich nach einer Reihe von heftigen Auseinandersetzungen. Nach einer solchen Gruppenübernahme steigt die Todesrate unter den Jungtieren oft sprunghaft an. Nach Auffassung von Sarah Hrdy war das neue Männchen für den Tod der Jungtiere verantwortlich, obwohl die Weibchen versuchten, ihre Babys zu schützen (Abb. 1-9) [470, 469].

Um den Infantizid auf der proximaten Ebene zu erklären, hätte Hrdy Hypothesen darüber aufstellen können, welchen Effekt eine Gruppenübernahme auf den Testosteron-Spiegel von Männchen und ihr Aggressionsverhalten hat, oder sie hätte überlegen können, welche Auswirkungen frühe soziale Erfahrungen auf Männchen haben, die später Junge töten. Hrdy war aber an der ultimaten Bedeutung des Infantizids durch Männchen interessiert. Sie vermutete, daß infantizidale Männchen ihren Fortpflanzungserfolg steigern, indem sie Säuglinge beseitigen, die von einem Rivalen gezeugt wurden. Laktierende Weibchen ovulieren nicht und können deshalb mit dem neuen Männchen keine Nachkommen haben. Weibchen aber, die ihre abhängigen Jungen verlieren, hören auf zu laktieren und kommen wieder in den Östrus, so daß eine Eizelle produziert wird, die vom neuen Männchen befruchtet werden kann. Nach Hrdy kann ein Männchen, das Infantizid begeht, die Anzahl eigener Nachkommen erhöhen, weil das Weibchen dann schneller als sonst von ihm geschwängert werden kann.

Eine schwache Prüfung dieser Hypothese würde darin bestehen, eine Voraussage aus ihr abzuleiten und diese zu testen, ohne auf Alternativhypothesen einzugehen. Eine solche Prüfung ist nicht sehr aussagekräftig, weil eine oder mehrere der nicht formulierten Alternativhypothesen zu genau derselben Voraussage führen könnten. Eine strenge Prüfung der Hypothese verlangt, daß wir zunächst einmal andere mögliche Erklärungen für den Infantizid durch Männchen bei Languren zusammentragen. Aus den Alternativhypothesen können wir dann eine Reihe von sich nicht überschneidenden Voraussagen ableiten, anhand derer sich die konkurrierenden Vorstellungen bewerten lassen.

Vergleichen wir einmal die beiden Arten der Prüfung. Die Hypothese von der sexuellen Konkurrenz besagt, daß die Männchen, die Infantizid begehen, schneller und häufiger zur Fortpflanzung kommen, indem sie Säuglinge beseitigen, deren Anwesenheit für einen längeren Zeitraum verhindern würde, daß ihre Mütter in den Östrus kommen. Eine von vielen Voraussagen, die sich aus dieser Hypothese ergeben, ist die, daß neue Männchen ihr infantizidales Verhalten einstellen sollten, sobald die ersten eigenen Nachkommen von den Weibchen der Gruppe geboren werden. Falls die Männchen ihren eigenen Nachwuchs beseitigten, würde dies ihren eigenen Fortpflanzungserfolg nicht erhöhen, sondern vermindern.

Die Daten, die hinsichtlich dieser Voraussage von Relevanz sind, ergeben kein eindeutiges Bild. Bei 60 bis 70 dokumentierten Fällen von Infantizid nach einer Gruppenübernahme wurde der Täter in weniger als 15 Fällen tatsächlich beobachtet [884, 905]. In den meisten Fällen wurde auf Infantizid geschlossen, da beobachtet worden war, wie ein Männchen ein Jungtier angriff, das kurz darauf verschwunden war. Außerdem muß die Vaterschaft gewöhnlich geschätzt werden, anhand des Wissens darüber, wer das dominante Männchen war, als die Mutter trächtig wurde; hier bleibt Spielraum für Fehler. Aber selbst ein strenger Kritiker der Hypothese der sexuellen Konkurrenz wird einräumen, daß in einer überwiegenden Mehrheit der Fälle, in denen die Vaterschaft des getöteten Jungen mit einiger Sicherheit bestimmt werden konnte, der Kindestöter mit aller Wahrscheinlichkeit nicht der Vater war [86, siehe auch 886].

1.3.2 Das Prüfen von Hypothesen zum Infantizid

Akzeptieren wir also, daß die Voraussage eines „selektiven" Infantizids durch Beobachtungen an Langurengruppen gestützt wird. Dies ist eine Prüfung der Hypothese der sexuellen Konkurrenz in dem Sinne, daß wir die Hypothese hätten verwerfen können, falls Männchen regelmäßig ihren eigenen Nachwuchs töteten. Aber es könnte Alternativen zur Hypothese der sexuellen Konkurrenz geben, die mit gleichem Recht verdienen, geprüft zu werden.

Beispielsweise könnte der Infantizid zur Zeit der Gruppenübernahme für das tötende Männchen adaptiv sein, weil es das Junge verzehrt und so hochwertige Nahrung zu einer Zeit erhält, in der es aufgrund der Anstrengungen bei der Gruppenübernahme einen hohen Energiebe-

Abb. 1-8: **Eine Gruppe von weiblichen Hanuman-Languren mit ihrem Nachwuchs.** Gruppen wie diese stehen im Mittelpunkt von Kämpfen zwischen Männchen um einen Harem mit Geschlechtspartnerinnen. Foto von Sarah Hrdy/Anthro-Photo.

Abb. 1-9: **Ein infantizidales Langurenmännchen** flüchtet vor einem Weibchen, dessen Junges es schwer verletzt hat. Foto von Volker Sommer, aus Sommer (884).

darf hat. Die Tatsache, daß das neue Männchen Jungtiere tötet, die nicht mit ihm verwandt sind, könnte dann ein Nebeneffekt des Versuchs sein, während der kraftzehrenden Übernahme proteinreiche Nahrung zu erlangen, denn zu diesem Zeitpunkt sind natürlich alle getöteten Jungtiere von einem anderen Männchen gezeugt.

Eine zweite Alternative wäre, daß Infantizid überhaupt nicht adaptiv ist, sondern statt dessen ein pathologisches Sozialverhalten darstellt, das unter ungewöhnlichen Bedingungen entsteht, für die Languren keine passende Reaktion entwickelt haben. Es ist nicht garantiert, daß jede Eigenschaft einer Art tatsächlich den Fortpflanzungserfolg der Individuen erhöht. Aus mehreren wichtigen Gründen dürfen wir bei einigen Eigenschaften, einschließlich einiger Verhaltensweisen, erwarten, daß sie keine oder sogar eine nachteiligen Auswirkung auf die Fitness haben (Kap. 8). Es kann daher für Forscher lohnend sein, Hypothesen in Betracht zu ziehen, nach denen eine Eigenschaft nicht adaptiv ist. Beispielsweise könnte Infantizid eine pathologische Reaktion sein, die durch menschliche Störungen hervorgerufen wird. In Indien werden Languren häufig von der Bevölkerung gefüttert. Zusätzliche Futtergaben schaffen künstlich hohe Populationsdichten und bringen Gruppen miteinander in häufigen Kontakt, die sich ansonsten meiden würden. Unter diesen abnormen Bedingungen kommt es öfter zu Kämpfen als unter „natürlichen" Lebensbedingungen, mit dem möglichen Nebeneffekt, daß bisweilen Jungtiere von Männchen ihrer eigenen Gruppe angegriffen und getötet werden. Die Männchen töten nur deshalb selten ihren eigenen Nachwuchs, weil Interaktionen zwischen den Gruppen den größten pathologischen Effekt auf diejenigen Männchen haben, die erst kürzlich zur Gruppe gestoßen sind. Solche Männchen sind zu dieser Zeit vielleicht in einem besonders „nervösen" und „gestreßten" Zustand. Dies liefert nach der Sozialpathologie-Hypothese eine proximate Erklärung für Verhaltensweisen, die keine adaptive Bedeutung haben.

In Tabelle 1-2 sind einige der Voraussagen, die aus den drei Alternativ-Hypothesen abgeleitet werden können, aufgeführt. Indem wir die Alternativen nebeneinander betrachten, können wir Informationen gewinnen, die uns helfen, zwischen ihnen zu entscheiden. Die Kannibalismus-Hypothese verlangt, daß wir Fälle beobachten, in denen ein neues Männchen ein Junges nach der Tötung frißt. Dies hat noch nie jemand gesehen (wie oben angemerkt, wurden Männchen allerdings selten direkt beim Töten beobachtet). Das Fehlen des Hauptbeweises schwächt das Argument, daß der Tötung ein Kannibalismus mit adaptivem Wert zugrunde liegt.

Gemäß der Sozialpathologie-Hypothese sollte Infantizid durch Männchen in Languren-Populationen mit geringer Dichte oder solchen, die kein zusätzliches Futter erhalten, fehlen. Der Streit um diesen Punkt dauert an; allerdings tritt Infantizid durch männliche Languren an mindestens zwei Orten auf, an denen sie nicht durch Menschen gefüttert werden [691, 905]. Falls diese Languren nicht ungewöhnlich dicht gedrängt leben, spricht die Tatsache, daß Infantizid auftritt, gegen die Sozialpathologie-Hypothese.

Außerdem beinhaltet die Sozialpathologie-Hypothese die Voraussage, daß Infantizid bei anderen Tieren als Languren ebenfalls auf solche Fälle beschränkt sein sollte, in denen menschliche Eingriffe die soziale Umwelt einer Art erheblich verändert haben. Inzwischen gibt es eine Vielzahl an Informationen über Infantizid durch neu zu einer Gruppe stoßende Männchen bei anderen Primaten, anderen Säugetieren [545, 954] und sogar Vögeln, bei denen das Verhalten unter ganz „natürlichen" Bedingungen auftritt [421, 950]. Beispielsweise tritt Infantizid bei Löwen (*Panthera leo*) voraussagbar auf, wenn eine Gruppe von Männchen eine andere aus einem Rudel mit mehreren Weibchen verdrängt, falls einige der Löwinnen Junge haben, die weniger als 9 Monate alt sind [774]. Die eindringenden Männchen gehen auf diese Jungen los und versuchen sie zu töten (Abb. 1-10), obwohl – was entsprechend auch für Languren gilt – die Weibchen (manchmal erfolgreich) versuchen, ihre Jungen zu schützen. Löwinnen, die ihre Jungen nicht verlieren, können alle zwei Jahre gebären, bei Weibchen hingegen, die einen

Tab. 1-2: Voraussagen, die sich aus drei verschiedenen Hypothesen zur **Evolution des Infantizids** bei Langurenmännchen ergeben.

Voraussage	Alternativhypothesen		
	Sexuelle Konkurrenz	Kannibalismus	Pathologisches Sozialverhalten
Männchen töten die Jungen anderer Männchen.	++	+	+
Männchen verzehren getötete Jungtiere.	-	++	-
Infantizid tritt nur unter abnormen Bedingungen auf, die auf menschlichen Einfluß zurückgehen.	-	+	++
Nach experimentellem Entfernen eines dominanten Männchens tritt während der Gruppenübernahme durch ein anderes Männchen Infantizid auf, ohne daß es zur Aggression zwischen zwei Männchen gekommen ist.	++	-	-

- = Von der Hypothese nicht vorausgesagt.
+ = Tritt nach der Hypothese unter bestimmten Bedingungen auf.
++ = Kritische Voraussage der Hypothese; falls sie nicht bestätigt wird, ist die Hypothese zu verwerfen.

Infantizid nicht verhindern konnten, stellt sich der Östrus wieder ein, und sie paaren sich mit dem Männchen, das ihren Nachwuchs getötet hat. Da ein Männchen erwarten kann, im Durchschnitt gerade 2 Jahre im Rudel zu bleiben und Zugang zu den Weibchen zu haben, ist der Fortpflanzungsvorteil, den der Infantizid für das Männchen bringt, offensichtlich. Es ist daher nicht überraschend, wenn angenommen wird, daß zumindest in einigen Populationen die Männchen für etwa ein Viertel aller Todesfälle bei Jungtieren verantwortlich sind [774]. Die Tatsache, daß Löwen (und andere Tiere) unter natürlichen Bedingungen so häufig Infantizid begehen, vermindert die Glaubwürdigkeit der Sozialpathologie-Hypothese.

Schließlich wird die Hypothese der sexuellen Konkurrenz durch experimentelle Untersuchungen an Vögeln unterstützt [287, 508], von denen einige mit Rotstirn-Jassanas (*Jacana jacana*) durchgeführt wurden. Bei diesen Wasservögeln sind die typischen Geschlechterrollen vertauscht. Die Weibchen verteidigen einen „Harem" von Männchen, die sich um ihren Nachwuchs kümmern (Kap. 14). Stephen Emlen und Natalie Demong entfernten einige Weibchen, so daß ihre verschiedenen männlichen Partner für eine Übernahme durch benachbarte Weibchen zur Verfügung standen. Die Nachbarweibchen begaben sich tatsächlich in die freigewordenen Territorien und in drei von vier Fällen töteten sie entweder die Jungen oder verjagten sie aus dem Gebiet. Innerhalb von 48 Stunden paarten sich die Männchen, die ihren Nachwuchs verloren hatten, mit den Weibchen, die den Infantizid begangen hatten. Durch den Infantizid hatten die Weibchen früher Betreuer für ihre künftigen Gelege, als wenn sie gewartet hätten, bis die Männchen die Aufzucht ihrer derzeitigen Brut abgeschlossen haben [287].

1.3.3 Gewißheit und Wissenschaft

Die Diskussion über den Infantizid, die Sie gerade gelesen haben, entsprach meinem Denken bis Anfang 1992. Zu dieser Zeit hatte ich noch das Gefühl, daß die Mehrheit der Belege die Hypothese von der sexuellen Konkurrenz bei Languren stützt. Im Februar 1992 erhielt ich jedoch ein Manuskript von Lloyd Davis und Stephen Downes mit einer Alternativhypothese, die zuvor nicht in Betracht gezogen worden war.

Die Aggressions-Hypothese von Davis und Downes besagt, daß der Infantizid bei Languren ein nichtadaptiver Nebeneffekt einer adaptiven Eigenschaft ist, nämlich der Fähigkeit von Männchen, die eine Gruppe übernehmen, während und kurz nach der Übernahme extrem aggressiv zu werden. Nach der Aggressions-Hypothese hilft die adaptive Fähigkeit zu äußerster Aggressivität niederrangigen Außenseiter-Männchen das/die dominante(n) Männchen in der Gruppe zu stürzen und Widerstand, den andere Gruppenmitglieder ihrer Anwesenheit entgegenbringen, zu überwinden. Aufgrund ihrer Aggressivität während der Übernahme und der anschließenden unruhigen Wochen und Monate können neue Männchen, als Nebeneffekt ihrer erhöhten Aggressionsbereitschaft, allerdings manchmal junge Gruppenmitglieder angreifen und sogar töten.

Aus der Aggressions-Hypothese folgen teilweise dieselben Voraussagen wie aus der Hypothese der sexuellen Konkurrenz. Beispielsweise ist eine wesentliche Voraussage beider Hypothesen, daß Infantizid durch neue Männchen während einer Periode sozialer Instabilität auftritt, wie sie während einer Gruppenübernahme und einige Zeit danach gegeben ist. Als Folge ist die Tötung von Nachkommen anderer Gruppenmitglieder zu erwarten. Die Überschneidung bezüglich der Voraussagen macht eine Entscheidung darüber, welche der beiden

Abb. 1-10: **Infantizid durch ein Löwenmännchen.** Foto von George Schaller.

Hypothesen mit größerer Wahrscheinlichkeit richtig ist, schwierig. Davis und Downes weisen aber auch darauf hin, daß die wenigen Informationen über den Einfluß eines Infantizids auf den Östrus-Zyklus der Weibchen eine wichtige Voraussage, die nur aus der Hypothese der sexuellen Konkurrenz folgt, nicht stützen. Diese Hypothese geht von der Voraussetzung aus, daß Männchen sich früher mit Weibchen paaren, die ihren fürsorgebedürftigen Nachwuchs verloren haben. Jedoch kommen Weibchen, die dieser Kategorie zuzuordnen sind, im Durchschnitt nicht schneller wieder in den Östrus als solche, die ihr Junges nicht vorzeitig verloren haben (26 Fälle, für welche Daten vorliegen) [225]. Ein anderer Wissenschaftler, Volker Sommer, hat errechnet, daß das mittlere Intervall zwischen den Geburten bei Weibchen, die ihren Nachwuchs vorzeitig verloren haben, gegenüber solchen, deren Junge bis zur Empfängnis des nächsten Nachwuchses überleben, doch etwas kürzer ist (15,4 versus 17,2 Monate) [885]. Diese Daten sind mit der Hypothese der sexuellen Konkurrenz im Einklang, obwohl der Unterschied nicht groß ist.

Vor dem Hintergrund der verschiedenen Untersuchungen und Schlußfolgerungen durch verschiedene Wissenschaftler wird (und sollte) die Diskussion um den möglichen adaptiven Wert des Infantizids bei Languren andauern. Dieser Fall bietet ein schönes Beispiel dafür, weshalb völlige Gewißheit in der Wissenschaft nie erreicht wird. An einem Argument, das als besonders stark erscheint, können schon am nächsten Tag zuvor nicht berücksichtigte Fehler festgestellt werden. Glücklicherweise kritisieren Wissenschaftler untereinander ständig ihre Ideen, humorvoll oder in anderer Weise, und dies lenkt die Aufmerksamkeit auf Alternativen, wie am Beispiel des Infantizids bei Languren gezeigt wurde. Weitere Tests sind dann nötig, bevor ein neuer vorläufiger Konsens erzielt ist, ein Konsens, der wiederum aufgegeben werden kann angesichts neuer Ideen, neuer Voraussagen und neuer Prüfungen.

Die Ungewißheit der Wahrheit, welche die Wissenschaftler akzeptieren (zumindest, wenn sie über die Ideen anderer sprechen), erfüllt viele Nicht-Wissenschaftler mit Unruhe, zum Teil deshalb, weil wissenschaftliche Ergebnisse der Öffentlichkeit gewöhnlich präsentiert werden, als seien es die Zehn Gebote. Aber jeder, der einmal einen Blick auf die Geschichte irgendeines Forschungsprogramms wirft, wird lernen, daß fortlaufend neue Ideen auftauchen und alte regelmäßig ersetzt oder verändert werden. Die Fähigkeit, sich zu wandeln, neue Einsichten zu integrieren, eine Idee wiederholt zu prüfen und jene Hypothesen zu verwerfen, die ihren Prüfungen nicht standhalten, macht das Wesen der Wissenschaft aus.

Zusammenfassung

1. Grundlegende Fragen zum Verhalten von Tieren fallen in zwei Kategorien. Wie-Fragen erfordern Antworten zu den proximaten Ursachen des Verhaltens: Wie genetische und entwicklungsbiologische sowie sensorische und motorische Mechanismen in einem Individuum Verhalten bewirken. Warum-Fragen verlangen nach Antworten zu den ultimaten Ursachen des Verhaltens: Warum diese Mechanismen entstanden sind und auf welche Weise bestimmte Verhaltensmuster den Individuen helfen, sich trotz Schwierigkeiten in ihrem Lebensraum fortzupflanzen.
2. Hinsichtlich der ultimaten, evolutionären Fragen gibt es zwei verschiedene Theorien darüber, welche Selektionskräfte die Evolution einer Art beeinflussen könnten. Darwin behauptete, daß sich der evolutive Wandel durch natürliche Selektion auf Ebene der Individuen vollzieht, falls genetisch verschiedene Individuen eine unterschiedliche Anzahl überlebender Nachkommen haben. Wynne-Edwards behauptete, daß der evolutive Wandel durch Gruppenselektion hervorgerufen wird, falls sich verschiedene Gruppen aufgrund genetischer Differenzen, die zwischen ihnen bestehen, erheblich in ihren Langzeit-Überlebenschancen unterscheiden.
3. Selektion auf Ebene der Individuen dürfte eine stärkere Triebkraft evolutiven Wandels sein als die Gruppenselektion. Eine Eigenschaft, die von der Gruppenselektion begünstigt wird, kann dazu führen, daß ein Individuum weniger von seinen Genen weitergibt als Artgenossen mit alternativen Eigenschaften, die den individuellen Erfolg bei der Weitergabe der Gene fördern. Falls dies so ist, dürfte das der Gruppe nützliche Gen mit der Zeit durch das alternative Allel ersetzt werden, selbst dann, wenn dies auf lange Sicht schädlich für das Überleben der Gruppe ist.
4. Da Gene im Hinblick auf die Überlebensfähigkeit ausgelesen wurden, sollten die Eigenschaften, die sich auf Grundlage des gegenwärtig vorhandenen Erbguts entwickeln, das Überleben dieser Gene fördern. Dies ist eine der wesentlichen Annahmen, die Arbeitshypothesen über die Evolution adaptiver Verhaltensweisen zugrunde liegen.
5. Wissenschaftliche Hypothesen müssen geprüft werden. Eine Prüfung beginnt mit der Annahme, die Hypothese (mögliche Erklärung) sei wahr, um dann Voraussagen (bezüglich erwarteter Beobachtungen) aus ihr abzuleiten. Tatsächliche Beobachtungen (Prüfung) werden gesammelt und mit den vorausgesagten verglichen. Falls die aus einer Hypothese abgeleiteten Voraussagen einer Prüfung nicht standhalten, muß die Hypothese verworfen werden. Hält eine Hypothese wiederholten Prüfungen stand, und gibt es Resultate, die alternative Erklärungen für dasselbe Phänomen ausschließen, kann die Hypothese vorläufig als wahr akzeptiert werden. Ihr weiteres Schicksal hängt von neuen Informationen und der Entwicklung bislang ungeprüfter Alternativhypothesen ab.
6. Der Reiz einer evolutionsbiologischen Untersuchung des Verhaltens von Tieren besteht darin, daß ein theoretisches Konzept zugrunde liegt (Darwins Theorie der natürlichen Selektion), und daß plausible Arbeitshypothesen zu einem breiten Spektrum biologischer Fragen abgeleitet werden können, von denen viele leicht zu prüfen sind.

Empfohlene Literatur

Zu denjenigen Büchern, welche die Neugier und Begeisterung vermitteln, die Biologen beim Studium der proximaten Grundlagen tierlichen Verhaltens fühlen, gehören Vincent Dethiers „To Know A Fly" [235] und Kenneth Roeders „Nerve Cells and Insect Behavior" [794]. Niko Tinbergens „Tierbeobachtungen zwischen Arktis und Afrika" [928] und Konrad Lorenz' „King Solomon's Ring" [585] schlagen eine Brücke zwischen proximaten und ultimaten Ansätzen, ebenso wie Howard Evans „Life On A Little Known Planet" [295] und Michael Ryans „The Tungara Frog" [818].

Als Bücher, welche die Faszination von Verhaltensuntersuchungen im Freiland widerspiegeln, kommen die folgenden in Betracht: Evans „Wasp Farm" [296], Bernd Heinrichs „In a Patch of Fireweed" [431], George Schallers „The Year of the Gorilla" [832] und Tinbergens „The Herring Gull's World" [930], ebenso wie Shirley Strums „Almost Human" [902] und Cynthia Moss' „Elephant Memories" [676].

Charles Darwin hat Wesentliches über das Prinzip der natürlichen Selektion in „Über die Entstehung der Arten" ausgeführt [211]. G. C. Williams' Klassiker „Adaptation and Natural Selection" widerlegt sorgfältig Argumente für das Artwohl als Evolutionskraft. Marian Stamp Dawkins hat ein wertvolles Buch („Unravelling Animal Behavior") zu Grundlagen der Verhaltensbiologie geschrieben [226]. Richard Dawkins bietet äußerst anregende Analysen zur Verhaltensevolution in „Das egoistische Gen" [227] und „Der blinde Uhrmacher" [229].

Einige Originalarbeiten [168, 419, 797] stellen schließlich sehr klar dar, wie man Wissenschaft betreibt, indem man alternative Hypothesen prüft. In dieser Hinsicht möchte ich auch ein wunderbares Buch von Bernd Heinrich empfehlen, „Die Seele der Raben" [433].

Diskussionsfragen

1. Zwei Gesprächspartner unterhalten sich darüber, warum Menschen so viele Süßigkeiten essen und so viel Limonade trinken. Einer von ihnen behauptet, dies geschehe aufgrund des süßen Geschmacks dieser Nahrungsmittel. Die Wahrnehmung von Süße sei positiv gefühlsbetont, und deshalb lernten die Leute, Nahrungsmittel zu konsumieren, die ihnen diese angenehme Erfahrung verschaffen. Der andere aber entgegnet, daß diese Erklärung den Kern der Sache nicht treffe. Menschen nähmen zuckerhaltige Nahrungsmittel zu sich, weil sie als reichhaltige Energiequelle dazu dienen, unseren Stoffwechsel anzutreiben und uns am Leben zu erhalten. Zeigen Sie mit Hilfe der Begriffe proximat und ultimat, daß dieser Streit völlig unnötig ist.
2. Warum stellt das folgende (hypothetische) Zitat ein Beispiel für die Annahme einer Gruppenselektion dar, und was ist der logische Fehler: „Viele Elchkälber sterben im ersten Jahr; allerdings brauchen auch nicht viele zu überleben, um die Population stabil zu erhalten, da jährlich nur etwa 15 % der adulten Tiere sterben. Es scheint fast so, als seien überschüssige Jungtiere zum Gefressenwerden eingeplant, damit ein ausreichender Energietransfer gewährleistet ist, um die wichtigsten Prädatoren und Aasfresser des Systems zu unterstützen."
3. Einige Autoren haben die Ansicht vertreten, daß die Funktion einer Verhaltensweise Folge des Verhaltens selbst sei und deshalb nicht ihre „ultimate Ursache" sein könne [26]. Haben Sie eine Antwort auf diese Argumentation?
4. Wir haben den Infantizid bei Languren weitgehend aus Sicht des Männchens diskutiert. Was aber ist mit den Weibchen? Warum leisten sie den Infantizid-Versuchen der Männchen keinen effektiven Widerstand? Vielleicht tun sie es. Bei einigen Gruppenübernahmen kommen die Weibchen in einen Pseudoöstrus, indem sie sexuell rezeptiv werden, obwohl sie nicht ovulieren, da sie gerade vom zuvor dominanten Männchen trächtig geworden sind. Wie würden Sie die Hypothese prüfen, daß der Pseudoöstrus eine Anpassung ist, die deshalb existiert, weil sie Männchen entgegenwirkt, die Infantizid begehen?
5. Stare bauen manchmal Strünke vom Blattwerk wilder Möhren in ihre Nester ein [168]. Ein Hypothese dazu ist, daß das grüne Laub zur Tarnung der ansonsten braunen Nester beiträgt; eine andere besagt, daß das pflanzliche Material chemische Stoffe enthält, welche die Zahl der Nestparasiten, die Jungstare befallen, vermindern. Sind dies proximate oder ultimate Hypothesen? Wie würden Sie sie prüfen?

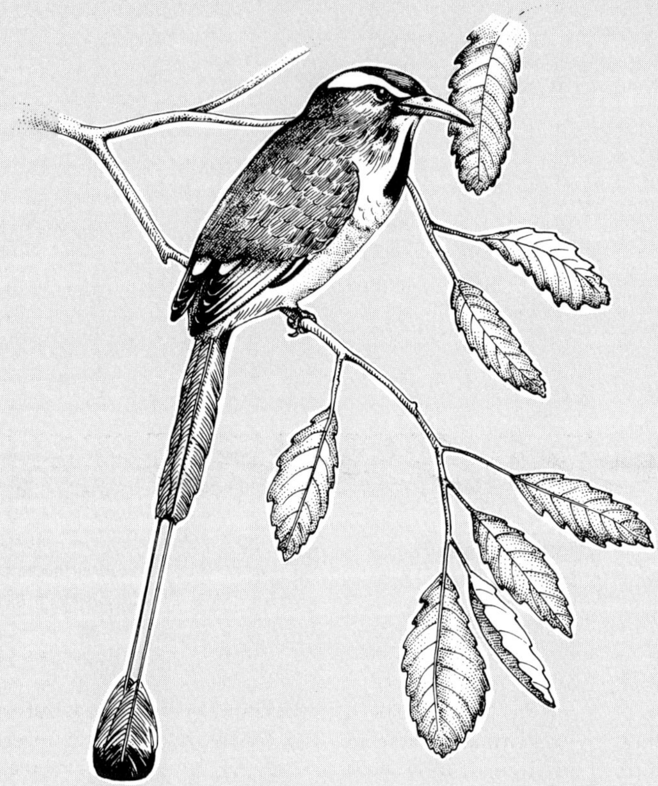

In der Vergangenheit klassifizierten Verhaltensbiologen alles Verhalten als instinktiv oder erlernt. Durch diese beiden traditionellen Kategorien sollte Unterschieden Rechnung getragen werden, die man im Hinblick auf die proximaten Mechanismen annahm, die verschiedenen Verhaltensweisen zugrunde liegen. Instinkte sollten genetisch kontrolliert sein, während man vom Lernen glaubte, daß es weitgehend (oder vollständig) auf Erfahrung (der Umwelt) beruht. Ein zentrales Anliegen dieses Kapitels ist es, zu zeigen, daß alles Verhalten, wie immer man es nennen mag, sich aus einer Wechselwirkung zwischen genetisch bedingten und umweltabhängigen Faktoren ergibt. Die Einflüsse von Erbe und Umwelt wirken während der Entwicklung von Nervensystem und Endokrinium zusammen. Es ist daher nicht gerechtfertigt, Verhalten strikt in genetisch kontrollierte und umweltabhängige Verhaltensweisen zu unterteilen. Es gibt allerdings wichtige Unterschiede bezüglich der proximaten Mechanismen, welche die Verhaltensweisen kontrollieren, die als „angeboren" und „erlernt" bezeichnet wurden. Wir werden versuchen, diese Begriffe zu definieren, und wir werden die Vielfalt untersuchen, die es zwischen diesen und innerhalb dieser Kategorien gibt. Viele Verhaltensweisen lassen sich nicht eindeutig mit dem Begriff einer starren „Instinkthandlung" oder eines flexiblen „Lernprozesses" belegen, da Instinkthandlungen oft durch Erfahrung modifiziert werden und Lernprozesse oft auf bemerkenswerte Weise begrenzt sind. Das Kapitel schließt mit einer evolutionsbiologischen Untersuchung der Frage, warum es verschiedene Formen des Verhaltens gibt, die auf verschiedenen Arten von proximaten Mechanismen beruhen.

2 Die Vielfalt des Verhaltens

2.1 Instinkthandlungen

Zwei große Papageien, der Rosakakadu (*Cacatua roseicapilla*) und der Inkakakadu (*Cacatua leadbeateri*), leben in denselben Eukalyptuswäldern in einigen Gegenden von Australien. Beide Arten brüten in Baumhöhlen und gelegentlich, wenn auch selten, wählen ein Brutpaar des Rosakakadus und ein Brutpaar des Inkakakadus dieselbe Baumhöhle. Die beiden Paare können das Nest für eine Weile teilen, ohne miteinander in Berührung zu kommen, da sie erst kontinuierlich brüten, wenn das Gelege komplett ist, was 3 bis 4 Tage dauert. Schließlich aber gibt es Streit, wenn Inkakakadu und Rosakakadu gleichzeitig brüten wollen. Ausnahmslos vertreibt dann der größere Inkakakadu den kleineren Rosakakadu; der Sieger bebrütet dann, ohne es zu bemerken, sowohl seine eigenen Eier als auch die Eier des vertriebenen Rosakakadus.

Daß Inkakakadus manchmal Rosakakadus aufziehen, ist ein faszinierendes natürliches Experiment zum Einfluß der Erfahrung auf die Verhaltensentwicklung. Zwei australische Ornithologen, Ian Rowley und Graeme Chapman, stellten sich vor diesem Hintergrund die Frage, wie sich die fremdaufgezogenen Rosakakadus verhalten – wie Rosakakadus oder wie Inkakakadus [810]?

Die Antwort hängt davon ab, welches Verhalten wir betrachten. Die von Inkakakadus aufgezogenen Rosakakadu-Jungen geben Rosakakadu-Bettelrufe von sich, wenn sie von ihren Pflegeeltern gefüttert werden wollen; die Inkakakadus gehen darauf ein, obwohl diese Rufe sich deutlich von denen ihrer genetischen Nachkommen unterscheiden. Außerdem geben die fremdaufgezogenen Rosakakadus, lange nachdem sie das Nest verlassen haben, Rosakakadu-Alarmrufe von sich, wenn irgend etwas sie plötzlich erschreckt. Die Kontaktrufe hingegen, mit denen Papageien Verbindung zu anderen Mitgliedern ihres Schwarms halten, klingen bei den fremdaufgezogenen Rosakakadus genau wie bei den Inkakakadus (Abb. 2-1). Außerdem fliegen die fremdaufgezogenen Rosakakadus gewöhnlich mit den langsamen, weit ausholenden Flügelschlägen der Inkakakadus, nicht mit den raschen, flachen Flügelschlägen der Rosakakadus. Und schließlich leben die fremdaufgezogenen Rosakakadus von Nahrung, welche typisch für die Inkakakadus ist, von den Rosakakadus aber normalerweise gemieden wird.

Diese Beobachtungen ermöglichten es Rowley und Chapman, das Verhalten der adoptierten Rosakakadus zu klassifizieren. Der Bettelruf erwies sich als angeboren, der Kontaktruf als erlernt. Der Alarmruf ist ebenfalls angeboren, aber die Art zu fliegen und die Nahrungspräferenzen sind erlernt. Mit anderen Worten, die Entwicklung von Bettel- und Alarmrufen wird durch neue Erfahrungen mit den Inkakakadu-Pflegeeltern nicht abgewandelt, aber die Kontaktrufe, die Ernährungsgewohnheiten und die Flugweise werden durch diese spezifischen Erfahrungen modifiziert.

2.1.1 Ethologie und Instinktverhalten

Die frühen Ethologen untersuchten viele Verhaltensweisen, die – wie Bettel- und Alarmrufe des Rosakakadus – nicht ohne weiteres durch spezifische Umwelteinflüsse, von denen man einen Einfluß auf die Entwicklung hätte erwarten können, modifiziert werden. Niko Tinbergen fand beispielsweise, daß frisch geschlüpfte Silbermöwen irgendwie „wissen", unter welchen Bedingungen sie gefüttert werden. Sie picken nach dem roten Fleck am Schnabel ihrer Eltern, die daraufhin angedauten Fisch oder andere Leckerbissen hervorwürgen [933].

Wenn man, um ein weiteres Beispiel zu nennen, einer brütenden Graugans ein Ei wegnimmt und es ein kleines Stück weglegt, holt die Gans das Ei mit Hilfe einer stereotypen Verhaltensweise zurück, bei der sie den Hals vorstreckt, das Ei mit dem Unterschnabel faßt und ins Nest zurückrollt. Brütende Graugänse „wissen", wie sie

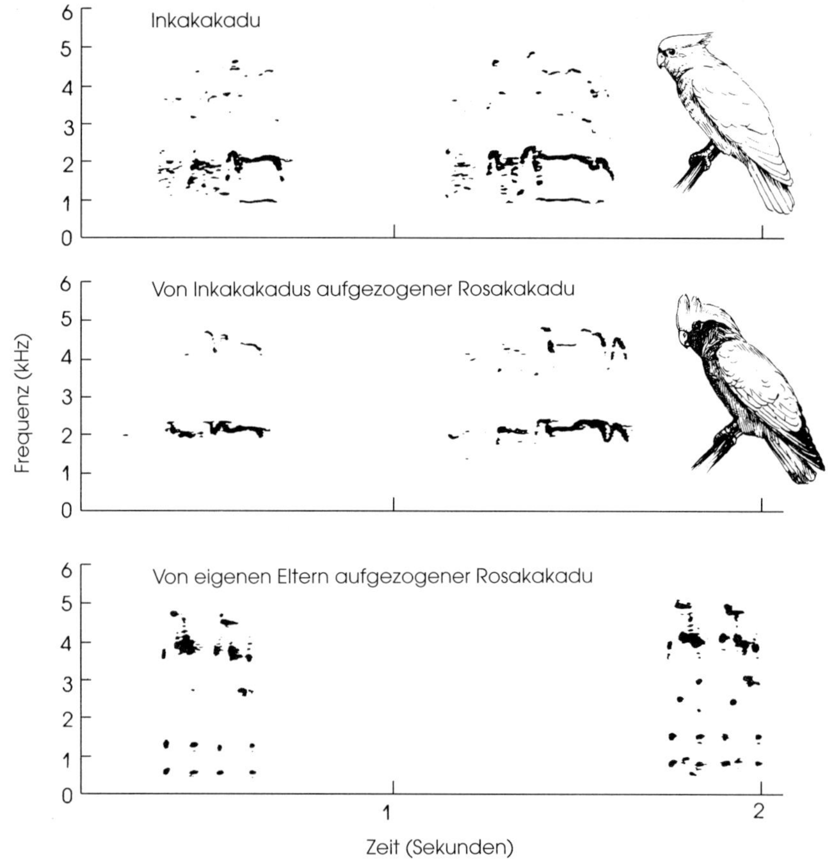

Abb. 2-1: **Sonagramme der Kontaktrufe** eines Inkakakadus, eines von Inkakakadus aufgezogenen Rosakakadus und eines von seinen eigenen Eltern aufgezogenen Rosakakadus. Quelle: Rowley und Chapman (810).

das zu bewerkstelligen haben, auch bei ihrem ersten Gelege und unabhängig davon, wie verschiedenartig ihre Vorerfahrung ist [927].

Wir können eine Instinkthandlung also als ein Verhalten definieren, daß voll funktionsfähig ist, wenn es zum ersten Mal ausgeführt wird. Typischerweise werden solche Verhaltensweisen durch irgendeinen einfachen Reiz ausgelöst. Beispielsweise pickt eine ganz junge Silbermöwe nach fast jedem langen, dünnen Stab, sofern sich am Ende dieses „Schnabels" ein kontrastierender Fleck befindet. Bringt man ein Teilstück eines ausgestopften, weiblichen Rotschulterstärlings (*Agelaius phoeniceus*), das nur aus dem Schwanz und ein paar Rückenfedern besteht, zur Brutzeit in einen Sumpf (das charakteristische Bruthabitat), versuchen die dort ansässigen Männchen, mit dem Balg zu kopulieren, sofern der Schwanz ähnlich aufgerichtet ist, wie Weibchen ihn aufrichten, um ihre Paarungsbereitschaft zu signalisieren (Abb. 2-2).

Die europäischen Ethologen nannten solche Instinktreaktionen **Erbkoordinationen** („fixed action pattern", FAP, siehe Farbtafel 1). Nach ihrer Definition ist die Erbkoordination eine Reaktion, die von selbst vollständig abläuft, wenn sie erst einmal durch einen adäquaten Reiz aktiviert ist. Die entscheidende Komponente eines Objektes, das eine Erbkoordination auslöst, wird **Schlüsselreiz** genannt (oder **Auslöser**, sofern der Schlüsselreiz ein Signal ist, das ein Individuum an ein anderes übermittelt).

Der rote Fleck an der Schnabelspitze einer Silbermöwe ist also der Auslöser einer Erbkoordination, nämlich des Futterbettelns der jungen Silbermöwen. Eine uns besonders vertraute Erbkoordination, das menschliche Gähnen (Abb. 2-3), fungiert ebenfalls als Auslöser. Gähnen erfolgt bei verschiedenen Personen stets sehr ähnlich, dauert etwa 6 Sekunden, kann kaum mitten in der Ausführung unterbrochen werden und ist ansteckend; es löst bei anderen, die jemanden gähnen sehen oder hören, ebenfalls ein Gähnen aus [768].

Abb. 2-2: **Instinktverhalten:** (A) Ein Möwenjunges pickt nach einem langen, dünnen Stab, der eine gestreifte Spitze hat. Dieser löst bei sehr jungen Möwen das Bettelverhalten wirkungsvoller aus als eine realitätsnahe Attrappe eines Elternvogels. Nach Tinbergen (928). (B) Ein Rotschulterstärling „kopuliert" mit einer Attrappe; diese besteht aus einem Federbüschel und dem Schwanz eines Weibchens, der aufgerichtet ist wie bei der Paarungsaufforderung des Weibchens. (C) Eine Graugans ist gerade dabei, ein Ei in das Nest einzurollen. Die Gans führt den Bewegungsablauf auch dann vollständig aus, wenn das Ei mitten in der Bewegung entfernt wird.

Abb. 2-3: **Das Gähnen**, Auslöser für Gähnen bei anderen Menschen. Foto von Tim Ford, mit freundlicher Genehmigung von Robert Provine.

2.1.2 Code-Knacker

Die einfache Beziehung zwischen Reiz und Erbkoordination wird auch dadurch erhellt, daß es „Code-Knacker" gibt. Code-Knacker sind Vertreter einer Art, die sich die Erbkoordinationen einer anderen Art zunutze machen [993]. Ein exzellenter Code-Knacker ist der Kurzflügler *Atemeles pubicollis*, der seine Eier in das Nest der Kleinen Roten Waldameise (*Formica polyctena*) legt [455]. Die Käferlarven produzieren ein **Pheromon**, das die Ameisenarbeiterinnen veranlaßt, die parasitierenden Käferlarven in ihre Brutkammern zu tragen. Dort ernähren sich die Käferlarven von Ameiseneiern und -larven. Mit dieser Speisekammer noch nicht zufrieden, imitieren die Parasiten auch das Futterbetteln der Ameisenlarven, indem sie die Mandibeln der Ameisenarbeiterinnen mit ihren eigenen Mundwerkzeugen betrillern. Dies löst bei den Ameisen das Hervorwürgen von flüssiger Nahrung (Erbkoordination) aus. Die Larven verwandeln sich schließlich zu adulten Käfern, die ebenso die Auslöser imitieren, welche die Ameisenarbeiterinnen veranlassen, sie zu füttern (Abb. 2-4).

Code-knackende Arten können sogar einen übersteigerten Schlüsselreiz, einen **übernormalen Auslöser**, anbieten. Dieser ist wirkungsvoller als der biologisch richtige Reiz. Verschiedene Vogelarten, wie der Kuckuck (*Cuculus canorus*) und der nordamerikanische Braunkopf-

Kuhstärling (*Molothrus ater*), sind **Brutparasiten** [403, 993]. Weibchen dieser Arten machen das Nest eines Vogels einer anderen Art, der in der Regel kleiner ist als sie selbst, ausfindig. Wenn der Nestbesitzer bei der Eiablage oder beim Brüten eine Pause einlegt und sein Nest verläßt, schlüpft der auf der Lauer liegende Brutparasit in das Nest, legt schnell ein Ei und verschwindet wieder. Wenn der Nestbesitzer zurückkehrt, stört er sich oft nicht an der Erweiterung des Geleges und brütet das Kuckucksei aus.

Nach dem Schlüpfen kann der junge Kuhstärling oder Kuckuck instinktgeleitet einige der anderen Eier aus dem Nest werfen (Abb. 2-5), so daß er das Futter, welches seine Wirtseltern ans Nest bringen, möglichst für sich allein hat. Der Parasit wächst schnell und wird bald größer und aktiver, als die eigenen Nachkommen des Wirtsvogels es wären. Die Anregung zum Füttern hängt bei den meisten Singvogeleltern davon ab, wie hoch ein Nestjunges sich reckt, wie laut seine Bettelrufe sind, und wie energisch es mit seinem Kopf und dem übrigen Körper wippt. Wirtseltern, die mit einem Kuhstärlings- oder Kuckucksjungen konfrontiert werden, sind übernormalen Bettelreizen ausgesetzt. Sie leisten zusätzliche Arbeit, um den Riesenhunger des Parasiten zu stillen (Abb. 2-6).

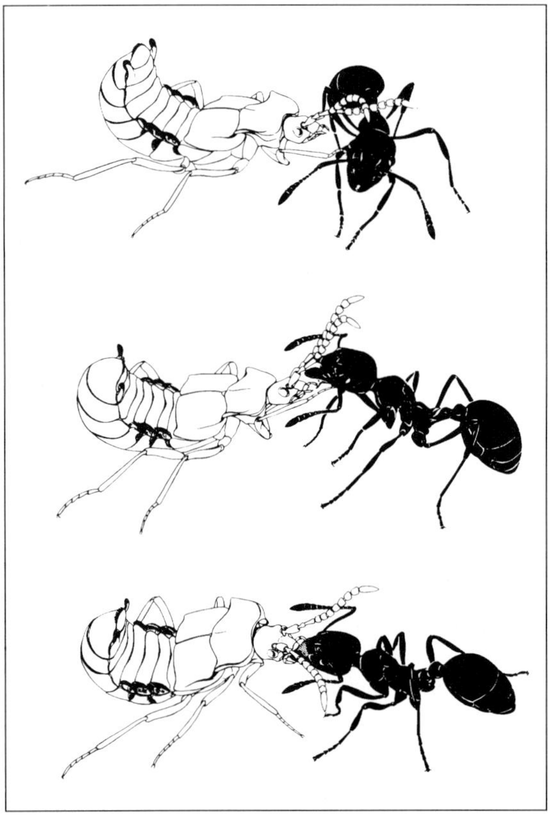

Abb. 2-4: **Ein Code-knackender Kurzflügler** ahmt Auslöser nach, die seine Ameisenwirte zum Füttern veranlassen. Der Käfer betrillert eine Ameisenarbeiterin zunächst mit seinen Antennen, berührt dann ihre Mundwerkzeuge mit seinen Vorderbeinen und verzehrt anschließend die von der Ameise hervorgewürgte Nahrung. Zeichnung von Turid Forsyth.

2.2 Lernen

Während die Ethologen das Instinktverhalten in den Mittelpunkt stellten, machten die Psychologen die Untersuchung des erlernten Verhaltens zu ihrem Hauptziel. Forscher, die sich für Instinktverhalten interessieren, haben viele Beispielfälle für rein „mechanisches" Verhalten entdeckt; Psychologen können ihrerseits auf eine ebenso große Zahl an Beispielen für Lernen – dauerhafte Veränderungen des Verhaltens als Folge bestimmter Erfahrungen – verweisen.

Man denke etwa an die erlernten Verhaltensänderungen, die auftreten, wenn Tiere Assoziationen zwischen Ereignissen in ihrer Umgebung und ihren eigenen Reaktionen ausbilden. Eine Form assoziativen Lernens ist die **klassische Konditionierung** [250]. Dieses Phänomen wurde zuerst durch den russischen Physiologen Iwan Pawlow untersucht. Pawlow präsentierte einem Hund regelmäßig ein bestimmtes Schall- oder Lichtsignal gerade dann, wenn er ihm etwas Fleisch ins Maul gab, und konnte zeigen, daß bald schon jedesmal dann Speichelfluß beim Hund einsetzte, wenn er den Schallreiz hörte oder das Lichtsignal sah, auch wenn kein Fleisch vorhanden war. Der Speichelfluß ist eine **unbedingte Reaktion** auf die Konfrontation mit einem **unbedingten Reiz,** dem Futter. Hunde können aber durch Erfahrung lernen, daß ein bestimmtes Geräusch mit dem Zugang zum Futter assoziiert ist. Dabei bilden sie eine Assoziation, die Speichelfluß zur Folge hat, wenn sie das entsprechende Geräusch hören. In diesem Fall ist der Speichelfluß eine **bedingte Reaktion** auf einen **bedingten Reiz** (Schallsignal), der ursprünglich die Reaktion nicht auslöste.

Klassische Konditionierung gibt es bei einer großen Vielzahl von Tieren, vom Fadenwurm bis zum Menschen. Der winzige (1 mm lange) Fadenwurm *Caenorhabditis elegans* hat beispielsweise ein Nervensystem mit insgesamt gerade 302 Zellen. Norman Kumar konnte zeigen, daß der Wurm trotz seiner (vorsichtig ausgedrückt) bescheidenen neuronalen Ausstattung lernen kann, Futter (das Bakterium *E. coli*) mit dem Vorhandensein von Natrium- oder Chlorid-Ionen in der Futterlösung zu assoziieren. Nach nur einer Fütterung mit dem Bakterium in Anwesenheit entweder der einen oder der anderen Ionen neigen die Würmer fortan dazu, sich auf Lösungen zuzubewegen, die nur Natrium- oder nur Chlorid-Ionen, aber kein Futter enthalten, je nachdem, welche dieser Ionen zuvor bei der Fütterung in der Lösung waren [653].

Die **operante Konditionierung** ist eine andere Form assoziativen Lernens. In diesem Fall lernt das Tier, eine Aktion mit den sich daraus ergebenden Konsequenzen zu assoziieren [872]. Operante Konditionierung (Lernen durch Versuch und Irrtum) gibt es nicht nur in tierpsychologischen Labors (Abb. 2-7); ausgiebig untersucht wurde sie aber vor allem in Skinner-Boxen (benannt nach dem berühmten Psychologen B. F. Skinner). Nachdem eine Laborratte in eine Skinner-Box gesetzt worden ist, kann sie zunächst einmal zufällig den an einer der Seitenwände angebrachten Hebel drücken (Abb. 2-8), etwa wenn sie sich aufrichtet, um einen Weg aus der Box zu suchen. Wenn der Hebel gedrückt wird, fällt ein Futterpellet in einen Futterspender. Es vergeht meistens einige Zeit, bevor die Ratte das Pellet findet. Nachdem sie es verzehrt hat, kann die Ratte erneut für einige Zeit ihre recht beschränkte Umgebung erkunden, bevor sie wieder zufällig den Hebel drückt. Ein weiteres Futterpellet wird ausgeworfen. Die Ratte findet es diesmal vielleicht rasch und kehrt zum Hebel zurück, um ihn wiederholt zu drücken. Sie hat gelernt, eine bestimmte Aktivität mit dem Futter zu assoziieren. Sie ist jetzt operant konditioniert, den Hebel zu drücken.

Techniken der operanten Konditionierung wurden mit Erfolg angewandt, um das Lernen von Reaktionen zu steuern, die viel komplexer sind als das Hebeldrücken. Beispielsweise konnten die „Skinnerianer" Tauben darauf trainieren, mit Hilfe ihrer Schnäbel Tischtennis zu spielen oder durch Symbole miteinander zu „kommunizieren" [292]. Skinners Methoden wurden auch eingesetzt, um bei Menschen und anderen Tieren physiologische Aktivitäten zu konditionieren, etwa die Herzschlagfrequenz oder die elektrische Aktivität des Gehirns, von denen man einmal dachte, daß ihre Kontrolle ausschließlich unbewußt erfolgt [82].

2.2.1 Raumlernen

Klassische und operante Konditionierung sind nur zwei von vielen Phänomenen, bei denen das Verhalten durch individuelle Erfahrung modifiziert wird. Andere Lernformen vollziehen sich ohne unmittelbare Verstärkung, wie sie typisch für die operante Konditionierung ist. Diese Verhaltensweisen widersetzen sich einer einfachen Einordnung als angeboren oder erlernt, da sie bei der ersten Ausführung vollständig funktionieren, aber trotzdem bestimmte Erfahrungen voraussetzen. Dies gilt etwa für das Raumlernen bei weiblichen Grabwespen [927]. Wenn eine Grabwespe (z. B. Bienenwolf, *Philanthus triangulum*) ihr Nest in den Boden gegraben hat, fliegt sie fort, um Nahrung für ihre Nachkommen zu sammeln. Wenn sie ihr Nest für die erste Beutejagd verläßt, umkreist sie die Umgebung für einige Sekunden, um dann davonzusausen (Abb. 2-9A). Wenn man Gegenstände in Nähe des Nesteingangs versetzt, nachdem die Grabwespe ihren Orientierungsflug ausgeführt hat und zur Beutejagd aufgebrochen ist, sucht sie bei ihrer Rückkehr den Nesteingang in Nähe der versetzten Landmarken (Abb. 2-9B). Dies konnte Niko Tinbergen schon vor längerer Zeit nachweisen. Das Verhalten der Grabwespe zeigt, daß sie etwas über die Landmarken in der Nähe des kleinen, versteckten Eingangs zu ihrem Nest gelernt hat.

Abb. 2-5: **Eiauswerfen** durch einen jungen Kuckuck. Mit einer Instinktverhaltensweise schiebt er Eier aus dem Nest seines Wirtes. Foto von Eric Hosking.

Auch Vögel, die Futter horten, zeigen ein hervorragendes Raumgedächtnis. Eine Chickadee-Meise (*Parus atricapillus*) kann an einem einzigen Tag mehrere hundert Samen oder kleine Insekten in Baumrindenspalten oder Moosstückchen verstecken. Unter natürlichen Bedingungen horten die Vögel dabei nur ein Futterstück pro Versteck und benutzen denselben Ort kein zweites Mal. David Sherry und seine Mitarbeiter wiesen experimentell nach, daß Chickadee-Meisen sich sogar noch nach 28 Tagen sehr genau daran erinnern, wo sie ihr Futter versteckt haben [446].

Abb. 2-6: **Ein übernormaler Reiz.** Der junge Kuckuck bietet übersteigerte Schlüsselreize, die bei den Wirtseltern das Füttern wirksamer auslösen als die Reize von eigenen Jungen. Foto von Eric Hosking.

Abb. 2-7: **Lernen durch Versuch und Irrtum.** Nach einmaliger schlechter Erfahrung mit einem übelschmeckenden Tausendfüßler meidet die Kröte ihn als Beute, wenn sie ihn das nächste Mal sieht. Foto von Thomas Eisner.

In einem der Experimente zum Raumlernen bei Chickadee-Meisen hatten die Vögel Gelegenheit, Futter in Löchern zu verstecken, die in kleine Bäume gebohrt waren, welche sich in einer Voliere befanden. Nachdem die Vögel Sonnenblumensamen an 4 oder 5 von 72 möglichen Orten versteckt hatten, wurden sie wieder in ihren Haltungskäfig gelassen, wo sie für 24 Stunden blieben. Die Experimentatoren entfernten die Sonnenblumensamen in der Zwischenzeit und verschlossen jeden der 72 Versteckplätze mit einem Klettverschluß. Dann durften die Vögel zurück in die Voliere, um Futter zu suchen. Sie verbrachten weit mehr Zeit damit, die Orte zu inspizieren und dort an den Klettverschlüssen zu ziehen, wo sie 24 Stunden zuvor Futter versteckt hatten, als sie für die anderen Versteckplätze aufwandten (Abb. 2-10). Da die Verstecke leer und abgedeckt waren, konnten die Vögel bei ihrer Suche nach dem zuvor versteckten Futter nicht von olfaktorischen oder optischen Hinweisreizen geleitet werden; sie konnten sich nur anhand ihres Gedächtnisses orientieren [857].

Das Gedächtnis von Kiefernhähern (*Nucifraga columbiana*) ist vielleicht noch eindrucksvoller. Diese Vögel verteilen bis zu 9000 Vorratsstellen für Kiefernsamen (1-10 Samen je Stelle) über ganze Abhänge. Sie graben ein klei-

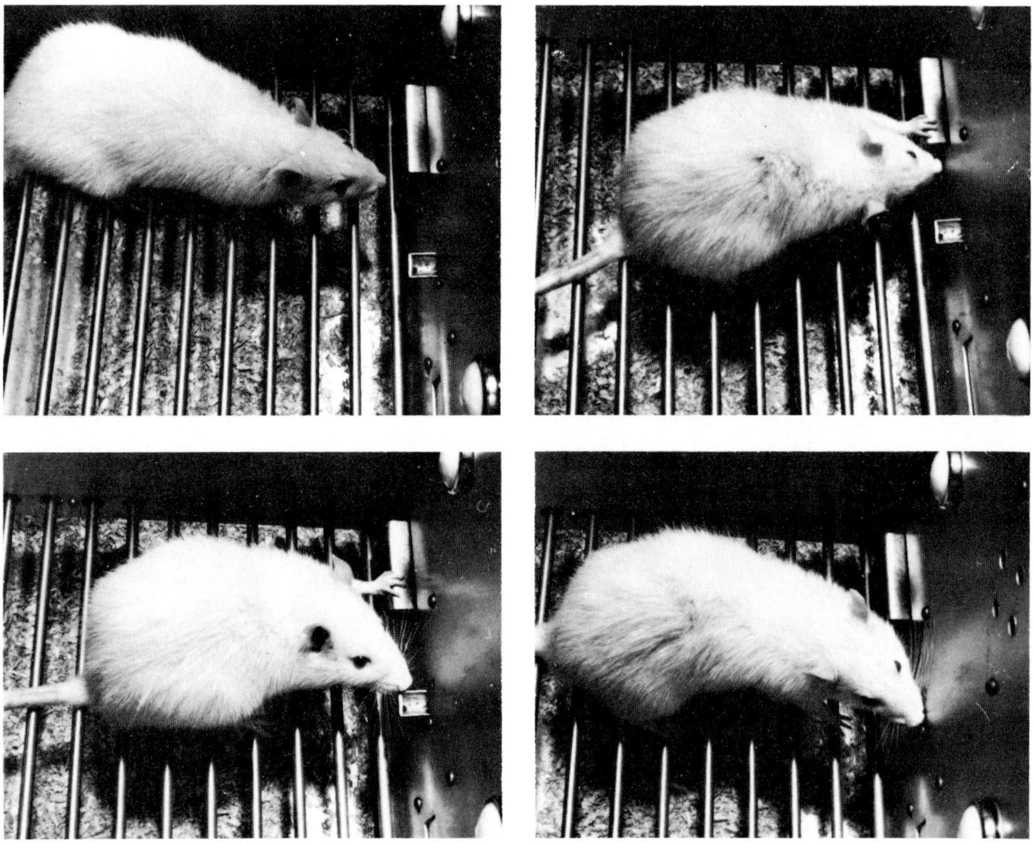

Abb. 2-8: **Eine Ratte in einer Skinner-Box.** Die operant konditionierte Ratte nähert sich dem Hebel (oben links) und drückt ihn hinunter (oben rechts). Dann wartet sie auf ein Futterpellet (unten links), das sie als Belohnung für das Hebeldrücken verzehrt (unten rechts). Fotos von Larry Stein.

nes Loch für jedes Versteck und decken anschließend diese Stelle vollständig zu. Ein Kiefernhäher hortet im Herbst und nutzt den Vorrat im Winter und Frühjahr. Es kann daher Monate dauern, bevor er zurückkommt, um die Samen aus einer bestimmten Vorratsstelle zu holen [37].

Es könnte sein, daß Kiefernhäher nicht wirklich memorieren, wo die einzelnen Futterverstecke sind, sondern sich nach einer einfachen Faustregel richten, etwa: „Vorräte werden neben kleinen Grasbüscheln angelegt". Oder sie könnten sich die Stelle, wo das Futter versteckt wurde, nur ungefähr merken, und wenn sie wieder dort sind, halten sie nach Spuren Ausschau, die beim Anlegen der Vorratsstellen entstanden sind. Experimente ähnlich denen, die mit den Chickadee-Meisen durchgeführt wurden, zeigen aber, daß sich die Kiefernhäher sehr genau erinnern, wo sie ihr Futter versteckt haben. In einem dieser Experimente hatte ein Kiefernhäher die Möglichkeit, Samen in einer großen Außenvoliere zu verstecken, bevor er in einen anderen Käfig gebracht wurde. Der Experi-

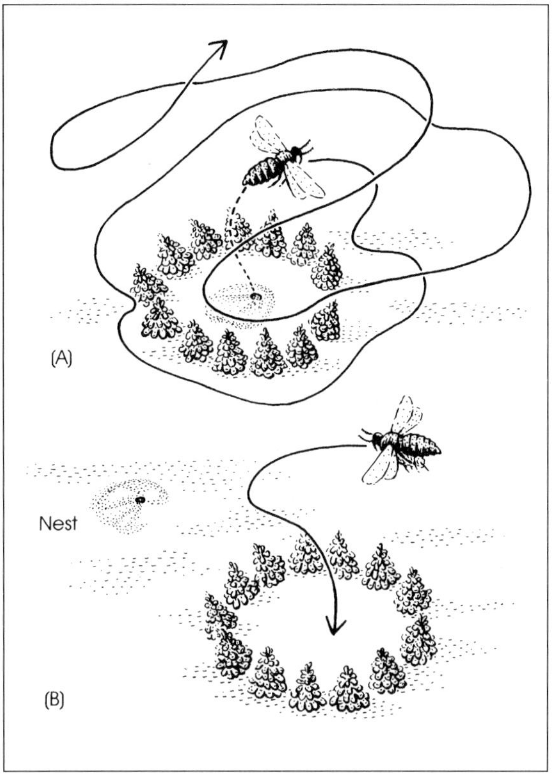

Abb. 2-9: **Raumlernen bei einer Wespe.** (A) Grabwespenweibchen erlernen die Landmarken in der Umgebung ihres Nesteingangs in wenigen Sekunden. Dies kann man experimentell zeigen, indem man vor der Rückkehr des Weibchens die Landmarken an einen anderen Ort versetzt (B). Nach Tinbergen (928).

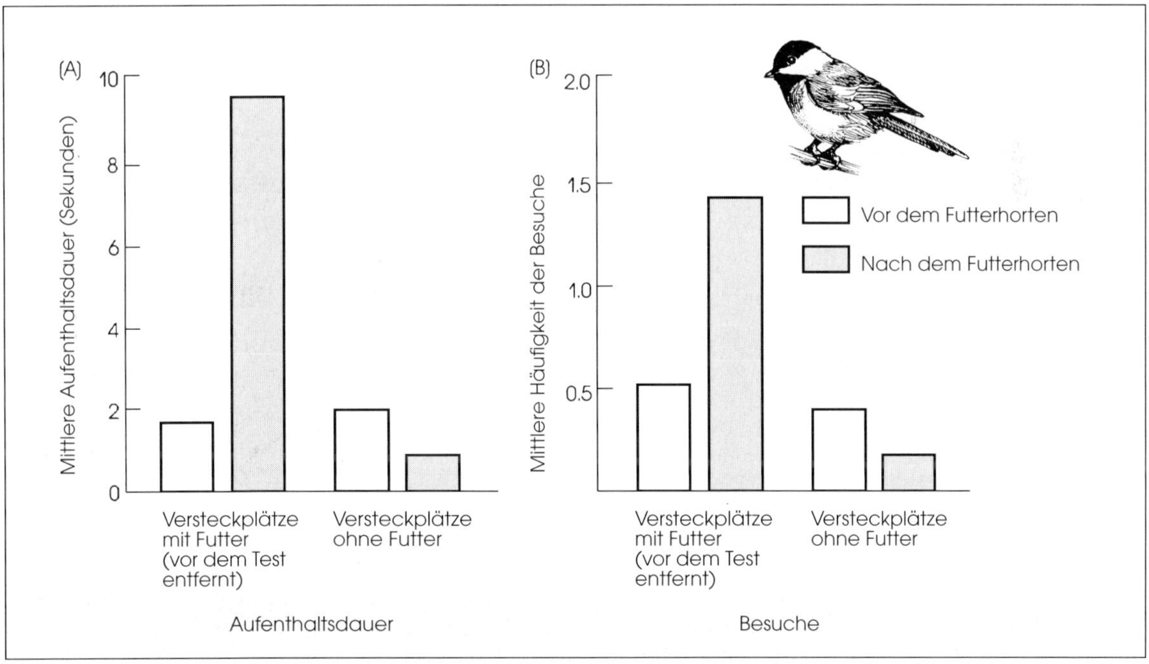

Abb. 2-10: **Raumlernen bei Vögeln.** Chickadee-Meisen verbrachten wesentlich mehr Zeit an solchen Plätzen an Bäumen in einer Voliere, wo sie 24 Stunden zuvor Futter versteckt hatten, als bei einem vor dem Futterhorten durchgeführten Kontrolltest, in dem den Vögeln keine Samen zur Verfügung standen. Auch besuchten sie die Orte, an denen sie Futter versteckt hatten, wesentlich häufiger, offenbar, weil sie sich daran erinnerten. Bei diesem Experiment waren die gehorteten Samen entfernt und alle Plätze mit einem Klettverschluß abgedeckt worden, bevor die Vögel suchen durften. Quelle: Sherry (857).

mentator, Russel Balda, kartierte den Ort von jedem Versteck genau. Anschließend entfernte er die vergrabenen Samen und fegte den Volierenboden, um jede Spur zu beseitigen. Als der Vogel eine Woche später nach dem Futter suchen durfte, gab es also keinerlei optische oder olfaktorische Hinweisreize für ihn. Balda kartierte nun die Orte, an denen der Häher auf der Suche nach den nun nicht mehr existenten Vorräten mit seinem Schnabel sondierte. Das Raumgedächtnis des Hähers funktionierte sehr gut, denn er grub an etwa 80 % seiner ehemaligen Versteckplätze und nur sehr selten an anderen Orten [37].

2.3 Falsche Vorstellungen über Instinktverhalten und Lernen

Wir haben die Phänomene, die als verschiedene Formen des Lernens oder des Instinktverhaltens klassifiziert worden sind, bei weitem nicht erschöpfend behandelt. In Anbetracht der großen Vielfalt an Verhaltensweisen kann man nicht verlangen, daß sie sich alle eindeutig den Kategorien Lernen oder Instinktverhalten zuweisen lassen. Trotzdem können wir an diesen Begriffen festhalten, sofern wir anerkennen, daß Instinktverhalten nicht ausschließlich genetisch bedingt ist und Lernprozesse nicht allein von der Umwelt abhängen. Sehr viele Leute dachten, und einige denken noch immer, daß Instinktverhalten auf irgendeine Weise „genetisch determiniert" ist, während erlerntes Verhalten „umweltabhängig" ist. Diese Formulierungen werden oft so verstanden, als wären angeborene Verhaltensweisen irgendwie in Genen festgelegt, während erlerntes Verhalten vom genetischen Einfluß unabhängig ist und nur auf Erfahrung beruht. Das Aufstellen einer solchen Dichotomie ist ganz einfach falsch.

Vergleichen wir einmal den (angeborenen) Bettelruf eines fremdaufgezogenen Rosakakadu-Jungen und den (erlernten) Kontaktruf eines adulten fremdaufgezogenen Rosakakadus. Beide Rufe werden vom Stimmapparat des Vogels erzeugt, der vom Gehirn gesteuert wird. Der Aufbau von Stimmapparat und Gehirn ist weder einfach in den Genen kodiert noch wird er spontan durch die Umwelt hervorgebracht. Sowohl Gene als auch Umwelteinflüsse sind an der Hirnentwicklung beteiligt (Kap. 4). Das Gehirn eines Rosakakadus ist so konstruiert, daß ein Nestjunges Bettelrufe von sich gibt, wenn es hungrig ist und ein Altvogel zugegen ist. Dieser Signallaut ist bei allen Rosakakadu-Jungen nahezu identisch, unabhängig davon, welche Laute sie vor dem Schlüpfen aus ihrer Umgebung zu hören bekommen. Der Ruf verändert sich auch dann nicht, wenn junge Rosakakadus anstatt der Laute von Rosakakadu-Eltern nur Kommunikationslaute von Inkakakadus hören.

Aber das Gehirn eines jungen Rosakakadus speichert offenbar auch Informationen über die Kontaktrufe, die er von Mitgliedern seines Schwarms hört. Wenn er mit Inkakakadus zusammen ist, hört er deren Kontaktrufe, und wenn er motiviert ist, selber Kontaktrufe zu äußern, produziert er Laute, wie er sie von seinen Schwarmgenossen gehört hat. Die Fähigkeit, Information über gehörte Laute aufzunehmen, spiegelt die Fähigkeit des Netzwerks von Gehirnzellen wider, Informationen über bestimmte Laute zu speichern. Die Gehirnneuronen und ihre Verknüpfungen entwickelten sich aufgrund einer Wechselwirkung von Information aus dem Genom und Information aus der Umwelt. Es gibt also eine genetische Grundlage für die Entwicklung allen Verhaltens.

Somit ist die Fähigkeit zum Instinktverhalten oder zum Lernen an Nervengewebe gebunden, und die Entwicklung des Nervengewebes ist sowohl von den Genen als auch von der Umwelt abhängig. Aber sind nicht Instinktverhaltensweisen stärker genetisch determiniert als Lernprozesse, und ist nicht Lernen stärker umweltabhängig? Auch dies trifft so nicht zu. Oder würden Sie – so fragt Richard Dawkins - behaupten wollen, daß ein Schokoladenkuchen zu 60 % aus dem Rezept und zu 40 % aus Mehl, Eiern, Kakao, Salz und Zucker besteht [227]? Oder zu 65 % aus Zutaten und zu 35 % aus dem Rezept? Weder Richard Dawkins noch ich glauben, daß Sie eine solche Behauptung akzeptieren würden. Wenn man aber sagt, daß Instinktverhalten stärker genetisch bedingt ist als erlerntes Verhalten, begeht man genau diesen Fehler. Genetische Information (das Rezept) und die Moleküle, aus denen ein Tier aufgebaut ist (die Zutaten), sind völlig verschiedene Dinge. Sie spielen komplementäre Rollen bei der Entwicklung des Nervensystems, welches Tieren ermöglicht, manches angeborenermaßen zu tun und anderes aufgrund von Lernvorgängen.

2.3.1 Instinktverhalten kann sich durch Erfahrung ändern

In folgenden Kapiteln wird noch einmal diskutiert werden, weshalb es nicht angemessen ist, von ausschließlich genetisch bedingten (oder ausschließlich umweltbedingten) Verhaltensweisen oder auch von überwiegend genetisch bedingten (oder überwiegend umweltbedingten) Verhaltensweisen zu sprechen. In diesem Kapitel wird es nun hauptsächlich darum gehen, warum die Dichotomie zwischen Instinktverhalten und erlerntem Verhalten nicht so eindeutig ist, wie das auf den ersten Blick scheinen mag. Entgegen der verbreiteten Meinung werden viele Instinktverhaltensweisen durch Erfahrung verändert. Und die meisten erlernten Verhaltensweisen sind keineswegs völlig flexible Reaktionen auf die Umwelt.

Der folgende Fall soll als Beispiel für ein Instinktverhalten dienen, das modifiziert werden kann. Auf dem sandigen Waldboden im Südwesten Australiens wachsen viele Orchideenarten. Einige dieser attraktiven Pflanzen täuschen bestimmte Wespen (Thynninae). Die adulten Männchen dieser im allgemeinen unscheinbaren Insekten suchen nach flügellosen, weiblichen Artgenossen, die durch ein Sexualpheromon ihre Paarungsbereitschaft signalisieren, während sie an einem Stengel oder Zweig sitzen (Abb. 2-11A). Die Männchen fliegen zu Pheromonfreisetzenden Weibchen und tragen sie mit sich fort, um an einem anderen Ort mit ihnen zu kopulieren [900].

Die Blüten der Orchideen, die von Wespen bestäubt werden, sind „Code-Knacker". Sie machen sich das Paarungsverhalten der Wespen zunutze, indem sie ein mimetisches Sexualpheromon produzieren, das wie der Lockstoff einer bestimmten Wespenart riecht. (Die Einzelheiten sind für diese Gruppe allerdings nicht so gut dokumentiert wie für einige listige Nachahmer unter den europäischen Orchideen [90].) Die Wespenmännchen folgen diesem Duftstoff zu einer Orchidee, die ein spezielles Blütenblatt hat, das ungefähr wie der Körper eines flügellosen Wespenweibchens aussieht. Die Männchen landen auf dem Blütenblatt und versuchen (vergeblich), es mitzunehmen (Abb. 2-11B, C). Bei diesem Versuch berührt der Körper des Männchens die Pollensäcke der Blüte. Die klebrigen Pollenpakete bleiben am Männchen haften, und wenn es schließlich den aussichtslosen Versuch, das „Weibchen" fortzutragen, aufgibt, nimmt es die Pollenpakete mit. Wenn es von einem anderen Exemplar dieser täuschenden Orchideenart angezogen wird, überträgt es den Pollen und befruchtet diese Pflanze statt ein Weibchen seiner Art.

Wenn Sie dieses Schauspiel sehen wollen, müssen Sie außergewöhnliches Glück haben oder sehr geduldig sein, falls sie einfach an einer Orchidee, die in einem australischen Wald wächst, darauf warten, daß eine Wespe auftaucht. Wie Botaniker, die dieses Phänomen untersuchten, herausgefunden haben, kann man die Chance, die Orchideen beim Täuschen der Wespen zu beobachten, allerdings erhöhen: Man stellt einen Strauß aus verschiedenen, geschnittenen Orchideen zusammen (dafür ist in Australien eine Genehmigung erforderlich), hält die Blumen dann in Gläsern mit Wasser frisch und bringt sie an einen Ort, wo andere Orchideen natürlich vorkommen. Eine Erfolgsgarantie gibt es auch hierbei nicht. Als ich eine Gruppe australischer Botaniker begleitete, um zu sehen, wie Wespen die Orchideen besuchen, hatten wir zwei Tage lang kein Glück. Aber als ich gerade anfing, die Geschichte für ein Märchen zu halten, kamen viele kleine schwarze Wespen gegen den Wind auf die Blumen zugeflogen, die am Straßenrand aufgestellt waren. Die Männchen umkreisten eins nach dem anderen die Orchideen einer Art und landeten auf den Blüten. Einige Männchen versuchten, mit der dunklen, wespenähnlichen Struktur am Labellum der Blüten zu kopulieren (Farbtafel 2). Dabei war ihr Kopf genau so ausgerichtet, daß die Pollinien der Orchidee haften bleiben konnten.

Oberflächlich betrachtet sieht das Verhalten der Wespen automatisiert aus. Das Verfolgen des Duftstoffes und die Kopulation (Erbkoordination) scheinen durch einfache Signalreize in der Umgebung „mechanisch" ausgelöst zu werden. Die auslösenden Reize sind so einfach, daß eine Orchidee die Schlüsselreize erfolgreich nachahmen kann und das Wespenmännchen durch diese Täuschung veranlaßt, Zeit und Energie zu verschwenden. Die Tatsache aber, daß man kaum jemals sieht, wie Wespen Orchideen aufsuchen, die natürlich im Wald vorkommen, läßt vermuten, daß die Wespen gar nicht so dumm sind, wie es zunächst aussieht. Männchen, die in einem bestimmten Gebiet suchen, lernen offenbar die lokal vorkommenden Orchideenpflanzen kennen und meiden sie schließlich. Dieselben Wespenmännchen sind aber sehr ansprechbar für Sexualpheromone, die von anderen Orten kommen. Diese Sensitivität für neue Lockstoffquellen können Botaniker sich zunutze machen, wenn sie herausfinden wollen, welche Wespenart welche Orchideenart befruchtet.

Die Männchen lernen vermutlich aus ihrer erfolglosen Beschäftigung mit den Orchideenblüten, auf Gerüche, die von bestimmten Orten ausgehen, nicht zu reagieren. Die Tatsache, daß die Zahl der Männchen, die zu einem Strauß aus geschnittenen Exemplaren kommen, innerhalb einiger Minuten rasch absinkt (Abb. 2-12), ist ein weiterer Hinweis darauf. Die Männchen, die in einem bestimmten Gebiet leben, **habituieren** also und lernen, nicht mehr auf Reize zu reagieren, die ursprünglich Kopulationsversuche auslösten [739].

Die Fähigkeit, die Folgen einer angeborenen Reaktion bei späteren Reaktionen zu berücksichtigen, ist im Tierreich weit verbreitet. Die Veränderung des Bettelverhaltens junger Möwen (siehe Abb. 2-2) ist ein klassisches Beispiel [395]. Kurz nach dem Schlüpfen verfügen die jungen Möwen über einen neuronalen Schaltkreis, der ermöglicht, daß auf einen relativ einfachen Auslöser hin ein funktionierendes Bettelverhalten erfolgt. Niko Tinbergen zeigte, daß frisch geschlüpfte Silbermöwen (1) eher nach langen, spitzen Objekten picken als nach kurzen, stumpfen, (2) rote Gegenstände allen anderen farbigen Gegenständen vorziehen, (3) auf Flecken mit starkem Kontrast zum Hintergrund stärker ansprechen als auf Flecken mit geringem Kontrast und (4) auf bewegte Objekte eher reagieren als auf unbewegte. Eine dreidimensionale Attrappe oder ein ausgestopfter Silbermöwenkopf lösen das Bettelverhalten der Jungen nicht wirksamer aus als ein zugespitzter Pappstreifen mit einem roten Fleck [933].

Allerdings verändert sich die Beziehung zwischen Schlüsselreiz und Verhalten in Abhängigkeit von Alter und Erfahrung. Jack Hailman fand, daß ältere Aztekenmöwen (*Larus atricilla*) viel selektiver auf Attrappen reagieren als jüngere. Obwohl ein oder zwei Tage alte Möwenjunge nach fast jedem spitzen Gegenstand picken, den man ihnen vorhält, reagieren sie schon bald nicht mehr auf Attrappen, die einem Aztekenmöwenkopf nicht sehr ähnlich sehen. Aufgrund der sozialen Interaktion mit ihren Eltern lernen die Jungvögel mit Hilfe auditiver und visueller Information, ihre Eltern individuell zu erkennen. Schließlich betteln sie nur noch ihre Mutter und ihren Vater an [395].

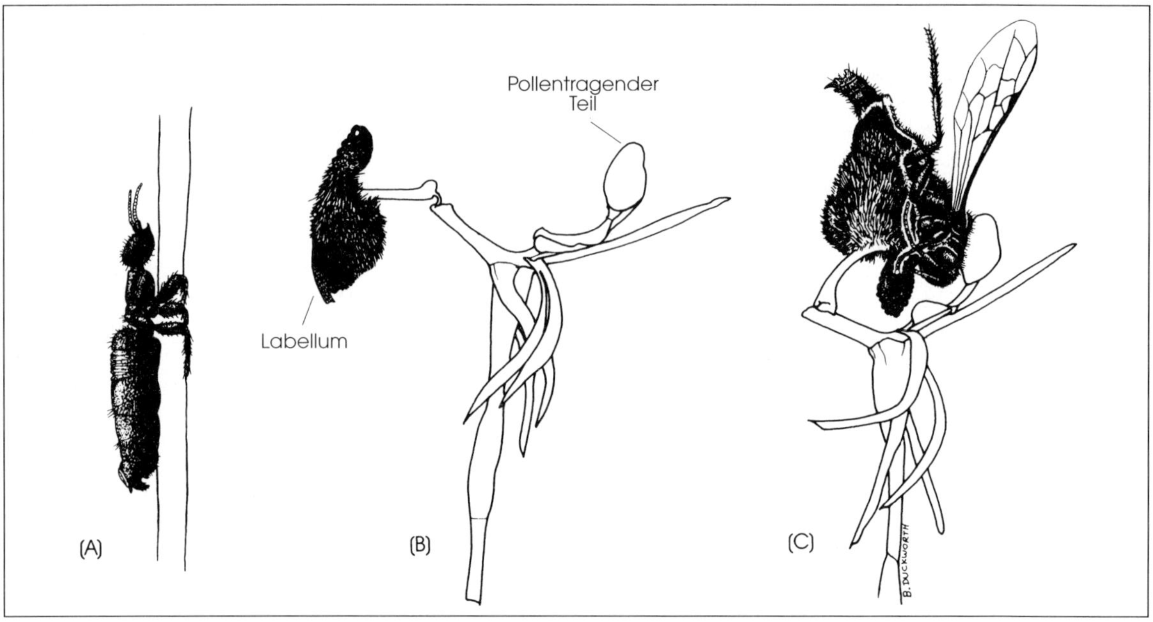

Abb. 2-11: **Täuschung durch Orchideen.** (A) Ein flügelloses Wespenweibchen (Thynninae) an einem Halm. Es gibt ein Sexualpheromon ab, das männliche Artgenossen anlockt. (B) Eine australische Orchidee mit einem stark abgewandelten Blütenblatt, dem Labellum, das ungefähr aussieht und riecht wie ein flügelloses Wespenweibchen, das ein Pheromon freisetzt. (C) Ein Wespenmännchen wurde von der Orchidee angelockt. Es versucht, das Labellum zu greifen und mit ihm davonzufliegen. Dabei wird es an die Pollinien der Blüte katapultiert. Zeichnungen von G. B. Duckworth, aus Peakall (739).

2.3.2 Lerndispositionen

Wespenmännchen (Thynninae) und Möwenjunge sind Beispiele dafür, daß Tiere ein Repertoire von Verhaltensweisen haben, die sie ausführen, wenn sie mit adäquaten Schlüsselreizen konfrontiert werden. Die Konsequenzen, die sich aus der Ausführung eines Instinktverhaltens ergeben, können dem Tier aber Informationen liefern, mit deren Hilfe es sein Verhalten modifiziert. So entsteht eine Art flexibles Instinktverhalten.

Die andere Seite der Medaille zeigt sich darin, daß Lernen sehr viel weniger flexibel sein kann, als wir zu glauben geneigt sind. Dies gilt z. B. für das Phänomen der Prägung. Die Prägung ist ein Beispiel dafür, daß erlerntes Verhalten „vorprogrammiert" sein kann. Konrad Lorenz wies schon früh nach, daß man Enten- und Gänseküken, die unter normalen Umständen kurz nach dem Schlüpfen ihrer Mutter aus dem Nest folgen, dazu bringen kann, einem Ersatzobjekt zu folgen [589]. Wenn Lorenz die Vögel selber aufzog, watschelten sie hinter ihm her, sobald sie alt genug waren, die Nestbox zu verlassen. Aufgrund dieser Erfahrung bildeten die Jungvögel eine enge Bindung zu Lorenz aus und folgten ihm an den nächsten Tagen überall hin. Einem erwachsenen Weibchen ihrer Art oder einem anderen Menschen folgten sie nicht. Offenbar hatten sie gelernt, ihn individuell zu erkennen, so wie sie normalerweise lernen würden, ihre Mutter zu identifizieren. Noch bemerkenswerter war, daß die Männchen, als sie viele Monate später geschlechtsreif waren, Menschen (auch, aber nicht nur Konrad Lorenz) eher anbalzten als Artgenossen (Abb. 2-13).

Ein Gänse- oder Entenküken verhält sich vermutlich auf diese Weise, weil sein Nervensystem so „vorprogrammiert" ist, daß es innerhalb eines eng gesteckten Rahmens während der ersten Stunden nach dem Schlüpfen verändert werden kann. Wenn die Jungen während dieser sensiblen Phase einem bewegten Objekt (ihrer Mutter) nachfolgen, hat das unter natürlichen Bedingungen zwei verschiedene Folgen für ihre Entwicklung: (1) die Ausbildung einer sozialen Bindung an ein bestimmtes Individuum, ihre Mutter, und (2) das spätere Erkennen passender Paarungspartner.

Inzwischen weiß man, daß Prägung und prägungsähnliche Vorgänge bei vielen anderen Vogelarten auftreten. Die fremdaufgezogenen Rosakakadus wurden beispielsweise auf Inkakakadus, ihre Pflegeeltern, geprägt. Als Adulttiere vergesellschafteten sie sich nur mit Inkakakadus, nicht mit Artgenossen. Und auch bei einigen Säugetieren gibt es Prägung. Junge Haus- (*Crocidura russula*) und Feldspitzmäuse (*C. leucodon*) werden durch ihre Mutter angeregt (wenn sie ihre Jungen von einem Ort zu einem anderen führen will), sich am Fell einer anderen Spitzmaus festzuhalten (entweder an der Mutter oder an einem Geschwister). Die Mutter macht sich dann mit einer Karawane von Jungen, die ihr folgen, auf den Weg (Abb. 2-14).

Es wurde experimentell gezeigt, daß die Spitzmausjungen zwischen 5 und 14 Tagen nach der Geburt auf den Geruch des Individuums geprägt werden, das sie säugt [1031]. Gewöhnlich kümmert sich die Mutter um ihre

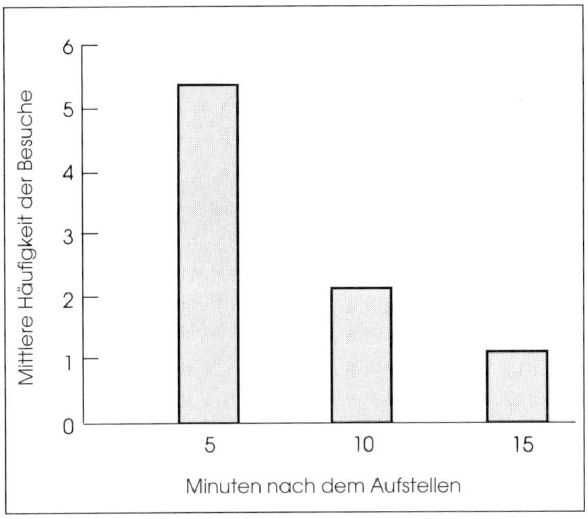

Abb. 2-12: **Habituation bei Wespenmännchen (Thynninae).** Wenn Orchideen, die ein Weibchen nachahmen, vom Experimentator an einem neuen Ort aufgestellt werden, gibt es zunächst eine Reihe von Blütenbesuchen. Die Häufigkeit der Besuche nimmt mit der Zeit stark ab. Quelle: Peakall (739).

Jungen, und sie allein kann bei ihren Jungen die Karawanenbildung auslösen. Wenn man aber 5 Tage alte Spitzmäuse zu einer Ersatzmutter einer anderen Art gibt (z. B. Hausmaus (*Mus musculus*), Rötelmaus (*Clethrionomys glareolus*)), werden sie auf die Ersatzmutter geprägt. Wenn sie dann nach 15 Tagen zu ihrer leiblichen Mutter zurückkehren, folgen sie weder der Mutter noch einem der verbliebenen Geschwister. Sie folgen aber einem Stück Stoff, das mit dem Geruch der Pflegemutter imprägniert wurde, was zeigt, daß sie die Identität des Weibchens, das sie gesäugt hat, erlernt haben, als sie noch jünger waren.

2.3.3 Erlernte Verwandtendiskrimination

Wenn ein Spitzmaus- oder Gänsejunges auf seine Mutter geprägt wird, lernt es, einen engen Verwandten zu erkennen. Die Prägung ist also ein proximater Mechanismus der **Verwandtendiskrimination,** die als unterschiedliche Behandlung von Artgenossen in Abhängigkeit vom genetischen Verwandtschaftsgrad definiert ist [855]. Die Fähigkeit, auf Individuen in Abhängigkeit vom Grad ihrer genetischen Ähnlichkeit verschieden zu reagieren, ist bei einer Vielzahl von Tierarten vorhanden, bei denen die Eltern sich um ihren Nachwuchs kümmern (Kap. 15) oder bei denen andere Verwandte sich kooperativ verhalten (Kap. 16). Wie wir in den genannten Kapiteln sehen werden, bildet die Verwandtendiskrimination die Grundlage für bestimmte Verhaltensweisen, welche die Weitergabe der Gene eines Individuums fördern können.

An dieser Stelle wollen wir uns auf die speziellen proximaten Lernmechanismen konzentrieren, welche der Verwandtendiskrimination dienen.

Bei Geschwistern erfolgt die Verwandtendiskrimination oft nach einer einfachen Faustregel: „Behandle Individuen anders, wenn du gemeinsam mit ihnen aufgewachsen bist." Wenn man beispielsweise junge Stachelmäuse (*Acomys cahirinus*) in eine Testarena setzt, suchen sie untereinander Kontakt. Falls sie eine Wahlmöglichkeit haben, kuscheln sie sich lieber mit ihren Wurfgenossen zusammen als mit Individuen, mit denen sie keine Vorerfahrung verbindet. Unter natürlichen Bedingungen führt diese Präferenz dazu, daß Geschwister bei ihren Mitgeschwistern bleiben. Stellt man aber experimentell einen „Wurf" aus Nichtgeschwistern zusammen, die vom selben Weibchen betreut werden, behandeln sich diese nicht verwandten Nestgenossen untereinander als wären sie Geschwister [763]. Dieser „Diskriminationsfehler" zeigt, daß die Jungen dieser Art lernen, wer ihre Wurfgenossen sind.

Proximate Mechanismen, die zur Vergesellschaftung von Verwandten führen, können noch einfacher sein. Die Kaulquappen vieler Frösche und Kröten bilden Geschwistergruppen, die sich wieder zusammenfinden, falls man sie trennt [83]. David Pfennig vermutete, daß Schaufelfuß-Kaulquappen (*Scaphiopus multiplicatus*) in der Lage sind, Geschwistergruppen zu bilden, ohne daß sie vertraute Individuen erkennen können. Unter natürlichen Bedingungen bleiben Schaufelfuß-Kaulquappen für die meiste Zeit ihrer Jugendentwicklung an dem Ort, wo ihre Mutter sie als Ei ablaichte. Falls sie durch irgendeine Störung getrennt werden, könnten sich Geschwistergruppen wieder zusammenfinden, indem jedes Individuum einem bekannten Futterduft folgt, der typisch für den Herkunftsort ist.

Um diese Möglichkeit zu prüfen, trennte Pfennig Geschwister und zog sie getrennt in Behältern auf, in denen sie mit unterschiedlicher Nahrung gefüttert wurden. Wenn diese Kaulquappen die Wahl hatten, sich entweder mit einem Nichtgeschwister in Wasser mit vertrautem Futtergeruch zusammenzufinden oder mit einem nicht vertrauten Geschwister in Wasser mit Geruch, der ebenfalls nicht vertraut war, bevorzugten sie in 62 % der Versuche die Nichtgeschwister. Bei dieser Kröte könnte die charakteristische Vergesellschaftung von Verwandten also weitgehend von der einfachen Fähigkeit der Kaulquappen herrühren, Wasser mit vertrauter Nahrung zu erkennen und dort zu bleiben [748].

Ein ähnlicher Lernmechanismus könnte für die Verwandtendiskrimination bei Feldwespen (*Polistes*) verantwortlich sein, die ebenfalls von Pfennig und seinen Mitarbeitern untersucht wurden. Sie vermuteten, daß Feldwespenweibchen den Geruch ihres Nestes annehmen [749]. Unter natürlichen Bedingungen haben Geschwister einen ähnlichen Nestgeruch, der den Weibchen als Hinweisreiz dienen kann, um Geschwister und Nichtgeschwister auf unterschiedliche Weise zu behandeln.

Falls diese Hypothese zutrifft, sollte man Feldwespen zur Toleranz gegenüber Nichtverwandten überlisten

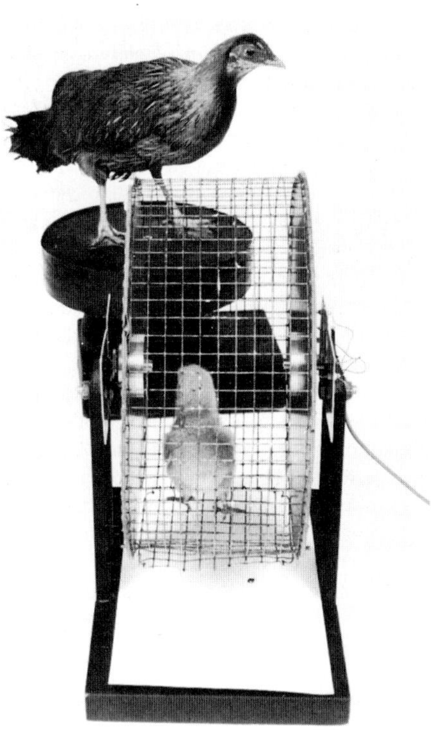

Abb. 2-13: **Experiment zur Prägung.** Haushuhnküken kann man einem ausgestopften Wildhuhn folgen lassen, das auf eine Drehscheibe montiert ist, und sie darauf prägen. Die Bereitschaft des Kükens, dem bewegten Reiz zu folgen, kann man anhand der Aktivität im Laufrad messen. Foto von Brian McCabe.

können, indem man frisch geschlüpfte Königinnen in ein fremdes Nest bringt, wo sie den Geruch dieses Nestes und der Nestgenossen erlernen können. Wie vorausgesagt, waren die Weibchen in diesem Experiment besonders tolerant gegenüber unbekannten Weibchen, die zuvor mit verschiedenen Teilen des Nestes, in das sie gebracht wurden, Kontakt hatten. Die Verwandtendiskrimination bei Feldwespen folgt also der Faustregel: „Behandle diejenigen Individuen als Verwandte, die wie das Nest riechen, in dem du aufgewachsen bist."

Ein anderer proximater Mechanismus, der ebenfalls auf Olfaktion beruht, könnte der Verwandtendiskrimination beim Belding-Ziesel (*Citellus beldingi*) dienen. Um dies zu untersuchen, fing Paul Sherman einige trächtige Weibchen ein und schickte sie an das Labor von Warren Holmes. Als zwei Weibchen fast zum selben Zeitpunkt warfen, tauschte Holmes einige der Jungen aus und bildete vier Klassen von Jungtieren: (1) Getrennt aufgezogene Geschwister, (2) gemeinsam aufgezogene Geschwister, (3) getrennt aufgezogene Nichtgeschwister und (4) gemeinsam aufgezogene Nichtgeschwister. Fremde Jungtiere wurden von den adulten Weibchen problemlos angenommen.

Als die Jungen entwöhnt waren, wurden sie paarweise in eine Arena gesetzt und hatten die Möglichkeit, zu interagieren. Zusammen aufgewachsene Junge behandelten einander stets freundlich, egal ob sie Geschwister waren oder nicht. Getrennt aufgewachsene Junge neigten dazu, aggressiv aufeinander zu reagieren. Dies zeigt, daß die jungen Ziesel aufgrund des gemeinsamen Aufwachsens etwas lernen und daß sie diese Information in ihre sozialen Beziehungen einbringen.

Das vielleicht bemerkenswerteste Ergebnis dieser Experimente war aber, daß getrennt aufgezogene, leibliche Schwestern deutlich seltener aggressiv interagierten als getrennt aufgezogene Nichtgeschwister (Abb. 2-15) [460]. Die Schwestern haben also vermutlich aufgrund einer Ähnlichkeit ihres Geruchs eine Möglichkeit, sich gegenseitig zu erkennen, die unabhängig davon ist, ob sie mit einer gemeinsamen Mutter im selben Nest aufgewachsen sind. Sogar getrennt aufgezogene Halbschwestern, die einen gemeinsamen Vater haben, sind nicht verwandten Weibchen gegenüber aggressiver als gegenüber ihren Halbschwestern väterlicherseits, wenn man sie in einer Testarena [459] oder im Freiland [460] interagieren läßt.

Abb. 2-14: **Prägung bei Spitzmäusen.** Junge Spitzmäuse bilden eine „Karawane". Sie haben den Geruch ihrer Mutter gelernt und folgen ihm. Nach Zippelius (1031).

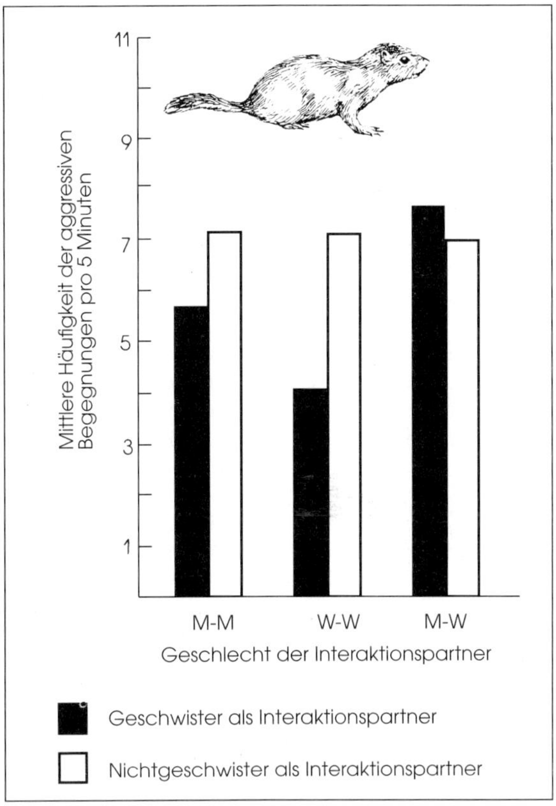

Abb. 2-15: **Verwandtendiskrimination beim Belding-Ziesel.** Getrennt aufgezogene Schwestern sind deutlich weniger aggressiv gegeneinander. Bei allen anderen Kombinationen getrennt aufgezogener Geschwister sind diese im Konfrontationsexperiment gegeneinander genauso aggressiv wie getrennt aufgezogene Nichtgeschwister. Quelle: Holmes und Sherman (460).

Holmes und Sherman haben den Mechanismus, der bei weiblichen Belding-Zieseln oder anderen vergleichbaren Tieren für die Diskrimination verantwortlich ist, **Phänotyp-Matching** genannt. Diese Tiere lernen offenbar etwas über ihren eigenen Phänotyp, ihr Aussehen, ihren Geruch oder einen anderen Hinweisreiz, und bewerten andere Individuen dann danach, wie ähnlich sie ihnen selbst sind [461]. Solch ein Mechanismus kann dazu führen, daß Individuen sich anderen Individuen gegenüber in einer Weise differenziert verhalten, die mit dem Grad der Verwandtschaft korreliert ist.

2.3.4 Sprachlernen

Am Beispiel der Prägung und der Verwandtendiskrimination sieht man, wie spezialisiert Lernfähigkeiten sein können. Das Sprachlernen scheint auf den ersten Blick eine äußerst flexible Form des Lernens zu sein, die – verglichen mit der Prägung – die andere Seite des Spektrums repräsentiert. Der Mechanismus, der dem Sprachlernen zugrunde liegt, kann alle der etwa 4000 verschiedenen Sprachen verarbeiten, die weltweit gesprochen werden oder wurden [638]. Aber trotz dieser Vielfalt gibt es eine Reihe von speziellen Beschränkungen, die vorgeben, wie eine Sprache erlernt wird, unabhängig davon, um welche Sprache es sich handelt.

Obwohl der menschliche Sprechapparat ein riesiges Spektrum an Lauten erzeugen kann, werden insgesamt nur etwas 40 Sprachlaute (Phoneme) verwendet, um die vielen tausend Worte in allen menschlichen Sprachen zu bilden; oft tauchen dieselben Phoneme in verschiedenen Sprachen auf.

Das Gehirn menschlicher Säuglinge ist so beschaffen, daß die Unterscheidung verschiedener Phoneme und damit das Sprachlernen erleichtert wird. Sehr junge Babys sind beispielsweise in der Lage, den Unterschied zwischen so ähnlichen Konsonanten wie „b“ und „p“ anzugeben. Peter Eimas spielte Säuglingen aus Englisch sprechenden Familien Tonbandaufnahmen künstlich erzeugter Laute vor, die von englischsprachigen Erwachsenen als „ba“, „ba“, „ba“, gehört werden. Die Babys hatten einen speziellen Schnuller bekommen, mit dessen Hilfe sich die Häufigkeit des Saugens aufzeichnen ließ (Abb. 2-16). Die „Nuckelrate“ stieg steil an, wenn die Bandaufnahme gestartet wurde, aber mit wiederholter Darbietung der Laute habituierten die Säuglinge und die Häufigkeit des Saugens sank. Wenn jedoch eine neue Silbe geboten wurde, wie „pa“ oder auch eine Silbe, die einem anderen, aber sehr ähnlichen Konsonant entspricht, den Thais sprechen, den es aber im Englischen nicht gibt, stiegen die Erregung der Säuglinge und die Nuckelrate sofort an. Wahrnehmungsmechanismen für die feine Unterscheidung von Sprachlauten sind im Gehirn eines Säuglings also schon bei der Geburt entwickelt [273].

Bald nach der Geburt durchlaufen alle Menschenbabys eine Plapperphase. Sie produzieren dann eine Vielzahl unstrukturierter Laute [607]. Sie scheinen die von ihnen produzierten Laute mit ihren Erinnerungen an Sprachlaute, die sie gehört haben, zu vergleichen. Ihre Fähigkeit, zwischen ähnlichen Konsonanten und Vokalen fein zu unterscheiden, hilft ihnen sicher bei diesem Vergleich. Wenn ein Kleinkind von Geburt an taub ist und gesprochene Sprache nicht hören kann, kann es keine Informationen über Sprachlaute erwerben. Es durchläuft eine Plapperphase, aber schließlich hört es ganz auf, Laute zu äußern. Falls solche Kinder jedoch mit Menschen zusammen sind, die eine Zeichensprache sprechen, entwickeln sie rasch die Fähigkeit, diese visuelle Sprache zu verwenden. Sie folgen dabei ungefähr demselben Entwicklungsschema, dem hörende Kinder beim Erwerb einer Lautsprache folgen [638].

Wenn ein Kind eine Sprache erlernt, sei es Englisch, Russisch, Zulu oder American Sign Language, ist der Ablauf voraussagbar [675]. Das Kind bildet zuerst Sätze mit einem Wort („Nein.“, „Geh.“, „Mama.“), anschließend kommt stets eine Zwei-Wort-Phase („Papa komm.“, „Bring mir.“). Diese Phase dauert einige Zeit an, bevor das Kind in die dritte Phase eintritt: Telegrammstil, mit Sätzen aus Nomen ohne Plural und Verben ohne Konjugation. Die Sprache ist auf das Allerwichtigste reduziert. Schließlich beginnen die Kinder, die Grammatik der Sprache (oder Zeichensprache) zu beherrschen und erwerben die Regeln, die der Sprache ihre Bedeutung verleihen.

Ohne ein Wissen um diese Regeln wäre sprachliche Kommunikation nicht möglich. (Sprachliche Wissen diese Kommunikation ein ohne nicht möglich wäre um Regeln.) Ich kann mich Ihnen verständlich machen, weil es nur ganz bestimmte Möglichkeiten gibt, Subjekte, Verben, Prädikate, Verbformen und Präpositionen in unserer Sprache zu verwenden. Kleinkinder können grammatische Fertigkeiten ohne jede formale Anleitung entwickeln. Daher haben einige Leute vermutet, daß das Gehirn eines menschlichen Säuglings mit einer speziellen Fähigkeit ausgestattet ist, die dem Kind erlaubt, grammatische Regeln durch bloßes Hören auf das Sprechen Anderer abzuleiten.

Aus dieser Hypothese folgt eine Reihe von Voraussagen, die sich prüfen lassen. So sollten in einer Sprache mit unregelmäßigen Verben die Kinder systematische Fehler machen, die sie in dieser Weise bei Erwachsenen nie hören, die sich aber aus den Regeln ergeben, die für regelmäßige Verben passend sind. Lassen Sie mich mit einer Anekdote veranschaulichen, was ich meine: Die Kinder einer amerikanischen Freundin wuchsen in Peru auf und wurden zweisprachig. Eines ihrer kleinen Kinder fragte einmal: „Mommy are my clothes planched?" Das Verb planchar bedeutet auf Spanisch „bügeln". Das Kind hatte offenbar das Verb konjugiert, indem es nach der englischen Grammatikregel die Endung „ed" anhängte, welche die Vergangenheitsform kennzeichnet. Das Kind hatte diese Regel abgeleitet, indem es Englisch sprechenden Personen zugehört hatte; es hatte ihm niemand die Regel erklären müssen, auch hatte es keine bewußte Vorstellung von einer Vergangenheitsform.

Die Tatsache, daß das Kind fälschlich die Form „planched" bildete, obwohl es nie einen Erwachsenen „planched" hatte sagen hören, zeigt, daß die Regelabstraktion sehr viel mehr beinhaltet als eine bloße Nachahmung der Erwachsenensprache. Diese Anekdote weist neben vielen anderen Indizien darauf hin, daß es in menschlichen Gehirnen neuronale Mechanismen gibt, die darauf spezialisiert sind, beim Wahrnehmen von Sprache grammatische Grundregeln abzuleiten. In Übereinstimmung mit dieser Hypothese ist das selten auftretende SLI-Syndrom (SLI = specific language impairment). Personen mit SLI haben kaum Schwierigkeiten, sich die Vergangenheitsform häufig gebrauchter unregelmäßiger Verben zu merken (z. B. come-came, feel-felt), aber es bereitet ihnen große Schwierigkeiten, nach der allgemeinen Regel durch Anhängen der Endung „ed" regelmäßige Verben in die Vergangenheitsform zu bringen. Wenn beispielsweise Versuchspersonen aufgefordert werden, das Nonsense-Verb zoop in die Vergangenheitsform zu bringen, sagen 83 % der Kontrollpersonen zooped, aber nur weniger als die Hälfte der Personen, bei denen SLI diagnostiziert wurde, wandeln das Verb entsprechend um [756].

Einige Autoren haben vermutet, daß unser Gehirnmechanismus, der für die Grammatikableitung zuständig ist, bestimmte Grammatikregeln gegenüber anderen bevorzugt. In diesem Fall sollten wiederum bestimmte systematische Fehler in der Sprache von Kindern auftreten, welche die Präferenz für eine bestimmte Grammatik widerspiegeln. Eine mögliche Prädisposition hinsichtlich der Grammatik betrifft die Tendenz, Worte in der Abfolge Subjekt-Verb-Objekt zu ordnen. Diese Sequenz ist im Englischen, wie auch in vielen anderen Sprachen, typisch für Aussagen (z. B. „You like juice."). Ungewöhnlich ist aber, daß im Englischen die Reihenfolge der Worte oft geändert wird, wenn statt einer Aussage eine Frage formuliert wird. Bei der Frage „Do you like juice?" wird dem Subjekt („you") ein Hilfsverb („to do") vorangestellt. In den meisten Sprachen ändert sich bei einer Frage nur die Betonung („You like juice?"), nicht die Reihenfolge der Worte.

Kleine Kinder in englischsprachigen Familien tun sich schwer mit der Änderung der Reihenfolge der Worte, wie sie typisch für Fragen im Englischen ist. Sie bilden oft Sätze wie „Where it is?" und „What you did with it?" Solche Sätze haben sie nie von einem Erwachsenen gehört, aber sie entsprechen der Standardreihenfolge Subjekt-Verb-Objekt. Derartige Fehler lassen vermuten, daß das menschliche Gehirn so konstruiert ist, daß die Aneignung einer Standardgrammatik begünstigt wird [242]. Diese Prädispositionen werden aufgrund von Erfahrung überlagert, aber sie helfen, den Lernprozeß konstruktiv zu lenken.

2.3.5 Charakteristische Eigenschaften aller Lernformen

Der wesentliche Punkt ist also, daß der Spracherwerb, der auf den ersten Blick als besonders flexible Lernform erscheint, de facto stark strukturiert erfolgt. Dafür sorgen spezielle proximate Mechanismen, die im Gehirn fast aller Menschen vorhanden sind. Vergleichbares kann man im Hinblick auf die operante Konditionierung sagen. Obwohl die Psychologen der Skinner-Schule einst behaupteten, daß es gleichermaßen leicht sei, fast jede Handlung zu konditionieren, sofern sie ein Tier überhaupt ausführen kann, entdeckten die Forscher auf diesem Gebiet sehr bald dem widersprechende Fälle. Man kann beispielsweise eine Laborratte sehr leicht konditionieren, bestimmte Dinge zu tun, z. B. in einem Laufrad zu laufen, indem man ein Warnsignal ertönen läßt und einen elektrischen Strafreiz verabreicht, falls die Ratte nach dem Signalton nicht sofort losläuft. Sobald die Ratte einige Male erfahren hat, daß sie einen Stromschlag erhält, wenn sie nach dem Warnsignal im Laufrad stehenbleibt, aber nicht, wenn sie losrennt, bildet sie eine entsprechende Assoziation und beginnt loszulaufen, wann immer sie das Warnsignal hört [87]. Mit derselben Methode ist es aber nicht möglich, eine Ratte darauf zu konditionieren, sich im Laufrad aufzurichten. Ratten, die sich unmittelbar nach dem Warnsignal aufrichten, erhalten keinen Strafreiz; trotzdem bilden sie keine Assoziation zwischen diesem Verhalten und dem Vermeiden des

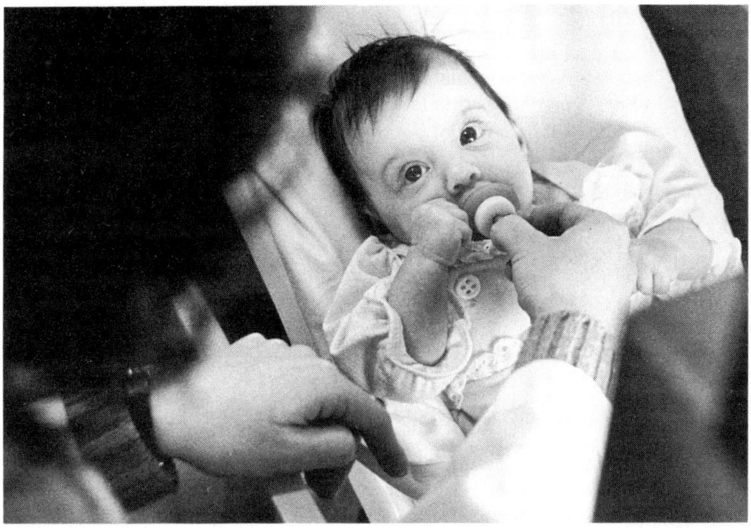

Abb. 2-16: **Menschlicher Säugling, der an einem Experiment zum Sprachlernen teilnimmt.** Der Säugling hat einen Spezialschnuller bekommen, mit dem man die Saugrate messen kann. Foto mit freundlicher Genehmigung von Peter Eimas und der Northeastern University.

Strafreizes. Die Häufigkeit, mit der sie sich nach Ertönen des Warnsignals aufrichten, nimmt mit der Zeit sogar ab (Abb. 2-17).

Die These, daß Lernen kein völlig offener Prozeß ist, wurde besonders durch den Psychologen John Garcia weiterentwickelt [332, 333]. Er und seine Mitarbeiter untersuchten, inwieweit Laborratten in der Lage sind, verschiedene Reize zu meiden, die mit einer Bestrafung einhergehen. Eine Form der Bestrafung, Röntgenbestrahlung, simuliert eine Vergiftung, da in den bestrahlten Geweben und Körperflüssigkeiten giftige Substanzen gebildet werden. Selbst sehr geringe Strahlungsdosen führen zu leichter Übelkeit, welche das Tier mit ungewöhnlich schmeckenden Trinkflüssigkeiten assoziiert oder mit Futter, das es gerade zu sich genommen hat. Wenn eine Ratte Futter oder eine Flüssigkeit mit einem bestimmten Geschmack konsumiert und dann einer sehr kleinen Strahlungsdosis ausgesetzt wird, weigert sie sich später, irgend etwas mit demselben Aroma zu sich zu nehmen. Das Futter bzw. die Trinkflüssigkeit wird um so stärker gemieden, (1) je heftiger die experimentell erzeugte Krankheit, (2) je intensiver der Geschmack der als Nahrung gebotenen Substanz, (3) je ungewohnter diese Substanz und (4) je kürzer das Zeitintervall zwischen Nahrungsaufnahme und Auftreten der Krankheit ist [333].

Geschmacks-Vermeidelernen kann man als Beispiel einer klassischen Konditionierung ansehen, bei der die Röntgenbestrahlung (der unbedingte Reiz) immer zu Unwohlsein führt und die Nahrungsaufnahme unterdrückt (die bedingte Reaktion). Der Geschmack der Nahrung fungiert als bedingter Reiz, welchen das Tier mit der Röntgenbestrahlung assoziiert, und das konditionierte Tier reduziert immer dann seine Nahrungsaufnahme, wenn es den entsprechenden Geschmack wahrnimmt [250]. Geschmacks-Vermeidelernen weist aber Besonder-

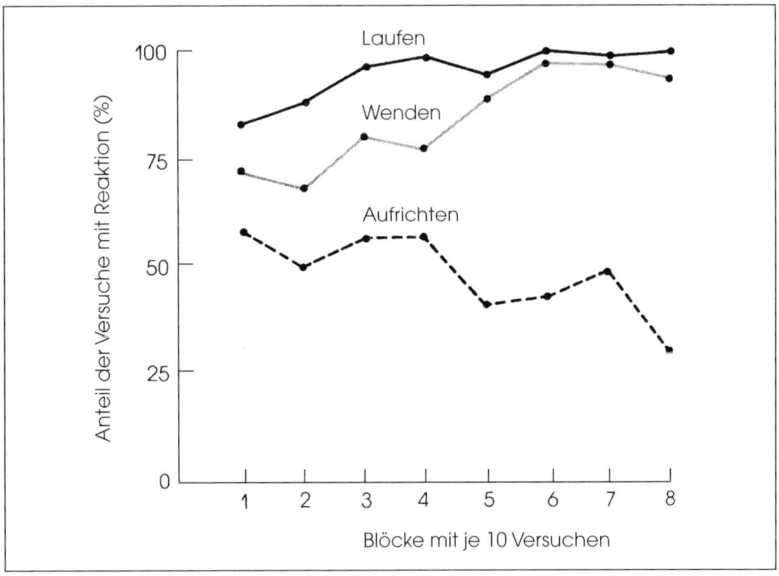

Abb. 2-17: **Lerndispositionen.** Lernkurven für drei Operanda (Laufen, Wenden, Aufrichten), die gleichermaßen belohnt wurden (die Laborratten konnten einem elektrischen Strafreiz entgehen, wenn sie das entsprechende Verhalten ausführten). Die Ratten lernten nicht, sich auf ihren Hinterbeinen aufzurichten, um den Strafreiz zu vermeiden. Quelle: Bolles (87).

heiten auf. Beispielsweise ist eine nur einmalige Bestrahlung ausreichend, um die Ratte zu konditionieren, Nahrung mit einem bestimmten Geschmack zu meiden. Dies ist anders als bei vielen umfassender untersuchten Fällen klassischer Konditionierung, bei denen es wiederholter Erfahrung bedarf, bevor das Tier die konditionierte Assoziation ausbildet.

Noch beeindruckender ist, daß die Ratte auch dann noch eine Assoziation bilden und ihr Verhalten entsprechend ändern kann, wenn zwischen der Aufnahme einer bestimmten Nahrung und der Röntgenbestrahlung mit anschließender Übelkeit ein längeres Zeitintervall (bis zu 7 h) liegt. Die meisten Formen assoziativen Lernens finden nicht statt, wenn zwischen dem bedingten Reiz (z. B. einem Ton) und dem unbedingten Reiz (z. B. Fleisch) ein Intervall von mehr als wenigen Sekunden liegt.

Daß es sich beim Geschmacks-Vermeidelernen um einen Sonderfall handelt, zeigt sich auch darin, daß die Ratte nicht in der Lage ist, ein bestimmtes Geräusch (z. B. Klicken) mit Übelkeit zu assoziieren. Ratten lernen, Klickgeräusche mit elektrischen Strafreizen in Verbindung zu bringen (und sie lernen die adäquate Reaktion, um nach Hören des Klickens einen Strafreiz zu vermeiden). Wenn die Bestrafung aber in einer Behandlung besteht, die zu Übelkeit führt, bleibt die Assoziation zwischen Geräusch und Strafreiz aus. Außerdem haben Ratten große Schwierigkeiten, eine Assoziation zwischen einem bestimmten Geschmack und elektrischen Strafreizen zu bilden. Falls die Ratte nach dem Trinken einer süßen Flüssigkeit einen elektrischen Strafreiz erhält, den sie an den Füßen spürt, mag sie die Flüssigkeit anschließend oft genauso gern wie vorher (gemessen an der pro Zeiteinheit getrunkenen Menge). Und dies gilt unabhängig davon, wie oft die Ratte nach dem Trinken süßer Flüssigkeiten einen Strafreiz erhält. Die Art der Reize und der Folgen ist also entscheidend dafür, ob eine Ratten lernen kann, ihr Freß- und Trinkverhalten zu modifizieren (Abb. 2-18).

2.3.6 Wissenschaftlicher Fortschritt

An der hochspezialisierten Natur des Vermeidelernens bei Laborratten zeigt sich ein weiteres Mal, daß es nicht angemessen ist, Verhalten nach einem Schema zu kategorisieren, das nur zwei Kategorien aufweist, starr programmierte „Instinkte" und völlig flexibles „Lernen". Die alte Kontroverse um Instinktverhalten und Lernen wird heute gewöhnlich fast wie eine Peinlichkeit behandelt, als hätte der Streit um die Natur der Verhaltensentwicklung nie entstehen dürfen. Ich halte diese Kontroverse dagegen für ein hervorragendes Beispiel, wie wissenschaftlicher Fortschritt erfolgt. Die ursprünglich von vielen Wissenschaftlern akzeptierte Dichotomie spiegelte eindeutige Unterschiede zwischen zwei Alternativhypothesen über den Einfluß von Erbe und Umwelt auf das Verhalten wider. Aus den Versuchen, diese Hypothesen an bestimmten Fällen zu prüfen, ergaben sich neue Hinweise, die schließlich zur Ablehnung dessen führten, was nun als zu simple Entweder-Oder-Erklärung für Differenzen zwischen instinktgeleitetem und erlerntem Verhalten erscheint. Die ursprünglichen Hypothesen wurden durch aktuellere ersetzt, die ihrerseits einer Reihe von einfallsreichen Prüfungen unterzogen wurden. Aus dieser Forschungsarbeit resultiert unser heutiges Verständnis von der Komplexität und Diversität der proximaten Mechanismen, welche der Verhaltensvielfalt zugrunde liegen. Die heutigen Sichtweisen müssen mit

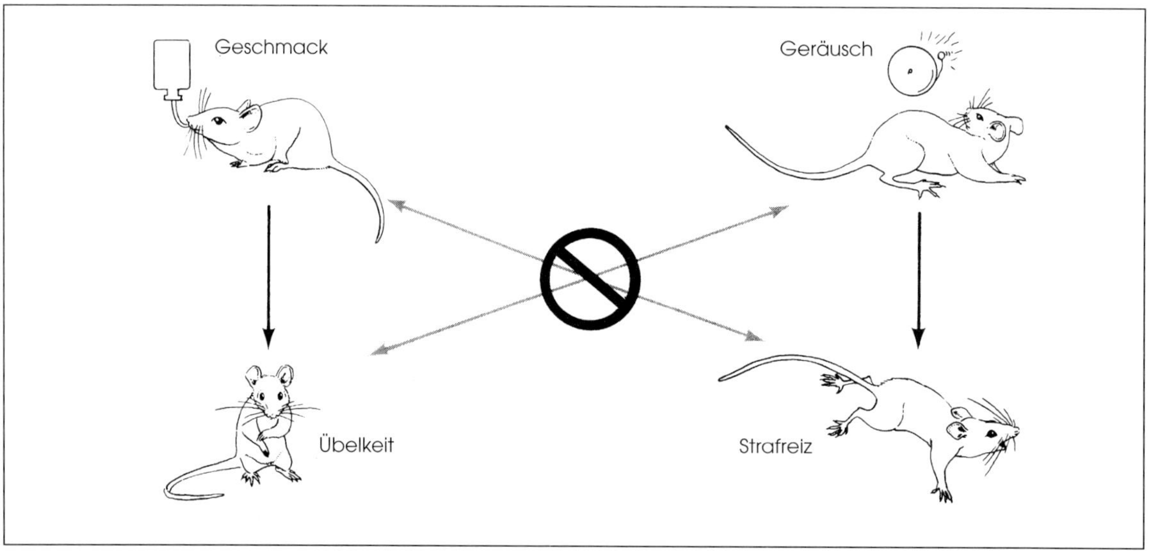

Abb. 2-18: **Prädisposition beim Geschmacks-Vermeidelernen.** Obwohl Laborratten leicht lernen, daß bestimmte Geschmacksreize Übelkeit zur Folge haben und daß nach bestimmten Geräuschen ein elektrischer Strafreiz folgt, haben sie große Schwierigkeiten, Assoziationen zwischen einem Geschmack und einem nachfolgenden Strafreiz oder zwischen einem Geräusch und nachfolgender Übelkeit zu erlernen. Nach Garcia et al. (333).

ziemlicher Sicherheit wiederum modifiziert werden, wenn neue Hypothesen entwickelt und geprüft werden. Wir können denen danken, die in der Vergangenheit bereit waren, sich für ihre Ideen zu engagieren. Die alten Hypothesen wurden in die Diskussion eingebracht und geprüft, und das ist der Grund dafür, daß wir den Standpunkt, daß ein Verhalten entweder ein „genetisch determinierter“ Instinkt oder eine „nicht erbliche“ erlernte Reaktion ist, heute nicht mehr akzeptieren.

2.4 Die evolutionsbiologische Grundlage der Verhaltensvielfalt

Dieses Kapitel befaßte sich bislang mit den verschiedenartigen proximaten Mechanismen, welche der Verhaltensvielfalt zugrunde liegen. Deren Spektrum reicht von relativ festumschriebenen, angeborenen Reaktionen, die als Antwort auf einfache Hinweisreize in der Umgebung ausgeführt werden, bis hin zu relativ offenem, erlerntem Verhalten, das durch neue Information verändert werden kann. Wir wenden uns nun der Untersuchung der ultimaten Bedeutung der Verhaltensvielfalt im Hinblick auf den Reproduktionserfolg zu.

Wir Menschen neigen zur Auffassung, daß sehr flexibles Lernen anderem Verhalten von Natur aus überlegen ist, insbesondere „simplen“ angeborenen Reaktionen, sicherlich deshalb, weil wir zu einer Art gehören, deren Fähigkeit zu flexiblem Lernen außergewöhnlich gut entwickelt ist. Diese selbstgefällige Sichtweise ist aber ungerechtfertigt. Es ist keineswegs unter allen ökologischen Bedingungen vorteilhaft, Erfahrungswissen zu erwerben und entsprechend das Verhalten zu ändern. Lernen ist vermutlich mit Kosten verbunden, und einer der Kostenfaktoren ist wahrscheinlich die Energie, die benötigt wird, diejenigen Elemente des Nervensystems aufzubauen und zu unterhalten, welche der Informationsspeicherung und der Verhaltensänderung dienen (siehe [925] für eine andere Ansicht).

Männchen des Sumpfzaunkönigs (*Cistotherus palustris*) lernen beispielsweise ihr Gesangsrepertoire, indem sie anderen Männchen zuhören und sie nachahmen. Aus irgendeinem Grund haben Männchen im Westen der Vereinigten Staaten normalerweise ein Repertoire mit zwei- bis dreimal so vielen Typen von Gesängen wie ihre Verwandten an der Ostküste. Wenn man ihnen eine Bandaufnahme mit 200 Gesangstypen vorspielt, lernen junge Sumpfzaunkönige von der Westküste durchschnittlich 100 dieser Gesänge, während die Sumpfzaunkönige von der Ostküste nur etwa 40 Gesänge in ihr Repertoire aufnehmen [538]. In Übereinstimmung mit der Hypothese, daß für die Lernfähigkeit kostspieliges Nervengewebe erforderlich ist, haben die Gesangssysteme im Vorderhirn der Westküstenvögel eine um durchschnittlich 25 % höhere Masse als die entsprechenden Hirnregionen bei den Ostküstenvögeln. Vergleichbares gilt für zwei sehr ähnliche Arten tropischer Zaunkönige, den Rotrücken-Zaunkönig (*Thryothorus rufalbus*) und den Kastanien-Zaunkönig (*T. nigricapillus*), bei denen die Weibchen ausgiebig singen, die Größe des Repertoires zwischen den Arten aber erheblich differiert. Weibchen der Art mit dem größeren erlernten Repertoire (Kastanien-Zaunkönig) haben in ihrem Gehirn deutlich größere Regionen für die Gesangssteuerung [112].

Falls die beträchtliche Größe des menschlichen Gehirns etwas mit unserer hohen Lernfähigkeit zu tun hat, wie viele postuliert haben, dann sind die physiologischen Kosten der menschlichen Lernfähigkeit in der Tat groß. Obwohl das Gehirn mit nur etwa 2 % am Gesamtkörpergewicht beteiligt ist, benötigt es 15 % der Herzleistung und 20 % des gesamten Stoffwechselenergie [27]. (Wenn man allerdings Hirngröße und Stoffwechselrate bei den Säugetieren insgesamt vergleicht, findet man keinen Hinweis darauf, daß ein großes Gehirn den Energieaufwand in die Höhe treibt [634].)

Auf jeden Fall reagiert das menschliche Gehirn sehr empfindlich auf Sauerstoffmangel, was für viele frühzeitige Todesfälle verantwortlich ist. Außerdem wird seine Entwicklung leicht durch genetische Abweichungen gestört [107]; viele der bekannten Effekte eines einzelnen Gens auf das menschliche Verhalten beruhen auf schweren Hirnschäden, die durch ein einziges mutiertes Allel verursacht werden (siehe Kap. 3). Außerdem können die Belohnungssysteme unseres Gehirns, obwohl sie uns oft in biologisch sinnvoller Weise belohnen oder bestrafen [808], in ihrer Funktion gestört sein, was zu verschiedenen Formen von Geisteskrankheit führen kann. Ein einfacher konstruiertes, weniger umfangreiches Gehirn wäre mit geringerem Aufwand zu unterhalten und weniger anfällig für Verletzungen und Funktionsstörungen.

Einfache Verhaltensregeln sind wahrscheinlich nicht nur in physiologischer Hinsicht kostengünstiger, sondern auch äußerst effektiv in Situationen, wo es eine verläßliche Beziehung zwischen einem bestimmten Reiz und einer spezifischen, vorteilhaften Reaktion gibt. Es ist sicher kein Zufall, daß Instinktverhalten für sehr junge Tiere charakteristisch ist. Ein gerade aus dem Ei geschlüpftes Möwen- oder Kakadujunges hätte nichts davon, wenn es lernen müßte, wie es seine Eltern dazu bringt, es zu füttern. Ein Gehirn, das in der frühen Entwicklung so programmiert wird, daß es kurz nach dem Schlüpfen auf bestimmte Reize reagiert, gibt dem Jungvogel alles, was er braucht, ein effizientes System für die Kommunikation mit den Eltern.

Ebenso ist es nicht überraschend, daß Tiere, die sich mit Beutegreifern auseinandersetzen müssen, oft angeborene Reaktionen gegen ihre Todfeinde evoluieren. Junge Motmots (*Momotus momota*, mit den Eisvögeln verwandte tropische Vögel, die sich von Eidechsen und kleinen Schlangen ernähren) brauchen keine Vorerfahrung mit Korallenschlangen (Abb. 2-19), um sie zu meiden. Handaufgezogene Vögel werden von dünnen, schlangenähnlichen Objekten angelockt. Wenn diese Objekte aber alternierende rote und gelbe Ringe haben, werden sie strikt gemieden (Tab. 2-1) [880].

Abb. 2-19: **Korallenschlange:** Das Farbmuster dieser Giftschlange besteht aus einer leuchtend roten, gelben und schwarzen Bänderung. Foto von James D. Jenkins.

Der Unterschied zwischen dem Verhalten einer Ratte und dem eines jungen Motmots bei der Nahrungsaufnahme ist lehrreich. Für eine Ratte stellen unter natürlichen Bedingungen vor allem giftige Pflanzen (oder Köder) eine Gefahr dar. Eine solche Nahrung bedeutet normalerweise nicht das Ende für das Leben einer Ratte, da diese Tiere so angepaßt sind, daß sie von allem, was neu ist, zunächst nur ein sehr kleines Stück verzehren. Falls es giftig ist, überleben sie in der Regel und lernen, anschließend alles zu vermeiden, was ähnlich schmeckt oder riecht wie die Nahrung, von der sie krank wurden.

Im Gegensatz dazu ist die Lebenserwartung eines jungen Motmots, der eine rot und gelb gebänderte Korallenschlange schnappt, nicht hoch. Da diese Schlangen ein charakteristisches Farbmuster haben, konnten die Vögel eine angeborene Aversion gegenüber den von der Korallenschlange ausgehenden Reizen entwickeln.

Es stimmt, daß angeborene Verhaltensweisen leicht von Parasiten und anderen Nutznießern ausgebeutet werden können, wie etwa bei den Kurzflüglern, die Ameisen berauben, und den Orchideen, die Wespen nachahmen. Damit eine einfache Reaktion auf einen Reiz in der Evolution erhalten bleibt, reicht es aber aus, wenn die entsprechende Verhaltensweise im statistischen Mittel für ein Individuum vorteilhafter ist als mögliche Alternativen. Ameisen füttern zwar gelegentlich einen parasitierenden Käfer, aber in 99 % der Fälle füttern sie ihre Nestgenossen. Die metabolischen Kosten eines Nervensystems, das die Wahrscheinlichkeit der Fütterung von Parasiten verringert, dürften schwerer wiegen als der geringe Nachteil, der entsteht, wenn ab und zu ein Käfer gefüttert wird.

Außerdem besteht das Risiko der Ausbeutung oder der Fehlanwendung nicht nur für Instinktverhaltensweisen. Es ist sehr wohl möglich, daß ein Tier sein Verhalten aufgrund von Erfahrung in einer Weise ändert, daß seine Fitness nicht erhöht, sondern erniedrigt wird. Ein Mensch kann irrtümlich lernen, ein eßbares Nahrungsmittel zu meiden, falls es, wenn er das erste Mal davon kostet, zufällig verdorben ist, oder falls er es verzehrt und anschließend aus einem anderen Grund krank wird [163]. Durch die Assoziation von Krankheit mit einem neuen Lebensmittel können lebenslange Aversionen gegenüber wertvollen Nahrungsmitteln fest etabliert werden.

Tab. 2-1: **Reaktion von Motmots auf Attrappen: Belege für eine Aversion** gegen gelb-rote Ringelmuster bei jungen, nicht vorerfahrenen, handaufgezogenen Vögeln. Quelle: Smith (880).

Attrappe	Musterung der Attrappe	Zahl der Pickreaktionen	Anmerkungen
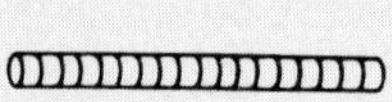	Korallenschlangenmuster: Gelbe und rote Ringe	0	
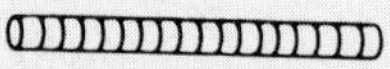	Kontrolle für Ringmuster: Grüne und blaue Ringe	89	
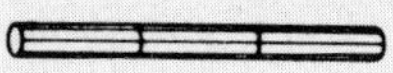	Kontrolle für Farbe: Gelbe und rote Längsstreifen	60	
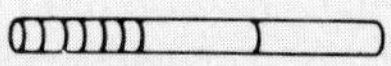	Ein Ende gelb mit roten Ringen; das andere Ende ohne Muster	79	Nur 15 % auf das gelb-rote Ende
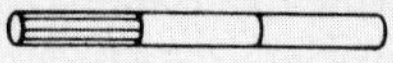	Ein Ende gelb mit roten Längsstreifen; das andere Ende ohne Muster	90	47 % auf das gelb-rote Ende

2.4.1 Der Nutzen von Lerndispositionen

Spezielle Lerndispositionen haben sich bei Tieren wohl deshalb entwickelt, weil diese Eigenschaften das Risiko vermindern, daß Tiere etwas Falsches oder irrelevante Informationen lernen [497]. Die Fähigkeit, aus Erfahrung zu lernen, ist dann nützlich, wenn sich ein Individuum an verschiedenartige Bedingungen anpassen muß, die vor seiner Geburt nicht feststanden. Dies können Informationen darüber sein, wo sich Nahrungsquellen und Bau befinden, welche Beutetiere im einzelnen verfügbar sind, wie die Eltern genau aussehen, oder welche Sprache in der Heimat gesprochen wird. Spezifische Lernmechanismen helfen einem Tier, die Aufmerksamkeit auf die wichtigsten Faktoren zu konzentrieren.

Warum lernen Laborratten so gut, neues Futter fortan zu meiden, falls es sie krank macht, selbst Stunden nachdem sie die Nahrung zu sich genommen haben? Die Laborratte ist eine domestizierte Form der Wanderratte (*Rattus norvegicus*). Die Ernährungsweise wilder Ratten setzt sie dem Risiko einer Vergiftung aus, und ihre spezielle Fähigkeit hilft ihnen, das Vergiftungsrisiko gering zu halten. Eine freilebende Wanderratte ist mit dem Areal um ihren Bau bestens vertraut und ernährt sich in diesem Gebiet von einem breiten Spektrum tierlicher und pflanzlicher Nahrung [584]. Saisonbedingt gibt es ständig neue Pflanzen und Tiere, die bald wieder verschwinden. Einige dieser Organismen sind genießbar und nahrhaft, andere giftig und möglicherweise tödlich. Eine Ratte kann ihren Verdauungsapparat nicht durch Erbrechen reinigen. Statt dessen nimmt sie von allem, was neu ist, nur einen kleinen Bissen zu sich. Falls sie anschließend krank wird, sollte sie diese Nahrung fortan meiden, da der Verzehr einer größeren Menge davon sie töten könnte [333].

Nach Auffassung der Evolutionsbiologen gibt es einen Zusammenhang zwischen der Ökologie einer Art und dem, was ein Tier leicht lernen kann [497]. Die eigentümlichen Regeln, nach denen eine Laborratte lernt, erscheinen weniger eigentümlich, wenn man die Ökologie der Nahrungsaufnahme dieser omnivoren Art berücksichtigt. Falls diese Auffassung richtig ist, lassen sich zahlreiche Voraussagen über das Auftreten spezieller Lernfähigkeiten machen. Eine solche Voraussage ist, daß alle Arten mit einem stark variierenden Nahrungsspektrum, welches ein verstärktes Risiko giftiger Nahrung mit sich bringt, die Fähigkeit entwickeln, Vergiftungserscheinungen mit dem Geschmack gefährlicher Nahrung in Verbindung zu bringen. Übereinstimmend mit dieser Voraussage lernt die Heuschrecke *Schistocerca americana* unter experimentellen Bedingungen, neue, aber genießbare Nahrung (z. B. Spinat) zu meiden, wenn man anschließend giftige pflanzliche Abwehrstoffe injiziert (z. B. Quabain, ein Herzglykosid) [555].

So wie die Fähigkeit, Vergiftungserscheinungen mit neuem Futter zu assoziieren, mit dem Risiko, giftige Nahrung zu kosten, zusammenhängen sollte, sollte auch die Fähigkeit, die räumlichen Gegebenheiten eines Areals zu lernen, von den Vorteilen abhängen, die eine solche Fähigkeit bietet. Demgemäß sollte bei solchen Arten, wo Männchen und Weibchen einen unterschiedlich großen **Aktionsraum** („**home range**") haben, das Geschlecht, das normalerweise größere Entfernungen zurücklegt, eine überlegene Fähigkeit zum Raumlernen aufweisen.

Steven Gaulin und Randall FitzGerald prüften diese Voraussage, indem sie drei Arten kleiner Nager (Rodentia) untersuchten. Bei einer Art, der Wiesenmaus (*Microtus pennsylvanicus*), sind die Aktionsräume der Männchen mehr als viermal so groß wie der Aktionsraum von jedem ihrer Weibchen (die Männchen haben mehrere Weibchen). Im Gegensatz dazu sind die Präriewühlmaus (*M. ochrogaster*) und die Kiefernwühlmaus (*M. pinetorum*) monogam, und Individuen beider Geschlechter teilen ein Gebiet von gleicher Größe. Wenn man sie unter Futterbelohnung in verschiedenen Labyrinthen testet, machen die Männchen der Wiesenmaus weniger Fehler als die Weibchen dieser Art (Abb. 2-20). Sowohl bei der Präriewühlmaus als auch bei der Kiefernwühlmaus gibt es keinen Geschlechtsunterschied in der Leistung beim Raumlernen. Männchen und Weibchen haben hier ähnlich große Aktionsräume und werden daher beim Raumlernen in freier Wildbahn mit vergleichbaren Problemen konfrontiert [335, 336].

Die Hypothese, daß Lernfähigkeiten eine Auslese im Hinblick auf Fertigkeiten widerspiegeln, welche die Fitness erhöhen, wurde mit diesen Feldmausarten auch auf andere Weise geprüft. Falls die Männchen der Wiesenmaus einem höheren Selektionsdruck auf die Fähigkeit zum Raumlernen unterliegen, sollte man erwarten, daß bei den Männchen ein größerer Anteil an Gehirnmasse für diese spezielle Aufgabe bereitgestellt wird. Bei verschiedenen Wirbeltieren spielt wahrscheinlich eine ganz bestimmte Hirnstruktur, der Hippocampus, eine wichtige Rolle beim Raumlernen. Wie vorausgesagt, ist bei männlichen Wiesenmäusen der relative Anteil des Hippocampus am gesamten Hirnvolumen größer als bei den Weibchen dieser Art.

Welche Voraussage beinhaltet die Hypothese hinsichtlich der relativen Hippocampusgröße bei männlichen und weiblichen Kiefernwühlmäusen? Da sich die Geschlechter dieser Art bei der Raumorientierung vergleichbaren Aufgaben gegenübersehen, sollte hier kein Unterschied bestehen - das tatsächliche Meßergebnis unterstützt die Voraussage [479].

Verallgemeinert bedeutet die hier vorgestellte Hypothese über den Anpassungswert des Lernens, daß die Selektion bestimmte Lernfähigkeiten begünstigt, die geeignet sind, bestimmte ökologische Probleme zu lösen. Einige (aber nicht alle) Tiere können eine vorteilhafte Flexibilität erlangen, indem sie ihre Ernährung danach ausrichten, was gerade verfügbar ist, oder indem sie die Charakteristika der Umwelt lernen, in der sie gerade leben. Ähnlich sehen sich soziale Tiere einer unberechenbaren, aber äußerst wichtigen sozialen Umwelt gegenüber, in der die Fähigkeit eines Individuums, sich an das Verhalten anderer anzupassen, seinen Fortpflanzungserfolg erheblich beeinflussen kann. Um zu wissen, wer gegenüber wem dominant ist, sich zu erinnern, was ein Indivi-

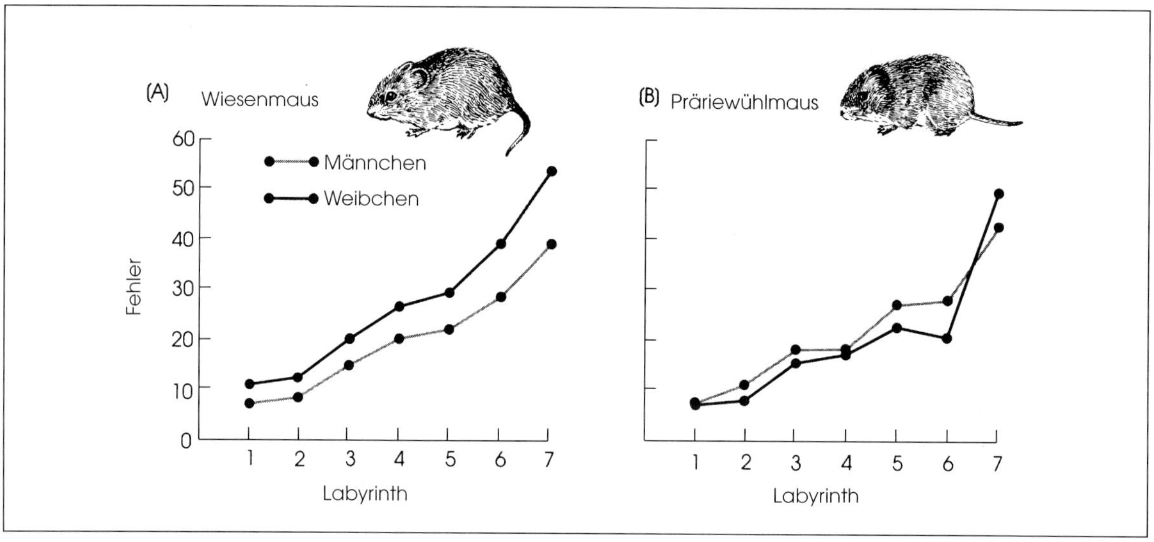

Abb. 2-20: **Geschlechtsunterschiede in der Fähigkeit zum Raumlernen** gibt es bei der polygynen Wiesenmaus, nicht aber bei der monogamen Präriewühlmaus. (A) Wiesenmausmännchen machen im Durchschnitt stets weniger Fehler als Wiesenmausweibchen, wenn sie sieben verschiedene Labyrinthe mit steigendem Schwierigkeitsgrad erlernen. (B) Im Gegensatz dazu unterscheidet sich die Lernleistung im Labyrinth zwischen Präriewühlmausmännchen und -weibchen nicht. Quelle: Gaulin und FitzGerald (335).

duum X einem Individuum Y getan hat und die Veränderung von Beziehungen zwischen anderen zu verfolgen, muß man lernen und kann sich nicht auf vorprogrammierte Reaktionen verlassen.

Falls die soziale Umwelt bestimmte Formen des Lernens begünstigt, würden wir erwarten, daß man bei sozialen Arten Fallbeispiele für spezialisierte Mechanismen sozialen Lernens findet. Dorothy Cheney und Robert Seyfarth sind der Meinung, daß sie Belege dafür bei Grünen Meerkatzen (*Cercopithecus aethiops*) gefunden haben, sozialen Primaten, die in kleinen Gruppen umherstreifen [165]. Grüne Meerkatzen scheinen im sozialen Bereich äußerst intelligent zu sein. Sie erkennen die Mitglieder ihrer eigenen Gruppe und die Mitglieder von Nachbargruppen individuell. Sie wissen, wer mit wem verwandt ist, und wer wem was getan hat (Abb. 2-21).

Wenn es aber um die nicht-soziale Umwelt geht, scheinen Grüne Meerkatzen erstaunlich begriffsstutzig zu sein. Beispielsweise sind sie offenbar nicht in der Lage, die weitläufigen, flachen Spuren eines Pythons mit der Schlange selbst in Verbindung zu bringen. Pythons sind aber Raubfeinde der Grünen Meerkatzen, und wenn die Affen die Schlange leibhaftig sehen, erkennen sie sie und schlagen Alarm. Die offenkundige Unfähigkeit der Grü-

Abb. 2-21: **Hochentwickelte Fähigkeit zum sozialen Lernen** bei Grünen Meerkatzen. Nachdem sie Zeuge einer aggressiven Auseinandersetzung zwischen zwei Individuen aus zwei verschiedenen Verwandtschaftslinien (A1 und B1) in ihrer Gruppe waren, sind andere Individuen aus diesen beiden Linien (A2 und B2) eher bereit, gegeneinander zu kämpfen, obwohl sie am ursprünglichen Konflikt nicht beteiligt waren. Grüne Meerkatzen wissen anscheinend, wer mit wem verwandt ist. Nach Cheney und Seyfarth (165).

nen Meerkatzen, eine Verbindung zwischen einer Pythonspur und der Möglichkeit, daß die Schlange in der Nähe ist, herzustellen, steht in krassem Widerspruch zu ihrer außergewöhnlichen sozialen Intelligenz. Das läßt vermuten, daß die sozialen Beziehungen für Grüne Meerkatzen sogar noch bedeutender sind als das Risiko, Beute eines Pythons zu werden.

Eine ähnliche Argumentation wurde von einer Reihe von Biologen auf den Menschen angewandt. Sie sind der Ansicht, daß das, was wir bei unserer eigenen Art „Intelligenz" nennen, vor allem die Fähigkeit ist, etwas über unser soziales Umfeld zu lernen, damit wir mit diesem entscheidenden, unberechenbaren Faktor, der wesentlich für den individuellen Fortpflanzungserfolg ist, besser zurechtkommen. Detaillierte Prüfungen dieser spannenden Hypothese haben gerade erst begonnen [12, 180].

Generell folgt aus neueren Untersuchungen zum adaptiven Wert von Instinktverhalten und Lernen, ob bei Silbermöwen oder Menschen, Wiesenmäusen oder Heuschrecken, übereinstimmend, daß die speziellen ökologischen Bedingungen, denen sich eine Art gegenübersieht, ein unterschiedliches Ausmaß an flexiblem Verhalten begünstigen; als Ergebnis hat sich die immense Diversität des Verhaltens von Tieren entwickelt.

Zusammenfassung

1. Die klassische Einteilung des Verhaltens in zwei Kategorien – Instinktverhalten und Lernen – war mit der irrtümlichen Annahme verbunden, daß einige Verhaltensweisen stärker genetisch determiniert oder umweltabhängig sind als andere. Bei vielzelligen Tieren beruhen sowohl Instinktverhalten als auch Lernen auf neuronalen Grundlagen, für deren Entwicklung sowohl genetische Information als auch Umwelteinflüsse notwendig sind. Instinktverhaltensweisen unterscheiden sich von erlernten Verhaltensweisen nicht dadurch, in welchem Ausmaß sie durch Erbgut oder Umwelt bedingt sind, sondern im Grad der Vollkommenheit, den das Verhalten aufweist, wenn ein Tier zum ersten Mal auf einen Schlüsselreiz reagiert.
2. Instinktverhalten und Lernen sind Begriffe, die ein breites Spektrum von Phänomenen einschließen. Lernverhalten, das sich auf Veränderungen aufgrund einer bestimmten Erfahrung im Leben eines Tieres zurückführen läßt, umfaßt so verschiedene Formen wie die klassische und die operante Konditionierung, die Prägung und das Raumlernen.
3. Angeborene Verhaltensweisen werden oft durch Erfahrung modifiziert, und Lernen erfolgt oft gerichtet. Dadurch verwischt sich die klare Trennung zwischen Instinktverhalten und Lernen, denn es zeigt sich einerseits, daß Tiere ihre Erfahrungen nutzen, um bestimmte, von Anfang an „eingebaute" Reaktionen auf Schlüsselreize zu verändern, und andererseits zeigt sich, daß Lernen bei weitem nicht so flexibel ist, wie es auf den ersten Blick scheint. Um etwas lernen zu können, muß das Nervensystem eines Tieres „angeborene" Eigenschaften haben, die es erlauben, Information zu erwerben, mit deren Hilfe das Verhalten in spezifischer Weise verändert wird. Dies zeigt sich am deutlichsten in Fällen wie der Prägung, bei der das Tier ein bestimmtes Teilstück an Information während einer begrenzten Lebensphase aus der Umgebung aufnimmt, um die Entwicklung eines bestimmten Verhaltenselements, wie das Erkennen von Geschlechtspartnern im späteren Leben, zu vervollständigen.
4. Eine Untersuchung verschiedener Verhaltensweisen auf ultimater Ebene zeigt, daß keine Verhaltenskategorie per se im Hinblick auf ihren Beitrag zum Fortpflanzungserfolg anderen überlegen ist. Einfache Verhaltensregeln können einen größeren Anpassungswert haben als komplexe Lernfähigkeiten. Dies gilt beispielsweise dann, wenn eine falsche Reaktion auf einen Schlüsselreiz tödlich sein kann. Unter anderen Bedingungen kann es für Individuen sehr gewinnbringend sein, wenn sie ihr Verhalten als Antwort auf Faktoren, die vor ihrer Geburt nicht eindeutig feststanden, modifizieren können. So lernen beispielsweise viele Tiere, die weit umherstreifen, etwas über die räumlichen Gegebenheiten in ihrer Umwelt. Aus evolutionsbiologischer Sicht ist die Vielfalt proximater Mechanismen, die das Verhalten von Tieren steuern, eine Antwort auf die Vielfalt ökologischer Probleme, mit denen verschiedene Tierarten konfrontiert werden.

Empfohlene Literatur

Wer an den Forschungsansätzen und -ergebnissen der klassischen europäischen Ethologen interessiert ist, sollte Niko Tinbergens „The Herring Gull's World" [930] oder „King Solomon's Ring" von Konrad Lorenz lesen [585]. Siehe auch [588].

Das Erkennen von Verwandten („Kin recognition") ist das Thema eines neuen Buches mit demselben Titel [439]. John Garcias Übersichtsarbeit zu den wissenschaftlichen Kontroversen über das Lernen bei Laborratten ist sehr zu empfehlen [333]. Drei Auffassungen zur Beziehung zwischen Evolution und Lerntheorie werden in Arbeiten von Michael Beecher [55], John Krebs [533] sowie Leda Cosmides und John Tooby vorgestellt [179]. Wer sich für die These interessiert, daß soziale Arten spezielle Lerndispositionen für soziales Lernen aufweisen, sollte „How Monkeys See The World" [165] lesen.

Diskussionsfragen

1. Experimente, bei denen ein Tier unter teilweiser oder völliger sensorischer Deprivation aufgezogen wird und trotzdem bestimmte Verhaltensantworten auf Schlüsselreize zeigt, werden manchmal als Belege angeführt, daß es sich hier um Instinktverhaltensweisen handelt. Kritiker dieser Experimente weisen darauf hin, daß man selbst unter extremer Deprivation nicht alle Umwelteinflüsse ausschalten kann. Die Erfahrungen, die ein Tier im Laufe solcher Experimente erwerben kann, könnten immer noch hinreichend für die Entwicklung eines sogenannten „Instinktverhaltens" sein. Diese Kritiker möchten den Instinktbegriff ganz aus dem verhaltensbiologischen Vokabular eliminieren. Für welche Definition des Instinktverhaltens trifft diese Kritik zu? Falls Sie die Auffassung akzeptieren, daß kein Verhalten instinktgeleitet sein kann, würden Sie dann das Bettelverhalten bei Möwen und die sexuelle Prägung bei Gänsen in dieselbe Kategorie einordnen?
2. Wie kann es adaptiv sein, daß bei etlichen Arten kleinerer Vögel einfache Reize elterliches Verhalten auslösen, wenn junge Kuhstärlinge das Verhalten ihrer Wirte ausbeuten können, indem sie diese Reize nachahmen?
3. Welche Voraussagen würden Sie über die Fähigkeit von Tannenmeisen (*Parus ater*, eine futterhortende Art) und Kohlmeisen (*P. major*, eine nichthortende Art) bezüglich ihrer Fähigkeit machen, den Ort von Futterstücken zu memorieren, die sie zuvor gesehen haben [536]? Welche Voraussagen würden Sie bei diesen Arten bezüglich der Größe des Hippocampus machen, einer Hirnstruktur, die am Raumlernen beteiligt ist [415]? Wie würden Sie Ihre Voraussagen prüfen?
4. Menschliche Gehirne sind etwa siebenmal größer, als für eine Tierart mit unserer Körpergröße zu erwarten wäre [492]. Untersuchen Sie mit der Methode der multiplen Arbeitshypothesen die mögliche evolutionsbiologische Bedeutung unseres außergewöhnlich vergrößerten Gehirns. Eine spannende Hypothese dazu können Sie bei Richard Alexander [10, 11] finden.

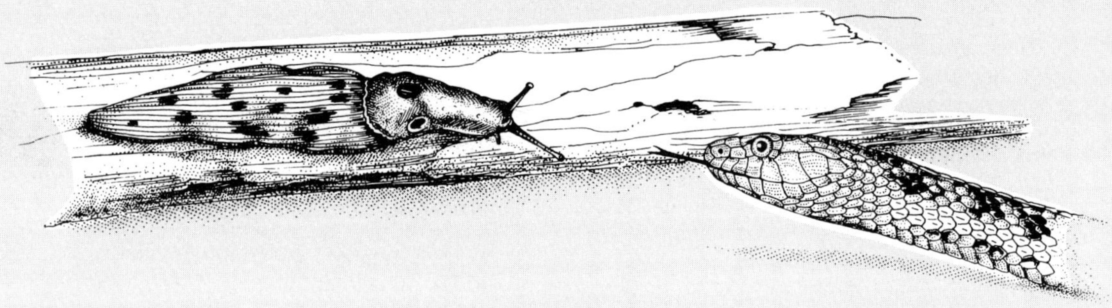

Wie die Gene eines Individuums sein Verhalten beeinflussen, ist eine spannende und herausfordernde Frage, wenn man die proximaten Ursachen des Verhaltens von Tieren studiert. Das vorangegangene Kapitel wandte sich gegen die Auffassung, daß einige Verhaltensweisen „genetisch bedingt" und andere „umweltabhängig" sind, und zeigte statt dessen, daß für die Entwicklung aller Verhaltensmuster genetische Information nötig ist. In diesem Kapitel werde ich diesen Punkt weiter ausführen. Dabei werde ich auf die Entdeckungen von Genetikern zurückgreifen, die nach Verbindungen zwischen Genen und Verhalten gesucht haben. Diese Wissenschaftler sind von der Hypothese ausgegangen, daß einige der Verhaltensunterschiede zwischen Individuen durch genetische Differenzen verursacht sind. Wir wollen uns einen Überblick über verschiedene Arten von Untersuchungen verschaffen, mit denen diese Hypothese geprüft wurde. Die Ergebnisse dieser Arbeiten sprechen oft dafür, daß genetische Unterschiede wesentlich sind. Es zeigt sich sogar, daß ein Unterschied in einem einzelnen Gen dazu führen kann, daß Individuen sich verschieden verhalten. Aber wie beeinflussen Gene das Verhalten? Diese Frage ist von großem Interesse für Verhaltensgenetiker, welche die Verbindung zwischen der genetischen Information und der Entwicklung proximater Mechanismen, die dem Verhalten zugrunde liegen, untersuchen. Wir werden einige Beispiele aus diesem Forschungsgebiet kennenlernen und mit einer Studie schließen, die zeigt, wie die natürliche Selektion auf erbliche Unterschiede im Verhalten der Mitglieder einer Art wirken könnte. Diese Untersuchung vereint proximate und ultimate Aspekte der genetischen Grundlagen des Verhaltens.

3 Die Verhaltensgenetik

3.1 Die Beziehung zwischen Genen und Verhalten

Dieses Kapitel handelt davon, wie man die Verbindung zwischen Genen und Verhalten untersucht. Diese Beziehung ist indirekt und sehr komplex, so daß es nicht leicht ist, sich ein Bild davon zu machen. Aber es gibt einen Zusammenhang, der sowohl auf der proximaten als auch auf der ultimaten Ebene von Bedeutung ist. Um die proximaten Mechanismen zu verstehen, die dem Verhalten eines Individuums zugrunde liegen, müssen wir den Zusammenhang zwischen der genetischen Information eines Individuums und der Entwicklung verschiedener Organsysteme (Nervensystem, Endokrinium, Muskulatur), die Verhalten ermöglichen, verstehen. Auf der ultimaten Ebene kann evolutionärer Wandel im Verhalten nicht stattfinden, wenn es nicht erbliche Differenzen zwischen Individuen gibt, die ihr Verhalten und ihren Fortpflanzungserfolg beeinflussen (Kap. 1). Der Nachweis, daß unterschiedliches Verhalten von Individuen durch genetische Differenzen bedingt sein kann, ist also entscheidend, wenn wir Gewißheit haben wollen, daß Verhalten der Evolution unterliegt.

Wir werden die folgende zentrale Hypothese deshalb genauer untersuchen: Verhaltensunterschiede zwischen Individuen werden durch Unterschiede in ihrer genetischen Information verursacht. Die Alternativhypothese wäre, daß die Verhaltensunterschiede in den fraglichen Fällen auftreten, weil die Individuen sich in einer unterschiedlichen Umwelt entwickelt haben. Beide Hypothesen setzen voraus, daß die Entwicklung des Verhaltens auf einer Wechselwirkung zwischen dem **Genotyp** und der Umwelt, in der ein Organismus lebt, beruht (Abb. 3-1). So entsteht der **Phänotyp** eines Individuums (die zu beobachtenden Eigenschaften).

Es gibt viele Möglichkeiten, zu prüfen, warum sich Individuen in ihrem Verhalten unterscheiden. Eine der geeigneten Methoden haben wir bereits in Kap. 2 diskutiert, als wir die „Experimente" mit Rosakakadus, die unter natürlichen Bedingungen von Inkakakadus aufgezogen wurden, beschrieben haben. Die meisten Rosakakadus produzieren den gleichen typischen Kontaktruf der Rosakakadus, aber diese wenigen fremdaufgezogen Vögel nicht. Der Verhaltensunterschied zwischen diesen beiden Typen von Rosakakadus rührt mit an Sicherheit grenzender Wahrscheinlichkeit von der unterschiedlichen auditiven und sozialen Erfahrung her, und nicht von irgendeiner genetischen Differenz zwischen ihnen. Alle Rosakakadus, die Kontaktrufe von Inkakakadus äußern, wurden von Inkakakadus aufgezogen; alle, die Rosakakadu-Kontaktrufe von sich geben, hatten Rosakakadus als Zieheltern. Es besteht kein Grund zur Annahme, daß diejenigen Rosakakadu-Jungen, die rein zufällig von Inkakakadus adoptiert werden, sich hinsichtlich der Gene, die für den Kontaktruf verantwortlich sind, in irgendeiner Weise von den übrigen Mitgliedern ihrer Art unterscheiden. Wir können also die Hypothese verwerfen, daß der besondere Verhaltensunterschied von unterschiedlichen genetischen Einflüssen auf die Entwicklung herrührt.

3.1.1 Genetische Differenzen und Unterschiede im Verhalten

Aber wie steht es mit den Unterschieden im Verhalten zwischen den Mitgliedern zweier Populationen von Trichterspinnen (*Agelenopsis aperta*)? Individuen, die in einem relativ üppigen Flußuferhabitat (mit Baumbestand) in Arizona gefunden werden, reagieren langsam auf Beute, die in ihren Netzen landet. Spinnen derselben Art, die in aridem Grasland im benachbarten Neumexiko leben, laufen schnell auf das Netz hinaus, sobald eine Beute sich darin verfängt.

Die unterschiedliche Geschwindigkeit, mit der die Spinnen dieser beiden Populationen die Beute angreifen,

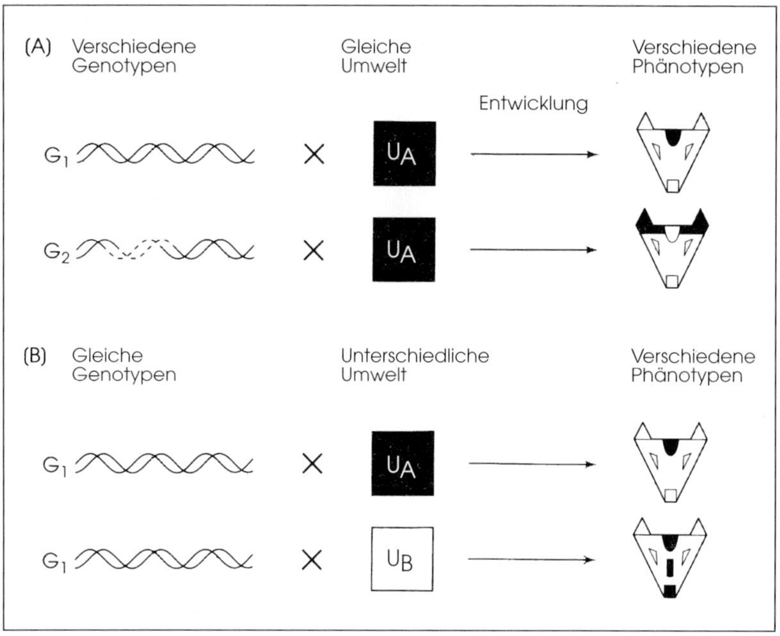

Abb. 3-1: **Warum sind Individuen verschieden?** Die Entwicklung der Eigenschaften eines Organismus (sein Phänotyp) hängt von der Wechselwirkung zwischen genetischer Information und Umweltfaktoren ab. Die Entwicklung verschiedener Phänotypen kann sowohl durch (A) Unterschiede in den Genen als auch durch (B) eine unterschiedliche Umwelt bedingt sein.

könnte allein durch Umwelteinflüsse bedingt sein. Die „Uferspinnen" könnten beispielsweise weniger hungrig sein als die aus dem rauheren, trockeneren Grasland. Um diese Möglichkeit zu prüfen, nahmen Ann Hedrick und Susan Reichert Spinnen aus beiden Gebieten mit in ihr Labor und zogen eine neue Generation unter identischen Bedingungen heran [425]. Die Nachkommen der „Uferspinnen" reagierten immer noch langsam auf Beute. Sie kamen im Durchschnitt nach einer Minute heraus, wenn eine Grille auf das Netz gesetzt wurde. Die Nachkommen der „Graslandspinnen" reagierten durchschnittlich in weniger als 3 Sekunden, obwohl sie genauso viel zu fressen bekommen hatten wie die Labornachkommen der Uferspinnen. Diese Ergebnisse sprechen gegen die Hypothese, daß die Differenzen umweltbedingt sind und stützen die Auffassung, daß genetische Differenzen für die unterschiedliche Angriffsgeschwindigkeit der Spinnen aus den beiden Gebieten verantwortlich sind. Auf ultimater Ebene könnten die Differenzen zwischen den Mitgliedern beider Populationen entstanden sein, weil der Feinddruck durch Vögel im Uferhabitat wesentlich höher ist als im Grasland. Bei einem hohen Prädationsrisiko hätten Flußuferspinnen, die ihren sicheren Unterschlupf vorsichtig verlassen, um sich zu einer zappelnden Beute hinauszuwagen, eine höhere Lebenserwartung und würden sich erfolgreicher fortpflanzen als solche, die weniger vorsichtig sind [781].

Wie das Verhalten der Mitglieder verschiedener Trichterspinnenpopulationen, so unterscheidet sich auch das Verhalten von Mönchsgrasmücken (*Sylvia atricapilla*) von Region zu Region. Mönchsgrasmücken, die in Deutschland brüten, legen zweimal im Jahr eine große Strecke zurück. Im Frühjahr ziehen sie von Afrika nach Europa und im Herbst wieder nach Afrika. Aber es gibt auch Mönchsgrasmücken, die nicht ziehen, z. B. auf den Kapverdischen Inseln, einer Inselgruppe vor der afrikanischen Westküste, wo die Vögel das ganze Jahr über bleiben.

Peter Berthold und seine Mitarbeiter prüften die Hypothese, daß genetische Differenzen an den unterschiedlichen Zugneigungen der Mönchsgrasmücken aus Deutschland und von den Kapverdischen Inseln beteiligt sind [73]. Sie sagten voraus, daß Vögel mit einem Elternteil aus Deutschland und dem anderen von den Kapverdischen Inseln ein anderes Zugverhalten zeigen würden als jeder der Elternvögel. Die Voraussage gründete sich auf die Annahme, daß es bei Mönchsgrasmücken mindestens ein Gen gibt, das die Zugneigung der Individuen beeinflußt. Im einfachsten Fall würde ein einzelnes Gen vorliegen, das wir z. B. *M* nennen können und das in zwei Formen, oder Allelen, vorliegt, M^1 und M^2. Die deutschen Vögel könnten den Genotyp M^1/M^1 haben und die Vögel von den Kapverdischen Inseln den Genotyp M^2/M^2. (Vögel besitzen wie die meisten anderen Tiere zwei Exemplare von jedem Gen, von denen eines über die Eizelle von der Mutter kommt und das andere über den Samen vom Vater.)

Falls die Unterschiede, die im Zugverhalten zwischen den Eltern bestehen, von genetischen Differenzen herrühren, sollten Hybriden unterschiedliche Allele von jedem Elternteil erhalten und so genetisch eine Zwischenstellung einnehmen (wenn wir vom einfachsten Fall ausgehen, daß ein Gen zugrunde liegt, wäre der Genotyp M^1/M^2). Falls das Zugverhalten der Hybriden eine Mittelstellung zwischen dem beider Eltern einnimmt, würde das Ergebnis die Hypothese stützen, daß genetische Differenzen für das unterschiedliche Zugverhalten ausschlaggebend sind.

Um diese Hypothese zu prüfen, fing Berthold zunächst Mönchsgrasmücken aus Deutschland und von den Kapverdischen Inseln. Er setzte dann Männchen aus Deutschland und Weibchen von den Kapverdischen Inseln (und umgekehrt) in Laborvolieren zusammen. Die Brut in Gefangenschaft gelang, und es entstanden mischerbige Nachkommen. Für seinen Test mußte Berthold das Zugverhalten der Elternvögel und der Hybriden messen. Dazu setzte er die Mönchsgrasmücken in Spezialkäfige, deren Sitzstangen jede Landung eines Vogels elektronisch registrierten. Während der Zugphase im Herbst hüpften die deutschen Mönchsgrasmücken wochenlang jede Nacht zwischen den Sitzstangen hin und her und zeigten im Durchschnitt 370 Stunden Zugunruhe. Während derselben Zeit schliefen die Mönchsgrasmücken von den Kapverdischen Inseln die ganze Nacht über ruhig und zeigten keine Anzeichen von Zugunruhe. Wie vorausgesagt, zeigten die Hybriden im Vergleich zu ihren deutschen Eltern eine verminderte Zugunruhe. Die Zugneigung war aber deutlich größer als bei ihren Eltern von den Kapverdischen Inseln. Sie hüpften nachts im Durchschnitt 260 Stunden von Stange zu Stange. Das Ergebnis stützt die Hypothese, daß die Erbanlagen einer Mönchsgrasmücke ihre Zugneigung beeinflussen [73].

Andreas Helbig hat die Untersuchungen an Mönchsgrasmücken ausgeweitet, wobei er die Frage stellte, ob dem unterschiedlichen Flugweg zweier ziehender Populationen ebenfalls genetische Differenzen zugrunde liegen. Deutsche Mönchsgrasmücken fliegen südwestlich nach Spanien und von dort nach Afrika. Österreichische Mönchsgrasmücken schlagen einen ganz anderen Weg ein, der sie südöstlich über die Türkei in den Libanon und nach Israel führt, bevor sie genau südwärts nach Äthiopien und Kenia fliegen (Abb. 3-2).

Wie Berthold züchtete Helbig Hybriden, indem er deutsche und österreichische Mönchsgrasmücken in Laborvolieren kreuzte. Dann maß er die Zugorientierung der Elternvögel und der Hybriden, indem er sie abends in spezielle Trichterkäfige (Abb. 3-3A) setzte. Wenn die Vögel aufzufliegen versuchten, um ihren Zug nach Afrika zu beginnen, hinterließen sie Kratzspuren auf einem Spezialpapier. Die mittlere Orientierung dieser Marken wurde für jeden Vogel berechnet und so die Wahl der Zugrichtung bestimmt. Es zeigte sich, daß die Richtungswahlen der Hybriden, verglichen mit denen ihrer Eltern in der Mitte lagen (Abb. 3-3B). Dieses Ergebnis stützt die Hypothese, daß deutsche und österreichische Mönchsgrasmücken sich so in ihren Erbanlagen unterscheiden, daß sie eine unterschiedliche Anfangsorientierung aufweisen, wenn sie zum Zug aufbrechen. Hybriden zwischen den beiden Populationen erhalten eine Mischung der verschiedenen Allele. Dadurch stellt sich bei der Entwicklung der Zugrichtung ein Kompromiß ein [436].

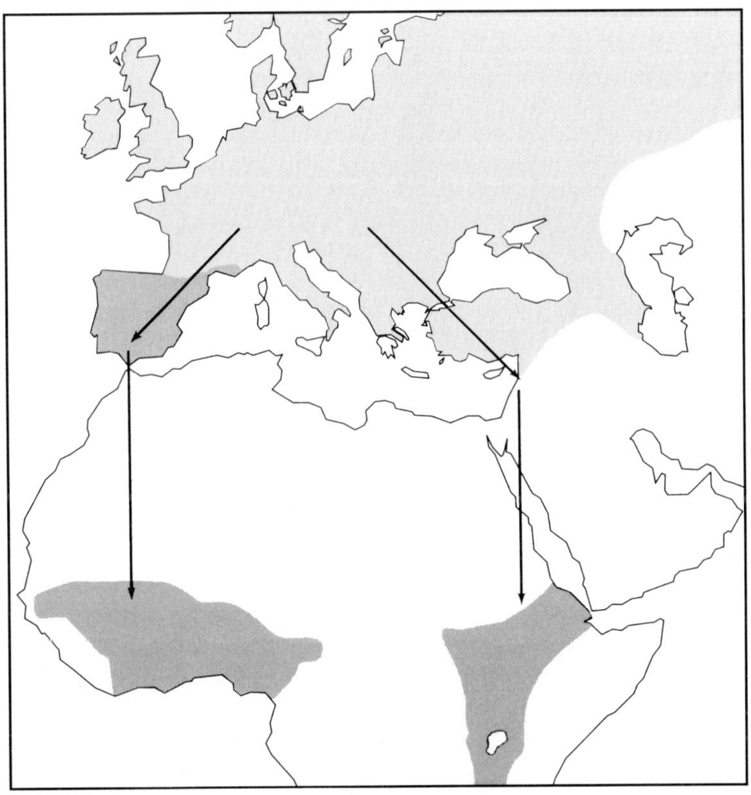

Abb. 3-2: **Verschiedene Zugrouten bei Mönchsgrasmücken.** Wenn sie im Herbst nach Afrika ziehen, fliegen westeuropäische Mönchsgrasmücken südwestlich über Spanien, während osteuropäische zunächst südöstlich fliegen.

3.1.2 Unterschiede im Verhalten aufgrund eines einzelnen Gens

Mit „Hybridisierungsstudien", wie sie u.a. mit Mönchsgrasmücken durchgeführt wurden, wurde die Hypothese geprüft, daß Verhaltensunterschiede zwischen Individuen verschiedener Populationen durch genetische Differenzen bedingt sind. Wie aber sieht es mit Verhaltensunterschieden innerhalb einer Population aus? Ein aufschlußreiches Beispiel zu dieser Frage liefert das Lieblingsinsekt der Genetiker, die Taufliege *Drosophila*. Einige Taufliegenlarven („rover") sind lokomotorisch sehr aktiv, wenn sie sich von Hefe ernähren, andere hingegen nicht („sitter"). Marie Sokolowski und ihre Mitarbeiter erzeugten mit genetischen Techniken zwei in ihren Erbanlagen einheitliche Stämme: die Fliegen des einen Stammes wiesen ausschließlich den „rover"-Phänotyp auf. Die Larven legten in einem 5-minütigen Test in einer mit Hefe beschichteten Petrischale eine etwa viermal so große Wegstrecke zurück wie die Larven des „sitter"-Stamms [231]. Wurden adulte Fliegen beider Stämme miteinander gekreuzt, erzeugten sie Nachkommen (F_1-Generation), die als Larven alle „rover" waren. Wurden diese dann als Imagines miteinander gekreuzt, entstand eine F_2-Generation, in der das Verhältnis von „rover"-Fliegen zu „sitter"-Fliegen 3:1 war (Abb. 3-4). Wer mit der mendelschen Genetik vertraut ist, merkt, daß diese Ergebnisse die Hypothese stützen, daß „rover"-Fliegen ein oder zwei Exemplare des dominanten Allels eines Gens tragen, welches das Ernährungsverhalten der Larven beeinflußt, während die „sitter"-Fliegen zweimal das rezessive Allel haben. In diesem Fall beruht also die Differenz zwischen den beiden Verhaltenstypen auf einem Unterschied in der Information, die in einem einzelnen Gen enthalten ist. Wie man inzwischen weiß, liegt dieses Gen auf dem zweiten der vier Chromosomen von Taufliegen [232]. Die beiden Verhaltenstypen gibt es in Populationen von *Drosophila melanogaster* auf der ganzen Welt; es könnte sein, daß die Differenzen deshalb bestehen bleiben, weil es in Mikrohabitaten natürliche Variationen gibt oder weil auf den auffälligeren „rover"-Larven ein höherer Selektionsdruck durch Parasiten liegt [883].

Bei Taufliegen sind viele andere Effekte einzelner Gene ausfindig gemacht worden. Die meisten von ihnen wurden allerdings nicht in natürlichen Populationen gefunden. Statt dessen wurden Populationen von adulten Fliegen Bedingungen ausgesetzt, durch die Mutationen entstehen (welche im allgemeinen nachteilig sind). Dann wurden die mutierten Fliegen im Hinblick auf Verhaltensauffälligkeiten geprüft, bevor schließlich Kreuzungsexperimente durchgeführt wurden [272]. Einige mutierte Allele benannte man nach ihren Auswirkungen auf das Verhalten. Dazu gehören *stuck* (Männchen mit dieser Mutation steigen nach der normalen Kopulationsdauer von 20 Minuten nicht ab), *coitus interruptus* (Männchen mit diesem Allel hören nach 10 Minuten anstatt nach 20 Minuten auf zu kopulieren), und *bang-sensitive* (durch plötzliches Erschrecken werden diese Mutanten gelähmt) [66].

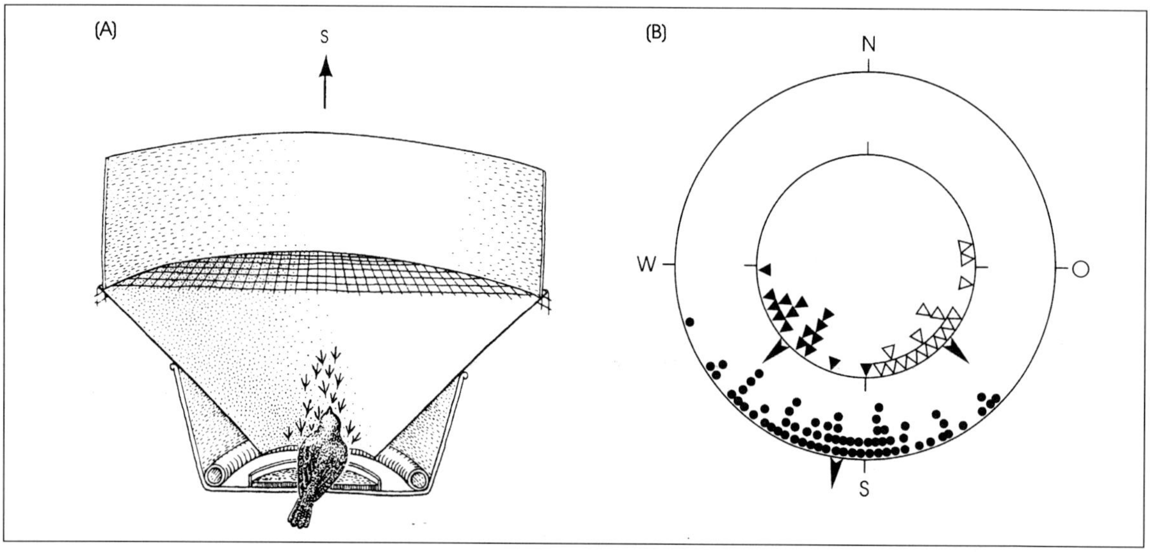

Abb. 3-3: **Prüfung einer Hypothese zum Einfluß genetischer Unterschiede.** (A) Ein Trichterkäfig, wie er zur Bestimmung der Zugrichtung bei Vögeln in Gefangenschaft eingesetzt wird (Schnittzeichnung). Durch die Maschendrahtabdeckung des Käfigs kann der Vogel den Nachthimmel sehen, und wenn er vom Käfigboden gegen die Trichterwand springt, hinterläßt er Spuren auf einem Spezialpapier, das den Trichter auskleidet. Mit Hilfe der Spuren läßt sich die Richtung messen (in diesem Beispiel genau nach Süden), die der Vogel beim Versuch loszufliegen bevorzugt. (B) Der innere Kreis des Kreisdiagramms zeigt die Richtungen von Vögeln, die sich im Trichterkäfig nach Südwesten (gefüllte Dreiecke) bzw. nach Südosten (offene Dreiecke) orientierten. Der äußere Kreis zeigt die Orientierung von Mönchsgrasmücken-„Hybriden" (mit einem sich südostwärts und einem sich südwestwärts orientierenden Elternteil, die verglichen mit den Eltern eine Mittelstellung einnehmen (gefüllte Kreise). Die großen Pfeile zeigen die mittlere Orientierung der Vögel aus jeder der drei Gruppen. Quelle: Helbig (436).

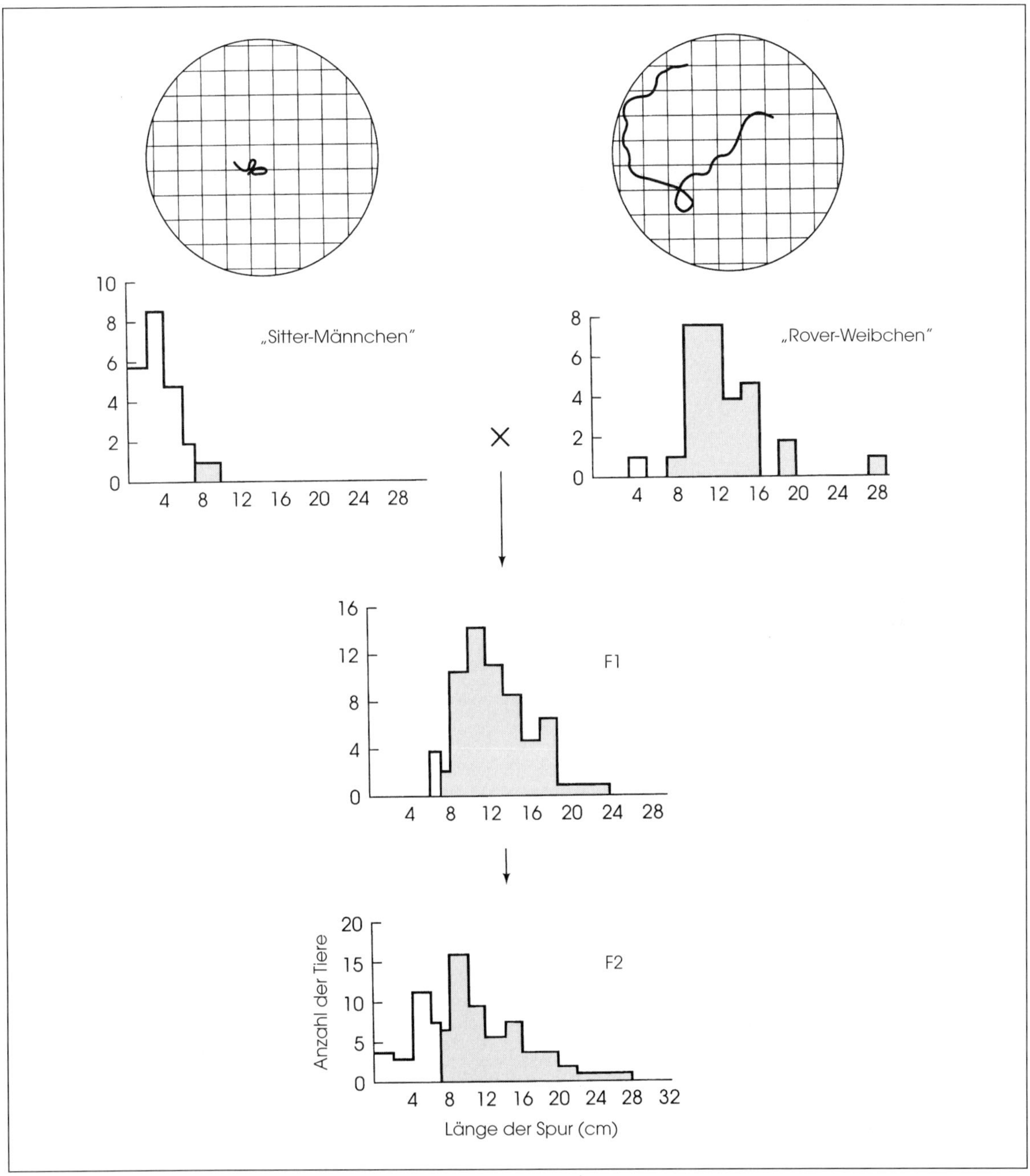

Abb. 3-4: **Genetische Grundlagen von zwei natürlich auftretenden Phänotypen** („rover" und „sitter") bei Drosophilalarven. Oben sind zwei charakteristische Spuren wiedergegeben, die Larven beider Phänotypen in einer Petrischale hinterlassen. Wenn sich adulte Männchen des „sitter"-Stamms mit adulten Weibchen des „rover"-Stamms paaren, zeigen die Nachkommen (F_1-Generation) als Larven fast alle den „rover"-Phänotyp (d.h., sie legen in einer 5-Minuten-Periode mehr als 7,6 cm zurück; graue Flächen). Wenn Fliegen der F_1-Generation gekreuzt werden, sind die Nachkommen (F_2) „rover" und „sitter" im Verhältnis 3:1. Quelle: de Belle und Sokolowski (231).

Andere mutierte Allele verändern das Tagesmuster der Aktivität von Taufliegen, das normalerweise einem Schema folgt, welches sich alle 24 Stunden wiederholt (Abb. 3-5). Fliegen mit dem Allel *per°* zeigen überhaupt keinen deutlichen Aktivitätsrhythmus. Fliegen mit dem *per*^{S}-Allel haben einen verkürzten Aktivitätszyklus, der sich alle 19 Stunden wiederholt; Fliegen mit dem *per*^{L}-Allel zeigen einen verlängerten Zyklus von 29 Stunden. Mit molekulargenetischen Methoden konnten zwei Forschergruppen zeigen, daß jedes der mutierten Allele in

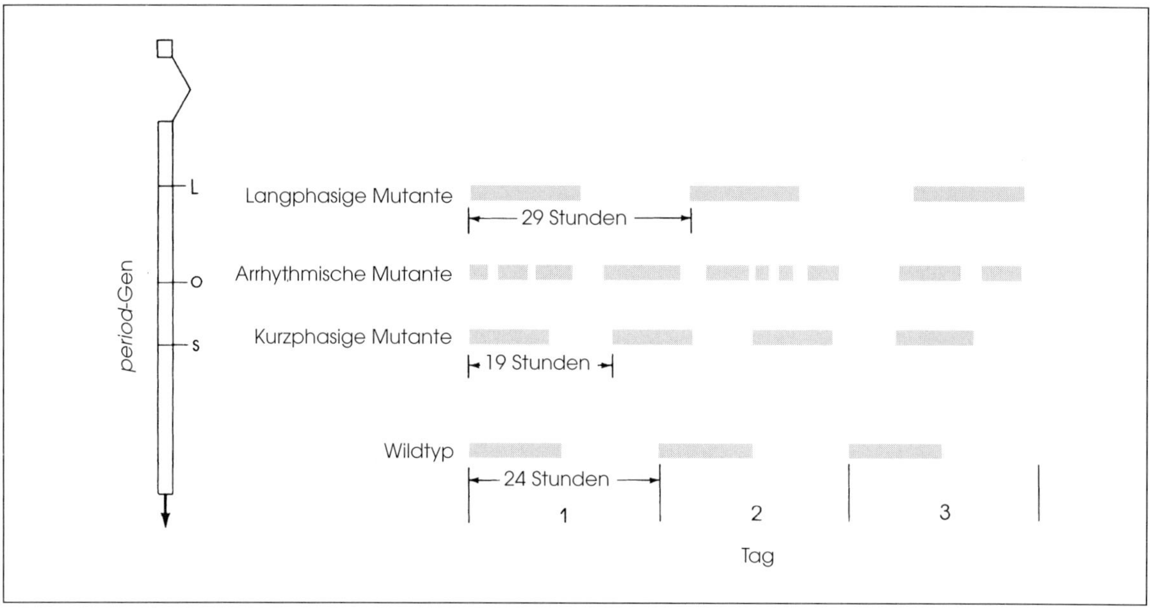

Abb. 3-5: **Mutationen und Verhalten.** Das *period*-Gen von *Drosophila* kommt in vielen Allelen vor. Links ist der DNA-Strang dargestellt, der das *period*-Gen trägt. Wissenschaftler wissen inzwischen genau, an welchem Ort dieses DNA-Abschnitts verschiedene Mutationen aufgetreten sind. Jedes mutierte Allel hat eine charakteristische Auswirkung auf das Aktivitätsmuster der Taufliegen, wie auf der rechten Seite dargestellt ist (die dunklen Balken stehen für Aktivitätsphasen). Das normale Wildtyp-Muster ist unten zu finden. Quelle: Baylies et al. (52).

nur einem Nucleotidpaar eines DNA-Strangs von mehr als 3500 Nucleotidpaaren vom *period*-Gen des Wildtyps (per^+) abweicht [52, 1026]. Beim per^o-Allel des Gens hat diese punktuelle Veränderung des DNA-Moleküls zur Folge, daß statt eines Proteins mit 1200 Aminosäuren, das beim Wildtyp produziert wird, ein Protein gebildet wird, das aus etwa 400 Aminosäuren besteht. Durch diese Mutation wird das „Lesen" der im Gen enthaltenen Information vorzeitig beendet.

Anhand der in den per^S- und per^L-Allelen enthaltenen Information stellen die Zellen der Fliege ein Protein mit der vollständigen Anzahl von 1200 Aminosäuren her. Die mutierten Proteinketten unterscheiden sich aber vom Wildtyp-Protein in einer einzelnen Aminosäure (bei jeder der beiden Mutanten ein anderer Substituent). Selbst diese geringe Veränderung bewirkt drastische Änderungen im Aktivitätsmuster der Fliegen.

Wenn das per^+-Allel des *period*-Gens tatsächlich die Information für die Entwicklung eines normalen Aktivitätsrhythmus enthält, sollte man das normale Aktivitätsmuster wiederherstellen können, falls es gelingt, arrhythmischen Fliegen mit dem per^o-Allel das per^+-Allel einzusetzen. Molekulargenetiker sind erfinderisch, und sie haben Methoden entwickelt, um solche genetischen Transplantationen durchzuführen. Der Trick besteht darin, ein Bruchstück eines *Drosophila*-Chromosoms, welches das per^+-Allel enthält, in ein winziges, virusähnliches Gebilde, ein **Plasmid**, zu übertragen, das die Fähigkeit hat, das DNA-Fragment in die DNA der Zelle eines Empfängers einzusetzen. Durch Mikroinjektion einer Lösung, die viele solcher Plasmide enthält, in einen Taufliegenembryo mit dem per^o-Allel kann man die sich entwickelnde Fliege mit genetischer Information ausstatten, die ihr ursprünglich fehlte. Untersucht man adulte Individuen, die das richtige DNA-Stück erhalten haben, zeigen diese genetisch transformierten Fliegen den Aktivitätsrhythmus des Wildtyps. Dieses Ergebnis stützt die Auffassung, daß das per^+-Gen für die Entwicklung dieser Eigenschaft bei *Drosophila* entscheidend ist (Abb. 3-6) [1030].

Das *per*-Gen beeinflußt aber nicht nur das Muster der Tagesaktivität. (Es ist häufig so, daß die Produkte eines Gens vielfältige, sogenannte **pleiotrope** Wirkungen auf die Entwicklung haben; Abb. 3-7). Das Gen beeinflußt auch den Werbegesang der Fliegenmännchen, bei dem sie durch Flügelschwirren eine lange Folge von Schallpulsen erzeugen. Das Intervall zwischen zwei Pulsen des Flügelschwirrens, das Interpulsinterval (IPI), variiert bei der Fruchtfliege *Drosophila simulans* zwischen 45 und 55 Millisekunden. In einem regelmäßigen Zyklus von 35 Sekunden, der Interpulsintervall-Periode, werden die Intervalle zunächst länger und dann wieder kürzer. Sowohl das IPI als auch die IPI-Periode unterscheiden sich von denen anderer *Drosophila*-Arten. *D. melanogaster* hat beispielsweise eine mittleres IPI von etwa 30 Millisekunden und eine mittlere Interpulsintervall-Periode von etwa 60 Sekunden.

Die Hypothese, daß das *per*-Gen die zeitliche Struktur des Werbegesangs beeinflußt, wurde auf elegante Weise geprüft. Mit molekularbiologischen Techniken wurde das Wildtyp-*per*-Gen von *D. simulans* in Embryos von *D. melanogaster* eingesetzt, die das per^o-Allel trugen.

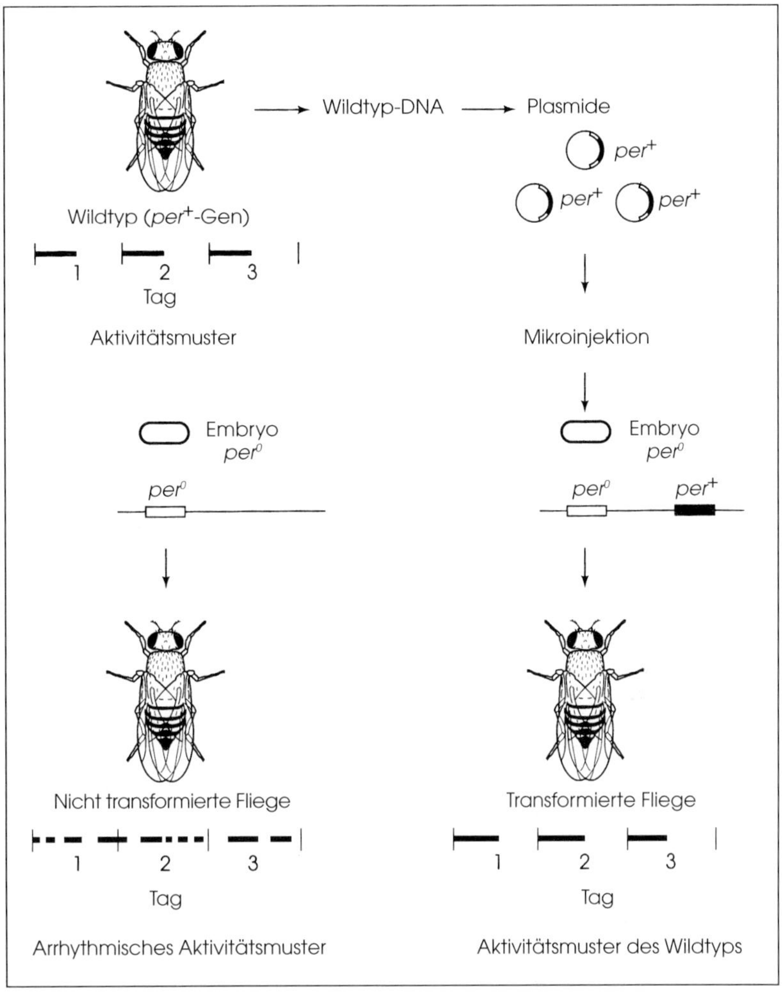

Abb. 3-6: **Experiment zur genetischen Transformation**. DNA des *Drosophila*-Wildtyps kann von kleinen Plasmiden aufgenommen werden, von denen einige dann das *per*+-Allel tragen. Die Plasmide können in Embryonen von Fruchtfliegen mit dem *per*+-Allel injiziert werden. Diese Individuen hätten sich zu arrhythmischen Adultfliegen entwickelt. Dadurch, daß sie über die Plasmide das Wildtyp-Allel (*per*+) erhalten, werden sie genetisch transformiert und zeigen das Aktivitätsmuster des Wildtyps.

Adulte Männchen von *D. melanogaster* mit dem *per*⁰-Allel entwickeln arrhythmische Gesänge. Falls das Wildtyp-*per*-Allel von *D. simulans* die Information enthält, die nötig ist, um das Gesangsmuster wiederherzustellen, sollten die transformierten Männchen von *D. melanogaster* den typischen Gesangszyklus von *D. simulans* zeigen, und das war tatsächlich so [984] (Abb. 3-8). Dieses Ergebnis bestätigt die Hypothese, daß die verschiedenen Allele des *per*-Gens eine entscheidende Rolle bei der zeitlichen Steuerung der Gesänge der Männchen spielen.

Obwohl diese und andere Untersuchungen zeigen, daß es drastische Wirkungen einzelner Gene auf das Verhalten gibt, sind solche Fälle im allgemeinen selten. Die meisten Eigenschaften, insbesondere Verhaltenseigenschaften, setzten das Zusammenwirken sehr vieler Genprodukte voraus. Die Beteiligung vieler Gene an der Ausbildung einer einzelnen Eigenschaft bezeichnet man mit dem Begriff **Polygenie** (Abb. 3-9). Wenn sich die Wirkung eines einzelnen Gens nachweisen läßt, heißt dies nicht, daß es ein einzelnes Gen für den Werbegesang einer Taufliege, ein anderes für den Aktivitätszyklus und ein weiteres für das Verhalten bei der Nahrungsaufnahme gibt. Wirkungen einzelner Gene auf das Verhalten treten deshalb auf, weil das Produkt eines einzelnen Gens auf irgendeine Weise einen komplexen Entwicklungsvorgang beeinflußt, der auf dem abgestimmten Zusammenwirken von Dutzenden oder Tausenden von Genen beruht. Die Wirkung eines mutierten Allels kann man vielleicht mit der Situation vergleichen, daß man einem Arbeiter am Fließband ein ungeeignetes Werkzeug gibt. Obwohl viele Personen am Bau eines Automotors beteiligt sind, kann die Funktion des Motors stark beeinträchtigt sein, wenn nur ein Arbeiter ein einzelnes Teil ausläßt oder beschädigt. Die meisten von Verhaltensgenetikern entdeckten Effekte einzelner Gene sind in der Tat schädlich.

3.1.3 Zwillingsstudien

Die Frage, ob und wie Gene die Entwicklung menschlichen Verhaltens beeinflussen, wird kontrovers diskutiert. Zwillingsstudien an Menschen haben aber bestätigt, daß bestimmte Verhaltensunterschiede tatsächlich durch

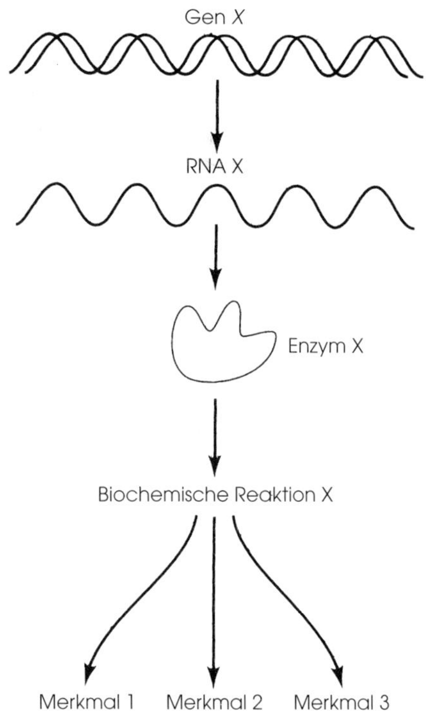

Abb. 3-7: **Pleiotropie**. Ein Gen kann vielfältige Wirkungen auf die Entwicklung eines Individuums haben (z. B. kodiert das Gen *X* ein RNA-Molekül, das ein Enzym kodiert, welches eine bestimmte biochemische Reaktion katalysiert, die an der Entwicklung mehrerer Eigenschaften beteiligt ist).

genetische Differenzen bedingt sind. Unterschiede in der Erbanlagen gibt es zwischen zweieiigen Zwillingen, aber nicht zwischen eineiigen Zwillingen, die denselben Genotyp aufweisen. Eineiige Zwillinge entstammen derselben befruchteten Eizelle, die sich teilt, so daß zwei genetisch identische Embryos entstehen. Zweieiige Zwillinge stammen aus zwei verschiedenen befruchteten Eizellen mit unterschiedlicher Erbinformation. Zweieiige Zwillinge sind einander genetisch nicht ähnlicher als andere Geschwisterpaare; sie haben durchschnittlich 50 % gemeinsamer Erbanlagen.

Um verstehen zu können, warum Geschwister (anders als eineiige Zwillinge) viele unterschiedliche Gene haben, mag etwas Hintergrundinformation hilfreich sein. Menschen sind, genau wie Mönchsgrasmücken, **diploide** Organismen. Jeder von uns hat zwei Exemplare von jedem Gen. Die beiden Allele irgendeines Gens können dieselben sein oder sich unterscheiden. Stellen Sie sich eine Population vor, in der es vier Allele des Amylase-Gens gibt: amy^1, amy^2, amy^3 und amy^4 (im Amylase-Gen ist die Information für das Enzym Amylase enthalten). In dieser Population könnte es eine Frau mit den Allelen amy^1 und amy^2 geben, und ihr Mann könnte die Allele amy^3 und amy^4 haben. Die von der Frau produzierten Eizellen sind **haploid** (d.h., sie haben nur ein Exemplar von jedem Gen) und der Genotyp einer Eizelle ist deshalb entweder amy^1 oder amy^2. Diese Eizellen werden von Spermien befruchtet, die ebenfalls haploid sind und auch je ein Exemplar des Amylase-Gens haben, in diesem Fall also entweder amy^3 oder amy^4. Die Töchter und Söhne werden mit gleicher Wahrscheinlichkeit einen der folgenden vier Genotypen haben: amy^1/amy^3 oder amy^2/amy^3 oder amy^1/amy^4 oder amy^2/amy^4 (Abb. 3-10).

Wenn man einen von diesen Genotypen (z. B. amy^1/amy^3) mit jedem der gleich wahrscheinlichen Genotypen seiner Geschwister vergleicht (in der oben genannten Reihenfolge), beträgt der Anteil gemeinsamer Allele 1,0, 0,5, 0,5 und 0,0. Der durchschnittliche Anteil gemeinsamer Allele beträgt $(1{,}0 + 0{,}5 + 0{,}5 + 0{,}0) / 4 = 2/4 = 1/2$. Die Wahrscheinlichkeit, mit der zwei Geschwister (anders als eineiige Zwillinge) das gleiche Allel von einem Elternteil erben, ist immer 1/2, wenn es zwei verschiedene Allele in den Keimzellen der Eltern gibt. Unter der Voraussetzung, daß die Verhaltensentwicklung von bestimmten Allelen beeinflußt wird, sollte sich das Verhalten zweieiiger Zwillinge häufig unterscheiden (da sie oft verschiedene Allele eines Gens haben), während das Verhalten eineiiger Zwillinge gleich sein sollte (da sie genau denselben Genotyp besitzen). Tatsächlich unterscheiden sich zweieiige Zwillinge im Hinblick auf eine Vielzahl von Eigenschaften (Tab. 3-1) stärker voneinander als eineiige Zwillinge. Dies gilt für Persönlichkeitsparameter und andere Verhaltenseigenschaften.

Es gibt aber auch eine Alternativhypothese zur Erklärung der großen Ähnlichkeit im Verhalten eineiiger Zwillinge. Die Verhaltensentwicklung wird nicht nur von den Genen eines Individuums beeinflußt, sondern auch von der Umwelt und von Erfahrungen. Diese Faktoren könnten bei eineiigen Zwillingen ähnlicher sein als bei zweieiigen Zwillingen, etwa deshalb, weil Eltern und andere Personen sie aufgrund ihrer nahezu identischen äußeren Erscheinung besonders ähnlich behandeln (aber siehe [759]). Die gemeinsamen Umwelteinflüsse, so wird argumentiert, könnten der Grund dafür sein, daß eineiige Zwillinge sich so ähnlich verhalten.

Um diesem möglichen Einfluß Rechnung zu tragen, studiert man das Verhalten von eineiigen Zwillingen, die in verschiedenen Familien aufgewachsenen sind. Dies ist der Grund, warum Jack Yufe und Oskar Stohr, wie auch andere eineiige Zwillinge, die getrennt aufwuchsen, so wertvolle Information liefern. Oskar Stohr wurde in Deutschland während der Nazizeit von seiner Großmutter katholisch erzogen. Jack Yufe wuchs auf verschiedenen Karibikinseln bei seinem jüdischen Vater auf. Man kann sich kaum unterschiedlichere Umgebungen für die Entwicklung zweier Menschen vorstellen, und doch sind sich diese beiden Männer in ihrem Äußeren (Abb. 3-11) und in ihrem Verhalten bemerkenswert ähnlich. Obwohl sie nach der Geburt getrennt wurden und 47 Jahre lang entfernt voneinander lebten, mögen beide „süßen Likör, sammeln Gummiringe an ihren Handgelenken, lesen Magazine von hinten nach vorne, stippen Toast mit Butter in ihren Kaffee und haben sehr ähnliche Persönlichkeiten" [452].

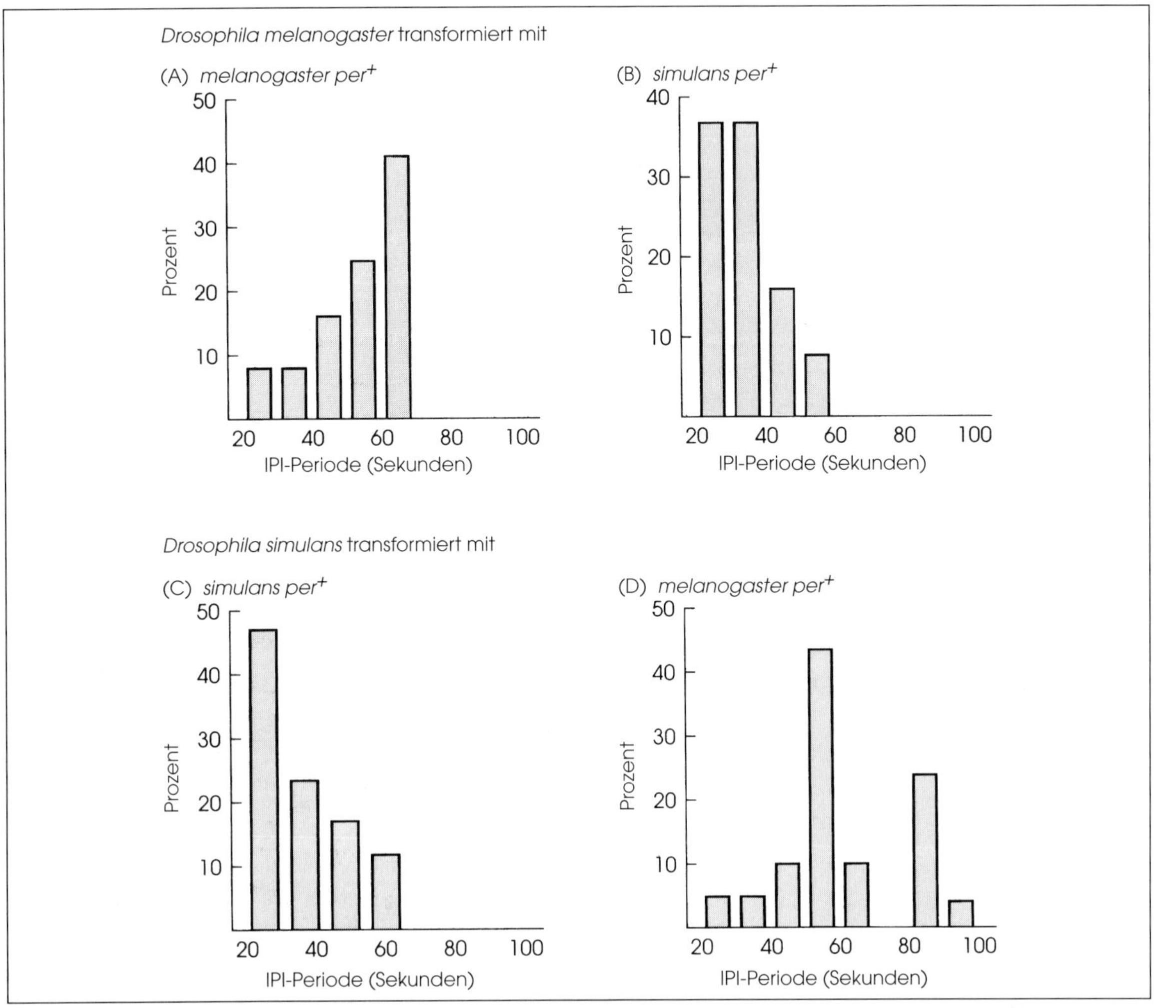

Abb. 3-8: **Experiment zur genetischen Transformation,** bei dem ein *period*-Gen von einer Art auf eine andere übertragen wird. Die Graphiken geben die durchschnittliche Dauer der Interpulsintervall-Perioden (IPI-Perioden) bei vier Gruppen genetisch transformierter Fliegen wieder. Alle wiesen vor der Transformation den Genotyp per^{O} auf. (A) Taufliegen der Art *Drosophila melanogaster*, die ein *period*-Allel des *D. melanogaster*-Wildtyps erhalten haben. Mehr als 40 % der gemessenen Perioden wechselnder Interpulsintervalle dauerten länger als 60 Sekunden. (B) *D. melanogaster* mit dem Wildtyp-*period*-Allel einer anderen Art, *D. simulans*. Bei fast allen Individuen, die ein Gen von *D. simulans* erhalten hatten, waren die Interpulsintervalle kürzer als 60 Sekunden. (C) *D. simulans*-Fliegen, die mit dem Wildtyp-Allel von *D. simulans* transformiert wurden, weisen die für diese Art typischen Interpulsintervall-Perioden auf. (D) Dagegen zeigen *D. simulans*-Fliegen, die das Wildtyp-*period*-Allel von *D. melanogaster* erhalten, im Durchschnitt viel längere Interpulsintervall-Perioden. Quelle: Wheeler et al. (984).

Eine umfassende Untersuchung von getrennt aufgewachsenen Zwillingen (mit mehr als 50 Zwillingspaaren, die vor dem Alter von 5 Jahren getrennt wurden, die meisten von ihnen bei der Geburt oder kurz danach) zeigt ohne jeden Zweifel, daß genetische Differenzen für einen wesentlichen Teil der Unterschiede in Persönlichkeit, Temperament und sozialer Einstellung, die zwischen Menschen bestehen, verantwortlich sind [102]. Wenn beispielsweise eineiige Zwillinge detaillierte Fragebögen ausfüllten, die für die quantitative Messung von Persönlichkeitsparametern (Kooperativität, Soziabilität etc.) entwickelt wurden, waren die Werte der getrennt aufgewachsenen eineiigen Zwillinge fast genauso ähnlich wie die Werte der gemeinsam aufgewachsenen eineiigen Zwillinge. Beide Gruppen waren sich viel ähnlicher als gemeinsam oder getrennt aufwachsende zweieiige Zwillinge. Anhand dieser Studien kann man berechnen, ein wie großer Anteil der Varianz (ein statistisches Maß für die Variation zwischen Individuen) in den Persönlichkeitscharakteristika in diesen Gruppen durch genetische Differenzen bedingt ist. Im Sprachgebrauch der Verhaltensgenetik ist dies die Erblichkeit (**Heritabilität**) der entsprechenden Eigenschaft. Die Erblichkeit kann von 0 (die Varianz ist gar nicht durch genetische Differenzen bedingt) bis 1 (die gesamte Varianz ist durch genetische Unterschiede bedingt) reichen. Aus den Zwillingsstudien ergibt sich eine Erblichkeit von etwa 0,5 für Persönlichkeitsparameter; ungefähr 50 % der Persönlichkeitsunter-

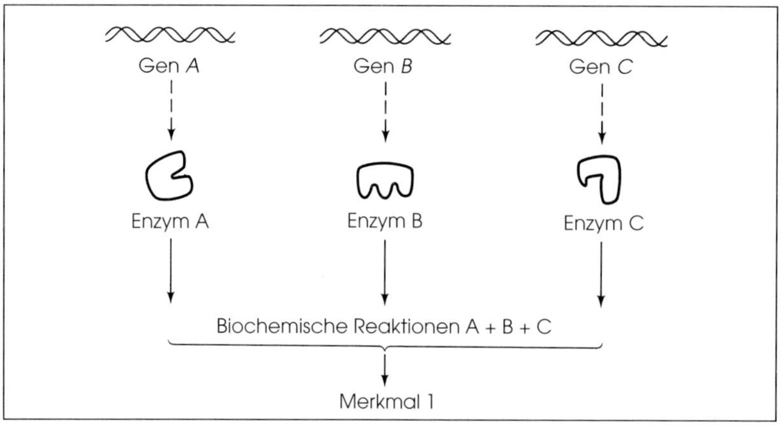

Abb. 3-9: **Polygenie.** Für die Entwicklung der meisten Eigenschaften ist die Tätigkeit mehrerer Enzyme erforderlich; daher muß die Information mehrerer Gene exprimiert werden, damit die nötigen Proteine hergestellt werden können und das Merkmal ausgebildet werden kann.

schiede zwischen den getesteten Individuen waren also durch genetische Unterschiede zwischen ihnen bedingt. Die anderen 50 % der Unterschiede waren umweltbedingt.

3.1.4 Genetische Unterschiede und Differenzen im IQ

Eineiige Zwillinge haben auch in ihren Werten bei Tests zur Ermittlung des Intelligenzquotienten (IQ) ähnlichere Werte als zweieiige Zwillinge [101] (Tab. 3-1). Bei gemeinsam aufgewachsenen eineiigen Zwillingen liegt die Korrelation zwischen ihren Werten gewöhnlich zwischen 0,5 und 0,9. Falls die Werte von eineiigen Zwillingspaaren immer exakt dieselben wären, wäre der Wert für das Ausmaß der Korrelation 1,0. Wenn der Wert für die Korrelation 0,0 wäre, könnte man vom Wert des einen Zwillings nicht auf den Wert des anderen Zwillings schließen. Es zeigt sich aber, daß, wenn einer der Zwillinge einen IQ von 115 hat, der andere mit hoher Wahrscheinlichkeit einen ähnlichen IQ hat (z. B. zwischen 110 und 120). Die Wahrscheinlichkeit, daß der andere Zwilling einen IQ von 95 oder 135 hat, ist sehr gering.

Die Untersuchung von getrennt aufgewachsenen Zwillingen zeigt wiederum, genau wie bei den Persönlichkeitsparametern, daß eineiige Zwillinge auch dann ähnliche IQ-Werte haben, wenn sie in verschiedenen Familien groß wurden. Anhand eines Vergleichs der Korrelationen zwischen eineiigen Zwillingen und zweieiigen Zwillingen berechneten Thomas Bouchard und seine Mitarbeiter für den IQ eine Erblichkeit von etwa 0,7. Das bedeutet, daß etwa 70 % der Differenzen im IQ in der von ihnen untersuchten Gesamtpopulation durch genetische Unterschiede zwischen den Individuen bedingt waren. Lediglich die restlichen 30 % können verschiedenen Umwelteinflüssen zugeschrieben werden, unter denen die Teilnehmer der Studie aufwuchsen.

Zur Erklärung für die große Ähnlichkeit im IQ bei getrennt aufgewachsenen eineiigen Zwillingen gibt es allerdings eine Alternativhypothese. Ihre Adoptivfamilien könnten ähnlicher gewesen sein als bei den getrennt aufgewachsenen zweieiigen Zwillingen. Falls das stimmt, könnten die ähnlicheren Bedingungen im jeweiligen Zuhause die geistige Entwicklung der getrennten eineiigen Zwillinge in ähnliche Bahnen gelenkt haben, was schließlich zu sehr ähnlichen IQ-Werten führte. Aber wenn Bouchard und seine Mitarbeiter verschiedene Parameter der Lebensbedingungen in den Adoptivfamilien erfaßten, wie den sozioökonomischen Status, das Bildungsniveau der Adoptiveltern, die geistigen Interessen in der Familie und Ähnliches, fanden sie, daß es nur einen geringen oder überhaupt keinen Zusammenhang zwischen der Ähnlichkeit der Lebensbedingungen getrennt aufgewachsener eineiiger Zwillinge und der Ähnlichkeit ihrer IQ-Werte gab [102].

Tab. 3-1: **Korrelation der IQ-Werte bei Verwandten**; vorausgesagte und tatsächlich gemessene Korrelationen.

Art der Beziehung	Vorausgesagte Korrelation [a]	Zahl der Studien	Gemessene Korrelation (Mittel)
Eineiige Zwillinge, zusammen aufgewachsen	1,00	34	0,85
Eineiige Zwillinge, getrennt aufgewachsen	1,00	3	0,67
Zweieiige Zwillinge, zusammen aufgewachsen	0,50	41	0,58
Geschwister, getrennt aufgewachsen	0,50	69	0,45
Stiefgeschwister	0,00	5	0,29
Eltern und eigene Kinder	0,50	32	0,39
Eltern und adoptierte Kinder	0,00	6	0,18

Quelle: Bouchard und McGue (101).
[a] Die vorausgesagten Korrelationen gelten für die Annahme, daß die Differenzen zwischen den Individuen rein genetisch bedingt sind.

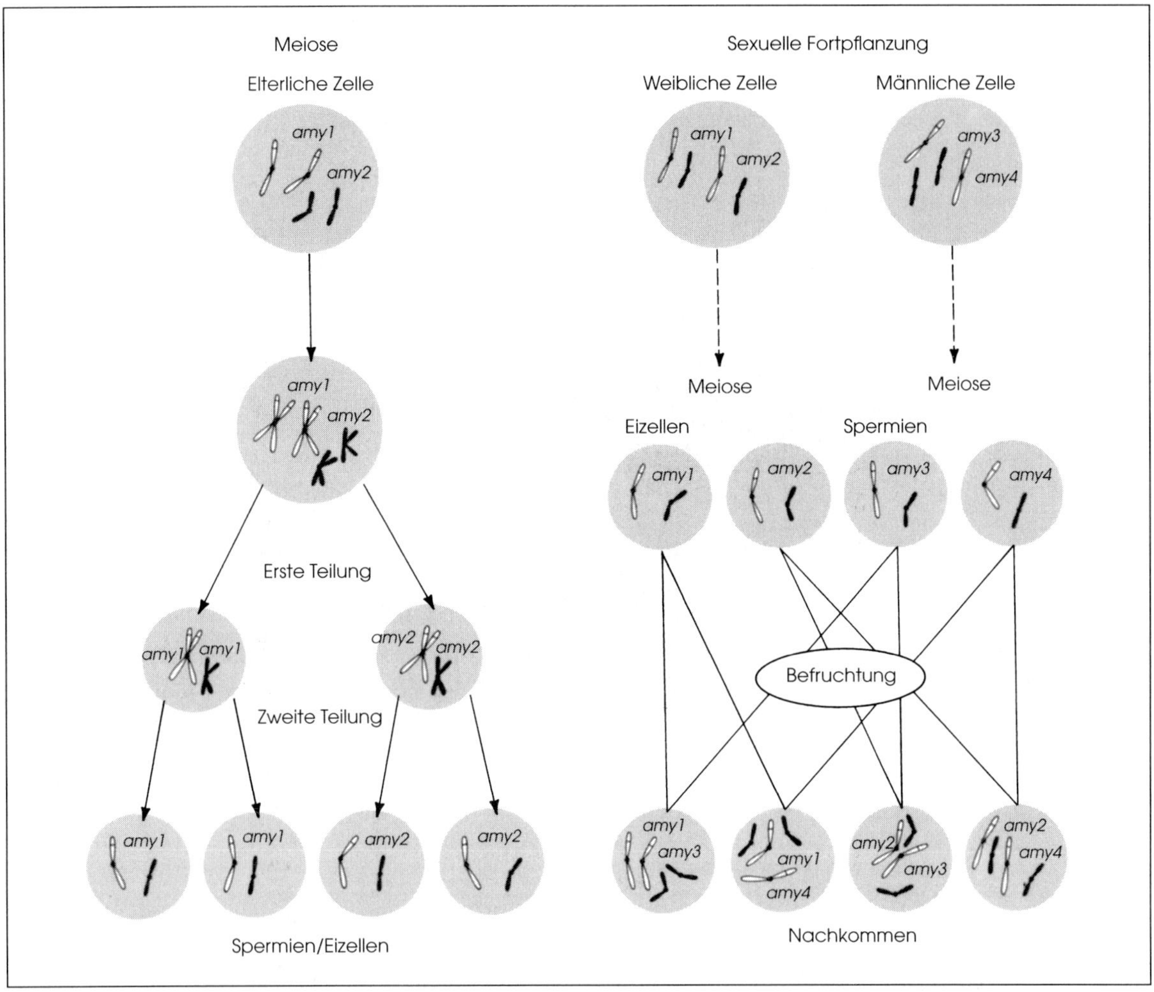

Abb. 3-10: **Meiose und sexuelle Fortpflanzung.** Die Zellen, aus denen Eizellen oder Spermien gebildet werden, durchlaufen eine Folge von meiotischen Teilungen, so daß Zellen mit einer einzelnen Kopie jedes elterlichen Gens entstehen. Wenn bei der Befruchtung eine Eizelle mit einer Samenzelle verschmilzt, entsteht wieder ein diploider Chromsomensatz mit zwei Exemplaren von jedem Gen. Chromosomen, die in derselben Farbe gezeichnet sind, haben den gleichen Satz an Genen.

3.1.5 Warum der IQ nicht „genetisch determiniert" ist

Die Tatsache, das die Erblichkeit ein wesentlicher Faktor für die IQ-Werte ist, wird bisweilen so ausgelegt, daß Intelligenz „genetisch determiniert" ist. Wenn man einmal das schwierige Problem der Beziehung zwischen IQ und Intelligenz (über das viel geschrieben wurde) beiseite läßt, ist diese Interpretation dennoch falsch. Die oben geschilderten Vergleiche an Familien aus bestimmten Bevölkerungsgruppen zeigen nur eines: Die genetischen Unterschiede zwischen bislang untersuchten Personen haben wesentlichen Anteil an den Unterschieden in den Werten, die sie in IQ-Tests erreichen.

Dies bedeutet keineswegs, daß der IQ „genetisch determiniert" oder „ererbt" in dem Sinne ist, daß es keiner Umwelteinflüsse für seine Entwicklung bedarf (siehe Abb. 3-1). Um einen IQ-Test zu absolvieren, braucht man ein Gehirn, das Produkt einer äußerst komplexen Wechselwirkung zwischen der in einer befruchteten Eizelle enthaltenen genetischen Information und der „Umwelt" ist. Zu dieser Umwelt gehören auch die Umgebung der Eizelle und Bestandteile der Eizelle, die keine genetische Information enthalten. Diese Bestandteile werden vom wachsenden Embryo verwertet und sind unabdingbar für den Aufbau des Nervengewebes. Wenn sich das Gehirn entwickelt, die Hirnströme einsetzen und es Signale von außerhalb gelegenen Sinnesrezeptoren erhält, macht es bereits „Erfahrungen", die wesentlich für seine weitere Entwicklung sind.

Wenn unterschiedliche Umweltbedingungen keinen Anteil am Zustandekommen von Differenzen zwischen verschiedenen Personen hätten, wäre zwischen den IQ-Werten von eineiigen Zwillingen eine Korrelation von 1,0 zu erwarten; sie ist aber geringer als 1,0. Das Verhalten von eineiigen Zwillingen ist nicht identisch, da ihre Entwicklung durch etwas unterschiedliche Umwelten

Abb. 3-11: **Eineiige Zwillinge, die seit der Geburt getrennt aufwuchsen:** Jack Yufe (links) und Oskar Stohr (rechts). Foto von Bob Burroughs.

geformt wird. Jeder Zwilling hat im Mutterleib ein geringfügig anderes Umfeld, jeder ernährt sich ein wenig anders und jeder hat seine ganz persönlichen sozialen Beziehungen (dies gilt insbesondere für früh voneinander getrennte Zwillinge).

Die eigentliche Bedeutung von Familienuntersuchungen als methodischer Ansatz der Verhaltensgenetik liegt darin, daß sich zeigen läßt, daß einige Differenzen in spezifischen Verhaltensleistungen eine genetische Komponente haben. Es gibt eine Vielzahl entsprechender Nachweise beim Menschen, und zwar nicht nur im Hinblick auf Persönlichkeitsparameter und IQ-Werte [z. B. 159, 758]. So konnte auch ein Zusammenhang mit psychischen Krankheiten und anderen Störungen aufgezeigt werden. Kinder, bei denen ein Elternteil an Schizophrenie, manisch-depressiven Störungen oder an Alkoholismus leidet, haben zur Hälfte den Genotyp dieses Elternteils und unterliegen einem sehr viel höheren Risiko, ebenfalls zu erkranken, als die Kinder gesunder Eltern [441, 641, 837].

Eine Alternative zu der genetisch begründeten Erklärung dieses Zusammenhangs wäre die Annahme, daß das Zusammenleben mit einer Person, die an Schizophrenie oder Alkoholismus leidet, das Auftreten dieser Krankheiten bei anderen begünstigt. Auch diese Möglichkeit kann man prüfen und zurückweisen, indem man die Lebensgeschichte von Kindern untersucht, die in Adoptivfamilien getrennt von ihren leiblichen Eltern (und einem möglicherweise schädlichen familiären Umfeld) aufwuchsen. Wenn einer der leiblichen Eltern schizophren ist, erkranken adoptierte Kinder vier- bis fünfmal so häufig an Schizophrenie wie Adoptivkinder, deren leibliche Eltern gesund sind.

Ich möchte nochmals betonen, daß Schizophrenie, manisch-depressive Erkrankungen und Alkoholismus weder „genetisch determiniert" noch „umweltbedingt" sind. Auch wenn ein Kind schizophrener (oder alkoholkranker oder manisch-depressiver) Eltern die kritischen Allele vom betroffenen Elternteil geerbt hat, kann das Kind gesund bleiben, da die Entwicklung der Krankheit auch von der Umwelt abhängt (siehe Abb. 3-10). Die meisten Träger solcher Anlagen zeigen ein normales Verhalten; als Gruppe aber haben sie ein etwas größeres Risiko, daß die Krankheit auftritt, vermutlich deshalb, weil sie empfindlicher für Umwelteinflüsse sind, welche die Krankheit auslösen können [441].

3.1.6 Der Einfluß der Selektion

Die verschiedenen Methoden, die bislang geschildert wurden, haben gezeigt, wie man die Hypothese prüfen kann, daß Verhaltensunterschiede zwischen Individuen, auch beim Menschen, auf genetischen Unterschieden beruhen. Eine andere Möglichkeit, diese Annahme zu prüfen, besteht darin, die Voraussage zu testen, daß man eine Verhaltensweise durch Auslese beeinflussen kann. Durch gezielte Zucht sollte man die Häufigkeit des betreffenden Verhaltens in einer Population steigern können.

Verhaltensgenetische Experimente zur **künstlichen**

Zuchtwahl [272] werden überwiegend mit Fruchtfliegen oder mit Labormäusen und Laborratten durchgeführt. Die Richtung der Selektion wird in diesen Studien vom Experimentator vorgegeben, der mit einigen Individuen mit einer erwünschten Eigenschaft weiterzüchtet (ihre Fitness so steigert) und andere mit einer anderen Form des fraglichen Verhaltens von der Zucht ausschließt (ihre Fitness auf Null reduziert). Falls es eine genetische Grundlage für die Unterschiede zwischen den beiden Klassen von Individuen gibt, sollte sich durch die gezielte Zucht die genetische Ausstattung in der experimentellen Population ändern. Der die Fitness fördernde Faktor sollte schließlich innerhalb der Population dominierend sein. Falls es keine genetische Grundlage für die interindividuellen Unterschiede gibt, kann die gezielte Auswahl bestimmter Typen keinen evolutiven Wandel in der Population bewirken, da in diesem Fall die sich fortpflanzenden Individuen keine spezifischen Allele an ihre Nachkommen weitergeben können. Die Nachkommen erben daher keine genetischen Grundlagen für eine entsprechende Eigenschaft. Da Experimente mit künstlicher Zuchtwahl die Wirkung der natürlichen Selektion simulieren, sind sie von großer Bedeutung für Wissenschaftler, die an der Evolution des Verhaltens unter natürlichen Bedingungen interessiert sind.

Ein Beispiel dazu sind Experimente von Carol Lynch mit Hausmäusen (*Mus musculus*) [594]. Im Freiland bauen diese Tiere Nester aus weichen Gräsern und anderem pflanzlichen Material. Im Labor nehmen sie gerne Baumwolle als geeignetes Nestmaterial. Die Menge an Baumwolle, die eine Maus sammelt, kann man quantifizieren, indem man mißt, wieviel Gramm Baumwolle während einer 4-tägigen Periode in die Nestbox gebracht werden. In der Ausgangsgeneration von Lynchs Experiment trugen die Mäuse zwischen 13 und 18 Gramm Baumwolle von einem außerhalb liegenden Vorrat in ihre Nestbox.

Lynch versuchte dann, eine Zuchtlinie mit hohen Werten zu erzeugen, indem sie Männchen und Weibchen miteinander kreuzte, die relativ viel Baumwolle eintrugen. Für eine Linie mit niedrigen Werten wurden Männchen und Weibchen gekreuzt, die relativ wenig eintrugen, und für eine Kontrollinie wurden Männchen und Weibchen nach dem Zufallsprinzip aus der Population ausgelesen. Die Nachkommen dieser Kreuzungen wurden unter denselben Bedingungen wie die Eltern gehalten, um Umweltveränderungen als Ursache für Verhaltensänderungen auszuschließen. Nachkommen aus diesen drei Gruppen wurden dann als Adulttiere daraufhin getestet, wieviel Nestmaterial sie in vier Tagen eintrugen. Mit den eifrigsten Sammlern aus der „high"-Linie wurde weitergezüchtet, ebenso mit den am wenigsten emsigen Sammlern in der „low"-Linie. So entstand eine zweite selektierte Generation.

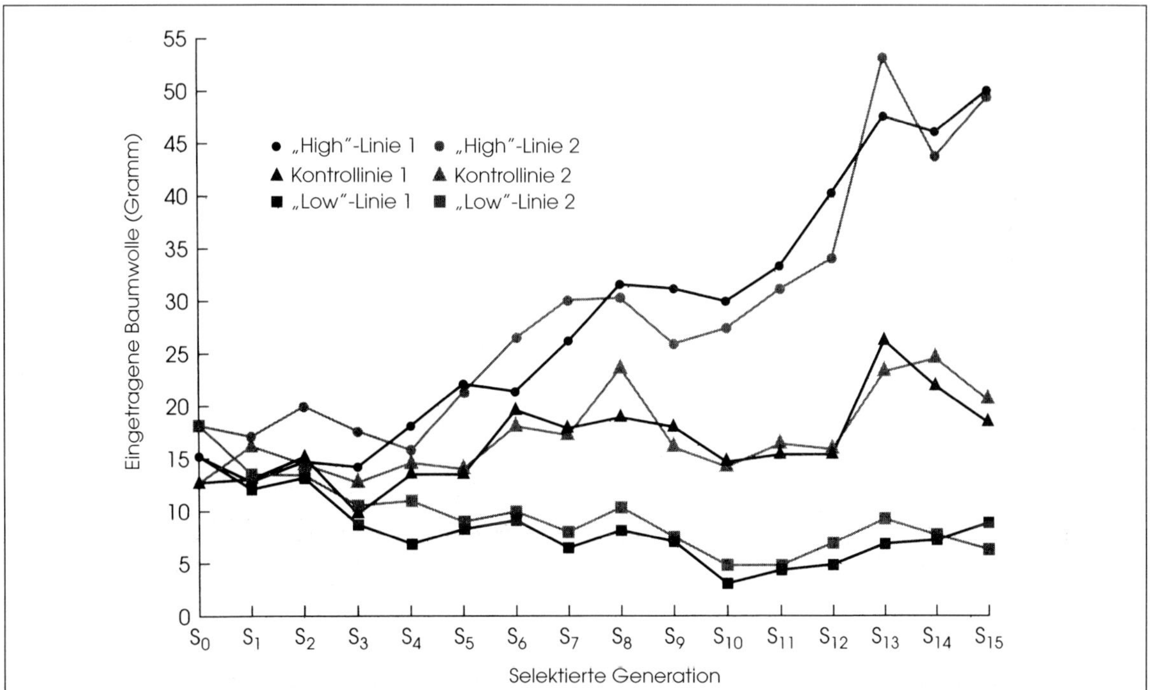

Abb. 3-12: **Selektion auf das Nestbauverhalten bei Mäusen.** Künstliche Selektion zugunsten von Mäusen, die große Mengen Baumwolle in ihr Nest bringen, führte schließlich zur Entwicklung von Populationen („high"-Linien) aus Individuen, die wesentlich mehr Baumwolle eintrugen als zu Beginn des Experiments. Desgleichen führte die selektive Zucht mit Individuen, die relativ wenig Baumwolle verwendeten, zur Entwicklung von Populationen („low"-Linien), die für ihre kleinen Nester sehr wenig Baumwolle sammelten. Die beiden Kontrollpopulationen wurden keiner Selektion ausgesetzt, und infolgedessen veränderte sich ihr Nestbauverhalten nicht. Quelle: Lynch (594).

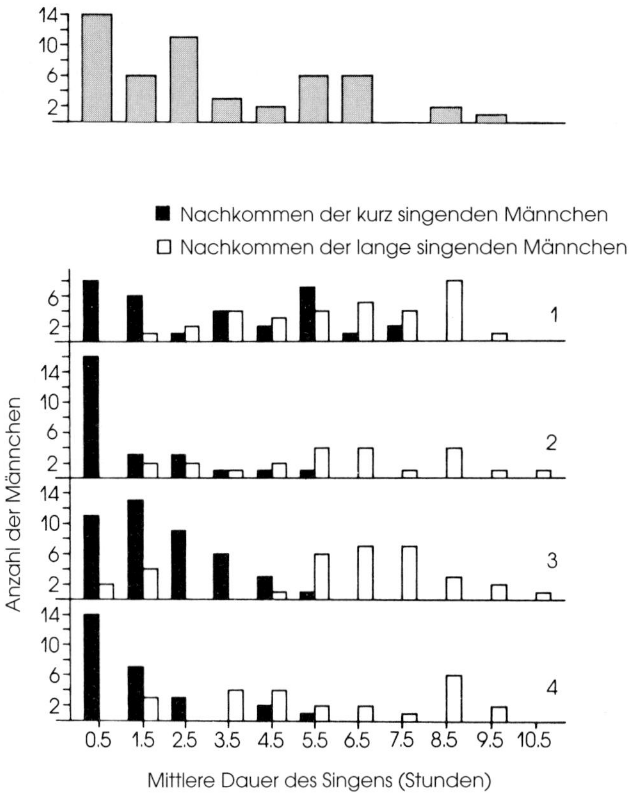

Abb. 3-13: **Selektion auf die Dauer des Singens bei Grillen.** (A) Verteilung von Männchen, die kurz, mittellange und lange singen, in einer Grillenpopulation. (B) Wenn man die Männchen mit einer mittleren nächtlichen Gesangsdauer von der Weiterzucht ausschließt, kann man neue Generationen von Männchen (1-4) erzeugen, die sich mehr und mehr unterscheiden. Quelle: Cade (142).

Lynch wiederholte diese Prozedur über 15 Generationen, und schließlich trugen die Mäuse der „high"-Linie im Durchschnitt etwa 40 Gramm Baumwolle in ihre Nester ein, während die Mäuse der „low"-Linie durchschnittlich 5 Gramm eintrugen. Die 15. Generation der Kontrollgruppe verhielt sich etwa so wie die Ausgangsgeneration (etwa 15 Gramm) (Abb. 3-12). Dieses Ergebnis belegt, daß es zwischen den Mäusen der Ausgangspopulation genetische Differenzen gab, die etwas mit dem Nestbau zu tun hatten. Deshalb konnte Lynch durch gezielte Zucht einen evolutiven Wandel unter Laborbedingungen erzeugen.

Prinzipiell ähnliche Ergebnisse wurden in Selektionsexperimenten mit vielen anderen Tierarten erzielt. Ary Hoffmann machte sich beispielsweise die Variation in der Fähigkeit männlicher Taufliegen, eine Nahrungsressource zu verteidigen, zunutze, um ein Selektionsexperiment durchzuführen. Es gelang ihm, eine Linie von Männchen zu züchten, die äußerst erfolgreich bei territorialen Auseinandersetzungen waren [447].

William Cade führte ein sehr ähnliches Experiment durch, das auf die Dauer des Singens bei Grillen abzielte [142]. In jeder Population gibt es Grillen, die viele Stunden lang zirpen, während andere nur wenige Stunden und wieder andere fast gar nicht singen. Diese Unterschiede zwischen den Grillenmännchen könnten umweltabhängig (singende Grillen könnten wohlgenährt, stumme hingegen hungrig sein) oder genetisch bedingt sein. Durch selektive Zucht mit den ausdauerndsten Sängern und den am wenigsten engagierten Sängern einer Generation erhielt Cade schließlich zwei Linien von Grillen. Die Männchen der einen Linie waren meistens stumm, und die Männchen der anderen Linie sangen unermüdlich (Abb. 3-13). Dieses Ergebnis war nur möglich, wenn es in der Ausgangspopulation genetische Unterschiede zwischen den Männchen gegeben hatte.

3.2 Gene beeinflussen die physiologischen Grundlagen des Verhaltens

Durch Selektionsexperimente, Familienuntersuchungen und ähnliche Studien haben Genetiker belegt, daß einige der Verhaltensunterschiede zwischen den Mitgliedern einer Art eindeutig auf genetischen Differenzen beruhen. Wie aber kann der Besitz eines bestimmten Allels oder bestimmter Allele den Nestbau oder die Dauer des Singens oder IQ-Werte oder den täglichen Aktivitätszyklus beeinflussen?

Es sei daran erinnert, daß ein Gen nicht eine bestimmte

Eigenschaft hervorbringt; typischerweise kodiert es eine spezifische Ribonucleinsäure, die ihrerseits die Information für die Herstellung eines bestimmten Proteins trägt. Das bereits angesprochene *amy*-Gen enthält beispielsweise die Information für die Herstellung des Proteins Amylase. Dieses Enzym aus dem Speichel katalysiert eine Reaktion, mit der komplexe Stärkemoleküle in ihre Zuckeruntereinheiten zerlegt werden. Wir Menschen haben neben dem *amy*-Gen ungefähr 50000 weitere Gene, von denen die meisten Proteine, überwiegend Enzyme, kodieren. Wir verfügen also über die Information zur Herstellung von etwa 50000 verschiedenen Enzymen, die etwa 50000 verschiedene biochemische Reaktionen ermöglichen. Jede dieser Reaktionen ist irgendwie am Funktionieren unseres Körpers beteiligt, und einige biochemische Reaktionen haben Auswirkungen auf unser Verhalten.

Beispielsweise scheinen einige Personen mit Schizophrenie einen Überschuß des **Neurotransmitters** Dopamin zu haben, der in verschiedenen Hirngebieten an der Weiterleitung von Information beteiligt ist [688, 897]. So ergab eine Untersuchung, daß einige Schizophreniepatienten eine ungewöhnlich geringe Menge eines Enzyms haben, das für den Abbau von Dopaminmolekülen zuständig ist [897]. Der Mangel an diesem Enzym dürfte eine Anhäufung von Dopamin zur Folge haben, was dann die normale Signalverarbeitung im Gehirn stören und die typischen Symptome der Schizophrenie hervorbringen könnte. Gestützt wird diese Hypothese durch Befunde, nach denen die Wirksamkeit verschiedener Pharmaka, die bei schizophrenen Symptomen verabreicht werden, direkt proportional dazu ist, wie gut diese Substanzen an die Rezeptoren von Neuronen binden, die normalerweise eine Bindung mit Dopamin eingehen [692]. Durch eine Blockade dieser Rezeptoren verhindern solche antipsychotischen Pharmaka offenbar, daß Dopamin die Rezeptoren erreicht, deren Funktion durch sehr hohe Mengen des Neurotransmitters gestört wird.

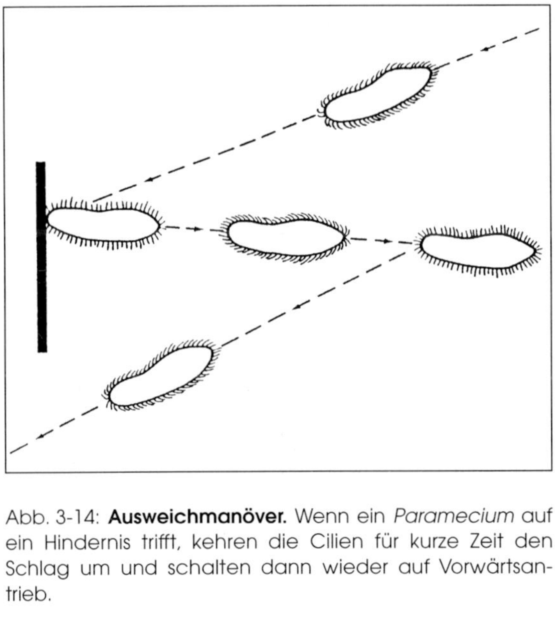

Abb. 3-14: **Ausweichmanöver.** Wenn ein *Paramecium* auf ein Hindernis trifft, kehren die Cilien für kurze Zeit den Schlag um und schalten dann wieder auf Vorwärtsantrieb.

Eine noch eindeutigere Beziehung zwischen einem Enzym, das von einem bestimmten Gen kodiert wird, und psychischen Störungen wurde im Fall der Monoaminoxidase (MAO) gezeigt [133]. Die Aktivität dieses Enzyms kann sich zwischen verschiedenen Individuen erheblich unterscheiden. Eine besonders hohe oder besonders geringe Aktivität tritt familiär gehäuft auf und hängt vermutlich mit dem Vorhandensein bestimmter Allele zusammen. In Familien, deren Mitglieder durch eine geringe MAO-Aktivität gekennzeichnet sind, sind Selbstmorde und versuchte Selbstmorde achtmal so häufig wie in Familien mit hoher MAO-Aktivität.

Allgemein kann man sagen, daß der Besitz einer bestimmten genetischen Information Auswirkungen auf biochemische Prozesse hat. Die Beziehung zwischen biochemischen Vorgängen und Verhalten zeigt sich sehr klar in Untersuchungen zum Verhalten von *Paramecium*, einem einzelligen Protozoon [268, 543]. *Paramecien* sind exzellente Schwimmer, die behende durch ihre Wasserwelt steuern. Wenn sie frontal auf ein Hindernis treffen, kehren die Cilien, die den Körper bedecken, ihren Schlag für einige Sekunden um, und das *Paramecium* schwimmt rückwärts. Dann wird wieder auf Vorwärtsbewegung umgestellt. Wenn dies geschieht, hat sich das *Paramecium* normalerweise etwas gedreht, so daß es nun vorwärts am Hindernis vorbeischwimmt. Wenn nicht, schaltet es erneut in den Rückwärtsgang und wiederholt sein Ausweichmanöver (Abb. 3-14).

Bei der Überprüfung einer großen Zahl von *Paramecien* fanden Wissenschaftler verschiedene Mutanten, darunter die langsam schwimmende *sluggish*, die extrem schnell schwimmende *fast*, sowie verschiedene mit verändertem Ausweichverhalten, wie *paranoiac*, die viel länger als normal rückwärts schwimmt, und *pawn*, die nach der Schachfigur („Bauer") benannt ist, die gar nicht umkehren darf. Kreuzungsversuche zeigten, daß jede dieser Verhaltensmutanten eine andere Mutation eines einzelnen Gens aufweist.

Das normale Ausweichverhalten wird durch die Veränderung des elektrischen Gradienten an der Außenmembran von *Paramecium* in Folge einer taktilen Reizung ausgelöst. Mit feinen Elektroden, die man innerhalb und außerhalb eines intakten *Parameciums* positioniert, kann man das Membranpotential messen. Diese geringe, aber bedeutsame Ladungsdifferenz ist durch die unterschiedliche Verteilung geladener Teilchen (Ionen) an der Innenseite und der Außenseite der Membran bedingt. Wenn ein *Paramecium* mit seinem Vorderende etwas berührt, ändert sich die Permeabilität der Membran, und Calcium-Ionen treten in die Zelle ein. Diese Veränderung wird sicherlich durch eines oder mehrere Enzyme vermittelt. Mit dem Eintritt der positiv geladenen Calcium-Ionen ändert sich das Membranpotential des Protozoons. Dies bewirkt eine Umkehr des Cilienschlages, so daß das Tier rückwärts schwimmt. Spezielle Mechanismen im *Paramecium* beginnen, die Calcium-Ionen nach außen zu transportieren, und wenn das ursprüngliche Membranpotential wiederhergestellt ist (nach ein oder zwei Sekunden), kehrt sich der Cilienschlag erneut um und das Tier schwimmt wieder vorwärts.

Das Verhalten der *pawn*-Mutante entsteht deshalb, weil die Membran auf einen Berührungsreiz nicht normal reagiert. Es findet kein Einstrom von Calcium-Ionen statt, und deshalb erhalten die Cilien kein Signal, das zur Umkehr des Cilienschlages und damit zum Rückwärtsschwimmen führt.

3.2.1 Gene und Nervensysteme

Vergleichende physiologische Untersuchungen von normalen Individuen und Mutanten werden auch mit Tieren durchgeführt, die Nervensysteme haben. Beispielsweise fahren *Drosophila*-Fliegen mit dem Allel *„Shaker"*, anders als normale Fliegen, auch in Narkose fort, ihre Beine rhythmisch zu bewegen [398]. Dieses Allel bewirkt an Neuronen eine Veränderung der Permeabilität für Kalium-Ionen. Infolgedessen feuern die Neuronen eher als normale Neuronen, wodurch die lokomotorische Aktivität der Mutante verändert wird.

Eine andere Mutation bei *Drosophila*, deren physiologische Folgen teilweise verstanden sind, betrifft den Beginn der sexuellen Rezeptivität bei adulten Weibchen. 80 % der Weibchen mit zwei Exemplaren des Wildtyp-Allels vom Gen *apterous* sind 3 Tage nach Erreichen des Adultstadiums paarungsbereit. Im Gegensatz dazu lassen es nur weniger als 15 % der Individuen mit dem ap^4/ap^4-Genotyp zu, daß werbende Männchen mit ihnen in diesem Stadium kopulieren. John Ringo und seine Mitarbeiter fanden heraus, daß diese Weibchen gegenüber dem Wildtyp (ap^+/ap^+) eine erheblich verminderte Produktion an Juvenilhormon aufweisen [789]. Als Folge einer unzureichenden Menge an Juvenilhormon ist die Eientwicklung stark verzögert und das typische Muster der sexuellen Rezeptivität ist gestört. (Beachten Sie, daß auch hier ein Fall von Pleiotropie vorliegt, d. h., daß die Information eines einzelnen Gens die Entwicklung mehrerer Eigenschaften beeinflußt.) Ein Weibchen mit dem Genotyp ap^4/ap^4 wird rezeptiv, wenn man Juvenilhormon an die Cuticula appliziert. Dieses Ergebnis stützt die Hypothese, daß das Gen die Hormonproduktion reguliert, welche ihrerseits das Sexualverhalten beeinflußt.

Eine spezielle Methode zur Ermittlung der physiologischen Grundlagen eines bestimmten Verhaltens ergibt sich aus der experimentellen Erzeugung von Taufliegen, die ein **genetisches Mosaik** sind [66, 936]. Diese Individuen sind aus genetisch verschiedenen Zellen zusammengesetzt (Abb. 3-15). Man kann Mosaikfliegen erzeugen, die teilweise aus Zellen mit zwei X-Chromosomen und teilweise aus Zellen mit nur einem X-Chromosom bestehen. Das Geschlecht wird bei Fruchtfliegen durch die Zahl der X-Chromosomen bestimmt, die in den Zellen eines Individuums enthalten sind; Weibchen haben zwei X-Chromosomen, und Männchen haben ein X-Chromosom. Die Mosaikfliegen haben in einigen Zellen zwei X-Chromosomen, die sich deshalb zu weiblichem Gewebe entwickeln, und in anderen Zellen ein einfaches

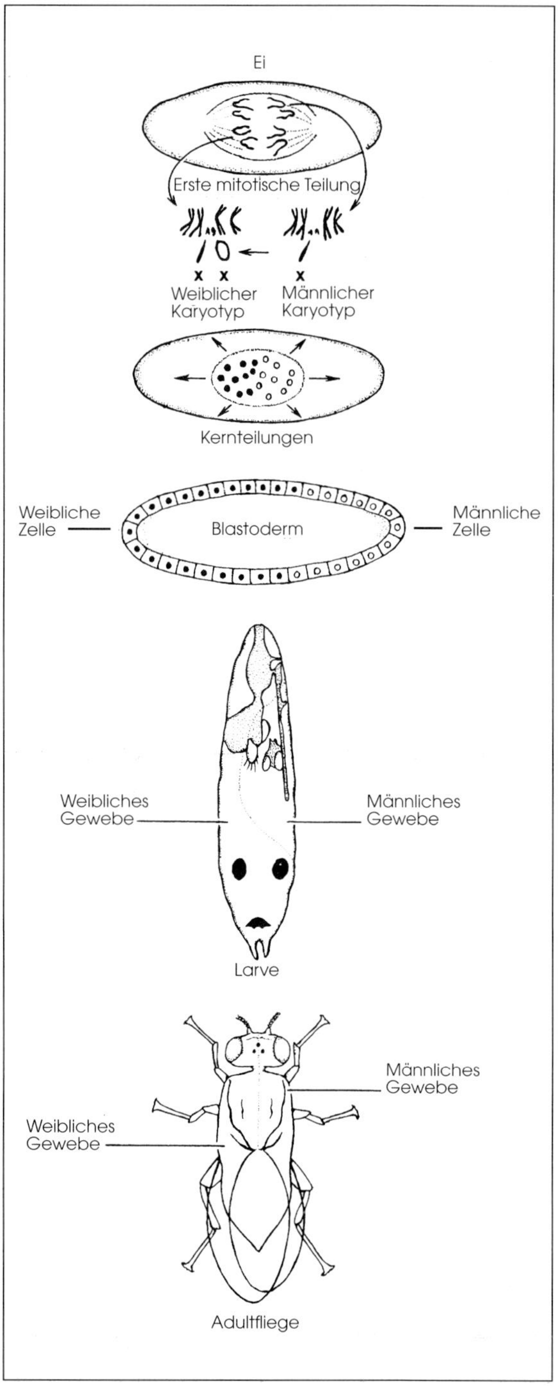

Abb. 3-15: **Taufliege als genetisches Mosaik.** Um eine Fliege zu erzeugen, deren Körper aus männlichen und weiblichen Zellen besteht, verwendet man Eizellen mit einem speziellen weiblichen (XX) Genotyp, bei dem während einer frühen Zellteilung eine Zelle mit nur einem X-Chromosom entsteht. Alle Abkömmlinge der Zelle mit einem X-Chromosom sind genetisch männlich, die von Zellen mit zwei X-Chromosomen abstammenden sind genetisch weiblich. Die so entstandene Fliege ist ein Mosaik aus männlichen und weiblichen Zellen und Geweben. Nach Hall et al. (398).

X-Chromosom. Diese Zellen bilden männliches Gewebe. Mit wohlüberlegten Kreuzungsexperimenten, bei denen Fliegen mit männlichen und weiblichen Geweben mit verschiedener Färbung erzeugt werden, läßt sich angeben, welche Teile einer Fliege ein oder zwei X-Chromosomen haben. Wenn verschiedene Sorten von Mosaikfliegen interagieren, kann man aus ihrem Verhalten auf die Effekte der genetisch verschiedenen männlichen und weiblichen Gewebe auf das Fortpflanzungsverhalten von Fruchtfliegen schließen.

Eine Fliege, bei welcher der obere Teil des Gehirns aus männlichem Gewebe besteht, folgt jeder anderen Fliege, deren hinteres Abdomen eine weibliche Chromosomenausstattung hat [396, 464, 865]. Der Verfolger zeigt auch Werbeverhalten mit Flügelschwirren, selbst dann, wenn die werbende Fliege weibliche Genitalien, Augen, Flügel und Antennen hat. Weibliche Antennen müssen also wie männliche Antennen in der Lage sein, die olfaktorischen Reize wahrzunehmen, mit denen rezeptive Weibchen Männchen anlocken. Aber das Gehirn eines Weibchens funktioniert offenbar anders als das Gehirn eines Männchens. Ein Gehirn, dessen Neuronen ein einzelnes X-Chromosom aufweisen, steuert das Verhalten einer Fliege so, daß sie einem Weibchen folgt und werbend mit den Flügeln schwirrt. An Mosaikfliegen sehen wir sehr genau, an welchem Ort ein oder zwei X-Chromosomen ihre spezifische Wirkung auf die Entwicklung von Nervensystemen entfalten.

3.2.2 Gene und Verhalten der Strumpfbandnatter

Auf der proximaten Ebene wirkt sich die genetische Ausstattung eines Individuums auf die Enzyme aus, die seine Zellen herstellen können. Die in einem Individuum vorhandenen Enzyme beeinflussen die Geschwindigkeit, mit der bestimmte biochemische Reaktionen ablaufen, und steuern die Entwicklung und Funktion von Zellen. Dies hat Auswirkungen auf die zellulären Grundlagen von Verhaltensleistungen.

Auf der ultimaten Ebene erwarten wir, daß sich Allele mit Information, die eine erfolgreiche Fortpflanzung fördert, in Populationen ausbreiten. Aber gibt es Belege, daß eine solche Evolution in der Natur stattgefunden hat? Eine besonders überzeugende Untersuchung von Stevan Arnold zeigt, wie man die proximate und ultimate Ebene der Analyse kombinieren kann. Arnold arbeitete mit der Strumpfbandnatter *Thamnophis elegans*, die in weiten Teilen des westlichen Nordamerika in sehr verschiedenartigen Habitaten zu finden ist, z. B. in der nebligen, feuchten Küstenregion von Kalifornien und in trockeneren, höher gelegenen Regionen im Landesinneren dieses Staates [29]. Es gibt ausgeprägte Unterschiede im Nahrungsspektrum zwischen den Schlangen beider Habitattypen (im folgenden als „Küstenschlangen“ und „Binnenlandschlangen“ bezeichnet).

Die Küstenschlangen suchen ihre Nahrung in feuchten Gebieten, wo sie Nacktschnecken, ihre Hauptbeute, finden. Ihre Fähigkeit, diese Tiere zu verzehren (Abb. 3-16), kann ich nur bewundern. Ich machte einmal den Fehler, eine Nacktschnecke aufzuheben; 10 Minuten später stand ich immer noch in der Küche an der Spüle und schrubbte wie wild, um den widerlich klebrigen Schleim zu entfernen, den die Schnecke großzügig auf meiner Hand verteilt hatte. Im nordkalifornischen Binnenland gibt es keine Nacktschnecken, und es überrascht nicht, daß die Binnenlandschlangen etwas anderes zu fressen finden, hauptsächlich Fische und Frösche, die sie schwimmend in Seen und Flüssen fangen.

Nachdem er einen Unterschied im Ernährungsverhalten von Küsten- und Binnenlandschlangen festgestellt hatte, wollte Arnold ermitteln, ob genetische Differenzen daran beteiligt waren. Er nahm trächtige Weibchen aus beiden Schlangenpopulationen mit in sein Labor, wo sie unter identischen Bedingungen gehalten wurden. Wenn die Weibchen Junge bekamen (Strumpfbandnattern sind

Abb. 3-16: **Kalifornische Strumpfbandnatter aus der Küstenregion,** die ein Stück von einer Nacktschnecke verzehrt, eine bevorzugte Nahrung dieser Schlangen. Foto von Stevan Arnold.

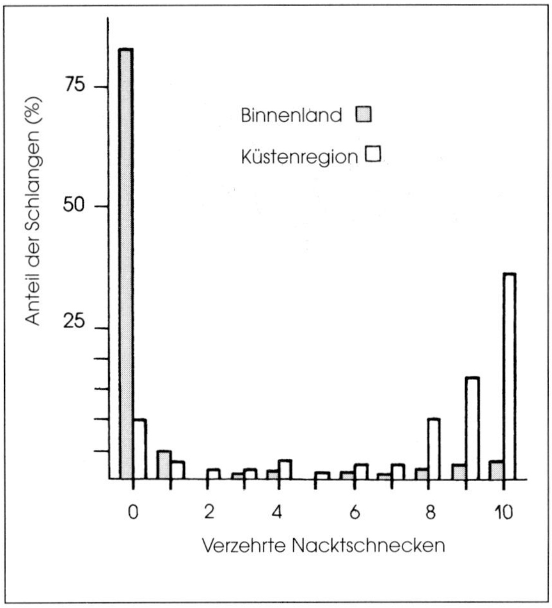

Abb. 3-17: **Reaktion neugeborener, nicht vorerfahrener Schlangen gegenüber Stücken von Nacktschnecken.** Strumpfbandnattern aus Küstenpopulationen verzehren relativ viele Nacktschneckenhäppchen (ein Wert von 10 bedeutet, daß die Schlange an jedem der 10 Tage des Experiments ein Nacktschneckenstück fraß). Strumpfbandnattern aus dem Binnenland verzehren oft nicht einmal ein Stück (was einen Wert von 1 ergeben würde). Quelle: Arnold (29).

lebendgebärend), wurde jedes Schlangenbaby in einen separaten Käfig, getrennt von seiner Mutter und den anderen, gesetzt. So wurden mögliche Umwelteinflüsse, die von den Artgenossen ausgehen, ferngehalten. Nach einigen Tagen bot Arnold jedem Schlangenbaby ein kleines Stück einer frisch aufgetauten Nacktschnecke an, das er auf den Käfigboden legte. Nicht vorerfahrene junge Küstenschlangen verzehrten in der Regel sämtliche Schneckenhäppchen, die sie bekamen; die Binnenlandschlangen taten dies im allgemeinen nicht (Abb. 3-17). In beiden Populationen kamen diejenigen Schlangen, die keine Schnecken fraßen, gar nicht in Kontakt mit dieser Nahrung, sondern ließen sie völlig außer acht.

Einer anderen Gruppe von einzeln gehaltenen Schlangenbabys, die noch nichts gefressen hatten, bot Arnold die Möglichkeit, auf den Geruch verschiedener Beutestücke zu reagieren. Dabei kam ihm die Bereitschaft neugeborener Schlangen zugute, nach Wattestäbchen, die mit Flüssigkeiten von irgendeiner Beuteart getränkt waren (Abb. 3-18), zu züngeln und die Wattestäbchen zu attackieren. Indem er zählte, wie oft die Zunge der Schlange in einem einminütigen Versuch auf das Wattestäbchen traf, maß er die relative Ansprechbarkeit nicht vorerfahrener Schlangenbabys auf verschiedene Gerüche. (Schlangen haben im Mundhöhlendach ein Jacobsonsches Organ, das Gerüche wahrnimmt, die ihm durch die Zunge zugetragen werden. Wenn die Zunge der Schlangen auf einen chemischen Reiz trifft, werden einige Moleküle zum Jacobsonschen Organ transportiert. Dies spielt eine Rolle bei der Beuteerkennung.)

Populationen von Binnenland- und Küstenschlangen reagierten in fast der gleichen Weise auf Wattestäbchen mit Kaulquappengeruch (Kaulquappen sind eine Beute beider Gruppen), aber sie reagierten sehr unterschiedlich gegenüber Wattestäbchen mit Nacktschneckengeruch (Abb. 3-19). In jeder Gruppe bestand eine gewisse Variabilität in der Antwortbereitschaft, aber die meisten Binnenlandschlangen ignorierten den Nacktschneckengeruch, während die meisten Küstenschlangen stark darauf reagierten. Da alle jungen Schlangen unter identischen Bedingungen gehalten wurden, muß der Unterschied in ihrer Bereitschaft, Nacktschnecken zu verzehren und als Reaktion auf Nacktschneckengeruch zu züngeln, durch genetische Differenzen zwischen ihnen bedingt sein.

Arnold machte dann zur Erblichkeit der Häufigkeit des Züngelns eine Untersuchung in der Art, wie wir sie bereits im Zusammenhang mit Zwillingsstudien beim Menschen erörtert haben. Durch Vergleich des Züngelns bei Geschwistern fand Arnold, daß innerhalb einer Population nur etwa 17 % der Unterschiede in der Reaktionsbereitschaft auf Nacktschneckengeruch von genetischen Unterschieden zwischen Individuen herrührten. Die geringe Erblichkeit dieses Parameters innerhalb der Küsten- und der Binnenlandpopulationen bedeutet, daß die geringe phänotypische Variabilität innerhalb der Populationen überwiegend durch kleinere Unterschiede in den Umweltbedingungen verursacht ist. Dies liegt daran, daß die vorangegangene Selektion innerhalb der Populationen von Küstenschlangen und Binnenlandschlangen viel von der genetischen Variabilität im Ernährungsverhalten eliminiert hat.

Falls die Differenzen im Ernährungsverhalten zwischen den beiden Populationen dadurch entstehen, daß die meisten Küstenschlangen ein anderes Allel oder andere Allele haben als die meisten Binnenlandschlangen, dann sollte die Kreuzung von Schlangen aus beiden Gebieten zu einer großen Variabilität bei den so erzeugten „Hybriden" führen, die höher ist als in jeder der Elternpopulationen. Arnold führte solch ein Kreuzungsexperiment durch und fand seine Erwartung bestätigt. Dadurch wurde wiederum belegt, daß die Unterschiede zwischen beiden Populationen in hohem Maße genetisch bedingt sind.

Nachdem er die genetischen und physiologischen Grundlagen für Unterschiede in der Nahrungsbevorzugung zwischen Strumpfbandnattern aus der Küstenregion und aus dem Binnenland ermittelt hatte, wandte Arnold seine Aufmerksamkeit den evolutionären Grundlagen dieser Differenzen zu. Er vermutete, daß unter den ersten Besiedlern des Küstenhabitats einige wenige Individuen waren, die seltene Allele für die Akzeptanz von Nacktschnecken hatten. (Es gibt Gründe für die Annahme, daß die kalifornische Küstenregion von *T. elegans* später besiedelt wurde als das Binnenland im westlichen Nordamerika.) Diese Schnecken fressenden Individuen konnten sich eine Nahrungsressource zunutze machen, die in ihrem neuen Habitat reichlich vorhanden

Abb. 3-18: **Eine züngelnde, neugeborene Strumpfbandnatter** riecht an einem Wattestäbchen, das mit Nacktschneckenextrakt getränkt ist. Foto von Stevan Arnold.

war. Falls infolgedessen ihr Fortpflanzungserfolg um nur 1 % höher war als der ihrer Artgenossen, die Schnecken ablehnten, könnte die Küstenpopulation ihre gegenwärtige Abweichung von der Binnenlandpopulation in weniger als 10000 Jahren erreicht haben.

Es ist leicht einzusehen, warum Allele, die mit einer Akzeptanz gegenüber Nacktschnecken verbunden sind, einen Vorteil genießen und sich rasch in der Küstenpopulation ausbreiten sollten. Aber warum erfolgte in der Binnenlandpopulation eine entgegengerichtete Selektion (welche diese Allele fast eliminierte)? Arnold fand heraus, daß die Schlangen, die Schnecken fressen, auch im Wasser lebende Egel verzehren. Diese blutsaugenden Tiere fehlen in der kalifornischen Küstenregion, aber in Binnenseen sind sie reich vertreten. Es ist möglich, allerdings nicht belegt, daß Schlangen, die versuchen, Egel zu verzehren (was Schnecken fressende Schlangen tatsächlich tun), von ihren „Opfern" verletzt werden. Egel können noch leben, nachdem sie von einer Strumpfbandnatter verschlungen wurden, und wenn sie sich dann im Verdauungstrakt anheften, können sie die Schlange ernsthaft schädigen. Es könnte deshalb sein, daß Schlangen, die Nacktschnecken (und damit auch Egel) verzehren, sich im kalifornischen Binnenland weniger gut fortpflanzen, so

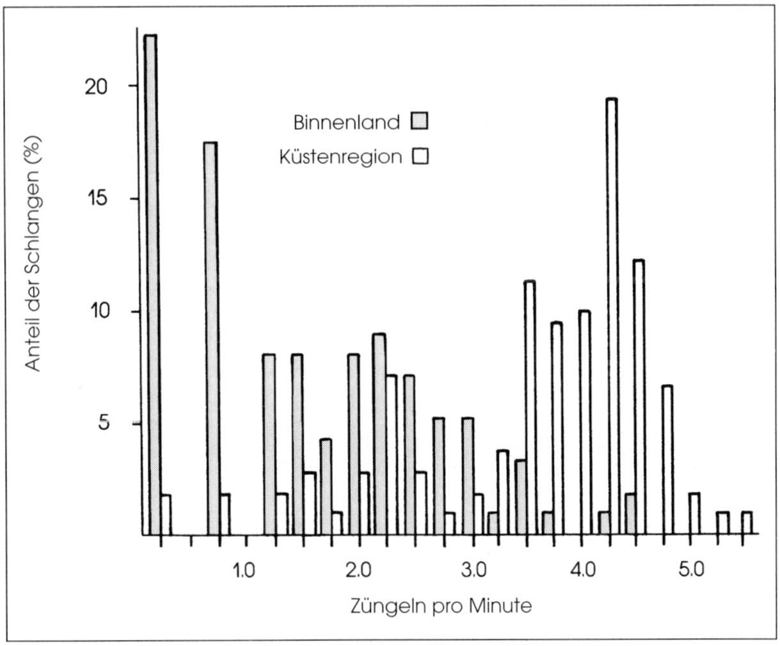

Abb. 3-19: **Geruchspräferenzen von Strumpfbandnattern** aus dem Binnenland und aus der Küstenregion, gemessen an der Häufigkeit des Züngelns als Reaktion auf ein Wattestäbchen, das mit Nacktschneckenextrakt getränkt wurde. Die meisten Schlangen aus der Küstenregion züngelten viel häufiger als die Schlangen aus dem Binnenland. Quelle: Arnold (29).

daß aus dieser Population die Gene eliminiert werden, die zur Entwicklung der Fähigkeit führen, Nacktschnecken aufzuspüren und zu erbeuten. Die geographischen Unterschiede im Ernährungsverhalten der Schlangen können also anhand ihrer proximaten genetischen Grundlagen (verschiedene Allele sind in den beiden Populationen jeweils dominierend), ihrer proximaten physiologischen Grundlagen (Chemorezeptoren für das Wahrnehmen von Molekülen von Nacktschnecken und Egeln sind in der Küstenpopulation weiter verbreitet) und ihren ultimaten und evolutiven Grundlagen erklärt werden (Binnenlandschlangen müssen mit möglicherweise gefährlichen Egeln fertig werden, während Küstenschlangen nur mit genießbaren Nacktschnecken konfrontiert werden) [29]. Arnolds Untersuchung zur Verhaltensgenetik bei Schlangen ist ein Musterbeispiel dafür, wie man in der Verhaltensbiologie die ultimate und die proximate Ebene der Analyse miteinander kombinieren kann.

Zusammenfassung

1. Verhaltensunterschiede zwischen Individuen können die Folge von Differenzen in ihren Erbanlagen und / oder in ihren Umweltbedingungen sein. Verhaltensgenetiker haben verschiedene Methoden entwickelt, mit denen sie die Hypothese prüfen können, daß spezifische Verhaltensunterschiede zwischen Individuen auf genetischen Differenzen beruhen; dazu gehören Vergleiche von Eltern und ihren Nachkommen, die „Hybridisierung" von Mitgliedern verschiedener Populationen, Studien zur künstlichen Zuchtwahl und Experimente zur genetischen Transformation. Die Hypothese, daß genetische Unterschiede wesentlich sind, wurde durch viele solcher Prüfungen gestützt, in einigen Fällen aber auch verworfen.
2. Wenn ein bestimmtes Allel zur Entwicklung einer Verhaltenseigenschaft beiträgt, heißt dies nicht, daß diese Eigenschaft „genetisch determiniert" ist. Die Aussage „Es gibt ein Allel für den IQ-Wert, für die Akzeptanz von Nacktschnecken oder für die Kopulationsdauer" ist eine Kurzformel für folgendes: „Ein bestimmtes Allel im Genotyp eines Individuums kodiert ein spezielles Protein, dessen Beteiligung an biochemischen Reaktionen in den Zellen die Entwicklung der physiologischen Grundlagen einer bestimmten Verhaltensleistung beeinflussen kann." Gene wirken auf das Verhalten, indem sie die physiologischen Grundlagen des Verhaltens verändern, insbesondere indem sie die Entwicklung von Nervenzellen und Nervensystemen beeinflussen.
3. Eine Untersuchung an Strumpfbandnattern aus zwei geographisch verschiedenen Gebieten zeigt, daß Unterschiede im Ernährungsverhalten zwischen beiden Populationen teilweise von genetischen Differenzen zwischen den Individuen herrühren. Die spezielle genetische Konstitution der Schlangen in beiden Populationen beeinflußt die Entwicklung ihrer chemorezeptiven Systeme, was sich wiederum auf ihr Beuteerkennen auswirkt. Die Fähigkeit, Nacktschnecken aufzuspüren und zu erbeuten, beeinflußt offenbar die individuelle Fitness in beiden Habitaten, die hinsichtlich der ökologischen Bedingungen differieren, in unterschiedlicher Weise. Unterschiede im Fortpflanzungserfolg führten zu einer raschen evolutiven Divergenz im Ernährungsverhalten von Strumpfbandnattern aus dem Binnenland und solchen aus der Küstenregion.

Empfohlene Literatur

Stevan Arnolds umfassende Untersuchung zur Genetik, Physiologie und Ökologie des Ernährungsverhaltens von Strumpfbandnattern [29] sollte jeder lesen, der sich für Verhaltensgenetik interessiert. Jeffrey Hall hat eine Übersichtsarbeit zur Verhaltensgenetik bei Insekten geschrieben, die eine Vielzahl an Untersuchungen mit *Drosophila* einschließt [397]. Forschungen über die Ähnlichkeit im Verhalten von Zwillingen stellen Thomas Bouchard und seine Mitarbeiter vor [102]. Einen Überblick über das gesamte Gebiet der Verhaltensgenetik bieten Bücher von Lee Ehrman und Peter Parsons [272] sowie von Jeffrey Hall, Ralph Greenspan und William Harris [398].

Diskussionsfragen

1. Die Rufe von Fröschen unterscheiden sich von Art zu Art deutlich. Sie möchten die Hypothese prüfen, daß Differenzen zwischen zwei eng verwandten Arten teilweise genetisch bedingt sind, und zwar zwischen den Laubfroscharten *Hyla chrysoscelis* und *Hyla femoralis*. Wie könnten Sie sich die Methode der Erzeugung von Hybriden im Labor zunutze machen, indem sie einfach Männchen vom Rücken eines Weibchens derselben Art bei der Eiablage abnehmen und auf ein eierlegendes Weibchen der anderen Art setzen? Machen sie Voraussagen darüber, wie die männlichen Hybriden rufen und wie weibliche Hybriden auf diese Paarungslockrufe reagieren. Lesen Sie [247], wenn sie Ihre Voraussagen und Tests entwickelt haben.
2. Einige Mönchsgrasmücken leben ganzjährig in Südfrankreich, obwohl die meisten (75 %) Mönchsgrasmücken in diesem Gebiet Zugvögel sind. Nehmen wir an, daß die Unterschiede zwischen beiden Typen von Mönchsgrasmücken umweltbedingt sind. Machen Sie eine Voraussage über den Ausgang eines Experiments zur künstlichen Zuchtwahl über mehrere Generationen, in dem der Exprimentator versucht, Zugvögel und Standvögel zu selektieren. Beschreiben Sie die Versuchsmethode und stellen Sie die vorausgesagten Ergebnisse graphisch dar. Vergleichen Sie Ihre Voraussagen mit tatsächlichen Ergebnissen, wie sie in [72] zu finden sind.
3. Jemand wiederholt die Untersuchung von Arnold, aber er testet nicht das Verhalten von neugeborenen Strumpfbandnattern, die von Küsten- und Binnenlandeltern abstammen, sondern er vergleicht die Akzeptanz gegenüber Nacktschnecken bei Schlangen, die als Adulttiere aus beiden Regionen gefangen wurden. Er findet, daß die Küstenschlangen mit weitaus größerer Wahrscheinlichkeit Nacktschnecken fressen als Binnenlandschlangen. Er kommt zum Schluß, daß die Hypothese eines genetischen Unterschiedes durch seine Ergebnisse gestützt wird. Aus welchen Gründen würden Sie seine Folgerung in Frage stellen?
4. Strumpfbandnattern aus der Küstenregion verzehren gerne Nacktschnecken, aber Strumpfnattern aus dem Binnenland lassen diese Beute unbeachtet. Mitglieder dieser beiden Populationen derselben Art unterscheiden sich genetisch. Warum ist es dennoch unangemessen zu behaupten, die Akzeptanz gegenüber Nacktschnecken sei „genetisch determiniert"?
5. Sie stellen die Hypothese auf, daß unterschiedliche Aktivitätsrhythmen bei Taufliegen durch Unterschiede in einem einzelnen Gen, dem *per*-Gen, bedingt sind, von dem Sie annehmen, daß es auf dem X-Chromosom liegt. Taufliegen sind diploid, und das Geschlecht wird über die Chromosomen festgelegt (normale Männchen haben ein X- und ein Y-Chromosom, Weibchen zwei X-Chromosomen). Sie kreuzen ein Männchen ohne erkennbaren Aktivitätsrhythmus mit einem Weibchen, das den Aktivitätszyklus des Wildtyps aufweist. Falls Ihre Hypothese stimmt, wie sollte dann das Verhalten der Nachkommen aus dieser Kreuzung aussehen?

Verhaltensgenetiker haben nachgewiesen, daß genetische Differenzen zwischen Individuen zu Unterschieden in der Physiologie und im Verhalten beitragen können. Die Frage, wie die Verhaltenseigenschaften eines Individuums sich entwickeln, bleibt aber noch zu klären. Dieses komplexe Problem erfordert eine Analyse der vielfältigen Wechselwirkungen zwischen dem wachsenden Organismus - mit seinen Genen und sich entwickelnden Strukturen - und der Umwelt, in der er lebt. Der Gesang eines adulten Weißkopf-Ammerfinken beispielsweise ist das Ergebnis einer koordinierten Aktivität von mehreren hundert Millionen Nerven- und Muskelzellen. Es wäre eine grandiose Leistung, die Spur auch nur einer dieser Zellen während der Entwicklung zu verfolgen. Und selbst das wäre nur ein erster kleiner Schritt zum Verständnis der Entwicklung der gesanglichen Fähigkeiten eines Vogels. Trotz der Schwierigkeiten, welche die Forschung auf diesem Gebiet mit sich bringt, haben wir bereits wichtige Dinge darüber gelernt, wie bestimmte Wechselwirkungen zwischen genetischen Systemen und der Umwelt die Entwicklung des Verhaltens beeinflussen. Erkenntnisse auf diesem Gebiet sollen hier am Beispiel der Entwicklung von Unterschieden zwischen den Geschlechtern veranschaulicht werden. Solche Unterschiede sind oft sehr ausgeprägt und in der Regel von biologischer Bedeutung. Wir werden die entscheidenden Umwelteinflüsse auf die Entwicklung des männlichen und weiblichen Fortpflanzungsverhaltens bei Säugern und des Gesangs von Vogelmännchen herausstellen. Das Kapitel schließt mit der Analyse eines scheinbaren Paradoxons: der Empfindlichkeit der Verhaltensontogenese gegenüber vielen Erb- und Umweltfaktoren und der geradezu unverwüstlichen Fähigkeit eines Organismus, seine Ontogenese in einem weiten Spektrum an Lebensräumen mit einem adaptiven Ergebnis abzuschließen.

4 Die Entwicklung des Verhaltens

4.1 Entwicklung als Wechselwirkung zwischen Genen und Umwelt

Bei der Erforschung der Verhaltensentwicklung lassen sich die Wissenschaftler von der Theorie leiten, daß die Entwicklung der Eigenschaften eines Organismus Folge einer komplexen Wechselwirkung zwischen Genotyp und Umwelt ist. Betrachten wir dazu die Entwicklung von Geschlechtsunterschieden im Verhalten adulter Laborratten. Bei den Weibchen ist eine spezifische Kopulationshaltung (Abb. 4-1) zu beobachten, die sie einnehmen, wenn zum richtigen Zeitpunkt des Ovulationszyklus (d. h., wenn befruchtungsfähige Eier vorliegen) ein paarungswilliges Männchen um ihre Flanken greift. Männchen nehmen niemals die weibliche Kopulationshaltung ein; normale Weibchen besteigen relativ selten andere Ratten und zeigen nie das gesamte männliche Kopulationsverhalten [53].

Weibchen unterscheiden sich auch in ihrem elterlichen Verhalten von den Männchen. Nach der Geburt bleibt eine Rattenmutter für mehrere Tage in sehr enger Verbindung mit ihren Jungen. Sie hält sie warm und säugt sie, wenn sie hungrig sind. Werden die Jungen ein Stück weggelegt, trägt das Weibchen sie umgehend zum Nest zurück (Eintrageverhalten). Im Gegensatz dazu kümmern sich Männchen selten um ihren Nachwuchs [802].

Wie kommt es zu den unterschiedlichen Verhaltensmustern bei männlichen und weiblichen Ratten? Nach der Theorie der interaktiven Entwicklung entsteht männliches bzw. weibliches Verhalten durch das Zusammenspiel der genetischen Ausstattung einer Ratte und ihrer Umwelt. Männchen unterscheiden sich genetisch eindeutig von Weibchen, da sie ein X- und ein Y-Chromosom haben, während Weibchen mit zwei X-Chromosomen ausgestattet sind [417]. Daher liegt die Annahme nahe, daß es bei Säugetieren (einschließlich der Laborratte) auf dem Y-Chromosom ein Schlüsselgen gibt, welches auf dem X-Chromosom nicht vorliegt. Dieses Gen sorgt dafür, daß sich männliche und nicht weibliche Eigenschaften entwickeln.

Ohne detailliert darauf einzugehen, wie diese Hypothese getestet wurde, wollen wir die gängige Schlußfolgerung übernehmen, daß das Y-Chromosom tatsächlich ein solches Gen trägt, dessen Enzymprodukt (der „Testis-Determinationsfaktor") auf irgendeine Weise die Entwicklung der Hoden beim männlichen Embryo organisiert. Die Hodenzellen nehmen an Zahl zu, und einige beginnen, Testosteron zu produzieren, das von dem sich entwickelnden Blutgefäßsystem zu anderen Teilen des Körpers transportiert wird. Bei Anwesenheit dieses Hormons unterbleibt die Vermehrung und Differenzierung anderer Zellen des männlichen Embryos, die zuvor noch die Potenz hatten, zu weiblichen Fortpflanzungsorganen zu werden. Statt dessen beginnt die Entwicklung der männlichen Fortpflanzungsorgane [630]. In der weiblichen Ratte sind diese Testosteron-produzierenden Zellen nicht vorhanden. Daher können aus den Vorläuferzellen der Ovarien viele Millionen weiterer Zellen entstehen, welche die reifen Ovarien bilden. Diese Organe produzieren dann die Hormone Östrogen und Progesteron während des Ovulationszyklus nach einem spezifischen Muster und sind so die hormonale Grundlage für das Fortpflanzungsverhalten adulter Weibchen.

Der hier beschriebene Vorgang enthält viele Wechselwirkungen zwischen Genom und Umwelt (Abb. 4-2). Schon die Produktion eines einzelnen Enzymmoleküls beinhaltet ein Zusammenspiel von einem Gen und seiner Umgebung. Die genetische Information zur Herstellung des Enzyms kann nur genutzt werden, wenn irgendein Faktor in der zellulären Umgebung das Gen „anschaltet". Testosteron ist ein solcher Faktor. Das Hormon wirkt als inneres Signal, das einige der Gene in einigen embryonalen Geweben aktiviert und damit die Biochemie und letztlich die Entwicklung dieser Gewebe verändert.

Diese Annahme wurde überprüft, indem einer neugeborenen weiblichen Ratte kleine Mengen an Testosteron injiziert wurden. Obwohl die Zellen der Fortpflanzungs-

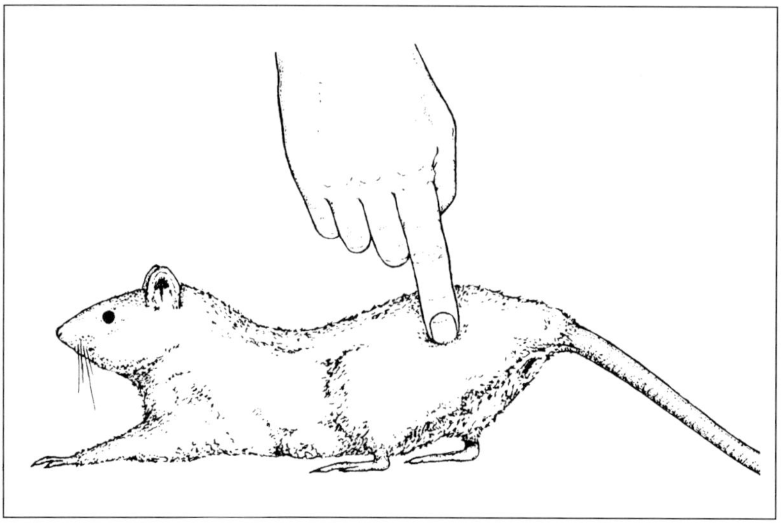

Abb. 4-1: **Ein Geschlechtsunterschied im Verhalten.** Anders als die Männchen nehmen paarungsbereite Rattenweibchen bei Druck auf die Flanken eine charakteristische Präkopulationshaltung ein.

organe in diesem Fall bereits ein Stadium erreicht haben, in dem sie für diesen Faktor nicht mehr rezeptiv sind, können einige der Zellen im Gehirn noch beeinflußt werden. Als Ergebnis ihrer Entwicklung versucht das Rattenweibchen, wenn es adult ist, mit anderen Weibchen zu kopulieren – vorausgesetzt, es erhält eine weitere Testosteroninjektion, nachdem es erwachsen ist.

Das Hormon Testosteron hat also zwei Wirkungen auf das Verhalten, einen **organisierenden Effekt** auf die Hirnentwicklung des sehr jungen Tieres und einen **aktivierenden Effekt**, wenn das Hormon beim adulten Tier Sexualverhalten gegenüber adäquaten Reizen auslöst (Abb. 4-3) [562]. Falls diese Vorstellung über die Wirkung von Testosteron auf die Zellentwicklung richtig ist, sollte es eine drastische Wirkung auf die sexuelle Orientierung eines Individuums haben, wenn das Schlüsselhormon aus der Umgebung der sich entwickelnden Zellen entfernt wird. Tatsächlich hat das Entfernen der Testosteron produzierenden Gonaden bei neugeborenen Rattenmännchen zur Folge, daß sich ihre Gehirne ähnlich wie die der Weibchen ausbilden. Ihre feminisierten Gehirne sind rezeptiv für aktivierende Effekte von Östrogenen, wenn die Ratten adult sind. Genetisch männliche Ratten verhalten sich dann wie Weibchen.

Die Hypothese, daß Testosteron lange vor der sexuellen Reife einen organisierenden Effekt auf das Gehirn hat, läßt sich prüfen, indem man die hormonproduzierenden Fortpflanzungsorgane entfernt, *nachdem* die Männchen oder Weibchen adult sind. Zu dieser Zeit sollten männliche oder weibliche Hirnstrukturen bereits entwickelt sein, die von Testosteron bzw. Östrogen aktiviert werden können. Eine Ratte mit einem männlichen Gehirn sollte nicht auf Östrogen-Injektionen reagieren, auch dann nicht, wenn durch einen operativen Eingriff die Testosteron-Produktion unterbunden ist. Ebenso sollte ein adultes Weibchen, dessen Gehirn durch das hormonale Milieu während der Frühentwicklung feminisiert worden ist, sich nach einer Testosteron-Injektion nicht wie ein Männchen verhalten, auch dann nicht, wenn zuvor die Ovarien entfernt wurden. Beide Voraussagen wurden geprüft und bestätigt [598].

Die Hypothese, daß die Gehirne von Säugetieren durch das hormonale Milieu bei sehr jungen Tieren maskulinisiert oder feminisiert werden können, wurde mit einer neueren Methode an Labormäusen untersucht [955]. Männliche Embryonen eines Wurfes können zufällig zwischen zwei Schwestern oder Schulter an Schulter mit einem weiblichen und einem männlichen Geschwister liegen; andere liegen zwischen zwei Brüdern. Wenn die Föten sich entwickeln, setzen ihre Zellen eine Vielzahl an biochemischen Produkten frei, darunter auch Geschlechtshormone. Diese Substanzen gelangen über die Amnionflüssigkeit, welche die Embryos umgibt und in ihnen zirkuliert, in die Geschwisterföten. Daher sind ein 2M-Embryo (zwischen zwei anderen Männchen) und ein 0M-Embryo (zwischen zwei Weibchen) unterschiedlichen Konzentrationen an männlichen und weiblichen Geschlechtshormonen ausgesetzt.

Um zu ermitteln, ob sich diese geringen Unterschiede später auf das Verhalten von Männchen und Weibchen auswirken, entbanden Frederick vom Saal und seine Mitarbeiter Mäusejunge durch Kaiserschnitt (um ihre Position im Uterus zu dokumentieren). Die Männchen wurden dann kastriert und bekamen später als Implantat entweder das männliche Geschlechtshormon Testosteron oder die weiblichen Geschlechtshormone Östrogen und Progesteron. Die 2M-Männchen, deren Gehirne sich unter dem Einfluß von etwas mehr Testosteron entwickelt hatten, verhielten sich aggressiver als 0M-Männchen, wenn sie ein Testosteron-Implantat erhalten hatten (Abb. 4-4). Offenbar wurden die Gehirne der 2M-Männchen während der Embryonalentwicklung stärker maskulinisiert als die Gehirne der 0M-Männchen, die einem feminisierenden Östradiol-Einfluß seitens ihrer Geschwisterembryos ausgesetzt waren.

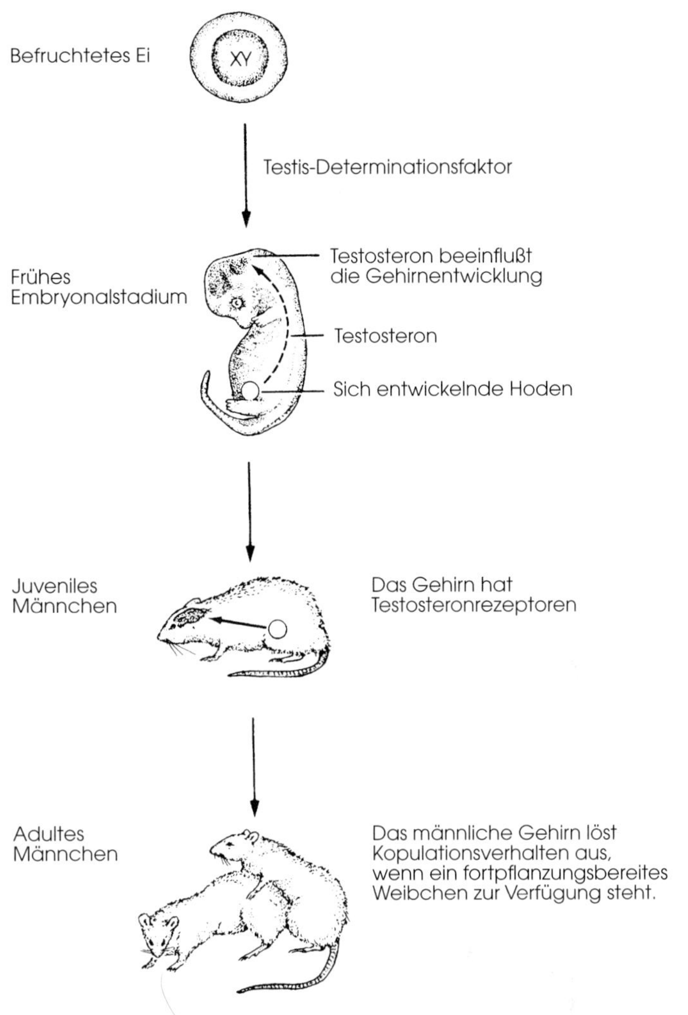

Abb. 4-2: **Die Entwicklung des männlichen Kopulationsverhaltens** bei der Laborratte ist abhängig von genetischer Information, die auf dem Y-Chromosom liegt, und von verschiedenen Umgebungsfaktoren, wie dem hormonalen Milieu im sich entwickelnden Embryo.

4.1.1 Hormone und die Entwicklung mütterlichen Verhaltens

Diese Studie an Mäusen zeigt, wie so subtile Umweltfaktoren wie die Position eines Fötus im Uterus die Verhaltensentwicklung beeinflussen können. Hören aber die Auswirkungen der Wechselwirkung zwischen Genen und Umwelt auf die Entwicklung bei der Geburt eines Tieres auf? Untersuchungen über die Entwicklung mütterlichen Verhaltens bei Ratten geben eine Antwort auf diese Frage [802]. Ein Rattenweibchen bleibt in engem Kontakt zu seinen neugeborenen Jungen und trägt diese wieder ein, wenn sie vom Nest entfernt werden. Diese Verhaltensweisen treten normalerweise zum ersten Mal auf, wenn ein geschlechtsreifes Weibchen seine ersten Jungen bekommt. Man kann aber das Beschützen der Jungen und das Eintragen bei nicht-trächtigen Weibchen und sogar bei nicht geschlechtsreifen Weibchen auslösen, indem man sie wiederholt mit 1- bis 2 Tage alten Jungen anderer Weibchen zusammenbringt. Wenn diese „Sensitivierung" eine Woche lang fortgesetzt wird, hören viele Weibchen auf, fremde Junge anzugreifen oder zu meiden und „adoptieren" sie als ihre eigenen. Die Rufe und die taktilen Reize, die von neugeborenen Ratten ausgehen, stimulieren offenbar die Entwicklung mütterlichen Verhaltens.

Daß normale Weibchen diese Reize wahrnehmen und ihr Verhalten danach ausrichten, zeigt, auf welche Art und Weise ihre feminisierten Gehirne und ihre Ovarien arbeiten. Entfernt man bei nicht geschlechtsreifen Weibchen die Ovarien und führt später ein „Sensitivierungstraining" durch, ist die Wahrscheinlichkeit, mit der sie Junge eintragen, nur ein Drittel so hoch wie bei intakten Weibchen, die ansonsten gleich behandelt wurden [802]. Injiziert man aber den sterilisierten Weibchen Östrogen, reagieren sie auf Pflegejunge genauso wie sensitivierte nicht-trächtige Weibchen mit Ovarien. Dieses Experiment belegt, daß Hormone der Ovarien, die im Blut nicht geschlechtsreifer, nicht trächtiger Weibchen zirkulieren,

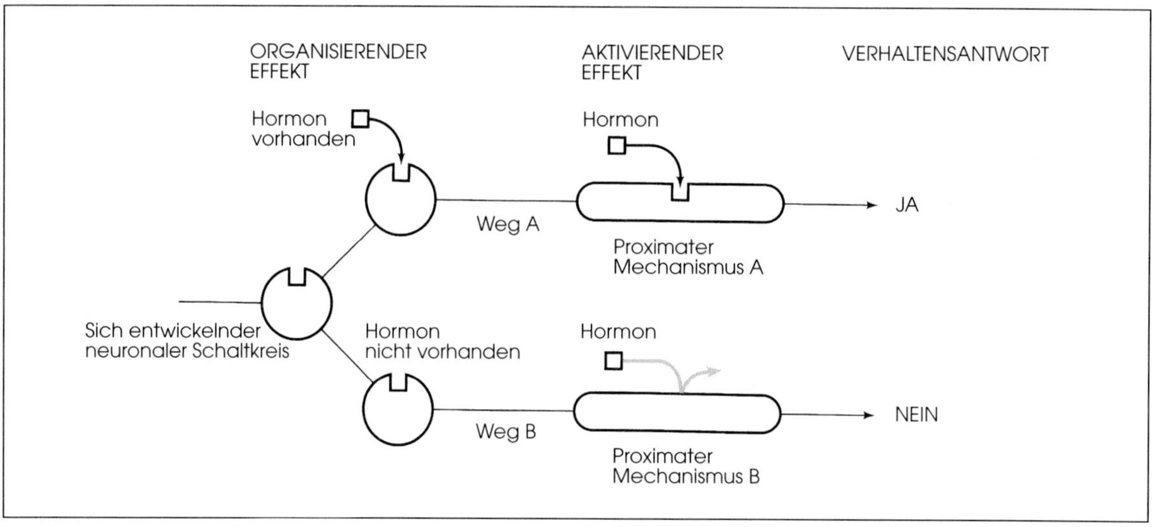

Abb. 4-3: **Organisierende und aktivierende Hormonwirkungen.** Die Anwesenheit oder Abwesenheit bestimmter Hormone während der Ontogenese kann organisierende Effekte haben. Sie lenkt die Entwicklung des Wirbeltierhirns auf den einen oder anderen möglichen Entwicklungsweg und bewirkt so, daß sich der eine oder andere proximate Mechanismus entwickelt. Nach abgeschlossener Entwicklung unterliegen die proximaten Mechanismen aktivierenden Effekten, wobei die Anwesenheit eines Hormons eine bestimmte Verhaltensantwort bewirken kann. Beispielsweise bewirkt die Anwesenheit von Testosteron während der Frühentwicklung von Singvögeln die Ausbildung „männlicher" Hirnstrukturen. Im späteren Leben wirkt Testosteron auf diese Hirnstrukturen und aktiviert männliche Verhaltensweisen (oder erhöht die Häufigkeit ihres Auftretens), wie das Singen.

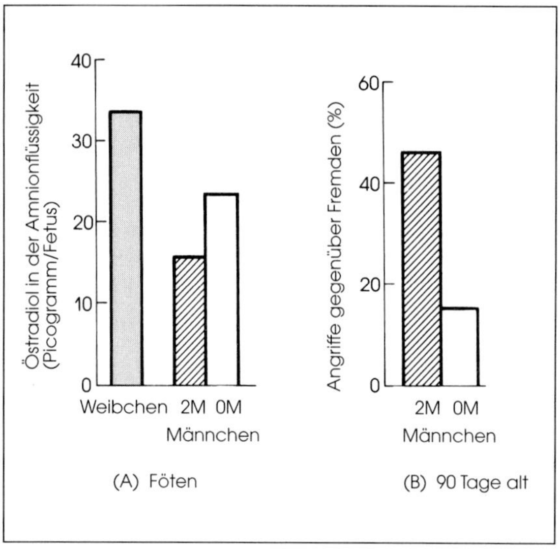

Abb. 4-4: **Organisierender Effekt embryonaler Einflüsse auf die Entwicklung männlichen Verhaltens bei Mäusen.** (A) Der Spiegel des weiblichen Hormons Östradiol ist in der Amnionflüssigkeit von männlichen 0M-Föten (zwischen zwei Schwestern) höher als bei 2M-Männchen (zwischen zwei Brüdern). (B) 2M-Männchen greifen eher als 0M-Männchen ein fremdes Individuum an. Die Tests auf Aggressivität wurden mit Männchen durchgeführt, die gleich nach der Geburt kastriert worden waren. Die Männchen erhielten dann Testosteron-Implantate, als sie 90 Tage alt waren, und wurden achtmal (je ein Versuch pro Tag) für 10 Minuten in einer Versuchsarena mit einem fremden Individuum konfrontiert. Quelle: vom Saal (954).

die Entwicklung von Verhaltensmustern fördern, die normalerweise nicht ausgeführt werden, bevor die Weibchen adult sind und ihre ersten Jungen gebären (Abb. 4-5).

4.1.2 Die Entwicklung des Gesangsverhaltens bei Vögeln

Die Verhaltensontogenese bei Wanderratten veranschaulicht die vielfältigen Wechselbeziehungen zwischen Genotyp und Umwelt bei der Entwicklung eines Merkmals. Die Komplexität der Wechselwirkung zwischen Genen und Umwelt zeigt sich auch in Arbeiten zur Gesangsentwicklung bei männlichen Vögeln wie dem Zebrafink (*Taeniopygia guttata*). Zebrafinken sind Vertreter der Singvögel, deren Männchen mit speziellen Lautäußerungen um Weibchen werben, welche sich von den Gesängen aller anderen Finken unterscheiden [473]. Adulte Weibchen zeigen normalerweise keinen Werbegesang. Selbst mit einem Testosteronimplantat singt ein adultes Weibchen nicht.

Diese Verhaltensdifferenzen zwischen männlichen und weiblichen Zebrafinken sind mit strukturellen Unterschieden in den Gehirnen korreliert [388]. Das **Gesangssystem** dieser Vögel besteht aus einer Kette charakteristischer, neuronaler Elemente, die sich vom Vorderende des Gehirns bis zu seinem Übergang in das Rückenmark ziehen, wo es Verbindung zu Nervenbahnen hat, die zur Syrinx ziehen (das Vokalisationsorgan). Die Komponenten des Gesangssystems sind bei adulten Männchen deutlich größer als bei Weibchen. Die entscheidenden

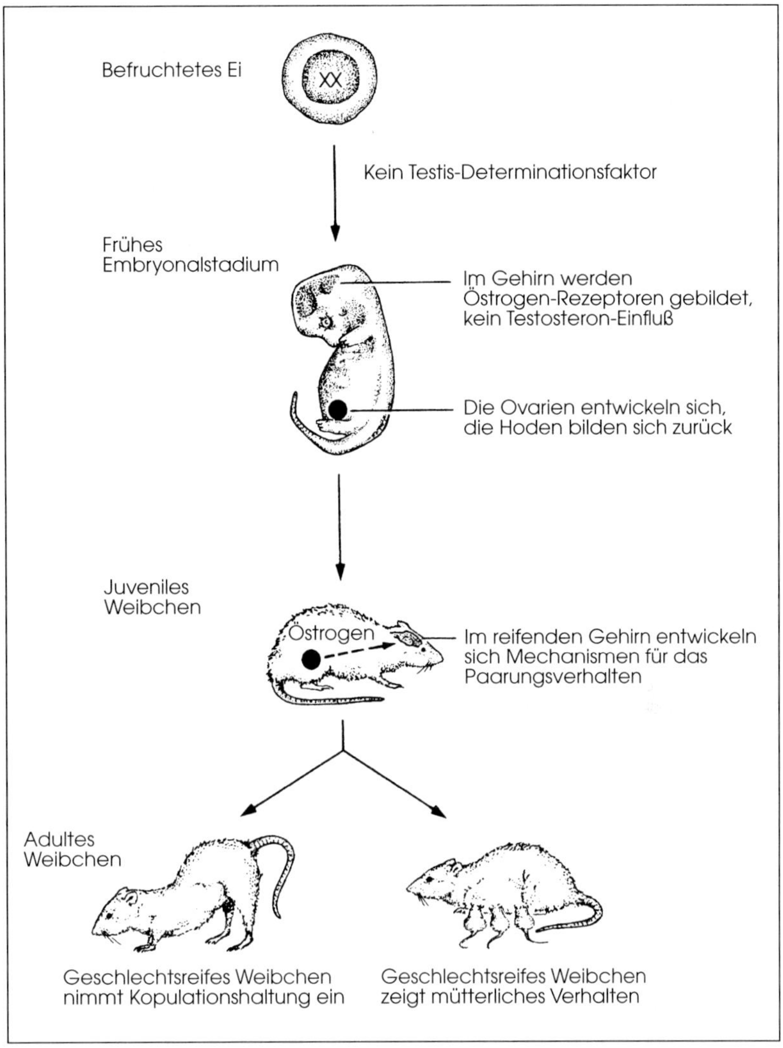

Abb. 4-5: **Die Entwicklung des mütterlichen Verhaltens** bei der Wanderratte. Bei Abwesenheit chemischer Signale, welche die Hodenentwicklung aktivieren, entwickeln sich Ovarien und Gehirnstrukturen, die die Ausführung weiblichen Verhaltens begünstigen.

Hirnstrukturen der Männchen wachsen rasch während der ersten 40 Tage nach dem Schlüpfen. Während desselben Zeitraums vermindert sich die Zahl der Zellen in den entsprechenden Hirnstrukturen bei Weibchen durch Zelltod (Abb. 4-6) [515].

Die Grundlage dieser entwicklungsbedingten Unterschiede im Gehirn läßt sich weiter zurückverfolgen bis hin zu chromosomalen Unterschieden zwischen beiden Geschlechtern. Bei Vögeln haben die Weibchen ein X- und ein Y-Chromosom, während die Männchen zwei X-Chromosomen aufweisen. Wenn kein Y-Chromosom vorhanden ist, produzieren die embigonalen männlichen Gonaden Östrogen. Falls dieses Hormon als entscheidendes Signal für die Maskulinisierung des Gehirns wirkt, sollte die Implantation kleiner Östrogen-Pellets unter die Haut frisch geschlüpfter Weibchen eher dahingehend wirken, daß das Gesangssystem wächst, als daß die Zahl der Zellen abnimmt. Östrogen hat tatsächlich diesen Effekt. Damit bestätigt sich, daß ihm eine organisierende Funktion bei der Entwicklung des Gesangssystem im männlichen Zebrafinkengehirn zukommt [388].

Trotzdem singt ein Zebrafinkenweibchen, das als Nestling ein Östrogen-Implantat bekam, als adultes Weibchen nicht, wenn nicht zusätzlich eine Testosterongabe erfolgt. Obwohl das Gehirn maskulinisiert wurde, benötigt das Gesangssystem männliche Hormone, damit Gesänge produziert werden (so wie die weibliche Ratte mit einem experimentell maskulinisierten Gehirn eine Testosterongabe benötigt, damit sie als adulte Ratte männliches Verhalten zeigt).

Der Zeitpunkt der Östrogengabe ist von entscheidender Bedeutung für die Entwicklung der Gesangsfähigkeit bei Weibchen. Nestjunge Weibchen, die 4 Tage nach dem Schlüpfen ein Östrogen-Implantat erhalten, sind in ihrem späteren Leben sehr viel schlechtere Sängerinnen als Weibchen, die eine Östrogengabe früher bekommen [760]. Die Hirnentwicklung bei weiblichen und männlichen Vögeln erfolgt offensichtlich nach einem genauen

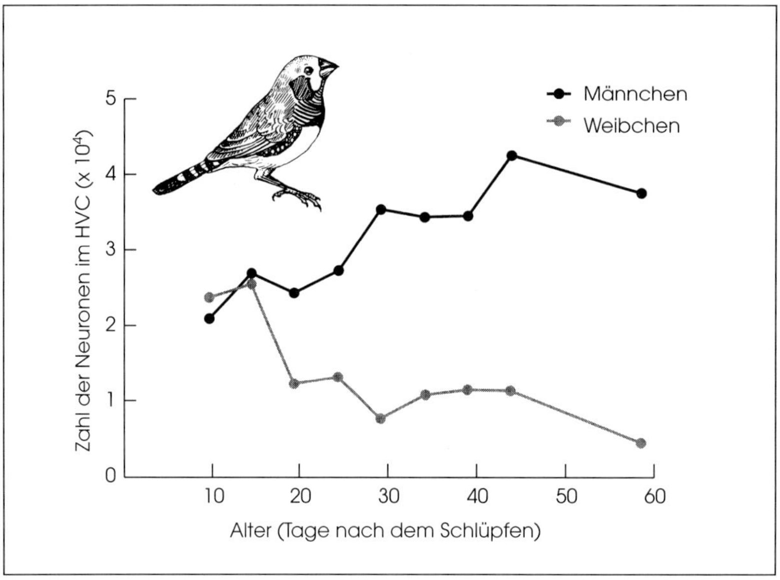

Abb. 4-6: **Veränderungen im Gesangssystem während der Vogelentwicklung.** Die Zahl der Nervenzellen im HVC, einer Komponente des Gesangssystems, nimmt bei jungen Zebrafinkenweibchen ab, während sie bei Männchen zwischen 10 und 40 Tagen nach dem Schlüpfen stark zunimmt. Quelle: Kirn und DeVoogd (515).

Zeitplan. Nur bei gerade geschlüpften Vögeln reagieren die Gehirnzellen hochsensitiv auf Östrogen, das im Blut zirkuliert. Mit der Zeit findet eine zunehmende Zelldifferenzierung und Organisation des Nervensystems statt, und andere Entwicklungswege sind dann versperrt.

4.1.3 Umwelteinflüsse auf das Gesangslernen beim Weißkopf-Ammerfink

Wenn ein Zebrafink singt, sind seine genetische Information, die Hormonproduktion und die Hirnentwicklung daran beteiligt. Und die Sache wird noch komplizierter und interessanter, da bestimmte Erfahrungen ebenfalls Voraussetzung dafür sind, daß der Fink den Werbegesang seiner Art singt. Ein isoliert aufgezogener Vogel, der andere Zebrafinken nicht singen hören konnte, entwickelt niemals einen normalen Werbegesang. Lernvorgängen kommt also eine Schlüsselrolle beim Erwerb dieser Komponente des Verhaltensrepertoires bei Zebrafinken zu. Dasselbe gilt für viele andere Singvögel.

Die Gesangsentwicklung bei Weißkopf-Ammerfinken (*Zonotrichia leucophrys*) geht beispielsweise folgenden Weg. Ein junges Männchen ist normalerweise mehrere Monate alt, bevor es seinen ersten „Gesang" hervorbringt. Dieser ist gewöhnlich ein zwitschernder Jugendgesang (**„subsong"**), der nur entfernte Ähnlichkeit mit dem vollen Gesang (**„full song"**) eines geschlechtsreifen Männchens hat. Aber während der folgenden 2 Monate wird der Gesang des jungen Männchen immer vollständiger, bis er dem normalen Vollgesang sehr ähnlich ist [527]. Allerdings unterscheiden sich die Vollgesänge bei Weißkopf-Ammerfinken oft erheblich. Bisweilen haben Vögel in Populationen, die nur wenige Kilometer voneinander entfernt sind, ihre eigenen, leicht zu unterscheidenden Dialekte (Abb. 4-7). Daß diese Dialekte ihre charakteristischen Eigenschaften von Jahr zu Jahr behalten, wäre erklärlich, wenn junge Neuankömmlinge in einer Population den für das Gebiet charakteristischen Gesang erlernen [612].

Peter Marler überprüfte die Hypothese, daß Lernvorgänge eine entscheidende Rolle bei der Gesangsentwicklung dieser Art spielen, in einer Reihe von klassischen Experimenten [607]. Er entfernte die Eier freilebender Weißkopf-Ammerfinken aus ihren Nestern und brachte sie in einen Brutschrank. Als die Jungvögel schlüpften, wurden sie von Hand aufgezogen, und die Männchen wurden in schalldichten Kammern isoliert, so daß genau festgelegt werden konnte, welchen akustischen Reizen sie ausgesetzt wurden. Falls die Gesangsentwicklung bei dieser Art unabhängig von auditiven Erfahrungen der jungen Männchen wäre, hätten diese Vögel in der Lage sein sollen, eine Phase mit „subsongs" zu durchlaufen, und schließlich mit dem vollständigen Territorialgesang des Weißkopf-Ammerfinken zu beginnen – auch wenn sie nie einen Artgenossen singen hörten. Isolierte Vögel, die nie einen Artgenossen singen hören konnten, brachten aber nie irgend etwas hervor, das annähernd wie ein normaler Weißkopf-Ammerfink-Gesang klang (Abb. 4-8).

Wenn dagegen ein junges Männchen in seiner schallisolierten Kammer im Alter zwischen 10 und 50 Tagen Tonbandaufnahmen des Weißkopf-Ammerfink-Gesangs zu hören bekam, war es später in der Lage, den gehörten Gesang perfekt wiederzugeben. Hatte es den Gesang im Sunset-Beach-Dialekt gehört, machte es diesen nach; wenn es statt dessen Aufnahmen vom Berkeley-Gesang ausgesetzt war, sang es im Alter von 200 Tagen diesen Gesang. Die Ergebnisse sprechen sehr stark dafür, daß die Gesänge erlernt werden.

Weitere Laborversuche mit isolierten Vögeln und Tonbandaufnahmen lassen im Hinblick auf die auditiven Erfahrungen, die für eine normale Gesangsentwicklung nötig sind, folgende Schlüsse zu (Abb. 4-9):

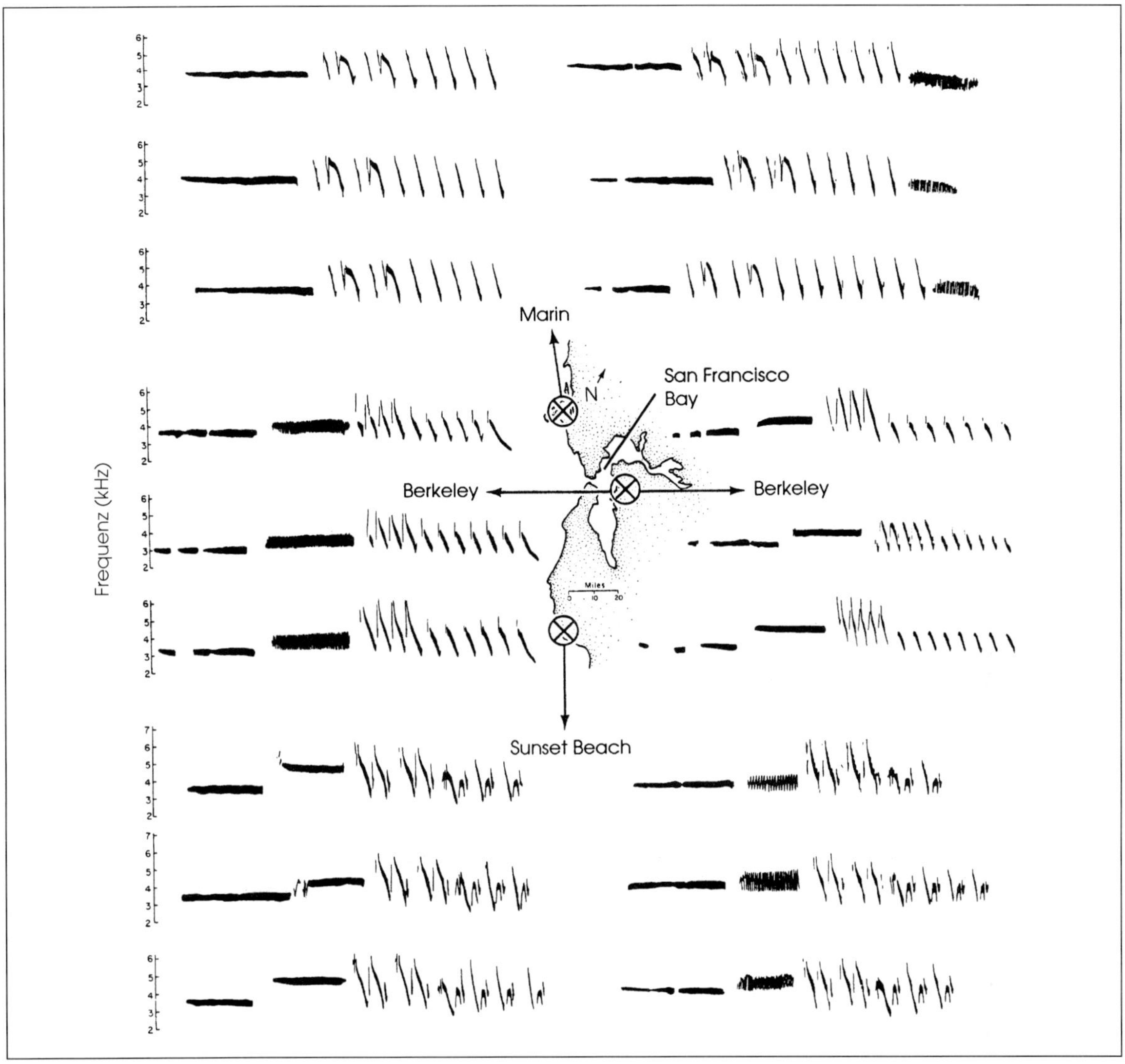

Abb. 4-7: **Gesangsdialekte von Weißkopf-Ammerfinken** aus Marin, Berkeley und Sunset Beach, Kalifornien. Die Männchen an jedem dieser Orte haben ihren eigenen charakteristischen Gesang, wie diese Klangspektrogramme von sechs Sängern von jedem Ort zeigen. Mit freundlicher Genehmigung von Peter Marler.

1. Ein männlicher Weißkopf-Ammerfink kann nicht den Gesang einer anderen Art als der eigenen erlernen. Isolierte Vögel, die dem Gesang von Singammern (*Passerella melodia*) oder Lincolnammern (*Passerella lincolnii*) ausgesetzt waren, entwickeln abweichende Gesänge, die im allgemeinen denen von Vögeln ähneln, denen gar keine Gesänge vorgespielt wurden. Wenn aber ein Weißkopf-Ammerfinkenmännchen Aufnahmen mit Gesängen sowohl seiner eigenen Art als auch denen der Singammer hört, entwickelt es den normalen Ammerfink-Gesang, in den die Elemente des Ammerfink-Gesangs von der Tonbandaufnahme eingebaut sind, während der Gesang der Singammer ignoriert wird [528].
2. Zudem muß ein Männchen den Weißkopf-Ammerfink-Gesang in einer Zeit zwischen 10 und 50 Tagen nach dem Schlüpfen hören, wenn es je einen normalen Vollgesang singen soll. Dies ist die entscheidende Zeitspanne für das Gesanglernen durch ein sozial isoliertes Männchen, das von Tonbandaufnahmen lernt.
3. Während des Zeitintervalls von 150 bis 200 Tagen nach dem Schlüpfen, wenn der Jungvogel mit „subsongs" beginnt, muß er sich selbst singen hören können, falls er irgendwann einen normalen Vollgesang hervorbringen soll. Wird er taub gemacht, bevor der „subsong" einsetzt, kann er seine Vokalisationen nicht der Erinnerung an den arteigenen Gesang anpassen, den er im Alter von 10 bis 50 Tagen erlernte. Die Konsequenz ist eine ungerichtete Gesangsentwicklung, und am Ende bleibt ein zwitschernder „subsong" ohne die artspezifischen Eigenschaften (siehe Abb. 4-8C).

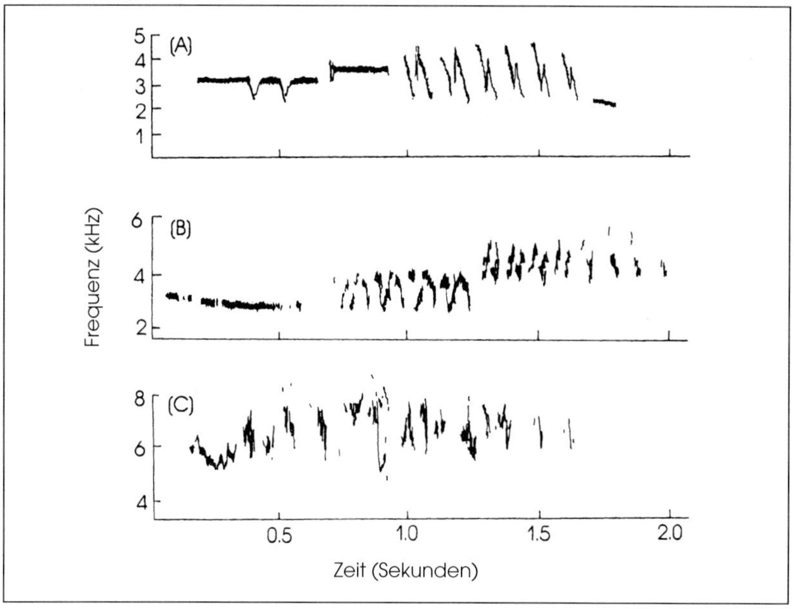

Abb. 4-8: **Erfahrung und Gesangsentwicklung.** Klangspektrogramme der Gesänge von Weißkopf-Ammerfinken, die (A) unter normalen Bedingungen aufgezogen wurden, (B) sozial isoliert wurden, aber Tonbandaufnahmen vom Gesang der Lincolnammer hören konnten, oder (C) frühzeitig taub gemacht wurden. Sonagramme mit freundlicher Genehmigung von Masakazu Konishi.

Peter Marler interpretierte die Ergebnisse seiner Experimente dahingehend, daß Teile des Gehirns (eine neuronale Schablone für das Gesanglernen) des Weißkopf-Ammerfinken bei jungen Männchen während einer sensiblen Phase für die Aufnahme ganz spezifischer akustischer Information vorbereitet werden [607]. Ein solcher Mechanismus erlaubt dem jungen Ammerfinkmännchen nur das Erlernen des eigenen Gesangs während dieses „Fensters" in seiner Entwicklung.

Marlers Hypothese einer neuronalen Schablone führt zu der Voraussage, daß männliche Weißkopf-Ammerfinken nie den Gesang einer anderen Art erlernen werden. Gelegentlich aber haben Ornithologen im Freiland Weißkopf-Ammerfinken gehört, die den Gesang einer anderen Art, nämlich der Lincolnammer, sangen. Diese Beobachtungen veranlaßten Luis Baptista, sich zu fragen, ob nicht zusätzlich zu der akustischen Erfahrung noch weitere Faktoren die Entwicklung des Weißkopf-Ammerfink-Gesangs beeinflussen könnten. Peter Marlers berühmte Tonbandexperimente wurden alle an Vögeln durchgeführt, die von jeglichem sozialen Kontakt zu Adulttieren ausgeschlossen waren. Baptista nahm an, daß soziale Reize einen Einfluß darauf haben, was ein junger Weißkopf-Ammerfink lernen kann.

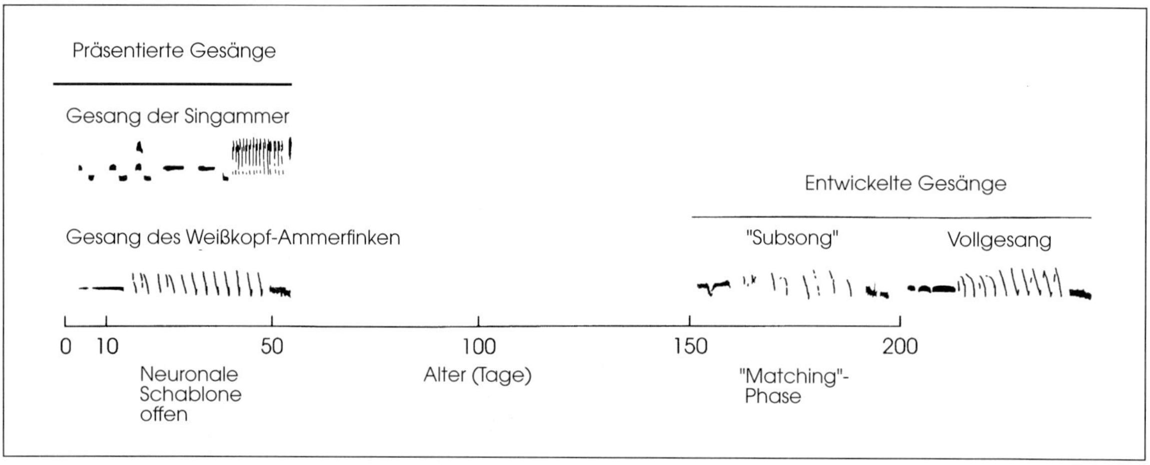

Abb. 4-9: **Schablonen-Hypothese zum Gesanglernen nach Laborversuchen mit Weißkopf-Ammerfinken.** Nach dieser Hypothese haben junge Weißkopf-Ammerfinken eine sensible Phase 10 bis 50 Tage nach dem Schlüpfen, in der die neuronale Schablone offen ist und Information aufnehmen kann, wenn der Vogel den Gesang eines männlichen Weißkopf-Ammerfinken hört, nicht aber beim Hören des Singammer-Gesangs (oder irgendeines anderen Vogels in der Umgebung des Vogels). Später paßt der Vogel seinen eigenen „subsong" der Erinnerung an das Gesangsvorbild an und imitiert dieses schließlich perfekt – es sei denn, das junge Männchen wurde taub gemacht. Nach einem Diagramm von Peter Marler.

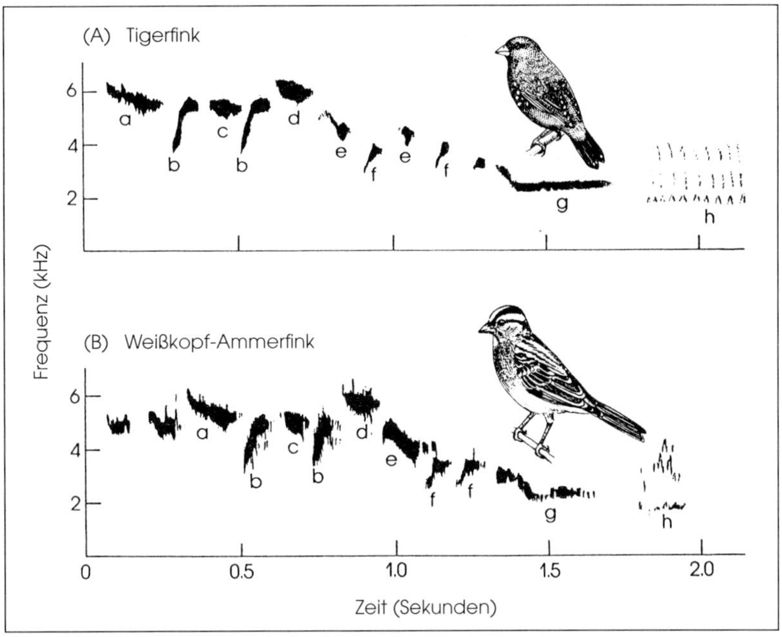

Abb. 4-10: **Ein sozialer Tutor beeinflußt die Gesangsentwicklung.** Ein Weißkopf-Ammerfinkmännchen, das in einem Käfig neben einem Tigerfink untergebracht ist, wird den Gesang seines sozialen Tutors annehmen. (A) Der Gesang eines Tigerfink-Tutors; (B) der Gesang eines benachbarten Weißkopf-Ammerfinken. Sonagramme mit freundlicher Genehmigung von Luis Baptista.

Er und sein Kollege Lewis Petrinovich überprüften ihre Idee, in dem sie flügge, handaufgezogene Weißkopf-Ammerfinken in Käfige setzten, die sie in die Nähe von Käfigen mit Tigerfinken (*Amandava amandava*), welche einer anderen Familie (Estrildidae) angehören, stellten. In diesem Versuch hatten die Weißkopf-Ammerfinken also einen „sozialen Tutor". Diese Jungvögel lernten die Gesänge ihrer Tutoren, und zwar selbst dann, wenn sie in einer Voliere waren, in dem sie andere Weißkopf-Ammerfinken hören (aber nicht sehen) konnten, während sie mit den benachbarten Tigerfinken interagierten (Abb. 4-10). Darüber hinaus konnten Ammerfinken, die bei ihrer ersten Begegnung mit einem sozialen Tutor älter als 50 Tage waren, immer noch den artfremden Gesang erlernen. Das zeigt, daß die Annahme einer sensiblen Phase für das Erlernen des Gesangs nur für Vögel zutrifft, die von Tonbändern lernen [44].

Die Bedeutung der sozialen Erfahrung für die Ausbildung des Gesangsverhaltens wird besonders am Beispiel des Erlernens menschlicher Vokalisationen durch Stare (*Sturnus vulgaris*) deutlich. In menschlicher Obhut gehaltene Stare ahmen zum Beispiel sehr geschickt menschliche Laute nach, wobei sie Äußerungen wie „see you soon baboon" oder „Grundlagenforschung" genauso imitieren wie Lachen, Küssen oder Husten. Sie werden dies aber nur tun, wenn sie in einem menschlichen Haus-

Abb. 4-11: **Sozialer Einfluß auf das Gesangslernen.** Der Star Kuro lernte, Wörter in seine Vokalisationen einzubauen, weil er eine enge Bindung an die Familie von Keigo Iizuka hatte. Foto von Brigitte Nielsen, mit freundlicher Genehmigung von K. Iizuka.

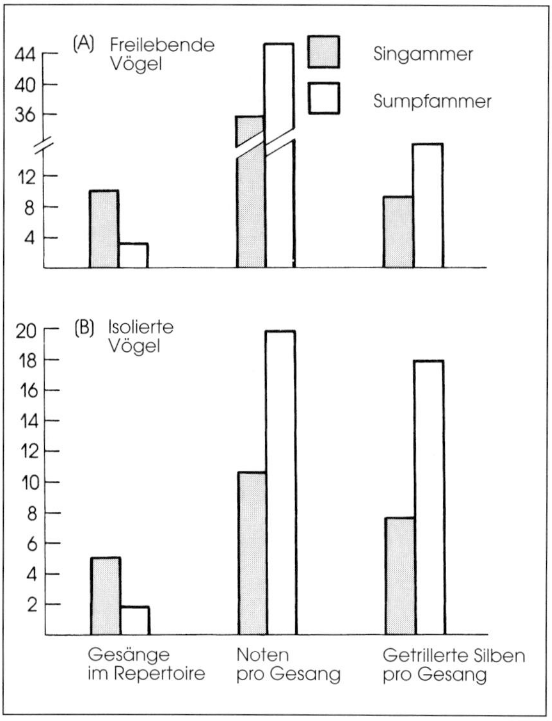

Abb. 4-12: **Singammer- und Sumpfammer-Gesänge im Vergleich.** Freilebende Individuen dieser beiden Vogelarten unterscheiden sich hinsichtlich der durchschnittlichen Anzahl von Gesängen in ihrem Repertoire, der Noten je Gesang und der Anzahl der getrillerten Silben innerhalb eines Gesangs. Die gleichen Unterschiede bestehen zwischen Singammern und Sumpfammern, die akustisch isoliert von Artangehörigen aufgezogen wurden. Quelle: Marler und Sherman (611).

halt aufgezogen werden, wo sie Teil des sozialen Lebens ihrer Pfleger (Abb. 4-11) sind. Von Hand aufgezogene Vögel, die keinen sozialen Tutor haben und statt dessen mit anderen Vögeln in einer Voliere gehalten werden, ahmen menschliche Geräusche nicht nach [977].

In der Natur erhalten junge männliche Stare, Zebrafinken und Weißkopf-Ammerfinken sowohl soziale wie auch akustische Informationen in erster Linie von erwachsenen Männchen ihrer eigenen Art, wobei beide Faktoren einen formenden Einfluß auf die Gesangsentwicklung haben. Bei einigen Arten ist möglicherweise der Vater des jungen Vogels der effektivste soziale Tutor [648]. Trifft dies auch für Weißkopf-Ammerfinken zu? Luis Baptista und Martin Morton [43] nahmen die Gesänge von zehn Ammerfinkenvätern in der Sierra Nevada in Kalifornien auf Tonband auf; in dem Gebiet gibt es viele verschiedene geographische Subpopulationen, und jede besitzt ihren eigenen Dialekt. Sie verglichen dann die Dialekte der Väter mit denen von zwölf ihrer Söhne, die als Nestjunge beringt worden waren und zum Brüten in die Berge zurückkehrten.

Nur drei Söhne sangen den gleichen Dialekt wie ihr Vater. Die anderen sangen Dialekte, die für die Männchen der benachbarten Reviere charakteristisch waren. Baptista und Morton schlossen daraus, daß junge männliche Weißkopf-Ammerfinken, obwohl sie einige Gesangselemente in den ersten Wochen ihres Lebens erlernen können, doch noch flexibel genug sind, um später von ihren singenden Nachbarn beeinflußt zu werden, wenn sie als einjährige Männchen versuchen, ihre ersten Reviere einzurichten. Durch die Interaktionen mit ihren jungen Konkurrenten vermitteln die Nachbarn entscheidende soziale Erfahrungen. Mit ihren Mechanismen zum Erlernen von Gesängen, welche durch solche Erfahrungen beeinflußt werden können, sind Weißkopf-Ammerfinken in der Lage, ihre Gesänge denen ihrer unmittelbaren Nachbarn anzupassen. Auf ultimater Ebene ist es möglich, daß die neuen Vögel, indem sie ihren Gesang dem ihrer Nachbarn anpassen, wirkungsvoller ein Revier erobern und gegen die örtliche Opposition verteidigen können. Dies kann mehrere Gründe haben [806]. Robert Payne hat gezeigt, daß einjährige, männliche Indigofinken (*Passerina cyanea*), die den Gesang eines etablierten, älteren Nachbarn nachahmen können, länger in ihrem Revier bleiben und mehr Nachkommen produzieren als Vögel, die nicht dazu in der Lage sind, den Gesang eines Nachbarn zu imitieren [738]. Die Entwicklungsflexibilität, die sich aus solch einem Mechanismus der Nachbarimitation ergibt, erlaubt es einem Weißkopf-Ammerfinken unter Umständen sogar, die Vokalisationen einer Singammer oder einer Lincolnammer zu imitieren, wenn sie zufällig Angehörige dieser Arten als Nachbarn hat. (Die ähnlichen ökologischen Bedürfnisse von Weißkopf-Ammerfinken, Singammern und Lincolnammern führen offenbar manchmal dazu, daß sich diese Vögel gegenseitig als Konkurrenten um Reviere betrachten [42].)

Die Entdeckung, daß viele Singvögel eine gewisse Flexibilität in der Entwicklung ihrer Gesänge aufweisen, sollte nicht die Tatsache verschleiern, daß die Männchen der meisten Arten prädisponiert sind, auf eine bestimmte Art und Weise zu singen. Obwohl zum Beispiel gefangene Sumpfzaunkönige (*Listothorus palustris*) ihre eigenen Gesänge modifizieren können, indem sie Elemente aus Gesängen anderer Arten, die ihnen vom Band vorgespielt werden, in ihren eigenen Gesang einbauen, geschieht dies bevorzugt mit Gesangssilben ihrer eigenen Art [539].

Eine ähnliche Neigung konnte bei manchen Scharrammern festgestellt werden. Sumpfammern (*Passerella georgiana*) haben einen trillernden Gesang, welcher aus einer einzelnen Silbe besteht, die in gleichmäßigen Abständen viele Male wiederholt wird. Es ist möglich, künstliche Gesänge zu schaffen, die aus wiederholten Silben, entweder aus dem Gesang von Singammern oder aus dem von Sumpfammern, bestehen. Gibt man jungen Sumpfammern die Gelegenheit, diesen beiden künstlichen Gesängen zuzuhören, dann imitieren sie stets das künstliche Trillern, welches die Silben des Sumpfammer-Gesangs enthält. Die jungen Vögel scheinen angeborenermaßen darauf programmiert zu sein, bestimmte Laute, die mit der eigenen Art assoziiert sind, gegenüber denen von ähnlichen anderen Arten zu bevorzugen [610].

Entsprechend erzeugen akustisch deprivierte Sumpfammern reduzierte Triller, die einfacher als die

Gesänge von akustisch deprivierten Singammern strukturiert sind, die auch in der Natur den komplexeren Gesang aufweisen (Abb. 4-12) [611]. Peter Marler und Virginia Sherman nehmen an, daß diese Unterschiede zwischen den Arten grundlegende Entwicklungsunterschiede widerspiegeln, wobei Singammern darauf ausgelegt sind, eine große Anzahl von Gesangstypen zu erlernen, während Sumpfammern prädisponiert sind, nur über ein sehr viel begrenzteres Gesangsrepertoire zu verfügen. Durch Lernen wird das Endergebnis vervollkommnet, indem Informationen aufgenommen werden, mit denen die Vögel die genaue Auswahl der Gesangselemente, die Dauer der Haupttöne und die Organisation des jeweiligen Gesangs festlegen. Diese Information ist gewissermaßen einem neuronalem Netzwerk überlagert, das so beschaffen ist, daß junge Ammern bestimmte Dinge sehr viel leichter lernen können als andere.

4.1.4 Umwelteinflüsse auf das Gesangslernen von Kuhstärlingen

Der voll entwickelte Gesang eines natürlich aufgezogenen Ammerfinken ist eine komplexe Verschmelzung instinktiver ausgeführter Signale, die adaptiv durch Lernvorgänge überformt sind. Wie steht es aber mit dem Braunkopf-Kuhstärling (*Molothrus ater*)? Da es sich bei dieser Art um einen Brutparasiten handelt, dessen Weibchen ihre Eier in die Nester anderer Arten legen, werden die jungen Kuhstärlinge von Rotaugenvireos (*Vireo olivaceus*), Goldwaldsängern (*Dendroica petechia*), Hüttensängern (*Sialia*) und über einhundert weiteren Wirtsarten, jedoch nie von Angehörigen der eigenen Art aufgezogen. Hätten junge Kuhstärlinge Gehirne, die von den akustischen und sozialen Reizen ihrer unmittelbaren Umgebung beeinflußt werden könnten, würde man annehmen, daß sie Gesänge entwickelten, die von Vireos oder Waldsängern beeinflußt wären. Aber dies ist nicht der Fall. Ganz egal, um welche Art es sich bei den Adoptiveltern handelt, Kuhstärlinge singen stets wie Kuhstärlinge. Darüber hinaus produziert ein junger männlicher Kuhstärling, der in einem Laborkäfig ohne irgendwelche sozialen oder akustischen Gefährten aufwächst, einen Gesang, welcher mit jenen nahezu identisch ist, die von den natürlich aufgezogenen Vögeln produziert werden. Die Entwicklung ihrer Gesänge, welche die Vögel in aggressiven und sexuellen Situationen von sich geben [807], scheint gegen akustische Einflüsse resistent zu sein.

Zwei Entwicklungspsychologen, Meredith West und Andrew King, fanden jedoch, daß sogar in diesem Fall ein bestimmtes experimentelles Vorgehen die Gesänge männlicher Kuhstärlinge ein wenig formen kann [978]. Der Verdacht, daß dies der Fall sein könnte, kam ihnen, nachdem sie entdeckt hatten, daß adulte Weibchen sich mit einer größeren Wahrscheinlichkeit verpaarten, wenn sie den Gesang von akustisch und sozial isolierten Männchen vernahmen als wenn sie verschiedene natürlich aufgewachsene Männchen hörten. Weibliche Kuhstärlinge signalisieren ihre Paarungsbereitschaft, nachdem sie einen Gesang gehört haben, indem sie sich – wie es für viele Vögel typisch ist – mit gehobenem Schwanz ducken, eine Haltung, die als Präkopulationshaltung bezeichnet wird. Die Tatsache, daß Weibchen die Gesänge der „erfahrungs-deprivierten" Männchen erregender finden als die Gesänge solcher Männchen, die unter natürlichen Bedingungen aufgewachsen sind (Abb. 4-13), ließen West und King vermuten, daß das Spektrum der natürlichen Erfahrungen Elemente enthält, welche die Gesänge der wildlebenden Vögel ein wenig veränderten.

Etwas, das natürlich aufgezogene Männchen aus Erfahrung lernen, ist ihre Stellung in einer **Dominanzhierarchie**. Wenn Kuhstärlinge im Freiland oder in einer Voliere in einem Schwarm leben, dominiert eines der Männchen alle anderen physisch; sie gehen aus dem Weg, sobald es sich nähert. Die anderen nehmen die zweite, dritte, vierte Rangposition usw. ein, je nachdem, inwieweit sie über andere Gruppenmitglieder dominieren können. Das dominante Männchen in einer gefangenen Gruppe produziert Gesänge, die sehr wirkungsvoll die Weibchen dazu stimulieren, die Präkopulationshaltung einzunehmen. Auf diese Weise kann es die rezeptiven

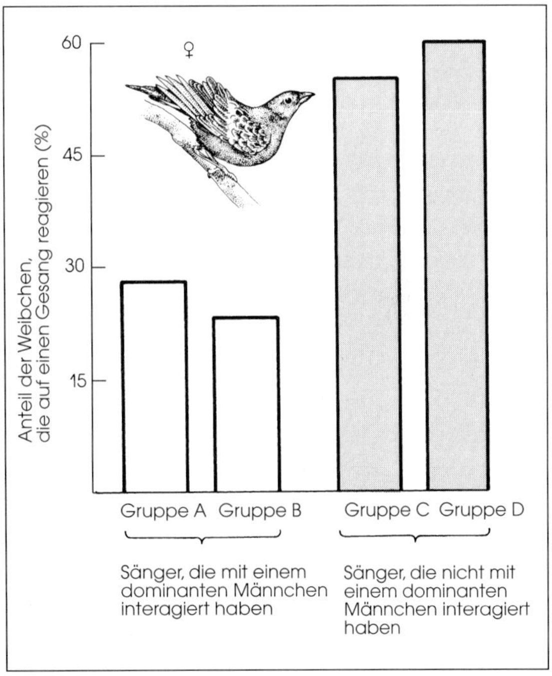

Abb. 4-13: **Die Potenz des Kuhstärling-Gesangs.** Weibliche Kuhstärlinge finden den Gesang von Männchen, die nicht zusammen mit anderen Männchen aufgezogenen wurden, sexuell stimulierender als die Gesänge von Männchen, die unter natürlicheren Bedingungen aufgewachsen sind. Männchen der Gruppen A und B hatten zumindest Sichtkontakt zu einem dominanten Männchen in einem anderen Käfig; Männchen in Gruppen C und D lebten in teilweiser oder vollständiger Isolierung von anderen Kuhstärlingen. Quelle: West et al. (978).

Weibchen in der Gruppe für sich monopolisieren. Die anderen Männchen lernen aus Drohungen und Angriffen dominanterer Männchen, nicht den erregendsten Gesang von sich zu geben, den sie beherrschen. Vielmehr verändern sie ihren Gesang, als wenn sie vermeiden wollten, angegriffen oder vertrieben zu werden. Ein sozial depriviertes Männchen hat keine Chance, die Erfahrung zu machen, die es lehrt, seinen „potentesten" Gesang zurückzuhalten, bis es selbst eine dominante Stellung erreicht hat und ungefährdet singen kann [978]. Wenn naive, sozial deprivierte Männchen in eine Voliere zu einer Gruppe von Artgenossen mit einer etablierten Rangordnung gesetzt werden, beharren sie darauf, ihre potentesten Gesänge zu singen, wodurch sie heftige Angriffe des dominanten Männchens auslösen.

Die Entwicklung des Gesangs von jungen Kuhstärlingen ist eindeutig von sozialem Lernen, von Männchen zu Männchen, beeinflußt. Männchen könnten aber ihre Gesänge auch verändern, um auf die Reaktion, die sie von Weibchen erfahren, zu antworten. Um diese Hypothese zu überprüfen, nutzten West und King die Tatsache, daß es zwei Unterarten des Braunkopf-Kuhstärlings gibt, die geographisch voneinander getrennt sind und sich in ihren Gesängen wenig, aber verläßlich unterscheiden. Wir wollen sie als Unterarten A und B bezeichnen. Wenn ein A-Männchen den Gesang seiner Unterart einem B-Weibchen vorsingt, wird dieses mit einer sehr viel geringeren Wahrscheinlichkeit die Präkopulationshaltung einnehmen, als wenn sie den Gesang ihrer eigenen Unterart vernimmt. Wenn einem A-Männchen nur die Gelegenheit zur Interaktion mit B-Weibchen gegeben wird, verändert es allmählich seinen Gesang, so daß er dem charakteristischen Gesangsmuster von B-Männchen immer ähnlicher wird. A-Männchen tun dies, obwohl sie niemals den Gesang der Unterart B gehört haben. Weibchen singen nicht, aber sie reagieren stärker auf bestimmte Gesangsvarianten als auf andere, und diese Art der sozialer Rückkopplung beeinflußt die Entwicklung des Gesangsverhaltens von Kuhstärlingen (Tab. 4-1) [511, 976].

4.2 Flexibilität der Entwicklung und Verhalten

Aus den Untersuchungen der Gesangsentwicklung von Vögeln lassen sich zahlreiche Lehren ziehen. Sie zeigen erneut, auf welche Weise sich wissenschaftlicher Fortschritt vollzieht. Peter Marlers brillante Laborstudien haben vorzügliche Einblicke zu Prädispositionen und Beschränkungen in der Ontogenese der Vogelgesänge einiger Arten eröffnet. Seine Schlußfolgerungen wurden viele Jahre lang ohne oder nur mit sehr geringen Einschränkungen allgemein akzeptiert, bis andere Wissenschaftler alternative Hypothesen untersuchten. Die neuen Resultate zwangen zu einer Revision von Teilen der Hypothese einer neuronalen Schablone, so wie Marler sie vertreten hatte. So glauben wir heute zu wissen, daß sowohl soziale als auch auditive Erfahrung eine große Rolle bei der Gesangsentwicklung von Vögeln spielt und daß die sensible Phase der Gesangsentwicklung im Leben eines Weißkopf-Ammerfinken spätere Veränderungen in ihrem Gesang nicht ausschließt. Darüber hinaus können Vögel, die soziale Erfahrungen unter natürlichen Bedingungen machen, eher mit ihren „subsongs" beginnen und früher den Vollgesang produzieren als Vögel, die unter Laborbedingungen gehalten werden [239]. Sie können sicher sein, daß in Zukunft andere Personen an Dinge denken werden, die Forscher bislang außer acht gelassen haben, und auf diese Weise wird man womöglich zu neuen Schlußfolgerungen bezüglich der Gesangsentwicklung von Vögeln kommen.

Eine weitere Lehre, die man aus den Untersuchungen über die Art und Weise, wie sich Vögel ihren Gesang oder Ratten ihr Sexualverhalten aneignen, ziehen kann, betrifft das Ausmaß, in dem Erfahrungseinflüsse die Entwicklung des Verhaltens beeinflussen können. Junge Weißkopf-Ammerfinken können einen örtlichen Dialekt erlernen, indem sie den adulten Männchen in der Nachbarschaft zuhören; aber sie können ihren Gesang auch wieder ändern, wenn sie selbst erwachsen sind, je nachdem, wer dann ihre Nachbarn sind. Die Erfahrung des Umgangs mit ihren Jungen beeinflußt, in welchem Umfang eine weibliche Ratte ihre Fähigkeit zu mütterli-

Tab. 4-1: **Einfluß sozialer Erfahrung mit Weibchen zweier Unterarten auf die Gesangsentwicklung** und die Potenz des Gesangs von männlichen Kuhstärlingen der Unterart A. Quellen: King und West (512); West und King (976).

	Gesangsentwicklung der Männchen		
Zugestelltes Weibchen	Anzahl der Töne in der ersten Strophe des Gesangs	Anteil des Gesangs der Unterart B (%)	Antworten von Weibchen der Unterart A [a]
Unterart A	4,8	0	54
Unterart B	2,6	64	23

[a] Anteil der Versuche, in denen Weibchen der Unterart A auf die Tonbandaufnahme eines Männchen-Gesangs reagierten, in dem sie eine Präkopulationshaltung einnahmen.

chem Verhalten entwickeln kann. Es ist aber in gleichem Maße beeindruckend, daß in der Natur nur so wenige Weißkopf-Ammerfinken darin versagen, einen voll funktionstüchtigen arteigenen Gesang zu entwickeln, obwohl die Gesangsentwicklung ein so komplexer Vorgang ist. Dasselbe gilt für die Tatsache, daß so wenige weibliche Ratten darin versagen, ein funktionierendes mütterliches Verhalten zu zeigen, obwohl so viele verschiedene Dinge die Entwicklung von normalem mütterlichem Verhalten störend beeinflussen können.

Die Entwicklung eines „normalen" Verhaltens überrascht um so mehr , wenn man bedenkt, daß jeder Weißkopf-Ammerfink und jede wilde Wanderratte (*Rattus norvegicus*) einen einzigartigen Genotyp hat, der durch Kombination eines Teils des genetisches Materials, das in den Körpern der Eltern enthalten war, entstanden ist. Dazu kommt noch, daß es nicht zwei Ammerfinken (und auch keine zwei Ratten) gibt, die genau die gleiche Nahrung aufnehmen, identischen klimatischen Bedingungen ausgesetzt sind, die gleichen Geräusche hören oder identischen sozialen Situationen ausgesetzt sind. Die Entwicklung eines jeden Individuums ist daher das Ergebnis einer Wechselwirkung zwischen einem einzigartige Genotyp und einer einmaligen Umwelt. Trotzdem entwickelt im Normalfall jedes Individuum in etwa die gleichen Verhaltensreaktionen und -fähigkeiten wie die anderen Angehörigen seiner Art.

Der Widerspruch, daß die Entwicklung auf der einen Seite durch eine Vielzahl von Variablen verändert werden kann, auf der anderen Seite Tiere aber normalerweise die Fähigkeiten entwickeln, die sie benötigen, um zu überleben und sich schließlich fortzupflanzen, war Ursache für eine Vielzahl von Kontroversen [586]. Lassen Sie uns, statt alte Argumente wieder aufzuwärmen, lieber versu-

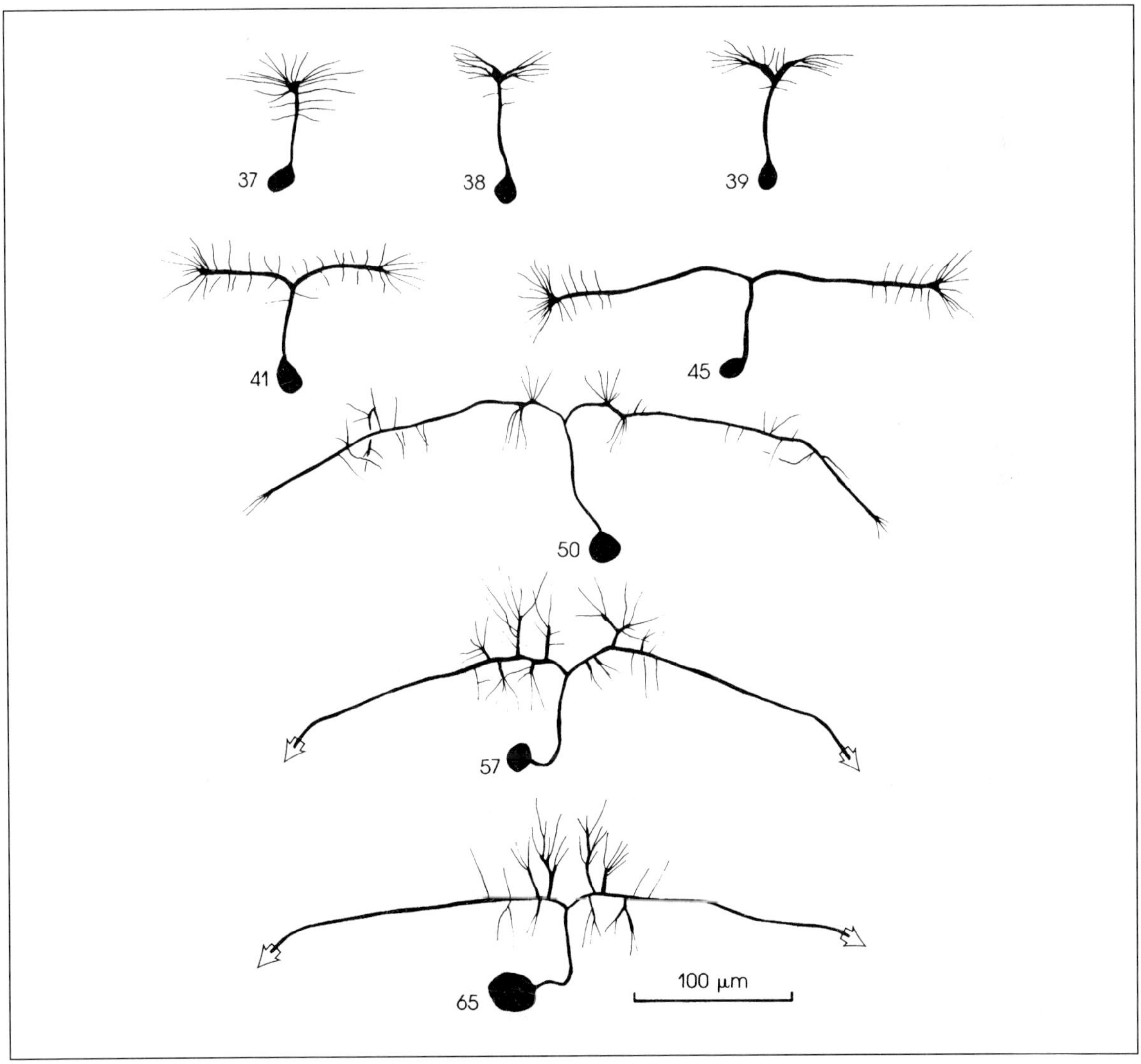

Abb. 4-14: **Voraussagbares Entwicklungsmuster der Nervenzelle einer Wanderheuschrecke.** Hier wird das Wachstum einer identifizierbaren Nervenzelle zwischen Tag 37 und Tag 65 dargestellt. Aus Goodmann und Spitzer (355).

chen, die Tatsache, daß die Entwicklung zahlreichen genetischen und umweltbedingten Einflüssen unterliegt, mit dem einheitlichen Erscheinungsbild adaptiver Merkmale bei sich entwickelnden Tieren in Einklang zu bringen.

4.2.1 Entwicklung ist zuverlässig

Um zu verdeutlichen, daß die Entwicklung unterschiedlicher Individuen einen voraussagbaren Verlauf nimmt, braucht man nur ein Lehrbuch der Embryologie zu Rate zu ziehen. Entwicklungsbiologen können mit einiger Sicherheit voraussagen, wann bestimmte Strukturen in einem Ratten- oder Hühnerembryo zum erstenmal erscheinen. Sie können sehr präzise die Reihenfolge der Veränderungen im zeitlichen Verlauf aufzeichnen. In der Entwicklung gibt es zwischen den Individuen Variabilität, die aber meist nur schwach ausgeprägt ist. Forscher, die dem Schicksal identifizierbarer einzelner Zellen nachspüren, finden gewöhnlich, daß die Zellentwicklung einen voraussagbaren Verlauf nimmt. Zum Beispiel können in der Wanderheuschrecke *Schistocerca nitens* bestimmte charakteristische Nervenzellen in nahezu jedem 5 Tage alten Embryo nachgewiesen werden, wenn man die Gliederknospen vom Thorax des Embryos entfernt und die freigelegten Gewebe mit dem Mikroskop untersucht. Diese Zellen finden sich zwischen zwei Gewebeverbänden, aus denen schließlich die Thorakalganglien (ein Teil des zentralen Nervensystems eines Insekts) entstehen. Durch das Studium einer großen Zahl embryonaler Wanderheuschrecken verschiedenen Alters verfolgte Corey Goodman, was mit einer dieser zentralen Zellen im Verlauf ihrer Entwicklung geschieht [355]. Abb. 4-14 zeigt das typische Entwicklungsmuster dieser Zellen, ein Muster, das trotz erheblicher genetischer Diversität bei dieser Art und trotz großer Umweltunterschiede, denen ihre Angehörigen ausgesetzt sind, in dieser Weise auftritt.

Es ist, als ob die Nervenzellen der Wanderheuschrecke „wüßten, was sie tun sollen". Dies gilt nicht nur für Insektenneuronen. Forscher, die alles, vom marinen Mollusken [622] bis zu verschiedenen Vertebraten [243, 245], untersuchten, haben alle die eindrucksvolle Fähigkeit von Neuronen, zu wandern und geeignete Verbindungen zu den richtigen Zielgeweben herzustellen, dokumentiert. Zum Beispiel werden bei einigen Vögeln, wie Zebrafinken, während des Erlernens von Gesängen in speziellen Hirnregionen völlig neue Neuronen gebildet. Diesen Nervenzellen gelingt es, so zu wachsen, daß sie das Gesangssystem mit den Muskeln verbinden, die zum Singen benötigt werden [699]. Es ist immer noch weitgehend rätselhaft, wie Nervenzellen proliferieren und sich dann die richtigen Verbindungen suchen; in einigen Fällen könnte dies auf bestimmten chemischen Eigenschaften des Wachstumpunkts der Nervenzelle beruhen, durch die sie in der Lage ist, die jeweiligen Wegweiserzellen zu identifizieren, die den Weg zur Zielzelle säumen [65]. Programmierte Aktivitätsmuster in Nervenzellen, welche ihr Wachstum abgeschlossen haben, könnten dann die Verbindungen innerhalb großer Zellverbände verfeinern, so daß das System die integrierten Eigenschaften entwickelt, die für eine ordnungsgemäße Funktion notwendig sind [640].

Trotz der dynamischen Interaktion zwischen der genetischen Information und den Einflüssen der Umwelt auf die Zellentwicklung zeigt die Regelmäßigkeit, mit der sich funktionierende Zellen, Gewebe und ganze Körper entwickeln, daß einige Entwicklungsergebnisse sehr viel wahrscheinlicher sind als andere. Vielleicht aktivieren Regulatorgene verschiedene Elemente innerhalb der Genome, damit diese mit den verschiedenen Problemen, denen eine sich entwickelnde Zelle begegnet, fertig werden können [51]. Bei manchen Tieren entdeckte man „Backup"-Systeme, die den Entwicklungsprozeß auf einem festen Kurs halten. Zum Beispiel führte Alain Ghysen ein chirurgisches Experiment an ausgewachsenen *Drosophila atarven* durch [342]. Ghysen verpflanzte einen Teil einer noch nicht vollständig entwickelten Nervenzelle in eine Region des Thorakalganglions der Fliege, in der sie normalerweise nicht vorkommt. Die fehlgeleitete Nervenzelle wuchs an der falschen Stelle in das Ganglion ein, entwickelte dann aber einen viel längeren Ausläufer als üblich, der sich seinen Weg durch „fremde" Regionen des zentralen Nervensystems bahnte, bis er seinen eigentlichen Zielpunkt erreichte. Dann stellte die Zelle ihr Wachstum ein und stellte die normalen Verbindungen mit den Zellen in diesem Gebiet her.

4.2.2 Verhaltensentwicklung unter anomalen Bedingungen

Die Fähigkeit der Nervenzelle einer Taufliege, eine Veränderung ihrer physischen Lage zu kompensieren, ist ein erstklassiges Beispiel für **Entwicklungshomöostasis**, die Fähigkeit einer wichtigen Struktur, sich sogar in einer anomalen Umgebung zu entwickeln. Falls eine Entwicklungshomöostasis auch allgemein auf Verhaltensmerkmale zutrifft, dann werden Tiere, die früh in ihrer Entwicklung an normalen sozialen Interaktionen gehindert werden, dennoch ein leidlich normales Sozialverhalten entwickeln.

Es gibt viele Beispiele, die diese Voraussage bestätigen. Rattenbabys, die im Alter von weniger als zwei Tagen von ihrer Mutter und ihren Geschwistern getrennt und drei Wochen lang künstlich ernährt wurden, nähern sich den Gerüchen der Analexkrete weiblicher Ratten genauso, wie dies natürlich aufgezogene Ratten tun, die nur vorübergehend von ihrer Mutter getrennt waren [329]. Männliche Grillen, die ihr ganzes Leben von ihren Artgenossen isoliert waren, werden trotz der erheblichen Beschränkung ihrer sozialen und auditiven Erfahrungen den artspezifischen Gesang anstimmen [64]. Das gleiche trifft für Lachtauben (*Streptopelia risoria*) zu, die im Alter von 5 Tagen gehörlos gemacht wurden [702]. Handaufgezogene weibliche Kuhstärlinge, die nie den Gesang eines männlichen Kuhstärlings gehört haben, nehmen

Abb. 4-15: **Versuch zur sozialen Deprivation.** Das isolierte Rhesusjunge zieht die Ersatz-Mutter mit dem Frotteeüberzug der aus einem Drahtzylinder vor, obwohl nur die letztere Milch spendet. Foto mit freundlicher Genehmigung von Harry Harlow.

trotzdem die richtige Präkopulationshaltung ein, wenn sie dessen Gesang zum ersten Mal hören und reife Eizellen haben [512]. Diese Beispiele verdeutlichen, daß die Entwicklung des Verhaltens manchmal von der mangelnden Erfahrung unbeeinflußt verläuft, von der man denken könnte, daß sie für die vollständige Entwicklung eines Merkmals unentbehrlich wäre.

Zu ähnlichen Ergebnissen kamen Margaret und Harry Harlow mit ihren klassischen Experimenten zur Entwicklung des sozialen Verhaltens junger Rhesusaffen (*Macaca mulatta*) [410, 411]. Diese Versuche wurden zu einer Zeit durchgeführt, als man der Frage des Tierschutzes mit geringerer Sensibilität begegnete als dies heute der Fall ist. Die Leser mögen selbst entscheiden, ob die rauhe Behandlung der jungen Affen Erkenntnisse erbrachte, die wichtig genug waren, um diese Versuche zu rechtfertigen. In einem dieser Experimente trennten die Harlows einen jungen Rhesusaffen kurz nach seiner Geburt von seiner Mutter. Das Baby wurde in einen Käfig mit einer künstlichen Ersatz-Mutter gesetzt (Abb. 4-15), die aus einem Drahtzylinder mit einer Flasche, an der das Baby trinken konnte, oder aus einer Frottee-„Puppe" bestand. Der kleine Affe nahm normal an Gewicht zu und entwickelte sich physisch genau wie nicht-isolierte junge Rhesusaffen. Trotzdem verbrachte er bald seine Tage damit, sich in eine Ecke zu verkriechen, hin und her zu pendeln und sich selbst zu beißen. Wenn es mit einem unbekannten Objekt oder einem anderen Affen konfrontiert wurde, zog sich das isolierte Baby in offensichtlicher Panik zurück.

Die Isolationsexperimente zeigten, daß die jungen Rhesusaffen soziale Interaktionen benötigen, um ein normales Sozialverhalten zu entwickeln. Aber welche Art der sozialen Erfahrung – und wieviel – ist notwendig? Die Hypothese, daß Interaktionen mit der Mutter für eine vollständige soziale Entwicklung von Rhesusaffen ausreichend sind, wurden nicht bestätigt, da man herausfand, daß junge Affen, die allein mit ihrer Mutter aufwuchsen, kein wirklich normales Sexual-, Spiel- und Aggressionsverhalten entwickelten.

Eine alternative Hypothese besagt, daß junge Rhesusaffen soziale Erfahrungen mit anderen jungen Rhesusaffen benötigen, um ein normales Sozialverhalten zu entwickeln. Um diese Annahme zu überprüfen, isolierten die Harlows einige Jungtiere von ihren Müttern, gaben den Jungen aber die Gelegenheit, täglich für genau 15 Minuten mit drei anderen Jungtieren zu verkehren [410]. Zunächst klammerten sich die jungen Affen einfach aneinander (Abb. 4-16), später begannen sie jedoch zu spielen. In ihrer natürlichen Umgebung beginnen die Jungen etwa im Alter von einem Monat zu spielen, und wenn sie erst einmal sechs Monate alt sind, verbringen sie praktisch jeden wachen Augenblick mit gleichaltrigen Jungtieren zusammen. Immerhin entwickelte die 15-Minuten-Spielgruppe ein beinahe normales Sozialverhalten unter extrem unnatürlichen Versuchsbedingungen. Als Heranwachsende und Erwachsene konnten sie angemessen mit anderen Rhesusaffen umgehen. Sie zeigten ein normales Sozial- und Sexualverhalten und legten nicht die extremen Aggressionen an den Tag oder zogen sich zurück, wie die Tiere, die als Kinder keinen sozialen Kontakt hatten.

Experimente aus jüngerer Zeit zeigen, daß sozial isolierte Rhesusjunge sogar ein normales Sozialverhalten entwickeln können, wenn ihnen soziale Interaktionen mit Angehörigen der eigenen Art völlig fehlen. William Mason zog einige Rhesusaffen mit Hilfe von Mischlingshunden als Ersatz-Mütter auf (Abb. 4-17). Durch ihre sozialen Interaktionen mit diesen höchst aktiven Gefährten konnten die Affen ein beinahe normales Sozialverhalten entwickeln, obwohl sie eine extrem untypische „Mutter" hatten [615].

Abb. 4-16: **Sozial isolierte Rhesusjunge**, denen innerhalb einer kurzen Periode an jedem Tag gestattet wird zu interagieren, klammern sich während dieser Kontaktperiode zunächst aneinander. Foto mit freundlicher Genehmigung von Harry Harlow.

4.2.3 Entwicklungshomöostasis und menschliches Verhalten

Die Untersuchungen an Rhesusaffen vermittelten uns wichtige Erkenntnisse über die Flexibilität der Entwicklungsmechanismen dieses Primaten. Natürlich fragt man sich, welche Bedeutung diese Studien für einen anderen Primaten, den Menschen, haben. Viele Menschen glauben, daß die Erfahrungen von sehr jungen Kindern die Entwicklung ihrer Intelligenz, ihrer Persönlichkeit und anderer Merkmale sehr stark beeinflussen. Es gibt aber eine wachsende Anzahl an Hinweisen dafür, daß die Entwicklung des menschlichen Verhaltens bis zu einem gewissen Grade Umweltdefizite ausgleichen kann, auch wenn diese sehr früh auftreten [257]. Betrachten wir beispielsweise die Ergebnisse einer Untersuchung über das mentale Leistungsvermögen einer Gruppe niederländischer Teenager, die während einer Zeit geboren oder gezeugt wurden, in der ihre Mütter wegen des Transportembargos durch die Nazis im Winter 1944/45 hungern mußten. Das Embargo verhinderte, daß währen dieser Zeit Nahrungsmittel die großen niederländischen Städte erreichen konnten. Todesfälle durch Verhungern waren häufig, und fast während der gesamten Hungerperiode betrug die durchschnittliche tägliche Kalorienaufnahme etwa 750 Kalorien (1500 Kalorien sind das absolute Minimum, welches zum langfristigen Erhalt eines Individuums benötigt wird [1025]). In der Folge gebaren die Frauen, die in den Städten lebten und hungerten, stark untergewichtige Babys. Im Gegensatz dazu waren die Frauen in ländlichen Gebieten von den Nahrungsmitteltransporten weniger abhängig. Ihre Babys wogen viel mehr als die Stadtkinder, die zur gleichen Zeit geboren oder empfangen wurden.

Eine plausible Hypothese besagt, daß die normale Entwicklung des Gehirns von einer ausreichenden

Abb. 4-17: **Rhesusjunges mit einem Hund als Ersatzmutter.** Rhesusaffen, die mit einem solchen Gefährten aufgezogen werden, entwickeln ein beinahe normales Sozialverhalten.
Foto mit freundlicher Genehmigung von W. A. Mason.

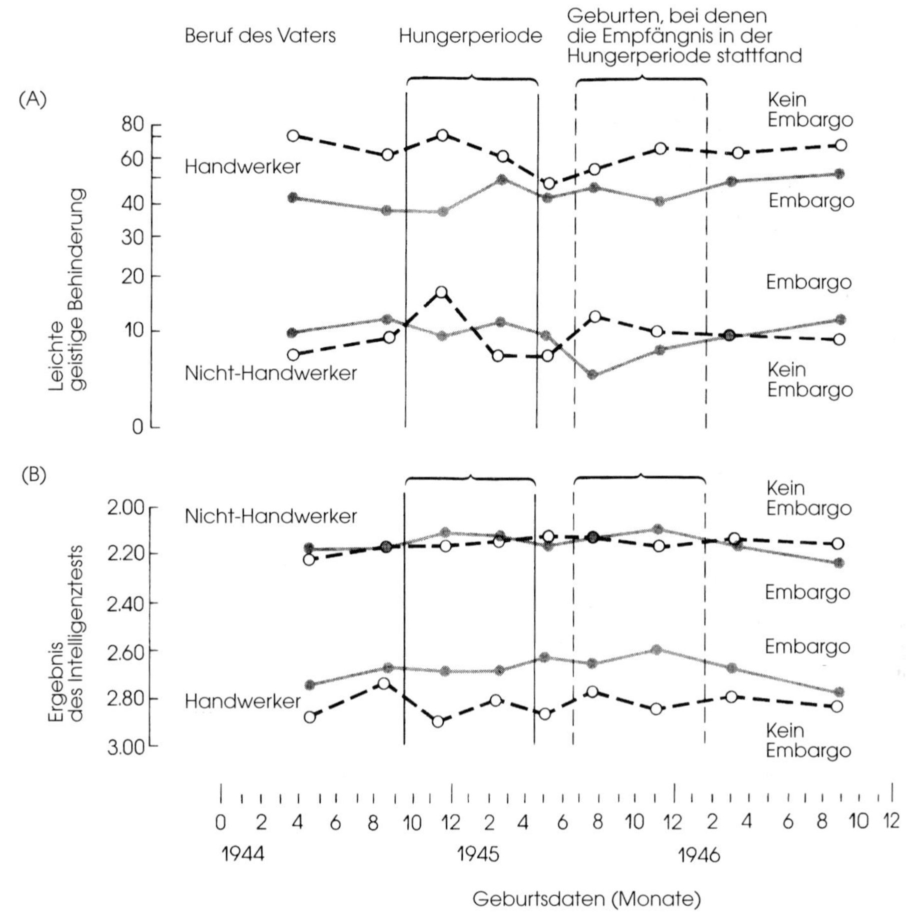

Abb. 4-18: **Entwicklungshomöostasis beim Menschen.** Wenn die Mutter hungert, hat dies beim Menschen nur einen geringen Einfluß auf die intellektuelle Entwicklung, wie Untersuchungen (A) der Häufigkeit von leichten geistigen Behinderungen und (B) der Ergebnisse von Intelligenztests in zwei Gruppen von 19 Jahre alten, holländischen Männern zeigen, deren Mütter während der deutschen Besatzung schwanger waren. Die untersuchten Personen wurden nach dem Beruf ihres Vaters (Handwerker, Nicht-Handwerker) und danach, ob sie in einer Stadt, die vom Embargo der Nazis betroffen war (Embargo) oder in einer ländlichen Gegend, die nicht unter dieses Embargo fiel (kein Embargo), gelebt haben, in Gruppen eingeteilt. Individuen, die unter Hungerbedingungen gezeugt oder geboren wurden, waren mit der gleichen Wahrscheinlichkeit behindert und erreichten die gleichen Ergebnisse in einem Intelligenztest wie Männer, deren Mütter nicht gehungert hatten. Quelle: Stein et al. (893).

Ernährung während der Schwangerschaft abhängt, während der sich der größte Teil des Gehirnwachstums vollzieht. Trotzdem zeigte sich bei niederländischen Jungen, die in Hungergebieten geboren wurden, im Alter von 19 Jahren kein verstärktes Auftreten einer geistigen Behinderung als bei den ländlichen Jungen (Abb. 4-18). Diese benachteiligten Stadtbabys schnitten auch später beim niederländischen Intelligenztest für die Musterung nicht schlechter ab als die relativ gut ernährten Kinder. Obwohl mit geringerem Gewicht geboren, erlitten diese Kinder keine andauernde intellektuelle Schädigung [893]. Diese Daten weisen darauf hin, daß unsere Entwicklungsprogramme die Kapazität haben, einige Defizite der pränatalen Umwelt zu meistern.

Es ist offensichtlich für schwangere Frauen keine gute Idee, zu hungern, aber menschliche Entwicklungssysteme scheinen bemerkenswert belastbar zu sein. Untersuchungen des Kinderpsychologen Jerome Kagan liefern zusätzliche Belege, welche diese Hypothese stützen. Seinen eigenen Aussagen zufolge erwartete er, daß die Gewohnheiten ländlicher Guatemalteken bei der Erziehung ihrer Kinder die intellektuelle Entwicklung ihrer Kinder bleibend beeinträchtigen würden. Er wußte, daß Dorfbewohner in Guatemala ihren Babys im ersten Lebensjahr eine sehr geringe soziale Stimulation bieten (Kagan sagte, er riefe die Polizei zur Hilfe, wenn er sähe, daß amerikanische Kinder ähnlich behandelt würden). Im Alter von 11 Jahren erreichten die Kinder aus Guatemala jedoch in Kagans Test zur Intelligenzentwicklung die gleiche Punktzahl wie Nordamerikaner gleichen Alters [500].

4.2.4 Der adaptive Wert der Entwicklungshomöostasis

Die Forschung über die normale Entwicklung in anomalen Umgebungen bestätigt die adaptiv geführte, strukturierte Natur der Entwicklung. Diesen Vorgang können wir uns auf eine Art und Weise, die C. H. Waddington vorgeschlagen hat, veranschaulichen. Er verglich ein befruchtetes Ei oder ein sich entwickelndes Gewebe mit einer Kugel auf dem höchsten Punkt einer sich neigenden Ebene (Abb. 4-19) [960]. Im Laufe der Zeit rollt die Kugel in eine Landschaft hinab, welche kein ebener Abhang ist, sondern erhebliche Konturen aufweist. Die Lage und die Form der Täler zwingen die Kugel auf einen Weg, dem diese folgen muß; sie stellen die regulierenden Kräfte dar, welche die Entwicklung einschränken. So verursacht die Anwesenheit von Testosteron bei der Entwicklung von Gehirnzellen sehr junger Ratten im Zusammenspiel mit genetischen Schaltmechanismen eine Bahnung der Entwicklung dieser Zellen in ein Tal, dessen Endpunkt aus männlichen Gonaden und männlichen Hirnzellen besteht. Weitere Einflüsse auf diesem Weg bestimmen, welche der verschiedenen geeigneten Wege (Täler) das wachsende Gewebe beschreiten wird. Aber nur sehr extreme Umwelteinflüsse oder genetische Zwänge können die rollende Kugel (das wachsende Gewebe) dazu veranlassen, das einmal beschrittene Tal zu verlassen, wenn sie sich erst einmal auf einen bestimmten Weg begeben hat.

Ohne dieses Bild zu sehr strapazieren zu wollen, es hilft uns, daran zu denken, daß es sich bei einem sich entwickelnden Organismus nicht um ein passives Wesen handelt, welches von allen möglichen Umwelteinflüssen oder genetischen Eigenheiten in gleicher Weise beeinflußt werden könnte. Ein solches System würde oft zu einem reproduktiven Desaster führen. Individuen könnten besonders wichtige Merkmale nicht entwickeln, weil sie vorübergehend dem Mangel eines Umweltfaktoren ausgesetzt sind, wie z. B. zeitweisem Nahrungsmangel oder dem Verlust der sozialen Stimulation. Die Gene dieser in Bezug auf ihre Entwicklung anfälligen Individuen werden sicherlich weniger wahrscheinlich überleben als die Gene jener Individuen, welche die Fähigkeit haben, Hindernisse zu überwinden, indem sie wichtige, fitnessverbessernde Eigenschaften erwerben. Obwohl noch vieles über die proximaten Grundlagen der Entwicklungshomöostasis zu lernen bleibt, gibt es kaum einen Zweifel daran, daß es sich um ein weit verbreitetes Phänomen handelt und daß in einem ultimaten, evolutionären Sinn Individuen davon profitieren, den störenden Einflüssen bei der Entwicklung ihres Verhaltens widerstehen zu können.

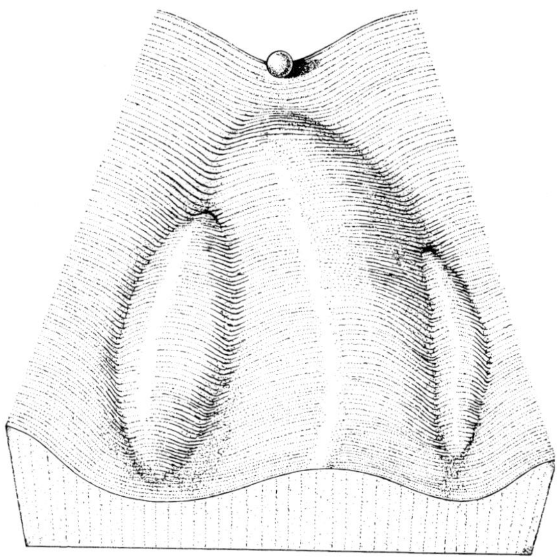

Abb. 4-19: **Entwicklungs-„Landschaft".** Die Abbildung veranschaulicht die formenden Einflüsse bei der Entwicklung einer Zelle, eines Gewebes oder eines Individuums; Bedingungen, die einen adaptiven Endpunkt ansteuern. Nach Waddington (960).

Zusammenfassung

1. Die Entwicklung jeglicher Merkmale ist ein interaktives Phänomen, welches den Genotyp eines befruchteten Eis und die Umgebung des sich entwickelnden Organismus einbezieht. Zum Beispiel haben die Geschlechtsunterschiede zwischen Männchen und Weibchen bei einigen Vögeln und Säugetieren ihre Wurzeln in relativ kleinen chromosomalen (genetischen) Unterschieden zwischen Männchen und Weibchen. Diese führen zu Unterschieden bezüglich der Hormone, die vom embryonalen Gonadengewebe produziert werden. Das Vorhandensein eines Schlüsselhormons wirkt wie ein organisierender Auslöser auf andere Zellen, indem es deren genetische und biochemische Aktivitäten ändert, was kaskadierende Auswirkungen auf die Entwicklung von Physiologie und Verhalten des Individuums hat.
2. Die Umgebung eines sich entwickelnden Organismus besteht nicht nur aus den Stoffwechselprodukten seiner Zellen und der Nahrung, die er erhält, sondern auch aus sensorischen und sozialen Erfahrungen. Alle diese Faktoren können potentiell Anstöße sein (manchmal nur während einer eingeschränkten sensiblen Phase), welche langfristige Auswirkungen für die Entwicklung haben.
3. Trotz der großen Variationsbreite der genetischen und umweltbedingten Einflüsse, die auf die Individuen einer Art einwirken, entwickeln sich die meisten Tiere zu funktionell kompetenten und reproduktionstüchtigen Lebewesen. Regulationsmechanismen machen ein bestimmtes Entwick-

lungsergebnis wahrscheinlicher als andere und verleihen dem sich entwickelnden Organismus einen gewissen Schutz gegen genetische oder umweltbedingte Störungen, welche die Entwicklung adaptiver Fähigkeiten verhindern könnten.
4. Der kanalisierte oder gepufferte Verlauf der Entwicklung (Entwicklungshomöostasis) wird deutlich (1) an der Konstanz, mit der die Individuen einer Art bestimmte artspezifische Entwicklungsstadien durchlaufen und (2) an der Entwicklung normaler Merkmale der Physiologie und des Verhaltens bei Tieren, die experimentell unter extrem anomalen Umweltbedingungen aufgezogen werden. Die Flexibilität des Entwicklungsprozesses hilft den Individuen, die entscheidenden Eigenschaften zu entwickeln, welche den Reproduktionserfolg fördern.

Empfohlene Literatur

Die Ausgabe der Zeitschrift „Science" vom 20. März 1981 enthält eine Sammlung vorzüglicher Übersichtsartikel [685] zu den Zusammenhängen zwischen Genen, Hormonen und der sexuellen Differenzierung von Tieren. Beachten Sie auch den jüngeren Artikel von Timothy DeVoogd über das Verhältnis von Hormonen und den Gesangssystemen von Vögeln [238]. Die Arbeiten von Peter Marler [607, 608], Luis Baptista und seinen Kollegen [43, 44, 45] und Meredith West und Andrew King [511, 976, 977] über das Gesangslernen von Singvögeln haben unser Verständnis der Bedeutung von Umwelt und Vererbung für die Entwicklung des Verhaltens wesentlich verbessert.

Diskussionsfragen

1. „Einige Forscher vermuten, daß männliche Homosexualität bei Menschen aus der hormonalen Umgebung erwächst, welche der Fötus im Laufe seiner frühen Entwicklung erfährt. Andere weigern sich, die Möglichkeit auszuschließen, daß Interaktionen mit einer dominanten Mutter im Kindesalter eine gewisse Wirkung auf das spätere Auftreten dieses Merkmals haben. Wenn es eine Verbindung zwischen einer embryonalen Hormonexposition und Homosexualität gibt, dann müßte es spezielle Zellen in solchen Gehirnregionen geben, von denen bekannt ist, daß sie die sexuelle Präferenz beeinflussen. Solche Zellen müßten Rezeptormoleküle aufweisen, die sich von denen heterosexueller Männer unterscheiden. Bis heute sind solche Zellen aber noch nicht gefunden worden. Außerdem haben neuere Untersuchungen keinerlei Unterschiede in der Natur der Mutter-Sohn-Interaktionen zwischen homo- und heterosexuellen Männern ergeben." Benennen Sie die Hypothese, die Voraussagen, die Überprüfungen und die Schlußfolgerungen in diesem Presseartikel – wenn es welche gibt.
2. Das Gesangslernen von Dachsammern ist sowohl durch soziale als auch akustische Erfahrungen beeinflußt. Wie würden Sie die Hypothese überprüfen, daß männliche Dachsammern in bestimmten Entwicklungsstadien (insbesondere in der Zeit zwischen dem 10. und 50. Tag nach dem Schlüpfen) für spezifische Formen der sozialen Erfahrung empfänglicher sind als in anderen?
3. Wenn ein erwachsenes Weibchen der Suppenschildkröte (*Chelonia mydas*) einmal an Land gekommen ist und ihre Eier an einem Strand im Sand vergraben hat, so kehrt sie mit großer Wahrscheinlichkeit an diesen Strand zurück. So gibt es verschiedene Populationen adulter weiblicher Suppenschildkröten, von denen jede einen eigenen Ablageort hat. Eine Untersuchung der Weibchen von mehreren unterschiedlichen Populationen zeigt, daß sich diese genetisch unterscheiden [642]. Stimmt dieses Ergebnis mit der Annahme überein, daß sich die Unterschiede in der Wahl des Ablageplatzes durch die Weibchen von den genetischen Unterschieden zwischen ihnen herleiten? Ist es ebenfalls möglich, daß die Weibchen an die Strände zurückkehren, an denen sie selbst schlüpften und daß sie den mit ihrem Schlupfort verbundenen Geruch erlernten? Wenn dies der Fall ist, könnten die Unterschiede im Eiablageverhalten der Weibchen allein durch die Umwelt verursacht sein? Wenn dem so ist, können Sie die genetischen Daten mit dieser Möglichkeit in Übereinstimmung bringen?
4. Welche Voraussagen würden Sie über die Entwicklung und Größe des Gesangskontrollsystems bei jenen Vogelarten machen, die komplexe Duette singen, ein Verhalten, welches beträchtliche Gesangsfähigkeiten sowohl bei Weibchen als auch bei Männchen erfordert? Lesen Sie [112], nachdem Sie ihre Voraussage getroffen haben.

Die Gene beeinflussen das Verhalten indirekt, indem sie sich auf die Entwicklung des Nervensystems auswirken. Aber wie bewirken Nervenzellen und Nervensysteme, daß Tiere sich in bestimmter Weise verhalten? Mit welchen proximaten Mechanismen entdeckt ein Nachtfalter eine Fledermaus und weicht ihr aus? Wie schwimmen Meeresschnecken? Wie findet eine Brieftaube, die in mehr als hundert Kilometer Entfernung aufgelassen wird, heim in ihren Schlag? Zur Beantwortung dieser Fragen muß man die Tätigkeit von Nervenzellen und Nervensystemen untersuchen. Auf den folgenden Seiten werden wir Hypothesen darüber kennenlernen, wie die Aktivität von Nervenzellen in bestimmte Verhaltensmuster umgesetzt wird. An ausgewählten Beispielen werden wir diskutieren, wie Wissenschaftler diese Hypothesen entwickeln und prüfen. Wir werden sehen, daß alle Nervenzellen einige grundlegende Eigenschaften gemeinsam haben, daß die von ihnen erbrachten Leistungen aber bei einzelnen Individuen und zwischen den Arten beträchtlich variieren. Dies hängt offenbar mit Unterschieden in der Ökologie verschiedener Arten zusammen, z. B. mit den jeweiligen Raubfeinden und anderen Hindernissen für den Fortpflanzungserfolg. Unter Berücksichtigung dieses Aspekts können Wissenschaftler Konzepte entwickeln, welche die Mechanismen, die dem Verhalten zugrunde liegen, sowohl auf proximater als auch auf ultimater Ebene erklären.

5 Nervenzellen und Verhalten

5.1 Die neuronalen Grundlagen des Verhaltens

Wir beginnen dieses Kapitel über die Beziehung zwischen Nervenzellen und Verhalten mit einer kontrovers diskutierten, aber aufschlußreichen Studie, in welcher die Hypothese untersucht wird, daß es eine spezifische neuronale Grundlage für Homosexualität bei Männern gibt. In menschlichen Populationen gibt es bemerkenswerterweise Männer, die wenig oder gar kein sexuelles Interesse an Frauen zeigen, aber eine starke sexuelle Präferenz für andere Männer haben. Das Auftreten von Homosexualität wirft spannende ultimate (Wie kann eine solche Eigenschaft fortbestehen, wenn sie die individuelle Fitness mindert?) und proximate Fragen auf. Gibt es beispielsweise eine genetische Grundlage für Unterschiede in den sexuellen Präferenzen bei Männern? Zwillingsstudien (Kap. 3) deuten stark daraufhin, daß dies der Fall ist [33, 267, 442]. Andererseits kann man danach fragen, ob die Beeinflussung des embryonalen Gehirns durch Hormone, die im Blut der Mutter zirkulieren, etwas mit der Entwicklung von Homosexualität zu tun hat (Kap. 4). Des weiteren könnte man die proximaten Ursachen sexueller Präferenz im Hinblick auf die Tätigkeit des Gehirns erwachsener Männer untersuchen.

Den letztgenannten Ansatz wählte der Neurowissenschaftler Simon LeVay, als er die Hypothese prüfte, daß die Gehirne homosexueller Männer in Struktur und Funktion charakteristische Eigenschaften aufweisen, die sie von den Gehirnen heterosexueller Männer unterscheiden [560]. LeVay sagte Differenzen in der Größe bestimmter Nuclei (anatomisch abgrenzbare Anhäufungen von Neuronen) im vorderen Hypothalamus zwischen homosexuellen und heterosexuellen Männern voraus. Er gründete diese Voraussage auf frühere Befunde, nach denen dem vorderen Hypothalamus eine Schlüsselrolle für die Steuerung der sexuellen Aktivität bei Menschen und anderen Wirbeltieren zukommt. Darüber hinaus kannte LeVay eine Studie, in der ausgeprägte Differenzen zwischen Männern und Frauen in der Größe bestimmter Nuclei im vorderen Hypothalamus aufgezeigt worden waren, was ein Hinweis darauf war, daß diese Zellgruppen ein wichtiges Korrelat sexuellen Verhaltens sind.

LeVay prüfte seine Hypothese zu den neuronalen Grundlagen sexuellen Verhaltens so: Er besorgte sich die Gehirne einer Reihe von homosexuellen Männern, die an AIDS gestorben waren. Er präparierte jeweils den vorderen Hypothalamus für eine mikroskopische Untersuchung und vermaß die Größe der betreffenden Nuclei. In gleicher Weise verfuhr er mit den Gehirnen von Männern, die als heterosexuell galten, und die nicht an AIDS gestorben waren. LeVay stellte fest, daß der Nucleus INAH-3 (Abb. 5-1) bei homosexuellen Männern im Durchschnitt wesentlich kleiner war als bei heterosexuellen Männern (wo er typischerweise die Größe eines Sandkorns hat), aber etwa von gleicher Größe wie der INAH-3 bei Frauen (INAH = **i**nterstitieller **N**ucleus des **a**nterioren **H**ypothalamus).

Die Ergebnisse von LeVays Arbeit stützen die Hypothese, daß bestimmte Zellgruppen im menschlichen Gehirn einen wichtigen Einfluß auf die sexuelle Orientierung bei Erwachsenen haben. Aber damit ist das Thema längst nicht abgeschlossen. Idealerweise sollte die Hypothese, daß ein kleiner INAH-3 bei Männern Homosexualität zur Folge hat, gegen Alternativhypothesen getestet werden. Eine der Alternativhypothesen ist, daß homosexuelle Aktivität die Größe des INAH-3 verringert. Daß interaktives Verhalten die Größe von Gehirnzellen selektiv verändern kann, zeigte eine Untersuchung an einer Cichlidenart. Wenn sich ein Männchen dieser Fische erfolgreich ein Territorium aneignet, indem es durch aggressives Verhalten dominant über andere Männchen wird, vergrößern sich spezifische Zellen in der präoptischen Region seines Gehirns. Falls das Männchen sein Territorium verliert, werden diese Neuronen wieder kleiner [321].

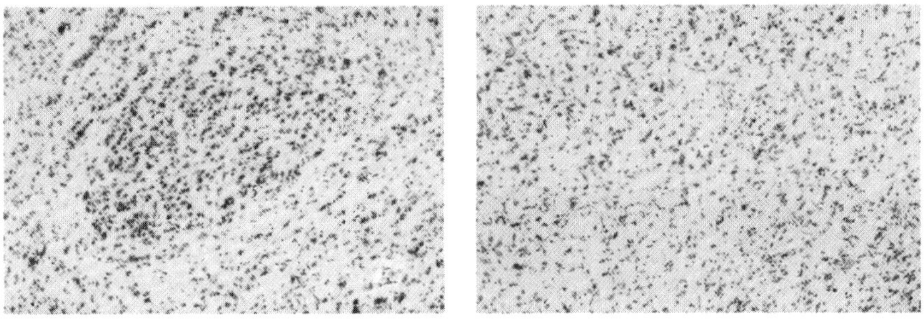

Abb. 5-1: **Der Nucleus INAH-3 in menschlichen Gehirnen.** In einem Schnitt durch den INAH-3 im Gehirn eines heterosexuellen Mannes (Bild links) sieht man eine dichte ovale Zellansammlung. Im entsprechenden Gebiet im Gehirn eines homosexuellen Mannes (Bild rechts) fehlt die ovale Struktur. Quelle: LeVay (560).

Noch ist nicht bekannt, ob soziale Kontakte zwischen homosexuellen Männern Veränderungen bestimmter Neuronen im Hypothalamus verursachen, oder ob eine bestimmte Zellgruppe im INAH-3 Homosexualität bedingt. Selbst wenn schließlich gezeigt würde, daß dieser Teil des Gehirns in irgendeiner Weise für die Entstehung von Homosexualität bei Männern verantwortlich ist, wären viele weitere Arbeiten nötig, um zu verstehen, wie diese Zellen auf proximater Ebene das Verhalten beeinflussen.

5.1.1 Wie Nachtfalter Fledermäusen ausweichen

Im Hinblick auf die Frage, wie bestimmte Eulenfalter ihren Todfeinden, nachtaktiven, insektenjagenden Fledermäusen, ausweichen, ist die ursächliche Beziehung zwischen Nervenzellen und Verhalten bereits wesentlich besser aufgeklärt. Dieses Fallbeispiel zeigt, daß man sehr viel darüber herausfinden kann, wie die Aktivität einer bestimmten Nervenzelle das Verhalten eines Tiers beeinflußt.

In vielen Gegenden der Welt jagen an warmen Sommerabenden Fledermäuse nach Nachtfaltern. Um dieses Schauspiel zu beobachten, braucht man (nach Kenneth Roeder) nichts weiter als „eine Mindestmenge an Beleuchtung, etwa eine 100-Watt-Lampe mit Reflektor, und eine ordentliche Portion Geduld und Mücken-

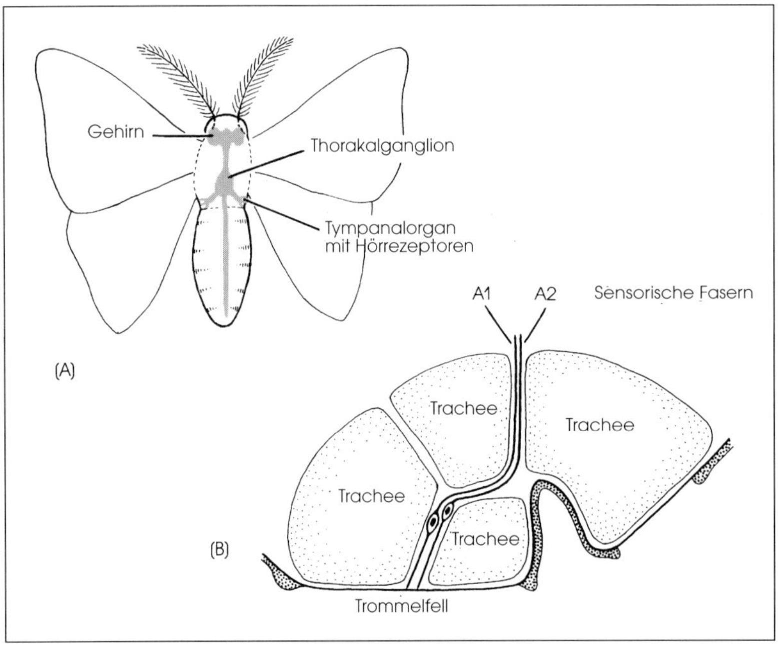

Abb. 5-2: **Tympanalorgane von Eulenfaltern.** (A) Die Lage der Tympanalorgane. (B) Der Aufbau eines Tympanalorgans mit zwei sensorischen Fasern (A1, A2), die mit dem Trommelfell verbunden sind. Nach Roeder (794).

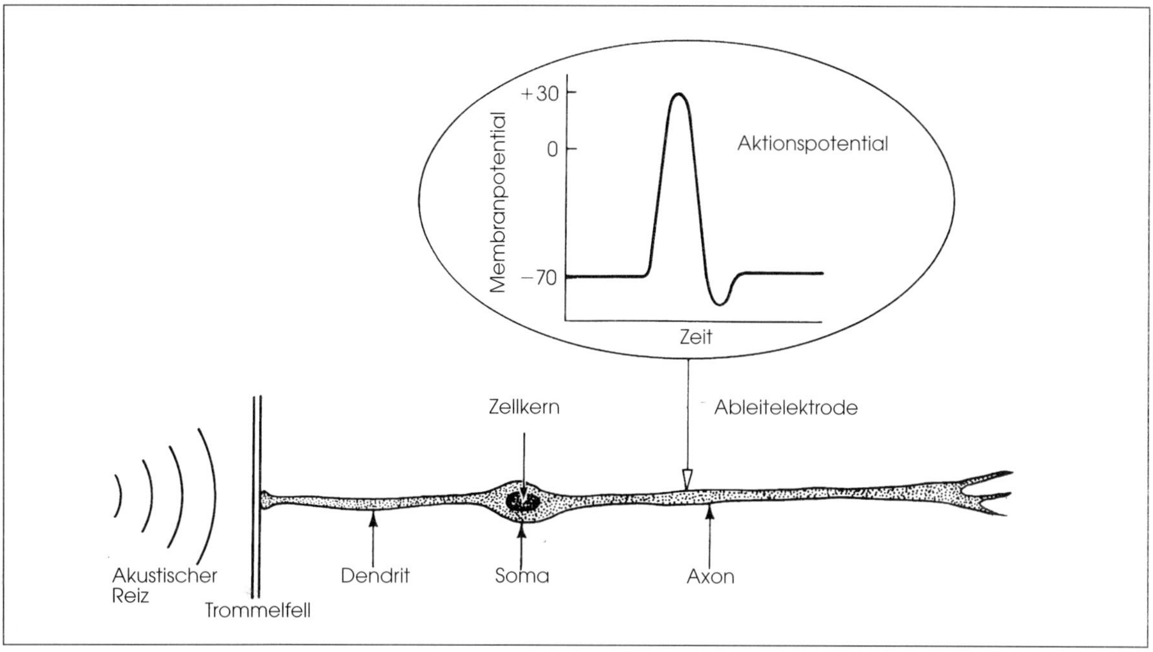

Abb. 5-3: **Aufbau einer Nervenzelle.** Die elektrische Aktivität in diesem auditiven Rezeptor hängt im wesentlichen von der Wirkung akustischer Reize auf den Dendriten ab. Veränderungen im Membranpotential der Dendritenmembran können, falls sie groß genug sind, ein Aktionspotential auslösen, das nahe dem Zellsoma beginnt und über das Axon zum nächsten Neuron im Netzwerk läuft.

schutz" [794]. Geduldige Beobachter werden manchmal sehen, wie eine Fledermaus einen Nachtfalter in der Schwanzhaut fängt und mit der Beute davonfliegt. Wenn er oder sie aufmerksam genug sind, sehen die Fledermausbeobachter aber auch einige Falter fliegen, die schlagartig abdrehen, sogar bevor die Fledermaus ins Blickfeld kommt. Des weiteren können Beobachter Falter sehen, die sich durch Abtauchen oder einen Überschlag dem Zugriff einer nahenden Fledermaus entziehen. Diese Beobachtungen lassen darauf schließen, daß einige Nachtfalter die Fähigkeit haben, Fledermäuse auf Distanz aufzuspüren und dem Gefangenwerden vorzubeugen.

Wie machen sie das? Eine Möglichkeit ist, daß die Falter die Laute hören, welche die Fledermäuse von sich geben, während sie durch die Luft sausen. Eine kurzer, vereinfachender Exkurs zu den physikalischen Grundlagen des Schalls scheint hier angebracht. Schall wird durch vibrierende Strukturen produziert, so auch im Kehlkopf einer Fledermaus. Wenn der Kehlkopf durch Muskeln in Schwingung versetzt wird, entstehen Druckwellen, die sich über die Schnauze des Tiers in die Umgebung ausbreiten. Diese Wellen haben eine **Frequenz**, die in Kilohertz (kHz) gemessen wird, und eine Amplitude, oder **Intensität**, die in Dezibel (dB) gemessen wird. Eine typische nachtaktive, insektivore Fledermaus produziert Laute im Ultraschallbereich. Die Laute liegen somit im Frequenzbereich über 20 kHz, in dem wir nicht hören können. Die Schallenergie dieser Laute ist hoch, und die Intensität der Schallwellen beim Verlassen des schallerzeugenden Apparates beträchtlich.

Die Erkenntnis, daß Fledermäuse diesen Ultraschall zur Navigation einsetzen, kam erst in den 50er Jahren, als Donald Griffin postulierte, daß einige Arten hochfrequente Schallpulse emittieren und dann auf die schwachen Echos hören, die von Gegenständen in ihrer Flugbahn reflektiert werden [377]. Er testete diese Hypothese, indem er einige Exemplare der in Neuengland häufigen Kleinen Braunen Fledermaus (*Myotis lucifugus*) in einen Raum brachte, in dem Drähte zwischen Decke und Boden gespannt waren und in dem sich viele Taufliegen befanden [378]. Einige Fledermäuse bewältigten den Hinderniskurs, indem sie ihre Laute ausstießen und Fliegen schnappten, während sie den Drähten auswichen. Griffin prüfte dann, ob die Laute der Fledermäuse für die Navigation wichtig waren, indem er mit einem Generator Schall oberhalb von 20 kHz erzeugte, also in einem Bereich, in dem auch die selbsterzeugten Laute dieser Prädatoren liegen. Sobald die Fledermäuse mit diesem akustischen Störfeuer beschallt wurden, kollidierten sie mit den Hindernissen und fielen zu Boden. Sie blieben dort, bis der Generator wieder abgeschaltet wurde. Im Gegensatz dazu hatte Schall hoher Intensität im Frequenzbereich von 1 kHz bis 15 kHz keine Wirkung auf die Fledermäuse, da durch diese Laute die Ultraschallechos, welche die Fledermäuse brauchen, um sicher zu fliegen und Nahrung zu finden, nicht maskiert wurden. Diese Ergebnisse führten Griffin (und schließlich alle anderen) zur Schlußfolgerung, daß die Kleine Braune Fledermaus mit Hilfe eines Sonarsystems Hindernisse vermeidet und Beute aufspürt.

Einige Nachtfalter, die eine geeignete Beute für Fleder-

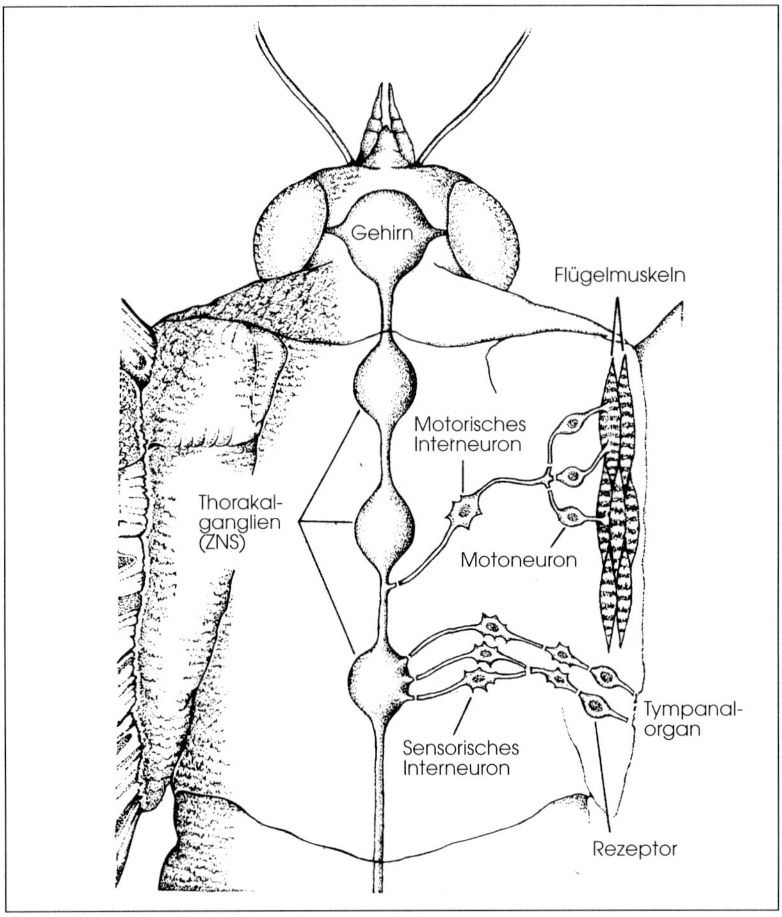

Abb. 5-4: **Neuronale Verschaltung bei einem Nachtfalter.** Rezeptoren im Tympanalorgan geben ihre Information über sensorische Interneuronen an das Zentralnervensystem (ZNS) weiter. Neuronen in den Thorakalganglien vermitteln „Entscheidungen" über motorische Interneuronen an die Flugmuskulatur.

mäuse sind, können die Ultraschallaute ihrer nächtlichen Prädatoren wahrnehmen [795]. Die Wahrnehmung wird durch Hörorgane (**Tympanalorgane**) ermöglicht, von denen sich eins an jeder Seite des Thorax befindet (Abb. 5-2). Beim Tympanalorgan eines Eulenfalters liegt das Trommelfell an der Körperaußenseite. Es hat Kontakt zu zwei Nervenzellen, den A1- und A2-Fasern, die als Sinnesrezeptoren fungieren. Wenn Schallwellen den Falter erreichen, können sie das Trommelfell in Schwingung versetzen. Die mechanische Energie dieser Schwingungen wird auf die Rezeptorzellen übertragen und kann dort eine Antwort auslösen.

Eine Nervenzelle (bzw. ein **Neuron**) reagiert auf eine Reizung mit einer Änderung der Membranpermeabilität für Natrium-Ionen. Im Tympanalorgan von Eulenfaltern dringen positiv geladene Natrium-Ionen nahe dem Trommelfell in die Rezeptorzelle ein und verändern dort das **Membranpotential** der Zellmembran. Dadurch verändert sich die Permeabilität benachbarter Bereiche der Membran, so daß auch an diesen Stellen Natrium-Ionen eintreten. Dieser Effekt wiederholt sich, und die Veränderung des Membranpotentials breitet sich so über die Zelle aus (Abb. 5-3). Bei entsprechender Intensität des aktivierenden Reizes kann die Änderung des Membranpotentials groß genug sein, daß entlang der neuronalen Membran eine kurze, stereotype Umkehr der elektrischen Ladung nach dem Alles-oder-Nichts-Prinzip erfolgt. Solche Änderungen, die man **Aktionspotentiale** nennt, dienen der Weiterleitung von Information im Nervensystem. Ein Aktionspotential läuft entlang des Neurons bis zur Kontaktstelle (**Synapse**) mit dem nächsten Neuron im Netzwerk.

Es gibt verschiedene Wege der Kommunikation zwischen Neuronen. Sehr verbreitet ist die Informationsübertragung durch **Neurotransmitter**, die beim Eintreffen eines Aktionspotentials an der Synapse einer Zelle ausgeschüttet werden und durch den **synaptischen Spalt** zu einer Nachbarzelle diffundieren. Neurotransmitter können an der **postsynaptischen Membran** wirken, indem sie deren Membranpermeabilität so verändern, daß die Wahrscheinlichkeit, mit der die postsynaptische Zelle selbst ein Aktionspotential ausbildet, gesteigert oder vermindert wird. (Eine ausführlichere Beschreibung der Grundlagen neuronaler Aktivität und Wechselwirkung findet sich bei Camhi [146].)

Die Zellen, welche Information vom Rezeptor zum Gehirn (oder entsprechenden Strukturen) weiterleiten, werden **sensorische Interneuronen** genannt. Die von ihnen weitergeleitete Information kann die Aktivität weiterer Zellen im Zentralnervensystem beeinflussen. Das

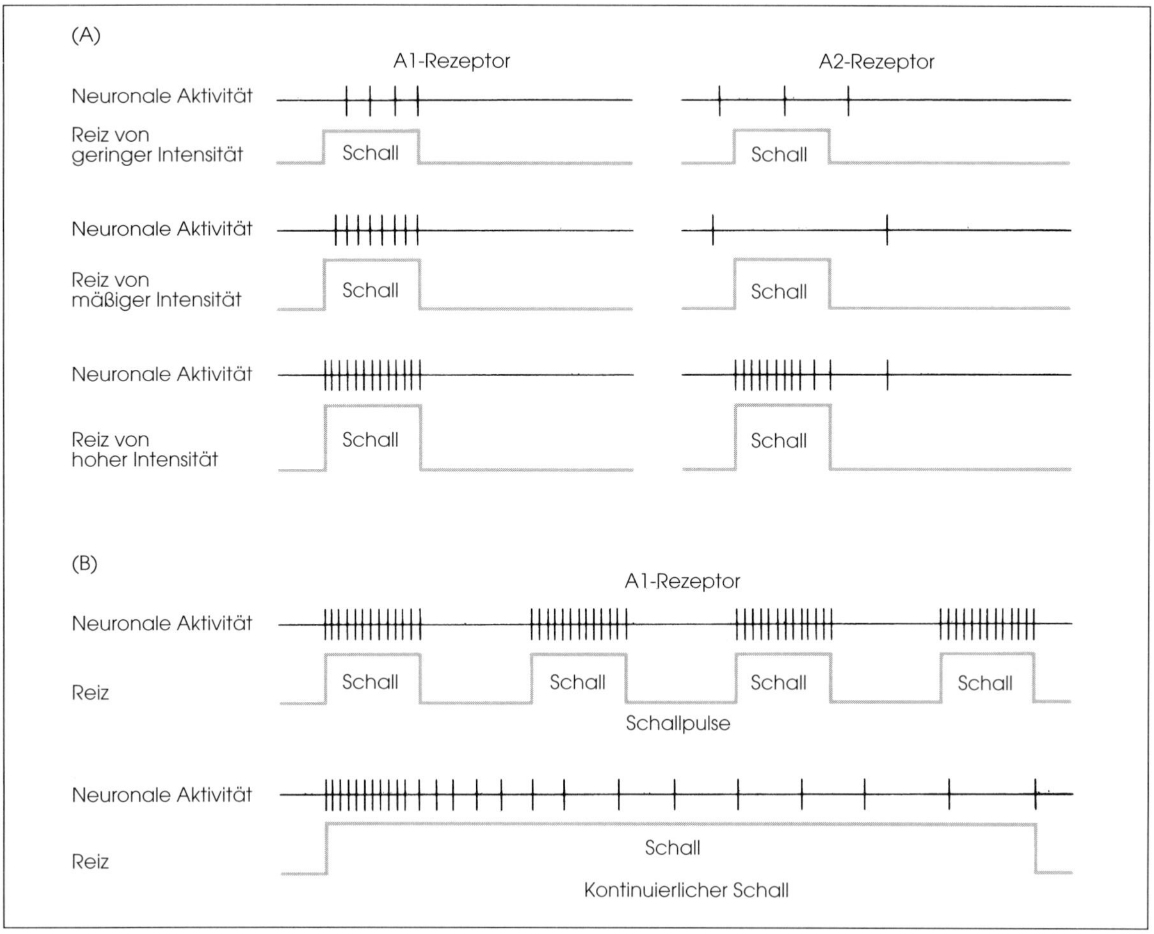

Abb. 5-5: **Eigenschaften der Hörrezeptoren eines Eulenfalters.** (A) Bei Schall von mäßiger oder geringer Intensität wird im A2-Rezeptor kein Aktionspotential erzeugt. Die A1-Faser feuert eher und häufiger, wenn die Schallintensität ansteigt. (B) Der A1-Rezeptor reagiert stark auf Ultraschallpulse, aber er hört nach kurzer Zeit auf zu feuern, wenn der Schallreiz aus einem kontinuierlichen Brummen oder Summen besteht.

Zentralnervensystem bei Eulenfaltern besteht aus Ansammlungen von Nervenzellen in den Thorakalganglien und in anderen Ganglien im Kopfbereich. Von diesen Zellen nimmt man an, daß sie die Information aus den Sinnesorganen entschlüsseln und in „Entscheidungen" darüber umsetzen, welche Reaktionen ausgeführt werden sollen.

Bestimmte Aktivitätsmuster in den Thorakalganglien beeinflussen **motorische Interneuronen**, deren Aktionspotentiale wiederum zu Nervenzellen gelangen, welche die Flugmuskulatur der Falter innervieren. Wenn ein Motoneuron „feuert", induziert der freigesetzte Neurotransmitter am synaptischen Kontakt zur Muskelfaser eine Änderung der Membranpermeabilität der Muskelzellen. Diese Änderungen bewirken eine Kontraktion oder Relaxation des Muskels, was wiederum die Flügelbewegungen und somit das Verhalten des Falters beeinflußt.

5.1.2 Aktionspotentiale und Information

Die Neuronen von Eulenfaltern funktionieren prinzipiell in gleicher Weise wie bei anderen Tieren. Bei allen Tierarten mit Nervensystemen ist das Verhalten das Ergebnis einer Reihe von koordinierten chemischen Veränderungen in Zellen, die von Rezeptoren initiiert werden und sich dann in sensorischen Interneuronen, Gehirnzellen, motorischen Interneuronen, Motoneuronen und Muskelzellen fortsetzen (Abb. 5-4). Da sich diese Veränderungen mit erstaunlicher Geschwindigkeit vollziehen, kann ein Individuum auf Reizänderungen in seiner Umgebung innerhalb von Sekundenbruchteilen reagieren.

Obwohl am Grundaufbau der Nervenzellen von Eulenfaltern nichts außergewöhnlich ist, erfüllen sie für ihre Besitzer ganz spezielle Aufgaben. Die A1- und A2-Rezeptoren sammeln beispielsweise wichtige Information über Fledermäuse. Dies wissen wir dank der einfachen, aber eleganten Experimente von Kenneth Roeder

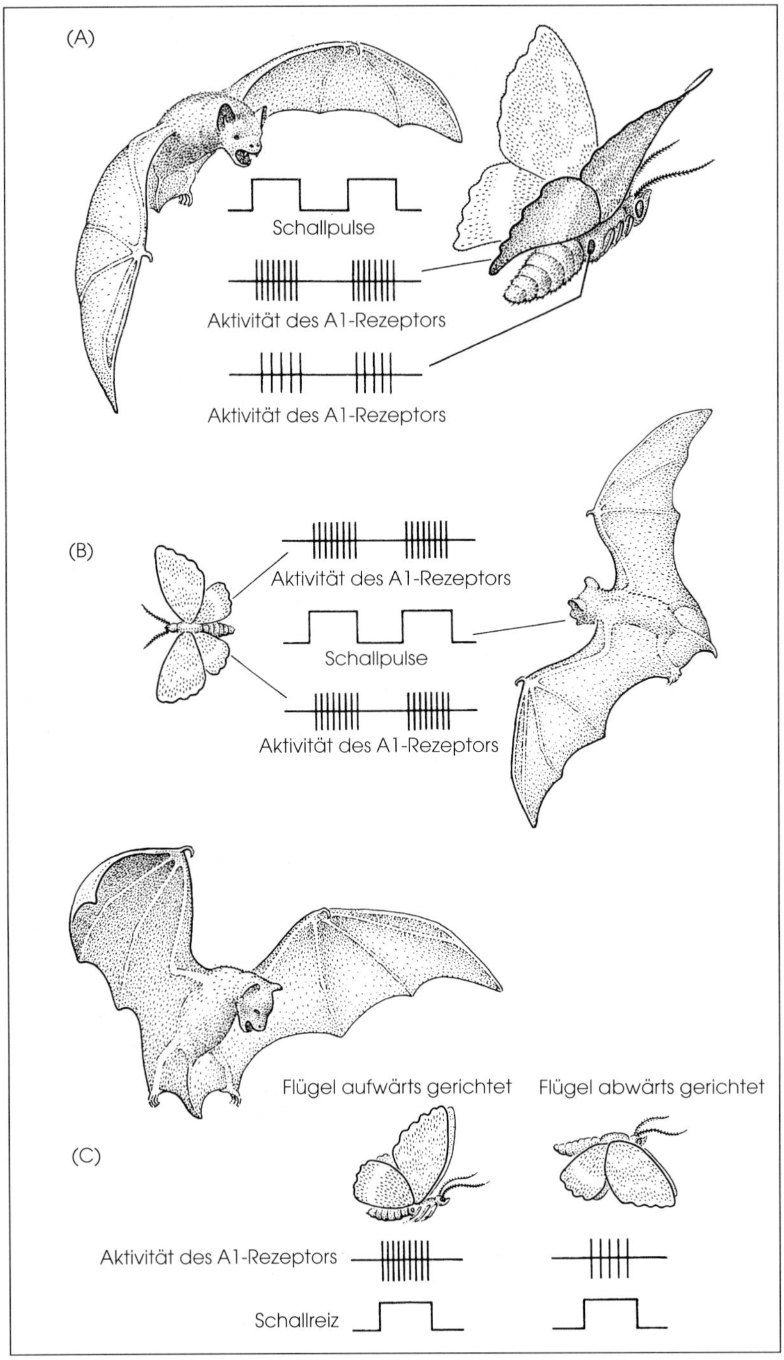

Abb. 5-6: **Wie Nachtfalter Fledermäuse orten.** (A) Eine Fledermaus befindet sich auf einer Seite des Falters; der A1-Rezeptor auf der Körperseite, die dem Prädator zugewandt ist, feuert eher und häufiger als der abgeschirmte A1-Rezeptor im kontralateralen Tympanalorgan. (B) Eine Fledermaus befindet sich unmittelbar hinter dem Falter; beide A1-Fasern feuern gleichzeitig und mit derselben Rate. (C) Eine Fledermaus fliegt über dem Nachtfalter; die Aktivität der A1-Rezeptoren fluktuiert synchron mit den Flügelschlägen des Falters. Die Größenverhältnisse sind nicht maßstabgetreu.

[794, 795]. Er brachte bei einem lebenden, fixierten Nachtfalter Elektroden an jeder der sensorischen Fasern an und beschallte das Tympanalorgan mit verschiedenen Lauten. Die jeweils resultierende elektrische Aktivität wurde abgeleitet und mit Hilfe eines Oszilloskops wurden die Aktionspotentiale sichtbar gemacht. Die Ableitung der Aktivität aus den zwei Rezeptoren als Antwort auf verschiedene akustische Reize ließ folgendes erkennen (Abb. 5-5):

1. Die A1-Zelle ist für Schall geringer Intensität empfindlich. Der A2-Rezeptor ist hierfür nicht empfindlich. Er generiert nur bei lauter Beschallung Aktionspotentiale.
2. Bei ansteigender Schallintensität feuert das A1-Neuron häufiger, und die Zeitspanne zwischen dem Eintreffen des Reizes am Trommelfell und dem Entstehen des ersten Aktionspotentials wird kürzer.
3. Bei Schallpulsen feuert die A1-Faser wesentlich häufiger als bei kontinuierlichem Schall.

4. Über einen breiten Ultraschallbereich reagiert keines der beiden Neuronen differenziert auf Schall unterschiedlicher Frequenz. Ein Schallpuls von 30 kHz löst ein vergleichbares Aktivitätsmuster aus wie ein Schallpuls von 50 kHz mit entsprechender Intensität.
5. Die Rezeptoren sprechen auf Schall niedriger Frequenz überhaupt nicht an. Die Nachtfalter sind taub für Schallreize, die wir gut hören können.

Obwohl jedes Tympanalorgan nur zwei Rezeptoren hat, ist die Informationsmenge, welche diese Rezeptoren dem zentralen Nervensystem über Fledermäuse mit Echoorientierung liefern können, beeindruckend. Die Haupteigenschaft der A1-Faser ist ihre große Empfindlichkeit für Ultraschall, insbesondere für Ultraschallpulse. Die intermittierenden Ultraschallaute einer Kleinen Braunen Fledermaus bewirken, daß die hochempfindliche A1-Faser bereits einige Aktionspotentiale erzeugt, wenn der Beutegreifer noch 30 Meter entfernt ist, lange bevor die Fledermaus den Falter wahrnehmen kann. Da die Frequenz der Aktionspotentiale proportional zur Lautstärke zunimmt, kann das Insekt feststellen, ob die Fledermaus sich nähert.

Darüber hinaus sammeln die Tympanalorgane des Nachtfalters Information, die es ermöglichen könnte, die Fledermaus zu lokalisieren (Abb. 5-6). Falls sich beispielsweise eine jagende Fledermaus rechts vom Falter befindet, wird der A1-Rezeptor im rechten Tympanalorgan eher und stärker erregt als der A1-Rezeptor im linken Tympanalorgan, das durch den Körper des Falters abgeschirmt ist. Dies hat zur Folge, daß der rechte Rezeptor eher und häufiger feuert als der linke Rezeptor. Theoretisch läßt sich voraussagen, daß Neuronen im Gehirn anhand dieser Information entschlüsseln können, wo in der Horizontalebene sich die Fledermaus befindet.

Das Nervensystem des Falters könnte möglicherweise auch wahrnehmen, ob die Fledermaus sich oberhalb oder unterhalb befindet. Falls der Prädator sich über dem Falter befindet, wird jede Auf- und Abbewegung der Flügel des Insekts eine korrespondierende Fluktuation in der Häufigkeit, mit der die A1-Rezeptoren feuern, mit sich bringen, da die Rezeptoren den Fledermauslauten mal direkt exponiert und dann wieder durch die Flügel abgeschirmt sind. Falls die Fledermaus unterhalb des Falters fliegt, gibt es keine solche Fluktuation.

Wenn Schübe neuronaler Aktivität, die von den Rezeptoren initiiert wurden, das Nervensystem des Falters durchlaufen, kann schließlich eine Reihe von motorischen Befehlen erzeugt werden, die bewirken, daß der Falter abdreht und von der Ultraschallquelle fortfliegt [798]. Wenn der Falter sich von einer Fledermaus entfernt, bietet er weniger Reflektionsfläche für Ultraschallechos als wenn er im rechten Winkel fliegt und so seine gesamte Flügelfläche den Lauten der Fledermaus darbietet. Wenn eine Fledermaus kein Echo ihrer Laute erhält, kann sie auch keine Beute lokalisieren. Fledermäuse fliegen selten eine längere Strecke geradeaus. Ein Falter hat daher gute Chancen, nicht entdeckt zu werden, wenn er es schafft, für einige Sekunden außer Reichweite zu bleiben. Dann wird die Fledermaus innerhalb ihrer Reichweite von zweieinhalb Metern, in der sie Nachtfalter aufspüren kann, etwas anderes gefunden haben und abdrehen, um das neue Ziel zu verfolgen.

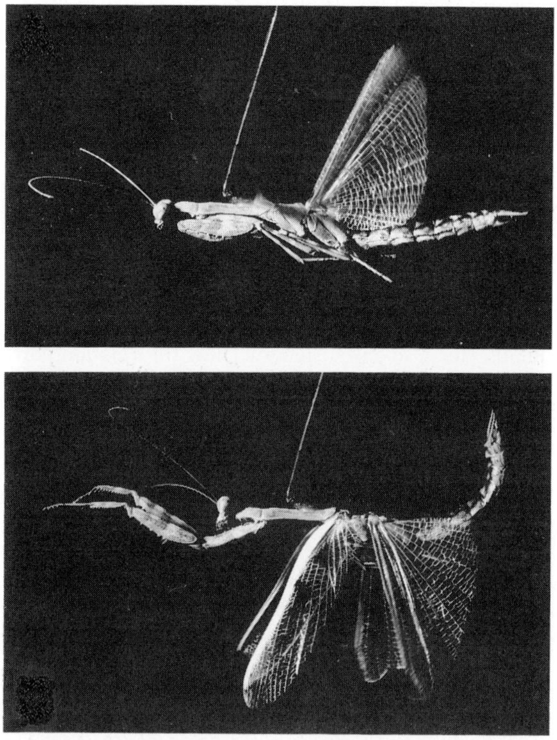

Abb. 5-7: **Fluchtverhalten einer Gottesanbeterin.** Beim normalen Flug hält eine Gottesanbeterin ihre Vorderbeine eng am Körper (oben). Wenn sie jedoch Ultraschall wahrnimmt, streckt sie rasch ihre Vorderbeine (unten). Dadurch dreht sie sich und taumelt abwärts. Mit freundlicher Genehmigung von D. D. Yager und M. L. May (1020).

Um nicht entdeckt zu werden, muß ein Nachtfalter sich nur so ausrichten, daß die Aktivität der beiden A1-Fasern synchronisiert wird. Unterschiede in der Frequenz der Aktionspotentiale, die von den Rezeptoren beider Tympanalorgane erzeugt werden, werden wahrscheinlich vom Gehirn registriert, welches die nervöse Erregung über die Thorakalganglien und Motoneuronen an die Flugmuskulatur weiterleitet. Die resultierenden Veränderungen der Muskelaktivität lenken den Falter in die Gegenrichtung der Körperseite, deren Tympanalorgan stärker gereizt wurde. Beim Wenden wird der Falter einen Punkt erreichen, an dem beide A1-Zellen gleichermaßen aktiv sind. Zu diesem Zeitpunkt ist seine Vorderseite der Fledermaus abgewandt und er fliegt der Gefahr davon.

Obwohl diese Reaktion wirkungsvoll ist, solange der Nachtfalter nicht entdeckt wurde, ist sie nutzlos, falls eine schnelle Fledermaus auf weniger als zweieinhalb Meter herankommt, so daß sie den Falter aufspüren kann. In diesem Fall beginnen die Falter keine aussichtslosen Versuche, davonzufliegen, sondern fliegen Ausweichmanöver. Durch diese Manöver, z. B. Überschläge und Sturzflüge, wird es schwierig für die Fledermäuse, sie zu fangen. Ein Falter, der mit einem erfolgreichen

Sturzflug einen Busch oder einen Grasflecken erreicht, ist vor einem weiteren Angriff geschützt, da die Echos von den Blättern oder Grashalmen an der Notlandestelle die Echos, die vom Falter selbst reflektiert werden, maskieren [798].

Roeder spekulierte, daß Verbindungen, die von der A2-Faser zum Gehirn und zurück zum Thorakalganglion führen, die neurophysiologische Grundlage für den „Irrflug" des Falters sind [796]. Wenn eine Fledermaus kurz davor ist, auf einen Falter zu treffen, ist die Intensität der Schallwellen, die das Tympanalorgan erreichen, hoch. Unter diesen Bedingungen werden die A2-Zellen ausreichend gereizt, so daß sie feuern. Diese Information wird an das Gehirn weitergeleitet, das daraufhin die zentrale Steuerung außer Kraft setzen kann, welche die Aktivität der Motoneuronen für die Flugmuskulatur reguliert (s. Abb. 5-4). Wenn dieser Steuerungsmechanismus außer Kraft gesetzt ist, beginnen die Flügel des Falters, asynchron, unregelmäßig oder gar nicht zu schlagen. Das Insekt „weiß" dann nicht mehr, wo es hinfliegt, aber die nachfolgende Fledermaus auch nicht. Ihre Unfähigkeit, der Bahn der Beute zu folgen, ermöglicht dem Insekt die Flucht.

5.2 Reizfilterung und Verhalten

In ihrer natürlichen Umwelt sind Tiere einer großen Vielfalt an akustischen, optischen und taktilen Reizen ausgesetzt, um nur einige der möglichen Sinnesmodalitäten anzusprechen. Nicht alles aus dieser Flut an Information ist für Individuen beim Versuch, zu überleben und sich fortzupflanzen, wirklich nützlich. Es ist daher nicht überraschend, daß die Nervensysteme von Tieren selektiv reagieren und relevante Reize aus der Informationsflut ausfiltern, während sie die meisten anderen Reize ignorieren. Diesen Vorgang nennt man **Reizfilterung**.

Das Hörsystem von Eulenfaltern ist ein klassisches Beispiel für die Arbeitsweise und den Nutzen der Reizfilterung. Das Tympanalorgan des Nachtfalters übermittelt keine Information über niederfrequenten Schall, den wir hören. Selbst wenn die Rezeptoren auf Ultraschall ansprechen, erzeugen sie keine verschiedenen Muster von Signalen, wenn der Schall verschiedene Frequenzen enthält (Unsere Rezeptoren vermitteln uns Information, die uns beispielsweise ermöglicht, den Unterschied zwischen den Tönen C und Cis anzugeben).

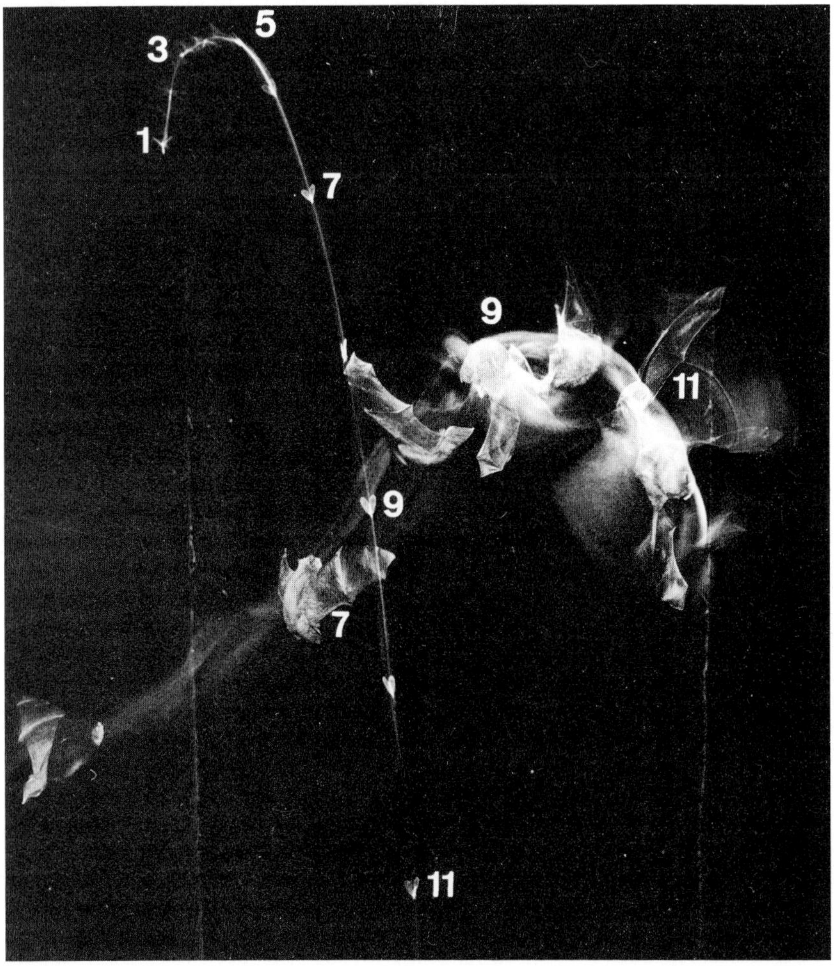

Abb. 5-8: **Ausweichmanöver eines Netzflüglers.** Die Zahlen auf diesem mehrfachbelichteten Foto geben die zeitliche Folge der relativen Positionen von Fledermaus und Netzflügler an. Die Fledermaus verfehlte den abtauchenden Netzflügler, obwohl sie im Flug einen Salto ausführte. Foto von Lee Miller.

Die Tympanalorgane der Eulenfalter haben offenbar eine Hauptaufgabe: die Wahrnehmung von Reizen, die mit nächtlichen Beutegreifern zu tun haben. Aus diesem Grund sind die auditiven Fähigkeiten begrenzt, ansprechbar für Ultraschallpulse, aber nicht für eine Reaktion auf die meisten anderen Schallsignale geeignet. Ebenso ist das Repertoire an Verhaltensantworten einfach (aber adaptiv). Der Falter dreht ab, wenn er Ultraschall niedriger Intensität hört. Bei intensivem Ultraschall taucht er ab, überschlägt sich oder dreht sich unregelmäßig.

Das Beispiel der Eulenfalter illustriert nicht nur den Begriff der Reizfilterung, es zeigt uns auch, daß es für die Formulierung von Hypothesen bezüglich der sensorischen Mechanismen eines Tiers hilfreich ist, wenn man die Lebensweise eines Tiers kennt. Kenneth Roeder wußte, daß Eulenfalter in einer Umwelt leben, die voll von echoortenden Nachtfalterjägern ist; er suchte und fand einen spezialisierten Mechanismus, der den Faltern hilft, mit diesen Feinden fertig zu werden.

Wenn die Reizfilterung im Tympanalorgan der Eulenfalter die Wahrscheinlichkeit erhöht, daß wichtige Hinweisreize in der Umgebung entdeckt werden, dann sollten Arten, die nicht mit Eulenfaltern verwandt sind, aber ebenso von Fledermäusen gejagt werden, unabhängig ähnlich selektive Perzeptionssysteme entwickelt haben. Dies ist tatsächlich so. Bestimmte Gottesanbeterinnen (Mantidae) (Abb. 5-7) [1020] und Netzflügler (Neuroptera) (Abb. 5-8) [646, 647] haben spezielle Mechanismen für das Aufspüren von Fledermäusen. Auf der proximaten Ebene hat der Aufbau dieser Mechanismen mit der Situation bei den Eulenfaltern wenig gemeinsam. (Die Sensoren für die Wahrnehmung der Druckwellen bestehen beispielsweise bei den Netzflüglern aus 25 Rezeptoren in einer erweiterten Ader jedes Vorderflügels.) Letztlich bieten aber die Ultraschalldetektoren bei Eulenfaltern, Gottesanbeterinnen und Netzflüglern all diesen Insekten bessere Überlebenschancen, wenn sie plötzlich auf eine hungrige Fledermaus treffen.

5.2.1 Reizfilterung bei Wirbeltieren

Als wesentliche Schlußfolgerung aus Untersuchungen zur Ultraschallwahrnehmung bei Insekten läßt sich festhalten, daß das Aufspüren jagender Fledermäuse auf der Fähigkeit von wenigen hochspezialisierten Rezeptoren und Interneuronen beruht, zentrale Prozessoren mit gefilterter Information zu versorgen, die dann angemessene Reaktionen auf diese wichtigen Signale aktivieren. Die Nervensysteme von Wirbeltieren weisen im allgemeinen eine weitaus höhere Neuronenzahl auf als die Nervensysteme von Insekten. Aber trotzdem sind auch sie spezialisiert. Das menschliche Ohr reagiert beispielsweise nicht auf Ultraschallaute, die von Nachtfaltern oder Grillen gewöhnlich wahrgenommen werden. Unser auditives System führt also eine Reizfilterung durch. Falls wir irgendeine unserer Hörsinneszellen genauer untersuchen würden, fänden wir, daß sie auf bestimmte Reizeigenschaften eher anspricht als auf andere. Diese beiden generellen Eigenschaften von Nervensystemen – Reizfilterung durch das ganze System und die Spezialisierung bestimmter Komponenten (Zellen) auf spezifische Reizeigenschaften - zeigen sich auch bei der Schallwahrnehmung vieler anderer Wirbeltiere.

So hört etwa ein brutbereites Kanarienweibchen (*Serinus canaria*) eine Vielzahl an Lauten, darunter die Gesänge der eigenen Art und anderer Vogelarten. Sexuell rezeptive Weibchen reagieren auf den Gesang eines Kanarienhahns mit einer Paarungsaufforderung, die derjenigen von Kuhstärlingen ähnelt (siehe Abb. 4-13). Auf die Gesänge von Männchen anderer Arten reagieren sie nie in dieser Weise. Sie haben offenbar einen speziellen Perzeptionsmechanismus, der durch den Gesang eines Kanarienhahns in spezifischer Weise aktiviert wird und dem Weibchen so ermöglicht, den Gesang von Männchen der eigenen Art zu erkennen.

Eliot Brenowitz prüfte die Hypothese, daß ein neuronaler Mechanismus bei Kanarienweibchen eine entscheidende Rolle für die Wahrnehmung des Gesangs spielt [111]. Obwohl Weibchen nicht singen, besitzen sie in geringerer Größe dieselben Hirnregionen, aus denen das Gesangssystem der Männchen besteht. Das HVC (Hyperstriatum ventrale pars caudale) ist eine Struktur, die bei Kanarienmännchen entscheidend für die Produktion von Gesängen ist, die aber auch Zellen enthält, die feuern, wenn man einem Männchen eine Aufnahme seines eigenen Gesangs vorspielt. Brenowitz fragte sich daher, ob das HVC bei Weibchen vielleicht eher der Gesangswahrnehmung als der Gesangserzeugung dient. Falls dies so wäre, sollte die selektive Zerstörung des HVC bei Weibchen dazu führen, daß sie nicht zwischen den Gesängen ihrer eigenen Art und denen anderer Vogelarten unterscheiden können.

Brenowitz setzte in den Gehirnen einiger Weibchen kleine Läsionen, indem er mit einer in das HVC implantierten Elektrode das Gewebe schädigte. Nach der Operation hatten die Weibchen Gelegenheit, auf Tonbandaufnahmen der Gesänge von Kanarienhähnen und von Weißkopf-Ammerfinken (*Zonotrichia leucophrys*) zu reagieren. Die Weibchen waren nach wie vor in der Lage, Laute wahrzunehmen, aber sie hatten die Fähigkeit verloren, Kanariengesänge von den Gesängen anderer Arten zu unterscheiden. Dies zeigte sich an ihrer Bereitschaft, Paarungsaufforderungen beim Gesang sowohl von Kanarienmännchen als auch von Ammerfinkenmännchen auszuführen (Abb. 5-9). Das Ergebnis stützt die Hypothese, daß ein bestimmter Teil im Gehirn der Weibchen dafür zuständig ist, Kanariengesang zu identifizieren und angemessen darauf zu reagieren.

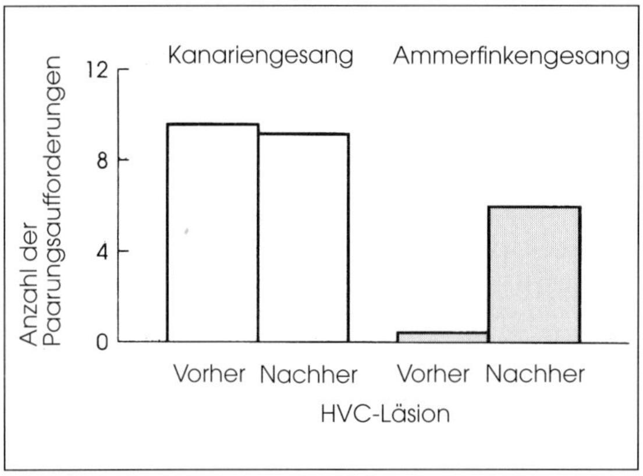

Abb. 5-9: **Unterscheidung von Gesängen durch Kanarienweibchen.** Die HVC-Region im Gesangssystem von Kanarienweibchen ist für die Unterscheidung zwischen den Gesängen von Kanarienmännchen und denen anderer Vögel notwendig. Normale, unversehrte Weibchen signalisieren nur dann Paarungsbereitschaft, wenn sie den Gesang von Kanarienmännchen hören. Nach einer HVC-Läsion zeigen die Kanarienweibchen die Paarungsaufforderung sowohl bei Tonbandaufnahmen von Kanarienmännchengesang, als auch bei Tonbandaufnahmen vom Gesang des Weißkopf-Ammerfinken. Quelle: Brenowitz (111).

5.2.2 Schallwahrnehmung bei Fledermäusen

Fledermäuse sind ein weiteres Beispiel für ein Wirbeltier, das ein großes, komplexes Nervensystem mit vielen Neuronen und vielen Elementen für die Perzeption bestimmter Reizeigenschaften hat. Diese Nervensysteme ermöglichen es den Individuen, Schlüsselreize in ihrer Umgebung wahrzunehmen und sinnvoll darauf zu reagieren. Fliegt eine Fledermaus mit Echoorientierung, gehören zu diesen Schlüsselreizen auch Echos, die von Objekten zurückgeworfen werden, welche von den Orientierungsrufen der Fledermaus getroffen wurden. In der Tat sind bei mexikanischen Guanaco-Fledermäusen (*Tadarida brasiliensis mexicana*) Neuronen gefunden worden, die der Perzeption von Echos dienen [761]. Diese Neuronen antworten stärker auf den zweiten von zwei getrennten Schallpulsen, die kurz aufeinander folgen, genau wie ein Echo einem Ultraschallruf folgen würde. Unter diesen Neuronen gibt es einige, die auf Laute reagieren, deren Intensität gerade an der Hörschwelle von Fledermäusen liegt. Sie reagieren nur dann, wenn vor einem Laut von sehr geringer Intensität ein Laut mit sehr hoher Intensität zu hören war, besonders dann, wenn er die Intensität und Tonhöhe des typischen Orientierungslautes einer mexikanischen Guanaco-Fledermaus hat (Abb. 5-10).

Nervenzellen, die auf Echos ansprechen, sind auch in den Gehirnen von Kinnblatt-Fledermäusen (*Pteronotus parnellii rubiginosus*) gefunden worden. Diese Zellen leisten mehr als das Entdecken von reflektiertem Ultraschall. Einige von ihnen sind „Spurneuronen", die nur dann aktiviert bleiben, wenn das Zeitintervall zwischen dem Ausstoßen des Orientierungslautes und dem Echo kontinuierlich abnimmt. Fortgesetzte Aktivierung dieser Zellen zeigt der Fledermaus an, daß sie sich einem Objekt, das Echos reflektiert, mehr und mehr annähert. Dies ist natürlich das, was die Fledermaus „beabsichtigt", falls das Objekt ein Nachtfalter, eine Grille oder ein anderes eßbares fliegendes Insekt ist [706].

Wieder andere Zellen im Gehirn der Kinnblatt-Fledermaus sind auf Zeitintervalle spezialisiert. Diese Zellen reagieren am stärksten bei einer bestimmten, konstanten Zeitspanne zwischen der Lautäußerung und dem Echo. Eine dieser Zellen „feuert" beispielsweise nur maximal, wenn der Abstand zwischen dem Orientierungslaut und dem Echo 3 Millisekunden beträgt. Eine andere ist auf ein Intervall von 6 Millisekunden abgestimmt. Eine dritte „feuert" mit der höchsten Rate bei einem Abstand von 9 Millisekunden. Diese Nervenzellen sind in der Hirnrinde der Fledermaus in Serie angeordnet, wobei Neuronen, die auf kurze Intervalle ansprechen, solche folgen, die auf längere Abstände ansprechen. Als Folge dieser Anordnung wird der sensorische Input so auf die Hirnrinde projiziert, daß die Repräsentation die relative Position der Reizquellen zum Tier wiedergibt. Das Gehirn erstellt also eine „Landkarte", mit der die räumliche Information, die in den Sinnesdaten enthalten ist, entschlüsselt werden kann. Solche „Landkarten" kommen in den Gehirnen von Tieren vor, die aufwendige Analysen von Reizen vornehmen, welche räumlich angeordnet sind [520].

Einige Fledermausforscher haben elegante Untersuchungen durchgeführt, um die Hypothese zu prüfen, daß zerebrale „Landkarten" Kinnblatt-Fledermäusen dazu dienen, den Abstand zu einem fliegenden Insekt („target range") und die Geschwindigkeit, mit welcher die Beute fliegt („target velocity"), zu ermitteln. Diese Informationen sind zum Fangen der Beute unerläßlich. Die Wissenschaftler nutzten die Möglichkeit, kleine Gruppen von Hirnzellen zu inaktivieren, indem sie einen inhibitorischen Neurotransmitter auf die Hirnoberfläche aufbrachten. Wurde der Inhibitor in eine Hirnregion gebracht, von der man annahm, daß sie die Zellen enthält, welche für das Erkennen der Beuteentfernung wichtig sind, zeigten spezifische Tests, daß die Fledermäuse die Fähigkeit verloren hatten, feine Zeitunterschiede in den Abständen zwischen einem Laut und dem zugehörigen Echo wahrzunehmen. Sie waren weiterhin in der Lage, zwei ähnliche Tonhöhen genau zu unterscheiden. Wenn aber die Zellen inaktiviert wurden, welche die Geschwindigkeit des Ziels messen, antworteten die Fledermäuse nicht mehr korrekt auf Differenzen zwischen zwei unterschiedlichen Tonhöhen, während sie ihre Fähigkeit behielten, die Entfernung zum Ziel einzuschätzen. Die spezialisierten sensorischen „Landkarten" im Gehirn von Kinnblatt-Fledermäusen werden also tatsächlich von den Tieren genutzt, um zwei verschiedene Wahrnehmungsleistungen auszuführen, die für das Verfolgen und Fangen von Beute notwendig sind [706].

Selbstverständlich ist das auditive System einer Kinn-

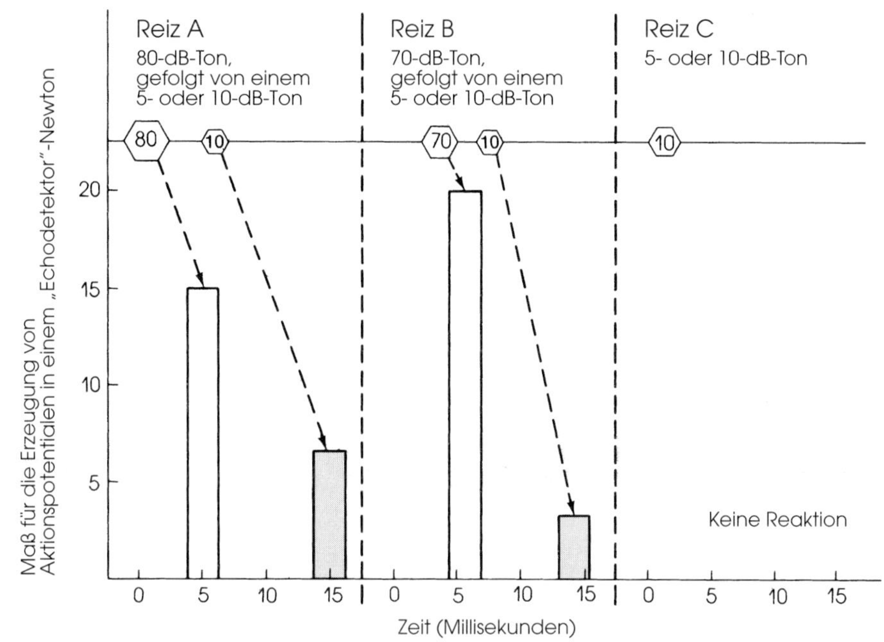

Abb. 5-10: **Die Echodetektor-Neuronen** bei einer mexikanischen Guanaco-Fledermaus reagieren unterschiedlich auf drei verschiedene Arten von Reizen. Die Neuronen reagieren nicht auf einzelne Laute mit geringer Intensität (Reiz C), zeigen aber Aktivität, wenn denselben Lauten ein intensiver Schallpuls vorausgeht (Reize A und B). Quelle: Pollak et al. (761).

blatt-Fledermaus komplexer und liefert viel mehr an Information als das Tympanalorgan eines Eulenfalters. Dies liegt teilweise daran, daß die Verhaltenssteuerung bei Fledermäusen noch stärker von auditiver Information abhängt und daß die Aufgaben außergewöhnlich anspruchsvoll sind. Ungeachtet dieser Unterschiede gibt es jedoch eine wesentliche Gemeinsamkeit im Hören von Fledermäusen und Eulenfaltern. Bei beiden Tiergruppen sind die biochemischen und funktionalen Eigenschaften des auditiven Systems außerordentlich spezialisiert. Fledermäuse leben in einer Welt voller Echos, aus denen sich die Information für ein sehr detailliertes Bild der Umgebung ableiten läßt. Die Nervenzellen einer Fledermaus ermöglichen ihr, sich auf die Aufnahme und Bewertung solcher Information zu konzentrieren, die biologisch relevant ist. Dies gilt besonders für die Echos ihrer eigenen Laute. Weniger bedeutsame Laute werden ignoriert.

5.2.3 Selektive Wahrnehmung

Einige Wahrnehmungsleistungen, wie diejenigen von echoortenden Fledermäusen, weichen so sehr von unseren eigenen Leistungen ab, daß wir sie nicht als selbstverständlich ansehen können. Das Schnabeltier (*Ornithorhynchus anatinus*) kann beispielsweise Nahrung lokalisieren, indem es die äußerst schwachen elektrischen Felder aufspürt, welche seine Beutetiere unvermeidlich produzieren [375]. Einige elektrische Fische haben diese Methode noch weiter perfektioniert. Sie erzeugen selbst ein schwaches elektrisches Feld und nehmen Veränderungen dieses Feldes wahr, die entstehen, wenn Beute hineingerät [573]. Diese und andere Fähigkeiten [687], welche Menschen nicht gegeben sind, zeigen, wie spezialisiert proximate neuronale Mechanismen sein müssen, um bestimmte Information aus der Umgebung zu sammeln und zu verarbeiten.

Wir neigen dazu, diese Erkenntnis zu vergessen, wenn wir uns mit der visuellen Wahrnehmung beschäftigen. Das Sehen ist für uns so selbstverständlich, daß wir allzu leicht annehmen, andere Tiere müßten genauso sehen wie wir. Wir können uns von dieser Vorstellung freimachen, indem wir die visuelle Wahrnehmung bei der Erdkröte (*Bufo bufo*) studieren. Das Sehsystem der Erdkröte ist genauso spezialisiert wie das System zur Echoorientierung bei der Fledermaus oder der Mechanismus für die Wahrnehmung elektrischer Felder beim Schnabeltier.

Das visuelle System der Erdkröte ähnelt unserem insofern, als es zwei große Augen besitzt, deren Retina jeweils der Umgebung zugewandt ist. In der Retina befindet sich eine Schicht von Rezeptoren, die durch Licht, das von Gegenständen reflektiert wird, angeregt werden können. Durch Veränderungen der Membranpermeabilität in den Rezeptoren wird ein elektrisches Signal erzeugt, das an

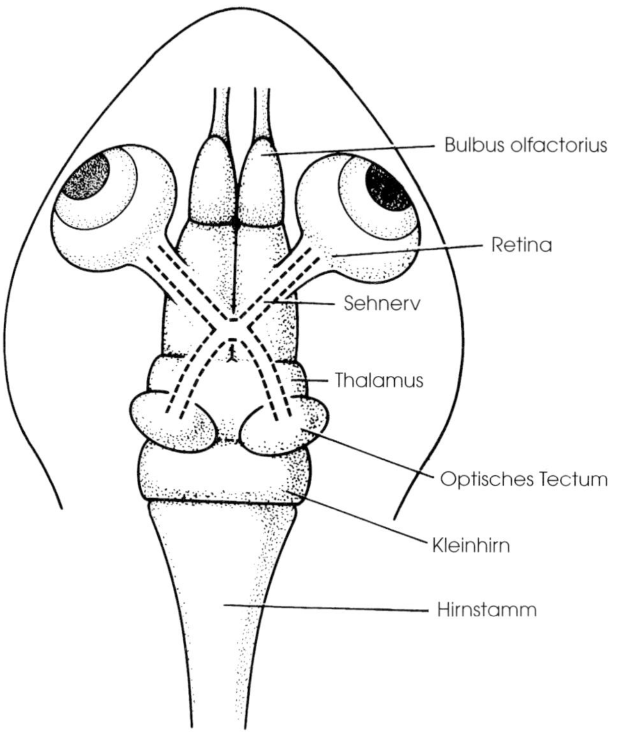

Abb. 5-11: **Das visuelle System einer Kröte.** Diese schematische Aufsicht zeigt das Gehirn der Kröte und den Sehnerv, der visuelle Information von der Retina zum optischen Tectum und zum Thalamus leitet.

das nächste Glied im Netzwerk, die Bipolarzellen , weitergeleitet wird. Die Bipolarzellen geben das Signal an Ganglienzellen weiter. Die langen Axone der Ganglienzellen bilden zusammen den Sehnerv, der Aktionspotentiale zu Gebieten im optischen Tectum und im Thalamus des Erdkrötengehirns leitet, in denen die aus den visuellen Rezeptoren kommende Information entschlüsselt wird (Abb. 5-11).

Um herauszufinden, was ein Erdkrötengehirn „sieht", entwickelte Jörg Peter Ewert eine ausgeklügelte Apparatur, mit der man die Aktivität einzelner Neuronen im optischen Tectum der Tiere aufzeichnen kann [302, 303]. Die Apparatur kann an einer lebenden Erdkröte angebracht werden, die frei umherlaufen und auf Reize in ihrer (Labor-) Umgebung antworten kann. Mit Hilfe dieser Methode erfahren wir, daß eine Erdkröte, wenn sie stillsitzt (darin sind Erdkröten gut) und sich nichts in ihrer Umgebung bewegt, offenbar gar nichts sieht! Zwar treffen Photonen auf die Rezeptoren in der Retina, aber der Sehnerv leitet keine Information von den Rezeptoren zum optischen Tectum.

Auf der Ebene der Ganglienzellen erfolgt eine Reizfilterung. Die Ganglienzellen feuern nur, wenn ein bewegter Reiz ihr **rezeptives Feld** passiert. Das rezeptive Feld einer Ganglienzelle ist das Retinagebiet, dessen Rezeptoren über die Bipolarzellen Signale an diese Ganglienzelle senden. Bei der Erdkröte und vielen anderen Tieren erfaßt jede Ganglienzelle ein kleines, kreisförmiges Gebiet der Retina; das rezeptive Feld einer Ganglienzelle besteht charakteristischerweise aus einem exzitatorischen Zentrum, dessen Belichtung zu einer Depolarisation führt, und einer inhibitorischen Peripherie, deren Belichtung zu einer Hyperpolarisation führt (Abb. 5-12).

Wenn beispielsweise ein Käfer im Gesichtsfeld einer Erdkröte auf einem dunklen Untergrund läuft, entsteht ein sehr kleines Bild des Käfers auf der Retina der Erdkröte. Die vom Käfer reflektierten Lichtstrahlen passieren die Linse und ergeben im hinteren Teil des Auges ein scharfes Bild. Das Bild bewegt sich über Gruppen von Lichtrezeptoren. Einige dieser Zellgruppen gehören zum erregenden Zentrum des rezeptiven Felds einer oder mehrerer Ganglienzellen. Die Ganglienzellen erzeugen Aktionspotentiale und die Information wird an das Gehirn weitergegeben.

Wenn nun ein großes Objekt, wie beispielsweise eine menschliche Hand, sich nahe am Auge der Kröte vorbei bewegt, entsteht ein relativ großes Bild auf der Retina, welches das gesamte rezeptive Feld der meisten Ganglienzellen bedeckt. In diesem Fall wird die Erregung des Zentrums der rezeptiven Felder durch inhibitorische Aktivität in der Peripherie weitgehend aufgehoben. Die Ganglienzellen antworten auf diesen Reiz wahrscheinlich nicht mit einem Aktionspotential.

Die Ganglienzellen der Erdkröte reagieren also auf Veränderungen der Lichtintensität. Solche Veränderungen werden in der Regel von bewegten Objekten verursacht, deren Bewegung einen Einfluß darauf hat, wieviel Licht zu einer gegebenen Zeit einen bestimmten Punkt der Retina erreicht. Kleine, bewegte Bilder auf der Retina einer Erdkröte gehen mit sehr viel größerer Wahrschein-

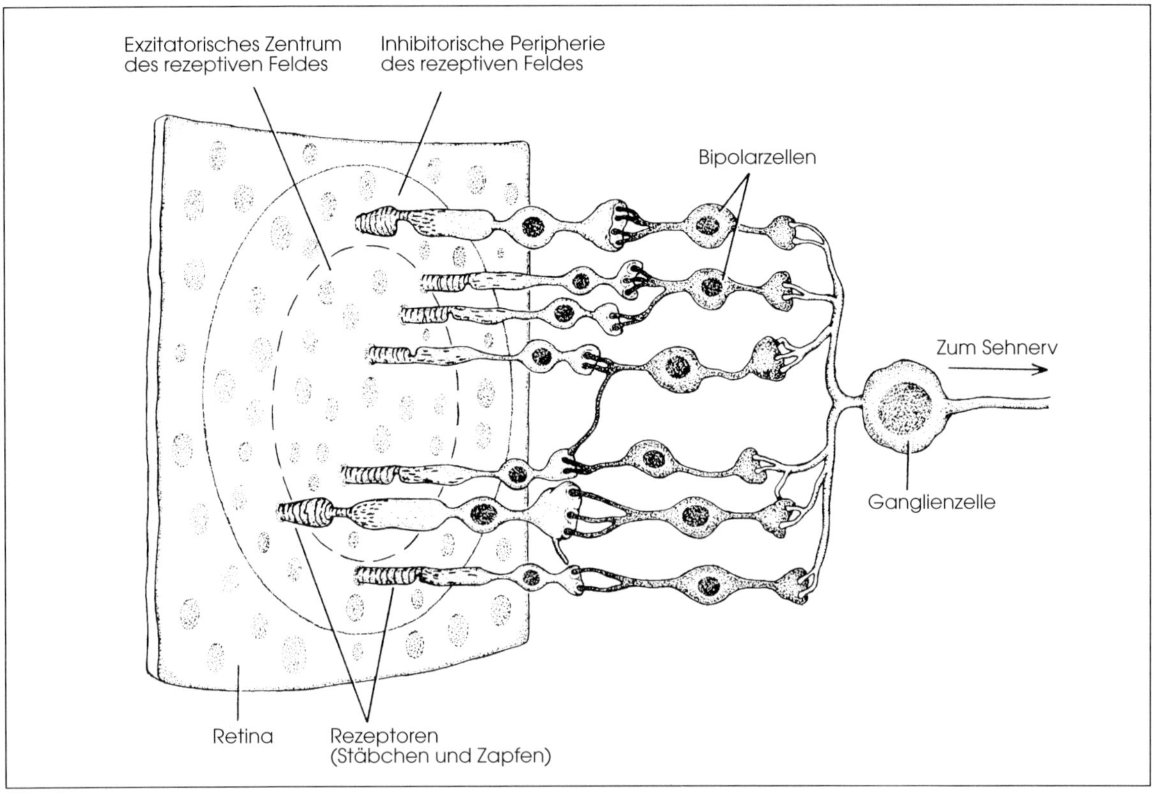

Abb. 5-12: **Das rezeptive Feld einer Ganglienzelle:** Eine einzelne Ganglienzelle erhält Signale von vielen Bipolarzellen, die ihrerseits mit vielen Rezeptoren verbunden sind. Daher integriert eine Ganglienzelle Informationen von einem Ausschnitt der Retina, ihrem rezeptiven Feld. Da das Zentrum des rezeptiven Feldes von einer inhibitorischen Peripherie umgeben ist, lösen Reize, die auf das ganze Feld treffen, nur eine geringe Reaktion in der Ganglienzelle aus; kleinere Reize, die sich durch die exzitatorische, zentrale Region des rezeptiven Feldes bewegen, können jedoch viele Aktionspotentiale in der Ganglienzelle auslösen.

lichkeit von ihrer Beute (Käfer und Würmer, die sich in Reichweite befinden) oder von ihren Feinden (weiter entfernte Reiher oder Igel) aus als große, stehende Bilder.

Die selektive Auswertung optischer Reize endet nicht auf Ebene der Ganglienzellen. Die Neuronen im optischen Tectum erhalten Informationen von vielen benachbarten Ganglienzellen. Jedes dieser Neuronen hat sein eigenes rezeptives Feld, das aus dem Areal der Retina besteht, dessen Ganglienzellen mit ihm verschaltet sind. Die Eigenschaften der rezeptiven Felder von Neuronen im Tectum kann man untersuchen, indem man eine Ableitelektrode in ein Tectumneuron einer lebenden, aber immobilisierten Erdkröte einbringt und dann verschiedene Gegenstände vor ihren Augen bewegt. Einige Reize führen zu einer starken Reaktion, andere lösen einige wenige Aktionspotentiale aus, und wieder andere haben keinerlei Wirkung auf die Aktivität des Neurons.

Einige Zellen im Tectum der Erdkröte reagieren am stärksten auf längliche, dünne Gegenstände, die sich waagerecht durch das Gesichtsfeld der Kröte bewegen (Abb. 5-13). Diese Neuronen haben ein nahezu kreisförmiges rezeptives Feld, das aus einem streifenförmigen exzitatorischen Zentrum besteht, welches horizontal ausgerichtet in einer inhibitorischen Peripherie liegt. Bewegen sich Objekte im wesentlichen über das exzitatorische Zentrum des rezeptiven Feldes, feuert die Ganglienzelle. Wenn sich Objekte sowohl über die exzitatorischen als auch über die inhibitorischen Areale bewegen, werden nur wenige oder keine Aktionspotentiale generiert, da die Reizung der exzitatorischen Region durch die Reizung der inhibitorischen Region aufgehoben wird.

Welche Folgen für die Funktion die Eigenschaften dieser Klasse von Tectum-Neuronen haben, wird klar, wenn man überlegt, wie sie auf einen Wurm reagieren, der sich nahe an der Kröte vorbei bewegt. Der Wurm erzeugt ein kleines, fünf bis zehn Millimeter großes Bild auf der Retina. Dieses horizontal ausgerichtete Bild bewegt sich über den exzitatorischen, zentralen Streifen im rezeptiven Feld vieler Tectum-Neuronen, die dadurch mit hoher Rate feuern. Diese Information wird an Neuronen weitergegeben, die bewirken, daß die Kröte sich dem Objekt zuwendet. Sobald die Kröte richtig orientiert ist, produzieren drei andere Sorten von Neuronen eine Sequenz von motorischen Befehlen. Diese bewirken, daß die Kröte (1) aufhört, sich zu wenden, sobald sie die Beute mit beiden Augen fixiert, (2) sich bis in die Reichweite ihrer Zunge vorbeugt und (3) ihr Maul öffnet, ihre Zunge vorschnellen läßt und nach dem Wurm schnappt [302].

5.2.4 Spezialisierung der visuellen Wahrnehmung

Die in Abb. 5-14 dargestellten optischen Täuschungen zeigen uns, daß unsere Sehmechanismen, wie diejenigen der Kröte, besondere Eigenschaften haben, welche die Wahrnehmung ganz bestimmter Reize begünstigen. Einige Neuronen unseres visuellen Systems reagieren besonders stark auf Kanten, wobei sie den Kontrast zwischen benachbarten dunklen und hellen Gebieten verschärfen. Von der weißen Papierfläche, die unmittelbar an die schwarzen Quadrate angrenzt, erreicht nicht mehr Licht unser Auge als von den zentralen graugetönten Gebieten, die nicht unmittelbar von einer schwarzen Fläche begrenzt werden. Aber unser Gehirn suggeriert uns genau dies. Es erzeugt eine nützliche Täuschung, die zu unserer Fähigkeit beiträgt, die Umrisse von Objekten zu erkennen.

Die andere in Abb. 5-14 dargestellte Täuschung ergibt sich ebenfalls aus der Fähigkeit des menschlichen Sehsystems, Reizanordnungen zu interpretieren. Wir sehen in der Zeichnung Objekte, die gar nicht existieren, weil das Gehirn weit mehr ist als ein passiver Berichterstatter über Reize aus der Umgebung. Es hilft uns dabei, Tiere wahrzunehmen, deren Körper teilweise in der Vegetation versteckt ist, Zweige zu erkennen, die auf unserem Weg liegen oder subtile Änderungen im Gesichtsausdruck eines anderen Menschen zu sehen.

Das Sehsystem unseres Gehirns dürfte auch darauf spezialisiert sein, menschliche Gesichter zu erkennen. Belege für diese Hypothese sind die Krankheitsbilder einiger Personen, die unglücklicherweise eine Verletzung eines ganz bestimmten Teils ihres Temporallappens erlitten haben. Diese Menschen können prinzipiell sehen, sie können viele Gegenstände erkennen und benennen, und sie können bestimmte Personen anhand ihrer Stimme oder anhand ihnen bekannter Kleidungsstücke identifizieren. Wenn man ihnen aber ein Bild von ihren Freunden, ihren Ehepartnern oder von ihnen selbst zeigt, können sie damit nichts anfangen.

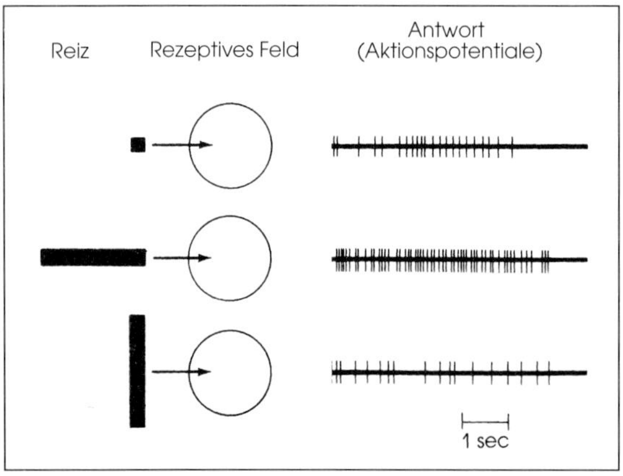

Abb. 5-13: **Wurmdetektor-Neuron der Erdkröte.** Ein Neuron im optischen Tectum der Kröte reagiert verschieden auf unterschiedliche Arten von Reizen, die über das rezeptive Feld der Retina bewegt werden. Längliche, schmale Objekte, die horizontal bewegt werden, führen zu einer maximalen Reaktion dieses Neuronentyps. Quelle: Ewert (302).

Es ist noch umstritten, ob es im menschlichen Temporallappen ein „Zentrum" für das Erkennen von Gesichtern gibt. Um zu prüfen, ob ein solcher Mechanismus vielleicht bei anderen Tieren vorhanden ist, führten David Perrett und Edmund Rolls Experimente mit einem anderen Primaten, dem Rhesusaffen (*Macaca mulatta*), durch [741]. Mit Hilfe von Mikroelektroden leiteten sie die Aktivität einzelner Neuronen aus dem Gebiet des Temporallappens der Rhesusaffen ab, welches der Region entspricht, die beim Menschen wichtig für das Erkennen von Gesichtern sein soll. Den Affen wurde eine Vielzahl visueller Reize präsentiert. Durch diese Experimente entdeckten Perrett und Rolls eine Klasse von Zellen im Temporallappen, die zwei- bis zehnmal so häufig feuerten, wenn die Rhesusaffen Bilder von Menschen- oder Affengesichtern sahen, als wenn sie auf irgendeinen anderen Gegenstand schauten. Unter den Neuronen in dieser Region gab es einige, die etwa gleich stark ansprachen, wenn die Gesichter nah oder entfernt waren, auf dem Kopf standen oder mit Rotfiltern überlagert waren. Auf Gesichter im Profil war jedoch kaum eine verstärkte Aktivität zu registrieren (Abb. 5-15).

Diese Ergebnisse stehen in Übereinstimmung mit der Hypothese, daß die besagten Neuronen etwas mit der Wahrnehmung von Gesichtern zu tun haben, eine Leistung von höchster Bedeutung für diese sozialen Primaten. Allerdings zeigt der Nachweis einer Korrelation zwischen der neuronalen Aktivität und der Darbietung bestimmter Reize nicht, daß die Wahrnehmung der Reize tatsächlich durch die betreffenden Neuronen erfolgt. Deren Erregung könnte auch ein Nebeneffekt sein, der durch andere Neuronen vermittelt wird, die eigentlich für die Wahrnehmung der Reize zuständig sind.

Um eine echte Kausalbeziehung zwischen neuronaler Aktivität und Wahrnehmung nachzuweisen, untersuchte eine Forschergruppe unter der Leitung von William Newsome [690, 827] die Bewegungswahrnehmung bei Rhesusaffen. Die Versuchstiere beobachteten einen Monitor, auf dem eine Sekunde lang ein Bild erschien. Dieses Bild bestand aus tausenden von bewegten Leuchtpunkten, von denen sich die meisten zufallsgemäß bewegten, ein bestimmter Bruchteil aber in ein und derselben Richtung (Abb. 5-16). Die Affen waren zuvor mit positiver Verstärkung (Kap. 2) darauf trainiert worden, dem Versuchsleiter durch Augenbewegungen zu signalisieren, in welche Richtung sich diejenigen Punkte bewegten, die nicht zufallsgemäß ihren Ort wechselten. Die Affen hatten normalerweise keine Schwierigkeiten, eine korrekte Antwort zu geben, wenn die Zahl der Punkte, die sich in dieselbe Richtung bewegten, nicht bis auf etwa 5 % absank. Betrug der Anteil an zufällig bewegten Punkten 95 % oder mehr, entstand ein visuelles Chaos. Dadurch wurde die Aufgabe für die Affen schwierig und die Fehlerhäufigkeit stieg.

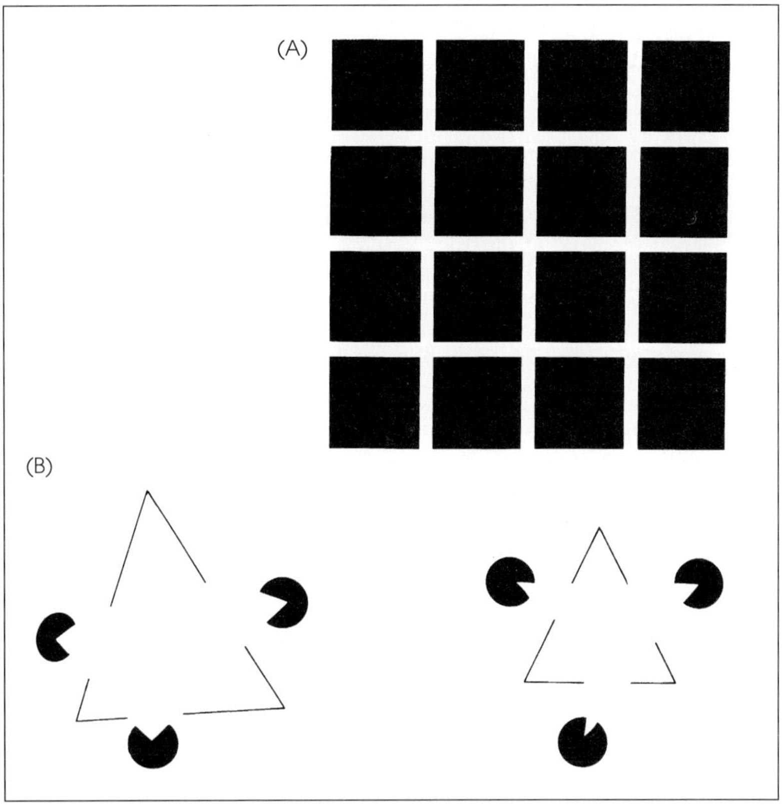

Abb. 5-14: **Optische Täuschungen**, welche die Selektivität der menschlichen Wahrnehmung verdeutlichen. (A) Vorgetäuschte graue Flecken erscheinen an den Schnittpunkten der weißen Streifen. Unser Gehirn verschärft den Kontrast an den Kanten (schwarz begrenzt von weiß), und daher erscheinen die weißen Gebiete ohne Kanten vergleichsweise dunkler. (B) Wir sehen eine weiße Figur, die über den Dreiecken liegt, obwohl die Umrisse, die wir sehen, gar nicht vorhanden sind. Aus Marr (613).

Während des Experiments registrierten Newsome und seine Mitarbeiter die Aktivität kleiner Zellgruppen in einem bestimmten Teil des visuellen Cortex (area MT). Bestimmte Zellgruppen in der area MT feuerten nur als Antwort auf Aufwärtsbewegungen, andere Zellgruppen feuerten nur, wenn sich die Leuchtflecken im Gesichtsfeld der Affen abwärts bewegten.

Wenn die Affen Fehler machten, indem sie beispielsweise signalisierten, daß die wenigen Punkte, deren Bewegungsrichtung gekoppelt war, sich abwärts bewegten, obwohl sie sich tatsächlich aufwärts bewegten, waren die Neuronen für Abwärtsbewegung aktiviert und diejenigen für Aufwärtsbewegung nicht. Dieses Ergebnis liefert einen starken Hinweis darauf, daß die Wahrnehmung der Bewegungsrichtung von Objekten unmittelbar von der Aktivität dieser Neuronen abhängt. Aber auch dieser Schluß stützt sich auf eine Korrelation zwischen neuronaler Aktivität und Wahrnehmung (wie sie im Wahlverhalten der Affen zum Ausdruck kommt). Es bleibt die Möglichkeit, daß die Neuronen der area MT gleichzeitig mit anderen Neuronen aktiviert werden, die eigentlich für die Bewegungswahrnehmung der Tiere verantwortlich sind.

Falls es stimmt, daß bestimmte Neuronengruppen für die Wahrnehmung der Abwärtsbewegung zuständig sind, sollte eine experimentelle Beeinflussung dieser Neuronen die Wahrnehmung der Tiere verändern. Newsome und sein Team prüften diese entscheidende Voraussage, indem sie über implantierte Elektroden ausgewählte Neuronen in der area MT stimulierten, während die Affen die bewegten Punkte auf dem Monitor beobachteten. Wie vorausgesagt, führte eine Reizung der Neuronen für Aufwärtsbewegung dazu, daß die Affen häufiger eine Aufwärtsbewegung signalisierten, wenn sich das Punktmuster auf dem Bildschirm tatsächlich abwärts bewegte [827]. Dieses Resultat deutet sehr stark darauf hin, daß eine ursächliche Beziehung zwischen der Aktivität kleiner Zellgruppen und der subjektiven Wahrnehmung der Affen besteht.

5.3 Motorische Kontrollmechanismen

Die aufgeführten Beispiele neurophysiologischer Mechanismen betrafen hauptsächlich sensorische Mechanismen mit spezialisierten Elementen für die Wahrnehmung relevanter Reize wie Ultraschall, bewegte Objekte oder visuelle Reize, die von Gesichtern ausgehen. Ebenso wie die Sinneswahrnehmung geht auch die Reaktion auf relevante Reize mit der Spezialisierung von Nervenzellen einher.

Wie schafft es beispielsweise die Grille *Teleogryllus oceanicus* bei ihren nächtlichen Flügen, Fledermäusen auszu-

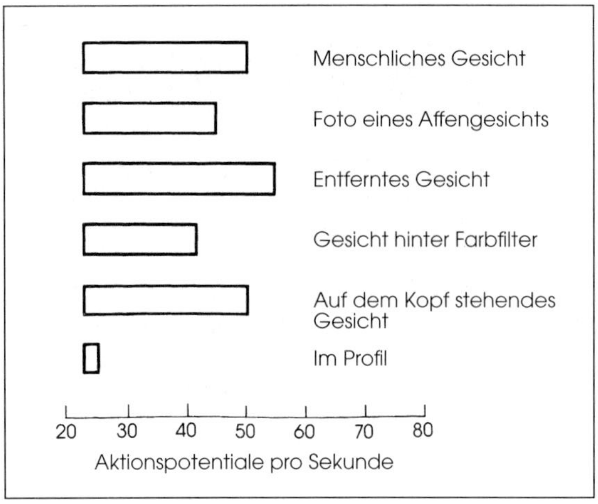

Abb. 5-15: **Aktivität eines „Gesichts-Detektor"-Neurons im Cortex eines Rhesusaffen.** Das Neuron feuert immer dann mit hoher Rate, wenn der Affe ein menschliches Gesicht oder das Foto von einem Affengesicht sieht. Die Aktivität des Neurons ist unabhängig davon hoch, ob das Gesicht nahe oder entfernt ist, ob es durch Farbfilter gesehen wird oder auf dem Kopf steht. Durch ein Gesicht im Profil wird das Neuron jedoch nicht aktiviert. Quelle: Perrett und Rolls (741).

weichen, deren Ultraschallrufe sie hört. Dieses Insekt besitzt Hörsinneszellen in seinen Vorderbeinen, von denen einige bei Schall mit einer Frequenz von 40 bis 50 kHz feuern. Die sensorische Information wird an verschiedene Neuronen im Zentralnervensystem der Grille weitergeleitet. Eines dieser Neuronen ist ein *int-1* genanntes Interneuron, von dem es auf jeder Körperseite eines gibt. Ron Hoy und seine Mitarbeiter zeigten, daß *int-1* eine Schlüsselrolle bei der Perzeption von Ultraschall spielt, indem sie einer Grille Schall mit verschiedener Frequenz vorspielten, während sie die Antwort der *int-1*-Neuronen registrierten. Die Neuronen wurden stark erregt, wenn Ultraschall auf die Gehörorgane der Grillen traf. Je intensiver der Schall im Bereich von 40 kHz bis 50 kHz war, desto mehr Aktionspotentiale wurden generiert und desto kürzer war die Latenzzeit zwischen Reiz und Reaktion. Beide Eigenschaften stimmen mit den Charakteristika der A1-Fasern bei Eulenfaltern überein.

Aus diesen Ergebnissen läßt sich schließen, daß eine hohe Aktivität der *int-1*-Neuronen dazu führt, daß die Grille auf Ultraschall reagiert. Falls dies richtig ist, sollte die Grille nicht auf Ultraschall reagieren, falls man das *int-1* experimentell ausschaltet. Die Verhaltensantwort intakter Grillen auf Ultraschall ähnelt derjenigen von Eulenfaltern; relative starke Ultraschallsignale bewirken, daß die Tiere sich von der Schallquelle abwenden. Dies läßt sich besonders gut am seitwärts gebogenen Hinterleib einer fixierten Grille ablesen (Abb. 5-17). Grillen, bei denen die *int-1*-Neuronen inaktiviert sind, versuchen nicht, von der Ultraschallquelle wegzusteuern, obwohl die auditiven Rezeptoren unbeschädigt sind und Aktionspotentiale produzieren. Die *int-1*-Neuronen sind für die Richtungssteuerung also unabdingbar.

Daraus läßt sich die Voraussage ableiten, daß eine Grille die Ausrichtung ihres Körpers ändern sollte als ob sie Ultraschall ausgesetzt ist, wenn man bei einer fliegenden, fixierten Grille die *int-1*-Neuronen aktiviert (man kann dies mit einer geeigneten Reizelektrode). Wenn man die *int-1*-Neuronen experimentell aktiviert, biegt die Grille ihr Abdomen [696]. Die Aktivität dieses Neurons ist also ausreichend, um die Richtungsänderung auszulösen.

Diese Experimente legen überzeugend dar, daß bei fliegenden Grillen eine ursächliche Beziehung zwischen der Aktivität der *int-1*-Neuronen und dem Ausweichen vor Fledermäusen besteht. Die *int-1*-Zellen sind allerdings sensorische Interneuronen. Sie innervieren die für die Fortbewegung zuständigen Muskeln der Grille nicht direkt. Statt dessen senden sie Signale an das Gehirn, wo sensorische Inputs aus verschiedenen Quellen verrechnet werden, bevor die „Entscheidung" erfolgt, Signale zu den Motoneuronen zu senden, welche die Muskeln kontrollieren. Die Kontraktion und Relaxation bestimmter Muskeln ist die Grundlage lokomotorischer Reaktionen.

Welches ist der proximate motorische Mechanismus, der es einer fliegenden Grille ermöglicht, einer Ultraschallquelle auszuweichen? Diese Frage versuchte Mike May, der seinerzeit Doktorand in Ron Hoys Labor war, zu

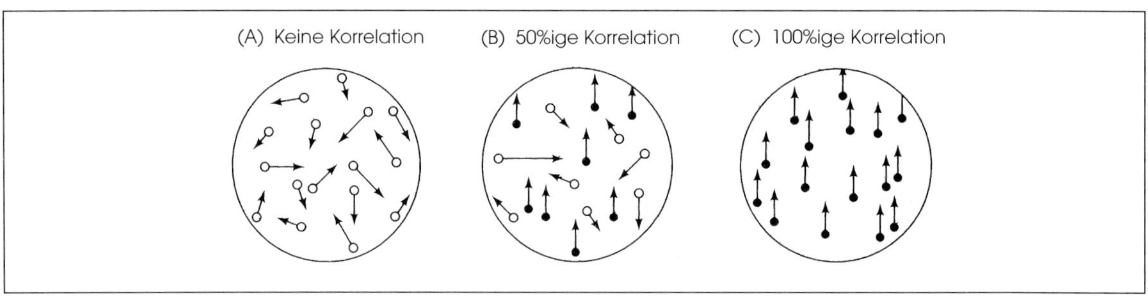

Abb. 5-16: **Bildschirmanzeige mit bewegten Punkten,** mit deren Hilfe Bewegungsdetektor-Neuronen im Gehirn von Rhesusaffen identifiziert wurden. In (A) gibt es keine Punkte, die sich in dieselbe Richtung bewegen; in (B) sind 50 % der Bewegungen korreliert (die Hälfte der Punkte bewegt sich in dieselbe Richtung); in (C) bewegen sich alle Punkte in dieselbe Richtung. Rhesusaffen können die korrelierte Bewegung noch als Signal erkennen, wenn der Anteil an korreliert bewegten Punkten 5 bis 10 % beträgt. Aus Newsome und Paré (689).

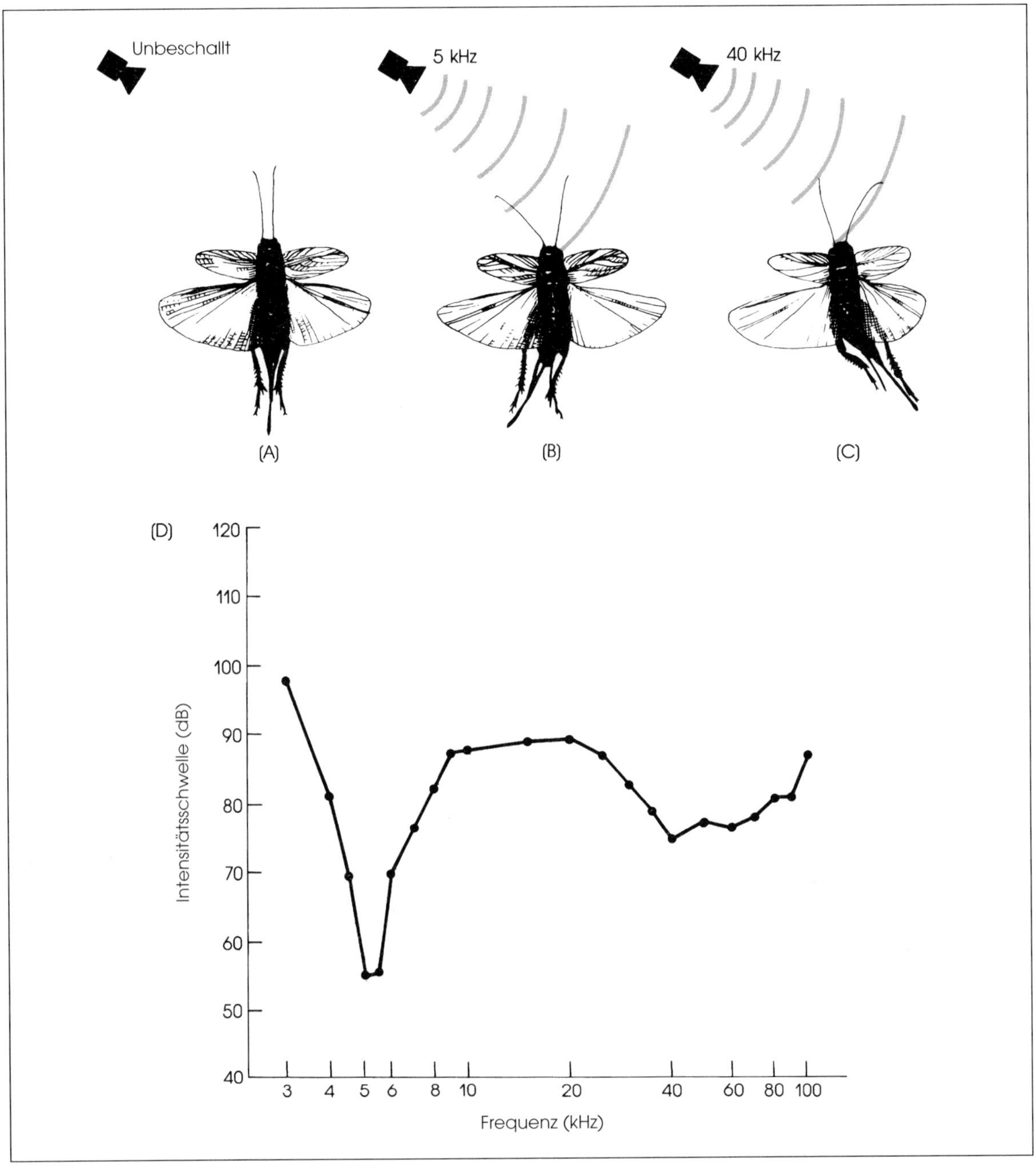

Abb. 5-17: **Eine fixierte, fliegende Grille** hält ihr Abdomen gerade (A), es sei denn, sie hört niederfrequente Laute (B), woraufhin sie ihr Abdomen der Schallquelle zuwendet, oder sie hört hochfrequente Laute (C), woraufhin sie ihr Abdomen abwendet. Die Männchen dieser Art erzeugen Laute im Frequenzbereich von 5 kHz; Fledermäuse geben hochfrequente Laute von sich. (D) Das Audiogramm der Grille zeigt eine besondere Empfindlichkeit für diese beiden Frequenzbereiche. Nach Moiseff et al. (658).

beantworten [617]. May begann damit, daß er fixierte, fliegende Grillen, die er zeitweise Ultraschallpulsen aussetzte, einfach beobachtete. Als er eines Tages (nach seinen eigenen Worten) „mit den Ultraschallpulsen spielte und die Reaktionen einer fixierten Grille beobachtete", ohne ein bestimmtes Experiment auszuführen oder eine Hypothese zu prüfen, fiel ihm auf, daß einer der Hinterflügel offenbar immer dann seinen Schlag verlangsamte, wenn er die Grille mit einem Ultraschallreiz traktierte. Grillen haben vier Flügel, aber nur die beiden Hinterflügel dienen zum Fliegen. Falls der Hinterflügel auf der Körperseite, die der Ultraschallquelle abgewandt ist, tatsächlich seinen Schlag verlangsamt, sollte sich die Antriebskraft auf dieser Körperseite verringern und die

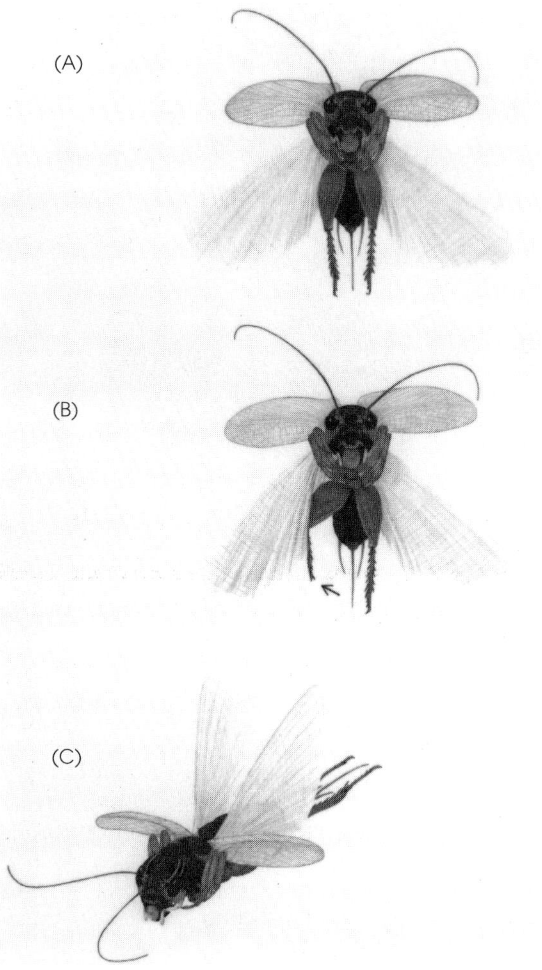

Abb. 5-18: **Schnelles Abwenden von einer Fledermaus.** (A) Eine fliegende Grille hält ihre Hinterbeine normalerweise so, daß sie die schlagenden Flügel nicht berühren. (B) Bei Ultraschall von rechts wird das gegenüberliegende Bein an den Flügel gehoben. (C) Infolgedessen verlangsamt sich der Schlag des linken Hinterflügels. Die Grille dreht von der Ultraschallquelle ab und sinkt rasch zu Boden. Zeichnung von Virge Kask, aus May (617).

Grille sich infolgedessen vom Reiz wegdrehen (Abb. 5-18).

Die anfänglichen Deutungen seiner Beobachtungen formulierte May zu einer Hypothese: Die Grille ändert ihre Flugrichtung, indem sie eines ihrer Hinterbeine bis auf Höhe des Hinterflügels anhebt und so den Schlag des betroffenen Flügels bremst. Um diese Hypothese zu prüfen, machte May eine Reihe von Hochgeschwindigkeitsaufnahmen von Grillen, von denen einige Hinterbeine hatten und andere nicht. Stand kein Hinterbein als Bremse zur Verfügung, schlugen beide Hinterflügel unbeeinträchtigt weiter, auch wenn die Grille Ultraschall ausgesetzt war. Grillen ohne Hinterbeine brauchten daher 140 Millisekunden, um ein Wendemanöver einzuleiten, während Grillen mit intakten Hinterbeinen dafür etwa 100 Millisekunden brauchten. May folgerte, daß es zentrale Neuronen für die Ultraschallwahrnehmung gibt, welche bei einer intakten Grille über Motoneuronen Muskelkontraktionen im kontralateralen Hinterbein auslösen. Wenn diese Muskeln sich kontrahieren, heben sie das Hinterbein an den Flügel. Dadurch wird der Flügelschlag gebremst und ein angemessen schnelles Wendemanöver ermöglicht, wenn eine Fledermaus naht [617].

Viele weitere Details des motorischen Mechanismus, der die Ausweichreaktion steuert, müssen noch untersucht werden. Das Grundprinzip, daß bestimmte neuronale Einheiten ganz bestimmte Reaktionen kontrollieren, wurde bei einigen anderen Arten vollständiger untersucht. Wenn beispielsweise die Meeresschnecke *Tritonia* mit chemischen Substanzen von den Tentakeln eines räuberischen Seesterns in Berührung kommt, beginnt sie schnell in der unbeholfenen Art der Nacktkiemer zu schwimmen, indem sie ihren Körper auf- und abwärts biegt [1005]. Das Tier führt zwischen zwei und zwanzig alternierende Körperbiegungen aus, und schwimmt oft noch lange, nachdem der Reiz, welcher die Reaktion auslöste, außer Reichweite ist. Dies erinnert an das, was die Ethologen eine Erbkoordination nennen (Kap. 2), bei der eine spezifische Reaktion durch einen adäquaten Reiz ausgelöst und dann vollständig ausgeführt wird.

Die Fluchtreaktion von *Tritonia* ergibt sich aus einem alternierenden Muster von Kontraktionen der dorsalen und ventralen Muskeln des Tiers (Abb. 5-19). Wenn sich die dorsalen Muskeln kontrahieren, wird der Körper der Schnecke in eine U-förmige Haltung gebracht; wenn sich die ventralen Muskeln kontrahieren, krümmt sich der Körper der Schnecke nach unten. Die beiden Muskelschichten werden von zwei große Motoneuronen gesteuert, dem dorsalen Flexorneuron (DFN) und dem ventralen Flexorneuron (VFN). Durch elektrische Reizung des DFN biegt sich der Körper der Schnecke aufwärts; durch Reizung des VFN biegt er sich in die Gegenrichtung [1005].

Das hervorstechende Merkmal des Fluchtverhaltens der Meeresschnecke ist die alternierende Folge von Auf- und Abwärtsbiegungen. Dies führte A. O. D. Willows zu der Annahme, daß die beiden Motoneuronen miteinander und mit einem weiteren Neuron in Verbindung stehen. Nach seinem Modell zur motorischen Steuerung (Abb. 5-20) wären die Wechselwirkungen zwischen den beiden Motoneuronen und einem dritten, allgemein exzitatorischen Neuron (GEN) für die abwechselnde Aktivität im DFN und VFN verantwortlich.

Diese Hypothese wurde von P. A. Getting geprüft, der sie aber schließlich verwarf, da er eine Gruppe von zentralen Interneuronen fand, welche die beiden motorischen Neuronen kontrollieren [339, 340]. Eines dieser Interneuronen, als C2 bezeichnet, kann exzitatorisch auf ein anderes Interneuron wirken, welches das DFN kontrolliert, während es Interneuronen, die mit dem VFN verbunden sind, inhibiert. Wenn das C2-Neuron feuert, erhält daher das DFN den Befehl zu feuern, wodurch eine dorsale Beugung ausgelöst wird. Das C2-Neuron und die Interneuronen, die das DFN kontrollieren, stehen allerdings so miteinander in Wechselwirkung, daß das

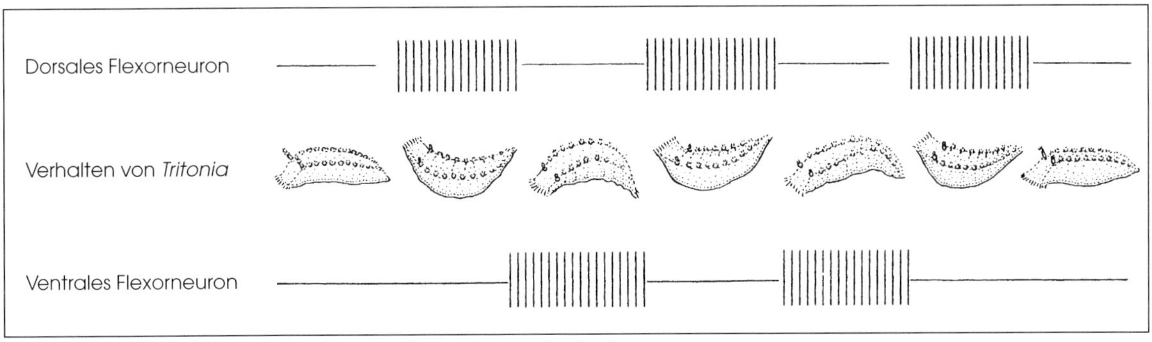

Abb. 5-19: **Fluchtverhalten der Meeresschnecke *Tritonia*.** Durch alternierende Kontraktionen der ventralen und dorsalen Muskulatur schwimmt die Schnecke von einem aversiven Reiz fort, dem Geruch eines räuberischen Seesterns. Die dorsalen und ventralen Muskeln werden von zwei verschiedenen Neuronen kontrolliert, deren Aktivität mit den alternierenden Muskelkontraktionen übereinstimmt.

C2-Neuron nach einer kurzen exzitatorischen Phase das DFN inhibiert, während es Interneuronen erregt, die ihrerseits das VFN aktivieren. Infolgedessen hört das DFN auf zu feuern, wenn das VFN zu feuern beginnt. Die Verhältnisse kehren sich dann um, und durch die alternierende Aktivität der Interneuronen, welche DFN und VFN regulieren, werden alternierende Aktivitätsschübe von DFN und VFN ausgelöst, was dann zu einer alternierenden dorsalen und ventralen Beugung führt.

5.3.1 Zentrale Mustergeneratoren

Im Sprachgebrauch der Neurobiologie wird eine Gruppe von Interneuronen, wie sie Getting bei *Tritonia* fand, als **zentraler Mustergenerator** bezeichnet: Eine funktionale Einheit im zentralen Nervensystem, die ein Muster von Signalen erzeugen kann, das für eine bestimmte Reaktion benötigt wird [380]. Solche Mustergeneratoren brauchen keine sensorische Rückmeldung, um die entsprechenden Signalfrequenzen selbständig zu produzieren. Wenn man beispielsweise Hirnstamm und Rückenmark eines Neunauges (ein primitiver Fisch) isoliert, kann das lebende Gewebe immer noch das rhythmische Signalmuster hervorbringen, welches beim intakten Neunauge die Schwimmbewegungen veranlassen würde [380]. Dieser

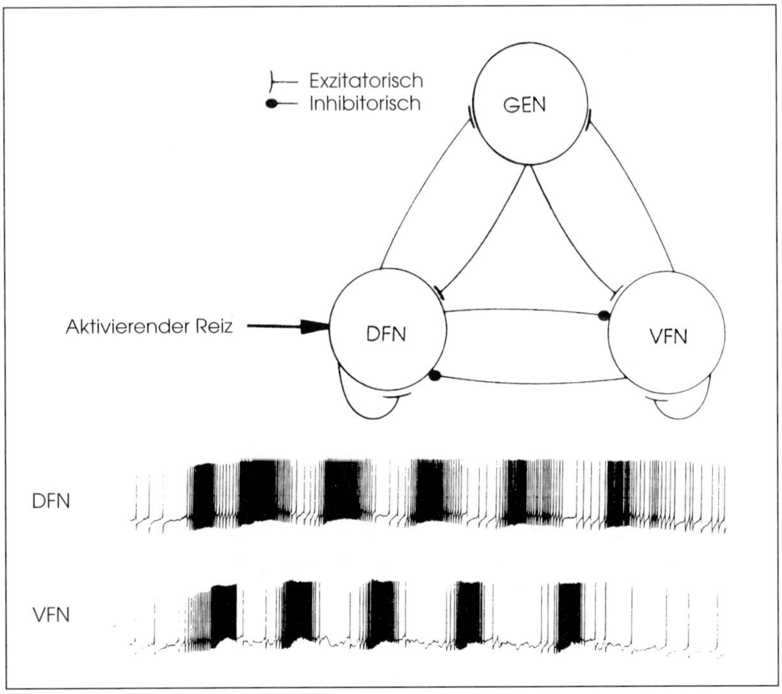

Abb. 5-20: **Modellvorstellung zur neuronalen Kontrolle des Fluchtverhaltens bei *Tritonia*:** Das dorsale Beugeneuron (DFN) und das ventrale Beugeneuron (VFN) sind miteinander so verschaltet, daß Aktivität des einen Neurons das andere hemmt. Beide Beugeneuronen sind mit einem generell exzitatorischen Neuron (GEN) verbunden, das auf die beiden anderen Neuronen einen erregenden Effekt hat. Sobald das DFN als Antwort auf einen Reiz zu feuern beginnt, wird das GEN aktiv und erregt das VFN. Das VFN beginnt nun seinerseits zu feuern und hemmt die Aktivität des DFN vorübergehend. Im unteren Teil des Bildes ist eine Ableitung der tatsächlichen Aktivität von DFN und VFN wiedergegeben. Nach Willows (1005).

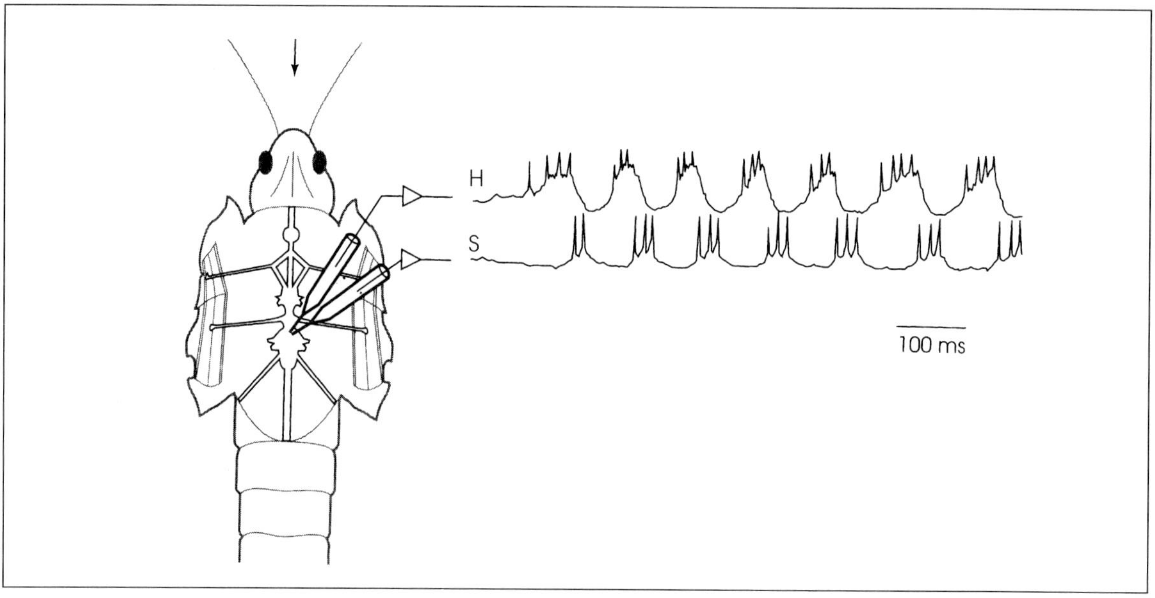

Abb. 5-21: **Neuronale Kontrolle des Fluges bei der Wanderheuschrecke *Locusta migratoria*.** Ein Luftstoß (Pfeil nach unten) auf den Kopf des Tieres aktiviert bei einer fixierten, für die Ableitung präparierten Heuschrecke Neuronen in den Thorakalganglien. Simultane Ableitungen von einem Heber-Neuron (H) und einem Senker-Neuron (S) zeigen alternierende Salven von Aktionspotentialen, die zeitlich so abgestimmt sind, daß das zum Fliegen notwendige Flügelschlagmuster erzeugt wird. Nach Robertson und Pearson (792, 793).

Befund zeigt, daß es einen zentralen Mustergenerator im Hirnstamm oder im Rückenmark gibt, welcher der Steuerung des Schwimmverhaltens bei dieser Art zugrunde liegt. Grundsätzlich braucht diese Einheit kein sensorisches „feedback", um die richtige Folge von motorischen Befehlen auszugeben. (Im intakten Tier erfolgt allerdings ein sensorisches „feedback", mit dessen Hilfe das Grundmuster der Schwimmbewegungen an spezifische Situationen angepaßt wird [380].)

Zentrale Mustergeneratoren, welche die Fortbewegung steuern, sind im Tierreich weit verbreitet. Besonders gut wurden sie bei einigen Evertebraten untersucht [146, 379]. Wenn beispielsweise die Wanderheuschrecke *Locusta migratoria* fliegt, kann sie sich nur in der Luft halten, wenn sich die Flügel nach einem genau abgestimmten Muster auf- und abbewegen. Die Flugmuskeln dieser Insekten werden von verschiedenen Motoneuronen kontrolliert, die sie entweder heben oder senken. Ein Heber-Neuron beginnt nach kurzer Zeit zu feuern, wenn ein Luftstoß auf den Kopf einer fixierten, aber lebenden Heuschrecke trifft [792]. Mit der Aktivierung dieses Neurons beginnt eine abwechselnde Tätigkeit von Flügelheber- und Flügelsenkerneuron, ähnlich dem Aktivitätszyklus, der oben für die dorsalen und ventralen Beugeneuronen der Meeresschnecke *Tritonia* beschrieben wurde.

Falls das alternierende Aktivitätsmuster von reziproken inhibitorischen Einflüssen zwischen Heber- und Senkerneuron herrührt, würde man erwarten, daß es direkte Verbindungen zwischen beiden Neuronentypen gibt. Aber wie bei *Tritonia* gibt es keine direkte Verschaltung. Das alternierende Muster wird also vermutlich von einem oder mehreren anderen Neuronen des Nervensystems erzeugt. Möglicherweise sind einige große Interneuronen in den Thorakalganglien Teil eines zentralen Mustergenerators. Diese Interneuronen feuern rhythmisch mit einer Frequenz, die mit der Flügelschlagrate der Heuschrecke übereinstimmt. Falls man die Aktivität eines dieser Interneuronen experimentell unterbricht, ist zudem die Aktivität der Flugmuskeln entsprechend verlangsamt. Und schließlich bleibt die Aktivität dieser Interneuronen auch dann erhalten, wenn der sensorische Input zum Zentralnervensystem durch Abtrennen der zuführenden Nerven weitgehend ausgeschaltet ist. Es scheint also so zu sein, daß diese Neuronen ein ganz spezifisches Aktivitätsmuster erzeugen, das eine für den normalen Flug unerläßliche Grundstruktur für die Befehle an die Flügelmuskulatur bildet [793].

Ein sehr ähnlicher Mechanismus wurde bei einem ganz und gar nicht verwandten Tier, dem Medizinischen Blutegel (*Hirudo medicinalis*), entdeckt. Dieser aquatische Evertebrat schwimmt mit einer Wellenbewegung seines langgestreckten Körpers. Die Schwimmbewegung setzt eine zeitlich exakt abgestimmte Folge von dorsal-ventralen Kontraktionen der Muskeln an verschiedenen Stellen entlang des Körpers voraus. Der wurmförmige Körper des Blutegels besteht aus vielen Segmenten, von denen jedes seinen eigenen Satz an dorsalen und ventralen Muskeln und sein eigenes zentralnervöses Ganglion hat, das mit den Ganglien der benachbarten Segmente verbunden ist (Abb. 5-22). Wenn man bestimmte Interneuronen in einem isolierten Ganglion elektrisch reizt, aktivieren diese Neuronen einen zentralen Mustergenerator. Dies führt dazu, daß vier Neuronen auf jeder Seite des Ganglions eine längere, präzise gegliederte Salve von Impul-

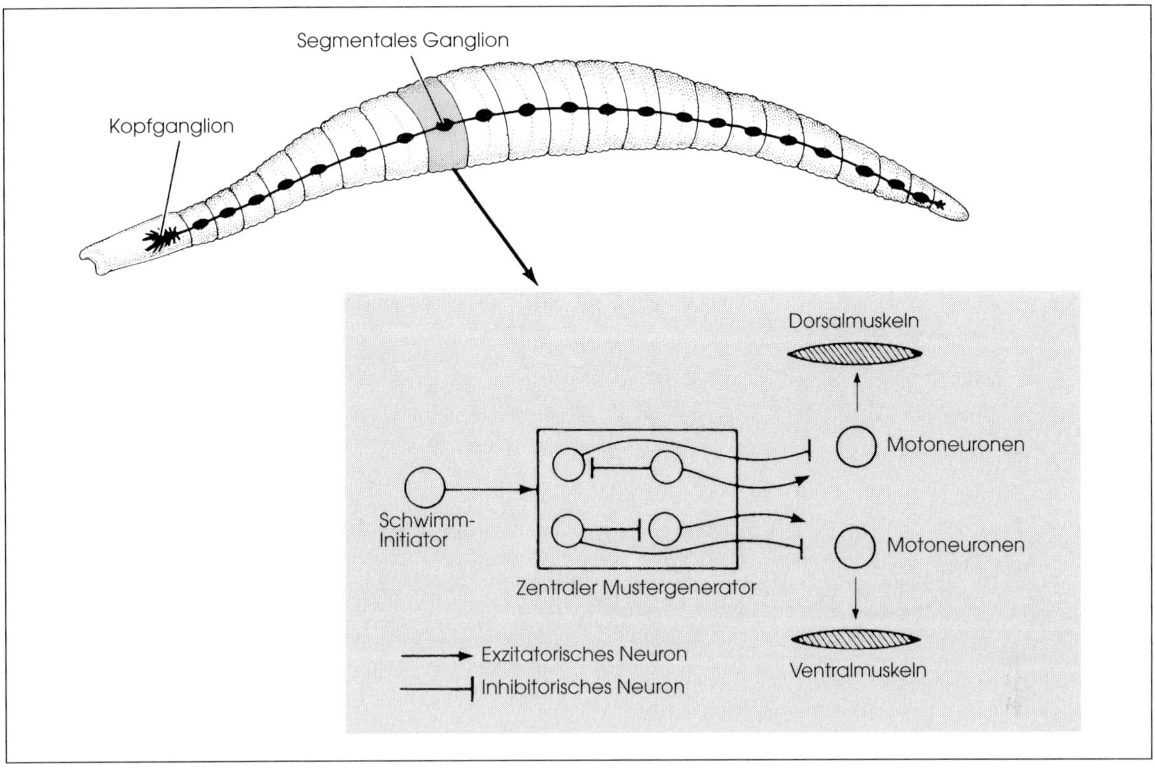

Abb. 5-22: **Zentraler Mustergenerator und Schwimmverhalten beim Blutegel.** Der Egel schwimmt, indem er seinen wurmähnlichen, segmentierten Körper wellenförmig bewegt. Die Schwimmbewegungen werden von einer Neuronengruppe koordiniert, die sich in jedem der Segmente befindet. Sobald ein Neuron im Nervensystem, welches das Schwimmen initiiert, die vier Neuronen des zentralen Mustergenerators aktiviert hat, erzeugen sie eine koordinierte Folge von Signalen, die an Motoneuronen weitergegeben werden, welche die dorsalen und ventralen Muskeln des Egels innervieren. Daraufhin kontrahieren sich die Muskeln nach einem fein abgestimmten Muster, das für effizientes Schwimmen erforderlich ist.

sen erzeugen. Jedes dieser vier Neuronen feuert, wenn es an der Reihe ist, etwas weniger als eine Sekunde lang. Der Rhythmus ist dabei synchron mit dem Muster der Muskelkontraktionen, die in einem bestimmten Segment erfolgen, wenn der Egel schwimmt. Das Muster ergibt sich im wesentlichen aus inhibitorischen Wechselwirkungen zwischen den Neuronen einer Vierergruppe. Darüber hinaus gibt es inhibitorische Verknüpfungen zwischen dem zentralen Mustergenerator eines Ganglions und den zentralen Mustergeneratoren in den benachbarten Ganglien. Diese Anordnung ermöglicht eine Kommunikation zwischen den Segmenten, so daß eine Welle von Muskelkontraktionen und -relaxationen entlang des Körpers erzeugt wird. Diese treibt den Egel vorwärts durchs Wasser [326].

Der Mechanismus, der das Schwimmen beim Blutegel steuert, ist äußerst komplex. Ein vollständiger Schaltplan wäre daher sehr verwirrend [146]. Trotzdem kommt nur vier Neuronen in jedem der zentralen Mustergeneratoren eine Hauptrolle darin zu, die Befehle an die Motoneuronen in bestimmter Weise zu rhythmisieren. Die Motoneuronen setzen diese schließlich in eine geordnete Bewegung um. Genau wie sensorische Zellen keine „unvoreingenommenen" Berichterstatter über Ereignisse in der Umgebung sind, haben die zentralen Neuronen, welche an der Bewegungssteuerung beteiligt sind, ihre eigenen, einzigartigen Eigenschaften, welche das Verhalten in adaptiver Weise vorstrukturieren.

5.4 Navigation

Obwohl das Verständnis der relativ einfachen Bewegungen einer Meeresschnecke oder eines Blutegels vorangeschritten ist, indem die Hypothese geprüft wurde, daß es einen zentralen Mustergenerator gibt, sind die Details der Tätigkeit motorischer Neuronen in den meisten Fällen noch nicht ganz geklärt [704]. Bei vielen anderen motorischen Fähigkeiten ist die neuronale Kontrolle bislang noch weitaus rätselhafter. Ein Musterbeispiel ist die Fähigkeit einiger Tiere, entfernte Ziele zu erreichen, indem sie durch unbekanntes Gebiet navigieren. So finden wandernde Tiere, oder Vögel, die man an einen anderen Ort gebracht hat, über hunderte von Kilometern heim und folgen dabei einer Route, die sie nie zuvor benutzt haben.

Wenn Sie oder ich an einem unbekannten Ort abgesetzt

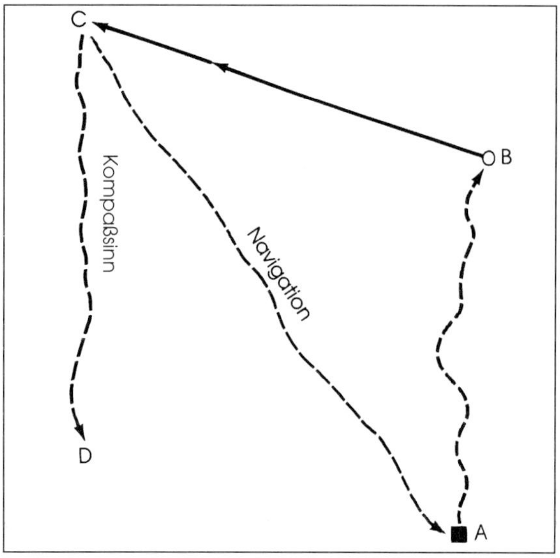

Abb. 5-23: **Für die Navigation ist ein Kompaßsinn notwendig**, aber nicht hinreichend. Hier wird ein Tier, daß sich von seinem Heimatort A zum Ort B bewegt hat, eingefangen und zum Ort C gebracht. Wenn das Tier in der Lage ist, von C aus auf direktem Weg heimzufinden, ist es zu erfolgreicher Navigation fähig. Wenn es sich zum Ort D bewegt, hat es einen Kompaßsinn, hat aber nicht heimwärts navigiert.

würden, hätten wir vermutlich keine Ahnung, wohin wir gehen müßten, selbst dann nicht, wenn wir uns nur wenige Kilometer von zu Hause entfernt befänden. Wir wären auch dann nicht besser dran, wenn diejenigen, die unser Heimfindevermögen testen wollen, uns einen Kompaß gäben. Man müßte uns sagen, in welche Richtung wir uns zu orientieren haben; nur dann wäre der Kompaß eine Hilfe. Die Navigation zu einem Bestimmungsort (Abb. 5-23) setzt voraus, daß man weiß, in welcher Position relativ zum Ziel man sich befindet und in welche Richtung man sich bewegen muß. Wie bewerkstelligen Tiere dies?

Obwohl wir etwas darüber wissen, wie einige Arten optische Landmarken nutzen, um mentale Repräsentationen zu bilden, die ihnen beim Finden des Weges helfen [z. B. 261, 968], ist unser Verständnis der bei der Navigation eingesetzten „Landkarten" noch gering. Was wir über die Kompaßorientierung wissen, stammt weitgehend aus Untersuchungen an Honigbienen und Brieftauben. Beide Arten navigieren ausgezeichnet. Dies zeigt die Fähigkeit der Honigbiene, schnurstracks zum Stock zurückzufliegen, nachdem sie zuvor bei ihrer Futtersuche außerhalb des Stocks mit vielen Richtungswechseln geflogen ist, und die Fähigkeit einer Brieftaube, geradewegs zu ihrem Schlag zu fliegen, nachdem sie an einem entfernten, unbekannten Ort aufgelassen wurde.

Honigbienen und Brieftauben sind tagaktiv, und beide sind fähig, den Sonnenstand als Richtungsweiser zu nutzen [502, 957]. Auch wir können dies zu einem gewissen Grad, falls wir die ungefähre Tageszeit kennen, da wir wissen, daß die Sonne im Osten auf- und im Westen untergeht. Auf ihrer Kreisbahn über den Himmel wandert die Sonne pro Stunde um 15°. Will man den Sonnenstand für die Kompaßorientierung nutzen, muß man diese Bewegung der Sonne einkalkulieren. Eine Biene, die ihren Stock verläßt, merkt sich die Position der Sonne relativ zum Stock, wenn sie zur Nahrungssuche abfliegt. Sie ist dann vielleicht 15 bis 30 Minuten unterwegs und gelangt bei der Nahrungssuche in unbekanntes Gelände. Falls sie sich bei der Rückkehr zum Stock so orientieren würde, als wäre die Sonne noch in derselben Position wie beim Antritt ihres Ausflugs, würde die Biene sich verirren, da der Sonnenstand sich in der Zwischenzeit geändert hat.

Honigbienen verirren sich selten, zum Teil deshalb, weil sie etwas über die optischen Landmarken in ihren Nahrungsgebieten lernen, aber auch, weil sie mit Hilfe einer inneren Uhr (siehe Kap. 6) die Sonnenbewegung kompensieren [572]. Diese Fähigkeit kann man nachweisen, indem man einige markierte Bienen trainiert, zu einer Futterstelle mit Zuckerwasser zu fliegen, die sich ein Stück vom Stock entfernt befindet (z. B. 300 Meter östlich des Stocks). Man kann dann die Bienen im Stock einschließen und den Stock mit den Bienen und die Futterstelle an einen anderen Platz bringen. Nach 3 Stunden wird der Stock geöffnet, und die Bienen können auf Nahrungssuche gehen. Es gibt nun keine bekannten Landmarken, nach denen die Bienen sich richten könnten, aber trotzdem erinnern sich einige der markierten Bienen daran, daß 300 Meter östlich Futter zu finden ist. Sie fliegen von der neuen Position des Stocks aus 300 Meter nach Osten, zu dem Platz, wo die Futterstelle sein „sollte", wo aber nun nur ein leerer Futterspender steht. Zu neuen Futterspendern mit Zuckerwasser an anderen Orten fliegen sie nicht, was zeigt, daß sie die Futterspender nicht mit Hilfe von olfaktorischen oder anderen Hinweisreizen aufspüren. Aber sie haben die Bewegung der Sonne um 45° während ihres „Zwangsaufenthalts" im Stock kompensiert.

Tauben kann man ebenfalls dazu bringen, zu zeigen, wie bedeutend eine innere Uhr bei der Orientierung anhand des Sonnenstandes ist [572]. Die inneren Uhren dieser Vögel lassen sich verstellen, indem man die Tauben in einen abgeschlossenen Raum mit künstlicher Beleuchtung bringt und die Hell- und Dunkelphasen im Raum so verschiebt, daß sie mit Sonnenauf- und -untergang in der Außenwelt nicht mehr übereinstimmen. Wenn beispielsweise die Sonne um 6.00 Uhr aufgeht und um 18.00 Uhr untergeht, kann man die künstliche Beleuchtung um Mitternacht angehen und mittags ausgehen lassen. Wenn eine Taube diesem Beleuchtungsschema für einige Tage ausgesetzt ist, verstellt sich die innere Uhr gegenüber dem natürlichen Tag um 6 Stunden. Wird die Taube aus dem geschlossenen Raum genommen und um 6.00 morgens an irgendeinem Ort in einiger Entfernung vom Schlag aufgelassen, verhält sie sich, als wäre es 6 Stunden später (mittags), und orientiert sich falsch. Nehmen wir beispielsweise an, daß die Taube 80 Kilometer westlich ihres Schlags aufgelassen wird. Ihr Richtungssinn informiert sie darüber, und sie versucht ostwärts zu fliegen. Das bedeutet laut Charles Walcott: „Wenn man morgens um 6.00 ostwärts fliegen will, sollte man auf die Sonne zufliegen, aber wenn die innere Uhr einem sagt, daß es Mittag ist, muß man sich 90° links von der Sonne halten. Und genau das machen die Tauben, auch wenn sie wohl keine der hier beschriebenen Überlegungen dabei anstellen." Abb. 5-24 veranschaulicht diesen Sachverhalt.

5.4.1 Alternative Orientierungsmechanismen

Falls der Sonnenkompaß die einzige Orientierungsmöglichkeit für Bienen und Brieftauben wäre, könnten sie an bewölkten Tagen nicht heimfinden. Aber beide Arten navigieren auch unter einer geschlossenen Wolkendecke erfolgreich [261, 1009]. Tatsächlich können einige Brieftauben auch nachts heimfinden oder wenn sie Kontaktlinsen aus Mattglas aufhaben, so daß sie nur noch sehr verschwommen sehen. Diese Arten verfügen also über weitere Kompaßmechanismen, von denen einer in klaren Nächten arbeiten könnte (Sternenkompaß) und andere dann, wenn weder die Sonne noch die Sterne zu sehen sind [288].

Zu den nicht-visuellen Kompaßmechanismen, die man untersucht hat, gehört die Fähigkeit von Vögeln, die schwachen Feldlinien des Erdmagnetfelds wahrzunehmen. Falls ein Vogel tatsächlich die Hinweisreize, die von den in Nord-Süd-Richtung verlaufenden Feldlinien ausgehen, nutzt, sollte die experimentelle Veränderung des umgebenden Magnetfeldes die Orientierung stören, sofern kein anderer Kompaßmechanismus zur Verfügung steht. Charles Walcott änderte das Magnetfeld in der Umgebung einiger Tauben, indem er ihnen einen Magneten umschnallte oder einen Helm mit einer batteriebetriebenen Helmholtzspule aufsetzte (Abb. 5-25). Das veränderte Magnetfeld störte die Orientierung der Brieftauben, wenn sie weit von ihrem Schlag entfernt aufgelassen wurden, allerdings nur an bedeckten Tagen. Wenn die Sonne schien, richteten sich die Vögel nach dem Sonnenstand und ignorierten die Hinweise, die ihnen ihre Magnetfeldwahrnehmung lieferte. Wenn zuverlässige Informationen über die Sonne nicht zur Verfügung standen, machten die Tauben von der nächstbesten Möglichkeit, der Information über die Ausrichtung des Erdmagnetfelds, Gebrauch [961].

5.4.2 Olfaktorische Navigation?

Wir könnten die Rolle optischer Hinweisreize und des Erdmagnetfelds bei der Navigation von Vögeln noch sehr viel detaillierter behandeln. Statt dessen wollen wir uns darauf konzentrieren, welche Rolle eventuell der Geruchssinn spielt. Dieses Problem wird kontrovers diskutiert und ist ein ausgezeichnetes Beispiel dafür, wie Wissenschaft funktioniert [729, 836]. Vor einigen Jahren stellte Floriano Papi die Hypothese auf, daß Brieftauben eine mosaikartige „Geruchslandkarte" (Abb. 5-26) anlegen, indem sie lernen, welche Gerüche jeweils mit dem Nordwind kommen, welche mit dem Westwind, und so fort. Falls dies stimmt, sollte ein Eingriff in das olfaktorische System, bei dem man die wichtigsten olfaktorischen Nerven kappt oder die Geruchsrezeptoren durch ein vorübergehend wirkendes Lokalanästhetikum betäubt, zu einer „geruchsblinden" Taube führen, die nicht heim-

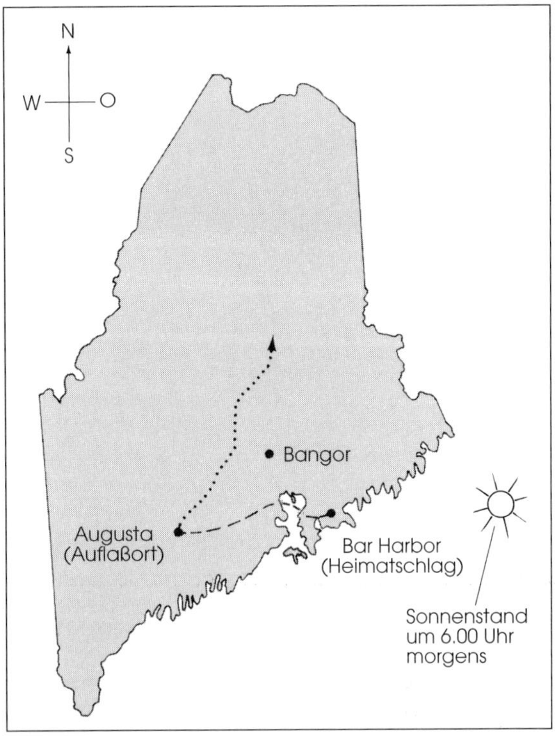

Abb. 5-24: **Veränderte Navigation nach Verstellen der inneren Uhr bei Brieftauben.** Ergebnis eines hypothetischen Experiments: Die Tauben werden um 6.00 Uhr morgens in der Nähe von Augusta, Maine/USA, aufgelassen. Die untere Spur stammt von einer Taube, die bei natürlichem Licht gehalten wurde; die obere, gepunktete Linie gibt den Weg einer Taube wieder, deren Uhr um 6 Stunden verstellt wurde.

Abb. 5-25: **Brieftaube mit einer Helmholtzspule auf dem Kopf**, welche die Wahrnehmung des Erdmagnetfeldes stört. Foto von Charles Walcott.

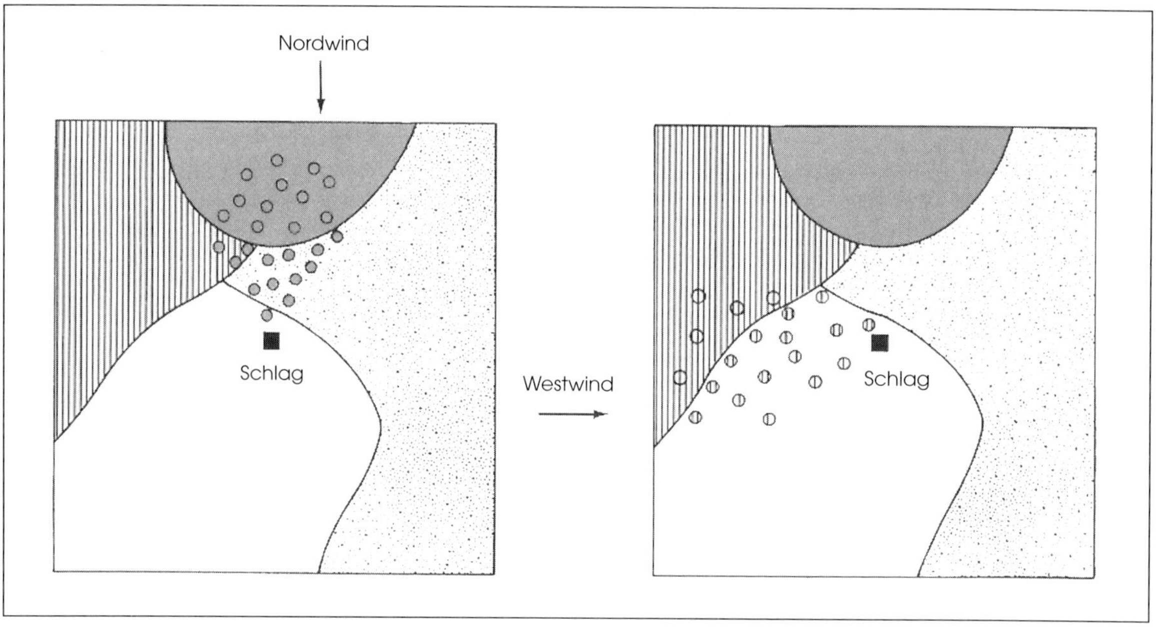

Abb. 5-26: **Eine olfaktorische Landkarte?** Falls verschiedene Orte verschiedene Gerüche haben, haben Nordwind und Westwind jeweils ihren eigenen, spezifischen Geruch. Tauben in ihrem Heimatschlag könnten in der Lage sein, mit Hilfe dieser Informationen eine Geruchslandkarte zu bilden, die sie später für das Heimfinden zu ihrem Schlag nutzen. Nach Papi (728).

finden kann. Experimentelle Eingriffe in das olfaktorische System behindern oft tatsächlich die Anfangsorientierung bei Brieftauben (Abb. 5-27) [963].

Diese Ergebnisse lassen sich allerdings auch anders erklären. Veränderungen im olfaktorischen System könnten Motivation und Aufmerksamkeit der Vögel beeinflussen, was wiederum ihre Orientierung und ihr Heimfindevermögen beeinträchtigt, unabhängig von der

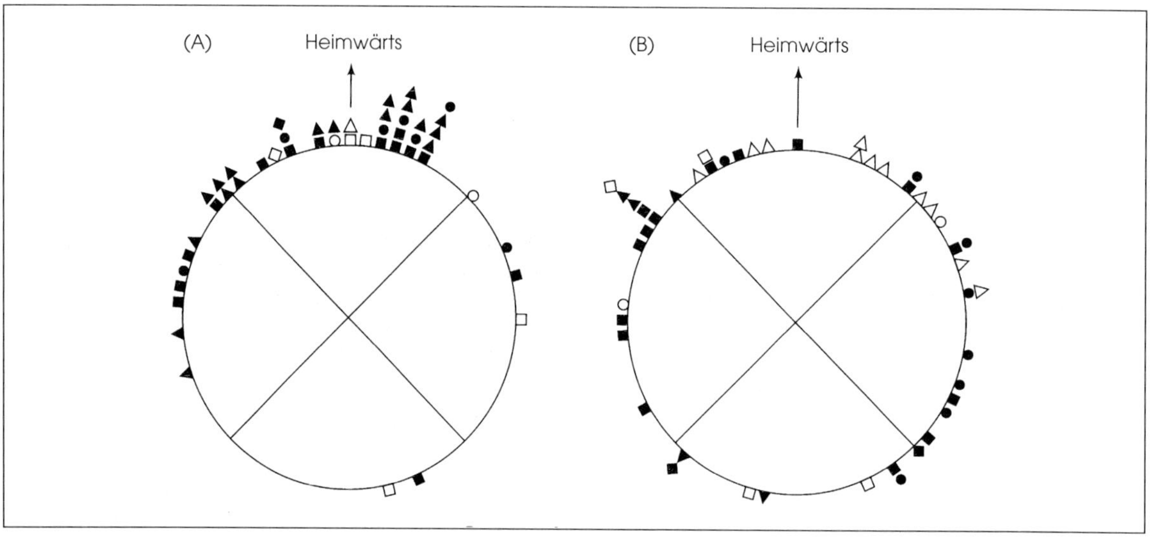

Abb. 5-27: **Zusammenfassende Darstellung von Experimenten zur olfaktorischen Orientierung bei Brieftauben.** (A) Das Verhalten von Kontrolltauben mit unveränderter Geruchswahrnehmung. Jedes Symbol gibt die durchschnittliche Anfangsorientierung von Tauben wieder. Man beachte die Häufung der Symbole um die Richtung zum Heimatschlag herum. (B) Tauben mit ausgeschalteter Geruchswahrnehmung orientieren sich nach dem Auflaß sehr viel weniger häufig exakt in Richtung ihres Heimatschlags. Beachten Sie die vielen Fälle, in denen die durchschnittliche Anfangsorientierung der geruchsblinden Tauben um mehr als 90° von der Richtung zum Heimatschlag abweicht. Nach Papi (729).

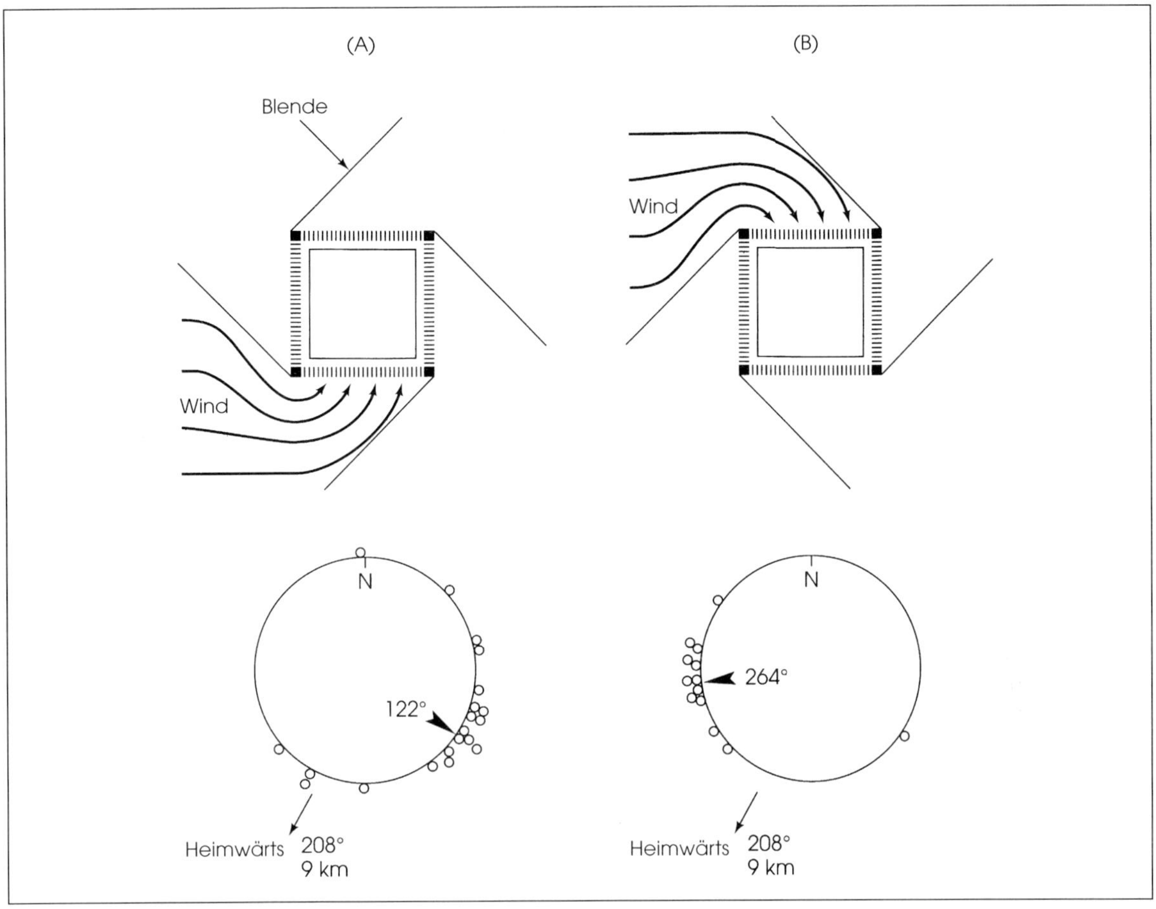

Abb. 5-28: **Schläge mit Ablenkeinrichtung.** (Oben) Blenden lenken den Wind um 90° ab und verändern so die Wahrnehmung der Tauben über die Herkunftsrichtung von bestimmten Gerüchen. (Unten) Die Anfangsorientierung von Tauben, die in den Schlägen mit Ablenkeinrichtungen (A oder B) gehalten wurden, ist um 90° gedreht, wenn die Tauben aufgelassen werden, um heimzufinden. Die offenen Kreise zeigen den Orientierungswinkel, den einzelne Tauben beim Auflaß einnahmen; der Pfeil innerhalb des großen Kreises zeigt die mittlere Orientierungsrichtung aller Tauben, die im Experiment eingesetzt wurden. Nach Baldaccini et al. (38).

veränderten Geruchswahrnehmung. Glücklicherweise können wir die Hypothese von der Geruchslandkarte prüfen, ohne das Sensorium der Vögel zu manipulieren.

Angenommen, man würde den Luftstrom, den am Taubenschlag eintreffende Winde bewirken, ablenken, dann sollten die Brieftauben eine entsprechend verzerrte Geruchslandkarte konstruieren. Wenn beispielsweise Westwind über hölzerne Blenden so umgelenkt wird, daß er von der Südseite in den Schlag eintritt, sollten die Tauben fälschlich „denken", daß Gerüche von Orten in westlicher Lage aus dem Süden kommen. Dies würde ihre Orientierung beeinflussen, wenn sie die Luft am Auflaßort riechen. Experimente mit Tauben, die in Schlägen mit Einrichtungen zur Luftablenkung gehalten wurden (Abb. 5-28), brachten das erwartete Ergebnis: Die Anfangsorientierung nach dem Auflassen ist genau um den Winkel verändert, der dann zu erwarten ist, wenn die Vögel aufgrund der Windablenkung am Heimatschlag eine entsprechend verzerrte Geruchskarte konstruieren.

Die Diskussion um solche Experimente geht aber auch hier weiter, da man auch mit Alternativhypothesen erklären kann, warum sich Brieftauben, die in Schlägen mit Ablenkeinrichtungen gehalten wurden, nach dem Auflaß oft falsch orientieren. Vielleicht reflektieren die Blenden der Ablenkeinrichtung auch Licht, das in den Schlag eintritt. In diesem Fall wären optische Reize für die veränderte Orientierung der Brieftauben ausschlaggebend [836]. Man kann dieses Problem umgehen, indem man zwei Gruppen von jungen, versuchsnaiven Tauben in identischen Schlägen ohne Ablenkeinrichtung hält, und nur eine der beiden Gruppen einem bestimmten Duftstoff, Benzylaldehyd, aussetzt, der immer aus derselben Richtung in den Käfig geblasen wird (z. B. von Nordwesten). Dann kann man beide Gruppen zum selben Auflaßort bringen und während des Transports und am Auflaßort zeitweise Benzylaldehyd in die Transportkäfige einleiten. Die Tauben der Kontrollgruppe würden das Benzylaldehyd zum ersten Mal riechen. Sie sollten es deshalb nicht beachten und in Richtung ihres Heimatschlags starten. Die Tauben der experimentellen Gruppe,

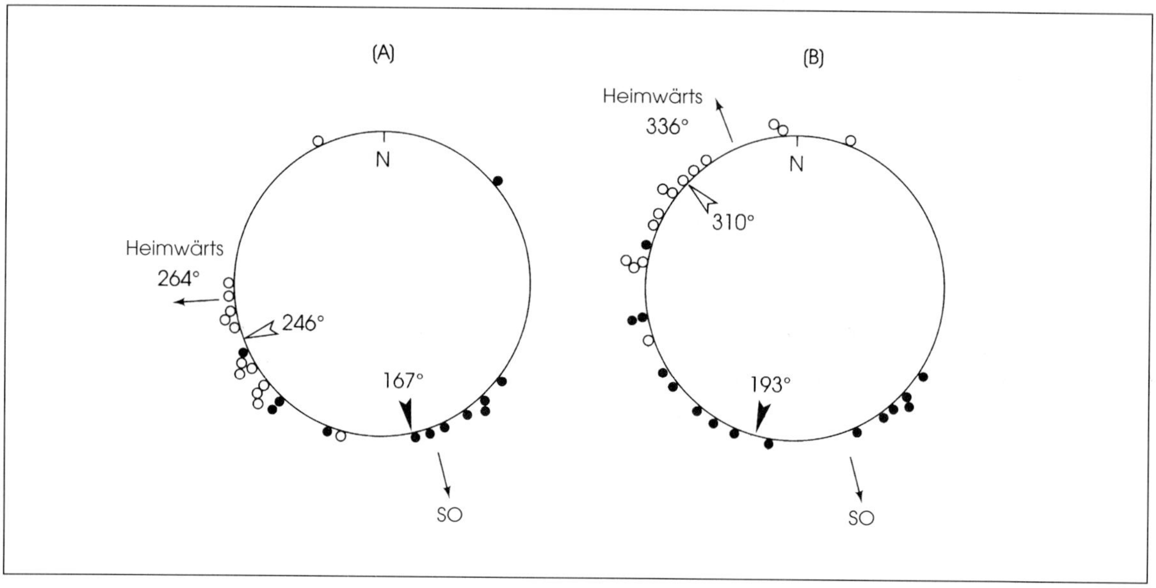

Abb. 5-29: **Zwei experimentelle Überprüfungen der Hypothese einer olfaktorischen Navigation:** In beiden Experimenten (A und B) waren die Tauben zuvor einem spezifischen Duftstoff ausgesetzt worden (Benzylaldehyd = BA), der über Ventilatoren von Nordwesten in ihren Schlag geblasen wurde. In jedem der Experimente konnte dann eine Gruppe von Tauben (gefüllte Kreise) den Duftstoff (BA) am Auflaßort riechen. Nach der Hypothese der olfaktorischen Navigation sollten diese Tauben nach Südosten fliegen, was viele tatsächlich taten. Bei einer anderen Gruppe (offene Kreise) war der Geruchssinn vor dem Auflaß mit einem Anästhetikum ausgeschaltet worden. Diese Tauben konnten den Duftstoff BA am Auflaßort nicht riechen und konnten daher nicht dazu gebracht werden, zu „denken", sie befänden sich nordwestlich von ihrem Heimatschlag. Diese Tauben orientierten sich exakt in Richtung ihres Heimatschlags, und zwar nach Westen in Experiment A und nach Nordwesten in Experiment B. Die mittlere Anfangsorientierung in jeder Taubengruppe wird durch die Pfeile in den großen Kreisen angegeben. Quelle: Ioalé et al. (474).

die genau den Duft wahrnehmen, der in ihrem Schlag immer von Nordwesten kam, sollten dann (nach der Geruchslandkarten-Hypothese) „annehmen", daß sie sich auf einer Bahn zwischen dem Herkunftsort des Benzylaldehyds im Nordwesten und ihrem südöstlich gelegenen Heimatschlag befinden. Um heimzukehren, sollten diese Vögel nach Südosten starten, und das machen sie tatsächlich [474] (Abb. 5-29).

Mit einem weiteren, eleganten Experiment prüfte J. Kiepenheuer die Geruchslandkarten-Hypothese [510]. Er nahm Luftproben von vier zukünftigen Auflaßorten (A, B, C und D). Dann setzte er Tauben für eine gewisse Zeit in luftdichte Behälter, die je eine der vier Luftproben enthielten. Anschließend wurden die Tiere wieder aus den Behältern genommen und mit einem Lokalanästhetikum behandelt, das ihren Geruchssinn ausschaltete. Kiepenheuer transportierte die Tauben dann nach A, B, C oder D, wo er sie fliegen ließ. Nur diejenigen Vögel, welche die Luft vom Ort A gerochen hatten, bevor sie dort aufgelassen wurden, zeigten die Tendenz, in Richtung ihres Heimatschlags zu fliegen (Abb. 5-30). (Genauso konnten sich Vögel, die Luft von B gerochen hatten, nur dann in die richtige Richtung orientieren, wenn sie an Ort B aufgelassen wurden usw.) Es ist, als wenn die Vögel, die beispielsweise Erfahrungen mit dem Auflaßort A machen konnten, bevor man sie „geruchsblind" machte, nach dem Auflassen zu sich sagten: „Ich habe zuletzt die Luft von Ort A gerochen; A befindet sich im Westen des Heimatschlags; also muß ich, um zum Schlag zurück zu kommen, nach Osten fliegen".

Ein ähnliches Versuchsdesign wurde später von Jörg Ganzhorn verwendet, der zunächst unbeeinflußte Vögel an verschiedenen Plätzen rund um Tübingen freigelassen hatte [331]. Er bestimmte die Flugrichtung der Vögel, wenn sie aus dem Blickfeld verschwanden, und fand heraus, daß er die Orte, wo die Tauben freigelassen wurden, in Hinblick auf die Anfangsorientierung in vier Gruppen (Felder) einteilen konnte.

Ganzhorn brachte dann einige der Tauben in Behälter mit Luft von Orten, die zu verschiedenen dieser Felder gehörten, und nahm ihnen durch Applikation eines Lokalanästhetikums auf die Nasenschleimhaut vorübergehend den Geruchssinn. Anschließend wurden die Tauben (experimentelle Gruppen) zu einem anderen Ort gebracht, der zu einem anderen Feld gehörte. An einigen, aber nicht an allen Orten hatten die Tauben keine Schwierigkeiten, sich heimwärts zu orientieren, obwohl sie unfähig waren, zu riechen.

Ganzhorn deutet diese anscheinend widersprechenden Ergebnisse damit, daß die innere Landkarte, die Brieftauben konstruieren, Komponenten aus der Umgebungsluft einschließt, daß es aber auch andere Hinweisreize gibt, die in einigen, wenn auch nicht in allen Gebieten die olfaktorischen Hinweisreize überlagern können.

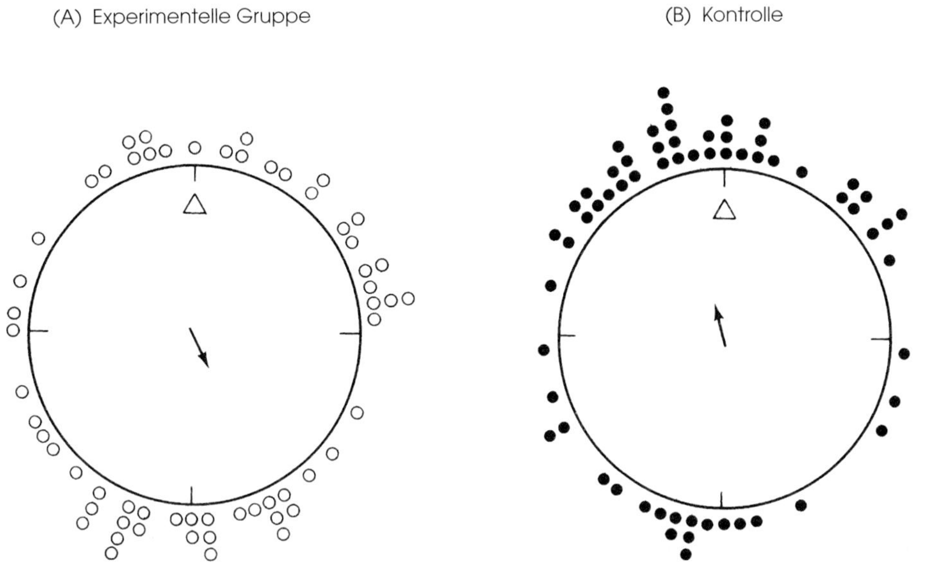

Abb. 5-30: **Olfaktorische Hinweisreize und Orientierung bei Brieftauben.** (A) Anfangsorientierung von Tauben. Die Tauben der experimentellen Gruppe wurden (mit der Möglichkeit, die Umgebungsluft zu riechen) von ihrem Heimatschlag an einen bestimmten Ort gebracht und dort in einen luftdichten Behälter eingeschlossen. Nach Ausschalten ihres Geruchssinns wurden sie an einem Ort aufgelassen, der bezüglich des Heimatschlags entgegengesetzt zum Ort lag, an dem sie zuletzt riechen konnten. Die durchschnittliche Orientierung (Pfeil) dieser Tauben ist der Richtung zum Heimatschlag (Dreieck) entgegengesetzt. (B)Tauben der Kontrollgruppe wurden gleich behandelt, aber am Ort aufgelassen, an dem sie zuletzt riechen konnten. Sie flogen häufiger auf ihren Heimatschlag zu, so daß die mittlere Orientierung dieser Gruppe (Pfeil) mit der Richtung zum Heimatschlag übereinstimmt. Quelle: Kiepenheuer (510).

Falls die Schlußfolgerung richtig ist, daß Brieftauben über eine multisensorische innere Karte verfügen, die olfaktorische und nicht olfaktorische Komponenten einschließt, könnte dies die oft widersprüchlichen Ergebnisse und die gegensätzlichen Schlußfolgerungen von Befürwortern und Gegnern der Geruchslandkarten-Hypothese erklären (siehe auch [1010]). Wissenschaftler neigen zu der Annahme, daß es für ein beobachtetes Phänomen nur eine einzige Ursache gibt und daß die Überprüfung von Alternativhypothesen dazu führt, daß alle bis auf die eine, „richtige" Hypothese eliminiert werden. Gibt es aber mehr als eine einzige Ursache, führt das Prüfen von Hypothesen zu verwirrenden Resultaten, bis die Wissenschaftler sich darin einig sind, daß es tatsächlich eine Reihe von Kausalfaktoren gibt. Mit einem solchen Ansatz könnten wir die proximaten Mechanismen der Navigation bei Tieren möglicherweise sehr viel besser verstehen.

Zusammenfassung

1. Neuronale Mechanismen sind eine proximate Ursache des Verhaltens. Das Wissen darüber, wie Neuronen einzeln und im Verband arbeiten, ist eine wichtige Grundlage, wenn man verstehen will, wie Tiere ihre Umgebung wahrnehmen und auf sie reagieren. Bei Tieren verschiedener Arten gibt es unterschiedliche neuronale Mechanismen. Deshalb nehmen sie verschiedene Dinge wahr und verhalten sich unterschiedlich.
2. Die Spezialisierung der Nervensysteme von Tieren wird an den speziellen Eigenschaften von Detektor-Neuronen deutlich. Diesen Nervenzellen kommt eine Schlüsselrolle bei der Unterscheidung von Wahrnehmungen zu. Die Reizfilterung ist eine universale Komponente beim Entdecken und Wahrnehmen von Objekteigenschaften. Der Aufbau der Rezeptoren eines Tiers steckt die Grenze dafür ab, welche Informationen die Rezeptoren sammeln und zur weiteren Informationsverarbeitung weiterleiten können.
3. So wie die Neuronen in sensorischen Systemen mit ihren speziellen funktionellen Eigenschaften die Wahrnehmung biologisch relevanter Hinweisreize begünstigen, haben die motorischen Neuronen spezielle Eigenschaften, die biologisch sinnvolle Reaktionen auf bestimmte Sinneswahrnehmungen ermöglichen. Ein gutes Beispiel dafür sind die zentralen Mustergeneratoren. Sie können vollständige Verhaltensantworten programmieren, z. B. das koordinierte Schwimmen bei Meeresschnecken und Blutegeln.
4. Im Hinblick auf die neuronalen Grundlagen des Verhaltens gibt es noch viele ungelöste Fragen. So ist nach wie vor umstritten, welche Rolle der Geruchssinn bei der Navigation von Brieftauben spielt. Solche Streitfragen entstehen häufig, weil die zugrunde liegenden neuronalen Mechanismen, die teilweise beim Menschen gänzlich fehlen, sehr komplex sind.
5. Kenntnisse über die Lebensweise von Tieren helfen Wissenschaftlern herauszufinden, was die wichtigsten Probleme sind, mit denen Tiere einer Art sich auseinandersetzen müssen. Daraus ergeben sich Hinweise, welche proximaten Mechanismen bei den Mitgliedern der jeweiligen Art vermutlich ausgebildet sind [428]. Die zahlreichen zwischenartlichen Unterschiede in Aufbau und Funktion von Nervensystemen spiegeln die Auswirkungen der Evolution wider. Proximate neuronale Mechanismen haben sich deshalb entwickelt, weil sie Tieren ermöglichen, auf Reize aus der Umgebung so zu reagieren, daß ihr individueller Fortpflanzungserfolg gefördert wird.

Empfohlene Literatur

Kenneth Roeders „Nerve Cells and Insect Behavior" [794] ist ein wunderbares Buch, eine leicht verständliche, unterhaltsame und anregende Beschreibung, wie man Physiologie und Verhalten von Nachtfaltern, Fledermäusen und anderen Tieren erforscht. Nubuo Suga hat eine Übersicht zur Forschung über die Echo-Orientierung bei Fledermäusen geschrieben [903].

Bücher von Jörg Peter Ewert [303], Jeffrey Camhi [146] und David Young [1024] geben einen Überblick, wie Nervenzellen adaptives Verhalten fördern. In „Mechanisms of Animal Behavior" von Peter Marler und W. J. Hamilton [609] finden sich viele Beispiele für die Beziehung zwischen physiologischen Mechanismen und der Ökologie von Tieren. Zu den guten allgemeinen Übersichtsarbeiten zur Orientierung von Tieren gehören die von Stephen Emlen [280], James Gould [361], William Keeton [502] und Rüdiger Wehner [969]. Unterschiedliche Auffassungen zur Bedeutung des Geruchssinns für die Navigation bei Vögeln werden in [729] und [836] vorgestellt.

Diskussionsfragen

1. Kenneth Roeder entdeckte, daß die A1-Rezeptoren bestimmter Eulenfalter zwischen Schall unterschiedlicher Tonhöhe nicht unterscheiden. Für diese Entdeckung formulierte er eine Hypothese, leitete Voraussagen ab, prüfte die Voraussagen und gelangte zu einer Schlußfolgerung. Rekonstruieren Sie seine Vorgehensweise.
2. Wenn Küchenschaben von einer Kröte angegriffen werden, wenden sie und laufen davon. Eine Schabe hat Sensoren, die auf den Luftzug reagieren, der von nahenden Beutegreifern ausgeht. Diese Sensoren finden sich vor allem an den Cerci, zwei länglichen Fortsätzen am Ende des Abdomens. Einer der Cerci ist leicht nach rechts gerichtet, der andere nach links. Wenden Sie ihr Wissen über die Reaktion von Nachtfaltern auf Fledermausrufe an, und entwickeln Sie eine Idee, wie dieses einfache System die nötige Information liefern könnte, damit die Schabe sich von der Kröte abwendet. Wie würden Sie Ihre Hypothese experimentell prüfen? Vergleichen Sie [146], wenn Sie eine Antwort gefunden haben.
3. Schafe leben in Herden, in denen der soziale Status von der Größe der Hörner abhängt, die ein Individuum besitzt. Böcke bedrohen einander, indem sie ihr Gehörn frontal präsentieren. Davon ausgehend und mit der zusätzlichen Information, daß der Temporallappen im Gehirn von Schafen wichtig für die visuelle Wahrnehmung ist, stellen Sie die Hypothese auf, daß es im temporalen Cortex spezialisierte Neuronen gibt, die einem Individuum ermöglichen, die Größe des Gehörns eines Gegners und eine mögliche Bedrohung abzuschätzen. Welche Aktivität würden Sie in diesen Neuronen unter verschiedenen Reizsituationen erwarten? Vergleichen Sie [503] nach Beantwortung der Frage.
4. Sie vermuten, daß Elefanten Infraschall zur Kommunikation einsetzen können, der für menschliche Ohren nicht zu hören ist. Wie würden Sie beim Prüfen dieser Hypothese vorgehen? Vergleichen Sie [737], nachdem Sie das Problem diskutiert haben.

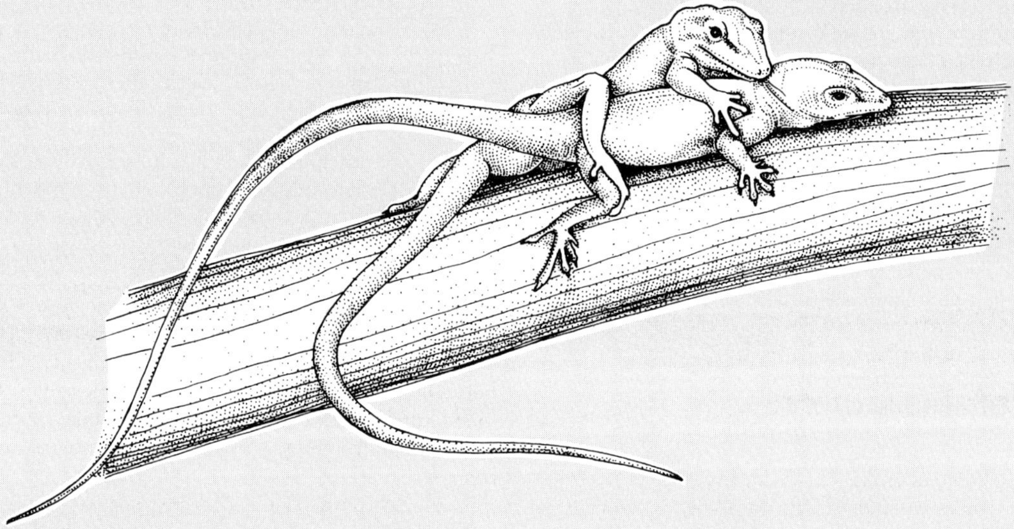

Tiere können als komplexe Maschinen beschrieben werden, die mit neuronalen Computern ausgestattet sind, welche Schlüsselreize identifizieren und Befehle zu komplexen, adaptiven Reaktionen auf diese „bemerkenswerten" Dinge und Ereignisse geben. Ein fliegender Nachtfalter oder eine Grille besitzen Sensoren, die Information über akustische Reize weiterleiten, welche von Fledermäusen produziert werden; diese Information ruft Verhaltensweisen hervor, die das Insekt (zumindest manchmal) außer Reichweite des Feindes bringen. Wenn die Wurm-Detektoren einer Kröte ansprechen, reagiert das Tier zunächst mit einer Orientierungsbewegung, um dann seine Zunge in Richtung des Reizes, der die Detektoren aktiviert hat, vorschnellen zu lassen. Die Fähigkeit, irrelevante Reize auszufiltern, manche Dinge besonders gut wahrzunehmen und effektive Reaktionen auf wahrgenommene Ereignisse zu zeigen, ist eine in hohem Maße nützliche Eigenschaft der physiologischen Mechanismen, die das Verhalten von Tieren kontrollieren. Das ist aber längst noch nicht alles. Neuronale Computer sind weitaus anspruchsvoller konstruiert; sie ermöglichen einem Tier erheblich mehr, als nur mit X zu reagieren, wenn Y wahrgenommen wird. Stellen Sie sich einen männlichen Nachtfalter bei der Verfolgung der Duftspur eines in einem entfernten Baum sitzenden Weibchens vor. Wenn das Nervensystem des Männchens sein Flugverhalten einfach in Gang setzte, sobald der Duft des Weibchens in der Luft liegt, und es nur dann abstellte, wenn das Männchen das Weibchen erreicht hat, so hätte der Nachtfalter keine Möglichkeit, sich vor einer angreifenden Fledermaus in Sicherheit zu bringen. Das Nervensystem des Falters arbeitet jedoch nicht auf eine derart „schmalspurige" Art und Weise. Es ist vielmehr zur Integration der Eingänge aus vielen Reizquellen befähigt, wie auch zur Entscheidung darüber, welche von verschiedenen Verhaltensoptionen aktiviert wird. Die Fähigkeit nervöser und endokriner Systeme, mit potentiellen Konflikten fertig zu werden und damit Tieren eine biologisch sinnvolle Anwendung ihres Verhaltensrepertoires zu ermöglichen, ist das zentrale Thema dieses Kapitels. Wir werden uns mit dem fundamentalen Problem befassen, wie proximate Mechanismen das Verhalten eines Individuums organisieren - von Augenblick zu Augenblick, im Laufe eines Tages, über Wochen, während der Fortpflanzungszeit oder sogar über ein ganzes Jahr hinweg.

6 Die Organisation des Verhaltens

6.1 Die kurzzeitige Organisation des Verhaltens: Befehlszentren

Tiere besitzen im allgemeinen ein komplexes Verhaltensrepertoire und damit die Fähigkeit, viele verschiedene Reize mit vielen verschiedenen Reaktionen zu beantworten; sie stehen deshalb zu jeder Zeit vor dem Problem, welche dieser Reaktionen zu aktivieren ist. Man beobachtet nur selten ein Tier, das versucht, zwei Dinge gleichzeitig zu tun. Auf der ultimaten Ebene kann man leicht nachvollziehen, warum eine gleichzeitige Ausführung zweier Aktivitäten (z. B. nach einem Paarungspartner suchen und einem angreifenden Raubfeind ausweichen) in nahezu keinem Fall adaptiv ist. Auf der proximaten Ebene stellt sich allerdings die Frage, wie die Nervensysteme von Tieren organisiert sind, damit solche mal adaptiven Konflikte vermieden werden.

Eine grundlegende Hypothese, welche wegweisend für die Forschungsarbeit von Neurophysiologen war, die sich für diese Frage interessierten, besagte, daß die Nervensysteme von Tieren mit „**Befehlszentren**" ausgestattet sind; ein Beispiel dafür sind die im vorangegangenen Kapitel diskutierten zentralen Mustergeneratoren. Dieser Ansicht zufolge ist jedes Befehlszentrum (eine Einheit innerhalb des Nervensystems) für die Aktivierung einer bestimmten Reaktion verantwortlich. Die verschiedenen Befehlszentren stehen aber auch untereinander in Verbindung und sind in der Lage, sich gegenseitig zu inhibieren oder zu blockieren, um auf diese Weise Konflikte, die für die Ausführung eines bestimmten Verhaltens hinderlich sind, zu vermeiden.

Von dieser Hypothese ausgehend untersuchte Kenneth Roeder, wie Gottesanbeterinnen (*Mantis religiosa*) Entscheidungen treffen [794, 796]. Eine Gottesanbeterin ist zur Ausführung vieler Verhaltensweisen fähig; sie kann nach Paarungspartnern suchen, sonnenbaden, kopulieren, fliegen, sich im Sturzflug vor Fledermäusen in Sicherheit bringen und so weiter. Die meiste Zeit allerdings tut eine gewöhnliche Gottesanbeterin absolut nichts. Sie verharrt bewegungslos, bis ein argloses Beutetier in ihre Reichweite gerät. Sobald dies geschieht, führt die Gottesanbeterin äußerst schnelle, genaue und kraftvolle Greifbewegungen mit ihrem vorderen Beinpaar aus.

Roeder nahm an, daß im Nervensystem der Gottesanbeterin inhibitorische Verbindungen zwischen verschiedenen, auf bestimmte Weise angeordneten Befehlszentren des neuronalen Netzwerkes einer Auswahl zwischen den einzelnen Verhaltensoptionen zugrunde liegen. Der Aufbau des Nervensystems einer Gottesanbeterin (Abb. 6-1) ließ zum Beispiel vermuten, daß für die Steuerung der Muskeln eines Segments jeweils ein Ganglion, eine dichte Ansammlung von Neuronen, die man in jedem Segment vorfindet, verantwortlich ist. Roeder testete diese Möglichkeit, indem er das eine oder andere segmentale Ganglion durch operative Durchtrennung seiner Verbindungen vom übrigen Nervensystem isolierte. Es war nicht überraschend, daß daraufhin die Muskeln in dem isolierten Segment nicht mehr reagierten, wenn das Nervensystem der Gottesanbeterin an anderer Stelle aktiv wurde. Wenn aber das isolierte Ganglion elektrisch stimuliert wurde, führten die Muskeln und Gliedmaßen dieses Segments kraftvolle, vollständige Bewegungen aus. Diese Ergebnisse bestätigten die Hypothese, daß die Zellen jedes segmentalen Ganglions die motorischen Befehle dieses Segments kontrollieren, welche die Gliedmaßen antreiben oder zu Bewegungen des Abdomens beitragen.

Wenn die Segmentalganglien dafür verantwortlich sind, einzelnen Muskeln präzise mitzuteilen, wie sie sich für die Ausführung einer bestimmten Bewegung zu kontrahieren oder zu entspannen haben, was macht dann das Gehirn der Gottesanbeterin? Roeder vermutete, daß bestimmte Zellen des Gehirns für die Hemmung der neuronalen Aktivität in den anderen Ganglien verantwortlich sind, wodurch diese von jeglicher Aktivität abgehalten werden, es sei denn, sie erhielten eine spezifische

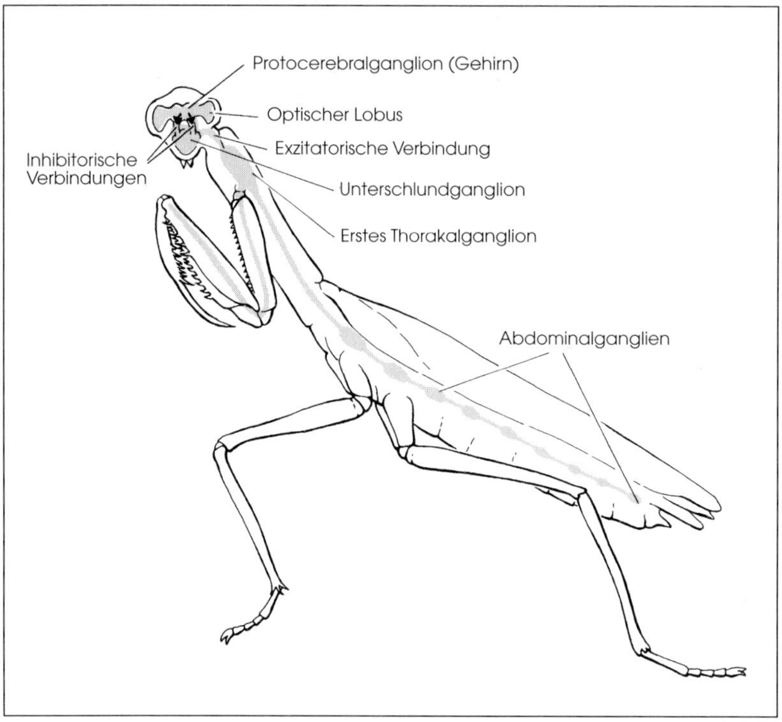

Abb. 6-1: **Nervensystem einer Gottesanbeterin.** Das Gehirn der Gottesanbeterin inhibiert normalerweise das Unterschlundganglion und hindert damit das Tier am Versuch, mehr als eine Aktivität gleichzeitig auszuführen. Wenn die inhibitorischen Verbindungen zwischen den höher und den basaler gelegenen Teilen des Gehirns durchtrennt werden, sendet das Unterschlundganglion einen Strom exzitatorischer Signale zu den Thorakal- und Abdominalganglien; die Gottesanbeterin versucht dann, verschiedene, miteinander konkurrierende Aktivitäten gleichzeitig auszuführen.

Anweisung von einem Befehlszentrum des Gehirns. Wenn dem so wäre, dann müßte eine Durchtrennung der Verbindung zwischen diesen inhibitorischen Zellen und den Segmentalganglien die Hemmung aufheben und zu unpassenden, widerstreitenden Reaktionen führen. Wenn Roeder die Verbindungen zwischen dem Protocerebrum im Kopf der Gottesanbeterin und dem Rest ihres Nervensystems durchtrennte, erhielt er ein Insekt, das sich gleichzeitig fortbewegte und Greifbewegungen ausführte, was unter natürlichen Bedingungen ganz und gar nicht adaptiv wäre. Das Protocerebrum sorgt offenbar dafür, daß eine Gottesanbeterin entweder geht oder greift, nicht aber beides zugleich tut.

Wenn Roeder aber den ganzen Kopf entfernte, wodurch sowohl das Unterschlundganglion als auch das Protocerebrum ausgeschaltet wird, so bewegte sich die Gottesanbeterin überhaupt nicht mehr. Roeder konnte einzelne, unbedeutende Bewegungen hervorrufen, wenn er das Tier heftig anstieß; dies war aber alles, was es an Verhaltensweisen zeigte. Diese Ergebnisse lassen darauf schließen, daß das Protocerebrum einer intakten Gottesanbeterin einen ständigen Strom inhibitorischer Signale zum Unterschlundganglion sendet, wodurch es dessen Zellen an der Kommunikation mit den anderen Ganglien hindert. Wenn aber bestimmte sensorische Signale empfangen werden, so wird die Blockierung dieser spezifischen Zellen im Unterschlundganglion aufgehoben, da bestimmte Zellen im Protocerebrum aufhören, sie zu hemmen. Von der Inhibition befreit, senden diese Unterschlundganglienzellen exzitatorische Signale zu verschiedenen segmentalen Ganglien. Dort werden neue Signale generiert, welche die Muskeln anweisen, spezifische Aktionen auszuführen. Abhängig davon, welche Bereiche des Unterschlundganglions nicht länger gehemmt werden, geht die Gottesanbeterin vorwärts oder schlägt mit ihren Vorderbeinen zu oder fliegt oder tut etwas anderes.

Es gibt eine Ausnahme von der Regel, daß die vollständige Entfernung des Kopfes einer Gottesanbeterin zu einem Tier ohne Verhaltensäußerungen führt. Wenn der Kopf eines geschlechtsreifen Männchens abgetrennt wird, so verliert es nicht gänzlich seine Fähigkeit, irgendwelche Verhaltensweisen zu zeigen, sondern führt eine Reihe von Drehbewegungen aus, durch die der Körper seitlich schwingend eine Kreisfigur beschreibt. Währenddessen wird das Abdomen im Kreise bewegt und nach unten gebogen. Dieses Verhalten wird normalerweise durch Signale aus dem Gehirn blockiert, kann aber durch Entfernen des Kopfes ausgelöst werden. Unter natürlichen Bedingungen verliert ein Männchen manchmal buchstäblich seinen Kopf an ein Weibchen, von dem es gefangen und – mit dem Kopf beginnend – verzehrt wird (Abb. 6-2). Dennoch kann das Männchen unter diesen widrigen Umständen noch kopulieren, dank der Eigenschaften des Kontrollsystems, welches das Kopulationsverhalten steuert. Auch ohne Kopf tragen seine Beine das, was von ihm noch übrig ist, auf einer kreisförmigen Bahn herum, bis sein Körper den des Weibchens berührt. Daraufhin klettert es auf den Rücken seiner angehenden Paarungspartnerin, sucht mit seinem Abdomen die richtige Stelle, und es kommt schließlich zur Kopulation.

6.1.1 Neuronale Hemmung und Verhalten

Ob Männchen oder Weibchen, ob adult oder noch nicht geschlechtsreif, die Gottesanbeterin hat, wie viele andere Tiere, ein Nervensystem, das funktional als eine Gruppe von „Zentren" organisiert zu sein scheint, von denen jedes für bestimmte Aktivitäten und Entscheidungen verantwortlich ist. Einige Neuronengruppen erzeugen ihren eigenen Output: einen Strom inhibitorischer Signale, der die Aktivitäten anderer Zellgruppen steuert. Die Hemmung konkurrierender Zentren stellt die Grundlage für die Fähigkeit der Gottesanbeterin dar, zu einem bestimmten Zeitpunkt auch nur eine bestimmte Verhaltensweise zu zeigen.

Die Bedeutung inhibitorischer Beziehungen innerhalb von Nervensystemen wurde auch von Vincent Dethier in seinen klassischen Studien zum Verhalten von Schmeißfliegen (*Phormia regina*) bei der Nahrungsaufnahme nachgewiesen [236]. Diese Insekten trinken Absonderungen von Pflanzen, Säfte von Tierkadavern und andere „schmackhafte" Flüssigkeiten mit hohem Zucker- und Proteingehalt. Während der Nacht werden die tagsüber aufgenommenen Nährstoffe metabolisiert, um das Insekt mit Energie zu versorgen. Am Morgen fliegen Schmeißfliegen los, um nach weiterer Nahrung zu suchen, die sie zum Teil olfaktorisch auffinden, zum Teil auch, indem sie Substanzen mit Hilfe ihrer Füße geschmacklich wahrnehmen, wenn sie in eine Flüssigkeit treten. Geeignete sensorische Eingangssignale veranlassen die Fliege, ihren Rüssel (Proboscis) vorzustülpen, das Labellum auszubreiten und aufzusaugen, in was auch immer sie hineingetreten ist.

Dethier zeigte experimentell, daß die Geschwindigkeit, mit der Flüssigkeiten aufgesaugt werden, und die Dauer der Nahrungsaufnahme proportional zur Konzentration des darin gelösten Zuckers sind. Wenn die Flüssigkeit nicht sehr zuckerhaltig ist, hören Rezeptoren im Mundbereich schnell auf, zu feuern, und der Saugvorgang wird beendet. Wenn die Zuckerkonzentrationen hoch sind, können die Rezeptoren etwa 90 Sekunden ununterbrochen feuern. In beiden Fällen erholen sich die Sinneszellen nach einiger Zeit und antworten dann wieder auf eine Reizung, worauf erneut der Rüssel vorgestülpt und mit dem Saugen begonnen wird.

Früher oder später aber hört die Fliege ganz auf, zu trinken, auch wenn sie in der reichhaltigsten Zuckerlösung steht. Die Sektion einer gesättigten Fliege zeigt, daß ihr Kropf, eine sackartige, der Speicherung dienende Ausstülpung des Verdauungstraktes, bis zum Überlaufen gefüllt ist, was dazu führt, daß Flüssigkeit zurück in den Vorderdarm läuft. Dethier stellte die Hypothese auf, daß die Ausdehnung des Vorderdarms von Dehnungsrezeptoren erfaßt wird, welche mit diesem Teil des Verdauungstraktes verbunden sind. Er nahm an, daß diese Rezeptoren Botschaften an das Gehirn übermitteln, wodurch dort wiederum Zellen stimuliert werden, die Nahrungsaufnahme zu inhibieren.

In Übereinstimmung mit dieser Hypothese kann man im Vorderdarm der Fliege Rezeptoren finden, die einen ähnlichen Aufbau zeigen wie die Dehnungsrezeptoren bei anderen Tieren. Wie vorausgesagt, geben diese Rezeptoren ihre sensorischen Eingänge an einen auffallenden Nerv weiter, welcher vom Vorderdarm zum Gehirn führt (Abb. 6-3). Wenn man diese Bahn, den **Nervus recurrens**, experimentell durchtrennt, so kann die Fliege – wie vor-

Abb. 6-2: **Sexualkannibalismus einer weiblichen Gottesanbeterin.** Das Weibchen dieses in Afrika im Freiland fotografierten Paares hat hinter sich gelangt, um den Kopf seines Partner während der Kopulation zu verzehren. Foto von E. S. Ross.

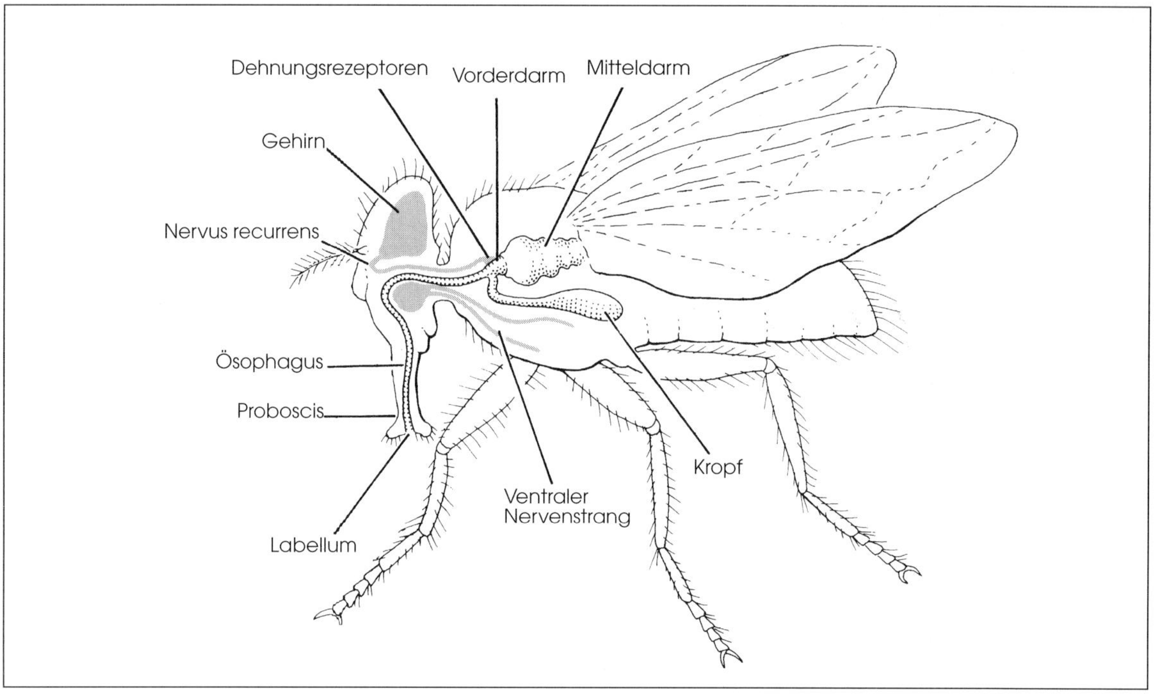

Abb. 6-3: **Nervensystem und Verdauungssystem einer Schmeißfliege.** Das Durchtrennen des Nervus recurrens schaltet die Rückmeldung an das Gehirn über den Füllungszustand des Kropfes mit Flüssigkeit aus, Signale also, die ansonsten eine Blockierung der Nahrungsaufnahme bei einer „gesättigten" Fliege herbeiführen.

ausgesagt – nicht mit dem Trinken aufhören. Sie trinkt ein um das andere Mal, immer wieder, bis sie platzt – eine Szene, die an eine Stelle in dem Monty-Python-Film „The meaning of life" erinnert.

Intakte Fliegen „explodieren" nicht, da ihr Nahrungsaufnahmeverhalten dank inhibitorisch wirkender Verbindungen zwischen Teilen ihrer Nervensysteme kontrolliert wird. Vielmehr nehmen normale Schmeißfliegen ihre Nahrung in vernünftigen Abständen auf, da sie auf schwankende Nährstoffdefizite reagieren, welche wiederum von der Verdauung und der Verfügbarkeit von Nahrung in ihrer Umgebung abhängig sind [236].

Abb. 6-4: **Ein Grillenmännchen singt vor seinem Erdloch.** Foto von E. S. Ross.

6.2 Wechselnde Verhaltensdispositionen und circadiane Rhythmen

Schmeißfliegen und viele andere Tiere sind im Laufe eines 24-Stunden-Tages bestimmten vorhersehbaren Änderungen ausgesetzt, von denen die auffälligste der Wechsel zwischen Tag und Nacht ist. Diese Änderungen sind für die meisten Arten von großer biologischer Bedeutung, und die zeitliche Organisation des Verhaltens von Tieren ist offenbar häufig an diesem 24-Stunden-Zyklus ausgerichtet. Grillenweibchen zum Beispiel machen sich erst nach Einbruch der Dunkelheit, wenn sie relativ sicher sind, auf die Suche nach Paarungspartnern [582]. Entsprechend singen die Grillenmännchen der Gattung *Teleogryllus* regelmäßig während bestimmter Zeitabschnitte des Tages (Abb. 6-4); sie beginnen jeden Abend ungefähr zur selben Zeit und singen eine mehr oder weniger gleichbleibende Zahl von Stunden lang [581, 583]. Im Zusammenhang mit dem Befehlszentren-Modell läßt dies darauf schließen, daß die inhibitorischen Beziehungen zwischen einem Gesangs-Befehlszentrum im Gehirn der Grille und anderen, für verschiedene Verhaltensreaktionen verantwortlichen neuronalen Elementen nicht statischer Natur sind, sondern sich zyklisch ändern. Welche Mechanismen könnten diese Änderungen steuern?

Verhaltensforscher, die sich für diese Frage interessierten, hatten zwei grundlegende Theorien mit gegensätzlichen Aussagen in Betracht zu ziehen. Die eine besagt, daß Tiere ihre jeweils vorherrschenden Aktivitäten an einem zeitgebenden Mechanismus ausrichten, der nach einem eigenen, fest eingebauten Plan abläuft und unabhängig von Informationen aus der Umgebung des Tieres ist. Daß ein solcher umweltunabhängiger Mechanismus existieren könnte, sollte denjenigen einleuchten, die schon einmal nach einem Flug über mehrere Zeitzonen versucht haben, ihren Aktivitätsrhythmus unmittelbar nach der Ankunft an die Tageszeit am Zielort anzupassen.

Nach der zweiten Theorie erfolgt die Abstimmung zwischen den kontrollierenden Elementen im Nervensystem ausschließlich auf der Grundlage von Informationen über sich ändernde Umgebungsbedingungen, welche mittels geeigneter Mechanismen gewonnen werden. Dadurch wären Individuen in der Lage, mit Änderungen ihres Verhaltens auf bestimmte Veränderungen in ihrer Umwelt zu reagieren.

Lassen Sie uns über diese zwei Möglichkeiten im Zusammenhang mit dem Gesangszyklus männlicher *Teleogryllus*-Grillen nachdenken. Die tägliche Gesangsphase könnte deshalb einsetzen, weil männliche Grillen einen internen, zeitgebenden Mechanismus besitzen, welcher mißt, wieviel Zeit seit dem Beginn des vorangegangenen Gesangsabschnittes verstrichen ist, und dieses von der Umwelt unabhängige System benutzen, um das Einsetzen zu einer neuen Zirpfolge zu aktivieren. Alternativ könnten die neuronalen Mechanismen dieses Insektes so gestaltet sein, daß eine Abnahme der Lichtintensität oder andere Hinweisreize aus der Umwelt erkannt werden und eine Gesangsaktivierung nur bei Anwesenheit der entscheidenden Reizsituation stattfindet.

Wenn die Umweltreiz-Hypothese zutrifft, so dürften Grillen, die im Labor unter konstanten Umweltbedingungen gehalten werden, kein zyklisches Gesangsmuster aufweisen. Tatsächlich aber singen Grillen im Labor weiterhin jeden Tag während eines begrenzten Zeitabschnittes, selbst wenn sie in Räumen gehalten werden, in denen die Temperatur konstant bleibt und das Licht den

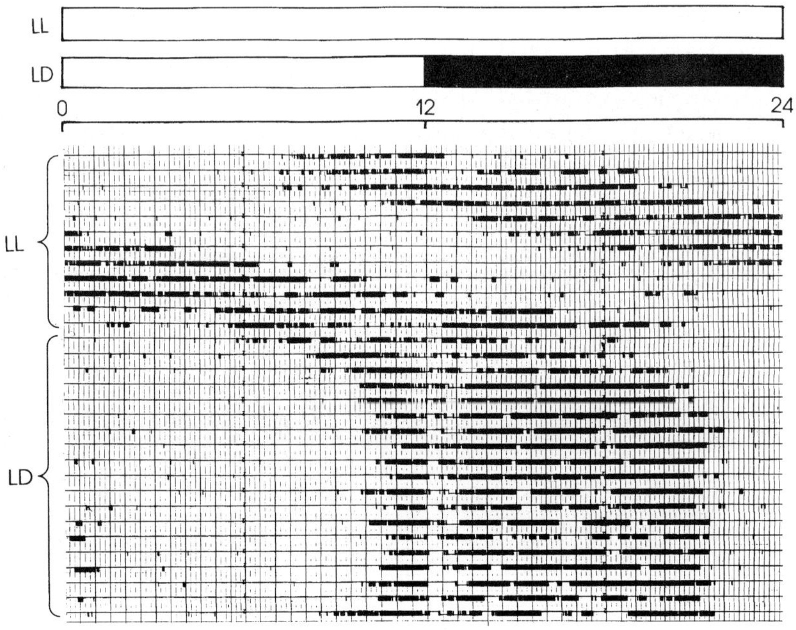

Abb. 6-5: **Circadiane Rhythmen.** Grillenmännchen, die unter Dauerlicht (LL) gehalten werden, zeigen weiterhin einen Tageszyklus in ihrer Gesangsaktivität, obwohl die Gesangsphase jeden Tag etwas später einsetzt. (Jede Gesangsfolge wurde als dunkle, vertikale Linie aufgenommen.) Nach zwölf Tagen Dauerlicht wurde in diesem Experiment der Tag in zwölf Stunden Licht und zwölf Stunden Dunkelheit (LD) unterteilt. Der „Einbruch der Dunkelheit" wirkt als Außenreiz, der den Gesangsrhythmus dem Tag-Nacht-Wechsel anpaßt. Der Gesang weist keine Phasenverschiebung mehr auf, sondern beginnt jeden Tag ein bis zwei Stunden vor Ausschalten des Lichtes. Quelle: Loher (581).

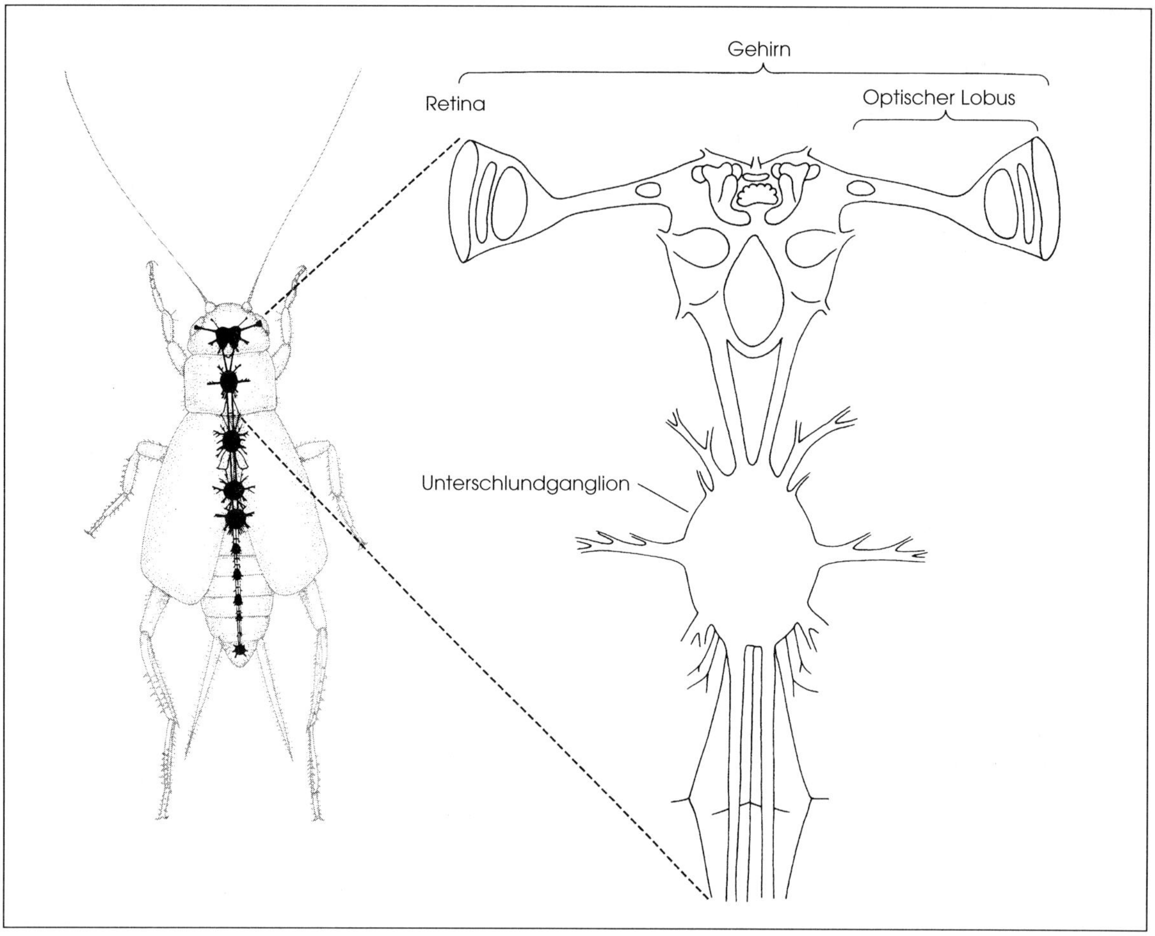

Abb. 6-6: **Das Nervensystem einer Grille.** Visuelle Informationen werden von den Augen zu den optischen Loben des Grillengehirns übertragen. Werden die optischen Loben operativ vom Rest des Gehirns abgetrennt, so verliert die Grille die Fähigkeit, einen circadianen Rhythmus aufrecht zu erhalten. Nach Diagrammen von F. Huber und W. F. Schürmann.

ganzen Tag über an (oder aus) ist. Unter konstanten Lichtverhältnissen beginnt der Gesang jeweils 25 bis 26 Stunden später als am vorhergehenden Tag (Abb. 6-5). Die Abweichung dieses **freilaufenden Zyklus** (ein Zyklus, der sich unter konstanten Umweltverhältnissen einstellt) von einer Zeitperiode von genau 24 Stunden [727] belegt, daß diesem Muster ein endogener, **circadianer Rhythmus** zugrunde liegt (ein biologischer Rhythmus, der unabhängig von irgendwelchen Umwelteinflüssen abläuft). Die Erde dreht sich in 24 Stunden einmal um ihre Achse und verursacht damit viele zyklische Veränderungen in der Umwelt; diese haben aber alle Perioden von 24 Stunden, nicht von 25 oder 26 Stunden.

Setzen wir nun unsere Grillen einem systematischen Wechsel von 12 Stunden Licht und 12 Stunden Dunkelheit aus. Der Wechsel von hell zu dunkel bietet einen Umweltreiz, den die Grillen nutzen, um ihr circadianes Gesangsmuster entsprechend zu **synchronisieren**. Nach wenigen Tagen beginnen sie alle ungefähr zwei Stunden vor Ausschalten des Lichtes zu singen, womit sie den Beginn der Nacht exakt vorwegnehmen. Sie beenden ihren Gesang ungefähr 2,5 Stunden, bevor das Licht am „Morgen" wieder angeht (Abb. 6-5). Dieser Zyklus entspricht dem natürlichen Gesangszyklus, der mit der Abenddämmerung synchronisiert ist. Im Gegensatz zum freilaufenden Zyklus entwickelt er keine Phasenabweichung vom 24-Stunden-Tag, er wird vielmehr fortlaufend täglich neu eingestellt, so daß er jeweils zur gleichen Zeit, bezogen auf das Ausschalten des Lichtes, beginnt [581]. Aus diesen Ergebnissen können wir schließen, daß das gesamte Kontrollsystem für den Grillengesang sowohl umweltunabhängige als auch umweltabhängige Komponenten beinhaltet: eine umweltunabhängige Zeitmessung, eine biologische Uhr also, die auf einen Zyklus von nicht exakt 24 Stunden eingestellt ist, und eine umweltaktivierte Synchronisationseinrichtung zur Abstimmung der Uhr mit lokalen Gegebenheiten.

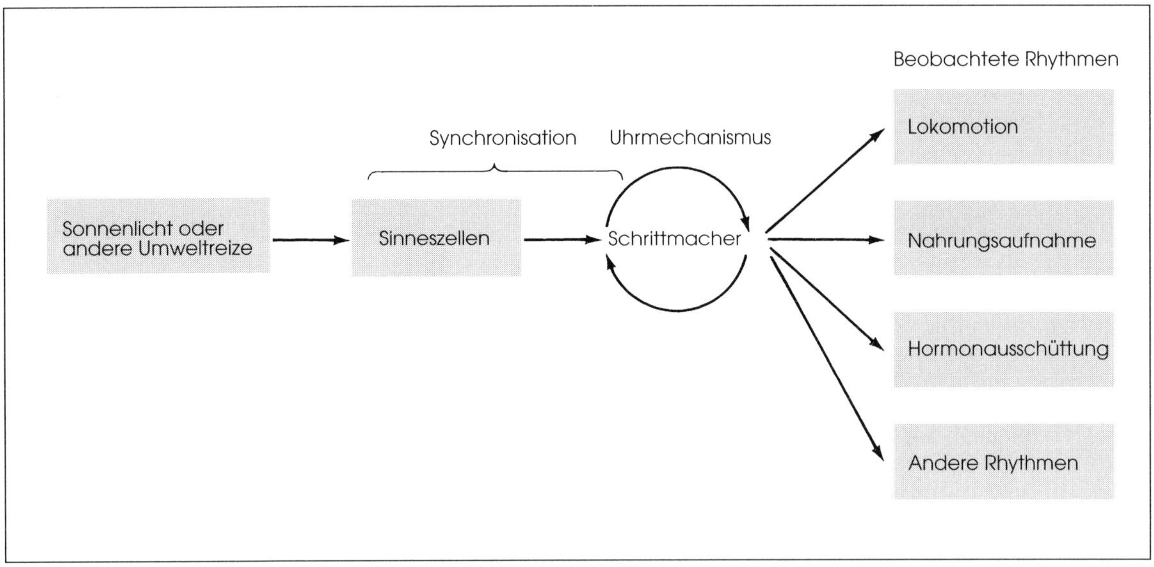

Abb. 6-7: **Eine Zentraluhr könnte bei manchen Arten als ein Schrittmacher wirken**, der die vielen circadianen Rhythmen eines Individuums reguliert. Nach Johnson und Hastings (495).

6.2.1 Die Erforschung circadianer Mechanismen

Für das Studium circadianer Mechanismen bei Grillen und vielen anderen Tieren haben Forscher hauptsächlich zwei Verfahren angewandt. Bei dem einen schließt man auf die Eigenschaften des Systems, indem man untersucht, wie es auf verschiedene Manipulationen seiner Umwelt reagiert; dazu gehört gewöhnlich auch eine Änderung von Licht-Dunkel-Wechseln, wie gerade am Beispiel der *Teleogryllus*-Grillen veranschaulicht wurde. Das andere Verfahren ähnelt dem von Roeder bei seinen Studien über neuronale Systeme der Gottesanbeterin angewandten; die Verbindungen zwischen verschiedenen Teilen des Nervensystems werden operativ durchtrennt.

Wenn man bei einer männlichen Grille die Nervenfasern, die von den Augen zu den optischen Loben führen, durchtrennt (das Tier also seiner Sehfähigkeit beraubt), geht sie zu einem freilaufenden Aktivitätsmuster über. Offensichtlich werden für die Synchronisation mit der Tagesperiodik visuelle Signale benötigt, ein Rhythmus bleibt aber auch ohne diese Information bestehen. Wenn man allerdings beide optischen Loben vom Rest des Gehirns abtrennt, so bricht der Gesangszyklus vollständig zusammen; das Männchen ruft nun mit gleicher Wahrscheinlichkeit zu jeder beliebigen Tageszeit (Abb. 6-6). Diese Ergebnisse stehen in Übereinstimmung mit der Hypothese, daß es eine **Zentraluhr** gibt (Abb. 6-7), die sich innerhalb der optischen Loben befindet und von dort aus Signale zu anderen Bereichen des Nervensystems sendet [495, 724].

James Trumans und Lynn Riddifords Studie an zwei Seidenspinnerarten (Bombycidae) über das Schlüpfen von Adulttieren aus der Puppe ist ein besonders einfallsreiches Beispiel für die Untersuchung biologischer Uhren unter Anwendung invasiver Methoden [941]. Die Adulttiere der einen Spinnerart schlüpfen gewöhnlich im Morgengrauen aus ihren Puppenkokons; die der anderen Art kommen mitten in der Nacht zur Welt. Das Entfernen des Gehirns bei Seidenspinnerpuppen dieser zwei Arten bringt die Tiere nicht um oder verhindert deren Metamorphose, es zerstört aber das jeweilige Schlupfmuster. Wenn aber das Gehirn vom Kopf der Puppe zu ihrem Abdomen transplantiert wird, so wird das Tier wahrscheinlich zu der für seine Art üblichen Zeit schlüpfen; daraus läßt sich schließen, daß sich der Uhrmechanismus im Gehirn der Seidenspinner befindet.

Wenn diese Hypothese zutrifft, so ist zu erwarten, daß eine Transplantation von Hirngewebe der Art A auf das Abdomen der Art B einem gehirnlosen Vertreter der Art B den circadianen Rhythmus der Art A auferlegt und umgekehrt. In einem entsprechend durchgeführten Transplantationsexperiment übernahmen die Individuen tatsächlich das Zeitmuster der anderen Art; damit war klar bewiesen, daß sich die biologische Uhr, welche das Schlüpfverhalten der beiden Seidenspinnerarten kontrolliert, in deren Gehirn befindet.

Die Forschung nach Sitz und Arbeitsweise circadianer Systeme bei Vertebraten hat gezeigt, daß deren Muster der Zykluskontrolle ungefähr denjenigen ähneln, die man bei Evertebraten vorfindet. Die Rolle des Hypothalamus bei der Regulation vieler basaler Vorgänge bei Säugetieren macht ihn zu einem vielversprechenden Ort für die Suche nach einem an circadianen Rhythmen beteiligten Mechanismus. Ein Kandidat für einen solchen Mechanismus ist der **Suprachiasmatische Nucleus** (SCN), eine Zellgruppe im Hypothalamus. Der SCN erhält Eingänge von Nervenfasern, die ihren Ursprung in der Retina haben; daher ist es denkbar, daß diese Struktur Informationen über Tages- und Nachtlänge empfängt – Informationen, die zur Synchronisation einer zentralen biologischen Uhr genutzt werden können.

Wenn der SCN eine Uhr enthält, die von entscheidender Bedeutung für die Aufrechterhaltung circadianer Rhythmen ist, so müßte eine Schädigung des SCN bei den betroffenen Individuen zu einem Verlust der Periodizität von entscheidenden zyklischen Vorgängen führen. In einem Experiment wurde im Gehirn von Goldhamstern (*Mesocricetus auratus*) und Wanderratten (*Rattus norvegicus*) nur der SCN zerstört; eine ganze Reihe von Vorgängen verloren daraufhin ihre circadiane Rhythmik, wie beispielsweise die Herzfrequenz, Hormonausschüttungsmuster, lokomotorische Aktivität und Freßverhalten [1032]. Wenn solche arrhythmischen Individuen Transplantate aus SCN-Gewebe von Hamsterföten erhalten, so gewinnen sie ihre circadianen Rhythmen in ungefähr 40 % der Fälle wieder. Wenn Tiere mit einer Läsion des SCN Nervengewebe aus anderen Regionen des fötalen Hamstergehirns transplantiert bekommen, bleiben sie unverändert arrhythmisch. Diese Ergebnisse unterstützen die Hypothese, daß es der SCN ist, der bei diesen Tieren einen zentralen Uhrmechanismus enthält [233].

Wenn der SCN eine solche Uhr enthält, dann müßte er spezielle Zellen aufweisen, die mit einer biochemischen Reaktion auf die Erregung über optische Nervenfasern antworten, von der angenommen wird, daß sie die circadianen Rhythmen synchronisiert. Unter Anwendung von Techniken, mit denen die Produktion bestimmter Proteine nachgewiesen werden kann, haben Benjamin Rusak und seine Mitarbeiter genau diese Reaktion nachgewiesen. Sie setzten Laborhamster und -ratten zu bestimmten Nachtzeiten einer Behandlung mit Lichtpulsen aus; es war bekannt, daß sich unter diesen Bedingungen die circadianen Rhythmen der Tiere verändern. Dann, einige Stunden später, töteten sie die Tiere und untersuchten ihre suprachiasmatischen Nuclei auf eine biochemische Reaktion als Folge der zyklusverändernden Lichtpulse. Sie fanden große Mengen des Proteinprodukts eines bestimmten Gens im SCN von Tieren, welche dem die Uhr verstellenden Reiz ausgesetzt waren, nicht aber in den Gehirnen von Kontrolltieren [813].

Zusammen genommen sind diese Ergebnisse starke Argumente für die Ansicht, daß bei manchen Arten der SCN sowohl den zentralen Schrittmacher bzw. die Uhr enthält, als auch die Mechanismen, welche es ermöglichen, diese Uhr zu „stellen" bzw. zu synchronisieren, wenn das Tier verschiedenen Zyklen von Licht und Dunkelheit ausgesetzt ist. Und erneut finden wir eine Integration umweltunabhängiger und umweltabhängiger Komponenten der Systeme, welche für die Regulation der täglichen Verhaltenszyklen verantwortlich sind. Der adaptive Wert der umweltunabhängigen Komponenten eines solchen gemischten Systems könnte sein, daß Individuen durch diese in der Lage sind, Verhaltenszyklen wie auch physiologische Zyklen zeitlich anzupassen, ohne ständig die Bedingungen in ihrer Umwelt zu prüfen. Zugleich erlaubt das Vorhandensein eines umweltabhängigen Elementes den Individuen eine Feinabstimmung ihrer Zyklen, wodurch sie sich auf die geringfügigen Veränderungen ihrer jeweiligen Umwelt einstellen können. Dies führt dazu, daß eine männliche Grille jeden Tag zur richtigen Zeit aus ihrem Bau kommt, um mit ihrem Gesang zu beginnen; zugleich ist sie aber auch in der Lage, sich an Änderungen der Tageslänge vom Frühjahr zum Sommer hin anzupassen.

6.2.2 Längere Verhaltenszyklen

Oftmals ist eine Synchronisation über den 24-Stunden-Zyklen hinaus von Bedeutung, wenn sich die physikalischen Umgebungsbedingungen regelmäßig über Perioden verändern, die länger sind als ein Tag. Ein treffendes Beispiel sind Känguruhratten (*Dipodomys spectabilis*), da ihre Bereitschaft zur Nahrungssuche auf eine interessante Art und Weise durch den Mondzyklus reguliert werden kann [578, 579]. Robert Lockard und Donald Owings kamen zu dieser Schlußfolgerung, als sie die Aktivität freilebender Känguruhratten in einem Tal im Südosten Arizonas erfaßten. Um die Aktivität der Känguruhratten zu messen, erfand Lockard einen raffinierten Futterspender / Zeitmesser, der in Abständen von einer Stunde Hirsekörner in sehr kleinen Mengen freigab. Ein Tier, das an die Hirsekörner herankommen wollte, mußte dazu durch den Futterspender hindurch. Wenn eine Känguruhratte den Spender betrat, drückte sie dabei ein Pedal, wodurch eine Papierscheibe mit einem Schreiber markiert wurde. Diese Scheibe wurde, durch einen Uhrmechanismus angetrieben, während der ganzen Nacht langsam gedreht. Wenn die Papierscheibe am Morgen aus dem Gerät genommen wurde, waren auf ihr alle nächtlichen Besuche des Futterspenders aufgezeichnet.

Bisweilen wurde die Datenaufnahme durch Ameisen vereitelt, die so verrückt waren, die gesamte Tinte zu trinken, oder durch Rinder, welche die Aufnahmegeräte zertrampelten. Trotzdem zeigten Lockhards Aufnahmen, daß die Känguruhratten im Herbst, wenn sie einen großen Vorrat an Körnern angehäuft hatten, bei der Nahrungssuche wählerisch waren; sie kamen normalerweise nur in Nächten, in denen der Mond nicht schien, aus ihren Bauten (Abb. 6-8). Da die natürlichen Feinde von Känguruhratten (Kojoten und Eulen) ihre Beute leichter lokalisieren, wenn sie sich dabei ihres Gesichtssinns bedienen können, sind die Känguruhratten wahrscheinlich sicherer, wenn sie in vollständiger Dunkelheit auf Nahrungssuche gehen. Känguruhratten besitzen also offenbar einen Mechanismus, der sie befähigt, ihr Vorgehen bei der Nahrungssuche in Übereinstimmung mit den Mondlichtverhältnissen zu bringen.

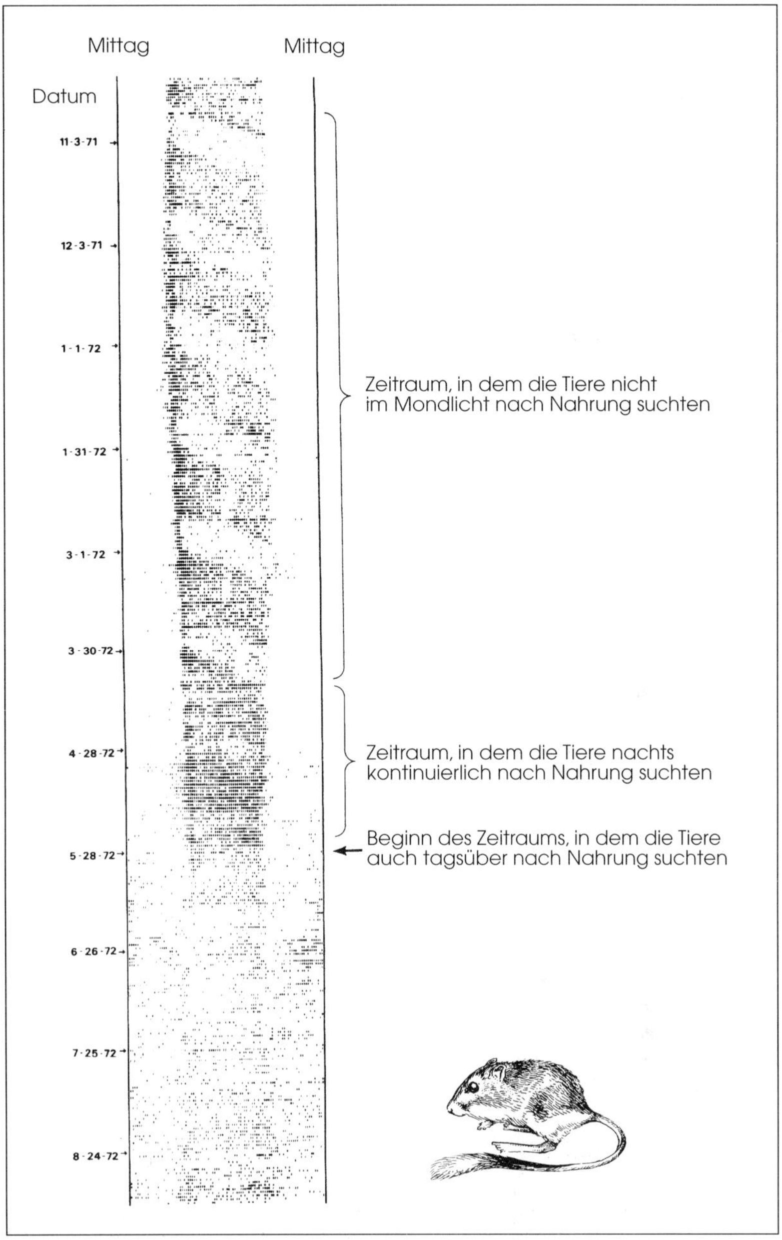

Abb. 6-8: **Lunarzyklus von Känguruhratten.** Jede dünne, schwarze Markierung gibt einen Besuch eines Futterspenders mit angeschlossener Zeitmessung durch eine Känguruhratte wieder. Während der Zeit von November bis März waren die Känguruhratten nur dann nachts aktiv, wenn es ganz dunkel war (die weißen, diagonalen Bänder stimmen mit den Mondlichtphasen überein). Ein knapper werdendes Angebot an Samen hatte später zur Folge, daß die Tiere während der ganzen Nacht fraßen, auch wenn der Mond am Himmel stand, und schließlich suchten sie zu jeder Tageszeit nach Nahrung. Quelle: Lockard (578).

6.2.3 Die Änderung von Verhaltensdispositionen in einer sich ändernden sozialen Umgebung

Känguruhratten stellen sich in ihrem Verhalten zeitlich auf eine veränderliche physikalische Umgebung ein, wobei sie sich nach den Mondlichtphasen richten. Männchen der Hausmaus (*Mus musculus*) reagieren ähnlich auf zyklische, voraussagbare Änderungen in ihrer sozialen Umgebung; diese Änderungen ergeben sich nicht innerhalb eines Tages oder eines Mondmonats, sondern über eine Zeitperiode von 50 Tagen. Während dieser Zeit verändert sich das Verhalten männlicher Hausmäuse gegenüber Jungtieren der eigenen Art. Der Zyklus beginnt, wenn ein Männchen ein Weibchen deckt und ejakuliert. Unmittelbar danach wird es in hohem Maße aggressiv gegenüber Mäusejungen und versucht, sie zu töten, falls es mit ihnen zuammentrifft. Das Männchen ist ungefähr drei Wochen lang zum Infantizid bereit, dann aber wechselt es nach und nach zu einem väterlichen Verhaltensmodus über. Es schützt Jungtiere und sorgt aufmerksam für sie, bis 50 Tage seit der Ejakulation verstrichen sind; von da an neigt es wieder zum Infantizid [742].

Dieses bemerkenswerte Verhaltensmuster hat zweifellos einen adaptiven Wert. Nachdem ein Männchen sein Sperma auf eine Partnerin übertragen hat, vergehen drei

Wochen, bis Junge zur Welt kommen. In diesen drei Wochen sind Angriffe fast ausnahmslos gegen die Nachkommen eines Rivalen gerichtet, wobei deren Tötung für den Angreifer Vorteile mit sich bringt (Kap. 1). Nach drei Wochen richtet ein Männchen, das zum väterlichen Verhaltensmodus wechselt, seine Fürsorge fast ausnahmslos an die eigenen, neugeborenen Nachkommen. Nach 50 Tagen sind seine nunmehr entwöhnten Jungen abgewandert, so daß es wiederum von Vorteil sein kann, Infantizid zu begehen.

Auf proximater Ebene stellt sich die Frage, welche Mechanismen ein Männchen dazu bringen können, den Wechsel von der Infantizid- zur Fürsorgebereitschaft um drei auf die Paarung folgende Wochen hinauszuzögern. Eine mögliche Erklärung geht von einem kumulativen Effekt sozialer Interaktionen mit einer Partnerin aus. Diese Hypothese kann aber verworfen werden, da Männchen, die kurz nach der Paarung von ihren Partnerinnen isoliert werden, dennoch den Wechsel zum elterlichen Fürsorgeverhalten nach einer dreiwöchigen infantizidalen Periode vollziehen.

Glenn Perrigo und seine Mitarbeiter fragten sich deshalb, ob irgendein interner Zeitmesser beteiligt sein könnte, und zwar einer, der die Zahl der Tage registrieren kann, die seit der Kopulation eines Männchens vergangen sind. Falls dem so wäre, müßte eine experimentelle Verkürzung oder eine Dehnung der Länge eines „Tages" einen Einfluß auf die absolute Zeit haben, die verstreicht, bevor eine männliche Maus den Wechsel vom Kindestöter zum fürsorglichen Vater vollzieht.

Die Forscher manipulierten die „Tageslängen" bei zwei Mäusegruppen. Die Bedingungen der einen Gruppe entsprachen einem „kurzen" Tag von 22 Stunden mit einer Lichtperiode von 11 Stunden, gefolgt von 11 Stunden Dunkelheit (11L:11D). Die andere Gruppe war einem „langen" Tag (13,5L:13,5D) ausgesetzt, der insgesamt 27 Stunden dauerte. Wie vorausgesagt, wurde die Infantizidneigung der Männchen von der Zahl der Licht:Dunkel-Zyklen beeinflußt und nicht von der absoluten Anzahl der 24-Stunden-Perioden (Abb. 6-9). So waren Mäuse der „Kurztag"-Gruppe 22 Hell:Dunkel-Zyklen in 20 realen (24-Stunden) Tagen ausgesetzt. Nur eine kleine Minderheit dieser Männchen zeigte 20 reale Tage (= 22 „kurze" Tage) nach der Ejakulation eine Infantizidneigung gegenüber neugeborenen Mäusen. Dagegen waren bei der „Langtag"-Gruppe nach 20 realen Tagen erst 18

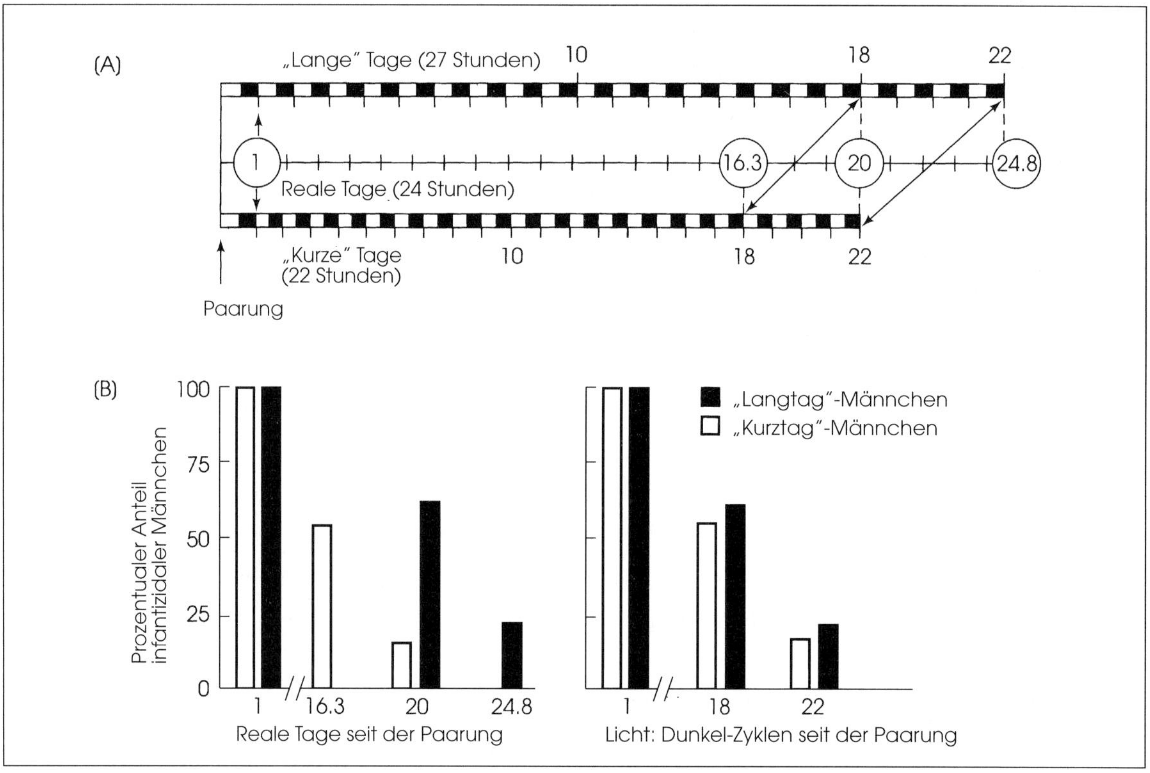

Abb. 6-9: **Regulierung der Infantizidneigung bei männlichen Hausmäusen.** Männchen, die experimentell unter Bedingungen einer „Tagesverkürzung" bzw. einer „Tagesverlängerung" gehalten wurden, unterschieden sich in Bezug auf die Zahl der realen Tage, die nach einer Kopulation verstreichen mußten, bevor sie aufhörten, Infantizid zu begehen, sobald sie auf Mäusejunge trafen. (A) Ein Zeitvergleich von realen Tagen mit „kurzen" und „langen" Tagen. 20 reale 24-Stunden-Tage entsprechen 18 „langen" Tagen oder 22 „kurzen" Tagen. Die hellen und dunklen Balken zeigen die Licht- bzw. Dunkelperioden an. (B) Männchen, die unter „Kurztag"-Bedingungen gehalten wurden, zeigten nach 20 realen Tagen (= 22 „kurze" Tage) kaum noch infantizidale Neigungen; bei Männchen, die „langen" Tagen ausgesetzt waren, trat ein solcher Rückgang nicht auf, bevor nicht fast 25 reale Tage verstrichen waren. Quelle: Perrigo et al. (742).

Hell:Dunkel-Zyklen vergangen. Mehr als 50 % dieser Mäuse attackierten Neugeborene nach 20 realen Tagen, was zeigt, daß die Zeitmechanismen bei diesen Mäusen noch nicht genügend „Tage" registriert hatten, um ein infantizidales Verhalten vollständig zu hemmen [742].

6.2.4 Die Änderung von Verhaltensdispositionen als Reaktion auf ein sich änderndes inneres Milieu

Die soziale und die physikalische Umwelt eines Tieres sind nicht die einzigen Reizquellen, welche die Verhaltensdispositionen über Zyklen mit Längen von mehr als einem Tag verändern können. Betrachten wir die zyklische Regulation der Paarungsbereitschaft bei weiblichen Rotkehlanolis (*Anolis carolinensis*), kleinen Eidechsen, die man im Südosten der USA findet. Adulte Weibchen haben einen 10- bis 14-tägigen Zyklus wechselnder Paarungsbereitschaft, der an die Entwicklung einer reifen Eizelle gebunden ist. Sobald ein Ei vollständig entwickelt ist und befruchtet werden kann, wird ein Weibchen zunehmend paarungsbereit - eine Folge der steigenden Menge an Östrogen, das von seinen Ovarien freigesetzt wird [187]. Das Östrogen gelangt über den Blutkreislauf zum Kopf der Eidechse und beeinflußt dort verschiedene endokrine und neuronale Zielzellen. Dies hat zur Folge, daß das Gehirn der Eidechse durch spezifische Hormone dazu gebracht wird, auf die Signale eines territorialen, paarungsbereiten Männchens die Verhaltensweise „Nackenkrümmen", welche die Paarung einleitet, zu aktivieren. Wenn ein solches Weibchen einem adulten, territorialen Männchen begegnen, das seinen Kopf ruckartig auf- und abbewegt und dabei seine gespreizte Kehlhaut präsentiert (Abb. 6-10), wird es sich wahrscheinlich mit diesem paaren.

Wenn die Östrogenmenge im Blut ein proximater Schlüsselfaktor ist, der die Auslöseschwelle für Sexual-

Abb. 6-10: **Kehlhautpräsentieren einer männlichen Anolis.** Foto von Thomas A. Jenssen.

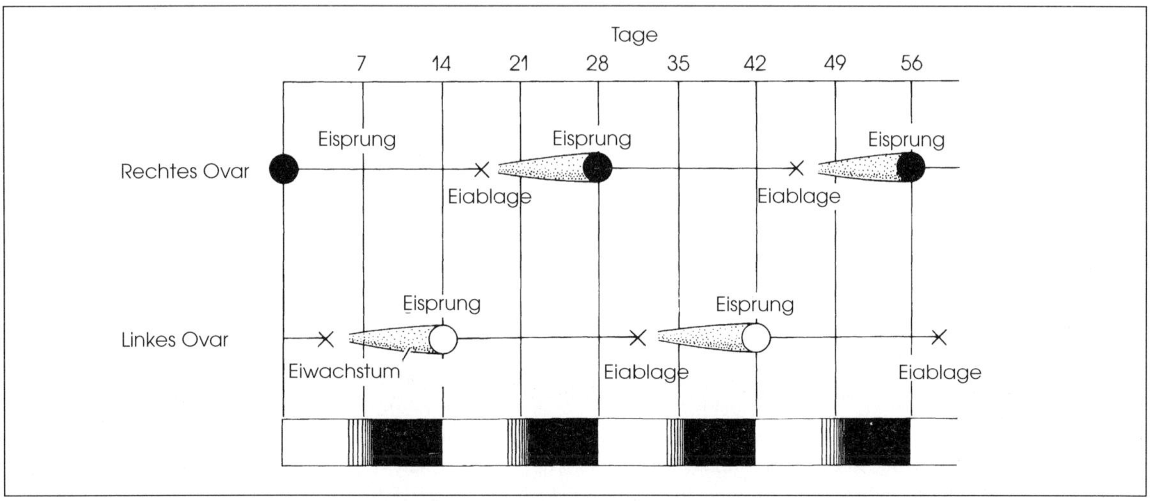

Abb. 6-11: **Periodik der sexuellen Rezeptivität bei weiblichen Rotkehlanolis** während der Brutzeit. Es reift jeweils nur eine Eizelle heran. Während sich das Ei entwickelt, nimmt die Paarungsbereitschaft des Weibchens allmählich zu. Eine Paarung oder ein Eisprung führt zu einem abrupten Abbruch der Paarungsbereitschaft. Quelle: Crews (187).

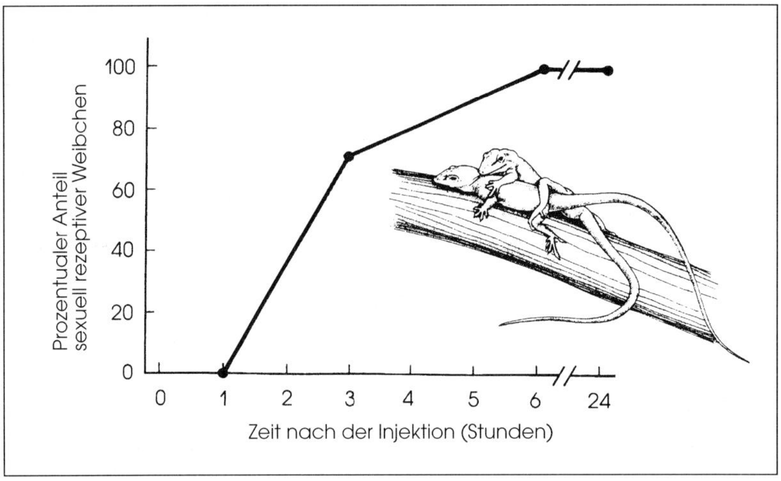

Abb. 6-12: **Wirkung einer Prostaglandin-Injektion** auf die Paarungsbereitschaft weiblicher Rotkehlanolis. Die Injektion von Prostaglandin bei sieben Weibchen bewirkte eine zeitweilige Aufhebung ihrer Kopulationsbereitschaft. Quelle: Tokarz und Crews (935).

verhalten erniedrigt, so müßte das Entfernen der Ovarien eines Weibchens dessen Paarungsbereitschaft aufheben. Genau so ist es auch. Die Implantation einer Östrogenpille in ein ovariektomiertes, nicht paarungsbereites Weibchen müßte dessen Paarungsbereitschaft wieder herstellen. Auch das trifft zu.

Wenn sich aber ein Weibchen erst einmal gepaart hat, sinkt seine Paarungsbereitschaft drastisch. Innerhalb von 5 bis 7 Minuten nach der Kopulation ist es mit der Paarungsbereitschaft eines Weibchen vorbei, und es wird ein werbendes Männchen ignorieren, vor ihm weglaufen oder es sogar attackieren. Das Weibchen bleibt für 10 bis 14 Tage paarungsunwillig, bis es wieder eine reife Eizelle in sich trägt (Abb. 6-11). Der Übergang von Paarungsbereitschaft zu Paarungsunwilligkeit ist also sehr abrupt, und er tritt zu einer Zeit auf, zu der ein Weibchen immer noch einen hohen Östrogenspiegel im Blut hat [187].

Der dramatisch schnelle Wechsel in ihrer Verhaltensdisposition, den Weibchen nach erfolgter Paarung zeigen, könnte mit einer Stimulation verbunden sein, die im Zusammenhang mit der Kopulation auftritt. Beispielsweise könnte das Besteigen und der Nackenbiß eines kopulierenden Männchens eine sensorische Stimulation hervorrufen, die dazu dient, das Befehlszentrum für Paarungsbereitschaft „auf Null" zu stellen (angenommen, ein solches existiert überhaupt bei weiblichen Anolis). Wenn diese Hypothese zutrifft, dann müßte ein Weibchen bereits paarungsunwillig werden, wenn es von einem Männchen erfolgreich umworben und bestiegen wurde, mit dem aufgrund einer operativen Entfernung seines paarig ausgebildeten Penis eine Kopulation im eigentlichen Sinne gar nicht stattgefunden hat. Ein solches Weibchen behält aber seine Bereitschaft zur Kopulation, nachdem das Männchen von ihm abgelassen hat.

Eine alternative Hypothese ist, daß Weibchen auf eine mechanische Stimulation des Genitaltraktes während der Kopulation mit der Produktion von Prostaglandin reagieren. Bei den Weibchen ist unmittelbar nach einer Paarung ein starker Anstieg der Prostaglandin-Konzentration zu verzeichnen. Vielleicht wirkt Prostaglandin irgendwie als endogener Reiz, der eine Änderung der Paarungsbereitschaft aktiviert. Um diese Möglichkeit zu prüfen, injizierten Richard Tokarz und David Crews winzige Mengen an Prostaglandin in Weibchen, welche nachweislich rezeptiv waren, da sie sich von einem geschlechtsreifen Männchen am Nacken festhalten ließen; nach diesem Test wurde das Männchen wieder entfernt. (Den Weibchen waren zunächst ihre Ovarien entfernt worden; später wurden sie mit Östrogen und Progesteron behandelt, um sie paarungsbereit zu machen [635]). Kurz nach der Prostaglandin-Injektion reagierten dieselben Weibchen auf werbende Männchen, indem sie wegliefen oder die Männchen angriffen (Abb. 6-12) [935].

6.3 Jahreszeitliche Veränderungen und Jahreszyklen

Bis jetzt haben wir uns mit zyklischen Verhaltensänderungen beschäftigt, die mit physikalischen, sozialen oder inneren Perioden zwischen einem und 50 Tagen verbunden sind. In vielen Teilen der Welt gibt es aber auch jahreszeitliche Veränderungen. Wenn circadiane Rhythmen es Tieren ermöglichen, sich physiologisch und in ihrem Verhalten auf voraussagbare, tägliche Veränderungen in ihrer Umwelt vorzubereiten, könnten dann nicht manche Tiere auch einen **circannualen Rhythmus** besitzen, der auf einer endogenen, annualen Uhr mit einer Periodenlänge von annähernd 365 Tagen basiert [390]? Ein solcher Mechanismus könnte – ähnlich wie die circadiane Zentraluhr – aus einer umweltunabhängigen, zeitgebenden Komponente bestehen, die einen annualen Zyklus von Verhaltensänderungen auch dann erzeugen kann, wenn saisonale Reize aus der Umwelt fehlen. Diese würde, in Verbindung mit einer Einrichtung zur Synchronisation der annualen Uhr mit lokalen Gegebenheiten, das Tier darauf einstellen, einen jahreszeitlich wechselnden Satz von Verhaltensdispositionen in Über-

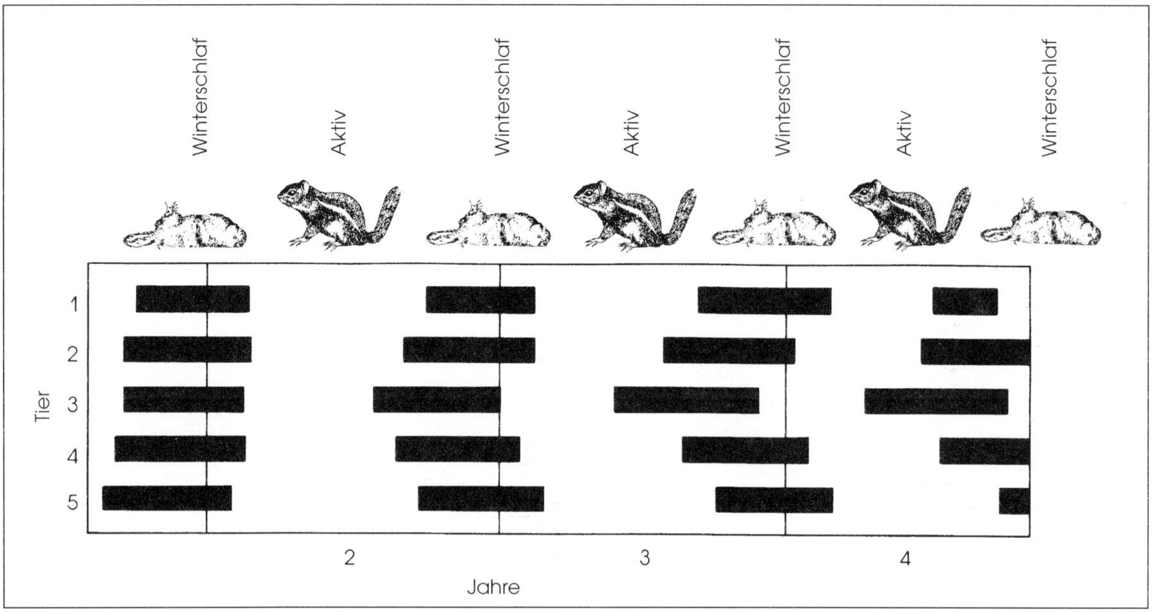

Abb. 6-13: **Circannualer Rhythmus beim Goldmantelziesel.** Tiere, die in ständiger Dunkelheit und bei konstanter Temperatur gehalten wurden, hielten dennoch Jahr für Jahr zu bestimmten Zeiten (schwarze Balken) einen Winterschlaf. Quelle: Pengelley und Asmundson (740).

einstimmung mit jahreszeitlichen Änderungen seiner Umwelt zu zeigen.

Die Überprüfung der Hypothese, daß ein Tier einen circannualen Rhythmus hat, ist technisch schwierig; dazu müssen Individuen für mindestens ein Jahr, besser noch für mehrere Jahre, nachdem sie aus ihrer natürlichen Umgebung herausgenommen wurden, unter konstanten Bedingungen gehalten werden. Ein erfolgreiches Experiment dieser Art wurde mit dem Goldmantelziesel (*Citellus lateralis*) [740] durchgeführt, einem Bewohner der nördlich-gemäßigten Breiten Nordamerikas, der den Spätherbst und den Winter in einem unterirdischen Bau im Winterschlaf verbringt. Fünf Individuen dieser Art wurden in Gefangenschaft geboren, anschließend wurden sie geblendet und ihr ganzes Leben lang in ständiger Dunkelheit und bei konstanten Temperaturen gehalten, wobei Nahrung für sie beliebig verfügbar war. Jahr für Jahr fielen diese Tiere zu ungefähr derselben Zeit in den Winterschlaf wie ihre in freier Wildbahn lebenden Artgenossen (Abb. 6-13).

Für eine andere, ähnliche Untersuchung wurden mehrere afrikanische Schwarzkehlchen (*Saxicola torquatus axillaris*) als Nestlinge aus dem äquatorialen Kenia nach Deutschland gebracht. Dort wurden die Vögel in Laborräumen aufgezogen, in denen die Temperatur und die Anzahl der Lichtstunden pro 24-Stunden-Periode konstant gehalten wurden. (Einige Vögel wuchsen bei 12,5 Stunden Licht pro Tag auf, während andere jeden Tag 12,8 Stunden Licht erhielten.) Es muß wohl nicht besonders betont werden, daß diese Vögel (und ihre Nachkommen) nie Gelegenheit hatten, Bekanntschaft mit der kenianischen Regenzeit zu machen, die im April beginnt und das Auftreten vieler Insekten mit sich bringt.

Unter natürlichen Bedingungen beginnen afrikanische Schwarzkehlchen mit ihren Fortpflanzungsaktivitäten zu einer Zeit, die gewährleistet, daß die befruchteten Eier synchron mit dem Beginn der Regenzeit gelegt werden. Durch diese Taktik ist garantiert, daß Insekten als Nahrung verfügbar sind, wenn die Nestlinge sie am meisten benötigen. Wenn man gefangene Tiere unter Abwesenheit einer jahreszeitliche Periodik hält, zeigen sie dennoch weiterhin einen Langzeitrhythmus in ihrer Fortpflanzungsphysiologie und in ihrem Fortpflanzungsverhalten. Allerdings weichen die Zyklen dieser Vögel beträchtlich von einer 12-monatigen Rhythmik ab (Abb. 6-14). Bei einem Männchen waren beispielsweise neun Zyklen der Zu- und Abnahme seiner Hodengröße während der 7,5 Jahre, die das Experiment andauerte, zu verzeichnen. Fälle dieser Art können als Belege dafür gelten, daß die Zyklen intern durch einen umweltunabhängigen Mechanismus generiert werden und nicht das Produkt der Fähigkeit der Vögel sind, subtile Hinweise, die mit dem normalen Jahreszyklus verbunden sind, wahrzunehmen [389].

6.3.1 Die Rolle der Umwelt

Das Beispiel der Schwarzkehlchen zeigt, daß eine innere, circannuale Uhr an der Ausbildung eines annualen Verhaltenszyklus in Übereinstimmung mit einem annualen Zyklus saisonaler Veränderungen beteiligt sein könnte. Aber auch andere Mechanismen können zur Ausbildung einer Jahresrhythmik im Verhalten beitragen. Beispielsweise könnte ein Tier die Verfügbarkeit einer wichtigen

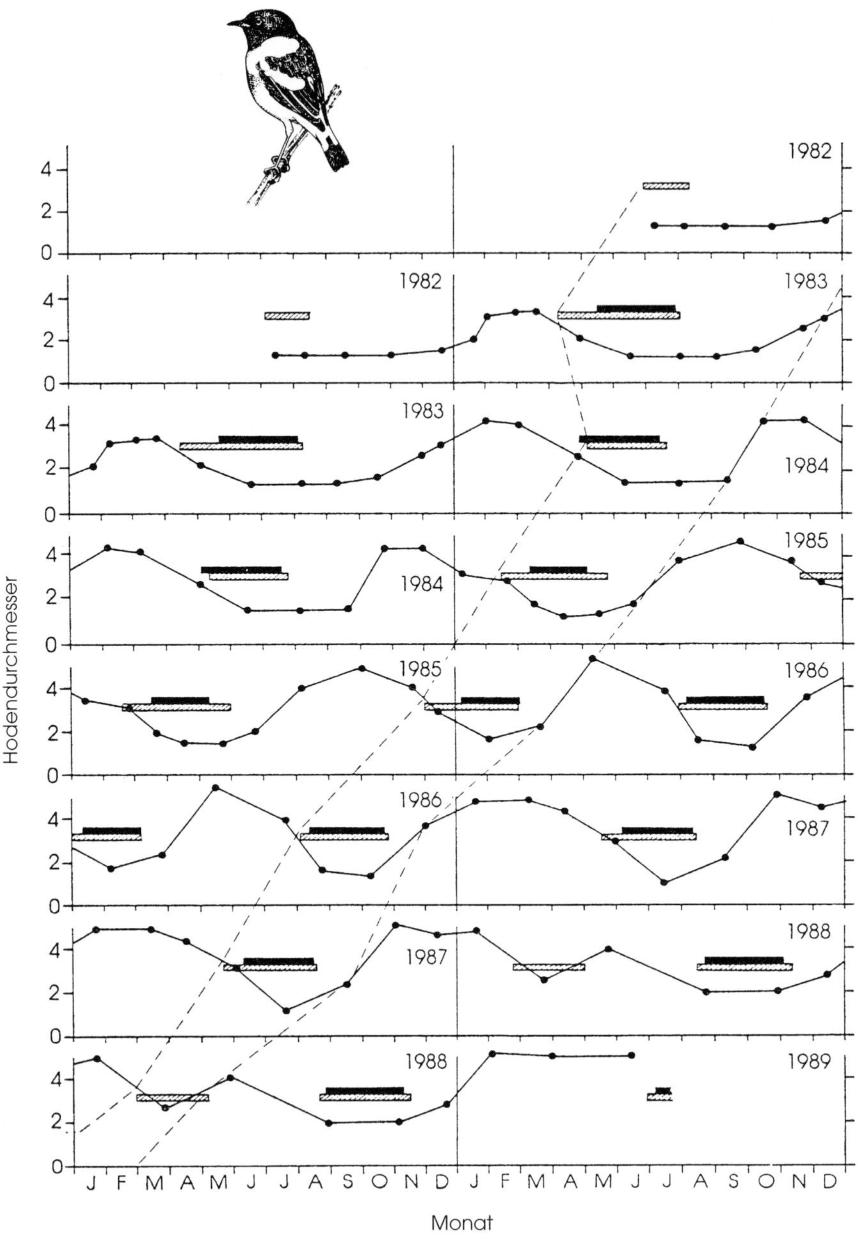

Abb. 6-14: **Circannualer Rhythmus bei einem Schwarzkehlchen.** Auch nach der Überführung von Kenia nach Deutschland und unter konstanten Haltungsbedingungen wies dieses männliche Schwarzkehlchen eine Langzeitperiodik in der Zu- und Abnahme des Hodenvolumens und im Gefiederwechsel auf (Balken). Die Zykluslänge betrug nicht 12 Monate, so daß die Perioden der Gonadenveränderungen von Jahr zu Jahr zeitlich versetzt waren (beachten Sie die gestrichelten Linien, die von rechts oben nach links unten laufen). Quelle: Gwinner und Dittami (389).

Ressource zur Grundlage für die Aktivierung seines Fortpflanzungsverhaltens machen. Der Nacktschnabelhäher (*Gymnorhinus cyanocephalus*) ist extrem auf die Samen der Nußkiefer (*Pinus edulis*) und der Gelbkiefer (*Pinus ponderosa*) spezialisiert. In manchen Jahren gibt es Kiefernzapfen im Überfluß, in anderen produzieren die Bäume fast gar keine Samen. Die Häher haben deshalb physiologische Mechanismen ausgebildet, durch welche die Fortpflanzung direkt an das Nahrungsangebot gekoppelt ist. In guten Jahren beginnen die Vögel mit der Werbung und dem Nestbau viel früher als in Jahren mit geringer Samenproduktion [565]. Schon der Anblick von vielen grünen (unreifen) Kiefernzapfen im Sommer hat ein Ausbleiben der ansonsten für die Herbstzeit typischen Gonadenrückbil-

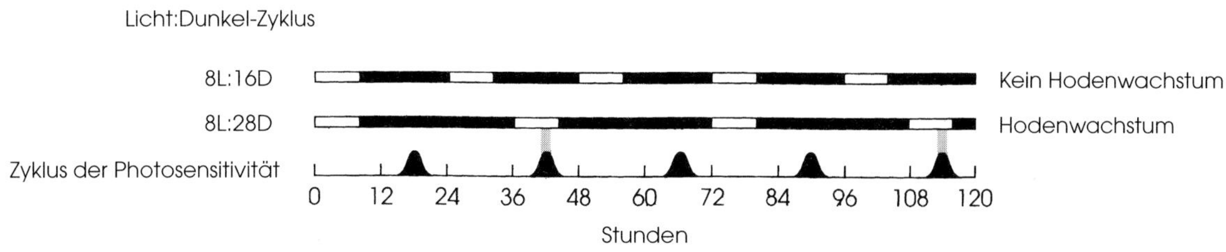

Abb. 6-15: **Zyklus der Photosensitivität:** Eine Überprüfung der Hypothese, daß Weißkopf-Ammerfinken proximate Mechanismen aufweisen, die zwischen der 17. und 19. Stunde des Tages besonders lichtempfindlich sind. Auf der unteren Linie sind die hypothetischen Zeitspannen erhöhter Photosensitivität wiedergegeben. Die offenen und schwarzen Abschnitte der beiden oberen horizontalen Balken zeigen die Licht- und Dunkelperioden zweier unterschiedlicher L:D-Abfolgen. Nur die im Experiment unter 8L:28D-Bedingungen gehaltenen Weißkopf-Ammerfinken waren gelegentlich während der vermuteten photosensitive Phase einer Belichtung ausgesetzt (schattierte Abschnitte), und nur diese Tiere reagierten mit einem Wachstum der Hoden. Nach Farner (308).

dung zur Folge. Vögel, deren Gonaden in dieser Zeit ein Größenwachstum zeigen, sind im Spätwinter und zu Beginn des nächsten Frühjahrs fortpflanzungsbereit, wenn sie sich hauptsächlich von dem reichen Angebot an Samen aus den bis dahin gereiften Zapfen ernähren können.

Weißkopf-Ammerfinken (*Zonotrichia leucophrys*) machen ebenfalls einmal im Jahr einen bemerkenswerten Wandel in ihrem Verhalten durch, wenn sie nach vielen Monaten, in denen sie keinerlei sexuelles Verhalten gezeigt haben, mit Fortpflanzungsaktivitäten beginnen. Im Frühjahr etablieren die Männchen ihre Brutreviere, kämpfen mit Rivalen und werben um paarungsbereite Weibchen. Im Einklang mit diesen auffallenden Verhaltensänderungen wachsen die Gonaden dieser Vögel mit dramatischer Geschwindigkeit auf das hundertfache des Gewichts, welches sie im Winter haben. Um den richtigen Zeitpunkt für das Wachstum ihrer Gonaden und den Beginn ihrer Fortpflanzungsaktivitäten zu bestimmen, müssen die Vögel die Fähigkeit haben, sich im voraus auf die Brutzeit im Frühjahr einzustellen. Wie bringen sie dieses Kunststück fertig?

Diese Vögel machen ihr Fortpflanzungsverhalten nicht von der Beobachtung und dem Verzehr einer Hauptnahrungsquelle abhängig (vermutlich, weil sie nicht extrem auf eine Nahrungsform spezialisiert sind, deren Menge von Jahr zu Jahr drastisch schwankt). Statt dessen stellen sie sich anscheinend im voraus auf den Frühling ein, indem sie eine Zunahme in der Länge der **Photoperiode**, der Zahl der Lichtstunden in einer 24-Stunden-Periode, registrieren. Eine zunehmende Photoperiode ist in den gemäßigten Breiten ein absolut verläßlicher Indikator für das Herannahen des Frühlings und könnte von Weißkopf-Ammerfinken benutzt werden, um für ihren Zyklus des Gonadenwachstums und des Fortpflanzungsverhaltens den richtigen Zeitpunkt zu bestimmen [309].

Eine Hypothese zur Funktionsweise eines solchen Systems geht davon aus, daß Weißkopf-Ammerfinken eine biologische Uhr mit einer sich im Tagesverlauf ändernden Lichtempfindlichkeit besitzen, die jeden Morgen mit der Dämmerung neu gestellt wird. Während der ersten etwa 13 Stunden nach dem Stellen der Uhr ist das Kontrollsystem des Vogels in hohem Maße unempfindlich für Licht; dann nimmt die Sensitivität zu und erreicht ihren Höhepunkt 16 bis 20 Stunden nach dem Start des Zyklus. Die Sensitivität läßt daraufhin sehr schnell nach; sie erreicht ihren Tiefpunkt nach 24 Stunden, bei Beginn eines neuen Tages und eines neuen Zyklus. Wenn die Tage 12 oder 13 Stunden und die Nächte 12 oder 11 Stunden lang sind, wird das System nicht aktiviert, da während der lichtsensitiven Phase kein Licht vorhanden ist. Wenn aber die Tage 14 bis 15 Stunden lang sind, kann das Licht während der photosensitiven Phase Einfluß auf das Gehirn des Vogels nehmen und dadurch eine Abfolge hormonaler Änderungen in Gang setzen, welche zur Entwicklung seiner Fortpflanzungsfähigkeit führen.

Wenn dieses Modell richtig ist, sollte es möglich sein, das System, welches die Photoperiode mißt, zu täuschen. William Hamner, der mit Hausfinken (*Carpodacus mexicanus*) arbeitete [405], und Donald Farner, der ähnliche Studien an Weißkopf-Ammerfinken durchführte [308], gelang es, das Hodenwachstum zu stimulieren, indem sie gefangene Vögel während der im Modell postulierten photosensitiven Phase des circadianen Rhythmus einer Belichtung aussetzten. In Farners Experiment wurden die Vögel von einem regulären Tagesablauf mit 8 Stunden Licht und 16 Stunden Dunkelheit (8L:16D) auf eine 8L:28D-Abfolge gebracht. Da die Lichtperioden nun nicht mehr in Phase mit einem 24-Stunden-Zyklus waren, erhielten diese Vögel manchmal Licht während der Zeit, zu der sie dem Modell zufolge in hohem Maße photosensitiv sein sollten. Unter diesen Bedingungen war bei den männlichen Vögeln ein Hodenwachstum zu verzeichnen, obwohl im Vergleich mit dem 8L:16D-Zyklus, der kein Hodenwachstum hervorrief, das Verhältnis von Licht zu Dunkelheit geringer war (Abb. 6-15) [308]. Eine Entwicklung der Gonaden kann ebenfalls auftreten, wenn man einen der Vögel von einem 8L:16D-Zyklus auf einen 8L:16D-Zyklus bringt, der 17 bis 19 Stunden nach Tagesbeginn von einer zweistündigen Lichtperiode unterbrochen wird.

Auch Rotkehlanolis zeigen in ihrem Verhalten einen ausgeprägten Jahreszyklus. Diese kleine Eidechsenart verbringt in South Carolina oder in Florida den gesamten Winter ruhend in einem sicheren Unterschlupf; im Februar oder März kommen die Männchen dann hervor und werden aktiv. Kurze Zeit später schon errichten sie Territorien, von denen andere Männchen mit Drohgebärden, dem Auf- und Abwippen des Vorderkörpers und Kopfnicken, gelegentlich auch kämpfend, vertrieben werden. Die Gewinner werben dann um die Weibchen, welche gegen Ende April zum ersten Mal im Laufe eines Jahres paarungsbereit sind. Wie bei Weißkopf-Ammerfinken entwickeln sich auch bei den Anolis die Gonaden zu voller Größe, bevor die Tiere mit der Fortpflanzung beginnen.

Anolis sind wie Weißkopf-Ammerfinken in der Lage, Änderungen in der Länge der Photoperiode zu registrieren, und sie nutzen diese Information, um den Übergang von der Winterruhe zur Fortpflanzungszeit mit ausgereiften Hoden und Ovarien zu vollziehen. Allerdings wird dieser Übergang auch stark von Temperaturänderungen beeinflußt [564]. Temperaturrezeptoren geben zum Frühlingsbeginn Informationen über steigende Temperaturen an das Gehirn der Anolis weiter. Die Hypophyse schüttet daraufhin Gonadotropine aus, die das Wachstum der Ovarien bei den Weibchen und der Hoden bei den Männchen stimulieren. Der jeweilige Temperaturverlauf in einem Frühjahr bestimmt exakt, wann ein Individuum seinen Überwinterungsort verläßt und seine Gonaden zu wachsen beginnen. Eine kühlere Witterung verzögert das Hervorkommen der Anolis und den Beginn der Fortpflanzung; wärmere Tage beenden die Winterruhe früher. Das Endresultat ist, daß sich die poikilothermen Anolis zu einer Zeit fortzupflanzen versuchen, zu der die Temperaturen sie dazu befähigen, in vollem Ausmaß aktiv zu sein, und zu der Insekten, ihre Hauptbeute, zahlreich und ebenfalls aktiv sind.

6.3.2 Soziale Einflüsse auf die annuale Rhythmik

Die Jahresrhythmik der Anolis wird von ihrer Fähigkeit beeinflußt, Temperaturänderungen in ihrer Umgebung wahrzunehmen (und in einem geringeren Ausmaß Änderungen der Photoperiode). Aber auch soziale Faktoren haben einen Einfluß auf den Beginn der jährlichen Fortpflanzungsperiode, wie David Crews mit folgendem Experiment zeigte. Er entfernte ruhende Weibchen aus ihren Winterverstecken, brachte sie in ein Labor und setzte sie in Käfigen in eine von vier Gruppen: (1) ohne Männchen, (2) mit kastrierten Männchen (die nicht werben), (3) mit Männchen, deren Kehllappen operativ entfernt waren oder (4) mit intakten Männchen, von denen eines eine territoriale Dominanz über die anderen anwesenden Männchen etabliert hatte [187]. In den ersten drei dieser Gruppen hatten die Weibchen keine Gelegenheit, das Werbeverhalten eines territorialen Männchens zu Gesicht zu bekommen; in der vierten Gruppe dagegen sahen die Weibchen regelmäßig territoriale Männchen, die ihre farbenprächtigen Kehllappen präsentierten. Die

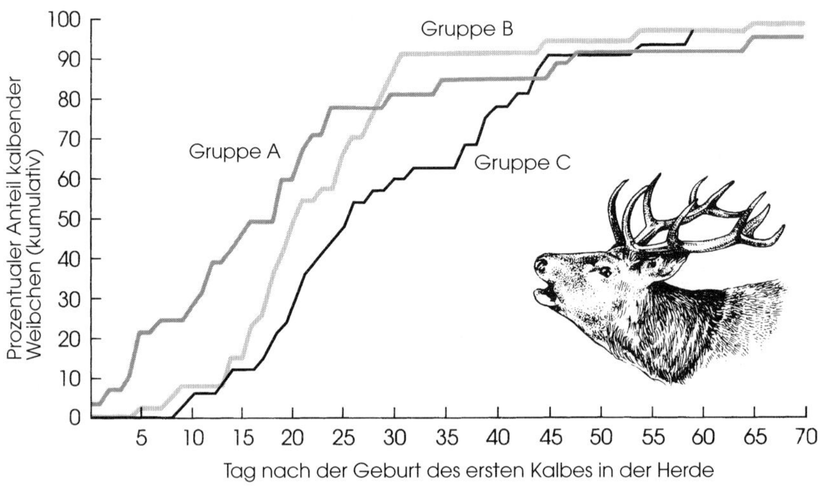

Abb. 6-16: **Das Röhren männlicher Rothirsche beeinflußt das Einsetzen des Östrus bei den Hirschkühen.** Die steigende Anzahl an Weibchen, welche bis zu einem bestimmten Tag geboren haben, ist für drei Gruppen wiedergegeben: Weibchen der Gruppe A wurden von Männchen isoliert gehalten und hörten keine Tonbandaufnahmen des Röhrens, bevor sie mit einem zeugungsfähigen Männchen zusammengestellt wurden; Weibchen der Gruppe B bekamen das Röhren vom Tonband vorgespielt, bevor sie Zugang zu einem zeugungsfähigen Männchen erhielten; Weibchen der Gruppe C wurden zunächst zusammen mit einem vasektomierten (und regelmäßig röhrenden) Männchen gehalten, bevor sie zu einem zeugungsfähigen Männchen gestellt wurden. Beachten Sie, daß Weibchen, die dem Röhren ausgesetzt waren, selbst wenn es nur vom Tonband kam, im allgemeinen früher kalbten als Weibchen, denen diese Stimulierung fehlte. Quelle: McComb (624).

Ovarien der Weibchen in der vierten Gruppe entwickelten sich sehr viel schneller als in den Gruppen mit Männchen, die kastriert oder ihrer Kehllappen beraubt waren.

Folglich bereitet die optische Stimulation durch das Imponierverhalten der Männchen gerade zum Vorschein gekommene Weibchen darauf vor, paarungsbereit zu werden. Bei Weibchen, die oft umworben werden, sezerniert die Hypophyse größere Mengen an Gonadotropinen als bei nicht umworbenen Anolis. Diese Hormone beschleunigen die Ovarienentwicklung und damit die Östrogenproduktion, was bei den Weibchen letztlich zu einer beschleunigten Entwicklung der Fortpflanzungsbereitschaft führt.

Genauso, wie sich verschiedene Arten darin unterscheiden, welche Elemente ihrer physikalischen Umwelt einen Einfuß auf ihren Hormonhaushalt und ihren Reproduktionszyklus haben, beeinflussen auch unterschiedliche Formen der sozialen Stimulation die zeitliche Abstimmung der Fortpflanzung zwischen den Geschlechtern. Sichtbare Formen des männlichen Imponierverhaltens sind wichtig für die Entwicklung der Gonaden weiblicher Anolis; für Wellensittiche (*Melopsittacus undulatus*) aber fand Barbara Brockway, daß deren Gonaden vor allem auf akustische Reize von Artgenossen ansprechen. Viele Amerikaner glauben zwar, daß Wellensittiche ausschließlich in Kaufhäusern leben, diese kleinen Papageien kommen jedoch auch in freier Wildbahn vor, und zwar insbesondere in den ariden Gebieten Zentralaustraliens. In großen Schwärmen ziehen sie umher, um nach Orten zu suchen, an denen es kurz vorher geregnet hat. Wenn sie eine geeignete Stelle finden, werden diese Vögel sehr schnell fortpflanzungsfähig. Aber auch soziale Faktoren haben einen Einfluß darauf, wie schnell die Tiere fortpflanzungsbereit werden.

Brockway fand, daß im Labor das Hodenwachstum von Männchen gefördert wurde, wenn sie Tonbänder mit dem Territorialruf der Männchen dieser Art zu hören bekamen. Unverpaarte Weibchen allerdings, die nur diesen aggressiven Ruf hörten, wiesen ein reduziertes Ovarienwachstum auf. Zur Entwicklung der Ovarien waren Werbesignale der Männchen erforderlich, insbesondere der Balzgesang, den Männchen produzieren, wenn sie – Schnabel an Schnabel – bei einem Weibchen sitzen [115, 116].

Obwohl weibliche Rothirsche (*Cervus elaphus*) mit Wellensittichen nicht gerade nah verwandt sind, gibt es auch bei ihnen eine akustische Stimulation durch potentielle Partner. Während der Paarungszeit röhren männliche Rothirsche oft stundenlang ein- bis dreimal pro Minute aus vollem Halse. Karen McComb fragte sich, ob das Röhren der Männchen nicht Einfluß auf die zeitliche Steuerung der weiblichen Paarungsbereitschaft haben könnte [624]. Um ihre Hypothese, daß dies der Fall ist, zu testen, bediente sie sich gefangener Herden in Neuseeland, wo Hirsche zur Fleischgewinnung auf Farmen gehalten werden. Sie teilte eine Herde von Weibchen in drei Gruppen: eine Gruppe wurde zusammen mit einem (durch Vasektomie) sterilisierten Männchen zusammen gehalten, das zwar röhrte und zwischen den Weibchen

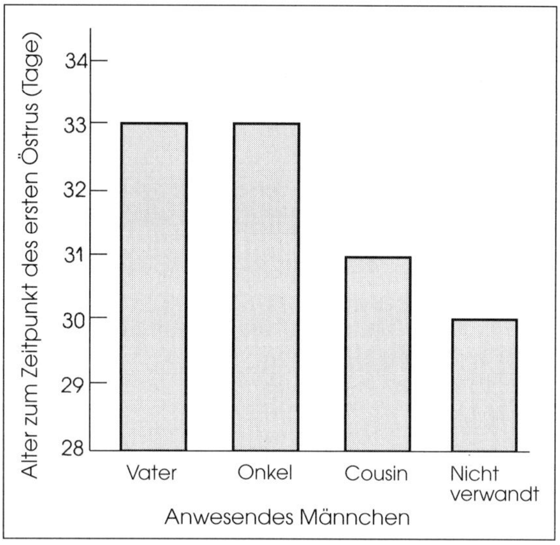

Abb. 6-17: **Der Einfluß sozialer Erfahrung auf den Zeitpunkt der Geschlechtsreife** bei Mäuseweibchen. Die Ovarien von Weibchen, die zusammen mit Vätern oder deren Brüdern aufgezogen wurden, entwickelten sich langsamer als die von Weibchen, welche mit Cousins oder genetisch nicht Verwandten aufwuchsen. Quelle: Lendrem (557).

umherging, aber zur Befruchtung nicht mehr fähig war. Die Weibchen der zweiten Gruppe wurden von allen Männchen ferngehalten, bekamen aber Tonbänder mit Langzeitaufnahmen des männlichen Röhrens zu hören. Die dritte Weibchengruppe schließlich wurde sowohl von Männchen als auch von ihren Rufen isoliert gehalten. Später erhielten die Weibchen Zugang zu mehreren nicht sterilisierten Männchen und wurden von diesen gedeckt, sobald sie paarungsbereit waren. Das Datum, an dem ein Weibchen kalbte, zeigt an, zu welchem Zeitpunkt es in den Östrus kam. Wie durch die Hypothese eines sozialen Einflusses vorausgesagt, bekamen Weibchen, die in Gesellschaft eines sterilen, aber ansonsten unbeeinträchtigten Männchens waren oder die Tonbänder mit dem männlichen Röhren hörten, ihre Jungen im Durchschnitt früher als Weibchen, die von Männchen und ihrem Röhren isoliert waren (Abb. 6-16).

Entscheidende soziale Reize können optischer Natur sein, wie bei den Eidechsen; es kann sich um akustische Reize handeln, wie bei den Wellensittichen und den Rothirschen, oder um olfaktorische Reize bei Tieren wie der Hausmaus. Der Duft des Urins einer männlichen Maus hat erstaunlich vielfältige Einflüsse auf den physiologischen Status anderer Mäuse. So hat der gewohnte Geruch eines dominanten Männchens eine fördernde Wirkung auf den Reproduktionszyklus der adulten Weibchen, die mit ihm zusammenleben. Die Abwesenheit eines Männchens, oder aber der Geruch eines fremden Männchens, blockiert die sexuelle Aktivität bei den Weibchen. Darüber hinaus beschleunigt der Geruch eines dominanten Männchens das Erreichen der Geschlechtsreife bei jungen Weibchen - es sei denn, das dominante Männchen ist ihr Vater (Abb. 6-17) [557].

Ich denke, daß sich die ultimate Bedeutung dieser Einflüsse auf Weibchen aus folgenden Überlegungen ableiten läßt: ein dominantes Mäusemännchen ist aus weiblicher Perspektive ein hervorragender Paarungspartner, da es die Nachkommen des Weibchens vor anderen Männchen, die sie töten könnten, schützt. Wenn ein dominantes Männchen anwesend ist, gibt es keinen Grund, die Fortpflanzung hinauszuzögern. Dies tun die Weibchen auch nicht – es sei denn, die Paarung mit einem Männchen würde bedeuten, sich mit dem eigenen Vater zu paaren, denn damit wäre eine erhöhte Wahrscheinlichkeit verbunden, Nachkommen mit Inzuchtdefekten hervorzubringen.

6.3.3 Assoziierte und dissoziierte Reproduktionsmuster

Wir haben nur einige Beispiele für die große Vielfalt der Faktoren in der physikalischen und sozialen Umwelt von Tieren besprochen, die deren Verhaltensdispositionen beeinflussen können. Besondere Berücksichtigung fand dabei der jährliche Fortpflanzungszyklus. Diese Umwelteinflüsse, wie auch immer sie aussehen mögen, scheinen oftmals eine Änderung des Hormonstatus eines Individuums herbeizuführen. In solchen Fällen vermitteln Hormone zwischen der Umwelt und den Befehlszentren für Verhaltensweisen, indem sie als Signale dienen, welche die Bereitschaft zu bestimmten Reaktionen modifizieren. So verändern zum Beispiel ganz bestimmte Sinnesreize die Hormonausschüttung im Gehirn von Weißkopf-Ammerfinken. Diese Hormone wirken auf das Gonadenwachstum, was eine Reihe von Effekten auf das Verhalten hat, da verstärkt Hormone von den Gonaden freigesetzt werden, die das Gehirn erreichen und in seiner Aktivität beeinflussen. Hormone sind die Grundlage der integrierten Änderungen von Physiologie und Verhalten, welche die Fortpflanzung genau dann fördern, wenn physikalische, soziale und interne physiologische Bedingungen am günstigsten dafür sind.

Das vor allem bei Wirbeltieren weit verbreitete Vorkommen einer hormonalen Steuerung der Fortpflanzung hat viele Biologen der Ansicht zustimmen lassen, daß Hormone letztlich die entscheidenden Schaltstellen für das Sexualverhalten sind, da sie die Verbindung zwischen den verschiedenen inneren Fortpflanzungsorganen eines Tieres und seiner äußeren Umwelt herstellen (Abb. 6-18A). Dieser Ansicht zufolge stellen bestimmte Hormone die kausale Grundlage der Fortpflanzung dar, was zu einem **assoziierten Reproduktionsmuster** führt. Bei diesem sind Gametenproduktion und sexuelle Aktivität mit der Zunahme eines bestimmten Hormons oder mehrerer Hormone verbunden oder assoziiert. Die Rotkehlanolis ist ein klassisches Beispiel für ein assoziiertes Reproduktionsmuster, da ein erhöhter Testosteronspiegel im Blut vorgefunden wird, wenn Männchen reife Spermien produzieren, Territorien verteidigen und sich mit Weibchen paaren (siehe auch [671]).

Das gleiche Muster findet sich bei Rothirschen. Männchen, die ansonsten friedlich zusammenleben, werden während der zweimonatigen Paarungszeit (Brunst) im September und Oktober erheblich aggressiver und sexuell aktiv. Zu dieser Zeit produzieren ihre Hoden sowohl reife Spermien, als auch Testosteron, dessen Bedeutung für das Verhalten durch Kastration adulter Männchen vor der Brunst nachgewiesen wurde. Die kastrierten Individuen sind wenig aggressiv und versuchen nicht, sich mit sexuell rezeptiven Weibchen zu paaren. Wenn die Verhaltensunterschiede zwischen kastrierten und intakten Männchen auf die Abwesenheit von Testosteron im Blutstrom zurückzuführen ist, so müßten Testosteronimplantate das Aggressions- und das Sexualverhalten während der Brunstzeit wiederherstellen. Tatsächlich haben Implantate eine solche Wirkung, was zeigt, daß Aggressions- und Sexualverhalten zumindest teilweise der Kontrolle durch Testosteron unterliegen, eine Assoziation, die zu einem saisonalen, adaptiven Muster von Physiologie und Verhalten führt [571].

Obwohl die meisten bislang untersuchten Arten assoziierte Reproduktionsmuster aufzuweisen scheinen, bleibt die Theorie – so sollte es zumindest sein – zu überprüfen, daß dem Fortpflanzungsverhalten in den meisten Fällen eine hormonale Kontrolle zugrunde liegt [194].

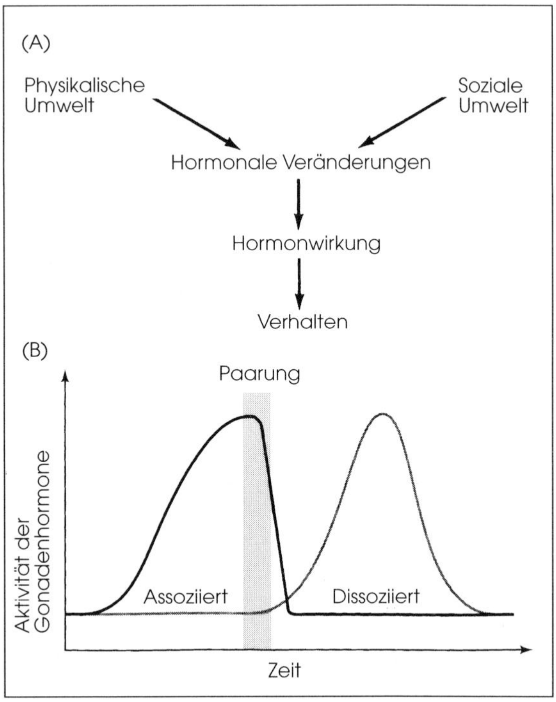

Abb. 6-18: **Assoziierte und dissoziierte Reproduktionsmuster.** (A) Die traditionelle Sichtweise: Umweltreize lösen hormonale Veränderungen aus, und diese Veränderungen sind notwendig, um bestimmte Verhaltensreaktionen zu aktivieren. (B) Eine alternative Sichtweise, nach der die Paarung entweder mit einer Ausschüttung von Gonadenhormonen assoziiert oder aber zeitlich dissoziiert – bezogen auf die Aktivität von Gonaden und Hormonen – sein kann. Quelle: Crews (188).

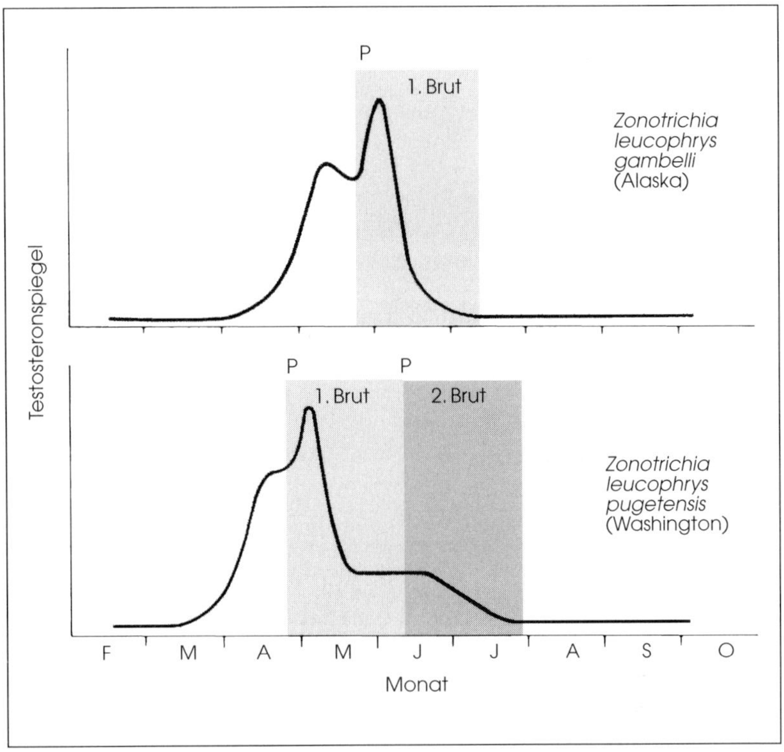

Abb. 6-19: **Hormon- und Verhaltenszyklen in Populationen des Weißkopf-Ammerfinken** mit einer und mit mehreren, aufeinanderfolgenden Bruten. Kurz vor der Paarung (P), die den ersten Brutzyklus einleitet, nimmt bei den Männchen die Testosteronkonzentration zu. In Populationen mit zwei Brutzyklen kommt es allerdings auch in einem zweiten Zeitintervall zur Paarung, in dem die Testosteronwerte bei den Männchen zurückgehen. Quelle: Wingfield und Moore (1011).

Wenn zum Beispiel Testosteron für die Aktivierung des Fortpflanzungsverhaltens bei Weißkopf-Ammerfinken erforderlich ist, dann sollte männliches Sexualverhalten nicht bei Individuen auftreten, welche als Jungtiere kastriert wurden (weil durch die Entfernung der Hoden eine Hauptquelle für die Testosteronproduktion wegfällt). Ein männlicher Weißkopf-Ammerfink deckt aber auch dann Weibchen, die ihn zur Paarung auffordern, wenn er keine Hoden mehr besitzt, vorausgesetzt, er war vorher langen Photoperioden ausgesetzt [672]. Es gibt Vogelarten, bei denen eine Kastration das männliche Sexualverhalten ausschaltet, offenbar, weil ohne Hoden kein Testosteron verfügbar ist, um in den Zielzellen zu Östrogen, welches das Kopulationsverhalten steuert, umgewandelt zu werden [1]. Man muß eine kastrierte, männliche Japanische Wachtel (*Coturnix coturnix japonica*) aber nur mit einem Testosteronimplantat oder mit Östrogen behandeln, und das Tier ist wieder „im Geschäft". Dagegen ist bei kastrierten Weißkopf-Ammerfinken eine derartige Hormontherapie nicht erforderlich.

Es ist natürlich möglich, daß bei Weißkopf-Ammerfinken außer den Hoden noch irgendwelche anderen Organe Testosteron produzieren, was eine Erklärung für die Fähigkeit kastrierter Männchen zur Kopulation liefern würde. Wenn dies der Fall wäre, so sollte man erwarten, daß Testosteron im Blut von sexuell aktiven Männchen, ob kastriert oder nicht, nachweisbar ist. In manchen Gegenden, in denen das Klima dies zuläßt, ziehen die Paare zwei bis drei Bruten pro Brutsaison auf; in Alaska aber haben Weißkopf-Ammerfinken wegen der kurzen Sommer nur für eine Brut ausreichend Zeit. Abb. 6-19 gibt die Testosteronspiegel von männlichen Weißkopf-Ammerfinken aus einmal und mehrfach brütenden Populationen im Laufe eines Jahres wieder. Männliche Weißkopf-Ammerfinken, die mit einer Partnerin kopulieren, um ein zweites oder drittes Gelege mit befruchteten Eiern zu produzieren, tun dies zu einer Zeit, zu der die Konzentration an Testosteron in ihrem Blut relativ niedrig ist. (Es ist natürlich auch möglich, daß bei Weißkopf-Ammerfinken irgendein anderes Hormon für die Aktivierung des Kopulationsverhaltens verantwortlich ist.)

Auf der Grundlage dieser Beobachtungen stellten John Wingfield und Michael Moore die Hypothese auf, daß die Hauptfunktion von Testosteron für männliche Weißkopf-Ammerfinken eher in einer Steigerung der Aggressivität besteht als in der Steigerung des Geschlechtstriebes. Auf ultimater Ebene ist Aggression vor allem dann nützlich, wenn Männchen ihre Reviere gegen andere Männchen verteidigen und ihre Partnerinnen bewachen [1011]. Zu einem späteren Zeitpunkt im Brutzyklus und in einem gut etablierten Revier könnten hohe Testosteronkonzentrationen und eine erhöhte Aggressivität nur geringe Vorteile mit sich bringen, vielleicht aber beeinträchtigend auf das Elternverhalten eines Männchens wirken. Bei Weißkopf-Ammerfinken sorgen die Männchen für die Jungtiere aus der ersten Brut, während ihre Partnerinnen in Populationen, in denen mehrere Bruten möglich sind, mit einem zweiten Gelege beginnen. Wie durch die Hypothese einer Beeinträchtigung elterlichen Verhaltens vorausgesagt, widmeten sich die Männchen des Trauerschnäppers (*Ficedula hypoleuca*), einer Art mit einem

Abb. 6-20: **Männliche Rotseitige Strumpfbandnattern** bilden im Frühjahr Paarungsaggregationen. Die Schlangen sind geradezu versessen darauf, zu kopulieren, obwohl sie fast gar kein zirkulierendes Testosteron aufweisen. Foto: David Crews.

ähnlichen Brutverhalten, dem Gesang und der Revierverteidigung, nachdem sie im Rahmen einer Studie von Bengt Silverin Testosteroninjektionen erhalten hatten. Das Ergebnis war, daß sie ihre Nachkommen vernachlässigten und diese eine ungewöhnlich hohe Mortalitätsrate aufwiesen [870].

Wenn es allgemein zutrifft, daß Testosteron bei Vögeln aggressives Revierverhalten fördert, elterliches Verhalten jedoch beeinträchtigt, dann folgt daraus, daß sich bei der kleinen Minderheit von Vogelarten, deren Männchen überhaupt kein elterliches Verhalten zeigen, das Muster der Testosteronproduktion im Verlaufe der Brutsaison deutlich von dem unterscheidet, welches man bei Weißkopf-Ammerfinken und anderen Arten mit elterlichen Verhaltensweisen bei den Männchen vorfindet [1012]. Diese Voraussage wird durch Studien an Vögeln wie dem Auerhuhn (*Tetrao urogallus*) unterstützt. Bei diesen truthahngroßen Rauhfußhühnern weisen die Männchen während der gesamten Brutsaison hohe Testosteronwerte auf [445]. Auerhähne helfen niemals ihren Partnerinnen bei der Aufzucht ihrer Nachkommen; sie verteidigen vielmehr „Lek"-Reviere (Kap. 14), in denen sie ein hochentwickeltes Imponierverhalten zeigen, um Weibchen allein zum Zwecke der Paarung anzulocken.

Die Hypothese, daß die Funktion von Testosteron vor allem darin besteht, Männchen auf aggressive Auseinandersetzungen mit Rivalen vorzubereiten, beinhaltet auch die Voraussage, daß Testosteron bei Wirbeltieren mit nicht-aggressiven Männchen keine oder wenig Bedeutung für deren Verhalten haben sollte. Die Rotseitige Strumpfbandnatter (*Thamnophis sirtalis parietalis*) bietet eine Möglichkeit, diese Voraussage zu testen. Das Verbreitungsgebiet dieser Schlangenart erstreckt sich im Norden bis in den Süden Kanadas. Als wechselwarmes Reptil verbringt sie einen Großteil des Jahres ruhend an geschützten, unterirdischen Überwinterungsplätzen; an gut geeigneten Stellen sammeln sich oft viele Individuen. An warmen Tagen im Spätfrühling beginnen sich die Schlangen zu rühren, und bald darauf kommen sie in Massen hervor (Abb. 6-20). Bevor sie dann jeweils ihre eigenen Wege gehen, entfalten sie eine orgiastische sexuelle Aktivität, wobei die Männchen die Weibchen verfolgen, um mit ihnen zu kopulieren. Obwohl die Männchen um die Weibchen wetteifern, indem sie versuchen, Kontakt zu einem rezeptiven Weibchen aufzunehmen, bevor ihre Mitbewerber dies tun, kämpfen sie nicht miteinander um das Vorrecht zur Paarung.

Eine Untersuchung der Konzentrationen von Geschlechtshormonen in ihrem Blut zeigt, daß diese nicht-aggressiven Schlangen fast kein zirkulierendes Testosteron oder eine gleichwertige Substanz besitzen. Dennoch haben sie keine Probleme, sich zu paaren, so daß sie als ein weiteres Beispiel für eine Tierart mit einem **dissoziierten Reproduktionsmuster** gelten können (siehe Abb. 6-18B) [193]. An adulten, männlichen Tieren wurden verschiedene hormonale Manipulationen vorgenommen, ohne daß dies ihr Sexualverhalten beeinflußt hätte. Dieses ist vielmehr von der Aktivität des **Pinealorgans** (Epiphyse) abhängig, welches bei den Schlangen Information über Temperaturänderungen integriert [196]. Eine Entfernung des Pinealorgans vor der Überwinterung führt fast immer dazu, daß die Schlangen-

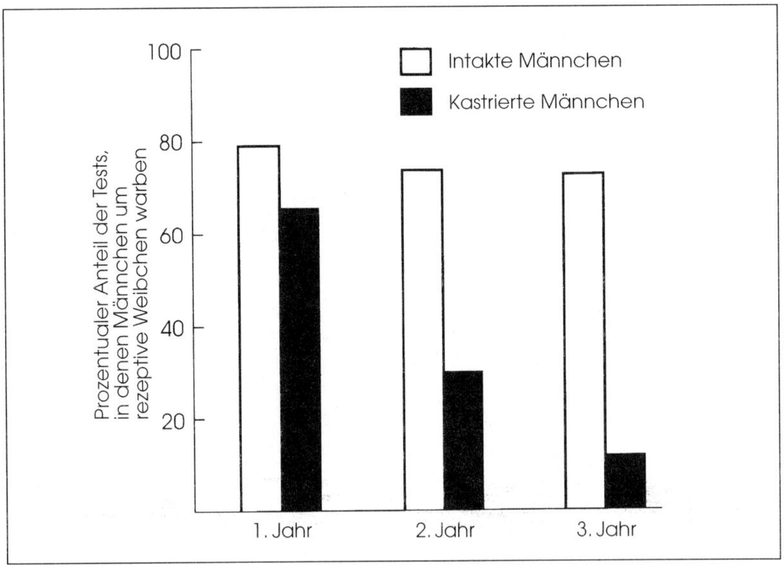

Abb. 6-21: **Die langfristige Aufrechterhaltung des Paarungsverhaltens bei Strumpfbandnattern.** Männchen, denen kurz vor der ersten Brutsaison die Hoden entfernt wurden, bleiben während dieser Brutsaison sexuell aktiv, obwohl ihnen Testosteron fehlt. Im zweiten und dritten Jahr aber wird die Wahrscheinlichkeit, daß diese Männchen um rezeptive Weibchen werben, immer geringer im Vergleich zu intakten Männchen, die ihre Hoden noch besitzen. Quelle: Crews (190).

männchen sich im nächsten Frühjahr nicht mehr um die Weibchen bemühen. Folglich besitzt diese Schlangenart einen Mechanismus, der entscheidend für die Wahrnehmung von Temperaturerhöhungen ist, welche auf eine Periode der Winterruhe folgen, und dieser Mechanismus reicht aus, um das Sexualverhalten unabhängig von der Menge an zirkulierendem Testosteron zu aktivieren.

Dies bedeutet nicht, daß Testosteron für den Sexualzyklus der Strumpfbandnatter bedeutungslos ist. Im Herbst sind die Testosteronwerte der Männchen hoch und tragen zur Produktion von Sperma bei, welches über den Winter im Körper gespeichert wird, in Erwartung der hektischen Paarungszeit im Frühjahr. Darüber hinaus könnte Testosteron, auch wenn eine Temperaturerhöhung wahrscheinlich den aktivierenden Reiz für das Sexualverhalten darstellt, eine organisierende Funktion bei der Entwicklung der Mechanismen haben, die dem Fortpflanzungsverhalten der Rotseitigen Strumpfbandnatter zugrunde liegen, wie es bei vielen anderen Wirbeltieren der Fall ist (siehe Kap. 4).

Belege dafür stammen aus Experimenten, in denen adulte Männchen kastriert wurden. Ohne ihre Hoden können diese Individuen kein Testosteron produzieren, zeigen aber weiterhin ihr Werbeverhalten nach einer Überwinterungsperiode unter Laborbedingungen. Wenn jedoch die kastrierten Schlangen nach einer zweiten Überwinterungszeit getestet werden, so zeigen sie ein stark vermindertes Sexualverhalten. Dies läßt darauf schließen, daß der Testosteronanstieg, welcher der Überwinterung vorausgeht, bei den Männchen die für die Stimulierung des Sexualverhaltens im nächsten Frühjahr zuständigen neuronalen Systeme bereits auf diese Funktion einstellt (Abb. 6-21). Diese Hypothese wird weiterhin durch den Befund gestärkt, daß bei Männchen im Alter von einem Jahr (wenn sie normalerweise noch nicht geschlechtsreif sind) Sexualverhalten experimentell induziert werden kann, indem man ihnen im Sommer vor ihrer ersten Überwinterung Testosteronimplantate einsetzt [190].

Bei männlichen Strumpfbandnattern scheint also der zeitliche Ablauf der Testosteronproduktion, die normalerweise im zweiten oder dritten Lebensjahr beginnt, für die vollständige Entwicklung und Erhaltung derjenigen Mechanismen notwendig zu sein, welche das Sexualverhalten steuern, wenn sie durch geeignete Umweltreize aktiviert werden [190]. Allerdings werden hohe Testosteronspiegel zur Paarungszeit selbst überhaupt nicht benötigt, um eine Kopulation herbeizuführen. Diese Befunde entkräften die Auffassung, daß bei jeder Art das Sexualverhalten selbst durch aktivierende Hormone vermittelt wird [192]. Vielmehr sind viele verschiedene Mechanismen an der Regulation der sexuellen Aktivität beteiligt (siehe auch [1]), wie auch zahlreiche äußere Faktoren dafür bekannt sind, die Verhaltensdispositionen verschiedener Arten zu beeinflussen.

Zusammenfassung

1. Physiologische Mechanismen befähigen Tiere nicht nur dazu, auf Schlüsselreize mit der Ausführung bestimmter Verhaltensmuster zu reagieren, sie strukturieren auch die Anwendung des gesamten Verhaltensrepertoires eines Tieres. Ein Aspekt der Verhaltensorganisation ist die Fähigkeit von Individuen, Aktionen vollständig und unbeeinträchtigt von konkurrierenden Verhaltensweisen auszuführen. Die Fähigkeit, Konflikte zu vermeiden, ist zum Teil eine Leistung von Befehlszentren für das Verhalten, welche sich gegenseitig hemmen können und damit die gleichzeitige Aktivierung zweier konkurrierender Reaktionen verhindern.
2. Die Art der inhibitorischen Beziehungen zwischen neuronalen Elementen kann sich abhängig von internen wie auch von externen Faktoren ändern. Manche Tiere besitzen Mechanismen, aus denen circadiane oder circannuale Rhythmen, d. h. zyklische Veränderungen von Verhalten und Physiologie über eine Periode von ungefähr 24 Stunden oder 365 Tagen, resultieren. Diese Mechanismen enthalten sowohl umweltunabhängige als auch umweltabhängige Komponenten.
3. Es existieren andere regulatorisch wirkende Mechanismen, die direkt auf Änderungen von Faktoren der physikalischen oder sozialen Umwelt reagieren, indem sie die Verhaltensdispositionen eines Tieres ändern, um dessen adaptiven Umgang mit solchen zentralen Aspekten der Umwelt zu ermöglichen.
4. Hormone sind oft wichtig für die langfristige Organisation des Verhaltens, insbesondere für die zeitliche Abstimmung von Fortpflanzungsaktivitäten, so daß Jungtiere dann zur Welt kommen, wenn ihre Überlebenschancen am besten sind. Oft werden jahreszeitlich bedingte Faktoren, wie zum Beispiel eine Zunahme der Tageslänge oder eine Temperaturerhöhung, von neuronalen Mechanismen registriert und in eine Sequenz hormonaler Botschaften übersetzt, welche dann die für die jeweilige Art charakteristische Abfolge des Fortpflanzungsgeschehens in Gang setzt.
5. Welche Rolle Hormone bei der Beeinflussung von Verhaltensänderungen genau spielen, unterscheidet sich von Art zu Art. Die Theorie beispielsweise, daß männliches Sexualverhalten von hohen Testosteronspiegeln abhängig ist, trifft nicht auf alle Arten zu, was die Mannigfaltigkeit der Mechanismen widerspiegelt, welche die Organisation des Verhaltens regeln.

Empfohlene Literatur

Kenneth Roeder („Nerve Cells and Insect Behavior" [794]) und Vincent Dethier („The Hungry Fly" [236]) diskutieren, wie manche Tiere Verhaltenskonflikte vermeiden und ihr Verhalten über kurze Zeiträume strukturieren. Terry Page hat einen umfassenden Überblick zu circadianen Uhren und circadianen Rhythmen bei Insekten veröffentlicht [724]. David Crews und seine Mitarbeiter vermitteln ein ausgezeichnetes, detailliertes Bild von der Verhaltensorganisation der Rotkehlanolis [187]. David Crews und andere besprechen auch die evolutionäre Bedeutung der Diversität hormonaler Mechanismen, die das Verhalten steuern [189, 191].

Diskussionsfragen

1. Schopfwachteln (*Callipepla californica*) leben unter Umweltbedingungen, welche große Schwankungen der Niederschlagsmengen und der Samenproduktion mit sich bringen. In manchen Jahren unternehmen Schopfwachteln nicht einmal den Versuch, zu brüten. Welche proximaten Faktoren könnten die Vögel dazu bringen, ihren Fortpflanzungszyklus zu unterdrücken? Wie würden Sie vorgehen, um zu testen, welcher der potentiellen Faktoren tatsächlich für die Regelung der Fortpflanzung bei dieser Art verantwortlich ist? Lesen Sie [559], nachdem Sie Ihre Tests geplant haben.
2. Denken Sie sich eine ultimate Hypothese dazu aus, warum wohl Känguruhratten einen circadianen Rhythmus haben, um ihre Aktivitäten mit dem Tagesverlauf abzustimmen, anstatt einfach von Zeit zu Zeit zu prüfen, ob es außerhalb ihres Baus dunkel geworden ist.
3. Eine gebräuchliche Methode bei Untersuchungen zur hormonalen Kontrolle des Verhaltens ist das Entfernen der Ovarien oder Hoden eines Tieres und das anschließende Injizieren der entsprechenden Hormone, um zu sehen, welchen Einfuß sie auf das Verhalten haben. Welche Vorteile hat diese Technik gegenüber einem anderen Versuchsansatz, der einfach darin besteht, von Zeit zu Zeit den Spiegel bestimmter Hormone im Blut der untersuchten Tiere zu messen? Eine direkte Messung würde zum Beispiel zeigen, ob es normalerweise dann zur Paarung kommt, wenn die Menge an zirkulierendem Testosteron oder Östrogen steigt.
4. Nehmen wir an, Karen McComb [624] hätte lediglich die Östrus-Reaktion weiblicher Rothirsche, die zusammen mit einem vasektomierten Männchen gehalten wurden, also einem, das noch röhren und Hirschkühe zusammentreiben kann, mit der Östrus-Reaktion von Weibchen verglichen, die Tonbänder mit dem Röhren männlicher Hirsche vorgespielt bekamen. Aus welchen Gründen wäre dann ihre Schlußfolgerung, das Röhren beschleunige das Einsetzen des Östrus bei Hirschkühen, kritisiert worden? Welche weitere Gruppe hätte sie im Rahmen ihrer Experimente zusammenstellen können? Warum, vermuten Sie, hat sie eine solche Gruppe nicht gebildet?

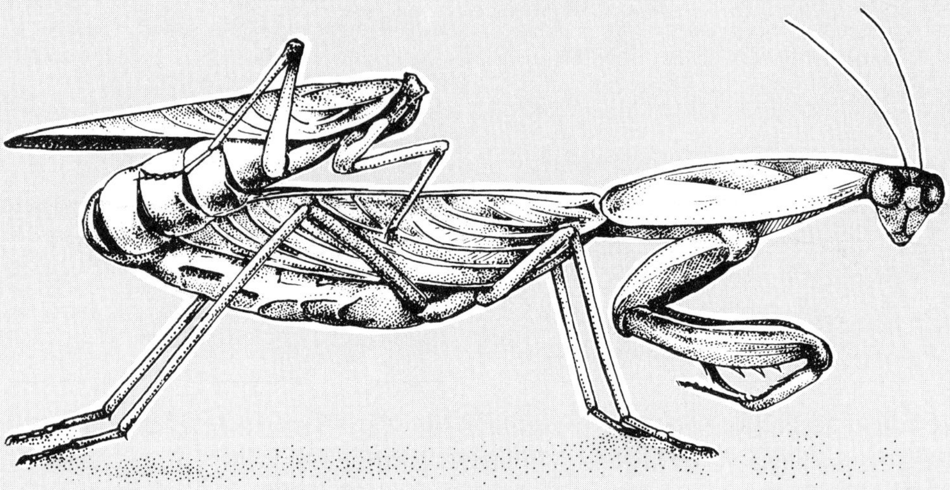

Bislang haben wir unsere Aufmerksamkeit hauptsächlich – aber nicht ausschließlich – auf die proximaten Mechanismen des Verhaltens gerichtet. Mit diesem Kapitel rückt vor allem die ultimate oder evolutive Grundlage des Verhaltens in den Mittelpunkt. Wie im ersten Kapitel bereits ausgeführt wurde, ergänzen sich evolutionäre Analysen und die Erforschung der proximaten Grundlagen des Verhaltens. Die inneren Mechanismen, welche das Verhalten steuern, haben eine Evolutionsgeschichte. Die Kenntnis dieser Geschichte bereichert und vervollständigt unser Verständnis des Verhaltens. Beispielsweise haben wir gelernt, daß Gottesanbeterinnen neuronale Mechanismen besitzen, welche ein adultes Männchen selbst dann zur Kopulation befähigen, wenn sein Kopf entfernt ist. Wir können nicht nur lernen, wie diese Mechanismen funktionieren, sondern auch nach der Abfolge der Veränderungen fragen, die den gegenwärtigen Mechanismus und die damit verbundenen Verhaltensmuster hervorgebracht haben. Und wir können noch in anderer Form nach ultimaten Ursachen fragen: Worin besteht gegebenenfalls der adaptive Wert des Mechanismus und des Verhaltens, welches er steuert? Es gibt also zwei unterschiedliche, wenn auch miteinander verwandte Arten ultimater Fragen und evolutionärer Hypothesen. Bei den einen geht es um Ursprung und anschließende Modifikationen eines bestehenden Merkmals (das Thema dieses Kapitels), die anderen behandeln die Konsequenzen, die der Besitz eines bestimmtes Merkmals für die Fortpflanzung der betroffenen Individuen mit sich bringt (das zentrale Thema von Kap. 8). Wir beginnen, indem wir das Problem, Überlegungen zur historischen Rekonstruktion einer Verhaltensweise zu testen, dem Problem gegenüberstellen, wie man adaptive Erklärungen für das fragliche Verhalten überprüft.

7 Die Evolution des Verhaltens: Evolutionsgeschichtliche Abläufe

7.1 Evolutionsgeschichte und Anpassung

Die Fähigkeit mancher männlicher Gottesanbeterinnen, selbst nach der Entfernung ihrer Köpfe noch zu kopulieren, hat eine proximate Grundlage. Die neuronale Verschaltung ist bei diesen Männchen so ausgebildet, daß die Entfernung des Gehirns andere Bereiche des Nervensystems von dessen inhibitorischer Kontrolle befreit. Dadurch werden Bewegungen aktiviert, die es den Männchen ermöglichen, zu kopulieren, selbst wenn ihre Partnerinnen sie kopflos und damit auch gehirnlos machen. Die Existenz dieses proximaten neuronalen Mechanismus und des Verhaltens, welches er steuert, wirft Fragen zur Entwicklungsgeschichte auf, die hinter dem „Kopf ab – versuche trotzdem zu kopulieren"-Merkmal steht: Wie entstand das Verhalten? Ist es im Laufe der Evolution nach und nach modifiziert worden?

Evolutionäre Fragen über den Ursprung eines Merkmals und die Änderungen, die es durchlaufen hat, unterscheiden sich von evolutionären Fragen über den möglichen adaptiven Wert des Merkmals, wie beispielsweise: Verhalf dieses Merkmal den Männchen, die es bei seinem ersten Auftreten trugen, zu einem Fortpflanzungsvorteil? Ist das Merkmal gegenwärtig adaptiv für seine Besitzer? Fragen dieser Art sind zwar eng verbunden mit solchen über die historische Abfolge, von diesen aber klar zu unterscheiden (Abb. 7-1).

Wie können wir Informationen zum Ursprung der Fähigkeit einer männlichen Gottesanbeterin, ohne Gehirn zu kopulieren, gewinnen? Das Nervensystem von Insekten fossilisiert nicht besonders gut, und deshalb kann die Geschichte dieses Mechanismus und des Verhaltens, welches er steuert, nicht durch Untersuchung fossiler Dokumente zurückverfolgt werden (obwohl uns Fossilien manchmal überraschend viel über die Geschichte von Verhaltensweisen verraten können). Was wir aber tun können, ist, die Mechanismen in den Gehirnen heute lebender Insekten zu betrachten, und unsere Untersuchung wird ergeben, daß der Einfluß des Gehirns auf Befehlszentren in den Nervensystemen der meisten Insekten vor allem ein inhibierender ist. Die Befehlszentren wiederum aktivieren vollständige Verhaltensmuster, sobald die Inhibition von übergeordneter Stelle aufgehoben wird [794].

Da diese Form der neuronalen Organisation bei Insekten weit verbreitet ist, können wir schließen, daß sie sehr früh in der Evolution dieser Gruppe auftrat und beibehalten wurde, als im Laufe der Zeit neue Arten aus den ursprünglicheren entstanden. Von Merkmalen, die bei vielen verwandten Arten vorkommen, wird gewöhnlich angenommen, daß sie auch bei dem frühen Vorfahren, aus dem sie alle hervorgegangen sind, vorhanden waren. Diese Erklärung für die gegenwärtige Verbreitung eines Merkmals halten die meisten Forscher für vernünftiger als die Alternativhypothese, welche voraussetzt, daß viele mutierte Gene mit ähnlichen Auswirkungen zufällig in vielen verschiedenen Arten auftraten und zur wiederholten, unabhängigen Entwicklung der gleichen Merkmalsform führten.

Wenn wir der Annahme zustimmen, daß es sich bei Merkmalen, die unter Arten mit einer gemeinsamen Abstammung weit verbreitet sind, um stammesgeschichtlich alte Merkmale handelt, dann können wir auch eine Hypothese zum Ursprung der Paarungsfähigkeit einer kopflosen männlichen Gottesanbeterin aufstellen, nämlich die, daß diese Fähigkeit auf dem weit verbreiteten System der neuronalen Organisation bei Insekten beruht, welches von einem entfernten Vorfahren ererbt wurde. Dieses System bringt es mit sich, daß Paarungsversuche von Männchen eine direkte Folge der Entfernung des Kopfes sind, so daß vor langer Zeit, als die erste weibliche Gottesanbeterin ein Männchen packte und sich durch seinen Kopf hindurchfraß, dieses Männchen bereits über einen ererbten, proximaten Mechanismus verfügte, der einen Paarungsversuch hervorrief.

Man kann dieses Szenario zum Ursprung des Verhaltens prüfen, wie folgende Voraussagen zeigen: (1) Männliche Gottesanbeterinnen von Arten, deren Weibchen kei-

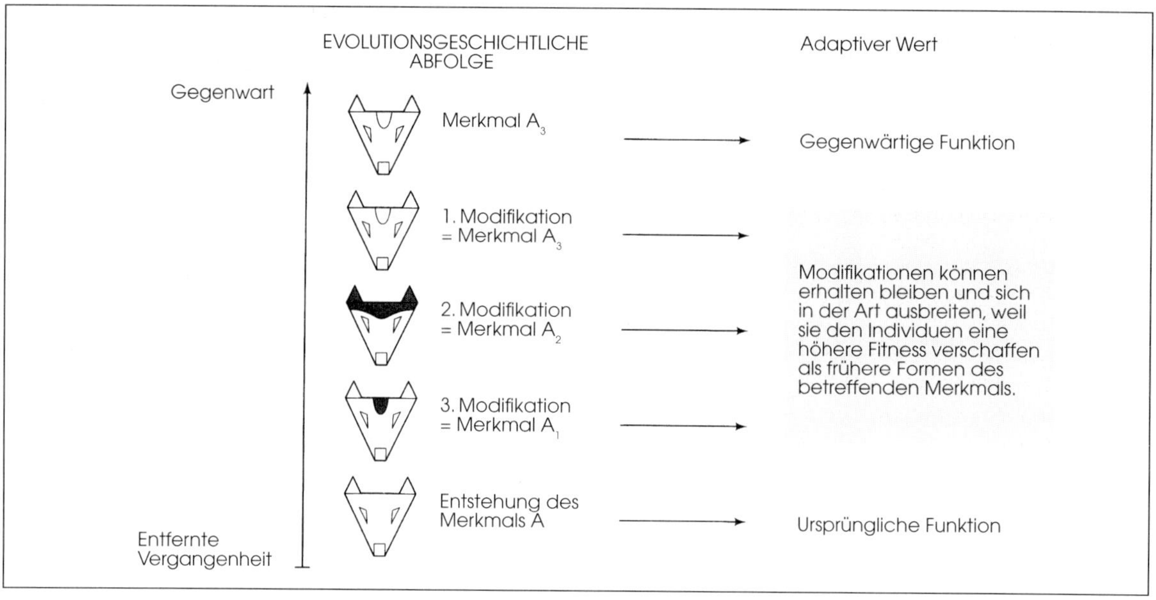

Abb. 7-1: **Evolutionsgeschichtliche Abfolge und adaptiver Wert.** Eine evolutionsbiologische Untersuchung des Verhaltens besteht aus zwei Komponenten. Die eine beschäftigt sich mit der Rekonstruktion der Abfolge von Änderungen, die im Laufe der Evolutionsgeschichte eines Merkmals aufgetreten sind (linke Spalte). Die andere versucht, den adaptiven Wert des Merkmals in seinen verschiedenen Formen, in Vergangenheit und Gegenwart, zu bestimmen – falls es überhaupt einen gibt (rechte Spalte). In diesem Diagramm werden nur die Mutationen gezeigt, welche den Individuen zu einer höheren Fitness verholfen haben; Modifikationen, die keine Verbesserung von Funktionen herbeigeführt haben, sind im Wettbewerb mit bereits existierenden Formen des Merkmals eliminiert worden.

nen Sexualkannibalismus zeigen, sollten ebenfalls Paarungsversuche unternehmen, nachdem ihr Kopf im Experiment entfernt wurde. (2) Weibliche Gottesanbeterinnen, deren Kopf entfernt wurde, sollten ebenfalls bestimmte, vollständige Verhaltensreaktionen aufweisen, auch wenn sie unter natürlichen Bedingungen keinem Kannibalismus ausgesetzt sind. Diese Voraussagen müssen noch geprüft werden; ich habe allerdings erfahren, daß bei einigen Arten die Körper der Weibchen, wenn diese ihre Köpfe verlieren, eine Art Eikokon zu bilden beginnen.

Für unsere Zwecke wollen wir annehmen, daß das Verhalten der männlichen Gottesanbeterin als Nebeneffekt eines Grundmusters der neuronalen Organisation von Insekten entstanden ist, das von einem entfernten Vorfahren geerbt wurde. Wenn dies zutrifft, dann war diese Fähigkeit latent vorhanden und bedurfte nur einer Änderung in ihrer Umwelt, nämlich des Auftretens von Sexualkannibalismus bei den Weibchen. Nun können wir aber fragen: Wurde die Verhaltensweise nach ihrem Entstehen durch natürliche Selektion modifiziert? Falls eine anschließende Modifikation stattgefunden hat, so müßten sich mutierte Gene, die eine höhere Effektivität der Verhaltensreaktion in Bezug auf den Fortpflanzungserfolg bewirkten, als Ergebnis der natürlichen Selektion innerhalb der Art ausgebreitet haben.

Die „Verbesserung des Designs", die durch natürliche Selektion im Anschluß an das Entstehen des Merkmals hervorgerufen wurde, müßte zu entdecken sein, wenn es sie wirklich gegeben hat. Wir würden zum Beispiel voraussagen, daß, falls es zwischen verschiedenen Arten von Gottesanbeterinnen Unterschiede im Ausmaß des weiblichen Sexualkannibalismus gibt, die besonders durch Kannibalismus betroffenen Männchen auch besonders geschickt ohne Kopf kopulieren. Dies ist eine weitere Voraussage, die bislang noch nicht geprüft wurde; entscheidend ist aber in diesem Zusammenhang, daß es grundsätzlich Wege gibt, evolutionsgeschichtliche Szenarios zu untersuchen.

7.1.1 Der adaptive Wert einer Kopulation ohne Kopf

Auch mit einem umfassenden Verständnis der evolutionsgeschichtlichen Abfolge von Ereignissen zwischen dem Ursprung eines Merkmals und seiner heutigen Form wären wir immer noch im Unklaren über die Funktion, den Zweck und den reproduktiven Wert (falls überhaupt vorhanden) des Merkmals bei seiner Entstehung, bei jeder Zwischenstufe seiner Modifikation und zum gegenwärtigen Zeitpunkt (Abb. 7-1). Untersuchungen zum möglichen Nutzen unterscheiden sich von Studien zum evolutionsgeschichtlichen Ablauf insofern, als sie insbesondere die reproduktiven Konsequenzen eines Merkmals in den Mittelpunkt stellen, nicht aber die Ereignisse, die zu seinem Entstehen geführt haben und auch nicht die Änderungen, die ein Merkmal im Laufe seiner Geschichte erfahren hat. Selbstverständlich haben die reproduktiven Konsequenzen eines vererbten Merkmals große Auswirkungen auf seine Verbreitung und seinen Erhalt in einer Art, und in dieser Hinsicht sind Fragen zur Evolutionsgeschichte und zum adaptiven Wert durchaus eng miteinander verknüpft.

Betrachten wir die Fähigkeit kopfloser männlicher Gottesanbeterinnen zur Kopulation. Wie auch immer diese Fähigkeit entstand, als sie zum ersten Mal auftrat, beeinflußte sie wahrscheinlich den Fortpflanzungserfolg der Männchen, die sich dieser Fähigkeit bedienten. Wenn, wie anzunehmen ist, kopflose Männchen gelegentlich Nachkommen nach ihrem eigenen Ableben zeugten, so hätten ihre Fitnessgewinne zu den anderen Selektionsfaktoren beigetragen, welche das Fortbestehen der proximaten neuronalen Mechanismen (und der Gene, die der Entwicklung dieser Mechanismen zugrunde liegen) begünstigen, die diese Verhaltensreaktion ermöglichten. In dem Umfang, in dem kopflose Männchen kopulieren und Fitnessgewinne verbuchen konnten, wäre gegen jede neue Mutation selektiert worden, die diese Fähigkeit beeinträchtigt hätte.

Allerdings könnten sich neue Mutationen ausbreiten, wenn sie die neuronalen Mechanismen, die einer Kopulation ohne Kopf zugrunde liegen, auf eine Weise modifizierten, die ein kopfloses Männchen noch besser befähigt, Nachkommen zu hinterlassen. Für jeden Schritt in einer Reihe von Modifikationen könnte man theoretisch fragen, wie diese Änderung den davon Betroffenen gestattete, durchschnittlich mehr überlebende Nachkommen in die Welt zu setzen als diejenigen mit der vorhergehenden Version des Merkmals. Praktisch ist es aber fast unmöglich, Hypothesen zum adaptiven Wert verschiedener Verhaltensformen zu testen, die es, bedingt durch Modifikationen, gar nicht mehr gibt. Deshalb konzentrieren sich die meisten Verhaltensforscher, die an den reproduktiven Vorteilen eines Merkmals interessiert sind, notgedrungen auf dessen gegenwärtig existierende Form.

Im Falle der kopflosen Paarung von heute lebenden, männlichen Gottesanbeterinnen könnten wir zum Beispiel die Hypothese aufstellen, daß dieses Verhalten zum Fortpflanzungserfolg der Männchen beiträgt, indem es manchen von ihnen ermöglicht, eine beträchtliche Menge Eier zu befruchten, die zu befruchten ihnen auf andere Weise nicht gelungen wäre. Diese Hypothese kann getestet werden, indem man untersucht, ob Kopulationen mit Beteiligung kopfloser Männchen bisweilen zur Übertragung von Spermien führen, mit denen die Eier des kannibalistischen Weibchens befruchtet werden. Wäre dies nicht der Fall, könnten wir die Hypothese verwerfen, daß der zugrunde liegende, neuronale Mechanismus genau deshalb durch natürliche Selektion erhalten wird, weil er zum Fortpflanzungserfolg eines kopflosen Männchens beiträgt.

Wenn belegt werden könnte, daß es kopflosen Männchen nicht gelingt, Eier zu befruchten, würde dies auch Einfluß auf Hypothesen zum evolutionsgeschichtlichen Szenario haben, das der Paarungsfähigkeit von kopflosen Männchen zugrunde liegt. Solche Belege würden es höchst unwahrscheinlich machen, daß es in der Evolutionsgeschichte dieser Art zu Modifikationen der Fähigkeit, sich ohne Kopf zu paaren, gekommen ist. Vielmehr würde ein solches Ergebnis die Alternativhypothese stützen, daß die Paarung ohne Kopf ein zufälliges, nichtadaptives Nebenprodukt von proximaten Mechanismen ist, welche aufgrund anderer adaptiver Eigenschaften selektiert wurden.

Nach allem, was ich weiß, gibt es zur Zeit keine Informationen, mit Hilfe derer sich die gerade erwähnten alternativen Hypothesen testen ließen. Die Verhaltensökologie ist eine junge Disziplin, und es gibt, wie wir gesehen haben, in diesem Bereich viele wichtigen Probleme, deren umfassende Bearbeitung noch aussteht, eine Aufgabe, die viel Zeit, Mühe und Geld erfordern wird. Vielleicht werden einige Leser dieses Buches den Aufwand an Zeit und Mühe zu gegebener Zeit auf sich nehmen.

7.2 Die Rekonstruktion der Evolutionsgeschichte von komplexen Merkmalen

Nachdem wir einen in weiten Teilen ungeprüften Fall diskutiert haben, um den Unterschied zwischen Fragen zum historischen Weg bis zu einem heutigen Merkmal und solchen zum adaptiven Wert dieses Merkmals zu veranschaulichen, werde ich nun einige gründlicher untersuchte Fälle vorstellen, in denen man sich ausschließlich mit der Rekonstruktion der Entstehungsgeschichte befaßt hat.

Lebewesen weisen viele komplexe Merkmale auf, deren Geschichte zu entziffern eine Herausforderung darstellt. Denken Sie nur an den Schlagflug eines Singvogels. Bei rezenten Vögeln erfordert dieses Verhalten einen geradezu phantastisch komplexen Mechanismus, an dem große Teile des Nerven-, Muskel- und Skelettsystems eines Vogels beteiligt sind, ganz zu schweigen von seinem Flügelgefieder. Die Wahrscheinlichkeit, daß ein solches integriertes System als Ergebnis einer einzigen Mutation hätte entstehen können, ist verschwindend gering. Deshalb können wir annehmen, daß das heutige Merkmal, der hochentwickelte Schlagflug, seinen Ursprung in einer weitaus einfacheren Form hat, die sich im Laufe der Evolution nach und nach, Mutation für Mutation, änderte, bis der gegenwärtige Status erreicht wurde. Dieser beruht auf einem hochentwickelten genetischen System, welches in der Ontogenese von ebenso hochentwickelten Entwicklungsvorgängen umgesetzt wird.

Es gibt zwei Vermutungen zum ungefähren Ablauf der Evolution des Vogelfluges, eine „vom Boden aufwärts"- und als Alternative eine „vom Baum abwärts"-Version. Der erstgenannten Ansicht zufolge sind Vögel aus einem reptilienartigen Vorfahren evoluiert, der gefiederte Vordergliedmaßen entwickelt hatte, allerdings nicht zum Fliegen. Dieser „Vor-Läufer" der Vögel war ein Tier, das

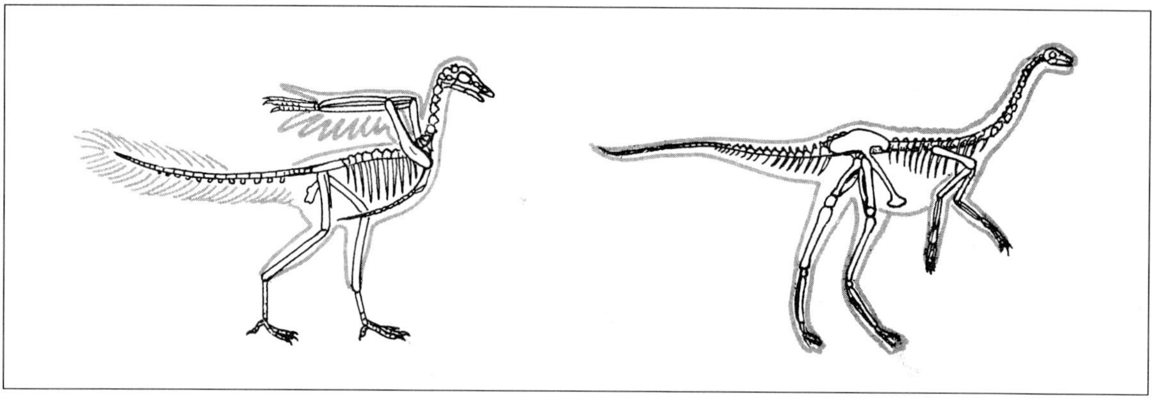

Abb. 7-2: **Archaeopteryx, ein fliegender Dinosaurier**. Die Anatomie des Skeletts von Archaeopteryx (links) ähnelt der von bestimmten, kleinen Dinosauriern (rechts) so stark, daß daraus zumeist geschlossen wurde, daß sich Vögel aus Dinosauriervorfahren entwickelten.

sich am Boden auf seinen Hinterbeinen fortbewegte. Irgendwann begannen seine Vordergliedmaßen, eine aerodynamische Funktion zu erfüllen, weshalb sie von da an als Flügel bezeichnet werden können. Dieser Urvogel benutzte seine Flügel mit großer Sicherheit nicht für einen aktiven Schlagflug, sondern zum Gleiten oder Lenken, wenn er sich bei seinen durch die Hinterbeine angetriebenen Sprüngen in die Luft erhob [148]. Aus einem solchen Tier könnte durch schrittweise Modifikationen schließlich eine Art hervorgegangen sein, die durch Flügelschlagen die Flugstrecken verlängern konnte und damit die Ausformung der neuro-muskulären Grundlagen für einen aktiven Flug vorbereitete. Das Produkt einer solchen Weiterentwicklung könnte ein jüngerer Vorfahre der heutigen, höchstentwickelten Flugmaschinen gewesen sein.

Das „Vom Baum abwärts"-Szenario unterscheidet sich von der konkurrierenden „Vom Boden aufwärts"-Hypothese vor allem durch das Argument, daß der erste Vogel auf Bäumen und nicht auf dem Boden gelebt hat. Dieser entgegengesetzten Ansicht zufolge könnte ein baumlebender und nicht ein bodenlebender Urvogel seine „Flügel" benutzt haben, um von Baumstamm zu Baumstamm zu gleiten, in der Art mancher heutiger, auf Bäumen lebender Säugetiere; ein bekanntes Beispiel hierfür sind die Gleithörnchen [1021]. Nachfahren dieses herabgleitenden Urvogels könnten dann einen schwachen Flügelschlag hinzugefügt haben, um den Gleitflug auszudehnen. Später hätte eine weiter zunehmende Muskulatur ermöglicht, daß Individuen einen Höhenverlust vermieden und zu einem aktiven Schlagflug übergingen.

Wie können wir möglicherweise diese zwei Alternativvorschläge zu Ereignissen prüfen, welche vor mehr als 150 Millionen Jahren stattfanden? Federn und Knochen von Vögeln fossilisieren gelegentlich und eröffnen damit einen Weg, der es uns ermöglichen könnte, Klarheit über die Ursprünge des Vogelfluges zu gewinnen, vorausgesetzt, wir finden Hinweise, wie die ersten Vögel ihre gefiederten Flügel genutzt haben. Deshalb liegt der Schlüssel zu den Ursprüngen des Vogelfluges in einer Analyse der Flugfähigkeiten der ersten Vögel.

Lassen Sie uns zunächst annehmen, daß der erste Vogel einem Geschöpf mit dem Namen *Archaeopteryx* ähnlich war. Dessen fossilisierte Überreste (zu denen auch Federabdrücke gehören) fand man in 150 Millionen Jahre alten Gesteinsschichten. Wenn wir herausbekommen, was dieser ursprüngliche Vogel getan hat, dann könnte uns dies helfen, etwas über die frühe Geschichte des Vogelfluges zu lernen. Wenn wir *Archaeopteryx* als einen Urvogel anerkennen, dann können wir fragen, ob er bodenlebend war, wie es die „Vom Boden aufwärts"-Hypothese erfordert, oder ob er, gemäß der „Vom Baum herab"-Hypothese, auf Bäumen lebte. Sind diese urtümlichen Vögel tatsächlich geflogen, und wenn ja, wie unterschied sich ihr Flug von dem moderner Vögel?

Die Geschichte des Versuchs, herauszufinden, ob und wie *Archaeopteryx* flog, gibt auf faszinierende Weise wieder, wie Wissenschaft betrieben wird: über Hypothesen und Gegenhypothesen, durch die Einbeziehung neuer Belege und neue Interpretationen alter Belege, die sich bis dahin auf alternative Argumente stützten. Ich werde hier keinen detaillierten Überblick zur Geschichte dieses Prozesses liefern; angesichts der dramatischen Änderungen im aktuellen Wissensstand auf diesem Gebiet sollten die Leser aber nicht vergessen, daß die hier vorgelegten Schlußfolgerungen vorläufiger Art sind.

Abb. 7-3: **Benutzten die ersten Vögel ihre Flügel, um von Baum zu Baum zu gleiten?**

7.2.1 Eine neue Hypothese zum Flug von *Archaeopteryx*

Vor 1991 gab es überzeugende Belege für beide Hypothesen [812]. Auf der einen Seite ähnelte das Skelett von *Archaeopteryx* in hohem Maße demjenigen kleiner, ausgestorbener Saurier, deren Hinterbeine eindeutig zur schnellen Fortbewegung am Boden dienten (Abb. 7-2). Auf der anderen Seite waren seine Vordergliedmaßen nicht nur sehr stark zu Flügeln modifiziert, sie besaßen auch kleine, spitze Krallen, wie sie an den Füßen von baumkletternden Vögeln zu finden sind. Darüber hinaus waren die Krallen so positioniert, daß sie von einem Tier möglicherweise benutzt werden konnten, um sich mit seinen Flügeln an einem Baumstamm oder auf einen Ast hochzuziehen (Abb. 7-3), auf eine Art und Weise, die an das Kletterverhalten von Hoatzin-Nestlingen erinnert. Der Hoatzin (*Opisthocomus hoatzin*) ist eine südamerikanische Vogelart, deren Junge funktionsfähige Krallen an ihren Flügeln haben.

Zusätzlich zu dem anscheinenden Widerspruch, den der Besitz sowohl von Hinterbeinen für ein Leben am Boden wie auch von Vorderbeinen für ein Baumleben darstellt, hatte *Archaeopteryx* auch noch einen Flugapparat mit eigenen Widersprüchen. Die Flügel scheinen gänzlich modern gewesen zu sein; sie hatten Schwungfedern, die in ihrem aerodynamischen Design denen der heutigen flugfähigen Vögel völlig glichen (Abb. 7-4) [311]. Die Flügel wurden aber offenbar von einer erheblich geringeren Muskelmasse angetrieben, verglichen mit der, die man bei modernen, flugfähigen Vögeln derselben Größe vorfindet. Diese Schlußfolgerung ergibt sich aus dem Befund, daß *Archaeopteryx* ein einfaches Brustbein (Sternum) hatte, dem ein vorspringender Kiel fehlte. Moderne, flugfähige Vögel besitzen einen großen Kiel, welcher als Ansatzfläche für die mächtigen Brustmuskeln dient, mit deren Kraft der Schlagflug ausgeführt wird.

Die relativ geringe Brustmuskelmasse, die zum Antrieb der Flügel von *Archaeopteryx* verfügbar war, ließ manche Forscher zu dem Schluß kommen, daß dieses Tier wohl überhaupt nicht geflogen ist, sondern seine Flügel als Insektenfallen einsetzte (Abb. 7-5) [712]. Um 1991 jedoch stimmten die meisten an der Erforschung der Anatomie von *Archaeopteryx* Beteiligten darin überein, daß seine Schultermuskulatur für Flügelschlagbewegungen ausreichte, daß aber die begrenzte Kraft, welche diese Muskeln erzeugten, es dem Vogel nicht ermöglichten, vom Boden abzuheben. Dieses Argument fand Unterstützung durch Studien, in denen die Brustmuskeln von Tauben inaktiviert wurden, so daß die Tiere nur noch intakte Schultermuskeln besaßen. Diese Tauben konnten zwar mit ihren Flügeln ausreichend schlagen, um zu fliegen, wenn sie von einer erhöhten Position fallengelassen wurden, sie konnten aber nicht genug Kraft aufbringen, um selbständig vom Boden aufzufliegen.

Diese Befunde deuteten darauf hin, daß *Archaeopteryx* wohl mit schwachen Flügelschlägen von Baum zu Baum geflogen sein mag, aber nicht vom Boden auffliegen konnte. Diese Schlußfolgerung favorisiert also die „vom Baum abwärts"-Hypothese zur Evolution des Fluges, nach der ein Urvogel zuerst einen Gleitflug entwickelte, dann eine vergrößerte Flügelfläche zur Ausdehnung des Gleitfluges ausbildete und schließlich schwache Flügelschläge zur weiteren Erhöhung der Flugdistanz hinzufügte. Dieses Szenario erhielt einen zusätzlichen Auftrieb durch aerodynamische Analysen von Ulla Norberg, die zeigten, daß selbst sehr kleine Flügelschläge ausreichend Auftrieb und Schubkraft entwickeln, um die Flugstrecke eines gleitenden Tieres erheblich auszudehnen [698]. Wenn in den frühen Stadien des Gleitfluges der Gleiter nicht wie moderne Vögel mit seinen Füßen auf einem Zweig landete, sondern am Ende einer Gleitstrecke mit den Krallen an seinen Flügeln nach dem Baumstamm griff (siehe Abb. 7-3), hätte er landen können, ohne die hochentwickelten Mechanismen zur Körperkontrolle zu besitzen, welche für einen Flug von Ast zu Ast erforderlich sind. Diese Mechanismen hätten sich später nach und nach entwickeln können.

Die als Laufbeine ausgebildeten Hintergliedmaßen

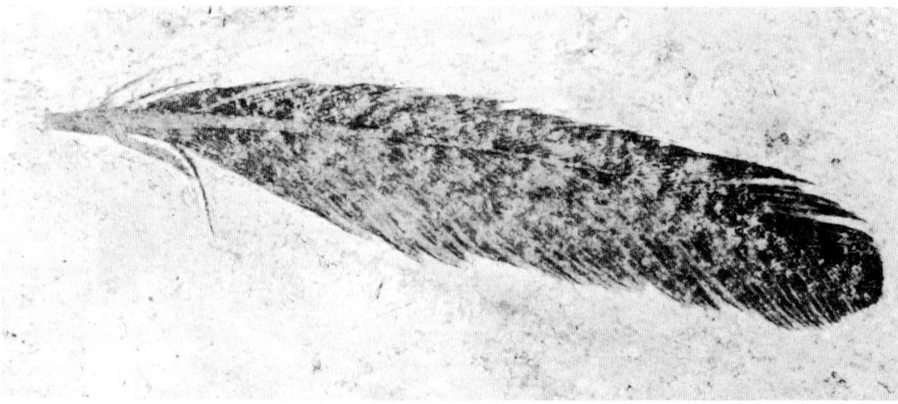

Abb. 7-4: **Eine Feder von Archaeopteryx.** Der gebogene Schaft („Rachis") beweist, daß die Flügel von Archaeopteryx eine aerodynamische Funktion hatten, da alle modernen, flugfähigen Vögel ähnlich gestaltete Federn besitzen. Foto mit freundlicher Genehmigung von John Ostrom.

Abb. 7-5: **Ist der erste Vogel am Boden gelaufen** und hat dabei seine Flügel benutzt, um Beutetiere zu fangen?

von *Archaeopteryx* passen dennoch nicht in dieses Szenario; problematisch ist auch (im nachhinein jedenfalls), daß bei *Archaeopteryx* so wunderbar aerodynamische Flügel und Federn in Verbindung mit einer offenbar unterentwickelten und primitiven Flugmuskulatur aufgetreten sein sollen. John Ruben brachte diese Punkte 1991 zur Sprache, als er anmerkte, daß vorangegangene Analysen von *Archaeopteryx* immer auf der entscheidenden Annahme beruhten, seine Flugmuskeln seien denen moderner Vögel ähnlich gewesen [812]. Er nahm an, daß die Flugmuskeln von *Archaeopteryx* einem reptilienartigen Bauplan – und nicht dem moderner Vögel – entsprachen. Dieser Vorschlag war vor dem Hintergrund der unstrittigen Verbindung zwischen *Archaeopteryx* und den Dinosauriern vernünftig, da niemand daran zweifelt, daß die Dinosaurier Reptilien waren.

Es mag Sie überraschen (ich jedenfalls war überrascht), zu erfahren, daß die Muskeln mancher moderner Reptilien eine doppelt so hohe Maximalkraft entwickeln können wie die Muskeln moderner Vögel und Säugetiere. Die Muskeln dieser Reptilien haben mehr kontraktile Fasern pro Gewichtseinheit und sind deshalb kräftiger, obwohl die Muskeln von Vögeln und Säugetieren Eigenschaften besitzen, die sie befähigen, über längere Zeiten hochaktiv zu sein als die Muskeln von Reptilien. Wenn *Archaeopteryx* mit einer reptilienartigen Schultermuskulatur ausgestattet war, so hätten diese Muskeln seine Flügel mit der zweifachen Kraft der entsprechenden Muskeln einer Taube oder eines anderen modernen Vogels angetrieben. Darüber hinaus hätte das große Sprungvermögen seiner Laufbeine ihm geholfen, sich in die Luft zu erheben.

Rubens Berechnungen überzeugten ihn, daß *Archaeopteryx* über eine ausreichende Muskelmasse verfügte, um leicht vom Boden aus aufzusteigen und 20 Meter oder mehr zu fliegen, vorausgesetzt, seine Muskeln waren tatsächlich reptilienartig ausgebildet. *Archaeopteryx* könnte also sowohl am Boden als auch auf Bäumen gelebt haben, wobei er wohl einen großen Teil seines Lebens am Boden gehend und laufend verbrachte, aber auch in Sträuchern und Bäumen zu Hause war, wo ihm die Klauen an seinen Flügel geholfen haben könnten, sich umherzubewegen. Tatsächlich gibt es unter den heute lebenden, großen Vogelarten solche, wie beispielsweise wildlebende Truthähne, die zwar an ein Leben am Boden angepaßt sind, aber auch von Zeit zu Zeit zur Nahrungssuche oder aus Gründen der Sicherheit auf Bäume fliegen. Ein solches Szenario beseitigt viele der scheinbaren Widersprüche in der Anatomie von *Archaeopteryx*.

Wenn wir diese Betrachtungsweise akzeptieren, was bleibt dann von der „Vom Boden aufwärts"- und der „Vom Baum abwärts"-Hypothese zur Evolution des Vogelfluges? In mancher Hinsicht hängen beide ziemlich in der Luft. Rubens Analyse legt nahe, daß *Archaeopteryx* keineswegs eine primitive, nahezu flugunfähige Entwicklungsstufe darstellte, sondern für ein bestimmtes Habitat und eine gemischte Lebensweise als Baum- und Bodenbewohner ausgezeichnet konstruiert war. Wenn dies zutrifft, dann ist er kein besonders gut geeignetes Modell für einen primitiven Vogel an einem frühen Punkt in der Entwicklungslinie der Vögel und kann uns deshalb auch nicht annähernd soviel über die ersten Schritte, welche fliegende Vögel in ihrer Entwicklung gegangen sind, mitteilen, wie wir vielleicht gewünscht haben. Auf der anderen Seite bedeutet die Tatsache, daß ein bodenlebendes Wesen mit einem ganz anderen Brustbein und einer schwächer entwickelten Muskulatur (verglichen mit modernen Vögeln) vom Boden aus aufgeflogen sein könnte, daß die „Vom Boden aufwärts"-Hypothese zur Evolution des Vogelfluges weiterhin sehr gut im Rennen liegt.

7.2.2 Die Evolutionsgeschichte des aufrechten Ganges

Antworten auf weiterhin offene Fragen zur Entstehungsgeschichte des Fliegens sind von weiteren Informationen über ausgestorbene Vögel, die vor *Archaeopteryx* gelebt haben, zu erwarten. Das gleiche gilt für eine andere ungewöhnliche Art der Fortbewegung, den zweibeinigen Gang (Bipedie) des Menschen. Zwar gehen auch einige andere Primaten gelegentlich über kurze Distanzen aufrecht, doch sind wir der einzige gegenwärtig lebende Primat, der ständig auf diese Weise geht [945]. Wie beim Schlagflug, so sind auch hier die zugrunde liegenden Mechanismen, die diese Form der Fortbewegung er-

Abb. 7-6: **War der aufrechte Gang unserer Australopithecus-Vorfahren unbeholfen**, wie diese Rekonstruktion von Zdeněk Burian andeutet?

möglichen, außerordentlich komplex und mannigfaltig. Viele Teile unseres Skeletts, wie beispielsweise unsere Füße, die Beine und das Becken, aber auch die Wirbelsäule und unser Muskel- und Nervensystem sind grundlegend daran beteiligt, eine Fortbewegung auf zwei Beinen zu ermöglichen. Wie ist ein solch komplexes, integriertes System entstanden? Sicherlich nicht „in einem einzigen Schritt".

Wie beim Vogelflug kann die Geschichte der zweibeinigen Fortbewegung anhand der Fossilien von Vorfahren des aufrecht gehenden Menschen untersucht werden. Die fossilisierten Skelettüberreste dieser Individuen können mit dem Skelett moderner Menschen verglichen werden, um die Abfolge der Veränderungen in den Teilen der Skelettmechanismen, welche der zweibeinigen Fortbewegung zugrunde liegen, zu bestimmen.

Fast alle ausgestorbenen, mit dem Menschen verwandten Primaten (und alle heute lebenden, modernen Primaten) gingen auf allen Vieren (Quadrupedie). Diese Schlußfolgerung beruht auf der Ähnlichkeit zwischen den Skeletten heutiger Vierbeiner und denen ausgestorbener Primaten. Es scheint also erwiesen, daß die frühen Vorfahren in unserer Abstammungslinie Vierbeiner waren und daß unser Bewegungsapparat eine starke Abänderung von diesem ursprünglichen Bauplan erfahren hat.

Für die Rekonstruktion der evolutionsgeschichtlichen Änderungen, welche der modernen, zweifüßigen Fortbewegung zugrunde liegen könnten, wäre es hilfreich, eine Abfolge datierter Fossilien von Hominiden zu besitzen. Solche Fossilien sind sehr selten; aber diejenigen, die es gibt, zeigen, daß schon vor etwa einer Million Jahren unsere Vorfahren einen Bewegungsapparat besaßen, der von dem moderner Menschen nicht zu unterscheiden ist. Unsere Form der Bipedie gibt es also schon mindestens seit einer Million Jahren. Wenn wir mehr über die Entstehungsgeschichte dieses Merkmals entdecken wollen, müssen wir noch weiter zurückgehen.

Ein ausgestorbenes Wesen mit Namen *Australopithecus afarensis*, das vor ungefähr 4 Millionen Jahren lebte, gehört mit großer Wahrscheinlichkeit zur Abstammungslinie des Menschen. Zwar waren Schädel und Gehirn dieses Hominiden sehr klein und nicht besonders menschenähnlich, er besaß aber ein Becken, sowie Bein- und Fußknochen, welche denen moderner Menschen stark ähnelten. Dieses Wissen basiert vor allem auf der Entdeckung eines sagenhaft gut erhaltenen und nahezu vollständigen Skeletts eines Individuums mit dem inoffiziellen Namen „Lucy" [493]. Obwohl sich Lucy und vermutlich auch andere ihrer Art eindeutig auf zwei Beinen fortbewegten [962], bleibt die Frage, ob ihr Gang so effizient war, wie es bei modernen Menschen der Fall ist (Abb. 7-6).

Eine Teilantwort auf diese Frage geben Fußabdrücke, die man in afrikanischem Gestein gefunden hat, wo sie vor über drei Millionen Jahren in frischer Vulkanasche geformt wurden. Die Verursacher dieser Fußabdrücke waren mit großer Sicherheit Australopithecinen, und ihre Fußabdrücke sind fast identisch mit denen ihrer modernen, heute lebenden Nachfahren (Abb. 7-7). Die Spuren weisen einen deutlichen Fersenabdruck sowie eine moderne Anordnung der großen Zehe im Verhältnis zum Rest des Fußes auf, und die Ausrichtung der Abdrücke entspricht derjenigen, welche man bei heute lebenden Menschen vorfindet [422, 987].

Diese Belege scheinen darauf hinzudeuten, daß Homi-

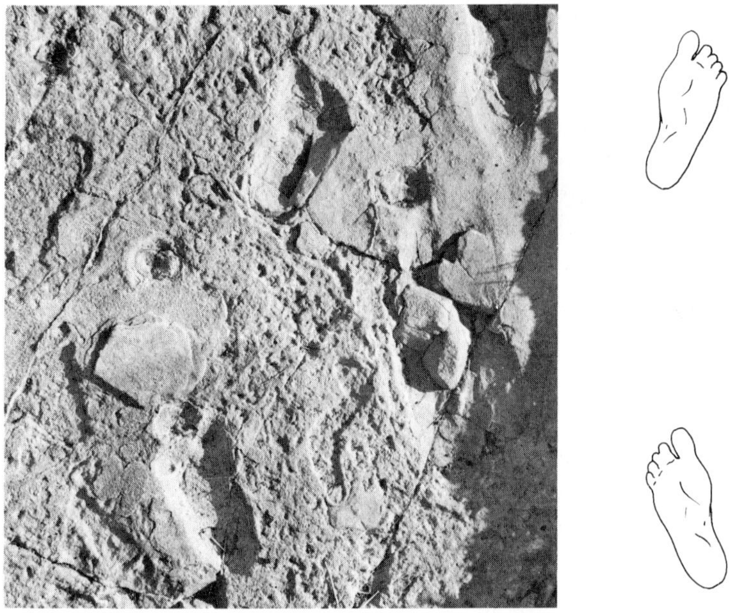

Abb. 7-7: **Fossile Fußabdrücke von hominiden Vorfahren.** Diese Fußabdrücke deuten auf eine effiziente zweibeinige Fortbewegung hin, ähnlich der von modernen Menschen. Foto mit freundlicher Genehmigung von Mary Leakey und R. I. M. Campbell.

niden, die vor mehreren Millionen Jahren gelebt haben, auf dieselbe Art und Weise auf zwei Beinen gingen wie Sie oder ich. Taten sie dies wirklich? Zweifellos gingen manche Australopithecinen aufrecht. Als man aber die Zehenknochen von ursprünglichen Hominiden untersuchte, stellte man fest, daß sie stark gekrümmt waren, weitaus stärker als die entsprechenden Knochen moderner Menschen. Gekrümmte Zehen (und Finger) sind Kennzeichen von Primaten, die auf Bäumen klettern. Das Vorhandensein gekrümmter Zehen bei den Fossilien unserer Vorfahren könnte ein Hinweis darauf sein, daß sich eine vollständige Bipedie erst vor ungefähr 1,6 Millionen Jahren entwickelt hat und daß sich die früheren Hominiden noch zu einem großen Teil kletternd fortbewegten [563, 909].

Wenn diese Ansicht zutrifft, so werden wir irgendwann Übergangsformen finden, deren Skelettfragmente zur vollständigen Rekonstruktion einer evolutionsgeschichtlichen Abfolge beitragen, welche allmählich von der quadrupeden zur bipeden Form der Fortbewegung führte. Dabei sind unsere frühesten Vorfahren zunächst nur gelegentlich auf zwei Beinen gegangen und hauptsächlich auf Bäumen geklettert. Es folgte eine Zunahme der zweifüßigen Fortbewegung in Kombination mit etwas Kletterei und schließlich eine vollständige und hoch spezialisierte Bipedie, wie wir sie heute an uns selbst beobachten können.

Beachten Sie auch hier, daß eine auf diese Art und Weise vorgenommene Rekonstruktion der Entwicklungsgeschichte der zweifüßigen Fortbewegung Fragen zum adaptiven Wert des Übergangs von der quadrupeden zur bipeden Fortbewegung unbeantwortet läßt. Diese Art der Fragen zur Evolution erfordert, daß wir die Fortpflanzungsvorteile in Betracht ziehen, welche diejenigen Individuen in der Abstammungslinie der Hominiden erzielten, deren einzigartige genetische Ausstattung ihnen einen aufrechten Gang ermöglichte, der dem eines modernen Menschen immer ähnlicher wurde. Leser, die sich für eine faszinierende, funktionale Hypothese zur Bipedie interessieren, möchte ich auf Peter Wheelers Arbeiten hinweisen, in denen er darstellt, wie diese Art der Fortbewegung es einem Ur-Australopithecinen ermöglicht haben könnte, mit Problemen der Thermoregulation und des Wasserhaushalts fertigzuwerden, welche mit seiner Eroberung trockener Graslandhabitate verbunden waren [985, 986].

7.3 Die Rekonstruktion der Evolutionsgeschichte durch den Vergleich lebender Arten

Es ist möglich, einen Einblick in die evolutionsgeschichtlichen Wege einer Verhaltensweise zu gewinnen, wenn man nur die richtigen Fossilien findet; dann kann man herauszufinden versuchen, wie sich die Besitzer jener Knochen verhalten haben könnten, indem man ihre Skelette mit denen heute lebender Arten vergleicht, deren Verhalten man kennt. Allerdings sind fossile Dokumente bestenfalls fragmentarisch, und es gibt viele Tiere ohne knöcherne Strukturen, deren Geschichte nicht mit Bezugnahme auf Fossilien rekonstruiert werden kann, da von ihren Vorfahren keine Fossilien existieren.

Betrachten wir einmal als Beispiel das Blutsaugen eines Nachtfalters, über das uns fossile Belege nichts sagen. Während seiner herrlich exotischen Beschäftigung mit

Abb. 7-8: **Ein blutsaugender Nachtfalter** auf einem Schabrackentapir (*Acrocodia indica*). Foto von Hans Bänziger.

der Beobachtung von Nachtfaltern auf malaiischen Wasserbüffeln fing Hans Bänziger eines Nachts ein Exemplar von *Calpe eustrigata* (Abb. 7-8). Da er annahm, daß es sich um eine Art handeln könnte, die Blut von Säugetieren aufnimmt, welches von Moskitos, die sich auf einem Wirt vollgesaugt haben, ausgeschieden wird, machte er einen leichten Schnitt in seinen Finger und bot ihn dem gefangenen Nachtfalter an: „Der Falter kletterte auf meinen Finger und tauchte seinen Rüssel tatsächlich in das Blut, schien es aber nicht aufzusaugen. Er steckte vielmehr seinen geraden, lanzenartigen Rüssel in die Wunde und bohrte ihn, ohne auf den Spender Rücksicht zu nehmen, ins Fleisch. Der Schmerz, den ich dabei fühlte, ließ mich aufschreien - vor Freude! Ich hatte einen Falter entdeckt, der zusticht, um an Blut zu gelangen" [40].

Wie können wir die Abfolge der evolutionsgeschichtlichen Ereignisse bestimmen, die bei diesem Nachtfalter zur Entwicklung des Blutsaugens führten? Wir können dies tun (oder es zumindest versuchen), indem wir dazu geeignete Vergleiche zwischen heute lebenden Nachtfaltern anstellen. Wir beginnen wieder mit der Annahme, daß Eigenschaften, die in einer Gruppe eng verwandter Arten weit verbreitet sind, wahrscheinlich von einem einzigen gemeinsamen Vorfahren stammen, aus dem sie sich alle im Laufe der Zeit entwickelt haben. Wie bereits bemerkt wurde, ist es unwahrscheinlich, daß mehrere verwandte Arten (das bedeutet, daß sie einen Vorfahren und damit auch genetisches Material gemeinsam haben), wenn sie alle eine charakteristische Verhaltensweise aufweisen, diese unabhängig voneinander entwickelt haben. Vielmehr ist es vernünftig, anzunehmen, daß bei jeder der modernen Arten ein solches Merkmal aus der Zeit erhalten geblieben ist, als ihr gemeinsamer Vorfahre es besaß.

Die überwältigende Mehrheit der Nachtfalter hat einen zierlichen Rüssel, mit dem sie aus Blüten Nektar saugen. Demzufolge ernährte sich das erste nachtfalterähnliche Insekt wahrscheinlich von Nektar. Diejenigen Arten, die sich aus dieser Urform entwickelt haben, erbten dieses Merkmal von ihren Vorgängern. Vor dem Hintergrund

Abb. 7-9: **Männliche Schwalbenschwänze an einer Schlammpfütze.** Durch die Aufnahme salziger Flüssigkeiten könnten Schmetterlinge wertvolle chemische Substanzen gewinnen. Foto des Autors.

Abb. 7-10: **Nachtfalter trinken die salzigen Augensekrete eines Banteng** (*Bos javanicus*), eines Wildrindes aus dem Norden Thailands. Foto von Hans Bänziger.

der Tatsache, daß das Blutsaugen eine radikale Abkehr von der Ernährung durch Nektar darstellt und viele, integrierte Änderungen in der Struktur des Rüssels und dem Verhalten des Nachtfalters erfordert, erscheint es wahrscheinlich, daß dieses Merkmal das Ergebnis einer Anhäufung vieler genetischer Modifikationen der Urform ist.

Wie aber kommen wir stufenweise von Nektar- zum Blutsaugen? Obwohl die am weitesten verbreitete Form der Nahrungsaufnahme bei Nachtfaltern die Aufnahme von Nektar ist, ergänzt ein guter Teil der Tag- und Nachtfalter seine Nektarmahlzeit durch süße Fruchtsäfte, die an beschädigten Früchten zugänglich sind, wie auch durch das Aufsaugen von Salzlösungen am Rande einer Schlammpfütze (Abb. 7-9) [252], an einer Urinlache, oder direkt auf einem toten oder lebendigen Tier (Abb. 7-10). Manche Schmetterlinge trinken sogar Krokodilstränen [943], während sich andere – eher prosaisch – mit den salzigen Flüssigkeiten von schwitzenden Feldbiologen begnügen.

Warum so viele Motten und Schmetterlinge Flüssigkeiten anderer Tiere trinken, ist noch nicht ganz klar, obwohl diese Flüssigkeiten gut verwertbare Natrium-Ionen [25] oder Aminosäuren liefern könnten. Für das Ziel einer evolutionsgeschichtlichen Rekonstruktion aber deutet die große Zahl solcher Arten und ihre weite Verbreitung in der Ordnung der Lepidoptera darauf hin, daß das Trinken von Flüssigkeiten, die von Tieren stammen, wie auch die Aufnahme von Frucht- und Blütensäften zu einem frühen Zeitpunkt in der Abstammungslinie auftraten, die schließlich zur blutsaugenden *C. eustrigata* führte, wahrscheinlich aber ein wenig später als das Trinken von Nektar allein. In jedem Fall kann ein Rüssel, der zum Aufsaugen von Blütennektar geeignet ist, genauso gute Dienste beim Aufsaugen von Saft aus einer beschädigten Frucht, von Urin, von Schweiß oder von Krokodilstränen leisten.

Eine weitaus kleinere Zahl von Nachtfaltern beschäftigt sich mit dem Aufkratzen von Früchten, wobei sie ihren Rüssel benutzen, um an einer weichhäutigen Frucht zu schaben, sie zu verwunden und zum „Bluten" zu bringen. Der Nachtfalter saugt daraufhin den süßen Fruchtsaft mit einem Rüssel auf, der von der Standardform des Lepidoptera-Rüssels insofern abweicht, als er ein wenig steifer ist und ein paar Raspelhaare an seiner Spitze hat.

Einige Nachtfalterarten besitzt eine modifizierte Version des raspelnden Rüssels, bei dem die Haare zahlreicher und stärker sind, was dem Falter ermöglicht, die weiche Fruchthaut von Brombeeren und Himbeeren zu durchschneiden. Noch weniger Arten haben einen etwas stärkeren und kräftigeren Rüssel und sind in der Lage, dicke Fruchtschalen zu durchbohren. Die Form des Rüssels, welche seinen Besitzer befähigt, die Schale einer Orange zu durchstoßen, kann auch angewandt werden, um durch die Haut eines Säugetieres zu dringen und dessen Blut zu saugen.

Der Nachtfalter *C. eustrigata* (eine von nur vier Blutsaugern unter ungefähr 200000 Schmetterlingsarten) entwickelte sich wahrscheinlich aus einem Fruchtbohrer, da andere Vertreter der Gattung *Calpe* auf Früchte spezialisiert sind und auch *C. eustrigata* sich gelegentlich auf diese Art und Weise ernährt. Wenn Individuen aus einer Population, deren Angehörige Früchte anstachen, auch von Tieren angelockt wurden, um dann deren Augensekrete oder das von Moskitos ausgeschiedene Blut aufzunehmen, so könnten sie ursprünglich ihre Kost mit weiteren Flüssigkeiten, die sie durch Aufraspeln der Haut gewinnen konnten, aufgebessert haben. Später auftretende Mutanten könnten ihren kräftigen Rüssel eingesetzt haben, um geradewegs durch die Haut von Tapiren und anderen Tieren zu stechen und dadurch direkt an das Blut ihrer Opfer zu gelangen [41].

Hans Bänziger benutzte diese Argumentationskette, um einen Vorschlag zu machen, wie sich der blutsaugende Nachtfalter, der ihm sowohl Schmerz als auch

Freude bereitete, über eine Reihe von Änderungen aus einem Nektar trinkenden Vorfahren entwickelt haben könnte. Jeder Schritt in seinem Entwurf stellt nur eine geringe Modifikation gegenüber dem vorhergehenden dar; jede Modifikation ist Grundlage für eine weitere, bescheidene Änderung. Die Anhäufung vieler solcher Änderungen kann ein Merkmal – wie das Blutsaugen durch Nachtfalter – hervorbringen, welches äußerst verschieden von der ursprünglichen Eigenschaft in seiner Abstammungslinie ist (Abb. 7-11).

7.3.1 Die Evolution von Wirtspräferenzen bei Brutparasiten

Bänzigers Rekonstruktion der Evolutionsgeschichte, die hinter dem Blutsaugen von Nachtfaltern steht, ist zwar plausibel, seine Folgerungen wären aber noch überzeugender, wenn er Informationsquellen über die evolutiven Beziehungen zwischen Nachtfalterarten gehabt hätte, welche unabhängig von den Verhaltensdaten sind, die er zur Nachbildung des zum Blutsaugen führenden Entwicklungsweges benutzte. Eine solche Evolutionsgeschichte, oder **Phylogenie**, kann aufzeigen, welche Arten einer Gruppe sich vermutlich zuerst entwickelt haben und der gemeinsamen Ursprungsform der Gruppe am ähnlichsten sind und welche Arten dem Stammbaum zuletzt hinzugefügt wurden.

Um ein Beispiel für die Nützlichkeit einer bekannten Phylogenese bei der Analyse der Evolution tierlichen Verhaltens zu geben, wenden wir uns Scott Lanyons Studie über die Wirtspräferenzen von Kuhstärlingen zu. Manche der Kuhstärlinge Amerikas sind für ihre Fähigkeit berüchtigt, ihre Eier in die Nester anderer Arten zu legen. Die Anzahl der Arten, welche von einer bestimmten Kuhstärlingsart parasitiert werden können, liegt zwischen 1 und über 200. Jemand, der die Evolution von Verhaltensweisen erforscht, möchte vielleicht wissen, ob es zu einer allmählichen Zunahme der Zahl von Wirtsvögeln gekommen ist, welche von einem immer unspezifischer wählenden Kuhstärling aufgesucht wurden, oder ob es zu einer allmählichen Abnahme der Wirtsarten gekommen ist, welche von einem zunehmend spezialisierten Kuhstärling parasitiert wurden.

Scott Lanyon wandte die vergleichende Methode an, um dieses Problem zu lösen [552]. Zunächst rekonstruierte er die Verwandtschaftsbeziehungen für fünf Kuhstärlingsarten, welche das gesamte Spektrum an Wirtsspezifität (oder -unspezifität, je nach Standpunkt) abdecken. Er rekonstruierte diese phylogenetischen Beziehungen nicht, indem er Verhaltensmerkmale berücksichtigte, sondern auf der Grundlage einer davon völlig unabhängigen Eigenschaft, nämlich der Basensequenz in einem Teil des Gens, welches das Protein **Cytochrom b** bei jeder der fünf Arten kodiert. Manche Arten sind sich bezüglich dieser Basensequenz sehr ähnlich, andere weniger. Ein Computerprogramm kann anhand dieser Abstufungen in der Ähnlichkeit und Verschiedenheit einen Stammbaum bilden. Ausgehend von der Basensequenz einer Referenzart („**outgroup**"), die nicht zu den Kuhstärlingen gehört, aber mit diesen verwandt ist, berechnet der Computer den Stammbaum, der die geringste Zahl an Schritten oder Änderungen erfordert, um von der Basensequenz der Referenzart zu derjenigen der ersten Art, der nächsten, der übernächsten usw. zu gelangen. Der Grundgedanke besteht darin, den einfachsten, sparsamsten Weg zu konstruieren, auf dem sich neue Arten aus älteren entwickelt haben könnten, wenn die genetische Information, welche von dem Urahnen der Kuhstärlinge geerbt wurde, so wenig wie möglich verändert wurde.

Die genetische Analyse zeigt uns, daß die Art *Molothrus rufoaxillaris*, deren Basensequenz derjenigen der „outgroup" am nächsten kommt, die ursprüngliche Form des Cytochrom b-Gens besitzt, von der die anderen Formen durch Anhäufung von Mutationen abgeleitet wurden. Die Arten *Molothrus ater* und *Molothrus bonariensis* weisen in ihren Basensequenzen die größte Zahl an Unterschieden zur Referenzart auf und werden deshalb als Arten angesehen, welche als letzte entstanden sind (Abb. 7-12).

Lanyon konnte daraufhin die alternativen Hypothesen zur Entwicklung der Wirtsspezifität prüfen, indem er die entsprechenden Informationen zum Verhalten der einzelnen Arten vor dem Hintergrund des genetisch begründeten Stammbaums betrachtete. Wenn der ursprüngliche Kuhstärling ein Generalist war, dann sollte auch die heutige Art, welche der Referenzart bezüglich ihrer genetischen Ausstattung als nächststehend beurteilt wurde, ein Generalist sein. Lanyon fand aber, daß der ursprüngliche Kuhstärling-Typus ein extremer Spezialist ist, die Zwischenformen mittlere Zahlen an Wirtsarten aufweisen

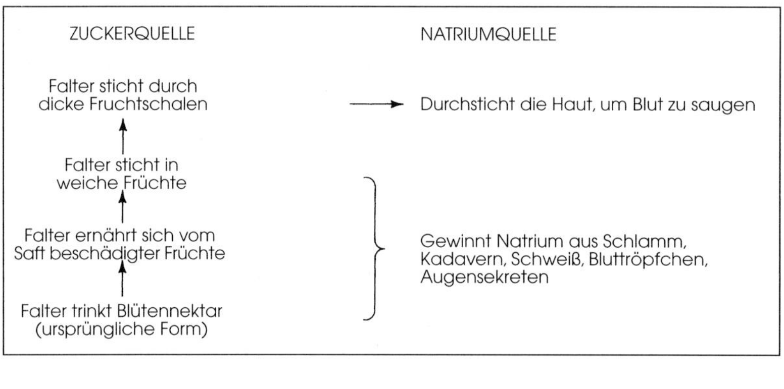

Abb. 7-11: **Ein evolutionsgeschichtlicher Weg,** auf dem das Blutsaugen durch eine moderne Falterart entstanden sein könnte.

und die zuletzt entstandenen Arten die meisten Wirtsarten akzeptieren. Diese Ergebnisse deuten darauf hin, daß der ursprüngliche Kuhstärling ein extremer Spezialist war und daß sich im Laufe der Zeit Arten von der Entwicklungslinie der Kuhstärlinge abspalteten, die immer unspezifischer wurden, also fähig und bereit waren, bei einer immer größer werdende Zahl an Wirtsarten zu parasitieren. Layons Arbeit ist ein vorzügliches Beispiel dafür, wie moderne phylogenetische Analysen, verbunden mit vergleichenden Verhaltensdaten, eine Frage zu Ereignissen klären können, welche sich im Verlauf der Evolution zugetragen haben, lange bevor es Ornithologen und Phylogenetiker gab.

7.4 Die Lehren der Geschichte

Die hier angeführten Beispiele für die evolutionsgeschichtliche Rekonstruktion mit Hilfe von Fossilien und der vergleichenden Methode veranschaulichen einen grundsätzlichen Punkt, nämlich den, daß es nicht notwendig ist, dramatische Veränderungen oder revolutionäre Wandlungen zu bemühen, um die evolutive Entstehung eines Merkmals zu erklären. Komplexe, ungewöhnliche, rätselhafte Verhaltensweisen haben sich Schritt für Schritt entwickelt; oft läßt sich plausibel darlegen, wie solche Verhaltensweisen aus weniger ungewöhnlichen, weniger sonderbaren Verhaltensweisen entstanden sein könnten. Es bedarf keineswegs der Annahme, der Vogelflug hätte sich in seiner ganzen Vollkommenheit in einem einzigen Schritt aus einer flugunfähigen Vorform entwickelt. Der wunderbar gestaltete, kraftvoll zustechende Rüssel eines blutsaugenden Nachtfalters, der ihm ermöglicht, von Tapiren Blut abzuzapfen, stellt wahrscheinlich das Endresultat einer ganzen Serie kleiner Modifikationen eines Rüssels dar, der wunderbar gestaltet war, um Nektar aus Blüten zu holen.

Dramatische evolutive Veränderungen sind also sicherlich das Produkt vieler kleiner Mutationen, wobei die Auswirkungen jeder Mutation den vorher bestehenden Zustand ein wenig modifizieren und der gesamte Vorgang viele Generationen erfordert. Die Auswirkung sich anhäufender Selektionsschritte, welche schließlich zu großen Veränderungen führen, ist ungeheuer, wie Richard Dawkins mit einer brillanten Analogie veranschaulicht [229]. Wir wollen einmal annehmen, daß ein komplexes Merkmal einem englischen Satz entspricht, zum Beispiel einer Zeile aus Shakespeares Hamlet: METHINKS IT IS LIKE A WEASEL. Wie groß ist die Wahrscheinlichkeit, diese einzigartige Buchstabenkombination allein auf zufällige Weise hervorzubringen? In diesem Satz sind 28 Buchstaben und Zwischenräume, und auf jede der 28 Positionen in dieser Abfolge könnte man irgendeinen von 26 Buchstaben oder eine Leerstelle setzen. Wenn wir also eine zufällige Abfolge erzeugen, dann könnte diese so aussehen: SWAJS MEIURNZMMVASJDNA YPQZK. Würden wir auf diese Weise fortfahren, oder hätten wir einen Computer, der dies für uns tut, wäre der Zeitbedarf, um auf METHINKS IT IS LIKE A WEASEL zu kommen, enorm, weil es äußerst viele Kombinationsmöglichkeiten für Buchstaben und Leerstellen gibt (27 Möglichkeiten auf der ersten Position, multipliziert mit 27 auf der nächsten Position, multipliziert mit 27 auf der dritten ... multipliziert mit 27 auf der achtundzwanzigsten Position - Sie können es sich vorstellen). Die Zahl der Möglichkeiten ist immens, und doch ergibt nur eine Kombination METHINKS IT IS LIKE A WEASEL.

Lassen Sie uns aber, anstatt zu versuchen, die „richtige" Kombination auf einen Schlag zu bekommen, die Regeln abändern. Wir beginnen mit der Zufallssequenz von oben und benutzen den Computer, um sie wieder und wieder zu kopieren, allerdings mit einer geringen, in das Programm eingebauten Fehlerrate. Ab und zu kopiert der Computer die Sequenz nun ungenau, indem er zufällig einen neuen Buchstaben auf einer der Positionen einfügt. Anschließend können wir den Computer die erstellte Liste überprüfen und diejenige Sequenz heraussuchen lassen, die METHINKS IT IS LIKE A WEASEL am nächsten kommt. Welcher „Satz" auch immer am ähnlichsten ist, wird für die nächste Kopiergeneration verwendet, und wieder kommt es zu Fehlern. Der Satz in

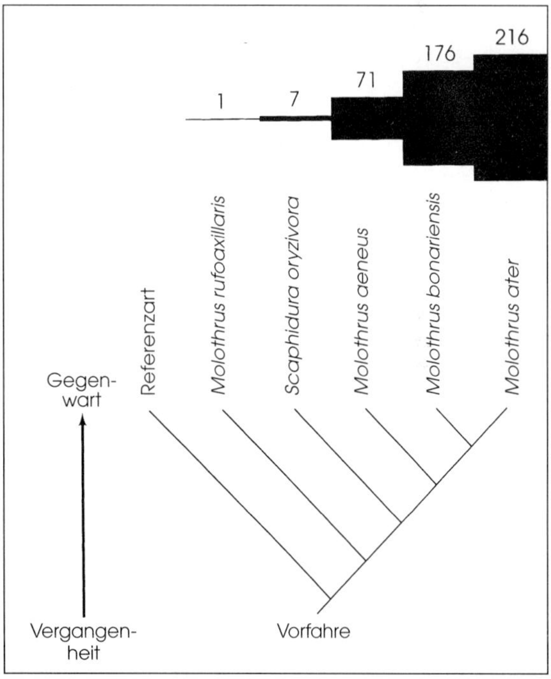

Abb. 7-12: **Evolution einer generalistischen Strategie des Brutparasitismus bei Kuhstärlingen.** Die evolutiven Beziehungen zwischen Kuhstärlingen, wie sie nach Ähnlichkeiten auf molekularer Ebene bestimmt wurden, sind im Diagramm in Form eines Stammbaums dargestellt. Oberhalb des Baums finden sich Informationen zur Zahl der Wirtsvögel, die von jeder der gegenwärtig lebenden Kuhstärlingsarten parasitiert werden. Zusammengenommen lassen die Belege darauf schließen, daß der erste Kuhstärling nur eine einzige Wirtsart heimsuchte, und daß sich im Laufe der Zeit ein mehr und mehr generalisierter Brutparasitismus entwickelt hat. Quelle: Lanyon (552).

dieser Gruppe, der METHINKS... am ähnlichsten ist, wird für die „Weiterzucht" selektiert und so weiter. Als Dawkins dies mit einer Reihe verschiedener Startsequenzen durchführte, fand er, daß nur 40-70 Generationen nötig waren, um den Zielsatz zu erreichen, nicht Millionen und Abermillionen von Versuchen – ein paar Sekunden Berechnungszeit für den Computer und nicht Jahre [229].

Natürliche Selektion ist die Grundlage für die Anhäufung kleiner Selektionsschritte. Manche Mutationen verursachen geringfügige, zufällige Änderungen in dem genetischen „Satz", den ein Individuum besitzt. Veränderte genetische Botschaften, die ihren Trägern zufällig einen höheren Fortpflanzungserfolg verschaffen, breiten sich in der Population aus. Nachdem der neue „Satz" an Ort und Stelle ist, werden weitere kleine Änderungen, die den reproduktiven „Output" von Individuen erhöhen, auf gleiche Weise eingefügt. Die kumulative Wirkung dieses Vorganges kann schließlich große Änderungen der genetischen Information einer Art herbeiführen, im Vergleich zu der Information, die bei den ursprünglichen Individuen vorhanden war.

7.4.1 Die Grenzen evolutiver Änderungen

Das von Dawkins erstellte Computerprogramm „wußte", was das Ziel der Übung war, die Erzeugung des Merkmals METHINKS IT IS LIKE A WEASEL Natürliche Selektion hat kein Ziel vor Augen. Sie ist das Ergebnis von Unterschieden im Fortpflanzungserfolg zwischen Genotyp-Alternativen. Natürliche Selektion und die anderen „Vermittler" der Evolution beginnen nicht ganz von vorn bei der Ausgestaltung der Eigenschaften eines Organismus. Änderungen überlagern vielmehr vorangegangene Änderungen.

Stellen Sie sich die Schwierigkeiten vor, die Maschinenbauingenieure bei dem Bau eines Düsenflugzeugs gehabt hätten, wenn sie dieses durch stückweise Modifikation eines Propellerflugzeugs hätten konstruieren müssen, wobei das Flugzeug in jedem seiner Übergangsstadien geflogen wäre. Genau so aber müssen sich evolutive Übergänge vollziehen. Stephen J. Gould bezeichnet die behelfsmäßige Natur des evolutiven Wandels als „Panda-Prinzip", zu Ehren des Daumens von Pandas, welcher gar kein „echter" Finger ist, sondern um einen stark modifizierten Handgelenksknochen herum gebildet wird [366]. Pandas entstanden aus carnivoren Vorfahren, deren erster Finger als Teil eines Lauffußes entwickelt worden ist. Folglich gab es keine Gelegenheit für die natürliche Selektion, Mutanten mit einem beweglichen ersten Finger zu begünstigen, den sie hätten benutzen können, um Blätter von Bambustrieben abzustreifen, als die Pandas herbivore Bambusesser wurden. Statt dessen führten diese Umstände zur Veränderung eines Handgelenksknochens, welcher nunmehr wie ein Daumen eingesetzt wird.

Das Panda-Prinzip kann man in Dutzenden von Fällen erkennen, wie zum Beispiel an den Skeletten bestimmter Schlangen und Wale, welche deutlich zeigen, daß diese heute beinlosen Tiere aus vierbeinigen Vorfahren evoluiert sind (Abb. 7-13). Ähnlich ist es bei menschlichen Embryonen, die in einem sehr frühen Entwicklungsstadium Kiemenspalten haben, eine Eigenschaft, die nur dann Sinn macht, wenn wir uns vergegenwärtigen, daß sich die Säugetiere aus aquatischen Vorfahren entwickelt haben und daß bei uns ein Kennzeichen dieser Vorfahren erhalten geblieben ist. Ebenso stammen einige bei der Wanderheuschrecke (*Locusta migratoria*) zur Steuerung des Fluges entscheidende Nervenzellen aus dem Abdomen, ungeachtet der Tatsache, daß die Flugmuskeln im Thorax sitzen. Im Laufe der Evolution haben Zellen, die ursprünglich etwas mit der Kontrolle des Abdomens zu tun gehabt haben, die Zuständigkeit für die Kontrolle

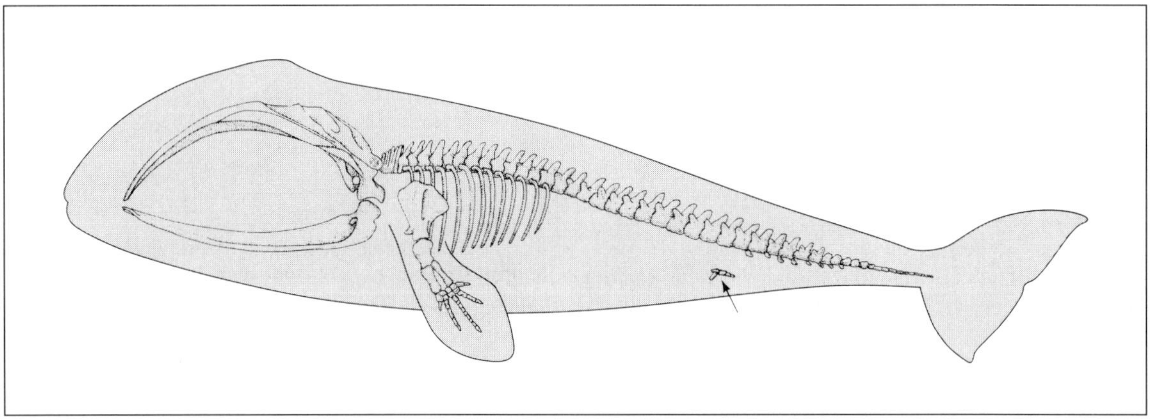

Abb. 7-13: **Der Stempel der Geschichte.** Die Skelette mancher Wale weisen rudimentäre Beckenknochen auf (Pfeil); diese Tiere hatten landlebende Vorfahren, die sich auf vier Beinen fortbewegten. Die Hinterbeine sind gänzlich verloren gegangen, die Knochen der Vorderextremitäten in den Brustflossen der Wale aber lassen klar die fünf „Finger" der terrestrischen Vorfahren erkennen.

Abb. 7-14: **Sexualverhalten bei Renneidechsen.** Auf der linken Seite sehen wir Männchen und Weibchen einer zweigeschlechtlichen Art (*Cnemidophorus inornatus*); das Männchen zeigt Werbe- und Kopulationsverhalten. Auf der rechten Seite zeigen die Weibchen einer eng verwandten, parthenogenetischen Art (*C. uniparens*) ein sehr ähnliches Verhalten. Aus Crews (189).

des Fluges übernommen, was zu einem bizarren Verschaltungssystem geführt hat [256].

Oder denken Sie an die Beibehaltung des Sexualverhaltens bei parthenogenetischen Eidechsen der Gattung *Cnemidophorus*. Diese Arten bestehen ausschließlich aus Weibchen, und dennoch ist die Wahrscheinlichkeit, daß ein Weibchen ein Gelege produziert, viel größer, wenn es von einem anderen Weibchen umworben und „gedeckt" wird (und Weibchen zeigen tatsächlich pseudomaskulines Sexualverhalten, wobei die Gründe dafür noch nicht ganz nachvollzogen werden können), als wenn es keine sexuelle Stimulation durch eine Partnerin erhält (Abb. 7-14) [194, 195]. Die Tatsache, daß die Werbung hormonale Auswirkungen hat, welche die weibliche Fruchtbarkeit bei einer Art mit nur einem Geschlecht fördern, ist offenbar mit der Entwicklungsgeschichte dieser Art verknüpft, in der es einen Vorfahren mit sexueller Fortpflanzung gegeben hat. Sogar dann, wenn Männchen nicht mehr für die Befruchtung von Eiern gebraucht werden, behalten die parthenogenetischen Weibchen Eigenschaften bei, die ihre nicht- parthenogenetischen Vorfahren besessen haben – Eigenschaften, die ein „Bio-Ingenieur" wahrscheinlich beseitigen würde, wenn er Gott spielen und eine neue, nur weibliche Art erschaffen könnte.

Die Lehre der Geschichte ist, daß Änderungen in bestehende Körperbaupläne eingegliedert werden müssen. Eine ausreichende Anzahl von kleinen Modifikationen eines ursprünglichen Musters kann allerdings die Merkmale von Arten dramatisch umgestalten, vorausgesetzt, jeder Schritt auf dem Weg der Evolution bringt ein überlebensfähiges, adaptives Merkmal hervor.

Zusammenfassung

1. Welche Abfolge von Ereignissen hat im Laufe der Evolution zu dem Verhalten geführt, welches wir heute beobachten? Dies ist eine der grundlegenden ultimaten Fragen zum Verhalten. Die Rekonstruktion der Evolutionsgeschichte eines Verhaltens kann manchmal anhand von Fossilbelegen gelingen, die in einer Abstammungslinie zu modernen Arten führen. Mit Hilfe gegenwärtig lebender Arten, welche analoge Merkmale aufweisen, kann man ableiten, wie sich ausgestorbene Arten verhalten haben könnten.
2. Eine Alternative stellt die Erforschung einer Verhaltensweise durch die vergleichende Methode dar. Wenn eine Gruppe miteinander verwandter Arten existiert, so kann man bisweilen durch Anwendung logischer Regeln einen Weg ausfindig machen, der bei einer dieser Arten zu einem ungewöhnlichen Verhalten geführt hat. Eine Regel oder Annahme ist, daß ein Merkmal, das in einer Gruppe verwandter Arten weit verbreitet ist, wahrscheinlich auch bei dem Vorfahren dieser Arten vorhanden war. Eine zweite Regel besagt, daß sich ein Merkmal erst vor relativ kurzer Zeit entwickelt hat, wenn es nur in einer oder wenigen Arten vertreten ist.
3. Untersuchungen von Fossilien und die Anwendung der vergleichenden Methode auf moderne Arten unterstützen die intuitiv vernünftig erscheinende Aussage, daß sich die Evolution von Verhaltensweisen graduell, in kleinen Schritten vollzieht, wobei die Änderungen auf vorangegangene evolutive Ereignisse aufbauen und durch diese begrenzt werden. Die kumulativen Auswirkungen der natürlichen Selektion können nach und nach große Änderungen in Abstammungslinien bewirken.

Empfohlene Literatur

John Rubens Veröffentlichung [812] zum *Archaeopteryx* und Hans Bänzigers Beschreibung seiner Forschungsarbeiten an blutsaugenden Nachtfaltern [40] sind beide ausgezeichnet. Stephen J. Gould diskutiert das Panda-Prinzip in [366], und Richard Dawkins verdeutlicht das Leistungsvermögen der kumulativen Wirkung natürlicher Selektion in seinem hervorragenden Buch „Der blinde Uhrmacher" [229].

Diejenigen, die sich für weitere Beispiele dafür interessieren, auf welche Weise Forscher ermitteln können, wie ausgestorbene Tiere sich verhalten haben mögen, können dazu verschiedene Quellen heranziehen [47, 103, 516, 952]. Weitere Beispiele für die Anwendung der vergleichenden Methode zur Rekonstruktion der Entwicklung von Verhaltensweisen finden sich in [49, 118, 256].

Diskussionsfragen

1. Stellen Sie sich vor, es wäre Ihre Aufgabe, herauszufinden, ob eine ausgestorbene, sehr alte Fledermausart zur Echoortung befähigt war oder nicht. Oder ob ein ebenfalls ausgestorbener Vorfahre des Menschen eine Sprache sprechen konnte. Welche strukturellen Eigenschaften von gegenwärtig lebenden Fledermäusen und Menschen sind mit der Echoortung bzw. der Sprache verbunden? Wie könnte Ihnen dies helfen, zu wissen, wonach Sie bei dem Ihnen zur Verfügung stehenden fossilen Material suchen müssen? Nachdem Sie eine Antwort entwickelt haben, lesen Sie [254, 304, 549, 703].
2. Manche Leute behaupten, daß viele Eigenschaften von Organismen nicht „optimal" sein können, da evolutive Veränderungen durch die Eigenschaften beschränkt werden, die bereits in einer Population existieren. Was soll „optimal" in diesem Zusammenhang bedeuten? Ist es wahrscheinlich, daß die bestehenden Eigenschaften einer Art maladaptiv sind? Nach Ihrer Erörterung lesen Sie dazu im nächsten Kapitel.
3. Kreationisten weisen regelmäßig auf die Komplexität und offensichtliche Perfektion gegenwärtiger Merkmale, wie beispielsweise des menschlichen Auges, hin, um dann zu argumentieren, daß heute existierende Eigenschaften nicht durch natürliche Selektion entstanden sein können - davon ausgehend, daß die Entstehung solcher wunderbar ausgestalteten Eigenschaften aufgrund von Zufällen äußerst unwahrscheinlich ist. Was ist Ihre Antwort auf solche Behauptungen?
4. Männliche Riesenwanzen der Gattung *Lethocerus* zeigen eine komplexe Elternfürsorge. Sie selbst leben im Wasser, befeuchten und bewachen aber die von ihren Partnerinnen außerhalb des Wassers und ungeschützt auf Pflanzenteile gelegten Eier (Farbtafel 3). Entwickeln Sie als erstes ein plausibles, evolutionsgeschichtliches Szenario (d. h. Schritt für Schritt), um dieses Verhalten zu erklären. Denken Sie daran, daß die Eier dieser Wasserwanzen gegenwärtig so groß sind, daß sie sich untergetaucht nicht entwickeln können; dies liegt daran, daß im Wasser Probleme mit der Diffusion von Gasen über die Eimembranen auftreten. Liefern Sie anschließend eine Analyse zum möglichen adaptiven Wert des gegenwärtigen Verhaltens männlicher *Lethocerus*-Wanzen, unter Berücksichtigung der Attraktivität und Anfälligkeit großer Eier für aquatische Prädatoren.

Im vorhergehenden Kapitel haben wir Methoden kennengelernt, mit denen die geschichtliche Abfolge von Ereignissen, die der Evolution eines Verhaltensmusters zugrunde liegen, nachvollzogen werden kann. Dieses Kapitel behandelt nun die zweite Komponente einer evolutionären Analyse des Verhaltens, die das Studium der entwicklungsgeschichtlichen Abfolge ergänzt: die Frage nach dem adaptiven Wert. Wir wählen einen „adaptionistischen" Zugang zu diesem Thema. Dieser beruht auf der Annahme (Darwins Evolutionstheorie entsprechend), daß Verhalten eine Eigenschaft ist, deren Evolution durch natürliche Selektion erfolgte. Wenn diese Annahme zutrifft, dann ist zu erwarten, daß rezente Verhaltensmerkmale die Chancen für eine erfolgreiche Reproduktion verbessern. Unter natürlichen Selektionsbedingungen wird sich die genetische Grundlage eines Verhaltensmerkmals, das den Fortpflanzungserfolg erhöht, in einer Population ausbreiten, wohingegen Allele, die zu einer Reduzierung individueller Fitness führen, verschwinden werden. Verhaltensökologen stehen vor dem – durchaus angenehmen – Problem, sich Erklärungen dazu auszudenken, wie eine Verhaltensweise den Fortpflanzungserfolg von Individuen erhöhen könnte, und diese dann zu überprüfen. Es gibt eine Vielzahl von Möglichkeiten, derartige Tests durchzuführen. Ziel dieses Kapitels ist eine Einführung in die verschiedenen Methoden anhand ausgewählter Beispiele, insbesondere an Studien zum Hassen bei Lachmöwen. Das Kapitel schließt mit einer Analyse der Kritik, die gegenüber dem verhaltensökologischen Konzept erhoben wurde, und der Antwort von Adaptionisten zu den aufgeführten Einwänden.

8 Die Evolution von Anpassungen

8.1 Verhaltensanpassung

Viele neue Verhaltensleistungen entstehen wahrscheinlich als Ergebnis genetischer Mutationen, obwohl es auch andere Möglichkeiten gibt [981]. Wenn eine neuartige Verhaltensweise – aus welchen Gründen auch immer – auftritt, hängt das Fortbestehen der entsprechenden genetischen Grundlage in hohem Maße vom Fortpflanzungserfolg der Individuen mit diesem neuen Merkmal ab, verglichen mit dem Fortpflanzungserfolg konkurrierender Individuen, die ein anderes Verhalten zeigen. Neu auftretende, ererbte Verhaltensweisen, die den Reproduktionserfolg derer, die sie ausführen, reduzieren, werden im allgemeinen mit der Zeit seltener, da die Individuen mit solchen Eigenschaften nicht in der Lage sind, den Fortbestand der entsprechenden genetischen Grundlagen zu gewährleisten. Dagegen werden neue Merkmale, die den individuellen Fortpflanzungserfolg fördern, dazu führen, daß die zugrunde liegenden Gene in nachfolgenden Generationen häufiger vertreten sind.

Diejenige Form eines Merkmals, die einem Individuum bei der Weitergabe seiner Gene einen Vorteil gegenüber anderen Individuen mit genetisch unterschiedlichen, alternativen Formen dieses Merkmals verschafft, kann als **Anpassung** (oder **Adaptation**) bezeichnet werden (zu anderen Definitionen siehe [369, 482]). Adaptive Merkmale sind „besser" als gleichzeitig existierende Alternativen oder solche, die existiert haben – sie verhelfen Individuen mit größerer Wahrscheinlichkeit dazu, ihre Gene weiterzugeben, was üblicherweise durch Fortpflanzung geschieht [1001]. Deshalb ist ein Merkmal, das durch eine zufällige Mutation entstanden ist, eine Adaptation (im Sinne unserer Definition), wenn es den Fortpflanzungserfolg der mutierten Individuen und ihrer Nachkommen gegenüber dem von Individuen mit anderen Genen und anderen Ausprägungen des betreffenden Merkmals verbessert. Ebenso ist ein etabliertes Merkmal, das durch natürliche Selektion erhalten wird, eine Adaptation; in diesem Fall werden neue, alternative Merkmalsformen eliminiert, da sie den Individuen, welche mit ihnen ausgestattet sind, keinen höheren Fortpflanzungserfolg verschaffen.

Wenn man nun annimmt, daß die Ausbreitung eines gegenwärtigen Merkmals in einer Population das Ergebnis natürlicher Selektion (in Vergangenheit und Gegenwart) ist, dann ist auch die Folgerung vernünftig, daß dieses Merkmal eine Adaptation darstellt. Wie aber verschafft eine bestimmte Eigenschaft ihrem Träger einen Fortpflanzungsvorteil? Betrachten wir dazu das Hassen bei Lachmöwen (*Larus ridibundus*). Diese Art bildet im Sommer Kolonien aus dutzenden oder hunderten von Paaren, die in offenen Grasflächen auf dem Boden (oft auf Inseln) nisten (Abb. 8-1). Wenn sich ein Fuchs, eine Krähe, ein Dachs, ein Habicht oder ein Mensch der Kolonie nähern sollte, so reagieren die brütenden Adultvögel mit lautem Geschrei. Nähert sich der Eindringling weiter, dann fliegen die Möwen in Gruppen auf ihn zu, stoßen heisere Rufe aus und defäkieren heftig, während sie im Sturzflug auf das Objekt, welches ihr Mißfallen erregt, herabstoßen (Abb. 8-2).

Der große Ethologe Niko Tinbergen hatte oft Gelegenheit, sich zu fragen, warum diese Vögel hassen, da er selbst dieses Verhalten vielfach auslöste, wenn er Möwenkolonien besuchte. Als Tinbergen Überlegungen dazu anstellte, warum dieses Verhalten den Reproduktionserfolg erhöhen könnte, kam er sehr schnell auf eine mögliche Erklärung; danach bringt das Hassen von Möweneltern Raubfeinde von deren Absicht ab, ihre Nachkommen aufzuspüren und zu fressen. Auch ich wurde schon von hassenden Möwen bedrängt, und ich denke, daß diese Hypothese zutrifft; mit einem Schwarm schreiender, defäkierender Möwen, die genau über meinem Kopf herumwirbelten, war es mir fast unmöglich, noch einen klaren Gedanken zu fassen. Meine Verwirrung erreichte ihren Höhepunkt, als einige Möwen an mir vorbeistreiften, um sich dann von hinten auf meinen Kopf zu stürzen. Wenn diese Kamikaze-Vögel ihre Sturzflüge im letzten Moment abbrachen, schlugen sie geräuschvoll mit den Flügeln. Dies alles war von ner-

Abb. 8-1: **Kolonie aus Heringsmöwen und Silbermöwen.** Bei den kleinen Strukturen im Hintergrund handelt es sich um Tarnvorrichtungen, die ein Beobachten der Vögel aus der Nähe ermöglichen. Foto mit freundlicher Genehmigung von Niko Tinbergen und Hugh Falkus.

venzermürbender Wirkung, insbesondere wenn eine Möwe bis zum Äußersten ging und mit ihren herabhängenden Füßen meinen Kopf attackierte.

8.2 Die Überprüfung von adaptionistischen Hypothesen

Aus meiner Beschreibung scheint deutlich hervorzugehen, daß das Hassen von Möwen Beutegreifer verwirrt und in den Populationen erhalten bleibt, weil dieses Verhaltensmerkmal den Möweneltern Fortpflanzungsvorteile verschafft. Die Grundlage der Naturwissenschaften besteht allerdings in der Überprüfung von Ideen; deshalb muß die Hypothese, daß Raubfeinde abgelenkt werden, getestet werden, bevor wir sie akzeptieren können. Dazu gibt es viele Möglichkeiten, mit verschiedenen Methoden und einem jeweils unterschiedlichen Grad an Exaktheit.

Die vielleicht einfachsten, aber auch am wenigsten überzeugenden Tests sind diejenigen, mit denen man festzustellen versucht, ob das fragliche Merkmal besondere Eigenschaften aufweist, welche für eine bestimmte Funktion förderlich sind. Solche Tests konzentrieren sich im wesentlichen auf einen möglichen Fitnessvorteil des Merkmals, ohne seine Kosten oder Nachteile (siehe unten) direkt zu berücksichtigen. Das Hassen setzt sich aus einer Anzahl komplexer Komponenten zusammen: eine Möwe muß die Alarmrufe anderer hören und darauf reagieren; sie muß von ihrem Nest auffliegen, um sich anderen Koloniemitgliedern anzuschließen, wenn diese sich bestimmten (nicht aber allen) Eindringlingen nähern; schließlich muß sie auf diese Eindringlinge herabstoßen und dabei ständig laut kreischen. Wenn diese komplexen, integrierten Elemente des Hassens der adaptiven Funktion dienen, Beutegreifer abzulenken, dann sollte dieses Verhalten zumindest bestimmte Prädatoren daran hindern, Eier oder Jungtiere von nistenden Möwen zu finden. Ein solches Ergebnis würde darauf hinweisen, daß die evoluierte Funktion des Hassens darin besteht, die Überlebenschancen von Jungtieren im Nest zu verbessern; je mehr Jungtiere das Alter erreichen, in dem sie flügge werden, um so mehr überleben wahrscheinlich auch lange genug, um die Gene weiterzugeben, die sie selbst von ihren hassenden Eltern ererbt haben – Gene, die wiederum ihre eigenen Nachkommen dazu prädisponieren können, gegen potentielle Nesträuber nach Art ihrer Vorfahren zu hassen.

Die Hypothese, daß das Hassen einige Prädatoren daran hindert, Möweneier und Küken zu finden, führt zu der recht einfachen Voraussage, daß es Prädatoren tatsächlich manchmal nicht gelingt, ihre Beute zu finden, wenn gegen sie gehaßt wird. Diese Voraussage kann man anhand von Daten, die durch direkte Beobachtung von Möwen und Nesträubern gewonnen werden, überprüfen. Während einer zweijährigen Studie über eine Lachmöwenkolonie und ihre Raubfeinde sah Hans Kruuk die Lachmöwen sehr oft gegen Krähen und Silbermöwen (*Larus argentatus*) hassen [540]. Diese eierliebenden Vögel können zwar Lachmöwen, die sich auf sie stürzen, ausweichen, sie müssen ihre Angreifer aber dabei ständig im Auge behalten. Solange sie dem Angriff einer Gruppe

Abb. 8-2: **Lachmöwen hassen gegen eine Person**, die in ihr Nistareal eindringt.

ausgesetzt sind, ist ihre Suche nach Nestern und Eiern ineffizient, wodurch ein schwacher, indirekter Nachweis erbracht wäre, daß hassende Individuen Fitnessvorteile erzielen.

Eine weitere Voraussage aus der Hypothese einer Ablenkung von Prädatoren ist die, daß der Grad des Erfolges, den Möwen bei der Verteidigung ihrer Eier haben, proportional zu dem Ausmaß sein sollte, in dem sie gegen Raubfeinde hassen. Theoretisch hätte Kruuk auch diese Voraussage prüfen können, indem er einfach Möwenkolonien beobachtet und die Fähigkeit von Eierräubern ermittelt hätte, Möweneier zu finden, wenn gegen sie von einer bis hin zu vielen Möwen gehaßt wird. Praktisch konnte Kruuk solche Beobachtungen allerdings nicht durchführen, da gegen Nesträuber fast immer von vielen Möwen gehaßt wird, sobald sie sich einer nistenden Kolonie nähern. Was aber soll ein Forscher tun, wenn alle Alternativen zu einem rezenten Merkmal durch Selektion eliminiert wurden?

Kruuk wählte ein experimentelles Verfahren, um eine Alternative zum Hassen in Gruppen zu „schaffen“, so daß er die Voraussage, daß dieses Verhalten die Erbeutung von Möweneiern reduziert, wirksamer prüfen konnte [540]. In seinem Experiment legte er zehn Hühnereier in einem Abstand von jeweils zehn Metern auf einer Linie von außerhalb bis in den Nistbereich der Möwen hinein aus. Wenn Möwen mit ihrem Hassen Eierräuber verwirren, dann müßten die Hühnereier außerhalb der Kolonie, wo der Druck auf Raubfeinde durch Hassen gering ist, eher angreifbar sein als jene innerhalb der Kolonie, wo heftige Haßreaktionen gezeigt werden. Aaskrähen (*Corvus corone*) und Silbermöwen fanden und fraßen tatsächlich vor allem die Eier, die außerhalb der Kolonie ausgelegt wurden (Abb. 8-3).

Sowohl die Überprüfung durch Beobachtung als auch durch experimentelles Vorgehen stützen also die Hypothese, daß das Hassen in Gruppen eine adaptive Antwort der Lachmöwen auf bestimmte Eierräuber ist. Hier ist aber wiederum zu beachten, daß bei diesen Tests nicht der Reproduktionserfolg durch Zählen der überlebenden Nachkommen von Individuen im Laufe ihres Lebens bestimmt wurde. In seinem Experiment ermittelte Kruuk lediglich die Anzahl der Hühnereier, welche nicht gefressen wurden, wobei er von der (vernünftigen) Annahme ausging, daß entsprechend bei Möweneiern eine Reduktion der Zahl gefressener Eier in einem Nest zu einer Zunahme der Zahl überlebender Nachkommen führen würde, die der Besitzer eines Nestes hervorbringt.

Kruuk ermittelte nicht den Reproduktionserfolg über die gesamte Lebensdauer für eine Stichprobe von Möwen, zum Teil deshalb, weil dies eine sehr schwierige Aufgabe gewesen wäre; jedenfalls ist es normalerweise so. Verhaltensökologen müssen sich oft mit einem Indikator oder einem Korrelat des Fortpflanzungserfolges begnügen, wenn sie versuchen, diesen zu messen (Tab. 8-1). In den folgenden Kapiteln bedeutet der Begriff „Fortpflanzungserfolg" je nach Zusammenhang das Überleben von Eiern (Kruuks Maßeinheit), Jungtieren, die bis zum Flüggewerden überleben, die Zahl der begatteten Weibchen, die Nahrungsmenge, welche pro Zeiteinheit aufgenommen wird, und so weiter. Man sollte darüber aber nicht vergessen, daß das grundlegende Maß für die Fitness eines Individuums die Zahl seiner Nachkommen ist, welche bis zu ihrer Geschlechtsreife überleben. Andere, mit dieser Einheit korrelierte Formen der Fitnessbestimmung erreichen, je nach Art, einen mehr oder weniger hohen Grad an Genauigkeit.

8.2.1 Ein starker Test der Hypothese, daß Beutegreifer abgelenkt werden

Die Beobachtungen zum Ausgang natürlicher und experimentell erzeugter Interaktionen zwischen Lachmöwen und den Eierräubern, gegen die sie hassen, unterstützen entscheidende Voraussagen, die sich aus der Hypothese einer Ablenkung von Prädatoren ergeben. Allerdings sind diese Tests schwach, nicht nur, weil sie auf einer indirekten Messung der Fitness basieren, sondern auch, weil andere plausible Hypothesen nicht berücksichtigt wurden. Die Überprüfung von nur einer Erklärung ist keine Ideallösung, denn wenn sich aus zwei Hypothesen A und B jeweils dieselbe Voraussage X ergibt, so ist es, wenn sich diese Voraussage als zutreffend erweist, nicht möglich, entweder A oder B zu verwerfen. Aus diesem Grund schätzen Biologen insbesondere solche Forschungsarbeiten, bei denen **multiple Arbeitshypothesen** auf eine Weise überprüft werden, die eine klare Unterscheidung zwischen den verschiedenen, miteinander konkurrierenden Alternativen ermöglicht (Kap. 1).

Wir wollen mit Hilfe dieses Ansatzes (der Anwendung multipler Hypothesen) das Hassen von Rauchschwalben (*Hirundo rustica*) analysieren [859]. Mehrere Paare dieser

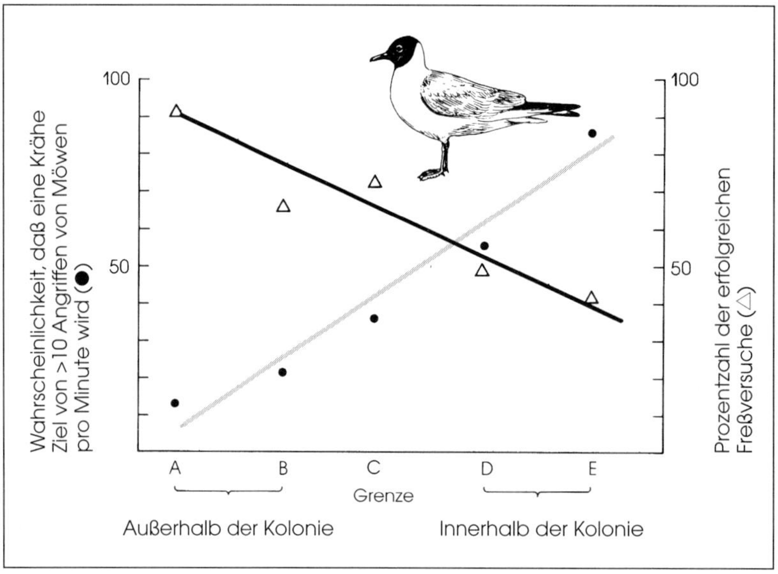

Abb. 8-3: **Effektivität des Hassens, mit der das Auffinden von Eiern durch Freßfeinde verhindert wird.** Bei diesem experimentellen Test nahm die Häufigkeit intensiver Haßattacken (schwarze Kreise) auf Krähen zu, wenn diese sich innerhalb der Grenzen einer Nistkolonie aufhielten. Der Zunahme des Hassens entsprechend nahm der prozentuale Anteil der Hühnereier, die gefunden und gefressen wurden (offene Dreiecke), ab. Quelle: Kruuk (540).

Tab. 8-1: Beispiele für indirekte und direkte Maße, die Verhaltensökologen anwenden, um die **Fitnesskonsequenzen von Merkmalen** zu untersuchen, von denen angenommen wird, daß sie Anpassungen darstellen.

Indirekte Maße für den Fortpflanzungserfolg

Überprüft wird, ob das Merkmal eine bestimmte Funktion erfüllt, welche im allgemeinen mit einer Verbesserung der Fitness in bezug auf die individuelle Lebenserwartung korreliert sein dürfte, wie zum Beispiel:

1. verbesserte Überlebenschancen
2. verbesserter Zugang zu Nahrung
3. verbesserter Zugang zu Lebensraum
4. verbesserte Effizienz der Fortbewegung

Direkte Maße für den Fortpflanzungserfolg

Überprüft wird, ob das Merkmal einem Individuum zusätzliche Möglichkeiten für eine erfolgreiche Fortpflanzung verschafft, wie zum Beispiel:

1. verbesserte Produktion von Geschlechtszellen
2. verbesserte Kopulationsrate
3. verbesserte Produktion befruchteter Eizellen
4. verbesserte Produktion neugeborener Jungtiere
5. verbesserte Produktion von Jungtieren, die das Alter ihrer Unabhängigkeit von den Eltern erreichen
6. verbesserte Produktion von Jungtieren in einer Fortpflanzungsperiode, wobei diese das reproduktionsfähige Alter erreichen
7. verbesserte Produktion von Nachkommen auf Lebenszeit, wobei diese das reproduktionsfähige Alter erreichen

kleinen Vogelart nisten manchmal zusammen in Scheunen oder unter Brücken. Die Tiere attackieren Beutegreifer, indem sie auf diese herabstoßen und um sie herumschwirren, ihnen gelegentlich sogar im Vorüberfliegen einen Schlag versetzen. Das Hassen könnte eine Anpassung sein, welche die Überlebenswahrscheinlichkeit der Nachkommen eines hassenden Tieres erhöht, indem der Feind von einem gefährdeten Nest mit Eiern oder Jungvögeln abgelenkt wird. Alternativ könnte das Hassen aber auch die Überlebenswahrscheinlichkeit des hassenden Vogels selbst erhöhen, indem es ihm ermöglicht, den Feind einzuschätzen und vielleicht aus dem Gebiet zu vertreiben. Das Hassen könnte vielleicht auch dazu dienen, dem jeweils anderen Geschlecht die Eignung eines Individuums als möglicher Partner zu signalisieren.

Diese drei Hypothesen – Selbstverteidigung, Partnerwerbung und Elternfürsorge – beinhalten verschiedene Voraussagen. Wenn das Hassen eine Form der Selbstverteidigung darstellt, dann gäbe es keinen Grund, eine saisonale Variation in der Häufigkeit des Auftretens zu erwarten; Haßverhalten ist aber vor allem während der Fortpflanzungszeit der Vögel zu beobachten. Wir können also diese Hypothese verwerfen. Wenn Hassen ein Signal an potentielle Paarungspartner wäre, dann können wir erwarten, daß dieses Verhalten während der Fortpflanzungszeit auftritt (so ist es auch) und daß hauptsächlich unverpaarte, adulte Tiere in einer Gruppe von hassenden Vögeln vertreten sind. Als aber William Shields eine ausgestopfte Kreischeule (*Otus asio*) in der Nähe einer Rauchschwalben-Brutkolonie aufstellte, sah er, daß erwachsene Tiere, die Junge im Nest hatten, in der Gruppe der hassenden Vögel überrepräsentiert waren, während adulte Tiere, die noch keinen Partner hatten, die Eule eher mieden (Tab. 8-2). Soviel also zur Partnerwerbungs-Hypothese.

Falls Hassen ein adaptives Verhalten von adulten Tieren, die ihre Jungen schützen, darstellt, dann sollten es primär die brütenden Adulttiere zeigen, die Jungtiere zu

Tab. 8-2: **Das Hassen bei Rauchschwalben**: verschiedene Typen von Individuen, die in den untersuchten Kolonien vertreten waren, und ihre jeweilige Teilnahme an Haßreaktionen. Quelle: Shields (859).

Schwalbentyp	Anteil an der Population (%) [a]	Anteil bei Haßreaktionen (%)
Adult: unverpaart	6	2
Adult: vor dem Brüten	9	11
Adult: während des Brütens	14	10
Adult: mit Jungen	51	77
Jungtiere	20	0

[a] Prozentzahlen geben den Durchschnitt für die Gesamtpopulation während der achtwöchigen Untersuchung an.

verteidigen haben. Dies ist, wie wir soeben gesehen haben, der Fall; wir können also vorläufig die Hypothese vertreten, daß die Ablenkung von Prädatoren im Zusammenhang mit elterlicher Fürsorge erfolgt.

8.2.2 Die vergleichende Methode

Das Beispiel der Schwalben zeigt, wie durch Beobachtung ermittelte Daten genutzt werden können, um zwischen einer Reihe von Erklärungen zum Anpassungswert eines Verhaltens zu entscheiden. Es gibt aber noch einen anderen Weg, um zu prüfen, ob die adaptive Funktion eines Merkmals richtig erkannt wurde. Diese Methode basiert auf der Überprüfung von Voraussagen über das Auftreten des Merkmals bei anderen Arten als der, deren Verhalten man zu verstehen versucht [171, 787].

Im vorhergehenden Kapitel wurde diskutiert, wie Vergleiche zwischen rezenten Arten angewandt werden können, um die Evolutionsgeschichte eines Verhaltens zu rekonstruieren. Der entscheidende Punkt war, daß verwandte Arten mit größerer Wahrscheinlichkeit gemeinsame Merkmale aufweisen, da ihnen die genetische Grundlage für bestimmte Eigenschaften von einem gemeinsamen Vorfahren vererbt wurde. Wenn aber verwandte Arten im Laufe ihrer Entwicklung unterschiedliche Lebensräume besetzen, wo sie unterschiedlichen Selektionskräften ausgesetzt sind, so müßten sie neue Merkmale entwickeln, denn es werden adaptive Mutationen auftreten, welche unter den jeweiligen, neuen Bedingungen einen Reproduktionsvorteil mit sich bringen. Wir können voraussagen, daß sich verwandte Arten in Bezug auf ihre Verhaltenseigenschaften auseinanderentwickeln werden, und zwar in dem Maße, wie sich ihre nun verschiedenen Lebensräume von dem ihres gemeinsamen Vorfahren unterscheiden.

Wir wollen das Prinzip dieses Ansatzes auf Möwen und Haßverhalten anwenden. Die meisten Möwenarten nisten in Kolonien auf dem Boden, wo ihre Jungen angreifbar für viele Beutegreifer sind. Da das Brüten in Kolonien und auf dem Boden unter Möwen weit verbreitet ist, liegt der Schluß nahe, daß es sich hierbei um das ursprüngliche Verhalten einer „Urmöwe" handelt, aus der die heutigen Arten hervorgegangen sind. Wir können deshalb nicht die Hypothese prüfen, daß das Hassen von Lachmöwen eine im Laufe der Evolution entstandene Adaptation gegen Beutegreifer ist, indem wir voraussagen, daß andere Möwenarten dieses Verhalten ebenfalls zeigen werden - andere Arten könnten dieses gemeinsame Verhaltensmerkmal schlicht als Ergebnis einer gemeinsamen Abstammung aufweisen, und nicht notwendigerweise aufgrund eines auf bodenbrütende Vögel gleichermaßen wirkenden Selektionsdrucks.

Allerdings nistet nicht jede Möwenart in Gruppen auf dem Boden, wo ihre Eier Prädatoren zum Opfer fallen können. Wenn sich Verhalten in Auseinandersetzung mit bestimmten Umweltbedingungen entwickelt, dann ist zu erwarten, daß sich verwandte Arten, die unter verschiedenen Bedingungen leben, von dem Muster ihres gemeinsamen Vorfahren ausgehend in unterschiedliche Richtungen entwickeln. Durch Überprüfung dieser Voraussage können wir zweifellos die Hypothese testen, daß das Hassen der Lachmöwen eine adaptive Antwort dieser Art auf ihre besonderen Probleme mit Prädatoren ist.

Die Dreizehenmöwe (*Rissa tridactyla*) nistet in fast senkrechten Felssteilwänden an der Küste (Abb. 8-4), wo ihre Eier für jagende Säugetiere unerreichbar sind und wo heftige Windböen das Manövrieren für große, räuberische Möwen und Greifvögel schwierig und gefährlich machen. Dreizehenmöwen sind relativ kleine, zierliche Möwen mit Krallen an den Füßen; sie können auf winzigen Felsvorsprüngen landen und nisten (Abb. 8-5). Daraus ergibt sich, daß den Eiern und Jungtieren von Dreizehenmöwen keine Gefahr durch Prädatoren droht, und, wie vorausgesagt, die adulten Tiere nicht gegen potentielle Feinde hassen, die gelegentlich am Nistplatz der Kolonie vorbeiziehen. Das Fehlen des Haßverhaltens bei den Dreizehenmöwen stellt einen Fall von **divergenter Evolution** dar; es ist ein Beleg für die Hypothese, das sich das Hassen als Antwort auf den Druck durch Prädatoren entwickelt hat [200].

Wie jede Medaille, so hat auch die vergleichende Methode zwei Seiten; die zweite ist die, daß man von Arten aus unterschiedlichen phylogenetischen Linien auch ein unterschiedliches Verhalten erwartet, da sie von verschiedenen Vorfahren abstammen, die jeweils ganz bestimmte Erbanlagen und damit ein bestimmtes Entwicklungspotential weitervererbt haben. Wenn allerdings zwei nicht-verwandte Arten einem ähnlichen Selektionsdruck ausgesetzt sind, dann sollten sie unabhängig voneinander durch **konvergente Evolution** ähnliche Verhaltenseigenschaften entwickelt haben – falls das betreffende Merkmal wirklich eine Anpassung an diesen Selektionsdruck ist (Abb. 8-6). Wenn ein gemeinsamer ökologischer Faktor mit einem offensichtlichen Fall von konvergenter Evolution in Verbindung gebracht werden kann, dann stützt dies die Behauptung, daß dieses Merkmal eine Adaptation an diesen Druck durch die Umwelt darstellt.

Von zentraler Bedeutung für die Anwendung der vergleichenden Methode ist die Fähigkeit, konvergente Merkmale als wirklich unabhängig voneinander entstanden zu identifizieren. Dies erfordert eine genaue Kenntnis der evolutionsgeschichtlichen Beziehungen zwischen verschiedenen Arten und der Verteilung der unterschiedlichen Merkmalsausprägungen innerhalb der zu untersuchenden Konstellation von Arten und kann bisweilen ein komplexes und reichlich vertracktes Unterfangen sein [416]. Jedenfalls gibt es Tiere, die zweifellos nicht mit den Lachmöwen verwandt sind und ebenfalls Haßverhalten zeigen. Wir erwähnten bereits die Rauchschwalbe, einen in Kolonien nistenden Vogel mit einer Reihe von Feinden, die Eier und Jungtiere aus den Nestern nehmen. Zur Familie der Schwalben (Hirundinidae), welche sich schon seit langem getrennt von den Möwen entwickeln, gehört auch die Uferschwalbe (*Riparia riparia*), und auch sie haßt gegen ihre Feinde. Ökologisch haben Uferschwalben eine gewissen Ähnlichkeit

Abb. 8-4: **Nisthabitat von Dreizehenmöwen** auf der Insel Orkney, Großbritannien. Foto von Arthur Gilpin.

mit Lachmöwen, da sie wie diese in Kolonien nisten (Abb. 8-7) und ihre Jungen durch verschiedene Prädatoren, wie zum Beispiel den Blauhäher (*Cyanocitta cristata*), gefährdet sind. Wie die Lachmöwen hassen auch Uferschwalben nur gegen potentielle Feinde ihrer Jungen, von denen manche durch die gemeinsamen Störmanöver der Schwalben abgeschreckt werden [463]. Uferschwalben scheinen demnach aus denselben Gründen wie die Lachmöwen Fitnessvorteile durch das Hassen gegen Raubfeinde zu erzielen.

Abb. 8-5: **Anpassung an das Nisten in Steilwänden.** Dreizehenmöwen haben die Fähigkeit entwickelt, auf schmalsten Felsvorsprüngen zu landen. Diese Stelle wurde schon oft als Sitzplatz genutzt, wie man an dem Guanoüberzug darunter sehen kann. Foto des Autors.

Eine weitere, in Kolonien lebende Art, die nicht mit den Lachmöwen verwandt ist und die mit gemeinsam ausgeführten Störmanövern gegen Raubfeinde vorgeht, ist das Kalifornische Ziesel (*Citellus beecheyi*) [437, 715]. Hauptfeinde dieser Ziesel sind Schlangen, die in der Lage sind, in ihre Nestbauten einzudringen und ihre Jungen zu erbeuten. Die adulten Tiere sind im Freien relativ sicher. Sie hassen gemeinsam gegen eine herannahende Schlange, indem sie ihr Sand an den Kopf schleudern und sie so sehr bedrängen, daß sie „ermuntert" wird, sich davonzumachen (Abb. 8-8).

Das Hassen hat sich also unabhängig bei verschiedenen kolonial lebenden Arten entwickelt, deren adulte Tiere mit Hilfe dieses Verhaltens ihre relativ gefährdeten Jungtiere gegen Beutegreifer schützen können. Die angeführten Fälle unterstützen die Hypothese, daß Hassen ein adaptives Verhalten von Adulttieren ist, mit dem sie ihren Nachwuchs schützen, indem sie Prädatoren verwirren und in die Flucht schlagen. Was aber wäre, wenn ich selektiv nur solche Beispiele vorgestellt hätte, die mit dem erwarteten Muster übereinstimmen, und viele andere kolonial lebende Arten mit gefährdeten Jungtieren, deren Adulttiere nicht gegen ihre Feinde hassen, unberücksichtigt gelassen hätte? Wenn auf jede koloniale Art, bei der Hassen unter den erwarteten Bedingungen auftritt, zwei Arten kämen, bei denen dies nicht der Fall ist, so wären Sie skeptisch, was die besprochene Hypothese einer elterlichen Fürsorge angeht – und das zu Recht. Deshalb fordern Forscher zunehmend, daß die vergleichende Methode in einer statistisch korrekten Form angewandt wird.

Es gibt mehrere Möglichkeiten, dieses Ziel zu erreichen [416, 787]. Timothy Birkhead und Anders Møller haben in einer vergleichenden Analyse eine solches Vorgehen beschrieben; es ging allerdings nicht um Haßverhalten, sondern um die Häufigkeit von Kopulationen bei Vögeln. Sie untersuchten die adaptionistische Hypothese, daß sich Männchen unter Bedingungen, die eine Kopulation ihrer Partnerin mit anderen Männchen wahrscheinlicher machen, selbst häufiger um eine Paarung mit ihrer Partnerin bemühen. Unter diesen Umständen sollen häufige Kopulationen einem Männchen dazu verhelfen, die Eier seiner Partnerin zu befruchten, indem es sich einen zahlenmäßigen Vorteil bei den Gameten, die um die Befruchtung der Eier konkurrieren, verschafft (siehe „Spermakonkurrenz" in Kap. 13).

Um diese Hypothese mit vergleichenden Daten zu testen, suchten Birkhead und Møller nach allen auffindbaren Fällen, in denen sich zwei eng verwandte Arten z. B. darin unterscheiden, inwieweit sie in Kolonien brüten. Bei der Rötelschwalbe (*Hirundo daurica*) zum Beispiel nisten die Paare isoliert voneinander, während sie bei einem anderen Vertreter dieser Gattung, der Rauchschwalbe, dichtgedrängt in Kolonien nisten. In einer Schwalbenkolonie, in der die Männchen in enger Verbindung mit vielen Weibchen leben, müßte die Wahrscheinlichkeit einer Kopulation außerhalb der gebildeten Paare weitaus höher sein als bei eher in Einzelpaaren lebenden Schwalben. Deshalb ist zu erwarten, daß die verpaarten Männchen von kolonial lebenden Arten häufiger mit ihren Partnerinnen kopulieren als verpaarte Männchen von solitären Arten. Diese Voraussage wird durch Beobachtungsergebnisse unterstützt; Kopulationen sind bei Paaren der kolonialen Schwalbenart im Durchschnitt dreimal so häufig wie bei der solitären Art [78]. Dieselbe Beziehung ergab sich auch für alle anderen Vergleiche zwischen kolonialen und solitären Vertretern derselben Gattung, die Birkhead und Møller finden konnten (weitere sechs Vergleiche zwischen je zwei Arten). Die Wahrscheinlichkeit, daß allein durch Zufall alle sieben Vergleiche zwischen zwei Paaren derselben Gattung dem erwarteten Ergebnis entsprechen (häufigere Paarungen bei der kolonialen Art), ist kleiner als 1 zu 100. Birkhead und Møller schlossen daraus, daß bei Vögeln die Häufigkeit von Kopulationen zwischen Männchen und Weibchen tatsächlich eine evoluierte Anpassung an das Risiko eines Wettbewerbs zwischen den Spermien rivalisierender Männchen darstellt.

8.2.3 Kosten-Nutzen-Analysen

Bei den Tests von adaptionistischen Hypothesen, die ich bis zu diesem Punkt beschrieben habe, stand die Untersuchung von möglichen Fitnessvorteilen, die ein bestimmtes Verhaltensmerkmal mit sich bringt, im Mittelpunkt. Eine vollständigere Analyse jedoch würde die Nachteile eines Merkmals genauso erwägen wie seine Vorteile und das Verhältnis zwischen Vor- und Nachteilen. Evolutionsbiologen wissen, daß jedes Merkmal sowohl positive als auch negative Einflüsse auf den Fortpflanzungserfolg eines Individuums hat. Wenn zum Beispiel adulte Möwen ihre Nester unbewacht lassen, um gegen einen Raubfeind zu hassen, könnten ihre Nachbarn die allgemeine Verwirrung nutzen und ihre Jungen fressen. Das adulte Tier könnte auch bei dem Versuch, einen Fuchs, einen Greifvogel oder einen Menschen abzulenken, verletzt oder vielleicht sogar getötet werden. Alle diese Möglichkeiten vermindern in unterschiedlichem Ausmaß die Wahrscheinlichkeit, daß die Möwe sich in Zukunft erfolgreich fortpflanzen wird; sie stellen die negativen Aspekte, oder **Fitnesskosten** des Hassens dar.

Diesen Kosten stehen die **Fitnessvorteile** des Haßverhaltens gegenüber, in diesem Fall die potentielle Zunahme direkter Fitness durch den Schutz der gerade vorhandenen Nachkommen. Um zu evoluieren (d. h., um sich nach seinem Entstehen in einer Population auszubreiten), muß das Hassen letztendlich Gewinne (Fitnessvorteile) erbringen, welche die Verluste (Fitnesskosten) übertreffen. Das Nachdenken über die Kosten wie auch über die Vorteile eines Merkmals eröffnet neue Wege, um adaptionistische Hypothesen zu prüfen. Es ist zu erwarten, daß Merkmale mit relativ geringen Kosten eine bessere Chance haben, sich in einer Population auszubreiten, als Merkmale mit hohen Kosten, wenn die Vorteile jeweils gleich groß sind. Wir erwarten zum Beispiel, daß hassende Tiere nur selten während der Ausführung dieses Verhaltens gefangen und getötet werden, wenn Hassen wirklich adaptiv ist. Diese Voraussage wurde an Lachmöwen [540] und Uferschwalben [463] überprüft – mit positivem Resultat. Wir erwarten, daß hassende Tiere dieses Verhalten entsprechend der Gefahr, die von einem

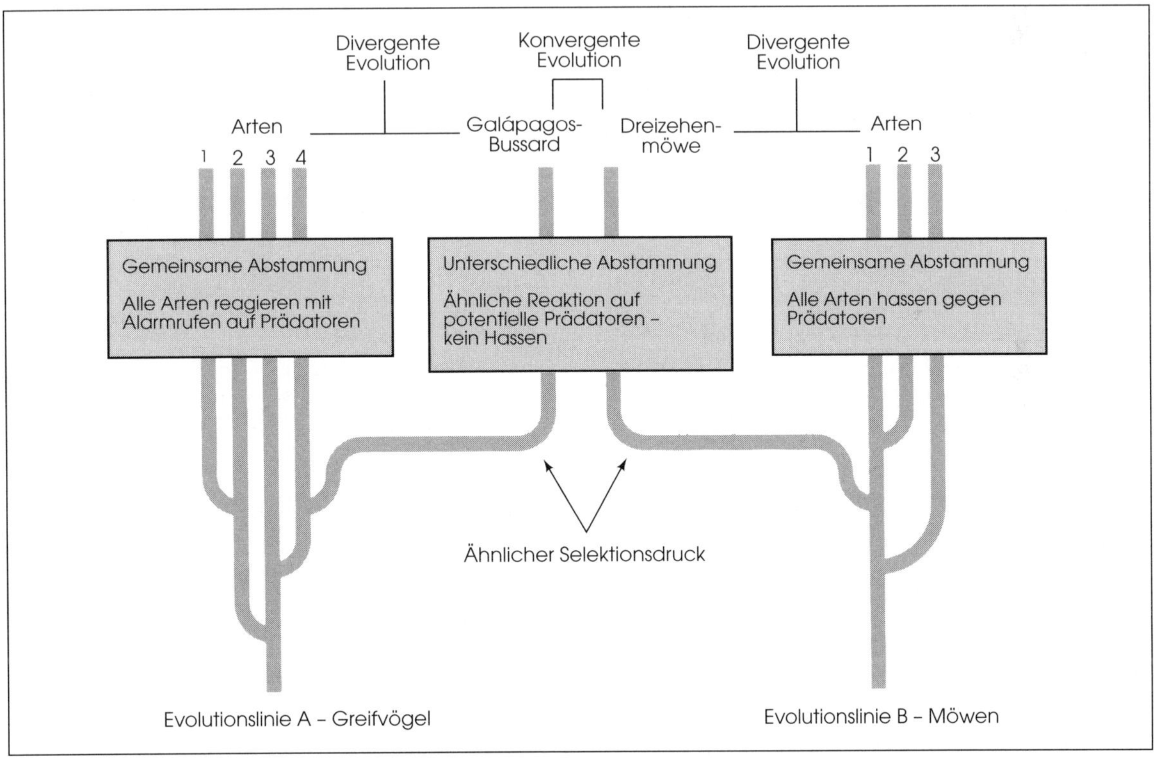

Abb. 8-6: **Divergente und konvergente Evolution.** Angehörige derselben Entwicklungslinie (z. B. Möwen der Unterfamilie Larinae) haben gemeinsame Vorfahren und weisen deshalb oft die gleichen Merkmale auf, wie zum Beispiel das Hassen. Werden jedoch deutlich unterschiedliche Selektionsfaktoren wirksam, so kann der Einfluß der gemeinsamen Abstammung überlagert werden, wie es bei der Dreizehenmöwe, die im Laufe der Evolution das Hassen gegen potentielle Feinde aufgegeben hat, der Fall ist. Diese Möwenart hat sich in ihrem Verhalten divergent zu anderen Möwen und konvergent zu einer gänzlich unverwandten Art, dem Galápagos-Bussard (*Buteo galapagoensis*) entwickelt; dieser stammt aus einer ganz anderen Evolutionslinie (Greifvögel der Unterfamilie Buteoninae). Wie die Dreizehenmöwe nistet dieser Greifvogel an einem Ort (den Galápagos-Inseln), an dem der Feinddruck nur gering war. Auch er zeigt kaum eine Reaktion auf potentielle Feinde und ähnelt diesbezüglich nicht den anderen Vertretern dieser Abstammungslinie, welche auf potentielle Feinde mit Warnrufen und Flucht reagieren.

Abb. 8-7: **Konvergente Evolution.** Eine Kolonie Uferschwalben; eine sozial lebende Art, die ähnlich wie bodenbrütende Möwen gegen Prädatoren haßt. Foto von Michael D. Beecher.

bestimmten Raubfeind ausgeht, modifizieren. Ziesel, die mit giftigen Klapperschlangen konfrontiert werden, sind in ihrem Haßverhalten tatsächlich vorsichtiger als bei nicht giftigen Schlangen, denen sie Sand entgegenschleudern [715].

Letztendlich führt der Kosten-Nutzen-Ansatz zu der logischen Konsequenz, daß solche Merkmale im Laufe der Evolution von Bestand sind, die von allen möglichen Alternativen das günstigste Kosten-Nutzen-Verhältnis aufweisen. Dem entsprechend müßte sich das eine Merkmal unter vielen, das netto die größten Fitnessvorteile mit sich bringt, in einer Population ausbreiten und seine Konkurrenten verdrängen. Dies ist die zentrale Aussage, welche der **Optimalitätstheorie** zugrunde liegt; diese wird angewandt, um zu testen, ob gegenwärtige Merkmale tatsächlich diejenigen sind, die am meisten zur Fitness beitragen.

Wir wollen die Optimalitätstheorie anwenden, um ein (hypothetisches) Modell des Haßverhaltens bei Lachmöwen zu entwerfen. Dabei geht es um die Frage, ob es besser ist, ein „vorsichtiger Hasser" zu sein, der gegenüber seinem Ziel (einem Fuchs) einen gewissen Abstand hält, oder aber ein „mutiger Hasser", der sich seinem Ziel auf sehr kurze Distanz nähert. Es ist anzunehmen, daß der Fuchs umso mehr abgelenkt wird, je näher eine Möwe kommt; umso größer sind also auch die Überlebenschancen ihrer Nachkommen. Je näher sich die hassende Möwe allerdings an den Fuchs heranwagt, umso eher wird er sie fangen, und um so geringer sind ihre Chancen, sich auch in Zukunft fortzupflanzen. Es wird einen Punkt geben, an dem der Nutzen die Kosten um den höchstmöglichen Differenzbetrag übersteigt; dieser Abstand stellt voraussichtlich die optimale Reaktion einer Möwe dar, die gegen einen Fuchs haßt. Wenn es möglich wäre, die Effektivität, mit der Möwen durch Hassen Füchse abschrecken, gegenüber den Kosten einer relativ großen Annäherung zu bestimmen, so könnten wir eine Graphik wie die in Abb. 8-9A erstellen. Nach dieser Graphik hat ein mutiger Hasser, der sich einem Beutegreifer auf 1,5 Meter nähert, ein günstigeres Kosten-Nutzen-Verhältnis als ein vorsichtiger Hasser, der nicht näher als bis auf 3 Meter herankommt. Diese Voraussage könnte man anhand der tatsächlichen Verhältnisse überprüfen, indem man mißt, wie nah hassende Tiere sich tatsächlich an ihre Feinde heranwagen.

Die Art der Voraussage, die sich aus unserem Modell ergibt, kann sich allerdings erheblich ändern, sobald wir von einer anderen Konstellation der Einflußfaktoren ausgehen. Um diesen Punkt zu veranschaulichen, wollen wir eine weitere Variable berücksichtigen, die Kosten und Vorteile einer Haßreaktion beeinflussen kann; wir fragen uns, was jeweils die anderen Mitglieder einer Möwenkolonie tun werden, wenn sich ein Beutegreifer nähert. Man stelle sich eine Population vor, die ausschließlich aus mutigen Hassern zusammengesetzt ist; diese nähern sich gemeinsam einem Feind bis auf einen geringen Abstand und können ihn dadurch effektiv abschrecken. Nehmen wir einmal an, in einer solchen Population entstünde durch Zufallsmutation ein vorsichtiger Hasser, eine Möwe also, die sich etwas zurückfallen läßt, wenn ihre mutigeren Artgenossen auf den Feind zustürzen. Die mutierten Gene für vorsichtiges Hassen könnten sich auf diese Weise ausbreiten, da die vorsichtigen Tiere von den unvorsichtigeren profitieren. Tatsächlich würden sie den meisten Nutzen aus dem gemeinsamen Hassen ziehen, während sie den mutigen Individuen einen Großteil des Risikos überlassen. Ihre Anwesenheit würde die Fitness der mutigen Hasser reduzieren, da die Heftigkeit des gemeinsamen Angriffs auf einen Raubfeind vermindert und den mutigeren Tieren ein größeres Risiko aufgebürdet wäre.

Abb. 8-8: **Konvergente Evolution.** Kolonial lebende Kalifornische Ziesel haben, wie bestimmte bodenbrütende Möwen und kolonial lebende Schwalben, eine Haßreaktion entwickelt. Ein Erdhörnchen schleudert Sand gegen eine Klapperschlange, während andere Alarmrufe von sich geben. Mit freundlicher Genehmigung von R. G. Coss und D. F. Hennessy.

An einem bestimmten Punkt allerdings würden sich die Gene, welche die Grundlage für vorsichtiges Hassen bilden, möglicherweise nicht weiter ausbreiten, da der Erfolg der vorsichtigen Hasser darauf beruht, daß sie ihren Vorteil aus der Anwesenheit von mutigen Hassern ziehen können. In einer Population aus überwiegend vorsichtigen Hassern und nur wenigen mutigen Tieren, die es auszubeuten gilt, könnten die „couragierten" Individuen eine höhere Fitness aufweisen, da ihre Art des Vorgehens gegen Beutegreifer relativ effektiv ist. Sie würden im Laufe der Zeit zahlreicher werden, bis die Fitness von vorsichtigen Hassern, die auf der Ausbeutung ihrer mutigeren Artgenossen beruht, den gleichen Wert erreicht wie die Fitness der mutigen Hasser. An einem bestimmten Punkt stellt sich so ein Gleichgewicht zwischen mutigen Hassern und vorsichtigen Hassern ein, bei dem diese unbegrenzt nebeneinander existieren können (Abb. 8-9B). Dieses Modell beinhaltet also die Voraussage, daß sich zwei verschiedene Reaktionen auf Beutegreifer auf Dauer in einer Population etablieren können. Wenn alle Möwen ausschließlich „mutig hassen" würden, brächte ihnen dieses Verhalten zwar den maximalen Nutzen, es wäre aber nicht **evolutionsstabil**, weil sich eine „vorsichtig hassende" Mutante in einer Population mutiger Hasser ausbreiten könnte.

Das hier vorgestellte Optimalitätsmodell ist der Form nach ein **spieltheoretisches Modell**. Die Spieltheorie beschäftigt sich mit den Auswirkungen von sozialer Konkurrenz innerhalb einer Art bei der Entwicklung von Merkmalen. Wir werden Optimalitätshypothesen auf der Grundlage der Spieltheorie insbesondere im Zusammenhang mit der Konkurrenz zwischen Männchen um Paarungspartnerinnen untersuchen (Kap. 13). An dieser Stelle sei lediglich darauf hingewiesen, daß es mehr als eine Möglichkeit gibt, adaptionistische Hypothesen zu einem Merkmal aufzustellen; daraus wird nur um so offensichtlicher, wie wichtig es ist, Alternativhypothesen zu prüfen.

8.3 Kritik am adaptionistischen Ansatz und eine Erwiderung

Wir haben nun gesehen, wie Verhaltensökologen ein für sie interessantes Verhalten analysieren – wie zum Beispiel das Haßverhalten der Lachmöwen, von dem sie annehmen, daß es durch natürliche Selektion auf der Ebene von Individuen bestehen bleibt. Daraufhin stellen sie eine Hypothese, oder, was noch besser ist, mehrere, alternative Hypothesen dazu auf, auf welche Weise das betreffende Merkmal die reproduktive Fitness von Individuen erhöhen könnte. Nach Auffassung einiger Evolutionsbiologen ist dieser Ansatz allerdings mit fatalen Fehlern behaftet, da ihm ein „Panselektionismus" zugrunde liegte – die Annahme nämlich, daß alle Bestandteile eines Organismus perfekt angepaßte Produkte der natürlichen Selektion sind. Ein führender Kritiker, Stephen J. Gould [367, 368], und auch andere haben verschiedene Ursachen dafür angeführt, warum bestimmte Merkmale die Bedingung einer „perfekten Anpassung" nicht erfüllen könnten:

1. Das Merkmal stellt, obwohl es unter Bedingungen, die

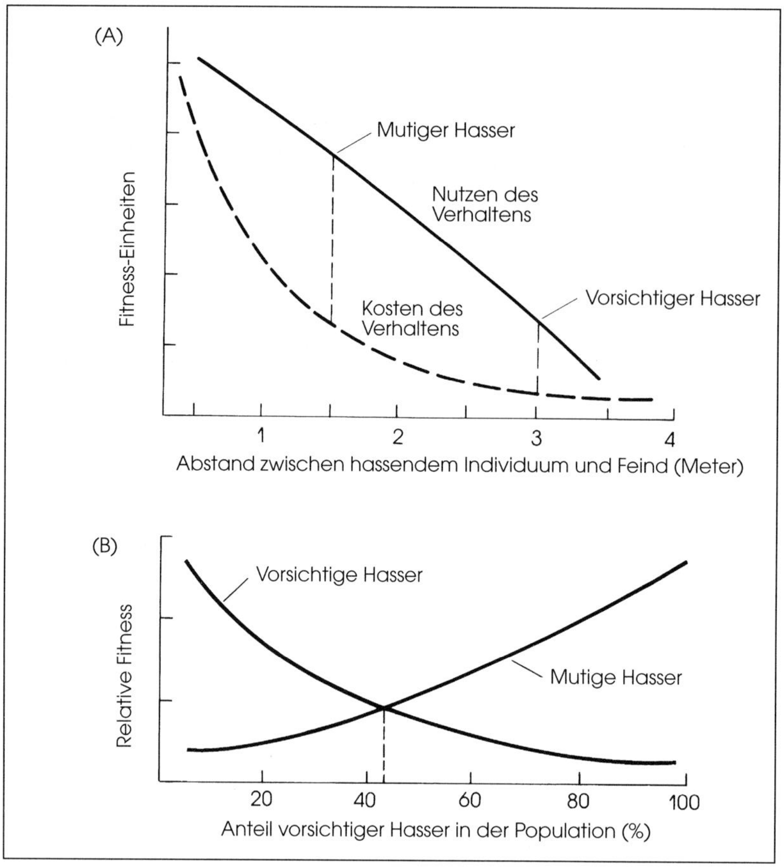

Abb. 8-9: **Gegenüberstellung von zwei Optimalitätsmodellen.** (A) Wenn Fitnesskosten und -vorteile von „mutigem" und „vorsichtigem" Haßverhalten einfach auf der Grundlage von Interaktionen zwischen hassenden Individuen und Raubfeinden, auf die das Verhalten abzielt, bestimmt werden, dann ergibt sich aus dieser Graphik die Voraussage, daß „mutige Hasser" höhere Fitnessvorteile erzielen als „vorsichtige Hasser". (B) Wenn Fitnesskosten und -vorteile zum Teil in Abhängigkeit davon berechnet werden, was andere Mitglieder der Population tun, dann bringen beide Ausprägungen des Hassens die gleiche Fitness mit sich, wenn „vorsichtige Hasser" etwas mehr als 40 % der Population ausmachen. An diesem Punkt besteht ein Gleichgewicht, so daß die beiden Verhaltenstypen unbegrenzt nebeneinander existieren können.

nicht mehr existieren, adaptiv war, zum gegenwärtigen Zeitpunkt eine Fehlanpassung dar. Sein Fortbestehen in einer Population könnte allein darauf beruhen, daß ein überlegenes Allel zufällig noch nicht entstanden ist.

2. Das Merkmal könnte ein maladaptives Nebenprodukt der Entwicklung eines anderen Merkmals sein, welches einen Selektionsvorteil bietet. Viele Gene haben mehr als eine Wirkung auf die Entwicklung eines Individuums (Kap. 3), und nicht alle dieser pleiotropen Effekte sind notwendigerweise positiv.
3. Das Merkmal, eine abnormale oder pathologische Reaktion, wäre in der Vergangenheit nie zum Vorschein gekommen; gegenwärtig geschieht dies jedoch aufgrund neuartiger Evolutionsbedingungen, auf welche die Mitglieder einer Art nicht angepaßt reagieren können.
4. Das Merkmal ist allenfalls näherungsweise „perfekt", da es gezwungenermaßen ein Produkt in einem fortwährenden Prozeß evolutiver Änderungen darstellt; dieser macht es unumgänglich, daß Modifikationen bereits Vorhandenes überlagern.

Dies erinnert an Goulds „Panda-Prinzip" aus dem vorangegangenen Kapitel, nach dem jede evolutive Änderung in das, was bereits in einer Population existiert, integriert werden muß. Wenn Änderungen zu Änderungen hinzugefügt werden, so entstehen manchmal Merkmale, die unnötig kompliziert erscheinen, wie zum Beispiel weibliche, sich parthenogenetisch fortpflanzende Eidechsen, die für eine möglichst effektive Fortpflanzung „sexuelle" Interaktionen benötigen.

Genauso, wie es sicher möglich wäre, eine „perfektere" parthenogenetische Eidechse zu erfinden, so würden wir wahrscheinlich, wenn wir ein perfekteres Hilfsmittel für den Nestbau bei Dreizehenmöwen entwerfen müßten, erhebliche Änderungen an ihrem Schnabel vornehmen. Ich würde den Schnabel dieser Möwe lang und breit gestalten, damit sie größere Mengen Schlamm aufnehmen und zu ihrem Nistplatz auf einem Felsvorsprung tragen könnte. Je größer der Schnabel ist, umso weniger Flüge werden dazu benötigt, umso mehr Energie wird gespart, und umso geringer ist das Risiko, auf einem dieser Flüge von einem Feind angegriffen zu werden.

Eine Perfektionierung des Schnabels für die Aufnahme von Schlamm würde allerdings sicherlich seinen Gebrauch beim Fischfang, bei aggressiven Auseinandersetzungen oder beim Füttern der Jungen mit hochgewürgter Nahrung beeinträchtigen. Die tatsächliche Größe und Form des Schnabels muß ein Kompromiß zwischen gegensätzlich wirkenden Selektionsfaktoren sein. Ebenso spiegelt die gegenwärtige Form des Hassen nicht allein das Problem wider, wie Greifvögel oder Füchse am wirksamsten abgewehrt werden, sondern auch das Problem, welche Form des Bebrütens von Eiern für die Entwicklung der Brut am förderlichsten ist.

Nach Goulds Argumentation verhindern historische Zwänge wie auch solche aus widerstreitenden Selektions-

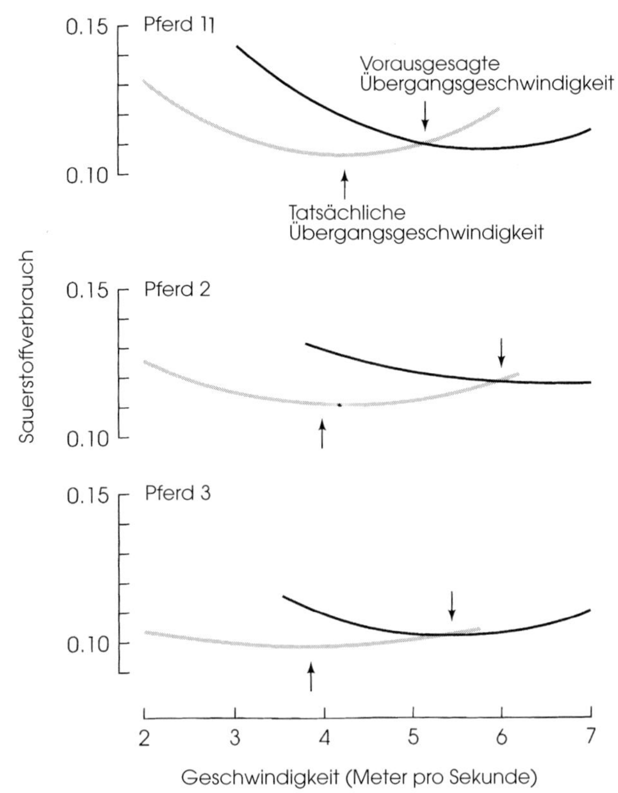

Abb. 8-10: **Optimalitätsmodell: Getestet und verworfen.** Der Energieaufwand für Trab (schraffierte Linie) und Galopp (geschlossene Linie) ist für drei Pferde wiedergegeben. Wenn die Fortbewegungsweise von Pferden eine optimale Lösung in Bezug auf die Erhaltung von Energie darstellen würde, dann wäre zu erwarten, daß Pferde bei einer Geschwindigkeit vom Trab in den Galopp wechseln, bei der die größtmögliche Energieersparnis erzielt wird. Dieser Wechsel erfolgt aber früher als vorausgesagt (siehe Pfeile), obwohl das Galoppieren bei der für den Schrittwechsel bevorzugten Geschwindigkeit den Sauerstoffverbrauch für jeden zurückgelegten Meter pro Gewichtseinheit (ein mit dem Energieverbrauch korreliertes Maß) in die Höhe treibt. Pferde wechseln also nicht zum Galopp über, um Energie zu sparen. Quelle: Farley und Taylor (307).

faktoren in vielen Fällen, daß ein bestimmtes Merkmal im oben dargestellten Sinne perfekt ausgebildet wird; deshalb sei es Zeitverschwendung, wenn „Adaptionisten" jedes Merkmal analysieren, als wäre es ein perfektes, adaptives Produkt der natürlichen Selektion. Um seinen Standpunkt zu verdeutlichen, behauptet Gould, daß solche Forscher im Grunde genommen Fabeln erfinden, die genauso absurd sind wie die fiktiven „just-so stories" von Kipling, die einfallsreiche Geschichten über den Ursprung der Flecken beim Leoparden oder des Kamelhöckers enthalten.

„Adaptionisten" wie A. J. Cain [143] und G. C. Williams [1001] rechneten mit Einwänden wie denen von Gould, und andere führten direkte Gegenargumente an [z.B. 128, 290, 621], die wie folgt zusammengefaßt werden können:

1. Jede Hypothese beruht auf einer Reihe von Annahmen. Würden wir Goulds Ratschlag akzeptieren und davon ausgehen, daß ein bestimmtes Merkmal nicht adaptiv ist, sondern, sagen wir, ein zufälliger Nebeneffekt eines anderen Merkmals, dann hätten wir eine fehlende Adaptation als Grundlage für unsere Hypothese anzunehmen.
2. „Adaptionisten" gehen keineswegs davon aus, daß existierende Merkmale „perfekt" sind; sie nehmen vielmehr an, daß diese Merkmale in größerem Maße zu einem Reproduktionserfolg beigetragen haben als alternative Merkmale, die in der Vergangenheit in einer Population aufgetreten sind. Der Begriff „Adaptation" bezieht sich auf die Frage, was im Hinblick auf Fitnessvorteile abzüglich Fitnesskosten besser ist, und nicht darauf, was „perfekt" nach irgendwelchen idealisierten Designer-Vorstellungen ist [1001].
3. Der wissenschaftliche Anspruch an eine Hypothese ist nicht, daß sie richtig, sondern daß sie überprüfbar ist. Jemand, der annimmt, daß ein Merkmal aus einem bestimmten Grund den individuellen Reproduktionserfolg erhöht, tut dies nicht, weil er oder sie so blind und naiv ist anzunehmen, daß jedes Merkmal adaptiv ist. Dies ist vielmehr der Weg, auf dem Ideen entstehen, die überprüft werden können.

Um an einem Beispiel zu zeigen, daß es nützlicher ist, adaptionistische Hypothesen zu überprüfen, anstatt sie dogmatisch von sich zu weisen, stellen wir uns einmal die Frage, wann ein Pferd vom Trab in den Galopp fallen sollte. Von verschiedener Seite wurde vorgeschlagen, daß ein Pferd, wenn es vom langsameren Trab in den schnelleren Galopp fällt, die Gangart wechselt, um den Energieaufwand für die Fortbewegung zu minimieren. Dies ist eine vernünftige, adaptionistische Hypothese, die auf der Annahme gründet, daß Tiere, die ihre energetischen Kosten minimieren können, um von A nach B zu gelangen, einen höheren Reproduktionserfolg erzielen als Individuen, die ihre Energiereserven durch eine ineffiziente Form der Fortbewegung vergeuden. Die Tatsache, daß dies eine vernünftige Vorstellung ist, heißt allerdings

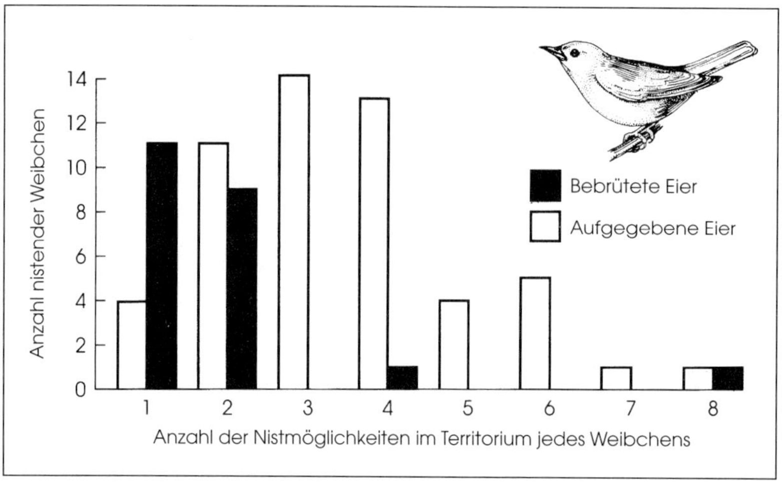

Abb. 8-11: **Aufgabe des Nestes und Fitnesskosten.** Zitronenwaldsänger brüten oft weiter, obwohl ihr Nest von Kuhstärlingen parasitiert wurde, falls es nur wenig andere Nistmöglichkeiten in ihren Territorien gibt. Wenn ein Zitronenwaldsänger in seinem Territorium Zugang zu mehreren anderen Nisthöhlen hat, wird er ein parasitiertes Nest mit größerer Wahrscheinlichkeit aufgeben. Die Kosten für diese Aufgabe sind geringer, wenn es zahlreiche Nistmöglichkeiten gibt. Quelle: Petit (745).

nicht, daß die Hypothese der Energieeinsparung ungeprüft akzeptiert werden sollte.

Claire Farley und Richard Taylor führten einen solchen Test durch, unterstützt von einigen kooperativen Pferden, die bereit waren, auf einem Laufband zu laufen. Dabei wurde ihr Sauerstoffverbrauch gemessen, ein Faktor, der in direkter Beziehung zum Energieverbrauch steht [307]. Wenn das Laufband schneller bewegt wurde, mußten die Tiere entsprechend schneller laufen; Farley und Taylor ermittelten, daß der Gangartwechsel zum Galopp bei einer Geschwindigkeit erfolgte, bei der das Galoppieren über 10 % mehr Energie erfordert als das Traben (Abb. 8-10). Soviel also zur Hypothese der Energieeinsparung. Dennoch erfüllte diese Hypothese ihren Zweck; sie war überprüfbar, und ihre Ablehnung brachte Farley und Taylor dazu, eine alternative Hypothese zum Zeitpunkt des Überganges vom Trab in den Galopp vorzuschlagen. Sie nahmen an, daß das Traben mit hoher Geschwindigkeit zwar energetisch effizienter, aber auch risikoreicher ist, da Beinmuskulatur und Knochen stärker beansprucht werden. Sie fanden, daß Pferde durch einen Gangartwechsel genau zu dem Zeitpunkt, an dem sie dies auch tun, die Höchstbelastung auf ihre Beinmuskeln und -knochen tatsächlich um 10 bis 15 % reduzieren können und damit die Gefahr einer lebensbedrohlichen Verletzung erheblich vermindern.

Es hat keineswegs geschadet, der ursprünglichen Hypothese zunächst den Vorrang zu geben, ein Fortschritt wurde aber nur erzielt, indem diese Hypothese getestet wurde. Das Schöne an der naturwissenschaftlichen Forschung ist, daß es sich um einen selbst-korrigierenden Prozeß handelt, bei dem die Überprüfung von Voraussagen zum Ausschluß nicht zutreffender Erklärungen führt. Wenn eine adaptionistische Erklärung eines Merkmals falsch ist, dann wird eine sorgfältige Überprüfung der Behauptung, das Merkmal erhöhe den Fortpflanzungserfolg, zeigen, das dem nicht so ist. Ein solcher Befund wäre durchaus positiv, da der Ausschluß einer Erklärungsmöglichkeit dazu führt, daß alternative Hypothesen, darunter auch nicht-adaptionistische Hypothesen, getestet werden müssen.

8.3.1 Die Vorzüge des adaptionistischen Ansatzes

Verhaltensökologen orientieren sich bei der Entwicklung überprüfbarer Hypothesen wie auch bei der Entdeckung interessanter neuer Probleme an der Evolutionstheorie. Wie wir gesehen haben, kann dies auch beinhalten, daß man seine Aufmerksamkeit auf Merkmale richtet, die zwar offensichtlich Kosten bezüglich der individuellen, reproduktiven Fitness verursachen, aber keine offensichtlichen Vorteile mit sich bringen. Nehmen wir zum Beispiel den Fall, daß Vögel den Nachwuchs von Brutparasiten in ihren Nestern akzeptieren. Dies ist eine Eigenschaft, der man wohl schwerlich einen adaptiven Wert zusprechen kann, wenn man die Kosten der Aufzucht eines Parasiten durch die Wirtseltern berücksichtigt. Und kein „Adaptionist", den ich kenne, würde sich weigern, die Möglichkeit in Betracht zu ziehen, daß die Akzeptanz von Brutparasiten eine Fehlanpassung darstellt, die auf einem der beiden im folgenden beschriebenen Wege entstanden sein kann.

Einerseits könnte die betroffene Art erst vor kurzem in Kontakt mit dem Parasiten (oder mit einer neu entwickelten Eigenschaft des Parasiten) gekommen sein und deshalb noch nicht genügend Zeit gehabt haben, eine adaptive Reaktion zu entwickeln. Tatsächlich hat Stephen Rothstein, wie er betont, überhaupt erst entdeckt, daß Phoeben (*Sayornis phoebe*) die Eier von Kuhstärlingen (Icteridae) annehmen, als er die adaptionistische Hypothese testete, daß Phoeben Kuhstärlingseier zurückweisen sollten (da in parasitierten Phoebe-Nestern oft nicht einmal ein einziges Junges überlebt) [805].

Andererseits könnte die betroffene Art maladaptiv auf Parasiten reagieren, weil die Tiere nach der im allgemeinen adaptiven „Faustregel" vorgehen, alle Eier zu bebrüten, die im eigenen Nest liegen. Solche Eier werden gewöhnlich (aber nicht immer) dem brütenden Tier gehören. Dieser Hypothese zufolge ist die Pflege von Brutparasiten eine beiläufige Fehlanpassung eines Mechanismus, der die Fitness verbessert, wenn er (wie es

Tab. 8-3: Eine Eierschale in der Nähe eines Möweneis erhöht das **Risiko, daß das Ei von Krähen entdeckt und gefressen wird.** Quelle: Tinbergen (932).

Abstand zwischen Eierschale und Ei (cm)	Bedrohung durch Krähen		
	gefressene Eier	nicht gefressene Eier	Prädationsrisiko (%)
15	63	87	42
100	48	102	32
200	32	118	21

gewöhnlich auch der Fall ist) auf die eigenen Nachkommen angewandt wird.

Aber nur, weil diese zwei Hypothesen plausible Erklärungen dafür anbieten, warum manche Vögel Brutparasiten akzeptieren, sollten wir nicht die Möglichkeit unbeachtet lassen, daß das Akzeptieren von Brutparasiten unter bestimmten Umständen ein echtes adaptives Verhalten darstellen kann [223]. Betrachten wir einmal Annahme gegen Ablehnung von Brutparasiten nach dem Kosten-Nutzen-Ansatz. Selbst wenn eine Wirtsart physisch in der Lage ist, das Ei eines Parasiten aus dem Nest zu werfen, kann dies Nachteile für die Vögel mit sich bringen, die es tatsächlich versuchen. Zum einen könnte der Schnabel eines kleinen Wirtsvogels zu schwach sein, um das parasitische Ei zu fassen oder um es anzupicken, wenn es eine sehr dicke Schale hat (wie es bei Kuhstärlingseiern der Fall ist). Sievert Rohwer und Carol Spaw haben gezeigt, daß Wirtsarten fast ausnahmslos kleinere Schnäbel mit einem geringeren Fassungsvolumen haben als solche Arten, die Kuhstärlingseier hochheben und aus dem Nest werfen [799]. Zweitens gehen Wirtsvögel bei dem Versuch, das Ei eines Parasiten zu entfernen, das Risiko ein, eines oder mehrere ihrer eigenen Eier zu beschädigen oder hinauszuwerfen, selbst wenn ihr Schnabel ausreichend dimensioniert ist, um das Ei eines Parasiten zu entfernen. Teichrohrsänger machen bisweilen solche Fehler, wenn sie versuchen, ein Kuckucksei aus ihrem Nest zu werfen [219].

Wenn die Kosten des Versuchs, das Ei eines Parasiten loszuwerden, ausreichend hoch sind, könnte dessen Akzeptanz eine adaptive Antwort darstellen (es sei daran erinnert, daß eine Adaptation ein Merkmal ist, das ein besseres Kosten-Nutzen-Verhältnis aufweist als jede seiner Alternativen, welche in der Vergangenheit bei der jeweiligen Art aufgetreten ist). Betrachten wir die Möglichkeiten eines kleinen Wirtsvogels, dessen Schnabel zu schwach entwickelt ist, um die Eier eines Kuhstärlings aus seinem Nest zu entfernen. Unter diesen Umständen bleiben dem Wirtsvogel nur zwei realistische Alternativen: (1) mit dem Bebrüten des Geleges einschließlich des Parasiteneis fortzufahren oder (2) das Nest aufzugeben und entweder ein neues Nest auf dem alten zu bauen oder sich einen neuen Nistplatz zu suchen.

Jede dieser Alternativen hat ein anderes Verhältnis von Kosten und Nutzen. Eine Akzeptanz bedeutet, daß der Kuhstärling aufgezogen wird, was gewöhnlich die Zahl eigener Nachkommen, die von einem Elter(npaar) produziert werden können, vermindert. Eine Verweigerung erfordert aber Zeit, einen neuen Nistplatz zu finden und/oder ein neues Nest zu bauen. „Adaptionisten" werden daraus den Schluß ziehen, daß eine Akzeptanz dann auftreten wird, wenn die Zurückweisung des Kuhstärlingseis mit besonders hohen Kosten verbunden ist. Dies ist zum Beispiel bei Höhlenbrütern der Fall; Ersatznistplätze sind für solche Arten normalerweise kaum zu finden. Lisa Petit prüfte die Voraussage, daß die Verfügbarkeit von künstlichen Nistkästen und natürlichen Nisthöhlen bestimmt, mit wie großer Wahrscheinlichkeit ein Zitronenwaldsänger (*Protonotaria citrea*) mit einem parasitierten Nest dieses aufgibt und einen anderen Nistplatz für einen Neubeginn aufsucht [745]. Wie vorausgesagt, waren Zitronenwaldsänger bei einer größeren Zahl nutzbarer Nistmöglichkeiten eher bereit, ihre parasitierten Nester aufzugeben als solche, die wenige Alternativen zum Nisten hatten (Abb. 8-11).

In ähnlicher Weise waren von Goldwaldsängern (*Dendroica petechia*), die im Süden Kanadas nisteten, diejenigen Individuen, die von Kuhstärlingen parasitiert wurden, am Anfang der Brutsaison eher bereit, ihre Nester aufzugeben und einen neuen Versuch zu wagen als solche, deren Nester gegen Ende der Brutsaison von Kuhstärlingseiern heimgesucht wurden; letztere hatten zu wenig Zeit, ganz von vorn anzufangen und eine neue Brut erfolgreich aufzuziehen [134].

8.3.2 Die Tragweite der Adaptation

A. J. Cain schrieb 1964: „... wenn wir bei einigen Merkmalen keinerlei adaptive oder funktionale Bedeutung erkennen können, so ist es weitaus wahrscheinlicher, daß wir dies unserer abgrundtiefen Unkenntnis zuzuschreiben haben, als daß dieses Merkmal wirklich nicht-adaptiv, selektionsneutral oder funktionslos ist" [143]. Wir haben gesehen, daß Cains Ansicht von den Verhaltensökologen geteilt wird, da sie beharrlich danach streben, den adaptiven Wert im gesamten Spektrum tierlicher Eigenschaften, im Großen wie im Kleinen, zu entdecken.

Denken wir einmal über eine anscheinend triviale Verhaltensweise der Lachmöwe nach, nämlich über die Bereitschaft der adulten Tiere, die Eierschalen aufzunehmen und vom Nest wegzutragen, kurz nachdem die Jungen geschlüpft sind. Es handelt sich hier um ein Verhal-

Abb. 8-12: **Eine Rohrdommel entfernt Eierschalen.** Kurz nach dem Schlüpfen der Jungen trägt das Elterntier die Eierschalen vom Nest weg. Foto von Eric Hosking.

ten, das nur wenige Minuten im Leben einer Möwe ausmacht. Nur ein entschiedener „Adaptionist" wird beharrlich fragen, wie dieses Verhalten zum Reproduktionserfolg der Vögel, welche Eierschalen entfernen, beitragen könnte. Niko Tinbergen war ein solcher Adaptionist, und er schlug vor, daß der Nutzen dieses Verhaltensmusters in der Entfernung eines auffallenden, optischen Hinweises liegt, der von Prädatoren benutzt wird, um Nester mit Eiern aufzuspüren. Tinbergen war nicht ohne Grund überzeugt, daß mit dem Verhalten irgendein Nutzen verbunden sein müsse, da es einen offensichtlichen Nachteil mit sich bringt; um die Eierschalen loszuwerden, müssen die Eltern ihre Küken für einige Minuten unbeaufsichtigt – und damit ungeschützt – lassen.

Tinbergen prüfte seine Hypothese, daß dieses Verhalten der Feindvermeidung dient, mit einem Experiment [932]. Er nahm einige intakte Eier aus einer Möwenkolonie und legte sie verstreut zwischen Sanddünen aus, die von Rabenkrähen (*Corvus corone corone*) häufig besucht wurden; diese Tiere haben eine große Vorliebe für eine solche Nahrung. In die Nähe einiger dieser unbebrüteten Eier (die durch ihr hell- und dunkelbraun gesprenkeltes Äußeres hervorragend getarnt sind) legte er zerbrochene Eierschalen, deren weiße Innenseite sichtbar war; bei anderen legte er die Eierschalen in einem viel größeren Abstand zum Ei aus. Die Krähen fanden und fraßen zu einem größeren Teil die Eier, in deren Nähe Schalen als Hinweis lagen (Tab. 8-3).

Einen weiteren Test der Hypothese, daß die Entfernung der Eierschalen der Feindvermeidung dient, liefert der Vergleich des Verhaltens von Dreizehenmöwen und Lachmöwen. Welche Voraussage würden Sie zur Reaktion von Eltern der Dreizehenmöwe auf Eierschalen nach dem Schlüpfen ihrer Jungen treffen? Richtig! Die Dreizehenmöwe, die keiner nennenswerten Bedrohung durch Nesträuber ausgesetzt ist, macht sich nicht einmal die Mühe, die Schalen von dem Felsvorsprung, der ihr Nest trägt, herunterzustoßen [200].

Auf der anderen Seite gibt es Vogelarten, die nicht mit der Lachmöwe verwandt sind, aber wie diese zum Schutz ihrer Brut auf die Verborgenheit des Nestes angewiesen sind und zerbrochene Eierschalen ebenfalls sorgfältig aufsammeln und weit vom Nest entfernt ablegen (Abb. 8-12). Es gibt also offenbar einen gesetzmäßigen Zusammenhang zwischen der Intensität des Feinddrucks auf ein Nest und der Existenz einer aktiven Beseitigung von Eierschalen. Dies stützt die Hypothese, daß sich dieses Verhaltensmerkmal als Antwort auf den ökologischen Druck durch eierfressende Prädatoren entwickelt hat.

Es kommt mir hier vor allem auf den Hinweis an, daß Tinbergen letztlich zu einem besseren Verständnis des Verhaltens von Möwen beigetragen hat, indem er die Möglichkeit in Betracht zog, daß selbst dieses anscheinend unbedeutende Verhaltensmuster adaptiv ist. Die Bereitschaft, seine Idee zu überprüfen, ermöglichte erst diesen Beitrag; wäre sie falsch gewesen, dann hätte sein Experiment zu einem dementspechenden Ergebnis geführt. Da er aber recht hatte, wissen wir nun, daß selbst die kleinsten Details im Verhalten von Tieren bestimmte, adaptive Funktionen haben können.

Zusammenfassung

1. Eine evolutionäre Analyse des Verhaltens beinhaltet die Untersuchung des aktuellen, adaptiven Wertes einer bestimmten Verhaltensweise. Einem adaptionistischen Ansatz liegt die Annahme zugrunde, daß der Beitrag zum Fortpflanzungserfolg eines Individuums die ultimate Funktion eines Verhaltens darstellt. Es gibt zahlreiche Hindernisse in der Umwelt, die dem Fortpflanzungserfolg eines Individuums entgegenstehen. Verhaltensökologen („Adaptionisten") versuchen herauszufinden, wie Tiere mit Hilfe bestimmter Verhaltensweisen diese Hindernisse überwinden.
2. Eine brauchbare adaptionistische Hypothese führt zu überprüfbaren Voraussagen, die durch das Sammeln weiterer Beobachtungsdaten, die Durchführung kontrollierter Experimente und die Anwendung vergleichender Methoden untersucht werden können. Die vergleichende Methode des Prüfens von Voraussagen gründet auf zwei Annahmen: (1) daß unterschiedliche Umweltfaktoren, die auf zwei eng verwandte Arten einwirken, zu einer divergenten Evolution des Verhaltens führen, und (2) daß ähnliche ökologische Bedingungen bei zwei oder mehreren nicht verwandten Arten zur konvergenten Entwicklung einer ähnlichen Verhaltenslösung für ein gemeinsames Problem führen sollten.
3. Obwohl viele verhaltensökologische Hypothesen ausschließlich oder überwiegend den vorausgesagten Fitnessnutzen eines bestimmten Verhaltens zum Thema haben, ist es fast immer hilfreich, die Fitnesskosten des Merkmals ebenfalls in Betracht zu ziehen. Alle Merkmale bringen Nutzen und Kosten hinsichtlich ihres Einflusses auf die individuelle Fitness mit sich. Theoretisch – und manchmal auch praktisch – ist es möglich, für bestimmte Merkmale Hypothesen herzuleiten, die auf der Annahme gründen, daß die natürliche Selektion zu einer Ausbreitung optimaler Eigenschaften führt; damit sind solche Eigenschaften gemeint, die ein günstigeres Verhältnis zwischen Nutzen und Kosten aufweisen als jede Alternative, die bislang aufgetreten ist.
4. Die Optimalitätstheorie kann zur Bildung vieler verschiedener Hypothesen herangezogen werden, einschließlich solcher, die auf einem spieltheoretischen Ansatz gründen. Bei diesem werden Kosten und Nutzen von Merkmalsalternativen davon beeinflußt, was die anderen Mitglieder in einer Population von miteinander konkurrierenden Individuen tun.
5. Der adaptionistische Ansatz wurde mit der Begründung kritisiert, daß es vielerlei Ursachen gibt, die dazu führen, daß ein Verhaltensmerkmal den Fortpflanzungserfolg eines Individuums nicht steigert. Die Annahme einer Adaptation ist jedoch für Verhaltensökologen ein Weg, um falsifizierbare Arbeitshypothesen zu entwickeln und nicht eine Vertrauenserklärung an die Allgemeingültigkeit von Adaptationen. Wenn die Prüfung von adaptionistischen Hypothesen ergibt, daß sie nicht zutreffen, so werden sie verworfen und tragen dazu bei, die Suche nach den tatsächlichen ultimaten Ursachen für das jeweils interessierende Merkmal einzugrenzen.

Empfohlene Literatur

Niko Tinbergen und seine Mitarbeiter führten intensive Forschungsarbeiten an bodenbrütenden Möwen durch [928-932]. Esther Cullen, eine Schülerin Tinbergens, hat eine klassische Arbeit über Dreizehenmöwen geschrieben [200]. Die vergleichende Methode in der Verhaltensökologie wird in einer Reihe von Fachbüchern beschrieben [118, 416, 787]. Ein evolutionärer Ansatz zum Brutparasitismus wird in [223] umfassend besprochen.

Stephen Goulds Kritik des adaptionistischen Ansatzes wird in vielen seiner Veröffentlichungen deutlich [z.B. 367, 368]. Eine knappe und treffende Erwiderung auf Gould findet sich in Jerram Browns Brief an „Science" [128]. Dagegen richtet sich Ray Hilborns und Stephen Stearns´ Kritik an einem Forschungsansatz auf der Grundlage multipler Hypothesen gegen die – nach ihrer Meinung unzulängliche – Annahme, daß ein Merkmal nur eine evoluierte Funktion haben kann [443].

Diskussionsfragen

1. Wenn zwei eng verwandte Arten ein ähnliches Verhaltensmerkmal aufweisen, so kann diese Ähnlichkeit nicht herangezogen werden, um Hypothesen über den adaptiven Wert dieser Eigenschaft zu prüfen. Aber heißt dies auch, daß das betreffende Merkmal bei keiner der beiden Arten eine Anpassung darstellt?
2. Stephen J. Gould behauptet, daß Verhaltensbiologen „den Einfluß und die Reichweite der Selektion bei weitem zu enthusiastisch beurteilen, wenn sie übereifrig versuchen, jede Form und jedes Verhalten von Bedeutung direkt einer Funktion zuzuordnen." Er führt ein – seiner Meinung nach – treffendes Beispiel für diesen Übereifer an mit seiner Kritik an den Forschern, die angenommen haben, daß männliche Gottesanbeterinnen ihre Fitness verbessern, indem sie zulassen, von ihren Paarungspartnerinnen verzehrt zu werden (Kap. 6) [365]. Wie dem auch sei – jetzt sind Sie an der Reihe, eigene Voraussagen, die sich aus der Hypothese des sexuellen Selbstmords ergeben könnten, zu entwickeln. Überprüfen Sie dann, ob die von Tim Birkhead und seinen Mitarbeitern veröffentlichten Daten [80] angewandt werden können, um Ihre Voraussagen zu testen. War es möglich, diese adaptionistische Hypothese zu testen?
3. Sie beobachten die Männchen einer afrikanischen Antilopenart, die um den Besitz von Territorien konkurrieren; Territoriumsbesitzer sind attraktiv für paarungsbereite Weibchen. Die Annahme erscheint berechtigt, daß umso mehr Weibchen angezogen werden und die Fitness eines Territoriumsbesitzers umso größer wird, je ausgedehnter sein Territorium ist. Sie ermitteln die Anzahl der Kopulationen von 10 Männchen über einen Zeitraum von zwei Wochen und stellen, wie erwartet, eine positive Korrelation zwischen Territoriumsgröße und Kopulationshäufigkeit fest. Wenn Sie allerdings die Zahl der Männchen bestimmen, die um die Kontrolle über eines dieser 10 Territorien konkurrieren, so stellt sich heraus, daß Territorien von mittlerer Größe am heftigsten umkämpft sind. Wie kann man dieses Ergebnis mit Bezug auf die Netto-Fitnessgewinne für konkurrierende Männchen erklären?
4. Denken Sie einmal über das folgende „take game" nach, das Jack Bradbury mir beschrieben hat. In diesem „take game" setzt sich eine Population zunächst aus Individuen zusammen, die jeweils nur für sich selbst sorgen. In dieser Population treten nun andere genetische Typen auf, die sich der Fitness Anderer bemächtigen. Stellen Sie sich zum Beispiel eine Population von Möwen vor, in der die meisten Individuen selbst auf Fischfang gehen, einige aber entweder selbst fischen oder andere bestehlen können. Die Fitness-Auszahlung für das Fangen von Fischen soll A betragen, wenn die fischenden Möwen von anderen Tieren desselben Typs umgeben sind. Wenn aber eine fischende Möwe auf einen Dieb trifft, dann verliert sie Beute und Fitness an diesen Dieb, der um einen ähnliche Betrag (N) profitiert. Allerdings entstehen dem Dieb auch Kosten (K), da er, während er Fische stiehlt, nicht selbst auf Fischfang gehen kann. Kommt es zu Interaktionen zwischen zwei Dieben, so nehmen wir an, daß sie in der Hälfte aller Fälle einen Fisch stehlen, ansonsten aber ihren eigenen Fisch verlieren werden; bei Interaktionen dieser Art heben sich die Vorteile (N) gegenseitig auf, und es bleiben nur die Kosten (K) des versuchten Diebstahls. Diese Möglichkeiten der Interaktion sind in einer Spieltheorie-Matrix zusammengefaßt. Wenn N größer ist als K, welche Strategie wird dann in der Population im Laufe der Evolution

vorherrschen? Vergleichen Sie die durchschnittliche Auszahlungsbilanz der zwei Strategien in Populationen, die nur aus fischenden Individuen bestehen, im Vergleich mit Populationen, deren Individuen selbst fischen oder stehlen. Wenn die durchschnittliche Fitness der Individuen in einer Population aus fischenden oder stehlenden Typen geringer ist als die der Individuen in einer Population aus nur für sich selbst fischenden Typen, kann dann Diebstahl adaptiv sein?

		Gegenspieler	
		Passiv	Aktiv
Fokustier	Passiv	A	A - N
	Aktiv	A + N - K	A + N/2 - N/2 - K = A - K

Wie wir in den zwei vorhergehenden Kapiteln gesehen haben, können Fragen zur Evolution auf zwei Ebenen untersucht werden. Auf der einen Ebene befaßt man sich mit der Rekonstruktion der evolutionsgeschichtlichen Abfolge von Ereignissen, welche zur Ausbildung eines gegenwärtigen Verhaltens geführt haben, auf der anderen mit dem möglichen adaptiven Wert eines – gegenwärtigen oder vergangenen – Merkmals. In diesem Kapitel werden wir beide Vorgehensweisen anwenden, um zu einem besseren Verständnis der Evolution von Kommunikationssignalen zu gelangen. Tiere wenden oft überraschend viel Zeit und erhebliche Energie auf, um Signale zu produzieren oder auf die Botschaften Anderer zu reagieren. Unter diesen Signalen sind einige der bizarrsten und komplexesten Verhaltensmuster, die es gibt. In unserem ersten Beispiel geht es um recht merkwürdige Begrüßungsgebärden, die von weiblichen Tüpfelhyänen gezeigt werden; an diesem werden wir evolutionsgeschichtliche Abfolge und adaptiven Wert als komplementäre Themen untersuchen. Anschließend werden wir einige weitere Studien über Kommunikationssignale betrachten, in denen versucht wurde, ihre historischen Wurzeln aufzudecken, bevor wir uns der Überprüfung alternativer Hypothesen zur adaptiven Grundlage bestimmter Kommunikationstaktiken zuwenden. In diesem Kapitel soll gezeigt werden, wie die zwei Aspekte einer Verhaltensuntersuchung auf evolutionärer Grundlage dazu beigetragen haben, daß Verhaltensforscher in der Vielfalt, die in der Welt der Kommunikation zwischen Tieren existiert, sinnvolle Zusammenhänge entdecken konnten.

9 Die Evolution der Kommunikation

9.1 Evolutionsgeschichte und adaptiver Wert eines Signals

Tüpfelhyänen (*Crocuta crocuta*) sind hochsoziale Tiere; sie leben in stabilen Verbänden („Clans"), die oft mehrere dutzend Mitglieder zählen [541]. Viele Dinge, wie das Töten von Zebras und anderer großer Beutetiere, unternehmen die Clanmitglieder gemeinsam. Wenn einzelne Tiere nach einer zeitweiligen Trennung wieder zu ihrer Gruppe stoßen, werden sie dabei wahrscheinlich den anderen ihre erigierten Penisse präsentieren, so daß diese daran schnuppern und ihre Schnauze reiben können (Abb. 9-1). Es wird Sie überraschen, zu erfahren, daß weibliche Tüpfelhyänen dabei voll und ganz beteiligt sind, da sie auch etwas besitzen, was genau wie ein Penis aussieht! Tatsächlich ist es für einen Menschen recht schwierig, das Geschlecht einer Hyäne überhaupt zu bestimmen, ohne die Möglichkeit zu haben, ihre Genitalien aus sehr großer Nähe zu untersuchen – kein leichtes Unterfangen, wenn man von einer Durchschnittshyäne ausgeht, die im allgemeinen nur ungern mit neugierigen Biologen zusammenarbeitet.

Die Beobachtung, daß weibliche Hyänen scheinbar einen Penis haben und sich mit hochentwickelten „Penis"-Schnüffelritualen befassen, führt zu grundlegenden Fragen zur Evolution: Welche Evolutionsgeschichte liegt diesem Verhalten zugrunde und welchen adaptiven Wert – wenn überhaupt einen – hat es für Weibchen, die an solchen Aktivitäten teilnehmen? Wir werden uns zuerst mit der Frage nach der Geschichte befassen.

Es existieren keine fossilen Belege darüber, wie der Pseudopenis von weiblichen Tüpfelhyänen entstanden ist und wie sich im Laufe der Zeit sein ritualisierter Gebrauch entwickelt hat. Deshalb werden wir im folgenden Struktur und Verhalten mit den Verhältnissen bei verwandten Arten vergleichen. Tüpfelhyänen sind eine von vier Arten aus der Familie der Hyaenidae; diese gehört zur Säugetierordnung der Carnivora, wie auch die Familien der Hundeartigen (Canidae) und Katzenartigen (Felidae).

Tüpfelhyänen sind die einzige Art in der gesamten Ordnung, deren Weibchen einen Pseudopenis haben, obwohl das Inspizieren der Anogenitalregion bei vielen Carnivoren, auch bei den anderen Hyänenarten, vorkommt [542, 714]. Es ist deshalb anzunehmen, daß auch die Männchen der Vorfahren heutiger Hyänen ihren Penis unter anderem als Mittel zur Kommunikation bei bestimmten sozialen Interaktionen benutzt haben [541].

Wie aber konnte es bei weiblichen Tüpfelhyänen dazu kommen, daß sich ein Pseudopenis mit sozialer Signalfunktion ausbildete? Eine mögliche Antwort liefern anatomische Studien zum Pseudopenis bei Hyänen; sie zeigen, daß es sich bei dieser Struktur um eine stark vergrößerte Klitoris handelt. Deshalb muß die Frage nach der Entstehung lauten: Wie konnte die Klitoris der Tüpfelhyäne penisähnlich werden?

Aus vergleichenden Hormonstudien ist bekannt, daß dem Testosteron eine Schlüsselrolle bei der Maskulinisierung des Säugetierembryos zukommt (Kap. 4). Die Gewebe, aus denen die Geschlechtsorgane hervorgehen, bilden in einem sehr frühen Stadium der fötalen Entwicklung nur dann Hoden und Penis aus, wenn der Embryo genetisch männlich ist und Testosteron produziert. Ist der Embryo weiblich, so ist kein Testosteron vorhanden, und es entwickeln sich Ovarien und weibliche sekundäre Geschlechtsmerkmale. Dieselben Gewebe, welche unter dem Einfluß von Testosteron den Penis bilden, entwickeln sich in Abwesenheit des Hormons zur Klitoris.

R. F. Ewer stellte 1973 die Hypothese auf, daß sich weibliche Tüpfelhyänen hormonal von typischen Säugern unterscheiden [301]. Neuere Studien haben diese Ansicht bestätigt; bemerkenswerterweise konnte nachgewiesen werden, daß die Ovarien der Weibchen Testosteron und andere Androgene produzieren [352]. Wenn eine weibliche Hyäne trächtig ist, dann ist der Embryo –

Abb. 9-1: **Der Pseudopenis weiblicher Tüpfelhyänen.** (Oben) Ein Weibchen geht mit erigiertem Pseudopenis auf ein anderes Tier zu. Foto von Laurence Frank. (Unten) Begrüßungszeremonie zwischen weiblichen Tüpfelhyänen. Ein Weibchen hat seinen Kopf unter das Bein eines anderen geschoben, um dessen Pseudopenis (Pfeil) zu untersuchen. Foto von M. G. L. Mills.

unabhängig von seinem Geschlecht – hohen Konzentrationen eines Androgens ausgesetzt, welches in der Plazenta zu Testosteron umgewandelt und an den sich entwickelnden Fötus weitergegeben wird. Das männliche Hormon hat eine anregende Wirkung auf das System, welches bei Säugetieren der Bildung männlicher Merkmale zugrunde liegt, wodurch weibliche Föten maskulinisiert werden und eine vergrößerte, penisähnliche Klitoris ausbilden [364].

Wir können die Hypothese, daß die Ursprünge der vergrößerten Klitoris weiblicher Tüpfelhyänen in den maskulinisierenden Effekten von Testosteron liegen, testen, indem wir voraussagen, daß auch die Weibchen anderer Säugetiere eine penisähnliche Klitoris ausbilden, wenn sie in einem frühen Stadium ihrer Entwicklung Testosteron ausgesetzt werden. Tatsächlich gibt es entsprechende Beispiele sogar beim Menschen. So wurden einige schwangere Frauen mit Medikamenten behandelt, die dazu führten, daß ihre weiblichen Nachkommen in einem bestimmten Stadium der Embryonalentwicklung hohen Testosteronkonzentrationen ausgesetzt waren. Diese Kinder hatten bei der Geburt eine stark vergrößerte, penisähnliche Klitoris [665].

Es ist vorstellbar, wenn auch nicht sehr wahrscheinlich, daß vor langer Zeit durch eine Mutation der weibliche Embryo einer Tüpfelhyäne genau die richtige Menge an maskulinisierendem, männlichen Hormon produzierte oder aber diesem ausgesetzt war, um einen nahezu perfekten Pseudopenis auszubilden. In diesem Fall wäre das Merkmal durch eine einzige Mutation entstanden, und das Ergebnis der Entwicklung wäre identisch zur gegenwärtigen Merkmalsausprägung.

Der Übergang von einem ursprünglichen Zustand (eine relativ kleine Klitoris) zu heutigen Verhältnissen (ein großer Pseudopenis) kann sich aber auch über viele Jahrtausende hinweg vollzogen haben, wenn modifizierende Mutationen nach und nach zur Ausbildung einer immer mehr einem Penis ähnlichen Klitoris bei den Weibchen geführt haben; damit wären sicher weniger kostspielige Nebeneffekte verbunden gewesen. In diese Richtung deuten auch Befunde beim Menschen; Frauen, die als Embryonen unbeabsichtigt männlichen Androgenen ausgesetzt waren, sind als Erwachsene steril. Dieses Beispiel verdeutlicht, daß eine Verbesserung des Fortpflanzungserfolgs durch große, zufällige Änderungen, welche den Ablauf der Individualentwicklung beeinflussen, recht unwahrscheinlich ist.

Ob nun der Pseudopenis als Produkt einer einzelnen, zufälligen Veränderung oder durch multiple Modifikationen entstanden ist, dieses Merkmal hat seinen Ursprung wahrscheinlich darin, daß die grundlegenden Gesetzmäßigkeiten der Genitalentwicklung bei Säugetieren in einer weiblichen Mutante auf neuartige Weise zur Anwendung kamen.

9.1.1 Ein adaptives Signal?

Mindestens ein mutiertes Allel, das bei der Tüpfelhyäne die hormonale Umgebung weiblicher Embryonen änderte, breitete sich in der Vergangenheit in der gesamten Population aus. Alle heute lebenden Weibchen der Tüpfelhyäne besitzen dieses Allel – oder aber in jüngerer Zeit modifizierte Versionen davon – und wahrscheinlich auch noch andere mutierte Gene, welche später aufgetreten sind. Zusammen tragen diese Gene zur Entwicklung der sekundären Geschlechtsmerkmale weiblicher Hyänen bei, so daß alle Weibchen einen Pseudopenis besitzen und dazu fähig sind, ihn als Mittel zur Kommunikation zu benutzen.

Die Tatsache, daß sich zumindest ein mutiertes Allel, welches sich auf die Ausbildung der sekundären Geschlechtsmerkmale auswirkt, bei dieser Art in der Vergangenheit ausbreiten konnte, zeigt, daß dieses Allel den Fortpflanzungserfolg der Individuen, die es besaßen, gefördert hat. Ein neues Merkmal (wie der Pseudopenis der Tüpfelhyänen) kann nur erhalten bleiben, wenn der Besitz des zugrunde liegenden mutierten Gens dem Individuum einen Selektionsvorteil (Fortpflanzungsvorteil) verschafft. Andernfalls würde das Merkmal wieder verschwinden, da das mutierte Allel, das die Entwicklung dieses Merkmals induziert, selbst für sein Ausscheiden aus dem Genpool sorgte, wenn es mit einer Verminderung der Reproduktionsfähigkeit seines Trägers assoziiert wäre [1003]. Um also zu verstehen, warum das ursprüngliche Merkmal „vergrößerte Klitoris" erhalten blieb, müssen wir wissen, warum die Trägerin des Gens, das zur Entwicklung dieses Merkmals führte, eine höhere Fitness aufwies als die bis dahin typischen Weibchen ihrer Art.

Warum sollte ein Tüpfelhyänenweibchen mit maskulinisierten, äußeren Genitalien mehr Nachkommen haben als ein „typisches" oder „normales" Weibchen? Es gibt genug Gründe, um anzunehmen, daß sich dieses Merkmal nachteilig auf die Fitness eines mutierten Weibchens auswirken könnte, anstatt sie zu erhöhen. Um eine weibliche Tüpfelhyäne zu begatten, muß das Männchen sein Sperma in der Vagina des Weibchens absetzen; diese kann aber nur über die vergrößerte, röhrenförmige Klitoris erreicht werden. Es hat also den Anschein, als sei eine Kopulation bei Tüpfelhyänen recht umständlich und nur mit Hilfe komplizierter Paarungsstellungen vollziehbar (Abb. 9-2) [352].

Ein vielleicht noch kostenintensiverer Aspekt der penisartigen Klitoris für die Individuen, die eine solche besitzen, wird ersichtlich, wenn ein Weibchen Junge bekommt. Da der Fortpflanzungstrakt eines Weibchens in der Klitoris endet, müssen die Jungen bei der Geburt durch die Klitoris hindurch. Stellen Sie sich beim Menschen vor, daß ein Mann durch seinen Penis hindurch Kinder zur Welt bringt; dann können Sie sich vielleicht denken, was für Probleme damit verbunden sind. Diejenigen, die persönlich oder im Film einmal eine gebärende Hyäne gesehen haben, werden dies wohl nie vergessen [352].

Um diese offensichtlichen Kosten eines Pseudopenis aufzuwiegen, müssen beträchtliche Vorteile mit den mutierten Allelen verbunden gewesen sein, die für seine Entwicklung verantwortlich waren. Eine Möglichkeit ist, daß der hormoninduzierte Pseudopenis von Anfang an als Kommunikationsmittel genutzt wurde, und zwar auf eine Art, welche Fitnessvorteile mit sich brachte. Eine Alternativhypothese wäre indes, daß der Pseudopenis ursprünglich ein kostspieliger Nebeneffekt eines mutierten Allels war, welches andere, in hohem Maße adaptive Auswirkungen hatte, wie vielleicht eine erhöhte Aggressivität.

Wir werden wohl niemals wissen, ob das erste Weibchen mit einer vergrößerten Klitoris einen direkten Fitnessgewinn als spezifische Folge dieser Merkmalsausbildung erzielte oder ob der Pseudopenis einen Fitnessverlust verursachte, der allerdings durch andere, die Fitness erhöhende Wirkungen des betreffenden Allels mehr als ausgeglichen wurde. Wir können aber möglicherweise untersuchen, ob der Pseudopenis gegenwärtig auf eine Weise eingesetzt wird, die den Fortpflanzungserfolg eines Weibchens erhöht.

Eine Hypothese ist, daß der Gebrauch des Pseudopenis als Kommunikationsmittel im Rahmen der häufigen „Begrüßungszeremonien" zwischen Tüpfelhyänen eine Form der Anpassung darstellt. Viele Verhaltensökologen definieren ein im Laufe der Evolution entstandenes Kommunikationssignal als eines, das Information an ein anderes Individuum vermittelt und beiden, sowohl dem Sender als auch dem Empfänger, Vorteile bringt. Wenn das Aussenden eines Signals oder das Beantworten eines solchen die individuelle Fitness verringerte, hätte die Selektion diejenigen Individuen begünstigt, die nicht senden beziehungsweise nicht empfangen. Eine Schlüsselfrage zu jedem potentiellen Kommunikationssignal ist deshalb: Welche Vorteile könnte der Signalgeber davon haben, Information an Andere zu übermitteln, so daß die Kosten dieses Verhaltens aufgewogen werden? Und welche Vorteile könnte ein Empfänger davon haben, Information zu erhalten und zuzulassen, daß sie sein Verhalten beeinflußt?

Abb. 9-2: **Hyänen bei der Kopulation.** Das Männchen muß bei der Paarung seinen Penis durch die röhrenförmige Klitoris des Weibchens führen. Foto von Jonathan Scott/Planet Earth Pictures.

Wir wollen diese Fragen auf die Tüpfelhyäne und ihr Verhalten bezogen stellen, um zwischen zwei alternativen Hypothesen zu unterscheiden: der „Adaptationshypothese", nach der dieses Merkmal adaptiv zur Kommunikation untereinander genutzt wird, und der „Nicht-Adaptationshypothese", daß es schon immer lediglich der zufällige Nebeneffekt eines erhöhten Androgenspiegels bei den Weibchen war.

Tüpfelhyänen leben in großen Verbänden zusammen, machen Jagd auf große Beutetiere und stehen in heftiger Konkurrenz miteinander um das Fleisch der Tiere, die sie erbeuten (Farbtafel 4). Der Wettstreit um Dominanz innerhalb der Gruppe ist von größter Bedeutung, da dominante Weibchen („Alpha-Weibchen") und ihre Nachkommen mehr Nahrung erlangen als Tiere, die in der Rangfolge tiefer stehen [322, 898]. Die männlichen Nachkommen von Alpha-Weibchen „erben" den hohen Dominanzstatus ihrer Mutter. Wenn sie geschlechtsreif sind, wandern sie zu einem anderen Hyänenclan ab. Wenn nun der Nachkomme einer dominanten Mutter das ranghöchste Männchen in dem neuen Clan wird, wird er sich eines außergewöhnlich hohen Fortpflanzungserfolgs erfreuen, da sich nur das dominante Männchen verpaart.

Das soziale System von Tüpfelhyänen begünstigt also dominante Weibchen. Weibchen sind schwerer und aggressiver als Männchen und stehen in der Dominanzhierarchie eines Clans über diesen [322]. Interaktionen zwischen den Weibchen und zwischen den Geschlechtern, bei denen es um die Rangstellung geht, könnten zum Teil durch Präsentieren des Penis ausgetragen werden. Diese Annahme setzt allerdings voraus, daß die Neigung eines Individuums, seinen erigierten Penis oder Pseudopenis anderen Tieren im Rahmen des Begrüßungsverhaltens zu präsentieren, in Beziehung zu seinem Dominanzstatus steht. So ist es tatsächlich. Niederrangige Weibchen und Jungtiere übernehmen im Rahmen des Begrüßungsverhaltens weitaus eher die Initiative als dominante Tiere [322, 541]. Dieser Befund steht in Übereinstimmung mit der Hypothese, daß Niederrangige von der Übermittlung bestimmter Informationen an ranghöhere Individuen mit Hilfe ihres Penis (oder Pseudopenis) profitieren. Welcher Art diese Informationen aber sind, bleibt noch zu ermitteln, obwohl alle Beobachter von Tüpfelhyänen in freier Wildbahn darin übereinstimmen, daß die Begrüßungszeremonie anscheinend kooperatives Verhalten zwischen den Teilnehmern fördert [322, 541, 649].

Ich vermute, daß der physiologische (vielleicht hormonale) Status eines Individuums durch olfaktorische oder gustatorische Inspektion des erigierten (d. h. blutgefüllten) Penis beziehungsweise der erigierten Klitoris beurteilt werden kann. Niederrangige Weibchen könnten langfristig ihren eigenen Reproduktionserfolg fördern, indem sie den dominanten Weibchen häufig signalisieren, daß sie nicht die hormonalen Voraussetzungen erfüllen, welche sie veranlassen könnten, die dominanten Mitglieder der Gruppe herauszufordern. Dominante Tiere können es sich leisten, kooperative Rangniedere zu tolerieren und ihnen zu erlauben, an den Vorteilen des sozialen Lebens im Clan teilzuhaben, vorausgesetzt, diese stellen keine unmittelbare Bedrohung für ihren sozialen Status und ihr Fortpflanzungspotential dar. Langlebige niederrangige Tiere könnten schließlich in der Lage sein, eine dominante Position einzunehmen, wenn übergeordnete Tiere sterben oder wenn ihre Kräfte nachlassen.

Obwohl diese Beschwichtigungshypothese noch zu überprüfen bleibt, steht sie in Übereinstimmung mit dem Befund, daß erwachsene Männchen, die sich einer Gruppe anschließen, um sich mit den Weibchen zu paaren, nur selten an Begrüßungszeremonien teilnehmen [649]. Diese Männchen stellen für den Status und den Fortpflanzungserfolg der ranghöchsten Weibchen, welche den Dominanzstatus der Weibchen in der Gruppe unter ihrer Kontrolle haben, keine Bedrohung dar.

9.2 Die Evolutionsgeschichte von Kommunikationssignalen

Nachdem wir nun ein Fallbeispiel zur Evolutionsgeschichte und zum möglichen adaptiven Wert eines Kommunikationssignals kennengelernt haben, wollen wir uns umfassender mit dem Problem des Ursprungs und der anschließenden Modifikation von Kommunikationssignalen befassen, bevor wir zu allgemeinen Fragen hinsichtlich des adaptiven Wertes von Kommunikationssignalen zwischen Tieren übergehen. Die Ursprünge von Kommunikationssignalen stellen Evolutionsbiologen vor ein grundsätzliches Problem: Signale erfordern, um wirksam zu sein, sowohl einen Erzeuger mit der Fähigkeit, sie hervorzubringen, als auch einen Empfänger, der in der Lage ist, sie wahrzunehmen und zu interpretieren. Wie aber kann ein abgestimmtes Zusammenwirken, wie es für Kommunikationssysteme unabdingbar ist, zustande kommen?

Eine Hypothese besagt, daß bei den meisten Tieren ohnehin eine Präadaptation zum Aussenden von Signalen besteht, da sie schon bei ihren normalen, alltäglichen Aktivitäten potentielle Information verbreiten. Wenn sich zum Beispiel ein Wasserläufer auf der Wasseroberfläche fortbewegt, erzeugt er kleine Wellen, die nebenbei Information über seine Anwesenheit verbreiten. Stimson Wilcox hat gezeigt, daß rezente Wasserläufer kleine Wellen erzeugen, die speziell zur Kommunikation untereinander dienen, ein Verhalten, daß sich ohne weiteres aus den bei der Fortbewegung von Wasserläufern auftretenden Nebeneffekten entwickelt haben könnte [998]. Genauso verhält es sich, wenn Tiere urinieren oder defäkieren; sie produzieren Stoffe, die beiläufig auch Informationen optischer oder chemischer Natur enthalten. Tüpfelhyänen markieren die Grenzen ihrer Territorien aktiv mit Kot und Urin [949], was die Anwesenheit bestimmter Hyänen unmißverständlich anzeigt und Eindringlinge warnt, sich entweder fernzuhalten oder aber das Risiko einzugehen, von den Mitgliedern des Clans zerrissen zu werden [511].

Ähnlich ist es bei weiblichen Borkenkäfern. Schon bei der Verdauung von Gewebsteilen eines Baumes produzieren sie einige flüchtige, metabolische Nebenprodukte, durch die Information über ihre Existenz und ihren Aufenthaltsort verbreitet wird. Wenn diese Information zufällig dazu führt, daß ein Männchen ein Weibchen leichter aufspürt, dann hätte das Weibchen einen Nutzen aus einem im Rahmen seiner Nahrungsaufnahme und Exkretion nebenbei auftretenden Effekt gezogen – genauso aber auch das Männchen, welches das Weibchen effizienter ausfindig machen kann, indem es solche Information berücksichtigt [77, 821].

Weiteres Rohmaterial für das Entstehen von Kommunikationssignalen wird durch das Verhalten von Tieren bereitgestellt, die unter dem Einfluß zweier einander entgegengesetzter Verhaltenstendenzen stehen [929]. Nervensysteme haben Eigenschaften, welche die Häufigkeit von „Konfliktverhalten" (Kap. 6) reduzieren; entsprechende Verhaltensweisen können aber immer noch auftreten (Abb. 9-3). So können zwei rivalisierende Silbermöwen (*Larus argentatus*), die sich an der Grenze zwischen ihren Territorien begegnen, sowohl den jeweiligen Gegner anzugreifen als auch ihm zu entfliehen versuchen. Der sich daraus ergebende Konflikt mag ein Männchen veranlassen, seinen Kopf nach hinten zu bewegen, als beabsichtige es, nach seinem Gegner zu

Abb. 9-3: **Konfliktverhalten bei Silbermöwen.** Zwei Männchen an der Grenze zwischen ihren Territorien sind sowohl durch Aggression als auch durch Furcht motiviert. Das eine Männchen reagiert, indem es innerhalb der sicheren Grenzen seines Territoriums Gras ausreißt, während sein Gegner das Gefieder putzt, anstatt anzugreifen. Die Partnerin des einen Männchens steht hinter ihm und stößt Rufe aus.

hacken, ohne allerdings diese Aktion auszuführen („Intentionsbewegung"). Das Männchen könnte auch seine Attacke auf ein sicheres Objekt umlenken, indem es heftig auf ein Grasbüschel einhackt, statt auf den Reiz (das rivalisierende Männchen), welcher der eigentliche Urheber dieses aggressiven Verhaltens ist.

Konfliktverhalten könnte am Ursprung bestimmter, mittlerweile stereotypisierter Formen des Imponierverhaltens, die Möwen als Signale gegenüber Artgenossen anwenden, beteiligt gewesen sein (siehe Farbtafel 1). Entstanden als ein beiläufiger Effekt der neuronalen Systeme, die Angriffs- und Fluchtverhalten kontrollieren, könnten bestimmte Formen des Konfliktverhaltens eine erhöhte Angriffsbereitschaft signalisiert und damit ein Männchen abgeschreckt haben, in das Territorium eines anderen einzudringen, wovon beide profitiert hätten (das abgeschreckte Männchen hätte eine Niederlage vermieden, der Revierinhaber hätte Energie eingespart).

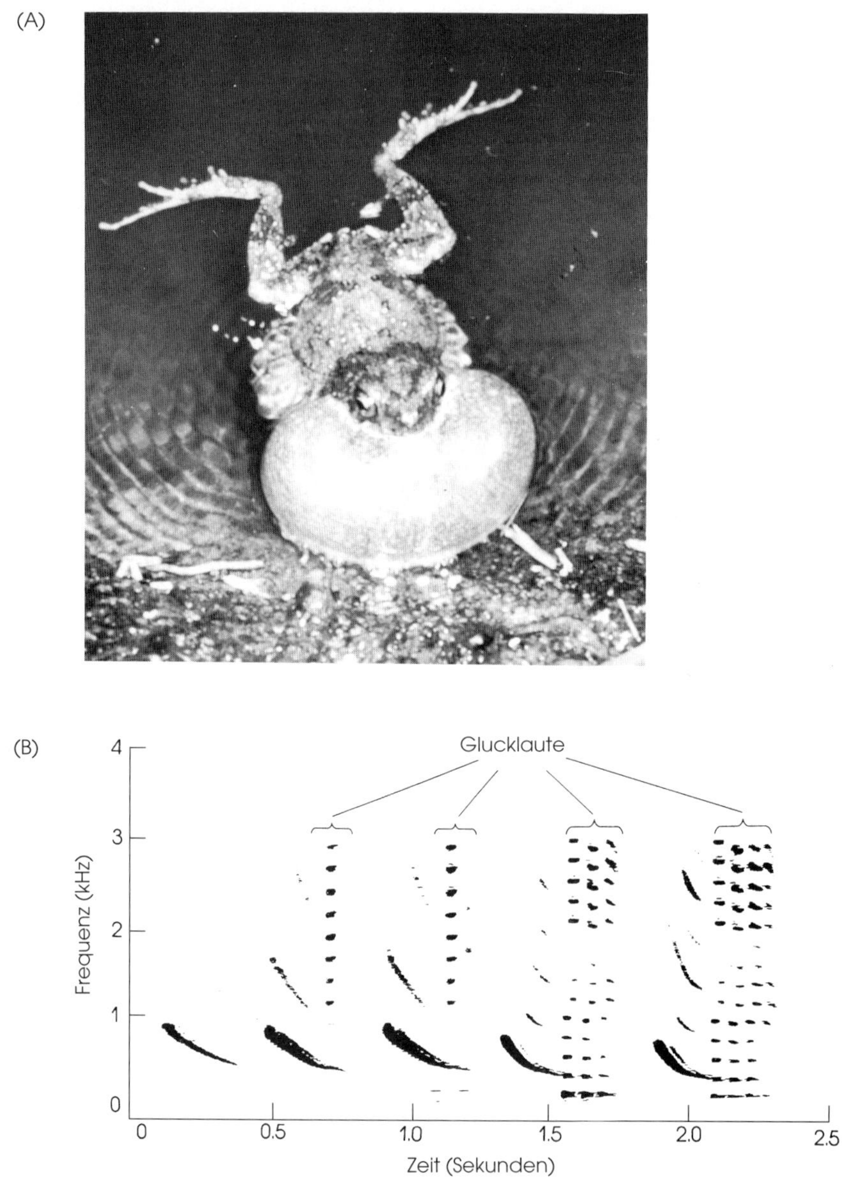

Abb. 9-4: **Lockrufe des Tungara-Frosches.** (A) Ein rufendes Männchen läßt sich im Teich treiben. Aus Ryan (818). (B) Sonagramme von fünf Rufen mit zunehmender Komplexität. Der Lockruf des Tungara-Frosches hat zwei Komponenten; am Anfang steht ein „wimmernder" Laut („whining call"), dem einer oder mehrere „Gluck"-Laute („chucks") folgen. Weibchen (und die Fransenlippen-Fledermaus - siehe Abb. 9-16) bevorzugen Männchen, die sowohl wimmernde als auch glucksende Laute von sich geben. Quelle: Ryan (816).

Unter solchen Bedingungen könnte ein Kommunikationssystem entstanden sein, das sich anschließend zu einem modernen System mit einem komplexen, optischen Ausdrucksverhalten entwickelt hat.

9.2.1 Die Ursprünge des Signalempfangs

Bisher haben wir uns hauptsächlich für die Signalerzeuger interessiert, aus der Perspektive der Signalempfänger kann es aber gleichermaßen so gewesen sein, daß Wahrnehmungsleistungen, die sich in einem anderen Kontext entwickelt hatten, Individuen dazu befähigten, Aktivitäten Anderer zu entdecken und zu deuten, und zwar in einer für beide Seiten nutzbringenden Weise. Die Fähigkeit, Wasserwellen wahrzunehmen, hat Wasserläufern wohl ursprünglich dabei geholfen, Beuteinsekten ausfindig zu machen, die an der Wasseroberfläche zappeln. Einmal aber entwickelt, könnten dieselben Perzeptionssysteme auch zur Wahrnehmung von Signalen anderer Wasserläufer nutzbringend eingesetzt worden sein.

Die Möglichkeit, daß hochentwickelte Kommunikationssysteme ihre Ursprünge in bereits vorhandenen Eigenschaften der Nervensysteme von Tieren haben könnten, führte zu der Hypothese, daß sich eine Signalvariante in einer Population durchsetzt, weil sie dem Signalgeber ermöglicht, eine schon entwickelte Präferenz oder Neigung gegenüber diesem Signal beim Empfänger auszunutzen (**„sensory exploitation hypothesis"**) [514]. Die Männchen des Tungara-Frosches (*Physalaemus pustulosus)* produzieren zum Beispiel wimmernde Rufe, auf die jeweils ein oder mehrere „Gluck"-Laute („chucks") folgen können, aber nicht müssen (Abb. 9-4). Weibchen bevorzugen Männchen, die diese „Glucks" am Ende ihrer Rufe einbauen; sie suchen diese Männchen auf, um sich mit ihnen zu paaren, und ignorieren deren Rivalen, die nur die wimmernde Komponente des Rufes hervorbringen [818].

Es gibt eine ganze Reihe von Froscharten, die eng mit dem Tungara-Frosch verwandt sind, und die Männchen von einigen dieser Arten produzieren niemals Glucklaute. Wenn nun Weibchen von *Physalaemus coloradum*, einer der „nicht-glucksenden" Arten, unter Laborbedingungen verschiedenen artifiziellen Lauten ausgesetzt werden, bewegen sie sich in Richtung der vom Tonband kommenden Signale ihrer Art, wobei sie aber Signale, denen ein „Gluck" hinzugefügt wurde, gegenüber solchen ohne „Gluck" bevorzugen. Dieses Ergebnis läßt darauf schließen, daß eine Präferenz für Glucklaute in dem gemeinsamen Vorfahren der *Physalaemus*-Arten auftrat,

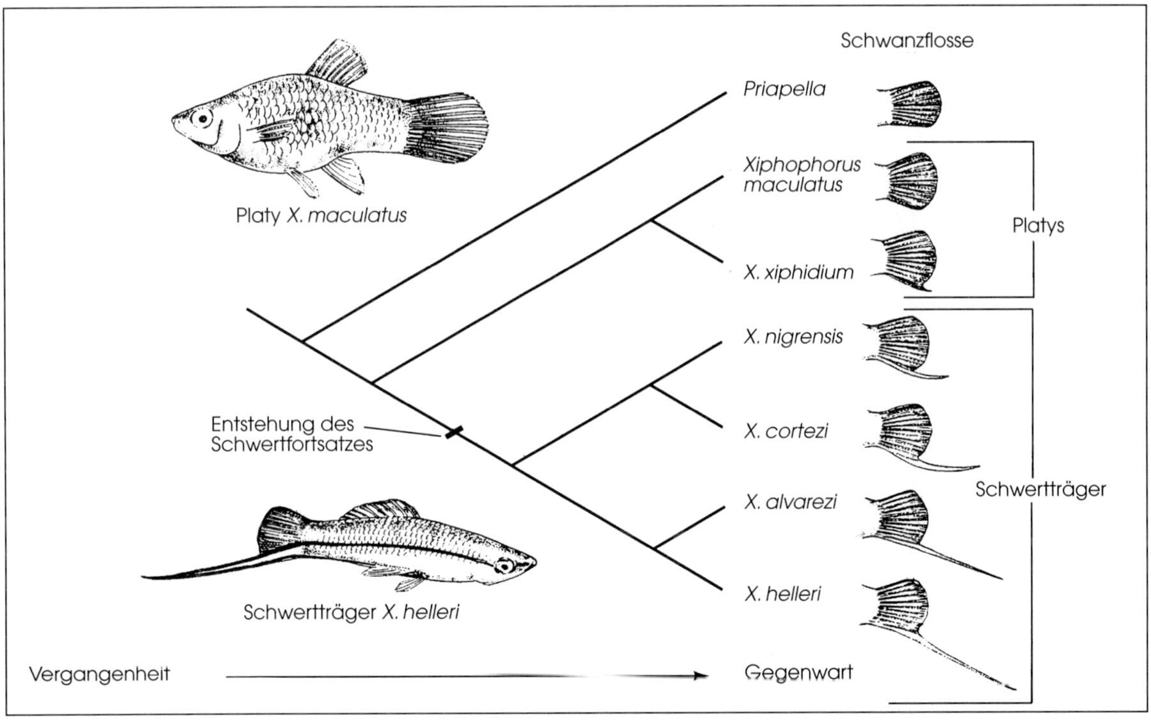

Abb. 9-5: **„Sensory exploitation" und Phylogenese des Schwertfortsatzes.** Dieses Diagramm zeigt einige der vielen Fischarten, die zur Gattung *Xiphophorus* gehören, welche Arten mit und ohne Schwanzanhänge umfaßt. Da die nächsten Verwandten von Platys und Schwertträgern zu einer Gattung (*Priapella*) gehören, deren Männchen keinen Schwertfortsatz besitzen, hat der Vorfahre von *Xiphophorus* wahrscheinlich auch keinen solchen Fortsatz ausgebildet. Der Schwertfortsatz bildete sich offenbar nach Entstehung der Abstammungslinie, aus der die Platys hervorgingen. Dennoch finden Weibchen des Platys *X. maculatus* Männchen ihrer eigenen Art attraktiver, wenn deren Schwanz im Experiment künstlich verlängert wird, woraus zu schließen ist, daß sie eine sensorische Tendenz zur Bevorzugung dieser Art von Schwänzen aufweisen. Quelle: Basolo (49).

bevor diese Glucklaute selbst entstanden [514]. Als das erste mutierte Männchen von *P. pustulosus* auftrat, welches seinem Gesang Glucklaute hinzufügte, erschloß es sich offenbar eine bereits existierende, sensorische Bevorzugung, die aus anderen Gründen bei den Weibchen entstanden war. Die Vorliebe der Weibchen für sein Signal brachte ihm Fortpflanzungsvorteile ein, die zur Ausbreitung des mutierten Gens in nachfolgenden Populationen beitrugen.

Diese Folgerung wäre noch überzeugender, wenn Weibchen von *Physalaemus coloradum* die Gelegenheit gehabt hätten, Rufe vom Tonband mit anderen hinzugefügten Geräuschen gegen solche, die um ein „Gluck" erweitert wurden, zu vergleichen. Nach der „sensory exploitation"-Hypothese müßten Rufe mit „Glucks" Weibchen weitaus effektiver anlocken als Rufe, denen andere, vergleichbare Geräusche angefügt werden.

Die „sensory exploitation"-Hypothese ist – außer an *Physalaemus*-Fröschen – an einigen wenigen anderen Arten überprüft worden. Analysen an einer Gruppe von Fischarten der Gattung *Xiphophorus* deuten darauf hin, daß der Vorfahre dieser Arten noch nicht den langen Schwertfortsatz am Schwanz besaß, den die Männchen einiger Arten dieser Gattung aufweisen (Abb. 9-5) [49]. Die Weibchen des Schwertträgers *X. helleri* bevorzugen Männchen mit relativ langen Schwänzen; dies tun aber auch die Weibchen des Platy *X. maculatus*, einer Art, deren Männchen diese Verlängerung des unteren Teils der Schwanzflosse von Natur aus fehlt. Alexandra Basolo demonstrierte diese Präferenz, indem sie gelbe „Schwertfortsätze" aus Plastik an den Schwanzflossen von Platy-Männchen befestigte. Die Folge war, daß Platy-Weibchen in den Laboraquarien durchweg mehr Zeit in der Nähe eines Abteils verbrachten, in dem sie ein Männchen mit einem künstlichen, gelben Schwertfortsatz sehen konnten, als auf der Gegenseite, wo in einem zweiten Abteil ein Männchen untergebracht war, an dessen Schwanz ein Stück aus durchscheinendem Plastik angebracht war [48]. Obwohl es alternative Erklärungsmöglichkeiten für

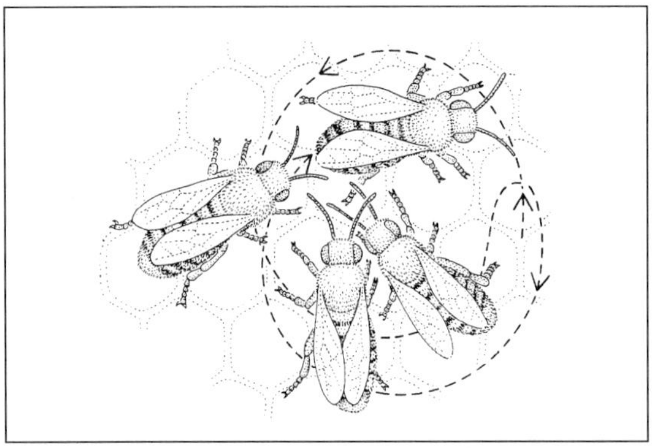

Abb. 9-6: **Rundtanz der Honigbiene.** Der Tänzerin (die Biene ganz oben) folgen drei Arbeiterinnen, welche dadurch die Information erhalten können, daß sich eine lohnende Nahrungsquelle im Umkreis von 50 Metern vom Stock entfernt befindet. Nach von Frisch (956).

diese Befunde gibt, stehen sie doch zumindest in Übereinstimmung mit der „sensory exploitation"-Hypothese.

9.2.2 Tänze der Honigbiene

Studien von der Art, wie wir sie gerade erörtert haben, veranschaulichen den Aspekt, daß Kommunikationssignale ihre Ursprünge ohne weiteres in Nebenprodukten von Verhaltensweisen und Perzeptionsfähigkeiten haben können, die durch natürliche Selektion für andere Zwecke geformt wurden. Im allgemeinen ist es nicht nötig, komplizierte (und damit wenig plausible) Szenarios zur Entstehung von Kommunikation zwischen Sender und Empfänger zu bemühen. Wir werden vielmehr im folgenden darlegen, daß kumulative Selektionschritte (Kap. 8) eine Erklärung für die nachträgliche Modifikation eines Kommunikationssystems liefern und bisweilen zur Ausbildung außerordentlich komplexer Verhaltensweisen führen können; dies geschieht aber allmählich, durch die Ansammlung vieler kleiner Veränderungen in einem einfacheren, ursprünglichen System. Unser Musterbeispiel hierfür wird die Tanzsprache der Honigbiene (*Apis mellifera*) sein.

Die Arbeiterinnen eines Bienenvolkes weisen ein hochkomplexes Verhalten auf: Ihre Tänze werden als Symbolsprache interpretiert, welche die Sammlerinnen zur Kommunikation mit anderen Sammlerinnen im Bienenstock nutzen, um diese über die Entfernung und Richtung von Trachtquellen mit einem guten Pollen- und Nektarangebot zu informieren [956, 957]. Wenn zum Beispiel eine Sammlerin eine reichhaltige, neue Nahrungsquelle in einiger Entfernung vom Stock entdeckt hat (eine Ansammlung von Blüten, ein Glasschälchen mit Honig), so kehrt sie meist zum Stock zurück und führt dort entweder einen **Rundtanz** oder einen **Schwänzeltanz** auf der vertikalen Oberfläche einer Wabe aus (Abb. 9-6 und 9-7).

Ein menschlicher Beobachter kann aus den Tänzen der Bienen (in speziellen Beobachtungsstöcken) eine überraschend große Menge an Informationen gewinnen. Wenn die Biene einen Rundtanz zeigt, dann hat sie Nahrung in der Nähe des Bienenstocks gefunden, innerhalb eines Umkreises von ungefähr 50 Metern. Wenn aber die Arbeiterin einen Schwänzeltanz vollführt, dann hat sie eine Pollen- oder Nektarquelle in einer Entfernung von mehr als 50 Metern besucht. Man kann die Entfernung der Nahrungsquelle recht genau ermitteln, indem man entweder (1) zählt, wie häufig die Biene beim Tanz einen vollständigen Kreis in einer bestimmten Zeiteinheit beschreibt, oder (2) die Anzahl der mit dem Abdomen ausgeführten Schwänzelbewegungen in dem geradeaus durchlaufenen Abschnitt des Tanzes bestimmt oder (3) die Häufigkeit von Schnarrlauten, welche die Sammlerin während des Tanzes von sich gibt, mißt. Je geringer die Zahl der Schwänzelbewegungen in dem geradeaus durchlaufenen Teil des Tanzes ist, umso weiter ist die Trachtquelle vom Stock entfernt.

Darüber hinaus kann ein Beobachter durch Ausmessen

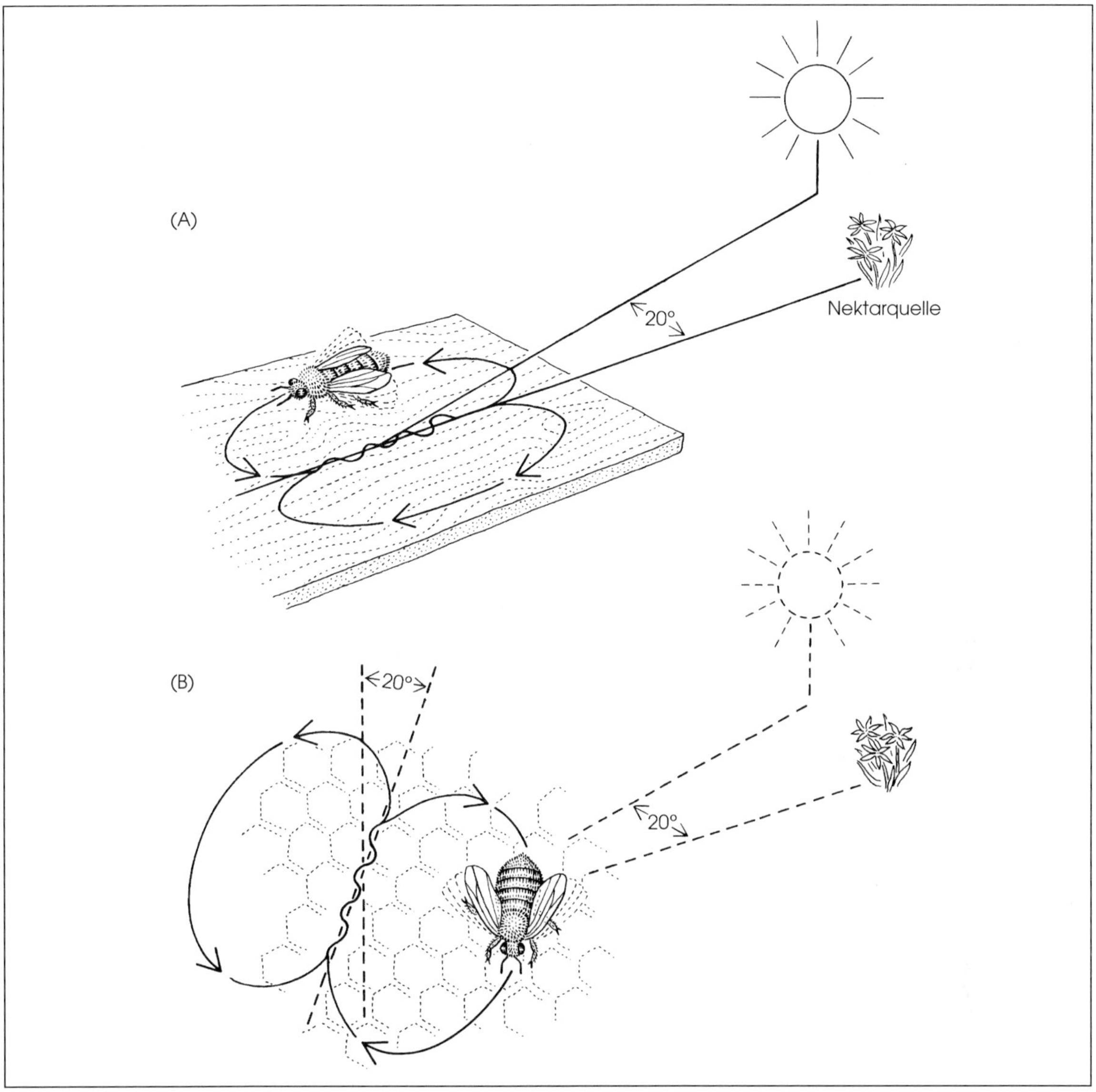

Abb. 9-7: **Schwänzeltanz der Honigbiene.** Wenn das Insekt den geradeaus verlaufenden Teil des Tanzes ausführt, bewegt es das Abdomen hin und her; die Anzahl dieser Bewegungen und die Orientierung des Geradeauslaufs enthalten Informationen über Entfernung und Richtung, in der sich eine Nahrungsquelle befindet. (A) Die Richtungskomponente wird am ehesten deutlich, wenn der Tanz auf einer waagerechten Fläche außerhalb des Stocks ausgeführt wird; dann läuft die Biene genau in Richtung der Nahrungsquelle. (B) Auf einer Wabe im dunklen Stock erfolgt die Ausrichtung des gleichen Tanzes anhand der Schwerkraft, so daß die Winkelabweichung des Geradeauslaufs von der Vertikalen die entsprechende Abweichung des Ortes der Nahrungsquelle von einer Linie zwischen dem Bienenstock und der Sonne wiedergibt. Bei einem Tanz, wie er auf der Abbildung zu sehen ist, erfahren die anderen Arbeiterinnen von der Tänzerin, daß sie eine Nahrungsquelle finden können, wenn sie beim Verlassen des Stocks in einem Winkel von 20° rechts zur Sonne fliegen.

des Winkels, in dem die gerade Strecke des Tanzes zur Vertikalen liegt, die Richtung der Nahrungsquelle bezogen auf den Sonnenstand bestimmen. Offenbar berücksichtigt eine Sammlerin, die sich auf den Weg zu einer entdeckten Nahrungsquelle macht, das Winkelverhältnis zwischen Nahrung, Stock und Sonnenstand. Während eines Schwänzeltanzes (nicht aber während eines Rundtanzes) überträgt sie diese Information auf die vertikale Wabenfläche, wenn sie den geradeaus verlaufenden Teil des Tanzes ausführt (Abb. 9-7). Läuft die schwänzelnde Biene auf der Wabe genau nach oben, so befindet sich Nektar oder Pollen direkt in Sonnenrichtung; läuft sie die Wabe schwänzelnd hinunter, ist die Nahrung direkt der Sonne entgegengesetzt zu finden. Eine Ansammlung von Blüten, die zu der Linie zwischen Bienenstock und Sonne in einem Winkel von 90° rechts liegt, führt zu Schwänzelläufen, die auf der Wabe um 90° rechts zur Vertikalen ausgerichtet sind und so weiter. Mit

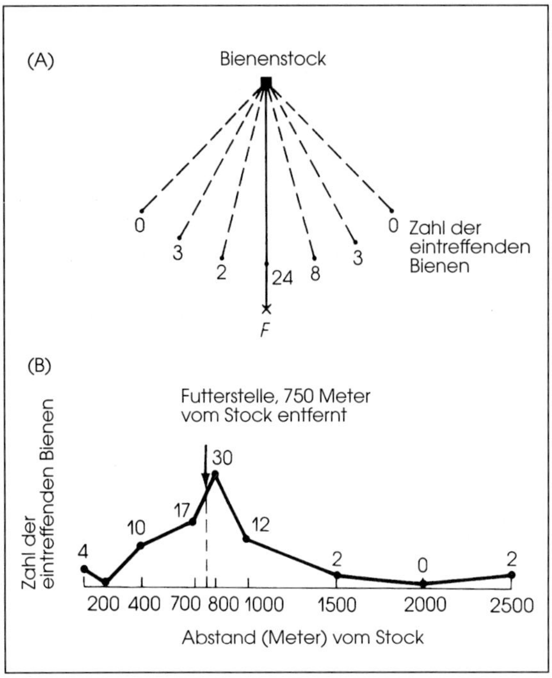

Abb. 9-8: **Kommunikation bei Honigbienen über Entfernung und Richtung**, in der sich eine Nahrungsquelle befindet. (A) Ein „Fächer-Test" zur Richtungsweisung. Nachdem eine Kundschafterin den Ort einer Futterschale (F) erlernt hatte, zählte von Frisch, wieviele neue Bienen an jedem von sieben Tischen, die in gleicher Entfernung vom Stock um jeweils 15° versetzt aufgestellt und mit derselben Zuckerlösung versehen waren, eintrafen. Die meisten Bienen kamen zu dem Futterplatz, der auf einer Linie mit F lag. (B) Ein Test zur Entfernungsweisung. Kundschafterinnen lernten zunächst, daß sich in 750 Metern Entfernung zum Stock eine Nahrungsquelle befand. Danach wurden alle Bienen gezählt, die an den Futtertischen eintrafen, welche in verschiedenen Abständen zum Stock aufgestellt waren. In diesem Experiment wurden 30 neue Bienen an der Futterstelle, die der 750 Meter-Marke am nächsten war, gezählt; dies waren weit mehr, als an jeder anderen Futterstelle innerhalb derselben Zeit eintrafen. Quelle: von Frisch (956)

anderen Worten: die Information des Sonnenkompasses wird in einen symbolischen Code auf der Grundlage der Schwerkraft umgewandelt.

Die Schlußfolgerung, daß die Tänze der Bienen sehr präzise Informationen über die Entfernung und die Richtung von reichhaltigen Nahrungsquellen verschlüsseln, wurde von Karl von Frisch nach mehr als 20 Jahren experimenteller Arbeit gezogen. Zu seinem Forschungsprogramm gehörte es unter anderem, Bienen (die er zur Identifikation mit Farbtupfern markierte) darauf zu dressieren, einzelne Futterstände zu besuchen, die von Frisch mit Zuckerlösung oder Honig versehen hatte. Als er dann die Tänze seiner dressierten Bienen beobachtete, erkannte er, daß sich ihr Verhalten in Abhängigkeit von der Entfernung und Richtung einer Futterquelle auf vorhersagbare Weise änderte.

Von Frisch nahm an, daß die Arbeiterinnen eines Bienenstocks Informationen aus den Tänzen erfolgreicher Sammlerinnen gewinnen können. Da es in einem Stock normalerweise dunkel ist, beobachten die anderen Bienen eine Tänzerin nicht, sondern folgen ihr über die Wabe hinweg nach und nehmen dabei die von ihr erzeugten Vibrationen wahr. Von Frisch erkannte, daß eine auf eine bestimmte Futterschale dressierte Tänzerin offenbar andere Bienen dazu bringen kann, genau diese Stelle anzufliegen (Abb. 9-8). Er schloß daraus, daß andere Bienen über den Ort einer entfernten Futterquelle informiert werden, wenn sie innerhalb des Stocks einer tanzenden Biene folgen. Der adaptive Wert des Bienentanzes wäre – sofern diese Folgerung zutrifft – offensichtlich, da die Arbeiterinnen Stellen mit einem reichen Nahrungsangebot schneller finden könnten als wenn sie selbst suchen müßten. Sie könnten diese Nahrungsquellen ausbeuten, bevor andere Nektar- und Pollenfresser sie finden, ihre Königin mit den Rohmaterialien zur Erzeugung von mehr Nachkommen versorgen und damit letztlich ihren eigenen genetischen Erfolg erhöhen (Kap. 16).

Ob von Frischs Experimente oder neuere Studien eindeutig zeigen, daß die rekrutierten Arbeiterinnen aus den Tänzen selbst lernen, wo sie auf Nahrungssuche gehen müssen, wird weiterhin diskutiert [360, 572, 973]. (Sie könnten sich ja auch bei ihrer Suche allein vom Blütenduft, der dem Körper der tanzenden Biene anhaftet, führen lassen [973].) Der Befund, daß man die Nahrungssuche in einer bestimmten Richtung auch durch eine „Roboter-Biene" auslösen kann, unterstützt allerdings die Annahme, daß Arbeiterinnen aus den Tänzen nützliche Informationen gewinnen [643]. Die meisten Forscher halten es nicht für plausibel, daß die Tanzbewegungen völlig irrelevant für die Bienen sind, wenn man berücksichtigt, daß sie die Tänzerinnen Energie kosten und daß menschliche Beobachter die darin enthaltenen Entfernungs- und Richtungsinformationen zuverlässig entschlüsseln können.

Wir wollen uns hier aber nicht mit dem möglichen gegenwärtigen Anpassungswert der Tänze beschäftigen; vielmehr soll es darum gehen, wie solche hochentwickelten und komplexen Verhaltensweisen entstanden sind, und wie sie sich bis hin zur gegenwärtigen Form verändert haben.

9.2.3 Die Evolutionsgeschichte der Bienentänze

Martin Lindauer stellte Vergleiche zwischen verschiedenen rezenten Bienenarten an, um die Evolutionsgeschichte des hochspezialisierten Tanzverhaltens zu rekonstruieren [572]. Da alle Populationen der Honigbiene Rund- und Schwänzeltänze ausführen [294], ist es folgerichtig, zunächst die Gattung *Apis*, zu der auch die Honigbiene gehört, zu untersuchen. Bei den anderen drei *Apis*-Arten handelt es sich um tropische Bienen, und alle, mit Ausnahme von *A. florea*, führen ihre Tänze auf vertikalen Oberflächen aus. *A. florea* dagegen tanzt auf der horizontalen Oberfläche einer Wabe, die im Freien um einen Ast herum gebaut wird (Abb. 9-9). Um eine Futterquelle anzuzeigen, richtet diese Biene ihren Schwänzeltanz einfach direkt in deren Richtung aus. Da dies ein weniger anspruchsvolles Vorgehen ist, als die Umsetzung der Nahrungsanzeige auf eine vertikale Oberfläche in einem dunklen Bienenstock, stellt es wahrscheinlich eine relativ ursprüngliche Form der Kommunikation durch Tänze dar.

Alle *Apis*-Arten zeigen sowohl Rund- als auch Schwänzeltänze, deshalb sollten wir bei anderen Bienen nach Verhaltensmustern suchen, die den Vorläuferformen von heutigen Tänzen bei *Apis* ähnlich sein könnten. Stachellose, tropische Bienen bieten eine reiche Informationsquelle bezüglich verschiedener Kommunikationssysteme, und auf dieser Grundlage hat Lindauer folgendes Evolutionsszenario entwickelt:

Die mögliche Ursprungsform: Die Arbeiterinnen einiger stachelloser Bienenarten der Gattung *Trigona* führen unstrukturierte, aufgeregte Bewegungen zusammen mit einem hohen Summton aus, wenn sie mit hochwertigem Nektar zum Nest zurückkehren. Dieses Verhalten erregt ihre Stockgenossinnen, welche die „Tänzerin" um Nahrungsproben anbetteln und den Duft der Nahrungsquelle von ihrem Körper aufnehmen. Mit dieser Information verlassen sie dann das Nest und suchen nach ähnlichen Düften. Das Verhalten der rekrutierenden Biene bietet keine konkreten Hinweise über Richtung und Entfernung der begehrten Nahrung.

Eine modifizierte Form: Die Arbeiterinnen anderer *Trigona*-Arten übermitteln Information über den Ort einer Trachtquelle, aber auf eine Art und Weise, die sich von den Tänzen der Honigbiene stark unterscheidet. Eine Arbeiterin, die einen größeren Fund macht, markiert den Ort mit einem Pheromon, das sie in ihren Mandibeldrüsen produziert. Auf dem Weg zurück zum Stock fährt sie fort, sich alle paar Meter niederzulassen und auf Grashalmen oder Steinchen zu kauen, um sie mit Duftmarken zu versehen. Wenn am Stockeingang eine Gruppe von Bienen darauf wartet, rekrutiert zu werden, führt die Sammlerin sie auf der Spur zurück, die sie zuvor gelegt hat (Abb. 9-10).

Eine stärker modifizierte Form: Einige stachellose Bienenarten der Gattung *Melipona* trennen, anders als *Trigona*-Arten, Entfernungs- und Richtungsinformation. Eine tanzende Sammlerin teilt anderen die Entfernung einer Futterquelle mit, indem sie stoßweise Summlaute erzeugt. Je länger ein solcher Summlaut ist, umso weiter entfernt befindet sich die entdeckte Nahrung. Um Richtungsinformationen zu übermitteln, verläßt die rekrutierende Biene, gefolgt von einer Anzahl weiterer Bienen, wieder das Nest und vollführt einen kurzen Zickzackflug, der in Richtung der Nektarquelle orientiert ist. Dieser Flug wird mehrere Male wiederholt, bevor die anführende Biene - dicht gefolgt von den anderen, neu angeworbenen Bienen - direkt zur Nektarstelle fliegt.

Lindauers umfassende Kenntnisse, die ihm eine vergleichende Analyse des Verhaltens verschiedener Bienenarten ermöglichten, brachten ihn zu der Annahme, daß die Kommunikation über die **Entfernung** einer Nahrungsquelle bei einem Vorfahren der Honigbiene wahrscheinlich zuerst mit relativ unorganisierten, aufgeregten Bewegungen von futterbeladenen Arbeiterinnen verbunden war, welche auch nach der Rückkehr zum Nest noch in hohem Maße aktiv blieben. Andere Arbeiterinnen, die leicht zu stimulieren waren, hätten daraufhin den Stock verlassen, um nach Nahrung zu suchen. Bei einigen Arten könnte durch Selektion nach und nach eine Standardisierung von Lautäußerungen und Bewegungen einer „erregten" Arbeiterin begünstigt worden sein, wie beispielsweise in der Gattung *Melipona*. Dieser Trend erreichte seinen Höhepunkt in den Rund- und Schwänzeltänzen von *Apis*-Bienen, in denen Informationen über die Entfernung einer Nahrungsquelle vom Stock enthalten sind [572, 1006].

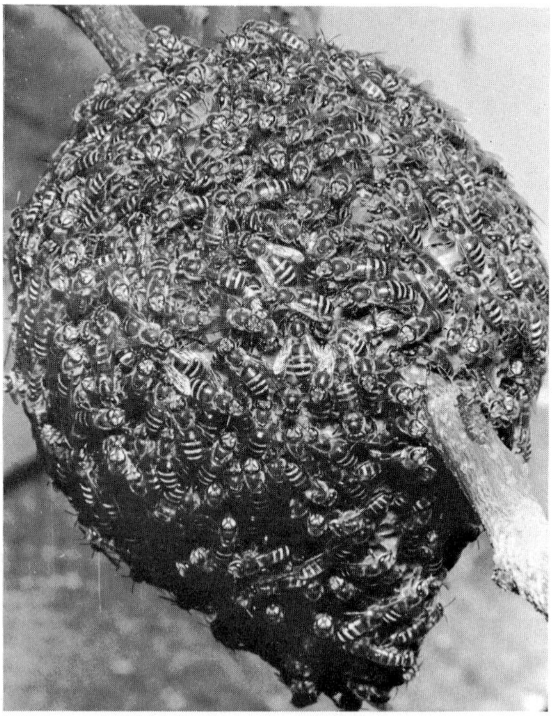

Abb. 9-9: **Das Nest einer Zwerghonigbiene,** *Apis florea*, ist auf der Oberseite abgeflacht. Arbeiterinnen nutzen diese Oberfläche, wenn sie tanzen; die Schwänzelkomponente ihres Tanzes weist in die Richtung einer Nahrungsquelle. Foto von Martin Lindauer.

Kommunikation über die **Richtung**, in der eine Nahrungsquelle liegt, scheint ihren Ursprung darin zu haben, daß eine Arbeiterin eine Gruppe von rekrutierten Bienen selbst direkt zu einem Gebiet mit reichem Nektarvorkommen führt. Im Laufe der Evolution wurden die in diesem Zusammenhang gezeigten Bewegungen der anführenden Bienen immer unvollständiger ausgeführt – als Folge wurden Königinnen selektiert, die Arbeiterinnen mit einer Tendenz zum unvollständigen Hinführen hervorbrachten. Zunächst könnte dies die Form eines nur teilweisen Hinführens (wie bei *Melipona*) angenommen

Abb. 9-10: **Kommunikation durch Duftmarken bei einer stachellosen Biene.** Arbeiterinnen dieser Art, die Nahrung auf der gegenüberliegenden Seite des Teiches gefunden hatten, konnten keine weiteren Sammlerinnen zu dieser Stelle führen, bis Martin Lindauer ein Seil über den Teich spannte. Danach brachten die Arbeiterinnen Duftmarken an den Pflanzenteilen, die von dem Seil herabhingen, an und führten schnell weitere Bienen zu ihrem Fund. Foto von Martin Lindauer.

haben, welches sich dann zu einem bloßen Hindeuten in die richtige Richtung mittels einer sehr reduzierten Bewegung auf den Ort mit dem entdeckten Nahrungsangebot hin entwickelte (wie bei *A. florea*). Der letzte Schritt war dann die Transposition des Hindeutens bei *A. mellifera*, bei der Richtungshinweise, die auf einem Sonnenkompaß beruhen, in Hinweise mit der Schwerkraft als Bezugsrichtung umgewandelt wurden.

9.3 Der Anpassungswert von Kommunikationssignalen

Unsere Analyse der Evolutionsgeschichte von Tänzen der Honigbiene zeigt, daß es nicht notwendig ist, ein Szenario zu entwerfen, dem zufolge diese hochentwickelten Signale im Laufe der Evolution plötzlich auftraten. Durch den Vergleich zwischen heute lebenden Arten ist es vielmehr möglich, sich die Evolution der Tänze als eine Reihe von Schritten vorzustellen, von denen jeder einzelne vorteilhaft für Signalgeber und Signalempfänger im Hinblick auf die Ausbreitung ihrer Gene war. Änderungen, die diesem Kriterium nicht entsprachen, konnten sich in der Bienenpopulation, in der sie auftraten, nicht ausbreiten.

Wir kehren nun zu der Frage zurück, wie der adaptive Wert eines Merkmals erkannt werden kann. In diesem Fall werden wir nicht versuchen, ein evolutionsgeschichtliches Szenario zur Erklärung der Entwicklung eines Kommunikationssignals zu entwerfen. Wir wählen diesmal einen verhaltensökologischen Ansatz, was uns die Möglichkeit verschafft, dieses Thema aus einer ganz anderen Richtung anzugehen.

9.3.1 Schreiende Raben

Um diesen Zugang zum Thema zu veranschaulichen, betrachten wir den Fall der schreienden Raben (Abb. 9-11). Kolkraben (*Corvus corax*) sind große, schwarze Vögel; sie sind mit den Hähern und Krähen verwandt. Als größte Art unter den Singvögeln besitzen sie ein komplexes Repertoire an Rufen: Quorks, Quarks, Quieks, Jodler, trillernde, schnalzende, trommelnde Rufe – und Schreie, die nach Bernd Heinrichs Beschreibung ähnlich klingen sollen wie der Lärm, den ein Hund macht, wenn sein Schwanz in einer zuschlagenden Tür eingeklemmt wird. Heinrich begann sich für diese hohen, durchdringenden Schreie zu interessieren, als er eines Tages eine Gruppe von Raben entdeckte, die an einem Elch fraßen, den ein Wilderer getötet und tief im Wald versteckt hatte. Diese Raben schrien viel öfter, als er es je zuvor gehört hatte.

Heinrich wußte sofort, daß hier ein interessantes, die Evolution dieses Verhaltens betreffendes Problem zu lösen war, da er erkannte, daß für die schreienden Tiere eindeutig Fitnesskosten entstehen [433]. Erstens verbrauchen sie bei jedem Schrei Energie; es erfordert recht viel Energie, einen durchdringenden Schrei hervorzu-

Abb. 9-11: **Ein schreiender Rabe.**
Zeichnung von Bernd Heinrich.

bringen, der kilometerweit noch zu hören ist (versuchen Sie es mal selbst). Zweitens ziehen die schreienden Tiere anscheinend Konkurrenten um einen seltenen und wertvollen Nahrungsvorrat an. Wenn der ursprüngliche Entdecker so klug gewesen wäre zu schweigen, hätte er oder sie diese Nahrungsquelle tagelang allein nutzen können. An dem Elchkadaver fraßen jedoch 15 Raben. Zu einem solchen Trupp müssen sich Einzeltiere oder Paare über große Entfernungen hinweg zusammengefunden haben, da Raben in diesem Gebiet im Bundesstaat Maine (USA) selten und weit verstreut sind.

Nachdem er festgestellt hatte, welche Kosten mit der Produktion eines Signals verbunden sind, das andere Tiere zu einer Nahrungsquelle lockt, konnte Heinrich sich zunächst nur schwer vorstellen, welcher reproduktive Nutzen einem Raben daraus entstehen könnte, Energie zu verbrauchen, um andere zu einem toten Elch zu locken, den er „eigennützig" für sich allein hätte behalten „sollen". Zuerst nahm er an, daß die Schreie eines Raben dazu dienen, Kojoten oder Bären anzulocken, die den Körper mit seiner widerstandsfähigen Haut leicht aufbrechen könnten. Nach dieser Hypothese würde ein Rabe schreien, um Tiere anzulocken, die ihm den Zugang zu einer solchen Nahrung erst ermöglichen. Der Rabe würde zwar Fleisch an den Kojoten oder Bären verlieren, und auch andere Raben würden sich auf seine Rufe hin bei dem Aas einfinden und damit eine zusätzliche Konkurrenz darstellen. Andererseits hätte der schreiende Rabe immer noch seinen Nutzen, da er an eine Nahrungsquelle herankommt, die er anders überhaupt nicht hätte ausbeuten können.

Um seine Hypothese zu testen, schleppte Heinrich eine 150 Pfund schwere, tote – aber unversehrte – Ziege in den Wald; tagsüber legte er sie an verschiedenen Orten ab, nachts bewahrte er den nicht allzu gut riechenden Kadaver in seiner Hütte auf (um ihn nicht an nachts herumstöbernde Bären zu verlieren). Raben näherten sich der verwesenden Ziege gelegentlich (Heinrich mußte allerdings lange warten – und die Wintertage waren extrem kalt). Aber im Gegensatz zu seiner Voraussage schrien die Raben nie, wenn sie den Köder fanden. Vielmehr beobachtete Heinrich sogar manchmal Raben, die vor einem bereits geöffneten Kadaver schrien. Dies brachte ihn dazu, seine „Herbeirufen von Kadaveröffnern"-Hypothese fallenzulassen.

Statt dessen wandte er seine Aufmerksamkeit einer alternativen Erklärung zu, der „Verteilung des Risikos" - Hypothese; zu diesem Einfall wurde er angeregt, als er sah, wie vorsichtig sich manche Raben einem Kadaver näherten, den sie gerade entdeckt hatten. Vielleicht, so argumentierte er, schreit der Entdecker eines Kadavers, um andere Raben anzuziehen; sollte in der Nähe Gefahr durch einen Beutegreifer lauern, dann wären die anderen Vögel mögliche Ziele und würden so das Risiko für den schreienden Raben vermindern, beispielsweise einem auflauernden Kojoten oder Fuchs zum Opfer zu fallen. Die herbeikommenden Vögel würden angezogen, weil sie Zugang zu einer großen Menge an Nahrung bekommen und dafür das geringe Risiko eingehen, selbst einen Raubfeind zu ernähren.

Diese Hypothese beinhaltet allerdings auch die Voraussage, daß Raben, die sich an einem Kadaver versammelt und mit dem Fressen begonnen haben, ruhig sein müßten, um nicht noch mehr Raben anzulocken, da diese unerwünscht und auch (jedenfalls im Hinblick auf eine erhöhte Sicherheit) überflüssig wären. Heinrich schleppte den ganzen Winter über Köder in den Wald, und in den meisten Fällen, wenn er schreiende Raben an einem Kadaver sah, hatte dieser schon ein ganzes Gefolge von aasfressenden Vögeln auf sich gezogen. Dieses Ergebnis nahm er zum Anlaß, die „Verteilung des Risikos"-Hypothese wieder fallenzulassen.

Unter den anderen Erklärungen, die Heinrich dann in Betracht zog, beruhte eine auf seiner zunehmenden Erkenntnis, daß immer dann, wenn er einzelne Raben oder aber ein Paar bei einem Köder sah, diese Tiere nie-

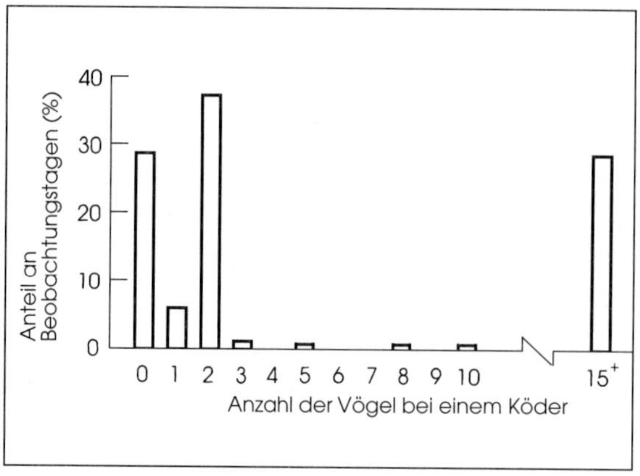

Abb. 9-12: **Werden nicht-territoriale Raben durch Schreie zu einer Nahrungsquelle geführt?** Wenn dies der Fall ist, dann sollte man nur nicht schreiende, territoriale Einzeltiere und Paare oder aber größere Gruppen von Raben, von denen viele schreien und die meisten nicht-territorial sind, an einem Kadaver beobachten können. Die Graphik gibt den prozentualen Anteil der Tage wieder, an denen Köder von verschiedenen Anzahlen an Vögeln besucht wurden; dieses Ergebnis stützt die oben getroffene Voraussage. Quelle: Heinrich (432).

mals schrien. Tatsächlich kamen Schreie nur vor, wenn drei oder mehr Raben anwesend waren, und auch nur in solchen Situationen kamen noch weitere Raben an den jeweiligen Ort. Heinrich wußte, daß ältere adulte Raben Paare bilden, die das ganze Jahr über ein Revier verteidigen. Tiere ohne Partner, insbesondere junge Raben, ziehen dagegen auf der Suche nach Nahrung einzeln umher. Die Besitzer eines Reviers attackieren und vertreiben einzelne Eindringlinge. Heinrich kam der Gedanke, daß die Schreie ein Signal von nicht-territorialen Eindringlingen sein könnten; ein Schrei würde andere Raben mit dem gleichen Status zu einem Nahrungsfund locken, der dann zusammen ausgebeutet wird, falls es den Raben gemeinsam gelingt, den Verteidigungsbemühungen eines ortsansässigen Paares zu widerstehen.

Diese „Gruppe gegen Revierbesitzer"-Hypothese beinhaltet eine Reihe von Voraussagen, unter anderem die, daß (1) Besitzer eines Reviers nie schreien sollten (2) nicht ansässige Raben schreien sollten, (3) Schreie einen Massenansturm von nicht-territorialen Raben auf einen Kadaver begünstigen sollten, (4) ortsansässige Paare nicht in der Lage sein sollten, einen gemeinsamen Angriff auf „ihren" Nahrungsbesitz zurückzuschlagen und (5) nur zwei Muster bezüglich der Nutzung einer Nahrungsquelle zu sehen sein sollten: Köder, die von ansässigen Paaren allein gefressen werden oder Köder, an denen ganze Scharen von Raben fressen. Heinrich sammelte Daten, durch die jede dieser Voraussagen belegt werden konnte; Abb. 9-12 gibt die Ergebnisse von Beobachtungen wieder, mit denen Voraussage 5 überprüft wurde.

Daraus können wir schließen, daß die Konsequenzen der Informationsübermittlung an andere, nicht-territoriale Tiere durch Schreie eines jungen Raben („Hier ist eine große Menge Nahrung") Vorteile beinhalten können (persönlicher Zugang zur Nahrung für das schreiende Tier), welche die energetischen Kosten wie auch das Risiko, die ortsansässigen Raben, die den Kadaver bewachen, zu einem Angriff zu reizen, übertreffen [433]

9.3.2 Kosten und Nutzen des Signalisierens

Heinrichs Analyse eines Rabenschreis zeigt, wie eine Kosten-Nutzen-Überlegung dazu beiträgt, interessante Probleme aufzudecken und überprüfbare Hypothesen zum adaptiven Wert eines Kommunikationssignals aufzustellen. Der Kosten-Nutzen-Ansatz beruht auf der Annahme, daß ein bestimmtes Merkmal nur dann evoluieren wird (d. h. sich in einer Population ausbreitet), wenn seine Vorteile für die Individuen seine Kosten um einen größeren Betrag übertreffen, als dies bei alternativen Ausprägungen dieses Merkmals, die bis dahin in der Population aufgetreten sind, der Fall war. Eine solche Annahme führt zu der Erwartung, daß Individuen nur dann eine Information an andere übermitteln, wenn dies in ihrem eigenen reproduktiven Interesse ist; genauso können wir erwarten, daß die Empfänger dieser Information nur dann darauf antworten, wenn es in ihrem reproduktiven Interesse ist, die empfangenen Signale zu beantworten [713] (sofern sie nicht auf einen betrügerischen Signalgeber hereinfallen - siehe unten).

Wenn wir vor diesem Hintergrund alle Aspekte der Signalgebung (und des Signalempfangs) untersuchen, so erwarten wir, daß die damit verbundenen Vorteile relativ hoch und / oder die Kosten relativ gering sind, wenn das zu untersuchende Merkmal wirklich eine evolutive Anpassung darstellt. Obwohl sicher wenige von uns bisher das Vergnügen hatten, Raben schreien zu hören, so haben doch die meisten von uns schon männliche Ammern oder Grasmücken im Frühling singen gehört, was sie im allgemeinen tun, um ein Territorium von bis zu 4000 m^2 zu verteidigen. Zeit- und Energieaufwand für dieses Verhalten sind nicht unerheblich; ein männlicher Singvogel kann seinen Gesang an einem Tag durchaus mehrere tausend Mal aus voller Kehle erschallen lassen [664]. Zudem ist anzunehmen, daß Sänger Informationen über ihren Aufenthaltsort an Andere weitergeben (wie zum Beispiel Prädatoren), die dieses Wissen zum Nachteil des Sängers anwenden. Welche Vorteile also könnte es geben, die solche Kosten überwiegen?

Es gibt zwei eindeutige, alternative Hypothesen über die Vorteile der Signalgebung für territoriale, männliche Singvögel. Da es sich bei den Sängern um Männchen handelt, die einen Brutort gegen rivalisierende Männchen verteidigen, können die Gesänge direkt an Rivalen gerichtet sein, um diese auf Abstand zu halten (Hypothese der Abweisung von Männchen). Oder aber, die Gesänge sind an Weibchen gerichtet mit dem Ziel, sie zum Sänger hinzulocken (Hypothese der Anlockung von Weibchen).

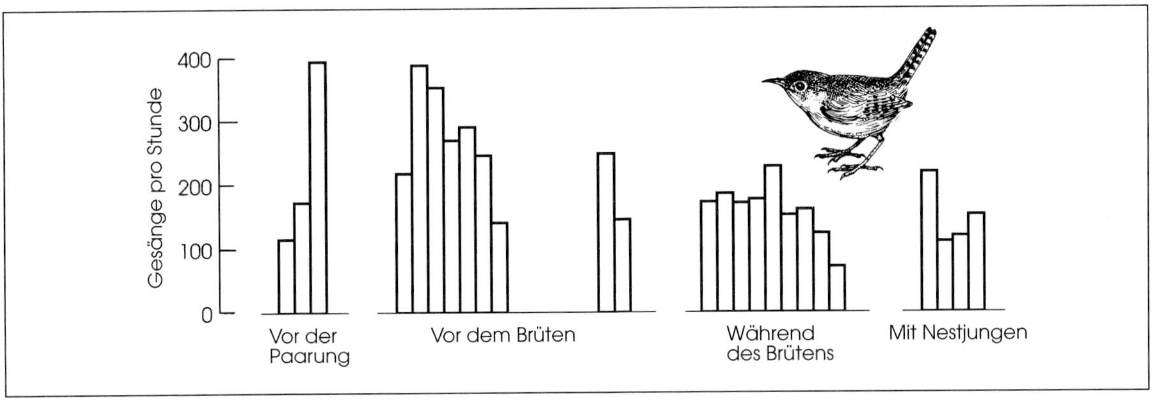

Abb. 9-13: **Lockt der Gesang männlicher Hauszaunkönige Weibchen an?** Wenn die Männchen dieser Art laut singen, um Weibchen anzulocken, dann sollten sie ihren auffälligen Gesang einstellen, sobald sie eine Partnerin gewonnen haben. Diese Aufzeichnung der Gesangsaktivität zeigt, daß der Gesang eines Männchens immer weniger häufig wurde, nachdem es ein Weibchen angelockt hatte, und schließlich ganz eingestellt wurde, als das Weibchen Eier legte. Das Männchen nahm den Gesang aber wieder auf, um ein weiteres Weibchen anzulocken, sobald das erste Weibchen auf dem Nest saß und mit dem Brüten begonnen hatte. Quelle: Johnson und Kermott (496).

Diese Alternativen sind bisher von überraschend wenigen Forschern überprüft worden, ungeachtet des großen und seit langem bestehenden Interesses, das Menschen dem Gesang der Vögel entgegenbringen [537] und ungeachtet der Tatsache, daß diese Hypothesen ausgesprochen gut überprüfbar sind. Wenn zum Beispiel ein Gesang die Funktion hätte, Weibchen anzulocken, dann müßten (1) männliche Vögel, die sich mit nur einem Weibchen verpaaren, laut und häufig singen, bis sie eine Partnerin gewonnen haben, dann aber das Singen einstellen. Darin würden sie sich von polygynen Arten unterscheiden, deren Männchen versuchen, mehrere Partnerinnen in Folge anzulocken [271]. (2) Darüber hinaus müßten Weibchen allein durch Gesänge vom Tonband, die in der Nähe eines Nistplatzes abgespielt werden, anzulocken sein.

Abb. 9-13 zeigt die Häufigkeitsverteilung von Gesängen bei Männchen des Hauszaunkönigs (*Troglodytes aedon*), durch welche die erste Voraussage belegt zu werden scheint. Zaunkönigmännchen können sich mit mehr als einem Weibchen paaren; wenn sie ein Weibchen angelockt haben, stellen sie ihren Gesang für einige Zeit ein, beginnen aber sofort wieder mit dem Singen, sobald das Weibchen Eier gelegt und mit dem Brüten angefangen hat [496]. Diejenigen Männchen, die ein zweites Weibchen erobern können, unterbrechen ebenfalls ihren auffälligen Gesang nach der Ankunft dieses Weibchens für eine kurze Zeit.

Bezüglich der zweiten Voraussage haben Studien mit Gesängen vom Tonband gezeigt, daß weibliche Trauerschnäpper (*Fidecula hypoleuca*) und Halsbandschnäpper (*Fidecula albicollis*) [293], sowie weibliche Stare (*Sturnus vulgaris*) [677] Nistkästen, an denen Aufnahmen des arteigenen Gesangs zu hören sind, mit größerer Wahrscheinlichkeit besuchen, als „ruhige" Nistplätze.

Es gibt also Datenmaterial, durch das die Annahme unterstützt wird, daß zumindest bei einigen Singvogelarten der Gesang die Funktion hat, Weibchen an-

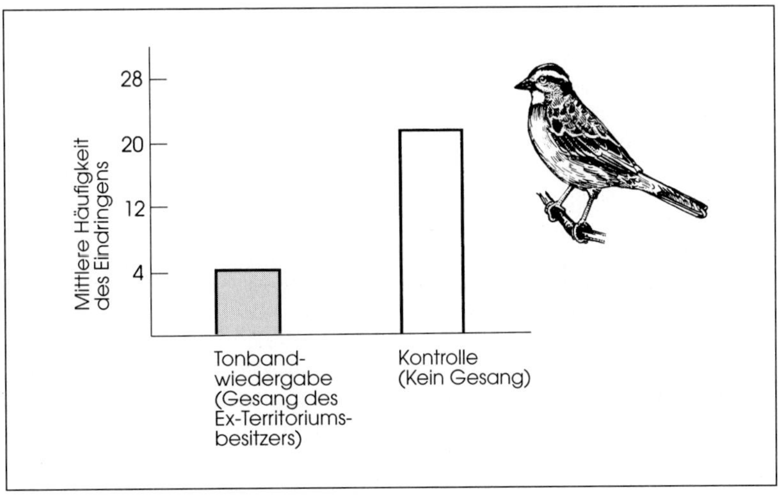

Abb. 9-14: **Halten männliche Weißkehlammern mit ihrem Gesang Eindringlinge von ihrem Territorium fern?** Territorien, deren Inhaber in einem Experiment entfernt wurden, zogen weniger Eindringlinge an, wenn der Gesang des entfernten Männchens aus der Mitte des unbesetzten Territoriums vom Tonband kam. Quelle: Falls (305).

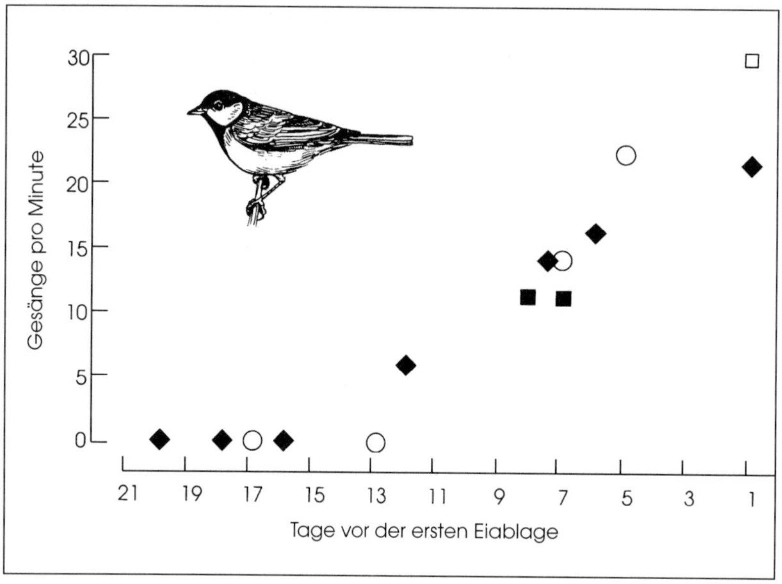

Abb. 9-15: **Haben die Gesänge von männlichen Kohlmeisen einen adaptiven Wert in Bezug auf das Bewachen von Weibchen?** Wenn diese Hypothese zutrifft, können wir erwarten, daß die Häufigkeit, mit der Männchen singen, ihren Höhepunkt erreicht, wenn die Fertilität der Weibchen am größten ist; damit würden rivalisierende Männchen vor der Angriffsbereitschaft des ansässigen Männchens gegenüber Eindringlingen mit der Absicht, die Befruchtung von Eiern zu „stehlen", gewarnt. Die Daten stützen diese Hypothese. (Jedes Symbol repräsentiert ein anderes Vogelpaar.) Quelle: Mace (596).

zulocken. (Leider hat niemand bisher ein überzeugenderes Experiment mit zusätzlichen Kontrollversuchen durchgeführt, in denen Aufnahmen von anderen als den getesteten Arten an den Nistkästen abgespielt werden. Welches Resultat wäre an diesen Kontrollkästen zu erwarten, wenn die Hypothese der Anlockung von Weibchen die richtige ist?)

Wenn auch bei vielen Arten die Gesangsaktivität der Männchen nach der Eroberung eines Weibchens nicht einmal zeitweise abnimmt [664], so wollen wir doch die Hypothese der Abweisung von Männchen ebenfalls in Erwägung ziehen. Demnach müßte die Voraussage zutreffen, daß allein Gesänge vom Tonband schon geeignet sind, Männchen von einem Gebiet fernzuhalten. In Experimenten, in denen männliche Weißkehlammern (*Zonotrichia albicollis*) aus ihren Revieren entfernt und durch Lautsprecher ersetzt wurden, die ihre Gesänge ausstrahlten, wanderten neue Männchen langsamer in die Reviere ein als in Kontrollversuchen, in denen die Männchen zwar entfernt, nicht aber durch Gesänge vom Tonband ersetzt wurden (Abb. 9-14) [305]. Möglicherweise erkennen die Nachbarn eines etablierten territorialen Männchens dieses allein an seinem Gesang und brauchen es nur zu hören, um ihm aus dem Weg zu gehen [899]. Die Gesänge der Männchen könnten also die Funktion haben, etablierte Territoriumsbesitzer beim Erhalt ihres Territoriums zu unterstützen, indem sie Nachbarn (und andere Eindringlinge) auf Abstand halten.

Obwohl ihr Gesang den Männchen mancher Vogelarten dabei helfen kann, Reviere zu etablieren und zu halten, könnte er auch noch eine andere, damit zusammenhängende Funktion haben: er könnte dazu dienen, Rivalen von dem (oder den) Weibchen eines Revierbesitzers während der Zeit, in der sie fertil sind, fernzuhalten [596, 664]. In dieser Zeit wäre ein Eindringling durchaus dazu in der Lage, dem ansässigen Männchen die Befruchtung von Eiern zu „stehlen" und auf diese Weise dessen reproduktive Fitness zu vermindern. Warum aber sollten Eindringlinge fernbleiben, wenn sie doch die Gelegenheit haben, die Partnerin(nen) eines anderen Männchens zu begatten?

Anders Møller schlug vor, daß die Häufigkeit oder die Qualität des Gesangs eines ansässigen Männchens anderen Männchen genaue Information über die Fähigkeit, sein(e) Weibchen wirksam zu bewachen, übermittelt. Die Empfänger würden durch die Gesänge von Rivalen erfahren, daß sie ihre Zeit verschwendeten, falls sie beabsichtigen sollten, mit diesen starken, ihre Weibchen bewachenden Rivalen sexuell zu konkurrieren. Diese Weibchenbewachungs-Hypothese beinhaltet die Voraussagen, daß (1) die Gesangsrate ihren Höhepunkt erreicht, wenn die Fertilität der Weibchen am größten ist und nicht, wenn die Männchen ihre Territorien errichten und mit der Paarbildung beginnen, (2) daß ein Männchen umso mehr Gesänge produzieren wird, je besser seine physische Konstitution ist, und (3), daß die Besuche von Eindringlingen eine Funktion der Häufigkeit (oder Qualität) des Gesanges eines ansässigen Männchens darstellen. Die Überprüfung dieser drei Voraussagen ergibt folgende Resultate:

1. Für einige Vogelarten ist nachgewiesen (allerdings nicht für Hauszaunkönige – siehe Abb. 9-13 – oder Halsbandschnäpper [733]), daß Männchen am häufigsten singen, wenn die Fertilität ihrer Partnerinnen den Höhepunkt erreicht (Abb. 9-15); danach nimmt die Gesangshäufigkeit ab [596].
2. Wie vorausgesagt, begannen männliche Amseln (*Merula merula*), wenn sie an bestimmten Abenden ein „CARE-Paket" aus Rosinen, Mehlwürmern, Brot und Kuchen erhalten hatten, am nächsten Morgen früher und ausdauernder zu singen als an Tagen ohne eine vorhergehende Nahrungsergänzung [202].

3. Zwar werden die ersten zwei Voraussagen, die sich aus der Weibchenbewachungs-Hypothese ergeben, durch das Verhalten einiger Vogelarten gestützt, niemand hat aber anscheinend bisher dokumentiert, daß sich männliche Vögel mit größerer Wahrscheinlichkeit von Rivalen fernhalten, wenn diese besonders häufig singen. Tatsächlich fanden James Mountjoy und Robert Lemon, daß ansässige, männliche Stare von den Gesängen unbekannter Stare, welche ihnen aus Nistkästen vom Tonband vorgespielt wurden, sogar angelockt wurden – möglicherweise, um einen unbekannten Eindringling zu überprüfen oder um zu beurteilen, welche Ressourcen dieses „Männchen" wohl zu verteidigen hat [677]. Sie haben aber auch gefunden, daß Nistkästen, an denen „einfache" Starengesänge abgespielt wurden, von mehr Staren besucht wurden als Nistkästen, an denen das Tonbandgerät „komplexe" Starengesänge erschallen ließ. Wenn, wie sie vermuten, normalerweise nur ältere, überlegene Konkurrenten komplexe Gesänge produzieren, dann würden diese Daten zum Teil die Hypothese stützen, daß der Gesang von Männchen, die ihre Weibchen bewachen, die Wahrscheinlichkeit einer direkten Konfrontation mit Widersachern verringert.

9.3.3 Mit unerwünschten Signalempfängern zurechtkommen

Die oben besprochenen Studien weisen darauf hin, daß die Männchen mancher Arten mit ihrem Gesang Vorteile erzielen können, sowohl durch die Anlockung von Weibchen, als auch durch die Abweisung von Männchen. Allerdings sind mit dem Singen auch verschiedene Kosten verbunden, einschließlich des Risikos, einen unerwünschten Signalempfänger anzulocken. So können zum Beispiel rivalisierende männliche Stare Nistplätze ausfindig machen, indem sie dem Werbegesang von partnersuchenden Konkurrenten folgen. Ein weiteres Beispiel haben Tony Goldberg und Paul Ewald aufgezeigt; wenn man den Territorialgesang des Anna-Kolibris (*Calypte anna*) in der Nähe eines Zuckerwasserspenders ausstrahlt, dann finden sich Eindringlinge dort weit schneller ein als an Spendern, an denen keine Gesänge abgespielt werden [353]. Dieser Nachteil wird zwar dadurch vermindert, daß Eindringlinge in einem etablierten Territorium zögern, sich dem Futterspender zu nähern, die Kosten dieser Ausbeutung eines Signals werden aber für die Signalgeber oft nicht unerheblich sein.

Ein berühmtes und gut untersuchtes Beispiel dafür, wie unerwünschte Empfänger (unerwünscht aus der

Abb. 9-16: **Feinddruck kann die Evolution von Kommunikationssignalen beeinflussen.** Die Fransenlippen-Fledermaus ist ein unerwünschter Empfänger, der seine Beute, männliche Tungara-Frösche, aufspürt, indem er sich an ihren Rufen orientiert.

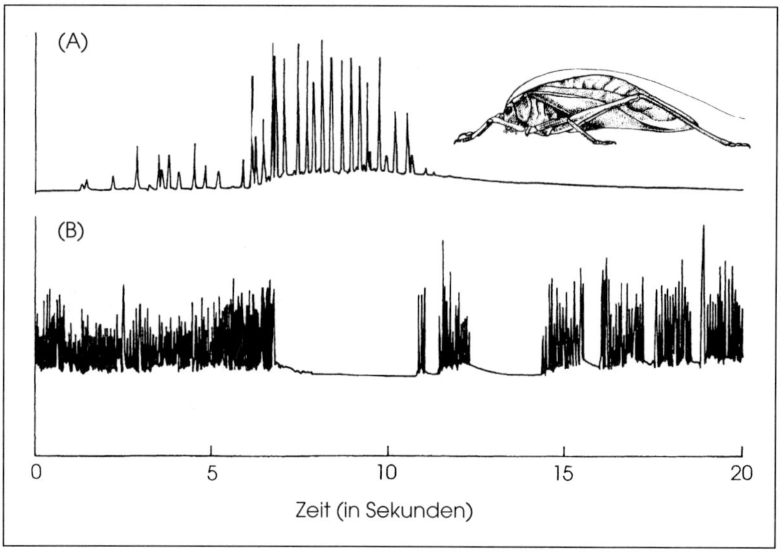

Abb. 9-17: **Mit unerwünschten Empfängern umgehen.** Wenn Sattelschrecken die Ultraschallrufe einer herannahenden Fledermaus hören, unterbrechen sie ihren Gesang sofort. (A) Eine Aufnahme der Rufe einer Fledermaus in der Nähe einer Sattelschrecke; (B) eine zeitgleiche Aufnahme der Laute der Sattelschrecke. Quelle: Spangler (887).

Sicht des Senders) den Signalgebern bedeutende Kosten auferlegen, ist das des Tungara-Frosches und seines Hauptfeindes, der Fransenlippen-Fledermaus (*Trachops cirrhosus*). Die Froschmännchen rufen nachts laut, um Weibchen anzulocken; manchmal haben sie dabei Erfolg, was zeigt, daß sie durch ihr Rufen Fortpflanzungsvorteile erzielen. Die Rufe ziehen aber auch die Fledermäuse an, die rufende Frösche finden, aus dem Wasser ziehen und verzehren (Abb. 9-16). Warum also rufen, wenn es doch das Leben kosten könnte? Die Froschmännchen befinden sich in einer Zwickmühle, und die Fledermäuse nutzen dies aus. Wenn sie nicht rufen, dann können sie sich auch nicht paaren und hinterlassen keine Nachkommen. Wenn sie rufen, dann profitieren sie, wenn sie damit ein Weibchen anlocken; sie verlieren aber, wenn sie aufgespürt und gefressen werden. Es geht also darum, möglichst nicht zu verlieren.

Die Frösche erhöhen ihre Überlebenschancen auf verschiedene Weise, wie Michael Ryan und seine Mitarbeiter zeigen konnten. Erstens stellen sie ihr Rufen ein, wenn sie eine fliegende Fledermaus entdecken, oder wenn man im Experiment das sich bewegende Modell einer großen Fledermaus aus Pappe über sie hinwegschickt [944]. Zweitens geht ein Tungara-Froschmännchen beim Anlocken von Weibchen manchmal auch Kompromisse ein und reagiert damit auf das Risiko, erbeutet zu werden, selbst wenn es keine sich nähernde Fledermaus entdeckt hat. An dieser Stelle sei daran erinnert, daß der Lockruf dieses Frosches aus zwei Teilen besteht, einem einleitenden, wimmernden Laut und einem oder mehreren abschließenden „Glucks" (Abb. 9-4). Wenn ein Männchen allein ruft, so läßt es nur die wimmernde Komponente hören – obwohl mit Froschlauten vom Tonband experimentell nachgewiesen werden konnte, daß Weibchen fast immer die Lautsprecher aufsuchen, aus denen ein „Wimmern-Glucksen" abgespielt wird; sie bevorzugen diese gegenüber Lautsprechern, aus denen nur der wimmernde Ruf ertönt. Mit derselben experi-

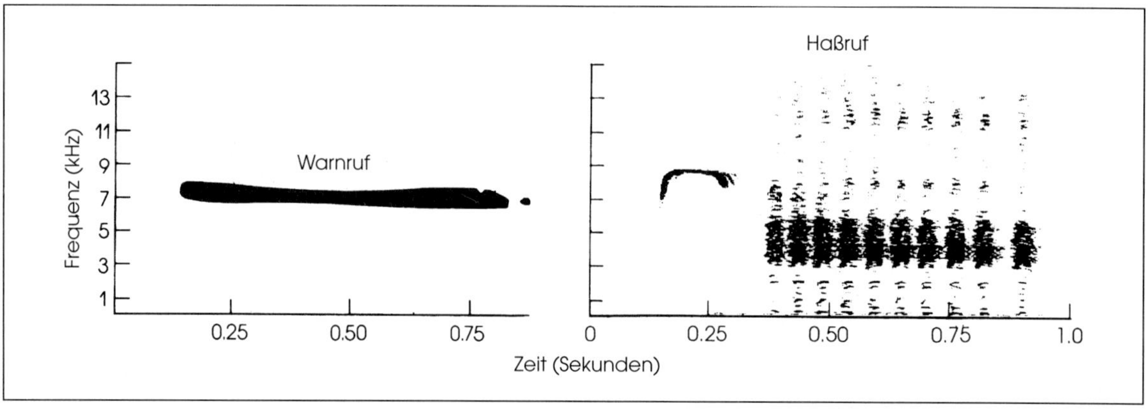

Abb. 9-18: **Die Alarmrufe der Kohlmeise.** Ein Sonagramm des Warnrufs (mit freundlicher Genehmigung von Peter Marler) und des Haßrufs (mit freundlicher Genehmigung von William Latimer) dieser Art. Beachten Sie die tieferen Schallfrequenzen im Haßsignal.

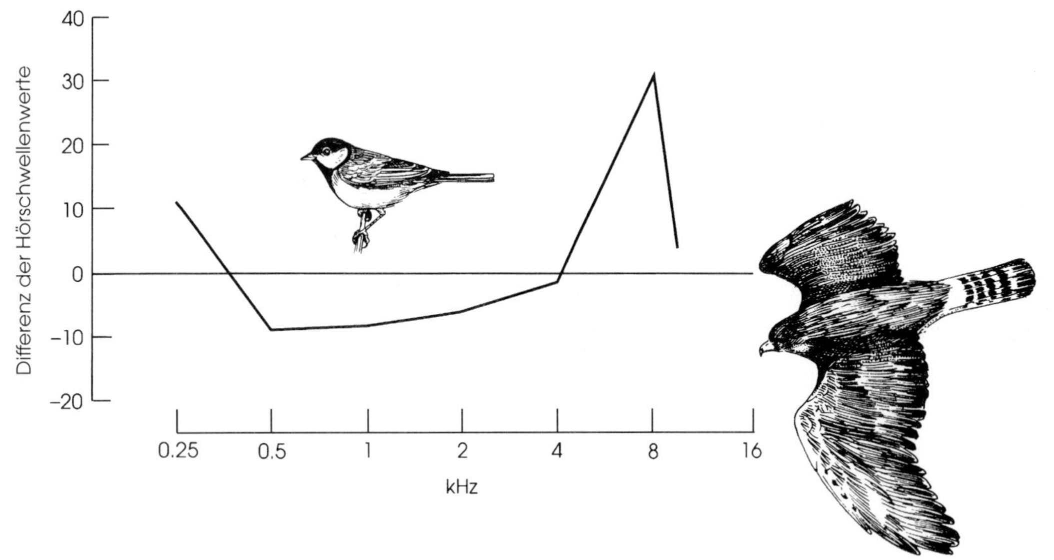

Abb. 9-19: **Hörleistungen von Kohlmeisen und ihren Feinden,** den Sperbern. Ein Sperber kann in einem Bereich zwischen 0,5 und 4 kHz leisere Töne wahrnehmen (mit einer um 5 bis 10 dB geringeren Intensität) als Kohlmeisen. Diese können aber einen 8-kHz-Ton (im Frequenzbereich des Alarmrufs) wahrnehmen, der um ganze 30 dB schwächer ist als jeder 8 kHz-Ton, den ein Sperber ausmachen kann. Quelle: Klump et al. (518).

mentellen Vorgehensweise wurde aber auch gezeigt, daß die Fledermäuse etwas mehr als doppelt so häufig einen Lautsprecher inspizieren und sogar auf ihm landen, wenn aus diesem ein „Wimmern-Glucksen" ausgestrahlt wird, als einen, aus dem nur ein wimmernder Laut ertönt [817].

Des weiteren konnte das „Frosch-Team" zeigen, daß Tungara-Frösche in einem großen Froschchor sicherer sind als in einem kleinen, vor allem deshalb, weil eine Fledermaus bei einer großen Gruppe unter viel mehr Opfern auswählen muß [820]. Daraus schlossen die Wissenschaftler, daß ein Frosch wimmernde Laute innerhalb eines schmalen Frequenzbandes produziert, wenn er allein und damit in hohem Maße der Gefahr durch Prädatoren ausgesetzt ist. Diese Laute sind zwar für die Weibchen schwerer auszumachen, aber auch für die Fledermäuse schwerer zu orten, wodurch die Chancen des Männchens, zu überleben und sich in einer anderen Nacht zu paaren, erhöht werden.

Die Verfolgung durch Fledermäuse hat auch bei anderen Tieren die Evolution von Kommunikationsstrategien beeinflußt. Unter ihnen ist eine Sattelschrecke (Ephippigeridae) aus der Sonora-Wüste, bei der die Männchen Weibchen anlocken, indem auf den Spitzen von Kreosotbüschen (*Larrea divaricata*) sie sitzend im Ultraschallbereich singen. Während sie singen, lauschen sie zugleich nach Ultraschallrufen von Fledermäusen, und wenn sie diese hören (entweder von einer echten, vorüberfliegenden Fledermaus oder von einem tragbaren Ultraschallgenerator, der in diesem Zusammenhang von Hayward Sprangler eingesetzt wurde), verstummen sie augenblicklich (Abb. 9-17) [887].

Eine klassische Demonstration des Einflusses von unerwünschten Empfängern auf ein Kommunikationssignal stellt der Unterschied zwischen dem Haßruf („mobbing call") und dem Warnruf („seet call") der Kohlmeise (*Parus major*) dar (Abb. 9-18) [606]. Diese kleinen europäischen Singvögel nähern sich manchmal einem sitzenden Habicht oder einer Eule und stoßen ihren Haßruf aus, eine lautes Signal mit einen Hauptanteil an Energie bei 4,5 kHz. Haßsignale können andere Vögel herbeilocken, die dann gemeinsam den Raubfeind bedrängen.

Wenn eine Kohlmeise einen fliegenden Greifvogel in einiger Entfernung entdeckt, dann stößt sie den Warnruf aus, durch den wahrscheinlich Partner und Nachkommen vor der möglichen Gefahr gewarnt werden. Dieser ist weitaus leiser und in einem höheren Frequenzbereich (bei 7 bis 8 kHz) angesiedelt. Die Eigenschaften dieses Signals bringen es mit sich, daß es auf eine kürzere Distanz abgeschwächt wird (bzw. nicht mehr wahrgenommen werden kann) als der Haßruf. Dies begrenzt zwar seine Wirksamkeit, wenn beabsichtigt ist, weiter entfernte Empfänger zu erreichen, andererseits verringert sich für das rufende Tier das Risiko, die Aufmerksamkeit eines Beutegreifers auf sich zu ziehen. Die Wahrscheinlichkeit, Greifvögel über die eigene Anwesenheit zu informieren, wird noch weiter vermindert, da diese relativ hochfrequente Töne nicht besonders gut hören können. Die Kohlmeise dagegen hat eine hohe Sensitivität für akustische Reize in einem Bereich zwischen 7 und 10 kHz (Abb. 9-19). Daraus ergibt sich, daß eine Kohlmeise den Warnruf eines Artgenossen noch in einer Entfernung von 40 Metern hören kann, während es einem Sperber (*Accipiter nisus*) nicht gelingt, dasselbe Si-

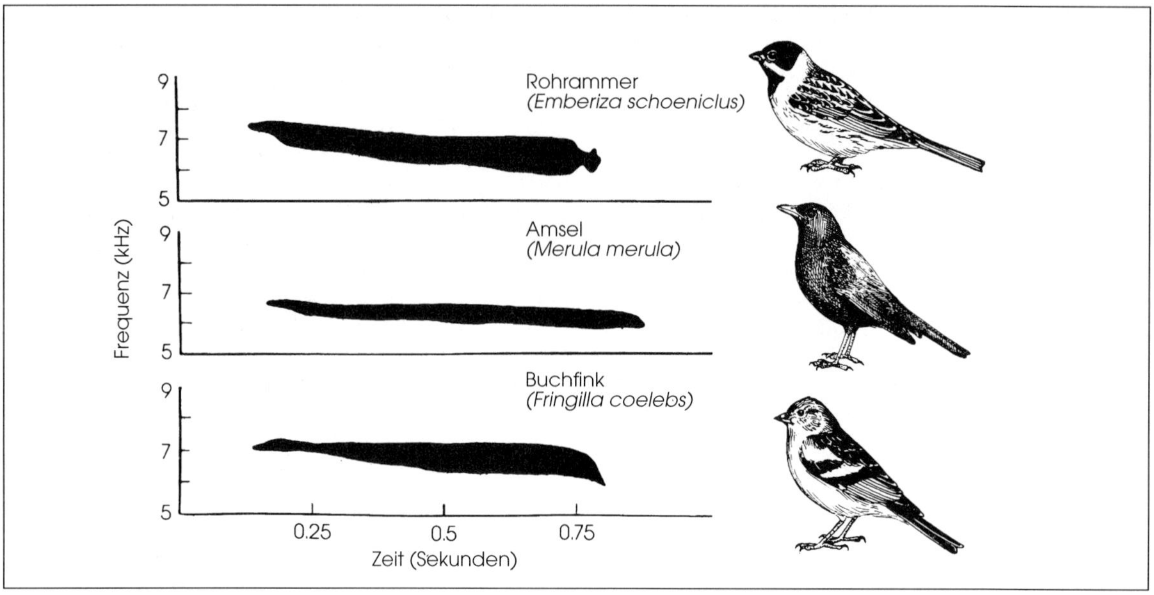

Abb. 9-20: **Konvergente Evolution eines Kommunikationssignals.** Der hohe Alarmruf von Kohlmeisen (siehe Abb. 9-19) ähnelt sehr den Rufen, die andere, nicht verwandte Vogelarten von sich geben, wenn sie einen herannahenden Habichtsvogel entdecken. Quelle: Marler (606).

gnal aus nur 10 Meter Entfernung wahrzunehmen [518].

Wir können die Hypothese, daß sich der Warnruf der Kohlmeise in einer Weise entwickelt hat, die das Risiko einer Entdeckung durch ihre Feinde vermindert, überprüfen, indem wir voraussagen, daß nichtverwandte Arten Warnrufe mit ähnlichen Eigenschaften produzieren (ein Beispiel für die Anwendung der vergleichenden Methode zur Überprüfung einer verhaltensökologischen Hypothese). Die bemerkenswerte Ähnlichkeit der Warnrufe von vielen nichtverwandten europäischen Singvögeln läßt den Schluß zu, daß die Selektion durch Greifvögel die Evolution von Warnrufen begünstigt hat, welche für diese Prädatoren nur schwer zu hören sind, auch wenn sie dadurch etwas weniger effektiv sein könnten, um Empfänger zu erreichen, für die ein Warnruf bestimmt ist (Abb. 9-20).

9.3.4 Kosten und Nutzen des Signalempfangs

Eine Betrachtung vor dem Hintergrund von Kosten und Nutzen ist in gleicher Weise für Signalempfänger wie für Signalgeber geeignet [230]. Für beide Kategorien von Individuen können sowohl positive als auch negative Konsequenzen für ihre Fitness mit der Weitergabe von Information verbunden sein (Tab. 9-1). Aus der evolutionären Perspektive sind die interessantesten Fälle diejenigen, in denen sich ein Individuum aufgrund seines Verhaltens Fitnessverluste einhandelt.

Ein solcher Fall wäre das **boshafte Signalisieren**, bei dem der Signalgeber durch das Übermitteln einer Botschaft einem Signalempfänger schadet, sich selbst aber auch keine Vorteile, sondern nur Kosten einhandelt. Da beide Seiten bei einer solchen Transaktion verlieren, ist es nicht verwunderlich, daß boshaftes Signalisieren offenbar selten ist. **Unbeabsichtigtes Signalisieren** dagegen gibt es häufiger; dabei schadet ein Signalgeber sich selbst durch die Weitergabe von Information an einen Empfänger, der daraus seinen Nutzen zieht. Für Fälle dieser Art ist es typisch, daß sie als Nebeneffekte von Verhaltensweisen auftreten, die insgesamt („netto") einen Fitnessgewinn für den Signalgeber ergeben. So kann zum Beispiel – wie oben beschrieben wurde – der Warnruf eines Singvogels bisweilen von einem nicht erwünschten Empfänger, dem Sperber, wahrgenommen werden, was sicherlich zum Nachteil des signalerzeugenden Tieres ist.

Genauso, wie Signalgeber an Fitness einbüßen können, indem sie ausbeuterische Empfänger mit Information versorgen, können Empfänger sich selbst Fitnesskosten auferlegen, wenn sie auf Signale antworten, die zu ihrer Täuschung und Ausbeutung von Signalgebern produziert werden. Wenn wir davon ausgehen, daß Individuen in ihrem eigenen reproduktiven Interesse handeln und wenn Betrug im Sinne dieses Interesses ist, dann können wir erwarten, daß betrügerische Signale ein natürlicher Bestandteil von Kommunikation ist. Über Brutparasiten und Wespen, die Orchideen nachahmen, beides Beispiele für die Täuschung anderer, haben wir bereits diskutiert (Kap. 2). In einem anderen berühmten Beispiel für Täuschung geht es um die „femmes fatales" einiger Leuchtkäferarten, die von James Lloyd studiert wurden [574]. Die Weibchen von räuberisch lebenden Leuchtkäfern der Gattung *Photuris* antworten auf die Blinkzeichen der Männchen bestimmter anderer Arten der Gattung *Photinus*. Jede Art der Gattung *Photinus* hat ihren eigenen Code; ein Weibchen antwortet auf das charakteristische

1 Silbermöwen benutzen – wie viele Tierarten – stereotype Bewegungen und Körperhaltungen als Signale. Diese Möwe streckt sich flach nach vorn; vermutlich handelt es sich hier um eine Erbkoordination, die als aggressives Signal für gegnerische Möwen dient. Foto des Autors.

2 Dieses Wespenmännchen (Thynninae) wurde getäuscht; durch die Absonderung eines Duftes, der dem Geschlechtspheromon der Weibchen dieser Wespenart ähnelt, hat eine australische Orchidee das Männchen dazu gebracht, mit ihr zu „kopulieren". Foto des Autors. ▷

3 Ein Rätsel für alle, die sich für Geschichte und adaptiven Wert eines Verhaltens interessieren: Warum legen die Weibchen dieser Riesenwanze *Lethocerus medius* ihre großen, gefleckten Eier außerhalb des Wassers auf die Zweige von Pflanzen? Warum verlassen die Männchen das Wasser und setzen sich über die Eier? Foto von Robert L. Smith.

4 Könnte der heftige Wettbewerb zwischen Tüpfelhyänen um Nahrung, wie er hier bei dem Verzehr eines Gnus zu erkennen ist, für die Evolution mimetischer männlicher Genitalien bei den Weibchen dieser Art verantwortlich sein? Foto von Jonathan Scott/Planet Earth Pictures.

5 Zwei männliche, geweihtragende Fliegen (*Phytalmia mouldsi*) beim Kampf; an diesen Tieren zeigt sich eine bemerkenswerte Konvergenz zwischen einem Insekt und geweihtragenden Säugetieren bezüglich der Körperhaltungen und -bewegungen, die von den kämpfenden Individuen angewandt werden. Foto von Gary Dodson.

6 Zwei Weißstirnspinte; einer von ihnen hat ein gefangenes Insekt im Schnabel. Weißstirnspinte haben die Option, bei der Nahrungssuche für ihre Jungen zu wählen, ob sie Nahrungsreviere verteidigen oder sie aufgeben sollen (wenn sich die Areale, auf denen sie nach Nahrung suchen, weit vom Nest entfernt befinden). Foto von Natalie J. Demong.

7 Das Verzehren von Erde hat sich unabhängig bei einer Reihe von Arten entwickelt, so auch beim Menschen und bei einigen Aras. Hier nehmen Grünflügelaras an einer exponierten Uferbüschung im tropischen Peru Lehm auf. Foto von Charles Munn/Wildlife Conservation International.

8 Diese tropische Raupe kann ihr Aussehen in das einer Schlange verwandeln, sobald sie berührt wird. Vermutlich werden Vögel oder Eidechsen, die sie berühren, dadurch erschreckt, so daß sie beim Zugriff zögern oder sich sogar zurückziehen. Foto von George D. Dodge/Tom Stack & Associaties. ▷

9 (Links) Ein langsam fliegender, schlecht schmeckender und warnend gefärbter Schmetterling der Gattung *Heliconius*. Beachten Sie den kleinen Thorax, der die Flugmuskulatur enthält, und das große Abdomen, in dem sich bei den Weibchen die Ovarien befinden. (Rechts) Dagegen besitzt dieser schnell fliegende Schmetterling einen großen Thorax, eine kräftige Flugmuskulatur und ein relativ kleines Abdomen. Fotos von James Marden.

10 Ein männlicher Seidenlaubenvogel bei seiner Laube. Soeben ist ein schlicht gefärbtes Weibchen hinzu gekommen, um die Laube zu besuchen und das Verhalten des Männchens genau zu beobachten. Das Männchen hält eine Blume im Schnabel. Foto von Bert und Babs Wells.

11 Laubheuschreckenweibchen, wie diese dünne, braun gefärbte australische Art, erhalten von den Männchen bei der Kopulation eine Spermatophore als Hochzeitsgeschenk. Nachdem es sich vom Männchen getrennt hat, frißt das Weibchen die nahrhafte, proteinreiche Spermatophore und verschafft sich so einen materiellen Vorteil. Auf diesem Foto von Darryl Gwynne beugt das Weibchen den Kopf nach unten, um die Spermatophore – die gelatinöse Masse an der Unterseite des Abdomens – zu fressen; die Antennen und der Legeapparat des Weibchen weisen nach unten.

12 Rote Kehllappen, Kämme und aufblähbare Säcke könnten es Weibchen ermöglichen, die Parasitenbelastung, durch die ein potentieller Paarungspartner beeinträchtigt wird, einzuschätzen. Männliche Kammhühner (links) und Fregattvögel (rechts) mit heftigem Parasitenbefall sind möglicherweise nicht mehr in der Lage, die leuchtende Farbe ihrer Ornamente beizubehalten. Fotos von Karen Collias und von Buff und Gerald Corsi/Tom Stack & Associates.

13 Die Evolution monogamer Vögel ist ein faszinierendes Problem, insbesondere bei Arten wie dem Moorschneehuhn, dessen Männchen ihren Nachwuchs nicht füttern. Hier begleitet ein Männchen (rechts) seine Partnerin und vier Küken; es verzichtet auf die Gelegenheit, nach weiteren Partnerinnen zu suchen. Foto von Kathy Martin, mit freundlicher Genehmigung von Susan Hannon.

14 Ein Käfermännchen mit langen Fühlern praktiziert Ressourcenverteidigungs-Polygynie. Das Männchen versucht, seine Saguaro-Kaktusfrucht gegen Rivalen zu verteidigen, um sich mit hungrigen Weibchen, die von der eßbaren Kaktusfrucht angelockt werden, paaren zu können. Foto des Autors.

15 Lek-Polygynie ist von allen Paarungssystemen am schwierigsten zu erklären. Männliche Damhirsche versammeln sich an bestimmten Orten, wo jedes Männchen ein kleines Territorium behauptet, um sich zur Schau zu stellen. Die Weibchen besuchen das Lek, begutachten die Männchen, wählen einen Partner und ziehen anschließend weiter. Die Weibchen suchen sich bestimmte, dominante Männchen weitaus häufiger aus als niederrangige Männchen. In der Mitte dieses Fotos von Timothy Clutton-Brock ist das Territorium eines dominanten Männchens zu sehen.

16 Nicht nur manche Säugetiere, auch einige Vogelarten, wie der Große Paradiesvogel, praktizieren Lek-Polygynie. Hier inspiziert ein Weibchen (oben links) ein territoriales Männchen, das werbend seine Federn schwenkt. Was Weibchen eigentlich davon haben, daß sie Männchen beobachten, bleibt eine der ungelösten Fragen in der Verhaltensökologie. Foto von Bruce M. Beehler.

17 Brutpflege wird öfter von Weibchen als von Männchen geleistet. Hier hat ein weibliches Dreizehnstreifen-Ziesel ein Auge auf seinen Nachwuchs. Foto von Patricia Schwagmeyer.

18 Es gibt Ausnahmen von der Regel, daß Männchen nur in Paarungsbemühungen, nicht aber in elterliche Fürsorge investieren. Männchen des Aaskäfers *Necrophorus orbicollis* bleiben manchmal bei ihren Partnerinnen an der Stelle, wo sie einen Brutball aus Aas vergraben haben. Ein solches Männchen kümmert sich um die Larven, die aus den auf den Brutball gelegten Eiern schlüpfen. Foto von Mark Moffett.

19 Beim Brauntölpel kommt es zum Siblizid, wenn es einem größeren, zuerst geschlüpften Küken gelingt, ein jüngeres aus dem Nest und damit aus dem Schatten der brütenden Eltern zu stoßen. Der adulte Vogel läßt es zu, daß der ungeschützte Nachkomme vor seinen Augen stirbt. Foto des Autors.

20 Der Eichelspecht ist eine kooperativ brütende Art, bei der sich Gruppen aus mehreren Männchen und Weibchen bilden. Diese haben ein gemeinsames Nest und verteidigen ein gemeinsames Brutrevier. Warum gibt es bei dieser Art ein komplexes Sozialleben, bei der großen Mehrheit der Vögel aber nicht? Foto von Ronald L. Mumme.

21 Die akzeptierten Standards für die Verzierung des menschlichen Körpers unterscheiden sich erheblich von Kultur zu Kultur. Dieser Angehörige eines Stammes auf Neu-Guinea trägt eine kunstvoll gearbeitete Kopfbedeckung und Schmuckstücke, darunter einen Wildschweinhauer, den er durch die Nase gesteckt hat. Sind die Unterschiede zwischen Gesellschaften ausschließlich Zufallsprodukte kultureller Evolution? Foto von Lyle Steadman.

Abb. 9-21: **„Femme fatale" einer Leuchtkäferart.** Weibchen der räuberischen Photuris-Leuchtkäfer locken Männchen von Photinus-Leuchtkäfern an und fressen sie. Foto von James E. Lloyd.

Blinkmuster arteigener Männchen mit einem eigenen Blinkzeichen nach Ablauf eines ganz bestimmten Zeitintervalls. Einige der „femmes fatales" können nun auf die Signale der Männchen dreier *Photinus*-Arten in dem jeweils richtigen Zeitintervall antworten [575]. Wenn es einem *Photuris*-Weibchen gelingt, ein *Photinus*-Männchen nahe genug heranzulocken, so wird dieses ergriffen, getötet und gefressen (Abb. 9-21).

Die räuberischen Leuchtkäfer ziehen ihren eigenen Vorteil aus der im allgemeinen vorteilhaften Beziehung zwischen einem bestimmten Signal und einer bestimmten Antwort bei ihrer Beute. Durchschnittlich haben die *Photinus*-Männchen mehr zu gewinnen als zu verlieren, wenn sie auf das arteigene Signal, mit dem die Weibchen ihre Paarungsbereitschaft anzeigen, reagieren. Männchen, die den „Komm hierher"-Signalen der Weibchen ihrer eigenen Art ganz aus dem Weg gingen, würden zwar zugleich *Photuris*-Weibchen meiden, aber auch weniger oder gar keine Nachkommen hinterlassen, die ihr vorsichtiges Verhalten weiter fortführen könnten. Dies bedeutet nicht, daß *Photinus*-Männchen keine Gegenstrategie hätten, um diesem Risiko zu begegnen. *Photuris*-Weibchen fangen *Photinus*-Männchen nur in einem von zehn Versuchen, zum Teil deshalb, weil sich *Photinus*-Männchen nicht sofort auf Individuen stürzen, die das weibliche Empfangssignal senden. Sie landen vielmehr in einiger Entfernung und laufen dann langsam weiter, immer bereit, sich davonzumachen, wenn irgend etwas nicht stimmen sollte [577].

Ein weiterer möglicher Fall von Täuschung durch Weibchen besteht bei einigen Vogel- und Säugerarten, darunter auch die Hanuman-Languren (*Presbytis entellus*), in ihrer Bereitschaft zur Kopulation, obwohl ihre Eier bereits befruchtet sind [16, 350, 491]. Dabei paaren sich die Weibchen mit anderen Männchen als demjenigen, von dem sie jeweils Nachwuchs erwarten. Eine Hypothese zur Kopulation nach bereits erfolgter Empfängnis ist die, daß auf diese Weise außer dem eigentlichen Vater noch weitere Männchen herangezogen werden, um später für den Nachwuchs zu sorgen. Einer Alternativhypothese zufolge reduziert das Weibchen durch Kopulationen die Wahrscheinlichkeit, daß ein Partner, der ansonsten potentiell zum Infantizid bereit wäre, später die Jungen des Weibchens tötet [469].

Die Hypothese, daß die Weibchen Männchen dazu bringen, elterliche Fürsorge zu leisten, kann nur dann zutreffen, wenn die Männchen auch potentielle Väter sind und manchmal den Nachwuchs der Weibchen, mit denen sie kopulieren, „adoptieren". Diese Bedingungen treffen auf den Trauerschnäpper (*Fidecula hypoleuca*) zu [350], aber nicht auf die meisten Säugetiere, bei denen Kopulationen nach der Empfängnis beobachtet wurden [16]. Bei diesen Säugerarten ist es ähnlich wie bei Languren; Infantizid kommt manchmal vor, nachdem ein residentes Männchen durch einen Neuankömmling ersetzt wurde.

Wenn Männchen mit der Fähigkeit zum Infantizid die Nachkommen von Weibchen, mit denen sie sich gepaart haben, tolerieren [166, 545], dann können wir besser verstehen, wie eine Täuschung durch Kopulation nach einer Empfängnis funktionieren könnte. Männchen können fast niemals die Abstammung von Nachkommen direkt überprüfen; sie müssen sich auf indirekte Hinweise verlassen, welche mit einer Vaterschaft korreliert sind. Wenn sich ein Männchen mit einem Weibchen paart, dieses Ereignis im Gedächtnis behält und später den nächsten Nachkommen dieses Weibchens keinen Schaden zufügt, verhält es sich normalerweise adaptiv. Da es im Normalfall der Vater der fraglichen Nachkommen ist, wäre es von Nachteil, sie umzubringen (oder ihnen die elterliche Fürsorge zu verweigern). In den meisten Fällen gewinnen Männchen durch Kopulation mit einem paarungsbereiten Weibchen, und genauso gewinnt dieses Weibchen; deshalb können täuschende Weibchen die geeigneten Signale nachahmen und die Vorteile dieses Systems der Informationsübermittlung für sich nutzen – eines Systems, das sich aufgrund seiner wechselseitigen Vorteile unter anderen Bedingungen entwickelt hat.

Diese Zusammenhänge scheinen für betrügerische Signalgeber allgemein gültig zu sein. In Südamerika gibt es bestimmte Vogelarten, die sich regelmäßig zu Gruppen zusammenschließen. In solch einer aus verschiedenen Arten zusammengesetzten Gruppe verfolgen Gelbstirn-Würgertangaren (*Lanio versicolor*) von einem Sitzplatz aus Insekten, die von anderen Arten, welche im dichten Laubwerk nach Nahrung suchen, aufgescheucht werden. Da der sitzende Vogel ständig seine Umgebung mustert, ist er auch gewöhnlich der erste, der einen jagenden Greifvogel sieht; wenn dieser Fall eintritt, gibt er einen Alarmruf von sich, auf den hin die anderen Vögel sich in Sicherheit bringen oder bewegungslos verharren. Allerdings stößt die Würgertangare ihren Ruf oft auch dann aus, wenn sie ein fliegendes Insekt verfolgt, dem ein anderer Vogel gerade nachjagt (Abb. 9-22). Die Würger-

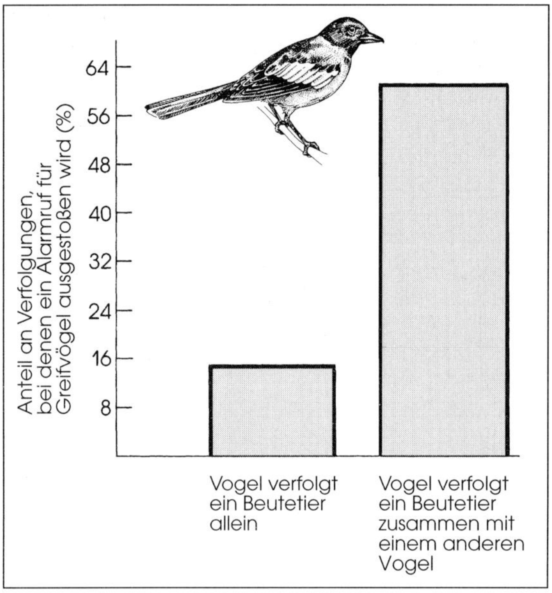

Abb. 9-22: **Ein Vogel, der „Feind in Sicht!" ruft.** Eine Gelbstirn-Würgertangare stößt eher den Alarmruf für Greifvögel aus, wenn sie ein fliegendes Insekt zu fangen beabsichtigt, das auch von einem anderen Vogel verfolgt wird, als wenn sie selbst ein Beutetier jagt. Quelle: Munn (681).

tangare ruft in den meisten Fällen „Feind in Sicht!", weil die anderen Vögel daraufhin oft ihre Jagd abbrechen, auch wenn kein Greifvogel oder Ähnliches zu sehen ist. Dadurch hat dann die Würgertangare einen unangefochtenen Zugriff auf die Beute. Warum lassen die anderen Vögel dies zu? Wie Charles Munn hervorhebt, ist es für die anderen Vögel meistens vorteilhaft, auf die Alarmrufe zu achten, da der Preis dafür, nicht zu reagieren, der Tod sein könnte - falls die Würgertangare tatsächlich einen Raubfeind auf der Suche nach Beute entdeckt hat. Unter diesen Umständen wird der Nutzen die Kosten überwiegen, wenn jeder Alarmruf ernstgenommen wird, obwohl die Würgertangare damit die Möglichkeit erhält, diese Beziehung von Zeit zu Zeit in unfairer Weise für sich auszunutzen [681].

Wenn diese Annahme zutrifft, dann sollten sich betrügerische Alarmrufe bei verschiedenen, nicht verwandten Arten entwickelt haben, wobei die Empfänger solcher Signale jeweils ernsthafte Konsequenzen zu erwarten hätten, wenn sie einen „ehrlichen" Alarmruf nicht beachten würden. Alarmrufe in Abwesenheit eines Beutegreifers werden gelegentlich von manchen Individuen bei so verschiedenen Arten wie Kohlmeisen [659] und Grünen Meerkatzen (*Cercopithecus aethiops*) [164] produziert. Andere Individuen der jeweiligen Art stürmen davon, um sich in „Sicherheit" zu bringen, und ermöglichen so dem falschen Alarmrufer den Zugang zu einem reichen Nahrungsangebot oder zu anderen Ressourcen.

9.3.5 Täuschung und Drohgebärden

Vor dem Hintergrund einer wiederholten Entwicklung von täuschenden Signalen im Tierreich ist es zunächst schwer verständlich, warum so viele Signalempfänger es Signalgebern erlauben, ihr Verhalten mit Hilfe stark ritualisierter und offenbar symbolischer Verhaltensweisen zu beeinflussen. So legen zum Beispiel die Männchen vieler Tierarten Konflikte bei, indem sie, anstatt zu kämpfen, optisch oder akustisch auffällige Verhaltensweisen anwenden, bei denen nicht der geringste körperliche Kontakt zwischen den Kontrahenten zustande kommt, ganz zu schweigen von einem Kampf auf Leben und Tod. Selbst Kämpfe haben eher etwas von einer komischen Oper an sich, wenn die Kontrahenten nach ein paar Stößen und Schubsern wieder auseinandergehen. Nachdem er ein- oder zweimal „überrannt" wurde, robbt ein unterlegener See-Elefant, so schnell er kann, davon, schiebt seinen massigen Körper über den Strand in Richtung Wasser, während der Sieger brüllend die zwar lautstarke, aber harmlose Verfolgung des Kontrahenten aufnimmt.

Bevor man erkannte, daß die Hypothese, Tiere verhielten sich „zum Wohl der Art", erhebliche logische Probleme mit sich bringt (Kap. 1), war die Ansicht weit verbreitet, daß die Lösung von Konflikten durch harmlose Drohgebärden Vorteile für eine Art oder eine Gruppe hat, zum Beispiel eine Regulierung der Populationsdichte oder die Vermeidung ernsthafter Verletzungen für „höhergestellte" Individuen, durch welche das genetische Grundmaterial der Population verbessert werden könnte. Hypothesen, die einen Nutzen für die Art annehmen, besagen letztendlich, daß die „noblen" Verlierer eine entbehrliche Reserve der Population darstellen, die bereit ist, sich für das Gesamtwohl der Art zu opfern. Allerdings würden dann aufopferungsvolle Individuen, falls es sie je gegeben haben sollte, früher oder später durch Mutanten ersetzt werden, die mit ihrem Verhalten ihre eigene Fitness erhöhen.

Deshalb kann aus Sicht der modernen Biologie die Arbeitshypothese nur lauten, daß Individuen ihre Konflikte auf eine Art und Weise lösen müssen, durch die ihr eigener Fortpflanzungserfolg erhöht wird, unabhängig davon, welche Konsequenzen dies für die Population als Ganzes hat. Die ritualisierte Natur tierlicher Aggression aber scheint der Täuschung Tür und Tor zu öffnen, wobei manche Individuen Verhaltensweisen in Form einer Täuschung einsetzen, die andere dazu bringt, ihnen nützliche Ressourcen, wie z. B. Brutterritorium oder Paarungspartner, zu überlassen [230].

So gibt es zum Beispiel das Drohverhalten der Erdkröte (*Bufo bufo*), deren Männchen um den Besitz paarungsbereiter Weibchen kämpfen. Wenn ein Männchen ein anderes Männchen findet, das ein Weibchen bestiegen hat, so kann es versuchen, den Kontrahenten vom Rücken des Weibchens herunterzuziehen. Das Männchen auf dem Rücken eines Weibchens quakt, sobald es berührt wird. Zwischen verschiedenen Männchen gibt es

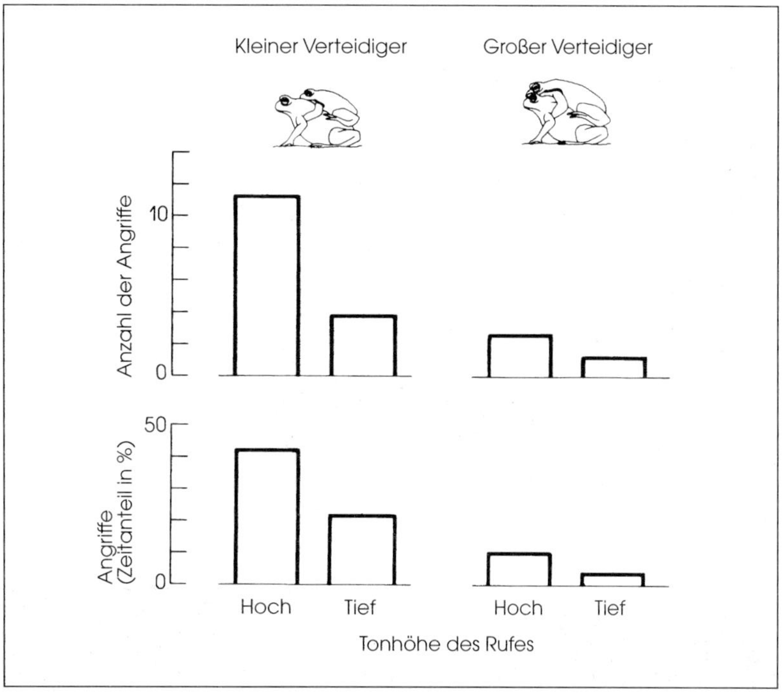

Abb. 9-23: **Experiment zur Tonhöhe von Quaklauten.** Einzelne, männliche Kröten haben weniger Kontakte und Interaktionen mit sich paarenden Rivalen, die zum Verstummen gebracht wurden, wenn vom Tonband ein tieffrequenter Laut kommt, als wenn ein höherfrequenter Ton abgespielt wird. Quelle: Davies und Halliday (220).

eine große Variation bezüglich der Tonhöhe dieser Quaklaute; Nicholas Davies und Timothy Halliday haben ein geistreiches Experiment durchgeführt, um zu zeigen, daß tiefe Quaklaute Angreifer effektiver abschrecken als hohe [220].

Die beiden Forscher setzten Krötenpaare zusammen mit jeweils einem einzelnen Männchen für 30 Minuten in ein Wasserbecken. Die verpaarten Männchen waren unterschiedlich groß und wurden mit einem Gummiband, das unter ihren Vorderbeinen her und durch ihr Maul hindurch geschlungen war, zum Schweigen gebracht. Immer, wenn das einzelne Männchen ein Paar berührte, kam ein fünf Sekunden dauernder Ruf vom Tonband, der entweder hoch oder tief war. Kleine Männchen wurden weitaus weniger häufig angegriffen, wenn das sich einmischende Männchen einen tiefen Ruf zu hören bekam (Abb. 9-21). Demzufolge sind tiefe Quaklaute geeignet, Rivalen in gewissem Grade abzuschrecken (obwohl auch taktile Hinweise für die Häufigkeit und Beharrlichkeit einer Attacke eine Rolle spielen, wie man an der insgesamt höheren Angriffsrate auf kleinere Kröten sehen kann).

Warum also „täuschen" kleine Männchen nicht „vor", groß zu sein, indem sie tiefe Rufe von sich geben? Eine Hypothese für das Unvermögen einiger Individuen, dieses Verhalten auszuführen, welches Rivalen einschüchtert und so auf Distanz hält, ist, daß sie wohl wollten, wenn sie könnten, es aber einfach nicht geht. Eine kleine, männliche Kröte kann demzufolge einen tiefen Quaklaut einfach nicht hervorbringen, wenn Körpermasse und die unverrückbaren Gesetze der Physik die Tonhöhe eines Signals, das ein Männchen erzeugen kann, bestimmen. Also hat sich bei den Kröten ein defensives Signal entwickelt, welches ihre richtige Körpergröße anzeigt. Durch Beachtung dieses **ehrlichen Signals** (eines, das zutreffende Information übermittelt) kann ein Männchen die Größe seines Rivalen ungefähr bestimmen.

Ein großes Männchen mit einem Signal, bei dem ein betrügerisches Nachahmen durch kleine Männchen ausgeschlossen ist, kann damit anzeigen, daß es stärker ist als kleinere Kröten. Sein Gewinn besteht darin, daß es keine Zeit und Energie in einem ernsthaften Kampf verschwendet, wenn kleine Rivalen sofort den Rückzug antreten. Kleine Männchen erlangen Vorteile, da sie ihre Zeit und Energie nicht mit Kämpfen verschwenden, die sie kaum gewinnen können. Beide gewinnen also, und deshalb ist es auch berechtigt, die Kommunikation, welche zwischen ihnen stattfindet, als kooperative Form der Interaktion zu bezeichnen.

Stellen Sie sich vor, es gäbe zwei Arten von aggressiven Individuen in einer Population; die einen kämpfen mit jedem Gegner, bis sie gesiegt haben oder aber physisch geschlagen sind, die anderen prüfen das Kampfpotential eines Rivalen und ziehen sich dann so schnell wie möglich zurück, es sei denn, ein Sieg scheint für sie sicher. Es ist davon auszugehen, daß „Kämpfe um jeden Preis"-Typen früher oder später, und wahrscheinlich eher früher als später, auf einen Gegner stoßen, der sie tüchtig verprügelt. Bei den „Kämpfe nur, wenn die Chancen gut stehen"-Typen ist eine Niederlage mit schädlichen Folgen gegen einen übermächtigen Gegner weitaus weniger wahrscheinlich [980].

Stellen Sie sich des weiteren vor, es gäbe zwei Arten von überlegenen Kämpfern in einer Population; die einen zeigen Signale, welche von schwächeren Männchen nicht hervorgebracht werden können, die anderen zeigen

Abb. 9-24: **Konvergente Entwicklungen zur gegenseitigen Einschätzung.** (Oben) Männliche Rothirsche zeigen aggressive Verhaltensweisen, bei denen die Gegner die Geweihe ineinander verhaken, wodurch sie die Möglichkeit haben, die relative Größe und Kraft des anderen zu beurteilen. Foto von Timothy Clutton-Brock. (Unten) Zwei männliche Fliegen mit "Geweih" (beachten Sie die bizarren Fortsätze an ihren Köpfen) stürzen sich aufeinander. Auch diese Interaktionen erlauben eine schnelle Einschätzung des Rivalen hinsichtlich seiner Größe und Körperkraft. Foto von Gary Dodson.

Drohgebärden, die von schwächeren Männchen nachgeahmt werden können. Sobald sich die Nachahmer in der Population ausbreiten, würden durch natürliche Selektion solche Empfänger favorisiert, die das betrügerische Signal ignorieren, womit auch dessen Wert für diejenigen, welche es produzieren, reduziert würde. Dies wiederum würde logischerweise zur Ausbreitung der genetischen Grundlage für die andere Art der Signalgebung führen, da deren Wert nicht durch betrügerische Signalgeber gemindert werden kann.

Wenn dieses Argument zutrifft, dann können wir voraussagen, daß die Drohgebärden, durch welche Rivalen über die Größe und die Kampfkraft des drohenden Tieres zuverlässig informiert werden, bei vielen, nicht miteinander verwandten Arten ähnliche Eigenschaften aufweisen (Abb. 9-24; Farbtafel 5) [731]. Dabei wird vorausgesetzt, daß Körpergröße, Muskelmasse und Kraft bei vielen Tieren miteinander korreliert sind [246, 554, 990]. Beim Rothirsch (*Cervus elaphus*) zum Beispiel wetteifern die Männchen während der Brunft im Herbst um den Verbleib bei einer Gruppe von Weibchen. Obwohl auch Kämpfe bis zur physischen Niederlage eines Tieres vorkommen (normalerweise zwischen Männchen, die in ihrer körperlichen Konstitution einander sehr ähnlich sind), erreichen die meisten Interaktionen nicht einmal ein Stadium, in dem mit dem Geweih gekämpft wird. In den meisten Fällen zieht sich eines der Männchen zurück, nachdem die konkurrierenden Tiere eine Zeitlang geröhrt haben (Abb. 9-25) [174]. Im allgemeinen erfordert akustisches Imponierverhalten viel Energie [z.B. 971]; im Falle des Rothirsches sind nur Männchen in Topform dazu in der Lage, das Röhren mit einer hohen Wiederholungsrate über viele Minuten hinweg durchzuhalten [170]. Folglich erhalten (wie bei den Erdkröten) Herausforderer und Haremsbesitzer zutreffende Information über das Kampfpotential eines Rivalen, indem sie auf dessen Lautäußerungen achten.

Wenn also die Hypothese der ehrlichen Signalgebung zutrifft, dann sind Drohgebärden Beispiele für eine Kooperation zwischen Gegnern; sie ermöglichen Signalgebern und Signalempfängern, die Kampfkraft des anderen jeweils richtig einzuschätzen [136] und eine adaptive Entscheidung darüber zu treffen, ob ein ernsthafter Kampf, der für beide Teilnehmer sehr kostspielig sein könnte, vermieden werden sollte.

Abb. 9-25: **Ein ehrliches Signal.** Nur männliche Rothirsche in körperlicher Höchstform können einen Wettkampf im Röhren über eine lange Zeit durchhalten. Foto von Timothy Clutton-Brock.

Zusammenfassung

1. Kommunikationssignale, die sich im Laufe der Evolution entwickelt haben, können definiert werden als die Verhaltensweisen eines Signalgebers, welche Information an einen Empfänger zu beiderseitigem Nutzen übermitteln. Signale, die für einen Signalgeber insgesamt keine Vorteile bringen, werden gewöhnlich durch natürliche Selektion eliminiert; Signalempfänger, die von ihrer Reaktion auf ein Signal insgesamt nicht profitieren, dürften durch solche ersetzt werden, die das jeweilige Signal ignorieren.
2. Kommunikationssignale, die im Laufe der Evolution entstanden sind, haben ihren Ursprung wahrscheinlich oft in Verhaltensweisen, die in einem anderen Zusammenhang ausgebildet wurden, beiläufig aber auch nützliche Informationen an einen Empfänger übermitteln konnten, dessen Sinnessysteme die Fähigkeit hatten, solche Signale wahrzunehmen. Damit war dann die Grundlage für eine kooperative Interaktion zwischen Sender und Empfänger gelegt.
3. Die Entwicklungsgeschichte einiger Kommunikationssignale kann durch Vergleiche zwischen rezenten Arten zurückverfolgt werden, wie anhand von Studien der Tänze von Honigbienen veranschaulicht wurde. Diese komplexen Signale haben sich wahrscheinlich in einer Reihe einzelner Schritte aus einem weniger komplexen Anfangsstadium entwickelt.
4. Der mögliche adaptive Wert eines Kommunikationssignals kann anhand von Kosten-Nutzen-Überlegungen, wie sie von Verhaltensökologen angestellt werden, analysiert werden. Ein solcher Ansatz gibt Aufschluß über einige schwierige Probleme (nämlich die, bei denen Sender oder Empfänger anscheinend substantielle Kosten auf sich nehmen, wenn sie Signale senden oder auf sie antworten).
5. Viele Aspekte der tierlichen Kommunikation werden besser verstanden, wenn man sich darüber im klaren ist, daß sich Signalgeber oft mit unerwünschten Empfängern, die ihre Signale ausbeuten, auseinandersetzen müssen; Empfänger müssen oft das Risiko eingehen, von betrügerischen Signalgebern getäuscht und ausgebeutet zu werden. Drohgebärden zum Beispiel haben sich wahrscheinlich als Ergebnis einer Selektion auf ehrliche Signale entwickelt, solche also, die von „falschen" Signalgebern, die sie zur Täuschung anderer nutzen würden, nicht leicht hervorzubringen sind.

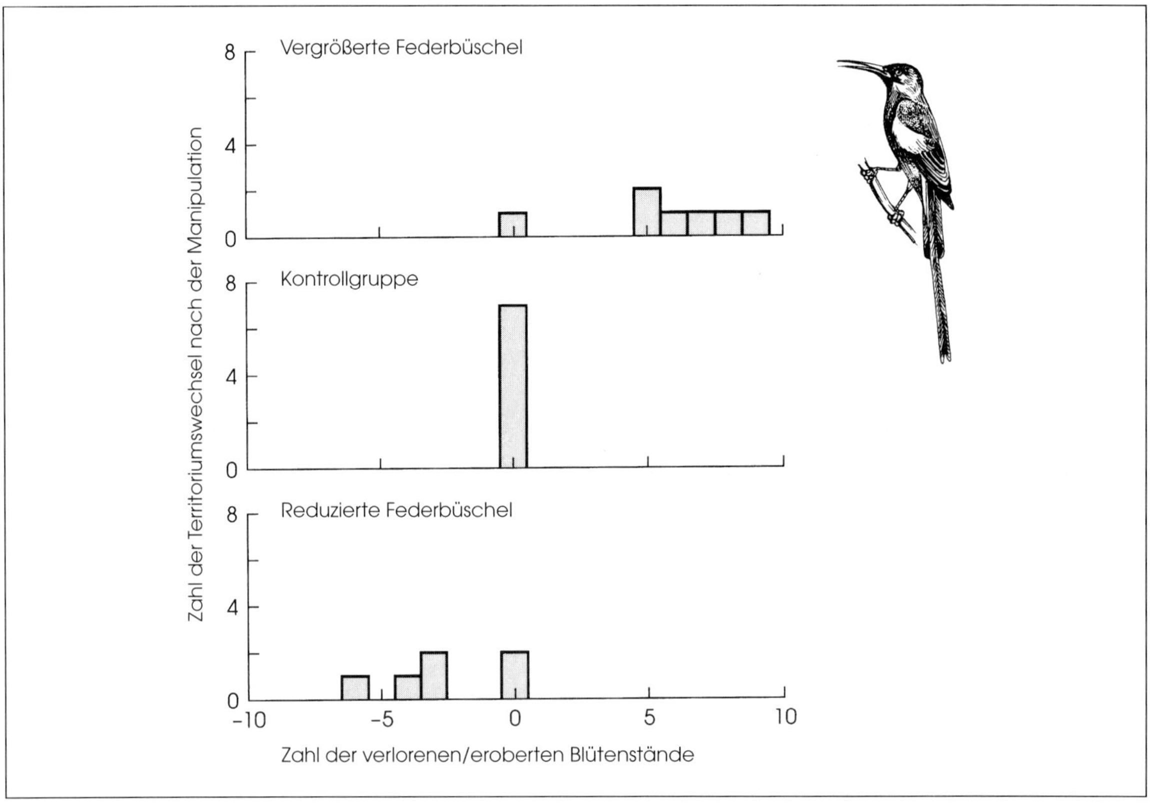

Empfohlene Literatur

Die Kommunikation zwischen Tüpfelhyänen wird von Hans Kruuk [541] und anderen [352, 364, 404] diskutiert. Martin Lindauer entwirrte die mögliche Entstehungsgeschichte der Tänze von Honigbienen [572]. Die Kommunikation bei Raben ist Gegenstand von Bernd Heinrichs großartigem Buch „Ravens in Winter" [433]. Theoretische Aspekte der Evolution von Kommunikation, unter besonderer Berücksichtigung des Phänomens der Täuschung, werden in [230, 412] behandelt.

Diskussionsfragen

1. Der Frequenzbereich, der von Tieren, welche akustische Signale produzieren, genutzt wird, variiert gewaltig. Elefanten produzieren zum Beispiel Infraschallsignale; die Frequenzen sind also zu niedrig, als daß wir sie hören könnten [737]. Welche Faktoren könnten Kosten und Nutzen des Gebrauchs einer bestimmten Schallfrequenz als Kommunikationskanal beeinflussen?
2. Randall Breiwitsch und George Whitesides wollten wissen, welchen Nutzen männliche Spottdrosseln (*Mimus polyglottos*) aus ihren langen und komplexen Gesängen ziehen [109]. Sie erwogen zwei Möglichkeiten: Der Gesang hilft dabei, andere Männchen aus einem Territorium herauszuhalten, und der Gesang hilft dabei, ein Weibchen anzulocken. Treffen Sie auf der Grundlage dieser Hypothesen Voraussagen über (1) die Gesangsrate von verpaarten und unverpaarten Männchen, (2) die Auswirkungen der experimentellen Trennung eines Weibchens von einem Männchen, das es zuvor erobert hat, und (3) die Richtung, in die ein Männchen seinen Gesang aussenden wird, bevor und nachdem es ein Weibchen erobert hat.
3. Die Männchen einiger Singvögel haben ein ganzes Repertoire an Gesängen. Eine Hypothese ist, daß diese Fähigkeit es einem Individuum ermöglicht, nach mehr als nur einem Männchen, das ein Gebiet erobert hat, zu klingen und mit dieser Täuschung Rivalen von dem jeweiligen Ort fernzuhalten. Entwickeln Sie eine Alternativhypothese mit der Annahme eines „ehrlichen Signals" für den Besitz eines Gesangsrepertoires bei Singvögel und schlagen Sie einen Test für diese beiden Alternativen vor [531, 535, 1022].
4. Die Männchen des Lobeliennektarvogels (*Nectarinia johnstoni*) in Afrika haben rote Federbüschel auf ihrer Brust, die sie bei aggressiven Interaktionen mit Rivalen um Territorien mit nektarproduzierenden Blüten aufplustern. In einem Experiment wurden einigen Vögeln diese Federn abgeschnitten, wodurch Männchen mit reduzierten Federbüscheln geschaffen wurden [298]; die so erhaltenen Federstücke wurden auf die Federbüschel von anderen Männchen aufgeklebt, wodurch Männchen mit vergrößerten Federbüscheln entstanden. Welche Voraussage ergibt sich nach der Hypothese der ehrlichen Signalgebung über die Zunahme oder Abnahme der Zahl von Blüten oder Blütenständen, die die Männchen verteidigen können sollten, nachdem ihre Federbüschel verändert wurden? Die ermittelten Resultate sind in der Abbildung auf Seite 208 dargestellt. Welche Schlußfolgerung ist auf der Grundlage dieser Daten zutreffend?

Dieses und die folgenden Kapitel untersuchen die adaptive Bedeutung von vier fundamentalen Entscheidungen, welche die meisten Tiere treffen: wo sie leben sollen, wie sie an Nahrung kommen, wie sie Feinden aus dem Weg gehen und welche Taktik sie anwenden, um sich fortzupflanzen. Wir behandeln zunächst Fragen, die mit dem Problem zusammenhängen, einen geeigneten Lebensraum zu finden. Bei ihrer Entscheidung für einen bestimmten Lebensraum tun viele Arten Dinge, die – zumindest bei oberflächlicher Betrachtung – kostspielig und schädlich für den individuellen Fortpflanzungserfolg zu sein scheinen. Wie ich bereits erklärt habe, sind es gerade solche Verhaltensweisen, welche die Aufmerksamkeit von Verhaltensökologen auf sich ziehen, da sie anscheinend der Annahme zuwiderlaufen, daß Tiere Verhaltensweisen zeigen, die ihre Fitness erhöhen. Manche Tiere investieren zum Beispiel nicht wenig Zeit und Energie in die Suche nach bestimmten Habitaten, während sie auf andere verzichten. Oft verlassen Tiere Orte, die für sie geeignet zu sein scheinen, wie zum Beispiel den, an dem sie geboren sind, und wandern ab zu anderen Stellen, obwohl sie dazu unbekanntes und gefährliches Terrain durchqueren müssen. Bei einigen Arten kommen abwandernde Individuen zu einem späteren Zeitpunkt an genau den Ort zurück, von dem sie aufgebrochen sind und vollenden damit Wanderungen von ungeheuren Ausmaßen. Schließlich verteidigen die Individuen mancher Arten ihren Lebensraum gegen Eindringlinge, obwohl Territorialität eine Reihe von Anforderungen an Tiere stellt, die ein solches Verhalten zeigen. Dieses Kapitel gibt einen Überblick über die zahlreichen Hypothesen zum adaptiven Wert von Habitatpräferenzen, Dispersion, Migration und Territorialverhalten, alles Elemente des verhaltensökologischen Themas, wie Tiere einen Ort zum Leben finden.

10 Einen Ort zum Leben finden

10.1 Habitatwahl

Wer sich für die Lebensweise von Tieren interessiert, wird wissen, daß bestimmte Arten nur in bestimmten Habitaten mit großer Zuverlässigkeit angetroffen werden. In meiner Jugend war ich ein begeisterter Vogelbeobachter, und jedes Frühjahr haben wir, mein Vater und ich, uns einen Samstag im Mai freigehalten, um zu sehen, wieviele verschiedene Vogelarten wir im Umkreis von ein paar Kilometern um unser Haus im Südosten Pennsylvanias finden konnten. Wir wußten, daß wir, um eine Heuschreckenammer (*Ammodramus savannarum*) auf unsere Liste setzen zu können, grasbewachsene Bereiche aufsuchen müssen; der Drosseluferläufer (*Actitis macularia*) würde unten am White Clay Creek zu finden sein; die Kiefernwälder waren ein Muß, wenn wir auf Eulen aus waren, und wenn wir unbedingt einen Seggenzaunkönig (*Cistothorus platensis*) zu Gesicht bekommen wollten, waren die überschwemmten Wiesen von Mr. Boggs Weideland unsere einzige Hoffnung.

Die Regel, daß bestimmte Arten nur in besonderen Habitaten anzutreffen sind, gilt nicht nur für Vögel, sondern für alle Tiere. Dies läßt den Schluß zu, daß Individuen versuchen, sich an bestimmten Orten anzusiedeln, während sie andere ignorieren oder sogar zu meiden versuchen. Wenn Tiere tatsächlich eine adaptive Präferenz für bestimmte Lebensräume haben, dann müßten Individuen, die diese Neigungen befriedigen können, eine höhere Fitness aufweisen als solche, die nicht in der Lage sind, sich in ihrem bevorzugten Habitat anzusiedeln.

Linda Partridge hat, um diese Voraussage zu prüfen, zwei nah verwandte europäische Singvögel untersucht: die Tannenmeise (*Parus ater*), die in Nadelwäldern lebt, und die Blaumeise (*Parus caeruleus*), die Eichenwälder bevorzugt. Auf der proximaten Ebene besteht dieser Unterschied zwischen den Arten zum Teil deshalb, weil junge Tannenmeisen eine angeborene Präferenz für das Blattwerk von Nadelbäumen haben, während die Blaumeisen Eichenlaub bevorzugen [734]. Doch bringen diese proximaten Präferenzen für einfache, habitatspezifische Reize Individuen dazu, sich adaptiv zu verhalten? Die Habitatpräferenzen von Tannenmeise und Blaumeise wären adaptiv, wenn die Vögel in dem jeweils bevorzugten Habitat ihre Nahrung effizienter beschaffen könnten [735]. Dieses Argument basiert auf der – durchaus berechtigten – Annahme, daß ein Individuum umso eher überleben und sich erfolgreich vermehren wird, je effizienter es bei der Nahrungssuche vorgeht (siehe auch Kap. 11).

Partridge prüfte den Zusammenhang zwischen Habitat-Typ und Erfolg bei der Nahrungssuche, indem sie handaufgezogene Vögel bei der Futtersuche mit artifiziellen Problemen konfrontierte. Das jeweilige Versuchstier mußte durch eine Abdeckung picken oder diese abziehen, um an ein darunter verborgenes Futterstück zu kommen, oder sich kopfüber an einen Zweig hängen, um Futter zu erlangen. Ähnliche Verhaltensweisen kann man auch an Blaumeisen in freier Wildbahn beobachten; sie lassen sich neben einem großen Eichenblatt herabhängen oder zerren und reißen an einem Büschel abgestorbener Blätter, um an versteckte Insekteneier und Raupen zu kommen. Dagegen suchen Tannenmeisen auf Nadeln und Rinde der Bäume nach Nahrung und wenden deshalb nur selten solche Techniken an. Wie vorausgesagt, brauchten die handaufgezogenen, untrainierten Tannenmeisen in diesen Tests signifikant länger, um an Nahrung zu kommen, als die ebenso unerfahrenen Blaumeisen (Tab. 10-1).

Beachten Sie, daß dies ein Beispiel für einen schwachen Test einer adaptionistischen Hypothese ist, da die überprüfte Voraussage nur aus einer einzigen Hypothese, nicht aus multiplen Arbeitshypothesen abgeleitet wird. Mehr noch, bei dieser Hypothese geht es ausschließlich um den möglichen Nutzen einer vorhandenen Habitatpräferenz; die damit verbundenen Kosten werden nicht berücksichtigt. Obwohl die Ergebnisse zur Nahrungssuche bei beiden Arten in Übereinstimmung mit der Hypothese stehen, daß die proximaten Mechanismen der Habi-

Tab. 10-1: **Vergleich der Geschicklichkeit** von versuchsnaiven Handaufzuchten der Tannenmeise und der Blaumeise **bei der Futtersuche**. Quelle: Partridge (735).

Art	Mittlere Zeit (in Sekunden) bis zum Erlangen der Nahrung		
	Picken durch eine Abdeckung	Abziehen einer Abdeckung	Kopf über hängend
Blaumeise	14	3,8	2,9
Tannenmeise	22	5,0	6,1

tatwahl junge Vögel dabei unterstützen, geeignete Orte für die Suche nach Nahrung zu finden, sind in diesem und anderen Fällen weitere und strengere Tests zu fordern. Sie sollten sich bei jeder der in diesem und den folgenden Kapiteln vorgestellten Fallstudien fragen, ob multiple Hypothesen vorgestellt werden, ob das Verhältnis zwischen Kosten und Nutzen berücksichtigt wird und ob die Voraussagen qualitativer oder quantitativer Natur sind. Schließlich sollten Sie sich vergegenwärtigen, daß, wenn multiple Ursachen für ein bestimmtes Phänomen verantwortlich sind, die beharrliche Suche nach nur einer zutreffenden Erklärung verhindert, daß andere, ebenfalls zutreffende Ursachen gefunden werden.

10.1.1 Wahl des Neststandortes bei Honigbienen

Auch manche Insekten wählen den Ort, an dem sie leben. Im Frühjahr teilt sich ein Honigbienenvolk (*Apis mellifera*), das eine ausreichende Größe erreicht hat, in zwei auf, wobei die alte Königin mit der Hälfte ihrer Arbeiterinnen einen Schwarm bildet und wegfliegt; sie überläßt den alten Stock und die zurückbleibenden Arbeiterinnen einer Tochter, die zur neuen Königin wird. Der Schwarm läßt sich vorübergehend in einem Baum nieder, wobei die Arbeiterinnen um ihre Königin herum eine Traube bil-

Abb. 10-1: **Ein neues Heim finden.** Kundschafterinnen der Honigbiene tanzen auf der Schwarmoberfläche, um mitzuteilen, wo ein möglicher neuer Neststandort für die Kolonie zu finden ist. Foto von E. S. Ross.

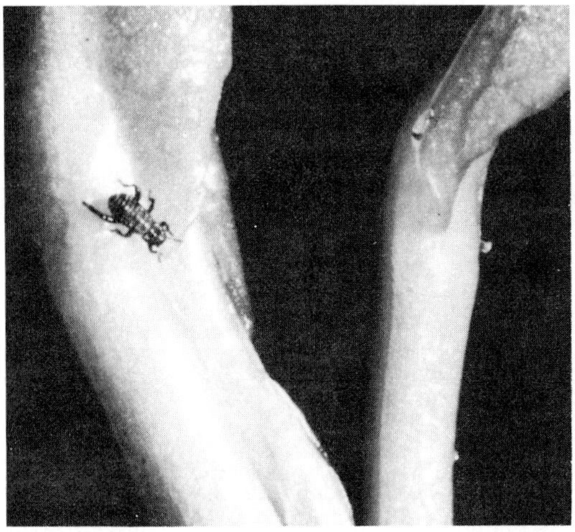

Abb. 10-2: **Eine Pappelblattlaus** auf einem Pappelblatt (links) sucht nach einer geeigneten Stelle für die Bildung einer Galle (rechts), in der sie ihre Jungen produzieren wird. Fotos von Thomas Whitham.

den, die von einem Ast herabhängt (Abb. 10-1). In den darauffolgenden Tagen fliegen Kundschafterinnen aus und suchen nach kleinen Öffnungen, die zu Hohlräumen im Boden, in Felswänden oder in hohlen Bäumen führen. Oft gibt es viele solcher Plätze innerhalb einer für den wartenden Schwarm erreichbaren Distanz, aber nur einige können eine Arbeiterin dazu motivieren, bei ihrer Rückkehr zum Schwarm einen Tanz auszuführen – einen Tanz, mit dem Informationen über Entfernung, Richtung und Qualität der potentiellen neuen Heimstätte weitergegeben werden (siehe Kap. 9). Andere Arbeiterinnen folgen aufmerksam der tanzenden Kundschafterin und können vielleicht ausreichend stimuliert werden, selbst zu diesem Ort zu fliegen. Wenn er ihnen ebenfalls attraktiv erscheint, werden auch sie bei ihrer Rückkehr tanzen und damit noch mehr Arbeiterinnen zu der Stelle schicken. Schließlich werden die meisten zurückkehrenden Kundschafterinnen für denselben Ort werben, worauf der Schwarm seinen vorübergehenden Aufenthaltsort verläßt, um zu dem favorisierten Nestplatz zu fliegen.

Thomas Seeley entdeckte, daß Kundschafterinnen nur bei Kammern mit einem Rauminhalt von 30 bis 60 Litern begeistert reagieren [845]. Die Größe des Hohlraums ist jedoch nicht der einzige Faktor, den Kundschafterinnen zur Beurteilung heranziehen. In Bayern, wo Martin Lindauer entsprechende Forschungsarbeiten durchführte, bevorzugen die Bienen im allgemeinen Löcher im Boden; Holzstrukturen und Bienenkörbe aus Stroh stehen an zweiter bzw. dritter Stelle der Wahl. Außerdem wird ein bayerischer Bienenschwarm, wenn er die Wahl zwischen zwei gleichwertigen Stöcken hat, von denen sich einer in der Nähe des Ursprungsstocks (z. B. ungefähr 50 Meter entfernt) und der andere in einem größere Abstand (ca. 200 Meter entfernt) befindet, den entfernteren der beiden wählen [572]. Und dies, obwohl die zusätzliche Entfernung dazu führen kann, daß die Königin durch diese Reise völlig erschöpft wird (Königinnen können wunderbar Eier legen, ihre Flugleistungen allerdings sind kaum der Rede wert).

Lindauer war der Meinung, daß diese Präferenzen seinen bayerischen Bienen zu gut isolierten Nestern verhelfen, in denen sie den Winter überstehen können. Und indem sie sich eine nicht unbedeutende Strecke vom Stock der Tochter entfernt, könnte die ausfliegende Königin den Nahrungswettbewerb zwischen den beiden Völkern vermindern und damit die Überlebenschancen beider Gruppen erhöhen.

Wir können Lindauers Hypothese, daß kalte Winter und Nahrungskonkurrenz Einfluß auf die Evolution von Habitatpräferenzen bayerischer Honigbienen hatten, anhand der Voraussage testen, daß Honigbienen, die nicht diesen speziellen ökologischen Faktoren ausgesetzt sind, ein anderes Verhalten zeigen werden. Italienische Honigbienen bieten uns die Gelegenheit, diese Voraussage zu prüfen. Sie sind zwar Angehörige derselben Art (*Apis mellifera*), leben aber in Südeuropa, wo die Winter viel milder sind als im nördlicher gelegenen Deutschland [485, 486]. Wie erwartet, bevorzugen italienische Bienen weder Erdhöhlen gegenüber oberirdischen Stöcken, noch ziehen sie geschützte Stöcke ungeschützten vor. Außerdem nehmen sie auch kleinere Höhlen und näher zum Volk der Tochter gelegene Nestplätze an als nördlicher lebende Bienen.

Diese Unterschiede sind alle mit der geringeren Gefahr für italienische Bienen verbunden, den Winter nicht zu überleben. Da sie in Südeuropa leben, sind gut geschützt liegende Stellen für sie nicht von besonderem Wert [362]. Sie sind außerdem einem geringeren Selektionsdruck zur Bildung großer Völker ausgesetzt, welche anscheinend vor allem unter kälteren klimatischen Bedingungen adaptiv sind. In kalten Gebieten bildet eine große Anzahl von Mitgliedern eines Volkes eine vielschichtige Isolierung um die Hauptmasse der überwinternden Bienen, wodurch die Königin und eine ausreichende Zahl an Arbeiterinnen den Winter überstehen können. Bei den milden Wintern in Südeuropa erzielen große Völker keine besonderen Vorteile für ihr Überleben. Kleinere Völker dagegen können nicht nur kleinere Höhlen beset-

Tab. 10-2: Einfluß der Blattgröße und der Position der Galle auf den **Fortpflanzungserfolg weiblicher Pappelblattläuse**. Quelle: Whitham (991).

		Mittlere Zahl produzierter Nachkommen		
Zahl der Gallen pro Blatt	Mittlere Blattgröße (cm)	Weibchen an der Blattbasis	Zweites Weibchen	Drittes Weibchen
1	10,2	80	-	-
2	12,3	95	74	-
3	14,6	138	75	29

zen, sie benötigen auch nicht so große Areale, um sich mit Nahrung zu versorgen. Deshalb sind italienische Bienenschwärme auch nicht gezwungen, sich weit von ihrem alten Heimatstock zu entfernen [362].

10.1.2 Habitatpräferenzen und Fitness

Bisher haben wir uns auf Studien zur Wahl von Habitaten bezogen, in denen der Fortpflanzungserfolg nicht direkt gemessen wurde, die aber zeigen, daß wahrscheinlich mit dem Fortpflanzungserfolg korrelierte Parameter, wie zum Beispiel die Effizienz der Nahrungsaufnahme oder das Überleben im Winter, durch die Wahl geeigneter Habitate gefördert werden. Thomas Whitham hatte die Möglichkeit, direkt zu testen, ob die Habitatpräferenzen winziger Pappelblattläuse (*Pemphigus betae*) ihre Fitness erhöhen [989-991].

Jedes Frühjahr schlüpfen in Utah in der Rinde der Pappel *Populus angustifolia* Blattläuse aus ihren Eiern. Eine neue Generation winzig kleiner, schwarzer Weibchen wandert vom Stamm zu den Blattknospen an den Zweigen. Jedes Weibchen – auf einem Baum können Zehntausende von ihnen sein – wählt ein Blatt aus, läßt sich an dessen Mittelrippe, und zwar fast immer nahe der Blattbasis, nieder und induziert die Bildung einer hohlen, kugelförmigen Gewebewucherung – der Galle – in der sie dann mit ihren Nachkommen, die sie parthenogenetisch erzeugt, lebt (Abb. 10-2). Wenn die Töchter vollständig entwickelt sind, platzt die Galle auf, und die Blattläuse schwärmen aus, um neue Pflanzen zu besiedeln.

Whitham fand, daß Weibchen, die sich auf großen Blättern ansiedeln, zahlreichere und schwerere Nachkommen produzieren als Weibchen auf kleinen Blättern. Wenn also die Weibchen wählen können, wo sie sich ansiedeln, dann sollten sie große Blätter aufsuchen. Genauso ist es auch. In den von Whitham untersuchten Bäumen kamen 35 Blattläuse auf 100 Blätter. Alle sehr großen Blätter der Pappeln waren besetzt, obwohl sie nur 2 % des gesamten Blattwerks ausmachten, wohingegen die kleinsten Blätter (33 % aller Blätter) durchweg gemieden wurden.

Da das Angebot an großen Blättern knapp ist, werden sie von den neu auftretenden Weibchen sehr schnell in Besitz genommen. Eine Blattlaus, die auf ein Blatt stößt, welches bereits von einem anderem Weibchen mit einer Galle besetzt ist, kann sich entweder hinzugesellen (obwohl das zuerst ansässige Weibchen eventuell versuchen wird, dies zu verhindern, wie wir weiter unten sehen werden), oder nach einem noch nicht eroberten Blatt suchen. Als Spätankömmling muß eine Blattlaus ihre Galle im distalen Bereich der Mittelrippe eines besetzten Blattes bilden und wird deshalb weniger von dem nahrhaften Pflanzensaft erhalten als das Individuum an der Blattbasis. Die mit diesen zwei Optionen (Hinzugesellen bzw. Weitersuchen) verbundenen Fitnessgewinne hängen von der Größe unbesetzter Blätter gegenüber der Größe besetzter Blätter ab. Der Zweitbesetzerin eines großen Blattes kann es genauso gut gehen wie einer einzelnen Blattlaus auf einem kleineren Blatt und bedeutend besser als der einsamen Besetzerin eines sehr kleinen Blattes (Tab. 10-2). Wie vorausgesagt, wählen Blattlausweibchen, wenn sie ein Blatt als zweite besetzen müssen, große Blätter aus, obwohl diese relativ selten sind [991].

10.2 Dispersion

Hat eine Pappelblattlaus erst einmal einen Ort gefunden, an dem sie leben kann, so wird sie den Rest ihres Lebens dort verbringen. Bei anderen Arten aber, wie der Honigbiene, kommt es regelmäßig vor, daß Individuen von einem festen Heimatstandort zu einem neuen Lebensraum aufbrechen. Das Abwandern (Dispersion) ist wegen des damit verbundenen energetischen Aufwands und des Risikos, sich Beutegreifern auszusetzen, vermutlich ein recht kostspieliges Geschäft; dies ist für einige Arten klar erwiesen. So sind zum Beispiel einzelne Gruppen der Grünen Meerkatze (*Cercopithecus aethiops*) manchmal gezwungen, von ihrem vertrauten Streifgebiet in neue Areale hinüberzuwechseln, als Folge sich verschlechternder Umweltbedingungen oder der Konkurrenz durch rivalisierende Trupps. Während der Zeit, in der sich die Affen in neuen, ihnen wenig vertrauten Gebieten ansiedeln, kommt es häufiger vor, daß einzelne

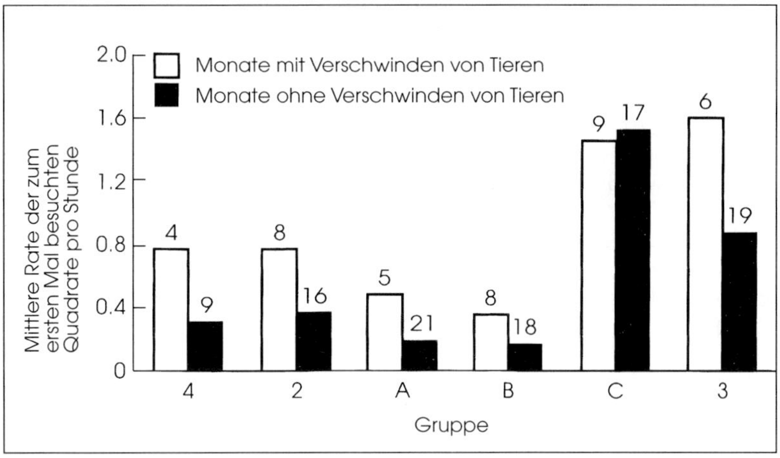

Abb. 10-3: **Fitnesskosten der Abwanderung für Grüne Meerkatzen im „Leopardenland".** Monate, in denen Gruppenmitglieder verschwanden, waren mit größerer Wahrscheinlichkeit solche, in denen sie in neue Gebiete (Quadrate) einwanderten als die Monate, in denen keine Gruppenmitglieder verschwanden. Diese Beziehung zwischen Wanderverhalten und Verschwinden trifft auf fünf der sechs Gruppen (nicht auf Gruppe C) zu. Die Zahlen über den Balken geben die Zahl der Monate wieder, für welche Wanderungsraten berechnet wurden. Quelle: Isbell et al. (476).

Tiere verschwinden (wahrscheinlich im Rachen von Leoparden) als in Gruppen, die auf vertrautem Gebiet bleiben können (Abb. 10-3) [476].

In Anbetracht der erwiesenen Kosten des Abwanderns können wir uns fragen, warum Tiere so oft bereit sind, ihr Heimatgebiet zu verlassen. Diese Frage ist insbesondere bei Arten angebracht, bei denen einige Individuen nicht abwandern und so auch nicht den Preis für das Verlassen eines vertrauten Gebiets bezahlen. Ein Beispiel für eine solche Art ist das Belding-Ziesel (*Citellus beldingi*). Dieses kleine Säugetier, das in Kalifornien auf hochgelegenen Bergwiesen lebt, verbringt die ersten vier Wochen seines Lebens überwiegend unterirdisch im Bau der Mutter. Nachdem die Jungen zum ersten Mal aus den Bauten hervorgekommen sind, bleiben sie noch einige Wochen in der Gegend. Dann aber beginnen die jungen Männchen abzuwandern; sie tauschen die Sicherheit des Heimatbaus gegen die Unsicherheit eines neuen Terrains, wenn sie gerade 9 bis 10 Wochen alt sind. Ihre Schwestern verlassen später ebenfalls ihren Geburtsort, siedeln sich aber im Umfeld des mütterlichen Territoriums an; sie entfernen sich durchschnittlich nur 50 Meter von ihrem Geburtsort, ihre Brüder dagegen wandern mehr als dreimal so weit (Abb. 10-4).

10.2.1 Die Hypothese der Inzuchtvermeidung

Warum sollten junge Belding-Zieselmännchen soviel weiter wandern als ihre Schwestern? Ein Argument ist, daß die kostspielige Dispersion der Jungtiere wegen des Risikos der **Inzuchtdepression** entstanden sein könnte. Wenn sich nah verwandte Individuen paaren, so ist die Wahrscheinlichkeit, daß nachteilige, rezessive Allele in ihren Nachkommen homozygot vorliegen, größer als bei den Nachkommen nicht-verwandter Paare. Das Risiko genetischer Probleme müßte theoretisch die durchschnittliche Fitness der Nachkommen von Inzuchtpaaren reduzieren, und tatsächlich tritt bei einer Reihe von Arten in Populationen mit einer hohen Inzuchtrate eine erhöhte Sterblichkeit unter den Jungtieren auf [777].

Käme es aber bei der Abwanderung nur auf die Vermeidung von Inzucht an, dann würde man erwarten, daß genauso viele weibliche wie männliche Ziesel ihren Geburtsort verlassen. Dies ist nicht der Fall, und deshalb müssen wir in Betracht ziehen, wie sich Kosten und Nutzen des Abwanderns zwischen den Geschlechtern dieser Art unterscheiden könnten.

Einerseits sind die Kosten der Inzucht für die Zieselweibchen wahrscheinlich größer als für die Männchen (dies gilt auch für die meisten anderen Säugerarten), da die Kosten der Aufzucht eines fehlentwickelten Jungtiers allein von der Mutter getragen werden. Falls dies zutrifft, wäre zu erwarten, daß Zieselweibchen die Paarung mit nah verwandten Männchen verweigern. Diese Männ-

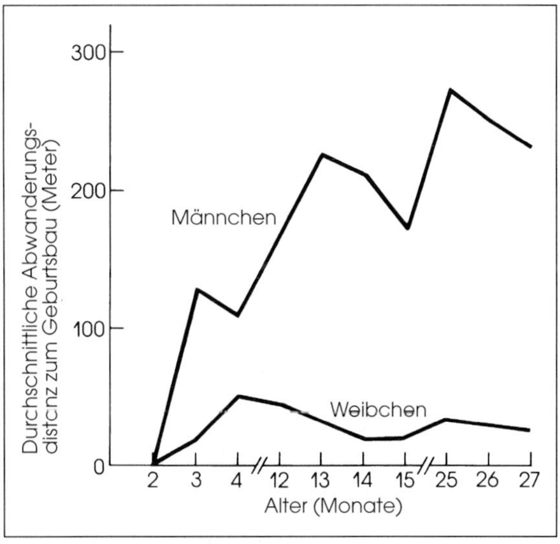

Abb. 10-4: **Abwanderungsstrecken** von männlichen und weiblichen Belding-Zieseln. Männchen entfernen sich durchschnittlich viel weiter von ihren Geburtsbauten als Weibchen. Quelle: Holekamp (453).

chen könnten also gewinnen, indem sie abwandern, da es für ihre erfolgreiche Fortpflanzung von Vorteil ist, zu möglichst vielen paarungsbereiten (d. h. nicht verwandten) Weibchen Zugang zu haben.

Des weiteren könnten weibliche Belding-Ziesel deshalb in ihrem Geburtsterritorium bzw. in dessen Nähe bleiben, weil ihr Fortpflanzungserfolg insbesondere von dem Besitz eines Territoriums abhängt, in dem sie ihre Jungen aufziehen können (dies gilt Paul Greenwood zufolge für weibliche Säugetiere allgemein [374]). Zieselweibchen, die in der Nähe ihres Geburtsortes bleiben, werden bei der Verteidigung ihrer Territorien und dem Schutz ihrer Bauten vor rivalisierenden Weibchen von ihrer Mutter unterstützt. Die Kombination aus dem Widerstand der Weibchen gegen die Bildung von Inzuchtpaaren und den territorialen Vorteilen einer Assoziation mit Verwandten begünstigt also offenbar Weibchen, die auf vertrautem Boden bleiben. Dies aber begünstigt wiederum Männchen, die abwandern, um woanders nach paarungsbereiten Weibchen zu suchen [453].

10.2.2 Die Paarungskonkurrenz-Hypothese

Allerdings gibt es auch eine Alternativhypothese zur Begründung der stärkeren Abwanderung männlicher Belding-Ziesel und anderer Tiere. Jim Moore und Rauf Ali nehmen an, daß Unterschiede in der Natur der sexuellen Konkurrenz, nicht aber unterschiedlich große Vorteile des Verbleibens am Geburtsort oder der Vermeidung von Inzucht die Männchen oftmals zwingen, weiter zu wandern als Weibchen. Da Männchen normalerweise miteinander um den Zugang zu Weibchen kämpfen, könnten es für die Verlierer vorteilhaft sein, weiter zu wandern. Weibchen kämpfen nur selten miteinander um Männchen (Kap. 13) und könnten deshalb im allgemeinen eher in der Lage sein, an einem Ort zu bleiben [670].

Wenn die Hypothese einer Paarungskonkurrenz zur Erklärung des Abwanderns auf Belding-Ziesel zutrifft, sollten die Männchen heftig um den Zugang zu Weibchen kämpfen – was sie auch tun. Wir würden aber genauso erwarten, daß Kämpfe zwischen Männchen und Abwanderung Hand in Hand gehen, und diese Voraussage trifft nicht zu. Zieselmännchen wandern ausnahmslos in ihrem ersten Lebensjahr ab, bevor sie geschlechtsreif werden, und zu einer Zeit im Jahr, in der es keine Konkurrenz um Weibchen gibt. Direkte Konkurrenz zwischen den Männchen um Partnerinnen kann demnach nicht der unmittelbare Grund für die Abwanderung der Männchen sein.

Junge, subadulte Männchen könnten allerdings abwandern, um zukünftigen, heftigen sexuellen Konflikten mit erfahreneren Rivalen aus dem Weg zu gehen. Wenn die Hypothese einer sexuellen Konkurrenz in dieser abgewandelten Form zutrifft, dann sollte die Dichte der sich fortpflanzenden Männchen an den Orten, die von abgewanderten Männchen ausgewählt werden, niedriger sein als um den Bau herum, in dem sie geboren sind und den sie verlassen haben. Dies ist nicht der Fall, die durchschnittliche Dichte ist jeweils gleich hoch.

Hinzu kommt, daß nach der Paarungskonkurrenz-Hypothese Männchen an Ort und Stelle bleiben sollten, wenn sie sich in einer Saison erfolgreich fortgepflanzt

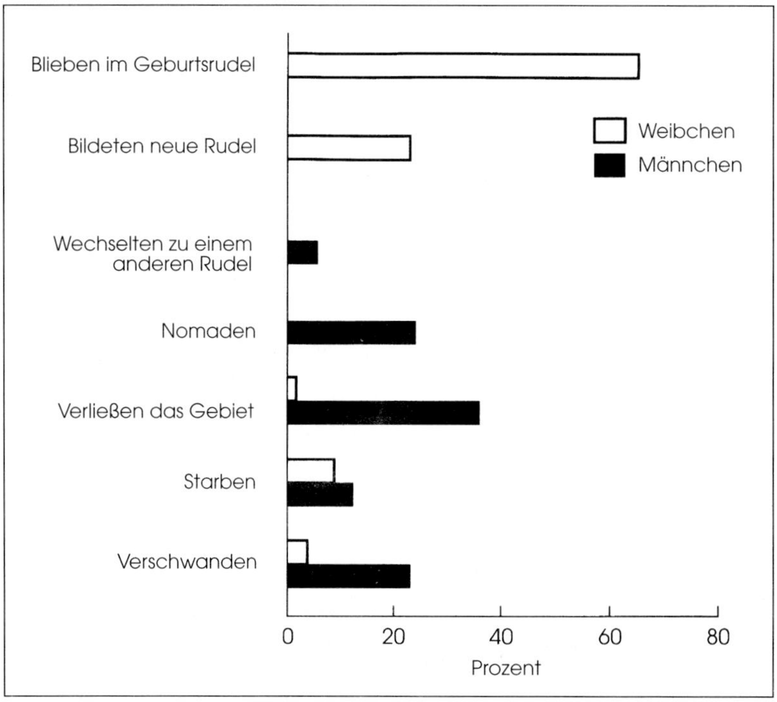

Abb. 10-5: **Geschlechtsunterschiede beim Abwandern.** Löwenweibchen in der Serengeti neigen dazu, in dem Rudel, in welchem sie geboren sind, zu bleiben; Männchen dagegen wandern zu anderen Rudeln ab oder werden zu Nomaden. Quelle: Pusey und Packer (773).

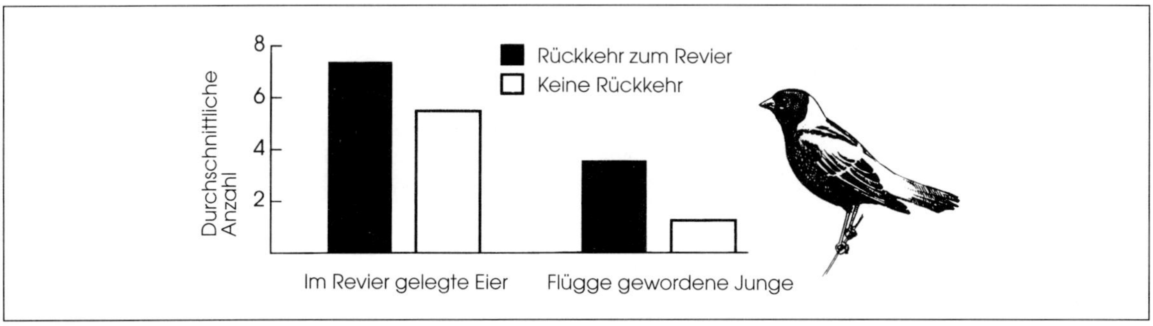

Abb. 10-6: **Ortstreue und Fortpflanzungserfolg bei einem Singvogel, dem Bobolink.** Männchen, die ein ortstreues Verhalten zeigten, indem sie in aufeinanderfolgenden Jahren zu demselben Revier zurückkehrten, wiesen im jeweils vorhergehenden Jahr einen höheren Fortpflanzungserfolg auf (gemessen an der Zahl der pro Revier gelegten Eier und flüggen Jungtiere) als Männchen, die in aufeinanderfolgenden Jahren nicht zu demselben Revier zurückkehrten. Quelle: Gavin und Bollinger (337).

haben. Erfolgreiche Männchen verlassen jedoch die Partnerinnen eines Jahres und wandern vor Beginn der nächsten Paarungszeit ab (damit vermeiden sie das Zusammentreffen mit ihren Töchtern, wenn diese geschlechtsreif werden).

Wenn wir auch bezüglich der Dispersion männlicher Belding-Ziesel die Paarungskonkurrenz-Hypothese wohl verwerfen können, so bleibt sie doch in anderen Fällen zu überprüfen. Denken Sie zum Beispiel an Löwen (*Panthera leo*). Diese leben in Gruppen, oder Rudeln, die von einem oder mehreren adulten Löwen beherrscht werden. Bezüglich des Abwanderns zeigen sie das typische Verhalten von Säugetieren; fast alle jungen Männchen verlassen das Rudel, in dem sie geboren sind, und die meisten Weibchen verbringen ihr gesamtes Leben in dem Gebiet ihrer Geburt (Abb. 10-5) [773]. Letztere profitieren von ihrer Vertrautheit mit ihrem Territorium; sie wissen, wo sie Nahrung finden können und wo sichere Verstecke sind, wenn sie selbst Junge zur Welt bringen.

Die proximate Ursache für den Weggang vieler junger Löwenmännchen besteht in der Ankunft eines neuen, geschlechtsreifen Männchens (oder mehrerer), das den oder die alten Rudelbesitzer verdrängt und die subadulten Männchen des Rudels – oft gewaltsam – vertreibt. Diese Beobachtungen stehen in Übereinstimmung mit der Paarungskonkurrenz-Hypothese; daher ist es möglicherweise unnötig, hier die Inzuchtvermeidung als Kausalfaktor für das Abwandern von Männchen anzuführen. Allerdings verlassen junge Männchen oft ihr Rudel, ohne daß sie im Zuge einer Rudelübernahme fortgejagt oder von rivalisierenden Männchen dazu genötigt werden und ohne jemals den Versuch unternommen zu haben, sich mit ihren weiblichen Verwandten zu paaren. Darüber hinaus wandern manchmal auch geschlechtsreife Männchen, die ein Rudel für sich beansprucht haben, wieder ab (ähnlich wie Belding-Ziesel), wodurch sie ihr Aktionsgebiet ausdehnen, um eine zweites Rudel Weibchen an sich zu bringen, während ihre Töchter im

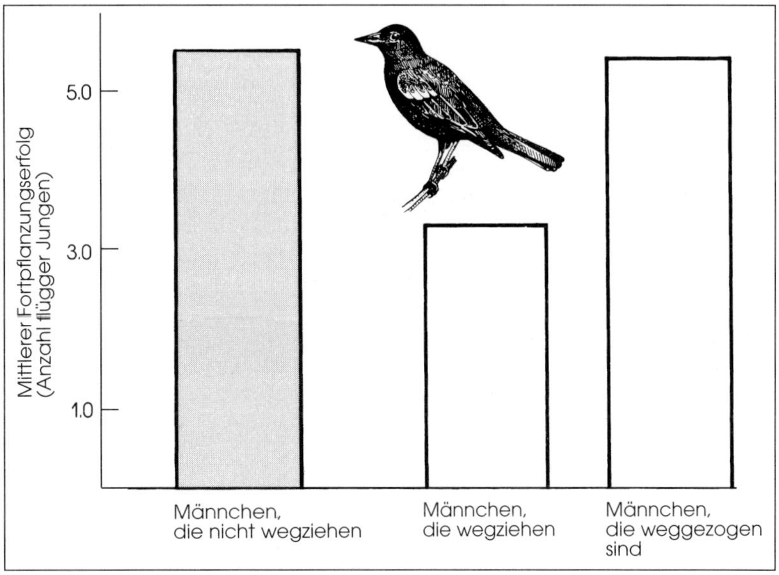

Abb. 10-7: **Dispersion und Fortpflanzungserfolg bei Rotschulterstärlingen.** Männchen ziehen weiter, wenn sie nur relativ wenige Junge aufgezogen haben; daraufhin erhöht sich ihr Fortpflanzungserfolg in der nächsten Brutsaison. Quelle: Beletsky und Orians (61).

Tab. 10-3: **Nisterfolg oder -mißerfolg** beeinflußt die Bereitschaft von weiblichen Schellenten, dieselbe Nistbox in aufeinanderfolgenden Jahren zu nutzen. Quelle: Dow und Fredga (251).

	Gegenwärtiges Jahr	
Vorhergehendes Jahr	Wechsel zu neuer Box	Wiederverwendung der Box
Mißerfolg beim Nisten	16 (89%)	2 (11%)
Erfolg beim Nisten	78 (45%)	95 (55%)

ersten Rudel geschlechtsreif werden. Es gibt also bei Löwen offenbar proximate Mechanismen, die eine Inzucht verhindern. Auf der ultimaten Ebene erzielen abwandernde Männchen Gewinne, indem sie sich mit Nichtverwandten paaren, auch wenn sie den Zeitpunkt, zu dem sie ihren Geburtsort verlassen, nicht immer selbst wählen können [406].

10.2.3 Neue Brutplätze aufsuchen oder am Ort bleiben

Nicht nur Säugetiere verlassen manchmal den Ort, an dem sie sich fortgepflanzt haben, und siedeln sich in neuen Gebieten an. Bei vielen Vogelarten können adulte Tiere, die an einem Ort gebrütet haben, in der nächsten Brutsaison das Gebiet wechseln oder aber zu derselben Stelle zurückkehren, um einem erneuten Brutversuch zu unternehmen. Eine Hypothese zur Erklärung der unterschiedlich entwickelten Ortstreue innerhalb einer Art ist, daß die wiederkehrenden Vögel diejenigen sind, welche in der vorangegangenen Brutsaison erfolgreich waren, während abwandernde Vögel sich auf die Suche nach besseren Möglichkeiten zur Fortpflanzung machen. Beim Bobolink (*Dolichonyx oryzivorous*), einem Vogel mit Nistrevieren in Wiesen und Weiden, haben sich die Männchen, die an denselben Ort zurückkehren, tatsächlich im jeweils vorhergehenden Jahr mit größerem Erfolg fortgepflanzt als diejenigen, die im nächsten Jahr nicht zu ihren alten Brutplätzen zurückkommen (Abb. 10-6).

Aber sind die Männchen, welche nicht wiederkehren, wirklich zu neuen Nistplätzen abgewandert oder sind sie gestorben? Es ist durchaus möglich, daß sich männliche Bobolinks, die in einem Jahr einen geringen Fortpflanzungserfolg hatten, in relativ schlechter körperlicher Verfassung befanden. Ihr Ausbleiben könnte auf ihren Tod zurückzuführen sein und nicht auf ihre Weigerung, im darauffolgenden Jahr zum Brüten an dieselbe Stelle zurückzukommen. Wir könnten diese Hypothese ausschließen, wenn es uns gelänge, nicht zurückgekehrte Vögel an anderen Stellen wiederzufinden, eine Forderung, die für Bobolinks [337] und einige andere Arten zumindest teilweise schon erfüllt ist.

Vögel, die aus eigenem Antrieb den Brutplatz wechseln und diesen Wechsel überleben, sollten am neuen Ort bessere Bedingungen vorfinden als an dem, den sie verlassen haben. Diese Voraussage wurde für eine Population Rotschulterstärlinge (*Agelaius phoeniceus*) getestet. Die Männchen dieser Art verteidigen Reviere in Sumpfgebieten; die Weibchen inspizieren potentielle Nistplätze und suchen sich von den Revieren der konkurrierenden Männchen eines aus, wobei sie sich anhand der Ressourcen, die das Revier zu bieten hat, entscheiden [300]. Wenn männliche Stärlinge einmal ihren Anspruch auf ein Revier geltend gemacht haben, sind sie von Jahr zu Jahr in hohem Maße ortstreu. In einer Population beanspruchten 70 % der Männchen, die zu einem Sumpfgebiet zurückkehrten, dasselbe Revier, das sie schon zuvor einmal besetzt hatten. Wie vorausgesagt [61] hatten jedoch diejenigen Tiere, die einen Ortswechsel vornahmen, (1) einen relativ geringen Fortpflanzungserfolg an dem Ort, an dem ihre Partnerin(nen) im vorhergehenden Jahr genistet hatte (hatten) und waren (2) nach dem Ortswechsel erfolgreicher als zuvor (Abb. 10-7).

In einer ähnlichen Studie an weibliche Schellenten (*Bucephala clangula*) entdeckten Hilary Dow und Sven Fredga ebenfalls, daß Tiere, die in einem Jahr keinen Erfolg beim Nisten hatten, zu einem neuen Nistplatz aufbrachen, während erfolgreich nistende Tiere dazu tendierten, zu der alten Nestbox zurückzukehren (Tab. 10-3) [251]. Über 80 % der Weibchen, die den Ort des mißglückten Nistversuchs verließen, hatten im darauffolgenden Jahr an einem neuen Nistplatz Erfolg. Wenn ein Prädator wie der Baummarder (*Martes martes*) einmal eine Nestbox gefunden hat, kehrt er wahrscheinlich auch im nächsten Jahr dorthin zurück - eine Tatsache, welche diejenigen Enten begünstigt, die zu einem neuen Ort wandern, wenn ihr Nest durch einen Marder zerstört wurde.

10.3 Migration

Die Fähigkeit von Schellenten, Bobolinks und Rotschulterstärlingen, in aufeinanderfolgenden Jahren zu demselben Nistplatz zurückzukehren, mutet noch um einiges eindrucksvoller an, wenn man bedenkt, daß sich diese Vögel für den größten Teil des Jahres Hunderte oder Tausende von Kilometern davon entfernt aufhalten können. Fast die Hälfte der Brutvögel Nordamerikas macht sich im Herbst auf eine größere Reise nach Mexiko, Mittel-

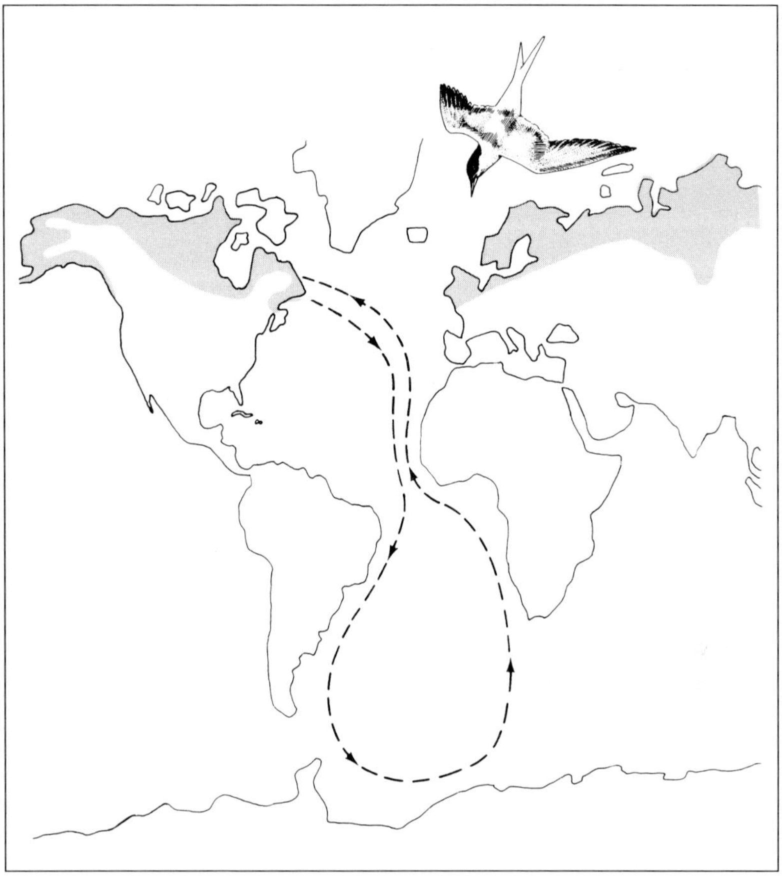

Abb. 10-8: **Zugroute der Küstenseeschwalbe.** Diese Vögel fliegen jedes Jahr vom hohen Norden bis in die Antarktis und zurück. Manche jungen Vögel verbringen auch zwei Jahre in der Antarktis, bevor sie zu ihren Brutgebieten im Norden zurückkehren.

oder Südamerika, nur um im Frühjahr wieder zurückzukehren [182]. Die winzigen Rubinkehlkolibris (*Archilochus colubris*), die kaum mehr wiegen als ein Pfennig, überqueren zweimal im Jahr „nonstop" den Golf von Mexiko (ein Weg ist 850 Kilometer lang). In Kanada brütende Küstenseeschwalben (*Sterna paradisaea*) ziehen jedes Jahr bis zu 40000 Kilometer weit (Abb. 10-8; dies entspricht siebenmal der Entfernung zwischen Ost- und Westküste der USA), eine Reise, die einem Durchschnittsmenschen, selbst den „Vielfliegern" unter uns, nicht leichtfallen dürfte [182].

Bei den Säugetieren unternehmen Gnus, Karibus, Bisons, Robben und Wale jedes Jahr Rundreisen von Tausenden von Kilometern. Das gleiche gilt für einige Reptilien [766], darunter die Suppenschildkröte (*Chelonia mydas*), die zur Eiablage die Ascension-Insel, eine winzig kleine Insel (mit einer Ausdehnung von 8 Kilometern) mitten im Atlantik zwischen Afrika und Brasilien, aufsucht. Die adulten Weibchen begeben sich ausschließlich auf diese Insel, um am Strand ihre Eier im Sand zu vergraben. Danach schwimmen sie ungefähr 1600 Kilometer weit zu den warmen, flachen Gewässern vor Brasilien, wo sie sich mehrere Jahre lang von Wasserpflanzen ernähren, bevor sie wieder zurückkehren, normalerweise an denselben Strand, um erneut Eier zu legen [158].

10.3.1 Die Kosten der Migration

Das Phänomen der Wanderungen stellt uns vor ein evolutionsgeschichtliches Problem: Wie kann eine Rundreise von Tausenden von Kilometern evoluieren? Möglicherweise haben sich Wanderungen über große Entfernungen in einigen (oder vielen) Fällen aus Dispersionstendenzen entwickelt, welche die betreffenden Individuen über geringe Distanzen von einer Region zu einer anderen, direkt benachbarten, führten. Anschließende klimatische oder geologische Veränderungen könnten nach und nach die Entfernung zwischen Regionen mit wertvollen Ressourcen vergrößert haben, wodurch ständig die jeweils „ehrgeizigeren" Abwanderer begünstigt wurden [182]. So wird zum Beispiel angenommen, daß die erstaunlichen Wanderungen der Suppenschildkröten über den Atlantik im Zuge des langsamen Auseinanderdriftens der Kontinente Afrika und Südamerika länger und länger geworden sind [34]. Auf den ersten Blick scheint diese Idee etwas weit hergeholt. Millionen von Jahren aber, bevor Afrika und Südamerika von Gondwana, dem früheren Kontinent, abgetrennt wurden, sind Meeresschildkröten schon in den Weltmeeren geschwommen und haben ihre Eier an Stränden abgelegt.

Wanderungen rufen eine Menge Fragen bei denjenigen hervor, die sich für die adaptiven Grundlagen des Verhaltens interessieren. Die Fitnesskosten der Migration

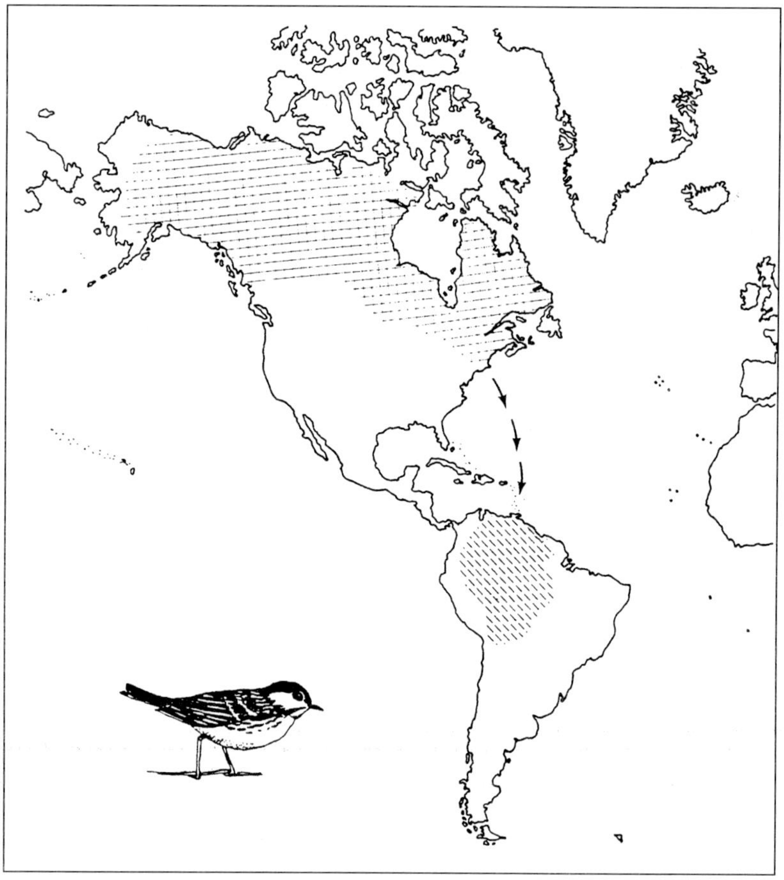

Abb. 10-9: **Die transatlantische Flugroute des Kappenwaldsängers** vom Südosten Kanadas und Neuengland zu seinen Überwinterungsgebieten in Südamerika. Mit freundlicher Genehmigung von Janet Williams.

sind offensichtlich bedeutend. Wandernde Individuen müssen nicht nur in die Entwicklung komplexer Navigationsmechanismen investieren (wie auch immer diese aussehen mögen), sie sind auch jedes Jahr wochen- oder monatelang unterwegs, was viel Energie fordert. Welchen Belastungen wandernde Tiere oft ausgesetzt sind, wird anhand der Beobachtung eines wandernden Wiedehopfes (mit dem schönen wissenschaftlichen Namen *Upupa epops*) durch Lawrence Swan deutlich – das Tier überquerte einen Himalayapaß in 6100 Metern Höhe [911]! Darüber hinaus werden Wanderungen aufgrund von Prädatoren oft zu einem Spießrutenlauf. Eine Greifvogelart, der Eleonorenfalke (*Falco eleonorae*), bestreitet buchstäblich seinen Lebensunterhalt mit erschöpften Singvögeln, nachdem diese im Herbst das Mittelmeer überquert haben [964].

Viele wandernde Individuen unternehmen etwas, um die Kosten ihres Zuges zu reduzieren. So ist zum Beispiel das Wandern in Gruppen weit verbreitet, möglicherweise, um das Risiko, von einem Beutegreifer gefangen zu werden, zu verteilen (siehe Kap. 12). Ein großer Teil der europäischen Singvögel zieht über Spanien und Gibraltar nach Zentralafrika, um das Mittelmeer an seiner schmalsten Stelle zu überfliegen [972]. Dies verlängert zwar die Reise, reduziert aber den Teil der Strecke, der über offenem Wasser zurückgelegt werden muß, wodurch eventuell das Risiko, im Meer zu ertrinken, verringert wird. Im Lichte dieser Hypothese erscheint es allerdings paradox, daß einige nordamerikanische Singvögel, darunter winzig kleine Grasmücken, vom Osten Kanadas aus über den Atlantik nach Südamerika ziehen (Abb. 10-9) [1004, siehe aber auch 684]. Auf den ersten Blick erscheint dies eindeutig selbstmörderisch, da ein ununterbrochener Flug von über 3000 Kilometern erforderlich ist, um Südamerika auf der transozeanischen Route zu erreichen. Man sollte meinen, es wäre weitaus sicherer, die Küste der Vereinigten Staaten entlang und über Mexico und Mittelamerika zu ziehen, als den Tod durch Ertrinken geradezu herauszufordern. Zweifellos aber erscheinen wandernde Singvögel regelmäßig auf Inseln im Atlantik und in der Karibik, so daß einige, vielleicht die meisten, die Überquerung des Ozeans doch überleben.

Es könnten besondere Vorteile für den „couragierten" Kappenwaldsänger (*Lineocantor breviunguis*), der diese Reise unternimmt, entstehen. Erstens ist die Meeresroute von Nova Scotia nach Venezuela nur ungefähr halb so lang wie der Landweg. Timothy und Janet Williams schätzen, daß ein Kappenwaldsänger, der bei gutem Wetter fliegt, von Maine aus bei ununterbrochenem Flug in 50 bis 90 Stunden Südamerika erreichen kann [1004]. Zweitens gibt es kaum Prädatoren über dem Ozean oder auf den Großen Antillen, einer Inselkette, welche die Kappenwaldsänger zu erreichen versuchen. Darüber hinaus gibt es im Nordatlantik Ostwinde, die nach dem Durchqueren von Kaltfronten ziemlich stark sind und den Vögeln zu Beginn ihres Zuges Rückenwind geben, während die Westwinde im Südatlantik die Tiere in Richtung der von ihnen angeflogenen Inseln treiben.

Trotz all ihrer navigatorischen und meteorologischen Geschicklichkeit zahlen wandernde Vögel immer noch einen sehr hohen Preis für ihre gefährlichen Züge, insbesondere, wenn sie durch Stürme auf dem Atlantik ins Wasser gedrückt werden. Allgemein gilt, daß wandernde Tiere zwar die Kosten ihrer Wanderungen verringern, aber nicht ganz beseitigen können. Welche ökologischen Bedingungen könnten die Vorteile des Wandern so groß werden lassen, daß sie die gewaltigen Kosten dieses Verhaltens übertreffen?

10.3.2 Die Vorteile der Migration

Wanderungen stellen besondere Formen der Dispersion dar, so daß es möglich ist, sie auf dieselbe Art und Weise wie jene zu untersuchen. Die Tatsache, daß so viele nicht miteinander verwandte Arten ihr Wanderverhalten konvergent entwickelt haben, läßt die Anwendung der vergleichenden Methode als besonders geeignet erscheinen. Eines der konvergent entstandenen Muster des Wanderverhaltens besteht darin, daß die Tiere bestimmter Arten zu einem Gebiet hinziehen, wenn es reichhaltige Ressourcen trägt, und den Ort wieder verlassen, wenn die Verhältnisse dort ungünstiger werden. Vögel der gemäßigten Breiten folgen einer Zugroute von einem warmen Überwinterungsgebiet mit einem ausreichenden Nahrungsangebot zu gemäßigten Zonen, in denen im Frühjahr und Sommer eine Fülle an Insekten zu verzeichnen ist, welche als Nahrungsgrundlage für eine große Brut dienen können [127].

Es gibt eine ganze Reihe nicht miteinander verwandter Fischarten, deren Individuen im Laufe ihres Lebens vom Süßwasser ins Meer und zurück oder vom Meer ins Süßwasser und zurück wandern. In nördlichen Breiten verbringen die meisten wandernden Arten – ein bekanntes Beispiel ist der Pazifische Lachs (*Oncorhynchus*) – den größten Teil ihres Lebens im Meer (Abb. 10-10). Die meisten der tropischen Arten mit Wanderverhalten dagegen ziehen aus dem Meer in die Flüsse. In diesem Muster spiegelt sich die Tatsache wider, daß die Nahrungsproduktion der nördlichen Ozeangebiete die der nördlichen Binnengewässer übertrifft, während es in tropischen Breiten genau umgekehrt ist. Viele Fischarten scheinen – ähnlich wie die Vögel – zu wandern, um zu entfernten Gebieten mit reichlichen Nahrungsvorkommen zu gelangen [382].

Eine weitere, weit verbreitete Form des Wanderverhaltens umfaßt Gebietswechsel von einer Region, in der die Tiere Nahrung aufnehmen, zu einem geschützten Ort, der zum Brüten oder zum Gebären der Jungen geeignet ist. Wenn Adeliepinguine (*Pygoscelis adeliae*) das antarktische Festland aufsuchen, begeben sie sich in Gebiete, die sehr weit von ihren nächsten Fanggründen entfernt liegen (Abb. 10-11). Die steinigen, windexponierten Abhänge, welche die Pinguine wählen, bieten in der gegebenen Situation die günstigsten Bedingungen für das Aufziehen von Jungtieren unter antarktischen Verhältnissen [279]. Ähnlich verhält es sich bei Meeressäugern, Fischen und Reptilien, die ihre reichen Nahrungsgründe aufgeben und ohne Nahrung aufzunehmen Hunderte oder Tausende von Kilometern weit zu geeigneten Orten schwimmen, nur um sich dort fortzupflanzen [701]. Robben, die sich an Land paaren und ihre Jungen zur Welt bringen, wie auch Meeresschildkröten, die ihre Eier im Sand vergraben, bevorzugen Gebiete, die abgeschieden und gut geschützt liegen. Der Fluß, in dem ein Lachs geschlüpft ist, hat sich bereits als geeignet für die

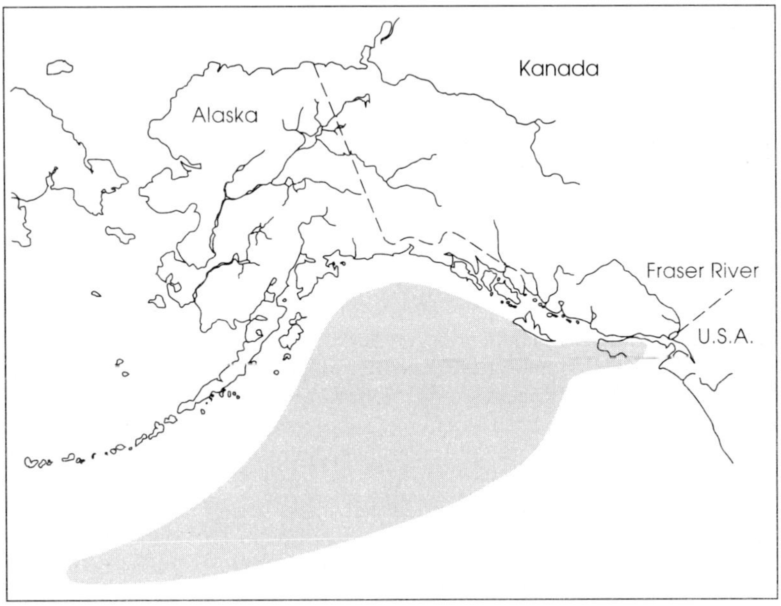

Abb. 10-10: **Lachswanderung.** Lachse, die im Fraser River in British Columbia schlüpfen, wandern weit hinaus in den Nordpazifik (grau getöntes Gebiet), bevor sie zur Fortpflanzung wieder in den Fluß zurückkehren, in dem ihr Leben begonnen hat. Nach Quinn und Dittman (776).

Abb. 10-11: **Brutplätze von Adeliepinguinen im antarktischen Küstenbereich.** Zweihunderttausend Paare nisten hier am Kap Crozier, wo sie offene Wasserflächen in der Nähe des Brutplatzes, gut geeignete Strände, um an Land zu gehen und kahlen Boden (auf der Abbildung momentan schneebedeckt) zum Nisten haben. Foto von David H. Thompson.

Fortpflanzung erwiesen. Ein geschlechtsreifer Lachs nimmt deshalb eine lange und beschwerliche Reise von seinen ozeanischen Nahrungsgebieten zu den Laichgründen im Süßwasser auf sich, um sich schließlich an seinem eigenen Geburtsort oder in dessen Nähe fortzupflanzen. Dabei riskiert er, an Erschöpfung oder durch Prädatoren zu sterben,. Die Suppenschildkröten, die ihre Eier an einsamen Buchten auf Ascension im Sand vergraben, hatten dort vor der Besiedelung durch den Menschen keinerlei Feinde [158].

10.3.3 Der Zug des Monarchfalters

Auch manche Insekten zeigen - wie Wale und Singvögel - Wanderverhalten. In jedem Herbst wandern Millionen Monarchfaltern (*Danaus plexippus*) aus dem fernen Süden Kanadas und dem Nordosten der USA zu kleinen Föhrenwäldern hoch in den Bergen von Zentralmexiko, wo sie den Winter verbringen [600] (Abb. 10-12). Ein markiertes Tier wurde nach einer Reise von 2500 Kilometern wieder eingefangen; die meisten Individuen wandern jedoch nicht ganz so weit [947]. Wanderungen kommen nur in Monarchfalter-Populationen vor, für welche sich die Verfügbarkeit von Seidenpflanzen (*Asclepias*), die von den Weibchen zur Eiablage benötigt werden, saisonabhängig ändert. Im Osten der USA sterben die Seidenpflanzen im Herbst ab und beginnen im Frühjahr wieder zu wachsen. Eine Ressource von grundlegender Bedeutung für die Fortpflanzung der Tiere ist also saisonalen Schwankungen unterworfen, und die dort lebenden Schmetterlinge wandern. In einigen Gebieten im Westen der USA sind Seidenpflanzen das ganze Jahr über vorhanden, und das Wanderverhalten der dort lebenden Monarchfalter ist nur sehr schwach ausgeprägt.

Warum aber sollten die im Osten lebenden Monarchfalter Hunderte (oder Tausende) von Kilometern weit fliegen, um den Winter in den Bergen Mexikos zu verbringen? Sicherlich gibt es geeignete Plätze in geringerer Entfernung zu jenen, die im Frühjahr und Sommer zur Fortpflanzung dienen. Tödliche Nachtfröste sind allerdings im gesamten Osten der USA nicht ungewöhnlich; in den hochliegenden Gebirgswäldern der Überwinterungsgebiete in Mexiko dagegen kommt es sehr selten zu Frost. Die Temperaturen dort schwanken nur geringfügig (4 bis 11 °C während der kältesten Wintermonate). Allerdings kommt es gelegentlich in den Bergen zu Schneestürmen, und wenn dies geschieht, kann die Sterberate unter den Monarchfaltern sehr hoch sein. Man schätzt, daß über zwei Millionen Monarchfalter in einer Nacht gestorben sind, in der die Temperaturen mehrere Grad unter den Gefrierpunkt fielen. Es gibt viele Stellen in Mexiko, an denen ein solches Risiko überhaupt nicht bestünde; William Calvert und Lincoln Browner haben allerdings dazu angemerkt, daß die Monarchfalter in den wärmeren und trockeneren Gebieten ihre Wasser- und Energiereserven aufbrauchen würden. In feuchten und

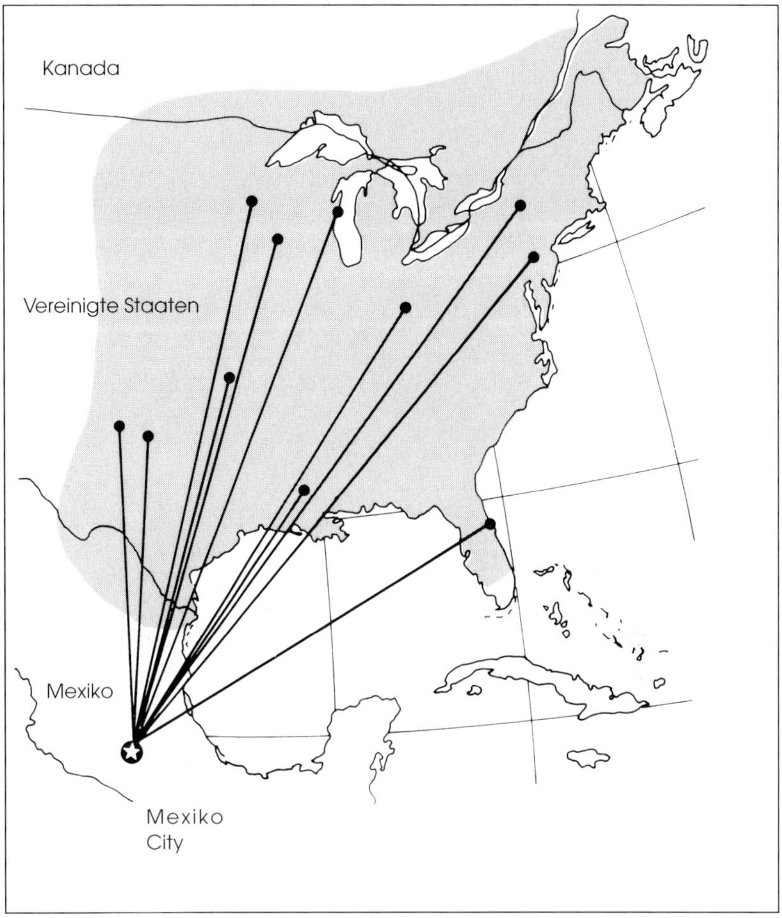

Abb. 10-12: **Wanderrouten des Monarchfalters.** Millionen von Schmetterlingen aus östlichen Populationen fliegen für den Winter zu einigen eng umgrenzten Gebieten in den Bergen Zentralmexikos. Die Linien verbinden die Punkte, an denen einzelne Tiere markiert bzw. wieder eingefangen wurden. Quelle: Malcolm (600).

kühlen (aber nicht frostigen) Gebieten bleiben den Monarchfaltern ihre Wasser- und Fettvorräte erhalten, was ihnen zugute kommt, wenn sie sich im Frühjahr fortpflanzen [144].

Die Hypothese, daß die Gebirgswelt Zentralmexikos eine einzigartig günstige Kombination klimatischer Bedingungen aufweist, welche die Insekten feuchter und kühler hält als an anderen Orten, kann geprüft werden, indem man die anderen bedeutenderen Überwinterungsgebiete im Küstenbereich Kaliforniens untersucht (Abb. 10-13). Auch hier kommen die Schmetterlinge in riesigen Zahlen aus Regionen im Westen der USA, wo ihre Futterpflanzen im Winter nicht verfügbar sind. Da sie sich in der Nähe des Pazifischen Ozeans befinden, haben die von den überwinternden Monarchfaltern gewählten Gebiete milde Temperaturen und eine relativ hohe Luftfeuchtigkeit. Es scheint sich bei den Monarchfaltern ein Wanderungsmuster entwickelt zu haben, das es ihnen ermöglicht, die Wintermonate mit einem geringeren Risiko, durch Erfrieren, Erschöpfung oder Austrocknung zugrunde zu gehen, abzuwarten; Orte mit einer entsprechenden Kombination an Vorteilen sind anscheinend so rar, daß eine Investition in Wanderungen über große Distanzen begünstigt wird.

10.3.4 Die Koexistenz unterschiedlicher Migrationsneigungen innerhalb einer Art

Ein besonders interessantes Problem für Verhaltensökologen stellt die Existenz von Arten dar, bei denen zu bestimmten Zeiten im Jahr wandernde und seßhafte Individuen nebeneinander auftreten. Ein Grund für den Fortbestand dieser zwei Verhaltenstypen in manchen Populationen könnte sein, daß beide Formen den gleichen Reproduktionserfolg aufweisen, obwohl sie sich in der Zusammensetzung von Kosten und Nutzen unterscheiden. Wandernde Tiere könnten zum Beispiel einem weitaus höheren Risiko ausgesetzt sein, während der Frühjahrs- und Herbstwanderung zu sterben; wenn sie aber erst einmal das Überwinterungsgebiet erreicht haben, ist die Wahrscheinlichkeit, im Winter zu überleben, möglicherweise sehr hoch. Dagegen besteht für ständig seßhafte Tiere die Gefahr, im Winter durch Kälteeinbrüche zu sterben; allerdings müssen sie auch keine Wanderung auf sich nehmen und sind, da sie die sommerlichen Brutplätze nie verlassen, eher in der Lage, sich die besten Territorien zu sichern (falls sie den Winter in guter Verfassung überstehen).

Abb. 10-13: **Ansammlung von Monarchfaltern**, die an einem Ort im Küstenbereich Kaliforniens überwintern. Foto von E. S. Ross.

In der Sprache der Spieltheorie (Kap. 8) besagt diese Hypothese zum Fortbestand wandernder und nicht wandernder Individuen einer Art, daß diese beiden Typen zwei genetisch unterschiedliche („reine") Strategien mit gleicher Fitness repräsentieren [593]. Beachten Sie, daß die beiden Formen exakt die gleiche durchschnittliche Fitness erreichen müssen, um unbegrenzt nebeneinander existieren zu können. Falls ein Typ den anderen ständig übertrumpft, und sei es nur um einen winzigen Betrag, so würde der weniger erfolgreiche Typ schließlich verschwinden.

Die Hypothese der zwei reinen Strategien beinhaltet die Voraussagen, daß (1) die Unterschiede im Verhalten zwischen wandernden und nicht wandernden Individuen durch Unterschiede in ihrer genetischen Ausstattung verursacht werden, daß (2) Individuen ihr Verhalten nicht von Jahr zu Jahr ändern und daß (3) die zwei Verhaltenstypen tatsächlich durchschnittlich die gleiche Fitness aufweisen. In Kapitel 3 haben wir Belege für genetische Unterschiede zwischen wandernden und nicht wandernden Formen der Mönchsgrasmücke (*Sylvia atricapilla*) besprochen. Allerdings hat bisher niemand die entscheidenden Daten zum durchschnittlichen, im Laufe des Lebens erzielten Fortpflanzungserfolg für jeden der beiden Typen gesammelt (aus dem guten Grund, daß solche Daten bekanntermaßen schwer zu ermitteln sind).

Die Amsel (*Merula merula*), eine weitere Art mit wandernden und nicht wandernden Typen, ändert nicht selten ihr Verhalten: Individuen, die in einem Jahr wandern, können im darauffolgenden Jahr seßhaft sein (Abb. 10-14) [838]. Dieser Befund macht es unwahrscheinlich, daß die Hypothese der zwei genotypischen Strategien auf diese Art zutrifft. Lassen Sie uns daher eine Alternative, die Hypothese der **konditionalen Strategie**, in Betracht ziehen, nach der die Individuen die Fähigkeit haben, zwischen den Optionen „wandern" und „seßhaft bleiben" zu wählen – abhängig von den Umweltbedingungen, mit denen sie konfrontiert sind. Zum Beispiel kann die Tragfähigkeit eines Gebiets vielleicht nur eine bestimmte Anzahl das ganze Jahr über seßhafter Tiere zulassen. Unter solchen Bedingungen könnte es für niederrangige Tiere, denen eine Clique stärkerer Ansässiger gegenübersteht, besser sein, fortzuziehen und so der Konkurrenz aus dem Weg zu gehen.

Die Hypothese der konditionalen Strategie beinhaltet die Annahme, daß Individuen mit der Flexibilität, unter Berücksichtigung ihrer Konkurrenzfähigkeit das jeweils taktisch Richtige zu wählen, die höheren Fitnessgewinne erzielen. Dominanten Individuen ermöglicht ihre Position, die bessere der zwei Taktiken zu wählen, während sie niederrangige Tiere dazu zwingen, „das Beste aus einer schlechten Situation zu machen", indem sie sich für die Option mit einer bezüglich des Fortpflanzungserfolgs niedrigeren Auszahlung entscheiden (die aber immer noch höher ist als diejenige für niederrangige Individuen, die erfolglos versuchen, dominant zu sein).

Dieser Hypothese zufolge können wir voraussagen, daß (1) Individuen die Fähigkeit haben, zwischen ver-

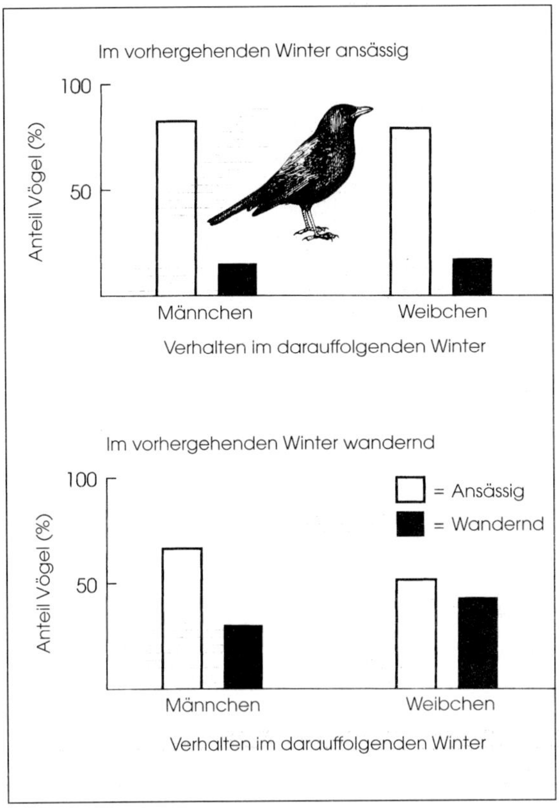

Abb. 10-14: **Wanderverhalten: Die bevorzugte Taktik von Amseln?** Jedes Balkenpaar steht für Daten darüber, ob Vögel in einem bestimmten Jahr während des Winters ansässig blieben oder wanderten. Die Balken zeigen, welche Taktik die Vögel im darauffolgenden Winter anwandten. Beachten Sie, daß Vögel, die während eines Winters ansässig waren, selten zum Wanderverhalten wechselten; Wanderer dagegen wurden oft im jeweils nächsten Winter zu residenten Tieren. Quelle: Schwabl (838).

schiedenen Taktiken zu wechseln, anstatt auf eine einzige Verhaltensreaktion festgelegt zu sein, daß (2) Individuen, bei denen zwei Taktiken zur Anwendung kommen, aus diesen unterschiedlichen Optionen nicht unbedingt gleichwertige Auszahlungen bezüglich ihres Fortpflanzungserfolgs erzielen und daß (3) Individuen, die zwischen unterschiedlichen Taktiken uneingeschränkt wechseln können, die Option mit der höheren Auszahlung wählen werden.

Im Lichte dieser Voraussagen ist es bemerkenswert, daß Amseln von einer Taktik zu einer anderen wechseln können, und wenn sie dies tun, sieht das typische Muster so aus, daß ein älteres, erfahreneres Tier seßhaft wird, nachdem es als jüngeres und entsprechend unerfahreneres Tier gewandert ist [593]. (Bei einer anderen Singvogelart, dem Fitis (*Phylloscopus trochillus*), sind die älteren Tiere in der Lage, die jüngeren aus Brutrevieren zu vertreiben [480].) Es bleibt allerdings zu zeigen, daß Amseln im Durchschnitt einen höheren Fortpflanzungserfolg in den Jahren erzielen, in denen sie seßhaft bleiben als in den Jahren, in denen sie ziehen.

10.4 Territorialität

Bislang haben wir untersucht, warum Tiere manche Lebensräume anderen vorziehen und warum sie von einem Ort zu einem anderen ziehen. Wir wenden nun unsere Aufmerksamkeit einer anderen Entscheidung zu, mit der viele Tiere konfrontiert sind: Sollte ein Individuum, das sich zeitweise oder dauernd an einem Ort angesiedelt hat, ein **Territorium** gegen Eindringlinge verteidigen, oder sollte es friedlich mit anderen in einem unverteidigten **Aktionsraum** (Streifgebiet **„home range"**) zusammenleben? Es gibt Arten, deren Vertreter sich außerordentlich aggressiv verhalten, wenn sie um Lebensräume konkurrieren, während andere ihre Artgenossen in dem Gebiet, in dem sie leben, ignorieren oder sogar tolerieren. Darüber hinaus verteidigen viele der territorialen Arten, die in diesem Kapitel erwähnt werden, einen Raum nur für eine bestimmte Zeit innerhalb eines Jahreszyklus; für den Rest des Jahres werden sie zu nicht-territorialen Bewohnern eines Aktionsraums.

Genau wie die Dispersion vom Geburtsort und Wanderungen über Tausende von Kilometern offensichtlich kostspielig sind, so ist auch Territorialität eine Eigenschaft mit eindeutigen Nachteilen. Denken Sie an die winzige Pappelblattlaus, ein hochterritoriales Wesen, ungeachtet seiner geringen Größe. Wie wir oben gesehen haben, wählt ein Weibchen ein junges Pappelblatt aus; anschließend sticht es das Gewebe in der Nähe des Blattgrundes an und ernährt sich von diesem. Dadurch entsteht auf dem Blatt eine Ausbuchtung, aus der schließlich eine Galle heranwächst, in der das Weibchen seine Nachkommen aufzieht. Wenn aber ein zweites Weibchen versucht, das Blatt zu besetzen, kann es zwischen dem ansässigen Weibchen und dem Neuankömmling zu einem Kampf kommen, bei dem sich die Tiere treten und schie-

Abb. 10-15: **Territoriale Auseinandersetzung zwischen zwei Pappelblattläusen.** Die Weibchen können Stunden damit verbringen, sich gegenseitig zu treten, um zu bestimmen, wer von ihnen ein bevorzugtes Blatt oder die bessere Stelle auf einem Blatt besetzen darf. Aus Whitham (990).

ben; ein solcher Kampf kann zwei Tage lang andauern (Abb. 10-15). Während sie in aggressive Auseinandersetzungen verwickelt sind, können die Weibchen das Pappelblatt nicht anstechen, wodurch die Gallenbildung verzögert und das endgültige Ausmaß der Galle verringert wird. Die Gegnerinnen können sogar während des Kampfes sterben [992]. Wäre es nicht zu ihrem Vorteil, einem Kampf aus dem Weg zu gehen und sich zu einem Ort aufzumachen, den sie für sich beanspruchen können, ohne sich die Kosten, die mit territorialem Verhalten verbunden sind, aufzubürden?

Dieselbe Frage kann man für die meisten territorialen Tiere stellen, auch für den Stachelleguan *Sceloporus jarrovi*, eine Art, für die die Kosten der Territorialität experimentell ermittelt wurden [604, 605]. Catherine Marler und Michael Moore setzten einigen männlichen Eidechsen kleine Kapseln, die Testosteron enthielten, unter die Haut. Die Tiere waren im Juni und Juli gefangen worden, zu einer Zeit im Jahr, in der die Männchen nur schwach territorial sind. Die Versuchstiere wurden anschließend wieder in ihrem Habitat, einem Geröllhaufen hoch auf dem Mt. Graham in Südarizona, ausgesetzt. Marler zeichnete das Verhalten der Versuchstiere sowie das einer Kontrollgruppe auf; letztere bestand aus Eidechsen, die ebenfalls gefangen und operiert worden waren, aber wirkungslose Kapseln erhalten hatten. Die Männchen mit dem Testosteron-Implantat führten mehr Kontrollgänge durch und drohten häufiger mit aufgerichtetem Vorderkörper als die Tiere der Kontrollgruppe. Das Ergebnis war, daß die Männchen mit dem Testosteron-Implantat weniger Zeit zur Nahrungsaufnahme hatten, weniger Insekten erbeuteten und weniger Energie

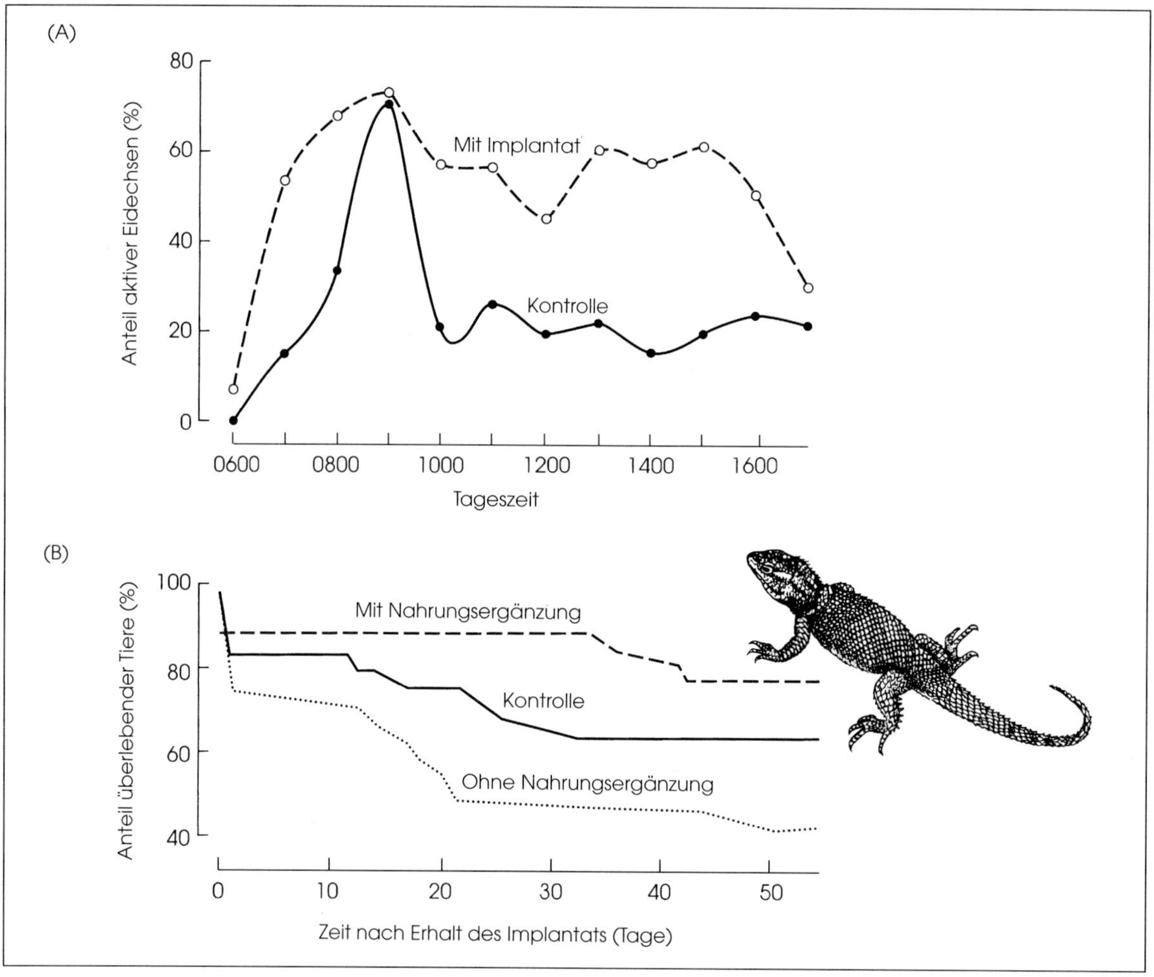

Abb. 10-16: **Kosten der Territorialität.** Männchen des Stachelleguans *Sceloporus jarrovi* sind normalerweise während des Sommers nicht territorial; sie werden aber zu dieser Zeit in hohem Maße territorial, wenn sie ein Testosteron-Implantat erhalten. (A) Die behandelten Männchen verbringen viel mehr Zeit damit, umherzustreifen, als die Kontrolltiere. Quelle: Marler und Moore (604). (B) Männchen mit Testosteron-Implantaten, die keine Nahrungsergänzung erhielten, verschwanden (vermutlich, weil sie starben) mit einer höheren Rate als Kontrolltiere. Männchen mit Testosteron-Implantaten, die eine Nahrungsergänzung in Form von Mehlwürmern erhielten, überlebten genauso gut oder sogar mit größerer Wahrscheinlichkeit als die Kontrolltiere. Folglich ist die hohe Mortalität bei den nicht gefütterten Tieren mit Testosteron-Implantat wahrscheinlich auf die Energiekosten des Territorialverhaltens zurückzuführen. Quelle: Marler und Moore (605).

in Form von Fett speichern konnten als die Tiere der Kontrollgruppe. Bei ihnen wurde auch eine höhere Sterberate verzeichnet, was vor allem auf die Erschöpfung ihrer Energievorräte zurückzuführen war [605] (Abb. 10-16).

Wenn es die Kosten der Territoriumsverteidigung wert sind, getragen zu werden, dann müssen die verteidigten Ressourcen eine Kompensation durch Fortpflanzungsvorteile mit sich bringen. Unter natürlichen Bedingungen werden männliche Stachelleguane nur im September und Oktober in hohem Maße territorial, wenn sie Zugang zu paarungsbereiten Weibchen haben. Ähnlich verhält es sich auch bei den Pappelblattläusen, bei denen die territorialen Weibchen Fitnessgewinne erzielen. Der Fortpflanzungserfolg von Weibchen, die ein großes Blatt ganz für sich allein haben, ist weitaus größer als der von Weibchen, die gezwungen sind, ein Blatt gleicher Größe zu teilen (Abb. 10-17; siehe auch Tab. 10-2).

10.4.1 Territorialität und Fortpflanzungserfolg

Die allgemeine Erwartung, daß der Besitz eines ressourcenhaltigen Territoriums den Fortpflanzungserfolg des Besitzers erhöht, wurde außer an Blattläusen und Stachelleguanen noch an einer Reihe weiterer Tiere untersucht. Viele Vögel verteidigen Brutreviere, aus denen sie einen Großteil der Nahrung, die sie für ihren Nachwuchs brauchen, beziehen. Wenn geeignete Brutplätze wirklich knapp sind, dann sollte man nicht-territoriale, nicht brütende Individuen in Populationen territorialer Vögel finden können.

Im Rahmen ihrer Untersuchungen an einer Population der Braunnacken-Ammer (*Zonotrichia capensis*) fing Susan Smith viele Individuen in einem feinmaschigen, schwarzen Nylonnetz, das sie an Stellen, die von den Vögeln durchflogen wurden, zwischen Pfosten aufspannte. Sie versah jeden der gefangenen Vögel mit einer unverwechselbaren Kombination aus farbigen Ringen [881], so daß sie den Aufenthaltsort einzelner gekennzeichneter Vögel sowie ihre Paarungsaktivitäten, kartieren konnte. Wie es bei den meisten Studien an Singvögeln der Fall ist, ergaben ihre Eintragungen eine Gebietsunterteilung in Reviere, von denen jedes von einem paarungsfähigen Männchen und dessen Partnerin besetzt war. Daneben gab es auch nicht-territoriale „Springer", die klar umgrenzte Aktionsräume (Lebensräume, die nicht verteidigt werden) innerhalb eines oder mehrerer Reviere von anderen Vögeln hatten.

Die nicht-territorialen Vögel blieben ruhig und unauffällig; sie lebten in den Revieren ständig „im Untergrund". Sie konnten sich allerdings auch nicht paaren, da die ansässigen, territorialen Vögel dies nicht zuließen. Vielmehr warteten die Mitglieder dieser „Unterwelt"-Population auf die Gelegenheit, ein Revier zu übernehmen, sobald ein gleichgeschlechtliches, ansässiges Tier verschwand. Unmittelbar nach dem Ableben eines männlichen Besitzers würde also ein männlicher „Springer" Revier und Weibchen beanspruchen; bei weiblichen „Springern" verhielt es sich entsprechend, wenn ein ansässiges Weibchen starb oder fortzog. Nicht-territoriale Vögel, die von woanders herkamen, hatten wenig Chancen, sich ein solches Gebiet im Wettbewerb mit einem etablierten „Springer" zu sichern, der sich, wenn es ihm gelang, den Wechsel zu vollziehen, fortpflanzen konnte [881].

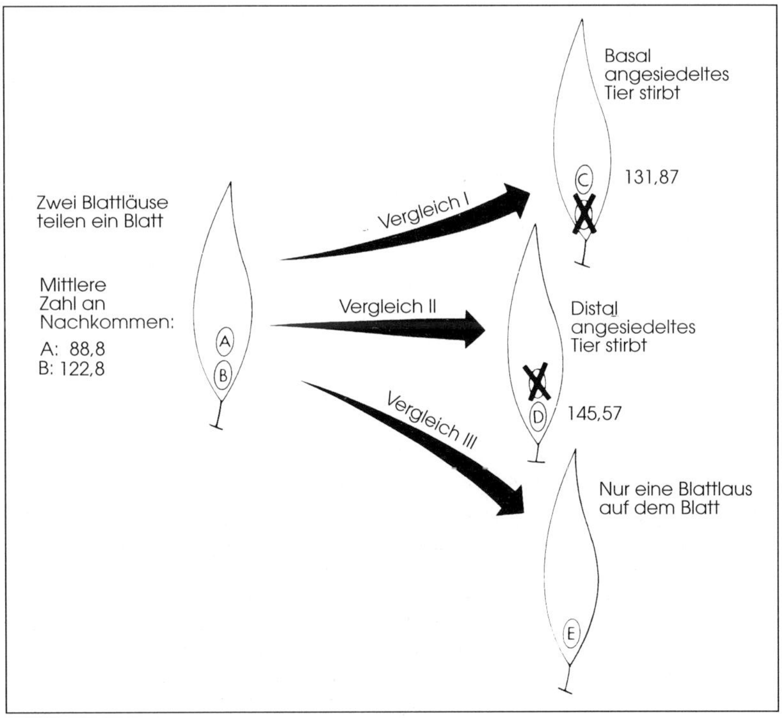

Abb. 10-17: **Territorien und Fortpflanzungserfolg.** Die durchschnittlichen Nachkommenzahlen der Blattläuse, die ein Pappelblatt mit einer Fläche von 14 cm² erfolgreich monopolisieren konnten, ist größer als die von Blattläusen, die gezwungen sind, ein Blatt gleicher Größe mit einer Rivalin zu teilen. Quelle: Whitham (992).

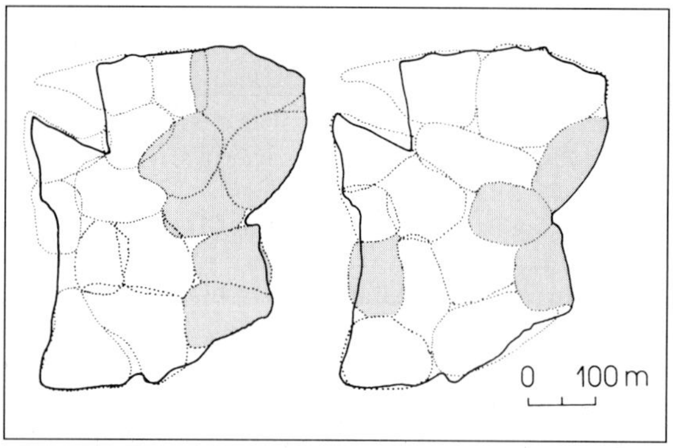

Abb. 10-18: **Reviere von Kohlmeisen in einem Waldgebiet** vor (links) und nach (rechts) einem Experiment, in dem Tiere entfernt wurden. Wenn sechs Paare entfernt wurden (graue Reviere auf der linken Seite), so wurden die unbesetzten Reviere teilweise von Nachbarn, die ihr Revier ausdehnten, und von Paaren, welche aus angrenzenden Hecken innerhalb von drei Tagen ankamen, in Besitz genommen. Quelle: Krebs (530).

Smiths Studie stützt die Voraussage, daß Revierbesitzer in ihrem Fortpflanzungserfolg diejenigen Individuen übertreffen, die kein Revier für sich beanspruchen können. Dies trifft auch für einen europäischen Singvogel, die Kohlmeise (*Parus major*), zu. Bei dieser Art bilden „Springer" manchmal Paare, die versuchen, in dem Revier eines anderen Paares zu brüten, ohne jemals selbst Anspruch auf das Revier zu erheben. Diese Paare schleichen sich vielmehr in ein etabliertes Revier ein, bauen, so schnell es geht, ein Nest und verhalten sich so unauffällig wie nur möglich. Falls sie von dem ansässigen, territorialen Männchen entdeckt werden, können sie vertrieben werden; manchmal aber gelingt es ihnen, erfolgreich zu nisten, insbesondere, wenn sie ein Revier aufsuchen, nachdem die Verteidiger die aggressive Phase der Revieretablierung hinter sich haben und Eier bebrüten.

Die Tatsache, daß territoriale Paare die Kosten des Kämpfens, Singens und Überwachens auf sich nehmen, läßt darauf schließen, daß es ihnen besser gelingt, sich fortzupflanzen, als den heimlichen Eindringlingen, vorausgesetzt, Territorialität ist bei dieser Art adaptiv. Die belgischen Ornithologen André Dhondt und Jeannine Schillemans fanden, daß die Gelege eindringender Vögel nur wenig kleiner waren als die von territorialen Vögeln, daß sie aber eine größere Zahl erfolgloser Nistversuche hatten (hauptsächlich aufgrund von Störungen durch die Revierbesitzer). Das Ergebnis war, daß Eindringlinge im Durchschnitt nur vier Junge hatten, die bis zum Flüggewerden überlebten, territoriale Paare dagegen acht [240].

Die belgischen Wissenschaftler studierten eine Population der Kohlmeise, die in einem Waldhabitat lebte; manchmal nistet diese Art aber auch in Heckenhabitaten. In einer englischen Population dieses Vogels, die von John Krebs untersucht wurde, wetteiferten die Männchen zunächst mit Gesängen, Imponierverhalten und Kämpfen um Reviere in einem Waldhabitat [530]. Das Waldgebiet wurde vollständig von territorialen Vögeln besetzt; gleichzeitig suchten aber andere immer noch nach Brutplätzen. Einige der suchenden Tiere siedelten sich schließlich in Hecken an, die an das Waldgebiet angrenzten; dort bildeten sie Reviere und versuchten zu brüten.

Da Kohlmeisen die Reviere in Waldgebieten solchen in Hecken vorziehen, sagte Krebs voraus, daß die Tiere im Waldhabitat mehr Nachkommen produzieren, welche flügge werden, als die Tiere in den Hecken. Dies war auch nachweislich der Fall; in nur zwei von neun Nestern (22 %), die in Hecken angelegt waren, wuchsen Jungtiere bis zum Flüggewerden heran, verglichen mit 54 von 59 Nestern (92 %) im Wald.

Um zu testen, ob die Heckenbewohner tatsächlich von besseren Brutrevieren ausgeschlossen waren, welche zu besetzen sie vorgezogen hätten, entfernte Krebs sechs Paare aus dem Waldgebiet. Innerhalb von ein paar Tagen wurden die meisten der vakanten Reviere von neuen Verteidigern beansprucht. Die Neuankömmlinge waren hauptsächlich beringte Vögel aus dem Heckengebiet, das sie verlassen hatten, sobald bessere Habitate zur Verfügung standen (Abb. 10-18), ein weiteres Beispiel für eine adaptive Dispersion.

10.4.2 Territorialität und Kalorien

Wir haben uns mit einigen Studien beschäftigt, in denen direkt gemessen wurde, ob der Besitz von Territorien den Eigentümern zu einer größeren Zahl an Nachkommen verhilft. Es ist allerdings selten, daß direkte Fitnessmessungen vorgenommen werden können (Kap. 8). Meistens müssen Forscher davon ausgehen, daß ein Zusammenhang zwischen dem, was sie messen können, und der Fitness besteht; ist dies der Fall, so können sie indirekt testen, ob Territoriumsbesitz den Fortpflanzungserfolg erhöht. Viele Tiere konkurrieren zum Beispiel um Nahrungsterritorien, wobei die Gewinner die Exklusivrechte auf die Nahrungsressourcen in dem verteidigten Gebiet genießen. Es ist anzunehmen, daß der Erwerb von Nahrung die Überlebenschancen und damit auch den Fortpflanzungserfolg erhöht. Deshalb können wir indirekt testen, ob Tiere, die Territorien verteidigen, Fortpflanzungsvorteile erzielen, indem wir untersuchen, ob der Kaloriengewinn von Territoriumsbesitzern den mit der Verteidigung ihres Eigentums verbundenen Kalorienverbrauch übertrifft.

Zu bestimmten Zeiten des Jahres konkurrieren afrikanische Sichelnektarvögel (*Nectarinia reichenowi*) um den Besitz von Stellen, an denen das Löwenohr (*Leonotis*), eine Minze (Abb. 10-19) blüht. Frank Gill und Larry Wolf führten eine Studie zu Ökonomie der Revierverteidigung durch, um zu sehen, ob territoriale Vögel tatsächlich – wie vorausgesagt – durch die Verteidigung ihrer Reviere mehr Kalorien gewinnen als sie dafür verbrauchen [346, 347]. Wolf und Gill zählten die Blüten, die sich in einer Ansammlung von Futterpflanzen des Nektarvogels befanden. Anschließend bestimmten sie die Produktionsrate an Nektar pro Blüte; dazu deckten sie eine Anzahl von Blüten ab (um Tiere von der Nektarentnahme abzuhalten). Am Ende eines Tages führten sie dann Glasmikropipetten in die Blüten ein, um über deren Kapillarkräfte den Nektar aufzunehmen. Die Mikropipetten wurden dann versiegelt und in ein Labor gebracht, wo der Zuckergehalt (und damit der Kaloriengehalt) bestimmt wurde. Die tägliche Nektarproduktion einer Blütenansammlung wurde geschätzt, indem man die Zahl der Blüten mit der Nektarmenge, die pro Blüte pro Tag anfiel, multiplizierte. Wenn ein Vogel diese Blüten monopolisieren könnte, so hätte er den von ihnen produzierten Nektar für sich allein.

Dies entspräche also dem Kaloriengewinn der territorialen Verteidigung einer Blütenansammlung.

Es entstehen aber auch bestimmte Kosten für territoriale Nektarvögel; dazu zählen insbesondere die Kalorien, die ihnen verloren gehen, wenn sie Eindringlinge von dem verteidigten Ort wegjagen. Da physiologische Studien gezeigt haben, wieviele Kalorien ein Vogel von der Größe eines Nektarvogels beim Sitzen, bei der Nahrungssuche und bei der Verfolgung anderer Vögel verbraucht, kann man die Kalorien, die für die Revierverteidigung aufgewandt werden, mit der Kalorienzahl, die durch den alleinigen Besitz einer Nahrungsquelle gewonnen wird, vergleichen.

Da die Sichelnektarvögel ihre Blütenreviere außerhalb der Paarungszeit verteidigen, können wir annehmen, daß die Vögel versuchen, sich ihren minimalen, täglichen Energiebedarf so schnell wie möglich zu sichern. Territorialität würde sie diesem Ziel nur dann näherbringen, wenn die Verfügbarkeit von Energie in einer verteidigten Blütenansammlung die Verfügbarkeit an anderen, nicht verteidigten Stellen übersteigt. Wie Tabelle 10-4 zeigt, spart ein Vogel, der ein Revier mit einer Nektarproduktion von 2 μl pro Blüte und Tag besitzt, potentiell vier Stunden der Nahrungssuche ein, wenn der Nektarertrag an allen alternativ verfügbaren Orten nur halb so hoch ist. In Kalorien ausgedrückt ergibt sich durch die zusätzliche Zeit, die auf einem Ast sitzend statt auf Nahrungssuche verbracht werden kann, eine Ersparnis von 2400 Kalorien – davon müssen aber noch die Kalorien abgezogen werden, die für die Verteidigung einer Blütenansammlung gegen Eindringlinge verbraucht werden. Jede Stunde, die im Verteidigungsflug verbracht wird, kostet 2000 Kalorien mehr, als verbraucht würden, wenn der Vogel sein Territorialverhalten aufgegeben hätte und woanders, ohne sich aggressiv verhalten zu müssen, nach Nahrung suchen würde. Eine Stunde Verteidigung wäre die Mühe wert, wenn ein Vogel ein 2 μl-Gebiet hält und andere Vögel dadurch gezwungen sind, an 1 μl-Stellen nach Nahrung zu suchen (Kaloriengewinn netto = 2400 – 2000 = +400 Kalorien). Territorialität wird aber nachteilhaft, wenn der Vogel eine Stunde damit verbringt, Eindringlinge von Blüten fernzuhalten, die eine Nektarrate von 3 μl produzieren, wenn es woanders unverteidigte Blütengruppen mit einer Rate von 2 μl gibt (Nettoverlust = 780 –2000 = –1200 Kalorien).

Wenn die Territorialität von Nektarvögeln adaptiv ist, so sollten diese Tiere empfindlich auf die relativen Raten der Nektarproduktion bei verschiedenen Blütenansammlungen reagieren, sowie die Zeit berücksichtigen, die sie mit Eindringlingen zu tun haben. Wenn die Nektarproduktion überall gleich hoch ist, so sind die Vögel, wie auch vorausgesagt wurde, nicht territorial. Wenn aber auch nur innerhalb eines einzigen Tages die Nektarproduktion an verschiedenen Stellen auseinanderläuft, so beginnen einige Individuen, die reichhaltigeren Stellen zu verteidigen.

Mit einer Zunahme der Individuendichte steigen auch die Kosten für die Abwehr von Eindringlingen. Revierbesitzer reagieren auf einen erhöhten Verteidigungsaufwand, indem sie dazu tendieren, die Größe ihres Reviers, des Gebiets also, aus dem sie Artgenossen vertreiben, zu verringern. Wenn sich die Häufigkeit des Eindringens weiter erhöht, geben die Vögel ihre Reviere auf. Nektar-

Abb. 10-19: **Sichelnektarvogel auf einer nektarproduzierenden Minze.** Diese Vögel verteidigen bisweilen Ansammlungen von Minzpflanzen.

Tab. 10-4: **Energiekosten und -vorteile der Territorialität bei Nektarvögeln** unter verschiedenen Bedingungen. Quelle: Gill und Wolf (345).

Verhalten	Aufwand (Kalorien/Stunde)
Auf einer Stange sitzen	400
Nach Nektar suchen	1000
Eindringlinge aus dem Revier jagen	3000

Nektarproduktion (Mikroliter/Blüte/Tag)	Für die Aufnahme einer ausreichenden Kalorienmenge für 1 Tag erforderliche Stundenzahl
1	8
2	4
3	2,7
4	2

Nektarproduktion			
An unverteidigten Stellen	In Revieren	Gewonnene Ruhestunden	Kalorienersparnis [a]
1	2	8 - 4 = 4	2400
2	3	4 - 2,7 = 1,3	780
4	4	2 - 2 = 0	0

[a] Für jede ruhend - statt auf Nahrungssuche - verbrachte Stunde wendet ein Vogel 400 statt 1000 Kalorien auf, was eine Ersparnis von 600 Kalorien pro Stunde bedeutet. Gesamtmenge eingesparter Kalorien = 600 x ruhend statt auf Nahrungssuche verbrachte Stunden.

vögel haben demnach unter bestimmten Bedingungen die Fähigkeit, von der Nahrungssuche in einem Aktionsraum zur Verteidigung eines Reviers zu wechseln, wobei ihre Wahl von veränderlichen ökologischen Faktoren abhängt, welche den ökonomischen Ertrag ihres Verhaltens beeinflussen [345].

10.4.3 Konditionale Territorialität

Wenn Tiere die Investition in Nahrungsterritorien in Abhängigkeit von den ökonomischen Kosten und Vorteilen ihrer Verteidigung anpassen, dann können wir erwarten, andere Fälle zu finden, in denen Territorien verlassen werden, wenn die Kosten für deren Aufrechterhaltung steigen. Es gibt tatsächlich weitere Fälle. Beispielsweise haben John Craig und Murray Douglas gefunden, daß der Mako mako (*Anthornis melanura*; eine Art, die nicht mit den Nektarvögeln Afrikas verwandt ist) unter bestimmten Umständen nektarproduzierende Bäume verteidigt, während er unter anderen Bedingungen friedlich in Schwärmen frißt [184]. Im Verlauf dieser Studie wechselten einige Makomakos von der nicht-territorialen Nahrungsaufnahme an einer Baumart zu einer territorialen Verteidigung von Gebieten, die eine andere blühende Baumart enthielten. Falls die Vögel ihr Verhalten aus ökonomischen Gründen änderten, dann müßten die territorial werdenden Individuen die aufgenommene Nahrungsmenge erhöht haben. Die neuseeländischen Forscher stellten fest, daß territoriale Mako makos mehr als 125 Kilojoule pro Tag aufnahmen; eine erhebliche Verbesserung gegenüber ungefähr 100 Kilojoule vor dem Wechsel zur Territorialität.

In gleicher Weise ließe sich voraussagen, daß immer, wenn ein territoriales Individuum aus eigenem Antrieb zu einer nicht-territorialen Form der Nahrungsaufnahme wechselt, ökonomische Vorteile (Kaloriengewinn) damit verbunden sind. Der Weißstirnspint (*Meropiscus bullockoides*), ein insektenfressender Vogel aus Afrika, ist ein geeignetes Objekt, um diese Voraussage zu testen [427] (Farbtafel 6). Diese Vögel nisten in großen Gruppen; von diesen Kolonien aus fliegen die Individuen bestimmte Futterplätze an, die sie gegen Eindringlinge verteidigen. Zu manchen Zeiten aber, normalerweise dann, wenn sie Nestlinge mit Nahrung versorgen, geben einige Bienenfresser ihre Reviere auf, um an Orten nach Nahrung zu suchen, die sie nicht verteidigen. Eine Stichprobe ergab, daß eine Gruppe nistender Vögel, die ihre Reviere aufgegeben hatten, durchschnittlich ungefähr 100 Milligramm Insekten pro Stunde in ihrem neuen Aktionsraum sammelte. Dagegen fing eine Gruppe nistender Adulttiere, die weiterhin ihre Nahrungsreviere nutzten, im Durchschnitt 250 Milligramm Insekten pro Stunde. Diese

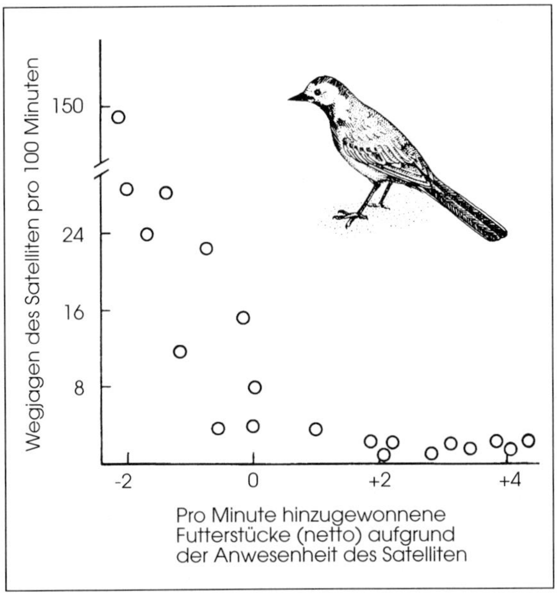

Abb. 10-20: **Territoriale Trauerbachstelzen** tolerieren „Satelliten" nur bei einem hohen Nahrungsangebot, wenn der Satellit dazu beiträgt, die zahlreichen anderen Eindringlinge zu vertreiben, woraus für den Revierbesitzer ein Nettogewinn in bezug auf die aufgenommene Nahrung resultiert. Nach Davies und Houston (221).

Ergebnisse lassen darauf schließen, daß einige Weißstirnspinte ihren Erfolg beim Fang von Insekten vermindern, indem sie reiche Nahrungsreviere aufgeben und diesen kargere Gebiete vorziehen – und das genau dann, wenn sie soviel Nahrung wie möglich sammeln müßten, um ihre hungrigen Jungen zu füttern.

Es ist wohl überflüssig zu sagen, daß diese Ergebnisse Robert Hegner und Stephan Emlen ziemlich verwirrten [427]. Sie nahmen aber an, daß vielleicht die Zeit- und Energiekosten des Hin- und Herpendelns zwischen dem Nest und einem entfernten Nahrungsrevier für die Entscheidung mancher nistender Vögel verantwortlich waren, während der Zeit, in der sie Nestjunge hatten, ihre Reviere aufzugeben. Ein Vogel ohne Nestjunge kann es sich leisten, in einem Nahrungsrevier zu bleiben, bis er die Nahrung, die er benötigt, gesammelt hat. Ein Weißstirnspint mit Nestjungen muß diesen Futter bringen, und zwar einen Schnabel voll pro Flug. Unter bestimmten Umständen kann ein Vogel mit einer weit entfernten Futterstelle seine Jungen schlechter mit Nahrung versorgen, wenn er fortfährt, in großer Entfernung vom Nest nach Nahrung zu suchen. Durch einen Wechsel zu unverteidigten Stellen in viel größerer Nähe zum Nest werden die Vögel zwar weniger Beute fangen, während sie sich am Futterplatz aufhalten, sie können aber trotzdem in der Lage sein, mehr Nahrung pro Zeiteinheit zu befördern als es ihnen anders möglich wäre.

Die Voraussagen, daß adulte Tier, die ihre Reviere aufgeben, (1) in der Nähe ihres Nistplatzes nach Nahrung suchen und (2) relativ weit entfernte Nahrungsreviere haben, verglichen mit adulten Tieren, die ihr Revier behalten, haben sich jeweils als zutreffend erwiesen. Vögel, die das Glück hatten, Nahrungsreviere nahe der Kolonie zu besitzen, behielten sie während des Brütens; nistende Weißstirnspinte, deren Nahrungsreviere mehr als zwei Kilometer entfernt lagen, verzichteten auf deren Verteidigung.

Weißstirnspinte, die ihre Reviere aufgeben, tun dies also, um das Beste aus einer schlechten Situation zu machen; sie schaffen weniger Nahrung heran als andere mit nahegelegenen Nahrungsrevieren, aber wahrscheinlich mehr, als ihnen möglich gewesen wäre, wenn sie darauf beharrt hätten, weiterhin zwischen Nahrungsrevier und Nest zu pendeln.

10.4.4 Langzeiteffekte der Territorialität

Eine weitere Überprüfung der Hypothese, daß Tiere territorial sind, wenn ihnen dadurch ermöglicht wird, ihren täglichen Kalorienbedarf möglichst effizient zu decken, wurde an Trauerbachstelzen (*Motacilla alba*) vorgenommen. Dieser europäische Singvogel verteidigt außerhalb der Paarungszeit Nahrungsreviere [213]. Im Süden Großbritanniens bestehen die an Flüssen gelegenen Winterreviere der Bachstelzen aus 600 Meter langen Abschnitten der Uferböschung. Revierbesitzer ernähren sich von den Wasserinsekten, die ständig vom Fluß angespült werden. Bachstelzen haben, ähnlich wie Nektarvögel und Bienenfresser, die Fähigkeit, zwischen Territorialität und nicht-territorialem Verhalten hin- und herzuwechseln. Wenn das Insektenangebot in einem Gebiet zurückgeht, schließt sich der Revierbesitzer oft für einige Zeit einem Schwarm nicht-territorialer Vögel an, die in der weiteren Umgebung nach Nahrung suchen. Wenn ein Flußabschnitt reichlich Nahrung liefert, wird ein territorialer Vogel an Ort und Stelle bleiben und sein Revier energisch gegen Außenstehende verteidigen.

Es gibt allerdings zwei rätselhafte Aspekte im Verhalten von Bachstelzen, die sich gegen die Voraussage richten, daß Individuen territorial sind, um eine reiche Nahrungsquelle zu monopolisieren. Erstens tolerieren ansässige Individuen manchmal einen anderen Vogel für eine gewisse Zeit in ihrem Revier, was letztendlich bedeutet, daß sie zusehen, wie ein anderes Individuum Kalorien aus ihrem Revier abzieht [221]. Zweitens hat Nicholas Davies im Winter 1974 ermittelt, daß die Nahrungssammelrate von territorialen Bachstelzen niemals über 20 Beutetiere pro Minute hinausging; in Schwärmen zusammengeschlossene Vögel dagegen nahmen 21 bis 29 Beutetiere pro Minute auf [213]. Die Untersuchung des Vogelkots (eine der weniger angenehmen Tätigkeiten eines Verhaltensökologen) zeigte, daß die Größe der Insekten, die von territorialen und nicht territorialen Vögeln verzehrt wurden, jeweils gleich war; territoriale Vögel kompensierten also die geringere Stückzahl nicht durch die Aufnahme größerer Beutetiere.

Revierbesitzer tolerierten einen „Satelliten" nur an Tagen mit einem hohen Nahrungsangebot auf „ihrem"

Abb. 10-21: **Ein männlicher Gerenuk** (*Litocranius walleri*; eine afrikanische Antilope) steht in Imponierstellung auf seinem kleinen Territorium, einem Termitenhügel, um Weibchen anzulocken. Foto von Walther Leuthold.

Grund und Boden. Dies reduziert die Kosten, die durch das Teilen des eigenen Reviers mit dem Satelliten entstehen. Außerdem ist an solchen Tagen die Wahrscheinlichkeit besonders hoch, daß Eindringlinge in das Revier einwandern. Der Satellit übernimmt zu 20 bis 50 % die Verteidigung des Gebiets gegen Außenstehende; das Ergebnis ist, daß ein ansässiges Tier insgesamt einen Energiegewinn verbuchen kann, wenn es sich unter diesen Umständen mit einem Satelliten zusammenschließt (Abb. 10-20) – das war Rätsel Nr. 1.

Wie aber können wir erklären, daß territoriale Vögel immer wieder in Gebiete zurückkehren, welche weniger Beute einbringen als die unverteidigten Regionen, die von den Tieren im Schwarm aufgesucht werden? Warum sich mit einem Revier abmühen, wenn man woanders besser Beute machen kann? Davies merkt hierzu an, daß, wenn die Wiesen mit Schnee bedeckt sind, Flußufer die einzigen Orte sind, an denen Nahrung in verläßlichen und konstanten Mengen anfällt. Um ihr Körpergewicht zu halten, muß eine Bachstelze 90 % der verfügbaren Zeit fressen und ungefähr 7500 Beutestücke pro Tag sammeln. Ein einziger Tag ohne Nahrung kann sie umbringen. Folglich könnte der Besitz eines Reviers eine Art Versicherung gegen ungewöhnlich schlechtes Wetter darstellen; die Hypothese, daß die Verläßlichkeit der Nahrungsproduktion in einem Gebiet die Entscheidung einer Bachstelze zur Territorialität beeinflußt, ist allerdings noch ungeprüft [213].

10.4.5 Wie groß sollte ein Territorium sein?

Die Größe von Territorien variiert enorm zwischen verschiedenen Arten, was zum Teil sicher durch die Körpergröße der jeweiligen Art beeinflußt ist (die winzige Pappelblattlaus verteidigt ein Territorium von wenigen Millimetern Länge, die größere Bachstelze dagegen einen Flußuferabschnitt von 600 Metern Länge). Hinzu kommt, daß die Größe eines Territoriums mit seiner Funktion korreliert ist. Es gibt viele Arten, auch Vögel und große Säugetiere, bei denen die territorialen Männchen einen kleinen Raum verteidigen (Abb. 10-21), den sie allein für die Ausführung von Verhaltensweisen nutzen, welche paarungswillige Partnerinnen anlocken sollen (siehe Kap. 14). Es ist nicht überraschend, daß „Allzweck"-Territorien, die ihren Verteidiger zu einem großen Teil mit Nahrung versorgen, im allgemeinen größer sind als solche, die zum Imponieren genutzt werden („display territories").

Allerdings kann selbst innerhalb einer Art, deren Individuen Nahrungsterritorien errichten, die Größe des verteidigten Gebiets ziemlich stark variieren. Die Nahrungsreviere des Weißaugen-Honigfressers (*Meliornis novaehollandiae*; ein australischer, nektarfressender Vogel) beispielsweise ändern sich in ihrer Größe im Laufe des Winters erheblich (Abb. 10-22). David Patron zeigte, daß die Reviere bei einer diffusen Verteilung von *Banksia*-Blüten im allgemeinen größer sind; wenn aber viele Infloreszenzen auf einem kleinen Raum mit der Produktion von Nektar beginnen, nimmt die Größe der Reviere ab.

Auch Zimtkolibris (*Selasphorus rufus*) regulieren während ihres Herbstzuges über Kalifornien nach Mexiko die Größe ihrer Territorien, welche Ansammlun-

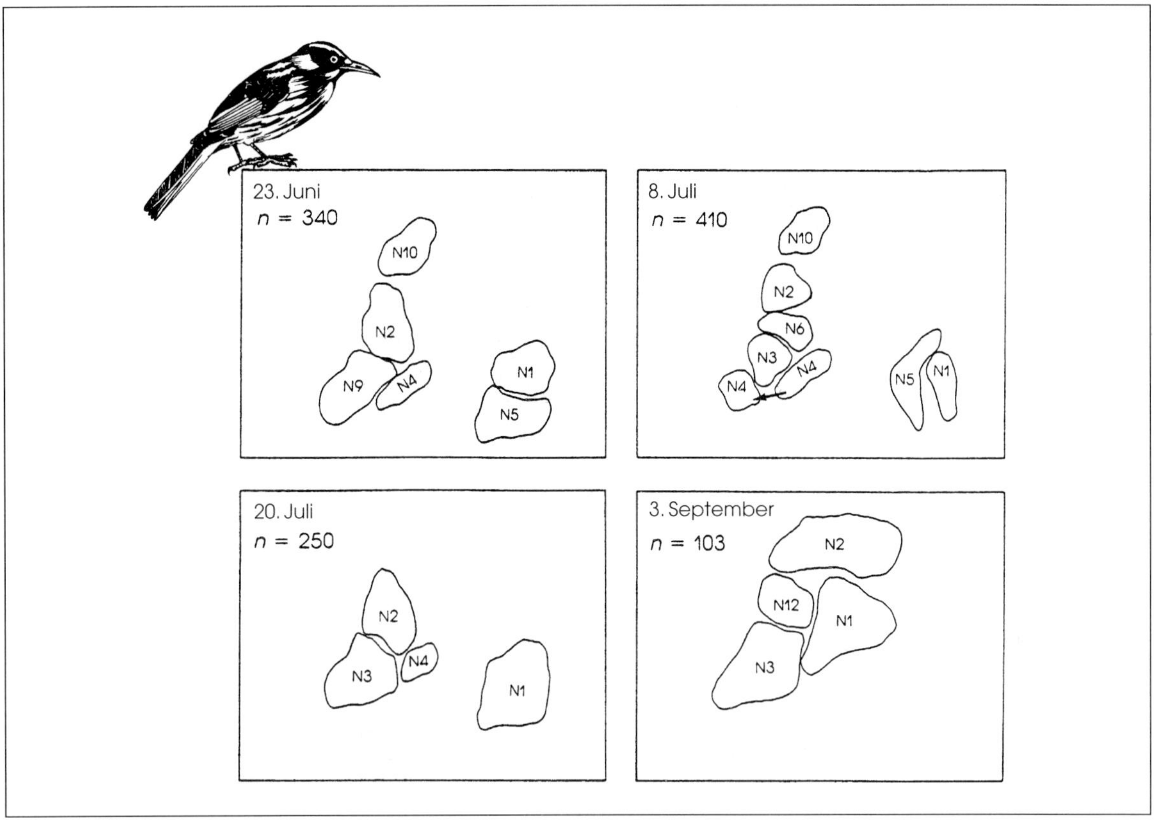

Abb. 10-22: **Änderung der Reviergröße durch Weißaugen-Honigfresser,** die Flecken mit Nektar produzierenden *Banksia*-Blüten verteidigen. n = Anzahl der Blüten in dem jeweiligen Gebiet zu einem bestimmten Datum. Die Zahlen innerhalb der Territorien stehen für bestimmte Individuen. Quelle: Paton und Ford (736).

gen nektarproduzierender Blüten, unter anderem bestimmte Orchideen (*Cattleya*) umfassen. Diese Vögel nehmen tägliche Neuanpassungen bezüglich der Anzahl der Blüten, die sie verteidigen, vor (Abb. 10-23). Damit korreliert ist eine tägliche Gewichtszunahme während ihres kurzen Aufenthaltes in den kalifornischen Bergwiesen. Lynn Carpenter und ihre Mitarbeiter brachten auf geniale Weise einzelne Kolibris dazu, ihnen ihr Gewicht zu verraten. Sie stellten an einen als Revier beanspruchten Ort eine weithin sichtbare Sitzstange auf, welche an einer sehr empfindlichen Waage angebracht war; die Skala dieser Waage konnten sie von weitem mit einem Fernglas ablesen. Territoriale Vögel halten sich gern an Stellen auf, von denen sie ihren Besitz leicht überschauen können, und einige benutzten dazu die für das Experiment aufgestellte Sitzstange, wobei sie sich selbst wogen. Auf diese recht angenehme Art nahmen die Beobachter die relevanten Daten zu Beginn und gegen Ende jedes Tages auf [157].

Was aber bringt die australischen Honigfresser und die Zimtkolibris dazu, die Größe der Gebiete, die sie verteidigen, zu regulieren? Antworten sie damit einfach auf Änderungen des nutzbaren Kalorienangebotes in einem bestimmten Gebiet, indem sie die Reviergröße auf das notwendige Minimum, das zum Erlangen einer bestimmten Kalorienzahl erforderlich ist, reduzieren? Oder reagieren sie auf Änderungen der mit der Verteidigung ihres Besitzes verbundenen Kosten (Stellen mit einer hohen Nektarproduktion könnten viele Eindringlinge anlocken, was eine Verringerung der Reviergröße sinnvoll machen kann)?

Bei einem anderen nektarfressenden Vogel, dem Anna-Kolibri (*Calypte anna*), führte eine experimentell erzeugte Erhöhung des Nektarflusses in einer Reihe artifizieller Blüten dazu, daß mehr Eindringlinge in die Reviere einwanderten, die einige Vögel um die Nektarspender herum errichtet hatten [597]. Dieses Ergebnis steht in Übereinstimmung mit der Verteidigungskosten-Hypothese zur Regulierung der Reviergröße (siehe auch [299]).

Die andere Hypothese zur Größenanpassung von Territorien (nur das nutzbare Kalorienangebot wird verteidigt) wird durch die Ergebnisse einer Studie an der Kornweihe (*Circus cyaneus*) gestützt. Die Größe der winterlichen Nahrungsreviere von Weihen, die Ethan Temeles untersuchte, variierte zwischen 4 und 125 Hektar, was ein ungewöhnlich großer Spielraum ist [915]. Die Weihen ernähren sich vorwiegend, aber nicht ausschließlich, von Mäusen. Dazu kreuzen sie im Tiefflug über Weide- und Sumpfland, wobei sie ihre Beute fangen, indem sie sich auf sie herabstürzen. Falls die Vögel die Reviergröße

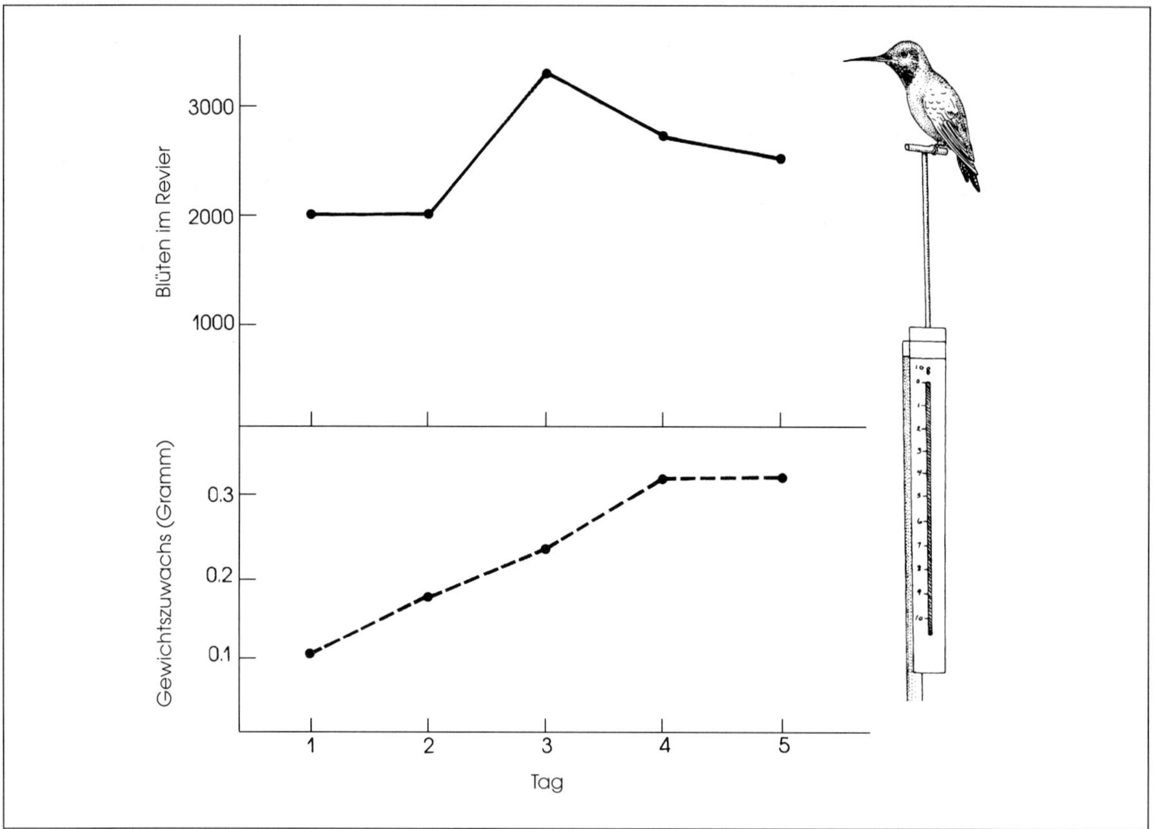

Abb. 10-23: **Eine repräsentative Aufnahme von täglichen Anpassungen der Reviergröße,** wiedergegeben anhand der Zahl der verteidigten Blüten durch einen Zimtkolibri während der Herbstwanderung. Beachten Sie, daß der Vogel seine Gewichtszunahme täglich verbessern konnte. Quelle: Carpenter et al. (157).

anhand der für sie verfügbaren Nahrung regulieren, dann müßten große Reviere wenige Mäuse enthalten, kleine dagegen sollten mit Beutetieren gut besetzt sein. Diese vorausgesagte Beziehung konnte Telemes auf dem von ihm untersuchten Stück Land nachweisen (Abb. 10-24).

Temeles testete auch die Hypothese, daß die Größe des Reviers einer Weihe durch den Druck von Eindringlingen beeinflußt wird. Wenn dem so wäre, hätte das Revier eines Tieres umso kleiner sein müssen, je mehr Nachbarn es hat (da in erster Linie die benachbarten Individuen in das Revier eines Tieres eindringen). Während eines Jahres konnte Temeles diese erwartete Beziehung nachweisen, in einem anderen aber nicht. Nach seiner Interpretation zeigt dieses Ergebnis, wie komplex die Wechselbeziehungen zwischen Kosten und Nutzen der Verteidigung eines Reviers von einer bestimmten Größe sind [915].

10.4.6 Warum gewinnen Besitzer eines Territoriums fast immer?

In den meisten Studien zur Territorialität wird dokumentiert, daß die Gewinner im Wettstreit um Territorien substantielle Vorteile (zum Beispiel bei der Nahrungssuche) für ihr Überleben erlangen, welche normalerweise in einen erhöhten Fortpflanzungserfolg umgesetzt werden sollten. In Anbetracht des Wertes, den ein Territorium für seinen Besitzer darstellt, erscheint es paradox, daß ein Territoriumsbesitzer, wenn er von einem Rivalen herausgefordert wird, den Kampf fast immer sehr schnell für sich entscheidet. Für die Beständigkeit und die Schnelligkeit, mit denen Territoriumsbesitzer Konkurrenten abwehren, sind eine Reihe verschiedener Erklärungen angeführt worden.

Zunächst einmal haben Spieltheoretiker berechnet, daß eine der evolutionsstabilen Lösungen des Konflikts zwischen Besitzern und Eindringlingen die Anwendung der einfachen, allgemein geltenden Regel „Der Ansässige gewinnt immer" zugrunde liegt. Wenn alle um Territorien konkurrierenden Tiere einer Art diese Regel befolgten, Eindringlinge also immer aus bereits besetzten Ter-

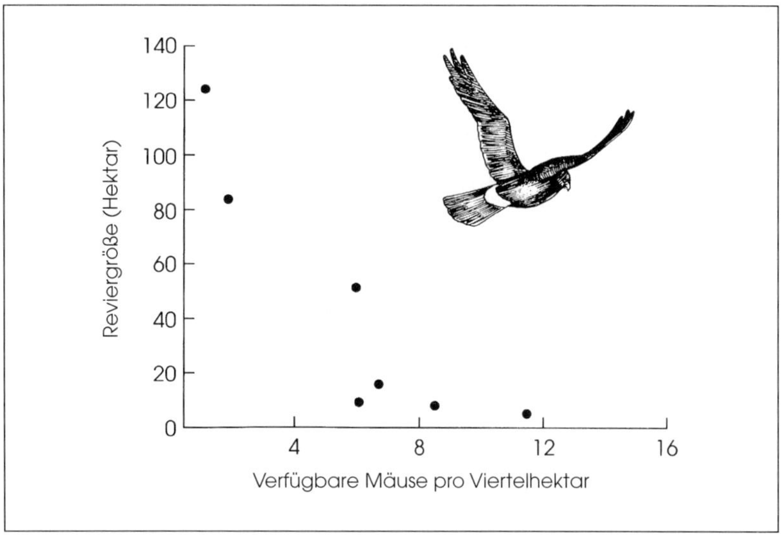

Abb. 10-24: **Reviergröße und Nahrungsverfügbarkeit bei Kornweihen.** Diese Greifvögel verteidigen kleine Reviere, wenn reichlich Beute vorhanden ist, und große Reviere, wenn die Beutedichte gering ist (Vorhandensein von Nahrung ist definiert als die Zahl der Beutetiere, die auf einem Viertelhektar aktiv sind, während die Weihen jagen). Quelle: Temeles (915).

ritorien fliehen würden, wäre das System evolutionsstabil. Die Art wäre resistent gegen das erfolgreiche Eindringen einer Mutante, deren Verhalten eine andere Regel zugrunde liegt (d. h. ein Mechanismus für das Treffen von Entscheidungen, der ein anderes Antwortverhalten gegenüber einem Territoriumsbesitzer hervorruft). Die Gene der Mutante würden sich nicht ausbreiten, und so könnte die „Der Ansässige gewinnt immer"-Strategie unbegrenzt weiterbestehen.

Es gibt anscheinend nur eine Studie, in der die entscheidende Voraussage dieser Hypothese bestätigt wurde. Dabei geht es um das Waldbrettspiel (*Pararge aegeria*), dessen Männchen kleine, sonnige Stellen auf dem Boden ihrer Waldhabitate verteidigen. Weibchen

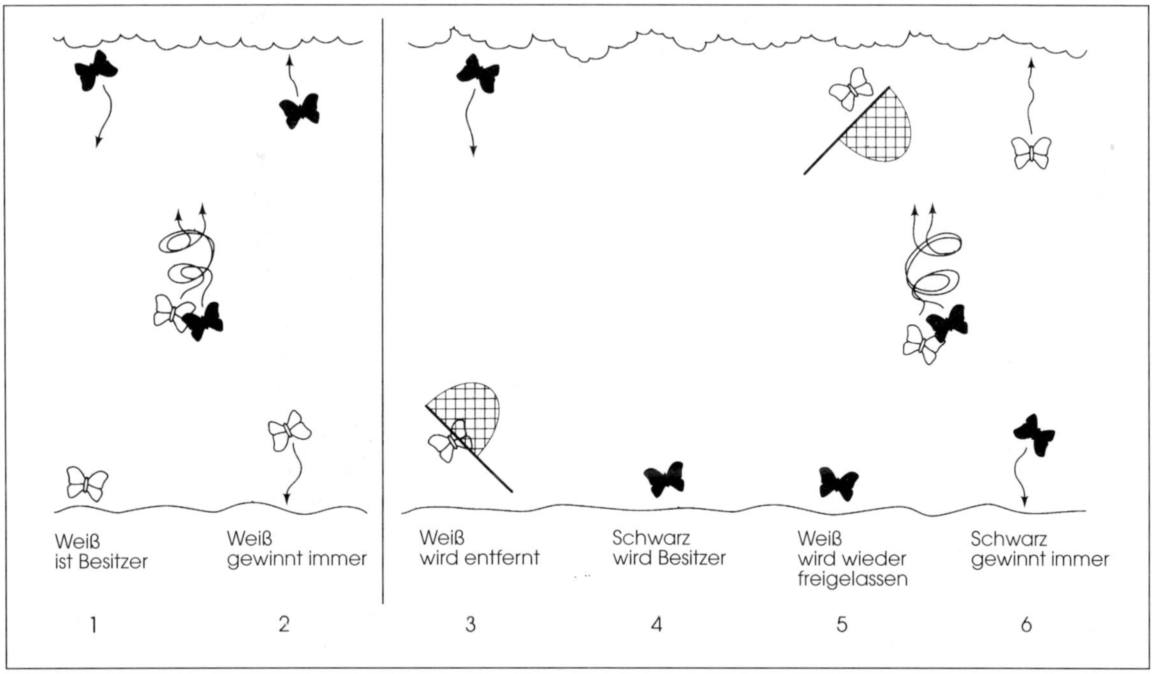

Abb. 10-25: **Der Ansässige gewinnt immer?** Aufbau eines Experiments zu der Hypothese, daß territoriale, ansässige Männchen des Waldbrettspiels bei Konflikten mit Eindringlingen immer gewinnen. Wenn ein Männchen (als „Weiß" bezeichnet) Territoriumsbesitzer ist, wird es Eindringlinge immer in die Flucht schlagen. Wird aber das ansässige Tier entfernt und damit einem anderen Männchen (als „Schwarz" bezeichnet) ermöglicht, sich auf dem Sonnenfleck niederzulassen, so wird der neu ansässige "Schwarz" den ursprünglich ansässigen „Weiß" immer besiegen, wenn dieser nach seiner Freilassung wieder zurückkehrt. Aus Davies (214).

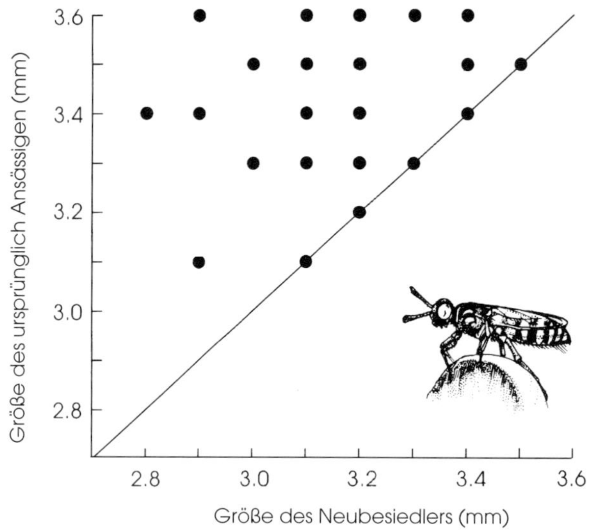

Abb. 10-26: **Die Fähigkeit, Ressourcen zu behaupten, und der Vorteil des Ansässigen.** Ein Test der Hypothese, daß Männchen einer *Philanthus*-Wespe um so eher ansässig sind, je größer ihre Körperkraft ist. In der Graphik ist die Größe des zuerst ansässigen Tieres (gemessen wurde der Kopfdurchmesser) gegen die Größe des Männchens aufgetragen, welches das Territorium besetzt, wenn der Beobachter den Erstbesitzer entfernt. Punkte, die über der aufsteigenden Linie liegen, stellen die Fälle dar, in denen das ursprünglich ansässige Tier größer war als jenes, durch das es ersetzt wurde. Quelle: O´Neill (705).

suchen diese Sonnenflecken gelegentlich auf, um sich mit dem ansässigen Männchen zu paaren. Nicholas Davies fand, daß es – wie von der spieltheoretischen Hypothese vorausgesagt – territorialen Männchen tatsächlich immer gelingt, Eindringlinge abzuwehren; diese fliehen ausnahmslos, anstatt sich auf heftige, eskalierende Konflikte einzulassen [214]. Männchen sind zur Ausführung solcher Kämpfe durchaus in der Lage, wie Davies experimentell zeigen konnte. Er fing ein territoriales Männchen mit einem Insektennetz und hielt es in diesem solange fest, bis ein neues Männchen ankam und den „leeren" Sonnenfleck als Territorium für sich beanspruchte. Als dann das vormals ansässige Männchen wieder freigelassen wurde, kehrte es zu „seinem" Territorium zurück – und fand es von einem anderen Männchen besetzt. Dieses hatte aber bereits Anspruch auf den Platz erhoben und verhielt sich so, als wäre nicht der ehemalige Besitzer, sondern es selbst das ansässige Tier. Das Ergebnis war, daß zwischen beiden Männchen ein fürchterlicher Kampf entbrannte, zumindest nach Schmetterlingsmaßstäben. Die Kontrahenten flogen mit heftigen Flügelschlägen in Spiralbahnen aufwärts, bevor sie sich wieder zum Territorium hinabstürzten, nur um den Spiralflug-„Kampf" noch viele Male zu wiederholen, bis schließlich das zuerst ansässige Tier aufgab und sich zurückzog (Abb. 10-25). Davies sah diese Kämpfe immer nur dann, wenn er die Männchen in oben beschriebener Weise manipulierte, um zwei „Ansässige" für dasselbe Territorium zu schaffen.

Davies´ Ergebnisse standen zwar in Übereinstimmung mit der Hypothese, daß der Ansässige immer gewinnt, andere Beobachter des Waldbrettspiels entdeckten aber später, daß bei dieser Art auch eskalierte Kämpfe, die zur Übernahme besetzter Territorien führen, vorkommen [995]. Zu der Zeit, als Davies seine Studie durchführte, war es ungewöhnlich warm und sonnig, und es gab sonnige Stellen im Überfluß in den britischen Wäldern. Unter diesen Bedingungen hatten Männchen auf der Suche nach einem Territorium wenig oder gar nichts zu gewinnen, wenn sie sich auf einen heftigen Kampf mit Rivalen einließen, um Zugang zu einer reichlich vorhandenen Ressource zu erhalten. Suchende Männchen flogen einfach weiter und fanden so etwas später einen unbesetzten Platz. War es aber kühler und teilweise bewölkt, wurden die Sonnenflecken seltener und damit wertvoller. Die Männchen hatten viel mehr zu gewinnen, wenn sie solche Stelle besetzten und weniger Chancen, kurzfristig einen gleichwertigen Platz zu finden. Unter diesen Umständen kämpfen die Männchen um den Besitz des Territoriums, wenn sie an einen besetzten Sonnenfleck kommen. Selbst dann verlieren ansässige Schmetterlinge selten gegen ihre Rivalen, aber die Tatsache, daß dies bisweilen geschieht, erlaubt uns, die Möglichkeit, daß die Männchen nach einer „Ansässiger gewinnt immer"-Strategie vorgehen, auszuschließen. Die meisten Forscher bezweifeln inzwischen sogar, daß diese Strategie überhaupt bei irgendeiner Art zur Anwendung kommt.

10.4.7 Die „Resource-Holding Power"-Hypothese

Vielleicht gewinnen territoriale Tiere im Normalfall deshalb, weil sie unwillkürlich Eigenschaften haben, die sie letztlich zu überlegenen Territoriumsbesitzern machen. Wenn sie zum Beispiel im allgemeinen größer und kräftiger als Eindringlinge sind, dann werden sie ihre Rivalen gewöhnlich auch abwehren oder sogar verletzen, falls diese auf einem Kampf bestehen sollten.

Die Idee, daß eine Asymmetrie in der Fähigkeit, Ressourcen zu behaupten, („resource-holding power") bewirkt, daß Ansässige eine Übernahme verhindern können, führt zu den Annahmen, daß (1) Ansässige größer,

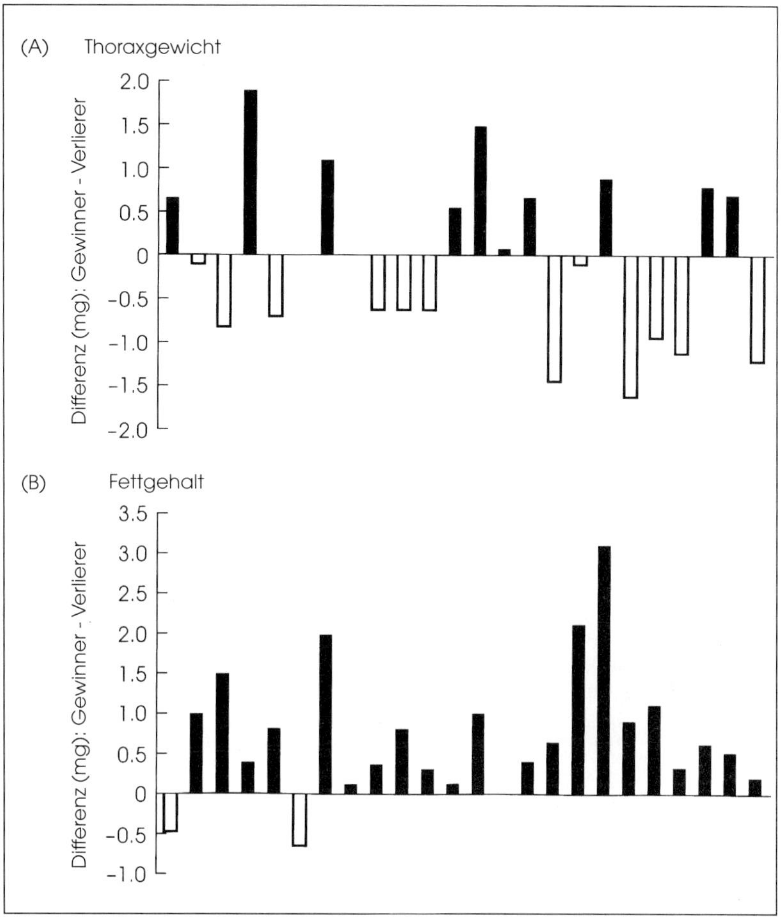

Abb. 10-27: **Fettreserven bestimmen den Gewinner bei territorialen Konflikten zwischen Prachtlibellen.** Die Männchen dieser Art können Besitzrechte an Paarungsterritorien entlang von Flüssen bestimmen, indem sie sich gegenseitig in der Luft jagen. (A) Größere Männchen (gemessen an ihrem Thorax-Trockengewicht) haben nicht immer die Vorteile auf ihrer Seite, wenn es um die Übernahme von Territorien geht; (B) dagegen gewinnen die Männchen mit dem größeren Fettgehalt (in Milligramm) fast immer. Quelle: Marden und Waage (603).

stärker, schneller oder agiler sind als die Eindringlinge, welche sie abwehren und daß (2) Eindringlinge, die ansässige Tiere tatsächlich vertreiben, bezüglich der für die Territoriumserhaltung entscheidenden physischen Merkmale überlegen sind.

In vielen Studien wurde gezeigt, daß insbesondere die Körpergröße zu dem Erfolg, mit dem ein Territorium gehalten wird, in Beziehung steht. Beispielsweise konkurrieren die Männchen des Bienenwolfs *Philanthus basilaris* um kleine Paarungsterritorien, die auf sandigen Flecken oder auf den Hügeln von Ernteameisen (*Pogonomyrmex*) liegen. Territoriale Männchen sind im Durchschnitt erheblich größer als Männchen, denen es nicht gelingt, ein Territorium zu behaupten. Die Hypothese, daß große Männchen kleinere besiegen, wurde von Kevin O'Neill getestet, indem er Territoriumsbesitzer entfernte und anschließend die Tiere, welche die vakante Stelle besetzten, einfing [705]. Er fand, wie vorausgesagt, daß die Neuankömmlinge durchweg kleiner waren als die zuvor ansässigen Männchen, welche vermutlich stark genug waren, um ihre kleineren Rivalen an einer Übernahme zu hindern (Abb. 10-26).

Körpergröße muß aber nicht der einzige Faktor sein, der entscheidend für die Fähigkeit eines Männchens ist, Rivalen zu beherrschen und sie aus einem Territorium zu vertreiben. An Bächen entlang kämpfen die Männchen der Prachtlibelle *Calopteryx maculata* um Paarungsterritorien, die von paarungsbereiten und mit Eiern beladenen Weibchen aufgesucht werden. Territoriumsbesitzer jagen Eindringlinge typischerweise schnell weg; in seltenen Fällen tragen Besitzer und Eindringling aber auch Kämpfe aus, bei denen sie hin- und herfliegen. Solche Kämpfe können dazu führen, daß ein Neuankömmling an die Stelle des Territoriumsbesitzers tritt. James Marden und Jonathan Waage zeigten, daß die Gewinner dieser eskalierten Kämpfe weder größer noch muskulöser sind als die Verlierer [603]. Sie hatten aber in 21 von 24 Fällen größere Fettreserven als die Männchen, die sie verjagten (Abb. 10-27).

Es scheint also, als bestimmten die Energiereserven der Männchen bei dieser Art ihre Fähigkeit, langandauernde Bemühungen zur Übernahme oder zur Verteidigung eines Territoriums zu unternehmen; das in diesem Zusammenhang erforderliche schnelle, ununterbrochene Fliegen ist eine energetisch kostspielige Aktivität.

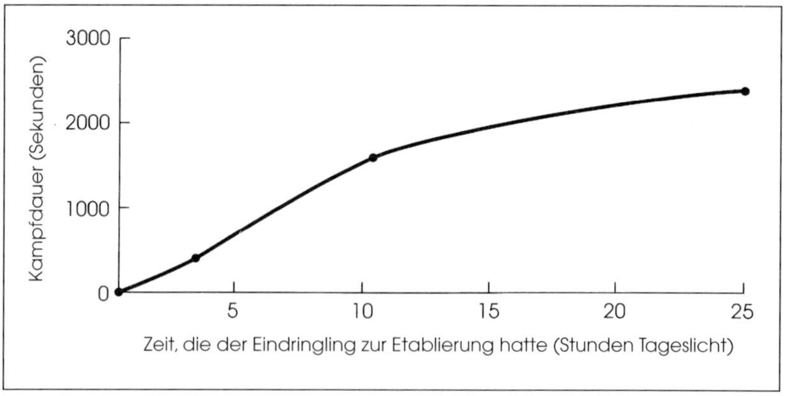

Abb. 10-28: **Test der Auszahlungsasymmetrie-Hypothese an Kohlmeisen.** Je länger ein neu ansässiges Tier ein Revier besetzt hält, um so länger sind die Kämpfe zwischen ihm und dem ursprünglich ansässigen Tier (welches vorübergehend aus seinem Revier entfernt wurde). Quelle: Krebs (532).

10.4.8 Die Auszahlungs-asymmetrie-Hypothese

Die Hypothese, daß eine Asymmetrie in der Fähigkeit zur Ressourcenverteidigung den Gewinner eines territorialen Konfliktes bestimmt, führt zu der folgende Voraussage: Territoriumsbesitzer sollten größer sein oder bessere physiologische Eigenschaften aufweisen oder größere Fettreserven besitzen als nicht-territoriale Eindringlinge und „Springer". Dies ist aber nicht immer der Fall. In einer Studie an Rotschulterstärlingen zum Beispiel konnten keine Unterschiede bezüglich der physischen Eigenschaften zwischen den beiden Kategorien von Männchen gefunden werden [864].

Es gibt allerdings noch eine Alternativhypothese zum Erfolg ansässiger Tiere bei der Verteidigung von Territorien, nämlich die, daß die Auszahlung für einen Besitzer, der sein Territorium behaupten kann, mit der Zeit zunimmt. Warum dies der Fall sein sollte, ist nicht klar. Eine Möglichkeit bestünde darin, daß mit der Zeit die Kosten für die Verteidigung des Territoriums gegen Nachbarn abnehmen. Wenn sich ein Territoriumsbesitzer erst einmal behaupten konnte, stellen er und seine Nachbarn die Kämpfe gegeneinander zum Nutzen aller Beteiligten ein. Falls es aber aus seinem Territorium vertrieben wird, so hat ein Männchen, das erneut ein Territorium erobern will, eine Phase heftiger Kämpfe mit den zukünftigen Nachbarn zu erwarten. Folglich hat ein etabliertes Territorium für seinen Besitzer einen höheren Wert als für den Eindringling. Dieser muß, falls er dem ansässigen Tier dessen Gebiet abringen konnte, immer noch viel Energie aufwenden, um mit seinen aggressiven Nachbarn fertig zu werden, bevor diese sich schließlich mit seiner Anwesenheit abfinden.

Die Auszahlungsasymmetrie-Hypothese beinhaltet die Voraussage, daß die Wahrscheinlichkeit für einen experimentell entfernten und später wieder ausgesetzten Territoriumsbesitzer, sein Territorium erfolgreich zurückzufordern, eine Funktion der Zeit ist, für die ein neues Männchen diesen Ort in Besitz genommen hat.

Ein entsprechendes Experiment wurde mit einigen Vogelarten, unter anderem mit Rotschulterstärlingen, wie auch mit einigen Insekten, beispielsweise dem Waldbrettspiel, durchgeführt. Wenn beim Rotschulterstärling eingefangene, vormalige Revierbesitzer Gelegenheit erhalten, in ihr heimatliches Sumpfgebiet zurückzukehren und gegen die Neubesetzer ihrer Reviere zu kämpfen, so müssen die Zurückkehrer mit größerer Wahrscheinlichkeit aufgeben, wenn die neuen Männchen die Reviere schon einige Zeit besetzt halten [62].

Die Hypothese der Auszahlungsasymmetrie sagt ebenfalls voraus, daß Kämpfe zwischen einem ehemals ansässigen Tier und einem Neubesetzer mit zunehmender Dauer der Inbesitznahme durch letzteren heftiger und länger werden. John Krebs prüfte und bestätigte diese Voraussage für die Kohlmeise (Abb. 10-28) [532].

Obwohl diese Studien auf eine Gültigkeit der Auszahlungsasymmetrie-Hypothese hindeuten, ist es auch möglich, daß Fang und Haltung territorialer Vögel (was für wildlebende Vögel immer Streß bedeutet) deren Fähigkeit zur Ressourcenerhaltung vermindert. Oder aber die Neubesetzer eines Territoriums erhöhen stetig ihre Fähigkeit zur Ressourcenerhaltung, je länger sie ein gutes Territorium besetzt halten. Wir können also nicht mit Sicherheit schließen, daß diese Studien die Hypothese der Auszahlungsasymmetrie stützen. Weitere, genauere Tests der verschiedenen Hypothesen sind erforderlich, bevor wir behaupten können, wir verstünden, warum die Besitzer von Territorien so oft Eindringlinge abwehren können.

Zusammenfassung

1. Viele Tiere wählen bestimmte Orte aus einer Reihe von Alternativen aktiv aus, um dort zu leben. Individuen, die in der Lage sind, bevorzugte Plätze zu besetzen, sollten eine höhere Fitness aufweisen, eine Voraussage, die für viele Arten getestet und bestätigt wurde.
2. Die Wahl eines Lebensraums wird oft im Zusammenhang mit dem Wechsel von einem Ort zu einem anderen getroffen, zum Beispiel, wenn Jungtiere ihren Geburtsort verlassen und nach einer neuen Heimat suchen (Dispersion). Als eine der verschiedenen Hypothesen zu der Frage, warum sich männliche Säugetiere normalerweise weiter verbreiten als Weibchen derselben Art, wurde die Möglichkeit in Betracht gezogen, daß manche Männchen durch kräftigere Rivalen zum Fortgehen gezwungen werden. Eine Alternative wäre, daß sie aus eigenem Antrieb entscheiden, über eine bestimmte Distanz zu ziehen, um Inzucht mit nah Verwandten zu vermeiden und um woanders eine größere Zahl paarungsbereiter Weibchen zu finden.
3. Die Wanderung (Migration) ist eine spezielle Form der Ausbreitung, bei der das wandernde Tier nach einiger Zeit zu dem Ort, von dem es aufgebrochen ist, zurückkehren kann. Wandernde Individuen nehmen offenbar hohe Kosten auf sich; als Ausgleich können ihnen Vorteile entstehen, wenn sie während ihrer Fortpflanzungszeit saisonale Nahrungsüberschüsse ausbeuten können oder wenn sie sichere Orte zum Brüten oder zum Gebären erreichen.
4. Bei der Wahl ihres Lebensraums investieren manche Tiere zusätzlich Zeit und Energie für dessen Verteidigung. Territorialverhalten ist stark korreliert mit dem Vorhandensein wertvoller Ressourcen auf kleinen Arealen, die sich ökonomisch verteidigen lassen. Besitzer von Paarungsterritorien pflanzen sich gewöhnlich erfolgreicher fort als Individuen, denen es nicht gelingt, sich ein solches Territorium zu sichern. Wenn bestimmte Paarungsterritorien gegenüber anderen begünstigt sind, so erfreuen sich ihre Besitzer eines größeren Fortpflanzungserfolgs. Wenn Nahrungsterritorien erst einmal etabliert sind, gewinnen ihre Besitzer mehr Kalorien, als sie zur Verteidigung dieser Stelle verbraucht haben, oder aber, sie sind in der Lage, ihren minimalen täglichen Kalorienbedarf schneller zu decken; in der eingesparten Zeit können sie ruhen, anstatt nach Nahrung zu suchen.
5. Es gibt widerstreitende Hypothesen darüber, warum Revierbesitzer andere Tiere, welche die Kontrolle über das Revier an sich bringen wollen, normalerweise erfolgreich abwehren. In manchen Fällen – nicht aber in allen – hat sich gezeigt, daß Revierbesitzer physisch stärker und damit zur Verteidigung besser befähigt sind als diejenigen, welche sie gern ersetzen würden.

Empfohlene Literatur

Die Veröffentlichungen von Linda Partridge [734, 735], Thomas Whitham [990-992] sowie von William Calvert und Lincoln Brower [144] bieten gute Analysen zur Wahl von Habitaten. Das gleiche gilt für Martin Lindauers Buch „Communication among Social Bees" [572].

Unterschiedliche Ansichten zur Evolution der Dispersion finden sich in den Veröffentlichungen [374, 858, 966]. Das Abwandern von Belding-Zieseln wurde auf der proximaten und ultimaten Ebene von Kay Holekamp und Paul Sherman untersucht [454].

Von Jerram Brown und Gordon Orians gibt es eine mittlerweile klassische Ausführung zum Kosten-Nutzen-Ansatz in Bezug auf Territorialität [131]. Besonders gelungene Arbeiten sind die von Nicholas Davies und seinen Mitarbeitern zur Territorialität von Bachstelzen [213, 221].

Diskussionsfragen

1. Manche Tiere verteidigen Territorien gegen die Individuen anderer Arten. Wie kann dieses Verhalten adaptiv sein? Entwickeln Sie mindestens eine Hypothese und einige Voraussagen zur Evolution interspezifischer Territorialität.
2. Die Männchen vieler Arten bewachen Territorien, die Nahrungsvorkommen enthalten, welche von den Weibchen derselben Art benötigt werden. Die Männchen verbrauchen diese Nahrung nicht, sondern benutzen sie, um Weibchen anzulocken, mit denen sie sich dann paaren. Welches sind die Kosten und Vorteile dieser Art von Territorialität für die Männchen, bezogen auf die Kontakte zu Weibchen? Benutzen Sie Ihre Auflistung, um vorauszusagen, welche ökologischen Faktoren zu dieser Art der Bildung von Paarungsrevieren führen sollten.
3. Entwickeln Sie eine spieltheoretische Hypothese zur Analyse der Entscheidung einiger Kohlmeisen, einen nichtterritorialen Weg zur Paarung einzuschlagen. Welche Voraussagen ergeben sich aus Ihrer Hypothese?
4. Während des Sommers ist der Monarchfalter im Osten der USA sicher eines der alltäglichsten und auffälligsten Insekten. Studien zur Habitatwahl dieser Tiere lassen allerdings den Schluß zu, daß der Monarchfalter in Wirklichkeit eine gefährdete Art sein könnte, die durch Holzschlagaktivitäten in Mexiko bedroht wird. Wenn die Holzunternehmen in Mexiko anbieten würden, nicht mehr die Bäume zu fällen, welche den Faltern als Ruheplätze dienen, aber die unmittelbar benachbarten Bäume entfernten, warum könnten die Monarchfalter dann weiterhin in Gefahr sein? Wie könnten Verhaltensstudien zur Erhaltung dieser attraktiven Insekten beitragen?

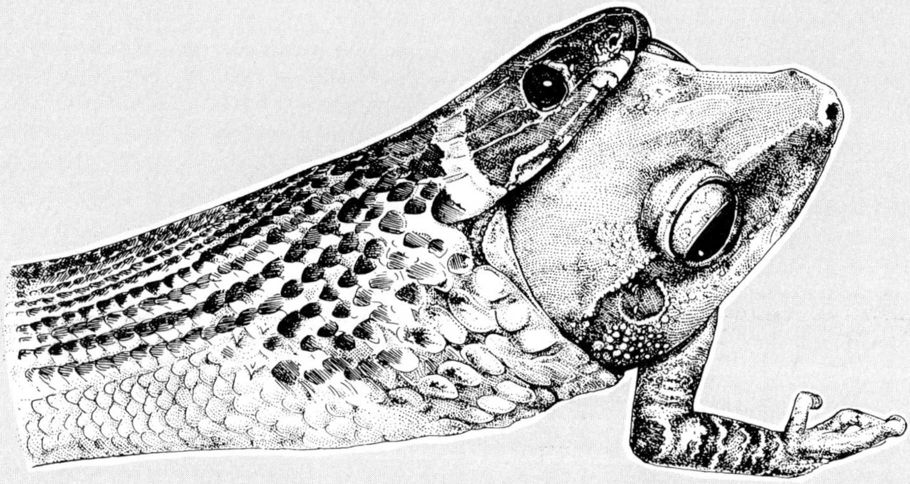

Wenn sich ein Tier auf Futtersuche befindet, sieht es sich auf seinem Weg zu einer guten Mahlzeit mit einer Reihe von Hindernissen konfrontiert. Zunächst muß das suchende Tier ein Nahrungsobjekt aufspüren, wobei es sich um lebende Beute handeln kann, die sich sehr geschickt vor ihrem Feind verbirgt. Als zweites muß sich der Jäger entscheiden, wenn er ein Objekt gefunden hat, ob ein Angriff Vorteile verspricht, welche die Kosten eines solchen Versuchs übertreffen. Wird ein Angriff durchgeführt, besteht die dritte Schwierigkeit darin, die Mahlzeit, welche durchaus eine andere Vorstellung von ihrer Zukunft haben kann, zu überwältigen. Schließlich kann es für das Tier immer noch sehr schwierig sein, die Nahrung aufzunehmen, selbst wenn die Beute bereits überwältigt ist. Dies ist beispielsweise der Fall, wenn die nützlichen Kalorien und Nährstoffe der Beute nur schwer extrahierbar sind. Dieses Kapitel betrachtet jedes dieser Hindernisse für sich, indem es zeigt, wie Verhaltensökologen jeden dieser vier Entscheidungsprozesse als Kosten-Nutzen-Problem behandeln, welches von nahrungssuchenden Tieren gelöst wird. Im Zuge der Erläuterung dieses auf den Nahrungserwerb bezogenen Kosten-Nutzen-Ansatzes kommt die Optimalitätstheorie (Kapitel 8) ins Spiel; wir werden untersuchen, wie sie zum Verständnis des adaptiven Wertes des Verhaltens, das bei der Nahrungsaufnahme gezeigt wird, beitragen kann.

11 Adaptives Ernährungsverhalten

11.1 Aufspüren der Nahrung

Nahezu alles, was einen biologischen Ursprung hat, dient als Nahrung für das eine oder andere Tier. Selbst das am schwersten zu fassende Beutetier, eine giftige Pflanze oder eine (aus menschlicher Sicht) abstoßende organische Substanz beinhaltet Kalorien und Nährstoffe, die einige Tiere verwerten. Alle diese Dinge produzieren als Nebenprodukt ihrer Existenz Reize, die möglicherweise von einem suchenden Tier wahrgenommen werden können, wenn dieses über eine für die entsprechenden Reize ausreichende Sensitivität verfügt. Kot, um ein schlichtes Beispiel zu nennen, enthält flüchtige Substanzen, und kotfressende Tiere, von denen es sehr viele gibt (Abb. 11-1), können diese von der Luft fortgetragenen chemischen Substanzen extrem gut wahrnehmen. Mistkäfer schwingen sich rasch in die Lüfte, sobald sie weit entfernten Kot riechen, und fliegen im Zick-Zack-Kurs auf der Duftspur zu ihm [434].

Lebende Beutetiere erzeugen eine ganze Reihe von olfaktorischen, akustischen, optischen und anderen Hinweisen, die räuberische Empfänger ausnutzen, um ihre Opfer aufzuspüren. Rufende Tungara-Frösche (*Physalaemus pustulosus*) beispielsweise liefern Fransenlippen-Fledermäusen (*Trachops cirrhosus*) Informationen, was zur Folge haben kann, daß sie von den Fledermäusen aus dem Wasser gegriffen werden (Kap. 9). Als Reaktion auf den Prädationsdruck haben Beutetiere Merkmale entwickelt, die eine Entdeckung erschweren, wie die wunderbaren Tarntrachten so vieler Insekten veranschaulichen (Kap. 12). Wie kann ein Beutegreifer, der sich visuell orientiert, diese Art der Verteidigung überwinden?

Luuk Tinbergen meinte, daß insektenfressende Vögel möglicherweise durch Erfahrungen lernen, insbesondere nach den subtilen optischen Anzeichen zu suchen, welche die Anwesenheit einer sich tarnenden Beute verraten [926]. Diese Suchbild-Hypothese besagt, daß Beutegreifer eine gut versteckte, aber sehr profitable Beute besser lokalisieren können, wenn sie nach Hinweisen suchen, die für eine bestimmte Art charakteristisch sind. Alexandra Pietrewicz und Alan Kamil wandten die Methode der operanten Konditionierung an, um herauszufinden, ob Blauhäher (*Cyanocitta cristata*) solche Suchbilder aufbauen. Die Vögel waren darauf trainiert, auf Bilder zu reagieren, die Falter in Tarntracht vor einem tarnenden Hintergrund zeigten (Abb. 11-2). Diese Bilder wurden für kurze Zeit auf eine Mattscheibe projiziert, so daß ein Häher nur wenig Zeit hatte, zu reagieren. Wenn der Häher eine Beute erkannte, pickte er auf eine Pickscheibe, erhielt eine Futterbelohnung und bekam schnell das nächste Bild gezeigt. Pickte der Vogel aber, wenn ihm ein Bild ohne versteckte Beute gezeigt wurde, erhielt er zum einen keine Futterbelohnung und mußte zum anderen eine Minute auf die nächste Gelegenheit warten, um sich eine Futterbelohnung verdienen zu können [754].

Im Verlauf der Versuche wurde den Vögeln eine Serie von 16 Dias gezeigt, von denen die Hälfte das Bild eines Falters zeigte. In einem Versuch waren auf diesen acht Dias durchweg Falter derselben Art zu sehen, während in einer anderen Serie aus 16 Dias zwei verschiedene Falterarten in zufälliger Abfolge erschienen. Konnten die Vögel wiederholt mit nur einer Art Erfahrungen sammeln, so bildeten sie anscheinend ein Suchbild, weil sie von Serie zu Serie weniger Fehler machten. Wenn ihnen aber eine Serie mit zwei verschiedenen Arten gezeigt wurde, blieb eine solche Verbesserung aus. Dieses Ergebnis legt den Schluß nahe, daß die Vögel entweder überhaupt kein Suchbild ausbilden konnten oder daran scheiterten, daß sie das Suchbild für die eine Art anzuwenden versuchten, wenn gerade die andere Art gezeigt wurde, so daß sich die Genauigkeit der Beuteerkennung verringerte, wenn beide Beutetiere gleich häufig präsentiert wurden (Abb. 11-3).

Eine ähnlich angelegte Feldstudie mit Amseln (*Merula merula*) ergab, daß sich diese Vögel im Auffinden getarnter Beute verbessern, wenn sie entsprechende Erfahrungen mit einem Futterstück sammeln. In diesem Fall war

Abb. 11-1: **Kot fressende Käfer.** Sogar im Kot von Kühen sind Nährstoffe enthalten. Hier sind ein männlicher und ein weiblicher Käfer gemeinsam damit beschäftigt, einen Kotball wegzurollen. Sie fressen den Ball entweder selbst, oder das Weibchen legt ein Ei auf den Ball (nachdem das Paar diesen vergraben hat), und die geschlüpfte Larve kann sich dann die Nahrung in Ruhe schmecken lassen. Foto des Autors.

die „Beute" ein grün oder braun gefärbter Zylinder aus Mehl und Schmalz, der auf einem Tablett mit grün oder braun gefärbtem Kies dargeboten wurde. Die Vögel waren an dieses Futter gewöhnt, weil man ihnen die Gelegenheit gegeben hatte, sich von ungefärbten Pasten-„Würmern" zu ernähren. Auf der Jagd nach der gefärbten Beute fanden die Vögel die letzten vier Köder schneller als die ersten vier, wenn diese auf einem Hintergrund präsentiert wurden, der sie unauffällig machte (z. B. grüne Futterzylinder auf grünen Kieseln). Dieses Ergebnis stimmt mit der Hypothese überein, daß sich das Aufspüren der Nahrung verbessert, wenn ein Vogel die Gelegenheit hat, ein Suchbild für einen bestimmten Beutetyp zu bilden [553].

11.1.1 Beute durch Beachten anderer Tiere aufspüren

Ein anderes Mittel, mit dem ein Tier herausfinden kann, wo sich Beute befindet, besteht darin, auf Informationen zu achten, die von Artgenossen stammen [657, 965]. Wir haben bereits ein Beispiel kennengelernt, bei dem dies vermutlich der Fall ist. Eine Anzahl umherstreifender, niederrangiger Kolkraben (*Corvus corax*) findet einen großen Kadaver, indem die Tiere auf die Schreie anderer niederrangiger Raben hören, die in das Territorium eines dominanten Rabenpaares in den Wäldern von Maine eingedrungen sind (Kap. 9).

Dieses Phänomen könnte auch in Brutkolonien mit hoher Individuendichte auftreten, in denen Altvögel die Gelegenheit haben, das Kommen und Gehen Anderer zu beobachten, die ihre Jungtiere mit Nahrung von entfernten Futterplätzen versorgen. Der beobachtende Vogel könnte den Erfolg der futtersuchenden Koloniegenossen registrieren und einem erfolgreichen Futtersucher zu einem ergiebigen Futterplatz folgen. So kann ein Tier, welches selbst bei der Futtersuche keinen Erfolg hatte, Informationen von anderen über gute Nahrungsquellen erhalten.

Aus der Informationstransfer-Hypothese ergeben sich die folgenden Voraussagen über das Verhalten von Vögeln, die in Kolonien brüten: Die futtersuchenden Vögel verlassen ihre Kolonien in Gruppen und fliegen in dieselbe Richtung. Die Entdeckung, daß es einen gleichzeitigen Aufbruch oder ein gemeinsames Fliegen nicht gibt, würde diese Hypothese ausschließen. Einige Studien über Koloniebrüter (aber nicht alle [765]) belegen die Neigung der Vögel, ihre Kolonie gemeinsam zu verlassen und die gleiche Richtung einzuschlagen [z. B. 358, 371]. Wenn eine Rauchschwalbe (*Hirundo rustica*) beispielsweise ihr Nest verläßt, um Insekten zu fangen, so folgen ihr andere Vögel mit großer Wahrscheinlichkeit, was zu einem synchronen Abflug vom Nistareal führt [423]. Überdies findet man, wenn man die Orientierung der

Abb. 11-2: **Ein Blauhäher nimmt an einem Experiment teil**, mit dem bestimmt werden soll, wie gut der Vogel Bilder von Beutetieren, die ihm auf einer Mattscheibe gezeigt werden, erkennt. Foto von Alan Kamil.

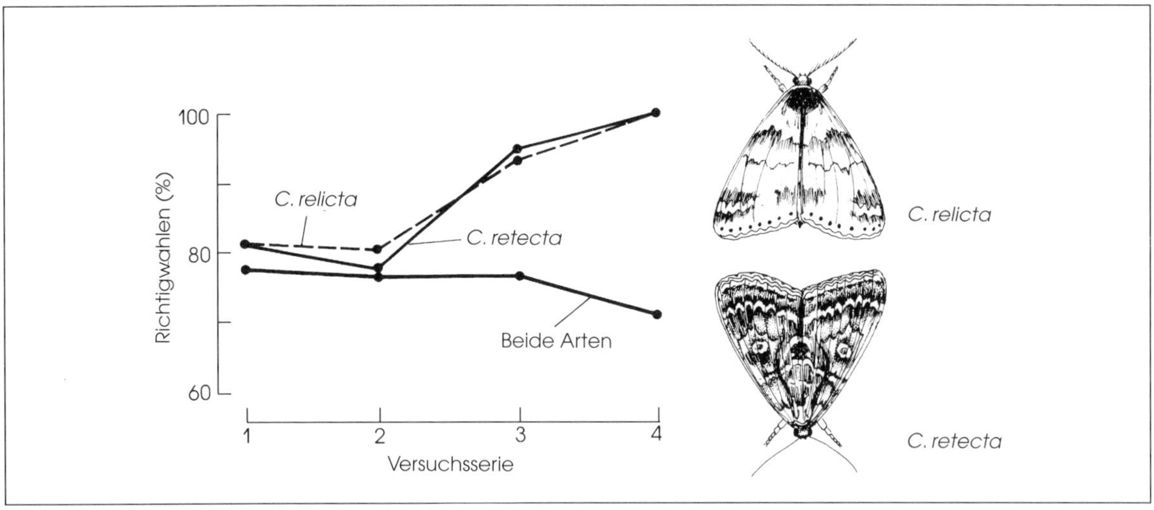

Abb. 11-3: **Die Bildung eines Suchbildes bei Blauhähern.** Als man Blauhähern die Aufgabe stellte, das Bild eines Falters zu erkennen, der auf 8 von 16 projizierten Dias zu sehen war, verbesserte sich die Leistung der Vögel nicht, solange zwei Falterarten, die sich in Färbung und Ruhehaltung unterschieden, auf je 4 Dias gezeigt wurden. Als jedoch alle 8 Dias nur eine Art zeigten, konnten die Häher im Verlauf der Dressur die Falter zunehmend besser erkennen. Diese Ergebnisse legen den Schluß nahe, daß die Vögel gelernt hatten, nach den entscheidenden Hinweisen der jeweiligen Art zu suchen. Quelle: Pietrewicz und Kamil (754).

Schwalben beim Verlassen der Nester aufzeichnet, daß sie dazu neigen, ungefähr die gleiche Richtung einzuschlagen. Dies steht in Übereinstimmung mit der Hypothese, daß manche Individuen anderen folgen.

Wenn es nachfolgende und führende Vögel gibt, ergibt sich aus der Hypothese, daß erfolglose Vögel Informationen von erfolgreichen Futtersuchern erhalten, eine andere wichtige Voraussage: Die Nachfolger haben zuletzt erfolglos nach Futter gesucht, Anführer hingegen sind solche Vogel, denen es in der letzten Zeit besser erging. Diese Voraussage bewahrheitete sich nicht für die Rauchschwalben-Population, die von Margaret Hebblethwaite und William Shields untersucht wurde [423]. In diesem Fall folgten Schwalben, die zuvor mit leerem Schnabel von einem Ausflug zurückgekommen waren, beim Verlassen der Nistkolonie zu einem weiteren Suchflug nicht häufiger als die erfolgreichen Futtersucher einem anderen Vogel (Abb. 11-4). Und auch erfolgreichen Futtersuchern wurde nicht häufiger gefolgt als den erfolglosen Jägern.

In einer experimentellen Studie über kolonial lebende Lachmöwen (*Larus ridibundus*) erhielt man das gleiche Ergebnis. Die Experimentatoren legten eine Ladung toter Fische auf ein Floß, das sich in einiger Entfernung vom Strand und außer Sichtweite der Nistkolonie befand. Herumstreifende Möwen fanden gleichwohl bald das

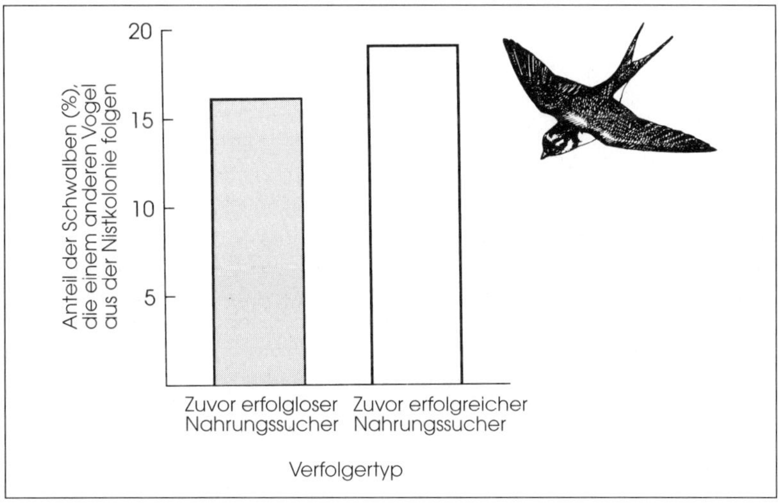

Abb. 11-4: **Informationstransfer bei einer kolonial lebenden Art?** Falls Rauchschwalben Information über den Ort, an dem Nahrungsvorkommen zu finden sind, von anderen, erfolgreichen Koloniemitgliedern gewinnen, sollten insbesondere Vögel, die bei einem vorhergehenden Futtersuchflug erfolglos waren, einem abfliegenden Nachbarn folgen. Diese Voraussage wird durch die Daten nicht bestätigt. Quelle: Hebblethwaite und Shields (423).

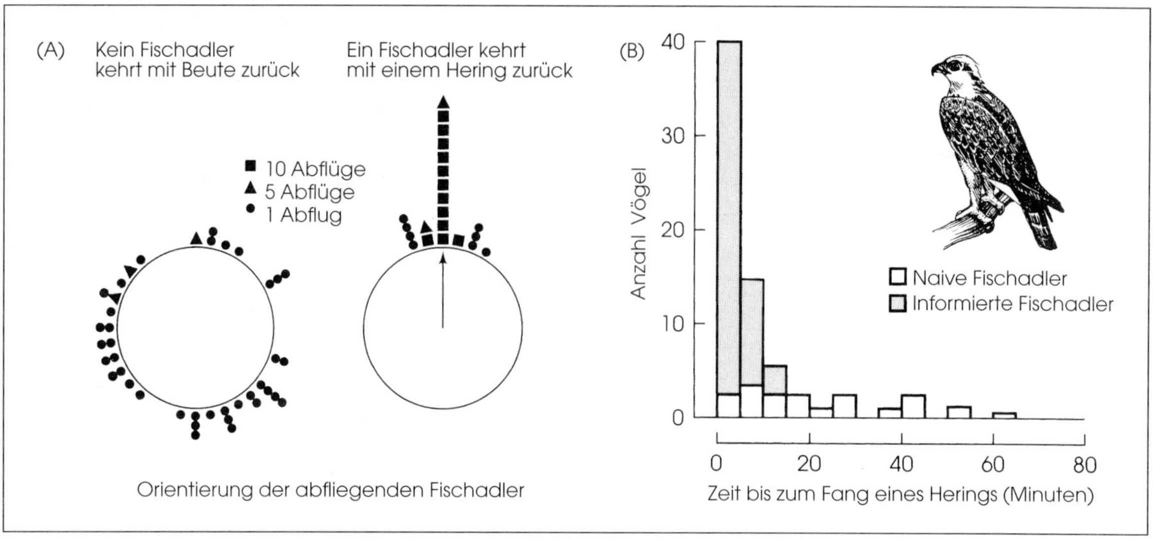

Abb. 11-5: **Informationstransfer bei kolonial nistenden Fischadlern?** Fischadler bringen den Aufenthaltsort eines Fischschwarms in Erfahrung, indem sie andere Fischadler beobachten. (A) Wenn Fischadler ihre Nester verlassen, ohne daß ein Koloniemitglied in den vorhergehenden 10 Minuten mit Fisch zurückkehrte, so fliegen sie in alle Richtungen ab. Wenn aber ein anderer Fischadler mit einem Flußhering zurückkam, so zeigten die abfliegenden Vögel eine starke Tendenz, in die Richtung (durch einen Pfeil wiedergegeben) zu fliegen, die der erfolgreiche Jäger genommen hatte. (B) Naive Fischadler (d. h. solche, die vor ihrem Abflug kein Koloniemitglied mit Beute gesehen haben) brauchen erheblich länger, um Heringe zu finden, als informierte Fischadler (diejenigen, welche kurz zuvor einen zurückkehrenden Nachbarn mit einem Hering in den Fängen beobachtet haben). Quelle: Greene (371).

Futter und stopften sich voll. Ein Beobachter in der Nähe des Floßes funkte Informationen über die Identität einer erfolgreichen Möwe an einen Kollegen, der sich bei der Kolonie aufhielt und dann bei der Rückkehr des Vogels registrieren konnte, was geschah. Jede dieser erfolgreichen Möwen landete mit auffallend geweitetem Kropf an ihrem Nest und hatte häufig einen Fisch im Schnabel, um ihre Jungen zu füttern. Trotz dieser Hinweise flog kein Nachbar hinter einem solchen erfolgreichen Beutesucher her, wenn dieser sich wieder auf den Weg zum Floß machte. Wenn die nächste Möwe die Kolonie verließ, zeigte sie absolut keine Tendenz, in die gleiche Richtung zu fliegen wie der erfolgreiche Futtersucher [20]. Diese Ergebnisse lassen darauf schließen, daß Lachmöwen, die Schwierigkeiten bei der Futtersuche haben, sich den Erfolg anderer Vögel, welche woanders reichlich Futter gefunden haben, wahrscheinlich nicht zunutze machen.

Andererseits fand Erick Greene bei Fischadlern (*Pandion haliaetus*) Anhaltspunkte, die diese Hypothese stützen. Diese großen, fischfressenden Greifvögel, welche in lockeren Kolonien an den Küsten Nordamerikas horsten, lernen von ihren Koloniegenossen, wo sie gewisse Fischarten finden, vor allem solche, die in großen Schwärmen und an schwer vorhersehbaren Stellen auftreten [371]. Fischadler beginnen nicht nur mit größerer Wahrscheinlichkeit ihren Beuteflug, wenn kurz vorher ein Nachbar mit einem Flußhering (*Pomolobus pseudoharengus*) oder einem Stint (*Osmerus eperlanus*) zur Kolonie zurückgekehrt ist. Häufig fliegen sie auch in die Richtung, aus welcher der erfolgreiche Fischfänger kam. Hinzu kommt, daß Vögel, die abfliegen, nachdem ein erfolgreicher Fischer mit seiner Beute zurückgekommen ist, viel schneller Beute machen können, als Fischadler, die sich auf die Jagd begeben, ohne dabei von der Beobachtung eines erfolgreichen Beutefängers profitiert zu haben (Abb. 11-5).

11.1.2 Beute finden, indem man sie durch Täuschung dazu bringt, ihren Aufenthaltsort zu verraten

Einige sozial lebende Prädatoren lernen offenbar – andere tun dies nicht – Beute zu finden, indem sie beobachten, was andere tun oder getan haben. Solitär lebende Beutegreifer haben keine Chance, mit Hilfe dieser Strategie Beute zu entdecken. Manchmal wenden sie allerdings eine geniale alternative Option an. Sie produzieren „illegitime" Signale (Kap. 9), welche die Beute veranlassen, ihren Aufenthaltsort zu verraten.

Spinnen liefern zahlreiche Beispiele für diese Taktik. So veranlaßt eine australische Springspinne (*Portia fimbriata*) ihre Beute, aus dem Versteck zu kommen, indem sie ein Nest aus einem aufgerollten Blatt aufsucht, welches das Weibchen einer anderen Spinnenart (*Euryathus*) enthalten kann. Auf dem Nest imitiert der Jäger die Werbesignale des Männchens seines Opfers, und oft locken diese Signale das Weibchen aus seinem Schlupfwinkel – in die Fänge der Spinne, die das Männchen imitiert [478].

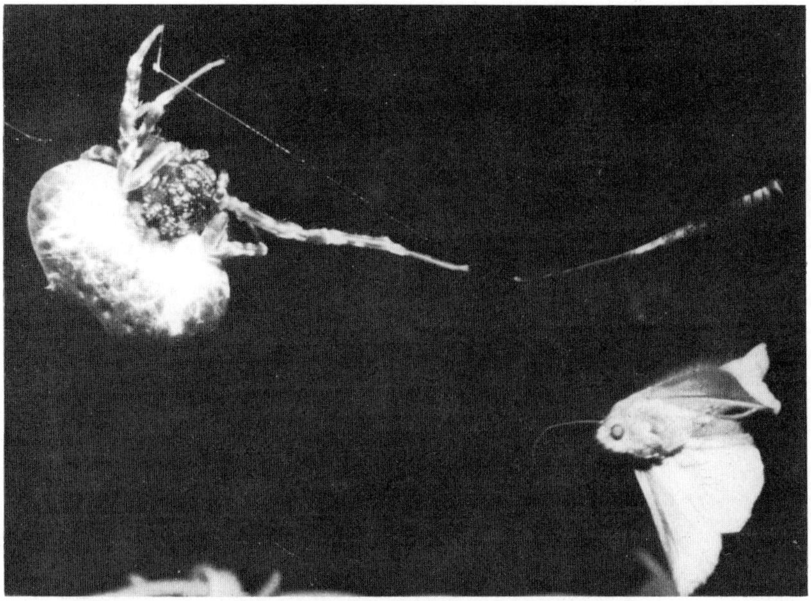

Abb. 11-6: **Eine Bola-Spinne schwingt ihren Köder,** eine Kugel, die wie das Sexualpheromon bestimmter Nachtfalterarten riecht. Männliche Nachtfalter nähern sich der Spinne und werden mit Hilfe des klebrigen Balls gefangen. Foto von William G. Eberhard.

Die Geschlechtsmimikry der Bola-Spinne ist ähnlich „unredlich". Diese Spinne sondert einen Duft ab, der das Sexualpheromon bestimmter weiblicher Falter imitiert. Männchen dieser Falterarten fliegen auf der Suche nach einer Partnerin gegen den Wind, finden aber statt dessen eine wartende Bola-Spinne mit einem klebrigen Kügelchen am Ende eines seidenen Fadens (Abb. 11-6). Wenn die Spinne das Kügelchen schwingt und damit die Motte trifft, wird sie das gefangene Insekt verspeisen. Da die Spinne davon lebt, Bälle zu werfen, gab William Eberhard, ein Entomologe und erklärter Sportsfreund, einer Art der Bola-Spinnen den Namen *Mastophora dizzydeani* [263].

Catherine Craig und Gary Bernard fragten sich, ob die nicht klebrigen „Dekorationen" (Abb. 11-7), die einige radnetzwebende Spinnen, wie *Argiope argentata* [183], in ihre klebrigen Netze einbauen, die Aufgabe haben, auf eine andere Art Beute anzulocken. Diese auffälligen, zickzackförmig verlaufenden Seidenfäden haben lange den menschlichen Beobachtern Rätsel aufgegeben. Einige nahmen an, daß sie nichts mit dem Fangen von Beute zu tun haben. Ihre Funktion sei vielmehr, großen Tieren, wie beispielsweise Vögeln, die Lage des Netzes anzuzeigen, da sie es sonst durchfliegen und zerstören würden – oder aber die Spinne zu tarnen, indem sie ihre Körperkonturen auflösen [265, 276].

Diese Netzanzeige-Hypothese ist für *A. argentata* nicht überprüft worden. Ein einfacher Test wäre aber leicht möglich, weil Weibchen dieser Spinnenart Netze mit bis zu vier Dekorationsfäden bauen. Die Wahrscheinlichkeit einer Zerstörung des Netzes durch einen ungeschickten Vogel oder ein Säugetier sollte höher sein, je weniger Dekorationen die Netze aufweisen. Die Hypothese über die Auflösung der Körperkonturen beinhaltet die Voraussage, daß die Spinne selbst ein Farbmuster aufweisen sollte, welches dieser Art der Tarnung entspricht. Die Weibchen von *A. argentata* sind aber in leuchtendem Orange, Gelb und Schwarz gefärbt, und zumindest für menschliche Betrachter machen Netzdekorationen die Netzbesitzer eher auffälliger, als sie zu tarnen. Diese Beobachtung steht in Übereinstimmung mit einer alternativen Hypothese, der zufolge Netzdekorationen bei dieser Art ein Warnsignal für potentielle Prädatoren sind, welches anzeigt, daß diese Spinne nicht schmeckt oder gefährlich ist (vgl. Kap. 12).

Auch wenn wir einige dieser Hypothesen nicht endgültig verwerfen können, wollen wir uns im folgenden mit der Vorstellung beschäftigen, daß die Dekorationen von *A. argentata* Beute ins Netz locken, wo sie dann angegriffen werden kann. Craig und Bernard wählten solche Netzmuster aus, die nur einen „dekorativen" Seidenfaden enthielten. Sie beobachteten jedes Netz eine Stunde lang und verglichen dann die Zahl der Insekten, die in die dekorierten Netzhälften flog, mit der Zahl, die sich in den Netzhälften ohne Dekoration verfing. Abb. 11-8 zeigt, daß sich die erbeuteten Tiere häufiger in der Netzhälfte mit der Dekoration verfingen als in der anderen Hälfte des Netzes.

Diese Daten belegen, daß zumindest eine Funktion der Netzdekorationen bei dieser Spinnenart ist, die Anzahl der Beutetiere zu erhöhen - aber warum finden die Insektenopfer die Dekorationen attraktiv? Craig und Bernard zeigten, daß die Seide der Dekorationsfäden ultraviolettes Licht stark reflektiert. Ultraviolette Flecken und Zeichnungen kommen bei vielen Blumen vor. Spinnen der Gattung *Argiope* werden auch als Gartenspinnen bezeichnet, weil sie ihre Netze oft in Gärten und anderen offenen Flächen mit blühenden Pflanzen bauen. So kann man annehmen, daß die Netzdekorationen dieser Spinne blumensuchende Insekten ins Verderben locken, indem sie Blütensignale imitieren. Wenn dies zutrifft, müßten blütenbestäubende Insekten die bevorzugte Beute von

Abb. 11-7: **Netzdekorationen** im Netz der Radnetzspinne *Argiope argentata* bestehen aus dicken, auffälligen, im Zickzack verlaufenden Seidenfäden, die vom Ruheort der Spinne in der Mitte des Netzes aus radial nach außen verlaufen. Foto von Catherine Craig.

A. argentata sein. Eine Studie belegt, daß über 60 % der Spinnenopfer kleine, tropische Bienen sind, die sich von Nektar und Pollen aus Blüten ernähren [183].

Neben Spinnen finden auch viele weitere Prädatoren ihre Beutetiere, indem sie diese dazu verführen, sich zu nähern [z. B. 270, 373, 772]. Zum Beispiel haben Anglerfische (*Antennarius*) einen bizarren Auswuchs vorn am Kopf. Dieser besteht aus einer dünnen Rute, an der ein Gewebestückchen hängt, welches eine verblüffende Ähnlichkeit mit einem kleinen Fisch hat (Abb. 11-9). Dieser Köder wird verführerisch geschwenkt und lockt so einen kleinen, sich räuberisch ernährenden Fisch nahe genug heran, damit ein Anglerfisch ihn mit seinem mächtigen Maul verschlingen kann [755].

11.2 Auswahl der Nahrung

Wenn potentielle Nahrung entdeckt ist, haben futtersuchende Lebewesen den Vorteil, entscheiden zu können, welche attackiert oder konsumiert und welche ignoriert werden soll. Die Schmackhaftigkeit verschiedener Beutetiere sollte die Entscheidung des Konsumenten beeinflussen. Diese simple Hypothese wurde überprüft, indem gefangenen Fransenlippen-Fledermäusen (die Tungara-Frosch-Killer) die Möglichkeit gegeben wurde, zwischen zwei Lautsprechern zu wählen. Einer gab einen unbekannten Ruf wieder, der eine gewisse Ähnlichkeit mit dem Ruf einer giftigen Kröte hatte, der andere aber einen Ruf, der dem einer genießbaren Froschart ähnlich war. In diesem Experiment suchten die Fledermäuse fast immer den Lautsprecher auf, der das froschähnliche Signal ausstrahlte (Abb. 11-10) [819].

Die Existenz potentiell giftiger oder ungenießbarer Nahrung hat offensichtlich die Entscheidungen von Pflanzen- und Fleischfressern bei der Nahrungssuche geprägt. So unterschiedliche pflanzenfressende Tiere wie Pinselohrhörnchen (*Sciurus aberti*) [306] und Blattschneider-Ameisen (*Atta cephalotes*) [465] wählen Nahrung mit einem niedrigen Gehalt an toxischen Terpenoiden aus, einem Gift, welches viele Pflanzen in ihren Blättern und Rinden einlagern, um Konsumenten abzuwehren.

Diese Art von Auswahlverhalten zeigen auch pflanzenfressende Brüllaffen der Gattung *Alouatta*, die Kenneth Glander in einem Uferwald in Costa Rica untersuchte (Abb. 11-11) [351]. Glander entdeckte, daß die folgenden „Regeln" ihren Entscheidungen zugrunde liegen. Erstens: Je häufiger eine Baumart ist, umso geringer ist die Wahrscheinlichkeit, daß die Affen deren Laub fressen. Statt dessen verbrachten diese Affen relativ viel Zeit damit, seltenere Baumarten zu suchen. Zweitens: Die Brüllaffen waren sogar im Umgang mit weniger häufigen Baumarten sehr wählerisch und waren auch bei diesen häufig nicht dazu bereit, von den Blättern zu fressen. Zum Beispiel nahmen die Affen Pflanzenmaterial von nur 12 der 149 Exemplare einer von ihnen akzeptierten Baumart, die in dem Wald wuchs. Drittens: Die Brüllaffen bevorzugten die selteneren, kleineren, jungen Blätter gegenüber den im Überfluß vorhandenen großen, ausgewachsenen Blättern. Viertens: Oft fraßen sie auf eine sehr „verschwenderische" Art und Weise, indem sie nur die

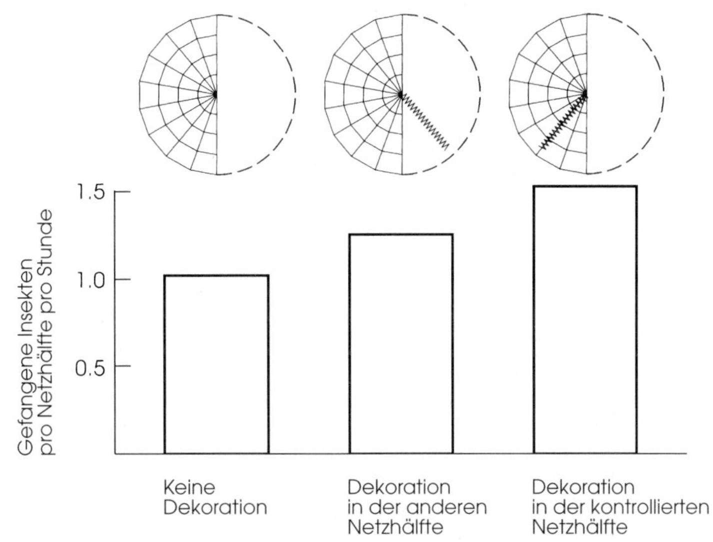

Abb. 11-8: **Werden Beutetiere von Netzdekorationen angelockt?** In Netzen bestimmter Radnetzspinnen ohne Dekoration verfingen sich pro Stunde weniger Beutetiere als in solchen mit Dekoration. Zudem wurden in Netzen mit asymmetrischen Dekorationen mehr Fluginsekten in der Netzhälfte mit diesen auffälligen Linien gefangen als in der Netzhälfte ohne solche Strukturen. Quelle: Craig und Bernard (183).

Stiele zu sich nahmen und die größeren Blattspreiten fallen ließen.

Glander stellte die Hypothese auf, daß die anscheinend widersinnige Nahrungswahl der Brüllaffen in Wirklichkeit eine adaptive Antwort auf die chemische Verteidigung vieler Bäume darstellt. Tropische Wälder sind alles andere als ein Garten Eden; ihre üppige Vegetation besteht aus Pflanzen, die zumeist giftig oder von geringem Nährwert sind. In der Tat zeigte Glander, daß die Baumarten, welche die Affen mieden, Blätter mit hohen Alkaloid- oder Tanninkonzentrationen aufweisen. Die Alkaloide sind für die Brüllaffen giftig. Tannin hingegen verbindet sich mit den pflanzlichen Proteinen und macht es für die Affen aufwendig und schwierig, die nützlichen Proteine zu verdauen. Darüber hinaus variiert der Gehalt an giftigen Substanzen und die Tanninkonzentration auch zwischen Individuen einer Art beträchtlich. Wie vorausgesagt, bevorzugten die Brüllaffen die Bäume mit vergleichsweise geringen Alkaloid- und Tanninkonzentrationen. Junge Blätter haben einen größeren Wassergehalt und weniger nährstoffarme Fasern als ausgewachsene Blätter. Fraßen die Affen ausgewachsene Blätter, so bevorzugten sie solche, die einen höheren (12,4 %) Proteingehalt aufwiesen, als die ausgewachsenen Blätter von Bäumen, die sie ablehnten (durchschnittlich 9,4 % Protein). Die „verschwenderische" Ernährungsweise der Affen ergab sich, weil sie die Blatteile mit den geringsten Konzentrationen an Giftstoffen fraßen, nämlich die Blattstiele, während sie die giftigeren Blattspreiten wegwarfen.

11.2.1 Optimale Muschelauswahl durch Sundkrähen

Was aber ist mit Nahrung, die sich nur in der Größe, aber nicht in der Toxizität unterscheidet? Howard Richardson und Nicholas Verbeek bemerkten, daß Sundkrähen (*Corvus caurinus*) im pazifischen Nordwesten Amerikas Quahog-Muscheln (*Venus mercenaria*) oft nicht fressen, nachdem sie sie entdeckt haben [786]. Die Krähen graben die Muscheln aus ihren Gängen, lassen aber die kleineren dann einfach am Strand liegen. Ihr Interesse gilt den größeren Muscheln, mit denen sie wegfliegen, um sie dann auf Felsen fallenzulassen und auf diese Weise für den Verzehr zu öffnen.

Die beiden kanadischen Forscher stellten fest, daß es sich bei den ertragreichsten Muscheln um die allergrößten handelte. Dies war nicht etwa der Fall, weil diese leichter zerbrachen, sondern weil sie deutlich mehr Kalorien als die kleineren Muscheln enthielten. Krähen verzehren aber nicht nur die größten Muscheln, die sie finden. Vielmehr steigt die Akzeptanzrate mit der Muschelgröße. Sie öffnen und fressen nur ungefähr die Hälfte der Muscheln, die 29 Millimeter lang sind, während sie alle Muscheln mit einer Länge zwischen 32 und 33 Millimeter verzehren.

Aber warum werden 29 bis 30 Millimeter lange Muscheln mit ihrem geringeren Ertrag überhaupt ausgewählt? Vielleicht, weil es einen Zeitverlust bedeutet, wenn man eine Muschel aufgibt, um einen größeren Ersatz zu finden. Falls Krähen versuchen, die Energieausbeute für einen Futtersuchzyklus (welcher die Zeit für das Aufspüren, Ausgraben, Abwerfen und Auffressen einer Muschel umfaßt) zu maximieren, könnte ein Vogel, der eine mäßig große Muschel findet, mehr Kalorien pro Minute der Futtersuche erhalten, wenn er sich entscheidet, diese Muschel zu öffnen, als wenn er weiter nach der

Abb. 11-9: **Ein Beutegreifer benutzt einen Köder.** Ein Anglerfisch mit einem „Elritzen"-Anhang an der Vorderseite seines Kopfes (oben) kann diesen Köder hin und her schwenken (unten), um Beutetiere in Angriffsentfernung zu locken. Fotos von David Grobecker.

allergrößten Muschel sucht. Richardson und Verbeek errechneten, daß es sich in Anbetracht der jeweiligen Kosten, die für das Auffinden unterschiedlich großer Muscheln entstehen, in der Hälfte der Fälle lohnt, Muscheln von 28,5 Millimetern Länge zu öffnen und zu fressen. Das Verhalten der Krähen zeigt, daß sie mit der Mathematik ihrer Forscher einverstanden sind (Abb. 11-12) [786].

Die Richardson-Verbeek-Studie ist ein Beispiel für die Anwendung der „Theorie des optimalen Nahrungserwerbs" zur Analyse von Verhaltensweisen, die im Zusammenhang mit der Ernährung stehen. Die Forscher nahmen an, daß die Verhaltensmechanismen, die der Nahrungsauswahl von Krähen zugrunde liegen, das evolutive Produkt natürlicher Selektion sind. Des weiteren nahmen sie an, daß in der Vergangenheit solche Krähen, die bei der Ernährung von Quahog-Muscheln oder ähn-

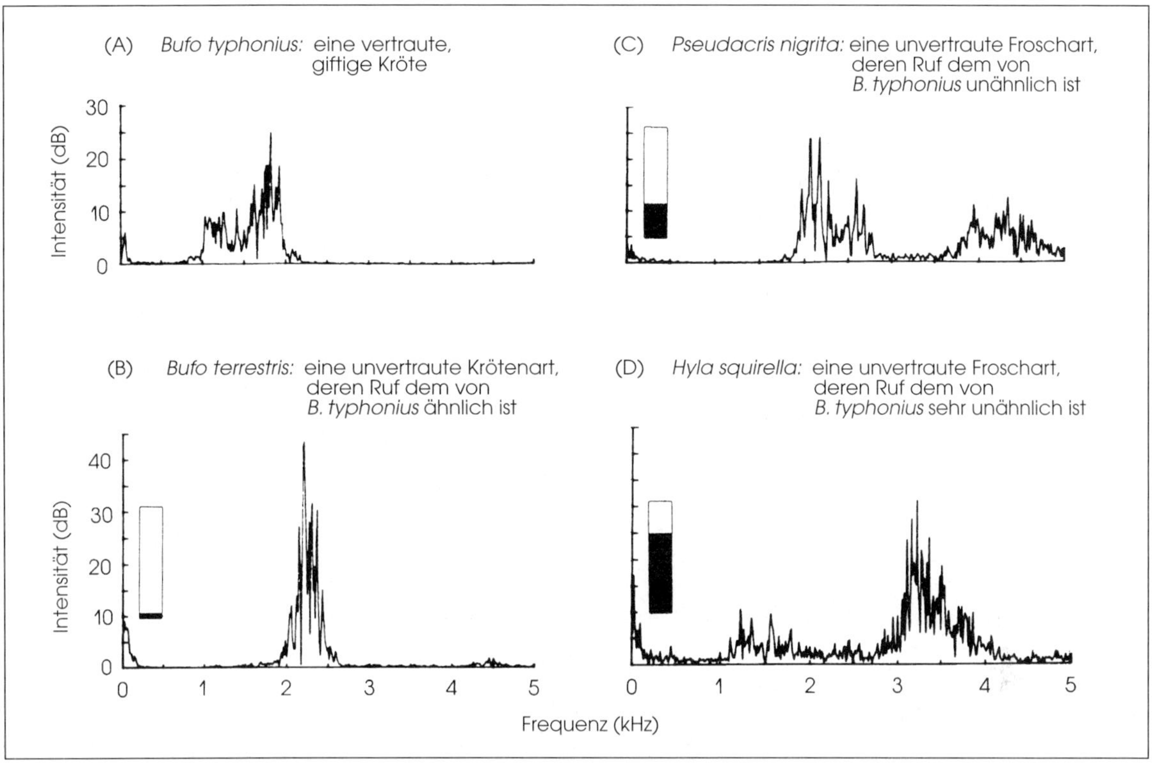

Abb. 11-10: **Angriffsentscheidung aufgrund akustischer Hinweise.** Räuberische Fledermäuse erkennen potentielle Beutetiere an ihren Rufen. (A) Sonagramm des Rufes von *Bufo typhonius*, einer giftigen, nicht verzehrbaren Krötenart. (B) Sonagramm des Rufes von *Bufo terrestris*, einer den Fledermäusen bis dahin unvertrauten Art mit einem ähnlichen Ruf wie *B. typhonius*. Fledermäuse, die den Ruf von *B. typhonius* kennen, nähern sich fast nie einem Lautsprecher aus dem dieser Ruf abgespielt wird. Dies zeigt der schwarze Anteil des Balkens in der Graphik, der proportional zum prozentualen Anteil der Versuche ist, in denen Fledermäuse sich einem Lautsprecher näherten, über den der Ruf abgespielt wurde. Dagegen näherten sie sich mit weitaus größerer Wahrscheinlichkeit einem Lautsprecher, über den die Rufe von zwei den Fledermäusen unvertrauten Froscharten wiedergegeben wurden, deren Rufe dem von *B. typhonius* unähnlich sind (C, D). Quelle: Ryan und Tuttle (819).

licher Beute die Rate der Kalorienaufnahme maximierten, mehr überlebende Nachkommen hinterließen, als solche, die auf eine – wenn auch nur geringfügig – weniger effiziente Weise ihr Futter suchten. Das Grundprinzip einer solchen Annahme ist klar: Individuen, die sich optimal ernähren (in diesem Fall durch Maximierung der Kalorienaufnahme), haben mehr Energie für die Produktion von Nachwuchs und mehr Zeit für fitnessfördernde Aktivitäten als Individuen, die sich suboptimal versorgen. Diese Annahme wurde an gefangenen Zebrafinken (*Taeniopygia guttata*) experimentell untersucht. Diese erhielten alle das gleiche Futter, allerdings in einer Versuchsanordnung, durch welche der tägliche Energiegewinn für die einzelnen Individuen unterschiedlich war. Je größer die Rate der gefressenen Samenkörner war, um so höher war auch die Überlebenswahrscheinlichkeit und der reproduktive Erfolg der Finken [556].

Richardson und Verbeek nutzten die Annahme, daß Krähen bestrebt sind, den Energieertrag aus ihrem Futter zu maximieren, um ein mathematisches Modell (eine Hypothese) aufzustellen. Dieses berücksichtigt sowohl die Kalorien, die durch das Öffnen von Muscheln verschiedener Größe gewonnen werden können, als auch die Zeit, die für das Auffinden dieser Muscheln benötigt wird. Mit diesen Informationen konnten sie die Profitabilität der Beute abschätzen, also die Auszahlung in Kalorien pro Zeiteinheit, die für das Finden und Fressen der Muscheln verschiedener Größe erzielt wird. Das Ergebnis war die Kurve in Abbildung 11-12, welche eine überprüfbare Voraussage über die Größe der Muscheln liefert, die Krähen sich tatsächlich aussuchen, um sie auf Felsen fallenzulassen. Wie bereits festgestellt wurde, stimmen die wirklichen Beobachtungen mit der graphischen Darstellung fast überein. Sie lassen den Schluß zu, daß die Sundkrähen tatsächlich versuchen, bei der Auswahl der Quahog-Muscheln ihren Kalorienertrag zu maximieren.

11.2.2 Optimale Muschelauswahl durch Austernfischer

Der Austernfischer (*Haematopus ostralegus*) ist ein weiterer Küstenvogel, dessen Entscheidungen bei der Futtersuche leicht untersucht und hinsichtlich ihrer Übereinstimmung mit einem Optimalitätsmodell beurteilt

Abb. 11-11: **Nahrungsauswahl durch Brüllaffen.** Obwohl sie überall von Blättern umgeben sind, gehen diese Affen bei der Nahrungssuche sehr sorgfältig vor; sie meiden giftige Blätter und solche, die einen geringen Nährwert aufweisen. Fotos von Kenneth Glander.

werden können. Bei ihrem Versuch, das Beuteauswahlverhalten von Austernfischern, die sich von Muscheln ernähren, zu verstehen, begannen die zwei belgischen Forscher P. M. Meire und A. Ervynck, indem sie ein Modell zur Kalorienmaximierung erstellten, das dem von Richardson und Verbeek ähnelte. Auch sie berechneten die Profitabilität verschieden großer Beute, indem sie den Kaloriengehalt der Muscheln durch die Zeit dividierten, welche die Austernfischer benötigten, um die Muscheln durch Hämmern und Stochern zu öffnen. Obwohl für das Öffnen großer Muscheln (50 Millimeter oder länger) mehr Zeit erforderlich ist, bringen diese mehr Kalorien pro Minute Öffnungszeit. Deshalb sagt das Modell voraus, daß die Austernfischer vornehmlich die größten Muscheln in Angriff nehmen sollten. Diese Voraussage wird aber durch die tatsächlichen Beobachtungen nicht gestützt (Abb. 11-13) [639]. Die Vögel bevorzugen bei ihrer Wahl Muscheln, welche die Durchschnittsgröße etwas überschreiten, jedoch nicht die wirklich großen. Warum nicht?

Hypothese 1: Austernfischer machen die Erfahrung, daß viele große Muscheln zu schwer zu öffnen sind, so daß sie ungeöffnet zurückgelassen werden müssen, was den Durchschnittsertrag aus der Beschäftigung mit diesen großen Beutetieren vermindert.

Als sie den Ertrag der Beute kalkulierten, berücksichtigten die Forscher zunächst nur solche Beutetiere, welche

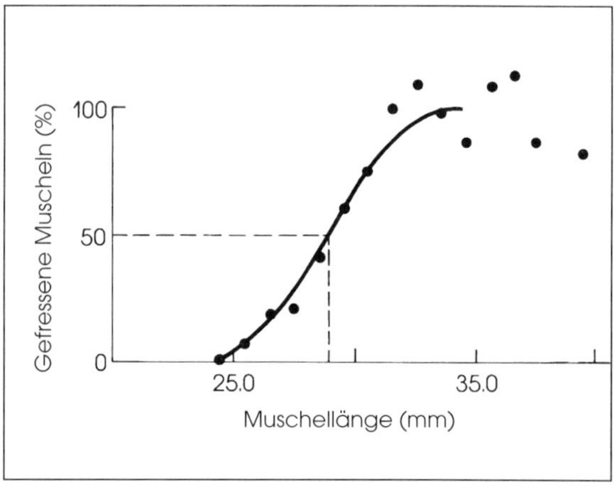

Abb. 11-12: **Ein Optimalitätsmodell zur Auswahl der Beute in Abhängigkeit von der Beutegröße.** Die Linie gibt die vorausgesagten prozentualen Anteile von Muscheln verschiedener Größe wieder, die von Krähen bearbeitet werden sollten, nachdem sie entdeckt wurden. Der Kurve liegt ein mathematisches Modell zugrunde, das auf der Annahme beruht, daß Krähen versuchen, die Rate ihres Energiegewinns pro Zeiteinheit der Futtersuche zu maximieren. Die Punkte geben tatsächliche Beobachtungen bzw. die Überprüfung des Modells wieder. Es wurde eine hohe Übereinstimmung zwischen den Voraussagen des Modells und der tatsächlichen Beuteauswahl durch die Krähen gefunden. Quelle: Richardson und Verbeek. (786).

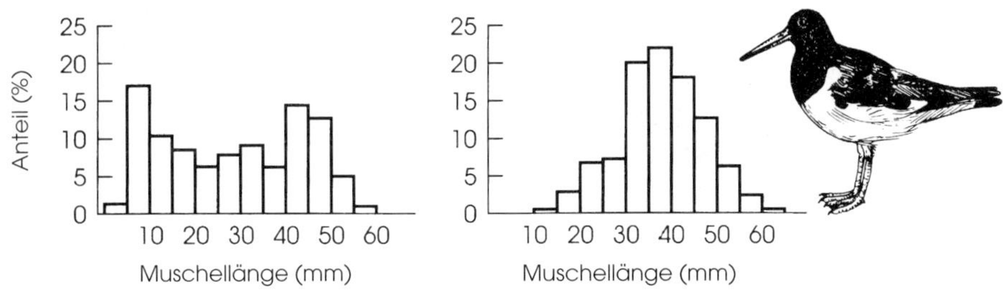

Abb. 11-13: **Verfügbare Beute und gewählte Beute** bei nahrungssuchenden Austernfischern. Muscheln, die für den Verzehr ausgewählt wurden, waren im Durchschnitt tendentiell größer als die in dem Gebiet verfügbaren Muscheln, die Vögel konzentrierten sich aber eher auf mittelgroße Muscheln als auf die allergrößten. Quelle: Meire und Ervynck (639).

von den Austernfischern wirklich geöffnet wurden (Abb. 11-14, Modell A). Es zeigte sich jedoch, daß viele der ausgewählten Muscheln von den Austernfischern trotz aller Anstrengungen nicht geöffnet werden konnten. Je größer die Muschel war, um so größer war die Wahrscheinlichkeit, daß sie ungeöffnet und ungefressen aufgegeben werden mußte. Die so mit großen, nicht zu öffnenden Muscheln vergeudete Zeit reduziert die durchschnittliche Auszahlung für die Beschäftigung mit diesen Beutetieren. Wenn dieser Faktor in die Berechnung einbezogen wird, ergibt sich eine neue Profitabilitätskurve, aus der sich die neue Voraussage ableiten läßt, daß sich die Austernfischer eher auf Muscheln mit einer Länge von 50 Millimetern konzentrieren sollten, als

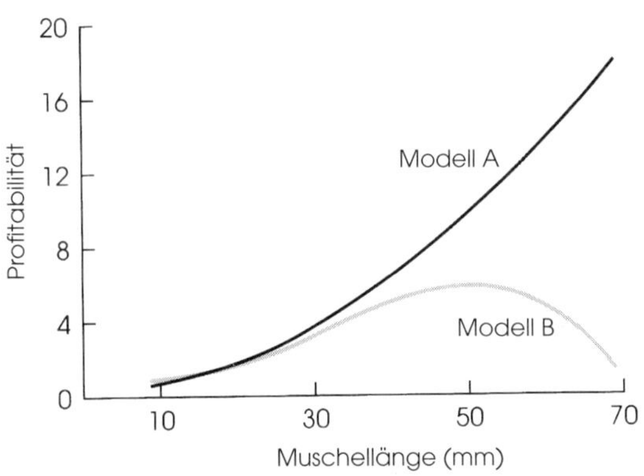

Abb. 11-14: **Zwei Optimalitätsmodelle, die zu unterschiedlichen Voraussagen führen, da sie von unterschiedlichen Faktoren ausgehen.** Das Modell A kalkuliert die Profitabilität einer Muschel allein auf der Grundlage der verfügbaren Energie aus geöffneten Muscheln verschiedener Größe, dividiert durch die Zeit, die zum Öffnen dieser Beute benötigt wird. Das Modell B kalkuliert die Profitabilität unter Einbeziehung eines zusätzlichen Faktors, daß nämlich einige (vor allem große) Muscheln, die für einen Öffnungsversuch ausgewählt werden, wieder aufgegeben werden müssen, da es zu schwer ist, sie aufzubrechen. Quelle: Meire und Ervynck (639).

auf die allergrößten (Abb. 11-14, Modell B). Tatsächlich bevorzugen die Austernfischer aber Muscheln mit einer Größe von 30 bis 45 Millimetern. Deshalb kann die Zeit, die mit großen Muscheln verschwendet würde, das Auswahlverhalten der Austernfischer nicht gänzlich erklären.

Hypothese 2: Viele große Muscheln sind es nicht wert, in Angriff genommen zu werden, weil sie mit Seepocken (*Balanus*) überzogen sind und daher nicht geöffnet werden können.

Diese zusätzliche Erklärung für die offensichtliche Abneigung der Austernfischer, sich über große Muscheln – ungeachtet ihres Kalorienreichtums – herzumachen, wird durch die Beobachtung gestützt, daß die Vögel keine mit diesen Crustaceen bedeckten Muscheln anrühren. Je größer die Muschel ist, um so größer ist die Wahrscheinlichkeit, daß sie einen Seepockenmantel aufweist, der es dem Austernfischer unmöglich macht, die Schale der Muschel zu durchbrechen. Aus diesem Grund sind die verkrusteten Muscheln als Beute für die Austernfischer nicht geeignet, und daher dürfen sie nicht mit einbezogen werden, wenn man den zu erwartenden Ertrag aus dem Versuch, Muscheln verschiedener Größenklassen zu verzehren, berechnet. Nach einer Modellrechnung, welche den Einfluß (1) der Zeit für das Öffnen der Muscheln, (2) den Zeitverlust durch vergebliche Versuche, eine Muschel zu öffnen und (3) die Verteilung der tatsächlich verfügbaren Beute auf verschiedene Größenklassen berücksichtigt, sollten die Austernfischer Beute in der Größe zwischen 30 und 45 Millimetern bevorzugen – und dies tun sie auch.

11.2.3 Kritik der Optimalitätstheorie

Durch die Überprüfung von Optimalitätsmodellen kamen Forscher zu dem Ergebnis, daß Sundkrähen und Austernfischer Beutetiere auswählen, die im Verhältnis zur aufgewandten Futtersuchzeit den maximalen Kalorienertrag erbringen. Diese Vorgehensweise wird gelegentlich mit der Begründung kritisiert, daß sich Tiere

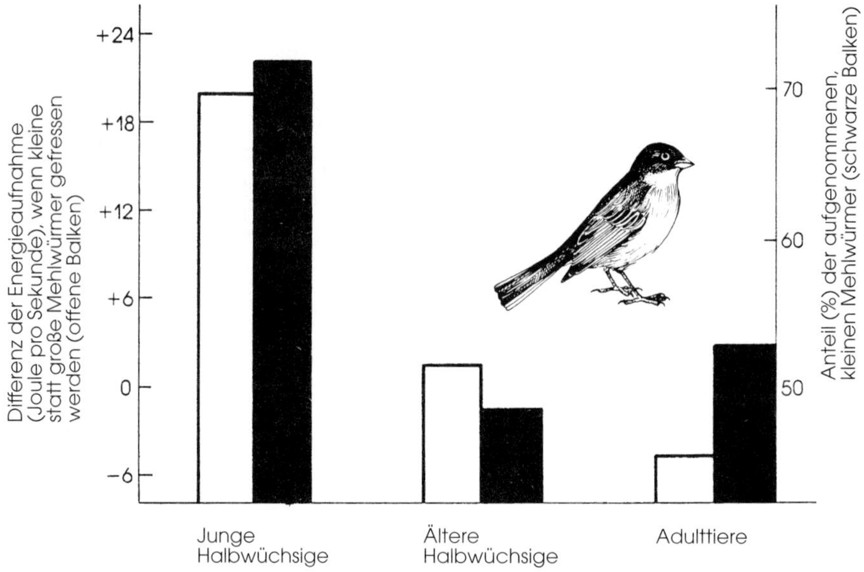

Abb. 11-15: **Profitabilität der Beute und Beuteauswahl durch Rotrückenjuncos.** Junge halbwüchsige Juncos brauchen so lange, um große Mehlwürmer für den Verzehr vorzubereiten, daß sie mehr Energie pro Zeiteinheit gewinnen, wenn sei kleine Mehlwürmer fressen, und Beutetiere dieser Größenklasse werden von ihnen bevorzugt. Bei älteren Halbwüchsigen und adulten Tieren nimmt die Zeit für die Behandlung großer Beute ab, so daß sich der Energiegewinn pro Zeiteinheit der Nahrungsaufnahme für große und kleine Mehlwürmer kaum unterscheidet. Diese Vögel wählen beide Beutetypen mit gleicher Häufigkeit. Quelle: Sullivan (908).

nicht stets so effizient wie möglich verhielten. Dies erinnert an den Vorwurf, daß nicht das gesamte Verhalten perfekt angepaßt sei, und genau wie jener trifft auch diese Kritik daneben. Optimalitätsmodelle werden nicht formuliert, um Aussagen über die Perfektion der Evolution zu machen. Sie dienen vielmehr dazu, zu überprüfen, ob man die Faktoren identifizieren konnte, die das Verhalten eines Tieres beeinflussen. Wie wir gerade gesehen haben, beeinflussen die Faktoren und Vermutungen, welche Forscher anführen, die resultierenden Modelle eines optimalen Beutewahlverhaltens ganz erheblich. Unterschiedliche Modelle führen zu unterschiedlichen Voraussagen. Wenn angenommen wird, daß ein Austernfischer jede große Muschel in einem Pril als potentielle Beute ansieht, dann werden über dessen Beutewahlverhalten andere Voraussagen getroffen, als wenn man davon ausgeht, daß die Austernfischer alle undurchdringbar mit Seepocken bedeckten Muscheln ignorieren. Der Unterschied zwischen Modellen ist nützlich, weil er es uns ermöglicht, diese jeweils mit der Realität zu vergleichen und so herauszufinden, welche Annahmen berechtigt sind und welche nicht.

Als weiteres Beispiel für ein Modell eines optimalen Nahrungserwerbs, dem die Annahme zugrunde liegt, daß ein Beutegreifer bestrebt ist, seine Futteraufnahmerate zu maximieren, betrachten wir das Beutewahlverhalten von Rotrückenjuncos (*Junco phaeonotus*). Unmittelbar nach dem Flüggewerden sind diese Scharrammern (Zonotrichiinae) im Umgang mit großen Beutetieren sehr unbeholfen. Für die Zerkleinerung einer großen Larve benötigen sie zum Beispiel viel Zeit, bevor sie diese verschlucken können. Kleine Beutetiere können hingegen von den Jungtieren ohne viele Umstände aufgenommen werden. Kim Sullivan zeigte, daß gerade flügge gewordene Juncos wegen der langen Bearbeitungszeit für große Mehlwürmer mehr Energie pro Zeiteinheit der Futteraufnahme gewinnen, wenn sie kleine Mehlwürmer auswählen [908]. Erfahrene alte Juncos haben dagegen gelernt, mit den Insektenlarven geschickt umzugehen, so daß sie einen großen Mehlwurm in der Hälfte der Zeit zum Verzehr aufbereiten können, die ein Anfänger benötigt. Dies bedeutet, daß adulte Tiere nicht viel Zeit verlieren, wenn sie sich für große Mehlwürmer entscheiden; tatsächlich ist der Kalorienertrag pro Sekunde Futteraufnahmezeit für erwachsene Juncos gleich, egal ob sie kleine oder große Mehlwürmer fressen. Wenn man gerade flügge gewordenen und adulten Juncos freien Zugang zu einer ausreichend großen Menge von miteinander vermischten kleinen und großen Mehlwürmern gäbe, wie würde sich dann deren Auswahlverhalten unterscheiden (Abb. 11-15)?

11.2.4 Optimaler Nahrungserwerb in Anwesenheit von Prädatoren

Falls andere Faktoren als die Kalorienaufnahme die Auswahl bestimmter Mehlwürmer durch die von Sullivan untersuchten Rotrückenjuncos beeinflußt hätten, dann

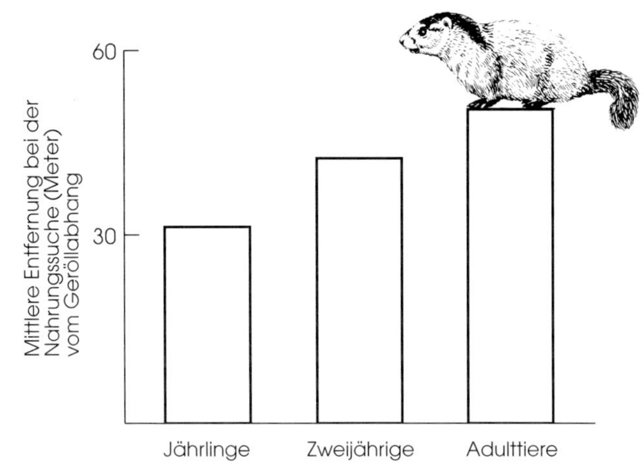

Abb. 11-16: **Das Prädationsrisiko beeinflußt Entscheidungen beim Nahrungserwerb durch Eisgraue Murmeltiere.** Junge Murmeltiere halten sich bei der Nahrungssuche in geringerer Entfernung zu ihren Bauen auf als geschlechtsreife Adulttiere. Jungtiere opfern einen Teil der möglichen Kalorienaufnahme, um nach Beutegreifern Ausschau zu halten, die es insbesondere auf diese relativ verwundbaren Individuen abgesehen haben. Quelle: Holmes (458).

hätte ihr Kalorienmaximierungs-Modell einer Überprüfung vermutlich zu Recht nicht standgehalten. Unter gewissen Bedingungen hat die Auswahl von Beutetieren für manche Nahrungssucher Konsequenzen, die über die reine Kalorienaufnahme hinausgehen. Zum Beispiel können sich Entscheidungen über die Nahrungsaufnahme auf die Überlebenschancen eines Tieres auswirken. Wenn Sie annehmen, daß das Risiko, das von Prädatoren ausgeht, Einfluß auf die Evolution einer im Zusammenhang mit dem Nahrungserwerb gezeigten Verhaltensweise genommen hat, dann müßte sich das Modell, das Sie zur Überprüfung ihrer Annahmen wählen, von einem Modell unterscheiden, welches die Möglichkeit, gefressen zu werden, nicht berücksichtigt.

Betrachten wir das Eisgraue Murmeltier (*Marmota caligata*). Wenn das Verhalten dieser stämmigen Verwandten des bekannteren Waldmurmeltieres (*Marmota monax*) beim Nahrungserwerb einzig darauf ausgerichtet wäre, die Energiezufuhr zu maximieren, dann sollten sich sowohl Jungtiere wie erwachsene Murmeltiere weit von

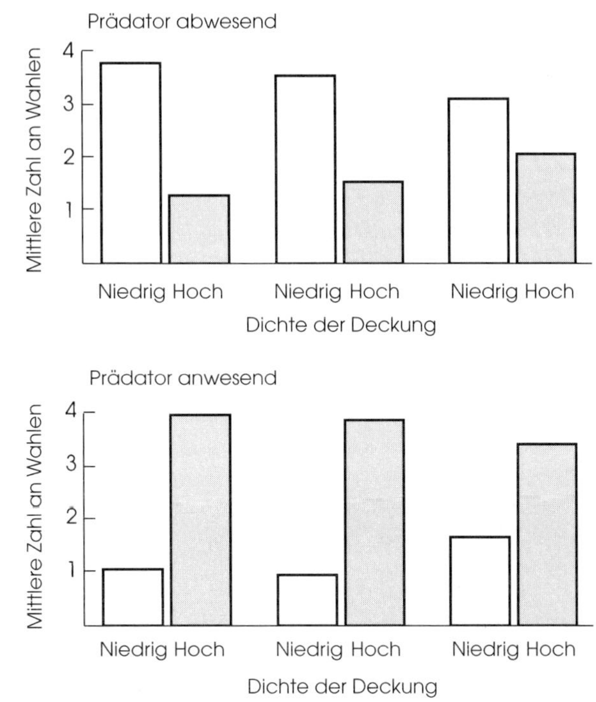

Abb. 11-17: **Prädationsrisiko und Wahl beim Nahrungserwerb durch Blaukiemensonnenbarsche.** Bevor sie experimentell einem räuberischen Seebarsch ausgesetzt wurden, hielten sich Blaukiemensonnenbarsche bevorzugt in dem Aquarienteil mit wenig Deckung auf. Nachdem sie aber einen Seebarsch gesehen hatten, suchten sie fast ausschließlich an Stellen mit guter Deckung nach Nahrung. Quelle: Gotceitas (357).

ihren Bauten entfernen, um die ertragreichsten Plätze mit eßbaren Pflanzen zu finden. Tatsächlich streifen die Jungtiere aber sehr ungern fern ihrer Höhlen in den felsigen Hängen umher. Sie fressen hauptsächlich an den schon reichlich abgegrasten Wiesenrändern, die ihren Schlupfwinkeln am nächsten liegen. Dieser Befund ermöglicht es uns, die Energiemaximierungs-Hypothese für das Verhalten des Eisgrauen Murmeltieres beim Nahrungserwerb zurückzuweisen. Wir müssen ein anderes Modell in Betracht ziehen, welches das Risiko, erbeutet zu werden, als einen bestimmenden Faktor im Verhalten der Murmeltiere beim Nahrungserwerb einbezieht.

In der Welt der Murmeltiere, wie auch in der vieler anderer Arten, sind Jungtiere kleiner und unerfahrener als ältere, und deshalb sind Jungtiere die Lieblingsbeute ihrer Raubfeinde. Zu diesen gehören so geschickte Jäger wie Steinadler (*Aquila chrysaetos*) und Kojoten (*Canis latrans*). Wenn wir voraussetzen, daß die Kosten der Nahrungssuche in größerer Entfernung vom Bau für Jungtiere wahrscheinlich höher sind als für alte Murmeltiere, so folgt daraus, daß Heranwachsende bezüglich der Effizienz ihres Nahrungserwerbs (definiert ausschließlich in Kalorien oder anderen Energieeinheiten) eher als Adulttiere zu Kompromissen bereit sein werden. Junge Murmeltiere entfernen sich weniger weit von ihren an felsigen Abhängen gelegenen Bauten als adulte Tiere. Futtersuchende Jungtiere verbringen auch mehr Zeit (in der sie nicht fressen können) damit, nach sich nähernden Prädatoren Ausschau zu halten, und investieren so auf Kosten der Futteraufnahme in die Entdeckung und Vermeidung von Beutegreifern (Abb. 11-16) [458].

Ähnliche Untersuchungen wurden unter Laborbedingungen mit Fischen durchgeführt. In einer solchen Studie opferten Blaukiemensonnenbarsche (*Lepomis macrochirus*) ihren Erfolg bei der Futtersuche für ihre Sicherheit, wenn sich Forellenbarsche (*Micropterus salmoides*) in ihrem Becken befanden [357]. In Anwesenheit ihrer Feinde hielten sich die Sonnenbarsche in dem Teil des Beckens auf, der dichte Deckung bot, obwohl dies bedeutete, daß ihre Futteraufnahmerate um mehr als 50 % zurückging (Abb. 11-17).

In ähnlicher Weise richten kleine Kisutch-Lachse (*Oncorhynchus kisutch*) ihre Bereitschaft, eine treibende Beute zu attackieren, danach aus, wie groß das scheinbare Risiko ist, selbst gefressen zu werden [244]. In einem Versuch ließ man das Foto einer Forelle (ein Lachsjäger) so treiben, daß es mal in Sicht eines Lachses war und mal nicht. Unter diesen Bedingungen wartete der junge Lachs länger damit, seinen Schlupfwinkel zu verlassen, als wenn kein „Prädator" anwesend war.

11.2.5 Optimaler Nahrungserwerb in Anwesenheit von Konkurrenten

Andererseits griffen junge Lachse schneller an, wenn sie bei Fütterungsversuchen im Labor Gelegenheit hatten, in bestimmten Zeitabständen ihr eigenes Spiegelbild, und damit einen simulierten Konkurrenten, zu sehen. Die Lachse nahmen angesichts der scheinbar größeren Wahrscheinlichkeit, daß ein Mitstreiter ihnen eine auf der Wasseroberfläche treibende Beute wegschnappen könnte, ein erhöhtes Risiko in Kauf. Dieses Beispiel legt den Schluß nahe, daß die Berücksichtigung von sozialem Wettbewerb zum Verständnis zumindest einiger Elemente des Verhaltens beim Nahrungserwerb notwendig sein kann.

In einer Laborstudie an Stichlingen (Gasterosteidae) wurde die Möglichkeit untersucht, daß die Fähigkeit zur Beurteilung einer Wettbewerbssituation auch die Nahrungswahl beeinflußt [644]. Diese Fische werden oft von Parasiten befallen, die das Erscheinungsbild ihres Opfers verändern, während sie sich von dessen Geweben ernähren. Manfred Milinski fand, daß die von Parasiten befallenen Fische selbst dann kleine Wasserflöhe als Beute bevorzugten, wenn größere vorhanden waren. Da das Trockengewicht der größeren Beutetiere dreimal so groß wie das der kleinen war, hätten die Fische die großen Wasserflöhe wählen „sollen", wenn sie sich bei der Wahl ihrer Beute streng nach deren Kaloriengehalt richten würden. Von Parasiten befallene Fische können jedoch nicht mit gesunden Stichlingen konkurrieren. Unter diesen Umständen ist es für den kranken Fisch besser, Futter zu nehmen, das die gesunden Rivalen unberührt lassen, als mit diesen direkt und ohne Erfolg um das Futter mit dem höchsten kalorischen Wert zu konkurrieren.

11.3 Das Fangen der Beute

Das Finden der Nahrung und deren Auswahl für den Verzehr sind notwendige Schritte, sie reichen aber nicht aus, wenn das Futter tatsächlich gefressen werden soll. Oft muß das ausgewählte Mahl erst gefangen werden, und Beutetiere leisten im allgemeinen heftigen Widerstand. Berühren Sie einen Schwarzkäfer (*Tenebrionidae*) der Gattung *Eleodes*, wenn sie ihm in der Wüste begegnen; er wird stehenbleiben und sein Abdomen heben. Wenn Sie fortfahren, den Käfer zu belästigen, so stößt dieser eine Mischung giftiger Substanzen aus. Obwohl dieses Verhalten manche Käfer gegen manche Feinde in manchen Fällen schützen mag, begegnen Grashüpfermäuse (*Onychomys*) diesem Defensivmanöver, indem sie den Käfer rasch greifen, noch bevor er feuern kann, und die Spitze seines Abdomens in den Sand stecken. Die Maus knabbert sich dann, beginnend mit dessen Kopf, durch das Insekt hindurch [274]. Streifenskunke (*Mephitis mephitis*) bedienen sich einer anderen Taktik. Sie rollen den Käfer mit den Vorderpfoten heftig hin und her, bis dessen Drüsen vollständig entleert sind. Dann können sie den nunmehr wehrlosen Schwarzkäfer ungestraft fressen [874].

Auch der Fang ungiftiger Beute kann schwierig sein. Ein dichter Fischschwarm zum Beispiel kann plötzlich auseinanderbrechen, wenn seine Mitglieder in alle Rich-

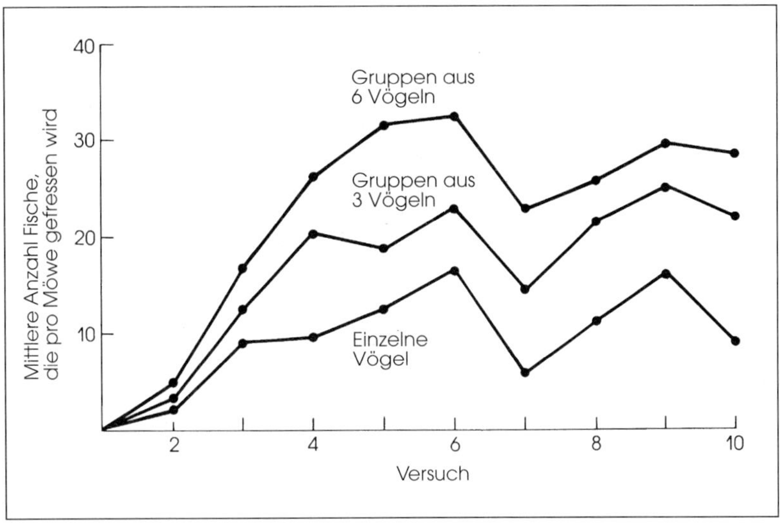

Abb. 11-18: **Sozialleben erhöht den Erfolg beim Beutefang für gefangene Lachmöwen.** In einem Schwarm aus sechs Möwen fing jedes Tier durchweg mehr Beutetiere in drei Minuten als eine einzelne Möwe oder eine in einem Schwarm aus drei Tieren. Quelle: Götmark et al. (359).

tungen auseinanderstieben, um dem Angriff einer Möwe zu entgehen. Möwen gehen häufig gemeinsam auf Fischjagd, möglicherweise, um so auf die Verteidigungsstrategie ihrer Beute zu reagieren. Diese Annahme wurde von einem Team schwedischer Forscher überprüft, indem diese einige Lachmöwen dazu „überredeten", ihnen bei der Überprüfung der Voraussage zu helfen, daß Möwen in Gruppen schneller als Einzelvögel Futter ergattern können [359].

Die Möwen wurden in eine große Voliere gesetzt; Diese enthielt ein Becken, an dem die Vögel auf zuvor eingesetzte Fische Jagd machen konnten. Man gab den Möwen die Gelegenheit, allein oder in Gruppen von drei oder sechs Vögeln zu jagen. Einzelne Möwen fingen mehr Fische pro Zeiteinheit, wenn sie einer Gruppe von drei oder sechs Vögeln angehörten, als wenn sie allein jagten (Abb. 11-18). Sie waren in der Gruppe erfolgreicher, weil Fische, die vor einem Jäger flohen, oft auf eine andere Möwe zuschwammen, die einen der Fische dann oft am Kopf oder Rumpf packen konnte. Einzeln jagende Möwen mußten versuchen, einen davonschwimmenden Fisch am Schwanz zu fassen, was wesentlich schwieriger ist.

11.3.1 Sozialität und der Fang großer Beutetiere

Soweit diese Ergebnisse auf die Freilandsituation übertragbar sind, lassen sie darauf schließen, daß Möwen sich bei der Jagd zu einer „Kooperative" zusammenschließen, bei der alle Mitglieder in den Genuß eines erhöhten Fangerfolgs kommen. Die Annahme, daß es sich bei gemeinsamer Futtersuche um eine Form der adaptiven Kooperation handelt, erscheint auch im Falle sozialer, kolonienbildender Insekten sehr plausibel zu sein, deren Angehörige beim Sammeln von Nahrung für den gemeinsamen Verzehr zusammenarbeiten. Bei einigen sozialen Insekten kooperieren die Arbeiterinnen, wenn sie Beutetiere überwältigen, die größer sind als jedes der Koloniemitglieder (Abb. 11-19). Das gleiche scheint auf einige landlebende Raubtierarten aus den drei Familien der Katzen (Felidae), Hunde (Canidae) und Hyänen (Hyaenidae) zuzutreffen. Löwenweibchen beispielsweise gehen bei der Jagd in der Regel so vor, daß zwei oder mehr Tiere von beiden Seiten das oder die Opfer umstellen, um ihre Beute einer oder mehreren Gefährtinnen, die in Wartestellung liegen, zuzutreiben [891].

Die sozialen Katzen (z. B. Löwen), die Hunde (z. B. Wölfe) und die Hyänen erlegen Beutetiere, die sechs- bis zwölfmal so schwer sind wie ein adulter Beutegreifer [541, 636, 833]. Solitär lebende Katzen-, Hunde- oder Hyänenarten ernähren sich in der Regel von viel kleinerer Beute. Die Korrelation zwischen kooperativem, sozialen Jagen und dem Schlagen ungewöhnlich großer Beutetiere [262] läßt darauf schließen, daß die primäre Funktion der Jagd in der Gruppe für alle diese nicht verwandten Tiere im Erlegen sehr großer und gefährlicher Pflanzenfresser besteht. Eine Giraffe kann den Schädel eines Löwen mit einem Tritt zerschmettern, und ein Elch würde mit Vergnügen das gleiche mit einem Wolf machen. Giraffen, Elche und andere große Pflanzenfresser können aber durch einen Massenangriff überwältigt werden (Abb. 11-20).

Der vergleichende Test der Hypothese, daß Sozialität eine Anpassung darstellt, die dazu dient, den Fang großer Beutetiere zu erleichtern (im Verhältnis zum Körpergewicht eines einzelnen Beutegreifers), beruht auf einer Korrelation zwischen Sozialität und Größe der Beutetiere. Diese Hypothese kann und sollte auch auf andere Weise untersucht werden, was für Löwen auch getan wurde und zu aufschlußreichen Ergebnissen führte. Wenn soziales Jagen den individuellen Fortpflanzungserfolg erhöht, sollte ein Anwachsen der Gruppengröße bis zu einem gewissen Punkt mit einem Anstieg der Futteraufnahme pro Individuum einhergehen. Als Thomas Caraco und Larry Wolf diesbezüglich George Schallers Daten analysierten (Abb. 11-21, Studie 1), fanden sie, daß die Futteraufnahme pro Löwe und Tag für Löwen, die paarweise jagten, größer war, als für solche, die dies allein

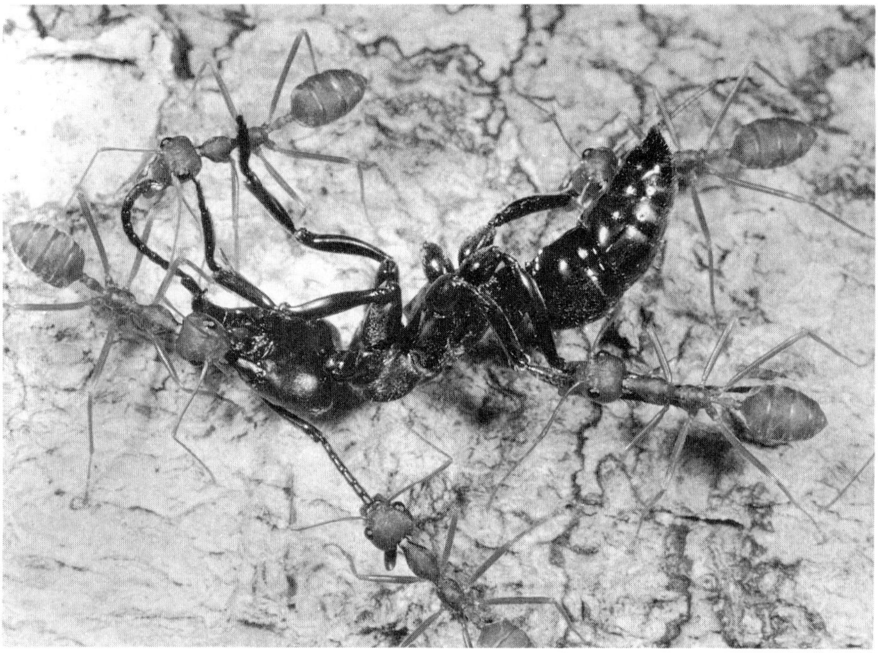

Abb. 11-19: **Kooperativer Beutefang durch Ameisen.** Eine Gruppe Weberameisen (*Oecophylla*) schleppt eine erheblich größere Ameise, welche die Tiere getötet haben, zu ihrem Nest. Foto von Bert Hölldobler.

taten. Gleichwohl zeigt sich in Schallers Untersuchung ebenso wie in Studien anderer Wissenschaftler (Studien 2 und 3), daß Gruppen von drei oder mehr Löwen – bezogen auf den individuellen Erfolg – tatsächlich weniger erfolgreich waren als Paare oder Einzelgänger [150]. Dies steht im Widerspruch zu der Hypothese einer Vorteilhaftigkeit der Jagd in Gruppen, weil sich Löwen häufig zu Jagdgruppen aus drei oder mehr Tieren zusammenschließen.

Craig Parker, David Scheel und Anne Pusey lieferten neue Daten zum Verhältnis zwischen der Gruppengröße und der täglichen Nahrungsaufnahme einzelner Löwen (Abb. 11-22). Sie kamen zu dem Ergebnis, daß einzeln lebende Tiere genauso viel oder sogar eine größere Fleischmenge pro Tag erlangen als in Gruppen lebende Löwen [720]. Ebenso fanden sie, daß die Mitglieder kleiner Gruppen von zwei bis vier Löwinnen sich in Zeiten der Nahrungsknappheit nicht voneinander trennen, um

Abb. 11-20: **Kooperativer Beutefang durch ein Rudel Afrikanischer Wildhunde** (*Lycaon pictus*), die ein Gnu gefangen haben, das sie töten und fressen werden. Foto von Norman Myers.

allein zu jagen, obwohl die Aussichten, in diesen Zeiten Nahrung zu finden, sehr gering sind. Wenn aber die Nahrungssuche in der Gruppe den Netto-Beuteerwerb eines Individuums nicht vergrößert - warum bleiben die Tiere dann zusammen?

Im Gegensatz zu einzeln lebenden Katzen sind Löwen groß, leben in offenem Gelände und treten in relativ großer Dichte auf. Sie sind in der Lage, eine große Beute selbständig zu töten, und sie tun dies auch. Ein totes Zebra oder Gnu kann aber nicht umgehend von einem einzelnen Tier konsumiert werden. Ein totes Zebra auf offenem Feld ist für viele Löwen und Hyänen in der Nachbarschaft sichtbar. Dies bedeutet, daß eine einzeln jagende Löwin sehr wahrscheinlich einen Teil ihrer Beute an Konkurrenten verliert. Dadurch, daß sie ihre Töchter und weiblichen Verwandten duldet, kann sie den Verlust in einen Gewinn verwandeln, da es sich bei den Individuen, die von ihrem Jagderfolg profitieren, um ihre Nachkommen oder andere Tiere handelt, mit denen sie Gene teilt (siehe Kap. 16 zur Evolution von Hilfe, die Verwandten gewährt wird).

Es ist aber auch möglich, daß Löwen gemeinsam jagen, selbst wenn sich daraus kein unmittelbarer kalorischer Nutzen für Individuen oder ihre Verwandten ergibt [729]. Löwen sind langlebige Tiere, die Hungerzeiten gut überstehen können. Sie konkurrieren um permanente Territorien, die auf lange Sicht gute Nahrungsaussichten bieten. Löwinnen ohne Territorium haben keine Chance, sich erfolgreich fortzupflanzen. Daher bleiben Löwinnen möglicherweise zusammen, um gegen rivalisierende Koalitionen ein Territorium zu erwerben und zu verteidigen. Falls diese Hypothese zutrifft, sollten Auseinandersetzungen zwischen Löwenrudeln zugunsten der größeren Gruppe enden. Packers Forschungsteam beobachtete 15 aggressive Interaktionen zwischen Löwengruppen von bekannter Größe, von denen 13 von der größeren Gruppe gewonnen wurden.

Männliche Löwen, die Jungtiere töten, bieten sich als weiterer Faktor für die Aufrechterhaltung von Koalitionen zwischen weiblichen Löwen an, sogar zum Preis einer kurzfristigen Futterknappheit. Dadurch, daß sie zusammenbleiben, haben die Löwinnen eine Chance, ihre Jungen vor Männchen zu schützen, die das Rudel übernehmen und die vorhandenen Jungen töten wollen (siehe Kap. 1).Wenn solche Männchen auf ein einzelnes Muttertier treffen, haben deren Jungen nahezu keinerlei Überlebenschancen, wohingegen es Gruppen von zwei oder mehr Weibchen gelegentlich gelingt, die Tötung aller ihrer Jungen durch die Männchen zu verhindern. Somit mag das Zusammenleben für die Löwinnen Vor-

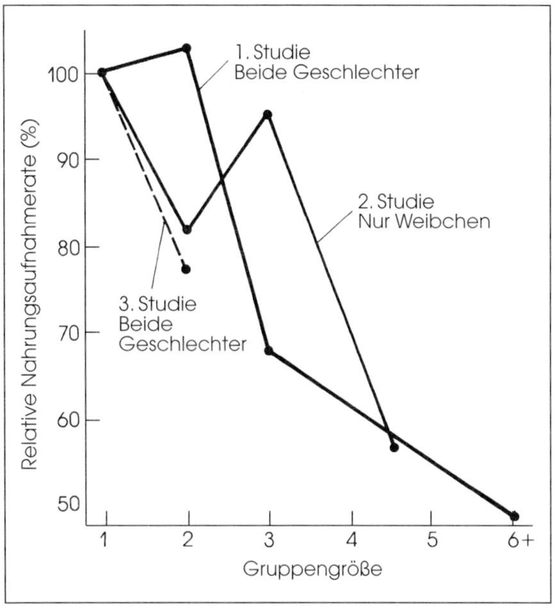

Abb. 11-21: **Gruppengröße und relative Nahrungsaufnahme durch Löwen.** In drei verschiedenen Studien zeigt sich, wenn die täglich aufgenommene Nahrungsmenge solitär lebender Löwen mit 100 Prozent gleichgesetzt wird, daß Löwen, die in Rudeln leben, gewöhnlich nur einen Teil dieser Menge pro Individuum und Tag verzehren. Quelle: Packer (719).

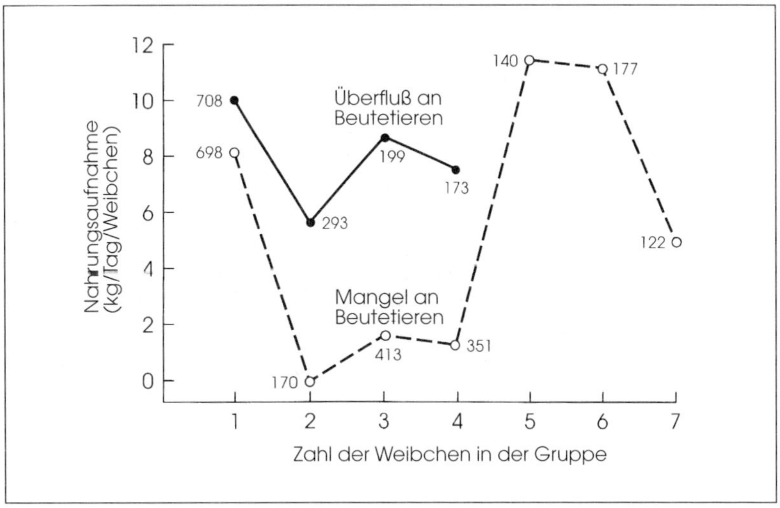

Abb. 11-22: **Gruppengröße und Erfolg beim Nahrungserwerb bei Löwen: eine neue Studie.** Beobachtungen an Löwen in Rudeln verschiedener Größe zu Zeiten, in denen Beute im Überfluß vorhanden war, wie in Zeiten der Nahrungsknappheit ergaben, daß es solitären Löwen genauso gut oder sogar besser erging als Löwen, die in der Gruppe jagten, gemessen an der Beute in Kilogramm, die pro Tag gefressen wurde. Die Zahlen an den Datenpunkten geben die jeweilige Anzahl der Beobachtungsstunden wieder, aus denen der durchschnittliche Wert berechnet wurde. Quelle: Packer et al. (720).

teile mit sich bringen, die nichts mit Vorteilen im Zusammenhang mit der Nahrungsversorgung zu tun haben, sondern vielmehr kurzfristige Nachteile für die Nahrungsaufnahme aufwiegen müssen, die sich durch das Zusammenleben mit Anderen ergeben können [729]. Dieses Beispiel verdeutlicht wieder einmal die Notwendigkeit, alternative Hypothesen zu berücksichtigen, bevor geschlossen werden kann, daß eine bestimmte Eigenschaft einen bestimmten adaptiven Wert hat.

11.3.2 Optimaler Nahrungserwerb: Wieviel Beute soll gefangen werden?

Die Theorie des optimalen Nahrungserwerbs kann auf Entscheidungen angewandt werden, die sowohl mit dem Beutefang als auch mit der Auswahl der Nahrung verbunden sind. Zum Beispiel muß ein Vogel, der Futter für seine Brut sucht, sein Nest verlassen, eine geeignete Futterstelle finden und sich dann entscheiden, wieviele Beutestücke er fangen soll, bevor er zu seinem Nest zurückkehrt und diese an seine Jungen verfüttert. Wenn ein Vogel ein Futterstück nach dem anderen sammelt, verringert sich seine Effizienz, da es mit einem Schnabel voll Futter von Mal zu Mal schwieriger wird, neue Futterstücke aufzupicken. Darüber hinaus verringert sich die Beutedichte an der Stelle, an der der Vogel nach Futter sucht. Gemäß dem Gesetz eines abnehmenden Grenzertrags zahlt es sich an einem bestimmten Punkt aus, den Versuch aufzugeben, einer Sammlung von Futterstücken weitere hinzuzufügen, und zu seinen Jungen zurückzufliegen. Der optimale Zeitpunkt dafür ergibt sich aus dem besten Kosten-Nutzen-Verhältnis pro Suchflug.

Wie bereits angemerkt, beeinflußt die Art der Annahmen, die man bei der Formulierung eines Optimalitätsmodells macht, die Form der resultierenden Optimalitätshypothese. Ein Star (*Sturnus vulgaris*), der auf einer Feuchtwiese Futter für seine Jungen sucht, könnte beispielsweise bestrebt sein, den Bruttoertrag an Energie, der aus seinem Verhalten beim Nahrungserwerb resultiert, zu maximieren. Oder er könnte alternativ versuchen, den Energiegewinn seiner Familie zu maximieren, ein irgendwie ähnliches, gleichwohl nicht identisches Ziel.

Betrachten wir einmal, worin sich die beiden Hypothesen unterscheiden. Die Rate, mit der Energie gewonnen wird (auch Ertrag genannt), ergibt sich aus dem Produkt der Anzahl der gesammelten Nahrungsstücke (N) und ihrem nutzbaren Energiegehalt (V) pro Zeit (T), die der Vogel dafür braucht, das Futter zu sammeln und abzuliefern. Diese Zeit umfaßt die Dauer eines vollständigen Suchflugs zur Futterstelle und zurück, die Dauer des Aufenthalts an der Futterstelle und die Zeit, die benötigt wird, um das gesammelte Futter in die hungrigen Mäuler der Jungen zu stopfen: Ertrag = NV / T.

Im Gegensatz dazu geht die Hypothese eines Familiengewinns davon aus, daß der einzelne Nahrungssucher bestrebt ist, die Energie, die seine Jungen erhalten und die für deren Wachstum verfügbar ist, zu maximieren. Diese Energie errechnet sich aus dem Ertrag (NV / T), abzüglich der Energie (E_p), die der Vogel beim Sammeln des Futters verbraucht (ein Teil der Beute muß vom Elterntier konsumiert werden, um dessen Energiebilanz auszugleichen), und abzüglich der Energie (Ec), die alle Küken gemeinsam brauchen, um ihr Gewicht genau beizubehalten: Familiengewinn = $NV/T - E_p - E_c$.

Alejandro Kacelnik dachte sich einen Weg aus, um diese zwei Hypothesen experimentell zu überprüfen. Er entwarf einen Mehlwurmspender und dressierte zwei wilde, frei fliegende Stare, die gerade Junge aufzogen, darauf, diesen zu besuchen [499]. Dort erhielten die Vögel jeweils einen Mehlwurm, wobei der zeitliche Abstand zwischen der Abgabe der Beutetiere größer wurde, um den abnehmenden Grenzertrag, den ein Star bei der Futtersuche an einer natürlichen Futterstelle erfahren würde, zu simulieren. Die Stare mußten sich entscheiden, wann sie aufgeben und die Mehlwürmer, die sie einen nach dem anderen aus dem Spender gepickt hatten, zurück zum Nest tragen sollten.

Kacelnik erkannte, daß die optimale Anzahl an Mehlwürmern, die pro Suchflug zurück zum Nest transportiert werden sollte, eine Funktion der Entfernung des Futterspenders (als Futterstelle) vom Nest ist. Befindet sich die Stelle in großer Entfernung vom Nest, verlängert sich die Flugzeit zum Nest, wodurch eine Verlängerung der Futtersuchzeit ein weniger dominanter Faktor für den Bruttoertrag an gewonnener Energie wird. Berechnungen zum Familiengewinn-Modell ergaben die Voraussage, daß die optimale Zahl an Beutestücken, die zum Nest gebracht wird, drei betragen sollte, wenn sich der Spender nahe am Nest befand, vier, wenn der Star zehn bis zwanzig Sekunden fliegen mußte, fünf, wenn die Zeit für einen Hin- und Rückflug dreißig bis sechzig Sekunden betrug und sechs, wenn der Spender Hunderte von Metern entfernt war und die gesamte Flugzeit länger als eine Minute war. Die Ertrags-Hypothese ergab etwas andere Voraussagen über den Einfluß der Flugzeit auf die Anzahl der pro Flug zwischen Spender und Nest gesammelten Mehlwürmer.

Kacelnik beobachtete dann seine kooperativen Stare, wobei er die Entfernung zwischen Spender und Nest, und damit die Flugzeiten, variierte. Er fand, daß bei 34 untersuchten Flügen die Anzahl der zum Nest gebrachten Mehlwürmer in 63 % der Fälle mit der nach der Familiengewinn-Hypothese vorausgesagten Anzahl übereinstimmte. Die Übereinstimmung zwischen den nach der Ertrags-Hypothese ermittelten und den tatsächlich beobachteten Werten hingegen war mit nur 50 % geringer. Obwohl wahrscheinlich noch zusätzliche Faktoren beteiligt sind, schloß Kacelnik, daß es das primäre ultimate Ziel seiner mehlwurmsammelnden Stare war, das Wachstum ihrer Jungen zu fördern [499].

11.4 Der Verzehr der Nahrung

Wenn die Beute gefunden, attackiert und ergriffen wurde, ist damit die Arbeit eines Nahrungssuchers nicht unbedingt erledigt. Wie oben bemerkt, müssen sich selbst Löwen häufig mit Möchtegern-Dieben, die nicht zum Rudel gehören, von Schnorrern aus der eigenen Gruppe ganz zu schweigen, auseinandersetzen, wenn sie ein Zebra oder ein Gnu zur Strecke gebracht haben, bevor sie sich an den Früchten ihrer Anstrengungen erfreuen können.

Die Tatsache, daß das Ergreifen der Beute noch nicht deren Verzehr bedeuten muß, verdeutlicht auch das Beispiel der Sundkrähen, die, wie wir gesehen haben, erbeutete Muscheln auf harte Oberflächen fallen lassen müssen, wenn sie in deren Genuß kommen wollen. Eine Krähe, die den Strand abkämmt, erspäht eine Muschel oder eine Wellhornschnecke (*Buccinum undatum*), hebt sie auf, fliegt hoch in die Luft und läßt ihr Opfer fallen. Wenn die Schale des Mollusken auf den Felsen zerschmettert, zerrt der Vogel den freigelegten Körper heraus und frißt ihn. Der adaptive Wert dieses Verhaltens erscheint offensichtlich. Die Krähe kann ihren Schnabel nicht dazu benutzen, die extrem harten Schalen bestimmter Mollusken zu zerbrechen. Daher öffnet sie ihre Beute, indem sie diese auf die Felsen fallen läßt. Das scheint adaptiv zu sein, und damit wäre die Geschichte auch schon zu Ende.

Wir können aber viel ehrgeiziger sein bei unserer Analyse dieser Komponente der Entscheidungen, welche die Krähen beim Nahrungserwerb treffen. Wenn sich eine Krähe dazu entschließt, eine Wellhornschnecke zu verzehren, hat sie viele Entscheidungen zu treffen – welche Schnecke ausgewählt werden soll, aus welcher Höhe die Schnecke fallen gelassen werden soll, und wie oft dieses erneut versucht werden soll, wenn die Schnecke nicht zerbricht, einmal, zweimal oder dreimal.

Reto Zach beobachtete, daß (1) Krähen nur große, etwa 3,5 bis 4,5 Zentimeter lange Schnecken fallen ließen, (2) sie ungefähr 5 Meter hoch flogen, um ihre Opfer fallenzulassen, und (3) es immer wieder versuchten, bis die Schale zerbrach, auch wenn dies viele Flüge erforderte. Zach versuchte, das Verhalten der Krähen mit der inzwischen bekannten Hypothese zu erklären, nach der die Entscheidung der Vögel insofern optimal ist, als diese bestrebt sind, die zum Verzehr erhaltene Menge Schneckenfleisch pro Zeiteinheit, die für den Nahrungserwerb eingesetzt wird, zu maximieren. Aus dieser Hypothese ergeben sich die folgenden Voraussagen: (1) große Schnecken sollten aus einer Höhe von 5 Metern mit einer größeren Wahrscheinlichkeit zerschmettern als kleinere, (2) Abwürfe aus einer geringeren Höhe als 5 Metern sollten zu einer deutlich verminderten Bruchrate führen, wohingegen Abwürfe aus einer Höhe von mehr als 5 Metern die Chancen für das Öffnen der Schnecken nicht wesentlich verbessern würden, und (3) die Wahrscheinlichkeit, daß eine Schnecke zerbricht, ist unabhängig von der Anzahl der zuvor erfolgten Abwürfe.

Zach prüfte jede dieser Voraussagen auf folgende Weise. Er errichtete an einem felsigen Strand einen 15 Meter hohen Mast, der mit einer Plattform ausgestattet war, welche in verschiedenen Höhen befestigt werden konnte, um Schnecken verschiedener Größe fallenlassen zu können. Er sammelte Stichproben von kleinen, mittleren und großen Schnecken und ließ diese aus unterschiedlichen Höhen fallen (Abb. 11-23). Er fand heraus, daß signifikant weniger Abwürfe aus 5 Metern Höhe benötigt wurden, um große Schnecken zu zerbrechen, als für kleine oder mittelgroße. Zweitens erhöhte sich deutlich die Wahrscheinlichkeit, daß eine große Muschel zerbrechen würde, wenn die Abwurfhöhe bis auf ungefähr 5 Meter zunahm. Ab dieser Höhe wurde die Wahrscheinlichkeit, daß eine große Muschel zerbrechen würde, nur noch geringfügig größer. Drittens beträgt die Wahrscheinlichkeit, daß eine große Schnecke bei einem Abwurf zerbricht, stets etwa 1 zu 4. Eine Krähe, die nach einer Reihe von erfolglosen Abwürfen eine unversehrte Muschel aufgäbe, hätte keine besseren Aussichten, eine Ersatzschnecke gleicher Größe mit dem nächsten Versuch zu zerschmettern. Darüber hinaus kostet es nur Zeit und Energie, eine neue Schnecke zu finden.

Zach ging einen Schritt weiter. Er berechnete, wieviele Kalorien durchschnittlich aufgewandt wurden, um eine

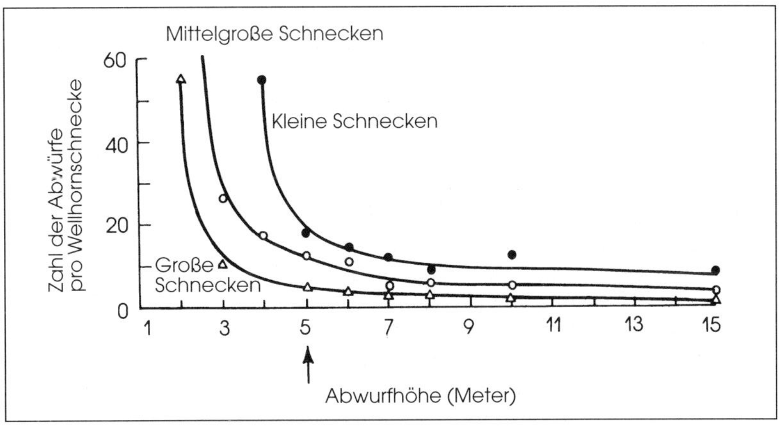

Abb. 11-23: **Optimale Entscheidungen beim Nahrungsverzehr durch Sundkrähen,** die sich von erbeuteten Wellhornschnecken ernähren. Die Kurven geben die Zahl der Abwürfe aus verschiedenen Höhen wieder, die zum Aufbrechen von Wellhornschnecken verschiedener Größen benötigt werden. Sundkrähen werfen nur große Wellhornschnecken ab, und zwar aus einer Höhe von ungefähr 5 Metern (Pfeil); dadurch minimieren sie den Energieaufwand für das Öffnen der Wellhornschnecken. Quelle: Zach (1027).

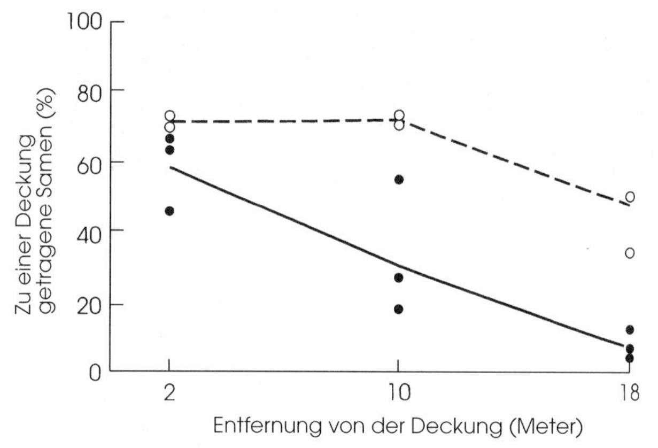

Abb. 11-24: **Prädationsrisiko und Entscheidungen zum Nahrungsverzehr bei Chickadee-Meisen.** Nachdem die Attrappe eines Greifvogels an den Meisen vorbeigeflogen war (offene Kreise), trugen diese mit größerer Wahrscheinlichkeit Samen von einer exponierten Futterstelle zu einer Deckung, bevor sie sie bearbeiteten und fraßen, als wenn kein Prädator anwesend war (gefüllte Kreise). Quelle: Lima (569).

große Schnecke zu öffnen (0,5 Kilokalorien), einen Betrag, den er von dem Energiegehalt einer großen Schnecke (2,0 Kilokalorien) abzog. So ermittelte er einen Nettoertrag von 1,5 Kilokalorien. Im Gegensatz dazu ergeben mittelgroße Schnecken, die sehr viel häufiger abgeworfen werden müssen, einen Nettoverlust von 0,3 Kilokalorien. Der Versuch, kleinere Schnecken zu öffnen, wäre eine noch schlechtere Investition. So ist es von der Krähe eindeutig adaptiv, nur die großen Schnecken zu beachten, und die Auswahl ihrer Abwurfhöhe ermöglicht den Krähen genauso wie ihre Hartnäckigkeit im Falle eines Mißerfolgs, beim Nahrungserwerb den größtmöglichen Energiegewinn zu erzielen [1027].

11.4.1 Wo man seine Beute verzehren sollte

Wie wir bereits in diesem Kapitel gesehen haben, sind Erwägungen bezüglich eines Energieertrages nicht immer die bestimmenden Faktoren bei der Entscheidung, welche Beute angegriffen wird. Dies gilt auch für die Entscheidung darüber, was verzehrt werden soll. Einige einfallsreiche experimentelle Studien bestätigen die Tatsache, daß Individuen sich bei der Nahrungsaufnahme für ein weniger ertragreiches, aber sicheres Verhalten entscheiden, wenn das Risiko, selbst gefressen zu werden, hoch ist [934]. Vielleicht, weil Chickadee-Meisen (*Parus atricapillus*) kleine Vögel mit vielen Feinden sind, suchen sie in der Regel eine Deckung auf, nachdem sie ein Futterstück aufgenommen haben, und verzehren dieses lieber in einem sicheren Versteck als im offenen Gelände. Um Kosten und Nutzen des Aufsuchens einer Deckung für die Meisen zu untersuchen, plazierte Steven Lima eine Futterschale mit Sonnenblumenkernen in 2, 10 oder 18 Metern Entfernung von einer dichten Deckung. Falls das Verhalten der Vögel einfach nur von der Maximierung der Nahrungsaufnahme bestimmt wäre, sollten sie ungeachtet der Entfernung zur Deckung am Fütterungsort bleiben und dort ein Futterstück nach dem anderen verzehren. Tatsächlich pickten sie oft ein Samenkorn auf und flogen damit in die relative Sicherheit von Tannenzweigen, wo sie die Samen unbemerkt von Prädatoren bearbeiten und fressen konnten. Die Tendenz zum Aufsuchen einer Deckung wuchs, wenn die Vögel ohnehin in deren Nähe waren, so daß die Zeit- und Kraftkosten eines Fluges zu einer geschützten Stelle gering waren [569].

Die Bereitschaft der Meisen, den Preis für den Flug zur geschützten Stelle zu zahlen, wurde größer, wenn sie die Anwesenheit eines Beutegreifers bemerkten. Um die Aufmerksamkeit der Vögel für eine auftretende Gefahr zu steigern, ließ Lima das Modell eines Greifvogels über der Futterstelle segeln, während eine Meise an dieser fraß. Wenn sie einmal einem simulierten Freßfeind ausgesetzt waren, brachten die Meisen einen größeren Anteil an Sonnenblumenkernen an einen geschützten Platz, selbst wenn dafür ein langer und relativ kostspieliger Flug bis zur Deckung erforderlich war (Abb. 11-24). Die Vögel waren mit anderen Worten (klugerweise) bereit, einen Teil der Effizienz ihrer Futtersuche zu opfern, um ihre Chancen, einem Beutegreifer zu entgehen, zu verbessern.

11.4.2 Wann man Dreck essen sollte

Ein weiteres Beispiel dafür, wie andere Faktoren als rein kalorische Erwägungen die Entscheidungen über die Nahrungsaufnahme beeinflussen, ist das von Menschen in verschiedenen Gesellschaften überall in der Welt praktizierte Essen von Erde. Gewöhnlich investieren die Menschen, die Erde essen, Zeit und Kraft in das Sammeln und den Verzehr bestimmter Arten von Erde, die keinerlei kalorischen Wert haben. Viele Hypothesen wurden zur Erklärung dieser Gewohnheit formuliert, die offensichtlich mit der Optimierungshypothese, daß Individuen nur solche Dinge verzehren, welche die Kalorienaufnahme maximieren, nicht übereinstimmt. Zu diesen Alternativen gehören die nicht-adaptionistische Pathologie-Hypothese, derzufolge das Essen von Erde als ein abweichen-

Abb. 11-25: **Zwei sardinische Männer sammeln Erde,** um sie als Antitoxin beim Kochen von Eicheln zu verwenden. Foto von Timothy Johns, aus Johns (494).

des, krankhaftes Verhalten ohne funktionale Bedeutung angesehen wird und die Entgiftungs-Hypothese, der zufolge Erde verzehrt wird, um gewisse Nahrungsmittel zu entgiften und somit deren Nährwert zu verbessern [494].

Die Pathologie-Hypothese setzt voraus, daß nur relativ wenige, möglicherweise etwas verwirrte Individuen Erde essen. Diese Voraussage hat jedoch keinen Bestand, wenn man berücksichtigt, daß das Essen von Erde in verschiedenen Kulturen üblich ist (oder war), wie z. B. bei den Aymara in den Anden Boliviens, den Hopi im nordamerikanischen Südwesten und den Ureinwohnern Sardiniens, einer Insel im Mittelmeer (Abb. 11-25). Was die Menschen in diesen Kulturen gemeinsam haben, ist die Tatsache, daß ein wesentlicher Teil ihrer Nahrung aus bitteren Eicheln und verschiedenen, bitteren Kartoffelarten besteht. Die Bitterkeit dieser Früchte ist auf eine hohe Konzentration von Tanninen (in Eicheln) und Alkaloiden (in Kartoffeln) zurückzuführen. Tunkt man die Kartoffeln in einen Lehmbrei und backt sie dann, oder verarbeitet man Eicheln in ein Brot, welches Erde enthält, dann werden sie weniger bitter. Die Alkaloide und Tannine in dieser Nahrung werden entweder in der Erde gebunden oder aber chemisch durch Bestandteile der Erde so verändert, daß die Nahrung schmackhafter und weniger toxisch wird [494].

Ein vergleichender Test zur Entgiftungs-Hypothese beinhaltet die Voraussage, daß Tiere, die nicht mit dem Menschen verwandt sind, sich ebenfalls bestimmte Erden suchen, wenn ihre Nahrung einen hohen Anteil an Tanninen oder Alkaloiden aufweist. Grünflügelaras (*Ara chloroptera*) sind eine solche Art. Diese eindrucksvollen, großen Papageien ernähren sich von Samen, unreifen Früchten und Blättern, von denen manche offenbar einen hohen Gehalt an Toxinen haben. Die Papageien sammeln sich regelmäßig an bestimmten exponierten Flußufern, an denen sie Erde fressen, wahrscheinlich damit dieser ihnen dabei hilft, die brauchbaren Inhaltsstoffe ihrer gefährlichen Nahrung zu nutzen (Farbtafel 7) [682].

Zusammenfassung

1. Tiere besitzen ein bemerkenswertes Aufgebot an Taktiken, um die Abwehrmechanismen von Beutearten, die nur schwer zu lokalisieren oder zu ergreifen sind, zu überwinden. Zum Beispiel entwickelten verschiedene, nicht miteinander verwandte Beutegreifer, die aus einem Hinterhalt jagen, konvergent Nahrungs- (oder Geschlechts-) Köder, die gewisse scheue und wendige Beutetiere so nah heranlocken, daß sie leicht gefangen werden können. Ähnlich vermag Leben in Sozialverbänden in einigen (nicht aber in allen) Fällen gewisse Vorteile bei der Ortung und dem Ergreifen der Beute mit sich bringen.
2. Die Optimalitätstheorie wird angewandt, um Voraussagen darüber zu treffen, wie die optimale Lösung eines ökologischen Problems aussehen sollte. (Optimale Lösungen sind solche, die die Fitness eines Individuums stärker verbessern, als jede andere Alternative es könnte.) Die Voraussagen dieser Theorie können dann an der Wirklichkeit überprüft werden.
3. Die Optimalitätshypothese, daß Tiere die Energieausbeute pro Zeiteinheit ihres Nahrungserwerbs maximieren sollten, um ihren Fortpflanzungserfolg zu maximieren, ist bei der Erforschung des Verhaltens beim Nahrungserwerb häufig zur Anwendung gekommen. Obwohl sich einige Tiere gemäß den Voraussagen, die von der Optimalitätshypothese abgeleitet sind, verhalten, schließen doch viele andere einen Kompromiß, indem sie die Energiemaximierung teilweise solchen Dingen opfern, wie z. B. der Notwendigkeit einer ausgewogenen Ernährung oder der Notwendigkeit, bei der Nahrungsaufnahme Prädatoren zu meiden. Es ist möglich, Optimalitätsmodelle zu erstellen und zu überprüfen, die diese Zwänge für das Verhalten von Tieren beim Nahrungserwerb einbeziehen.

Empfohlene Literatur

Ein allgemeiner Überblick über die Entscheidungen von Beutegreifern wird in einem Buchkapitel von John Krebs und Alejandro Kacelnik [534] und in „Foraging Theory" von David Stephens und John Krebs [895] gegeben. Wer an der Mathematik von Modellen interessiert ist, sei an die Bücher von Dennis Lendrem [558] und von Marc Mangel und Colin Clark [601] verwiesen. Bernd Heinrichs Buch „Bumblebee Economics" [429] ist ein guter Begleiter für dieses Kapitel, da es sich klar und verständlich mit Interaktionen zwischen Pflanzen und Bestäubern und der auf Hummeln angewandten Optimalitätstheorie beschäftigt. Reto Zachs Artikel [1027] über optimale Nahrungssuche bei Sundkrähen ist von beispielhafter Klarheit. Zur Kritik an Optimalitätsmodellen siehe „Eight reasons why optimal foraging theory is a complete waste of time" von G. J. Pierce und J. G. Ollason [750].

Diskussionsfragen

1. Lachmöwen rauben Kiebitzen (*Vanellus vanellus*) und Goldregenpfeifern (*Pluvialis apricaria*) regelmäßig die Würmer, die diese auf landwirtschaftlich genutzten Flächen erbeuten. Wie würden Sie ein einfaches Optimalitätsmodell entwickeln, welches Sie befähigt, Voraussagen darüber zu treffen, (a) welche der zwei Arten, Kiebitze oder Goldregenpfeifer, von den Möwen bevorzugt angegriffen werden sollte und (b) welche Strecke eine Möwe für einen Angriff zurücklegen wird. Bedenken Sie, daß die mittlere Energiemenge, die bei dem diebischen Überfall gewonnen wird, der Energie entspricht, die in einem gestohlenen Wurm steckt, multipliziert mit der Wahrscheinlichkeit, mit der ein Versuch erfolgreich ist, abzüglich der Energie, die für den Flug während des Angriffs aufgewandt werden muß. Lesen Sie [918], nachdem Sie ihr Modell entwickelt haben.
2. Für kleine Blaukiemensonnenbarsche besteht ein größeres Risiko, von räuberischen Barschen angegriffen zu werden, als für große. Wenn die Nahrungsobjekte, die von den Blaukiemensonnenbarschen aufgenommen werden, in offenem Wasser reichlicher vorhanden sind als in dichter Wasservegetation, welche Voraussagen würden Sie zu den Nahrungshabitaten treffen, die von kleinen im Gegensatz zu großen Blaukiemensonnenbarschen ausgewählt werden, und zu den Wachstumsraten der zwei Größenklassen in Teichen mit und ohne Barschen als Prädatoren. Lesen Sie [974] im Anschluß an die Entwicklung einer Antwort.
3. Viele kleine Vögel bilden einen Schwarm, wenn sie am Boden nach Samenkörnern suchen. Je mehr Vögel anwesend sind, umso seltener unterbricht einer der Vögel die Nahrungsaufnahme, um sich nach einer Gefahr umzuschauen [z. B. 149]. (Warum?) Aber je mehr Vögel anwesend sind, umso mehr Wettbewerb um das Futter gibt es und umso länger dauert es, jedes einzelne Korn zu finden. Wie können Sie diesen Konflikt in ein Modell einbauen, so daß dieses die optimale Größe eines Schwarmes voraussagt? Wie beeinflussen wechselnde Futtermengen oder der Einfluß von Prädatoren die optimale Schwarmgröße?
4. In einer kritischen Betrachtung von Optimalitätsmodellen [750] stellen die Autoren fest: „Obwohl die meisten Erforscher des Verhaltens beim Nahrungserwerb zugeben, daß die Annahme der Optimalität [die den Optimalitätsmodellen inhärent ist] nicht überprüft werden kann, scheint vergessen zu werden, daß dies bedeutet, daß es keinen Beweis für einen optimalen Nahrungserwerb geben kann." Kritisieren Sie die Kritiker.

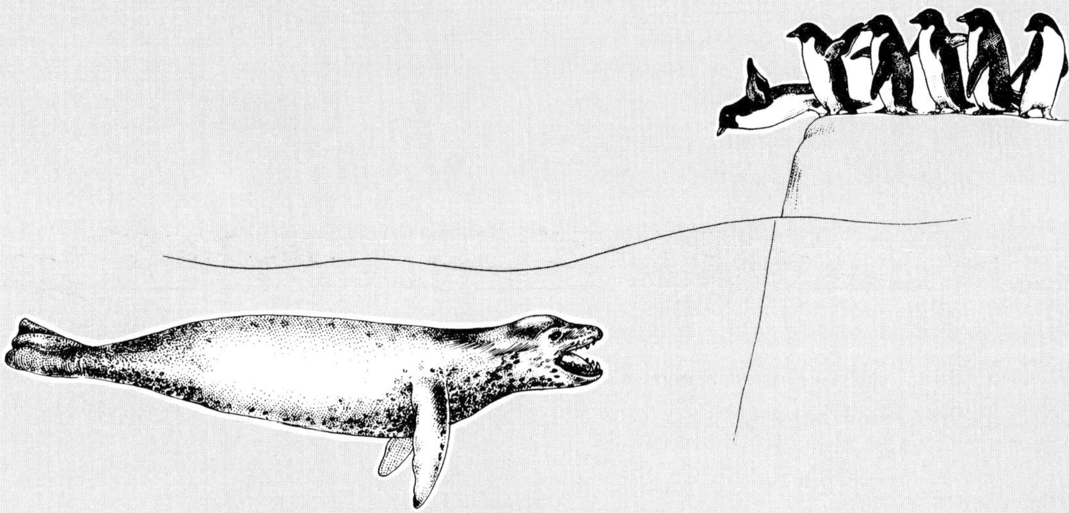

Im vorhergehenden Kapitel wurden Interaktionen zwischen Beutegreifer und Beute in vier Abschnitte eingeteilt, wobei der Beutegreifer seine Beute zuerst entdeckt, diese dann angreift, fängt und schließlich frißt – zumindest in den Fällen, die aus Sicht des Prädators ein gutes Ende nehmen. Eine Interaktion mit einem solchen Ende ist aber nur selten vorteilhaft für das gefressene Tier. Wir erwarten daher, daß sich bei Tierarten, die Raubfeinde haben, im Laufe der Evolution Anpassungen entwickelt haben, die den Prädatoren das Entdecken, Angreifen, Fangen und Fressen erschweren. Vielleicht erinnern Sie sich an die Reaktion eines Falters aus der Familie der Noctuidae auf eine Fledermaus, die Ultraschallaute ausstößt (Kap. 5). Der Falter kann sich, dank seiner großen Sensitivität für diese Laute, manchmal der Entdeckung durch die Fledermaus entziehen, indem er abdreht. Aber selbst wenn die Fledermaus die Anwesenheit des Falters bemerkt hat, ist der Falter nicht wehrlos. Durch die spektakulären Flugmanöver, mit denen er auf starke Ultraschallaute reagiert, ist der Fang eines solchen Falters für die angreifende Fledermaus eine echte Herausforderung. Hat das Verhalten des Falters Erfolg, schiebt das Insekt damit sein unabwendbares Ende hinaus und gewinnt so zusätzliche Zeit für die Fortpflanzung. Dieses Kapitel gibt einen Überblick über das Verteidigungsverhalten der Beutetiere. Wir werden zeigen, auf welche Weise Beutetiere sich dagegen wehren, entdeckt, angegriffen, gefangen oder gefressen zu werden; aus diesem Vorgehen ergibt sich auch die Gliederung des Kapitels. Das in diesem Zusammenhang gezeigte Verhalten potentieller Beutetiere ist ebenso vielgestaltig und einfallsreich wie das Jagdverhalten ihrer Raubfeinde. Es ist unser Ziel, vergleichende und experimentelle Ansätze anzuwenden, um Hypothesen zum möglichen Überlebenswert des Verhaltens von Tieren zu überprüfen.

12 Der Umgang mit Beutegreifern

12.1 Nicht entdeckt werden

Wird ein Beutetier von einem Beutegreifer übersehen, ist dies für das Beutetier im allgemeinen von Vorteil. Indem sie nach dem Schlüpfen ihrer zwar wehrlosen, aber gut getarnten Jungen die verräterischen Eierschalen beseitigen, erschweren beispielsweise bodenbrütende Möwen die Entdeckung ihrer Nester durch bestimmte, sich bei der Jagd visuell orientierende Prädatoren (Kap. 8). Tarnende Farbmuster in Verbindung mit unauffälligem Verhalten sind die am weitesten verbreiteten Mittel, mit denen Beutetiere der Entdeckung durch Prädatoren entgegenwirken. Manchmal finde ich Insekten, die ihrem Hintergrund auf atemberaubende Weise ähnlich sind (Abb. 12-1). Ich hätte zu dieser Abbildung auch das Bild eines Insekts hinzufügen können, das meine Frau mehr oder weniger zufällig entdeckte. Allerdings ahmt dieser Käfer die Rinde eines australischen Eukalyptusbaumes so perfekt nach, daß das Tier auf einem Foto nicht zu sehen ist. Hätte dieser Käfer jedoch auf der Rinde eines anderen Baumes gesessen, wäre er weitaus schlechter versteckt gewesen. Er wäre mir dann sehr viel weniger wunderbar vorgekommen.

Viele Tiere scheinen bei der Wahl ihrer Ruheorte einen Untergrund zu wählen, der zu ihrem Farbmuster paßt. Dieses Verhalten hat seinen offensichtlichen Preis, nämlich die Zeit und Energie, die aufgewandt werden muß, um einen geeigneten Hintergrund zu finden. Der Nutzen kann ebenso offensichtlich sein, nämlich die Verringerung der Wahrscheinlichkeit, durch einen Raubfeind erkannt zu werden, und damit eine vergrößerte Überlebenswahrscheinlichkeit für diejenigen Individuen, die in der Lage sind, genau den Untergrund auszuwählen, der ihrer Tarntracht ideal entspricht. Es wäre sehr hilfreich, für einen bestimmten Fall einmal Kosten und Nutzen zu dokumentieren. Meistens gilt jedoch das Augenmerk allein dem Nutzen solcher Tarntrachten [z. B. 830].

Falls beispielsweise die Auswahl eines passenden Hintergrundes für ein Lebewesen, das sich zu verbergen sucht, wirklich einen adaptiven Wert hat, dann sollte es für seine Raubfeinde schwerer sein, es auf dem gewählten Substrat zu erkennen, als auf einem anderen. Alexandra Pietrewicz und Alan Kamil benutzten die im vorhergehenden Kapitel beschriebene Methode der operanten Konditionierung, um zu überprüfen, ob es nordamerikanischen Blauhähern (*Cyanocitta cristata*) schwer fällt, versteckt positionierte Beutetiere zu finden [753]. Die Blauhäher wurden für das Erkennen eines Falters in einem auf eine Mattscheibe projizierten Bild belohnt und bestraft, wenn sie einen Fehler machten. Die Experimentatoren verwendeten sehr viele verschiedene Dias, von denen nur einige einen Falter zeigten.

Der Falter *Catocala relicta* ruht mit dem Kopf nach oben an den Stämmen von Birken und anderen Bäumen mit heller Rinde. Die weiß-gemusterten Vorderflügel sind dabei über seinen Körper gelegt (Abb. 12-2). Gibt man ihm die Wahl, so bevorzugt er Birkenrinde gegenüber einem dunkler gefärbten Untergrund als Ruheort [831]. Wie vorausgesagt, erkannten die Blauhäher die Falter auf Bildern, die diese vor dunklem Untergrund zeigten, um 10 bis 20 % häufiger als wenn sie auf der ihnen besser entsprechenden Birkenrinde abgebildet waren. Darüber hinaus wurden die Falter häufiger von den Vögeln übersehen, wenn sie vertikal auf der Birke orientiert waren, als wenn ihre Körperachse horizontal zur Baumachse ausgerichtet war.

Abb. 12-1: **Tarnende Färbung und Auswahl des Ruheortes.** Ein Falter aus Costa Rica. Die Färbung der Flügel gibt ihm das Aussehen eines abgefallenen Blattes. Der Erfolg dieser Tarnung hängt maßgeblich davon ab, ob der Falter einen geeigneten Ruheort für die Zeit des Tages finden kann, in der Vögel Jagd auf Insekten machen. Foto des Autors.

12.1.1 Wahl des Ruheortes und Überlebenschancen

Ein Beutetier, das für Prädatoren nur schwer zu entdecken ist, müßte eine höhere Lebenserwartung haben, als eines, das leicht gefunden werden kann. Diese Voraussage wurde von H. B. D. Kettlewell in seiner klassischen Studie des Industriemelanismus von Birkenspannern (*Biston betularia*) überprüft [509]. Britischen Schmetterlingsforschern war schon länger bekannt, daß seit 1850 eine schwarze Form des Birkenspanners sehr häufig geworden war und in vielen Gebieten in der Nähe großer Städte die typische, hellgrau gemusterte Form abgelöst hatte. Kettlewell führte diese Ausbreitung von melanistischen Birkenspannern darauf zurück, daß in stadtnahen Wäldern die Rinde der Bäume durch Ruß schwarz gefärbt war und deshalb die dunklen Falter von insektenjagenden Vögeln schlechter wahrgenommen werden konnten. Da die hellgrau gemusterten Flügel der hellen Form sich kaum von den mit hellen Flechten bedeckten Baumstämmen in nicht verschmutzten Wäldern abheben, blieb die hellgraue Form hier häufig vertreten.

Kettlewell setzte Exemplare der beiden Formen des Birkenspanners auf denselben Baumstamm (Abb. 12-3) und beobachtete die Reaktionen von insektenjagenden Vögeln aus einem Versteck. Auf rußigen Stämmen fanden die Vögel die hellen Individuen sehr viel schneller als die melanistischen Birkenspanner; bei Darbietung der Spanner auf einem mit Flechten bedeckten Stamm war das Gegenteil der Fall. Soweit das Experiment natürliche Bedingungen simulierte, bestätigten die Versuche die Annahme, daß die Auswahl des Ruheortes für das Überleben eines Birkenspanners entscheidend sein kann.

Kettlewells Studie ist in der Zwischenzeit mehrfach wiederholt worden. R. J. Howlett und M. E. N. Majerus modifizierten die Versuche, da Birkenspanner sich nur selten direkt auf Baumstämmen niederlassen, sondern vielmehr die schattigen Stellen unter Astgabeln wählen. Howlett und Majerus klebten tiefgefrorene Birkenspanner sowohl an exponierte Stellen auf Baumstämme, als auch an die Unterseiten von Astgabeln. Dieses Experiment bestätigte die Ergebnisse von Kettlewell (Abb. 12-4). Es zeigte aber auch, daß die Vögel besonders häufig solche Tiere übersehen, die im Schatten einer Astgabel sitzen, also genau an den Orten, an denen lebende Birkenspanner bevorzugt den Tag verbringen [468].

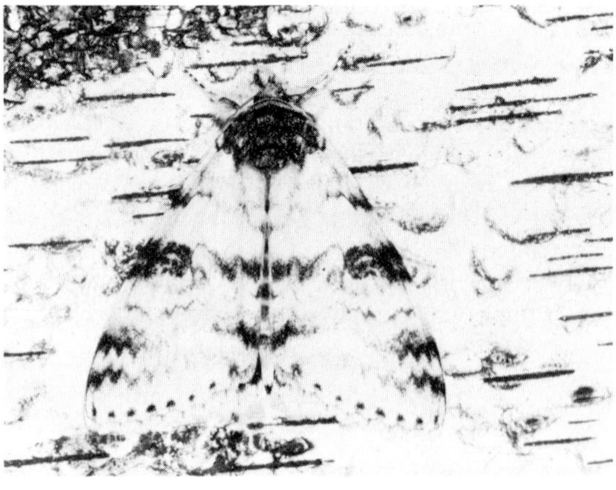

Abb. 12-2: **Tarnende Färbung und Ruhestellung.** Die Orientierung dieses Falters der Gattung *Catocala* entscheidet darüber, ob sich die dunklen Linien seines Flügelmusters mit den dunklen Linien der Birkenrinde, seines bevorzugten Ruheortes, decken. Foto von H. J. Vermes, aus Sargent (831).

12.1.2 Beseitigung verräterischer Indizien

Einige Beutetiere steigern die Wirksamkeit ihrer Tarnung noch, indem sie nicht nur ihr Farbmuster in Übereinstimmung mit dem Untergrund bringen, sondern auch noch ein bestimmtes Verhalten zeigen. Wenn eine Raupe auf ihrer Futterpflanze frißt, dann hinterläßt sie in der Regel ein angefressenes Blatt – und damit einen Hinweis, der einen sich visuell orientierenden Prädator auf die Spur des Beutetieres führen kann. Die Zeit, die ein kleiner Vogel für die Erbeutung einer Raupe aufwenden muß, reduziert sich erheblich, wenn er, anstatt das gesamte Blattwerk eines Baumes nach seinen Opfern absuchen zu müssen, seine Suche auf das Umfeld solcher angefressenen Blätter beschränken kann.

Bernd Heinrich und Scott Collins zeigten, daß gefangene Chickadee-Meisen (*Parus atricapillus*) lernen können, künstlich oder natürlich beschädigte Blätter gegenüber unbeschädigten Blättern bevorzugt zu inspizieren,

Abb. 12-3: **Birkenspanner.** Beide Fotos zeigen sowohl die hellgrau gemusterte als auch die melanistische Form. Welche Form ist besser auf dem mit Flechten bedeckten Baum (links) und welche auf dem rußgeschwärzten Baum (rechts) getarnt? Foto von H. B. D. Kettlewell.

wenn die beschädigten Blätter verläßlich mit Futter assoziiert sind [435]. Sie fingen Meisen und setzten diese in eine Voliere, die zehn frisch geschnittene Baumwipfel von Birken oder Wildkirschen enthielt. Zwei der zehn Bäume hatten beschädigte Blätter, und nur diese beiden Bäume boten den Meisen Futterbelohnungen in Form von Mehlwürmern oder kleinen, eßbaren Raupen. Zunächst hüpften die Vögel eine Weile in allen Bäumen umher. Nach einigen ersten Versuchen konzentrierten sich die Meisen jedoch auf die Bäume mit den beschädigten Blättern (Abb. 12-5), obwohl die Anordnung der Bäume vor jedem neuen Test verändert wurde.

Nachdem also der Nachweis erbracht war, daß sich Prädatoren an den Fraßspuren von Raupen orientieren

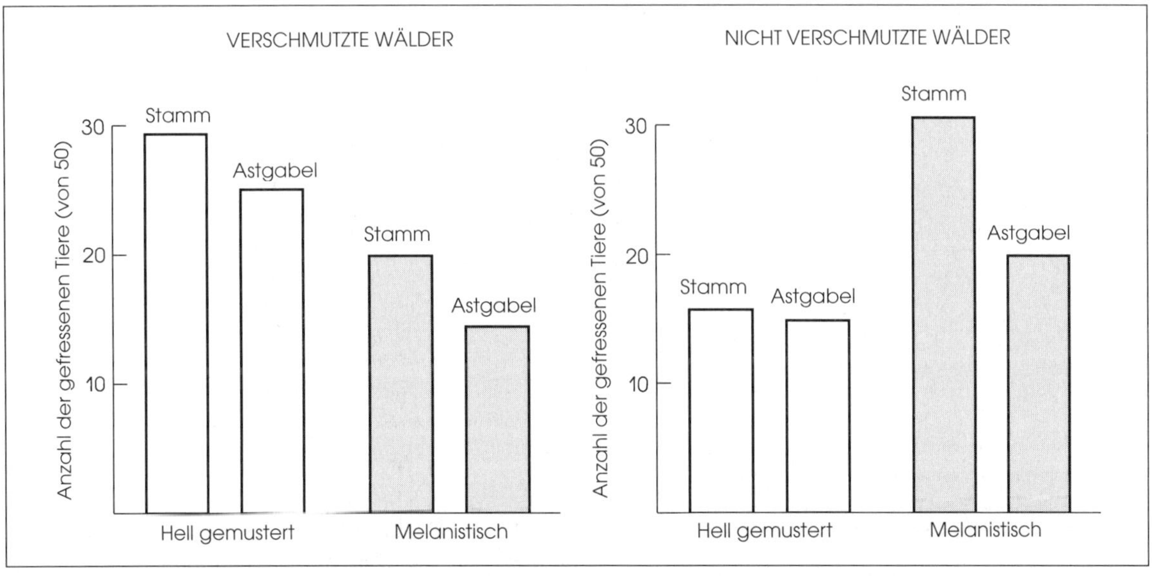

Abb. 12-4: **Prädationsrisiko und Untergrundwahl beim Birkenspanner.** Individuen der hellgrau gemusterten und der melanistischen Form des Birkenspanners wurden entweder offen auf einem Baumstamm oder unmittelbar unter einer Astgabel befestigt. Melanistische Tiere wurden in verschmutzten (geschwärzten) Wäldern von Vögeln weniger häufig entdeckt; hellgrau gemusterte Tiere „überlebten" eher in nicht verschmutzten (flechtenbedeckten) Wäldern. In beiden Fällen wurden Tiere, die unmittelbar unter Astgabeln saßen, weniger oft entdeckt als solche, die offen auf einem Baumstamm befestigt waren. Quelle: Howlett und Majerus (468).

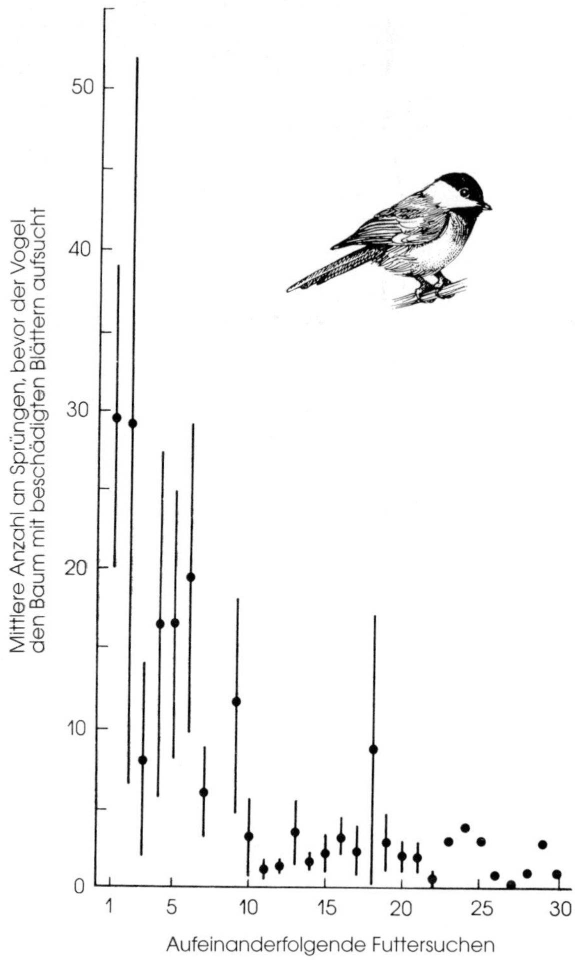

Abb. 12-5: **Chickadee-Meisen lernen, beschädigte Blätter aufzusuchen,** wenn diese Blätter Beute aufweisen. Die durchschnittliche Anzahl von Sprüngen, bevor gefangene Vögel in einem Gehege einen Baum mit beschädigten Blättern aufsuchen, nimmt rasch ab. Die Meisen lernen, die beschädigten Blätter mit einer Futterbelohnung zu assoziieren. Quelle: Heinrich und Collins (435).

können, um diese aufzuspüren und zu fressen, folgerte Heinrich, daß die Raupen einer anderen Art der Gattung *Catocala* (*C. cerogama*) auf das Risiko, gefressen zu werden, adaptiv reagieren, indem sie Hinweise auf ihre Nahrungsaufnahme beseitigen [430]. Nach beendeter Mahlzeit schneiden die Raupen dieser Art sehr sorgfältig den Blattstiel des angefressenen Blattes ab, wodurch der Blattrest auf den Waldboden fällt und damit keinen Hinweis mehr auf den Aufenthaltsort der Raupe geben kann.

Das Abschneiden von Blattstielen bedeutet einen Aufwand an Zeit und Energie. Daher sollte es sich bei Arten, die mit einem solchen Verhalten keinen großen Vorteil erzielen, auch nicht entwickelt haben. Heinrich überprüfte diese Annahme, indem er das Verhalten von Raupen untersuchte, die mit Stacheln, Haaren und Giftstoffen ausgestattet sind. Auf diese Weise geschützte Arten können sich auf ihre Warnfarbe und ihr Verhalten verlassen, um Prädatoren abzuwehren (siehe unten). Erwartungsgemäß investieren solche Arten auch nicht in Verhaltensweisen wie das Abschneiden von Blattstielen, die darauf abzielen, ihren Aufenthaltsort vor möglichen Raubfeinden zu verbergen [430].

12.2 Nicht angegriffen werden

Sogar getarnte Beutetiere sind einem gewissen Risiko ausgesetzt, von einem aufmerksamen Beutegreifer erkannt zu werden. Falls eine potentielle Beute auf irgendeine Weise einen Feind daran hindern kann, sich zu nähern oder anzugreifen, nützt dies dem Beutetier, denn aus einer direkten Konfrontation geht es in der Regel beschädigt hervor, wenn es überhaupt überlebt.

Wie wir gerade feststellten, enthalten die Körper der Raupen einiger Tag- und Nachtschmetterlinge Giftstoffe, die sie für einige Prädatoren ungenießbar machen. Es gibt wirklich nur sehr wenige unter den vielen Insekten und anderen Tieren, die gemäß dem alten Slogan des Chemiekonzerns DuPont, „Better things for better living through chemistry" („Bessere Dinge für ein besseres Leben durch Chemie"), beschaffen sind. Die Spannbreite an giftigen Geweben, Ausschwitzungen, Sprays, Sekreten, Exkreten, Injektionen, Spei- und Schreckstoffen, die verschiedene Beutetiere aufweisen, ist in der Tat beeindruckend. Zum Beispiel baut *Apis florea*, eine asiatische

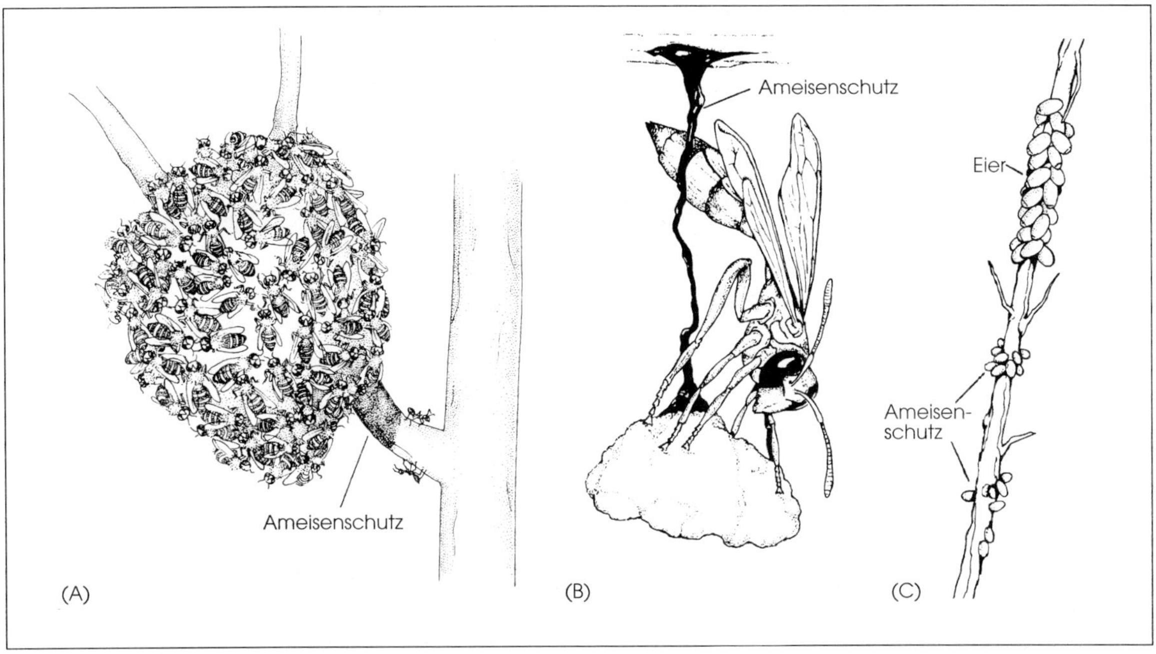

Abb. 12-6: **Abwehr eines Ameisenangriffs:** Konvergente Entwicklung von Schutzsubstanzen gegen Ameisen. (A) Asiatische Honigbienen bedecken die Wege zu ihren freiliegenden Waben mit einer klebrigen Substanz, die zur Ameisenfalle wird. Nach Seeley et al. (847). (B) Papierwespen (*Mischocyttarus drewseni*) reiben den Stiel ihres Nestes mit einem chemischen Ameisen-Abwehrstoff ein. Nach Jeanne (487). (C) Die Weibchen von Schlammfliegen (*Sialis*) versehen die Grasstengel, an die sie ihre Eier heften, mit einem Ring eiähnlicher Gebilde, der die echten Eier vor Ameisen schützt. Nach Henry (438).

Verwandte der Honigbiene, in niedrig wachsendem Buschwerk gut sichtbar Honigwaben (Abb. 12-6A), die eine leichte Beute für räuberische Ameisen wären – wenn es da nicht noch etwas gäbe. Die Arbeiterinnen versehen den Ast, an dem die Wabe befestigt hängt, ringförmig mit einer chemischen Substanz, die so klebrig ist, daß sich Ameisen dem Bienenvolk nicht nähern können, ohne an diesem Leim hängenzubleiben [847]. Dies führt dazu, daß die Ameisen die Bienen in Ruhe lassen.

Die Vorteile eines Schutzes gegen Ameisenangriffe führten im Laufe der Evolution zur Entwicklung einer ganzen Reihe ähnlicher Schutzvorrichtungen und Abwehrsubstanzen gegen Ameisen durch viele weitere Tierarten (Abb. 12-6B, C). Zum Beispiel versehen die Weibchen einer solitär lebenden Wespenart, die ihre Nester unbewacht zurücklassen müssen, wenn sie sich auf Futtersuche begeben, den Stiel zu ihren Nestern mit einer Substanz, die Ameisen fernhält. Im Gegensatz dazu benutzen die Weibchen einer nah verwandten, sozial lebenden Art keinerlei chemischen Substanzen zur Abwehr von Ameisen, da die zahlreichen aggressiven Arbeiterinnen den Ameisen den Zugang zum Nest selbst verwehren können [488, 525].

12.2.1 Warntrachten und Verhalten

Viele Arten, die sich bei der Abschreckung feindlicher Wirbeltiere (im Gegensatz zu Ameisen) auf chemische Abwehrstoffe verlassen, tragen oft Warnfarben, wie intensive Rot-, Schwarz-, Orange- oder Gelbtöne, und verhalten sich häufig auf eine Art und Weise, die ihre ohnehin schon auffallende Erscheinung noch unterstreicht (Abb. 12-7).

Das Präsentieren von leuchtenden Farbmustern durch ein mögliches Beutetier könnte einen erfahrenen Prädator an zurückliegende Erfahrungen mit ähnlich gefärbten, ähnlich giftigen Beutetieren erinnern. Diese einleuchtende Annahme wurde überprüft, indem man feststellte, ob junge Küken schneller lernen, auffällig gefärbte Beute zu vermeiden als getarnte, wenn beide in gleichem Maße einen üblen Geschmack aufwiesen. Zunächst fütterte man die Küken einige Tage lang mit blau oder grün gefärbten Brotkrumen. Dann bot man einigen Küken auf entweder blauem oder grünen Hintergrund Krumen an, die in Chinin eingeweicht worden waren und daher bitter schmeckten. Eine Aversion gegen grün bildete sich auf einem blauen Hintergrund schneller heraus, und auf grünem Hintergrund wurden weniger blaue als grüne Brotstücke gefressen [349]. Wenn es allgemein zutrifft, daß eine auffällige Färbung Tieren generell das Erlernen einer Vermeidungsreaktion erleichtert, so könnte dies den adaptiven Wert einer Warntracht erklären.

Warntrachten könnten auch das Überleben einfach deshalb begünstigen, weil Prädatoren angeborener-

Abb. 12-7: **Warntrachten und Verhalten können Angreifer fernhalten.** (Links) Eine tropische Wespenart verbindet eine leuchtende Warntracht mit sozialem Abwehrverhalten. Foto von W. D. Hamilton. (Rechts) Die rot und schwarz gefärbten Marienkäfer sind vertraute Beispiele für leuchtend gefärbte, schlecht schmeckende Tiere, die sich oft zusammenfinden, und auf diese Weise die Wirkung ihrer auffälligen Erscheinung noch verstärken. Foto des Autors.

maßen im Umgang mit leuchtenden Farbmustern sehr vorsichtig sind [996]. Dies könnte sich aus der Tatsache ergeben, daß Tiere mit leuchtenden Farbmustern dazu neigen, eine gefährliche Beute zu sein. Birgitta Sillén-Tullberg überprüfte diese Annahme, indem sie sich zweier unterschiedlicher Farbformen der Langwanzenart *Lygaeus equestris* bediente [868]. Nur eine dieser beiden Formen trägt leuchtend rote Punkte, beide haben jedoch den gleichen üblen Geschmack. Dies wurde verifiziert, in dem zwei Sorten jeweils gleich aussehender Gelatineblöckchen, die eine Masse aus zerkleinerten Wanzen entweder mit oder ohne Warntracht enthielten, Vögeln zum Fressen angeboten wurden. Beide Sorten von Gelatineblöckchen wurden von den Vögeln gleich oft zurückgewiesen.

Obwohl beide Farbformen der Wanze gleich schlecht schmeckten, berührten handaufgezogene Kohlmeisen (*Parus major*) die leuchtend gefärbten Käfer (als man diese den Vögeln unbeschädigt anbot) oft nicht einmal. Unter diesen Bedingungen vermindert die Warntracht also das Risiko eines Angriffs. Zusätzlich war der Anteil derjenigen Wanzen, die von den Meisen noch lebendig fallengelassen wurden, in der Gruppe der Tiere mit Warntracht größer als in der Gruppe der unauffällig gefärbten Wanzen (Abb. 12-8).

12.2.2 Batessche Mimikry

Viele Experimente haben gezeigt, daß Vögel lernen können, bestimmte Beutetiere zu meiden, nachdem sie einmal eine unangenehme Erfahrung mit diesen gemacht haben. Die Fähigkeit von Beutegreifern, schlecht schmeckende Beutetiere aufgrund ihres äußeren Erscheinungsbildes erkennen und vermeiden zu lernen, wird von vielen Tierarten ausgenutzt, indem sie zwar wie eine andere, schlecht schmeckende Art aussehen, jedoch selbst gut genießbar sind [993]. Diese Form der Täuschung nennt man nach ihrem Entdecker, Henry Bates, einem englischen Entdecker und Naturforscher des neunzehnten Jahrhunderts, Batessche Mimikry. Wahrscheinlich wird jeder Organismus, der über einen wirksamen Abwehrstoff gegen Prädatoren verfügt, von einer oder mehreren eßbaren Arten nachgeahmt. Auf diese Weise werden einige Beutegreifer von einem Angriff abgehalten, wenn sie einen solchen anscheinend gut geschützten, tatsächlich aber wohlschmeckenden Nachahmer sehen.

Batessche Mimikry kann auch auf einer angeborenen Furcht von Tieren vor bestimmten Hinweisreizen oder Farbmustern beruhen (siehe Abb. 2-19 und Tab. 2-1). Betrachten wir einmal das Beispiel der Schwärmerraupen. Diese zwischen 5 und 15 Zentimeter großen Raupen einiger tropischer Falter der Gattung *Leucorampha* reagieren auf Berührung, indem sie einen dreieckigen, mit „Schlangenaugen" ausgestatteten „Kopf" bilden (Farbtafel 8). Darüber hinaus schlägt diese „Schlange" treffsicher nach dem Gegenstand, der sie berührt hat [993]. Einer Eidechse, die eigentlich groß genug ist, um die Raupe zu fressen, wird es widerstreben, einen Angriff auszuführen, da die verwandelte Raupe nun an einen der größten Feinde der Eidechsen, nämlich die Erzspitznatter (*Oxybelis aenenus auratus*), erinnert (Abb. 12-9).

Obwohl für dieses Beispiel noch nicht überprüft worden ist, ob es sich hier um Batessche Mimikry handelt, ist diese Hypothese doch in vielen Fällen sorgfältig untersucht worden, am einfallsreichsten vielleicht in einer Studie über die Fruchtfliege *Rhagoletis zephyria*, von der angenommen wird, daß sie die Springspinne *Salticus scenicus* nachahmt [372, 616] (Abb. 12-10). Springspinnen verteidigen ihre Reviere, indem sie mit ihren Beinen winken. Die Flügel der Fliegen weisen ein Muster auf, das an Beine erinnert. Winkt die Fliege mit ihren Flügeln, und das tut sie recht häufig, sieht dies (für den menschlichen Betrachter) so aus, als ob sie ihre „Beine" auf die gleiche Art und Weise bewegt, wie Springspinnen es tun.

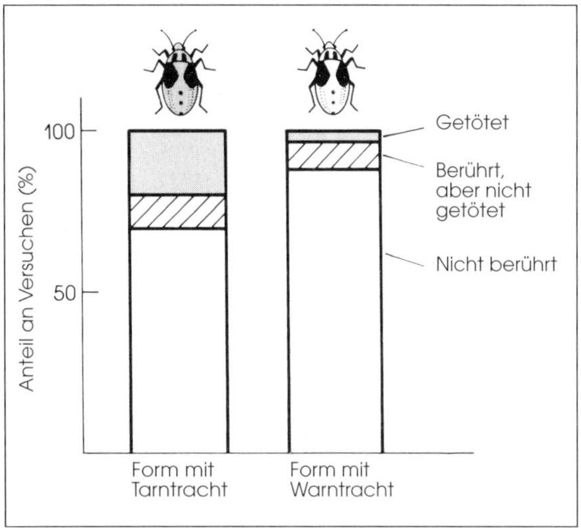

Abb. 12-8: **Prädatoren meiden eine Warntracht.** Vögel waren eher abgeneigt, leuchtend gefärbte Wanzen zu berühren als solche, die unauffällig grau waren. Darüber hinaus wurden deutlich weniger Tiere mit Warntracht getötet. Quelle: Sillén-Tullberg (868).

Abb. 12-9: **Mimikry eines Prädators.** Eine Schwärmerraupe, die eine Schlange nachahmt (rechts) nimmt das Erscheinungsbild einer Erzspitznatter (links) an, indem sie den Vorderteil ihres Körpers nach unten hält und ihre Körperform so verändert, daß ein dreieckiger „Schlangenkopf" entsteht, der sogar realistisch aussehende Augen aufweist. Fotos von James D. Jenkins und Lincoln P. Brower.

Abb. 12-10: **Springspinnen werden durch Mimikry abgeschreckt.** Eine Fruchtfliege der Gattung *Rhagoletis* (links) winkt mit ihren gestreiften Flügeln und imitiert damit täuschend echt die Angriffssignale einer räuberischen Springspinne (rechts). Aus Mather und Roitberg (616).

Zwei Forschungsgruppen nahmen sich der Frage an, ob die Fliege tatsächlich die Springspinnen nachahmt, um auf diese Weise den Beutegreifer fernzuhalten. Es konnte gezeigt werden, daß Springspinnen sich den mit den imitierten Beinen winkenden Fliegen in der Tat nicht gerne nähern. In einer der Studien ging man noch einen Schritt weiter. Mit Hilfe von Schere und Klebstoff tauschten die Experimentatoren die gemusterten Flügel der Fruchtfliegen gegen durchsichtige Flügel von Stubenfliegen aus. Nach der Flügeltransplantation zeigten die Fruchtfliegen das gleiche Verhalten wie vor dem Eingriff. Sie bewegten ihre nun ungemusterten Flügel auf und ab und waren sogar noch dazu in der Lage, in ihrem Käfig umherzufliegen. Diese veränderten Fruchtfliegen mit ihren Stubenfliegen-Flügeln konnten die Springspinnen aber nun nicht mehr fernhalten (nur 1 Rückzug bei 20 Begegnungen zwischen jeweils einer Spinne und einer Fliege). Fruchtfliegen, deren Flügel amputiert und wieder angeklebt wurden, gelang dies in 16 von 20 Fällen. Die Tatsache, daß Stubenfliegen mit Fruchtfliegen-Flügeln durch diese Flügel nicht geschützt wurden, zeigt, daß erst die Kombination von Musterung und Bewegung der Flügel die Fruchtfliegen in die Lage versetzt, ihre Feinde zu täuschen, so daß diese meinen, es handle sich um einen gefährlichen Gegner und nicht um die nächste Mahlzeit [372, 616].

Abb. 12-11: **Ein akustischer Nachahmer.** Der zischende Ruf der im Boden nistenden Kanincheneule erinnert an das Rasseln einer Klapperschlange. Foto von Stephan Schoech.

Die Wirksamkeit der Batesschen Mimikry in Bezug auf Farbmuster und Erscheinungsbild konnte inzwischen schon häufig experimentell gezeigt werden [z. B. 119, 120]. Aber wie steht es mit akustischer Batesscher Mimikry? Zum Beispiel produzieren einige harmlose Schlangen, wie die Kiefernatter (*Pituophis melanoleucus deserticola*), Geräusche, die leicht mit dem charakteristischen Rasseln einer Klapperschlange verwechselt werden können. Vor einigen Jahren näherte ich mich einer Schlange, von der ich genau wußte, das es sich um eine Kiefernatter handelte. Als diese aber das klapperschlangenähnliche Geräusch von sich gab, bemerkte ich, daß ich das Tier mit viel mehr Respekt als zuvor behandelte.

Bislang hat noch niemand genauer untersucht, inwieweit Kiefernattern aufgrund dieser Rasselgeräusche einen Vorteil bei der Abwehr von Prädatoren haben. Es gibt aber ein gut untersuchtes Beispiel für akustische Batessche Mimikry [809]. Während sich Kanincheneulen (*Athene cunicularia*; Abb. 12-11) in ihren unterirdischen Bauten aufhalten, geben sie einen Ruf von sich, der dem Geräusch erregter Klapperschlangen sehr ähnelt. Da sich auch Klapperschlangen tagsüber häufig in unterirdischen Bauten aufhalten, erscheint es plausibel, daß die Eulen Eindringlinge dazu bringen können, einen anderen Ort aufzusuchen, indem sie das Geräusch der tödlichen Schlange nachahmen.

In einer vergleichenden Studie wiesen Matthew Rowe und seine Mitarbeiter darauf hin, daß Kanincheneulen nicht nur die einzige Art innerhalb der Familie der Eulen ist, die in Erdbauten lebt (und damit im Lebensraum der Klapperschlange), sondern auch die einzige Art, die über einen rasselnden Ruf verfügt. Die Wissenschaftler prüften die Hypothese einer akustischen Mimikry experimentell, indem sie feststellten, ob Kalifornische Ziesel (*Citellus beecheyi douglasii*) unterschiedlich auf das Rasseln einer Klapperschlange und den ähnlichen Ruf der Eulen reagieren. Die Ziesel leben als erdbauten-

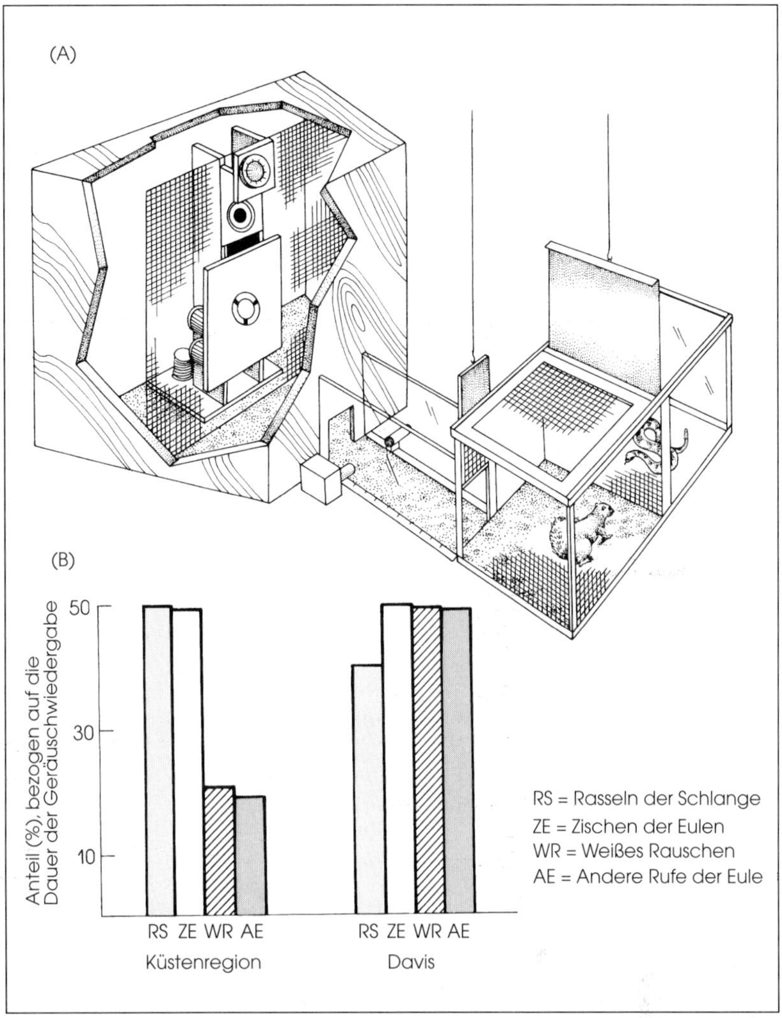

Abb. 12-12: **Experimenteller Nachweis zur akustischen Mimikry.** (A) Der Versuchsaufbau. Nachdem einem Kalifornischen Ziesel eine Klapperschlange gezeigt worden war, die keine rasselnden Geräusche produzieren konnte, gab man den Tieren die Möglichkeit, sich nach links in einen Laufgang zu begeben, der zu einem künstlichen Bau führte. Sobald das Ziesel einen Detektor am Eingang des Baus passierte, wurde eine von vier Bandaufnahmen abgespielt. (B) Ziesel, die von der kalifornischen Küste und damit aus einem Lebensraum, in dem auch Klapperschlangen vorkommen, stammten, verblieben längere Zeit im Laufgang vor dem Kunstbau beim Abspielen des Rasselns der Klapperschlange oder des zischendes Lautes der Eulen, mit dem diese das Rasseln imitieren, als Ziesel, denen ein weißes Rauschen oder andere Eulenrufe vorgespielt wurden. Ziesel aus der Region von Davis, wo keine Klapperschlangen vorkommen, trafen bezüglich der abgespielten Bandaufnahmen keine solche Unterscheidung. Nach Rowe et al. (809).

bewohnende Nagetiere in demselben Habitat wie die Kanincheneulen, für deren Nester und Küken sie gefährlich werden können. Wenn die Kanincheneulen „Klapperschlangen"-Signale erzeugen, dann sollten die Ziesel diesem imitierten Signal mit demselben Respekt begegnen wie dem Original. Tatsächlich zeigten gefangene Ziesel beim Anblick einer Klapperschlange jeweils die gleiche Abneigung, in einen künstlichen Bau zu flüchten, unabhängig davon, ob sie aus diesem Bandaufnahmen des Rasselns einer Klapperschlange oder die ähnlichen Geräusche einer Kanincheneule hörten. Der Kunstbau wurde von den Hörnchen aber durchaus aufgesucht, wenn sie in derselben Situation andere Rufe der Eule oder weißes Rauschen hörten (Abb. 12-12). Diese Ergebnisse stützen die Hypothese, daß es sich bei den rasselnden Rufen der Kanincheneulen um eine akustische Batessche Mimikry des Rasselns von Klapperschlangen handelt.

Tab. 12-1: Der Einfluß einer experimentellen Entfernung von Ameisenwachen auf den **Befall von Feuerfalter-Raupen mit Parasiten**. Quelle: Pierce und Mead (751).

	Raupen ohne Schutz durch Ameisen		Raupen mit Schutz durch Ameisen	
Ort	Anteil befallener Raupen	Größe der Stichprobe	Anteil befallener Raupen	Größe der Stichprobe
Gold Basin	42 %	38	18 %	57
Naked Hills	48 %	27	23 %	39

Abb. 12-13: **Mitteilung, daß ein Angriff sich nicht lohnt?** Die Prellsprünge einer Thomsongazelle, die einen Geparden ausgemacht hat.

12.2.3 Zusammenschluß mit einer wehrhaften Art

Die meisten Fälle Batesscher Mimikry beruhen darauf, daß die Individuen einer Art die Wahrscheinlichkeit des Angriffs durch einen Beutegreifer dadurch vermindern, daß sie einer gefährlichen, giftigen oder auf andere Weise unangenehmen Art im Aussehen oder in ihren Lautäußerungen zum Verwechseln ähnlich sind. Andere Tiere machen sich die bewährten Verteidigungsmechanismen gut geschützter Arten zunutze, um auf eine andere Art und Weise den Angriff durch einen Raubfeind zu verhindern. So treten beispielsweise die Raupen eines Vertreters aus der Familie der Feuerfalter (*Glaucopsyche-Lygelamus, Lycaenidae*) in der Regel in Begleitung von Ameisen auf, die sich von „Honigtau" ernähren, den die Raupen in Drüsen, die sich auf ihrer Oberseite befinden, produzieren. Für diese Assoziation zwischen Raupe und Ameise werden mindestens zwei Hypothesen angeführt. Die eine geht davon aus, daß die Raupe die Ameisen füttert, um selbst nicht von diesen getötet zu werden, die andere sieht den Nutzen der Ameisenfütterung durch die Raupen darin, daß diese sich die Hilfe der Ameisen zum Schutz vor Raubfeinden sichern [751].

Die Feuerfalter-Raupen haben Feinde, insbesondere kleine parasitierende Wespen und Fliegen, die ihre Eier in die Raupen legen. Die später schlüpfenden Parasitenlarven fressen schließlich die Raupe auf, bevor diese sich zur Imago umwandeln kann. Um herauszubekommen, inwieweit die Anwesenheit der Ameisen Schutz vor diesen Parasiten bietet, hinderten Naomi Pierce und Paul Mead Ameisen daran, sich um einige der Raupen zu kümmern, während sie anderen Raupen ihre Beschützer ließen. Sie umgaben den Stamm von Pflanzen, an denen sich eine oder mehrere Raupen aufhielten, mit einer klebrigen Substanz, so daß die Ameisen nicht zu ihren Raupen gelangen konnten. Nachdem auf diese Weise zwei Versuchsgruppen gebildet wurden, kontrollierte man jede der Raupen täglich und sammelte die ausgewachse-

Tab. 12-2: Ein Vergleich von Voraussagen aus vier Alternativhypothesen zum **Anpassungswert der Prellsprünge von Thomsongazellen.**

	Alternative Hypothesen			
Voraussage	Alarm-Signal	Sozialer Zusammenhalt	Konfusions-Effekt	Anzeige von Nutzlosigkeit
Prellsprünge durch Einzeltiere	Nein	Ja	Nein	Ja
Prellsprünge durch Gruppe	Ja	Nein	Ja	Nein
Prellsprünge mit weißer Rückseite in Richtung Freßfeind	Nein	Nein	Ja	Ja
Prellsprünge mit weißer Rückseite in Richtung Artgenosse	Ja	Ja	Nein	Nein

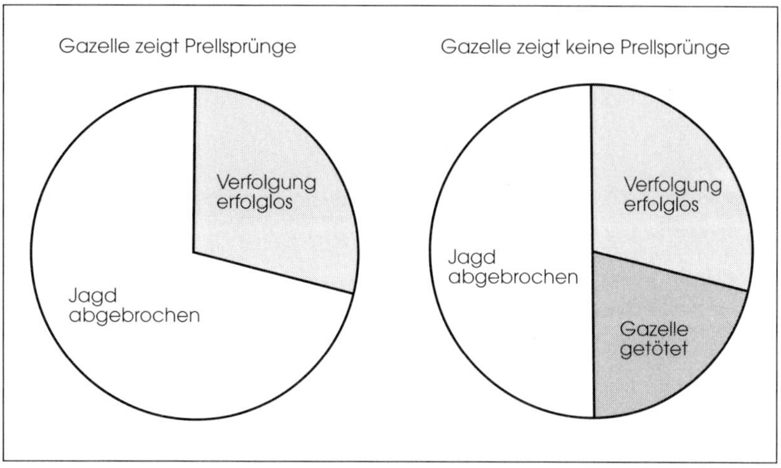

Abb. 12-14: **Geparden geben ihre Jagd häufiger auf,** wenn Gazellen Prellsprünge zeigen, als wenn dies nicht der Fall ist. Akzeptieren sie die Sprünge als ein Signal dafür, daß es schwierig sein wird, diese Beute zu schlagen? Quelle: Caro (155).

nen Raupen kurz vor ihrer Verpuppung ein. Sie wurden dann aufbewahrt, bis sie sich entweder verpuppten oder starben und die Nachkommen der Parasiten schlüpften. In zwei verschiedenen Populationen schlüpften jeweils viel mehr Parasiten aus den unbehüteten Feuerfalter-Raupen als aus den Tieren, zu denen die Ameisen Zugang hatten (Tab. 12-1). In Verbindung mit direkten Beobachtungen von Ameisen, die Parasiten vertrieben oder töteten, zeigt diese Untersuchung, daß die Raupen mit geringerer Wahrscheinlichkeit angegriffen werden, wenn sie Ameisen zu ihrer Bewachung haben [751].

12.2.4 Anzeigen von Aussichtslosigkeit

Beutetiere zeigen durch ihre Warntracht oder ihr Verhalten ihre potentielle Gefährlichkeit oder Ungenießbarkeit an. Für einen Prädator ist es in der Regel vorteilhaft, diese Information zu akzeptieren und auf einen Angriff zu verzichten (außer wenn das Signal, wie beispielsweise im Falle der Batesschen Mimikry, falsch ist). Aber selbst eine gut genießbare Beute kann ein ungünstiges Ziel für einen Angriff sein, wenn beispielsweise die Wahrscheinlichkeit für einen erfolgreichen Angriff gering ist. Unter diesen Umständen können beide Seiten davon profitieren, wenn ein Beutetier dem Beutegreifer seine Fluchtbereitschaft mitteilt. In einem solchen Fall kann der Prädator einen erfolglosen Angriff und das Beutetier eine lange Flucht vor einem entschlossenen Verfolger vermeiden.

Eine derartige Mitteilung erfolgt möglicherweise, wenn eine Thomsongazelle (*Gazella thomsoni*) einen Raubfeind, z. B. einen Geparden (*Acinonyx jubatus*), ausgemacht hat. Die Gazelle beginnt wegzulaufen, verlangsamt ihren Schritt dann jedoch, um mehrmals etwa einen halben Meter hoch in die Luft zu springen, wobei sie alle vier Beine steif von sich gestreckt hält und ihr weißes Hinterteil präsentiert (Abb. 12-13). Der Zweck dieser auffälligen Prellsprünge könnte darin bestehen, Geparden oder Löwen (*Panthera leo*) mitzuteilen, daß sie gesehen wurden und daß die Gazelle bereit ist, die Flucht zu ergreifen bzw. bereits auf der Flucht ist. Beutegreifer könnten sich dafür entscheiden, einen Angriff auf eine bereits gewarnte Beute aufzugeben, denn diese ist sehr viel schwieriger zu fangen.

Die Hypothese, daß der Sinn der Prellsprünge in der Mitteilung der Zwecklosigkeit eines Angriffs liegt, ist jedoch nicht die einzige mögliche Erklärung für diese Verhaltensweise. T. Pitcher schlug vor, daß die Gazellen Geschwindigkeit opfern, um die vor ihnen liegende Fläche besser nach Feinden, die möglicherweise in einem Hinterhalt liegen, absuchen zu können [757]. Berücksichtigt man, daß Löwen gelegentlich gemeinsam jagen und dabei Beutetiere versteckten Jagdgenossen zutreiben, ist die Anti-Hinterhalt-Hypothese von Pitcher absolut plausibel. Diese Erklärung beinhaltet die Voraussage, daß die Prellsprünge nicht in Kurzgrassavannen gezeigt werden, sondern ausschließlich in Habitaten mit höherem Gras oder anderem Bewuchs wie z. B. Sträuchern, in denen es zur Entdeckung von Feinden vorteilhaft ist, in die Luft zu springen. Aber auch Gazellen, die in Savannen mit niedrigem Bewuchs fressen, führen Prellsprünge aus [155]. Die Anti-Hinterhalt-Hypothese besteht also einen kritischen Test nicht, obwohl sie intuitiv ansprechend ist.

Allerdings gibt es neben der Anti-Hinterhalt- und der Mitteilung-der-Zwecklosigkeit-Hypothese noch neun weitere Erklärungsversuche für die Prellsprünge, die von Tim Caro [154, 155] zusammengestellt wurden! Um noch einmal die Nützlichkeit der Anwendung multipler Arbeitshypothesen zu demonstrieren, wollen wir hier die Hypothese, daß mit diesem Verhalten die Zwecklosigkeit eines Angriffs angezeigt wird, im Vergleich mit drei weiteren Hypothesen diskutieren:

- **Alarm-Signal-Hypothese**: Prellsprünge könnten Artgenossen, besonders Jungtiere, vor einem gefährlich nahen Feind warnen. Dies könnte die Überlebenswahrscheinlichkeit von Verwandten und Nachkommen erhöhen und damit die Repräsentation der Gene signalisierender Tiere in den nächsten Generationen verbessern (siehe Kap. 16).

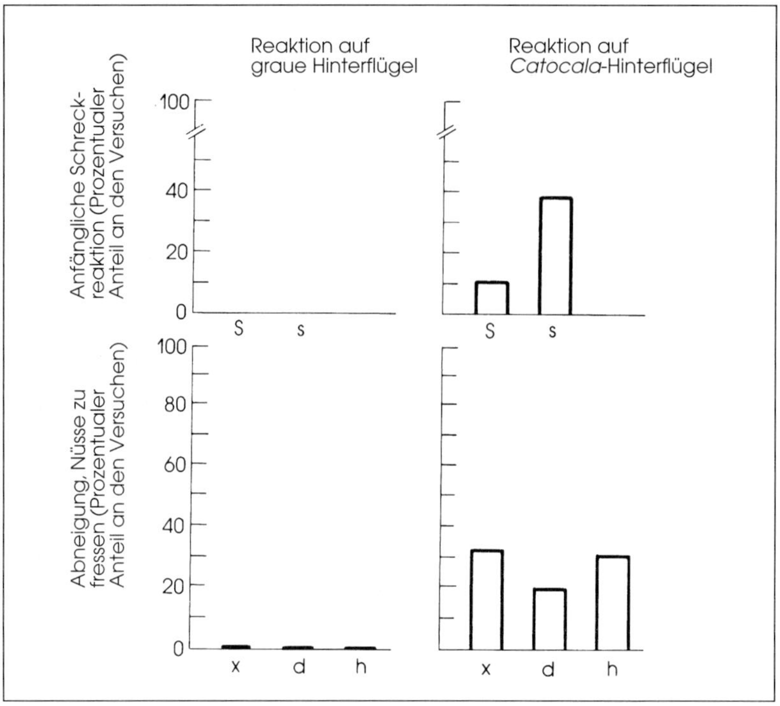

Abb. 12-15: **Das Präsentieren der Hinterflügel ist eine Anpassung zur Feindabwehr bei *Catocala*-Faltern (Ordensbänder).** Wildgefangene Blauhäher, die darauf trainiert waren, Nüsse von künstlichen Falter-Modellen mit grauen Hinterflügeln zu nehmen, reagierten häufig erschreckt, als sie zum ersten Mal ein Modell mit leuchtend gemustertem Hinterflügel ergriffen und verzichteten häufig darauf, die Nuß zu fressen. (S = starkes Erschrecken, s = schwaches Erschrecken, x = Nüsse wurden nicht gefressen, d und h = verschiedene Arten, die Nüsse nur zögerlich zu fressen). Quelle: Schlenoff (835).

- **Sozialer-Zusammenhalt-Hypothese**: Prellsprünge könnten Gazellen dazu dienen, Formationen zu bilden und auf geordnete Art und Weise zu flüchten, um es so für den Beutegreifer schwieriger machen, ein einzelnes Opfer aus dem Verband herauszugreifen.
- **Konfusionshypothese**: Mit ihren Prellsprüngen könnten die Individuen einer fliehenden Herde einen Verfolger verwirren und ablenken, wodurch für diesen die Konzentration auf ein Beutetier erschwert wird.

Die Voraussagen, die sich aus den genannten Hypothesen ergeben, sind in der Tabelle 12-2 aufgeführt. Da aus zwei verschiedenen Hypothesen manchmal dieselbe Voraussage folgt, müssen wir aus jeder Hypothese mehrere Voraussagen in Betracht ziehen, wenn wir zu einer Entscheidung zwischen den einzelnen Hypothesen kommen wollen.

Caro konnte beobachten, daß manchmal auch einzeln stehende Gazellen Prellsprünge zeigten, wenn sich ein Gepard näherte, eine Beobachtung, die gegen die Alarm-Signal- (wenn es darum geht, mit anderen Gazellen zu kommunizieren, sollten einzeln auftretende Gazellen dies nicht tun) und die Konfusionshypothese (weil ein Prädator nur dann verwirrt werden kann, wenn mehrere Gazellen einer fliehenden Herde Prellsprünge ausführen) spricht. Wir können nicht die Hypothese eines sozialen Zusammenhalts verwerfen, da auch einzelne Gazellen Prellsprünge zeigen könnten, um weiter entfernte Artgenossen für eine gemeinsame Flucht, von der alle profitieren könnten, heranzuholen. Aber wenn Gazellen springen, um mit Artgenossen zu kommunizieren, dann sollten die Tiere ihr auffälliges, weißes Hinterteil den Artgenossen zuwenden. Bei ihren Prellsprüngen orientieren Gazellen ihr Hinterteil hingegen in Richtung Feind.

Die einzige Hypothese, die noch übrig bleibt, ist die, die davon ausgeht, daß Gazellen Prellsprünge zeigen, um Geparden mitzuteilen, daß diese entdeckt wurden und daß sie, die Gazellen, fluchtbereit sind. Unter dieser Voraussetzung sinkt die Wahrscheinlichkeit, ein Opfer zu fangen drastisch, und daher könnte es ganz im Interesse des Prädators sein, auf eine Verfolgung zu verzichten. Caro konnte beobachten, daß Geparden signifikant häufiger eine Jagd aufgaben, wenn eine Gazelle Prellsprünge ausführte, als wenn das potentielle Opfer dies nicht tat (Abb. 12-14) [155].

12.3 Nicht gefangen werden

Wir haben nun eine ganze Reihe von Eigenschaften diskutiert, die einen adaptiven Wert haben, indem sie entweder die Wahrscheinlichkeit erhöhen, daß ein Prädator eine Beute übersieht oder aber sich dafür entscheidet, eine entdeckte Beute nicht anzugreifen. Aber was kann ein Tier tun, wenn ein ernsthafter Angriff nicht mehr abzuwenden ist? Verhaltensökologen haben verschiedene Eigenschaften von Beutearten ausgemacht, in denen sie einen adaptiven Vorteil bei der Abwehr eines einmal eingeleiteten Angriffs sehen. Zum Beispiel wurde in Kapitel 1 die Hypothese vorgestellt, daß das Flügelspreizen, mit dem *Automeris*-Falter die falschen Augen ihrer Hinterflügel entblößen, dazu dient, einen Angreifer

Tab. 12-3: Der Einfluß der Gruppengröße auf die **Reaktion von gekäfigten Staren auf eine Greifvogelattrappe**. Quelle: Powell (764).

	Gruppengröße	
Verhalten	Ein Vogel	Zehn Vögel
Mittlere Häufigkeit pro Minute, mit der ein Vogel beim Fressen innehält und sich umschaut	23,4	11,4
Zeitanteil (%) des Umherschauens während der Futteraufnahme	47	12
Mittlere Dauer (Sekunden) zwischen dem Erscheinen einer Greifvogelattrappe und der Flucht des Stars	4,1	3,2

zu erschrecken und sich so genug Zeit für die Flucht zu verschaffen, bevor der zögernde Angreifer erneut zupickt, wie dies für eine andere Falterart experimentell gezeigt werden konnte [85]. Während dieser Angriffspause hat der Falter die wenigen Extra-Sekunden, die er für eine Flucht benötigt.

Diese Hypothese überprüfte Theodore Sargent im Rahmen einer Untersuchung an Faltern aus der Gattung der Ordensbänder (*Catocala*), die zur Familie der Eulen (Noctuidae) gehören. Wird ein ruhendes Ordensband von einem Blauhäher ergriffen, dann windet sich der Falter und entblößt plötzlich seine Hinterflügel, die charakteristische orange, rote oder gelbe Bänder auf dunklem Untergrund tragen. Dieser unvermittelte Farbblitz scheint die Häher so zu erschrecken, daß zumindest einige unfreiwillig den Schnabel öffnen und den Falter entkommen lassen [831].

Die Schreck-Hypothese wurde von Debra Schlenoff weiter untersucht, indem sie Blauhäher, die überaus kooperative Prädatoren sind, darauf trainierte, künstliche Falter, unter denen ein Kiefernsamen befestigt war, als Beutetiere aufzunehmen [835]. Blauhäher mögen Kiefernsamen und lernten schnell, die „Falter" zu greifen, die ihnen präsentiert wurden. Diese Falter waren so beschaffen, daß Kunststoff-"Hinterflügel" zum Vorschein kamen, wenn die Vögel die Falter von einer Präsentationstafel nahmen.

In einer Versuchsreihe wurden Blauhäher auf Faltermodelle mit grauen „Hinterflügeln" trainiert. Nach einer Weile zögerten die Vögel nicht mehr, die künstlichen Falter aufzunehmen und die Belohnung in Form des Kiefernsamens zu verzehren. Dann gab man den Hähern eine Reihe von Faltern, von denen einer Hinterflügel aufwies, die wie die leuchtend gefärbten Hinterflügel von *Catocala*-Faltern gestaltet waren. Wenn die Vögel dieses Modell aufnahmen, ließen sie es oft wieder fallen oder stießen einen Warnruf aus (Abb. 12-15).

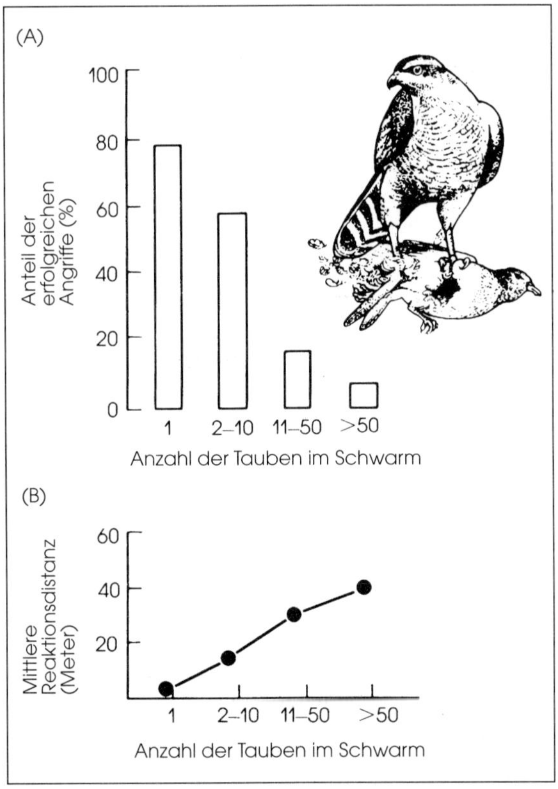

Abb. 12-16: **Wachsamkeit und Gruppengröße.** Je größer eine Gruppe von Tauben ist, um so eher erkennt ein Schwarm einen sich nähernden Habicht, fliegt vor diesem davon und verringert so die Chancen des Raubfeindes, Beute zu machen. Quelle: Kenward (507).

12.3.1 Wachsamkeit und Sozialleben

Eine andere Möglichkeit, einem Angriff zu begegnen, besteht für manche Arten darin, wachsam zu sein, um einen sich rasch nähernden Feind rechtzeitig erkennen und entsprechend reagieren zu können. Zu den Wirbeltieren zählende Beutetiere nehmen sich in der Regel sehr viel Zeit, um mit wachsamem Auge, schnüffelnder Nase oder gespitztem Ohr nach möglichen Gefahren zu suchen. Darüber hinaus scheint das Prinzip, daß viele Augen, Nasen und Ohren besser sind als wenige, für das weitverbreitete Auftreten von Schwärmen, Herden und anderen sozialen Gruppen verantwortlich zu sein. Bei-

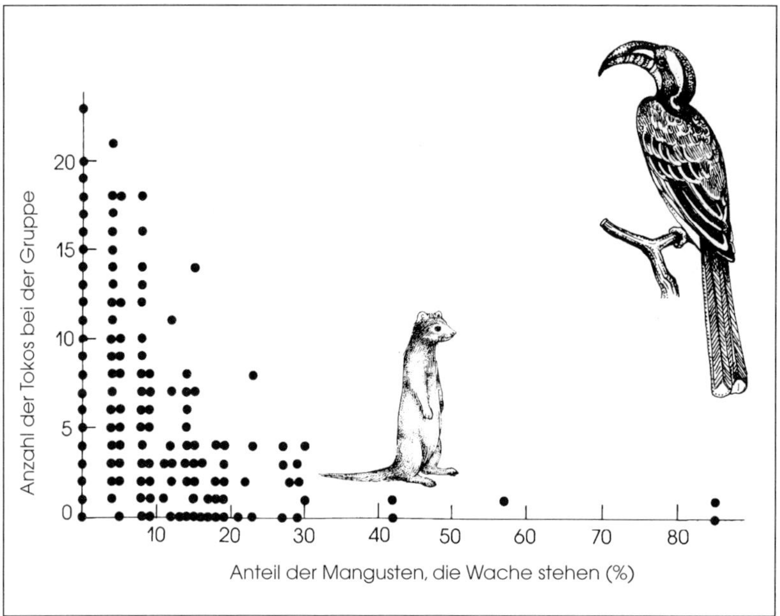

Abb. 12-17: **Die Kosten der Wachsamkeit verringern.** Werden Zwergmangusten von vielen Tokos begleitet, übernehmen zu jedem beliebigen Zeitpunkt weniger Tiere einer Gruppe die Rolle eines Wachpostens. Nach Rasa (779).

spielsweise vermag ein Vogel, der in einem Schwarm nach Nahrung sucht, vor einem Prädator zu fliehen, ohne daß er diesen selbst entdeckt haben muß, indem er auf das Fluchtverhalten seiner Artgenossen reagiert.

Im einem experimentellen Test der Hypothese, daß soziale Tiere durch verbesserte Wachsamkeit einen Überlebensvorteil erlangen können, ließ G. V. N. Powell eine Greifvogelattrappe entlang einer Leine über Käfige ziehen, in denen (1) ein einzelner Star (*Sturnus vulgaris*) oder (2) eine Gruppe von zehn dieser wenig geschätzten, aber anpassungsfähigen Vögel lebten [764]. Die durchschnittliche Reaktionszeit bis zur Flucht war beim einzeln gehaltenen Tier signifikant größer als die eines Vogels in der Gruppe, obwohl einzeln gehaltene Tiere etwa viermal soviel Zeit damit verbrachten, nach möglichen Gefahren Ausschau zu halten (Tab. 12-3).

R. E. Kenward wiederholte diesen Test unter realistischeren Bedingungen, indem er einen trainierten Habicht (*Accipiter gentilis*) in einer bestimmten Entfernung zu einem Schwarm von Ringeltauben (*Columba palumbus*) fliegen ließ [507]. Wie erwartet ergriffen die Tauben um so eher die Flucht, je größer der Schwarm war, und verringerten damit für den Habicht die Chancen, eine Taube zu erbeuten (Abb. 12-16).

Eine Möglichkeit, die Größe einer Gruppe erheblich zu steigern, besteht darin, sich mit Angehörigen anderer Arten zu vergesellschaften. Zwergmangusten (*Helogale undulata*) beispielsweise sind hochsoziale, kleine Säugetiere, die häufig in Begleitung verschiedener Arten von Tokos (*Tockus*) durch die offene afrikanische Landschaft wandern. Die mit eigenartigen, großen Schnäbeln ausgerüsteten Hornvögel ernähren sich von fliegenden Insekten, die von den nach Beute suchenden Mangusten aufgejagt werden. Einige Mangusten wechseln sich darin ab, als Wachposten nach Greifvögeln Ausschau zu halten, vor denen sie dann ihre Artgenossen mit spezifischen Rufen warnen. Bis zu sechs Mangusten können gleichzeitig einen solchen 15- bis 45-minütigen Wachdienst versehen [779].

Die Arbeit als Wache ist riskant, weil die Wachen auf erhöhten Ausschauplätzen ungeschützt stehen, was sie für Prädatoren besonders auffällig macht. Darüber hinaus bleiben die Wachen hungrig, solange sie nach Greifvögeln spähen. Die Tokos haben viele Feinde mit ihren Reisepartnern aus dem Lager der Säugetiere gemeinsam, und daher gehen die Zwergmangusten rasch in Deckung, sobald ein Toko alarmiert auffliegt; so ziehen sie einen Vorteil aus den Hinweisen auf eine Gefahr, die die Vögel geben. Anne Rasa zeigte, daß die Anzahl der Mangustenwachen abnimmt, wenn ein Trupp von vielen Hornvögeln begleitet wird (Abb. 12-17). Die Tokos erfüllen die Aufgabe von Mangustenwachen und ermöglichen es dadurch den Mitgliedern des Trupps, mehr Zeit für die Futtersuche und weniger Zeit für lebensgefährliche Wachdienste zu verwenden, um vor Greifvögeln zu warnen.

Die oben beschriebenen Studien stützen zwar die Hypothese, daß soziale Tiere Vorteile bezüglich ihrer Wachsamkeit erzielen, doch könnte dieser Vorteil bei der Feinderkennung durch eine deutlich erhöhte Häufigkeit von Angriffen zunichte gemacht werden, falls ein größerer Verband überproportional viele Prädatoren anzieht. Außerdem gibt es noch andere Nachteile für Tiere, die in Gruppen leben, insbesondere durch eine erhöhte Nahrungskonkurrenz. Vor dem Hintergrund dieser Kosten eines Soziallebens sagte Mark Elgar voraus, daß sich Haussperlinge (*Passer domesticus*) bei geringem Prädationsrisiko nicht zu Gruppen zusammenschließen [277]. Spatzen können durch ihr Tschirpen Artgenossen herbeilocken. Sie tun dies jedoch nicht an einer Futterstelle, die sich in der Nähe einer Deckung befindet und in größerer Entfernung von einem Beobachter (einem potentiellen Beutegreifer) (Abb. 12-18). Elgars Arbeit ist insofern bedeutend, als sie uns daran erinnert, daß es wichtig ist, neben den möglichen Vorteilen auch die Kosten eines vermeintlich zum Schutz gegen Prädatoren evoluierten Verhaltens zu berücksichtigen.

12.3.2 Warnsignale

Die offensichtlichen Nachteile von Warnrufen, wie sie bei Zwergmangusten, Hornvögeln und vielen anderen sozialen Tieren vorkommen, machen diese für die Verhaltensökologen besonders interessant. Welche Vorteile kann es für alarmierende Tiere geben, die das Risiko aufwiegen, die besondere Aufmerksamkeit eines Beutegreifers auf sich zu ziehen? Eine von mehreren möglichen Hypothesen besteht darin, daß das Signal es den Mitgliedern einer Gruppe ermöglicht, ihre Flucht zu koordinieren. Von diesem Verhalten würden alle in gleichem Maße profitieren, indem sie einen Beutegreifer durch eine Massenflucht verwirren.

Belding-Ziesel (*Citellus beldingi*), die in hohen Individuendichten auf Bergwiesen leben, sind möglicherweise ein Beispiel für einen solchen Mechanismus. Sobald eines dieser kleinen Tiere einen sich nähernden Habicht oder Falken sieht, stößt es einen besonderen, sehr hohen Pfeiflaut aus, während es in Deckung eilt. Andere Ziesel, die diesen Warnruf hören, sprinten ebenfalls sofort zum nächsten Unterschlupf und erzeugen so für einen kurzen Augenblick einen ziemlichen Tumult.

Die rufenden Ziesel werden so gut wie nie gefangen, eine Tatsache, die es Paul Sherman ermöglichte, die Hypothese zu verwerfen, daß die Signalgeber andere Tiere auf Kosten der eigenen Sicherheit warnen. Nichtrufende Tiere, die zu fliehen versuchten, wurden mehr als zehnmal so häufig getötet wie solche Tiere, die den Alarm ausgelöst hatten. Wenn die rufenden Tiere aber in Sicherheit sind, warum rufen sie dann? Und wenn die nichtrufenden Tiere besonders gefährdet sind, warum rennen sie dann, sobald sie den Alarmruf hören? Sherman argumentiert ganz einleuchtend, daß ein Tier, das als erstes einen einfallenden Greifvogel sieht und flieht, ohne zu rufen, zum Ziel des Angriffs werden könnte, weil es durch die Bewegung besonders auffällig wird. Durch den Warnruf kann es in dem Durcheinander, das entsteht, wenn eine große Anzahl von Zieseln in alle Richtungen rennen, untertauchen. Nichtrufende Ziesel unterliegen insofern einem Selektionsdruck, als sie gezwungen sind, auf einen Warnruf mit Flucht zu reagieren, da sie sich andernfalls allein auf weiter Flur einem Habicht oder Präriefalken (*Falco mexicanus*) gegenübersehen, was für

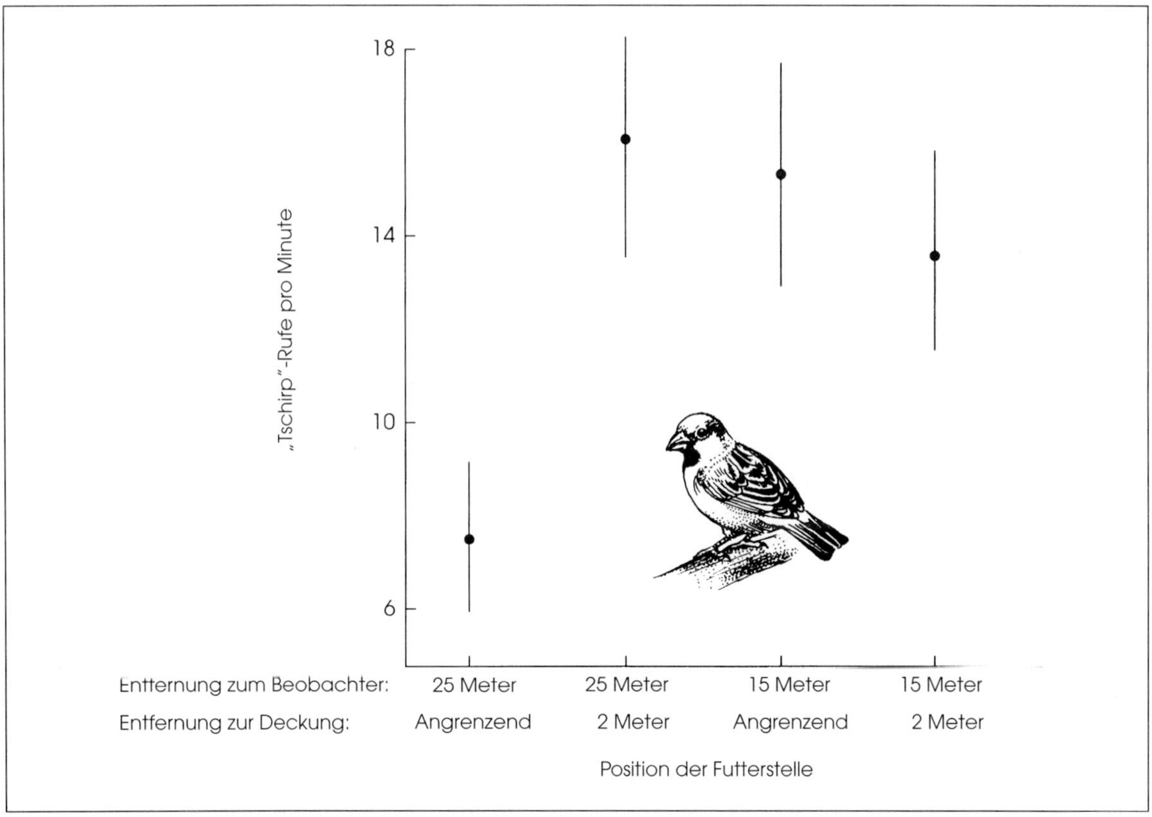

Abb. 12-18: **Soziale Kosten und Vorteile von Abwehrmechanismen.** Haussperlinge rufen weniger häufig Artgenossen zu einer Futterquelle, wenn das Prädationsrisiko gering ist. Die Anzahl von „Tschirp"-Rufen pro Minute war am geringsten, wenn die Futterstelle weit entfernt vom Beobachter und nahe an einer Deckung war. Quelle: Elgar (277).

Abb. 12-19: **Seeleopard mit einem erbeuteten Adeliepinguin.** Die Anwesenheit dieses Freßfeindes begünstigt Pinguine, die in Gruppen das Ufer verlassen, wenn sie sich zur Nahrungsaufnahme auf hohe See begeben. Foto von Mark Chappell.

ein Ziesel keine angenehme Perspektive ist. Das rufende Tier steigert seine persönliche Sicherheit, indem es die anderen dazu bringt, loszulaufen. Nichtrufende Tiere sind sicherer, wenn sie auf einen Ruf reagieren, als wenn sie ihn ignorieren. Auf diese Weise profitieren alle, die an der Interaktion zwischen Signalgebern und Signalempfängern beteiligt sind [852].

12.3.3 Die eigennützige Herde

Obwohl Alarmrufe zu den Dingen gehören, die vielen Menschen zu gefallen scheinen, weil sie in ihnen einen Beweis für Kooperation im Tierreich sehen, ist es sehr wohl möglich, daß sich Individuen zur Feindabwehr zu einer Gruppe zusammenfinden, ohne ihr Leben jemals für andere zu riskieren. Um zu betonen, daß etwas, das wie eine kooperative Gruppe aussieht, in Wirklichkeit durchaus aus Einzeltieren bestehen kann, die in bezug auf ihre Fortpflanzung konkurrieren (eigennützig handeln) und deshalb stets darauf bedacht sind, andere zwischen sich und einer möglichen Gefahr zu haben, prägte W. D. Hamilton den Begriff der **eigennützigen Herde** („The Selfish Herd") [401]. Hamilton zeigte anhand eines spieltheoretischen Modells, daß die Fitness einer jeden einzelnen miteinander konkurrierenden Option davon abhängt, was die anderen in der Population tun. Nutzt ein Tier ein anderes als lebenden Schutzschild, werden solche „Schilder" bevorteilt, die sich so positionieren, daß sie wiederum andere zu ihrem Schutz benutzen können. Das Ergebnis könnte eine starke Zusammenballung von Individuen sein, eine eigennützige Herde, deren Mitglieder keineswegs zwangsläufig sicherer wären, als wenn sie darin übereinkämen, sich zu verteilen. Aber solange einige eigennützige Tiere versuchen, sich hinter anderen zu verstecken, kann eine Tendenz, sich zu verteilen, nicht evoluieren.

Wenn Adeliepinguine (*Pygoscelis adeliae*) ihre Brutplätze verlassen, um zur Nahrungsaufnahme ins Meer zu gehen, sammeln sie sich stets in Gruppen am Rande des Ozeans, um dann gemeinsam ins Wasser zu springen und zu den Nahrungsgründen zu schwimmen. Der mögliche Nutzen dieser sozialen Verhaltensweise wird deutlich, wenn man sich vor Augen führt, daß mit großer Wahrscheinlichkeit an jedem Ort, an dem die Pinguine ins Meer springen, bereits ein hungriger Seeleopard (*Hydrurga leptonyx*) auf sie lauert. Innerhalb einer kurzer Zeit kann der Seeleopard nur eine sehr kleine Anzahl von Pinguinen fangen und töten. Dadurch, daß die Pinguine in Gruppen diese Gefahrenzone durchschwimmen, können sich viele Tiere in Sicherheit bringen, während die Robbe nur ein oder zwei unglückliche Pinguine fangen kann (**Verdünnungseffekt**, siehe unten). Wenn Sie zwischen Seeleoparden Spießrutenlaufen müßten, würden Sie vermutlich alles daran setzen, um nicht der erste oder der letzte zu sein, der ins Wasser springt. Adeliepinguine scheinen ein ähnliches Ziel zu verfolgen. Indem ein Individuum sich in der Mitte einer Gruppe paddelnder Pinguine hält, kann es die Artgenossen als lebende Schutzschilder gegen den Angriff des Feindes benutzen. In diesem Fall wäre ein Pinguinschwarm als eigennützige Herde zu bezeichnen.

Obwohl M. G. Levick (1914) behauptete, daß Pinguine gelegentlich versuchen, einen Artgenossen ins Wasser zu stoßen, vermutlich, um zu sehen, ob ein Seeleopard anwesend ist [561], konnte Mark Chappell in einer Kolonie von Adeliepinguinen in der Nähe der in der Antarktis gelegenen Palmer Station dieses Verhalten niemals beobachten. Sogar wenn ein Seeleopard deutlich sichtbar nah an der Küste entlangschwimmt, gehen die Adeliepinguine noch ins Wasser, stets in großen Gruppen,

Tab. 12-4: Feinddruck auf **Nester des Blaukiemensonnenbarsches**. Quelle: Gross und MacMillan (385).

Lage des Nestes	Mittlere Anzahl von Schnecken je Nest	Mittlere Häufigkeit von Jagden pro Nest [a]	Gruppenreaktion [b] (%)
Zentral	6,9	1,5	50
Peripher	13,7	8,7	8
Einzelnest	29,7	10,4	0

[a] Häufigkeit, mit der der Verteidiger eines Nestes pro Stunde potentielle Eierräuber verjagen muß.
[b] Anteil der Jagden, in denen zwei oder mehr Männchen gemeinsam einen Feind verfolgen.

aber mit einem erheblichen Risiko (Abb. 12-19). Die Pinguine scheinen sich allein auf die Sicherheit, welche die große Anzahl an Tieren mit sich bringt, zu verlassen.

In eigennützigen Herden erwarten wir einen Kampf um die Plätze in der Mitte, die in der Regel die sichersten sind. Diese Hypothese erhält aus verschiedenen Quellen Unterstützung [149], unter anderem aus einer Untersuchung am Blaukiemensonnenbarsch (*Lepomis macrochirus*) [385]. Diese Fische brüten in Kolonien, wobei die Männchen ihre Nistterritorien gegen Rivalen verteidigen. Die Weibchen besuchen die Kolonien zur Eiablage. Zwischen den Männchen gibt es einen harten Kampf um die zentral gelegenen Nistplätze, und die größeren (in der Regel die älteren) Männchen behalten meistens die Oberhand. Weibchen bevorzugen es, ihre Eier an solchen Orten abzulegen, die vor Prädatoren deutlich sicherer sind als die am Rande der Kolonie gelegenen Nester. Die peripheren Männchen sind die ersten, die einem futtersuchenden Raubfisch oder einem kannibalistischen Blaukiemensonnenbarsch begegnen, und daher werden ihre Eier doppelt so häufig gefressen wie die von Männchen mit einem zentral gelegenen Nest.

Wenn die peripheren Sonnenbarsche einem besonderen Risiko ausgesetzt sind, warum akzeptieren sie dann ihre untergeordnete Position? Wenn ein jüngeres oder schwächeres Tier keine ernstzunehmende Chance hat, ein kräftigeres Individuum dazu zu zwingen, seine überlegene Position aufzugeben, dann bleiben nur zwei Alternativen: sich am Rande der Kolonie niederzulassen oder als Einzelgänger zu nisten. Solitär nistende Blaukiemensonnenbarsche, die es gelegentlich gibt, werden häufiger von Schnecken heimgesucht und müssen häufiger Prädatoren verjagen als Fische, die an der Peripherie von Kolonien nisten (Tab. 12-4). Beachten Sie auch, daß, selbst wenn Prädatoren in der Mitte einer Kolonie häufiger angegriffen werden, periphere Männchen durchaus gelegentlich gemeinsam ihre Nester verteidigen, eine Option, die einzeln nistenden Tieren verwehrt ist. Ein untergeordneter Fisch kann also von einem Leben in der Kolonie geringfügig profitieren, auch wenn ihn die dominanteren Männchen benutzen, um ihre Feinde abzulenken [385].

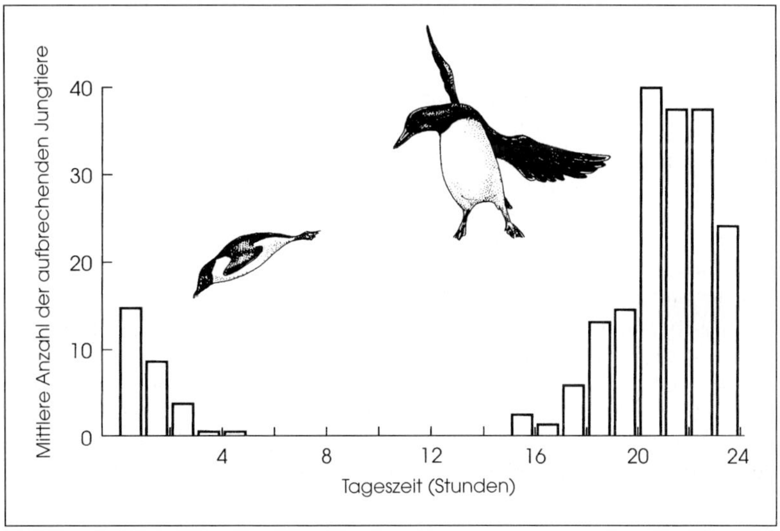

Abb. 12-20: **Der Verdünnungseffekt bei Lummen.** Jungvögel verlassen ihre Brutkolonie zu einem Zeitpunkt, der mit dem Aufbruch möglichst vieler anderer Lummen zusammenfällt. Obwohl die Eltern (der große Vogel) die Jungen begleiten, haben nur Jungvögel, die zur Haupt-Aufbruchszeit starten, angesichts der vielen Prädatoren eine gute Überlebenschance. Quelle: Daan und Tinbergen (203).

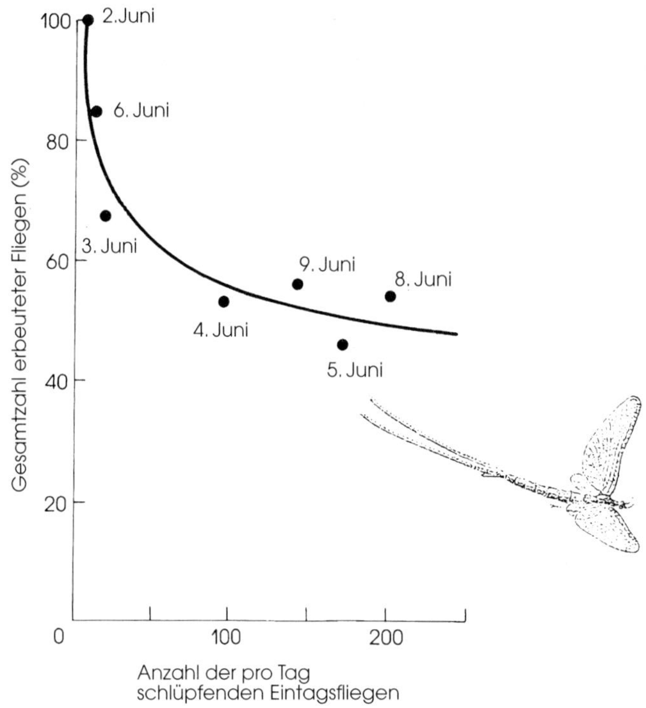

Abb. 12-21: **Der Verdünnungseffekt bei Eintagsfliegen.** Je mehr Eintagsfliegen an einem Juniabend gemeinsam schlüpfen, um so geringer ist die Wahrscheinlichkeit, daß eine einzelne Fliege von einem Prädator gefressen wird. Aus Sweeney und Vannote (912).

12.3.4 Der Verdünnungseffekt

Vermutlich besteht einer der Vorteile des Zusammenschlusses in Gruppen gegen Prädatoren ganz einfach darin, daß deren Aufnahmefähigkeit überlastet wird, so wie es möglicherweise bei den Adeliepinguinen im „Seeleopardenland" der Fall ist. Der Verdünnungseffekt scheint auch für die Synchronisation von Küken der Dickschnabellumme (*Uria lomvia*) beim Verlassen des Nestes verantwortlich zu sein, einem Meeresvogel, der an arktischen Küsten brütet. Die erwachsenen Lummen nisten an hohen Meeresklippen, von denen sich ihre Nachkommen ins Meer hinabstürzen, sobald sie in der Lage sind, ein weitgehend unabhängiges Leben zu führen. Die Jungen müssen sich - noch flugunfähig und sehr verwundbar - durch ein Spalier von Feinden stürzen, die bereits in der Luft und am Boden warten und versuchen, sie abzufangen, bevor sie das Wasser erreichen, wo sie von ihren Eltern beschützt werden können. Die meisten der jungen Lummen verlassen die Brutkolonie täglich während einer vierstündigen Zeitperiode (Abb. 12-20). Die Wahrscheinlichkeit, den räuberischen Eismöwen (*Larus hyperboreus*) zu entkommen, vergrößert sich, je mehr Küken innerhalb einer Stunde springen. Jungtiere, die ihre Nester zu Beginn oder am Ende der Sprungperiode verlassen, erreichen nur selten lebend das Wasser [203].

Der Verdünnungseffekt gilt auch für einige Eintagsfliegen. Diese schmackhaften Wasserinsekten sind besonders schutzlos gegenüber Prädatoren, wenn sie während ihrer Umwandlung zur Imago aus dem Wasser schlüpfen, um sich anschließend zu paaren und ihre Eier abzulegen. Viele Populationen von Eintagsfliegen schlüpfen in jedem Jahr nur innerhalb weniger Stunden an einigen bestimmten Tagen, dann allerdings in großen Mengen. Bernard Sweeney und Robin Vannote überprüften die Hypothese, daß die Synchronisation des Schlupftermins eine Anpassung zur Abwehr von Prädatoren ist [912]. Sie stellten Netze in die Strömung von Bächen, um die leeren Puppenhüllen von Eintagsfliegen von der Wasseroberfläche abzufangen. Die verlassenen Hüllen werden nach der letzen Häutung von den Imagines zurückgelassen und treiben dann stromabwärts. So konnte die Anzahl der innerhalb des untersuchten Bachabschnitts im Laufe eines Abends geschlüpften Eintagsfliegen bestimmt werden. In den Netzen wurden zusätzlich tote weibliche Tiere gefangen, wenn nicht ein Ziegenmelker (*Caprimulgus*) oder ein Taumelkäfer (Gyrinidae) sie zuvor erbeutet, sterben diese unmittelbar, nachdem sie einen Eiballen ins Wasser abgesetzt haben, und werden von der Strömung fortgetragen.

Da die Anzahl der geschlüpften Eintagsfliegen von Tag zu Tag variierte, maßen Sweeney und Vannote die Differenz zwischen der Anzahl der leeren Hüllen und der Anzahl unversehrter, toter weiblicher Tiere, die ihre Eier unbehelligt abgelegt hatten. Je mehr Weibchen gemeinsam schlüpften, um so größer war für jedes einzelne die Chance, lange genug zu leben, um seine Eier ablegen zu können (Abb. 12-21).

Es ist jedoch auch möglich, daß der Anpassungswert der Synchronisation des Schlupftermins darin besteht,

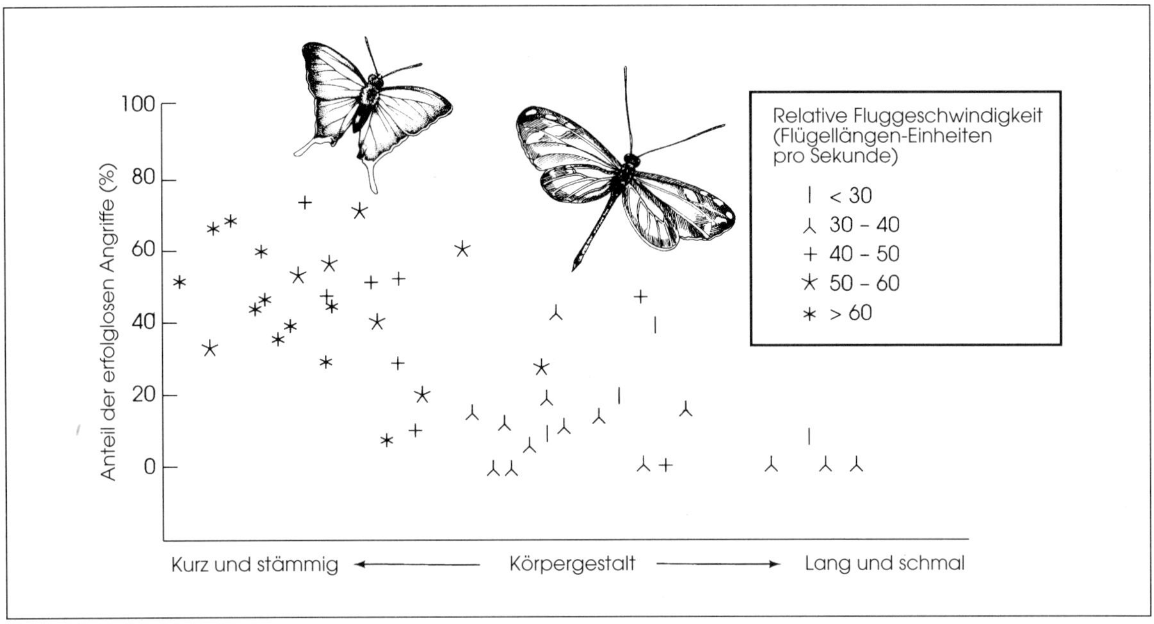

Abb. 12-22: **Der Vorteil des schnellen Fluges.** Die stämmigeren, muskulöseren, schneller fliegenden Schmetterlingsarten werden durch einen insektenfressenden Glanzvogel seltener gefangen als die dünneren, weniger muskulösen und langsamer fliegenden Arten. Aus Chai und Srygley (162).

daß die einzelnen Tiere so eine größere Chance haben, ein Männchen zu finden. Falls aber diese alternative Hypothese zuträfe, sollten parthenogenetische Arten der Eintagsfliegen, die nur aus Weibchen bestehen, weniger stark synchronisiert schlüpfen als Arten, die sich geschlechtlich fortpflanzen. Diese Arten schlüpfen aber wie zweigeschlechtliche Arten mit der gleichen Wahrscheinlichkeit in großen Schwärmen innerhalb weniger Tage, eine Tatsache, die uns hilft, die Hypothese der Partnersuche zur Erklärung des Massenschlupfes zurückzuweisen.

12.3.5 Flucht durch schnellen Flug

Viele Tiere, die sich auf eigennützige Herden oder Verdünnungseffekte verlassen, um die Wahrscheinlichkeit, gefangen zu werden, zu verringern, können ihr Heil auch in der Flucht suchen, wenn es ihnen offenbar an den Kragen geht. Ebenso können einige solitär lebende Tiere versuchen, sich durch schnelle Flucht einem Angriff zu entziehen und entweder Deckung suchen oder einen Jäger abhängen. So gesehen scheint es sich bei dem pfeilschnellen Flug bestimmter Schmetterlingsarten um eine Errungenschaft zur Verhinderung des Gefangenwerdens zu handeln; einige Arten können schneller beschleunigen als die Vögel, von denen sie gejagt werden [602]. Die Hypothese, daß eine hohe Fluggeschwindigkeit und ein gutes Beschleunigungsvermögen Schmetterlinge zu einer schwierigeren Beute machen und damit ihre Überlebenswahrscheinlichkeit und ihren Reproduktionserfolg verbessern, führt zu einer Reihe von Voraussagen. Eine der offensichtlichsten ist die, daß es räuberischen Vögeln häufiger mißlingt, schnell fliegende Falter zu fangen als langsam fliegende Arten.

Um diese Erwartung zu überprüfen, bestimmten Peng Chai und Robert Srygley mit Hilfe von Hochgeschwindigkeits-Filmaufnahmen das Flugtempo einer großen Anzahl von Schmetterlingen aus Costa Rica [162]. Dann setzten sie verschiedene Schmetterlingsarten in einen großen Flugkäfig, in dem sich auch ein Glanzvogel (Gabulidae) befand. Glanzvögel sind als Jäger von schnell fliegenden Insekten, besonders von Schmetterlingen, bekannt. Tatsächlich beeinflußt die Geschwindigkeit des Fluges eines Schmetterlings maßgeblich den Erfolg eines Angriffs durch den Räuber. Angehörige von schnell fliegenden Arten konnten sich etwa 80 % der Angriffe entziehen, die langsamsten Arten hingegen wurden bei nahezu jedem Angriff ein Opfer des Glanzvogels (Abb. 12-22).

Warum fliegen dann aber einige tropische Schmetterlinge so langsam? Weil die Fähigkeit, schnell fliegen zu können, ihren Preis hat. Um mit den Flügeln so kräftig schlagen zu können, wie dies für einen schnellen Flug notwendig ist, muß ein Schmetterling viel in seine Brustmuskulatur investieren. Der kräftige Thorax und das meist sehr dünne Abdomen schnell fliegender Schmetterlinge sind Anzeichen für eine solche Investition in die Flugmuskulatur, die über 40 % des Körpergewichts ausmachen kann [602]. Langsam fliegende Schmetterlingsarten zeigen die Tendenz, einen sehr viel geringeren Anteil ihres Körpergewichts in Form von Muskulatur, aber dafür einen entsprechend höheren Anteil in Form von Ovariengewebe auszubilden (Abb. 12-23).

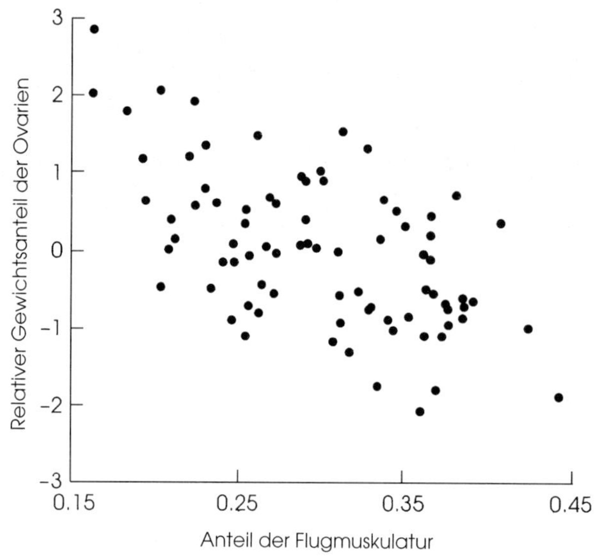

Abb. 12-23: **Der Preis für eine hohe Fluggeschwindigkeit.** Der relative Gewichtsanteil der Ovarien von weiblichen Schmetterlingen variiert im Verhältnis zum Anteil der Flugmuskulatur, ein Maß für den Anteil des Körpergewichts, der dem Fliegen dient. Je größer das Investment in Flugmuskulatur ist, um so kleiner sind die Ovarien, wodurch eine ausgeglichene Bilanz bezüglich der Fluggeschwindigkeit und der Anzahl der produzierten Eier entsteht. Quelle: Marden und Chai (602).

Ein schneller Flug hat aber neben den Kosten für die Produktion, den Erhalt und den Gebrauch der großen Muskeln, die man dazu benötigt, noch einen weiteren Preis. Srygley und Chai fanden heraus, daß die schnell fliegenden Schmetterlingsarten offenbar eine hohe Thoraxtemperatur benötigen, um einen Flug beginnen und fortführen zu können [888]. Diese Bedingung bedeutet, daß die schnellen Flieger bei kühler Witterung inaktiv bleiben müssen und nur in offenen, sonnigen Teilen ihres Lebensraumes fliegen können. Langsame Flieger hingegen können während eines größeren Teils des Tages fliegen und sind nicht auf direkte Sonneneinstrahlung angewiesen.

Vor dem Hintergrund der vielen Kosten der Mechanismen, die ein Schmetterling für den schnellen Flug benötigt, sagten Chai und Srygley voraus, daß nur bei sehr wohlschmeckenden Arten der Nutzen dieses Fluchtsystems die Kosten wettmachen könne. Gerade in den Tropen gibt es viele ungenießbare Falter, die ihren Schutz vor Raubfeinden in erster Linie aus chemischen Bestandteilen und ihrer Färbung ziehen (Farbtafel 9). Sogar wenn sie gefangen werden, werden sie häufig unverletzt wieder frei gelassen, weil schon ihre Flügel schlecht schmecken. Chai und Srygley bestimmten den Grad der Schmackhaftigkeit für eine Reihe von Schmetterlingen Costa Ricas. Sie boten sie in Käfigen gehaltenen Glanzvögeln an und bestimmten die Häufigkeit, mit der die Falter tatsächlich von den Vögeln gefressen wurden. Wie erwartet, waren die Schmetterlinge, die von den Vögeln zurückgewiesen wurden, in der Regel langsame Flieger mit nur schwach ausgebildeten Muskeln, wohingegen die Glanzvögel die stämmigen, schnell fliegenden Falter fast immer mit großem Behagen verzehrten.

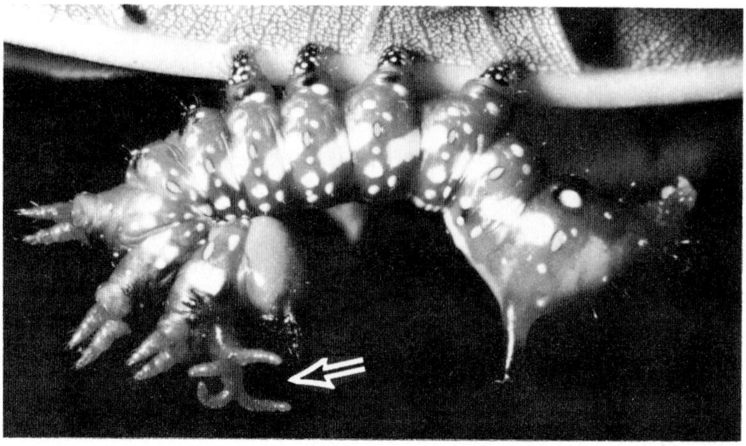

Abb. 12-24: **Chemische Kampfstoffe als ein Mittel der Abwehr von Beutegreifern.** Die Raupe eines Falters versprüht aus dem an der Unterseite ihres Körpers gelegenen Osmeterium (Pfeil) Essigsäure, um Prädatoren von einem Angriff abzuhalten. Foto des Autors.

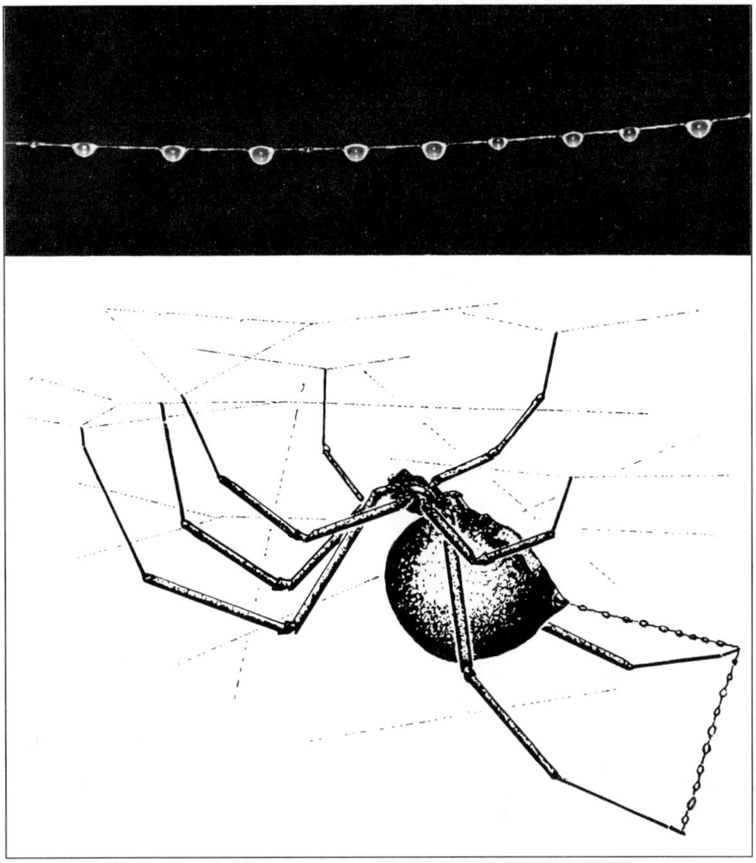

Abb. 12-25: **Die schwarze Witwe** (unten) versieht ihre Angreifer mit einem klebrigen Seidenfaden (oben), der kleinere Säugetiere dazu bringt, sich zurückzuziehen. Mit freundlicher Genehmigung von Richard Vetter.

12.4 Nicht gefressen werden

Wie wir gesehen haben, wird aus einem gefangenen Tier nicht unbedingt auch ein gefressenes, vielmehr kann es sein, daß es von seinem Feind freigelassen wird, wenn es diesem einen guten Grund dafür gibt. Die übelschmeckenden Körperteile mancher Falter sind hierfür ein Beispiel, und auch viele andere Tiere bedienen sich chemischer Kampfstoffe, um Prädatoren davon abzuhalten, sie zu verspeisen [z. B. 275]. Betrachten wir einmal die Raupe eines zur Familie der Notodontidae gehörigen Falters, die ich entdeckte, als sie an einem der ledrigen Blätter eines *Banksia*-Baumes fraß. Als ich zu ihr hinüber ging, um sie ein wenig genauer zu betrachten, ließ die dicke Raupe plötzlich ihren Kopf und ihr Abdomen nach unten fallen und formte so ein umgekehrtes U. Als ich mich unbeeindruckt daran machte, das Tier aufzuheben, stülpte die Raupe einen gegliederten, roten, geweihähnlichen Sack aus, der als Osmeterium bezeichnet wird, und besprühte mich mit einem scharf riechenden Aerosol aus Essigsäure (Abb. 12-24). Daraufhin zog ich meine Hand schnell zurück.

Ich weiß nicht, welche natürlichen Feinde die Raupe mit ihrem Essigsäurespray einnebelt, ich vermute jedoch, daß diese chemische Waffe ins Spiel kommt, wenn die Raupe von einem Vogel ergriffen oder von Ameisen attackiert wird. Um ein besser erforschtes Beispiel für die chemische Abwehr eines Raubfeindes kennenzulernen, wenden wir uns der Schwarzen Witwe (*Latrodectus hesperus*) zu. Von diesen Spinnen wimmelt es nur so in meinem Geräteschuppen. Eines Tages fand ich ein großes Weibchen, das unter unserem Küchentisch in einem sorgfältig ausgearbeiteten Netz sehr komfortabel residierte. Wie die meisten Menschen in Arizona behandle ich die Schwarze Witwe aufgrund ihres gefährlichen Giftes mit einer Mischung aus Furcht und Respekt. Manche Tiere zeigen jedoch weitaus weniger Furcht. Die Spinne braucht recht lange, um sich selbst in eine Position zu bringen, aus der sie zubeißen kann. So kann ein kleines Säugetier, wie zum Beispiel eine Hirschmaus (*Peromyscus maniculatus*), die Spinne mit seinem eigenen, schnelleren Zubiß in der Regel immobilisieren. Die Hälfte aller Interaktionen, die in einer Versuchsarena in einem Labor zwischen Maus und Spinne herbeigeführt wurden, endete jedoch damit, daß die Maus abgewehrt wurde und die Spinne am Leben blieb [951]. In den meisten Fällen ließ sich das Überleben der Spinne auf die schnelle Sekretion und Anwendung eines Seidenfadens zurückführen, den die Spinne produziert, sobald sie von ihrem möglichen Fänger bedrängt wird (Abb. 12-25). Diesen Faden, der mit einer Reihe von Tröpfchen einer außerordentlich klebrigen Substanz geschmückt ist, bringt die Spinne mit ihren Hinterbeinen in das Gesicht des Angreifers. Im Labor

Abb. 12-26: **Den Verzehr verhindern.** Diese kleine Strumpfbandnatter wurde durch das klebrige Sekret eines Salamanders, den sie verspeisen wollte, in dieser hilflosen Position festgeleimt. Foto von Stevan Arnold.

Abb. 12-27: **Schutz des Gehirns.** Eine Prärieklapperschlange (*Crotalus viridis*) versteckt ihren verwundbaren Kopf vor einem potentiellen Prädator. Foto von Michael King, mit freundlicher Genehmigung von David Duvall.

reagierten die Mäuse hierauf meist damit, daß sie sich zurückzogen und versuchten, sich zu säubern. Manchmal rollten sich die Mäuse dabei wie außer sich auf dem Boden. Unter natürlichen Bedingungen bleibt der Spinne dann genug Zeit, aus ihrem Netz zu fliehen und einen sicheren Unterschlupf aufzusuchen.

Rich Vetter überprüfte die Bedeutung dieser klebrigen Seidenfäden, indem er die Spinndrüsen einiger Spinnen mit Wachs verschloß. Die so behandelten Spinnen waren unfähig, sich gegen die Angriffe von Mäusen mit Hilfe klebriger Substanzen zur Wehr zu setzen. Die Wahrscheinlichkeit, getötet zu werden, war bei diesen Tieren dreimal so groß wie bei den nicht behandelten Spinnen. Obwohl der Leim der Spinne nicht giftig ist (der Verzehr der viskosen Substanz beeinträchtigte die Mäuse nicht), ist er doch klebrig, und mag somit eine sofortige Entfernung notwendig machen, um die Funktion des Mäusepelzes – unter anderem Schutz und Thermoregulation – nicht zu beeinträchtigen.

Chemische Substanzen, die im Augenblick des Ergreifens eingesetzt werden, treten auch bei einigen Salamanderarten auf. Sie setzen Klebstoffe ein, welche denen der Schwarzen Witwe recht ähnlich sind. Werden solche Salamander von einer Strumpfbandnatter (*Thamnophis*) ergriffen, winden sie sich und schlagen um sich, während sie an Körper und Schwanz ein Sekret ausscheiden. Weil dieses Sekret klebrig ist, haftet der Schwanz des Salamanders dabei häufig an der Schlange. Das Ziel des Salamanders besteht darin, auf diese Weise die Schlange solange am Fressen zu hindern, bis diese ihn schließlich frustriert losläßt, meist etwas mitgenommen, aber immerhin am Leben [30]. Gelegentlich schafft es ein Salamander sogar, seinen Feind so sehr mit dem stark haftenden Klebstoff einzuschmieren, daß dieser bewegungsunfähig zurückbleibt (Abb. 12-26), aus der Sicht des Salamanders ein sehr wünschenswertes Ende der Auseinandersetzung [30].

12.4.1 Beutegreifer fehlleiten

Eine andere Möglichkeit, einem Angreifer einen Strich durch die Rechnung zu machen, besteht darin, den Angriff auf einen anderen Körperteil als den Kopf umzulenken. So gewinnt die Beute Zeit, um in letzter Sekunde doch noch entkommen zu können. Da eine Schädigung des Gehirns die Beute sehr schnell immobilisiert und damit aller Überlebenschancen beraubt, ist es besonders wichtig, Beutegreifer davon abzuhalten, den Kopf zu treffen. Daher verstecken viele Tiere ihren Kopf, wenn sie angegriffen werden (Abb. 12-27) [260].

Eine ähnliche Taktik besteht darin, den Angreifer dazu zu bringen, einen falschen Kopf zu attackieren, der sich am posterioren Ende des Tieres befindet, einen Körperteil, der geopfert werden kann, ohne daß eine tödliche Wunde entsteht [993]. So findet man beispielsweise häufig Zipfelfalter (*Thecia*) lebendig und wohlauf, jedoch mit ihren vermutlich von enttäuschten Vögeln fein säuberlich aus den Hinterflügeln herausgelösten, entbehrlichen Kopfnachahmungen (Abb. 12-28) [791].

Mark Wourms und Fred Wasserman untersuchten sehr sorgfältig die Wirkung solcher Kopfnachahmungen bei Faltern, indem sie verschiedenartige falsche Köpfe auf die Flügel von Kohlweißlingen (*Pieris*) malten [1018]. Die so behandelten Falter wurden zusammen mit unbehandelten Kontrolltieren in eine Voliere mit hungrigen Blauhähern gesetzt, die sofort damit begannen, Jagd auf die Insekten zu machen, eine Sache, auf die sie sich sehr gut verstehen. Wourms und Wasserman beobachteten, daß die Häher, nachdem sie ihre Beute mit dem Schnabel gepackt hatten, diese normalerweise vom Schnabel zu den Füßen transferierten, um sie zu töten und die Flügel zu entfernen. Kohlweißlinge mit aufgemalten Köpfen konnten in diesem Stadium dreimal so oft entkommen wie die Kontrolltiere (Abb. 12-29). Die Häher behandelten die Versuchstiere falsch, indem sie nach deren „Köpfen" pickten. Dieses Experiment stützt die Hypothese, daß Kopfnachahmungen lebensrettende Fehler der Beutegreifer herbeiführen, von denen die Beutetiere profitieren können, nachdem sie gefangen worden sind [1018].

Es bedarf noch weiterer Untersuchungen mit Faltern, die von Natur aus Kopfnachahmungen auf ihren Flügeln aufweisen, um herauszufinden, wann diese Strukturen bei Begegnungen zwischen Falter und Raubfeind zur Anwendung kommen. Der Gebrauch eines sich bewegenden Teils des Körpers als Köder, um den ersten Zugriff des Prädators abzulenken, ist jedenfalls für verschiedene Echsen gut dokumentiert. Diese bewegen ihren Schwanz hin und her, wenn sie sich von einem Beutegreifer bedroht fühlen. So lenken sie ihren Feind von ihrem Kopf ab (Abb. 12-30). Die Schwänze von Echsen sind häufig auffällig gefärbt, so auch die blauen Schwänze von jungen Skinken (*Scinella lateralis*): Neun von 19 Skinken mit blauen Schwänzen konnten dem Angriff einer gefangen gehaltenen Schlange entkommen, während dies nur einem von 15 Tieren gelang, denen die Schwänze schwarz angemalt worden waren [178].

Die Jungtiere mit den blauen Schwänzen entkamen in erster Linie, weil die Schlangen dazu neigten, statt des schwarzen Kopfes oder des Körpers der Echsen die Wurzel des auffälligen Schwanzes anzugreifen. Ergreift eine Schlange den Schwanz eines jungen Skinks, dann bricht dieser dank einer zerbrechlichen Verbindung mit dem Körper ab. Außerdem schlägt der abgetrennte Schwanz, wenn er auf dem Boden liegt, häufig noch heftig. In einem Versuch bot man gefangenen Schlangen Skinkschwänze, die entweder noch schlugen oder solche, denen man genug Zeit gegeben hatte, zur Ruhe zu kommen. Die Schlangen brauchten etwa 40 % mehr Zeit, die noch schlagenden Schwänze zu „überwältigen" und aufzufressen, als für die Überwältigung der nicht mehr schlagenden Schwänze nötig war. Unter natürlichen Bedingungen würde dies dem nunmehr schwanzlosen, jungen Skink zusätzliche Zeit verschaffen, um sich in Sicherheit zu bringen [241].

Abb. 12-28: **Flucht aus den Fängen des Feindes.** Dieser Zipfelfalter hat überlebt, weil ihm seine Kopfnachahmung (Pfeil) von einem Vogel aus dem Flügel gepickt wurde. Foto des Autors.

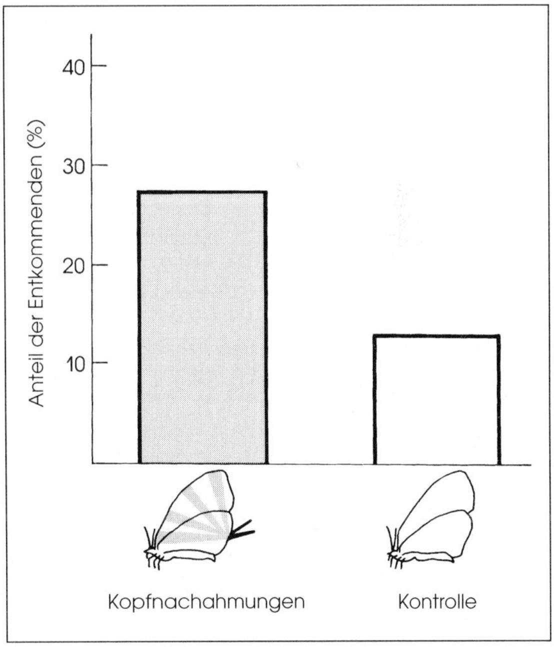

Abb. 12-29: **Kopfnachahmungen lenken Angriffe ab** und verhelfen damit zur Flucht vor dem Raubfeind. In einem Versuch ließen Blauhäher Kohlweißlinge mit künstlichen Kopfnachahmungen häufiger entkommen als Kontrolltiere. Quelle: Wourms und Wasserman (1018).

Abb. 12-30: **Entbehrlicher Körperteil.** (Links) Dieser Wüstengecko winkt einem potentiellen Prädator mit seinem erhobenen Schwanz als einem entbehrlichen Köder. Foto mit freundlicher Genehmigung von Justin Congdon. (Rechts) Dieselbe Art. Dieses Individuum hat seinen Schwanz regeneriert, nachdem es ihn an einen Freßfeind verloren hat. Foto des Autors.

12.4.2 Konkurrenten des Beutegreifers anlocken

Ist ein Kaninchen in den Fängen eines Fuchses oder eines Greifvogels gefangen, so hat es keinen entbehrlichen Schwanz, den es opfern könnte. Manchmal produziert ein Kaninchen aber in einer solchen Situation außerordentlich laute, schrille Schreie, obwohl es doch unter normalen Bedingungen eines der leisesten Tiere überhaupt ist. Kann es einen adaptiven Wert haben, in einer solchen Situation laut zu schreien? In einer Abhandlung mit dem Titel „Adaptation unto death" (Anpassung bis in den Tod) wandte Goran Högstedt die Methode der multiplen Hypothesen an, um die Funktion dieser Lautäußerungen zu untersuchen. Ausgangspunkt war die Schreck-Hypothese, die darauf beruht, daß ein Schrei den Beutegreifer dazu bringen könnte, seine nächste Mahlzeit freizulassen [673]. Högstedt bemerkte, daß die Angstschreie laut sind, wie es die Schreck-Hypothese vorsieht, aber auch, daß sie kontinuierlich ausgestoßen werden und nicht plötzlich und überraschend, obwohl diese Kontinuität den Rufen ihr Überraschungsmoment nehmen könnte [451].

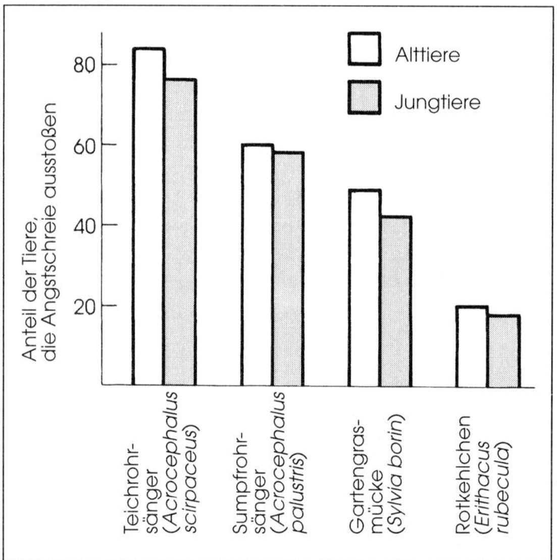

Abb. 12-31: **Angstschreie und Alter** von vier europäischen Vogelarten. Bei vielen Arten stoßen Jungtiere nicht häufiger Angstschreie aus, wenn sie von Menschen angefaßt werden, als Altvögel. Diese Beobachtung legt nahe, daß der Schrei nicht dazu dient, die Hilfe der Eltern herbeizurufen. Quelle: Högstedt (451).

Da Angstschreie sowohl hohe als auch tiefe Frequenzen enthalten und es damit anderen Tieren leicht machen, die Geräuschquelle zu lokalisieren, könnten sie der Warnung anderer Tiere dienen. Högstedt weist darauf hin, daß in diesem Fall die Artgenossen auf irgendeine Art und Weise auf die Angstschreie reagieren sollten. Tatsächlich ignorieren diese jedoch meistens die Schreie, eine Reaktion, die auch insofern Sinn macht, als ein Prädator mit seiner Beute erst einmal eine Weile beschäftigt ist und nicht unmittelbar wieder Jagd auf ein neues Tier machen wird.

Es gibt aber noch andere mögliche Funktionen der Schreie. Sie könnten von Jungtieren ausgestoßen werden, um die Hilfe ihrer Eltern herbeizurufen. Dann sollten solche Schreie aber ausschließlich von Jungtieren produziert werden, was jedoch nicht der Fall ist. Erwachsene Vögel, die sich in Netzen verfangen haben, schreien genauso häufig, wenn sie von Menschen angefaßt werden, wie Jungtiere (Abb. 12-31).

Die Indizien sprechen für eine vierte Hypothese, daß nämlich die gefangenen Beutetiere schreien, um andere Prädatoren anzuziehen, die selbst für den Beutegreifer gefährlich sein können oder doch zumindest für soviel Aufregung sorgen, daß die Beute entkommen kann. Diese Hypothese geht davon aus, daß Prädatoren von Angstschreien angelockt werden können. Wie Högstedt mit Hilfe von Tonbandaufnahmen eines gefangenen Stars zeigen konnte, eilen Greifvögel, Füchse und Katzen tatsächlich in einem solchen Fall zum Tonbandgerät.

Zusätzlich beinhaltet die Hypothese, daß andere Beutegreifer angelockt werden sollen, die Voraussage, daß Vögel in dichtem Gebüsch eher dazu neigen sollten, Angstschreie auszustoßen als solche, die in offenem Terrain beheimatet sind. Bei eingeschränkten Sichtverhältnissen kann sich ein Beutetier nicht darauf verlassen, daß andere in der Nachbarschaft befindliche Beutegreifer es in seiner Not sehen können. Daher versucht es als letzte Rettung, konkurrierende Prädatoren zum Ort der Tat zu rufen. In Netzen gefangene Vögel, die in einem Lebensraum mit dichter Deckung leben, geben in der Tat häufiger Angstschreie von sich als solche aus offenen Habitaten [451].

12.5 Abwehrsysteme beim Monarchfalter

Die zahlreichen Interaktionen zwischen Prädator und Beute auf allen Ebenen, von der Entdeckung bis zum Verzehr, haben zur Entwicklung einer jeweils reziproken Ausstattung mit einander entsprechenden Anpassungen geführt (Tab. 12-5). Wir können dies zum Abschluß des Kapitels durch eine Betrachtung der Monarchfalter (*Danaus plexippus*) und ihrer Feinde veranschaulichen. Dieses berühmte Insekt macht sich keine oder nur wenig Mühe, von möglichen Raubfeinden nicht entdeckt zu werden, sondern stellt statt dessen sein leuchtendes orangeschwarzes Muster zur Schau. Wie diese klassische Warntracht schon vermuten läßt, sind Monarchfalter oft giftig, wobei einige beim Verzehr eine sogar für Menschen tödliche Wirkung haben [122]. Wenn man sich mit Monarchfaltern beschäftigt, sollte man so klug sein, sich nicht die Gewohnheiten des berühmten Schmetterlingforschers E. B. Ford zu eigen zu machen, der schrieb: „Ich persönlich habe es mir angewöhnt – und empfehle es anderen Naturforschern – einige Exemplare jeder von mir untersuchten Art zu essen.“ [316].

Menschen sind nicht die wichtigsten Prädatoren der Monarchfalter. Die größte Gefahr für sie geht vielmehr von insektenfressenden Vögeln aus. Aber Vögel lernen es schnell, giftige Beutetiere zu meiden. Ein Blauhäher, der einen giftigen Monarchfalter zu sich nimmt, muß sich innerhalb von 15 bis 30 Minuten nach seiner Mahlzeit erbrechen (Abb. 12-32). Im Labor reicht eine einzige solche Erfahrung aus, damit der Häher den Falter allein aufgrund seines Anblicks meidet. Also hilft die Warntracht anscheinend bestimmten Individuen, einem Angriff durch erfahrene Beutegreifer aus dem Weg zu gehen.

Selbst wenn ein giftiger Monarch gefangen wird, kann es vorkommen, daß er unbeschädigt freigelassen wird, besonders, wenn er es mit einem erfahrenen Prädator zu tun hat, der sich daran erinnert, was passiert, wenn man

Tab. 12-5: **Einige Anpassungsleistungen und die entsprechenden Gegenanpassungen von Beutegreifer und Beute.**

Beutegreifer	Beute
Entdeckung der Beute	**Verhinderung des Entdecktwerdens**
Sehr gute Wahrnehmung von Mustern und Bewegungen	Tarntracht, Unbeweglichkeit, Wahl eines geeigneten Ruheortes
Angriff der Beute	**Verhinderung des Angriffs**
Anschleichen oder sehr schnelle Annäherung	Wachsamkeit und Warnsignale
Auswahl der profitabelsten Beute	Anzeigen von Ungenießbarkeit oder geringer Erfolgsaussicht
Angeborene oder erlernte Vermeidung von bestimmten Färbungen und Zeichnungen der Beute	Batessche Mimikry/Automimikry
Fang der Beute	**Verhinderung des Gefangenwerdens**
Auswahl eines bestimmten Opfers	Eigennützige Herde und Verdünnungs-Effekt
Vermeidung von Gefahren bei der Jagd	Verleiten zum Zögern
Geschwindigkeit bei der Verfolgung	Beschleunigungsvermögen
Fressen der Beute	**Verhinderung des Verzehrs**
Verzehr beginnt am Kopf der Beute	Fehlleitung des Angriffs
Vermeidung von gefährlicher Nahrung	Konzentration von Giftstoffen in Körperteilen, die mit großer Wahrscheinlichkeit vom Beutegreifer gepackt werden
Versuch, bereits von anderen gemachte Beute zu rauben	Angstschreie, um konkurrierende Beutegreifer anzuziehen

Abb. 12-32: **Die Wirkung des Monarchfalter-Giftes.** Ein Blauhäher, der einen giftigen Monarchfalter frißt, muß sich einige Minuten später übergeben. Foto von Lincoln. P. Brower.

ein Tier frißt, dessen Flügel wie die von Monarchfaltern schmecken. In einem Laborversuch überlebten Monarchfalter regelmäßig die Angriffe von Wachteln (*Coturnix coturnix*), weil sie meistens unmittelbar nach dem Angriff schon wieder losgelassen wurden [997]. Aus Sicht des Monarchfalters besteht der Sinn, giftige chemische Substanzen in seinem Gewebe zu haben, nicht darin, einen Blauhäher oder einen anderen Raubfeind dazu zu bringen, sich zu übergeben. Ein erbrochener Monarch fliegt nicht mehr dem Sonnenuntergang entgegen. Statt dessen mag die Selektion giftige Individuen begünstigt haben, weil diese einfach schlecht genug schmecken, um eine größere Chance zu haben, einen Fang zu überleben. Bei der Reaktion des Erbrechens mag es sich wie beim Lernvorgang, der sich daraus ergibt, um eine schützende Anpassung der Vögel handeln, die diese von aufgenommenen Giftstoffen befreit und vor weiteren Fehlern bewahrt.

In dem Moment aber, in dem Prädatoren lernen können, die Warntracht der Monarchen zu meiden, öffnet sich die Tür zur Täuschung. In diesem Licht besehen ist es von Bedeutung, daß nicht alle Monarchfalter giftig sind. Um dies zu verstehen, ist es hilfreich zu wissen, daß diese Falter ihre Giftstoffe nicht selbst herstellen, sondern sich der Giftstoffe bedienen, die sie mit ihrer Nahrung aufnehmen [122]. Derselbe Trick entwickelte sich unabhängig voneinander bei einer Reihe verschiedener Insektenarten und sogar bei Wirbeltieren (Abb. 12-33) [117]. Die wichtigsten Recyclinggifte der Monarchfalter sind Herzglykoside, die in bestimmten Schwalbenwurzgewächsen (Asclepiadaceae) enthalten sind, auf denen weibliche Monarchfalter ihre Eier ablegen (Abb. 12-34). Die Raupen der Monarchfalter fressen nicht nur diese giftigen Schwalbenwurzgewächse, ohne Schaden zu nehmen, sondern speichern die pflanzlichen Gifte in ihren Geweben, wo diese auch bleiben, wenn die Metamorphose zur Imago vollzogen wird.

Der Beweis dafür, daß die Falter ihre Giftstoffe mit ihrer Nahrung aufnehmen, wurde von Lincoln Brower und seinen Mitarbeitern erbracht, indem sie (durch künstliche Selektion) einige Monarch-Raupen dazu „überredeten", Kohl zu fressen. Als die Imagines, die auf dieser harmlosen Pflanze gezüchtet worden waren, an Häher verfüttert wurden, mußten sich die Vögel nicht übergeben. Im Gegensatz dazu mußten sich Häher, die auf der Seidenpflanze *Asclepias curassavica* aufgezogene Falter gefressen hatten, stets nach kurzer Zeit übergeben [123]. Chemische Analysen zeigten darüber hinaus, daß es sich bei den Giften des Schwalbenwurzgewächses und in den Faltern um identische Stoffe handelt.

So profitiert ein Monarchfalter, der von der giftigen Pflanze frißt, von den im Zuge der Evolution entwickelten Abwehrmechanismen der Pflanze. Dies hat jedoch sehr wahrscheinlich für den Falter einen Preis. Die Raupen müssen einen Teil ihrer Stoffwechselenergie darauf verwenden, die Giftstoffe der Futterpflanze zu sammeln und sicher zu speichern. Ohne diesen Aufwand würden sie vermutlich entweder schneller wachsen und eher die Geschlechtsreife erlangen oder größer und stärker werden können. Größe, Kraft und ein frühes Erreichen der Geschlechtsreife sind Faktoren, welche die Fitness eines Tieres positiv beeinflussen können.

Tatsächlich legen weibliche Monarchfalter ihre Eier auf einer Reihe von Futterpflanzen ab, die von sehr giftigen

Abb. 12-33: **Recycling-Gifte.** (Oben) Wenn sie durch einen Freßfeind bedroht werden, würgen australische Blattwespen (*Neodiprion*) klebrige, aromatische Öle hervor, die sie aus den Blättern von Eukalyptusbäumen gewinnen, von denen sie sich ernähren. Foto des Autors. (Unten) Ein Igel (*Erinaceus europaeus*) bestreicht sich selbst mit einem Schaum, der Giftstoffe einer Kröte enthält, die er gerade gefressen hat. Foto von E. D. Brodie, Jr.

bis zu völlig ungefährlichen Pflanzen reicht [255]. Aus der Auswahl von Futterpflanzen aus einer Reihe von möglichen Gewächsen ergibt sich ein evolutionäres Spiel zwischen konkurrierenden Weibchen. Die beste Wahl eines Weibchens hängt von einer Reihe von Faktoren ab, zu denen auch das Wahlverhalten der anderen Weibchen seiner Population gehört. Legen viele Weibchen ihre Eier auf giftigen Futterpflanzen ab, signalisiert der Nachwuchs jener Weibchen, die ihre Eier auf ungiftigen Pflanzen abgelegt haben, solchen Beutegreifern, die schon mit den giftigen Artgenossen vertraut sind, fälschlicherweise Ungenießbarkeit.

Die Existenz eines eßbaren Teils der Monarchfalter-Population wurde von einigen Vögeln entdeckt und genutzt. Bei diesen Vögeln handelt es sich um Finken (Fringillidae) und Stärlinge (Icteridae), die der Täuschung der Falter begegnen, indem sie die großen Überwinterungsaggregationen der Monarchfalter in Mexiko aufsuchen (Kap. 10). Die Vögel überwinden die „Automimikry" der Monarchen, indem sie jeden gefangenen Falter kurz probieren und alle diejenigen wegwerfen, die schlecht schmecken (und damit giftig sind), hingegen die wohlschmeckenden oder nur wenig giftigen mit Behagen verzehren [312]. Auf diese Weise sollen Vögel in einem einzigen Winter etwa zwei Millionen Monarchfalter getötet haben [121].

Die Vögel können ihren Geschmackstest mit Leichtigkeit durchführen, weil die Falter, die den Winter in den mexikanischen Bergen verbringen, zu kalt sind, um viel herumfliegen zu können. Keiner der räuberischen Vögel würde sich damit abgeben, einen Monarchfalter im Sommer zu verfolgen, wenn die Flugfähigkeit der Insekten eine Verfolgung erforderlich machen würde, die in 99 % der Fälle vergebens wäre. In den Winteraggregationen können die erstarrten Falter den Räubern nicht entfliehen. Trotzdem können sie das individuelle Risiko, gefressen zu werden, minimieren, indem sie sich in großer Anzahl und sehr dicht gedrängt zusammenfinden (Zehntausende können in einem einzigen Baum sitzen). Dadurch machen sie sich den Verdünnungseffekt zunutze, indem sie das Aufnahmevermögen der Prädatoren überfordern. Lincoln Brower, William Calvert und

Abb. 12-34: **Weiblicher Monarchfalter bei der Eiablage an einer Seidenpflanze.** Der Gehalt des Schwalbenwurzgewächses an giftigen Herzglykosiden bestimmt die Ungenießbarkeit des Nachwuchses für Freßfeinde. Foto von Fred A. Urquhart.

ihre Mitarbeiter haben gezeigt, daß sich das Risiko, gefressen zu werden, für jeden Monarchfalter bei steigender Anzahl von Faltern in einer Aggregation proportional verringert (Abb. 12-35) [145]. Die Vögel nutzen zur Futtersuche sehr stark die Ränder einer Kolonie, so daß die Monarchen in der dichter besetzten Kernzone der Aggregation eine deutlich höhere Überlebenswahrscheinlichkeit haben als die Tiere an der Peripherie, die sehr viel dünner besetzt ist [121].

Die Wechselwirkungen zwischen den Monarchfaltern und ihren Raubfeinden verdeutlichen die Bandbreite von aufeinander abgestimmten Eigenschaften von Beute und Beutegreifer, welche die Wahrscheinlichkeit angegriffen, gefangen und gefressen zu werden, beeinflussen. Einige der Eigenschaften zur Feindabwehr, die Beutetiere aufweisen, scheinen darauf ausgerichtet zu sein, normalerweise adaptive Elemente des Verhaltens von Prädatoren auszunutzen; der hohe Entwicklungsgrad des Vorgehens auf Seiten der Beutegreifer könnte eine evoluierte Reaktion zur Überwindung der Errungenschaften sein, mit denen die Beutetiere ihre Überlebenschancen zu erhöhen versuchen.

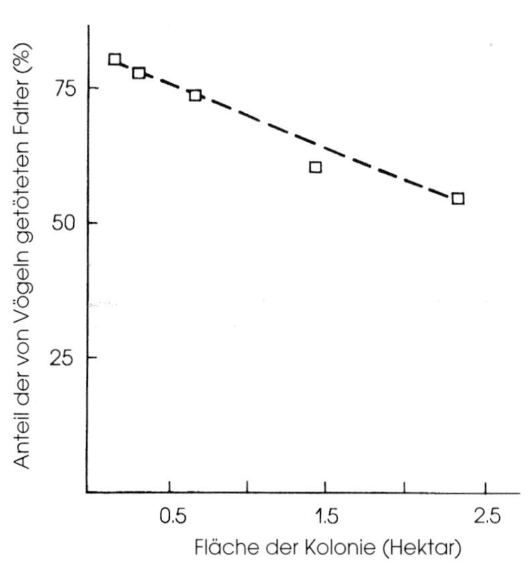

Abb. 12-35: **Verdünnungseffekt bei Monarchfaltern.** Je größer eine Gruppe von Monarchfaltern in einer Ansammlung ist, die in Mexiko überwintert, um so geringer ist der Anteil, der von Prädatoren gefressen wird. Nach Calvert et al. (145).

Zusammenfassung

1. Verhalten, das der Abwehr von Prädatoren dient, nimmt im Verhaltensrepertoire der meisten Tiere einen wichtigen Platz ein. Begegnungen zwischen Beutegreifer und Beute können sich von der Entdeckung über Angriff und Fang bis zum Fressen der Beute entwickeln. Auf jeder Ebene kann ein Beutetier in Merkmale investieren, die es weniger wahrscheinlich machen, entdeckt, angegriffen, gefangen oder gefressen zu werden.
2. Um nicht entdeckt zu werden, setzten Tiere oft ein tarnendes Verhalten ein, bei dem sie die Effektivität ihrer Tarntracht steigern, indem sie bewegungslos auf einem passenden Untergrund sitzen oder Hinweise beseitigen (wie teilweise gefressene Blätter), die dem Raubfeind ihren Aufenthaltsort preisgeben könnten.
3. Um einen Angriff abzublocken, bedarf es meistens entweder der ehrlichen Botschaft durch eine Warntracht, daß man ungenießbar ist, oder der täuschenden Batesschen Mimikry. Einige Tiere teilen einem potentiellen Angreifer auch mit, daß ein Angriff aufgrund der Wachsamkeit und der gesunden körperlichen Verfassung des Beutetieres wenig Aussicht auf Erfolg hat.

4. Tiere verhindern, daß sie gefangen werden, indem sie (a) wachsam sind und Warnrufe benutzen, (b) einen Angreifer durch bestimmte Verhaltensweisen erschrecken und so in seinem Angriff innehalten lassen, (c) sich in eigennützigen Herden zusammenschließen, deren Mitglieder sich gegenseitig als lebende Schutzschilder gegen Prädatoren benutzen oder (d) sich in großen Verbänden zusammenschließen und so für das einzelne Individuum das Risiko vermindern, von einem Beutegreifer gefangen zu werden.
5. Sogar nachdem sie gefangen sind, haben Tiere noch eine allerletzte Möglichkeit, um die Wahrscheinlichkeit, gefressen zu werden, zu verringern. Angstschreie sind beispielsweise dazu geeignet, konkurrierende Prädatoren herbeizulocken, damit diese dem Angreifer in die Quere kommen. Des weiteren gibt es Ablenkungstaktiken, die einen Angreifer veranlassen, nach einem entbehrlichen Teil des Körpers zu greifen, und damit dem Beutetier die Gelegenheit geben, sich davonzustehlen.
6. Die Reaktionen zur Abwehr von Raubfeinden, über die Monarchfalter verfügen, belegen, daß eine Tierart unterschiedliche Möglichkeiten hat, Beutegreifer abzuwehren, die auf verschiedenen Stufen einer Begegnung zwischen Beutegreifer und Beute ins Spiel kommen. Darüber hinaus zeigt uns das Beispiel der Monarchfalter, daß jede Taktik ihre Vorteile wie auch ihren Preis hat, keine gegen alle Feinde gleich gut wirkt, und daß viele Elemente des Verhaltensrepertoires einer Art ineinander greifende Wechselwirkungen haben (zum Beispiel der Einfluß der Wahl des Eiablageortes durch die Weibchen auf die Genießbarkeit ihrer Nachkommen).

Empfohlene Literatur

Malcolm Edmunds „Defense in Animals" [269] und Wolfgang Wicklers „Mimikry – Nachahmung und Täuschung in der Natur" [993] enthalten viele Beispiele von erstaunlichen Verhaltensweisen zur Abwehr von Feinden (vergleiche auch [201]). John Endler gibt einen aktuellen Überblick über die Beziehungen zwischen den Anpassungsleistungen von Beutegreifern und den adaptiven Gegenstrategien von Beutetieren [291].

Die Kosten-Nutzen-Analyse des Feindabwehrverhaltens von Beutetieren wurde von Steven Lima und Lawrence Dill beschrieben [570]. Bernd Heinrichs Artikel über den Einfluß von Prädatoren auf die Evolution des Freßverhaltens von Raupen [155] und Tim Caros Arbeit über die Prellsprünge [154, 155] sind gute Beispiele dafür, wie man alternative Hypothesen zur möglichen Bedeutung von Feindabwehrverhalten überprüft. Einige weitere Arbeiten, die nicht im Text diskutiert werden, enthalten gleichfalls eine Überprüfung verschiedener Hypothesen zum Feindabwehrverhalten [168, 419, 440].

Diskussionsfragen

1. Die meisten Nordamerikaner kennen das Schwanzwedeln von Weißwedelhirschen (*Odocoileus virginianus*), bei dem diese die auffällige, weiße Unterseite des Schwanzes zur Schau stellen. Erstellen Sie eine Liste von Hypothesen über mögliche Feindabwehrfunktionen dieses Verhaltens, sowie eine Liste von Voraussagen, die es Ihnen erlaubt, zwischen den verschiedenen Möglichkeiten zu unterscheiden. Nachdem sie ihre Antwort vervollständigt haben, überprüfen Sie die Literaturstellen [76, 444].
2. Bombardierkäfer (*Brachynus crepitans*) haben ihren Namen, weil sie Ameisen oder anderen Prädatoren, durch die sie sich belästigt fühlen, eine Mischung aus Chinonen und Wasserstoffperoxid ins Gesicht feuern [275]. Wenden Sie die Methode der Kosten-Nutzen-Analyse [1023] an, um überprüfbare Voraussagen darüber zu entwickeln, wann ein Käfer bei einem Kontakt mit einem möglichen Prädator nicht feuern sollte. (Bedenken Sie dabei, daß der Käfer nur eine bestimmte Menge an Verteidigungsstoffen in seinen Drüsen gespeichert hat, und daß er die Substanz erst aus der Nahrung, die er aufnimmt, synthetisiert.)
3. Ungenießbare, über eine Warntracht verfügende Tiere schließen sich oft, aber nicht immer, in Gruppen zusammen. Eine Hypothese erklärt dieses Verhalten damit, daß einige Mitglieder der Gruppe von Angriffen auf andere Mitglieder profitieren, da der Prädator schnell lernt, daß Beute dieser Art schlecht schmeckt. Die ungenießbaren Raupen der Roten Kieferbuschhorn-Blattwespen (*Neodiprion sentifer*) bilden unter natürlichen Bedingungen Gruppen, ungenießbare Raupen des Schwalbenschwanzes (*Papilio machaon*) tun dies jedoch nicht. Als zehn Gruppen von je zwanzig Blattwespenlarven handaufgezogenen Kohlmeisen präsentiert wurden, betrug die Anzahl der Angriffe im Mittel 4,1; als zwanzig Blattwespenlarven, eine nach der anderen, den Vögeln vorgesetzt wurden, wurden im Mittel 5,6 angegriffen. Dasselbe Experiment wurde mit Schwalbenschwanz-Larven wiederholt; die Ergebnisse waren 1,8 Angriffe für die in Gruppen gebotenen und 0,9 Angriffe bei den einzeln präsentierten Beutetieren [869]. Beurteilen Sie im vor dem Hintergrund dieser Daten die Ausgangshypothese.

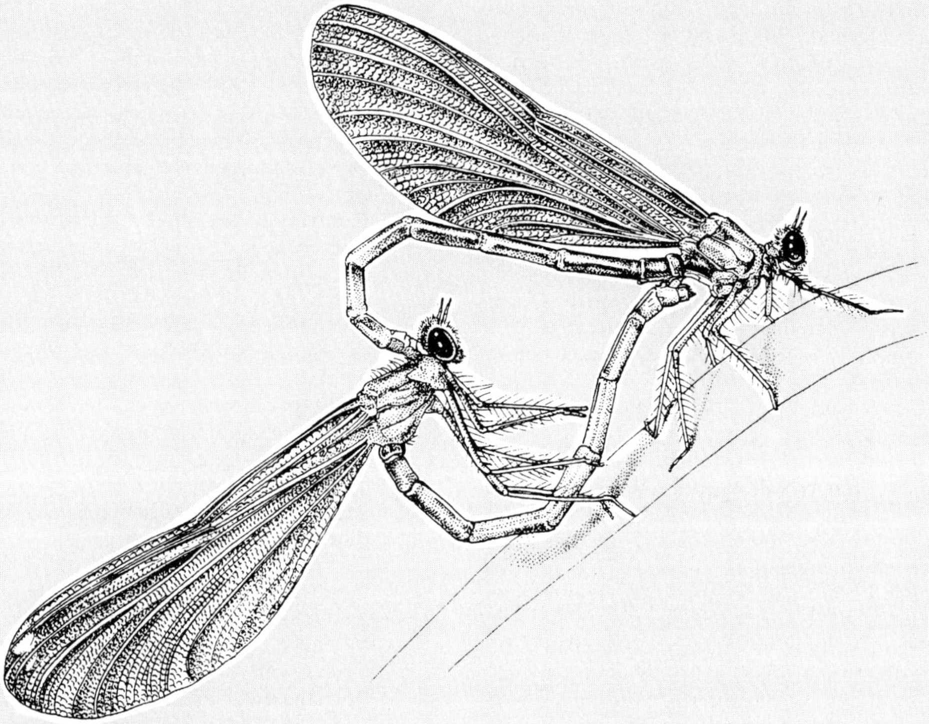

Wie geschickt auch immer ein Tier sein Territorium verteidigen, sich effizient ernähren oder Freßfeinde abwehren kann, diese Eigenschaften haben nur evolutive Konsequenzen, wenn es dem Individuum gelingt, seine Gene weiterzugeben. Das Fortpflanzungsverhalten steht daher im Mittelpunkt der natürlichen Selektion – und der nächsten drei Kapitel. Bei Arten, die sich geschlechtlich fortpflanzen, gibt es Männchen und Weibchen, deren Fortpflanzungsverhalten häufig so unterschiedlich ist, daß man bisweilen kaum glauben kann, daß es sich tatsächlich um Angehörige derselben Art handelt. Warum ergreifen die Männchen so häufig die Initiative, indem sie eine Partnerin suchen und um diese werben, und warum weisen die Weibchen so oft ihre Freier zurück? Warum kämpfen Männchen so oft miteinander um Weibchen? Warum scheinen Weibchen so oft Männchen zu bevorzugen, die mit bizarren Ornamenten ausgestattet sind und seltsame Verhaltensweisen zeigen? Dies sind fesselnde und sehr ergiebige Fragen. Um sie beantworten zu können, muß man einiges über sexuelle Selektion wissen. Hierbei handelt es sich um eine Kategorie der natürlichen oder individuellen Selektion, zu der es kommt, wenn sich Individuen bezüglich ihres Reproduktionserfolges unterscheiden, entweder, weil die Angehörigen eines Geschlechts um den Zugang zu Paarungspartnern konkurrieren oder weil Angehörige des einen Geschlechts einen bestimmten Partnertyp aus dem anderen Geschlecht für die Paarung bevorzugen. Es gibt viele Hypothesen darüber, wie das Element des Wettbewerbs um Geschlechtspartner im Rahmen der sexuellen Selektion möglicherweise die Evolution aggressiver Verhaltensweisen und die Paarungsstrategien der Männchen beeinflußt. In einem gleichermaßen aufregenden Gebiet der Forschung über sexuelle Selektion geht es darum, wie wählerische Weibchen die Entwicklung männlicher Eigenschaften beeinflußt haben. Beide Themen sind Gegenstand dieses Kapitels.

13 Fortpflanzungsstrategien von Männchen und Weibchen

13.1 Die Evolution von Männchen und Weibchen

Die erste aktiv genutzte Laube eines Seidenlaubenvogels (*Ptilonorhynchus violaceus*), die ich in Australien sah, war eine wundervoll konstruierte, kleine „Prachtstraße" aus verwobenen Zweigen, deren Zugang mit blauen Papageienfedern bestreut und leuchtend gelben Blumen ausgeschmückt war. Ich wartete in einem nahen Eukalyptuswald, in der Hoffnung, den Konstrukteur der Laube zu erblicken. Nach kurzer Zeit wurde ich belohnt, als ein wunderbar seidig schimmerndes blauschwarzes Männchen, das nur wenig größer als eine Wanderdrossel (*Turdus migratorius*) war, in mein Blickfeld flog, um der Sammlung seiner Laubendekorationen ein Gummiband hinzuzufügen.

Ich hatte nicht die Geduld, den Besuch eines weiblichen Laubenvogels abzuwarten, aber Andere haben beobachtet, wie ein Weibchen das Kunstwerk eines Männchens inspizierte, während dieses mit lärmendem Gesang um das Nest herumhüpft. Der außergewöhnliche Werbegesang des Laubenvogels enthält verschiedene Summtöne und metallische Geräusche, durchsetzt mit Imitationen von den Gesängen anderer Arten, einschließlich des Gelächters des Lachenden Hans (*Dacelo novaeguineae*).

Trotz des kunstvoll ausgeführten Schauspiels aus optischen und akustischen Signalen weisen die meisten Weibchen ein werbendes Männchen ab. Gerald Borgia, einer der passioniertesten Beobachter von Laubenvögeln, fand heraus, daß ein Weibchen erst ein Männchen nach dem anderen begutachtet, bevor es schließlich in eine Laube kriecht und einem Männchen erlaubt, es zu begatten [99]. Nach der Kopulation verschwindet das Weibchen, um allein zu nisten. Das Männchen tut nichts, um seiner Partnerin zu helfen, während sie auf sich allein gestellt die Eier ausbrütet, viele Tage lang die Jungen füttert und diese auch noch eine Zeitlang behütet, nachdem sie flügge geworden sind. Das Männchen hingegen wartet weiterhin an der Laube und arbeitet wie besessen an deren Verbesserung und weiteren Ausschmückung [97]. Es kann erfolgreich mit weiteren Weibchen kopulieren – bis zu 33 mal, wenn es sich um ein besonders überzeugendes Männchen handelt. Vielen Laubenvogelmännchen jedoch gelingt es in einer bestimmten Brutsaison überhaupt nicht, sich zu paaren.

Beachten Sie, wie unterschiedlich sich männliche und weibliche Seidenlaubenvögel verhalten. Warum sollten sich die Geschlechter bei diesen und vielen anderen Arten so verschiedener Wege zum Fortpflanzungserfolg bedienen? Die meisten Evolutionsbiologen glauben an einen Zusammenhang zwischen den Unterschieden im Fortpflanzungsverhalten der Geschlechter und der unterschiedlichen Größe ihrer Gameten. Bei allen sich sexuell fortpflanzenden Arten sind die Männchen (per definitionem) die Individuen, die Sperma und damit die kleineren Gameten produzieren. Diese sind in der Tat winzig, kaum mehr als ein Satz Gene in einer Verpackung, die gerade groß genug ist, um die Energie zu enthalten, die benötigt wird, damit die DNA eines Männchens zu einem Ei befördert werden kann. Männliche Laubenvögel verwenden, wie die Männchen beinahe aller sich sexuell fortpflanzenden Arten, den Hauptteil ihrer Zeit und Energie auf Versuche, ihr Sperma auf möglichst viele Weibchen zu übertragen.

Weibchen sind (per definitionem) die Individuen, die Eier produzieren; diese sind die größeren Gameten und bei Vögeln, wie bei den meisten anderen Tieren, im Vergleich zu männlichen Spermien riesig (Abb. 13-1). Bei Vögeln ist es nicht ungewöhnlich, daß ein Ei 15 bis 20 % des Gewichts eines Weibchens ausmacht, manchmal sogar bis zu 30 % [548]. Mit demselben Aufwand könnte ein Männchen Billionen von Spermien produzieren. Männliche Vögel produzieren und investieren häufig Millionen von Spermien bei einem einzigen Inseminationsversuch, aber ein Männchen, das Spermien mit einer Masse von 5 % seines Körpergewichts im Verlaufe einer

Abb. 13-1: **Unterschiedliche Beiträge der Eltern.** Ein Hamsterspermium befruchtet ein Hamsterei (4000fach vergrößert). Es wird deutlich, wie unterschiedlich die Materialmengen sind, die von dem Männchen und dem Weibchen zur Zygote beigesteuert werden. Foto von David M. Phillips/The Population Council.

Saison verbrauchen würde, wäre ein sexueller Leistungssportler ersten Ranges.

Bei Säugetieren besteht ein vergleichbares Verhältnis zwischen Größe und Anzahl der produzierten Gameten. Eine Frau hat nur wenige hundert Zellen, die sich zu großen Eiern entwickeln können [204]. Im Gegensatz dazu könnte ein einziger Mann theoretisch alle Frauen der Welt befruchten, weil er Milliarden winziger Spermien im Laufe seines Lebens produzieren kann. Es muß wohl nicht eigens erwähnt werden, daß die Fähigkeit von Männern wie von den Männchen anderer Arten, eine große Anzahl von Eizellen zu befruchten, aus Gründen, die wir später diskutieren werden, mit der Wirklichkeit meist nicht viel zu tun hat.

Geoffrey Parker und seine Kollegen haben angeführt, daß die Evolution zweier Arten von Gameten, und damit von zwei Geschlechtern, das Ergebnis einer divergierenden Selektion ist. Entweder waren Individuen begünstigt, die gut andere Gameten befruchten konnten, oder aber solche, die Gameten produzieren, welche nach der Befruchtung die besten Entwicklungsmöglichkeiten hatten [732]. Die kleinen und überaus beweglichen Spermien sind so gebaut, daß sie auf hervorragende Weise dazu geeignet sind, sich schnell hin zu einem Ei zu bewegen, nachdem sie von einem Männchen freigesetzt wurden. Die große und mit Nährstoffen vollgepackte Eizelle enthält Material, das für die Entwicklung der Zygote im Anschluß an die Befruchtung nützlich ist. Kein einzelner Gamet kann diese beiden Aufgaben gleich gut erfüllen, und dies hat zur Evolution von Spezialisten geführt, deren Gameten entweder bessere Befruchter (die Spermien der Männchen) oder bessere Entwickler (die Eier der Weibchen) sind.

13.1.1 Elterninvestment

Der Unterschied zwischen den Geschlechtern bezüglich der Größe der Gameten, die jedes zur Entstehung eines Nachfahren beiträgt, kann als Unterschied im **Elterninvestment** aufgefaßt werden [938]. Gemäß der Definition von Robert L. Trivers beinhaltet elterliches Investment all das, was ein Elter zur Erhöhung der Wahrscheinlichkeit tut, daß ein vorhandener Nachkomme überleben wird, um sich zu reproduzieren; dies geschieht auf Kosten der Fähigkeit der Eltern, weitere Nachkommen zu erzeugen. Es gibt viele Möglichkeiten, in Nachkommen zu investieren. Für die Bildung einer Zygote investieren Weibchen relativ viel, indem sie ein großes Ei mit Material ausstatten, wodurch sich nach der Befruchtung die Entwicklungschancen des Eis erhöhen. Wenn ein Männchen ein Spermium zur Befruchtung eines Eis beisteuert, ist sein Elterninvestment gleich Null, weil das befruchtende Spermium nur die Gene des Männchens enthält und keine anderen Ressourcen, welche die Überlebenschancen der Zygote vergrößern könnten.

Der Begriff des Elterninvestments umfaßt noch andere Dinge als die Ressourcen, die sich in den Gameten befinden, welche zur Zygote werden [938] (Abb. 13-2). Bei einigen Arten kümmern sich die Männchen um ihren Nachwuchs und wenden für deren Wohlergehen Zeit und Energie auf. Es ist allerdings viel wahrscheinlicher, daß Weibchen dies tun. Säugetiermännchen zum Beispiel verschwinden gewöhnlich, nachdem sie sich mit einem Weibchen gepaart haben, während Weibchen den (die) Embryo(nen) ernähren, sich nach der Geburt um die Jungen kümmern und sie mit Milch versorgen. Diese Tätigkeiten bedeuten für die Weibchen eine große Belastung, da sie zu erhöhtem physiologischen Streß und zu einer verstärkten Exposition gegenüber Prädatoren führen. Es gibt aber auch kompensatorische Fitnessvorteile für

Abb. 13-2: **Elterninvestment hat viele Formen.** (Oben links) Ein männlicher Frosch trägt seine Kaulquappen auf seinem Rücken. Foto von Roy McDiarmid. (Oben rechts) Eine Krokodilmutter transportiert ihre Jungen unmittelbar nach dem Schlüpfen zum Wasser. Foto von Jonathan Blair. (Unten links) Eine weibliche Wespe müht sich mit einer Zikade ab, die sie mit einem Stich gelähmt hat. Sie transportiert ihre Beute zu ihrem Bau, wo diese zur Fütterung der Jungen dient. Foto des Autors. (Unten rechts) Männliche Monarchfalter fressen an einer Pflanze, die Giftstoffe enthält; diese können von den Faltern gespeichert und mit ihrem Sperma an ihre Partnerinnen weitergegeben werden. Die Giftstoffe werden dann in die Eier der Weibchen eingebaut und dienen zum Schutz vor Freßfeinden (89).Foto von Michael Boppré.

Weibchen, wenn sie nach der Befruchtung in ihre existierenden Nachkommen investieren statt in die Produktion weiterer Gameten. Weitere elterliche Investitionen können die Chancen des Nachwuchses verbessern, das Reproduktionsalter zu erreichen und die elterlichen Gene an nachfolgende Generationen weiterzugeben.

13.2 Sexuelle Selektion und Elterninvestment

Bei einer „typischen" Art, deren Weibchen im Gegensatz zu den Männchen große elterliche Investitionen auf sich nehmen, hat dies zur Folge, daß der Fortpflanzungserfolg eines Weibchens vor allem durch ihre Fähigkeit begrenzt wird, Eier zu produzieren und (bei einigen Arten) nach der Befruchtung in ihre Jungen zu investieren. Dagegen wird der Fortpflanzungserfolg eines Männchens in erster Linie durch den Zugang zu Weibchen mit ihren (im Vergleich zu den für Männchen reichlich verfügbaren Spermien) wenigen Eiern limitiert.

Eine andere Möglichkeit, diesen Sachverhalt zu betrachten, besteht in der Aussage, daß eines der Geschlechter für das andere zu einem knappen Gut wird, wenn sich die Geschlechter in ihrem Reproduktionspotential unterscheiden [172]. Im typischen Fall haben Weibchen fast immer ein geringeres Reproduktionspotential. Dieses wird durch die Zeit begrenzt, welche zur Bereitstellung der benötigten Ressourcen für die Produktion von großen Gameten und (manchmal) für die Versorgung der Nachkommen nach der Befruchtung der Eier aufgewandt wird. Das Ergebnis ist, daß es zu einem bestimmten Zeitpunkt weniger rezeptive Weibchen als sexuell aktive Männchen gibt (und damit ein männchenlastiges „wirksames Geschlechterverhältnis" [**„operational sex ratio"**] [284] besteht), was zwischen den Männchen zum Wettbewerb führt und Weibchen die Möglichkeit eröffnet, zwischen möglichen Geschlechtspartnern auszuwählen.

Bei „typischen" Arten ist es im allgemeinen für Männchen vorteilhaft, eine sehr niedrige Auslöseschwelle für Paarungsversuche zu haben, um so viele Eier wie möglich zu befruchten (Abb. 13-3). Zum Beispiel sind männliche See-Elefanten (*Mirounga leonina*) so sehr auf eine Kopulation versessen, daß sie bereitwillig einer Weibchen-Attrappe folgen (Abb. 13-4), mit der man sie zur

Abb. 13-3: **Wahlloses Sexualverhalten von Männchen.** (Links) Eine männliche Kröte umklammert einen Finger, als wäre er ein Weibchen seiner Art. Foto von Tony Allan. (Rechts) Ein männlicher australischer Prachtkäfer versucht, eine Bierflasche zu begatten. Foto mit freundlicher Genehmigung von David Rentz und Darryl Gwynne.

Gewichtsbestimmung auf eine Waage locken kann [237]. Weibchen verhalten sich generell ganz anders, vermutlich, weil sich ihre Fitness durch Kopulationen mit möglichst vielen Männchen kaum verbessern würde. In vielen Fällen kann ein einzelnes Männchen alle Spermien bereitstellen, die ein Weibchen zur Befruchtung seiner Eier benötigt. Danach würden ihm durch weitere Kopulationen nur Kosten, aber keinerlei Vorteile entstehen.

Wenn viele Männchen nach relativ wenigen paarungsbereiten Weibchen suchen, erscheint ein Wettstreit unter den Männchen um den Zugang zu Weibchen unvermeidlich. Überdies können sich die Weibchen ihren Sexualpartner aus einer großen Anzahl von Männchen auswählen. Zusammen sind diese beiden Prozesse die Grundlage der **sexuellen Selektion**.

Wie fast alle wichtigen Erkenntnisse im Rahmen der

Abb. 13-4: **Der Drang von See-Elefantenmännchen, zu kopulieren,** wird hier von Wissenschaftlern ausgenutzt. Im Vordergrund befindet sich die aus Plastik und Glasfaser gefertigte Attrappe eines See-Elefantenweibchens, welche die Aufmerksamkeit eines ihrer männlichen „Artgenossen" auf sich gezogen hat. Das Männchen wurde durch Tonbandaufnahmen der Rufe, die ein Weibchen bei der Paarung von sich gibt, an diese Stelle gelockt. Als es eintraf, kletterte es bei der Verfolgung der Weibchenattrappe, die von einem versteckten Beobachter bewegt wurde, rasch auf die Waage. Andere Beobachter konnten das Gewicht des Männchens bestimmen, ohne das Tier mit Hilfe von chemischen Narkosemitteln zu immobilisieren. Foto von Chip Deutsch.

Abb. 13-5: **Durch sexuelle Selektion entstandene „Ornamente" von Männchen.** Darwin glaubte, daß die sexuelle Selektion durch weibliche Partnerwahl für die Evolution der hochentwickelten Gefieder und der bemerkenswerten Balzdarbietungen der Männchen einiger Paradiesvogelarten (Paradisaeidae, oben links) und Rauhfußhühner (Tetraonidae, oben rechts) verantwortlich war. Fotos von Crawford Greenewalt und Haven L. Wiley. Darwin war auch der Meinung, daß die eigenartigen Hörner und „Schnauzen" bestimmter Käfer (unten links) durch das Wahlverhalten der Weibchen entstanden sind, obwohl wir heute wissen, daß die Männchen diese Strukturen beim Kampf um ihre Partnerinnen einsetzen. Darwin erkannte, daß die vergrößerten Scheren einiger Crustaceen, wie bei dieser Winkerkrabbe der Gattung *Uca* (unten rechts), als Hilfsmittel für den Kampf zwischen den Männchen evoluiert sind. Fotos des Autors.

Evolutionstheorie geht auch das Konzept der sexuellen Selektion auf Charles Darwin zurück. Darwin definierte sexuelle Selektion als „den Vorteil, den bestimmte Individuen gegenüber Art- und Geschlechtsgenossen in Bezug auf die Fortpflanzung haben" [212]. Bei typischen Arten entscheidet häufig der Wettstreit unter den Männchen darüber, welche Individuen sich eines Fortpflanzungsvorteils gegenüber anderen erfreuen können. Zusätzlich kann der Fortpflanzungserfolg eines Männchens davon abhängen, ob Weibchen seine Eigenschaften gegenüber denen seiner Rivalen bevorzugen. Das Ergebnis könnte die sexuelle Selektion von Merkmalen sein, die für einen geschickten Wettstreit oder das Anlocken von Partnerinnen wichtig sind und damit den Paarungserfolg eines Männchens verbessern, auch wenn sie seine Überlebenschancen durchaus vermindern können.

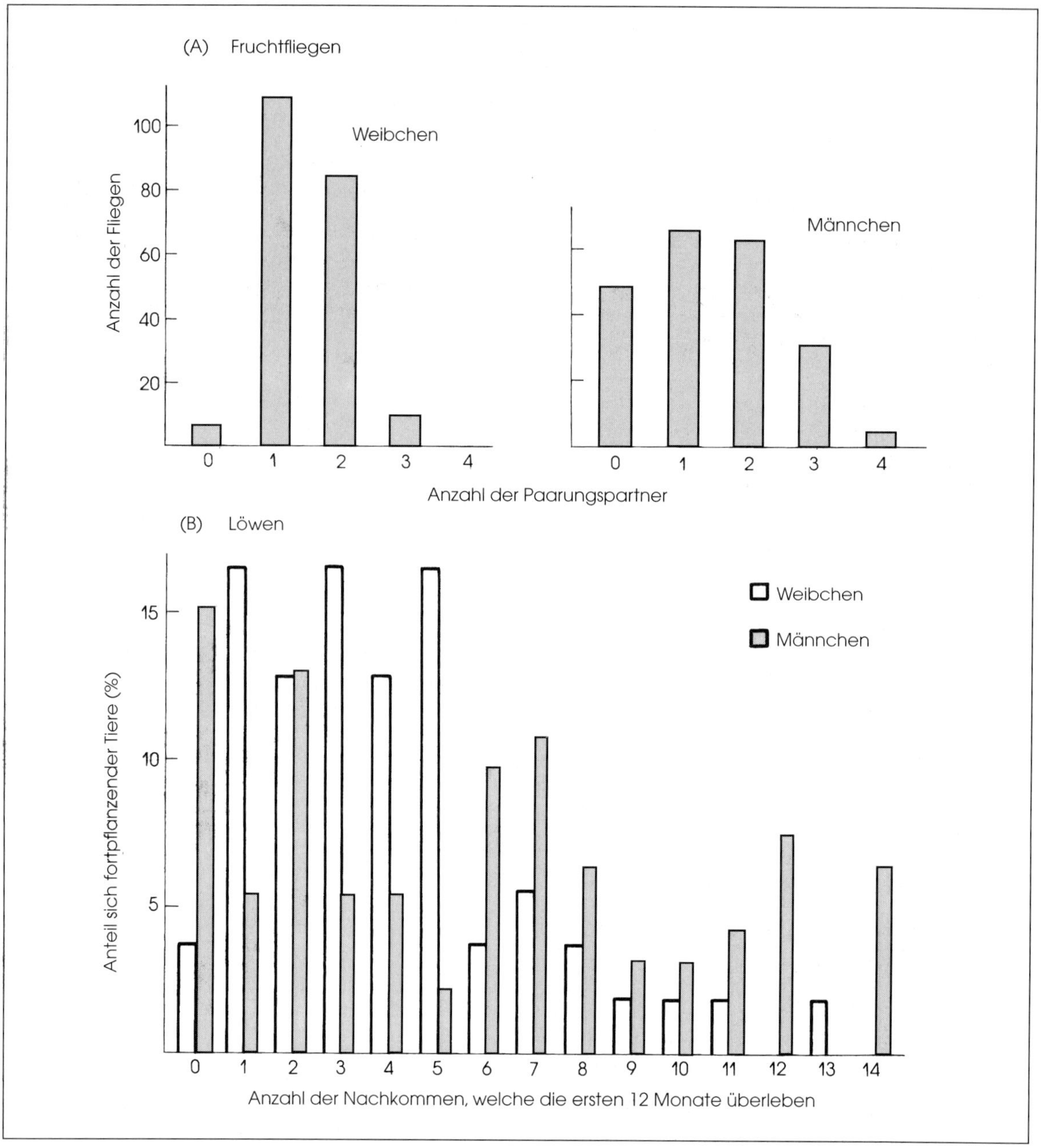

Abb. 13-6: **Männchen können außergewöhnlich hohe Fortpflanzungserfolge erzielen (aber auch verlieren).** (A) Batemans Experiment. Männliche Fruchtfliegen zeigen bezüglich ihres Reproduktionserfolges eine höhere Varianz als Weibchen (gemessen an der Zahl der Paarungspartner). Quelle: Bateman (50). (B) Batemans Prinzip trifft auch für natürliche Populationen, wie beispielsweise Löwen in der Serengeti, zu. Beachten Sie wiederum, daß sich viele Männchen überhaupt nicht fortpflanzen, während einige einen außergewöhnlich hohen Reproduktionserfolg erzielen (hier anhand der überlebenden Nachkommen gemessen). Quelle: Packer und Pusey (722).

Die Möglichkeit, daß die natürliche Selektion von Merkmalen, die das Überleben fördern, im Gegensatz zur sexuellen Selektion stehen kann, erschien Darwin plausibel, weil viele männliche Ornamente und Strukturen, die anscheinend dazu dienen, Weibchen anzulocken oder um diese zu kämpfen, offensichtlich kostspielig sind (Abb. 13-5). Darwin hatte von Laubenvögeln gelesen, und deren bizarres Sexualverhalten war genau das, was ihn veranlaßte, die sexuelle Selektion als eine besondere Form des Selektionsdruckes in der Evolution anzusehen. Investitionen in den Laubenbau, in das Sammeln von Dekorationen, in die Balz und in den Kampf mit anderen Männchen scheinen die Überlebenschancen von Individuen zweifellos zu vermindern. Gleichwohl können die

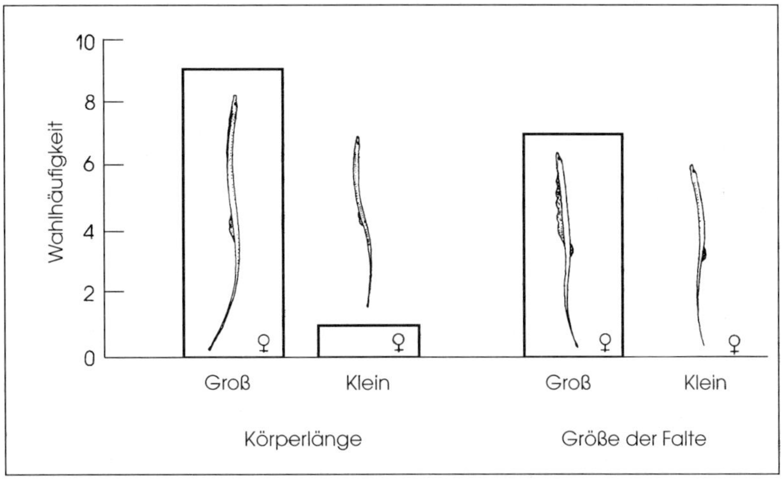

Abb. 13-7: **Umkehr der Geschlechterrollen bei einer Seenadel.** Bei dieser Art (*Syngnathus typhle*) mit Männchen, die elterliche Fürsorgeleistungen erbringen, treffen die Männchen eine Partnerwahl, wobei sie größere Weibchen und solche mit einer größeren Zierfalte am Bauch bevorzugen. Quelle: Rosenqvist: (803).

Kosten für das Überleben durch den Fortpflanzungserfolg der Männchen mit aufwendig gebauten Nestern und dramatischem Balzverhalten kompensiert werden.

Beachten Sie, daß natürliche und sexuelle Selektion grundsätzlich auf gleiche Art und Weise wirken. Beide erfordern, daß sich Individuen in ihren Eigenschaften unterscheiden und daß sich diese Unterschiede auf die Anzahl ihrer überlebenden Nachkommen auswirken. Zur sexuellen Selektion kommt es, wenn sich Individuen bezüglich der Fähigkeit, mit Geschlechtsgenossen um den Zugang zu Partnern zu konkurrieren oder Angehörige des anderen Geschlechts anzuziehen, unterscheiden. Sind diese Unterschiede vererbbar (vgl. Kap. 3), führt sexuelle Selektion zur Verbreitung der Eigenschaften, welche den Fortpflanzungserfolg erhöhen.

Auch wenn sexuelle Selektion nicht mehr als eine Kategorie der natürlichen Selektion ist, so richtet die Unterscheidung, die Darwin zwischen diesen beiden Vorgängen vornahm, die Aufmerksamkeit auf die selektiven Auswirkungen von sexuellen Interaktionen zwischen Angehörigen einer Art. Die sexuelle Selektion hilft, Verhaltensweisen von Tieren zu erklären, die aus evolutionärer Sicht keinen Sinn ergeben, wenn es um die Auseinandersetzung mit anderen Aspekten der Umwelt (wie Prädatoren, Krankheiten, Schwierigkeiten bei der Nahrungssuche usw.) geht.

In der Zeit nach Darwin blieb das Konzept der sexuellen Selektion weitgehend unbeachtet, bis 1972 Robert L. Trivers [938] dieses Thema wieder aufnahm. Mit Bezug auf eine Untersuchung an Fruchtfliegen von A. J. Bateman [50] wies Trivers darauf hin, daß die Chance auf einen außergewöhnlich großen Reproduktionserfolg für Männchen mit ihrem Überfluß an Spermien gewöhnlich größer ist als für Weibchen mit ihren wenigen Eiern.

Weitere empirische Untersuchungen an weiteren Tierarten (Abb. 13-6) haben allgemein bestätigt, daß der maximale Fortpflanzungserfolg der Männchen den der Weibchen übertrifft. Erinnern wir uns, daß die Männchen der Seidenlaubenvögel sich in der Studie von Gerald Borgia [98] zwischen 0 und 33 Kopulationen pro Brutsaison sichern konnten. Da fast alle Weibchen nur zwei Eier legen, variiert der weibliche Fortpflanzungserfolg viel weniger, nämlich zwischen 0 und 2. Das Ausmaß, in dem sich die Geschlechter hinsichtlich der Streubreite ihres jeweiligen Fortpflanzungserfolges unterscheiden, kann mit dem statistischen Maß der Varianz quantifiziert werden. Die Varianz des Fortpflanzungserfolges, die entweder aufgrund des Wettstreites um Paarungspartner oder aufgrund von Präferenzen des jeweils anderen Geschlechts eintritt, wird manchmal als quantitatives Maß für die Bedeutung der sexuellen Selektion innerhalb einer Art angesehen. Beim Seidenlaubenvogel ist die Varianz des Reproduktionserfolges für die Männchen um einiges größer als für die Weibchen. Dies legt nahe, daß sexuelle Selektion einen besonders großen Einfluß auf Männchen hat. Sie würde bei einer monogamen Art eine wesentlich geringere Bedeutung haben, da die Männchen in solchen Fällen kaum mehr als eine Partnerin pro Brutzeit haben.

Selbstverständlich sind mit der Messung des Einflusses der sexuellen Selektion, sei es auf diese oder irgendeine andere Weise, zahlreiche Komplikationen und Schwierigkeiten verbunden. Zum einen mißt man, wie in Kapitel 8 bereits erwähnt wurde, nur selten die tatsächliche Zahl der überlebenden Nachkommen, die ein Individuum produziert, wenn man den „Fortpflanzungserfolg" eines Individuums beziffert. Aus praktischen Gründen geben sich Forscher mit Maßangaben wie „Anzahl der Kopulationen" oder „Zahl der gelegten Eier" zufrieden, obwohl es keine Garantie für eine vollständige Korrelation zwischen diesen Werten und der Anzahl der überlebenden Nachkommen der betrachteten Individuen gibt. Wenn sich beispielsweise Weibchen mit mehr als einem Männchen paaren, könnte es sein, daß für einige ihrer Partner daraus überhaupt keine Nachkommen entstehen.

Zum anderen kann eine größere Varianz des Reproduktionserfolges bei einem der beiden Geschlechter andere Gründe als den Wettstreit um Geschlechtspartner oder deren Wahlverhalten haben. William Sutherland zeigte, daß Männchen allein durch Zufall eine größere Varianz aufweisen können als Weibchen, wenn sich

Abb. 13-8: **Eßbare Spermatophore.** Eine weibliche Mormonengrille verspeist die große Spermatophore, die ihr Partner ihr während der Kopulation überreicht hat. Foto von Darryl Gwynne.

Männchen und Weibchen bezüglich des Zeitintervalls zwischen zwei Paarungen, das für die Aufzucht der Jungen und der Neubildung der Gameten benötigt wird, unterscheiden [910]. Unter geeigneten Voraussetzungen können rein zufällig verteilte Paarungen innerhalb einer Population dazu führen, daß die Varianz des Fortpflanzungserfolges bei Männchen höher ist als bei Weibchen.

13.2.1 Umkehr der Geschlechterrollen als Test der Theorie über Geschlechtsunterschiede

Sutherland weist darauf hin, daß die Anwendung der Varianz des Fortpflanzungserfolges als quantitatives Maß für die Intensität der sexuellen Selektion nur gerechtfertigt ist, wenn gezeigt werden kann, daß die Varianz der Fitness von der Konkurrenz um Geschlechtspartner (oder von einer unterschiedlichen Attraktivität der Angehörigen eines Geschlechts gegenüber dem anderen) herrührt. Hinweise auf einen solchen Wettbewerb um Geschlechtspartner sind weitverbreitet. Sie lassen darauf schließen, daß Männchen in der Regel durch sexuelle Selektion stärker betroffen sind als Weibchen. Wenn es zutrifft, daß die Konkurrenz um Geschlechtspartner darauf beruht, daß sich die Geschlechter in Bezug auf ihr Elterninvestment unterscheiden (oder in Bezug auf ihr Reproduktionspotential), dann können wir diese Theorie überprüfen, wenn wir ungewöhnliche Fälle finden, in denen die Männchen als Eltern mehr investieren oder ein geringeres Reproduktionspotential haben als Weibchen. Bei solchen Arten sollten die Weibchen um die Männchen konkurrieren und die Männchen bei der Partnerwahl relativ wählerisch sein, was einer Umkehr der üblichen Geschlechterrollen gleichkäme.

Die Männchen mancher Fischarten investieren erheblich in ihre Nachkommen, so daß sie im Vergleich zu den Weibchen in ihrer möglichen Fortpflanzungskapazität eingeschränkt sind. Die Männchen der Seenadel *Syngnathus typhle* beispielsweise erhalten von den Weibchen Eier, die diese in die Bruttaschen der Männchen ablegen. Während der „Schwangerschaft" versorgt das Männchen die befruchteten Eier einige Wochen lang mit Nährstoffen und Sauerstoff. Die Aufzucht der Jungen dauert länger als die Produktion eines neuen Geleges durch die Weibchen. Mehr noch, ein einziges großes Weibchen produziert in einem Zyklus genug Eier, um die Bruttaschen von fast drei großen Männchen zu füllen. Da das Geschlechterverhältnis 1:1 beträgt, ist der Raum in den männlichen Bruttaschen knapp, und so betreiben die Männchen erwartungsgemäß eine aktive Partnerwahl. Bei diesen und anderen, ähnlichen Seenadelarten mit männlicher Brutpflege werden kleine, unscheinbare Weibchen von den Männchen überwiegend abgewiesen, während große Weibchen mit Ornament (Abb. 13-7), welche die Bruttasche schnell mit Eiern füllen können, bevorzugt werden [71, 803].

Ein weiteres Beispiel für eine Tierart, bei der die maximale Fortpflanzungskapazität einiger Weibchen größer als die der Männchen sein kann, ist die flugunfähige Mormonengrille (*Anabrus simplex*), welche trotz ihres Namens weder einer Religion angehört noch eine Grille ist, sondern eine Laubheuschrecke (Tettigoniidae). Männliche Mormonengrillen übergeben die Spermien ihren Partnerinnen in einer großen Spermatophore. Nachdem die Spermaübertragung abgeschlossen ist, frißt das Weibchen die nährstoffreiche Spermatophore (Abb. 13-8) [391]. Da eine Spermatophore 25 % der Körpermasse eines Männchens ausmacht, kann eine männliche Mormonengrille sicherlich nicht rasch eine neue produzieren. Es ist daher für Männchen schwierig, sich mehr als einmal im Leben zu paaren. Dagegen können Weibchen mehrere Gelege produzieren, wenn es ihnen in schneller Folge gelingt, mehrere Männchen zur Paarung zu veranlassen.

Manchmal ziehen Scharen von Mormonengrillen über Land, fressen die Ernte der Bauern und verpaaren sich, während sie umherwandern. In diesen Populationen mit einer großen Individuendichte haben die Männchen Zugang zu vielen potentiellen Partnerinnen. Wenn die Männchen auf ihrem Sitzplatz zu stridulieren beginnen, um ihre Kopulationsbereitschaft anzuzeigen, eilen die Weibchen rasch herbei; diese Umkehr der Geschlechterrollen steht in Übereinstimmung mit der Theorie der Geschlechtsunterschiede als Folge eines unterschiedlichen Reproduktionspotentials.

Darüber hinaus weigern sich Männchen, ihre Spermatophoren bestimmten Weibchen zu übertragen, ein weiteres Beispiel für die Umkehr der Geschlechterrollen bei dieser Tierart. Zur Kopulation muß das Weibchen das Männchen besteigen, welches dann seine Genitalien einführt, um Sperma und Spermatophore zu übertragen, oder aber dies unterläßt. Das durchschnittliche Gewicht der zurückgewiesenen Weibchen ist signifikant geringer als das derjenigen, denen die Kopulation „erlaubt" wird (Abb. 13-9). Indem sie sich mit schweren Weibchen verpaaren, übertragen Männchen ihre Spermien auf Individuen, die fruchtbarer sind. Ein wählerisches Männchen, welches ein 3,2 Gramm schweres Weibchen zugunsten eines 3,5 Gramm schweren Weibchens zurückweist, gewinnt durch diese Wahl etwa 50 % mehr Eier [391]. Das Beispiel der Mormonengrillen unterstützt die Aussage, daß das Geschlecht mit dem größeren Reproduktionspotential im Wettbewerb um den Zugang zu wählerischen Angehörigen des anderen Geschlechts steht. Hieraus folgt, daß die jeweilige Rolle eines Geschlechts beim Partnererwerb ebenfalls wechseln sollte, wenn sich aufgrund veränderter Bedingungen die relative Reproduktionskapazität der Geschlechter umkehrt.

Diese Erwartung wurde an einer anderen Laubheuschrecke untersucht, einer seltsamen, dünnen Art, die in Australien vorkommt (Farbtafel 11) und zu einer Jahreszeit nur an pollenarmen Känguruhblumen (*Angiozanthos manglesii*) fressen kann, während sie in der restlichen Zeit Zugang zu pollenreichen „Grasbäumen" (*Xanthorrhoea*) hat. Wenn die Laubheuschrecken auf die Känguruhblumen angewiesen sind, ist die große Spermatophore, welche die Männchen den Weibchen übergeben, für diese eine wertvolle Ergänzung ihrer Nahrung, während es für die Männchen sehr schwer ist, eine solche zu produzieren. Unter diesen Bedingungen sind Männchen sehr wählerisch, und die Weibchen kämpfen miteinander um den Zugang zu paarungsbereiten Männchen, die eine Spermatophore anbieten. Wenn hingegen die Grasbäume blühen und Nahrung im Überfluß vorhanden ist, steigt die maximale Reproduktionsrate der Männchen, weil sie nun schneller Spermatophoren produzieren können. Die Reproduktionsrate der Weibchen wird durch die Geschwindigkeit begrenzt, mit der sie ihre Pollennahrung zu Eiern verarbeiten können. Zu dieser Zeit wechseln die Geschlechterrollen zu dem eher üblichen Muster, bei dem Männchen um den Zugang zu Weibchen kon-

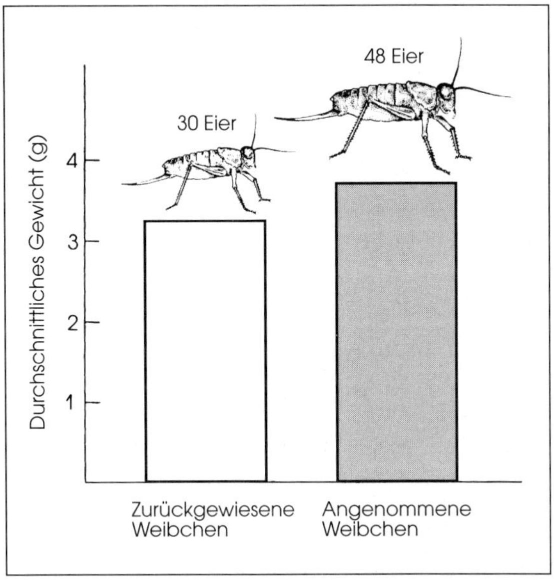

Abb. 13-9: **Partnerwahl durch männliche Laubheuschrecken.** Die Männchen der Mormonengrille paaren sich häufiger mit schwereren Weibchen und weisen solche, die weniger wiegen, zurück. Als Ergebnis ihres Wahlverhaltens können sie durchschnittlich 18 zusätzliche Eier befruchten. Quelle: Gwynne (391).

Tab. 13-1: **Ein Test der Theorie über Geschlechtsunterschiede**: Der Einfluß eines Überangebots an Futter auf die Geschlechterrollen bei einer Laubheuschrecke, deren Männchen Spermatophoren übertragen. Quelle: Gwynne und Simmons (394).

	Durchschnittliche Anzahl der		Anteil der Interaktionen mit	
Behandlung	rufenden Männchen	Paarungen pro Weibchen	Wahl durch Männchen	Wettbewerb zwischen Weibchen
nur Känguruhblumen-Pollen	0,4	1,3	0,4	0,2
Pollen plus Zusatzfutter	6,6	0,7	<0,1	0,0

Anmerkung: Die Daten basieren auf vier Käfigen für jede Behandlung mit jeweils 24 Laubheuschrecken jeden Geschlechts pro Käfig; die Ereignisse innerhalb jedes Käfigs wurden 12 Tage lang täglich während einer bestimmten Periode registriert.

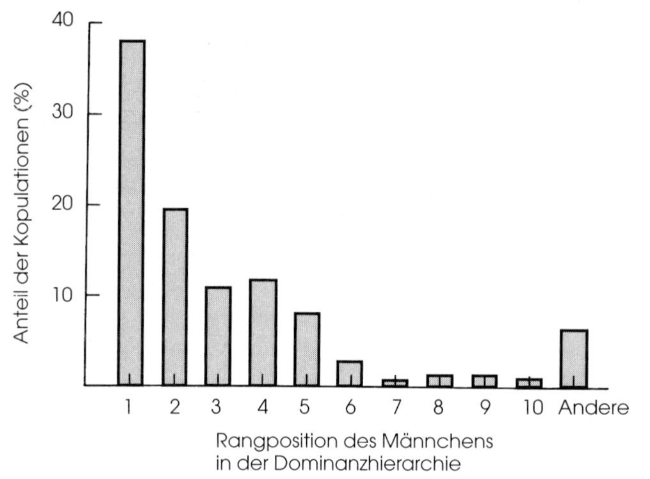

Abb. 13-10: **Dominanz und Paarungserfolg.** Bei Südlichen See-Elefanten kopulieren hochrangige Männchen sehr viel häufiger als Individuen, die eine niedrige Rangposition einnehmen. Quelle: McCann (623).

kurrieren und die Weibchen einige der Männchen zurückweisen. Darryl Gwynne und Leigh Simmons konnten diese Umkehr der Geschlechterrollen experimentell herbeiführen, indem sie zwei Gruppen von Heuschrecken hielten, von denen eine lediglich an Känguruhblumen fressen konnte, während die andere ein kalorienreiches Zusatzfutter erhielt. Die Ergebnisse ihres Experimentes (Tab. 13-1) zeigen in überzeugender Weise, daß die Geschlechterrollen von den relativen Reproduktionsraten der beiden Geschlechter abhängen [394].

13.3 Wettbewerb um Kopulationen

Die Untersuchungen an Seenadeln und Laubheuschrecken zeigen, daß der Wettbewerb um Geschlechtspartner als Komponente der sexuellen Selektion nicht auf Männchen beschränkt ist, sondern auch zwischen Weibchen stattfinden kann [204, 1007]. Trotzdem verhalten sich die meisten Arten wie die Seidenlaubenvögel, bei denen die Männchen miteinander konkurrieren und die Weibchen ihre Wahl treffen [99]. An dieser Stelle wollen wir uns auf Elemente des männlichen Verhaltens bei Arten mit „üblichen" Geschlechterrollen konzentrieren, Elemente, die möglicherweise durch den Wettbewerb um Geschlechtspartner als Komponente der sexuellen Selektion geformt wurden. Wir beginnen mit der Beobachtung, daß bei vielen Arten die Männchen um einen hohen sozialen Status kämpfen. Wenn der soziale Wettbewerb um eine hohe Rangposition tatsächlich das Produkt sexueller Selektion ist, dann sollte ein hoher Rang in der Dominanzhierarchie positiv mit dem Kopulationserfolg korreliert sein. Viele Untersuchungen, wie z. B. die an Kuhstärlingen (Icteridae) (Kap. 4), haben ergeben, daß hochrangige Männchen häufiger kopulieren als niederrangige [22, 466, 590]. T. S. McCann führte eine solche repräsentative Untersuchung an Südlichen See-Elefanten (*Mirounga leonina*) auf der Atlantikinsel South Georgia durch [623]. Er stellte für zehn individuell identifizierbare Männchen eine Rangordnung auf der Grundlage ihrer Kampfresultate auf, die sie am Paarungsstrand erzielten. Diese eindrucksvollen, massigen Tiere postieren sich Brust an Brust und versuchen dann, sich gegenseitig in den Hals zu beißen. Die Verlierer können leicht erkannt werden. Sie geben ihre Kampfhaltung auf und ziehen sich, häufig vom Sieger verfolgt, zurück. Das Männchen an der Spitze der Rangordnung hatte zwischen 14 und 157 Kämpfe mit den anderen neun Bullen – und es gewann sie alle. Gegenüber dem zweitrangigen Bullen verhielten sich, mit Ausnahme der Nummer Eins, alle anderen Männchen submissiv und so ging es die Rangfolge abwärts weiter. McCann erfaßte auch die Anzahl der Kopulationen, die sich jedes der Individuen im Laufe der Paarungszeit sicherte (Abb. 13-10). Diese Daten unterstützen eindeutig die Hypothese, daß Dominanz (und damit Kampfstärke) zum Reproduktionserfolg führt, was hier anhand der Kopulationshäufigkeit (indirekt) gemessen wurde (siehe auch [554]).

Der Zusammenhang zwischen Körpergröße und Kampfkraft ist von allgemeiner Gültigkeit, von den kleinsten Insekten wie Blattläusen (Aphidina) [992] oder Fransenflüglern (Thysanoptera) [186] bis hin zu den See-Elefanten [623]. Auffallend ist auch, daß bei vielen Arten erwachsene Männchen größer als erwachsene Weibchen sind. Nicht alle Arten weisen einen solchen **Sexualdimorphismus** auf, und wenn es Unterschiede im Gewicht zwischen Männchen und Weibchen gibt, kann das Ausmaß dieser Unterschiede von Art zu Art sehr stark variieren (Abb. 13-11).

Abb. 13-11: **Sexualdimorphismus bei Robben.** (Oben) Eine Art mit ausgeprägtem Sexualdimorphismus, der See-Elefant, dessen Männchen (hier bei einem Kopulationsversuch) erheblich schwerer als die Weibchen sind. Foto von Burney LeBoeuf. (Unten) Bei Seehunden (Phoca vitulina) sind Männchen und Weibchen etwa gleich groß. Foto von Deane Renouf.

Richard Alexander und seine Mitarbeiter erkannten, daß Unterschiede zwischen Arten im Ausmaß des Sexualdimorphismus in ihrer Körpergröße ein mögliches Maß für das Investment der Männchen in ihre Kampfkraft darstellen (obwohl es noch weitere Faktoren gibt, die neben dem Wettbewerb zwischen Angehörigen eines Geschlechts zu einem Sexualdimorphismus in der Körpergröße führen können [17, 426]). Wenn ein kostspieliges Investment in Körperwachstum und Erhalt der Körpergröße das Ergebnis sexueller Selektion ist, so können wir voraussagen, daß es für erfolgreiche (in diesem Fall große) Kämpfer erhebliche Fortpflanzungsvorteile gibt. Wenn dies zutrifft, dann müßte das Ausmaß des Sexualdimorphismus bei den Arten am größten sein, bei denen die Männchen zahlreiche Partnerinnen monopolisieren können, und am geringsten bei solchen Arten, deren

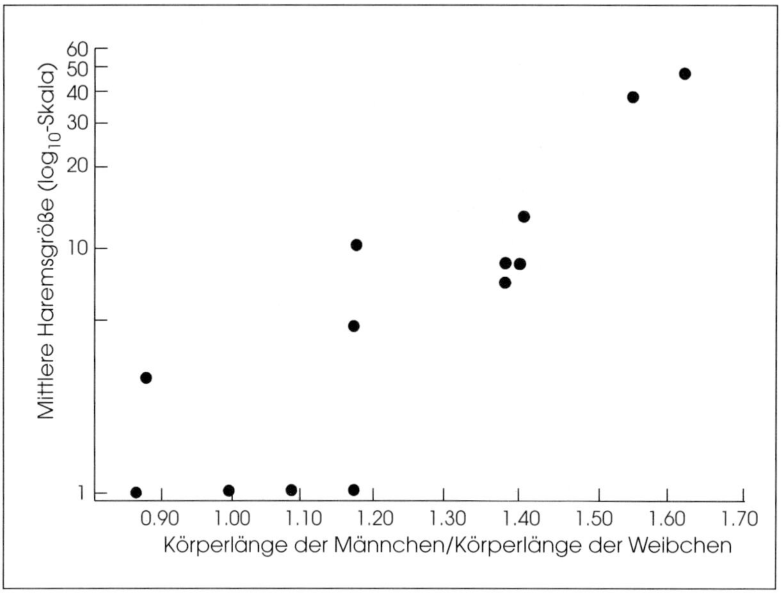

Abb. 13-12: **Sexualdimorphismus und männlicher Paarungserfolg.** Bei Robben ist die Gelegenheit für einen außerordentlich großen Paarungserfolg mit dem Investment in die Körpergröße positiv korreliert. Wenn es einigen Männchen möglich ist, sich große Harems zuzulegen, führt dies zu einem extremen Sexualdimorphismus. Bei monogamen Arten sind Männchen und Weibchen etwa gleich groß. Quelle: Alexander et al. (14).

Männchen pro Saison auf ein oder zwei Partnerinnen beschränkt sind [14]. Daten über das Verhältnis der Körperlängen von Männchen zu denen von Weibchen (ein Standardmaß für Sexualdimorphismus) in verschiedenen Gruppen von Säugetieren unterstützen diese Voraussage (Abb. 13-12). So kann sich ein See-Elefant mit bis zu 100 Weibchen paaren; die Männchen sind etwa 60 % länger als die Weibchen und sehr viel schwerer. Monogame Robben dagegen weisen einen geringen oder keinen Sexualdimorphismus in ihrer Körperlänge (und ihrem Gewicht) auf.

13.3.1 Soziale Dominanz und Fitness

Paviane (*Papio*) sind ein weiteres Beispiel für Arten, bei denen die Männchen viel größer als die Weibchen sind. Erwachsene Männchen streiten um die soziale Dominanz und den Reproduktionserfolg, der damit verbunden ist. Obwohl man aber annehmen könnte, daß der Zusammenhang zwischen Größe, sozialer Dominanz und dem Zugang zu Partnerinnen eindeutig ist, haben viele Forscher gezeigt, daß diese Korrelationen schwach sind oder sich sogar überhaupt nicht nachweisen lassen [z. B. 68].

Zum Beispiel zählte Glen Hausfater die Kopulationen innerhalb einer Gruppe von Steppenpavianen (*Papio cynocephalus*), die eine klare Rangordnung aufwies. Er fand, daß niederrangige und hochrangige Männchen gleich oft mit Weibchen kopulierten [420]. Dieses Ergebnis stellte eine Annahme in Frage, von der Hausfater ursprünglich ausgegangen war, daß nämlich der Kopulationserfolg mit dem Reproduktionserfolg korreliert sei. Hausfater hatte den Verdacht, daß diese Annahme auf seine Paviane nicht zutraf. Deshalb modifizierte er seine ursprüngliche Hypothese und überprüfte sie erneut mit weiteren Daten. Er ging davon aus, daß hochrangige Männchen mit Weibchen kopulieren, wenn die Wahrscheinlichkeit, ihre Eizellen zu befruchten, groß ist. Dominante Männchen monopolisierten in der Tat östrische Weibchen an den Tagen ihres Geschlechtszyklus, an denen sie nach Hausfaters Beurteilung höchstwahrscheinlich fertile Eier hatten (Abb. 13-13) [420].

Obwohl dieses Ergebnis darauf hindeutet, daß der Dominanzstatus mit der Zahl der effektiven Kopulationen korreliert ist, die ein männlicher Pavian vollzieht, tritt die statistisch signifikante Beziehung zwischen Rangstellung und effektiven Kopulationen bei den von Hausfater untersuchten Pavianen deshalb auf, weil junge Männchen, die gerade geschlechtsreif geworden sind, einen sehr niedrigen Dominanzstatus haben und nur zu sehr wenigen effektiven Kopulationen kommen [67]. Unter den voll ausgewachsenen Männchen einer Paviangruppe gibt es bestenfalls eine schwache Verbindung zwischen der Fähigkeit eines Männchen, seine Rivalen in direkten, körperlichen Auseinandersetzungen zu besiegen und der Anzahl der von ihm gezeugten Nachkommen. Ergebnisse dieser Art haben unter Primatologen eine heftige Debatte über den adaptiven Wert des männlichen Strebens nach einem dominanten Status in Gang gebracht. Obwohl eine vergleichende Übersicht von 32 Untersuchungen über den Dominanz- und Reproduktionserfolg bei Primaten ergab, daß insgesamt eine signifikante Beziehung zwischen Rangstellung und Paarungserfolg besteht [181], gibt es doch nur geringe Zweifel daran, daß ein hoher Dominanzstatus nicht bei allen männlichen Primaten automatisch einen großen Fortpflanzungserfolg nach sich zieht. Sozial untergeordnete Männchen können bis zu einem gewissen Grad ihre Unfähigkeit, Rivalen körperlich abzuschrecken, mit Hilfe von alternativen Paarungstaktiken kompensieren.

Bei den Pavianen beispielsweise gibt es für Männchen

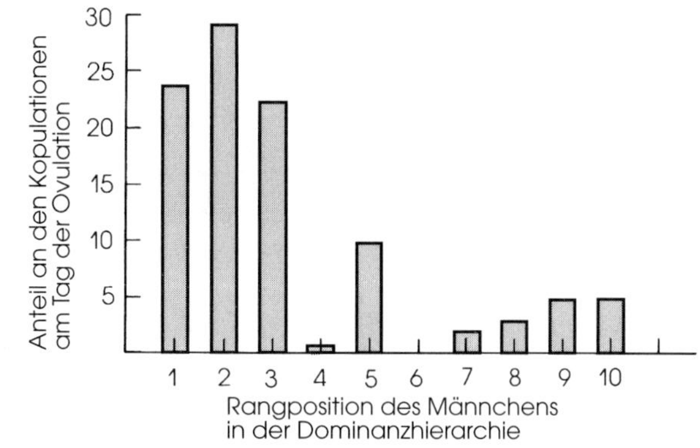

Abb. 13-13: **Dominanz und Fitness.** Dominante männliche Paviane (*Papio cynocephalus*) neigen dazu, an den Tagen, an denen ihre Partnerinnen ovulieren, die Kopulationen mit diesen zu monopolisieren. Quelle: Hausfater (420).

neben der Sicherung eines ranghohen Status verschiedene andere Wege zum sexuellen Erfolg. Männchen können zum Beispiel durchaus „Freundschaften" mit bestimmten Weibchen schließen. Dabei handelt es sich um Beziehungen, die weniger von der körperlichen Dominanz als vielmehr davon abhängen, ob ein Männchen dazu bereit ist, den Nachwuchs eines bestimmten Weibchens zu beschützen - selbst, wenn das Jungtier nicht sein eigenes ist. Hat ein Männchen erst einmal gezeigt, daß es willens und fähig ist, einem Weibchen und ihrem Jungen Schutz zu geben, kann es von dem Weibchen gewählt werden, wenn dieses wieder östrisch wird, auch wenn es sich bei diesem Männchen nicht um das ranghöchste Männchen ihrer Gruppe handelt [902].

Männliche Paviane gehen ebenfalls „Freundschaften" mit anderen Männchen ein. Durch diese Allianzen können sie manchmal gemeinsam einen stärkeren Rivalen angreifen, der eine Partnerin erobert hat. Sie können diesen zwingen, das Weibchen aufzugeben, selbst wenn er bei Auseinandersetzungen zwischen einzelnen Tieren sozial dominant ist. In einer Steppenpavian-Gruppe mit acht erwachsenen Männchen bildeten drei niederrangige Individuen (Nr. 5 bis 7 in der Rangordnung) regelmäßig zu zweit oder zu dritt Koalitionen gegen ein einzelnes, hochrangiges Männchen, das mit einem Weibchen verbunden war. In 18 von 28 Fällen war das einzelne Männchen dazu gezwungen, das Weibchen den rangniederen Tieren aufgrund ihrer kollektiven Bedrohungen zu überlassen [695].

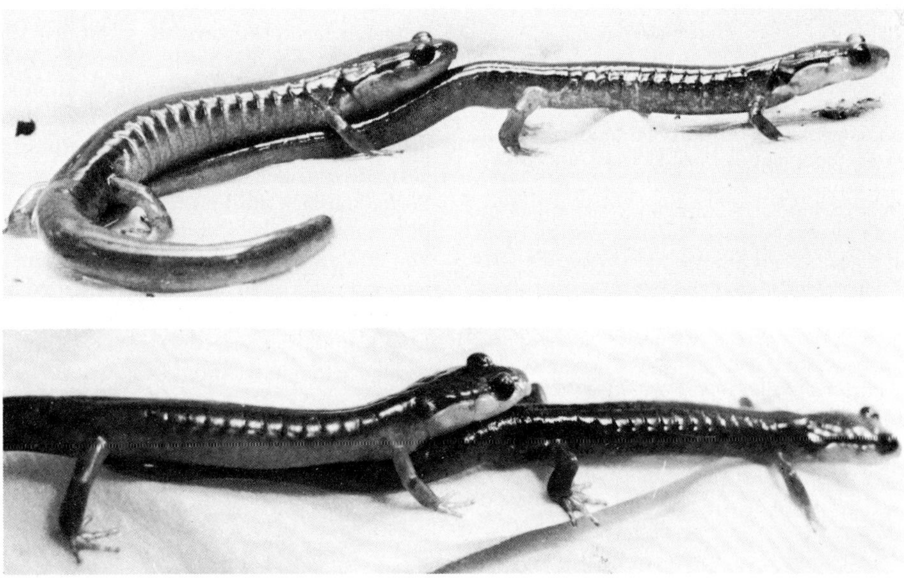

Abb. 13-14: **Weibchen-Mimikry bei Salamandern.** (Oben) Ein Weibchen hat sich von hinten auf den Schwanz eines Männchens geschoben, um diesem das Signal zu geben, sich nach vorne zu bewegen und eine Spermatophore abzusetzen. (Unten) Ein anderes Männchen hat das Werbeverhalten des Paars gestört und ahmt nun das weibliche Verhalten nach, während sich das richtige Weibchen bereits entfernt hat. Aus Arnold (28).

Abb. 13-15: **Paarungstaktiken der Satellitenmännchen bei Schaufelfußkröten (Scaphiopus multiplicatus) und Dickhornschafen.** (Oben) Zwei nicht-rufende, männliche Schaufelfußkröten (Pfeile) wenden die Satelliten-Taktik an, indem sie unauffällig auf eine Gelegenheit warten, die sich dem benachbarten Rufer nähernden Weibchen abzufangen. (Beachten Sie den aufgeblasenen Kehlsack des rufenden Männchens.) Foto von Brian Sullivan. (Unten) Ein nicht-territorialer Dickhornwidder, der in der Nähe eines dominanteren Männchens gewartet hatte, hat die Verteidigungslinie des Rivalen durchbrochen und ein fliehendes Weibchen bestiegen. Foto von Jack Hogg.

13.3.2 Alternative Formen des Paarungsverhaltens

Paviane sind bei weitem nicht die einzige Tierart, bei der untergeordnete Männchen spezielle Paarungstaktiken anwenden, um Auseinandersetzungen mit stärkeren oder erfahreneren Gegnern zu vermeiden (Abb. 13-14) [28, 248, 327]. Kleine Männchen der in Costa Rica beheimateten Kurzflüglerart *Leistotrophus versicolor* (Staphylinidae) sind zum Beispiel stark benachteiligt, wenn sie mit größeren Männchen um Paarungsterritorien – ein kleines Stückchen Dung oder den Kadaver eines Faultiers – konkurrieren. Weibchen werden von diesen wenig ästhetischen Dingen angezogen, um sich von den Fliegen, die an solchen Orten auftreten, zu ernähren. Große Männchen halten kleinere Männchen fern, indem sie diese angreifen; so vertreiben sie mögliche Paarungskonkurrenten.

Die Reaktion eines kleinen Männchens auf die Annäherung eines größeren, sozial dominanten Männchens kann darin bestehen, daß es sich umdreht und sein Abdomen präsentiert, als wenn es ein Weibchen wäre. Manchmal umwirbt dann das größere Männchen seinen männlichen Artgenossen, indem es dessen Abdomen beklopft und versucht, sich mit ihm zu paaren. Statt still zu halten und dem werbenden Männchen die Kopulation zu ermöglichen, bewegt sich das betrügerische Männchen langsam umher. Manchmal begegnet das umworbene Männchen auf seinem mäandrierenden Weg einem Weibchen, welches es dann seinerseits umwirbt und mit dem es buchstäblich unter der Nase des gründlich düpierten, territorialen Rivalen kopuliert [318].

Eine andere alternative Paarungstaktik besteht darin, sich als „Satellit" zu verhalten, wie einige männliche Kröten (Abb. 13-15, oben), Frösche und Grillen zeigen. Diese warten still und nicht-aggressiv in der Nähe eines laut rufenden Territoriumsbesitzers, mit dem Ziel, die Weibchen abzufangen, die den Rufer ansteuern [141, 743, 970]. Satelliten gibt es auch bei den Dickhornschafen (*Ovis canadensis*), bei denen die dominanten Böcke versuchen, an bestimmten traditionellen Paarungsplätzen eine Gruppe von Weibchen zu kontrollieren [448]. Andere Böcke kommen an denselben Ort, um in der Nähe der dominanten Böcke und deren Weibchen zu lauern. Von Zeit zu Zeit versuchen diese Satelliten, an einem dominanten Bock vorbei auf ein Weibchen zuzustürzen, mit dem sie sozusagen im Vorbeilaufen kopulieren können (die Kopulation erfordert bei Dickhornschafen nur wenige Sekunden) (Abb. 13-15, unten).

13.3.3 Strategie oder Taktik?

Wenn es bei einer Art zwei (oder drei) Wege gibt, an Geschlechtspartner zu gelangen, können wir uns fragen: Warum hat die sexuelle Selektion nicht alle Alternativen, mit Ausnahme der für die Reproduktion erfolgreichsten, eliminiert? In vielen Fällen ist eine Option (z. B. ein dominantes Männchen zu sein) den anderen Taktiken, welche

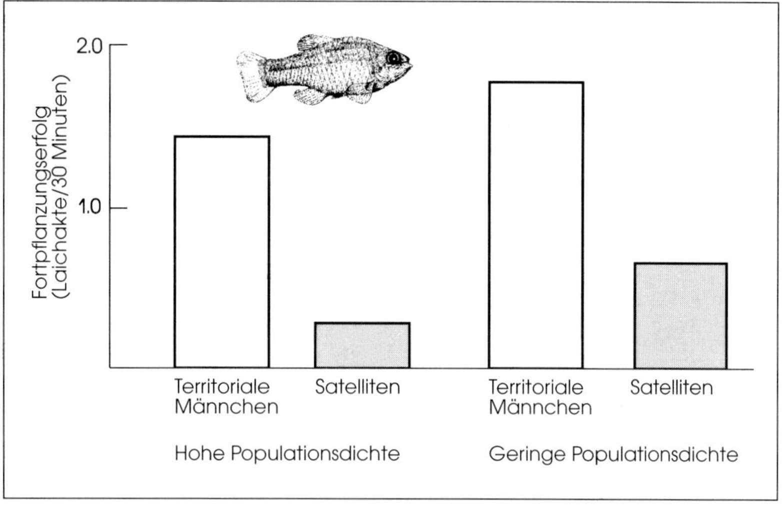

Abb. 13-16: **Unterschiedlicher Fortpflanzungserfolg** bei territorialen und Satelliten-Männchen eines Kärpflings (*Cyprinodon pecoensis*). Unter zwei verschiedenen Bedingungen paaren sich territoriale Männchen deutlich häufiger als Männchen, welche die Satellitentaktik verfolgen. Quelle: Kodric-Brown (521).

von Männchen angewandt werden, bezüglich ihres Ergebnisses für die Fortpflanzung deutlich überlegen [249, 521] (Abb. 13-16). Das Verständnis dafür, warum alternative Taktiken fortbestehen können, wurde durch die Spieltheorie gefördert (Kap. 8) [228, 618]. Erinnern wir uns, daß nach einem spieltheoretischen Modell der Fitnessgewinn einer Taktik für ein Individuum davon abhängt, was die anderen Mitglieder der Population tun. Deshalb bestimmen soziale Interaktionen im Spiel der reproduktiven Konkurrenz, welche reproduktive Option für einen Teilnehmer den größten Fitneßgewinn verspricht. Die **Strategie**, oder der Satz an Verhaltensregeln, der im Laufe der Evolution nicht durch Alternativen ersetzt werden kann, bezeichnet man als **evolutionsstabile Strategie** oder **ESS**.

In der Spieltheorie bedeutet „Strategie" nicht einen bewußten Aktionsplan. Vielmehr handelt es sich bei einer „Strategie" um ein vererbtes Programm, welches die Handlungen beeinflußt, die ein Individuum ausführt, um das ultimate Ziel einer erfolgreichen Fortpflanzung zu erreichen [249]. Eine Strategie könnte die Entwicklung der Fähigkeit fördern, nur eine ganz bestimmte **Taktik** oder Verhaltensreaktion zu zeigen. Der Unterschied zwischen männlichen Kurzflüglern, die das Nachahmen eines weiblichen Tieres als Taktik anwenden, und solchen, die eine territoriale Taktik benutzen, könnte entstehen, weil jeder der beiden Typen eine andere Strategie ererbt hat. Wenn dies zutrifft, dann würde der Regel „Verhalte dich immer wie ein Weibchen, wenn Du mit einem Rivalen konfrontierst wirst" innerhalb der Population die alternative Strategie „Versuche immer, ein Territorium aggressiv zu behaupten" gegenüberstehen. Wenn im Verlauf der Evolution eine Strategie stets die andere – wenn auch nur in geringem Ausmaß – aussticht, würde die Strategie, die den größeren Reproduktionsgewinn erzielt, die anderen verdrängen. Wenn aber beide Strategien in einer Population überdauern, so müssen beide für die Individuen, die sie besitzen, jeweils den gleichen Fitnessgewinn erbringen. Dies ist möglich, setzt aber im allgemeinen eine **frequenzabhängige Selektion** voraus, wie wir sie zum ersten Mal im hypothetischen Fall einer Möwenkolonie mit „mutig" und „vorsichtig" hassenden Individuen diskutiert haben (Kap. 8). Mit anderen Worten: nur wenn Individuen, die eine der beiden unterschiedlichen Strategien praktizieren, jeweils mit einer bestimmten Häufigkeit in der Population auftreten, haben sie die gleiche Fitness. Sollte ein Typ häufiger werden, haben die betreffenden Individuen eine verminderte Fitness, wodurch zeitweilig die alternative Strategie begünstigt ist und die Population wieder in das Gleichgewicht zurückgeführt wird, bei dem die beiden Strategien zeitlich unbegrenzt nebeneinander existieren können.

Eine Strategie kann aber auch bedeuten, daß ein Individuum in Abhängigkeit von den Bedingungen, die es antrifft, verschiedene Taktiken anwendet. Zum Beispiel könnte die Verhaltensregel der Kurzflügler lauten: „Verhalte dich wie ein Weibchen, falls Du einem territorialen Männchen begegnest, das größer ist als du, andernfalls verteidige aggressiv ein Territorium." Bei einer solchen konditionalen Strategie (Kap. 10), hängen die Taktiken, die ein Individuum anwendet, von variablen Umweltbedingungen ab. Es ist durchaus möglich, daß alle männlichen Dickhornschafe dieselbe Strategie verfolgen, wobei alternative Paarungstaktiken auftreten, weil einige Individuen einfach nicht in der Lage sind, größere, dominante Tiere zu besiegen. Niederrangige Individuen schalten statt dessen lieber auf die „Kopulation-im-Lauf"-Alternative um, als auf einen aussichtslosen Kampf zu bestehen.

Damit eine bestimmte konditionale Strategie eine ESS sein kann, müssen Individuen, die aufgrund ihrer Strategie mit einem flexiblen Set an Verhaltensregeln ausgestattet sind, eine höhere Fitness aufweisen als solche mit einer davon abweichenden Strategie. Bestimmte konditionale Strategien sind anderen wahrscheinlich überlegen, weil sie den Männchen helfen, sich einige Fortpflanzungsgelegenheiten zu sichern, selbst wenn sie von der erfolgreichsten Methode, eine Partnerin zu erobern, ausgeschlossen sind. Solche Strategien verhelfen niederrangigen, jüngeren oder schwächeren Männchen dazu, wie Richard Dawkins es bezeichnet hat, „to make the best of a bad job" [228]. Man stelle sich eine Population vor, die aus einigen Männchen mit der konditionalen Fähigkeit besteht, eine subordinate Rolle anzunehmen, sowie aus anderen, genetisch verschiedenen Männchen, die um jeden Preis versuchen, territorial oder in einer dominanten Rangposition zu sein. Wenn, wie es oft der Fall sein dürfte, sich das beharrlich kämpfende Männchen in nutzlosen Angriffen auf stärkere Männchen erschöpft, ist die konditionale Strategie überlegen.

13.3.4 Drei Strategien einer Meerassel

Vor diesem Hintergrund wollen wir zwei Fälle alternativer Paarungstaktiken analysieren. Der erste betrifft eine marine Assel, *Paracercis sculpta*, welche vage an die bekannteren Rollasseln (*Armadillidium vulgare*) und Mauerasseln (*Oniscus asellus*) erinnert, terrestrische Arten, die man häufig an feuchten Stellen in den Hinterhöfen der Vorstädte finden kann. Wir werden *P. sculpta* hier als Schwammisopoden bezeichnen, weil er in Meeresschwämmen lebt, die in der Gezeitenzone des Golfs von Kalifornien vorkommen. Wenn man eine genügend große Zahl von Schwämmen öffnet, findet man Weibchen, die sich alle mehr oder weniger gleichen. Die Männchen gibt es jedoch in drei erheblich unterschiedlichen Größen: Groß, Mittel und Klein (Abb. 13-17). Diese drei männlichen Formen – oder Morphen – sehen nicht nur unterschiedlich aus, sie wenden auch drei verschiedene Verhaltenstechniken an, um an Weibchen zu gelangen. Die großen Männchen (Alpha-Männchen) versuchen, andere Männchen von den inneren Höhlen der Schwämme, in denen ein oder mehrere Weibchen leben, fernzuhalten. Wenn ein ansässiges Alpha-Tier einem anderen Alpha-Männchen begegnet, das in den Schwamm einzudringen versucht, entwickelt sich ein Kampf, der bis zu 24 Stunden dauern kann, ehe eines der Männchen den Weg frei gibt. Sollte ein Alpha-Männchen ein winziges Gamma-Männchen finden, so wird der größere Isopode versuchen, den kleineren zu packen und aus dem Schwamm zu werfen. Gamma-Männchen reagieren, indem sie Alpha-Tieren möglichst aus dem Weg gehen. Sie schleichen umher und versuchen, sich heimlich mit Weibchen zu paaren, welche bei einem Alpha-Männchen leben [860].

Wenn ein Alpha- und ein Beta-Männchen in einer Schwammhöhle aufeinandertreffen, verhält sich das Beta-Männchen wie ein Weibchen und erreicht so, daß das Alpha-Männchen es umwirbt, was dieses auch mit großer Wahrscheinlichkeit, allerdings erfolglos, tun wird. Durch die Nachahmung eines Weibchens können die Beta-Männchen, die so groß wie die Weibchen sind, mit sehr viel größeren und stärkeren Männchen zusammenleben und dabei Zugang zu Weibchen erhalten, die das Alpha-Männchen zu monopolisieren versucht.

Wir haben daher bei dieser Tierart drei verschiedene Arten von Männchen, die sich in Größe und Verhalten deutlich unterscheiden. Wie können diese drei Formen über evolutionäre Zeiträume nebeneinander existieren? Um diese Frage zu beantworten, lassen Sie uns die sehr unterschiedlichen Voraussagen betrachten, die sich aus zwei alternativen Hypothesen ergeben – der Hypothese, daß in der Meerasselpopulation drei verschiedene reine Strategien vorliegen und der anderen, daß es sich um eine einzige, konditionale Strategie handelt. Wenn die drei Typen drei unterschiedliche Strategien repräsentieren, dann sollten (1) diese auf genetische Unterschiede zurückzuführen sein und (2) sollte der durchschnittliche Fortpflanzungserfolg der drei Typen gleich sein. Handelt es sich bei dem Paarungsverhalten der Alpha-, Beta- und Gamma-Männchen um drei Taktiken einer einzigen konditionalen Strategie, dann sollten (1) die einzelnen Verhaltensweisen durch unterschiedliche Umweltbedingungen induziert werden und nicht von unterschiedlichen Genen abhängen und (2) braucht der mittlere Fortpflanzungserfolg von Männchen, die unterschiedliche Taktiken anwenden, nicht gleich groß zu sein. Bei einer kon-

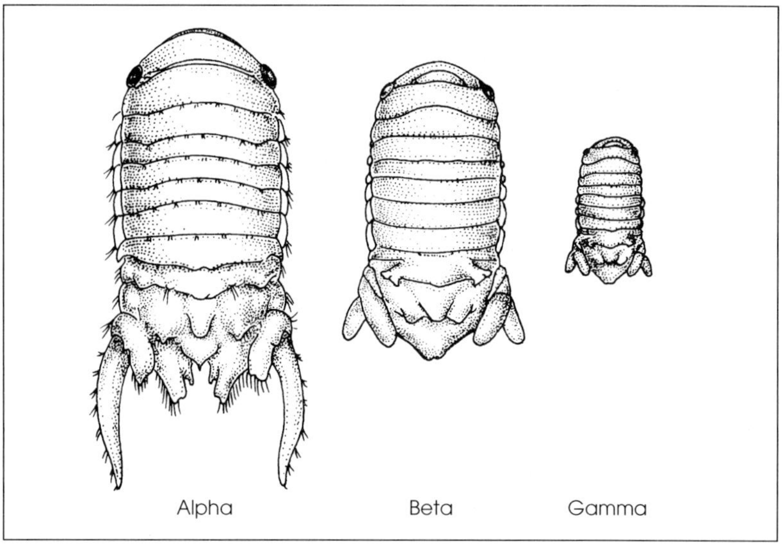

Abb. 13-17: **Die drei verschiedenen Formen des Schwammisopoden:** Das große Alpha-Männchen, das Beta-Männchen in der Größe eines Weibchens und das winzige Gamma-Männchen. Jeder Typ hat nicht nur eine andere Größe und Form, sondern kommt auch auf eine andere Art und Weise zu Paarungspartnerinnen. Nach Shuster (861).

ditionalen Strategie erwarten wir darüber hinaus, daß Männchen versuchen werden, die für die Fortpflanzung erfolgreichste Option zu verfolgen und nur dann auf eine andere Taktik zurückgreifen, wenn sie an der Ausführung der profitableren Vorgehensweise gehindert werden.

Stephen Shuster und sein Mitarbeiter Michael Wade haben die Informationen gesammelt, die man zur Überprüfung dieser beiden Hypothesen benötigt [863]. Erstens scheinen die Unterschiede zwischen den drei Typen zumindest weitgehend auf die Existenz von drei Allelen eines einzigen Gens zurückzuführen sein, welches den hauptsächlichen Einfluß auf die Entwicklung der Größe und des Verhaltens hat (ein eindrucksvolles Beispiel für Pleiotropie, siehe Kap. 3). Beta-Männchen besitzen zumindest eine Kopie des dominanten Beta-Allels dieses entscheidenden Gens. Alpha-Männchen haben zwei Kopien des rezessiven Alpha-Allels, Gamma-Männchen zwei Kopien einer dritten Form des Gens, des Gamma-Allels [862].

Der langfristige Fortbestand dieser drei Allele erfordert, daß die drei Typen von Männchen die gleiche Fitness aufweisen. Shuster konnte den Fortpflanzungserfolg von Alpha-, Beta- und Gamma-Männchen im Labor messen, indem er die verschiedenen Männchen in unterschiedlicher Anzahl in künstlichen Schwämmen mit einer unterschiedlichen Anzahl von Weibchen zusammensetzte. Die Schwammisopoden, die er in diesem Experiment benutzte, trugen spezielle, genetische Marker, charakteristische Eigenschaften, die an die Nachkommen vererbt werden konnten. Diese ermöglichten es ihm zu bestimmen, welcher der Babyisopoden, die jedes Weibchen produzierte, von welchem Vater stammte. Am Ende der Laboruntersuchungen hatte Shuster herausgefunden, daß der Fortpflanzungserfolg eines Männchens von der Anzahl der Weibchen und der Anzahl der rivalisierenden Männchen, die in einer Schwammhöhle zusammenlebten, abhing. Wenn zum Beispiel nur ein einzelnes Weibchen mit einem Alpha-Männchen und einem Beta-Männchen zusammenlebte, hatte das Alpha-Männchen mit diesem Weibchen die meisten Nachkommen. Wenn der Schwamm aber mehrere Weibchen und ein Alpha- sowie ein Beta-Männchen enthielt, hatte das Beta-Männchen den größeren Erfolg. Es war Vater von 60 % der Nachkommen der Weibchen. In ähnlicher Weise führte die richtige Kombination von Männchen und mehreren Weibchen dazu, daß die Gamma-Männchen die Alpha-Tiere bei der Fortpflanzung ausstachen. Im allgemeinen konnte ein großes, aggressives Alpha-Männchen einfach nicht alle Weibchen kontrollieren, wenn mehrere Weibchen mit einer Reihe von Männchen zusammenlebten, weil sich viele Weibchen bereitwillig mit den betrügerischen Beta- oder den versteckt lebenden Gamma-Männchen paarten.

Shuster und Wade kehrten daraufhin zum Golf von Kalifornien zurück, um eine große, zufallsgemäße Stichprobe von Schwämmen zu sammeln. Jeder dieser Schwämme wurde geöffnet, um die Anzahl der Weibchen und die der Alpha-, Beta- und Gamma-Männchen in ihm zu bestimmen [863]. Mit diesen Daten über die Gruppenzusammensetzung konnten sie (unter Anwendung der Werte, die sie bei den verschiedenen Kombinationen für den jeweiligen Fortpflanzungserfolg der Männchen erhalten hatten) den mutmaßlichen Fortpflanzungserfolg von 555 Männchen errechnen. Nachdem sich der mathematische Staub gelegt hatte, zeigte sich, daß die Alpha-Männchen durchschnittlich Vater des Nachwuchses von 1,51 Weibchen wurden, wohingegen Beta-Männchen im Durchschnitt 1,35 und Gamma-Männchen 1,37 Weibchen erreichten. Die Tatsache, daß sich diese Zahlen nicht statistisch signifikant unterscheiden, sowie einige andere, bestätigende Daten, die wir hier nicht näher beschreiben müssen, überzeugten Shuster und Wade, daß die drei genetisch unterschiedlichen Männchentypen im wesentlichen die gleiche Fitness aufwiesen. Die Bedingungen für eine auf drei verschiedenen Strategien beruhenden Erklärung wurden also für *P. sculpta* erfüllt.

13.3.5 Drei Taktiken einer Skorpionsfliege

Männliche Skorpionsfliegen der Gattung *Panorpa* verfügen wie die Schwammisopoden über drei unterschiedliche Wege, um eine Partnerin zu erobern: (1) einige Männchen verteidigen tote Insekten, welche paarungsfähige Weibchen herbeilocken, die sich von den Kadavern ernähren; (2) andere sondern aus ihren Speicheldrüsen ein Sekret ab und warten darauf, daß Weibchen kommen, um dieses nahrhafte Geschenk von Blättern aufzunehmen und (3) wiederum andere bieten den Weibchen gar nichts, sondern zwingen sie zur Kopulation (Abb. 13-18). Um zu entscheiden, ob die drei Phänotypen drei unterschiedliche Strategien repräsentieren oder aber drei Taktiken einer konditionalen Strategie, ermittelte Randy Thornhill den Fortpflanzungserfolg von Männchen, die Aas verteidigten, mit Speicheldrüsensekret lockten oder aber Kopulationen zu erzwingen versuchten. Wie Shuster fand auch Thornhill es zweckmäßig, seine Untersuchungen an einer gefangenen Population durchzuführen. Er brachte Gruppen von zehn männlichen und zehn weiblichen Skorpionsfliegen in Käfige mit je zwei toten Grillen. Einige der *Panorpa*-Männchen waren groß, andere mittelgroß und wieder andere relativ klein. Im Wettstreit um die Grillen waren die größeren Männchen siegreich. Dies führte dazu, daß jedes von ihnen annähernd sechs Kopulationen erlangte. Mittelgroße Männchen versuchten meistens, Partnerinnen mit Speicheldrüsensekret anzulocken. Sie waren aber weniger erfolgreich (sie erreichten etwa zwei Kopulationen pro Männchen). Kleine Männchen waren nicht fähig, eine Grille für sich zu beanspruchen und schienen nicht in der Lage zu sein, genügend Sekret zu bilden, um Weibchen anzulocken. Sie verfolgten daher den Weg einer erzwungenen Kopulation, waren aber letztendlich die Männchen mit dem geringsten Erfolg (da sie nur etwa eine Kopulation pro Männchen erreichten). Diese Resultate zeigen, daß die unterschiedlichen Taktiken nicht zu

Abb. 13-18: **Erzwungene Kopulation bei *Panorpa*-Skorpionsfliegen** treten auf, wenn ein Männchen ohne Hochzeitsgeschenk ein Weibchen ergreift und nicht wieder freiläßt, bevor es sich mit ihm gepaart hat. Foto von Thomas E. Moore.

gleich großen Fitnessgewinnen führen, zumindest nicht unter den Bedingungen in Thornhills Experiment.

Thornhill sagte dann voraus, daß, wenn die drei Taktiken wirklich Teil einer einzigen konditionalen Strategie wären, diejenigen Männchen, die eine sich wenig lohnende Taktik verfolgen, auf eine andere Taktik umschwenken würden, welche einen höheren Reproduktionserfolg verspricht, falls sie dies könnten. Um diese Voraussage zu überprüfen, entfernte er die Männchen, welche die toten Grillen verteidigten, aus dem Käfig [920]. Sobald die Grillen verfügbar wurden, verließen andere Männchen sofort ihre Sekrethügel, um die Grillen zu beanspruchen. Männchen, die weder eine Grille beansprucht noch Sekret produziert hatten, postierten sich neben den verlassenen Sekreten anderer Männchen. Männliche Skorpionsfliegen der Gattung *Panorpa* sind also dazu in der Lage, je nach Zusammensetzung der Konkurrenz, der sie sich in dem jeweiligen Moment gegenüber sehen, diejenige der drei Taktiken anzunehmen, welche die höchste Anzahl an Kopulationen ermöglicht. Diese Ergebnisse sprechen für eine konditionale Strategie als Erklärung für die Koexistenz von drei Paarungstaktiken bei *Panorpa*-Skorpionsfliegen.

13.4 Der Wettstreit um die Befruchtung von Eiern

Wir haben gesehen, daß die sexuelle Selektion offensichtlich Männchen begünstigt hat, welche die Fähigkeit besaßen, im Wettbewerb um Kopulationen mit den Weibchen (auf verschiedene Art und Weise) zu bestehen. Aber auch wenn die Paarung vollzogen ist, hört der Wettstreit um Fitness nicht unbedingt auf [266, 730]. Bei manchen Tieren kann sich ein begattetes Weibchen erneut paaren, entweder weil es dazu von einem gewalttätigen Männchen gezwungen wird [siehe z. B. 285], oder weil es freiwillig Spermien von verschiedenen Männchen annimmt.

Zum Beispiel ist die Prachtlibelle (*Calopteryx maculata*) (Abb. 13-19), die im Osten der Vereinigten Staaten vorkommt, eine Art, deren Weibchen sich oft freiwillig mit mehr als einem Männchen paaren [958]. Wenn ein mit Eiern beladenes Weibchen zu einem Bach fliegt, um seine Eier abzulegen, kann es von einem nicht-territorialen Satellitenmännchen abgefangen werden, welches in der Ufervegetation wartet. Nachdem es sich mit diesem Männchen gepaart hat, kann es unmittelbar darauf einem territorialen Individuum in seinem Revier am Bachufer begegnen und mit ihm kopulieren, obwohl es bereits eine

Abb. 13-19: **Die Prachtlibelle *Calopteryx maculata*.** Ein territoriales Männchen (links) und ein kopulierendes Paar (rechts), bei dem das Männchen das Weibchen mit seinen Hinterleibsanhängen packt, während das Weibchen sein Abdomen nach vorne streckt und den Kontakt mit dem Begattungsorgan des Männchens herstellt. Foto des Autors.

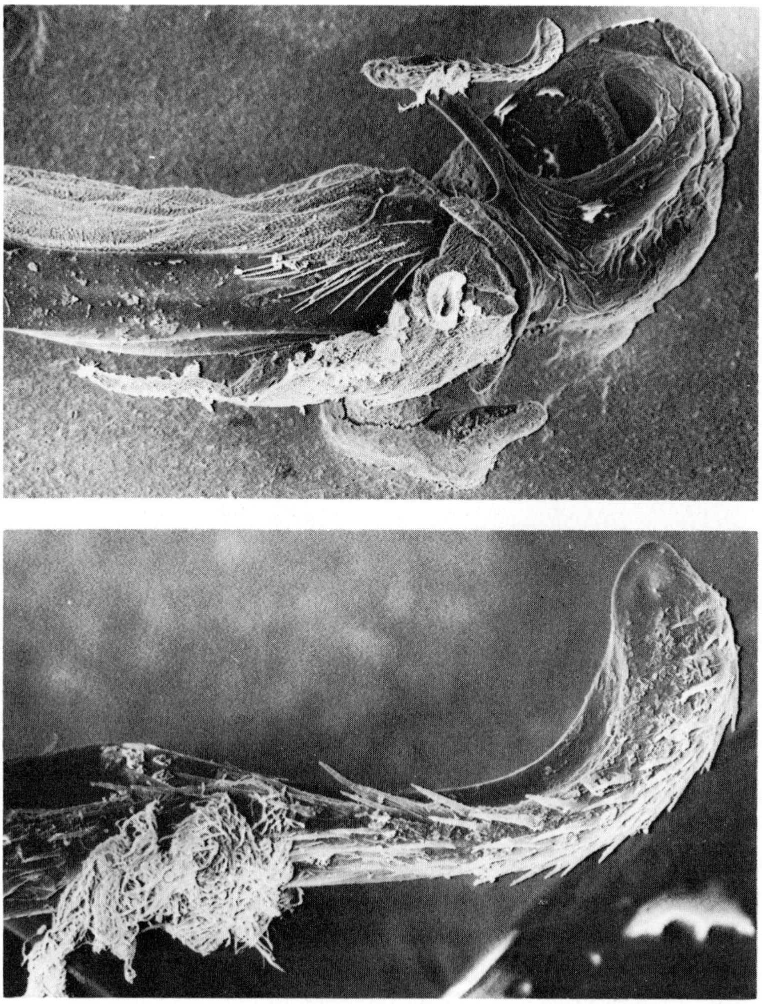

Abb. 13-20: **Spermakonkurrenz bei der Prachtlibelle.** Der männliche Penis (oben) besitzt an seiner Spitze seitliche Fortsätze und Haken, die es dem Männchen ermöglichen, das Spermien-Vorratsorgan des Weibchens auszukratzen, bevor es seiner Partnerin sein eigenes Sperma übergibt. Die Vergrößerung eines seitlichen Fortsatzes (unten) macht die Spermien eines Rivalen sichtbar, die sich in den spitzen Haaren verfangen haben. Fotos von Jonathan Waage.

Menge Sperma von seinem ersten Partner in einen speziellen Vorratsbehälter in seinem Körper (die Spermatheca) eingelagert hat. In Fällen wie diesem sollten aufgrund der möglichen Spermakonkurrenz (das ist der Wettstreit zwischen den Spermien von unterschiedlichen Männchen um die Befruchtung der Eier eines Weibchens) jene Männchen begünstigt sein, die ihren Spermien einen Vorteil im Wettlauf um die Befruchtung verschaffen können. Männliche Prachtlibellen haben genau zu diesem Zweck einen ganz außerordentlichen Mechanismus entwickelt.

Die Kopulation bei Prachtlibellen (und bei Libellen allgemein) ist eine merkwürdige Angelegenheit. Das Männchen ergreift dabei das Weibchen mit speziellen Haken, die sich an der Spitze seines Abdomens befinden, am Thorax. Ein rezeptives Weibchen biegt sein Abdomen unter den Körper des Männchens und plaziert seine Geschlechtsöffnung über dem Begattungsorgan des Männchens, welches an der Unterseite seines Abdomens in der Nähe des Thorax sitzt (Abb. 13-19, rechts). Dann pumpt das Männchen rhythmisch mit seinem Körper auf und ab, wobei der Penis wie eine Scheuerbürste wirkt (Abb. 13-20), indem er das sich in der weiblichen Spermatheca befindliche Sperma erfaßt und hinausbefördert [959].

Jonathan Waage, der Entdecker dieses außergewöhnlichen Mechanismus der Spermakonkurrenz bei Prachtlibellen, fand heraus, daß ein kopulierendes Männchen zwischen 90 und 100 % des konkurrierenden Spermas entfernt. Danach gibt es seine eigenen Gameten in das Weibchen. Sie werden in der gesäuberten Spermatheca des Weibchens aufbewahrt, damit dieses sie zur Befruchtung seiner Eier verwendet – es sei denn, das Weibchen paart sich vor der Eiablage noch mit einem anderen Männchen. In diesem Fall wäre den Gameten das gleiche, wenig feierliche Schicksal bestimmt wie denen der vorhergehenden Rivalen.

Die Prachtlibelle benutzt einen ungewöhnlich effizienten Mechanismus, um das Sperma von Rivalen zu eliminieren, welches in der Partnerin gespeichert ist. Sie ist aber bei weitem nicht die einzige Art, bei der sich derartige Verhaltensweisen entwickelt haben. Als Beispiel für einen konvergenten Fall können wir die Heckenbraunelle (*Prunella modularis*) anführen. Bei dieser handelt es sich um einen kleinen, europäischen Singvogel, bei dem ein Männchen seine Partnerin dazu veranlassen kann, das Sperma auszuscheiden, nachdem es sie in näherer Gesellschaft mit einem rivalisierenden Männchen angetroffen

Abb. 13-21: **Spermakonkurrenz bei der Heckenbraunelle.** Ein Männchen pickt gegen die Kloake seiner Partnerin, nachdem es ein anderes Männchen in ihrer Nähe vorgefunden hat; sie reagiert, indem sie einen Tropfen spermienhaltiger Flüssigkeit ausstößt.

hat (Abb. 13-21). William Eberhard nimmt an, daß verschiedene männliche Haie ihre Partnerinnen einer kontrazeptiven Dusche unterziehen, bevor sie ihr Sperma abgeben. Zu diesem Zweck weist der Penis eines Hais zwei Röhren auf. Durch die eine Röhre kann er mit großer Kraft Seewasser spritzen, vielleicht um den Genitaltrakt des Weibchens auszuwaschen, ehe er durch die andere Röhre sein Sperma in seine Partnerin ejakuliert [264].

13.4.1 Spermakonkurrenz und Partnerbewachung

Ein Weg, mit dem Risiko der Spermakonkurrenz fertig zu werden, besteht darin, das Sperma der Rivalen aus dem Genitaltrakt einer Partnerin zu entfernen. Eine andere adaptive Möglichkeit ist die Verringerung der Wahrscheinlichkeit, daß eine Partnerin Sperma eines anderen Männchens erhält. Bei vielen Arten bleiben die Männchen nach der Kopulation noch einige Zeit bei ihren Partnerinnen, vielleicht, um eine Paarung mit einem anderen Männchen zu verhindern. Der Fertilisationsvorteil durch Partnerbewachung muß jedoch gegen die Fitnesskosten dieses Verhaltens abgewogen werden, die größtenteils darin bestehen, daß Gelegenheiten zur Suche nach weiteren Weibchen aufgrund des Verbleibens bei einer bereits inseminierten Partnerin eingebüßt werden.

Das Kosten-Nutzen-Verhältnis der Bewachung eines Weibchens nach der Paarung wird dahin tendieren, das Bewachen in dem Ausmaß zu begünstigen, in dem der Nutzen dieses Verhaltens hoch und die Kosten niedrig sind. Der Nutzen der Partnerbewachung wächst, wenn sich die Wahrscheinlichkeit erhöht, daß unbewachte Partnerinnen sich erneut paaren und das Sperma späterer Partner zur Befruchtung ihrer Eier verwenden. Die Kosten für die Bewachung der Partnerin verringern sich in dem Ausmaß, in dem paarungsbereite Weibchen selten sind, so daß die Männchen, die an der Seite einer Partnerin bleiben, nur wenige Gelegenheiten verpassen, weitere Weibchen zu finden und zu begatten. Obwohl sich beispielsweise die Weibchen des Idaho-Ziesels (*Citellus brunneus*) wie auch die des nah verwandten Belding-Ziesels (*Citellus beldingi*) oft mit mehr als einem Männchen paaren, befruchten die Weibchen des Idaho-Ziesels ihre Eier in erster Linie mit dem Sperma desjenigen Männchens, mit dem sie zuletzt kopuliert haben - wohingegen bei anderen Zieseln die ersten Männchen bevorteilt sind, wenn es um die Befruchtung geht. Des weiteren sind die Bauten von paarungsbereiten Weibchen beim Idaho-Ziesel viel weiter voneinander entfernt als beim Belding-Ziesel. Es sollte Ihnen möglich sein, eine Voraussage darüber zu treffen, bei welcher der beiden Arten eine Partnerbewachung durch Männchen auftritt [854].

Mit Hilfe einer Kosten-Nutzen-Analyse der Partnerbewachung sagten Timothy Birkhead und Anders Møller voraus, daß kolonial lebende Tiere mit größerer Wahrscheinlichkeit Partnerinnen bewachen als solitär lebende Arten, weil das Risiko, daß Weibchen sich mehrfach paaren, größer wird, wenn viele Männchen mit diesen interagieren können (siehe Kap. 8 zu einem Test dieser Annahme).

Darüber hinaus kann man erwarten, daß Männchen ihre Partnerinnen nur dann intensiv bewachen, wenn diese paarungsbereit sind und Eier haben, die befruchtet werden könnten. Weißstirnspinte (*Meropiscus bullockoides*; siehe Farbtafel 6) bieten eine Möglichkeit, diese Voraussage zu überprüfen. Bei dieser Art (wie bei vielen anderen Vogelarten auch) geht das Männchen mit einem Weibchen eine kooperative Beziehung ein, die wenigstens so lange besteht, bis die Jungen aus einer Brutsaison großgezogen sind. Nach der Paarung produzieren weibliche Spinte ein Gelege von vier oder fünf Eiern, wobei täglich ein Ei gelegt wird, bis das Gelege vollständig ist. Jedes Ei kann nur innerhalb einer kurzen Zeit befruchtet werden, wodurch sich eine entsprechende Gelegenheit für die Männchen nur während einer Zeitspanne von vier bis fünf Tagen ergibt. Während dieser Zeit paart sich der primäre Partner häufig mit seinem Weibchen. Außerdem begleitet er in diesen Tagen seine Partnerin fast überall hin, wenn diese den Nistort verläßt. Dabei vermindert er die Wahrscheinlichkeit, daß sie von einem anderen Männchen überfallen und zur Kopulation gezwungen wird, um das Zehnfache [285]. Die enge Bewachung der Partnerin erstreckt sich jedoch nicht über die Zeit hinaus, in der das Weibchen Eier hat, die befruchtet werden können (Abb. 13-22). Tatsächlich schalten männliche Weißstirnspinte von der Partnerbewachung auf die sexuelle Verfolgung der Partnerinnen anderer Männchen um, sobald ihre primäre Partnerin alle Eier gelegt hat.

Eine vergleichbare Selektivität bei der Partnerbewachung kommt bei vielen anderen Tieren vor, deren Männchen ein aufwendiges Investment in den Schutz einer Partnerin nur dann leisten, wenn diese Eier hat, die befruchtet werden können [57]. Beim afrikanischen Elefanten (*Loxodonta africana*) zum Beispiel monopolisieren ältere, dominante Bullen die Kühe nur während der Zeit ihres Östrus, in der die Partnerinnen mit hoher Wahrscheinlichkeit ein Ei haben, das befruchtet werden kann. Wenn die Eizelle in der frühen Phase des Östrus noch unreif ist oder wenn das Ei in einer späten Phase des Zyklus bereits befruchtet wurde, kann sich das Weibchen

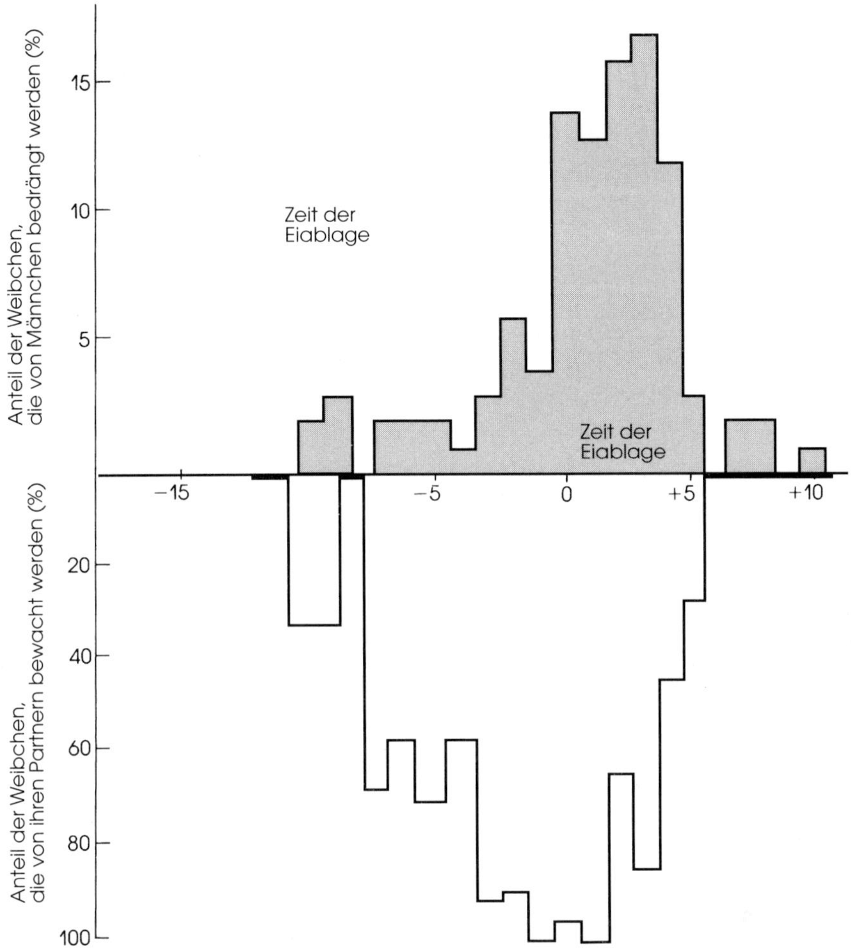

Abb. 13-22: **Adaptive Partnerbewachung beim Weißstirnspint.** Versuche, eine Kopulation zu erzwingen, treten am häufigsten in der Zeit auf, in der die Weibchen ihre Eier legen. Als Reaktion auf dieses Risiko einer Spermakonkurrenz bleiben die Männchen an den Tagen unmittelbar vor und während der Eiablage mit besonders großer Wahrscheinlichkeit in der Nähe ihrer Partnerinnen. Quelle: Emlen und Wrege (285) und unveröffentlichte Daten mit freundlicher Genehmigung von Stephen Emlen und Peter Wrege.

mit jüngeren, weniger dominanten Bullen paaren. Das Risiko einer Spermakonkurrenz durch diese Kopulationen ist für den sozial dominanten Bullen aber gering [762]. Das Verhalten dominanter Elefantenbullen ist somit konvergent zu dem dominanter männlicher Paviane (Abb. 13-13).

Eine andere Voraussage, die aus der Kosten-Nutzen-Betrachtung der Partnerbewachung abgeleitet werden kann, ist die, daß die abnehmende Verfügbarkeit anderer Geschlechtspartnerinnen zu einer verstärkten Bewachung der eigenen Partnerin führen sollte. Diese Voraussage wurde an Drosselrohrsängern (*Acrocephalus arundinaceus*) überprüft, deren Männchen manchmal versuchen, sich mit mehr als einem Weibchen zu paaren [418].

Dazu müssen bereits verpaarte Männchen aufhören, das Weibchen zu begleiten, und „long song" anstimmen, um eine neue Partnerin herbeizulocken. Die Chance, ein unverpaartes Weibchen anzulocken, ist am Anfang der Brutzeit viel größer als später. Zu Beginn der Brutsaison fangen die Männchen schon einige Tage vor dem Ende der fertilen Periode ihrer Partnerin wieder an, den „long song" zu singen. Mit Fortschreiten der Brutsaison bewachen die Männchen ihre Partnerinnen während eines immer größer werdenden Anteils der Zeit, in der diese Eier haben, welche befruchtet werden können (Abb. 13-23).

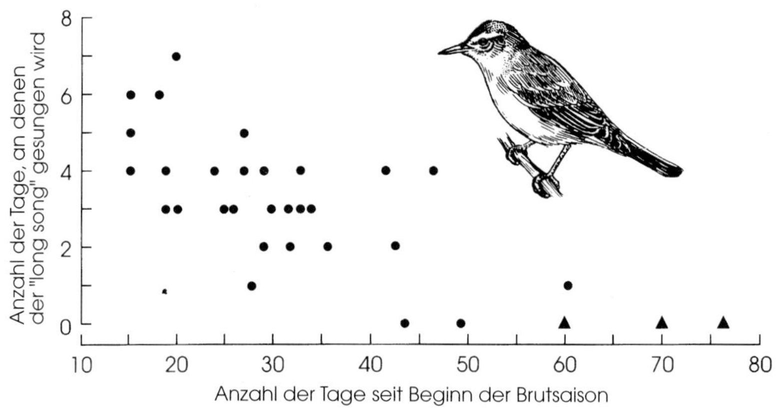

Abb. 13-23: **Saisonale Veränderungen in der Partnerbewachung bei männlichen Drosselrohrsängern.** Zu Beginn der Brutsaison, wenn unverpaarte Weibchen noch zu haben waren, sangen die Männchen mehrere Tage lang ihren lockenden „long song" während ihre Partnerinnen fruchtbar waren und verzichteten damit auf eine Bewachung der aktuellen Partnerin, um ein zweites Weibchen anzulocken. Später in der Brutsaison sangen die Männchen während der fruchtbaren Phase ihrer Partnerinnen an weniger Tagen, und einige Männchen (Dreiecke), versuchten nicht einmal, ein zweites Weibchen anzulocken. Quelle: Hasselqvist und Bensch (418).

13.5 Partnerwahl durch Weibchen aufgrund materieller Zuwendungen der Männchen

Wir haben gesehen, daß viele männliche Verhaltensweisen, wie zum Beispiel Versuche, soziale Dominanz zu erlangen oder Partnerinnen zu bewachen, sich entwickelt haben könnten, weil sie Männchen dazu verhelfen, erfolgreich mit anderen Männchen um die Befruchtung der Eier zu konkurrieren. Nun werden wir unsere Aufmerksamkeit den möglichen evolutiven Auswirkungen einer sexuellen Selektion über den Weg der Partnerwahl zuwenden. Die theoretische Begründung der Annahme, daß Weibchen häufig eine sexuelle Selektion von Männchen vornehmen könnten, ist schlüssig. Wie bereits erwähnt wurde, wird der Fortpflanzungserfolg von Weibchen selten dadurch gesteigert, daß sie viele Partner haben. Vielmehr wir die Fitness eines Weibchens dadurch bestimmt, wieviele Eier es produziert und von dem, was nach der Befruchtung mit den Eiern geschieht. Wenn sich die Männchen bezüglich ihres Einflusses auf die Qualität und die Überlebenswahrscheinlichkeit ihres Nachwuchses unterscheiden, dann sollten die Weibchen eine Auswahl treffen und jene Individuen begünstigen, welche am meisten beizusteuern haben. So käme es zu einer Selektion durch Partnerwahl, die auf den Präferenzen der Weibchen beruht.

Die Frage ist, ob Weibchen in der Praxis wählerisch sind (wie die Theorie besagt), wenn es darum geht, wer ihre Eier befruchtet. Zweifellos könnten die Weibchen in dieser Angelegenheit manches zu sagen haben, vorausgesetzt sie können sich einem Männchen, das eine Kopulation zu erzwingen versucht, widersetzen. Darüber hinaus legt die Seltenheit hybrider Paarungen den Schluß nahe, daß Weibchen sehr wohl Männchen ihrer eigenen Art von denen einer anderen unterscheiden können (Abb. 13-24) [620].

Das Hauptproblem bestand jedoch darin, eindeutig nachzuweisen, daß Weibchen innerhalb der eigenen Art manche Männchen anderen vorziehen [23, 399]. Es genügt nicht, zu zeigen, daß sich einige Männchen eines höheren Fortpflanzungserfolges erfreuen als andere, denn wir haben gesehen, daß ein solches Ergebnis durch den Wettbewerb der Männchen untereinander statt durch weibliche Präferenzen zustande kommen kann. Als ein Beispiel für die Schwierigkeit, die möglichen Einflüsse dieser zwei Komponenten der sexuellen Selektion zu entwirren, betrachten wir die alternativen Hypothesen, die sich in den folgenden Fällen ergeben. Nachdem ein neuer Hengst von einem anderen Hengst eine Herde wilder Stuten übernommen hat, kann eine trächtige Stute eine Fehlgeburt erleiden, wenn sie von dem neuen Besitzer des Harems zur Kopulation gezwungen wird [70]. Nach einer ähnlichen Übernahme bei bestimmten Mäusearten bringt der Geruch des Urins eines neuen Männchens trächtige Weibchen dazu, die eigenen Embryonen zu resorbieren [544, 839].

Auf ultimater Ebene können diese Auswirkungen entweder aus der Konkurrenz zwischen Männchen entstanden sein oder aber aus der Wahl durch Weibchen [839]. Es könnte sein, daß die neuen Männchen die Weibchen irgendwie dazu zwingen, ihre Schwangerschaft zu beenden, um so den Sexualzyklus zu beschleunigen und die Chance zu erhöhen, eigene Nachkommen mit ihnen zu haben. Alternativ besteht aber auch die Möglichkeit, daß Weibchen, die ein Männchen verloren haben oder von diesem verlassen wurden, es vorziehen, Nachwuchs mit einem Neuling zu produzieren, der die elterliche Für-

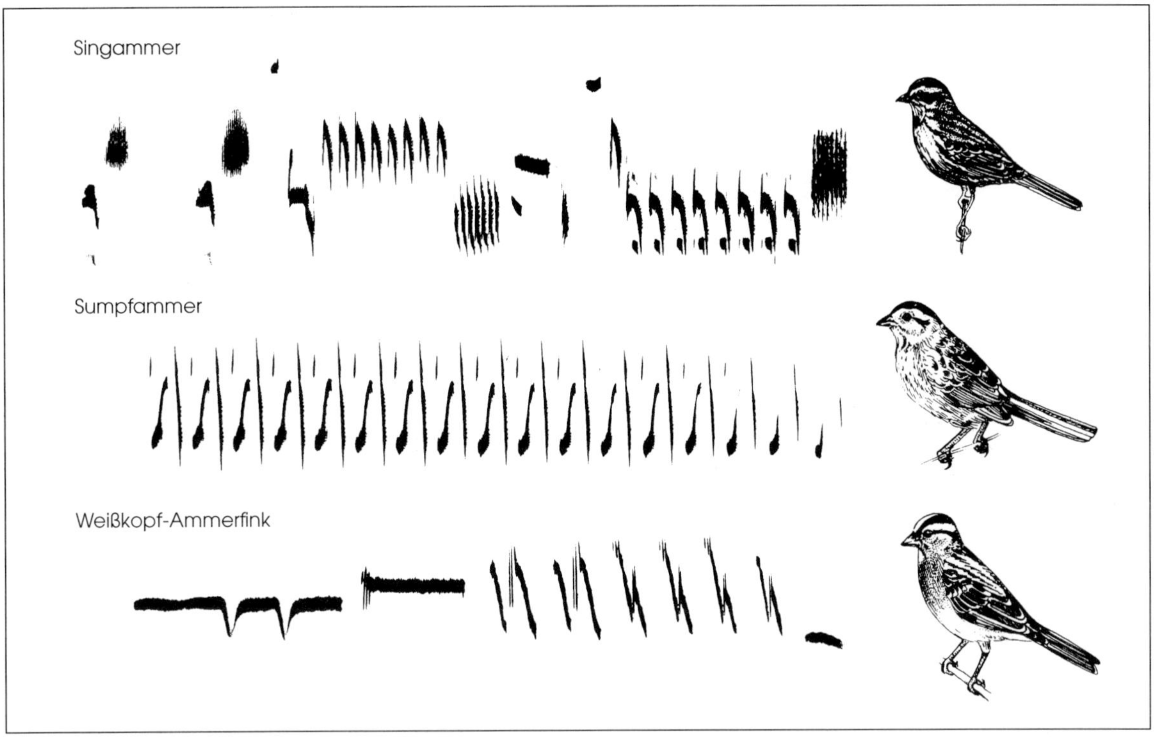

Abb. 13-24: **Artspezifische Gesänge von männlichen Singammern (*Passerella melodia*)**, Sumpfammern (*Passerella georgiana*) und Weißkopf-Ammerfinken (*Zonotrichia leucophrys*). Abgebildet sind die Sonagramme der jeweils einige Sekunden andauernden Gesänge. Die Weibchen dieser Arten können anhand der Gesänge Männchen der eigenen Art identifizieren. Sonagramme mit freundlicher Genehmigung von Peter Marler.

sorge bietet, die der Vorgänger nicht mehr bieten kann. Wäre dies der Fall, so würde es sich beim Schwangerschaftsabbruch um eine Form der aktiven Partnerwahl durch die Weibchen handeln.

13.5.1 Partnerwahl und Hochzeitsgeschenke

Ein eindeutiger Beleg dafür, daß Weibchen tatsächlich eine adaptive Partnerwahl vornehmen, findet sich bei Arten, deren Männchen ihren Partnerinnen einen materiellen Vorteil, wie Nahrung oder elterliche Fürsorge, als Gegenleistung für die Kopulation bieten [824]. Da Weibchen solche Gaben in einen Fitnessgewinn für sich selbst umsetzen können (z. B. in zusätzliche oder größere Eier), könnten sie Männchen bevorzugen, deren Angebote überdurchschnittlich gut sind und dadurch eine sexuelle Selektion zugunsten „großzügiger" Männchen vornehmen.

Zum Beispiel treffen die Weibchen der zu den Mückenhaften (Bittacidae) gehörenden Art *Bittacus apicalis* eine Auswahl unter den Männchen, die ihnen ein Brautgeschenk als Gegengabe für die Paarung anbieten (Abb. 13-25). Randy Thornhill zeigte, daß Männchen, die ungenießbare Marienkäfer anbieten, schnell zurückgewiesen werden. Selbst wenn die Nahrung eßbar ist und die

Abb. 13-25: **Hochzeitsgeschenk.** Männliche Mückenhafte bieten ihren Weibchen gefangene Beutetiere und verschaffen so ihrer Paarungspartnerin einen materiellen Vorteil. Foto des Autors.

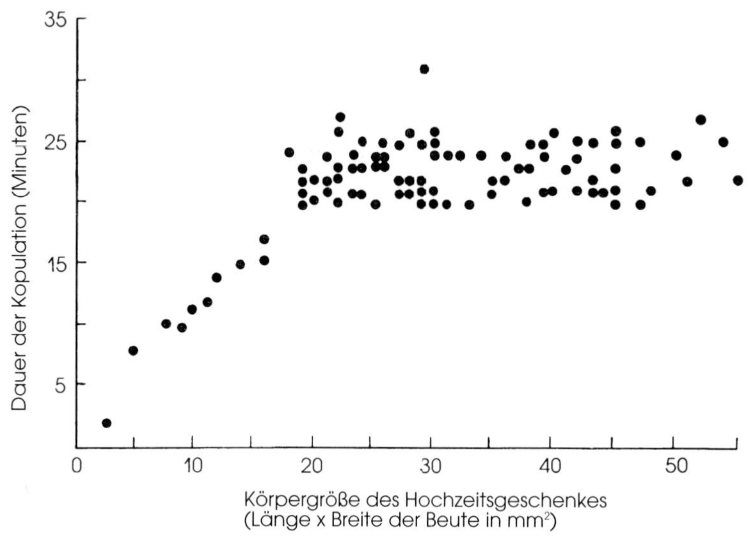

Abb. 13-26: **Spermienübertragung und die Größe des Hochzeitsgeschenkes.** Beim Mückenhaft *Bittacus apicalis* gilt, daß die Paarung um so länger dauert und um so mehr Sperma vom Männchen auf das Weibchen übertragen wird, je größer das Geschenk des Männchens ist. Aus Thornhill (919).

Kopulation beginnt, hängt deren Dauer von der Größe der Beute ab [919]. Ist das Geschenk klein, so daß die Mahlzeit weniger als fünf Minuten dauert, macht sich das Weibchen davon, ohne ein einziges Spermium empfangen zu haben. Wenn aber die Beute in nicht weniger als 20 Minuten verputzt werden kann, verabschiedet sich das Weibchen mit dem gesamten Sperma des Schenkenden (Abb. 13-26).

Die Dauer der Kopulation bestimmt nicht nur, wieviel Sperma ein Weibchen von einem Partner übernimmt, sondern auch, ob es paarungsunwillig wird und mit der Eiablage beginnt. Wenn ein Weibchen nur ein 12-Minuten-Mahl erhält, verläßt es seinen Partner vorzeitig und schaut sich, um die Sache noch schlimmer zu machen, nach einem anderen Männchen um. Dann frißt sie dessen Gabe und nimmt sein Sperma auf, welches sie mit großer Wahrscheinlichkeit zur Befruchtung ihrer Eier benutzt, die sie während ihrer nicht-rezeptiven Phase legt. Auf diese Weise üben Weibchen eine aktive Partnerwahl aus. Sie erzeugen eine sexuelle Selektion, durch die solche Männchen begünstigt sind, die große, nahrhafte Hochzeitsgeschenke herbeischaffen, welche ihre Partnerinnen sich gut schmecken lassen [919].

13.5.2 Spermatophoren als Hochzeitsgeschenke

Wie wir schon festgestellt haben, übergeben die Männchen einiger Laubheuschrecken ihren Partnerinnen große, sehr proteinhaltige Spermatophoren als Hochzeitsgeschenk, die von den Weibchen nach der Kopulation gefressen werden (Farbtafel 11). Erzielen Weibchen durch dieses Hochzeitsmahl einen Fortpflanzungsgewinn? Um diese Frage zu beantworten, sorgte Darryl Gwynne in einem Laborexperiment dafür, daß Spermatophoren, die Weibchen der australischen Laubheuschrecke *Requema verticalis* empfangen hatten, wieder entfernt und auf andere Weibchen übertragen wurden [392]. Je mehr Spermatophoren ein Weibchen erhielt, um so fruchtbarer war es und um so schwerer waren seine Eier (Tab. 13-2). In der Natur lassen die Weibchen dieser Laubheuschrecke es nicht zu, daß Sperma ihres Partners in ihr Speicherorgan gelangt, bevor nicht das Männchen eine Spermatophore bereithält.

Weibchen der Grillenart *Gryllodes supplicans* wenden den gleichen Mechanismus an, um das Sperma von

Tab. 13-2: **Der Einfluß des Spermatophorenverzehrs** auf das Gewicht und die Anzahl der von weiblichen Laubheuschrecken (*Requema verticalis*) produzierten Eier. Quelle: Gwynne (392).

	Anzahl der gefressenen Spermatophoren			
	0	1	3	7
Mittlere Anzahl der abgelegten Eier[a]	31,9	45,8	59,8	70,7
Mittleres Gewicht der Eier (mg)[a]	9,7	10,0	10,3	10,6

[a]Die Mittelwerte basieren auf Werten aus Gruppen mit je 12-14 Weibchen. Alle Individuen erhielten dieselbe Menge an Haferflocken und Mohrrüben, nachdem sie sich verpaart hatten. Einige Weibchen erhielten über zwei Wochen 2 bis 6 zusätzliche Spermatophoren. Weibchen in der "0 Spermatophoren"-Gruppe wurden daran gehindert, die Spermatophore zu fressen, die sie von ihrem Partner erhalten hatten.

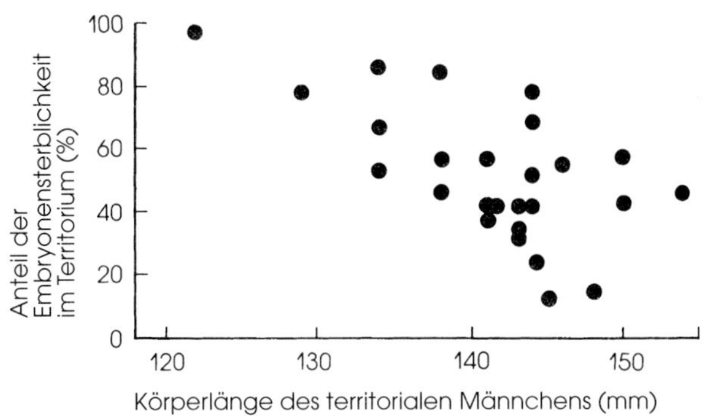

Abb. 13-27: **Adaptive Partnerwahl bei Ochsenfröschen.** Weibchen bevorzugen große Männchen, in deren Territorien die Sterblichkeit der Embryonen geringer ist. Quelle Howard (466).

Männchen zurückzuweisen, wenn diese Spermatophoren übergeben, die kleiner als der Durchschnitt sind [823]. Während der Kopulation heftet das Grillenmännchen eine zweiteilige Spermatophore an die Genitalöffnung der Partnerin. Kurze Zeit, nachdem es sich vom Männchen getrennt hat, greift das Weibchen nach hinten und entfernt einen Teil dieses Gebildes. Den anderen Teil, der die Spermien enthält, beläßt es an seinem Platz. Während das Weibchen den ersten Teil auffrißt, wandern die Spermien aus dem anderen, der Spermaampulle, in ihren Körper, wo sie gespeichert werden. Je größer das Hochzeitsgeschenk ist, um so länger frißt das Weibchen, und um so mehr Zeit haben die Spermien, den Spermienbehälter zu verlassen. Aber sobald es mit dem ersten Teil fertig ist, wendet sich das Weibchen dem zweiten Teil – der Ampulle – zu. Sie frißt sich durch dieses ebenfalls eßbare Gebilde und vernichtet dabei die verbliebenen Spermien. Männchen, die eine dürftige Spermatophore überreichen, können nicht die maximale Spermienmenge übertragen und befruchten daher weniger Eier.

13.5.3 Partnerwahl und Zugang zu monopolisierten Ressourcen

Einige männliche Mückenhafte, Laubheuschrecken und Grillen sammeln, verarbeiten und übergeben Nahrung unmittelbar an eine wählerische Partnerin, mit dem Ziel, das Weibchen zur Annahme einer vollständigen Spermaladung zu „bestechen". Die Übergabe eines Hochzeitsgeschenkes ist jedoch nur einer von verschiedenen Wegen, auf denen Männchen materielle Vorteile gegen Kopulationen tauschen. Eine üblichere Methode besteht darin, daß Männchen ein Territorium verteidigen, welches von paarungsbereiten Weibchen besucht wird, die sich mit dem Besitzer paaren und die Ressourcen des Territoriums nutzen.

Wir haben bereits dargestellt, wie wichtig der Besitz eines Reviers für viele Vögel ist, die sich in einem Gebiet, welches ihnen Nahrung liefert, verpaaren und nisten (Kap. 10). Da Weibchen revierlose Männchen offenbar meiden und bestimmte Revierinhaber bereitwillig akzeptieren, handelt es sich in solchen Fällen anscheinend um eine durch Weibchen getroffene Auswahl, die für sie deutlich von Vorteil ist. Wir werden nun einen weiteren Fall von Partnerwahl in Verbindung mit einem ressourcenhaltigen Territorium betrachten.

Ochsenfrosch-Männchen (*Rana catesbeiana*) rufen von solchen Stellen ihres Teiches um die Wette, die aufgrund ihrer Temperatur und Vegetation für die Entwicklung von Eiern besonders geeignet sind. Die Weibchen nähern sich diesem Chor und bewegen sich auf ein Männchen zu. Zur Umklammerung kommt es erst, wenn ein Weibchen ein Männchen wirklich berührt. Diese Beobachtung läßt den Schluß zu, daß ein Weibchen sich mit dem Individuum ihrer Wahl verpaaren kann [467]. Weibchen ziehen es vor, sich in den Revieren von großen Männchen zu verpaaren und ihre Eier abzulegen – vermutlich, weil große Männchen die Kontrolle über die besten Stellen zur Eiablage haben. Richard Howard zeigte, daß die Mortalität der Embryonen durch Überhitzung und Egelfraß in den Territorien geringer ist, die von großen Männchen kontrolliert werden, als an Stellen, die ihre kleineren Rivalen monopolisiert haben (Abb. 13-27). So erzielen weibliche Ochsenfrösche materielle Vorteile und einen Fitnessgewinn, wenn sie bei der Paarung großen Männchen den Vorzug geben.

13.5.4 Partnerwahl und Brutpflege durch Männchen

Bei Laubheuschrecken und Ochsenfröschen erbringen Männchen keine elterlichen Leistungen für ihren Nachwuchs, obwohl sie ihren Partnerinnen auf verschiedene andere Weise behilflich sind. Es gibt aber Arten, bei denen die Männchen aktiv den vorhandenen Nachwuchs versorgen. Bei diesen Arten könnte ein Unterschied im potentiellen Elterninvestment pro Nachkommen ein relevanter Faktor bei der Partnerwahl durch Weibchen sein. Die Frage ist, wie ein Weibchen erkennen kann, was ein Männchen tun wird, wenn seine Jungen der Hilfe bedürfen. Es gibt viele verschiedene Aspekte im männlichen Erscheinungsbild und Verhalten, die geeignet sind, die Fähigkeit von Männchen zur Bereitstellung elterlicher Leistungen anzuzeigen (z. B. [700]). Zum Beispiel bevor-

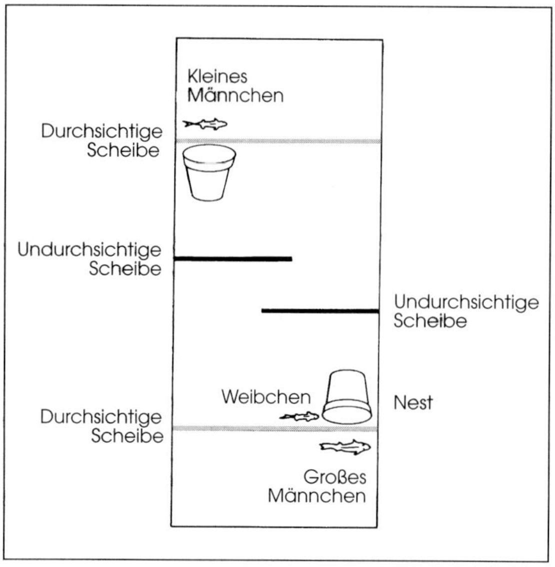

Abb. 13-28: **Partnerwahl bei einem Fisch.** Versuchsanordnung zur Überprüfung der Partnerwahl durch die Weibchen eines Buntbarsches (*Cichlasoma nigrofasciatum*). Das Weibchen in dem mittleren Abteil kann die Männchen in den äußeren Teilbecken beobachten. Diese können sich jedoch gegenseitig nicht sehen und auf keinerlei Weise interagieren. Auf diese Weise wird der Wettbewerb zwischen den Männchen als ein Faktor, der den Reproduktionserfolg eines Männchens beeinflußt, experimentell kontrolliert. Nach Noonan (697).

zugen die Weibchen mancher Fischarten, bei denen die Männchen an der Brutfürsorge beteiligt sind, offensichtlich Individuen, die bereits Eier in ihrem Nest haben [946], vielleicht, weil diese Eier eine Fürsorgebereitschaft der Männchen anzeigen (aber siehe [483]). Fischweibchen könnten auch in der Lage sein, andere Indikatoren zu benutzen, um die Eignung von Männchen zur väterlichen Fürsorge zu beurteilen und sich so einen optimal fürsorgenden Vater für ihren Nachwuchs herauszusuchen. Sie könnten beispielsweise große Männchen bevorzugen, weil diese aggressivere Väter und bessere Beschützer als kleine Männchen sind [697]. Um diese Möglichkeit bei der Cichlidenart *Cichlasoma nigrofasciatum* zu überprüfen, setzte Katherine Noonan ein Weibchen in das mittlere Abteil eines aus drei Kammern bestehenden Aquariums. Dort konnte das Weibchen ein großes und ein kleines Männchen in den beiden äußeren Abteilen sehen. Zwei schwarze Plexiglasscheiben in der mittleren Kammer verhinderten, daß sich die Männchen auf irgendeine Weise gegenseitig beeinflußten (Abb. 13-28). Weibchen beobachteten die visuellen Balzdarbietungen beider Männchen, und in 16 von 20 Versuchen laichten sie in dem Nest in der Nähe des großen Männchens ab.

Ein anderes Beispiel für eine weibliche Partnerwahl, die auf der Größe des Männchens beruht, liefert eine Studie von Marion Petrie, die zeigte, daß die Weibchen des Teichhuhns (*Gallinula chloropus*) kleine Männchen bevorzugen [746]. Die Männchen dieses stämmigen Wasservo-

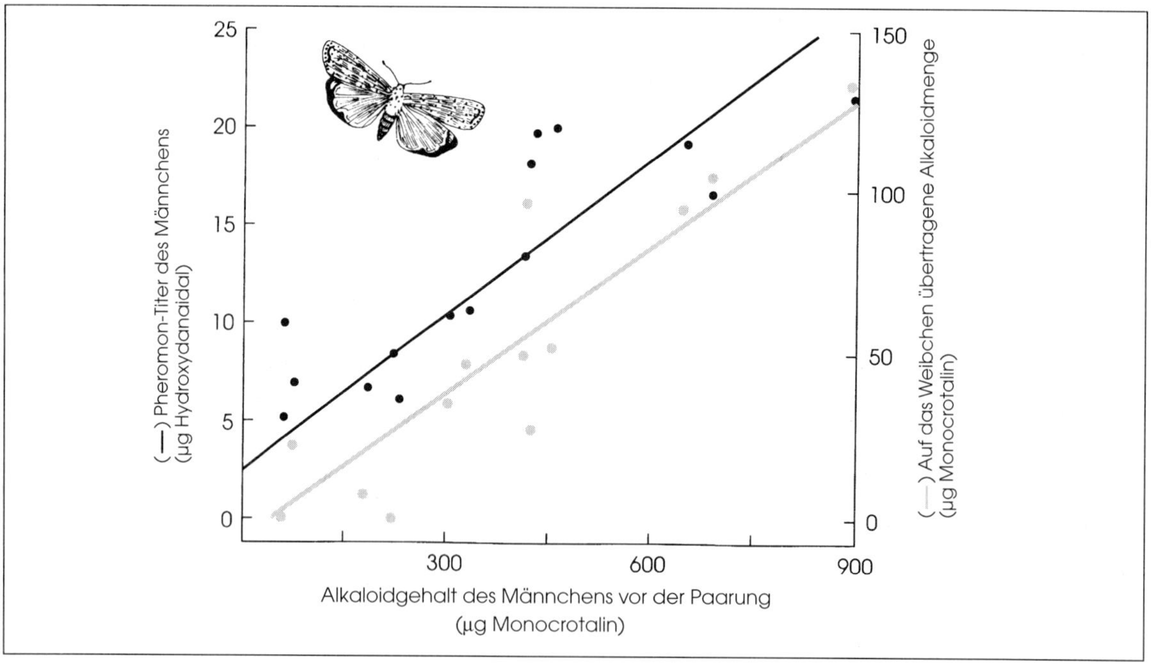

Abb. 13-29: **Männliches Sexualpheromon** enthält bei dem Falter *Utethesia ornatrix* möglicherweise Informationen über die Fähigkeit eines Männchens, einem Weibchen Schutz-Alkaloide übergeben zu können. Je mehr Alkaloide in dem Körper eines Männchens gespeichert sind, umso höher ist der Alkaloidgehalt seines Sexualpheromons. Je mehr Alkaloide ein Männchen gespeichert hat, um so höher ist auch der Alkaloidgehalt der Spermatophore, die es seiner Partnerin übergibt. Quelle: Dussourd et al. (259).

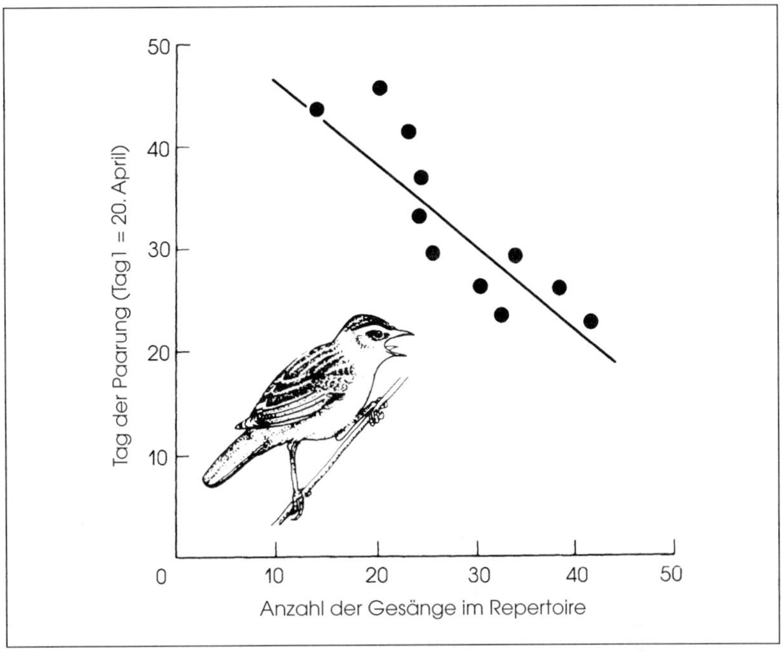

Abb. 13-30: **Partnerwahl beim Schilfrohrsänger.** Weibchen bevorzugen Männchen mit einem großen Gesangsrepertoire. Diese Männchen verpaaren sich früher in der Brutsaison. Quelle: Catchpole (160).

gels übernehmen einen großen Teil des Brutgeschäftes. Je größer die Fettreserven eines Teichhuhn-Männchens in Relation zu seiner Größe sind, umso mehr Tage kann es brüten und damit ein Weibchen für die Futtersuche und die Produktion eines neuen Geleges freistellen. In Petries Untersuchungen stellte sich heraus, daß die Größe eines Männchens negativ mit dem Fettanteil seines Körpers korreliert ist. Kleine Teichhuhn-Männchen verfügen also über relativ mehr Fett als große. Petrie beobachtete Weibchen, die um Männchen kämpften und fand, daß die Siegerinnen (die großen Weibchen) sich mit kleinen Männchen paarten, welche die besseren Väter waren.

Vermutlich können weibliche Teichhühner mit Hilfe ihres visuellen Beurteilungsvermögens potentiell überlegene Männchen identifizieren. Bei bestimmten Falterarten könnten olfaktorische Hinweise den Weibchen dazu verhelfen, überlegene Männchen auszuwählen. Bei diesen Arten übertragen die Männchen während der Paarung Verteidigungssubstanzen, die die Weibchen in ihre Eier einlagern, um sie vor Prädatoren zu schützen [89]. Zum Beispiel nehmen die Raupen der Falterart *Utetheisa ornatrix* aus ihren Nahrungspflanzen Pyrrolizidin-Alkaloide (PA) auf, welche für die meisten Pflanzenfresser giftig sind - nicht aber für diesen Falter. Adulte Männchen benutzen die gespeicherten PA zur Bildung eines Geschlechtspheromons, welches sie dann einsetzen, um Weibchen herbeizulocken [258]. Je mehr PA ein Männchen als Larve aufnimmt, um so größer sind die verfügbaren Vorräte für die Produktion und Sekretion von Hydroxydanaidal (einem modifizierten PA) als Zusatz in seinem Pheromon (Abb. 13-29). Deshalb könnten die Weibchen von *U. ornatrix* anhand der Zusammensetzung des männlichen Geschlechtspheromons eine Auswahl treffen, zumal die Konzentration von Hydroxydanaidal im Pheromon auch mit der Menge an PA korreliert ist, welche das Männchen seiner Partnerin als chemischen Schutz für ihre Eier spendet [259].

Die Weibchen anderer Arten können das Fürsorgepotential eines Männchens eher beurteilen, indem sie seinem Gesang lauschen, als anhand seines Pheromons. Die Komplexität oder die Beharrlichkeit, mit der ein Vogelmännchen singt, kann seine Größe oder physiologische Kondition anzeigen [376, 663]. Clive Catchpole glaubt, daß dies der Grund dafür ist, daß sich weibliche Schilfrohrsänger (*Acrocephalus schoenobaenus*) schnell mit Männchen verpaaren, die über ein großes Gesangsrepertoire verfügen, und den später ankommenden Rivalinnen die Männchen mit den weniger variablen Gesängen übriglassen (Abb. 13-30) [160].

13.6 Partnerwahl durch Weibchen, wenn Männchen nur Sperma anbieten

Wir haben ausgewählte Belege für die generelle Hypothese betrachtet, daß es mit großer Wahrscheinlichkeit zur Selektion durch weibliche Partnerwahl kommt, wenn Männchen den Weibchen etwas Nützliches (außer Sperma) anzubieten haben. Es gibt aber viele Arten, deren Männchen in keiner Weise ihren Partnerinnen oder dem Nachwuchs helfen. Bei diesen Arten sind die Weibchen auf sich allein gestellt; es gibt keine Hochzeitsgaben, keine Ressourcen, die man dem männlichen Territorium

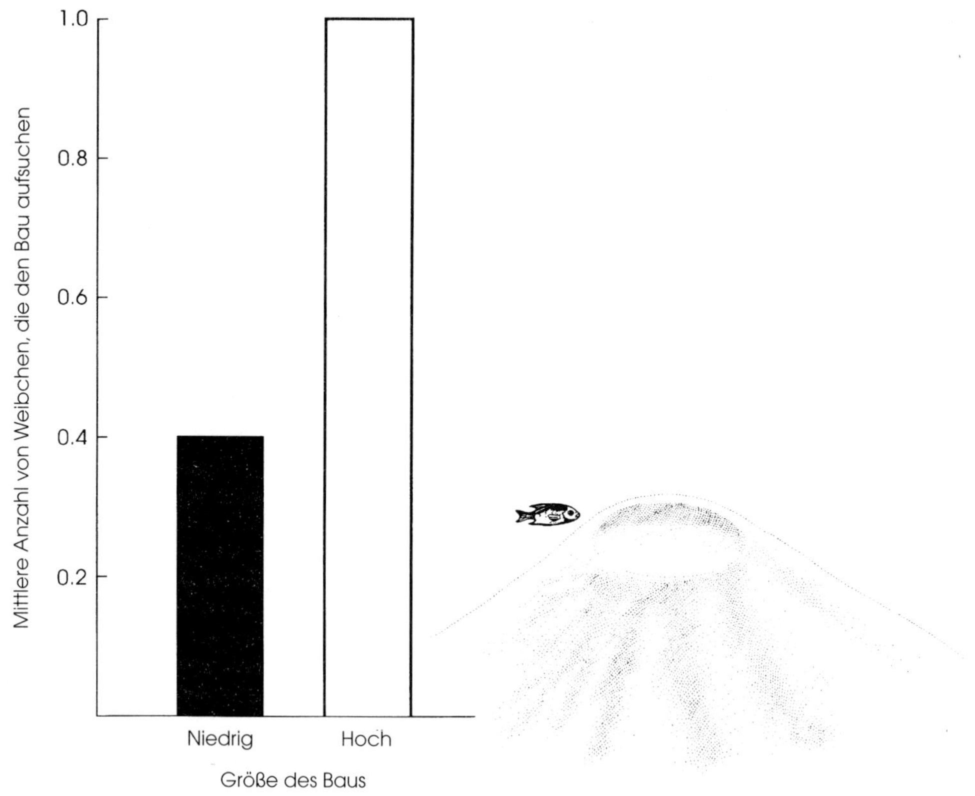

Abb. 13-31: **Weibliche Partnerwahl in Abhängigkeit von der „Laubengröße"** bei einem Cichliden (*Cyrtocara eucinostomus*). Die Männchen dieser Art errichten vulkanähnliche Sandbauten, in denen sie um die vorbeikommenden Weibchen werben. Die Weibchen begeben sich häufiger in hohe (mittlere Höhe = 25 cm) als in niedrige Bauten (mittlere Höhe = 10 cm). Quelle: McKaye (632).

entnehmen kann, keinen männlichen Schutz für den Nachwuchs, gar nichts - außer den Genen im Sperma des Männchens. Wählen die Weibchen solcher Arten ihre Partner aus, und wenn ja, auf welcher Grundlage?

Wie bereits erwähnt, lassen männliche Seidenlaubenvögel ihren Partnerinnen weder elterliche Fürsorgeleistungen noch irgend eine andere Form der Unterstützung zukommen. Sie bauen und schmücken aber sorgfältig ihre Lauben. Die Möglichkeit, daß Weibchen die Männchen aufgrund dieser Ausschmückungen bewerten, wurde von Gerald Borgia überprüft, der voraussagte, daß sich Weibchen seltener an Nestern verpaaren würden, deren Dekorationen er und seine Mitarbeiter täglich entfernten, als an solchen, die sie in Ruhe ließen. Um diese Voraussage zu überprüfen, stellte Borgia Kameras an 11 Lauben, deren Dekorationen entfernt wurden, sowie an 11 intakten Lauben auf. Die Kameras wurden aktiviert, sobald ein bewegtes Objekt, wie zum Beispiel ein Laubenvogel, auf seinem Weg durch die Laubengasse eine unsichtbare Infrarotlichtschranke unterbrach. Jedesmal, wenn ein Weibchen die Laube betrat, schaltete es dabei die Kamera ein, und falls sich dann das Männchen zur Paarung zu ihm gesellte, wurde dies zuverlässig aufgenommen. Wie vorausgesagt, kam es an den dekorationslosen Lauben zu signifikant weniger Paarungen als an den Kontroll-Lauben [98].

In einem ähnlichen Beispiel geht es um einen afrikanischen Cichliden, *Cyrtocara eucinostomus*, der auf dem Grund des Malawi-Sees aufwendige Bauten errichtet, die Mini-Vulkanen oder Sandburgen ähneln [632]. Weibchen besuchen diese „Lauben" lediglich, um von den Männchen für die Befruchtung der Eier, die sie in ihrem Maul ausbrüten, Sperma zu empfangen. Die Männchen leisten keinen Beitrag zur elterlichen Brutpflege. Der Paarungserfolg der Männchen ist eine Funktion der Höhe ihrer Bauten (Abb. 13-31); innerhalb einer Gruppe benachbarter Männchen gelingt es den Männchen mit den höchsten Bauten am besten, Weibchen anzulocken und mit ihnen zu interagieren (es ist anzunehmen, daß diese Maße auch mit dem Befruchtungserfolg korreliert sind).

Die Weibchen von Seidenlaubenvögeln und bestimmten Cichliden nutzen anscheinend visuelle Informationen aus dem Balzverhalten der Männchen, um sich für einen Paarungspartner zu entscheiden; ähnliches findet man z. B. bei weiblichen Pfauen (*Pavo cristatus*), die Männchen mit relativ großen Augenflecken auf ihren riesigen

Schwanzfedern bevorzugen [747], und bei den Weibchen vieler anderer Arten [z. B. 3]. Es gibt aber auch Arten, deren Männchen keine Brutpflege leisten und bei der Balz akustische Signale einsetzen. Nutzen Weibchen diese Hinweise, um zwischen den Männchen zu wählen? Ann Hedrick fand heraus, daß die Weibchen einer bestimmten Grillenart solche Männchen bevorzugen, die relativ ausdauernd trillern können [424]. Das Besondere an der Untersuchung des Einflusses akustischer Signale auf Weibchen ist, wie Hedrick betont, daß hier die Möglichkeit besteht, den „Rest des Männchens" vom Signal zu trennen, indem man eine Tonbandaufnahme seiner Laute benutzt, um deren Attraktivität zu testen. Üblicherweise sieht die experimentelle Durchführung so aus, daß man ein Weibchen zwischen zwei Lautsprechern plaziert, wobei der erste den einen Gesangstyp und der zweite einen anderen wiedergibt. Die weiblichen Grillen, die Hedrick untersuchte, marschierten in 23 von 25 Versuchen in die Richtung, aus der ein ununterbrochenes Trillern zu hören war und nicht in die, aus der kurze Gesangsstücke kamen. Die experimentelle Vorgehensweise schließt die Möglichkeit aus, daß die akustischen Präferenzen der Weibchen tatsächlich von anderen Eigenschaften der Männchen oder von subtilen Interaktionen zwischen den Männchen beeinflußt werden.

Die gleiche Technik wurde auch oft zur Untersuchung der akustischen Partnerwahl bei Fröschen und Kröten erfolgreich angewandt [338]. Brian Sullivan zeigte, daß sich die Weibchen der Kröte *Bufo woodhousei* im Freiland mit sehr viel größerer Wahrscheinlichkeit mit einem Männchen verpaaren, das innerhalb einer Minute zahlreiche Rufe von sich gibt, als mit einem, welches mit einer geringeren Rate ruft [906]. Es handelt sich hier um eine Krötenart, deren Männchen sich in Teichen und Kolken sammeln und einen Chor aus singenden Männchen bilden. Die Weibchen hören sich viele Männchen an und begeben sich dann zu dem Partner ihrer Wahl. Um zu überprüfen, ob die unter natürlichen Bedingungen gezeigten Präferenzen der Weibchen von den akustischen Eigenschaften der Rufe beeinflußt sind, nahm Sullivan einige Weibchen mit ins Labor. Dort wurden sie in eine Arena mit zwei Lautsprechern gesetzt, aus denen derselbe Ruf, allerdings mit unterschiedlichen Raten ertönte. In 36 Versuchen hüpften die Weibchen stets auf den Lautsprecher zu, aus dem die Rufe in schnellerer Abfolge kamen.

In der von Sullivan untersuchten Krötenpopulation war die Körpergröße nicht mit der Fähigkeit korreliert, innerhalb einer Minute oft rufen zu können, so daß die Weibchen bei der Paarung nicht die großen Männchen bevorteilten. Die Weibchen eines panamaischen Frosches jedoch bevorzugen große Männchen [818]. Beim Tungara-Frosch (*Physalaemus pustulosus*) bilden die Männchen Chöre, die auf einem Teich schwimmend die Luft mit ihren zweiteiligen Rufen erfüllen, einem „Wimmern", auf das einer oder mehrere „Gluck"-Laute folgen (siehe Abb. 9-5). Weibchen schließen sich einer solchen Ansammlung an und bewegen sich zwischen den Männchen umher, bevor sie schließlich einem Männchen gestatten, sie zu ergreifen. Große Männchen paaren sich

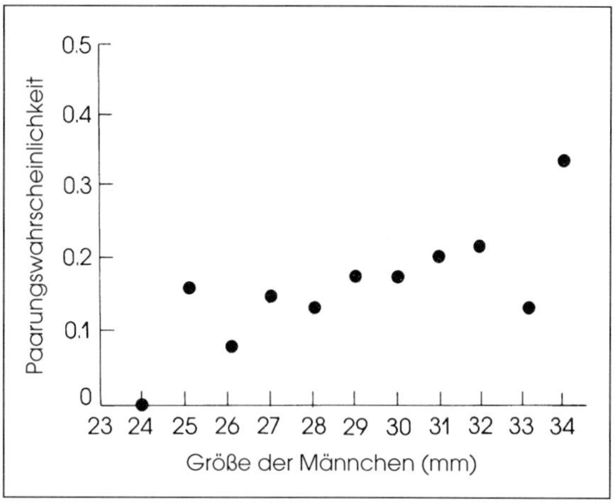

Abb. 13-32: **Weibliche Präferenz für große Männchen** bedeutet bei den Tungara-Fröschen, daß die Wahrscheinlichkeit für ein Männchen, sich zu paaren, mit seiner Größe korreliert ist. Quelle: Ryan (817).

mit einer sehr viel größeren Wahrscheinlichkeit als kleine (Abb. 13-32), und dies liegt nicht etwa daran, daß sie sich bei ihren Rivalen einmischen. Michael Ryan fand heraus, daß die großen Männchen vergleichsweise mehr Energie in die tiefen Gluck-Komponenten ihrer Rufe stecken. Bei Auswahlexperimenten der bereits beschriebenen Art näherten sich die Weibchen stets dem Lautsprecher, der die tieferen Töne von sich gab [815].

13.6.1 Weibliche Präferenzen für extravagante Eigenschaften

Es gibt also reichlich Beispiele dafür, daß Weibchen, auch wenn sie von ihren Männchen nur minimal unterstützt werden, eindeutige Präferenzen haben, die sich auf den Paarungserfolg verschiedener Männchen auswirken. Aber haben auch die Weibchen durch ihre Wahl einen größeren Fortpflanzungserfolg? Wenn Männchen ihre Partnerinnen nur mit Spermien versorgen, können die Weibchen das Werbeverhalten und die physischen Eigenschaften der Männchen nicht als Indikatoren für einen materiellen Vorteil nutzen, den sie von einem potentiellen Partner erhalten. Was ist es also, das sie durch Bevorzugung von Männchen mit prachtvollen Ornamenten oder einem extremen Balzverhalten gewinnen könnten?

Zwei verschiedene Antworten auf diese Frage liefern die **„runaway selection"-Hypothese** und die **„good genes"-Hypothese** (Tab. 13-3) [31, 229]. Nach der „runaway selection"-Hypothese von R. A. Fisher [313] könnten die Weibchen in einer Ausgangspopulation eine leichte Bevorzugung für bestimmte männliche Eigenschaften gehabt haben, möglicherweise, weil die bevorzugten Merkmale ursprünglich einen bestimmten Überlebensvorteil der betreffenden Männchen anzeigten. Weibchen, die sich mit den bevorzugten Männchen paarten, hätten dann Nachkommen, die Gene für eine entsprechende

Tab. 13-3: Ein Vergleich der Hauptmerkmale der " **Runaway-Selektions"- und der "Good Genes"-Hypothese** zur Evolution von extremen sexuellen Ornamenten und extremem Balzverhalten von männlichen Tieren.

Evolutionsmechanismus	Weibchen bevorzugen Merkmal, welches	Der wichtigste adaptive Wert besteht für wählerische Weibchen darin,
"Runaway"-Selektion	sexuell attraktiv ist	daß seine Söhne ein Merkmal ererben, das sie attraktiv für Weibchen macht
"Good genes"-Selektion	männliche Überlebensfähigkeit anzeigt	daß seine Söhne und Töchter den Überlebensvorteil des Vaters ererben können

Präferenz bei der Paarung von ihrer Mutter und solche für die Ausbildung des attraktiven, männlichen Merkmals von ihrem Vater erhielten. Männliche Nachkommen, die dieses bevorzugte Merkmal hervorbrächten, hätten dann unter anderem deshalb eine erhöhte Fitness, weil sie ganz einfach über die Schlüsselreize verfügten, die manche Weibchen attraktiv fänden. Weibliche Nachkommen, die dieses Merkmal attraktiv fänden, würden durch die Produktion begehrter Söhne gewinnen.

Der Gedanke, daß die Gene für die Partnerwahl und die Gene der bevorzugten Merkmale gemeinsam vererbt werden, ist die Grundlage des „runaway"-Prozesses. Wie die mathematischen Modelle von Russell Lande [550] und Mark Kirkpatrick [513] zeigen, ist es nämlich theoretisch ohne weiteres möglich, daß immer extremere weibliche Präferenzen und männliche Merkmale gemeinsam evoluieren und sich ausbreiten. Der „runaway"-Prozeß wird erst gestoppt, wenn die natürliche Selektion gegen allzu aufwendige oder riskante Merkmale ein Gegengewicht zur sexuellen Selektion dieser von den Weibchen bevorzugten Eigenschaften bildet. Falls also weibliche Seidenlaubenvögel ursprünglich Männchen mit geschmückten Lauben bevorzugten, weil diese Männchen bei der Futtersuche effizienter vorgingen, so könnten sie heute Männchen mit außerordentlich reich dekorierten Lauben wählen, weil diese Bevorzugung sich insoweit völlig verselbständigt hat, als ihr ultimater Sinn darin besteht, den Weibchen die Produktion von Söhnen zu ermöglichen, welche für andere Weibchen besonders attraktiv sind.

Noch dramatischer zeigen die Lande-Kirkpatrick-Modelle, daß die Präferenzen der Weibchen von Anfang an keinesfalls solchen männlichen Merkmalen gelten müssen, die in Hinblick auf die Überlebenschancen, das Futtersuchvermögen oder dergleichen nützlich sind. Auch Merkmale, die einer natürlichen Selektion in Richtung einer verbesserten Lebensfähigkeit entgegenstehen, können sich mit Hilfe des „runaway"-Prozesses dennoch in einer Population ausbreiten. Anstelle einer Partnerwahl aufgrund von Genen, welche die Entwicklung nützlicher Eigenschaften bei den Nachkommen fördern, kann die „runaway"-Selektion dazu führen, daß beliebige Merkmale, die für die Individuen bezüglich ihrer Lebensfähigkeit eine Belastung bedeuten, durch Partnerwahl bevorzugt werden. Dies stellt in jeder Hinsicht einen Nachteil für die Betroffenen dar, mit Ausnahme der Tatsache, daß sich Weibchen bevorzugt mit Männchen paaren, die eben diese Merkmale aufweisen!

Im Gegensatz zur „runaway selection"-Hypothese geht die „good genes"-Hypothese davon aus, daß (1) Männchen sich genetisch in Bezug auf ihre Überlebensfähigkeit unterscheiden, (2) männliches Verhalten und Dekorationen genaue Informationen über den Wert der männlichen Gene vermitteln [522, 1028] und (3) Weibchen diese Informationen nutzen, um sich Partner auszusuchen, deren Gene dazu beitragen, besonders lebensfähige Nachkommen zu produzieren [693, 921, 1016].

13.6.2 Überprüfung der „good genes"- und der „runaway selection"-Hypothese

Die Entwicklung der „good genes"- und der „runaway selection"-Hypothese ist relativ weit vorangekommen, im Gegensatz zu den vergleichsweise wenigen Versuchen, die zur Überprüfung dieser Alternativen unternommen wurden. Obwohl es eine wachsende Zahl an Belegen gibt, welche mit den Grundannahmen des „good genes"-Modells übereinstimmen [z. B. 652, 668, 669], ist es Wissenschaftlern bislang nicht gelungen, aus diesen beiden Hypothesen konkurrierende Voraussagen abzuleiten, um auf diese Weise das Problem widerspruchsfrei zu lösen.

Betrachten wir zum Beispiel einen der berühmtesten Versuche, die „good genes"-Hypothese zu überprüfen. William D. Hamilton und Marlene Zuk argumentierten, daß es, wenn die Männchen einer Art in stark unterschiedlichem Ausmaß von Parasiten befallen sind, zum Vorteil eines Weibchens ist, sich einen Partner mit Merkmalen auszuwählen, die seine Resistenz gegen Parasiten anzeigen, weil seine Nachkommen diese Resistenz erben können [402]. „Extravagante" Färbungen könnten ein solcher Indikator für Parasitenresistenz sein, falls parasitenfreie Individuen in der Lage sind, ihr prunkvolles, leuchtendes Gefieder (oder andere Ornamente, wie Kämme oder Kehllappen) in bestem Zustand zu halten, parasitenbefallene Individuen dagegen nicht. Es gibt

Tab. 13-4: Der Grad der Ähnlichkeit zwischen dem **Milbenbefall** von Rauchschwalben-Eltern und den 7 Tage alten Jungen in ihren Nestern. Quelle: Møller (661).

	Korrelationsmaße	
Milben auf	Milben auf dem Vater	Milben auf der Mutter
eigenem Nachwuchs im eigenen Nest	0,57	0,37
eigenem Nachwuchs in anderem Nest	0,48	0,35
anderem Nachwuchs im eigenen Nest	-0,14	-0,01
anderem Nachwuchs in anderem Nest	-0,21	-0,15

Anmerkung: Die Daten wurden bei einem Versuch gesammelt, bei dem ein Teil des Nachwuchses von seinen Eltern aufgezogen und ein Teil in ein anderes Nest umgesetzt wurde. Die umgesetzten Küken wurden durch Jungtiere anderer Eltern ersetzt, so daß ein Vergleich zwischen dem eigenen Nachwuchs der Eltern im eigenen Nest und genetisch nicht verwandten Ersatzjungen in demselben Nest möglich war.

inzwischen für einer Reihe von Vogelarten Belege, daß ein Befall mit Parasiten die Größe und die Färbung von Ornamenten beeinflußt [661, 662, 1034] (Farbtafel 12). Hinzu kommt, daß sich die Weibchen einiger dieser Arten bevorzugt mit Männchen verpaaren, die ein gut entwickeltes oder leuchtend gefärbtes Gefieder oder andere Dekorationen haben [1033]. Diese Ergebnisse stimmen mit der Hamilton-Zuk-Version der „good genes"-Hypothese überein.

Hamilton und Zuk führten einen vergleichenden Test ihrer Idee durch, indem sie sich die Tatsache zunutze machten, daß Vogelarten sich bezüglich der Häufigkeit,

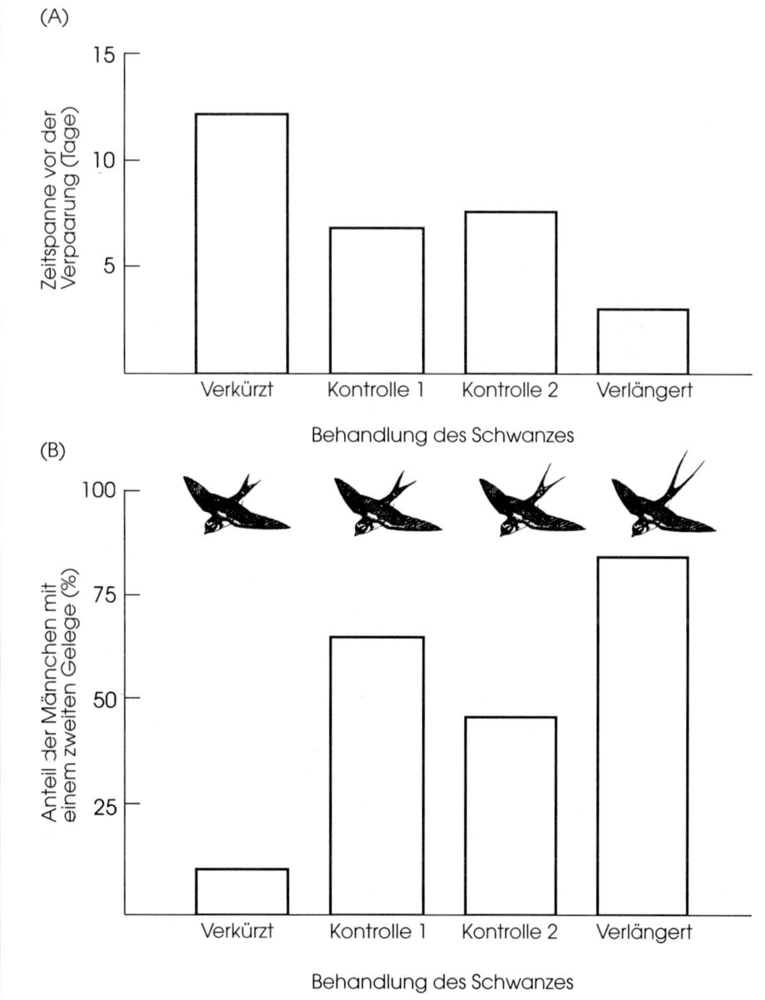

Abb. 13-33: **Größe der Dekorationen und männliche Attraktivität bei der Rauchschwalbe.** (A) Die experimentelle Veränderung der Länge der äußeren Schwanzfedern beeinflußt die Geschwindigkeit, mit der Männchen nach ihrer Rückkehr zu den Nistplätzen im Frühjahr eine Partnerin finden können. Bei den Männchen mit verlängerten Schwanzfedern ist die Zeitspanne vor der Verpaarung am kürzesten. (B) Männchen mit experimentell verlängerten Schwanzfedern haben mit einer größeren Wahrscheinlichkeit ein zweites Gelege (Die Kontrollgruppe 1 umfaßte Tiere, deren Schwanzfedern abgeschnitten und wieder angeklebt worden waren. Die Tiere der Kontrollgruppe 2 wurden gefangen, ohne die Schwanzfedern zu verändern). Quelle: Møller (660).

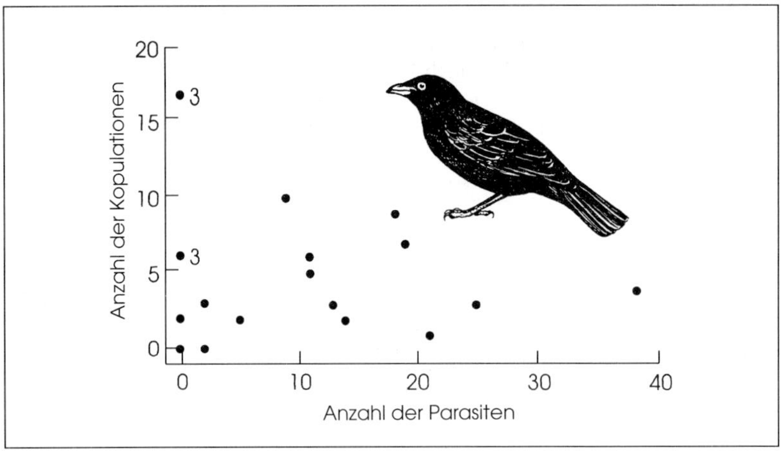

Abb. 13-34: **Die Beziehung zwischen Parasitenbefall und Paarungserfolg** beim Seidenlaubenvogel. Männchen mit weniger Parasiten kopulierten häufiger. (Zwei Punkte, die mit einer 3 gekennzeichnet sind, beziehen sich auf andere Aufnahmen.) Quelle: Borgia und Collis (100).

mit der sie von schwächenden Parasiten befallen werden, unterscheiden. Nach dieser Hypothese sollten die Männchen von Arten mit einem hohen Befallsrisiko besonders dazu neigen, sich „zur Schau zu stellen". Bei Arten dagegen, die einem geringen Parasitenbefall ausgesetzt sind, sollte kein farbenprächtiges, die Gesundheit der Tiere anzeigendes Gefieder evoluiert sein.

Um diese Voraussage zu überprüfen, nutzten Hamilton und Zuk Daten aus der parasitologischen Literatur, um das Befallsrisiko für Angehörige einer bestimmten Art zu bestimmen. Sie klassifizierten das Ausmaß der „Prunkhaftigkeit", indem sie eine Person, der die parasitologischen Daten unbekannt waren, eine Reihe von Arten auf einer Skala von 1 (sehr unauffälliges Gefieder) bis 6 (sehr leuchtendes Gefieder) einordnen ließen. Sie fanden eine hoch signifikante Korrelation zwischen der Auffälligkeit einer Art und dem Risiko für ihre Angehörigen, parasitiert zu werden.

Andere vergleichende Untersuchungen ergaben jedoch keine signifikante Korrelation zwischen einem sehr farbenprächtigen Gefieder und einer möglichen, starken Belastung durch Parasiten [39], was das Vertrauen in die Hamilton-Zuk-Hypothese geschmälert hat. Einige Personen haben jedoch die Überprüfung dieser Hypothese fortgesetzt und dabei eine andere Voraussage getestet, nämlich die, daß die Variabilität auffälliger, männlicher Merkmale innerhalb einer Art (eher als bei einer Betrachtung verschiedener Arten) im Zusammenhang mit dem Parasitenbefall und dem weiblichen Auswahlverhalten steht. Anders Møller wählte die Rauchschwalbe (*Hirundo rustica*) für einen solchen Test aus [661]. Obwohl Rauchschwalben monogam leben und die Männchen Brutpflege betreiben, besitzen sie dennoch aufwendige Ornamente. Dabei handelt es sich um lange Schwanzfedern, welche die Männchen bei ihren Balzflügen auffällig vor den Weibchen zur Schau stellen, bevor es zur Paarbildung und Kopulation kommt. Sollte die Hamilton-Zuk-Hypothese zutreffen, müßten (1) Rauchschwalben unter Parasiten leiden, welche die Fitness der befallenen Vögel vermindern, (2) bei den Männchen vererbbare Unterschiede in bezug auf die Resistenz gegenüber bestimmten Parasiten vorliegen, (3) Unterschiede im Ausmaß eines Parasitenbefalls in den Dekorationen der Männchen zum Ausdruck kommen und (4) Weibchen Männchen mit Merkmalen bevorzugen, die einen verminderten Parasitenbefall anzeigen.

Møller konnte alle vier Voraussagen bestätigen. Erstens werden Rauchschwalben häufig von blutsaugenden Milben befallen, was bei den Küken zu einer Gewichtsreduzierung führt. Jungtiere, die in Nestern aufgezogen wurden, welche während der Eiablagezeit experimentell mit etwa 50 Milben beimpft worden waren, waren etwa 20 % leichter als Jungtiere aus nicht infizierten Nestern. Je geringer das Gewicht einer jungen Schwalbe ist, um so weniger wahrscheinlich ist es, daß sie bis zum Eintritt in das Reproduktionsalter überlebt.

Zweitens unterscheiden sich die erwachsenen Männchen bezüglich der Anzahl der Milben, die sie bei ihrer Ankunft an den Brutplätzen mit sich tragen (was anhand von Zählungen der am Kopf von eingefangenen Männchen befindlichen Milben abgeschätzt wurde). Der Nachwuchs stark befallener Männchen tendierte dazu, in experimentell mit Milben beimpften Nestern besonders stark von den Parasiten befallen zu werden, selbst wenn die Aufzucht von den Vätern getrennt durch Adoptiveltern in einem anderen Nest erfolgte. Versuche, in denen jeweils die Hälfte einer Brut in ein anderes Nest umgesetzt wurde, zeigten, daß die Elternschaft die Anfälligkeit für Milben beeinflußt (Tab. 13-4).

Drittens zeigt die Schwanzlänge eines Männchens die Vorgeschichte seines Parasitenbefalls an. Junge Männchen, die in Nestern aufgezogen wurden, welche mit Pyrethrin, einem Milbenvernichtungsmittel, behandelt wurden, hatten im darauffolgenden Jahr wesentlich längere Schwanzfedern als solche aus infizierten Nestern.

Viertens bevorzugen Weibchen die Männchen mit den längeren Schwanzfedern, mit denen sie sich nach ihrer Ankunft in den Nistkolonien schneller verpaaren. Dies führt dazu, daß Männchen mit langen Schwänzen eher als die anderen mit der Brut beginnen, wodurch sie mit einer größeren Wahrscheinlichkeit als die kurzschwänzigen Männchen innerhalb eines kurzen dänischen Sommers zwei Gelege ausbrüten können [660]. Møller kam zu diesen Ergebnissen durch ein Experiment (Abb. 13-33), bei dem er gefangenen, männlichen Rauchschwalben die Schwänze verkürzte oder verlängerte, entsprechend der Pionierarbeit von Malte Anderson an anderen langschwänzigen Vogelarten [18]. Diese Versuche können nur mit Hilfe besonders guter Klebstoffe durchgeführt werden, die es erlauben, Endstücke von Federn von einem Vogel auf den anderen zu übertragen. Auf diese Weise können die Dekorationen verlängert und, im Falle der Schwalben, die Attraktivität für die Weibchen erheblich gesteigert werden.

Eine auf gleiche Weise durchgeführte Untersuchung einer kanadischen Population ergab ähnliche Resultate [875]. Bei anschließenden DNA-Fingerprint-Untersuchungen stellte sich jedoch heraus, daß männliche Schwalben mit künstlich verlängerten Schwanzfedern keinesfalls ihre sexuelle Attraktivität in einen Fitnessgewinn umsetzen konnten. Obwohl sich die langschwänzigen Männchen schneller mit den Weibchen verpaarten, verloren sie etwa 40 % der Befruchtungen von Eiern an andere Männchen. Dies war vielleicht der Fall, weil die verlängerten Schwanzfedern die Männchen bei der Bewachung ihrer Partnerinnen behinderten. Im Gegensatz hierzu hatten die kurzschwänzigen Männchen beinahe alle in ihren Nestern heranwachsenden Jungen gezeugt [876]. Männliche Schwalben, die von Natur aus lange äußere Schwanzfedern haben, könnten über ungewöhnliche Flugfähigkeiten verfügen, so daß die Schwanzfedern ein ehrliches Signal (Kap. 9) darstellen, welches die physiologische Verfassung der Männchen anzeigt.

Auf jeden Fall sind die Schwalbenstudien eines der bislang stärksten Argumente für die Hamilton-Zuk-Version der „good genes"-Hypothese als Erklärung für die Evolution außergewöhnlicher Dekorationen bei Männchen. Trotzdem reicht selbst der Nachweis, daß männliche Dekorationen vermutlich eine erbliche Resistenz gegenüber Parasiten signalisieren, nicht aus, um eindeutig zu folgern, daß die Dekorationen aufgrund einer weiblichen Präferenz für gute „Parasitenschutz"-Gene evoluierten [39, 907]. Es bleiben Zweifel, weil die Ergebnisse auch im Einklang mit der „runaway selection"-Hypothese stehen.

Um zu verstehen, warum dies so ist, müssen wir uns daran erinnern, daß die „runaway"-Selektion aufgrund der genetischen Verbindung zwischen weiblichen Präferenzen und den bevorzugten männlichen Merkmalen zu immer extremeren Eigenschaften führen kann. Die Evolution von übertriebenen Merkmalen kommt dann zum Stillstand, wenn die rein reproduktiven Vorteile von den Kosten überwogen werden, die diese Strukturen oder Verhaltensweisen verursachen. Ist dieser Punkt erreicht, dann sind die bevorzugten Merkmale wahrscheinlich überaus kostspielig. Ihre Entwicklung und ihr Gebrauch bei der Balz erfordern große physiologischen Investitionen. Es ist wahrscheinlich, daß nur Männchen, die gesund und frei von Parasiten sind, dazu in der Lage sind, das nötige Investment für die Färbungen, Dekorationen und Verhaltensweisen zu leisten, die Weibchen als Ergebnis einer „runaway"-Selektion bevorzugen.

Bei einer Präferenz für parasitenfreie Männchen könnte es sich also um einen mit der „runaway"-Selektion verbundenen Nebeneffekt handeln. Weibchen könnten reproduktive Vorteile vor allem durch die Produktion von sexuell attraktiven Söhnen erlangen und nicht aufgrund von Resistenzgenen gegen Parasitenbefall, welche ihre Nachkommen von ihren Vätern ererbten. (Trotzdem würde eine von den Vätern auf die Kinder übertragene, erhöhte Parasitenresistenz das Fortbestehen einer weiblichen Bevorzugung bestimmter Merkmale fördern, auch wenn diese verbesserte Resistenz unnötig wäre, um die ursprüngliche Ausbreitung dieser Bevorzugung zu erklären.)

Abschließend läßt sich also feststellen, daß die Entdeckung, daß sich Weibchen bevorzugt mit parasitenfreien Männchen paaren – was für Seidenlaubenvögel und Rauchschwalben belegt ist (Abb. 13-34) [100] – nicht zur Entscheidung zwischen der „good genes"-Hypothese und der „runaway selection"-Hypothese dienen kann. Zudem befinden sich diese Ergebnisse auch im Einklang mit einem weiteren, naheliegenden Vorteil, den ein Weibchen bei Bevorzugung eines Männchens erlangt, dessen Verhalten oder Erscheinungsbild einen geringen Parasitenbefall anzeigt. Weibchen, die sich mit parasitenfreien Männchen paaren, vermeiden es, bei der Kopulation selbst mit Parasiten in Kontakt zu kommen. So bleiben sie gesünder als Weibchen, die sich bei ihren Partnern mit Parasiten infizieren. Sie können auch die Übertragung von Parasiten oder Krankheitserregern von den Männchen auf ihre Nachkommen vermeiden, was mit direkten Fitnessvorteilen verbunden ist.

Wir haben gesehen, daß drei grundlegend unterschiedliche Erklärungen zur Evolution von extremen Dekorationen bei männlichen Tieren mit der Beobachtung in Einklang stehen, daß Weibchen sich häufiger mit parasitenfreien Männchen paaren. Um zwischen diesen Alternativen eine Entscheidung zu treffen, sind noch einfallsreichere Tests erforderlich, die von eindeutig auf eine Hypothese bezogenen Voraussagen ausgehen; solche Voraussagen sind bislang noch nicht formuliert, geschweige denn überprüft worden.

Zusammenfassung

1. Die sexuelle Fortpflanzung schafft eine soziale Umgebung der Konflikte und des Wettbewerbs zwischen Individuen, da jedes bestrebt ist, seinen genetischen Anteil an den nachfolgenden Generationen zu maximieren. Männchen produzieren normalerweise viele kleine Gameten und versuchen, so viele Eier wie möglich zu befruchten, leisten indes nur geringe oder gar keine elterliche Fürsorge. Weil Weibchen viel weniger und größere Gameten produzieren und oft noch weitere elterliche Investitionen in ihre Nachkommen tätigen, konkurrieren die Männchen um Paarungen mit ihnen, und es kann dazu kommen, daß Weibchen die Möglichkeit haben, unter vielen potentiellen Partnern auswählen. Es gibt Fälle, in denen die Geschlechterrollen vertauscht sind; sie erlauben eine Überprüfung der Theorie, daß Unterschiede im Wettbewerb um Partner bzw. die Partnerwahl selbst auf Unterschiede im relativen Elterninvestment zurückzuführen sind (oder im Reproduktionspotential der beiden Geschlechter).
2. Evolution vollzieht sich durch sexuelle Selektion, wenn sich genetisch unterschiedliche Individuen in ihrem Reproduktionserfolg unterscheiden, (a) als Ergebnis des Wettbewerbs um Partner zwischen Angehörigen eines Geschlechts („intrasexuelle Selektion") oder (b) aufgrund unterschiedlicher Attraktivität für Angehörige des anderen Geschlechts („intersexuelle Selektion"). Intrasexuelle Selektion hat anscheinend viele Elemente des männlichen Fortpflanzungsverhaltens hervorgebracht, einschließlich des Wettbewerbs um soziale Dominanz, alternative Paarungstaktiken und die Bewachung von Partnerinnen im Anschluß an eine Kopulation.
3. Der Nachweis der Partnerwahl als Komponente der sexuellen Selektion setzt voraus, daß nichtzufällige Paarungen des einen Geschlechts aufgrund von Präferenzen des anderen Geschlechts zustande kommen und nicht aufgrund des Wettbewerbs innerhalb eines - in der Regel des männlichen - Geschlechts. Die Weibchen mancher Arten bevorzugen Männchen, die mehr materielle Vorteile als andere bieten können. Dabei kann es sich um Hochzeitsgaben, monopolisierte Ressourcen in einem Territorium oder elterliche Fürsorge handeln.
4. Eine Partnerwahl durch Weibchen tritt sogar bei einigen Arten auf, deren Männchen keinerlei Brutfürsorge leisten oder den Weibchen andere Geschenke in Form materieller Vorteile zukommen lassen. Die Evolution einer Partnerwahl in diesen Arten könnte eintreten, wenn Weibchen Männchen auswählen, deren Gene die Überlebensfähigkeit ihrer Nachkommen verbessern („good genes"-Hypothese). Andererseits könnten sich extravagante, männliche Eigenschaften durch eine sexuelle „runaway"-Selektion in einer Population ausbreiten, wenn sogar beliebige Elemente des männlichen Erscheinungsbildes oder Verhaltens zur Grundlage weiblicher Präferenzen werden. Übertriebene Varianten solcher Elemente könnten ausschließlich deshalb selektiert werden, weil Weibchen sich bevorzugt mit Individuen paaren, die diese aufweisen. Eine dritte Alternative besteht darin, daß weibliche Präferenzen für hochentwickelte Dekorationen entstehen, weil Weibchen aus der Paarung mit gesunden (parasitenfreien) Individuen direkte Fitnessvorteile erzielen. Die relative Bedeutung dieser verschiedenen Mechanismen der sexuellen Selektion bleibt noch zu bestimmen.

Empfohlene Literatur

Ein unterhaltsamer Artikel von James Lloyd sei als eine Einführung in die Verhaltensökologie der sexuellen Selektion empfohlen [576]. In [317, 727, 341, 939, 1013] sind Übersichten zu den Auswirkungen der sexuellen Selektion in Buchlänge erschienen. Die Überprüfung der Theorie der Geschlechtsunterschiede über den Tausch von Geschlechterrollen ist Gegenstand einer Übersicht von Darryl Gwynne [393].

Die Folgen der Spermakonkurrenz bei Vögeln sind in einem Buch von Tim Birkhead und Anders Møller beschrieben [79]. Richard Dawkins, William Cade und Wallace Dominey haben gut nachvollziehbare Beiträge zur intraspezifischen Varianz von Paarungstaktiken geschrieben [141, 228, 249]. Weitere Beispiele zu diesem Phänomen finden sich in [147, 177, 384, 948].

Die Artikel von Jonathan Waage über die Prachtlibelle liefern eine außergewöhnlich klare Beschreibung des dramatischen männlichen Wettbewerbs um die Befruchtung von Eiern [958, 959]. Die Untersuchungen von Randy Thornhill an Mückenhaften zeigen, wie weibliche Partnerwahl funktioniert [919, 920, 922], und Gerald Borgias Arbeit an Seidenlaubenvögeln richtet die Aufmerksamkeit auf alternative Hypothesen zur Evolution von hochentwickeltem Werbeverhalten [99]. Weitere Arbeiten, die multiple Hypothesen zur Funktion von Merkmalen analysieren, welche durch sexuelle Selektion geformt sein könnten, finden sich in [650, 825, 873, 967].

Stevan Arnold [31] und Richard Dawkins [229] unternehmen den Versuch einer Erklärung genetischer Modelle zur „runaway"-Selektion. Verschiedene Ansichten zur Hamilton-Zuk-Hypothese („good genes") sind in Band 30 (225-352) des American Zoologist erschienen.

Die Frage, wie sich die sexuelle Fortpflanzung überhaupt entwickeln konnte, wurde in diesem Kapitel nicht behandelt; darüber können Sie etwas von G. C. Williams [1002] und Robert Trivers [939] erfahren.

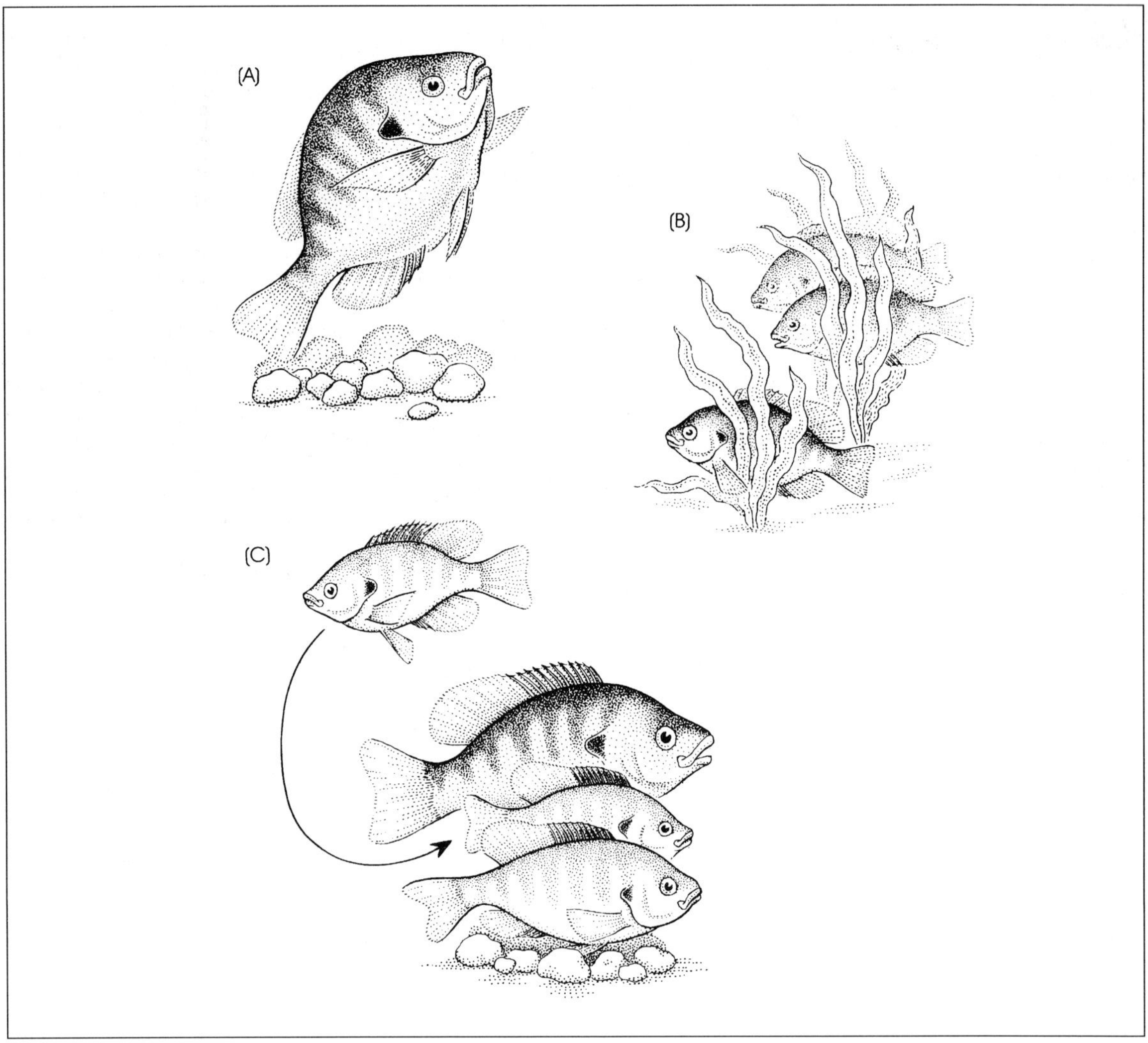

(A)
(B)
(C)

Diskussionsfragen

1. Männliche Ratten, Schafe, Rinder, Rhesusaffen und Menschen, die bis zur sexuellen Befriedigung mit einem Weibchen kopuliert haben, erholen sich rasch, wenn sie Zugang zu einem weiteren Weibchen erhalten. Dieses Phänomen nennt man den „Coolidge-Effekt", angeblich, weil die Gattin des amerikanischen Präsidenten Calvin Coolidge, nachdem sie erfuhr, daß Hähne täglich mehrere Dutzend mal kopulierten, sagte: „Bitte teilen Sie dies dem Präsidenten mit." Als der Präsident davon hörte, fragte er: „Immer mit derselben Henne?" Nachdem er erfuhr, daß Hähne sich jedesmal eine neue Henne aussuchen, sagte er: „Bitte erzählen sie das Mrs. Coolidge." Warum könnte die sexuelle Selektion bei manchen Arten Männchen bevorteilt haben, die den Coolidge-Effekt zeigen? Bei welcher Art von Tieren erwartet man, daß es keinen Coolidge-Effekt gibt?
2. Die Abbildung (nach Gross [381]) zeigt drei unterschiedliche Techniken, die von männlichen Blaukiemensonnenbarschen zur Befruchtung der Eier angewandt werden [381, 383]. (A) Ein territoriales Männchen bewacht ein Nest, welches laichbereite Weibchen anziehen soll. (B) Die kleinen, „opportunistischen" Männchen auf der rechten Seite warten auf eine Gelegenheit, zwischen ein laichbereites Paar zu schlüpfen, um gleichzeitig mit dem Territoriumsbesitzer ihr Sperma freizusetzen.(C) Ein etwas größeres Satellitenmännchen mit der Körperzeichnung eines Weibchens schwebt lauernd über einem Nest, um dann zwischen das territoriale Männchen und seine Partnerin zu schlüpfen, wenn diese ablaicht. Wie würden Sie die Hypothese von drei reinen Strategien und die konkurrierende Hypothese einer konditionalen Strategie überprüfen, um die alternativen Formen des Paarungsverhaltens bei dieser Art zu erklären?
3. In seinem Experiment zum Einfluß der Länge der Schwanzfedern auf den Paarungserfolg von Rauchschwalben kürzte Anders Møller bei einigen Männchen die Schwanzfedern. Die abgeschnittenen Federstücke klebte er dann an die Schwanzfedern von anderen Männchen, um sie so zu verlängern. Er bildete aber auch eine Gruppe von Tieren, deren Schwanzfedern er zwar abschnitt, jedoch sogleich wieder anklebte, um Schwänze mit unveränderter Länge zu erhalten. Worum ging es bei dieser Gruppe? Und warum verteilte er die Männchen nach einem Zufallsprinzip auf die Gruppen mit verkürzten, verlängerten und unverändert langen Schwanzfedern?
4. Nehmen wir an, daß bei einer Reihe von Vogelarten eine Korrelation zwischen der Gefiederpracht und der Anfälligkeit für Parasitenbefall gibt. Ist es möglich, daß ein leuchtendes Gefieder ein Tier tatsächlich anfälliger für Infektionen macht? Wenn leuchtend gefärbte Federn derartig kostspielige Auswirkungen haben, kann man dann deren Evolution mit „runaway"-Selektion erklären?
5. Ein Weg, um einer Spermakonkurrenz zu begegnen, könnte darin bestehen, die Partnerin mit einer großen Menge Sperma zu versorgen, damit diese Gameten alle anderen, welche die Partnerin von rivalisierenden Männchen erhalten hat, wegschwemmen. Zwei Zebraarten unterscheiden sich darin, wie oft multiple Paarungen durch Weibchen vorkommen; beim Grevy-Zebra paaren sich die Stuten oft innerhalb eines kurzen Zeitraums mit mehreren Hengsten, wohingegen sich die Stuten des Steppenzebras in der Regel während eines Östruszyklus mit nur einem Hengst paaren. Wie könnten Sie mit diesen Arten einen vergleichende Überprüfung der Spermien-Ausschwemmungs-Hypothese durchführen [348]?

Wir haben gesehen, daß Unterschiede im Elterninvestment zwischen beiden Geschlechtern (und damit verbundene Faktoren) im typischen Falle dazu führen, daß Männchen um Weibchen konkurrieren, was wiederum den Weibchen ermöglicht, eine Auswahl unter den Männchen zu treffen. Die Fortpflanzungstaktiken der Geschlechter bestimmen die Zahl der Partner, die ein Individuum während einer Brutsaison für sich gewinnen kann. Bei manchen Arten, wie dem Seidenlaubenvogel, sichern sich die Männchen mehrere Partnerinnen (obwohl sich auch einige Männchen nur mit einem Weibchen oder aber gar nicht paaren). Bei anderen bleiben fast alle Männchen mit einer einzigen Partnerin zusammen, und es gibt auch (wenige) Arten, bei denen verschiedene Männchen sich dasselbe Weibchen als einzige Partnerin teilen. Weibliche Fortpflanzungssysteme variieren von solchen, in denen die Weibchen ein Gefolge von Partnern haben, über solche, in denen sich ein Weibchen während einer Fortpflanzungsperiode mit nur einem Männchen verpaart, bis hin zu solchen, in denen sich ein Weibchen bei der Wahl eines Männchens als einzigen Partner mit anderen Weibchen zusammenschließen kann. Warum die Zahl der Geschlechtspartner zwischen verschiedenen Arten variiert, soll im ersten Teil dieses Kapitels analysiert werden. Warum es so viele unterschiedliche Formen von Fortpflanzungssystemen gibt, ist die zweite Frage, der wir nachgehen wollen. So reicht zum Beispiel die Variationsbreite von Systemen, in denen sich Männchen mehrere Partnerinnen sichern, vom Alltäglichen (die Männchen ziehen auf der Suche nach möglichst vielen paarungsbereiten Weibchen umher, wobei es manchen Männchen gelingt, mehrere Partnerinnen zu erobern) bis hin zum Bizarren (Männchen versammeln sich an traditionellen Plätzen und zeigen merkwürdige Verhaltensweisen, welche dazu dienen, eine Partnerin aus einem Publikum aufmerksam zuschauender Weibchen anzulocken). Eine der Theorien erklärt diese Vielfalt damit, daß unterschiedliche ökologische Schlüsselfaktoren verschiedenartige Verteilungen von Weibchen nach sich ziehen, was wiederum unterschiedliche Fortpflanzungstaktiken für die Männchen sinnvoll macht. Wir werden vor allem diese Theorie heranziehen, um zu erklären, warum sich bei Tieren so viele verschiedene Arten von Fortpflanzungssystemen entwickelt haben.

14 Die Ökologie von Fortpflanzungssystemen

14.1 Die Vielfalt männlicher Fortpflanzungssysteme

Obwohl es männliche Fortpflanzungssysteme in vielfältiger Form gibt, können die meisten Männchen als **polygyn** bezeichnet werden; jedes versucht, mehrere Weibchen zu begatten. Die Männchen der meisten im vorhergehenden Kapitel besprochenen Arten (z. B. Seidenlaubenvögel (*Ptilonorhynchus violaceus*), Prachtlibellen (*Calopteryx maculata*), Südliche See-Elefanten (*Mirounga leonina*), Ochsenfrösche (*Rana catesbeiana*) und Blaukiemensonnenbarsche (*Lepomis macrochirus*)) versuchen, sich mit vielen Weibchen zu paaren. Warum sind multiple Paarungsversuche von Männchen im Tierreich so weit verbreitet?

Eine mögliche Erklärung liefert die Theorie der sexuellen Selektion. Wie im vorhergehenden Kapitel erklärt wurde, tätigt ein typisches Männchen keinerlei Elterninvestment in seine Nachkommen; typische Weibchen dagegen investieren ganz erheblich in ihren Nachwuchs. Deshalb ist der Fortpflanzungserfolg eines Männchens im Normalfall eine einfache Funktion der Anzahl von ihm begatteter Weibchen; dies wiederum begünstigt den Wettbewerb zwischen Männchen, wobei die jeweiligen „Gewinner" einen polygynen Status erlangen. Es ist wahrscheinlich, daß diese Individuen auch eine relativ hohe Zahl an Nachkommen haben und die Gene für Taktiken, welche mit erfolgreicher Polygynie verbunden sind, an die nächste Generation weitergeben.

Unter genau solchen Bedingungen sind deshalb multiple Paarungsversuche von Männchen der zu erwartende und auch der tatsächliche Normalfall. Wirkliche Rätsel geben die Fälle auf, in denen Männchen versuchen, sich pro Brutsaison nur eine Partnerin zu sichern (männliche **Monogamie**) oder sich sogar eine Partnerin mit mehreren anderen Männchen teilen (Paarung mit einem **polyandrischen** Weibchen). Allerdings wird – wie Stephen Emlen und Lewis Oring aufzeigen – das Rätsel der männlichen Monogamie weniger rätselhaft, wenn man sich klar macht, daß es ökologische Bedingungen für eine Art geben kann, die es einfach nicht zulassen, daß Männchen ohne weiteres mehrere Partnerinnen für sich gewinnen können, selbst wenn es zu ihrem Vorteil wäre [284].

14.1.1 Hypothesen zur Monogamie bei Männchen

Eine der Hypothesen zur Erklärung von Monogamie bei Männchen ist beispielsweise die **Weibchenkontroll-Monogamie**-Hypothese. Im vorhergehenden Kapitel sind verschiedene ökologische Bedingungen angeführt worden, die eine Partnerbewachung begünstigen, auch wenn dies bedeutet, daß die Suche nach weiteren Partnerinnen aufgegeben werden muß. Unter extremen Bedingungen kann ein Männchen, das pro Brutperiode nur ein Weibchen bewacht, theoretisch mehr Nachkommen haben als Männchen, die mehrere Partnerinnen zu finden versuchen. So könnten zum Beispiel paarungsbereite Weibchen weit verstreut sein, in sehr geringer Zahl vorkommen und sich mit großer Wahrscheinlichkeit erneut paaren, falls sie von einem Partner verlassen werden.

Eine der Alternativen zu dieser Hypothese ist die Hypothese einer **kooperativen Monogamie**. Danach bleiben Männchen mit einer einzigen Partnerin zusammen, um bei der Aufzucht der Nachkommen zu helfen, was unter bestimmten Umweltbedingungen die Überlebenswahrscheinlichkeit der Jungen erheblich erhöht. Der Nachwuchs, der aufgrund der Kooperation des Männchens bei der elterlichen Fürsorge zusätzlich überlebt, kann zahlreich genug sein, um den Verlust von Paarungsgelegenheiten außerhalb der Partnerbindung aufzuwiegen.

Bei der Hypothese einer **von Weibchen erzwungenen Monogamie** wird das Problem aus der Sicht des Weib-

Abb. 14-1: **Eine monogame Garnele.** Wenn männliche Clown-Garnelen auf eine potentielle Partnerin stoßen, so bleiben sie bei ihr, da paarungsbereite Weibchen sehr selten und weit verstreut sind. Foto mit freundlicher Genehmigung von Uta Seibt und Wolfgang Wickler.

chens betrachtet. Danach mag Monogamie für Männchen unvorteilhaft sein, sie wird jedoch durch das Verhalten potentieller und tatsächlicher Partnerinnen erzwungen. Wenn sich Weibchen – zur Erhöhung ihrer eigenen Fitness – nicht mit Männchen paaren, die bereits eine Partnerin haben, so führt dies zu Monogamie, auch wenn Männchen mit mehreren Partnerinnen eine höhere Fitness erzielen könnten. (Ebenso könnten Weibchen ihre Partner daran hindern, zusätzliche Partnerinnen zu erobern, indem sie nach der Paarung Rivalinnen attackieren, wenn diese versuchen, sich mit den bereits „vergebenen" Männchen zu verpaaren.)

Lassen Sie uns einige Fälle untersuchen, in denen offensichtlich Monogamie vorliegt, wobei die verschiedenen Hypothesen jeweils zur Anwendung kommen sollen. Die Männchen der wunderschönen Clown-Garnele *Hymenocera picta* (Abb. 14-1) bleiben mit den Weibchen über mehrere Wochen in enger Verbindung und verzichten damit auf eine Suche nach weiteren Partnerinnen. Die Tatsache, daß Clown-Garnelen ihrem Nachwuchs keinerlei Elternfürsorge entgegenbringen, spricht gegen eine kooperative Monogamie. Wenden wir die Weibchenkontroll-Monogamie-Hypothese an, so können wir voraussagen, daß Männchen auf Partnersuche weit zahlreicher sein müßten als paarungsbereite Weibchen; deshalb wäre es adaptiv, mit einer Partnerin zusammen zu bleiben, wenn diese erst einmal gefunden ist. Dies trifft auf die Garnelen zu, da die Weibchen nur ungefähr alle drei Wochen kurz nach ihrer Häutung für wenige Stunden paarungsbereit sind [994]. Darüber hinaus sind die Weibchen in ihrem marinen Lebensraum weit verstreut. Da das Auffinden eines paarungsbereiten Weibchens kostspielig und schwierig ist, warten Männchen, die eine potentielle Partnerin finden, darauf, daß sie paarungsbereit wird und vertreiben andere Männchen, wenn diese sich nähern.

14.1.2 Monogamie bei Säugetieren

Monogamie kommt außer bei den Clown-Garnelen noch bei vielen anderen Tieren vor; bei Säugetieren aber ist dieses Fortpflanzungssystem selten. Säugetiere sind insofern äußerst ungewöhnlich, als die Weibchen wegen der Ernährung der Embryonen über den mütterlichen Blutkreislauf und der Versorgung der Jungen mit Milch auf ein erhebliches Elterninvestment festgelegt sind [708]. Vor dem Hintergrund dieser auf alle Säugetiere zutreffenden Eigenschaften besagt die Theorie der sexuellen Selektion, daß Säugetiermännchen (die keine Milch geben können) normalerweise bestrebt sein sollten, polygyn zu sein. Dies trifft gewöhnlich auch zu. Wie in anderen Fällen, so können aber auch hier Ausnahmen von dieser Regel lehrreich sein und uns helfen, die Evolution dieses Phänomens nachzuvollziehen.

Ausnahmen von der Regel, daß Säugetiere polygyn sind, sind – als kooperative Monogamie – vor allem in der Gruppe der Carnivoren zu erwarten. Die Männchen von Füchsen, Wölfen und anderen Jägern sind insofern ungewöhnliche Säuger, als sie eine hilfreiche Elternfürsorge potentiell bieten und damit den Fortpflanzungserfolg ihrer Partnerinnen (und ihrer Nachkommen) fördern können, indem sie das Jagdrevier verteidigen, die Jungen mit Beute versorgen und Eindringlinge, welche ihre Jungen töten könnten, vertreiben. Tatsächlich sind Carnivoren in der Sparte „Monogamie" relativ zahlreich vertreten [284].

Allerdings sagt auch die Hypothese einer von Weibchen erzwungenen Monogamie voraus, daß Monogamie bei carnivoren Säugetieren weiter verbreitet ist als bei herbivoren Arten, weil die Weibchen eher von einer elterlichen Unterstützung durch Männchen profitieren, wenn sie diese monopolisieren, anstatt sie mit anderen zu teilen. Ein Wolfsrudel (*Canis lupus*) beispielsweise hat in der

Regel nur ein dominantes, sich fortpflanzendes Weibchen. Dieses ist meist Mutter, Schwester oder Tante der anderen Weibchen, welche sich nicht fortpflanzen [716]. Interessanterweise können auch letztere einen Eisprung haben und um Männchen werben, doch werden sie nur dann kopulieren und Junge bekommen, wenn das dominante Weibchen nicht mehr im Rudel ist (Abb. 14-2). Das Unvermögen, sich in Anwesenheit des dominanten Weibchens fortzupflanzen, könnte vorteilhaft sein, falls der eigene Nachwuchs – wie es bei einigen anderen monogamen Caniden vorkommt – vom dominanten Weibchen getötet [797] oder infolge der Nahrungskonkurrenz durch die Jungen des dominanten Weibchens verhungern würde. In Übereinstimmung mit dieser Begründung steht die Tatsache, daß die Unterdrückung der Fortpflanzung von niederrangigen Weibchen bei verschiedenen Carnivoren mit einem hohen Energieaufwand während der Tragzeit und der postnatalen Fürsorge korreliert ist [185]. Gegenwärtig können wir deshalb weder die Hypothese einer kooperativen Monogamie noch die Hypothese einer von Weibchen erzwungenen Monogamie als Erklärung für Monogamie bei Wölfen verwerfen. Hinzu kommt, daß die fehlende Bereitschaft der niederrangigen Weibchen eines Wolfsrudels, Junge zu bekommen, das dominante Männchen ebenfalls davon abhält, polygyn zu werden.

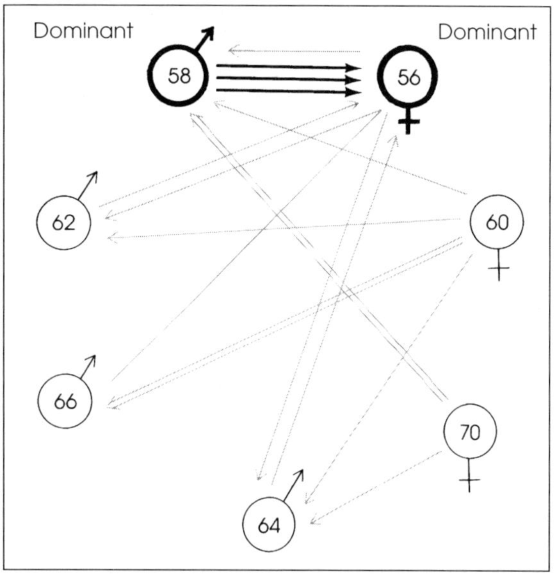

Abb. 14-2: **Monogamie bei Wölfen.** Bei diesem in menschlicher Obhut gehaltenen Rudel aus drei Weibchen und vier Männchen kopulierte nur das dominante Weibchen (56) mit einem Männchen (58); jede starke Linie repräsentiert eine Kopulation. Obwohl die anderen beiden Weibchen in den Östrus kamen und die Männchen des Rudels zur Paarung aufforderten (dünne Linien), kopulierten sie nicht und bekamen demzufolge auch keine Jungen. Quelle: Packard et al. (716).

14.1.3 Monogamie bei Vögeln

Während Monogamie bei Säugetieren nur selten vorkommt, ist dieses Fortpflanzungssystem bei Vögeln weit verbreitet. Bei etwa 90 % aller Arten geht jedes Männchen für eine Brutsaison eine feste Bindung mit einem Weibchen ein [548]. Warum gibt es diesen Unterschied zwischen Säugetieren und Vögeln? Gordon Orians hob hervor, daß sich männliche Vögel insofern von männlichen Säugetieren unterscheiden, als Vogelmännchen sich als Eltern fast genauso nützlich machen können wie die Weibchen. Zwar können die Männchen keine Eier legen, sie können diese aber bebrüten und sich um die Nestjungen kümmern, sie mit Futter versorgen und sie vor Raubfeinden schützen. So kann ein monogames Männchen die Zahl seiner Nachkommen durch elterliche Leistungen durchaus erhöhen. Diese Steigerung kann theoretisch jeglichen potentiellen Fortpflanzungsgewinn übertreffen, den ein Männchen ohne elterliches Verhalten erzielen könnte, wenn es vielen Weibchen nachjagte [708].

Insbesondere bei Arten, deren Weibchen synchron brüten (was bei Vögeln der Normalfall ist), wiegt der Nutzen einer kooperativen Monogamie die Kosten wahrscheinlich auf. Bis ein potentieller Polygynist die Werbung um ein Weibchen erfolgreich beendet hat, ist die Zahl der noch unverpaarten Weibchen stark zurückgegangen. Unter diesen Umständen verlieren Männchen nicht viel, wenn sie bei einem Weibchen und seinen Nachkommen bleiben.

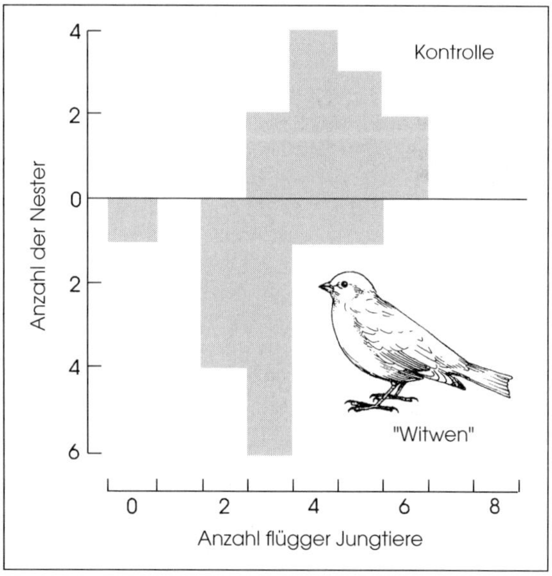

Abb. 14-3: **Der Wert männlicher Hilfeleistung.** Eine experimentelle Überprüfung der Hypothese, daß männliche Hilfeleistung den Fortpflanzungserfolg von Weibchen einer monogamen Vogelart, der Schneeammer (*Plectrophenax nivalis*), erhöht. Nur wenige der Weibchen, welche durch Entfernen ihrer männlichen Partner experimentell „verwitwet" wurden, konnten mehr als drei Junge aufziehen. Nicht verwitwete Weibchen einer Kontrollgruppe zogen mit Unterstützung durch ihre Partner oft mehr als vier Junge auf. Quelle: Lyon et al. (595).

Die Hypothese einer kooperativen Monogamie bei Vögeln beinhaltet die Voraussage, daß väterliche Fürsorge tatsächlich einen substantiellen Einfluß auf die Überlebenschancen der Jungen hat, die von einem Weibchen aufgezogen werden. Die Tatsache, daß bei vielen Vogelarten ein Paar für ein einzelnes Jungtier sorgt, legt den Schluß nahe, daß bei diesen Arten eine Unterstützung durch die Männchen unverzichtbar ist, damit das Paar überhaupt Junge aufziehen kann. Bei solchen Arten könnte ein Männchen, das seine Bemühungen auf zwei oder mehr Weibchen verteilt, am Ende ganz ohne Nachwuchs dastehen [1013].

Bei einigen anderen Arten mit größeren Gelegen wurde durch experimentelle Entfernung einiger Männchen nachgewiesen, daß die elterliche Fürsorge der Männchen zu ihrem eigenen Fortpflanzungserfolg beiträgt. In solchen Versuchen zogen die „verwitweten" Weibchen im allgemeinen weniger Junge auf als die nicht verwitweten Weibchen einer Kontrollgruppe (Abb. 14-3) [595].

Folglich scheint Monogamie unter bestimmten Umständen für beide, Männchen wie Weibchen, vorteilhaft zu sein, doch sollten wir als Alternative auch hier eine von Weibchen erzwungene Monogamie in Betracht ziehen. Wenn Vogelmännchen ihren Partnerinnen nützliche Dienste erweisen, dann sollten sich Weibchen, die mit monogamen Männchen verpaart sind, einer größeren Fitness erfreuen als solche, die mit polygynen Männchen verpaart sind und nur einen Bruchteil der möglichen väterlichen Aufzuchtleistungen erhalten. Falls dies zutrifft, sollten sich Weibchen nicht mit bereits verpaarten Männchen zusammenschließen. Für sie könnte es profitabler sein, andere Weibchen zu attackieren, wenn diese versuchen, den Partner, sein Territorium und seine Ressourcen mit ihnen zu teilen [708].

Um zwischen den Alternativen einer kooperativen Monogamie und einer von den Weibchen erzwungenen Monogamie entscheiden zu können, beobachteten Mats Björklund und Björn Westman die Auswirkungen, die das Entfernen von Männchen auf den Fortpflanzungserfolg bei Kohlmeisen (*Parus major*) hat. Kohlmeisen nisten in Habitaten mit stark variabler Qualität [81]. Ein Grund dafür, daß sich Weibchen ein Männchen in einem zweitklassigen Habitat für die Paarung aussuchen, könnte darin bestehen, daß sie dort durch die Paarung mit einem monogamen Männchen mehr gewinnen können, als wenn sie einen Partner in einem bevorzugten Habitat mit anderen Weibchen teilen. Dies scheint für die von Björklund und Westman untersuchten Kohlmeisen zuzutreffen. In dem bevorzugten Habitat (Laubwald) wurden bei monogamen Paaren in einer Brutsaison durchschnittlich fast acht Junge mit einem mittleren Gewicht von 18,5 Gramm flügge. In dem zweitklassigen Habitat (Nadelwald) hatten monogame Paare etwa sieben Jungtiere mit einem Durchschnittsgewicht von 17,5 Gramm. Obwohl Meisen, die in Nadelbäumen nisteten, nicht so erfolgreich waren wie jene im Laubwald, so waren sie immerhin noch erfolgreicher als Paare, bei denen man wenige Tage nach dem Schlüpfen der Jungtiere den männlichen Partner entfernt hatte. Bei den „verwitweten" Weibchen wurden weniger als sechs Junge mit einem mittleren Gewicht von 16,5 Gramm flügge.

Aus der Tatsache, daß einzelne Weibchen doch noch so viele Junge aufziehen, ergibt sich, daß ein polygynes Männchen mit zwei Weibchen in seinem Revier elf Junge verbuchen könnte, selbst wenn es keinem der Weibchen helfen würde. Polygynie wäre demnach für Kohlmeisenmännchen vorteilhaft. Das Vorgehen der Weibchen bei der Partnerwahl verhindert jedoch, daß die Männchen polygyn werden. Einige Bruthabitate sind zwar wesentlich besser als andere, doch sind sie wiederum nicht um so viel besser, als daß ein Weibchen, welches ein bereits verpaartes Männchen wählen würde, damit den Verlust der Hälfte an Unterstützung (oder der Unterstützung insgesamt) bei der Jungenaufzucht kompensieren könnte.

Susan Hannon fand ebenfalls Belege für die Hypothese einer durch Weibchen erzwungenen Monogamie beim Moorschneehuhn (*Lagopus lagopus*). Bei dieser Art attackieren die verpaarten Weibchen gewöhnlich andere Weibchen, die sich ihren Männchen nähern. Die Männchen helfen ihren Partnerinnen, indem sie nach Prädatoren Ausschau halten, wenn die Weibchen vor und während der Brutzeit nach Futter suchen, und indem sie die Brut nach dem Schlüpfen verteidigen (Farbtafel 13).

Obwohl Moorschneehühner monogam sind, konnte Hannon bei dieser Art ein polygynes System induzieren, indem sie viele Männchen aus einer Population entfernte. Das Ergebnis war, daß sich einige Hennen schließlich einen Hahn teilten, während andere monogam blieben. Falls bei den Moorschneehühnern die Partnerunterstützung den Erfolg bei der Erzeugung und Aufzucht von Jungen beeinflußt, dann müßten Weibchen mit monogamen Partnern eine gegenüber Weibchen mit polygamen Partnern unterschiedliche Anzahl Jungtiere aufziehen. Tatsächlich hatten monogame Hennen 5,1 flügge Junge, während polygyne Hennen 4,7 Junge aufzogen; diese Differenz ist aber nicht statistisch signifikant. Darüber hinaus war der Unterschied im mittleren Gewicht der Küken zwischen beiden Gruppen ebenfalls gering, so daß die Überlebenschancen der Jungen von monogam und polygyn verpaarten Tieren wahrscheinlich gleich waren.

Hannon überlegte daraufhin, ob sie einen möglichen Vorteil durch männliche Unterstützung für die Hennen übersehen haben könnte, wie zum Beispiel eine längere Lebenserwartung. Wenn ein solcher Effekt vorhanden wäre, dann sollte die Wahrscheinlichkeit für monogame Weibchen, im jeweils nächsten Jahr wieder am Brutort zu sein, größer sein als für polygyn verpaarte Weibchen. In einer Studie kehrte nahezu die Hälfte der monogamen Hennen in ihre Brutgebiete zurück; von den polygynen Hennen dagegen kam nur ein Viertel in demselben Areal ein weiteres Mal zur Fortpflanzung [407]. Eine andere Untersuchung ergab allerdings keinen Unterschied in der Überlebensrate zwischen den beiden Gruppen [408]. Diese Ergebnisse sind offensichtlich zweideutig. Allerdings zeigte die zweite Studie, daß Hennen, die von wachsamen Hähnen begleitet werden, mehr Nahrung aufnehmen können und weniger Zeit darauf verwenden müssen, bei der Futtersuche die Umgebung im Auge zu behalten. Monogame Hennen werden während der Brutperiode bei der Futtersuche ständig von ihren Partnern begleitet, so daß sie mehr Zeit zum Fressen haben und weniger auf Beutegreifer achten müssen als polygyne Hennen, die bei der Futtersuche seltener männliche Begleitung haben. Vielleicht sind monogame Hennen aufgrund dieses Vorteils bei der Futtersuche unter bestimmten Bedingungen in einer besseren körperlichen Verfassung für den Winter und weisen eine geringere Sterblichkeit auf als polygyne Hennen [408]. Es sind jedoch weitere Untersuchungen notwendig, um zu ermitteln, um welche Bedingungen es sich dabei handeln könnte und warum die Weibchen dieser Art versuchen, ihre Partner zur Monogamie zu zwingen.

14.1.4 Kopulationen außerhalb der Paarbindung bei „monogamen" Vögeln

Bei unseren bisherigen Überlegungen haben wir die traditionelle Annahme akzeptiert, daß die meisten Vögel echt monogam sind, Männchen und Weibchen sich also während einer Brutsaison auf einen Partner bzw. eine Partnerin beschränken. In den letzten Jahren fanden aber immer mehr Beobachter, daß angeblich monogame Vögel sich auch häufig außerhalb dieser Bindung paaren (z. B. [674]). Kopulationen außerhalb der Paarbindung – oder EPC („extra-pair-copulations"), wie Freunde von Akronymen sie bezeichnen – kommen gewöhnlich bei kolonial lebenden Vögeln und, wie sich herausgestellt hat, bei vielen anderen Vogelarten vor, bei denen die Männchen eine primäre Partnerin haben, deren Junge sie auf verschiedene Art und Weise unterstützen, während sie gleichzeitig sekundäre Partnerinnen ausfindig machen, die keinerlei väterliche Unterstützung von seiten des Männchens erhalten.

Aus männlicher Perspektive haben solche „Seitensprünge" einen adaptiven Wert, wenn der Aufwand der Suche nach Paarungsgelegenheiten außerhalb der Paarbindung nicht den Nutzen dieser Paarungen übersteigt. Die Kosten für Männchen umfassen den Zeit- und Energieaufwand für das Zustandekommen der EPC, als auch das Risiko, daß sich die primäre Partnerin eines Männchens in dessen Abwesenheit mit einem rivalisierenden Männchen paart, wodurch sich die Anzahl der von ihm selbst befruchteten Eier verringert. Wie man bei Weißstirnspinten (*Meropiscus bullockoides*) sehen kann, wählen Männchen den Zeitpunkt für Seitensprünge auf eine Weise, die dieses Risiko minimiert. (siehe Abb. 13-22).

Die Feststellung, ob Kopulationen außerhalb der Paarbindung für Männchen nutzbringend sind, beruht auf dem Nachweis, daß diese Paarungen manchmal zur Befruchtung von Eiern führen. Belege dafür haben in den letzten Jahren zugenommen, insbesondere durch den Einsatz von **DNA-Fingerprint**-Techniken zur Bestimmung von Vaterschaften. Diese Techniken machen sich die Entdeckung zunutze, daß es zwischen den proteinkodierenden Genen kleine DNA-Abschnitte gibt, die kein Genprodukt kodieren. Diese Abschnitte bestehen aus Basensequenzen, die sich vielfach wiederholen. Die Zahl der sich wiederholenden Einheiten kann von Individuum zu Individuum stark variieren. Eine der hypervariablen Regionen in der menschlichen DNA liegt beispielsweise in mindestens 77 verschiedenen Formen vor (diese 77 verschiedenen Allele stammten von nur 79 Personen [1015]). Wissenschaftler können nun die DNA in kleine Fragmente aufspalten und dann die Segmente aus bestimmten hypervariablen Regionen ausfindig machen. Diese Fragmente können radioaktiv markiert und aufgrund ihrer unterschiedlichen Größe voneinander getrennt werden. Schließlich wird ein Foto der Fragmente als Endprodukt dieser Technik (der „Fingerabdruck") erstellt.

Eine bestimmte hypervariable Region liefert eine Anzahl von Fragmenten mit spezifischen Größen, die ein charakteristisches Bandenmuster im DNA-Fingerprint ergeben. Ein Vergleich der Fingerprints zweier Individuen kann also zeigen, ob eine Verwandtschaft wahrscheinlich ist. Verwandte haben Teile derselben DNA von ihren gemeinsamen Vorfahren und damit zum Teil auch die gleichen hypervariablen Regionen geerbt, deren Fragmente im DNA-Fingerprint zu sehen sind.

Nachkommen erhalten DNA von der Mutter und vom Vater. Ein Individuum wird deshalb zum Teil Übereinstimmungen mit dem DNA-Fingerprint seiner Mutter wie auch mit dem des Vaters aufweisen. Abb. 14-4 zeigt neben dem DNA-Fingerprint einer weiblichen Heckenbraunelle (*Prunella modularis*) und ihrer vier Nestlinge auch die Fingerprints der zwei Männchen, die mit der Mutter kopulierten. Die Übereinstimmungen zwischen dem Bandenmuster des „Alpha"-Männchens und des Nachkommen G ist ein eindrucksvoller Nachweis dafür, wer bei letzterem als Vater in Frage kommt. Die restlichen Nachkommen (D, E und F) dagegen haben Banden in ihren DNA-Fingerprints, die beim „Alpha"-Männchen nicht vorkommen. Folglich kann es auch nicht ihr Vater gewesen sein. Statt dessen ist es nahezu sicher, daß das andere Männchen, das „Beta"-Männchen, diese Nachkommen gezeugt hat, da sein DNA-Fingerprint sehr gut zu denen der jungen Heckenbraunellen paßt [135].

DNA-Fingerprints liefern sehr überzeugende Belege dafür, daß Kopulationen außerhalb der Paarbindung tatsächlich eine häufigere Vaterschaft für Vogelmännchen zur Folge haben, die mit anderen Weibchen als ihren primären Partnerinnen kopulieren. Zum Beispiel ergab David Westneats Studie über den Indigofinken (*Passerina cyanea*), eine kleine, nordamerikanischen Ammer, daß 35 % der Nestlinge, von denen Fingerprints erstellt wurden, nicht von dem jeweils am Nest ansässigen Männchen stammen konnten [982]. Mit anderen Worten: Weibchen paaren sich nicht nur mit anderen als ihren primären Partnern, sie nutzen auch regelmäßig das Sperma dieser Individuen zur Befruchtung ihrer Eier. Diese Schlußfolgerung trifft in gleichem Maße auf polygyne Vögel zu; bei Rotschulterstärlingen (*Agelaius phoeniceus*) zum Beispiel können sich Weibchen, die in dem Revier des einen Männchens leben, mit Nachbarn ihres primären Partners

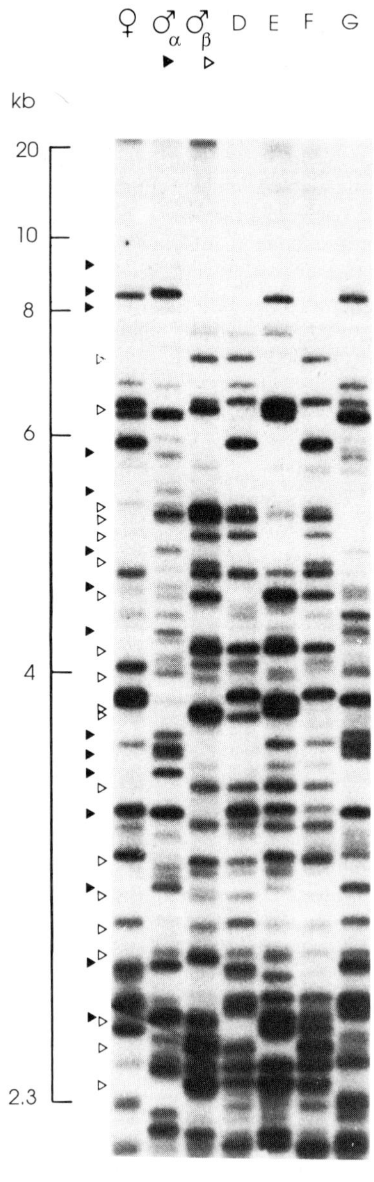

Abb. 14-4: **Mit DNA-Fingerprinting** kann bei Heckenbraunellen für die Nachkommen ein Vaterschaftsnachweis durchgeführt werden, da dieses Verfahren Forschern ermöglicht, die Bandenmuster von Männchen und ihrem mutmaßlichen Nachwuchs zu vergleichen. Die Banden stellen DNA-Fragmente unterschiedlicher Größe, von ungefähr 2 bis 20 Kilobasen (kb), dar. Die kleinen, schwarzen Dreiecke kennzeichnen charakteristische Banden beim Alpha-Männchen; die kleinen, offenen Dreiecke weisen auf Banden hin, die für das Beta-Männchen spezifisch sind. Vergleichen Sie die Bandenmuster der beiden Männchen mit denen der Nachkommen (D-G). Sie werden feststellen, daß die Nachkommen D, E und F eindeutig nicht vom Alpha-Männchen stammen können, da ihre DNA-Fingerprints Banden enthalten, die nicht im Fingerprint des Alpha-Männchens zu finden sind. Das Bandenmuster des Beta-Männchens legt den Schluß nahe, daß dieses Männchen – und nicht das Alpha-Männchen – der Vater dieser drei Heckenbraunellen-Nestjungen ist. Quelle: Burke et al. (135).

paaren, um dann eine Brut mit gemischter Vaterschaft aufzuziehen [343]. Daraus ergibt sich die Frage, welchen Nutzen, wenn es überhaupt einen gibt, Weibchen aus Seitensprüngen ziehen können.

14.1.5 Kopulationen außerhalb der Paarbindung aus der Perspektive des Weibchens

Es ist leicht nachvollziehbar, daß es für Männchen vorteilhaft ist, die Nachkommen der Partnerinnen anderer Männchen zu zeugen; schwieriger ist dagegen zu verstehen, was Weibchen von Kopulationen außerhalb der Paarbindung haben könnten. Nach dem heftigen Widerstand der Weibchen gegen „liebestolle" Männchen zu urteilen, scheinen „Seitensprünge" bei vielen Arten für die Weibchen keine Vorteile mit sich zu bringen, welche die Kosten dieses Verhaltens überwiegen könnten. Bei manchen Arten allerdings sieht es so aus, als würden die Weibchen Kopulationen mit Männchen, die nicht ihre primären Partner sind, akzeptieren oder sogar darum werben [666, 983, 1014]. In diesen Fällen ist es möglich, daß die **Fertilitätssicherungs-**Hypothese (**„fertility insurance hypothesis"**) zutrifft. Sollte ein Männchen defekte oder unfruchtbare Spermien haben, erhöht die Paarung mit zwei oder mehr Männchen die Wahrscheinlichkeit, daß alle Eier eines Weibchens richtig befruchtet werden [79] (siehe auch [775, 778] zu einer ähnliche Hypothese, die auf Insekten angewandt wurde).

Eine Variante dieser Annahme stellt die **„better sperm"**-Hypothese dar, nach der Weibchen von mehreren Männchen Ejakulate erhalten, um die Spermien dieser Männchen um die Eier konkurrieren zu lassen (genetisch minderwertiges Sperma wird unter der Voraussetzung ausgesondert, daß Spermien, die sich zur Befruchtung der Eier gut eignen, auch die besseren genetischen Informationen liefern). Diese Hypothese wurde nicht an einem Vogel, sondern an einer Schlange getestet [599]. Bei der Kreuzotter (*Vipera berus*) (Abb. 14-5) paaren sich die Weibchen während der frühjährlichen Brutzeit gewöhnlich mit mehreren Männchen. Thomas Madsen und seine Mitarbeiter sagten voraus, daß die Jungen der Weibchen, welche sich mit mehreren Männchen paaren, denen von Weibchen, die sich auf einen oder sehr wenige Partner beschränken, überlegen sind. Sie fanden, daß der Anteil an totgeborenen Jungen umso höher ist, je weniger Partner ein Weibchen hatte.

Besonders überzeugend läßt sich die „better sperm"-Hypothese bei Weibchen anführen, die selektiv „Seitensprünge" mit Männchen eingehen können, welche ihnen besonders gute Gene liefern. Zum Beispiel paaren sich bei den Türkis-Staffelschwänzen (*Malurus splendens*) die Weibchen oft mit nahen Verwandten, aber auch regelmäßig mit Männchen aus benachbarten Revieren; sie vergrößern damit vermutlich die genetische Vielfalt ihrer Jungen und wirken auf diese Art schädigenden Inzuchteffekten entgegen. Darüber hinaus sind männliche Ein-

Abb. 14-5: **Eine Kreuzotter.** Weibchen dieser Art, die sich mehrfach paaren, haben relativ wenige totgeborene Junge. Foto von Hendrik Lundström.

dringlinge, die auf EPC aus sind, im allgemeinen die dominanten Männchen in ihren Gruppen (Türkis-Staffelschwänze bilden Fortpflanzungsgemeinschaften, die aus einem reproduktiven Paar und einer Anzahl untergeordneter Individuen – gewöhnlich Männchen – bestehen). Wenn dominante Männchen „gute" Gene haben, können Weibchen durch eine Paarung mit ihnen an Fitness hinzugewinnen [811].

Es ist allerdings auch möglich, daß in manchen Fällen materielle Vorteile aus Kopulationen außerhalb der Paarbindung gezogen werden können (**„More or better material benefits"**-Hypothese). Bei manchen Tierarten vervielfältigt Polyandrie eindeutig die Nahrungsvorteile, die männliche Partner mit sich bringen. Beispielsweise kopulieren die Weibchen verschiedener Bienenarten immer mit dem territorialen Männchen, sobald sie in ein Territorium kommen, worauf ihnen gestattet wird, dort Pollen und Nektar zu sammeln (Abb. 14-6) [8]. Ähnlich ist es bei manchen weiblichen Mückenhaften (Bittacidae) und Schmetterlingen, die kopulieren müssen, um „Hochzeitsgeschenke" oder wertvolle Spermatophoren von ihren Partnern zu erhalten, wodurch ein polyandrisches Fortpflanzungssystem (**„opportunistische Polyandrie"**) begünstigt wird [391, 814, 921].

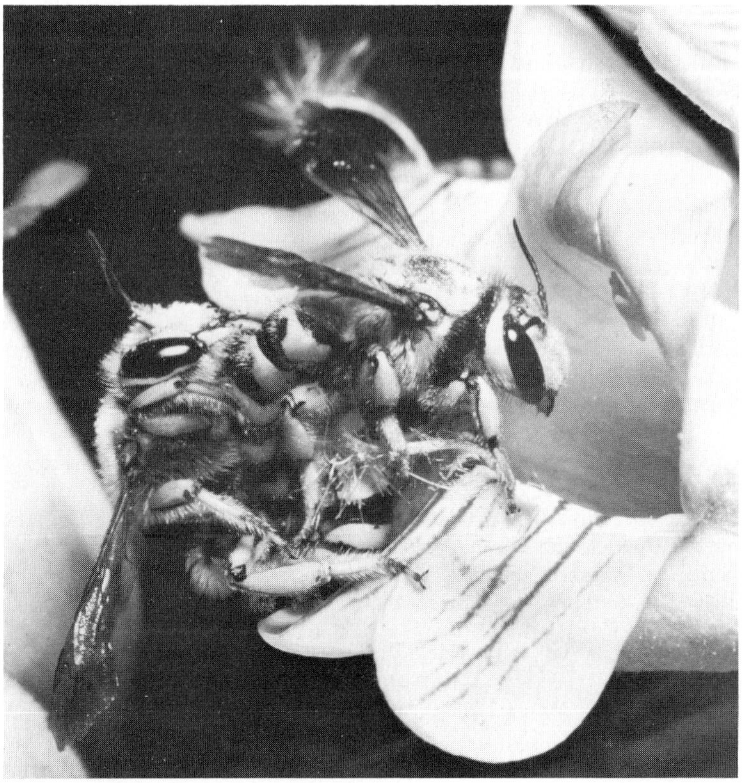

Abb. 14-6: **Polyandrie mit materiellen Vorteilen für Weibchen** bei einer Bienenart. Durch Paarungen mit vielen Männchen gewinnen die Weibchen Zugang zu Pollen und Nektar in den Territorien der Männchen. Foto des Autors.

Abb. 14-7: **Tausch der Geschlechterrollen.** Männliche Riesenwanzen bewachen und bebrüten Eier, die ihre Partnerinnen ihnen auf den Rücken geklebt haben. Foto von R. L. Smith.

Bei manchen Vogelarten können sich die Weibchen in einer Brutsaison um Paarungen mit mehr als einem Männchen bemühen, um sich väterliche Hilfeleistungen durch mehr als ein Männchen zu sichern. Die Heckenbraunelle ist dafür ein treffendes Beispiel. Dieser Vogel hat ein variables Fortpflanzungssystem, wie wir später in diesem Kapitel noch sehen werden, und manchmal leben zwei Männchen zusammen mit einem Weibchen in einem Revier. Obwohl das dominante „Alpha"-Männchen seine Partnerin sorgsam bewacht, stiehlt sich das Weibchen bisweilen davon, wenn es das „Beta"-Männchen im gemeinsamen Revier singen hört. Weibchen gestatten Beta-Männchen, mit ihnen zu kopulieren, wenn sich diese Möglichkeit ergibt. (Sie kommen herbei, wenn sie Gesänge von Alpha- und Beta-Männchen vom Tonband hören, nicht aber bei vorgespielten Gesängen benachbarter Männchen. Dies zeigt, daß sie die Männchen individuell erkennen und sich das untergeordnete, ansässige Männchen wie auch das Alpha-Männchen selbst aussuchen [999]).

Beta-Männchen leisten manchmal elterliche Fürsorge für die Brut eines Weibchens, jedoch nur dann, wenn sie sich während der Zeit der Eiablage mit diesem gepaart haben. In Duos aus Alpha- und Beta-Männchen richten die Individuen ihre elterlichen Bemühungen nach dem Grad der Exklusivität ihres sexuellen Zugangs zu einem Weibchen. Als ein Team von Beobachtern unter Leitung von Nicholas Davies ein Alpha- oder ein Beta- Männchen für die Zeit der Eiablage aus seinem Revier (und damit von seiner Partnerin) entfernten und es nachher wieder einsetzten, fütterte das zuvor entnommene Männchen die Jungen seiner Partnerin weniger als das Männchen, das bei dem Weibchen geblieben war [224]. Da die Männchen bei der Entscheidung, wieviel elterliche Arbeit sie leisten, nach einer Faustregel vorgehen („je mehr Paarungen meiner Partnerin ich mir sichern kann, um so mehr werde ich leisten"), können polyandrische Weibchen durch ihre Kopulationstaktik die Hilfe zweier Männchen gewinnen [135].

14.2 Polyandrie

Eine weibliche Heckenbraunelle, die mit zwei Männchen kopuliert, von denen jedes ausschließlich für ihre Jungen sorgt, zieht Nutzen aus ihrer polyandrischen Fortpflanzungstaktik. In Fällen wie diesem stellt sich daher vor allem die Frage, warum sich Männchen auf eine polyandrische Konstellation einlassen und damit die Reproduktionsleistung eines Weibchens teilen, statt sie zu monopolisieren [708].

Polyandrie schließt Polygynie nicht automatisch aus; es gibt viele Beispiele für die Koexistenz dieser Fortpflanzungssysteme, unter anderem bei Fischarten, deren Männchen Brutfürsorge betreiben (Kap. 15). Ein anderes Beispiel ist das rebhuhnähnliche Cordoba-Steißhuhn (*Nothoprocta cinerascens*), ein bodenbrütender Vogel, dessen Eier von vielen Prädatoren gern gefressen werden. Die Männchen bebrüten die Eier ohne die Hilfe ihrer Partnerinnen. Ein Männchen mit einem Gelege zieht aber oft mehrere Weibchen an, die ihre Eier zu denen in seinem Nest dazulegen. Wenn ein Gelege fertig ist, macht sich das Weibchen daran, ein zweites zu produzieren. Dieses zweite Gelege überläßt es seinem ersten Partner, falls dessen Nest in der Zwischenzeit zerstört wurde, oder es sucht sich ein anderes Männchen zum Bebrüten der Eier [708].

In ähnlicher Weise können Riesenwanzen-Weibchen (*Abedus herberti*) ihre aufeinanderfolgenden Gelege mehreren Männchen zur Brutfürsorge übergeben. Nach der Kopulation erlaubt das Männchen seiner Partnerin, ihre

Abb. 14-8: **Ressourcenverteidigungs-Polyandrie.** Weibliche Drosseluferläufer kämpfen um den Besitz von Revieren, mit denen sie mehrere Männchen herbeilocken könnten. Foto von Steven Maxson, mit freundlicher Genehmigung von Lewis Oring.

Eier, die es dann bis zum Schlüpfen der Jungen hütet, auf seinen Rücken zu kleben (Abb. 14-7) [878]. Wenn ein Weibchen nicht den ganzen Brutraum des Männchens nutzen kann, akzeptiert dieses weitere Eier von anderen Weibchen. Weder weibliche Polyandrie noch männliche Polygynie werfen in diesen Fällen besondere evolutionäre Rätsel auf, da die Weibchen männliche Fürsorge gewinnen und Männchen mit väterlichem Verhalten mehrere Geschlechtspartnerinnen anziehen.

Eine echte Herausforderung dagegen stellt für Theoretiker, die sich mit sexueller Selektion befassen, eine von wenigen Arten praktizierte Form der Polyandrie dar, bei der sich in einer Brutsaison mehrere Männchen mit nur einem Weibchen verpaaren. Diese Arten weisen oft einen mehr oder weniger vollständigen Tausch der Geschlechterrollen auf. Die Männchen übernehmen alle oder die meiste elterliche Verantwortung, und die Weibchen konkurrieren um den Zugang zu Geschlechtspartnern. So übernehmen zum Beispiel die Weibchen des Drosseluferläufers (*Actitis macularia*) – Untersuchungsobjekt einer Langzeitstudie von Lewis Oring – nicht nur die Führung bei der Balz, sie verhalten sich auch in anderer Hinsicht wie Männchen [709, 710]. Sie sind größer und aggressiver als Männchen, und sie kommen als erste in den Brutgebieten an, während bei den meisten Vogelarten die Männchen vor den Weibchen eintreffen. An den Brutplätzen konkurrieren sie um Reviere und verteidigen diese gegen Rivalinnen (Abb. 14-8). Das Revier eines Weibchens kann zwei oder drei Männchen anlocken, welche im Herrschaftsbereich der Partnerin ihrerseits kleinere Reviere errichten. Jedes Männchen paart sich mit dem Weibchen und erhält ein Gelege zum Ausbrüten und zur Aufzucht der Jungen, während das Weibchen weiterhin die Revierverteidigung übernimmt und neue Gelege für weitere Paarungspartner produziert. Das Ergebnis ist, daß einige der Weibchen einen größeren Reproduktionserfolg erzielen als die erfolgreichsten Männchen [711], ein für Tiere im allgemeinen untypisches Resultat (Kap. 13).

Oring glaubt, daß die Polyandrie durch Geschlechterrollentausch beim Drosseluferläufer besser zu verstehen ist, wenn man eine entscheidende, evolutionsgeschichtlich bedingte Beschränkung für diese Art mitberücksichtigt. Die Weibchen aller Wasserläufer legen vier Eier pro Gelege; auch wenn Ressourcen im Überfluß vorhanden sind, können sie ihre Gelegegröße nicht entsprechend anpassen. Da Wasserläufer also auf einem 4-Ei-Gelege „festsitzen" (eine von entfernten Vorfahren geerbte Eigenschaft), können sie nur von reichen Futtervorkom-

Abb. 14-9: **Partnerverteidigungs-Polyandrie.** Ein Odinshühnchenpaar. Bei dieser Art bewacht das Weibchen ein Männchen gegenüber anderen Weibchen. Weibliche Odinshühnchen sind genauso auffällig gefiedert wie Männchen, wenn nicht sogar noch auffälliger. Polyandrische Weibchen verteidigen zwei Männchen in Folge. Foto von John D. Reynolds.

men profitieren, indem sie mehrere 4-Ei-Gelege produzieren, und nicht, indem sie die Zahl der Eier pro Gelege erhöhen [709]. Um aber tatsächlich zu profitieren, müssen sie mehr als ein Männchen zur Versorgung ihrer aufeinanderfolgend produzierten Gelege gewinnen.

In Anbetracht der festen Gelegegröße beim Drosseluferläufer könnte Polyandrie adaptiv sein, weil mehrere ungewöhnliche ökologische Einflüsse zusammenkommen [551]. Erstens nisten Drosseluferläufer in Gebieten mit immensen Vorkommen an Eintagsfliegenlarven, die den Weibchen (und den Jungen, wenn sie geschlüpft sind) als Nahrung dienen. Zweitens kann ein Elter genauso gut für ein Gelege sorgen wie beide Eltern (zum Teil, weil die Jungen Nestflüchter sind; sie können schon bald nach dem Schlüpfen laufen, sich selbst ernähren und ihre Körpertemperatur regulieren). Drittens ist das Geschlechterverhältnis der adulten Tiere durch einen leichten Überschuß an Männchen gekennzeichnet. Diese Kombination von Faktoren hat zur Folge, daß die Selektion Weibchen begünstigt, die ihren ersten Partner verlassen und ihm die Verantwortung für das erste Gelege aufbürden, um selbst weiteren Männchen nachzujagen. Für ein verlassenes Männchen gibt es kaum eine Wahl. Verläßt es ebenfalls die Eier, so werden sich diese nicht entwickeln und es müßte von neuem beginnen. Wenn alle Weibchen ihre Männchen verlassen, dann erzielt ein Männchen, welches allein die Elternrolle übernimmt, voraussichtlich den größtmöglichen Fortpflanzungserfolg, selbst wenn seine Partnerin einen weiteren Geschlechtspartner findet, der sie bei einem zweiten Gelege unterstützt.

Weibliche Drosseluferläufer können, indem sie ihre Partner verlassen, in die Verteidigung einer Ressource – ein gutes Nisthabitat, das mehrere Männchen anlockt – investieren. Ein ähnlicher Fall von Polyandrie ist vom Gelbstirn-Jassana (*Jacana spinosa*), einem tropischen Wasservogel, bekannt. Wie beim Drosseluferläufer, so gibt es auch bei dieser Art eine Umkehr der Geschlechterrollen; große, aggressive Weibchen konkurrieren um den Besitz von Revieren, die so ausgedehnt sind, daß sie mehrere Männchen anlocken. Jedes dieser Männchen kümmert sich dann um ein Gelege [489, 490]. Es kommt sogar vor, daß Weibchen dieser Art die Eier von Männchen aus benachbarten Revieren zerstören (Ovizid). So ermöglichen sie den Männchen, zu ihnen zu kommen und ein Gelege von ihnen anzunehmen [287, 896] (siehe Kap. 1). Unter der Voraussetzung, daß die Weibchen mehrere Gelege produzieren, aber keinerlei elterliche Fürsorge leisten, tun auch hier die Männchen wahrscheinlich das Beste, was ihnen hinsichtlich ihres Fortpflanzungserfolgs unter diesen besonderen Umständen möglich ist, wenn sie allein die Elternrolle übernehmen.

Es gibt also verschiedene Arten der Polyandrie, wobei Weibchen Taktiken anwenden, die offenbar darauf angelegt sind, Sperma oder Hochzeitsgeschenke oder aber elterliche Fürsorgeleistungen von mehreren Männchen zu erhalten. Sogar in der letzten dieser Kategorien können sich Weibchen bezüglich der Art, in der sie ihr Ziel zu erreichen versuchen, unterscheiden. Weibliche Odinshühnchen (*Phalaropus lobatus*) (Abb. 14-9) beispielsweise verteidigen ihre Partner direkt; sie wenden nicht die Strategie der Drosseluferläufer und Jassanas an, die darin besteht, ein Revier zu verteidigen, welches Männchen herbeilockt [783, 785]. Sobald einzelne männliche Odinshühnchen in den Brutgebieten eintreffen, werden sie von Weibchen verfolgt und umworben, wobei Rivalinnen

Abb. 14-10: **Weibchenverteidigungs-Polygynie bei einer Fledermaus.** Das Männchen oben links bewacht eine Ansammlung von Weibchen an ihrem Schlafplatz. Foto von Gary McCracken.

durch Schnabelhiebe auf Distanz gehalten werden. Nach der Paarung legt das Weibchen seine Eier in das Nest des Partners und läßt ihn dann mit ihnen allein. Möglicherweise findet und bewacht es ein weiteres Männchen. Diesem überläßt es dann ein zweites Gelege, welches wiederum von ihm allein bebrütet und verteidigt wird.

14.3 Die Vielfalt polygyner Systeme

Genauso, wie Weibchen auf verschiedenen Wegen einen polyandrischen Status erlangen, gibt es für Männchen verschiedene Wege, polygyn zu werden. Denken Sie zum Beispiel an die Fortpflanzungstaktiken von Dickhornschafen (*Ovis canadensis*), Prachtlibellen und Seidenlaubenvögeln (Kap. 13). Obwohl die Männchen dieser Arten jeweils Paarungsterritorien verteidigen, ähneln sich diese Territorien keineswegs. Dickhornschafböcke gehen dorthin, wo potentielle Partnerinnen sind und kämpfen mit anderen Männchen, um Weibchen zu monopolisieren (vergleichbar den Odinshühnchen). Prachtlibellenmännchen, deren Territorien reiche Ressourcen aufweisen, warten darauf, daß Partnerinnen zu ihnen kommen (vergleichbar den Drosseluferläufern); Libellenweibchen paaren sich in diesen Territorien und legen ihre Eier an Wasserpflanzen ab, die das Männchen unter seiner Kontrolle hat. Männchen der Seidenlaubenvögel sichern eine Stelle ab, an der sie ihre Lauben bauen und die Ankunft von Weibchen erwarten. Diesen bieten sie dann nicht mehr als eine kunstvoll ausgeführte Balz und die Möglichkeit zur Paarung - eine Gelegenheit, die oftmals ungenutzt bleibt.

Wie können wir uns dieses stattliche Aufgebot an

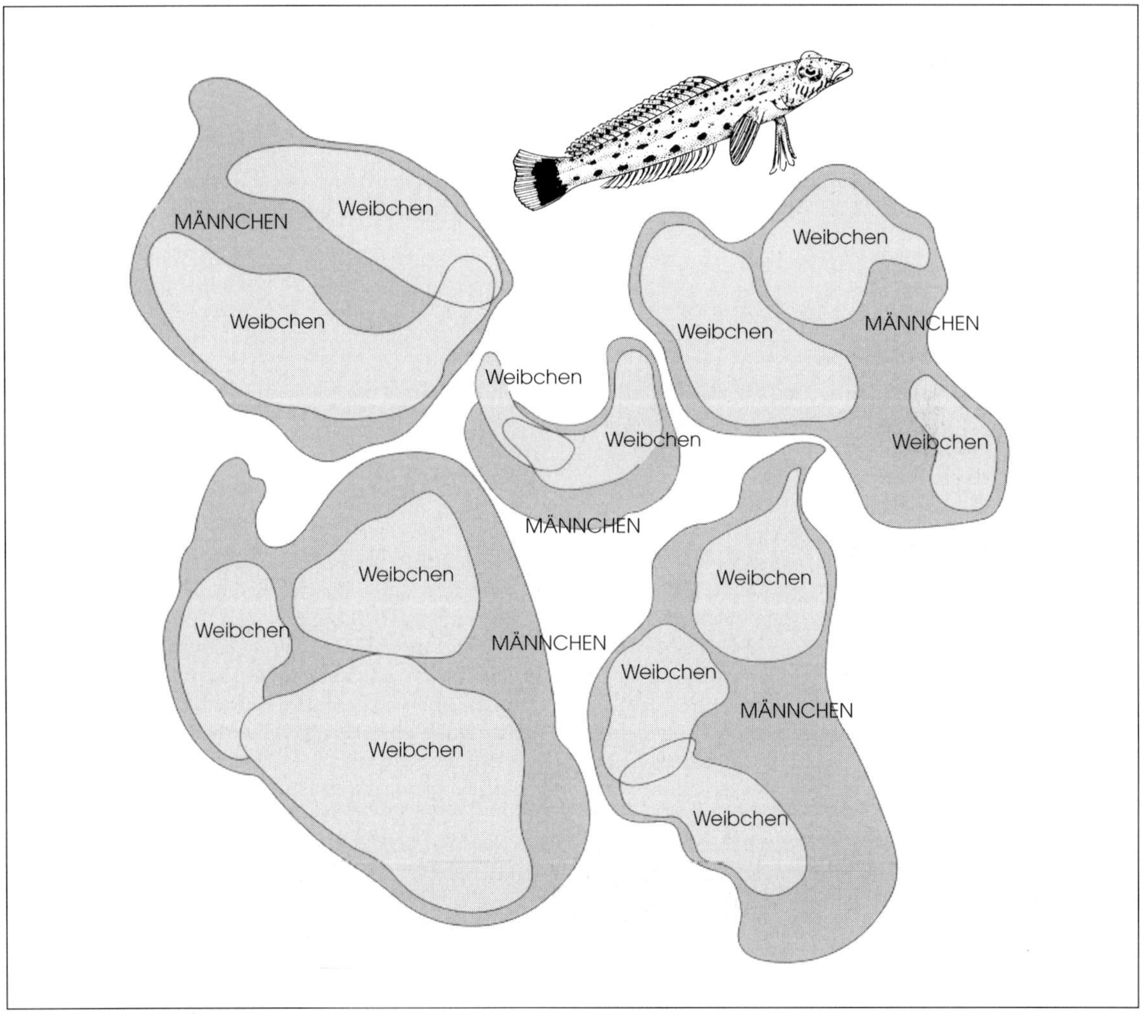

Abb. 14-11: **Weibchenverteidigungs-Polygynie bei einer Meeräsche der Gattung *Parapercis*.** Männchen dieser Art versuchen, Territorien zu verteidigen, welche mehrere kleinere Territorien von potentiellen Partnerinnen umschließen. Männchen, denen dies gelingt, haben vermutlich einen exklusiven sexuellen Zugang zu diesen Weibchen. Quelle: Clark et al. (167).

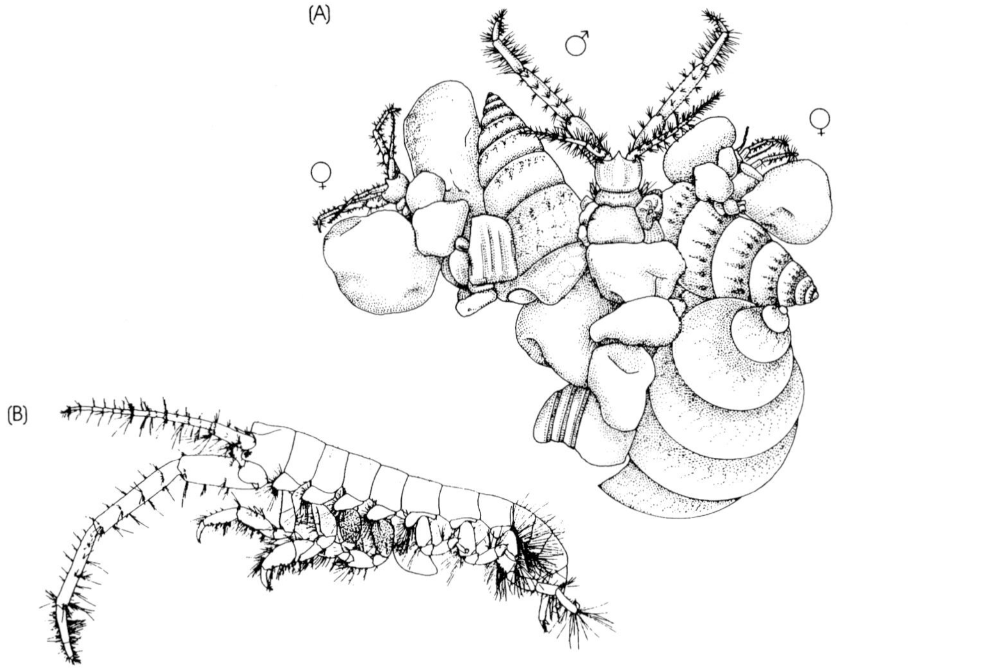

Abb. 14-12: **Weibchenverteidigungs-Polygynie bei einem marinen Amphipoden.** (A) Ein Männchen hat die Gehäuse mehrerer Weibchen an seine Umhüllung geklebt. (B) Ein Individuum ohne sein Haus. Zeichnungen mit freundlicher Genehmigung von Jean Just.

männlichen Taktiken bei polygynen Arten erklären? Stephen Emlen und Lewis Oring haben darauf hingewiesen, daß das Ausmaß, in dem ein Männchen Paarungsgelegenheiten monopolisieren kann, von sozialen und ökologischen Faktoren abhängt, welche die Verteilung von Weibchen beeinflussen. Das Ausmaß, in dem rezeptive Weibchen in Gruppen auftreten, hängt unter anderem vom Feinddruck und von der Nahrungsverteilung ab. In Gruppen auftretende Weibchen können von Männchen ökonomisch monopolisiert werden, eine Kontrolle über gleichmäßig verteilte Weibchen dagegen ist nicht ohne einen weit größeren Zeit- und Energieaufwand möglich. Je größer das verteidigte Gebiet sein müßte, umso größer wären auch die Kosten für einen potentiellen Territoriumshalter, und um so weniger wahrscheinlich wäre es, daß Territorialität sich überhaupt entwickelt (Kap. 10).

Die von Emlen und Oring entwickelte Theorie zu Fortpflanzungssystemen beinhaltet eine entscheidende Voraussage: Wenn paarungsbereite Weibchen in Ansammlungen auftreten, die verteidigt werden können, werden Männchen um solche Ansammlungen konkurrieren. Ein Artenüberblick liefert zumindest einen qualitativen Test dieser Theorie. Es gibt viele konvergente Fälle von nicht miteinander verwandten Arten, deren Weibchen in stabilen Gruppen leben und bei denen die Männchen Ansammlungen von Weibchen verteidigen und damit eine **Weibchenverteidigungs-Polygynie** praktizieren. Weibliche Dickhornschafe und Gorillaweibchen (*Gorilla gorilla*) beispielsweise wandern – möglicherweise zum Schutz gegen Feinde – in Gruppen; Löwenweibchen (*Panthera leo*) bilden ebenfalls feste Rudel, vielleicht, um ein gemeinsames Territorium verteidigen zu können (oder, um den Jagderfolg anderer Rudelmitglieder ausnutzen zu können [834]). Männliche Dickhornschafe, Gorillas und Löwen kämpfen um bereits existierende Weibchengruppen, und die polygynen Gewinner hindern andere Männchen daran, sich mit „ihren" Weibchen zu paaren [409, 833].

Die Weibchen der tropischen Fledermausart *Phyllostomus hastatus* bilden gleichfalls Gruppen, welche nachts gemeinsam auf die Jagd gehen (wie durch Radiotelemetrie gezeigt wurde). Sie kehren stets zur selben Stelle in ihrer Höhle zurück, um tagsüber zu ruhen. Diese Schlafgruppen sind wie geschaffen für ein polygynes, auf der Verteidigung von Weibchen beruhendes System, da ein Männchen eine solche Weibchenansammlung leicht bewachen kann (Abb. 14-10). Gary McCracken und Jack Bradbury zeigten mit Hilfe elektrophoretischer Analysen, daß ein erfolgreicher Territoriumshalter der Vater von 60 bis 90 % der Nachkommen in „seiner" Weibchengruppe ist und während der Zeit, in der er das Territorium besitzt, bis zu 50 Junge zeugen kann [626].

Einige Tierarten, die nicht zu den Säugern zählen, leben ebenfalls in kleinen Arealen, die verteidigt werden können. Taktiken zur Verteidigung von Weibchen sind die konvergente evolutive Antwort von Männchen solcher Arten [siehe z. B. 167] (Abb. 14-11). Weibliche Baumleguane (*Urosaurus ornatus*) der Sonora-Wüste sind dafür ein treffendes Beispiel. Sie bilden keine festgefügten Gruppen; vielmehr leben gewöhnlich drei oder vier von ihnen auf einem einzelnen Mesquite-Baum (*Prosopis juliflora*). Ein Männchen, dem es gelingt, andere Männchen von einem oder zwei Mesquite-Bäumen fernzuhalten, hat Zugang zu drei oder mehr Partnerinnen. Wenn dies die ultimate Funktion der männlichen Territorialität ist, dann sollte das experimentelle Entfernen der Weibchen die Männchen veranlassen, die bewachten Bäume aufzugeben; genau dies geschieht auch [633].

Bei anderen Arten können Männchen sogar selbst Gruppen bilden und kontrollieren, indem sie Partnerinnen zusammentreiben. Bestimmte, winzig kleine Amphipoden (Siphonoecetinae) leben in großer Zahl im feinen Kiesgrund von flachen Meeresbuchten. Charakteristisch für sie ist der sorgfältig ausgeführte Bau von Hüllen aus Kieselsteinchen, Bruchstücken von Molluskenschalen und Ähnlichem. Die Männchen wandern mit ihren „Häusern" umher, um nach Weibchen zu suchen. Einzelne Weibchen werden „gefangen" und ihre Behausungen an die des Männchens geklebt. So kann es einem Männchen gelingen, einen Appartementkomplex zu errichten, der aus seiner Hülle und den daran zementierten Hüllen von drei Weibchen besteht (Abb. 14-12) [498]. Es ist anzunehmen, daß das Männchen die sexuellen Aktivitäten seiner Appartement-Partnerinnen überwacht und monopolisiert.

Der entscheidende Punkt in diesen (und vielen anderen) Fällen ist, daß Weibchen in Gruppen auftreten, welche verteidigt werden können. Dabei kann die Gruppenbildung aufgrund einer Vielzahl ökologischer Zwänge erfolgen, die von den Vorteilen des Zusammenhaltes von Weibchen gegenüber Beutegreifern bis hin zu den Kosten reichen, die der Widerstand gegen die Versuche von Männchen, sie zusammenzuhalten, mit sich bringt. Was auch immer die Ursachen für die Gruppenbildung von Weibchen sind, wenn Gruppen erst einmal existieren, ist voraussagbar, daß Männchen direkt um sie konkurrieren, und in vielen Fällen tun sie es auch.

14.3.1 Weibchenverteidigungs-Polygynie aus weiblicher Perspektive

Die Beteiligung an polygynen Paarungssystemen hat für Weibchen genau wie für Männchen reproduktive Konsequenzen. Beim Gelbbäuchigen Murmeltier (*Marmota flaviventris*) bleiben die Weibchen oft an ihrem Geburtsort, wie es für Säugetiere typisch ist (Kap. 10). So entstehen Ansammlungen von Müttern, Töchtern und Tanten, wodurch die Tiere vermutlich besser gegen Kojoten und Adler geschützt sind [24]. Die Männchen suchen nach Orten mit einem oder mehreren ansässigen Weibchen, und Männchen, denen es gelingt, eine Wiese mit zwei oder mehr Partnerinnen zu finden und zu verteidigen, praktizieren eine Weibchenverteidigungs-Polygynie. Wie man erwarten könnte, ist der Fortpflanzungserfolg eines Männchens umso größer, je höher die Zahl der Weibchen in seinem Territorium ist.

Doch wie steht es um den Fortpflanzungserfolg der Weibchen? Einer Studie zufolge hatten die Weibchen in den kleinsten Gruppen die höchsten Nachkommenzahlen pro Jahr (Abb. 14-13) [253]. Dieses Ergebnis läßt darauf schließen, daß Weibchen eine größere Fitness aufwiesen, wenn sie monogam wären, statt Teil eines durch Weibchenverteidigung polygynen Systems.

Eine Hypothese zur Erklärung, warum es ihnen nicht gelingt, eine geringere Gruppengröße zu entwickeln, ist die, daß der Lebensreproduktionserfolg der Weibchen unter den Bedingungen einer Weibchenverteidigungs-Polygynie größer ist als unter monogamen Verhältnissen.

Abb. 14-13: **Polygynie contra Monogamie:** Jährlicher Fortpflanzungserfolg von männlichen und weiblichen Murmeltieren. Polygyne Männchen haben mehr Nachkommen, welche ein Alter von einem Jahr erreichen, als monogame Männchen. Weibchen in großen Gruppen haben weniger Nachkommen, welche mindestens ein Jahr überleben, als monogame Weibchen. Quelle: Armitage (24).

Abb. 14-14: **Ressourcenverteidigungs-Polygynie beim Gelbbürzel-Honiganzeiger.** Männchen verteidigen die Nester der Riesenhonigbiene und gestatten Weibchen, von dem Bienenwachs, das sie unter ihrer Kontrolle haben, zu fressen.

Wenn es den Mitgliedern großer Gruppen besser gelingt, sich Prädatoren zu erwehren, dann werden die Weibchen in solchen Gruppen länger leben und sich über mehr Jahre fortpflanzen als monogame Weibchen, wodurch eine geringere Fortpflanzungsrate pro Jahr kompensiert würde [278]. Allerdings konnte im Gegensatz zu dieser Voraussage keine positive Korrelation zwischen der Größe einer Weibchengruppe und der Überlebensrate der Weibchen gefunden werden [24].

Eine zweite Hypothese erinnert uns daran, daß das, was für ein Individuum adaptiv ist, davon abhängt, welche Möglichkeiten es überhaupt hat [1013]. Es könnte sein, daß Murmeltierweibchen, die mit einem Partner allein leben, einen höheren Lebensreproduktionserfolg zu erwarten hätten als in einer Gruppe. In diesem Fall müßten sie aber alle anderen Weibchen vertreiben, und das könnte aus verschiedenen Gründen kostspielig sein, insbesondere, wenn ankommende Weibchen aus Mangel an unbesetzten Habitaten hoch motiviert sind, sich anzusiedeln.

14.3.2 Ressourcenverteidigungs-Polygynie

Die Weibchen vieler Arten leben nicht in festen Verbänden zusammen, und dennoch kann ein Männchen durch Verteidigung eines Territoriums polygyn werden, falls die von den Weibchen benötigten Ressourcen an bestimmten Orten gehäuft auftreten und somit die ökonomische Verteidigung eines auf Ressourcen gegründeten Territoriums ermöglichen. **Ressourcenverteidigungs-Polygynie** ist das Paarungssystem der Prachtlibellen, da ein kleiner Fleck schwimmender Vegetation nacheinander viele Weibchen anlocken kann, von denen jedes beabsichtigt, seine Eier dort abzulegen. Mit Eiern beladene Weibchen aber sind paarungsbereit, weshalb es für die Männchen adaptiv ist, um diese für die Eiablage geeigneten Ressourcen zu wetteifern und sie zu verteidigen.

Bei manchen Arten ist die von den Weibchen benötigte Nahrung nur an bestimmten Orten zu finden. Durch die Verteidigung wertvoller Futterplätze kann es einem Männchen gelingen, sich mit einer Vielzahl von Weibchen zu paaren, welche auf Nahrungssuche sind (Farbtafel 14). Der Wettbewerb zwischen Männchen um besonders reiche Weidegründe, die umherziehende Weibchenherden anziehen, hat sich bei vielen Säugerarten unabhängig voneinander entwickelt. Dazu gehören unter anderem die Impala (*Aepyceros melampus*), eine afrikanische Antilope [484], und ein Vertreter aus der Familie der Kamele, das Vikunja (*Lama vicugna*) in Südamerika [324].

Eine der polygynen, Ressourcen verteidigenden Vogelarten ist der Gelbbürzel-Honiganzeiger (*Indicator xanthonotus*) [197]. Diese Art hat sich auf eine bestimmte Nahrung – Bienenwachs – spezialisiert, das die Vögel in den exponiert hängenden Waben der eindrucksvollen Riesenhonigbienen (*Apis dorsata*), einer südostasiatischen Art, finden. Gegen das Gift der Bienen ist der Honiganzeiger immun, so daß er gefahrlos von den Waben fressen kann. Die Männchen konkurrieren um den Besitz großer Bienenvölker, und sie gestatten mehreren Weibchen, nicht aber erwachsenen Männchen, von dem Wachs in ihrem Herrschaftsbereich zu fressen (Abb. 14-14). Als Gegenleistung kopulieren die Weibchen manchmal mit dem jeweiligen Revierbesitzer.

In derartigen Systemen sollte das Vorhandensein von Ressourcen mit der Bereitschaft eines Männchens ein-

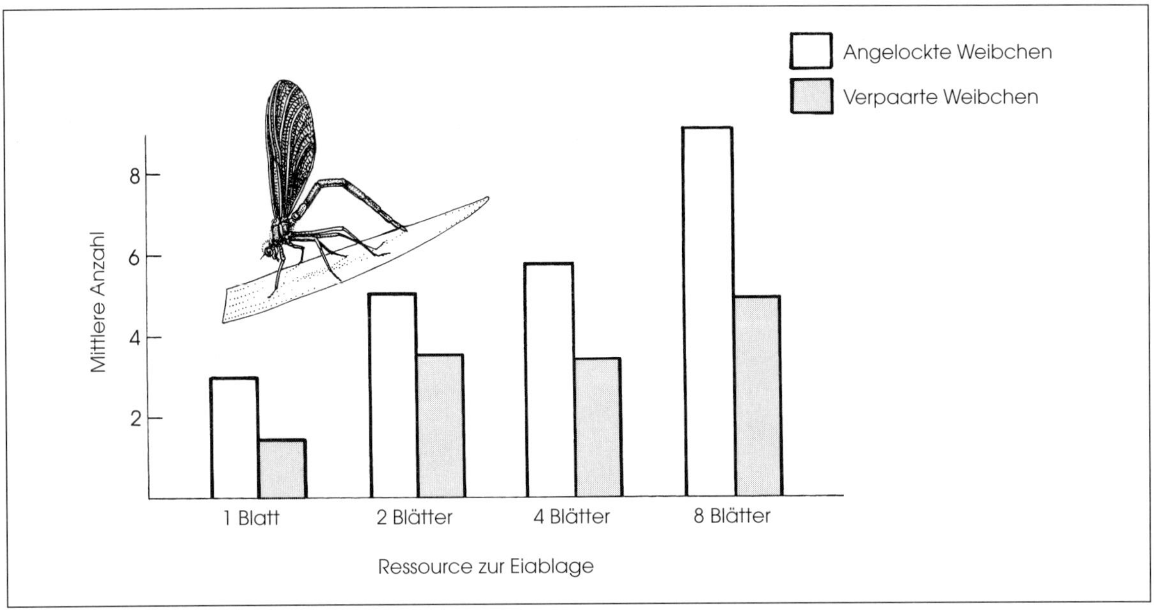

Abb. 14-15: **Ressourcenverteidigungs-Polygynie bei der Prachtlibelle.** Während eines zehntägigen Experiments zogen Territorien mit mehr Ressourcen zur Eiablage (Streifen aus schwimmendem Pflanzenmaterial) eine größere Zahl weiblicher Besucher pro Tag an, von denen sich viele mit den Territoriumsbesitzern paarten. Daher hatten Männchen, die eine ressourcenreiche Stelle kontrollierten, zu mehr Weibchen Zugang als Männchen, die Orte mit weniger Blattmaterial verteidigten. Quelle: Alcock (7).

hergehen, in die Verteidigung eines Territoriums zu investieren. Diese Voraussage wurde experimentell an Prachtlibellen getestet. Prachtlibellen verteidigen ohne weiteres auch Streifen aus schwimmenden Pflanzenteilen, die von einem Beobachter in einen Bach eingesetzt werden. Bietet man dieses zur Eiablage geeignete Material in einem Bachabschnitt an, der zuvor von territorialen Prachtlibellen nicht besetzt war, so werden umherziehende Männchen dort sehr schnell ansässig; kurz nachdem diese Ressourcen verfügbar sind, werden sie auch schon von den Männchen angenommen und bewacht. Mehr noch, je größer die Menge an Ressourcen für die Eiablage, um so hartnäckiger werden sie von den Männchen verteidigt, umso mehr Weibchen suchen solche Stellen auf und umso größer ist die Zahl der Paarungen, die dort stattfinden (Abb. 14-15) [7].

14.3.3 Ressourcenverteidigungs-Polygynie aus weiblicher Perspektive

Vorhin haben wir als Argument angeführt, daß sich Monogamie bei Vögeln aus dem Versuch der Weibchen ergeben könnte, die elterliche Hilfe, die Männchen bieten können, zu monopolisieren. Vor dem Hintergrund dieser Hypothese erscheint es paradox, daß die Weibchen mancher Vogelarten polygyne Beziehungen mit Männchen eingehen, die ihrem Nachwuchs elterliche Fürsorge entgegenbringen. Verpaart sich ein Weibchen mit einem Männchen, welches bereits eine Partnerin hat, teilt es notgedrungen die Elternfürsorge dieses Männchens mit dessen erster Partnerin. Wie können wir dieses Verhalten erklären?

Eine klassische Hypothese, das **Polygynieschwellen-Modell**, zeigt auf, unter welchen Bedingungen ein Weibchen durch die Paarung mit einem bereits verpaarten Männchen mehr erreichen kann als durch die Paarung mit einem, dem noch eine Partnerin fehlt [708]. Dieses Modell ist auf Arten anwendbar, bei denen das Territorium eines Männchens nützliche Ressourcen für das Weibchen und seinen Nachwuchs enthält. Wenn Menge und Qualität der Ressourcen in einem Territorium von Männchen zu Männchen stark variieren, so ist es möglich, daß ein Weibchen, das sich einem bereits verpaarten Männchen auf einem sehr reichen Territorium anschließt, einen größeren Fortpflanzungserfolg hat, als wenn es die einzige Partnerin eines Männchens auf einem ressourcenarmen Territorium wäre. Obwohl ein Weibchen mit einem polygynen Partner Ressourcen und elterliche Hilfe des Männchens mit einem oder mehreren anderen Weibchen teilen muß, kann ihr Anteil immer noch größer sein als der eines monogamen Weibchens auf einem ressourcenarmen Territorium.

Michael Carey und Val Nolan haben das Polygynieschwellen-Modell in einer Studie am Indigofink getestet, dessen Mannchen elterliches Verhalten zeigen und keine, eine oder zwei Partnerinnen in ihre Reviere in überwucherten Feldern locken können [151, 152]. Monogame Weibchen, die über eine ganze Brutsaison mit einem Männchen zusammenblieben, hatten einen nur geringfügig größeren Fortpflanzungserfolg (1,6 flügge Junge) als Weibchen, die Teil einer polygynen Konstellation waren (1,3 flügge Junge). Da das zweite Weibchen von polygynen Verbindungen normalerweise erst im Brutge-

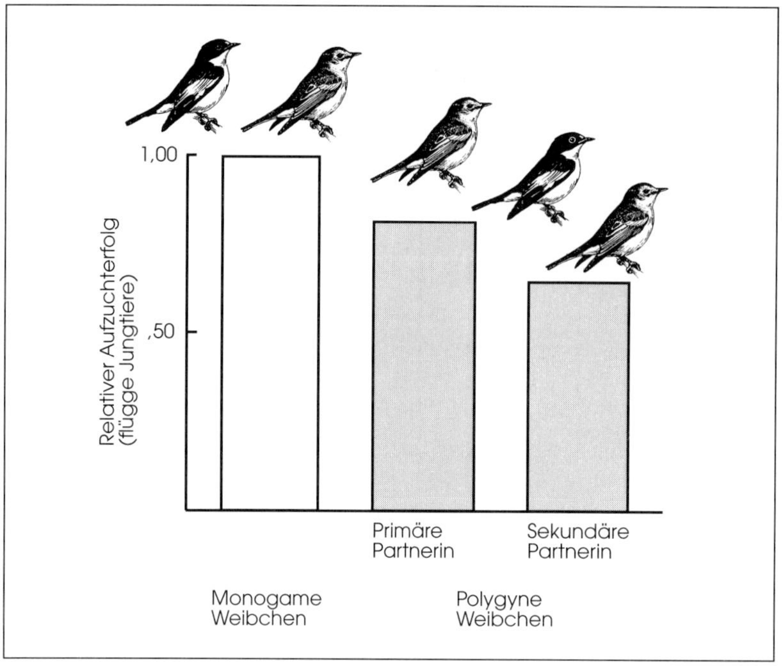

Abb. 14-16: **Ein Test der „Täuschungshypothese"**, die erklären soll, warum manche Männchen des Trauerschnäppers polygyn sind. Weibliche Trauerschnäpper, die sich mit monogamen Männchen paaren, erzielen einen höheren Fortpflanzungserfolg als primäre oder sekundäre Partnerinnen von polygynen Männchen. Dieses Ergebnis deutet darauf hin, daß Weibchen Verluste hinnehmen müssen, wenn sie sich mit „Polygynisten" paaren. Quelle: Alatalo und Lundberg (2).

biet ankommt, wenn die meisten Männchen mit akzeptablen Territorien schon „vergeben" sind, ist sein „zu erwartender" Fortpflanzungserfolg wahrscheinlich sehr gering, falls es ein noch unverpaartes Männchen erwischt. Offenbar ist es für ein solches Weibchen besser, sich zu einem verpaarten Männchen mit einem erstklassigen Revier hinzuzugesellen.

Als aber schwedische Forscher dieselbe Voraussage am Trauerschnäpper (*Ficedula hypoleuca*) testeten, fanden sie, daß Weibchen in polygynen Verbindungen im Durchschnitt nur zwei Drittel des Fortpflanzungserfolgs monogamer Weibchen erreichten (Abb. 14-16) [2]. Monogame Weibchen erhalten die gesamte elterliche Unterstützung des Vaters für ihre Nachkommen. Dagegen wird die zweite Partnerin eines polygynen Männchens wenig oder gar nicht von ihrem Partner unterstützt. Warum also wählen weibliche Trauerschnäpper die Paarung mit einem Polygynisten?

Rauno Alatalo und seine Mitarbeiter merkten dazu an, daß die Weibchen keineswegs wählen, sondern von den Männchen getäuscht werden. Diese schaffen es, zwei separate Reviere zu behaupten, von denen jedes einen Baum mit einer Nisthöhle enthält (eine entscheidende Ressource für weibliche Trauerschnäpper). Dieser „Täuschungshypothese" zufolge kann ein Männchen zwei Partnerinnen anlocken, die voneinander nichts wissen, weil das Männchen zwei Reviere hat. Beiden Weibchen fehlt die Information, die ihnen ermöglichen würde, eine ungünstige Entscheidung zu vermeiden, und so siedelt sich jedes Weibchen mit ihrem Partner in einem seiner Reviere an, um später relativ wenig Hilfe bei der Fütterung seiner Jungen von dem „polyterritorialen" Männchen zu erhalten. Auch wenn der durchschnittliche Fortpflanzungserfolg ihrer Partnerinnen geringer sein kann als der von monogamen Weibchen, so verschafft doch die Summe ihres Ertrages polygynen Männchen einen Vorteil auf Kosten jeder einzelnen Partnerin [4, 5].

Es gibt mehrere Alternativhypothesen zu diesen Ergebnissen [917], darunter auch die Möglichkeit, daß das zweite Weibchen ein bereits verpaartes Männchen akzeptiert, weil der Aufwand für die Suche nach einem noch unverpaarten Männchen zu groß ist [894] oder weil Männchen, die noch unverpaart sind, extrem schlechte Reviere haben [916]. Der alternativen Hypothese eines erhöhten Suchaufwands zufolge sind die Fortpflanzungschancen für spät im Brutgebiet eintreffende Weibchen zur Zeit ihrer Ankunft bereits geringer. Wenn sie dann auch noch anfingen, nach einem monogamen Männchen zu suchen, würde dies ihre Chancen noch weiter verschlechtern, selbst wenn die Suche nur einen oder zwei Tage erforderte. Die Tatsache, daß die Fitness bei Trauerschnäpperweibchen mit zunehmender Verzögerung des Brutbeginns sinkt, steht in Übereinstimmung mit dieser Hypothese [844].

Aber lassen Sie uns die „Täuschungshypothese" noch an einer anderen Art testen. Einige spät ankommende Rauhfußkauzweibchen (*Aegolius funereus*) haben noch die Wahl zwischen unverpaarten Männchen und solchen, die aus ihrem zweiten Nistrevier rufen, welches sie errichten, nachdem sie eine primäre Partnerin zu ihrem ersten Revier gelockt haben. Bei dieser Art scheinen primäre Partnerinnen eines polygynen Männchens genauso erfolgreich zu sein wie monogame Weibchen, wahrscheinlich, weil polygyne Männchen hauptsächlich für die Jungen ihrer ersten Partnerin sorgen [153]. Die sekundären Weibchen polygyner Männchen haben durchschnittlich nur 1,6 flügge Jungtiere, verglichen mit 3,8 für Weibchen, die sich in demselben Zeitraum einen monogamen Partner sichern konnten. Dieses Ergebnis zeigt, daß sekundäre Weibchen eine reduzierte Fitness

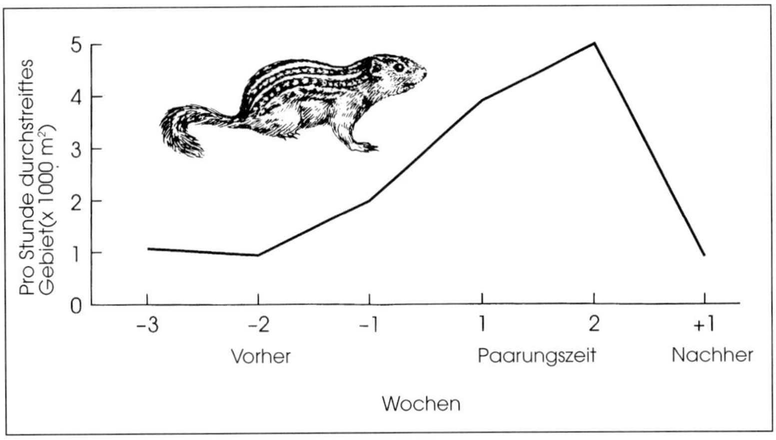

Abb. 14-17: **Opportunistische Polygynie.** Männchen des Dreizehnstreifen-Ziesels durchstreifen ein größeres Gebiet während der zweiwöchigen Paarungszeit, wobei sie gelegentlich auf ein paarungsbereites Weibchen treffen. Die Männchen dieser Art unternehmen keinerlei Versuche, Fortpflanzungsterritorien zu verteidigen. Quelle: Schwagmeyer (840).

aufweisen, wie von der Täuschungshypothese vorausgesagt wird [529]. Dieser Befund veranschaulicht auch, wie Konflikte zwischen den Geschlechtern zu unterschiedlichen Fortpflanzungssystemen innerhalb einer Art führen können.

14.3.4 Opportunistische Polygynie

Taktiken der Ressourcen- oder Weibchenverteidigung durch konkurrierende Männchen erscheinen einleuchtend, wenn Weibchen oder Ressourcen gehäuft in kleinen, gut zu verteidigenden Gebieten auftreten, doch gibt es viele Tierarten, auf die diese Bedingungen nicht zutreffen. Wenn Weibchen weit verstreut sind oder eine große Anzahl paarungsbereiter Weibchen zur selben Zeit vorhanden ist, oder wenn sehr viele Männchen in einem begrenzten Areal um Weibchen konkurrieren müssen, verringert sich der Nutzen eines Paarungsterritoriums im Verhältnis zu seinen Kosten. Unter solchen Bedingungen versuchen die Männchen vieler Tierarten, ihre Konkurrenten im „Wettlauf" um rezeptive Weibchen zu schlagen. Das Fortpflanzungssystem von Männchen, die solche Wettläufe regelmäßig gewinnen, kann man als **opportunistische Polygynie („scramble competition polygyny")** bezeichnen.

Die seltenen, paarungsbereiten Weibchen eines flugunfähigen *Photinus*-Leuchtkäfers können fast überall in einem großen Waldgebiet in Florida auftreten. Die Männchen dieser Art versuchen nicht, riesige Territorien zu verteidigen, welche sie für eine einträgliche Weibchenverteidigungs-Polygynie benötigen würden. Statt dessen suchen sie unentwegt. James Lloyd verfolgte blinkende Männchen auf ihrer Jagd nach Weibchen. Er ging insgesamt 17,5 Kilometer hinter 199 signalisierenden Männchen her und sah gerade einmal zwei Paarungen. Wenn er ein Weibchen ausgemacht hatte, so mußte dieses durchschnittlich nur sechs Minuten signalisieren, bevor es von einem Männchen gefunden wurde [577]. Paarungserfolge gehen bei dieser Art an die Männchen, die am beharrlichsten, ausdauernsten und aufmerksamsten suchen und nicht an diejenigen, die am aggressivsten sind.

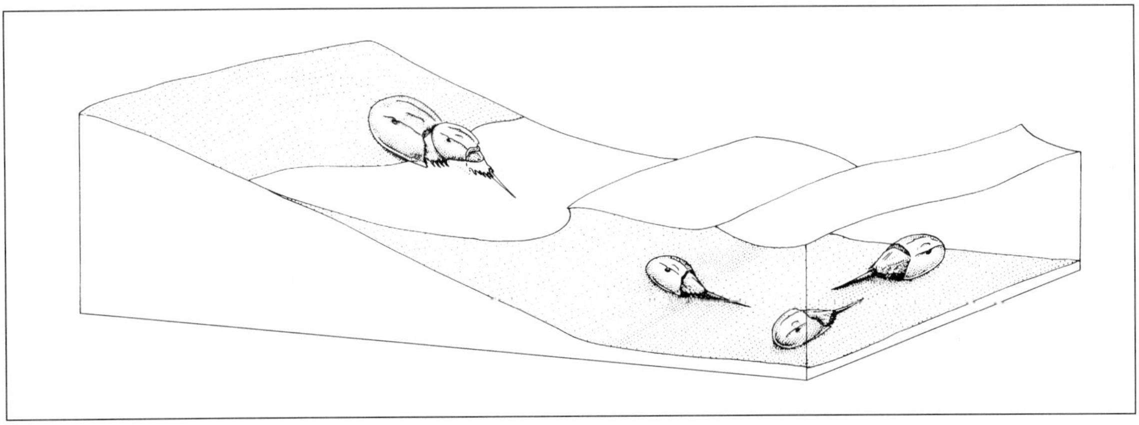

Abb. 14-18: **Opportunistische Polygynie beim Atlantischen Pfeilschwanzkrebs.** Die Männchen dieser marinen Tierart patrouillieren im Wasser direkt vor den Stränden, welche von den Weibchen zur Eiablage aufgesucht werden. Jedes versucht, das erste zu sein, das ein paarungsbereites Weibchen auf seinem Weg zum Strand findet, denn umso eher ist es auch in der Lage, die Eier zu befruchten, wenn das Weibchen sie legt. Nach Brockmann (114).

Abb. 14-19: **Lek-Polygynie beim Weißsäbelpipra.** Die Männchen verteidigen winzige Balzterritorien. Ein Weibchen (links oben) besucht das Lek, um unter den anwesenden Männchen einen Partner auszuwählen.

Unter den Wirbeltieren ist das Dreizehnstreifen-Ziesel (*Citellus tridecemlineatus*) ein Gegenstück zu den suchenden Leuchtkäfern. Jedes Jahr, während der kurzen Zeit, in der die Weibchen paarungsbereit sind (weniger als zwei Wochen), wandern die Männchen auf der Suche nach östrischen Weibchen weit umher (Abb. 14-17). Einige Männchen durchstreifen größere Gebiete als andere, und diese hochmobilen Individuen erzielen auch überdurchschnittliche Kopulationserfolge [840]. Wenn überdies zwei Männchen auf dasselbe Weibchen treffen, ist das Männchen, welches zuerst zur Stelle ist, fast immer auch das erste, das kopuliert [841]. Unter Freilandbedingungen befruchtet das Männchen, das sich zuerst paart, ungefähr 75 % der Eizellen seiner Partnerin, wie David Foltz und Patricia Schwagmeyer [315] durch Vaterschaftsanalysen an Würfen von Weibchen, die sich mit zwei Männchen gepaart hatten, zeigen konnten.

Die dramatischste Form der opportunistischen Polygynie, eine explosionsartige Vermehrung, („**explosive breeding assemblage**"), tritt auf, wenn Paarungszeiten noch stärker verkürzt sind. Weibchen des Atlantischen Pfeilschwanzkrebses (*Limulus polyphemus*) suchen jeden Frühling und jeden Sommer für einige wenige Nächte bestimmte Strände auf, um dort bei günstigem Wasserstand in der Gezeitenzone ihre Eier in selbstgegrabene Nester zu legen. An solchen Tagen versammeln sich die Männchen in großer Anzahl direkt vor den Neststränden und suchen nach ankommenden Weibchen (Abb. 14-18). Ein Männchen, das ein Weibchen ohne Begleitung findet, ergreift es mit den Klauen des vorderen Beinpaares und geht mit ihm an Land, um seine Eier während der Ablage zu befruchten. Ein verpaartes Männchen ist wahrscheinlich bei diesem Rennen um die Befruchtung von Eiern im Vorteil, da es nur schwer vom Weibchen zu trennen ist [114].

In ähnlicher Weise spiegelt die Paarungstaktik von männlichen Waldfröschen (*Rana sylvatica*) die nur für kurze Zeit vorhandene Gelegenheit wider, eine Partnerin zu bekommen, da in manchen Populationen alle Weibchen nur während einer Nacht des Jahres paarungsbereit sind. Natürlich erzeugt dies einen hohen Selektionsdruck auf die Männchen, wobei jene begünstigt sind, die sich in der Paarungsnacht an einem Teich versammeln. Wie bei den Pfeilschwanzkrebsen erhöht auch hier die hohe Dichte der Rivalen die Kosten für die Vertreibung von Opponenten aus einem verteidigten Areal. Deshalb versuchen Waldfroschmännchen es erst gar nicht mit territorialem Verhalten; statt dessen hasten sie umher und versuchen, möglichst vielen fruchtbaren Weibchen zu begegnen, bevor die Nacht vorüber ist [113].

14.3.5 Lek-Polygynie

Es gibt noch ein weiteres Paarungssystem, das bei polygynen Männchen anzutreffen ist, die **Lek-Polygynie**. Die Männchen sind hierbei territorial, ungeachtet der Tatsache, daß ihre sehr kleinen Territorien weder Ansammlungen von Partnerinnen noch irgendwelche Ressourcen enthalten, die für potentielle Partnerinnen von Wert sein könnten [105]. Weibchen suchen diese „symbolischen" Territorien (die oft dicht nebeneinander liegen und einen traditionellen Männchenbalzplatz, ein **Lek**, bilden) nur auf, um einen Partner auszuwählen; nach der Kopulation verschwindet das Weibchen und sieht das Männchen wahrscheinlich nie wieder.

Das Faszinierende an diesem Fortpflanzungssystem kann vielleicht durch eine Beschreibung des Verhaltens von südamerikanischen Weißsäbelpipras (*Manacus manacus trinitatis*) veranschaulicht werden [567, 568]. Das Revier jedes Männchens besteht nur aus einem oder zwei jungen Bäumen in einem Wald; darunter ist ein kahler Bodenfleck, der von dem Männchen von Blättern und Steinen gesäubert wurde, um ihn für die Balz herzurichten (Abb. 14-19). Es können sich bis zu 70 dieser kleinen Reviere auf einem Areal von nur 150 bis 200 Quadratmetern befinden. Das Männchen beginnt seine Balz mit einer Reihe von schnellen Sprüngen zwischen den Zweigen, wobei es seine keulenähnlichen Schwungfedern im Flug laut gegeneinanderschlägt. Dann verharrt das Männchen mit angespanntem Körper, bevor es mit einem lauten Flügelschlag auf den Boden und mit einem schwirrenden Geräusch sofort wieder zurück auf den Ast und dann hin und her springt, „so schnell, daß es wie ein Knallfrosch herumzuhüpfen und zu explodieren scheint" [882].

Die Ankunft eines Weibchens am Balzplatz regt viele Männchen gleichzeitig zum Balzen an, was einen Aufruhr verursacht, der weithin zu hören ist. Wenn das Weibchen in Paarungsstimmung ist und einen Partner gewählt hat, so fliegt es zu dessen Sitzplatz, wo es nach einer Reihe gemeinsam ausgeführter Balzbewegungen zur Kopulation kommt. Danach verläßt das Weibchen den Ort, um mit dem Nisten zu beginnen, und das Männchen bleibt zurück, um neu ankommende Weibchen zu umwerben.

Alan Lill fand, daß auf einem Balzplatz mit zehn Weißsäbelpipras ein Männchen fast 75 % der 438 dokumentierten Kopulationen für sich verbuchen konnte; ein zweites Männchen paarte sich 56 mal (13 %), während auf sechs weitere Männchen insgesamt ganze zehn Paarungen entfielen [567]. Dies wird Sie vielleicht an eine ähnliche Unausgewogenheit im Paarungserfolg zwischen den Männchen des Seidenlaubenvogels erinnern [98], und es gibt noch viele weitere Beispiele für einen stark ungleich verteilten männlichen Paarungserfolg bei Vögeln, die Fortpflanzungssysteme mit Männchenbalzplätzen entwickelt haben (z. B. [59, 771]).

Die Werbung um Weibchen in Leks ist keineswegs auf Vögel beschränkt (Farbtafel 15). Während der Paarungszeit versammeln sich zum Beispiel die männlichen Individuen des bizarr aussehenden Hammerkopfes (*Hypsignathus monstrosus*), eines afrikanischen Flughundes (Abb. 14-20), in den Abendstunden an traditionellen Balzplätzen entlang von Flußufern [104]. Jeder der Flughunde, die sich hoch in den Bäumen an Äste hängen, behauptet ein Territorium mit einem Durchmesser von zehn Metern. Die Männchen produzieren laute Rufe, die klingen, „als würde man ein Glas an ein Porzellanspülbecken schlagen". Paarungsbereite Weibchen fliegen zu einem Lek und besuchen mehrere Männchen, von denen jedes mit einem wahren Anfall an Flügelschlägen und merkwürdigen Lauten reagiert (beachten Sie die Konvergenz zu Weißsäbelpipras und Seidenlaubenvögeln). Die meisten Männchen allerdings werden enttäuscht; auf sechs Männchen eines Balzplatzes entfielen 1974 fast 80 % aller Paarungen.

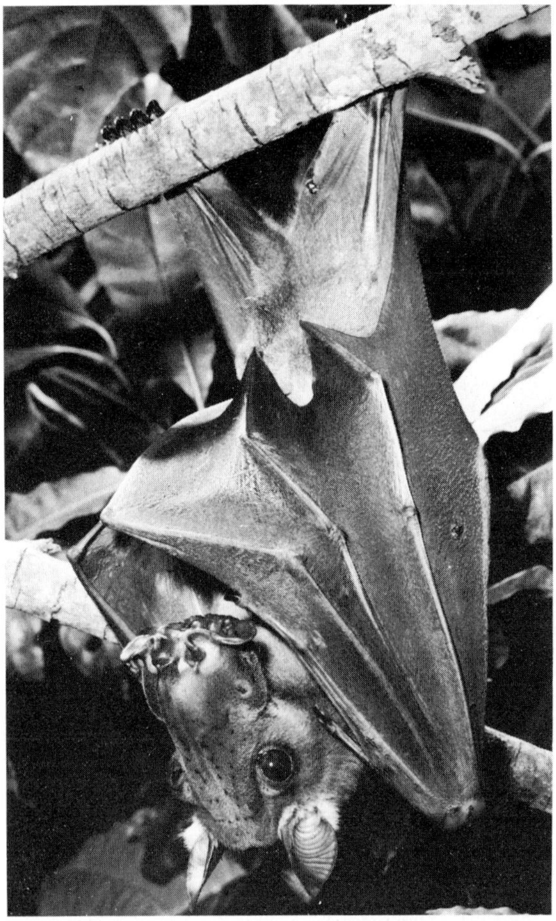

Abb. 14-20: **Ein Säugetier mit Lek-Polygynie:** Der Hammerkopf. Foto von A. R. Devez.

Warum zeigen die Männchen des Weißsäbelpipras und des Hammerkopfes dieses Verhalten? Jack Bradbury meinte, daß Männchen ein anderes Paarungssystem aufwiesen, wenn die Weibchen von Arten, bei denen Leks vorkommen, in Ansammlungen auftreten würden. Die Bildung von Balzplätzen ist für Männchen der letzte Ausweg, da sich andere Systeme bei einer weiten und gleichmäßigen Verteilung der Weibchen nicht lohnen. Es bleibt allerdings das Rätsel, warum derartige Umstände in manchen Fällen zu einer Lek-Polygynie und in anderen zu einer opportunistischen Polygynie führen sollten. Ich frage mich, ob eine opportunistische Polygynie vielleicht günstiger ist, wenn Weibchen wirklich gleichmäßig verteilt sind, wohingegen sich die Bildung von Leks entwickeln könnte, wenn es eine leichte Tendenz bei rezeptiven Weibchen gibt, bestimmte Stellen in ihrem Lebensraum zu durchwandern.

Jedenfalls gibt es keinen Zweifel, daß die Weibchen vieler Arten, bei denen sich Männchenbalzplätze finden, weit verstreut sind. Die Weibchen der Leks bildenden Beifußhühner (*Centrocercus urophasianus*) im Westen Nordamerikas durchstreifen ein Gebiet von ungefähr 1000 Hektar; bei anderen Rauhfußhühnern, die keine Leks aufweisen, ist der Aktionsraum dagegen nur ein bis zehn Hektar groß [344]. In ähnlicher Weise leben weibliche Weißsäbelpipras und Hammerkopfweibchen nicht in festen Gruppen, sondern legen auf der Suche nach ihrer weit verstreuten Nahrung – hauptsächlich Feigen und andere Früchte von tropischen Bäumen – große Entfernungen zurück.

Darüber hinaus macht die unvorhersagbare und unregelmäßige Fruchtproduktion dieser Bäume eine Verteidigung von Nahrungsressourcen schwierig. Ein Männchen, das versuchen würde, ein Territorium um einen Baum herum zu behaupten, müßte wahrscheinlich lange warten, bis dieser Baum Früchte trägt. Wenn ein tropischer Feigenbaum aber erst einmal beginnt, Früchte zu produzieren, ist sein Ertrag so groß, daß ganze Horden von Konsumenten aus vielen Tierarten über ihn herfallen. Für ein Individuum ist es völlig unmöglich, einen solchen Baum zu verteidigen. Die ökologischen Bedingungen der Nahrungssuche von Weibchen machen es deshalb bei diesen Arten für die Männchen sehr schwer, Weibchen direkt oder indirekt zu monopolisieren. Statt dessen stellen sie für wählerische Weibchen, die zu ihrer Begutachtung die Balzplätze aufsuchen, ihre Vorzüge zur Schau. (Für eine weitere Diskussion der Bedeutung von Nahrung bei der Evolution von Leks siehe [59, 60].)

14.3.6 Warum werden Leks an bestimmten Stellen gebildet?

Im Zusammenhang mit dem Phänomen der Männchenbalzplätze ergeben sich eine Menge faszinierender Fragen. Wir werden hier nur zwei behandeln, von denen die erste mit Taktiken der Männchen und die zweite mit den Reaktionen der Weibchen zu tun hat. Die Männchen von Arten, die Balzplätze bilden, müssen sich entscheiden, wo innerhalb eines bestimmten Areals, das aus irgendeinem Grund von umherziehenden Weibchen besucht wird, sie ein Lek anlegen sollen [106, 769]. Eine Möglichkeit wäre, daß es eine bevorzugte Stelle gibt, die allen Männchen bekannt ist und um die sie konkurrieren; nach der **Zentralpositions-Hypothese** nehmen die Gewinner den besten Platz ein, und die Verlierer rücken so nah wie möglich an die besonders vorteilhafte Zentralposition heran.

Eine alternative Hypothese für das gehäufte Auftreten von Männchen an Balzplätzen ist die **„Superstar-Satelliten"-Hypothese**, der zufolge „Supermännchen" – die für Weibchen attraktivsten Männchen – sich dort ansiedeln, wo immer es ihnen paßt, und weniger attraktive, niederrangige Männchen ihre Territorien um die der attraktivsten Männchen herum errichten. Dieser Ansicht zufolge könnten niederrangige Männchen einfach versuchen, eine Gelegenheit zu bekommen, von den Weibchen gesehen zu werden, oder sie könnten versuchen, Weibchen abzufangen, die es zu den attraktivsten Männchen hinzieht [356].

Eine Bewertung dieser beiden Hypothesen kann durch Experimente erfolgen, in denen man Männchen aus zentralen Territorien entfernt, indem man sie entweder fängt oder Änderungen an ihren Territorien vornimmt. Wenn die Zentralpositions-Hypothese zutrifft, so wird ein Entfernen der zentralen Männchen von den attraktiven Positionen dazu führen, daß andere Männchen sofort auf diese begünstigten Stellen nachrücken. Wenn es sich aber bei den zentralen Männchen um dominante, attraktive Individuen handelt, um die herum sich Satelliten scharen, so sollte ihr Entfernen dazu führen, daß niederrangige Männchen sich um andere dominante Individuen scharen.

In einer Studie an der Doppelschnepfe (*Gallinago media*) hatte die Entfernung von zentralen, dominanten Männchen zur Folge, daß benachbarte, niederrangige Männchen ihre Reviere verließen. Dagegen führte die Entfernung eines niederrangigen Individuums – während das zentrale, dominante Männchen an Ort und Stelle blieb – zum Wettbewerb unter den anderen niederrangigen Männchen um das verlassene Revier, wodurch das herausgefangene Tier schnell ersetzt wurde. Zumindest bei dieser Art ist es also nicht die jeweilige Lage innerhalb des Balzplatzes, die bestimmt, wo die meisten Männchen ihr Balzrevier einrichten, sondern der Ort, an dem sich die dominanten und für Weibchen attraktivsten Männchen aufhalten [449, 450].

Wenn wir die Superstar-Satelliten-Hypothese aus der Perspektive der Weibchen prüfen, so können wir voraussagen, daß Weibchen vor allem durch die Eigenschaften der Männchen auf einem Balzplatz angelockt werden und weniger durch die jeweilige Lage ihrer Balzreviere. Sind also manche Männchen besonders attraktiv für Weibchen, unabhängig davon, wo sie balzen? Man kann dominante, attraktive Damhirsche (*Dama dama*) dazu bringen, ihre zentralen Territorien aufzugeben, indem man dort schwarze Plastikstreifen anbringt. Nachdem sie einen neuen Ort aufgesucht haben, locken diese „Supermännchen" weiterhin eine überproportional große Anzahl Weibchen an, ungeachtet dessen, daß sie sich nun in einem anderen Bereich der Balzarena befinden [173].

14.3.7 Das Lek-Paradoxon und die Wahl der Weibchen

Die Fähigkeit weniger Männchen, eine große Anzahl Partnerinnen anzulocken, ist ein wesentliches Merkmal von Arten, deren Männchen Leks bilden. Dieses Phänomen ist Grundlage des Lek-Paradoxons [96]: Welchen Gewinn ziehen Weibchen aus ihren starken und gleichgerichteten Präferenzen bei Arten, deren Männchen offenbar nichts außer ihren eigenen Genen zu bieten haben?

Die Weibchen des Birkhuhns (*Lyrurus tetrix*) verhelfen einigen Männchen zu einem großen Fortpflanzungserfolg, während sie viele andere ignorieren. Die attraktivsten Männchen haben doppelt so hohe Überlebensraten wie die am wenigsten attraktiven Männchen, was darauf hindeutet, daß Weibchen durch ihre Auswahl „gute Gene" erhalten (Kap. 13) [3]. Bei den meisten bislang untersuchten Arten, die Leks bilden, ist es Beobachtern allerdings nicht gelungen, die proximate Grundlage für weibliche Präferenzen oder die ultimaten Vorteile ihrer jeweiligen Auswahl zu bestimmen. Alan Lill hat zum Beispiel keine Charakteristika in der Physiologie oder im Verhalten der Weißsäbelpipras gefunden, welche eine Unterscheidung der reproduktiv erfolgreichen Männchen von den Verlierern auf einem Balzplatz ermöglicht hätten [567]; bei einer Paradiesvogelart, die ebenfalls Leks errichtet, dem Blaunacken-Paradiesvogel (*Parotia lawesii*), war das einzige Attribut aus einer langen Liste gemessener Parameter, das mit dem Fortpflanzungserfolg der Männchen korreliert war, ganz einfach der Anteil an den herbeikommenden Weibchen, den ein Männchen anbalzte [771]. Wenn Verlierer und Gewinner (für Menschen) nahezu ununterscheidbar sind, überrascht es nicht, daß Forscher lange Zeit Schwierigkeiten hatten, für Weibchen, die überwiegend dasselbe Männchen als Paarungspartner wählen, einen Fortpflanzungsvorteil nachzuweisen (Farbtafel 16).

John Reynolds und Mart Gross haben darauf hingewiesen, daß das Paradoxon im Zusammenhang mit gleichgerichteten Paarungspräferenzen von Weibchen auf Balzplätzen nur dann besteht, wenn man die Vorteile wählerischer Weibchen auf den Empfang „guter Gene" oder von Genen, die als Ergebnis einer „runaway"-Selektion entstanden sind, beschränkt sieht [784] (Kap. 13). Sie behaupten, daß Weibchen, die sich auf Balzplätzen mit bestimmten Männchen bevorzugt paaren, aus einer Vielzahl von Gründen geringe Kosten und große Vorteile haben könnten. Zunächst sind für Weibchen die Suchzeitkosten der Partnerwahl in solchen Systemen reduziert, in denen Männchengruppen ihre Anwesenheit auffällig zeigen und damit ein schnelles Ausfindigmachen potentieller Geschlechtspartner erleichtern, deren relativer Status dann durch Vergleichen schnell und sicher beurteilt werden kann.

Des weiteren können Weibchen direkte Vorteile erzielen, indem sie hochrangige Männchen als Kopulationspartner wählen. Dazu gehört die Vermeidung von Verletzungen oder Belästigungen durch den Kontakt zu Individuen, denen es nicht gelungen ist, Rivalen vollständig einzuschüchtern. Weibliche Damhirsche beispielsweise gehen, wenn sie belästigt werden, auf die Territorien von hochrangigen Männchen (siehe Farbtafel 15), welche sexuell aggressive Rivalen unverzüglich abwehren [173]. Die „Supermännchen" auf einem Balzplatz könnten zudem auch diejenigen sein, die in erstklassiger physischer Verfassung (eine notwendige Voraussetzung für Männchen, um viele Rivalen zu dominieren) und damit relativ frei von ansteckenden Krankheiten sind. Belege zur Unterstützung dieser Behauptungen sind nicht gerade zahlreich; sie sind aber ausreichend [784], um darauf hinzudeuten, daß Kosten-Nutzen-Analysen uns letzten Endes helfen werden, die Evolution von Leks als Fortpflanzungssystem zu verstehen.

14.4 Die Fortpflanzungssysteme der Heckenbraunelle

Obwohl es sich bei der Heckenbraunelle um einen ganz gewöhnlich aussehenden, europäischen Singvogel handelt, sind die Fortpflanzungstaktiken von Männchen und Weibchen äußerst vielfältig (ein Phänomen, das auch von anderen Tieren bekannt ist [354, 778]). Tatsächlich findet man bei Heckenbraunellen viele der in diesem Kapitel besprochenen Fortpflanzungssysteme, welche in Tabelle 14-1 zusammengefaßt sind. Innerhalb einer einzigen Heckenbraunellenpopulation kann es vorkommen, daß sich manche Männchen mit einem Weibchen, andere aber mit zwei Weibchen verpaaren. Genauso ist es möglich, daß sich ein Weibchen mit zwei Männchen verpaart, während benachbarte Reviere durch mehrere Weibchen und Männchen besetzt sind, welche eine sexuelle Gemeinschaft bilden [216].

Die Kernaussage in der Argumentation von Emlen und Oring ist die, daß die Ökologie von Weibchen einen grundlegenden Einfluß darauf hat, auf welche Weise Männchen eine größtmögliche Fitness erzielen. Eine intraspezifische Diversität, wie wir sie bei Heckenbraunellen vorfinden, bietet eine ideale Gelegenheit, dieses ökologische Argument zu testen, da phylogenetische (evolutionsgeschichtliche) Faktoren konstant sind (alle Heckenbraunellen sind Angehörige derselben Art).

Nicholas Davies und Arne Lundberg stellten die Hypothese auf, daß Unterschiede in der Verfügbarkeit von Nahrung für weibliche Heckenbraunellen Auswirkungen auf deren räumliche Verteilung haben. Dies wiederum soll zu Unterschieden im Paarungssystem zwischen einzelnen Tieren führen. Heckenbraunellen ernähren sich von winzigen Samen und sehr kleinen Evertebraten, deren Dichte von Ort zu Ort schwankt. Manche Weibchen durchstreifen ein großes Gebiet, in dem die Beutedichte gering ist; andere können ihren Bedarf auf einem kleinen Areal decken, wenn dieses reich an Insekten ist. Ein kleines Gebiet mit reichem Nahrungsvorkommen kann zum Revier eines einzelnen Männchens werden, was zu einem monogamen System führt.

Wenn aber das Weibchen ein großes Futtersuchgebiet hat, ist es für ein einzelnes Männchen schwierig, andere Männchen davon fernzuhalten. Diese könnten heimlich in das Revier eindringen und versuchen, sich mit dem Weibchen zu paaren, was ihnen manchmal auch gelingen

Tab. 14-1: Übersicht zur **Mannigfaltigkeit der Fortpflanzungssysteme** von Männchen und Weibchen: Ökologische Faktoren und Fitnessvorteile.

Fortpflanzungssysteme von Männchen

Monogamie: Ein Männchen verpaart sich während einer ganzen Fortpflanzungssaison mit nur einem Weibchen.

Kooperative Monogamie
Ein Männchen unterstützt seine Partnerin, indem es elterliche Fürsorge leistet; es profitiert selbst davon, da es die Überlebenschancen seiner Nachkommen erhöht.

Weibchenkontroll-Monogamie
Weibchen sind weit verstreut, und ein Männchen verteidigt ein Weibchen gegen andere Männchen; es profitiert davon, weil es so eine höhere Vaterschaftssicherheit erzielt.

Polygynie: Ein Männchen verpaart sich mit mehr als einem Weibchen während einer Fortpflanzungssaison. In allen Fällen begünstigen polygyne Systeme das Männchen, da es mehr Gelegenheiten hat, Eizellen zu befruchten.

Weibchenverteidigungs-Polygynie
Männchen verteidigen Ansammlungen von Weibchen, wodurch sie den Zugang zu einer Weibchengruppe monopolisieren.

Ressourcenverteidigungs-Polygynie
Männchen verteidigen gehäuft auftretende Ressourcen, die von rezeptiven Weibchen genutzt werden.

Lek-Polygynie
Männchen verteidigen kleine Paarungsterritorien, welche Weibchen ausschließlich aufsuchen, um einen Paarungspartner zu finden.

Opportunistische Polygynie
Männchen versuchen, weit verstreute, paarungsbereite Weibchen zu finden, bevor dies ihren Rivalen gelingt.

Fortpflanzungssysteme von Weibchen

Monogamie: Ein Weibchen verpaart sich während einer ganzen Fortpflanzungssaison mit nur einem Männchen.

Von Weibchen erzwungene Monogamie
Ein Weibchen hält andere Weibchen fern; es profitiert, da es die Hilfeleistungen des männlichen Partners bei der Aufzucht der Jungen allein beansprucht.

Polyandrie: Ein Weibchen verpaart sich während einer Fortpflanzungssaison mit mehr als einem Männchen, indem es entweder eine von Männchen benötigte Ressource oder aber die Männchen selbst verteidigt (oder, indem es einfach mehrere Partner akzeptiert).

Fertilitätssicherungs-Polyandrie
Ein Weibchen profitiert von der Befruchtung eines höheren Anteils seiner Eizellen.

"Better sperm"-Polyandrie
Ein Weibchen profitiert, indem es genetisch verschiedenes Sperma erhält

Opportunistische Polyandrie
Ein Weibchen erhält "Hochzeitsgeschenke" oder andere Ressourcen von mehr als einem Männchen.

Kooperative Polyandrie
Ein Weibchen hat zwei oder mehr Männchen, die seinen Jungen elterliche Fürsorge entgegenbringen

würde. Es wurde bereits angemerkt, daß es bei Heckenbraunellen zwischen den Geschlechtern einen Konflikt gibt, wobei sich Weibchen gelegentlich von ihren primären (Alpha-) Partnern davonstehlen, um mit Beta-Männchen zu kopulieren. In dem Maße, in dem sie Erfolg haben, werden Weibchen – ungeachtet des Widerstandes des sie bewachenden Männchens – polyandrisch und erhalten von zwei Männchen Unterstützung bei der elterlichen Fürsorge.

Polygyne Männchen sind die Ausnahme; ihnen gelingt es, ein Revier zu verteidigen, das groß genug ist, um die zur Nahrungssuche dienenden Habitate zweier Weibchen zu umfassen. Nur sehr selten bringt ein Männchen so etwas zustande, zumal die Weibchen gleichgeschlechtliche Neuankömmlinge in ihren Revieren attackieren und damit – vergleichbar den Bemühungen der Männchen, weibliche Polyandrie zu verhindern – einer männlichen Polygynie entgegenwirken. Hin und wieder legen zwei monogame Paare ihre aneinander grenzenden Reviere zusammen, um eine Verbindung aus polygynen Männchen und polyandrischen Weibchen zu bilden (Abb. 14-21).

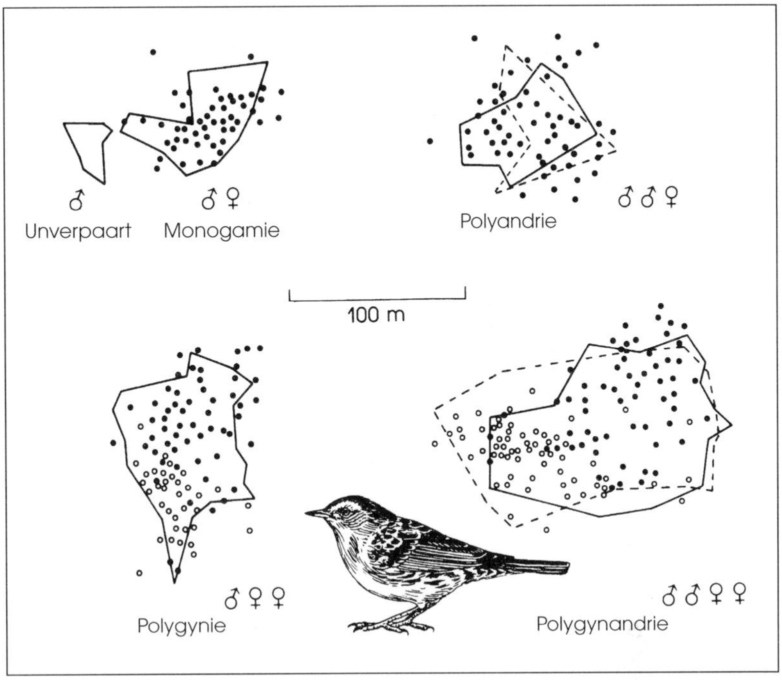

Abb. 14-21: **Multiple Fortpflanzungssysteme innerhalb einer Art.** Die Größe des Aktionsraums, welcher von einem Heckenbraunellenweibchen beansprucht wird, bestimmt, ob sein Partner polygyn oder monogam sein kann oder aber gezwungen ist, eine polyandrische Konstellation zu akzeptieren. Die Kreise geben Sichtungen individuell bekannter Weibchen wieder; die Linien umschließen jeweils das Areal, welches durch singende, territoriale Männchen verteidigt wird. Quelle: Davies und Lundberg (222).

Wenn die Hypothese zutrifft, daß die Größe des Nahrungsareals eines Weibchens bestimmt, wie leicht es einem Männchen fällt, eine Geschlechtspartnerin zu monopolisieren, dann sollte eine Verringerung der Reviergröße bei den Weibchen zu einer geringeren Wahrscheinlichkeit für das Auftreten von Polyandrie führen [222]. Daviers und Lundberg stellten Futterspender mit Hafer und Mehlwürmern in den Arealen einiger Weibchen auf und füllten sie monatelang immer wieder nach. Bei Weibchen mit Zugang zu dieser zusätzlichen Nahrungsquelle verringerte sich das Gebiet, das sie auf der Suche nach Nahrung durchstreiften, um durchschnittlich 40 %. Diese Weibchen gingen mit größerer Wahrscheinlichkeit eine monogame Beziehung ein als die Weibchen einer Kontrollgruppe, auf deren Arealen keine Futterspender aufgestellt waren (Abb. 14-22).

Diese Beobachtungen und Experimente bestärken uns in der Annahme, daß sowohl sexuelle Selektion, wie auch die Ökologie der Verteilung von Weibchen und Konflikte zwischen den Geschlechtern [217] an der Evolution der Vielfalt von Fortpflanzungssystemen bei Tieren beteiligt sind.

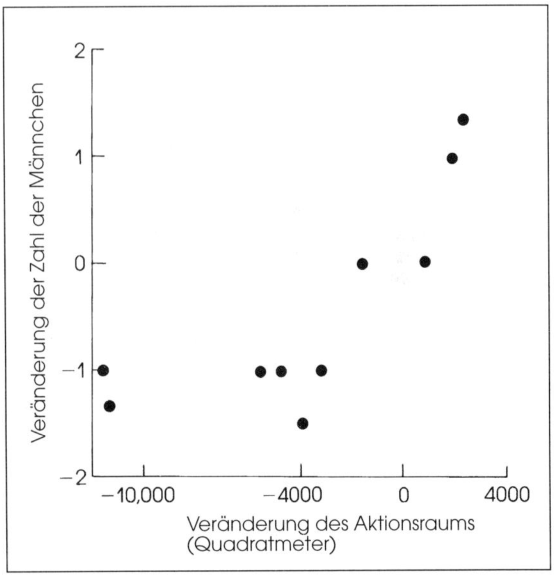

Abb. 14-22: **Größe des Aktionsraums und Fortpflanzungssystem.** Eine experimentelle Überprüfung der Hypothese, daß die Größe des Aktionsraums von Heckenbraunellenweibchen das Fortpflanzungssystem festlegt. Durch Zufütterung wurden Weibchen veranlaßt, die Größe ihres Aktionsraums zu verringern. Dies erhöhte die Wahrscheinlichkeit, daß es ihren Partnern gelang, sie zu monopolisieren. Quelle: Davies und Lundberg (222).

Zusammenfassung

1. Fortpflanzungssysteme können anhand der Zahl der Partner, die ein Individuum während einer Brutsaison hat, definiert werden. Im allgemeinen werden durch sexuelle Selektion solche Männchen begünstigt, die sich mit mehr als einem Weibchen zu paaren versuchen; wenn einige Männchen damit Erfolg haben, führt dies zu Polygynie. Dagegen kann Monogamie unter bestimmten räumlichen Verteilungsmustern von Weibchen oder als Ergebnis eines Konflikts zwischen männlichen und weiblichen Leistungen bei der Fortpflanzung evoluieren.
2. Obwohl bei den meisten Arten die Weibchen das gesamte Sperma, das sie zur Befruchtung ihrer Eizellen benötigen, von nur einem Männchen erhalten könnten, ist Polyandrie bei Weibchen nichts Ungewöhnliches. Ihr Vorkommen hat eine Vielzahl von Ursachen; dazu gehören Vorteile, die sich aus Paarungen zur Fertilitätssicherung sowie aus dem Erhalt von materiellen Zuwendungen, wie beispielsweise elterliche Fürsorge durch mehrere Partner, ergeben.
3. Die Vielfalt polygyner Systeme läßt sich zum Teil auf eine unterschiedliche Verteilung von Weibchen zurückführen, was die Profitabilität der Verteidigung von Territorien als Fortpflanzungstaktik für Männchen beeinflußt. Wenn Weibchen – oder von diesen benötigte Ressourcen – räumlich geballt auftreten, sind Weibchen- oder Ressourcenverteidigungs-Polygynie zu erwarten. Wenn dagegen Weibchen verstreut vorkommen oder die Männchendichte hoch ist, kann es dazu kommen, daß Männchen versuchen, den Weibchen ihren sozial dominanten Status durch „symbolisches" Territorialverhalten auf Männchenbalzplätzen (Leks) zu demonstrieren oder eine nicht-territoriale, opportunistische Polygynie zeigen, um Zugang zu Paarungspartnerinnen zu erlangen.
4. Als Lek-Paradoxon wird die strenge Auswahl, die Weibchen bei Arten mit Leks unter den Männchen treffen, bezeichnet, da die Männchen, abgesehen von ihren Genen, wenig oder gar nichts zu bieten haben. Zur Auflösung dieses Paradoxons könnte die Überprüfung der Hypothese beitragen, daß Weibchen durch die Paarung mit einem sehr dominanten Männchen auf verschiedene Weise profitieren können, insbesondere im Hinblick auf eine Vermeidung von Parasiten.

Empfohlene Literatur

Stephen Emlens und Lewis Orings Artikel über die Ökologie von Fortpflanzungssystemen hat einen Wandel in der modernen Analyse von Fortpflanzungssystemen eingeleitet [284]. Randy Thornhill und ich haben ihren Ansatz auf Insekten angewandt [921]. Es ist stets ein Vergnügen, die kenntnisreich geschriebenen Artikel von Nicholas Davies zum Paarungssystem der Heckenbraunelle [216, 222] wie auch seine Übersichtsarbeiten zur Theorie von Fortpflanzungssystemen [217, 218] zu lesen. Die folgenden Veröffentlichungen sind im Text nicht näher behandelt worden, sie bieten aber eine Reihe von Arbeitshypothesen zu Themen, die im Zusammenhang mit Fortpflanzungssystemen stehen: [651, 686, 849, 988].

Diskussionsfragen

1. Nehmen Sie die Auflistung der Hypothesen zum adaptiven Wert von Kopulationen außerhalb der Paarbindung für Vogelweibchen und erstellen Sie eine Tabelle mit Voraussagen, die sich aus jeder dieser Hypothesen ergeben. Finden Sie heraus, welche Voraussagen es Ihnen im Einzelfall ermöglichen würden, zwischen diesen Hypothesen zu entscheiden.
2. Drohnen der Honigbiene verhaken bei der Kopulation ihren Genitalapparat (die helle Struktur rechts auf dem Foto) im Abdomen ihrer Partnerin und sterben nach der Paarung. Erstellen Sie eine Kosten-Nutzen-Analyse des männlichen Verhaltens bei diesen Insekten. Foto von N. Koeniger.
3. Stephen Emlen und Lewis Oring führten in ihrem mittlerweile klassischen Artikel über sexuelle Selektion und Paarungssysteme den Begriff des **„wirksamen Geschlechterverhältnisses"** (**„operational sex ratio"**; **OSR**) ein. Die OSR ist definiert als das Verhältnis von paarungsbereiten Männchen zu paarungsbereiten Weibchen in einer Population. Wie könnten unterschiedliche OSRs die Paarungstaktik von Männchen beeinflussen?
4. Genau genommen läßt das Argument, daß die Verteilung der Weibchen die optimale Fortpflanzungstaktik der Männchen festlegt, die Möglichkeit unberücksichtigt, daß sich das Verhalten anderer Männchen in der Population auf den Erfolg unterschiedlicher Taktiken auswirken kann. Stellen Sie sich eine Art mit einer opportunistischen Polygynie vor, bei der die meisten Weibchen in lockeren Ansammlungen vorkommen, manche aber zwischen den Arealen mit der größten Weibchendichte verstreut leben. Wenden Sie die Spieltheorie an, um Voraussagen darüber aufzustellen, wo Männchen auf der Suche nach Partnerinnen zu erwarten wären.

Foto von N. Koeniger

Nach der Paarung kommt eine weitere Entscheidung auf ein Tier zu, nämlich die, ob es irgendeinem der daraus entstehenden Nachkommen elterliche Fürsorge entgegenbringen soll. Brutpflege ist keineswegs überall im Tierreich anzutreffen, woraus zu schließen ist, daß bei vielen Arten die Kosten der Brutpflege den Nutzen dieses zusätzlichen Investments in den Nachwuchs übersteigen. Die mit elterlicher Fürsorge verbundenen Kosten können in der Tat erheblich sein, da sie sowohl den Verlust von Ressourcen für andere Aktivitäten, wie beispielsweise das Auffinden weiterer Paarungspartner, als auch das erhöhte Risiko beinhalten, das Eltern eingehen, wenn sie ihre Jungen vor Prädatoren schützen. Der Hauptnutzen elterlicher Fürsorge besteht in der Verbesserung der Überlebenschancen derer, denen diese Fürsorge entgegengebracht wird. Dies erklärt vielleicht, warum Arten mit entwickeltem Brutpflegeverhalten oft unter rauhen Umweltbedingungen leben, welche eine Bedrohung für das Überleben von Nachkommen darstellen, oder aber an Orten mit Raubfeinden, die eine besondere Vorliebe für Jungtiere als Beute haben. In diesem Kapitel werden wir brutpflegende Arten untersuchen, um herauszufinden, warum Mütter mit weitaus höherer Wahrscheinlichkeit für ihren Nachwuchs sorgen als Väter. Ausnahmen von einer Regel sind im allgemeinen lehrreich; deshalb werden wir uns ebenfalls mit dem möglichen adaptiven Wert einer elterlichen Fürsorge durch Männchen befassen, wenn die Sorge um den Nachwuchs bei den Männchen liegt. Anschließend werden wir Fälle untersuchen, in denen Adulttiere genetisch Fremden elterliche Fürsorge entgegenzubringen scheinen, ein Verhalten, das im Widerspruch zu der Erwartung steht, daß Tiere mit ihrem Verhalten ihren eigenen Fortpflanzungserfolg fördern. Das Kapitel schließt mit dem rätselhaften Phänomen, daß Eltern tödliche Aggressionen zwischen ihren Nachkommen zulassen, obwohl dies die Zahl ihrer überlebenden Nachkommen reduzieren kann.

15 Elterliche Fürsorge

15.1 Warum ist Brutpflege meist Sache der Weibchen?

Ein Fernsehfilm über Afrikanische Wildhunde (*Lycaon pictus*) schildert das oft mühsame Leben von Solo, dem einzigen überlebenden Jungtier eines niederrangigen Weibchens, dessen übrige Nachkommen von einem anderen Weibchen des Rudels systematisch umgebracht werden. Es ist eine packende Geschichte, vor allem wegen des harten Kampfes zwischen den beiden Weibchen und wegen der Mißhandlungen und des Elends, die das niederrangige Weibchen bei dem – weitgehend vergeblichen – Versuch, ihre Jungen vor der mörderischen Rudelgenossin zu retten, erleidet. Der Vater der Jungen dagegen tut überhaupt nichts, um ihren Tod zu verhindern.

In diesem Fall, der beispielhaft für die Unterschiede zwischen den Geschlechtern im Hinblick auf elterliche Fürsorge ist, geht es um ein Säugetier; für diese Tierklasse ist ein ungewöhnlich hohes Elterninvestment der Weibchen pro Nachkommen charakteristisch (Farbtafel 17). Tatsächlich gilt im gesamten Tierreich, daß es bei Arten, bei denen nur ein Geschlecht Brutpflege leistet, meist die Weibchen sind, die derartige Leistungen erbringen. Eine Hypothese zur Erklärung dieses Sachverhaltes ist, daß ein Weibchen dazu prädisponiert ist, seinen Jungen in verstärktem Maße elterliche Fürsorge entgegenzubringen, da es bereits sehr viel Energie darauf verwendet hat, eine große Eizelle zur Zygote beizusteuern. Obwohl es in manchen Situationen einen adaptiven Zusammenhang zwischen vergangenen und zukünftigen Investitionen in vorhandenen Nachwuchs gibt [175, 829], ist es nicht automatisch vorteilhaft, nur deshalb für einen Nachkommen weiterhin Ressourcen bereitzustellen, weil der Elter ihn schon zu einem früheren Zeitpunkt unterstützt hat. Das Problem, das Individuen beider Geschlechter (unbewußt) lösen müssen, ist, ob ein zusätzliches Investment in elterliche Fürsorge die Überlebenschancen der unterstützten Nachkommen ausreichend erhöht, so daß Einbußen an zukünftigen Nachkommen, die aufgrund dieser Hilfe entstehen, kompensiert werden. Beachten Sie, daß dieses Argument auf der realistischen Annahme beruht, daß Tiere nicht über unbegrenzte Zeit- und Energievorräte verfügen, so daß Hilfeleistungen einem anderen Individuum gegenüber die zukünftige Reproduktionsfähigkeit eines Tieres vermindern.

Mart Gross und Richard Shine haben drei konkurrierende Hypothesen zur gegensätzlichen Ausprägung elterlicher Fürsorge bei Männchen und Weibchen eingehend geprüft [387]. Der ersten, der Vaterschaftswahrscheinlichkeits-Hypothese ("low reliability of paternity hypothesis"), zufolge besteht ein Zusammenhang zwischen weiblicher Brutfürsorge und der Tatsache, daß für ein Weibchen eine größere Wahrscheinlichkeit besteht, Elter des unterstützten Nachwuchses zu sein als für ein Männchen. Wenn ein Weibchen ein befruchtetes Ei legt oder ein Junges zur Welt bringt, so trägt dieser Nachwuchs definitiv 50 % seiner Gene. Ein Männchen hat diese Sicherheit nicht, insbesondere dann nicht, wenn sich die Besamung im Körper seiner Partnerin vollzieht. In diesem Fall könnte sie sich bereits mit einem anderen Männchen gepaart und dessen Sperma zur Befruchtung ihrer Eier genutzt haben. Deshalb nimmt der Nutzen der Brutpflege für ein Männchen in dem Maße ab, in dem es Gefahr läuft, für andere Nachkommen als die eigenen zu sorgen; somit reduziert sich das Nutzen-Kosten-Verhältnis dieses Verhaltens, wodurch die Evolution von männlichem Brutpflegeverhalten unwahrscheinlicher ist als die Evolution weiblicher Brutpflege.

Die Vaterschaftswahrscheinlichkeits-Hypothese ist zwar intuitiv ansprechend, sie kann aber nicht zutreffen, wenn es bezüglich der Gewißheit der Vaterschaft innerhalb einer Population keinen Unterschied zwischen Männchen mit väterlichem und Männchen ohne väterliches Brutpflegeverhalten gibt, wie es oft der Fall sein dürfte [975]. Stellen Sie sich eine Population vor, in der die meisten Männchen kein Brutpflegeverhalten zeigen, aber auch einige brutpflegende Mutanten vertreten sind. Die Tatsache an sich, daß die männlichen Mutanten für den Nachwuchs sorgen, hat keinen Einfluß auf die „Treue" ihrer Partnerin(nen); folglich gibt es keinen Unterschied bezüglich der Gewißheit über die Vaterschaft zwischen den beiden Formen von Männchen in der Population, was ihren Einfluß auf die Evolution väterlichen Verhaltens aufhebt. Auch wenn die Vaterschaftswahrscheinlichkeit gering ist, kann sich väterliches Fürsorgeverhalten in der Population ausbreiten, vorausgesetzt, das Männchen, welches Brutpflegeverhalten zeigt, verbessert damit die Überlebensrate der von ihm befruchteten Eier so sehr, daß eine etwaige Verringerung der Zahl an Partnerinnen, die es auffinden kann, kompensiert wird.

Ein hypothetisches Rechenbeispiel kann diese Argumentation vielleicht noch besser verdeutlichen. Nehmen wir an, der Anteil an den Eiern, den ein Männchen tatsächlich befruchtet, wenn es mit einem Weibchen kopuliert, beträgt 0,40, was relativ wenig ist. Da es sich hauptsächlich mit der Brutpflege beschäftigt, kopuliert ein durchschnittliches Männchen, das väterliches Verhalten zeigt, mit nur zwei Weibchen (von denen jedes im Mittel 10 Eier legt); nicht-väterliche Typen dagegen haben fünf Partnerinnen (dadurch haben sie Zugang zu 50 Eiern). Die Überlebensrate unter den behüteten Nachkommen soll aber 50 % betragen, gegenüber 10 % für Eier, denen der väterliche Schutz fehlt. Der Fortpflanzungserfolg des Männchens mit väterlichem Verhalten beträgt 0,40 x 20 x 0,50 = 4 überlebende Nachkommen, die seine Gene tragen; die durchschnittliche Fitness des Männchens, das keinerlei Brutpflege leistet, ist geringer (0,40 x 50 x 0,10 = 2).

Selbstverständlich haben Männchen, welche die Wahrscheinlichkeit, für ihre eigenen genetischen Nachkommen zu sorgen, erhöhen können, einen großen Vorteil gegenüber Männchen mit ungerichtet väterlichem Verhalten. Eine hohe Vaterschaftsgewißheit müßte also den Fortbestand väterlicher Brutpflege fördern. Uns geht es hier nur um die Feststellung, daß eine geringe Vaterschaftsgewißheit an sich der Evolution väterlicher Brutpflege nicht zwangsläufig entgegensteht.

15.1.1 Die Reihenfolge der Gametenfreisetzung

Einer zweiten Hypothese zufolge wird das Geschlecht, welches Brutpflege betreibt, durch die Reihenfolge festgelegt, in der Eier und Spermien freigesetzt werden. Wenn elterliche Brutpflege erforderlich ist, wird das Geschlecht, das sich nach der Paarung als erstes davonmachen kann, dies voraussichtlich auch tun und dem anderen die Sorge um den Nachwuchs allein überlassen. Nach diesem spieltheoretischen Argument müßte eine innere Befruchtung an weibliche Brutpflege gekoppelt sein, da es dem Männchen nach der Insemination freigestellt ist, seine Partnerin zu verlassen; diese muß dann entscheiden, ob sie Brutpflege betreiben soll oder nicht. In Fällen, in denen Brutpflege vorteilhaft wäre, wäre das Weibchen "gezwungen", sie zu leisten. Findet dagegen eine äußere Befruchtung statt, so setzt das Weibchen seine Eier oft ab, bevor das Männchen sein Sperma ausschüttet. So bleibt dem Weibchen ein wenig Zeit, um zu flüchten und das Männchen mit den Eiern zurückzulassen.

Die Daten in Tabelle 1 geben die Beziehung zwischen Formen der Befruchtung und der Brutpflege bei Fischen und Amphibien wieder. Sie stehen in Übereinstimmung mit der Hypothese, daß die Reihenfolge der Gametenfreisetzung entscheidend ist. Wir sollten diesem Ergebnis aber nicht uneingeschränkt trauen, da der Test auch noch eine zweite Voraussage beinhaltet, welche nicht zutrifft. Es gibt viele Fischarten mit elterlichem Fürsorgeverhalten, bei denen Männchen und Weibchen ihre Gameten gleichzeitig ausstoßen. Die Wahrscheinlichkeit, daß das Männchen Brutpflege betreibt, sollte in solchen Fällen genauso hoch sein wie die für das Weibchen, da beide anwesend sind, wenn die Ausschüttung der Gameten abgeschlossen ist. In einer Stichprobe mit 46 solcher Arten waren allerdings bei 36 Arten die Männchen das Geschlecht, welches Brutpflege betreibt; dies sind signifikant mehr als die 23 Arten, die nach den Voraussagen aus der Hypothese zu erwarten wären. Darüber hinaus gibt es viele Froscharten, bei denen brutpflegende Männchen ihre Spermien in ein Nest abgeben, bevor das Weibchen seine Eier in das Nest legt.

Tab. 15-1: Beziehung zwischen der Art der **Befruchtung und dem brutpflegenden Geschlecht bei Fischen und Reptilien**. Quelle: Gross und Shine (387).

Brutpflegendes	Innere Befruchtung			Äußere Befruchtung		
Geschlecht	Fische	Amphibien	Gesamt	Fische	Amphibien	Gesamt
Männchen	2	2	4	61	14	75
Weibchen	14	11	25	24	8	32

Anmerkung: Die Zahlen geben jeweils die Anzahl von Familien mit einer oder mehreren Arten in einer der aufgeführten Kategorien wieder. Eine einzelne Familie kann in mehr als einer Kategorie vertreten sein.

15.1.2 Die Assoziationshypothese

Die dritte Hypothese zum Vorherrschen einer Brutpflege durch Weibchen ist vielleicht auch die unkomplizierteste von allen [387]. Die Assoziationshypothese besagt ganz einfach, daß Mütter öfter in der Lage sind, ihrem Nachwuchs von Geburt an zu helfen, weil Weibchen die Eier tragen. Der Vater hat keine direkte Kontrolle über die Geburt seiner Nachkommen; vielleicht ist er nicht einmal in der Nähe, wenn sie geboren werden. Selbst wenn er Brutpflege leisten könnte und selbst wenn dies in seinem genetischen Interesse wäre, ist eine väterliche Hilfeleistung aufgrund seiner physischen Trennung von seinem Nachwuchs unmöglich.

Die Beziehung zwischen innerer Befruchtung und weiblicher Brutpflege (siehe Tab. 14-1) steht sowohl in Übereinstimmung mit der Assoziationshypothese wie auch mit den beiden anderen, oben diskutierten Hypothesen, was zeigt, daß dieser Befund allein nicht ausreicht, um zwischen den aufgeführten Alternativen zu entscheiden. Um die Assoziationshypothese anhand eines anderen Tests zu prüfen, lassen Sie uns diejenigen Fischarten betrachten, bei denen eine innere Befruchtung stattfindet, die Eiablage aber unmittelbar nach der Befruchtung erfolgt. In solchen Fällen sind die Männchen noch anwesend, wenn ihr Nachwuchs freigesetzt wird. Die Assoziationshypothese sagt voraus, daß die Männchen dieser Arten mit gleicher Wahrscheinlichkeit Brutpflege betreiben wie die Männchen von Arten, bei denen eine äußere Befruchtung stattfindet. Diese Voraussage trifft zu.

Denken Sie aber auch daran, daß die Assoziationshypothese ebenfalls besagt, daß mütterliche und väterliche Brutpflege bei Fischen, bei denen Männchen und Weibchen gleichzeitig ablaichen, mit gleicher Häufigkeit auftritt. Die Tatsache, daß väterliche Brutpflege bei solchen Arten vorherrscht, läßt darauf schließen, daß noch andere, zusätzlich zu berücksichtigende Kräfte bei der Evolution der Brutfürsorge eine Rolle spielen.

15.1.3 Warum betreiben Fischmännchen so häufig Brutpflege?

Wie wir gesehen haben, sind Fischmännchen in vielen Fällen die Ausnahme von der Regel, daß Weibchen dasjenige Geschlecht sind, welches für den Nachwuchs sorgt (Abb. 15-1). Mart Gross und Craig Sargent haben die verschiedenen Formen elterlicher Fürsorge bei Fischen analysiert, um herauszufinden, welche Bedingungen – abge-

Abb. 15-1: **Brutpflege bei zwei Fischarten.** (Links) Stichlingsmännchen (Gasterosteidae) bauen Nester und verteidigen die Eier, welche dort abgelaicht werden. Foto mit freundlicher Genehmigung von William Rowland. (Rechts) Sowohl Männchen als auch Weibchen dieses Buntbarsches (Cichlidae) sondern ein nahrhaftes Sekret ab, das die Jungen vom Körper der Eltern aufnehmen können. Foto von A. van den Nieuwenhuizen.

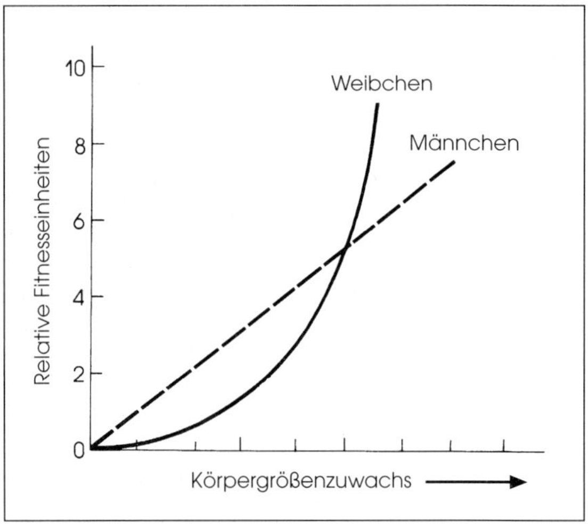

Abb. 15-2: **Kosten der Brutpflege.** Die Graphik gibt die Beziehung zwischen Körpergröße und Fitness bei einer typischen Fischart wieder. Wenn die Fruchtbarkeit der Weibchen mit zunehmender Körpergröße exponentiell anwächst, die Fitness der Männchen aber nur linear, so könnte dies eine Erklärung für die Evolution einer ausschließlich durch Männchen betriebenen Brutpflege bei einer Fischart liefern.

sehen von der bloßen Assoziation mit den Jungen – eine ausschließlich durch Männchen betriebene Brutpflege begünstigen [386]. Sie merken diesbezüglich an, daß der Nutzen elterlicher Fürsorge in einer höheren Überlebenswahrscheinlichkeit der Jungen besteht. Ein solcher Gewinn ist für Männchen und Weibchen, wenn sie Brutpflege betreiben, wahrscheinlich jeweils gleich hoch. Wenn ein Geschlecht elterliche Fürsorge leistet und das andere nicht, so folgerten Gross und Sargent, sind möglicherweise die Kosten der Brutpflege für Männchen und Weibchen unterschiedlich hoch. Väterliche Fürsorge könnte beispielsweise mit erhöhten Paarungskosten verbunden sein. Indem sie bei ihrem Nachwuchs bleiben, nehmen Männchen in der Regel höhere Paarungskosten in Kauf als Weibchen, da ihr Fortpflanzungserfolg im allgemeinen mit jedem rezeptiven Weibchen, dem sie begegnen, zunimmt. Dagegen ist der Fortpflanzungserfolg eines Weibchens durch die Zahl der Eier, die es produziert, begrenzt und nicht durch die Zahl der Männchen, an die es gelangt. Den Weibchen werden durch die Brutpflege mit ihrem Zeit- und Energieaufwand **Fertilitätskosten** auferlegt, nämlich eine Verminderung der zukünftigen Produktion von Eiern.

Brutpflegende Fischmännchen sind fast ausnahmslos territorial. Sie verteidigen eine Stelle, die von den Weibchen zur Paarung und zur Eiablage aufgesucht wird. Bei einem solchen Fortpflanzungssystem fallen die Paarungskosten der väterlichen Fürsorge für Männchen kaum noch ins Gewicht. Indem sie ein Territorium bewachen, bewachen sie auch die von ihnen befruchteten Eier; das Territorium und die vorhandenen Eier machen die Männchen für weitere Weibchen attraktiv, wodurch sich ihr Paarungserfolg erhöht. So entsteht ein sehr günstiges Nutzen-Kosten-Verhältnis für männliches Brutpflegeverhalten.

Für Fischweibchen dagegen kann elterliche Fürsorge erhebliche Fertilitätskosten mit sich bringen. Indem es sich einer Brut widmet, reduziert ein Weibchen letztendlich seine Wachstumsrate, da es nicht die maximal mögliche Nahrungsmenge zu sich nehmen kann, während es für seinen Nachwuchs sorgt. Jeder Wachstumsverlust kann für ein Weibchen insbesondere dann schädlich sein, wenn seine Fruchtbarkeit mit zunehmender Körpergröße exponentiell ansteigt, was bei Fischen der typische Fall sein soll (Abb. 15-2). Mit anderen Worten, für jede aufgrund elterlicher Fürsorge verlorene Wachstumseinheit zahlt das Weibchen einen sehr hohen Preis in Form eines Verlustes von Eiern, die es in Zukunft hätte produzieren können. Männchen, die Brutpflege betreiben, wachsen zwar auch langsamer; da sie aber territorial sein müssen, um Weibchen anzulocken, ist der Anteil an der Verringerung der Wachstumsrate, der auf väterliches Fürsorgeverhalten zurückzuführen ist, gering oder vernachlässigbar. Folglich ist männliches Brutpflegeverhalten bei Fischen wahrscheinlich deshalb evoluiert, weil Männchen einen geringeren Preis für elterliche Fürsorgeleistungen zahlen als Weibchen, nicht aber, weil sie einen größeren Gewinn in Form einer besseren Überlebensrate ihres Nachwuchses aus diesem Verhalten ziehen [386].

Tab. 15-2: Konsequenzen der Anwesenheit eines Männchens für den **Fortpflanzungserfolg eines Weibchens beim Aaskäfer *Nicrophorus orbicollis*.** Quelle: Scott (842, 843 und unveröffentlichte Daten).

	Einzelnes Weibchen	Weibchen und Männchen
Kleiner Kadaver (18-21 Gramm)		
Gesamtgewicht der Larven (Gramm)	3,7 ± 1,0	2,4 ± 1,4
Wahrscheinlichkeit, daß ein Eindringling die Brut tötet	0,45	0,12
Großer Kadaver (30-35 Gramm)		
Gesamtgewicht der Larven (Gramm)	6,6 ± 0,5	6,8 ± 0,5
Wahrscheinlichkeit, daß ein Eindringling die Brut tötet	0,52	0,18

15.1.4 Warum betreiben männliche Aaskäfer Brutpflege?

Die Regel, daß männliche Tiere nur selten Brutpflege betreiben, gilt insbesondere für Insekten [1029]. Eine Ausnahme von dieser Regel stellen jedoch die Männchen bestimmter Aaskäferarten (Silphidae) dar, die regelmäßig mit Weibchen zusammenarbeiten, wenn es darum geht, eine tote Maus oder ein anderes kleines Tier zu vergraben und aus dem Kadaver einen „Brutball" aus Fleisch zu bilden. Gemeinsam behandeln die Käfer die Aaskugel mit chemischen Sekreten; danach ist diese fast geruchslos, was vielleicht die Wahrscheinlichkeit verringert, daß andere Konsumenten sie finden und an sich nehmen. Das Weibchen legt seine Eier in die Nähe des Brutballs, und wenn die Larven schlüpfen, gehen sie auf das behandelte Aas. Dort füttert das Weibchen sie mit Fleisch vom Kadaver; manchmal – wenn es bei seiner Partnerin bleibt – zeigt auch ein Männchen elterliches Fürsorgeverhalten und füttert die Larven (Farbtafel 18).

Michelle Scott versuchte zu erklären, warum Männchen bisweilen von der Option Gebrauch machen, elterliche Fürsorgeleistungen zu erbringen und die Kosten eines Verzichtes auf die Gelegenheit, weitere Weibchen aufzuspüren, auf sich nehmen. Ein Vorteil, der diese Paarungskosten für Männchen überwiegen könnte, wären die erhöhten Überlebenschancen ihres Nachwuchses, welche aus der außergewöhnlichen Aufmerksamkeit, die Männchen ihrer Brut in Form von Futter und Pflege entgegenbringen, resultieren. Allerdings war im Laborversuch die mittlere Produktion an Nachkommen (gemessen anhand ihres Gesamtgewichtes) tatsächlich größer, wenn diese von einem Weibchen allein an einem kleinen Kadaver aufgezogen wurden, als wenn ein Männchen dabei war, von dem angenommen wurde, daß es dem Weibchen „hilft", für die Brut zu sorgen (Tab. 15-2). Diese Ergebnisse waren für die „Parental benefits"-Hypothese eine kalte Dusche [842].

Unter Laborbedingungen sind brutpflegende Männchen und Weibchen nicht mit Prädatoren konfrontiert. Vielleicht bleiben Männchen unter natürlichen Bedingungen bei ihren Partnerinnen, damit sie verschiedene, Larven fressende Feinde mit vereinten Kräften zurückschlagen können. Als aber Scott einen solchen Feind (einen räuberischen Käfer) im Labor mit Paaren sowie mit allein für die Brut sorgenden Individuen zusammenbrachte, waren die Paare bei der Vertreibung des Raubfeindes keineswegs erfolgreicher als die einzelnen Eltern. Eine weitere Hypothese mußte aufgegeben werden [843].

Als nächstes zog Scott die Möglichkeit in Betracht, daß die Hauptgefahr für junge Larven von Aaskäfern der eigenen Art ausgehen könnte, statt von Raubfeinden aus anderen Arten. Sie sagte voraus, daß Eindringlinge bei gegebener Gelegenheit Infantizid begehen würden, um sich den Brutball für ihren eigenen Nachwuchs anzueignen. Wenn solche Übernahmen vorkämen, so wäre das Alter der in dem Brutball vorgefundenen Larven nach einigen Tagen erheblich niedriger als in Fällen, in denen keine Übernahme stattgefunden hat. (Stephen Trumbo hat direkte Belege für einen Infantizid bei *Necrophorus orbicollis* gefunden, wobei das neue Männchen den bereits vorbereiteten Kadaver als Nahrungsressource für seine eigene Brut nutzt [942].)

Ein einzelner, ansässiger Elter kann mit einigem Erfolg einen Eindringling daran hindern, den Brutball zu übernehmen und seinen Nachwuchs zu vernichten, ein Paar hat aber noch mehr Erfolg bei diesen Bemühungen,

Abb. 15-3: **„Kinderstube" bei Guanaco-Fledermäusen.** Die Jungtiere bleiben zusammen in der Höhle, wenn ihre Mütter draußen auf Nahrungssuche sind. Foto von Gary McCracken.

sowohl bei großen als auch bei kleinen Kadavern (siehe Tab. 15-2). Gewöhnlich töten sie den Eindringling und fressen obendrein den Körper des Gegners, der sonst möglicherweise Infantizid begangen hätte. Das Infantizidrisiko ist also offenbar ein Hauptfakor für die Evolution männlicher Brutfürsorge bei diesem Insekt [843].

15.2 Wie der Nutzen elterlicher Fürsorge maximiert wird

Die bislang besprochenen Hypothesen zur elterlichen Fürsorge gründen auf der Annahme, daß es für Tiere, die Brutpflege betreiben, eine Kosten-Nutzen-Bilanz gibt. Durch Überlegungen, welche Kosten und welcher Nutzen in bezug auf die Fitness entstehen und wie sie zwischen den Geschlechtern sowie unter verschiedenen Umweltbedingungen variieren könnten, sind Fortschritte bei der Erklärung der verschiedenen elterlichen Verhaltensmuster, die es in der Natur gibt, erzielt worden. Wir können diesen Ansatz auf weitere Aspekte elterlicher Fürsorge ausdehnen, um festzustellen, ob sich Eltern auf eine Art und Weise verhalten, die zu einer Maximierung ihres Netto-Gewinns beiträgt.

Denken Sie zum Beispiel einmal über die einfache Voraussage nach, daß Eltern bei der Verteilung ihres Fürsorgeverhaltens selektiv vorgehen, indem sie Nachkommen, die nicht ihre eigenen sind, meiden und ausschließlich oder hauptsächlich in Individuen investieren, die ihre Gene tragen. Wir erwarten also, daß Eltern ihre Jungen wiedererkennen, wenn die Möglichkeit besteht, daß sie ihr Fürsorgeverhalten fälschlicherweise an genetisch Fremde richten. Die mexikanische Guanaco-Fledermaus (*Tadarida brasiliensis mexicana*) liefert einen Testfall für diese Erwartung. Trächtige Weibchen dieser Fledermausart wandern zu bestimmten Höhlen im Südwesten Amerikas, wo sie riesige Kolonien mit Millionen von Tieren bilden. Die Fledermausmutter läßt ihr einziges Junges nach der Geburt in der Höhle zurück, wo es sich in einer außerordentlich dichten Ansammlung von Jungtieren, die bis zu 4000 Junge pro Quadratmeter enthalten kann, an der Höhlendecke festklammert. (Abb. 15-3). Wenn ein Weibchen zurückkommt, um ihr Junges zu säugen, wird es von allen Seiten von Jungtieren bedrängt [627]. Da sich die Jungtiere Schulter an Schulter drängen, glaubten frühere Beobachter, daß Weibchen ihren eigenen Nachwuchs unmöglich wiederfinden können; sie behaupteten, daß die Weibchen gemeinschaftlich säugen. Da zu jener Zeit die Annahme einer Gruppenselektion vorherrschte, war niemand von dem Gedanken überrascht, daß Weibchen ihre Milch dem erstbesten Jungen geben könnten, ohne dessen Identität zu beachten.

Aber handeln Guanaco-Fledermäuse wirklich zum Wohl der Gruppe oder im Sinne ihrer eigenen genetischen Fitness? Um dies herauszufinden, fing Gary McCracken Fledermausweibchen und die von ihnen gesäugten Jungtiere ein und nahm Blutproben [625]. Mit Hilfe der Stärkegel-Elektrophorese, einer Technik zur Identifizierung von Varianten bei bestimmten Enzymen, war es ihm möglich, nachzuweisen, ob Mütter und Junge die gleichen Enzymvarianten aufweisen. Beispielsweise gab es sechs Formen des Enzyms Superoxid-Dismutase in der Population, aus der er die Blutproben genommen hatte; das bedeutet, daß sechs verschiedene Allele des Gens, welches dieses Enzym kodiert, auftraten.

Wenn Fledermausweibchen allen, auch fremden Jungen, elterliches Verhalten entgegenbringen, so sollten die Enzymvarianten der Weibchen und der Jungen, welche die Weibchen säugen, nicht korreliert sein. Wenn aber Weibchen bevorzugt ihren eigenen Nachwuchs säugen, dann werden Weibchen und Junge auch tendenziell die gleichen Allele und damit die gleiche Form der Superoxid-Dismutase und anderer Enzyme aufweisen. McCracken verglich die tatsächliche Korrelation zwischen den Genotypen von Paaren aus Adulttieren und den von ihnen gesäugten Jungen mit der für den Fall zu erwartenden Korrelation, daß die Jungen nach einem Zufallsprinzip gesäugt werden. Nach McCrackens Beurteilung können Weibchen, trotz des Chaos am Ruheplatz der Fledermäuse, mit einer Sicherheit von 80 % ihre eigenen Jungen wiederfinden [625].

Neuere Beobachtungen deuten darauf hin, daß es Weibchen und ihrem Nachwuchs fast immer gelingt, sich gegenseitig durch vokale und olfaktorische Kommunikation zu erkennen [36, 627]. Demzufolge könnte die Irrtumsrate von 20 % aus den genetischen Studien bei weitem zu hoch angesetzt sein (Gründe dafür sind nicht bekannt). Auf jeden Fall aber wird deutlich, daß Guanaco-Fledermausmütter ihr elterliches Fürsorgeverhalten vor allem ihren eigenen Jungen entgegenbringen.

15.2.1 Das Erkennen von Nachkommen: Vergleichende Studien

Die Hypothese, daß das Erkennen des Nachwuchses die Funktion hat, eine fehlgeleitete elterliche Fürsorge zu verhindern, könnte mit der vergleichenden Methode getestet werden, indem man geeignete Stichproben aus kolonialen und aus solitären Arten miteinander vergleicht. Die entscheidende Voraussage wäre, daß eine Nachwuchserkennung bei kolonialen Arten, bei denen das Risiko einer fehlgerichteten Elternfürsorge relativ hoch ist, häufiger evoluieren sollte als bei solitären Arten, wo eine Begegnung zwischen Eltern und anderen als ihren eigenen Nachkommen extrem unwahrscheinlich ist. Diese Voraussage ist bislang nicht auf statistisch überzeugende Weise durch einen Vergleich zwischen eng verwandten Paaren aus kolonialen und solitären Arten geprüft worden (siehe Kap. 8). Wir können uns jedoch den Anfang eines solchen Tests veranschaulichen. Die Uferschwalbe (*Riparia riparia*), eine kolonienbildende Art (mit einem hohen Risiko, Fürsorgeverhalten fehlzurich-

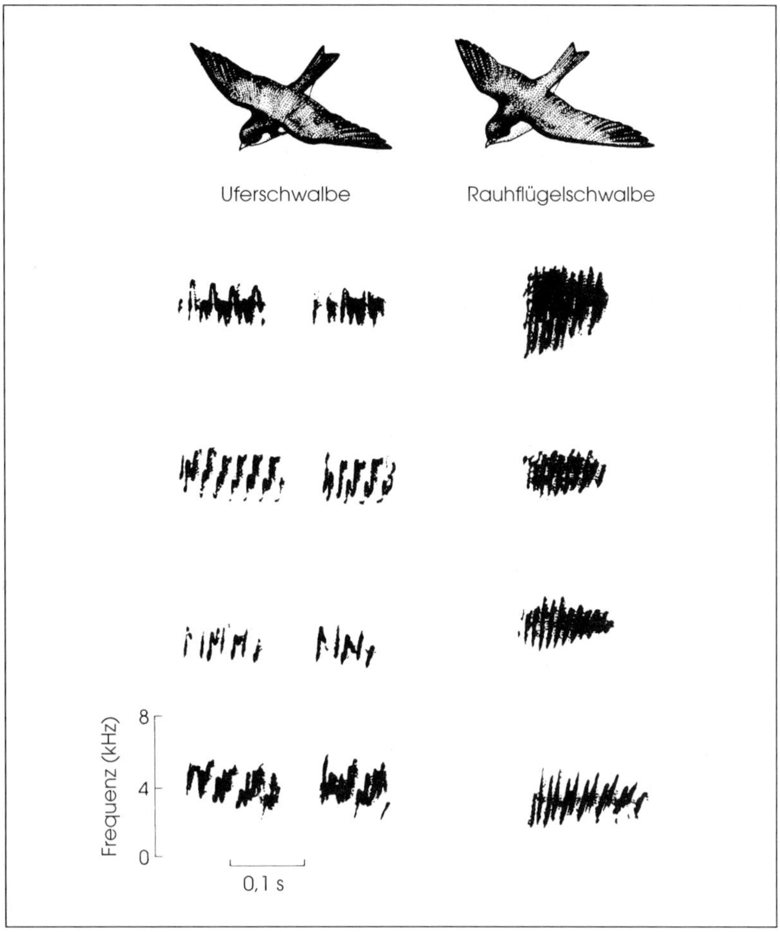

Abb. 15-4: **Das Erkennen der Jungen wird Uferschwalben-Eltern** durch charakteristische Merkmale in den Lautäußerungen ihrer Jungen erleichtert. Jedes Sonagramm gibt den Laut eines anderen Kükens wieder. Beachten Sie, daß jede Uferschwalbe einen unterschiedlichen Laut produziert, wohingegen verschiedene Rauhflügelschwalbenküken einen sehr ähnlichen Ruf haben. Quelle: Beecher (54).

ten), und die Rauhflügelschwalbe (*Stelgidopteryx ruficollis*) (mit einem geringen Risiko, Fürsorgeverhalten fehlzurichten) sind beides Schwalbenarten, die in Höhlen in lehmigen Uferböschungen nisten. Sie gehören zwar nicht zur selben Gattung, aber sie sind Vertreter derselben Vogelfamilie. Wie erwartet, unterscheiden sie sich in mehrfacher Hinsicht bezüglich der Erkennung von Nachkommen.

Junge Uferschwalben produzieren beispielsweise weitaus unterschiedlichere Laute als junge Rauhflügelschwalben (Abb. 15-4). Bis eine flügge Uferschwalbe aus der Nisthöhle kommt, haben ihre Eltern die entscheidenden Lautcharakteristika ihres Jungen erlernt [54, 58, 637]. Sie wenden das Gelernte an, um ihren eigenen Nachwuchs zu füttern und andere Jungvögel, die zufällig an ihrem Höhleneingang landen, zu vertreiben. In einer großen Kolonie mit vielen Höhleneingängen auf engem Raum landen Jungvögel oft im „falschen" Nest.

Die Rauhflügelschwalbe, die aufgrund ihrer Evolutionsgeschichte nie die Möglichkeit hatte, fremde Jungvögel zu füttern, dürfte keine derart sorgfältige Erkennung des Nachwuchses aufweisen. Um diese Voraussage zu prüfen, setzten Michael und Inger Beecher flügge Jungtiere zwischen verschiedenen Rauhflügelschwalbenhöhlen um und fanden, daß die umgesetzten Jungvögel problemlos angenommen wurden. Rauhflügelschwalben nehmen sogar Uferschwalben zur Pflege an [54].

Zwei andere Schwalbenarten, die sich ebenfalls hinsichtlich des Grades an Sozialität unterscheiden, sind die hochkoloniale Fahlstirnschwalbe (*Petrochelidon pyrrhonota*) und die Rauchschwalbe (*Hirundo rustica*), die solitär oder in kleinen Gruppen nistet. Wenn das Risiko einer fehlgerichteten Elternfürsorge einen Selektionsdruck ausübt, dann sollten Fahlstirnschwalbenjunge unterschiedlichere Bettellaute von sich geben als Rauchschwalbenjunge. Darüber hinaus sollten adulte Fahlstirnschwalben diese Laute besser unterscheiden können als adulte Rauchschwalben. Beide Voraussagen werden durch Laborstudien unterstützt, in denen Adulttiere der beiden Schwalbenarten mit Techniken der operanten Konditionierung (Kap. 2) darauf trainiert wurden, zwischen paarweise gebotenen Bettelrufen der Fahlstirnschwalbe und paarweise gebotenen Bettelrufen der Rauchschwalbe zu diskriminieren. Alle Vögel erreichten das Lernkriterium (85 % richtige Wahlen) schneller, wenn sie mit Rufen der Fahlstirnschwalbe getestet wurden. Des weiteren erreichten die Fahlstirnschwalben das Lernkriterium schneller als die Rauchschwalben; dieses Ergebnis unterstützt das Argument, daß die Wahrnehmungssysteme von Fahlstirnschwalben durch die Vorteile einer

Nachwuchserkennung spezifisch ausgeprägt wurden [580]. Obwohl für eine noch überzeugendere Prüfung der Annahme, daß das Brüten in Kolonien zur Selektion einer elterlichen Erkennung des Nachwuchses führt, eine erheblich größere Zahl an Artenvergleichen erforderlich ist, steht das Verhalten der Schwalben gleichwohl in Übereinstimmung mit dieser Hypothese.

15.2.2 Nachwuchserkennung bei Möwen?

Die bodenbrütende Silbermöwe (*Larus argentatus*) und die Dreizehenmöwe (*Rissa tridactyla*), die an Felsklippen brütet, sind eng verwandte Arten. Beide bilden Kolonien, und dennoch unterscheiden sie sich hinsichtlich des Risikos einer fehlgerichteten elterlichen Fürsorge an den Nachwuchs Anderer. Da Silbermöwen am Boden nisten und ihre Jungen sich schon nach wenigen Tagen fortbewegen können, ist es möglich, daß Eltern auf Jungtiere treffen, die nicht ihre eigenen sind. In Experimenten, in denen Küken mit einem Alter von mehr als 4 oder 5 Tagen in andere Nester versetzt werden, weigern sich die Eltern, die ausgetauschten Küken anzunehmen und attackieren sie oft sogar heftig (Abb. 15-5) [930].

Dagegen nisten Dreizehenmöwen auf Felsvorsprüngen, die oft Dutzende von Metern zum Felsgrund oder zum Wasser hin steil abfallen; deshalb sind Küken, die ruhig an Ort und Stelle bleiben, durch die Selektion stark begünstigt [200]. Dreizehenmöwenjunge hocken vom Abgrund abgewandt in ihrem Nest, bis sie mehrere Wochen alt sind und ihre Flügel eine vollständige Befiederung aufweisen. Erst dann springen sie vom Felsvorsprung, um zum Meer hinabzugleiten, wo dann die nächste Phase ihrer Entwicklung beginnt. In Umsetzungsexperimenten akzeptierten adulte Dreizehenmöwen problemlos fremde Küken, die weitaus älter und größer oder jünger und kleiner waren als ihre eigenen. Man kann das Junge sogar durch ein Kormoranküken ersetzen (das genaue Gegenteil einer jungen Dreizehenmöwe; Abb. 15-6); das Elterntier wird den Neuankömmling füttern, als handle es sich um seinen eigenen Nachwuchs.

Die offenkundig unterschiedliche Wahrnehmung der Nachkommen bei Möwen, die am Boden brüten, und Dreizehenmöwen, die in Steilwänden brüten, unterstützt die Argumentation, daß Eltern bezüglich ihrer Fürsorgeleistungen Unterschiede machen, wenn die Möglichkeit, für die Nachkommen Anderer zu sorgen, gegeben ist. Diese Folgerung erfordert allerdings eine sorgsame und genaue Prüfung, nicht nur, weil für den Vergleich zwischen Möwen lediglich ein Artenpaar herangezogen wurde, sondern auch, weil Beobachter gesehen haben, daß adulte Silbermöwen unter natürlichen Bedingungen Küken „adoptieren", welche ein gutes Stück älter als fünf Tage sind. Es scheint, daß das aggressive, nicht-elterliche Verhalten adulter Vögel gegen experimentell umgesetzte Junge hauptsächlich durch das „verängstigte" Verhalten dieser Küken hervorgerufen wird [370]. Ältere Jungtiere

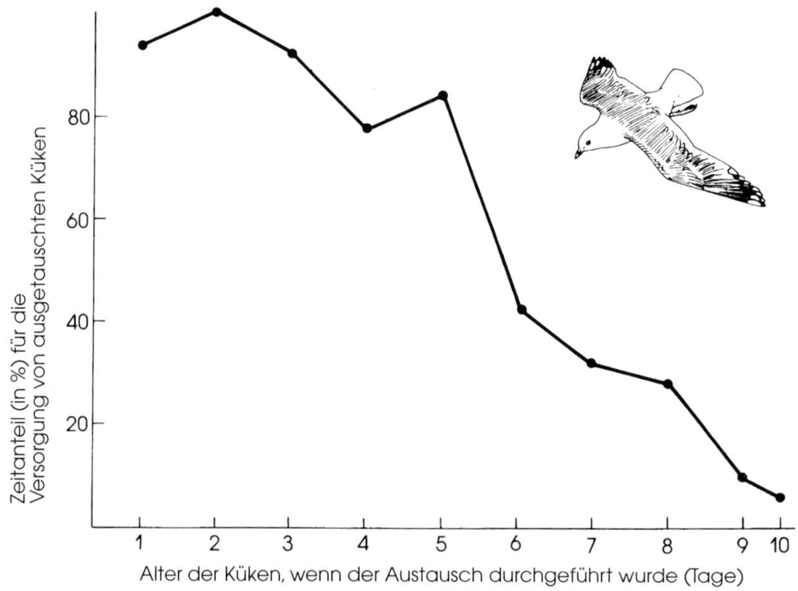

Abb. 15-5: **Erkennen der Jungen bei der Delawaren-Möwe (*Larus delawarensis*)**, einer kolonialen, bodenbrütenden Möwenart. Elternvögel neigen dazu, die Küken anderer Möwen in den ersten fünf Tagen nach dem Schlüpfen der eigenen Brut anzunehmen. Danach aber nimmt daß Ausmaß der Akzeptanz deutlich ab, was durch den starken Rückgang des Zeitanteils deutlich wird, den Eltern für die Pflege (Hudern oder Füttern) eines untergeschobenen Kükens aufwenden, das älter als 5 Tage ist. Die adulten Möwen wurden 20 mal pro Tag an fünf Nestern kontrolliert, um ihre Aktivitäten aufzuzeichnen (Hudern, Füttern der Jungen oder Stehen). Quelle: Miller und Emlen (645).

Abb. 15-6: **Dreizehenmöwen können ihre eigenen Jungen nicht erkennen.** Adulte Dreizehenmöwen (links) adoptieren sogar die Küken von Kormoranen (rechts), deren Aussehen sich von dem ihrer eigenen Jungen völlig unterscheidet. Fotos des Autors.

verlassen manchmal freiwillig ihr Geburtsrevier (zum Beispiel, wenn sie einen Elter oder beide verloren haben und sehr hungrig sind). Diese Jungvögel fliehen nicht vor potentiellen „Adoptiveltern"; sie betteln vielmehr um Futter und ducken sich unterwürfig, wenn sie bedroht werden. Sie haben durchaus eine Chance, adoptiert zu werden, selbst wenn sie schon 35 Tage alt sind [457].

Eine Hypothese zur Adoption bei Silbermöwen ist, daß die adulten Vögel ihre Jungen nicht individuell erkennen, sondern sich auf den Aufenthaltsort und das Verhalten ihres Nachwuchses als Anhaltspunkte verlassen, um eine Entscheidung bezüglich dessen Fütterung zu treffen. Junge Möwen dagegen lernen, ihre Eltern zu erkennen, und normalerweise betteln sie auch nur diese Adulttiere an (Kap. 2). Das Ergebnis ist, daß Eltern gewöhnlich nur ihren eigenen Nachwuchs füttern und Küken attackieren, töten und sogar fressen, wenn deren Verhalten es den Eltern ermöglicht, sie als Fremde zu identifizieren [752]. In seltenen Fällen aber kommt es zu einer „Adoption", wenn es dem fremden Küken gelingt, in das Nest seiner Wirtsvögel zu schlüpfen, wenn es ungefähr die gleiche Größe und das gleiche Alter hat wie der eigene Nachwuchs der Wirtsvögel und wenn es heftig bettelt, statt auf die Annäherung eines Wirtsvogels mit Flucht zu reagieren [370, 457, 519].

Wenn also Eltern ihre Fürsorgeleistungen manchmal fehlleiten, warum hat sich dann bei Silbermöwen keine Nachkommenerkennung entwickelt? Eltern, welche sich bei ihrem Fürsorgeverhalten von einer „Faustregel" – „füttere jedes Küken, das auf die richtige Art und Weise bettelt und dessen Alter zu dem der anderen Küken in meinem Nest paßt" – leiten lassen, machen gelegentlich Fehler; Vögeln, die ihre Jungen individuell erkennen könnten, würden diese gelegentlichen Fehler nicht unterlaufen. Wenn jedoch, wie Brian Knudsen und Roger Evans hervorheben, die Versorgung einer jungen Möwe davon abhängig wäre, daß Eltern einzelne Individuen erkennen, dann könnten Eltern ihren eigenen Nachwuchs manchmal auch fälschlicherweise für einen Fremden halten [519]. Ein Elter könnte sogar einen seiner Nachkommen töten, indem er ihn attackiert oder ihm die Nahrung verweigert. Wenn die Fitnesskosten eines Fehlers bei der Erkennung des Nachwuchses größer wären als die Fitnesskosten für die Fütterung eines adoptierten Kükens, was zwar die eigenen Küken dazu zwingt, ihre Nahrung mit dem Eindringling zu teilen, aber nicht unbedingt zu ihrem Tod führt, dann könnte es für Möweneltern sehr wohl adaptiv sein, das Verhalten von Küken für eine Entscheidung bezüglich des Fütterns heranzuziehen.

Die Anwendung einer Faustregel anstelle eines spezifischen Erkennungsmechanismus beim Füttern der Jungen wäre in Kolonien der Silbermöwe mit ihren weit verstreuten Nestern zudem fast fehlerlos. Wenn Kolonien mit einer geringen Dichte während des größten Teils der Evolution von Silbermöwen typisch waren, wäre das Risiko einer fehlgerichteten elterlichen Fürsorge gering gewesen, was die Vorteile eines Mechanismus für die Erkennung von Nachkommen vermindert hätte. Von Silbermöwen ist bekannt, daß in letzter Zeit ein explosionsartiger Populationszuwachs stattgefunden hat; in Kolonien mit hoher Dichte sind bereits Studien zur Adoption durchgeführt worden.

Es gibt noch eine weitere Alternativhypothese zur gelegentlichen Adoption, nämlich die, daß die Silbermöwe erst vor kurzem zum Brüten am Boden übergegangen ist und vorher auf Felsklippen genistet hat, wo ein Erkennen der eigenen Küken keinerlei Fitnessvorteile bringt [457]. Sogar heute noch gibt es Silbermöwenpopulationen, die auf Felsklippen nisten [69]. Dieser nichtadaptionistischen Hypothese zufolge wäre die Erkennung der eigenen Küken zwar adaptiv für Silbermöwen, aufgrund ihres entwicklungsgeschichtlichen Erbes hatten sie jedoch bislang nicht genug Zeit, ein optimales elterliches Verhalten zu evoluieren.

Die Fülle an alternativen, weitgehend noch nicht geprüften Erklärungen zur Frage, warum Silbermöwen

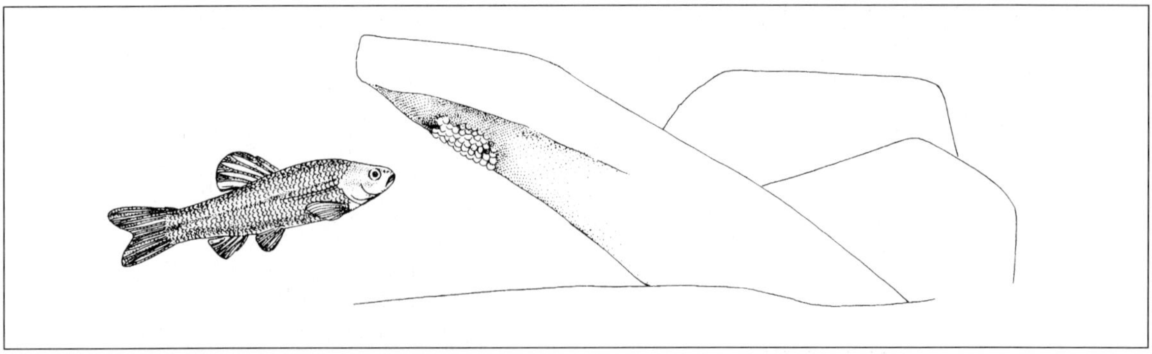

Abb. 15-7: **Adaptive Adoption tritt bei der Fettköpfigen Elritze auf.** Die Männchen dieser Art kümmern sich manchmal um einige der Eier an Laichstellen, die sie sich durch Übernahme eines Territoriums aneignen. Wenn an einer Laichstelle Eier vorhanden sind, lockt dies zusätzliche, paarungsbereite Weibchen zu diesem Ort hin.

manchmal fremde Jungtiere adoptieren, erinnert uns wieder einmal an die Notwendigkeit, mehr als eine hinreichende Erklärung für ein Verhaltensmerkmal in Betracht zu ziehen.

15.2.3 Adoption bei der Fettköpfigen Elritze

Ein weiteres Beispiel für Adoption liefert die Fettköpfige Elritze (*Pimephales promelas*). Bei dieser Art sorgen die Männchen für die Eier, welche im typischen Fall in flachen Zonen von Süßgewässern an der Unterseite von Steinen befestigt werden (Abb. 15-7) [828]. Geeignete Laichplätze sind knapp, und Männchen konkurrieren um sie. Dabei wird manchmal ein Männchen, welches Eier hütet, von einem anderen vertrieben. Wenn dies geschieht, „adoptiert" das siegreiche Männchen die Eier, die bereits am Laichort vorhanden sind, obwohl sie von dem vorhergehenden Besitzer befruchtet wurden.

Ein solches Verhalten ist kostspielig, da es die Verteidigung der Eier gegen Prädatoren beinhaltet wie auch die Bereitstellung von Sekreten gegen eine Verpilzung der Eier. Craig Sargent vermutete jedoch, daß es direkte Fortpflanzungsvorteile geben könnte, welche die Kosten der Adoption mehr als aufwiegen. Er stellte fest, daß Männchen, die Eier bewachen, für weibliche Elritzen attraktiver sind als Männchen ohne Eier. Folglich sind die Chancen eines Männchens, nach der Übernahme eines Laichplatzes eine eigene Partnerin zu finden, größer, wenn bereits Eier vorhanden sind, auch wenn es diese Eier nicht selbst befruchtet hat.

Darüber hinaus entdeckte Sargent, daß Männchen die Kosten einer Adoption von Eiern reduzieren, indem sie nach einer Übernahme die Größe des „geerbten" Geleges verringern. Wenn in Laborversuchen ein Männchen sich den Laichplatz eines anderen aneignete, nahm die Zahl der Eier in dem adoptierten Gelege in den ersten 24 Stunden nach der Übernahme um mehr als 50 % ab. In einer Kontrollgruppe aus Männchen, die Eier bewachten, welche sie selbst befruchtet hatten, überlebten 85 % der Eier die ersten 24 Stunden nach der Eiablage. Offensichtlich entfernen „Adoptiv"-Männchen einen Teil der Eier aus dem übernommenen Gelege und lassen gerade genug Eier übrig, um eine eigene Partnerin anzulocken. Dadurch schaffen sie Platz für neue Eier und haben eine Mahlzeit auf Kosten ihres Vorgängers und seiner Partnerinnen [828].

15.2.4 Ein Rätsel: Wenn Eltern Siblizid dulden

Wir haben gesehen, daß Eltern manchmal Fürsorgeleistungen erbringen, die anscheinend maladaptiv sind, wenn es sich auch oft nicht so verhält, wie es zu sein scheint. Ein weiteres Rätsel im elterlichen Verhalten ist, daß manche Vogeleltern tödliche Aggressionen unter ihrem Nachwuchs, von Douglas Mock als **Siblizid** bezeichnet [654], tolerieren. Beim Silberreiher (*Casmerodius albus*) beispielsweise kämpfen Brüder und Schwestern um den Fisch, den ihre Eltern ans Nest bringen. Die dominanten Individuen in einer Brut können ihre rivalisierenden Geschwister töten, indem sie sie zu Tode prügeln oder aus dem Nest stoßen (Abb. 15-8). Diese Gewalttaten spielen sich zum großen Teil in Anwesenheit der gelassen zuschauenden und nicht eingreifenden Eltern ab (Farbtafel 9). Welcher Vorteil könnte einem Elter daraus entstehen, ein Junges oder sogar zwei aus einer Brut von drei oder vier Jungen durch Siblizid zu verlieren?

Eine Hypothese ist, daß Eltern keine Vorteile aus diesem Verhalten ziehen, da dieses wegen der Vorteile für die Gewinner unter den Geschwistern evoluiert ist und nicht aufgrund einer Selektion des Elternverhaltens. Es gibt Situationen, in denen wir einen Konflikt zwischen den Fitnessinteressen von Eltern und denen ihres Nachwuchses erwarten können. Denken Sie an Tüpfelhyänen (*Crocuta crocuta*), bei denen Siblizid unter bestimmten Bedingungen ebenfalls auftritt. Mütter legen ihre neugeborenen Jungen (ein Wurf besteht aus einem bis drei Jungen) am Eingang zu einem kleinen, unterirdischen Bau ab (gewöhnlich ein verlassener Erdferkel-Bau). Wenn die

Jungen hineinkriechen, sind sie zwar vor den meisten Prädatoren sicher, entziehen sich aber auch einer Überwachung ihres Verhalten im Bau durch ihre Mütter, obwohl diese ihre Jungen zum Säugen herausrufen können. In der Erdhöhle können die Neugeborenen ihre voll funktionstüchtigen Eck- und Schneidezähne einsetzen, um sich gegenseitig zu attackieren (Abb. 15-9). Einigen Jungtieren gelingt es, ihre Geschwister zu töten, indem sie sie verwunden und indem sie sie daran hindern, den Bau zu verlassen, wenn sie gesäugt werden sollen [323].

Ein interessantes Merkmal dieser Attacken ist, daß sie vor allem dann auftreten, wenn zwei Geschwister dasselbe Geschlecht haben. Als Ergebnis sind überlebende Bruder- und Schwesternpaare sehr stark unterrepräsentiert, verglichen mit Bruder-Schwester-Kombinationen [323]. Mögliche Vorteile eines selektiven Siblizids aus der Perspektive eines Nachkommen sind zwar vorgeschlagen, bislang aber nicht geprüft worden. Lassen sie uns für unsere Zwecke annehmen, daß einem Nachkommen durch die Entfernung eines gleichgeschlechtlichen Konkurrenten Fitnessvorteile entstehen, nicht aber durch die Entfernung eines Konkurrenten des anderen Geschlechts. Vom Standpunkt eines Elters betrachtet kann dessen Fitness durch Siblizid erheblich reduziert werden, insbesondere, weil der verstorbene Nachwuchs mit großer Wahrscheinlichkeit hätte überleben können, wenn seine Mutter Gelegenheit gehabt hätte, für ihn zu sorgen (vorausgesetzt, daß Weibchen im Falle einer Sohn-Tochter-Kombination wenig Schwierigkeiten damit haben, Zwillinge aufzuziehen).

Möglicherweise ist es weiblichen Tüpfelhyänen nicht möglich, einem Siblizid entgegenzuwirken, weil es wichtig ist, die Jungen durch das Einsetzen in unterirdische Bauten zu schützen, wo allerdings das Verhalten des Nachwuchses nicht mehr überwacht werden kann. Wenn Eltern dagegen das Verhalten ihres Nachwuchses beeinflussen können, wäre zu erwarten, daß sie eingreifen, wenn dieses Verhalten ihre Fitness reduziert [938]. Ein solches Eingreifen findet aber im Fall der jungen Reiher, bei denen Siblizid vorkommt, nicht statt. Genaugenommen wird die Gelegenheit zu tödlichen Interaktionen zwischen Geschwistern durch die vorangegangene elterliche Entscheidung, gelegte Eier auch zu bebrüten, sogar gefördert. Da die Eier im Abstand von ein oder zwei Tagen gelegt werden, schlüpfen die Jungen asynchron, wodurch das zuerst geschlüpfte Junge einen Wachstumsvorsprung hat. Die stark unterschiedliche Körpergröße in einer Brut aus drei oder vier Jungen ermöglicht den größeren Vögeln, die kleineren zu dominieren und die kleinen Fische, welche die Eltern ans Nest bringen, aggressiv zu monopolisieren. Ungleiche Futteranteile führen zu einer weiteren Zunahme der Größenunterschiede zwischen Geschwistern; oft bleibt ein Junges im Wachstum zurück und stirbt durch die Angriffe seiner erheblich größeren Geschwister.

Eine Hypothese erklärt den durch die Eltern geduldeten Siblizid damit, daß es im elterlichen Interesse ist, wenn ihre Jungen diejenigen aus der Brut eliminieren, deren Überleben bis zur eigenen Geschlechtsreife unwahrscheinlich ist. In den meisten Jahren wird die Nahrung mehr oder weniger knapp sein, wodurch die Eltern nicht in der Lage sind, Nahrung für alle drei oder vier Nachkommen zu finden. (In guten Jahren gelingt es ihnen, und dann zahlt sich die Fähigkeit, drei oder vier Eier legen zu können, aus.) Bei Nahrungsknappheit bleibt den Eltern durch eine Verminderung der Brut in Form eines Siblizids Zeit und Energie erhalten, welche ansonsten an Nachkommen verschwendet wären, die keine Chance hätten, das Erwachsenenalter zu erreichen, selbst wenn ihre Geschwister sie in Ruhe ließen. Beachten Sie, daß diese Hypothese auf der Erkenntnis gründet, daß der Fortpflanzungserfolg nicht anhand der Zahl produzierter Jungen gemessen wird, sondern vielmehr daran, wieviele Nachkommen tatsächlich das reproduktionsfähige Alter erreichen.

Abb. 15-8: **Aggression zwischen Geschwistern beim Silberreiher.** Ein älteres, größeres Junges attackiert ein jüngeres Geschwisterküken. Foto von Douglas Mock.

Die Hypothese einer adaptiven Geschwisterrivalität ist getestet worden [655]. Bei Kuhreihern (*Bubulcus ibis*), die mit den Silberreihern verwandt sind, beträgt das Legeintervall zwischen den einzelnen Eiern normalerweise 1,5 Tage. Doug Mock und Bonnie Ploger bildeten drei Brutkategorien, indem sie frischgeschlüpfte Küken aus Nestern in einer Kuhreiherkolonie umsetzten: Synchrone Bruten (alle Jungen waren am selben Tag geschlüpft), normal asynchrone Bruten (mit Küken, die in Intervallen

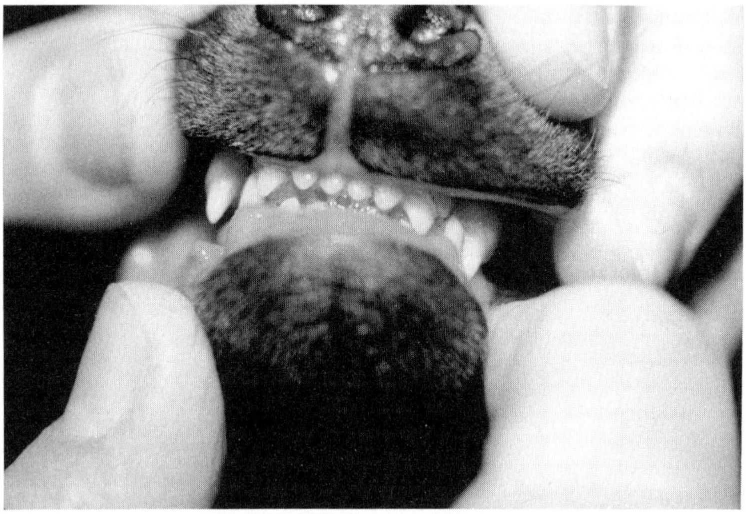

Abb. 15-9: **Siblizid bei Hyänen.** Sehr junge Tiere besitzen bereits scharfe Eckzähne, die sie unter bestimmten Bedingungen einsetzen, um ihre Geschwister zu verwunden. Foto von Laurence Frank.

von 1,5 Tagen geschlüpft waren) und übermäßig asynchrone Bruten (mit Küken, die im Abstand von 3 Tagen geschlüpft waren).

Wenn das normale Intervall eine effektive Reduktion der Brut optimal begünstigt, dann sollte die Zahl flügger Jungtiere pro Einheit elterlicher Leistungen bei den normal asynchronen Bruten am höchsten sein. Diese Voraussage konnte bestätigt werden. Individuen aus synchronen Bruten kämpften mehr und überlebten schlechter, sie benötigten auch mehr Nahrung pro Tag als normale Bruten, weshalb die elterliche Effizienz als gering bewertet wurde (Tab. 15-3). Übermäßig asynchrone Bruten wiesen die gleiche Mortalitätsrate wie normale Bruten auf, sie erforderten aber auch eine höhere, tägliche Fütterungsrate, was die Effizienz der Eltern im Vergleich zu denen mit typischen, asynchronen Bruten verminderte.

Kuhreiher-Eltern wissen demnach (unbewußt), was sie tun, wenn sie beim Eierlegen und Brüten nach einem Plan verfahren, der zu geringfügigen Unterschieden in der Größe und in der Kampffähigkeit zwischen den Küken in ihrem Nest führt. Rivalität zwischen Geschwistern und Siblizid ermöglichen den Eltern, ihre Fütterungskosten auf einem Minimum zu halten und gleichzeitig ihre Fürsorge nur den Nachkommen angedeihen lassen, welche gute Chancen haben, bis zum reproduktionsfähigen Alter zu überleben.

Tab. 15-3: Der Einfluß einer asynchron schlüpfenden Brut auf die **elterliche Effizienz bei Kuhreihern**. Quelle: Mock und Ploger (655).

	Mittlere Anzahl überlebender Küken pro Nest	Tägliche Menge der zum Nest gebrachten Nahrung (ml)	Elterliche Effizienz[a]
Experimentell synchronisiert	1,90	68,3	2,78
Kontrollgruppe	2,33	53,1	4,39
Experimentell asynchronisiert	2,29	65,1	3,52

[a]Überlebende Junge/pro Tag zum Nest gebrachtes Futtervolumen in ml x 100.

Zusammenfassung

1. Brutpflege, eine wesentliche Form des Elterninvestments, beinhaltet eine Auszahlungsbilanz, bei der eine größere Überlebensrate unter den existierenden Nachkommen gegen verschiedene Kosten der elterlichen Fürsorge, wie eine verminderte Fruchtbarkeit und weniger Paarungsgelegenheiten, abgewogen wird. Weibchen übernehmen mit größerer Wahrscheinlichkeit als Männchen die elterliche Fürsorge, wenn bei entsprechenden ökologischen Bedingungen die Vorteile einer größeren Zahl überlebender Nachkommen die Nachteile elterlicher Fürsorge überwiegen. Der Grund dafür könnte sein, daß Mütter öfter in der Lage sind, ihren Nachwuchs zu identifizieren und ihm wertvolle Fürsorge entgegenzubringen als Väter.
2. Fische sind insofern eine große Ausnahme von dieser Regel, als Männchen oft allein Brutpflege betreiben. Allerdings entsteht Fischmännchen nur ein geringer Nachteil, wenn sie die Sorge für die Eier, welche in ihrem Territorium abgelaicht werden, übernehmen. Bei den Weibchen dagegen können die Kosten der Brutpflege – Einbußen im Körperwachstum – extreme Ausmaße annehmen, unter der Voraussetzung, daß es eine exponentielle Beziehung zwischen der Körpergröße und der Fruchtbarkeit von Weibchen gibt.
3. Eine evolutionäre Analyse des Brutpflegeverhaltens führt zu der Optimalitätshypothese, daß Individuen ihr Elterninvestment in einer Form erbringen, die dessen Nutzen-Kosten-Verhältnis maximiert. Aus dieser Hypothese folgt die Voraussage, daß Eltern bezüglich ihres Fürsorgeverhaltens gegenüber Jungtieren nur dann Unterschiede machen, wenn ein beträchtliches Risiko besteht, Brutpflegeleistungen fehlzuleiten. Diese Voraussage wird durch Vergleiche zwischen eng verwandten solitären und kolonienbildenden Arten gestützt.
4. Obwohl es den Anschein hat, als wäre die Adoption genetisch fremder Jungtiere sowie die elterliche Gleichgültigkeit gegenüber tödlichen Interaktionen zwischen ihren Jungen maladaptiv, kann ein derartiges Verhalten tatsächlich unter bestimmten Umständen die Fitness von Eltern erhöhen.

Empfohlene Literatur

„The Evolution of Parental Care" von Timothy Clutton-Brock behandelt alle Aspekte elterlichen Verhaltens aus ultimater Perspektive [169]. Michael Beecher diskutiert, warum die individuelle Erkennung zwischen Eltern und ihrem Nachwuchs kein universales Merkmal ist [56]. Auf ähnliche Art veranschaulichen Robert Montgomerie und Patrick Weatherhead die Anwendung von Kosten-Nutzen-Analysen auf die Untersuchung der elterlichen Brutpflege [667]. Eine Zusammenfassung der Hypothesen zum Siblizid geben Doug Mock und seine Mitarbeiter [656].

Diskussionsfragen

1. Gary McCracken fand heraus, daß weibliche Guanaco-Fledermäuse zwar normalerweise ihre eigenen Jungen füttern, aber auch einige „Fehler" machen, die vermeidbar wären, wenn sie ihre eigenen Jungen allein in einer Nische unterbrächten statt dicht gedrängt mit anderen zusammen [625]. Bedeutet dies, daß das elterliche Fürsorgeverhalten dieser Art nicht optimal ist (siehe Kap. 8)? Machen Sie Kosten-Nutzen-Analysen, um alternative Hypothesen zur Erklärung der „Fehler" zu entwickeln.
2. Wann sollten Zeit, Energie und Risiken der Revierverteidigung, die ein territorialer Vogel auf sich nimmt, als „Elterninvestment" aufgefaßt werden [108]?
3. Welche Faktoren könnten ein unterschiedliches Elterninvestment bei der Versorgung männlicher und weiblicher Nachkommen mit Futter begünstigen? Welche Form eines Fortpflanzungssystems sollte Eltern belohnen, die ihre Söhne mehr füttern als ihre Töchter? Welche Art der Beziehung zwischen Körpergröße und Fruchtbarkeit sollte Eltern belohnen, die ihre Töchter mit zusätzlichen Rationen an Nahrung versorgen?
4. Sie beobachten eine Vogelart, bei der die Weibchen im typischen Fall stärker als die männlichen Partner ihre Eier und Nestjungen verteidigen. Wenden Sie einen Optimalitätsansatz an, um überprüfbare Hypothesen zu der Frage zu entwickeln, warum Weibchen bei dieser Art mehr in die Verteidigung investieren als Männchen. Erwägen Sie die Kosten oder Vorteile der elterlichen Verteidigung für Vertreter beider Geschlechter, wobei Sie bedenken sollten, daß sich die Geschlechter in der Größe, der Färbung, der Gewißheit, daß der Nachwuchs tatsächlich ihr Nachwuchs ist, usw., unterscheiden können [667].

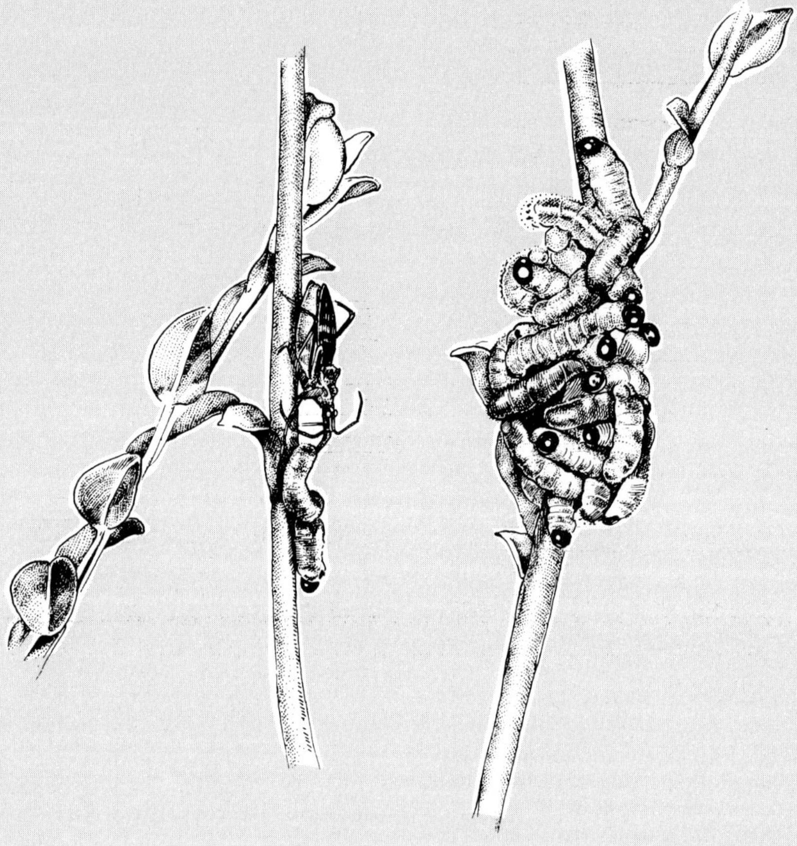

Die Wechselbeziehungen zwischen Eltern und ihrem Nachwuchs (Kap. 15) sind nur ein Teil der zahlreichen Formen des Sozialverhaltens, die man hinsichtlich ihrer Vor- und Nachteile für die Fitness untersuchen kann. In diesem Kapitel werden wir über familiäre Bindungen hinausgehen, um andere Formen sozialer Wechselbeziehungen und ihre Auswirkungen auf Individuen zu betrachten. Arten, die Elternfürsorge betreiben, sind nicht zwangsläufig Arten ohne evoluiertes Brutpflegeverhalten überlegen, und genauso trifft es zu, daß Arten mit einem hochentwickelten Sozialverhalten keineswegs „besser angepaßt" sind als andere, deren Angehörige weitgehend solitär leben. Keine einzelne Verhaltensstrategie ist die beste für alle ökologischen Gegebenheiten. Leider glauben viele Leute, daß die äußerst komplexen Sozietäten einiger Vertebraten, insbesondere unsere eigenen, die Krönung der Evolution darstellen. Um diesem falschen Eindruck von der Überlegenheit komplexen Sozialverhaltens gegenüber „primitiven" Formen des Soziallebens oder solitärem Verhalten entgegenzuwirken, beginnt Kapitel 16 mit einer Erörterung sowohl der Kosten als auch der Vorteile des Soziallebens. Eine verhaltensökologische Kosten-Nutzen-Analyse legt den Schluß nahe, daß unter den meisten Bedingungen die Evolution einer solitären Lebensweise als die adaptivere Existenzform begünstigt ist. Nachdem dies deutlich gemacht worden ist, werden wir eines der fesselndsten Probleme aus dem Bereich des Sozialverhaltens untersuchen, nämlich die Evolution von Altruismus oder von Hilfeleistungen durch Selbstaufopferung. Altruismus kann viele Formen annehmen; dazu gehören auch solche, die einen vollständigen Verzicht auf die eigene Fortpflanzung beinhalten. Biologen haben geistreiche Hypothesen zur Erklärung der Evolution von Altruismus aufgestellt; dieses Kapitel befaßt sich mit den verschiedenen Ansätzen und zeigt, daß es mehr als nur einen Weg gibt, auf dem eine intensive Kooperation zwischen sozialen Lebewesen entstehen kann.

16 Die Ökologie des Sozialverhaltens

16.1 Kosten und Nutzen des Soziallebens

Eine ökonomische Analyse tierlichen Verhaltens hat sich als bemerkenswert nützlich erwiesen, wie wir bereits im Zusammenhang mit Kommunikation, Territorialität, Fortpflanzungstaktiken und vielen weiteren Themen gesehen haben. Wir werden nun den Kosten-Nutzen-Ansatz auf das Zusammenleben in Gruppen anwenden (Tab. 16-1) [9]. Da der Mensch eine soziale Art ist, wiegen wir uns gerne in dem Glauben, daß das Sozialleben die „fortschrittlichste" Form des Lebens ist. Es trifft zu, daß das Zusammenleben und Kooperieren mit Anderen unter bestimmten Umständen eine Reihe von Vorteilen bietet. Lachmöwen (*Larus ridibundus*) fangen ihre Nahrung leichter, wenn sie in Schwärmen jagen, als wenn sie sich allein auf die Suche machen [359]. Ein Löwenrudel (*Panthera leo*) kann ein Jagdgebiet besser verteidigen als ein einzelner Löwe [720]. Ein Vogelpaar kann manchmal für seine Brut besser sorgen als ein Elternteil allein [595]. Und sozial lebende Beutetiere können oftmals eine Gefahr schneller erkennen oder einen Raubfeind gemeinsam wirksamer vertreiben als ein einzelnes Tier (Abb. 16-1; siehe auch Kap. 12).

Aber wenn Sozialleben so vorteilhaft ist, warum treten dann soziale Arten in den meisten Tiergruppen nur vereinzelt auf? Vielleicht, weil es viele ökologische Bedingungen gibt, unter denen die Fitnesskosten des Zusammenlebens höher sind als der daraus gezogene Nutzen. Zweifellos kann soziales Leben einen zusätzlichen Wettbewerb um Nahrung hervorrufen [6], wie es auch der Fall sein kann, daß nahrungssuchende Tiere von anderen Mitgliedern ihrer Gruppe ausgenutzt werden, was bei Löwen vorkommt [834]. Ebenso werden sozial lebende Tiere oft bei der Fortpflanzung durch Konkurrenten gestört, welche außerhalb der Paarbindung kopulieren oder Infantizid betreiben [285, 470]. Zum Beispiel ist Ovizid eine normale Erscheinung innerhalb von Sozialgemeinschaften des Eichelspechtes (*Melanerpes formicivorus*); dieser Vogel bildet Gruppen aus bis zu drei brütenden Weibchen und vier brütenden Männchen (Farbtafel 20). Die Weibchen legen ihre Eier alle in dasselbe Nest – aus diesem Nest wiederum entfernen und zerstören manche Individuen die Eier ihrer „kooperativ brütenden" Gefährtinnen, da die Weibchen versuchen, ihre eigene Fitness in dem gegebenen sozialen Umfeld zu maximieren (Abb. 16-2) [679]!

Ein weiterer Kostenfaktor des Soziallebens ist die erhöhte Anfälligkeit gegenüber Brutparasitismus, wie das Beispiel der Fahlstirnschwalben (*Petrochelidon pyrrhonota*) zeigt. Diese Art nistet in Gruppen, deren Größe von einigen Paaren bis zu mehr als 3000 Individuen betragen kann. Die Lehmnester werden unmittelbar nebeneinander unter überhängende Klippen, Brücken und Abzugskanälen gebaut. Charles und Mary Brown fanden heraus, daß Weibchen manchmal in benachbarte Nester schlüpfen, um dort ihre Eier zu legen. Die parasitierte Schwalbe bebrütet gewöhnlich das zusätzliche Ei; dessen Anwesenheit führt jedoch offenbar dazu, daß sie selbst weniger Eier legt. Die Wahrscheinlichkeit des Auftretens dieser Art von Brutparasitismus ist in großen Kolonien bedeutend höher als in Gruppen mit weniger als zehn nistenden Weibchen [125].

Fahlstirnschwalben müssen zudem noch mit einer anderen Form des Parasitismus zurechtkommen, nämlich mit der Schwalbenwanze (*Oeciacus hirundinis*), einem blutsaugenden Verwandten der bekannten Bettwanze (*Cimex lectularius*). Auch in diesem Fall besteht eine positive Korrelation zwischen der Gefahr eines Parasitenbefalls und der Größe der Schwalbenkolonie [124]. In großen Nistkolonien ist die Chance größer, daß ein befallenes Adulttier vorhanden ist, das die Kolonie mit den sich rasch fortpflanzenden Plagegeistern infiziert. Schwalbenwanzen beeinträchtigen den Fortpflanzungserfolg der Fahlstirnschwalben hauptsächlich dadurch, daß sie das Blut der Nestlinge saugen. Als die Browns das Gewicht von Nestlingen bestimmten und die an ihnen

Tab. 16-1: Einige der wesentlichsten **Fitnessvorteile und -nachteile des Soziallebens**. Quelle: Alexander (9).

Vorteile

Verringerung des Prädationsdruckes durch eine verbesserte Entdeckung oder Vertreibung von Feinden.
Verbesserte Effizienz bei der Nahrungssuche, da größere Beutetiere erlegt oder kurzfristig verfügbare, konzentrierte Futterquellen ausgebeutet werden können.
Verbesserte Verteidigung von begrenzten Ressourcen (Raum, Nahrung) gegen andere Gruppen der eigenen Art.
Verbesserte Aufzucht des Nachwuchses durch gemeinsames Füttern und Verteidigen.

Nachteile

Größerer Konkurrenzkampf innerhalb der Gruppe um Nahrung, Paarungspartner, Brutplätze, Nistmaterial oder andere begrenzte Ressourcen.
Größeres Infektionsrisiko durch ansteckende Krankheiten und Parasiten.
Größeres Risiko der Ausbeutung elterlicher Brutpflege durch Artgenossen.
Größeres Risiko, daß eigener Nachwuchs durch Artgenossen getötet wird.

saugenden Wanzen zählten, fanden sie, daß 10 Tage alte Nestlinge umso weniger wogen, je mehr Wanzen sie hatten (Abb. 16-3). In Kolonien mit extrem starkem Parasitenbefall ist die Überlebensrate der Jungtiere um bis zu 50 % reduziert.

Wenn die Wanzen tatsächlich für diese Schädigungen verantwortlich sind, dann sollte ihre Entfernung vorteilhaft für die Schwalbenjungen sein. Die Browns prüften diese Voraussage, indem sie eine Stichprobe von Nestern in einer befallenen Kolonie mit einem Insektizid desinfizierten, während sie andere Nester als Kontrolle unbehandelt ließen. Das Gewicht der 10 Tage alten Nestlinge aus den desinfizierten Nestern war deutlich höher als das gleichaltriger Jungtiere aus benachbarten, unbehandelten Nestern (Abb. 16-4).

Das Beispiel der Fahlstirnschwalben veranschaulicht, daß ein soziales Zusammenleben nicht unbedingt ein reiner Segen ist. Damit Sozialleben evoluieren kann, sind spezielle ökologische Bedingungen erforderlich, so daß die vielen Nachteile des Zusammenschließens mit anderen durch bestimmte Vorteile für das einzelne Tier aufgewogen werden. Der vorrangige Fitnessnutzen des Soziallebens dürfte wohl in einem größeren Erfolg im Umgang mit Beutegreifern bestehen [9] (siehe Kap. 12).

Betrachten wir den sozial lebenden Blaukiemensonnenbarsch (*Lepomis macrochirus*) und seinen nahen Verwandten, den solitär lebenden Gemeinen Sonnenbarsch (*Lepomis gibbosus*) [385]. Blaukiemensonnenbarsche werden während der Brutsaison sozial, wenn sie in Gruppen aus 50 bis 100 Männchen ihre Nester (Mulden im sandigen Seeboden) Seite an Seite bauen (Abb. 16-5). Obwohl die Möglichkeit besteht, daß diese Art zum Teil deshalb zusammen nistet, weil manche Stellen für den Nestbau besser geeignet sind als andere, ist es doch ziemlich sicher, daß die kolonialen Männchen einen Vorteil in Form eines verringerten Prädationsdruckes auf die Eier haben, welche von den Weibchen in ihre Nester gelegt werden (Kap. 12). Zum Beispiel „kooperieren" soziale Männchen bei der Vertreibung von eierfressenden Welsen, indem sie Territorien verteidigen, die sich mit anderen überlappen.

Allerdings erhalten Blaukiemensonnenbarsche diesen verbesserten Schutz vor Prädatoren nicht umsonst. Ein Individuum, das in einer Gruppe ein Nest baut, muß sich damit abfinden, daß seine Nachbarn (und andere, nicht nistende Artgenossen, die von der Gruppe angezogen werden) dazu neigen, die von ihm befruchteten Eier aus seinem Nest zu fressen. Störungen bei der Partnerwerbung und beim Ablaichen sind weitere Probleme, die durch Satelliten-Männchen (Kap. 13) hervorgerufen werden, welche sich um große Kolonien herum ansammeln. Zudem können sich Pilze, die Eier zerstören, in einer

Abb. 16-1: **Zu den Vorteilen des Soziallebens** gehört eine gemeinsame Verteidigung gegen Raubfeinde, wie es diese Moschusochsen (*Ovibos moschatus*) mit ihrer Kreisformation zeigen. Foto von Ted Grant/Information Canada Photothèque.

Abb. 16-2: **Zu den Nachteilen des Soziallebens zählen Behinderungen bei der Fortpflanzung.** Hier entfernt ein Mitglied einer Brutgruppe des Eichelspechtes das Ei eines anderen Weibchens aus dem gemeinsamen Nest. Nach einem Foto von Ron Mumme, mit freundlicher Genehmigung von Walter Koenig.

dicht gedrängten Kolonie leicht von Nest zu Nest ausbreiten. Diese Kosten verringern den Nettovorteil für die sozialen Blaukiemensonnenbarsche.

Im Gegensatz zu ihren Verwandten nisten Gemeine Sonnenbarsche nicht in Kolonien. Blaukiemensonnenbarsche haben eine zierliche Mundöffnung, mit der sie ihre Nahrung aus kleinen, weichen Insektenlarven „einsaugen", Gemeine Sonnenbarsche hingegen besitzen kräftige Kiefer, mit denen sie hartschalige Mollusken aufnehmen, aufbrechen und fressen. Daher ist es einem Blaukiemensonnenbarsch nicht möglich, eine Schnecke hochzuheben und vom Nest wegzutragen, während dies für den Gemeinen Sonnenbarsch kein Problem darstellt (er würde den eierliebenden Räuber wohl einfach auffressen). Zudem ist der Biß eines Blaukiemensonnenbarsches für einen Katzenwels (*Ictalurus*) wenig gefährlich; ein Gemeiner Sonnenbarsch schnappt um einiges kräftiger zu. Die Tatsache, daß Gemeine Sonnenbarsche relativ unbehelligt von Nesträubern sind und solitär leben, wohingegen Blaukiemensonnenbarsche anfälliger gegenüber Nesträubern sind und sozial leben, stützt die Hypothese, daß sich Sozialgemeinschaften nur unter bestimmten Bedingungen entwickeln. Diese Bedingungen müssen es ermöglichen, daß gewisse Vorteile die kla-

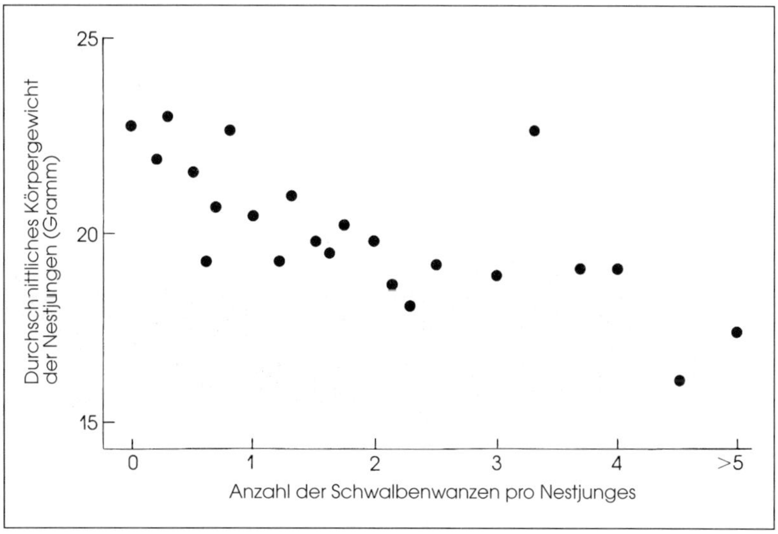

Abb. 16-3: **Ein Kostenfaktor des Soziallebens.** In großen Kolonien der Fahlstirnschwalbe treten mehr Schwalbenwanzen pro Nestling auf. Je mehr Parasiten ein Nestjunges hat, umso geringer ist sein Gewicht. Jeder Punkt repräsentiert das Durchschnittsgewicht für eine Stichprobe von Nestjungen. Aus Brown und Brown (124).

Abb. 16-4: **Die Auswirkung von Parasiten auf Nestjunge der Fahlstirnschwalbe.** Das große Jungtier rechts stammt aus einem mit Insektiziden behandelten Nest; das in seiner Entwicklung zurückgebliebene Junge links stammt aus einem von Parasiten befallenen Nest. Aus Brown und Brown (124).

ren Nachteile von Sozialität aufwiegen können [385]. Gemeine Sonnenbarsche sind in keiner Weise besser oder schlechter angepaßt als Blaukiemensonnenbarsche, weil sie solitär sind; sie müssen sich lediglich mit anderen ökologischen Bedingungen auseinandersetzen, unter denen das Nisten in Kolonien eine verringerte individuelle Fitness zur Folge hätte.

16.2 Die Evolution des Helfens

Die relativ wenigen Wirbeltierarten, die sozial leben, scheinen sich oft gegenseitig zu helfen, z. B., wenn zwei oder drei Blaukiemensonnenbarsche gemeinsam einen Katzenwels attackieren, oder wenn ein Präriehund (*Cynomys*) einen Alarmruf ausstößt, nachdem er einen Silberdachs (*Taxidea taxus*) entdeckt hat [462], oder wenn ein Gruppe von Löwinnen einen gefährlichen Kaffernbüffel (*Synceros caffer*) überwältigt [833]. Bis Mitte der 60er Jahre waren die Biologen von dieser Art Verhalten nicht sonderlich überrascht, weil sie der Meinung waren,

Abb. 16-5: **Eine Fischsozietät.** Der kolonial lebende Blaukiemensonnenbarsch baut seine Nester in Gruppen, in denen jedes Männchen sein Territorium, das von den Territorien anderer Männchen umschlossen ist, verteidigt und sein Nest gegen Forellenbarsche (oben), Katzenwelse (links), Schnecken und Gemeine Sonnenbarsche (im Vordergrund rechts) zu schützen versucht. Mit freundlicher Genehmigung von Mart Gross.

Tab. 16-2: **Die Auswirkungen von Wechselbeziehungen zwischen einem Helfer und einem Hilfeempfänger auf den Fortpflanzungserfolg**.

Interaktion	Auswirkungen auf den individuellen Fortpflanzungserfolg	
	Geber	Empfänger
Mutualismus (Kooperation)	+	+
Reziprozität	+ (verzögert)	+
Altruismus	-	+
Eigennütziges Verhalten	+	-
Boshaftes Verhalten	-	-

daß die Mitglieder einer Gruppe einander zum Wohl der Art als Ganzes helfen. Als man jedoch erkannte, daß die Gruppenselektion weniger wirksam ist als die Individualselektion (Kap. 1), wurden Hilfeleistungen wieder beträchtlich interessanter [1001]. In diesem Zusammenhang kommt es – ähnlich wie bei den Untersuchungen zur Kommunikation (Kap. 9) – darauf an, festzustellen, wer von der geleisteten Hilfe profitiert (Tab. 16-2).

Eine Antwort ist, daß beide, sowohl Helfer wie auch Hilfeempfänger, einen unmittelbaren Nutzen haben, wie z. B., wenn eine Löwin ihren Rudelmitgliedern ein Gnu zutreibt [891]. Falls die Antilope von den im Hinterhalt liegenden Löwen getötet wird, erhält die Treiberin ebenfalls einen Anteil an der Beute. Ähnlich verhält es sich bei den Blaukiemensonnenbarschen; wenn es mehreren Männchen gelingt, einen Katzenwels abzuwehren, der in den gemeinsam beanspruchten und verteidigten Bereich eingedrungen ist, resultiert daraus, daß alle von diesen Männchen bewachten Eier viel sicherer sind. Wenn man nachweisen kann, daß Helfer und Hilfeempfänger gleichermaßen durch ihre Interaktion Fortpflanzungsvorteile erzielen, dann stellt die Evolution dieser Neigungen zur Hilfeleistung, die als **Mutualismus** oder **Kooperation** bezeichnet werden, kein besonderes Rätsel dar.

Es besteht zusätzlich die Möglichkeit, daß Helfer ihren Fortpflanzungserfolg verbessern können, indem sie ein auf Gegenseitigkeit beruhendes Arrangement eingehen und einander abwechselnd unterstützen. Robert Trivers führte die Bezeichnung **„reziproker Altruismus"** (ebenso bekannt als **„Reziprozität"**) für Hilfeleistungen ein, aus denen erst zu einem späteren Zeitpunkt ein reproduktiver Vorteil für den Helfer entsteht [937]. Er wies darauf hin, daß ein Individuum, wenn es einem anderen unter relativ geringen Kosten helfen kann und später vom Hilfeempfänger eine wertvolle „Rückzahlung" erhält, netto einen Fortpflanzungsvorteil aus seiner anfänglich geleisteten Hilfe zieht.

Aus der Spieltheorie folgt jedoch, daß eine Population, die sich aus reziproken Altruisten zusammensetzt, gegen das Eindringen von Individuen anfällig wäre, die Hilfe annehmen, ohne dafür später eine Gegenleistung zu erbringen. „Betrüger" reduzieren in einem solchen System die Fitness von „Nichtbetrügern" und machen daher die evolutive Entwicklung eines reziproken Altruismus unwahrscheinlich.

Robert Axelrod und W. D. Hamilton haben jedoch gezeigt, daß Reziprozität unter gewissen Voraussetzungen in der Tat eine evolutionsstabile Strategie sein kann. Setzt man einen bestimmten Anteil an reziprok agierenden Individuen in einer Population voraus, wobei die gleichen Individuen wiederholt miteinander agieren, dann können die Tiere, welche die einfache Verhaltensregel „Verhalte dich gegenüber Tier X so, wie es sich dir gegenüber beim letzten Zusammentreffen verhalten hat" anwenden, einen größeren Fitnessgewinn erzielen als Betrüger, die Unterstützung annehmen, ohne sie später durch eigene Hilfeleistungen wieder zurückzuzahlen [32].

16.2.1 Altruismus und indirekte Selektion

Reziproker Altruismus ist eine besondere Form von Mutualismus, bei dem Helfer kurzzeitig einen Nachteil in Kauf nehmen, im Endeffekt jedoch einen Nettozuwachs ihres Fortpflanzungserfolgs erzielen. In der Evolutionsbiologie ist reiner **Altruismus** ein Begriff, der nur auf Fälle angewandt wird, bei denen der Geber durch seine

Tab. 16-3: Verschiedene **Verwandtschaftskoeffizienten** (r).

Verwandtschaftsverhältnis	r[a]	Verwandtschaftsverhältnis	r[a]
Vollgeschwister	0,5	Elter-Kind	0,5
Halbgeschwister	0,25	Onkel/Tante-Nichte/Neffe	0,25
Cousin-Cousin	0,125	Großelter-Enkel	0,25

[a] Die Wahrscheinlichkeit, daß ein zufällig gewähltes Gen aus dem Erbgut eines Individuums bei seinem Verwandten ebenfalls vorhanden ist, weil sie einen gemeinsamen Vorfahren haben, oder der zu erwartende Anteil am gesamten Genom eines Tieres, den es mit seinem Verwandten aufgrund gemeinsamer Abstimmung teilt.

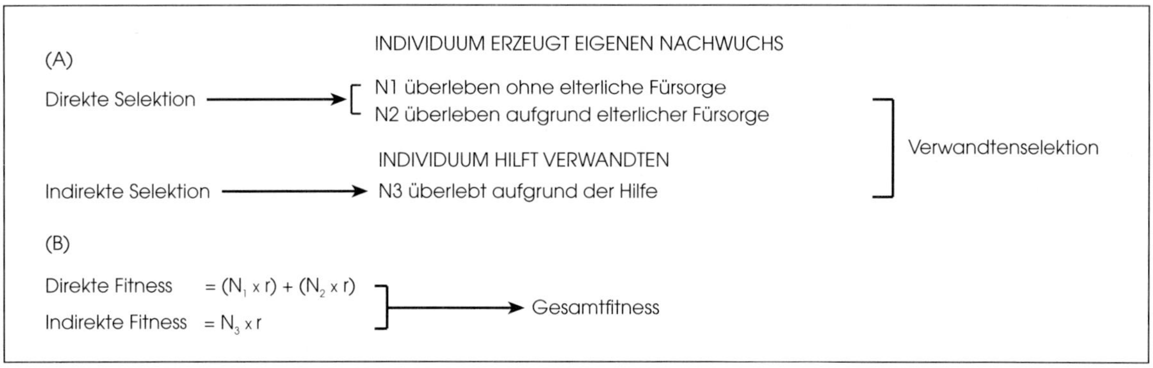

Abb. 16-6: **Die Komponenten von Selektion und Fitness.** (A) Direkte Selektion wirkt auf Variationen im individuellen Fortpflanzungserfolg. Indirekte Selektion wirkt auf Variationen im Einfluß, den Individuen auf den Fortpflanzungserfolg von Verwandten haben, die nicht ihre eigenen Nachkommen sind. (B) Das Maß für direkte Fitness ist die eigene Reproduktionsleistung; indirekte Fitness wird in Form genetischer Gewinne durch Unterstützung von Verwandten, die nicht eigene Nachkommen sind, gemessen. Die Gesamtfitness ist die Summe aus direkter und indirekter Fitness und repräsentiert den gesamten genetischen Beitrag eines Individuums zur Folgegeneration. Nach Brown (129).

Hilfeleistung langfristig gesehen tatsächlich einen Fortpflanzungsnachteil erfährt, während der Empfänger die Zahl seiner überlebenden Nachkommen erhöht. Altruistisches Verhalten, wenn es so etwas überhaupt gibt, ist ein aufregendes Rätsel für einen Adaptionisten, weil es nicht durch natürliche Selektion auf einen erhöhten Fortpflanzungserfolg evoluiert sein kann.

Altruismus existiert wirklich. Mittlerweile kennen wir eine beträchtliche Anzahl von Beispielen, bei denen ein Helfer offensichtlich keine „Rückzahlung" in Form einer späteren Unterstützung von dem Tier bekommt, dem er geholfen hat; ebenso trifft es nicht zu, daß der Helfer den Hilfeempfänger durch sein Verhalten „eigennützig" manipuliert, um so seinen eigenen Fortpflanzungserfolg zu verbessern. Eine ausgezeichnete Erklärung für Altruismus stammt von W. D. Hamilton aus dem Jahre 1964, worin er aufzeigt, wie ein mutiertes Gen, das seinen Träger zu altruistischem Verhalten veranlaßt, sich über einen anderen evolutiven Mechanismus als den der Gruppenselektion in einer Population ausbreiten kann [400]. Darüber hinaus benutzte er diese Erklärung als Grundlage für eine Methode zur Überprüfung, ob die Kosten altruistischen Verhaltens von Tieren durch daraus entstehende Vorteile ausgeglichen werden können.

Hamiltons Erklärung für die Ausbreitung eines mit Altruismus assoziierten Allels beginnt mit der Aussage, daß der Sinn der Fortpflanzung (aus evolutionärer Perspektive) in der Weitergabe der eigenen Allele besteht. Die eigene Fortpflanzung ist eine bewundernswert direkte Lösung, um dieses ultimate Ziel zu erreichen. Aber die Unterstützung von genetisch ähnlichen Individuen (Verwandte), damit diese überleben und sich fortpflanzen können, ist ein indirekter Weg mit demselben Endergebnis.

Zum besseren Verständnis dieses Sachverhalts müssen wir den Begriff des Verwandtschaftsgrades erörtern. Es gibt Möglichkeiten zur Bestimmung der Wahrscheinlichkeit, mit der zwei beliebige diploide Individuen ein bestimmtes Allel gemeinsam aufweisen, weil sie es von einem gemeinsamen Vorfahren geerbt haben (Kap. 3). Für einen Elternteil mit dem Genotyp amy^1/amy^2 beträgt die Wahrscheinlichkeit 1:2 (0,5), daß das Ei oder Spermium, welches sie oder er zur Erzeugung eines Nachkommen beisteuert, das amy^1 (oder amy^2) Allel enthält. Die Wahrscheinlichkeit, daß zwei Individuen dasselbe Allel aufweisen, weil sie es von einem gemeinsamen Vorfahren geerbt haben, wird als **Verwandschaftskoeffizient** oder **r** bezeichnet. Zwischen Nichtverwandten beträgt r also 0, zwischen Eltern und ihrem Nachwuchs 0,5.

In Tabelle 16-3 sind die Verwandtschaftskoeffizienten einiger geläufiger Verwandtschaftsverhältnisse aufgeführt. Der Wert von r spiegelt die Anzahl meiotischer (gametenbildender) Ereignisse wider, die zwei Individuen voneinander trennen. Wenn wir den r-Wert kennen, können wir das Schicksal eines „altruistischen" Allels in Konkurrenz zu einem „egoistischen" Allel bestimmen. Die entscheidende Frage ist, ob Individuen mehr Kopien eines den Altruismus fördernden Allels weitergeben können, wenn sie Verwandten bei deren Fortpflanzung unterstützen, als durch eigene Vermehrung.

Stellen wir uns vor, daß ein Tier potentiell zwei Nachkommen haben kann oder aber die Möglichkeit hat, die eigene Fortpflanzung ganz aufzugeben und sich statt dessen an der Aufzucht dreier verwandter Geschwister zu beteiligen, die ansonsten nicht überlebt hätten. Der Nachwuchs hat die Hälfte seiner Gene mit einem Elternteil gemeinsam; Geschwister teilen ebenso die Hälfte ihrer Gene miteinander. Daher würde für dieses Beispiel die eigene Fortpflanzung $r \times 2 = 0{,}5 \times 2 = 1$ genetische Einheit ergeben, die direkt an die nächste Generation weitergegeben wird, wohingegen Altruismus $r \times 3 = 0{,}5 \times 3 = 1{,}5$ genetische Einheiten ergeben würde, die indirekt über die Verwandten als Träger weitergegeben werden. In diesem Fall wird über den altruistischen Weg eine größere Anzahl der Allele des Altruisten an die nächste Generation weitergegeben als durch eigene Fortpflanzung.

Wenn man in solchen Begriffen denkt, wird sehr schnell klar, daß es eine Form der Selektion gibt, die dann eintritt, wenn sich genetisch verschiedene Individuen bezüglich ihres Einflusses auf den Fortpflanzungserfolg ihrer Verwandten unterscheiden. Jerram Brown nennt diese Form der Selektion **indirekte Selektion** und stellt sie der **direkten Selektion** von Merkmalen, die den individuellen Fortpflanzungserfolg erhöhen, gegenüber (Abb. 16-6A) [129].

An diesem Punkt wollen wir einen kurzen Einschub machen, um einen weiteren Begriff zu behandeln, den der **Verwandtenselektion**. Obwohl viele Leute diesen Ausdruck als ein Synonym für indirekte Selektion verwenden, weist Brown darauf hin, daß sich Verwandtenselektion, nach der ursprünglichen Definition von John Maynard Smith, auf die evolutiven Auswirkungen von Hilfeleistungen bezieht, die sowohl eigenen Nachkommen, als auch Verwandten, die nicht eigene Nachkommen sind, gewährt werden. Brown glaubt, es sei nützlich, zwischen Hilfeleistungen für eigene Kinder (Elternfürsorge) und solchen für andere Verwandte (Altruismus) zu unterscheiden.

Biologen haben schon seit langem erkannt, daß Eltern den Evolutionsverlauf beeinflussen können, indem sie überlebende Nachkommen haben, und dies hat es leicht gemacht, zu verstehen, warum Brutpflege adaptiv sein könnte. Wie bereits in Kapitel 15 ausgeführt, kann sich elterliches Fürsorgeverhalten dann entwickeln, wenn die damit erzielte Steigerung in der Überlebensrate der unterstützten Jungen die entgangenen Möglichkeiten, in diesem Zeitraum zusätzlichen Nachwuchs zu erzeugen, mehr als wettmacht. Auf genetischer Ebene bedeutet dies, daß Eltern theoretisch über ihr Elterninvestment einen Vorteil erlangen können, weil Eltern, die sich geschlechtlich fortpflanzen, mit ihren Nachkommen 50 % ihrer Gene gemeinsam haben.

Nach dem gleichen Prinzip können Individuen die Weitergabe bestimmter eigener Gene potentiell fördern, indem sie Verwandten helfen, die nicht ihre Nachkommen sind. Altruismus kann durch die Komponente der Verwandtenselektion begünstigt werden, welche Brown als indirekte Selektion bezeichnet. Voraussetzung ist, daß der Gewinn an weitergegebenen Genen durch die Unterstützung von Verwandten den Verlust künftiger Gelegenheiten zur eigenen Fortpflanzung übertrifft. Der Gebrauch des Begriffs „indirekte Selektion" statt „Verwandtenselektion" verdeutlicht dabei die Unterscheidung zwischen elterlichen Leistungen für den eigenen Nachwuchs und der Unterstützung anderer Verwandter durch einen Helfer. Deshalb sollten wir diesen Begriff hier anwenden [129].

Da beide Formen des Fitnessgewinns, durch eigene Fortpflanzung (**direkte Fitness**) wie auch durch eine erhöhte Überlebensrate von Verwandten, die nicht direkte Nachkommen sind (**indirekte Fitness**), in identischen genetischen Einheiten ausgedrückt werden können, könnte man, wenn man wollte, die von einem Individuum insgesamt, auf direktem und indirektem Weg, weitergegebenen Gene aufaddieren. So erhielte man ein quantitatives Maß, das als **Gesamtfitness („inclusive fitness")** bezeichnet wird (Abb. 16-6B). Beachten Sie, daß es sich bei dem Konzept der Gesamtfitness nicht um ein populationsgenetisches Maß handelt, sondern um eine Eigenschaft von Einzeltieren. Wir quantifizieren die Gesamtfitness nicht, indem wir die genetische Repräsentation eines Individuums in seinem Nachwuchs und die seiner ganzen weiteren Verwandtschaft zusammenrechnen; wir addieren vielmehr nur seinen Beitrag zur Aus-

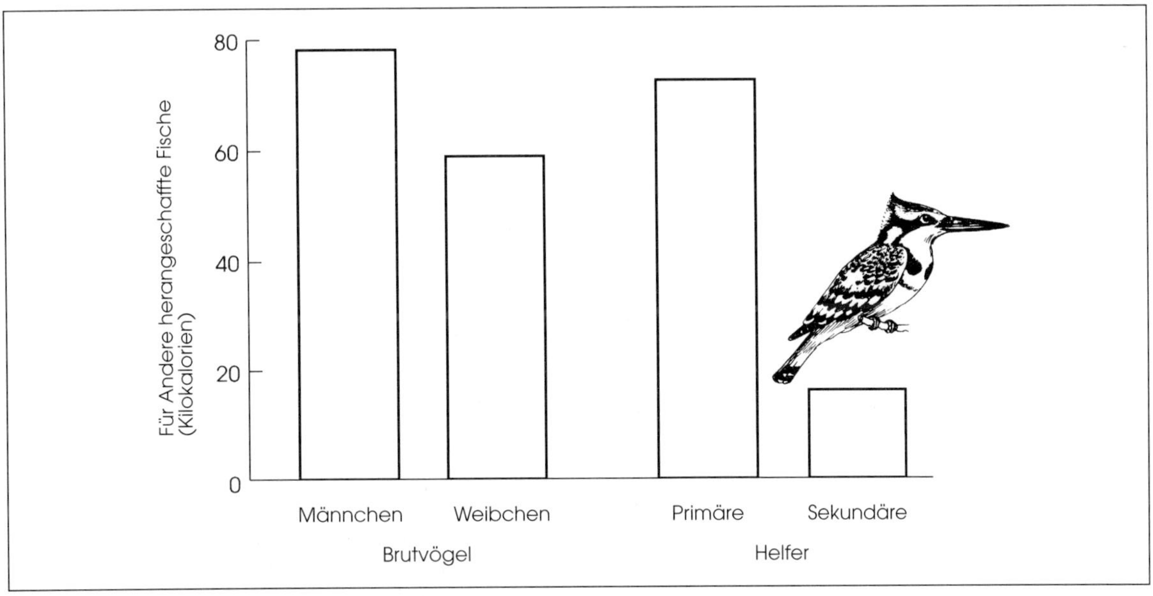

Abb. 16-7: **Altruismus und verwandtschaftliche Beziehungen bei Graufischern.** Primäre Helfer versorgen ihre Mutter und deren Nachwuchs mit mehr Kalorien pro Tag in Form von Fisch als sekundäre Helfer, die mit den von ihnen unterstützten Brutvögeln nicht verwandt sind. Quelle: Reyer (782).

Tab. 16-4: Berechnungen der **Gesamtfitness männlicher Graufischer** mit verschiedenen Verhaltensoptionen im ersten Jahr und anschließendem Brutversuch im zweiten Jahr. Quelle: Reyer (782).

	Erstes Jahr	Zweites Jahr	Gesamtfitness[a]
Option	j r f_1	n r w p f_2	$f_1 + f_2$
Primärer Helfer	1,8 x 0,32 = 0,58	2,5 x 0,50 x 0,54 x 0,60 = 0,41	0,99
Sekundärer Helfer	1,3 x 0,00 = 0	2,5 x 0,50 x 0,74 x 0,91 = 0,84	0,84
Aufschieber	0,0 x 0,00 = 0	2,5 x 0,50 x 0,70 x 0,33 = 0,29	0,20

Symbole: j = zusätzlich "produzierte" Jungtiere durch unterstützte Elterntiere; n = Nachwuchs brütender Vögel; r = Verwandtschaftskoeffizient zwischen dem Männchen und j oder n; f_1 = Fitness im ersten Jahr; f_2 = Fitness im zweiten Jahr; w = Überlebenswahrscheinlichkeit von Jahr 1 zu Jahr 2; p = Wahrscheinlichkeit, im zweiten Jahr eine Partnerin zu finden.
[a] Indirekte Fitnessgewinne, die sich aus einer erhöhten Überlebenswahrscheinlichkeit der Elterntiere ergeben, sind nicht mit eingeschlossen.

breitung von Genen (1) auf direktem Weg über die Körper überlebender Jungtiere, die ihre Existenz dem Verhalten ihrer Eltern verdanken und nicht den Bemühungen anderer, und (2) auf indirektem Weg über andere Verwandte, die ihre Existenz dem hilfreichen Verhalten des Altruisten verdanken.

16.2.2 Die Hamilton-Regel

Diese Überlegungen führen uns zur „Hamilton-Regel", die aus W. D. Hamiltons Beweisführung abgeleitet ist, daß sich Allele, die altruistisches Verhalten gegenüber Verwandten fördern, in Populationen ausbreiten können, ohne daß man zur Erklärung dieses Phänomens die Theorie der Gruppenselektion anführen müßte. Hamiltons Regel kann als typische Kosten-Nutzen-Argumentation aufgefaßt werden. Damit altruistisches Verhalten adaptiv ist (die Ausbreitung von Genen fördert), müssen die direkten Fitnesskosten (K) für den Altruisten geringer sein als der indirekte Fitnessvorteil (N), der gleich der Summe von Verwandten ist, die dank der Hilfe des Altruisten existieren, multipliziert mit dem Verwandtschaftskoeffizient (r) zwischen Altruist und Hilfeempfänger(n).

Wenn zum Beispiel die genetischen Kosten einer altruistischen Handlung im Verlust eines Kindes bestehen (K = 1 x r = 1 x 0,5 = 0,5 genetische Einheiten), aufgrund der altruistischen Handlung aber drei Neffen überleben, die ansonsten umgekommen wären (N = 3 x r = 3 x 0,25 = 0,75 genetische Einheiten), so entstünde dem Altruisten aus seinem Verhalten ein genetischer Nettogewinn. Folglich würde die Hilfeleistung bis zu einem gewissen Grad die Häufigkeit eines bestimmten Allels erhöhen, welches der Entwicklung der Fähigkeit zu einem derartigen Verhalten zugrunde liegt.

Ein konkretes Beispiel für die Nützlichkeit einer Anwendung der Hamilton-Regel findet sich in der Arbeit von Heinz-Ulrich Reyer über Graufischer (*Ceryle rudis*) [782]. Dieser attraktive afrikanische Eisvogel nistet in Kolonien und baut seine Niströhren in die Uferböschungen an großen Seen. Einige Männchen, die zu primären Helfern werden, brüten nicht in ihrem ersten Jahr als Adulttiere. Statt dessen helfen sie ihren Eltern, indem sie Futter für deren Junge (und für das brütende Weibchen) herbeischaffen und das Nest gegen räuberische Schlangen und Mangusten verteidigen. Manche Graufischermännchen können keine Partnerin finden, weil es in der Population mehr Männchen als Weibchen gibt; aus dieser Gruppe partnerloser Männchen stammen die primären Helfer. Da sich solche Männchen nicht selbst fortpflanzen können, stellt sich die entscheidende Frage, ob sie sich adaptiv verhalten, indem sie Hilfe leisten, ob sie also die Weitergabe ihrer Gene so effektiv wie möglich betreiben [130]. Männchen, die keine Partnerin finden können, haben durchaus noch andere Möglichkeiten: Sie können Paare, die nicht mit ihnen verwandt sind, als sekundäre Helfer unterstützen, oder sie können zu „Aufschiebern" werden und eine Brutsaison aussetzen, um im nächsten Jahr noch einmal zu versuchen, eine Partnerin zu finden.

Um zu verstehen, warum primäre Helfer helfen, müßten wir Kosten und Nutzen ihres Verhaltens kennen. Primäre Helfer arbeiten härter als Aufschieber, die zum Brüten das nächste Jahr abwarten, und sie arbeiten ebenfalls härter als sekundäre Helfer, die eine etwas „gelassenere" Einstellung in ihrem Hilfeverhalten zeigen (Abb. 16-7). Die Schwerstarbeit eines primären Helfers korreliert mit einer niedrigen Rückkehrrate zu den Brutplätzen (54 %) im darauffolgenden Jahr, was auf eine höhere Sterbewahrscheinlichkeit im Vergleich zu sekundären Helfern (74 % Rückkehrrate) oder zu Aufschiebern (70 % Rückkehrrate) hinweist.

Dazu kommt, daß nur zwei von drei überlebenden primären Helfern im zweiten Jahr eine Partnerin fanden und sich fortpflanzten. Im Gegensatz dazu waren 91 % der Männchen, die in ihrem ersten Jahr sekundäre Helfer waren, beim Brüten erfolgreich, wenn sie bis zum zweiten Jahr überlebt hatten. Eine beträchtliche Anzahl derer, die brüteten, taten dies mit dem Weibchen, welchem sie im vorhergehenden Jahr geholfen hatten (10 von 27 in Reyers Stichprobe), was nahelegt, daß diese verzögerte Verbesserung des Fortpflanzungserfolgs den ultimaten Gegenwert für die Hilfe durch sekundäre Helfer darstellt.

Mit diesen Daten ist es möglich, die für primäre Helfer in Form einer geringeren Eigenreproduktion im zweiten Jahr entstehenden Kosten zu berechnen. Zur Vereinfachung werden wir uns bei unserem Vergleich auf diejenigen primären Helfer beschränken, die im ersten Jahr ihren Eltern bei der Aufzucht von Geschwistern geholfen hatten (ohne daß andere Helfer anwesend waren) und im darauffolgenden Jahr selbst brüteten (falls sie überlebt hatten und eine Partnerin finden konnten). Ihnen stellen wir die sekundären Helfer gegenüber, die im ersten Jahr Nichtverwandte (allein) unterstützt hatten und sich dann im nächsten Jahr selbst fortpflanzten (falls sie überlebt hatten und eine Partnerin finden konnten).

Primäre Helfer opfern sich auf, indem sie ihren Eltern helfen, Nachwuchs zu produzieren, auf Kosten ihrer eigenen Fortpflanzungschancen im nächsten Jahr. Obwohl primäre Helfer im zweiten Jahr besser dran sind als Aufschieber (0,41 gegenüber 0,29 Einheiten direkter Fitness), schneiden sekundäre Helfer noch besser ab (0,84 Einheiten direkter Fitness), weil sie eine höhere Überlebensrate aufweisen und bei ihnen die Wahrscheinlichkeit, eine Partnerin zu finden, größer ist (Tab. 16-4).

Es stellt sich aber die Frage, ob die Kosten von 0,43 verlorenen Einheiten direkter Fitness (0,84 - 0,41) im zweiten Jahr für primäre Helfer durch den indirekten Fitnessgewinn aus dem ersten Jahr ausgeglichen werden. In dem Maße, in dem diese Männchen den Reproduktionserfolg ihrer Eltern steigern konnten, haben sie Verwandte erzeugt, die ansonsten nicht existiert hätten, und auf diese Weise ihre Gene indirekt weitergegeben. In Reyers Arbeit gewannen die Eltern eines primären Helfers im Durchschnitt 1,8 Jungtiere hinzu, wenn ihr Sohn anwesend war. Einige primäre Helfer unterstützten ihre genetischen Mütter und Väter; in diesen Fällen waren die zusätzlichen 1,8 Jungen Vollgeschwister mit einem Verwandtschaftskoeffizient von 0,5. In anderen Fällen hingegen war ein Elternteil gestorben und der andere hatte sich neu verpaart, so daß die produzierten Nachkommen lediglich Halbgeschwister waren (r = 0,25). Der durchschnittliche Verwandtschaftskoeffizient für Söhne, die einem Brutpaar halfen, lag zwischen 0,25 und 0,5 (0,32). Folglich betrug der Durchschnittsgewinn für einen helfenden Sohn 1,8 Geschwister x 0,32 = 0,58 Einheiten indirekter Fitness, ein Betrag, der höher ist als der mittlere direkte Fitnessverlust im zweiten Lebensjahr.

Wenn wir nun die durchschnittliche Gesamtfitness eines primären Helfers über zwei Jahre errechnen, ergibt 0,58 plus 0,41 eine Gesamtsumme von 0,99 weitergegebenen genetischen Einheiten. Dieser Betrag ist größer als die entsprechende Summe für einen sekundären Helfer (0 + 0,84 = 0,84). (Sekundäre Helfer erhöhen den reproduktiven Output des von ihnen unterstützten Paares, aber sie sind nicht verwandt mit dem hinzugewonnenen Nachwuchs und können daher aus ihrem Verhalten keine indirekten Fitnessvorteile verbuchen.)

Die Zahlen für die Gesamtfitness, wie sie hier errechnet wurden, beinhalten nicht die Einheiten indirekter Fitness, die von primären Helfern gewonnen werden, indem sie die Überlebenswahrscheinlichkeit ihrer Eltern (siehe unten) erhöhen, was einen weiteren Anstieg ihrer Gesamtfitness bedeuten würde [680]. Für unseren Zweck sind die Berechnungen in erster Linie wichtig, um zu veranschaulichen, daß primäre Helfer ihre eigenen zukünftigen Fortpflanzungsmöglichkeiten opfern, um die Zahl an Verwandten, welche nicht direkt von ihnen abstammen, zu erhöhen [782]. Ihr altruistisches Verhalten zahlt sich durch einen erhöhten Fortpflanzungserfolg ihrer Eltern aus, was für die primären Helfer zu einer zusätzlichen Anzahl von Geschwistern führt. Einige Geschwister tragen dieselben Allele in sich, die zur Entwicklung von Altruismus bei ihren hilfreichen Brüdern führten und die genügend indirekte Fitnessgewinne mit sich bringen, um die Verluste an direkter Fitness für diese Männchen, verglichen mit sekundären Helfern, mehr als auszugleichen.

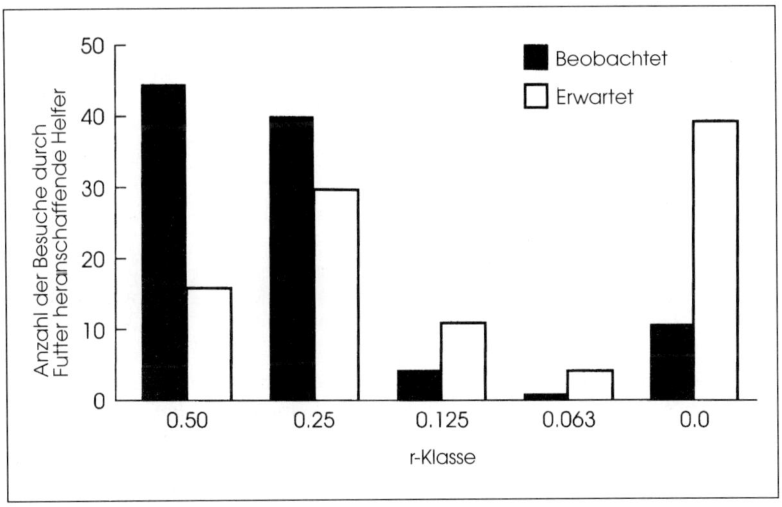

Abb. 16-8: **Selektive Hilfe beim Weißstirnspint** (*Meropiscus bullockoides*). Bei diesem in Kolonien brütenden Vogel (siehe Farbtafel 6) versorgen die Helfer am Nest hauptsächlich nahe Verwandte mit Futter (beobachtete Frequenzen). Die „erwarteten" Frequenzen ergeben sich aus der Voraussage, daß die Helfer sich für ihre Hilfeleistungen wahllos Nester aussuchen und basieren auf dem jeweiligen Anteil verfügbarer Nester mit Brutvögeln eines bestimmten Verwandtschaftskoeffizienten (r-Klassen). Aus Emlen und Wrege (286).

Tab. 16-5: Unterschiede zwischen nichtadaptiven und adaptiven **Hypothesen über das Helfen am Nest bei Vögeln.**

Evolutionsgeschichtlicher Ablauf			
Ursprung des Helfens	Ursprüngliche Funktion[a]	Nachfolgende Veränderungen	Gegenwärtige Funktion[a]
Nichtadaptive Hypothese			
Elternfürsorge	Keine	Keine	Keine
Adaptive Hypothesen: Direkte Fitnessgewinne			
nicht spezifiziert	Mutualismus	Keine	Mutualismus
nicht spezifiziert	Mutualismus	Ja	Weiterentwickelter Mutualismus
Adaptive Hypothese: Indirekte Fitnessgewinne			
nicht spezifiziert	Altruismus	Keine	Altruismus
nicht spezifiziert	Altruismus	Ja	Weiterentwickelter Altruismus

[a] Der Begriff "Funktion" bezieht sich hier auf den adaptiven Wert der Unterstützung von anderen Tieren als dem eigenen Nachwuchs.

16.2.3 Helfer am Nest

Reyers Arbeit über Graufischer liefert Belege für zwei adaptionistische Hypothesen zur Evolution von Hilfeleistung: verglichen mit Nichthelfern (Aufschiebetaktik) erhöhen (1) primäre Helfer ihre Fitness indirekt durch eine vermehrte Produktion von Verwandten, wohingegen (2) sekundäre Helfer ihre Fitness in direkter Form durch eine Verbesserung ihrer eigenen, künftigen Reproduktionmöglichkeiten steigern. Die zwei Formen männlicher Helfer verteilten ihre Unterstützung auf unterschiedliche Art und Weise, wobei sich jede selektiv verhielt, wie dies auch Helfer bei einigen anderen Vogelarten tun (Abb. 16-8). Ihr Verhalten liefert deutliche Hinweise darauf, daß die Hilfeleistung bei dieser Art durch natürliche Selektion sehr fein abgestimmt worden ist, was am indirekten Fitnessgewinn der primären Helfer und dem direkten Fitnessgewinn für sekundäre Helfer deutlich wird [130]. Möglicherweise führten diese Verhaltensvarianten in der Vergangenheit zu einer Ausbreitung ihrer entsprechend mutierten Allele über die gesamte Population, wodurch die ursprüngliche Form des Hilfeverhaltens, welches zu Beginn wahrscheinlich weniger hochentwickelt war, modifiziert wurde.

Der Graufischer ist nur ein Beispiel unter vielen heute bekannten Arten, bei denen es Helfer am Nest gibt [129, 889]. Jeder Fall stellt ein Rätsel für sich dar, das eine ausführliche Untersuchung anhand einer Reihe von Hypothesen über den Ursprung dieser Eigenschaft erfordert [289]. Ian Jamieson führt an, daß sowohl nicht-adaptionistische Hypothesen als auch adaptionistische Hypothesen in dieser Hinsicht Aufmerksamkeit verdienen [481, 482]. Er weist darauf hin, daß es sich bei einigen Arten bei der Fürsorge für den Nachwuchs anderer lediglich um einen zufälligen oder auch um einen pleiotropen Effekt (Kap. 3) elterlichen Verhaltens handeln könnte, welches eine adaptive Eigenschaft von solcher Bedeutung ist, daß nicht-adaptive Nebenwirkungen, wie die Hilfeleistungen durch Vögel, die nicht selbst Eltern sind, bei einer Art unbegrenzt fortbestehen könnten.

Jamiesons Hypothese gründet auf einem evolutionsgeschichtlichen Szenario, in dem Hilfeleistungen entweder als Ergebnis einer Mutation oder aufgrund veränderter sozialer oder ökologischer Bedingungen entstehen, durch die bei einigen Vögeln die Abwanderung aus ihrem Geburtsrevier verzögert wird. Falls diese Vögel von ihren Eltern geduldet werden, bleiben sie für längere Zeit, bis sich die Gegebenheiten soweit geändert haben, daß die Abwanderung eine sinnvolle Option für sie darstellt. Während der Zeit, die sie in ihrem Geburtsrevier verbringen, können diese nicht-brütenden Vögel auf Nester mit Nachkommen ihrer Eltern treffen. Auf proximater Ebene könnte die optische Stimulation durch die Nestjungen Hilfeleistungen, insbesondere das Füttern der Jungtiere, seitens der nicht-brütenden Hilfskräfte auslösen. Dieses Verhalten könnte unbegrenzt lange in der Population bestehen bleiben, selbst wenn es keine direkten oder indirekten Fitnessgewinne mit sich bringen und möglicherweise sogar geringe Nachteile für den Helfer bedeuten würde. Alles, was dazu erforderlich wäre, ist ein ausreichender Fortpflanzungsvorteil durch den adaptiven Mechanismus der zeitlich verzögerten Abwanderung und durch den adaptiven Mechanismus elterlicher Leistungen (der schließlich durch den eigenen Nachwuchs ehemaliger Helfer aktiviert würde).

Die Hypothese einer nicht-adaptiven Hilfeleistung unterscheidet sich von verschiedenen alternativen Hypothesen, die von einem adaptiven Wert des Helfens ausgehen (Tab. 16-5), insbesondere hinsichtlich ihrer Beschränkung auf mögliche Ursprünge und anschließende Modifikationen des „Helfens"; es geht also eher um die evolutionsgeschichtliche Rekonstruktion dieses

Abb. 16-9: **Kooperation zwischen Verwandten beim Buschhäher.** Beim Blaubuschhäher versorgen die Helfer am Nest die Jungtiere mit Futter, verteidigen das Revier und schützen die Jungen vor Schlangen. Aus Wilson (1007).

Merkmals als um dessen gegenwärtigen Nutzen (Kap. 7). Auf jeden Fall sind gewisse Informationen erforderlich, wenn es unser Ziel ist, zwischen nicht-adaptiven Nebenwirkungen, einem adaptiven Altruismus und einem adaptiven Mutualismus als Hypothesen zum Helfen zu unterscheiden. Insbesondere gilt es festzustellen, ob Helfer ihre indirekte oder ihre direkte Fitness durch ihr Verhalten verbessern können. Gelingt es nicht, für die Helfer eine Zunahme der Produktion nicht-eigener, verwandter Nachkommen oder des eigenen Fortpflanzungserfolgs nachzuweisen, so ist dies gleichbedeutend mit der Zurückweisung jeglicher Adaptions-Hypothesen.

In fast allen Studien, die sich mit der Untersuchung des gegenwärtigen Nutzens von Hilfeleistungen am Nest befaßten, wurden positive Auswirkungen dieses Verhaltens auf die direkte oder indirekte Fitness festgestellt [129, 289]. Betrachten wir zum Beispiel den Blaubuschhäher (*Aphelocoma caerulescens*). Eine Population dieser Art wurde über viele Jahre von Glen Woolfenden und John Fitzpatrick untersucht [1017]. Im Revier eines brütenden Häherpaares können bis zu sechs weitere Artgenossen leben (Abb. 16-9). Die nicht brütenden, adulten Vögel sind zwei oder drei Jahre alt, oder sogar noch älter. Physiologisch wären sie in der Lage, eigenen Nachwuchs zu erzeugen, statt dessen verteidigen sie jedoch das Revier des Brutpaares, füttern dessen Jungtiere und vertreiben Prädatoren, sobald sie diese entdecken [631]. Vergleicht man die Anzahl an Jungtieren, die von Paaren mit Helfern und solchen ohne Helfer aufgezogen werden, erkennt man einen – wenn auch nur geringen – Vorteil (Tab. 16-6) für Paare mit Helfern.

Indem Woolfenden und Fitzpatrick eine große Anzahl von Vögeln mit farbigen Ringen markierten und ihr Verhalten in aufeinanderfolgenden Jahren beobachteten, konnten sie zeigen, daß es sich bei den Helfern fast ausschließlich um Nachkommen des unterstützten Paares handelte. Es gibt fast keine „sekundären Helfer" von der Art, wie Uli Reyer sie bei Graufischern vorgefunden hat.

Da aufgrund der Hilfeleistungen mehr Voll- und Halbgeschwister überleben, als ohne eine solche Unterstützung möglich wäre, erhöhen die Helfer unmittelbar ihre Gesamtfitness, da sie jedesmal, wenn sie ihren Eltern helfen, 0,15 bis 0,30 Einheiten auf der Habenseite ihrer indirekten Fitnessbilanz verbuchen (Tab. 16-6). Darüber hinaus verbessern die Helfer bei den Buschhähern – genau wie die Helfer bei den Graufischern – die Chancen ihrer Eltern, zu überleben und im nächsten Jahr ein weiteres Mal zu brüten. Eine höhere Überlebenswahrscheinlichkeit der Eltern bedeutet, daß die Helfer tatsächlich für die Existenz von noch mehr (zukünftigen) Geschwistern verantwortlich sind; diese zusätzlichen Geschwister ergeben eine weitere indirekte Fitnessverbesserung für die Helfer, welche durchschnittlich ca. 0,30 Einheiten betragen dürfte [680].

Der Gewinn an indirekter Fitness durch altruistisches Helfen kann leicht die Kosten durch verlorene direkte Fitnesseinheiten übertreffen, vorausgesetzt, die jungen Vögel haben praktisch keine Chance, sich selbst fort-

Tab. 16-6: Die Auswirkungen von Buschhäher-Helfern am Nest auf den **Reproduktionserfolg ihrer Eltern und ihre eigene Gesamtfitness**. Quelle: Emlen (281).

	Unerfahrene Paare [a]	Erfahrene Paare
Durchschnittliche Anzahl flügger Jungtiere ohne Helfer	1,03	1,62
Durchschnittliche Anzahl flügger Jungtiere mit Helfern	2,06	2,20
Durchschnittliche Anzahl von Helfern	1,7	1,9
Zuwachs aufgrund der Hilfe	1,03	0,58
Indirekter Beitrag pro Helfer	0,60	0,30

[a] Paare, bei denen eines oder beide Tiere zum ersten Mal brüten.

zupflanzen. Woolfenden nimmt an, daß das Habitat der Buschhäher vollständig mit territorialen Gruppen belegt ist und deshalb den jungen Adulttieren kein Freiraum für eine Ausbreitung zur Verfügung steht. Wenn freie Territorien extrem selten sind, stellen Hilfeleistungen eine adaptive Option für niederrangige, junge Adulttiere dar. In welchem Ausmaß verfügbare Nisthabitate aber tatsächlich eine ungewöhnlich knappe Ressource für Vogelarten mit Helfern am Nest sind [566, 770], ist eine offene Frage. Jan Komdeur prüfte die Hypothese einer Habitatsättigung für eine Art mit Helfern, den Seychellenrohrsänger (*Calamocichla sechellensis*). In einem Experiment setzte er 29 Vögel von einer Insel auf eine andere um, die von dieser Art bis dahin nicht besiedelt war. Wenn junge Vögel in ihrem Geburtsrevier bleiben, weil sie keine geeigneten, freien Habitate finden können, dann sollten (1) Helfer die sechzehn frei gewordenen Territorien, aus denen die umgesetzten Rohrsänger herausgefangen wurden, schnell besetzen, und (2) sollten junge Vögel auf der neuen, viel Platz bietenden Insel ihre Geburtsgruppen sofort verlassen, um in eigenen Revieren zu brüten. Beide Voraussagen erwiesen sich für den Seychellenrohrsänger als zutreffend. Daraus ist zu schließen, daß junge Vögel nicht zum Abwandern neigen, wenn es an freien Revieren mangelt, sondern statt dessen in den Revieren ihrer Eltern bleiben, um durch die Unterstützung von Verwandten am Nest möglicherweise einen geringen Fitnessvorteil herauszuschlagen [526].

Abb. 16-10: **Alarmruf eines Belding-Ziesels,** das einen Bodenfeind, zum Beispiel einen Koyoten, entdeckt hat. Foto von George Lepp.

16.2.4 Warnrufe und indirekte Selektion

Helfen am Nest ist nicht die einzige Form eines möglichen Altruismus. In Kapitel 12 haben wir die Vorteile für sozial lebende Tiere diskutiert, die bei der Entdeckung eines Beutegreifers Alarmsignale von sich geben. In diesem Zusammenhang führten wir an, daß ein Belding-Ziesel (*Citellus beldingi*), das angesichts eines jagenden Falken oder Habichts einen speziellen Warnruf ausstößt, seine Überlebenschancen wie auch die seiner Kameraden verbessert, die auf einen Alarm hin blitzschnell in Deckung gehen. Somit liegt hier ein Fall von Mutualismus oder Zusammenarbeit vor, bei dem für Signalgeber und -empfänger direkte Fitnessgewinne [852] entstehen.

Belding-Ziesel geben einen anderen Alarmruf, einen stakkatoartigen Pfiff, von sich, wenn sie einen terrestrischen Beutegreifer, wie zum Beispiel einen Koyoten (*Canis latrans*) oder einen Silberdachs (*Taxidea taxus*), sichten (Abb. 16-10). Auch dieser Alarmruf hat zur Folge, daß andere Ziesel schnell in Deckung gehen. Handelt es sich hierbei um einen weiteren Fall von Kooperation oder liegt Altruismus vor? Die Antwort lieferte Paul Sherman; seine Ergebnisse ermöglichen uns die Entscheidung zwischen folgenden alternativen Hypothesen [850]:

1. Hypothesen zu einer direkten Selektion: Der Rufer verbessert seine eigenen Fortpflanzungschancen, wenn er ein Alarmsignal ausstößt.
   a. Die Hypothese einer Verwirrung des Beutegreifers: Die Funktion des Rufes ist es, die Nachbarn des Rufers zu alarmieren, so daß alle zusammen losrennen, um sich in Sicherheit zu bringen und dadurch den Feind verwirren. Somit wäre jedem – mit Ausnahme des Beutegreifers – geholfen.

b. Die Hypothese einer Abschreckung des Beutegreifers: Man könnte meinen, daß der Rufer es riskiert, die Aufmerksamkeit auf sich selbst zu ziehen und daher bei Entdeckung der Gefahr eher leise davonschleichen sollte. Ein Beutegreifer, der sich entdeckt weiß, wird jedoch die Jagd aufgeben. Der Rufer kommuniziert über sein Alarmsignal mit dem Beutegreifer, um so seine eigene Haut zu retten. Jeglicher Nutzen, den andere daraus ziehen, ist ein Nebeneffekt und hat nichts mit der evoluierten Funktion des Alarmrufes zu tun.
c. Die Hypothese eines reziproken Altruismus: Für den Rufer mag das Alarmsignal ein unmittelbares Risiko darstellen, aber später wird es ihm mehr als zurückgezahlt, wenn ihm Andere in der Gruppe diesen Gefallen gleichermaßen erweisen. Dies setzt eine feste Beziehung zwischen zumindest einigen Gruppenmitgliedern voraus, welche die Fähigkeit haben, Anderen ihre Hilfe zu versagen, wenn sie selbst keine erhalten.
d. Die Hypothese einer elterlichen Fürsorgeleistung: Ein Rufer signalisiert, um seinen Nachwuchs zu warnen, wodurch dessen Überlebenschancen und damit der direkte genetische Beitrag des Rufers zu künftigen Generationen erhöht werden.

2. Die Hypothese einer indirekten Selektion: Der Rufer verringert durch den Alarmruf seinen eigenen Fortpflanzungserfolg (bezogen auf die Lebenszeit), aber seine Gesamtfitness erhöht sich aufgrund seines altruistischen Verhaltens. Eltern, Tanten, Onkel, Brüder, Schwestern, Vettern oder Cousinen werden durch das Signal alarmiert, und der Gewinn an indirekter Fitness über die Zunahme des reproduktiven Outputs dieser Verwandten überwiegt den direkten Fitnessverlust, den der Altruist hinnimmt.

Wir können schnell einige der oben angeführten Hypothesen ausschließen, indem wir zeigen, daß Alarmsignale den Rufer bei Anwesenheit eines terrestrischen Beutegreifers in beträchtliche Gefahr bringen. Terrestrische Prädatoren werden nicht verwirrt (Hypothese 1a) oder von der Jagd abgehalten (Hypothese 1b), wenn sie den Ruf eines Ziesels hören. Sherman und seine Beobachtergruppe sahen, wie sich Wiesel, Dachse und Koyoten an die Alarmgeber heranschlichen und diese häufiger erbeuteten als nicht-rufende, fliehende Erdhörnchen. Darüber hinaus ist die Wahrscheinlichkeit, mit der ein Individuum Alarm gibt, nicht mit der Vertrautheit bzw. der Dauer des Zusammenseins zwischen dem Rufer und den Tieren, die davon profitieren, korreliert. Dieser Befund macht es unwahrscheinlicher, daß das Alarmgeben auf Gegenseitigkeit beruht (Hypothese 1c), da feste, langfristige Assoziationen als notwendig erachtet werden, damit es zu den Formen wechselseitiger Vereinbarungen kommen kann, die charakteristisch für eine evolutionsstabile Reziprozität sind [851].

Übrig bleibt die Hypothese einer elterlichen Fürsorgeleistung (1d) und die Altruismus-Hypothese (2); beide sagen voraus, daß Weibchen eher dazu bereit sind als Männchen, riskante Alarmrufe von sich zu geben. Weibliche Belding-Ziesel neigen zur Seßhaftigkeit und leben daher oftmals mit ihren Töchtern, Schwestern, Tanten und Nichten zusammen. Die Männchen dagegen wandern von ihrem Geburtsbau fort (Kap. 10) und leben nicht in der Nähe von Nachkommen, denen sie helfen könnten. Nach der Elternfürsorge-Hypothese sollten Weibchen häufiger alarmieren als Männchen, weil nur die weiblichen Rufer einen Ausgleich für ihre kostspielige Hilfe durch eine größere Überlebenswahrscheinlichkeit ihres Nachwuchses erhalten können. Die Altruismus-Hypothese beinhaltet die Voraussage, daß Weibchen häufiger Alarm geben, weil der zukünftige Reproduktionsverlust, den sie erleiden, indem sie Beutegreifer auf sich ziehen, indirekt durch die größere Überlebenswahrscheinlichkeit von Verwandten, die nicht die eigenen Kinder sind, mehr als wettgemacht wird.

Sherman fand heraus, daß Weibchen bei der Sichtung eines Beutegreifers tatsächlich mit größerer Wahrscheinlichkeit warnen als Männchen, und daß Weibchen, in deren unmittelbarer Umgebung Verwandte sind, häufiger rufen als Weibchen ohne benachbarte Verwandte (Tab. 16-7) [850]. Daraus folgt, daß sowohl die Elternfürsorge-Hypothese wie auch die Altruismus-Hypothese das Alarmgeben durch weibliche Belding-Ziesel erklären können; die Tiere erzielen einen direkten Fitnessgewinn, indem sie ihrem Nachwuchs helfen, vor Prädatoren zu

Tab. 16-7: Von wem kommen die **Alarmrufe bei Belding-Zieseln**? Quelle: Sherman, unveröffentlichte Daten.

Ziesel-Kategorie	Einem Prädator ausgesetzt[a]	Anzahl der Ziesel, die einen Alarmruf ausstoßen (%)	Zu erwartende Anzahl rufender Ziesel, wenn Alarmrufe zufallsverteilt sind (%)
Männchen > 1 Jahr alt	67	12 (18)	19 (28)
Weibchen > 1 Jahr alt mit Verwandten[b]	190	75 (39)	53 (28)
Weibchen > 1 Jahr alt ohne Verwandte	168	31 (18)	46 (28)

[a]Häufigkeit, mit der Ziesel aus jeder Kategorie anwesend waren, wenn ein terrestrischer Beutegreifer auftauchte (1974-1979).
[b]Verwandte sind Töchter, Enkelinnen, Mütter oder Schwestern.

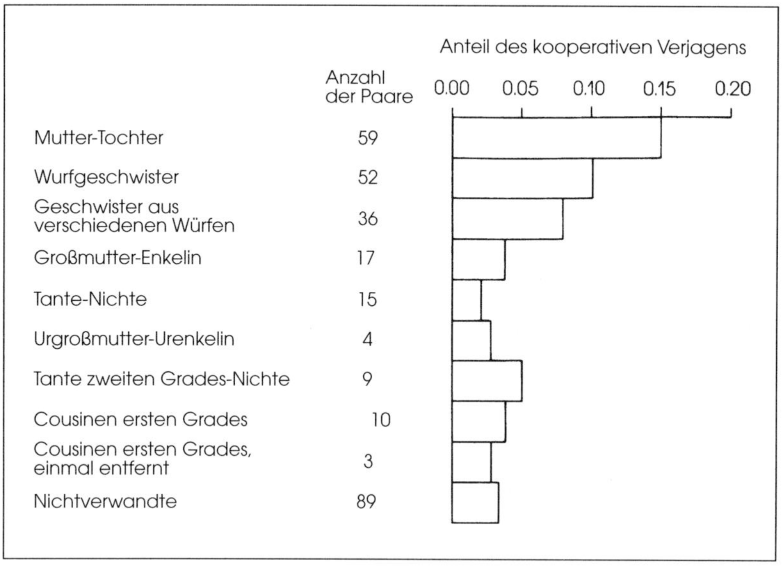

Abb. 16-11: **Selektive Kooperation zwischen Belding-Zieseln.** Bei dieser Art verteidigen nur nahe Verwandte gemeinsam ein Territorium, wobei sowohl Mütter ihren Töchtern helfen als auch Schwestern bei der Verteidigung kooperieren. Quelle: Sherman (851).

fliehen, und sie erhöhen ihre indirekte Fitness in dem Maße, in dem ihre Tanten, Nichten und Schwestern ebenfalls entkommen können.

Da Weibchen ohne eigene Jungtiere Alarmrufe ausstoßen, wenn sich andere Verwandte in der Nähe befinden, ist anzunehmen, daß indirekte Selektion die direkte Selektion ergänzt und somit zum Fortbestehen dieses Verhaltens in der Zieselpopulation beiträgt. Weitere Nachweise des Einflusses indirekter Selektion auf das Verhalten von Zieseln ergaben sich in den Arbeiten von Warren Holmes und Paul Sherman, die zeigten, daß Weibchen nahe, weibliche Verwandte wie auch eigene Kinder bei Territoriumsstreitigkeiten mit Eindringlingen unterstützen (Abb. 16-11) [460].

Dieses Beispiel zeigt, daß sowohl direkte als auch indirekte Selektion wahrscheinlich zur Evolution von Alarmrufen bei Belding-Zieseln beigetragen haben, denn deren Rufe können eine elterliche Funktion haben und gleichzeitig Individuen helfen, die nicht eigene Nachkommen sind, aber ebenfalls Gene tragen, welche mit denen des Alarmgebers übereinstimmen. Es gibt keinen Unterschied zwischen einer Einheit der Gesamtfitness, die man durch überlebende Kinder gewinnt, und einer Einheit der Gesamtfitness, die gewonnen wird, wenn man das Leben anderer Verwandter rettet.

Abb. 16-12: **Zwei Mitglieder einer Koalition aus Löwenmännchen** legen eine Pause bei der Verteidigung ihrer Weibchen gegenüber anderen Koalitionen ein, die ihnen gern die Kontrolle über ihr Rudel entreißen würden. Foto mit freundlicher Genehmigung von Craig Packer und Anne Pusey.

Abb. 16-13: **Kooperative Balz bei der Langschwanzpipra.** Die zwei Männchen vollführen gerade den „Kreisspiel"-Teil ihrer gemeinsamen Balz vor dem rechts auf der Ranke sitzenden Weibchen.

16.2.5 Kooperation zwischen Männchen bei der Partnersuche

Elterliche Fürsorge und Altruismus sind beim Belding-Ziesel auf die Weibchen beschränkt; dagegen sind so verschiedene männliche Tiere wie Zwergmangusten (*Helogale undulata*) [800], Löwen [74, 140] und Große Tümmler (*Tursiops truncatus*) [176] in hohem Maße kooperationsbereit, wenn es darum geht, Paarungspartnerinnen zu gewinnen. Dies ist sehr erstaunlich, wenn man bedenkt, daß Männchen untereinander oft äußerst heftig um möglichst viele Kopulationen mit Weibchen kämpfen (Kap. 13). Und dennoch vereinigen zum Beispiel bei Löwen die Männchen ihre Kräfte (Abb. 16-12), um andere Männchen aus einem Weibchenrudel zu vertreiben [74, 140]. Nachdem sie ein neues Rudel übernommen haben, kämpfen die koalierenden Männchen selten offen um den Zugang zu den östrischen Weibchen, obwohl einige Männchen einen unverhältnismäßig großen Fortpflanzungserfolg im Vergleich zu den anderen genießen. So kopulierte zum Beispiel in einer Koalition aus sechs Löwen das ranghöchste Männchen 3,5 mal sooft wie das rangniedrigste.

Im allgemeinen gibt es in Gruppen von vier oder mehr männlichen Löwen große Unterschiede im individuellen Paarungserfolg, weil die Männchen im Rudel gewöhnlich zahlreicher sind als die östrischen Weibchen. Jedes Weibchen paart sich während seines gesamten Östrus mit nur einem Männchen, welches das Weibchen gegenüber Kopulationsversuchen anderer männlicher Rudelmitglieder verteidigt. Bei den Löwenmännchen, die aufgrund eines Mangels an Weibchen von der Paarung ausgeschlossen sind, handelt es sich in Wirklichkeit um Helfer, die sich nicht selbst fortpflanzen. Sie tragen zur Bildung einer größeren Gruppe bei, wodurch Rivalen wirksamer abgewehrt werden können. Jedes zusätzliche Männchen in einer solchen Koalition erhöht den durchschnittlichen Fortpflanzungserfolg aller Gruppenmänner um 0,64 überlebende Löwenjunge. Man darf jedoch nicht vergessen, daß sich dieser Zuwachs nicht in gleichem Maße auf die Mitglieder einer großen Koalition verteilt, sondern hauptsächlich den dominanteren Männchen des Rudels zugute kommt [721].

Da in großen Männchengruppen einige Individuen ihren persönlichen Fortpflanzungserfolg für eine verbesserte Fitness Anderer opfern, können wir voraussagen, daß diese Helfer mit den Hilfeempfängern verwandt sein sollten. Auf diese Weise könnten sie einen indirekten Fitnessvorteil erzielen, der groß genug ist, um die direkten Fitnesskosten aufzuwiegen, die ihnen entstehen, weil sie sich nicht (oder nur selten) selbst fortpflanzen können.

Craig Packer und seine Mitarbeiter überprüften diese Voraussage durch einen Vergleich der genetischen Verwandtschaft in großen Männchenkoalitionen (vier bis sechs Männchen) mit der in kleinen Partnerschaften (zwei bis drei Männchen) [720]. (In kleinen Gruppen variiert der Reproduktionserfolg wesentlich weniger, weil es in der Regel genügend östrische Weibchen zur gleichen Zeit gibt, um alle Männchen des Rudels zu „versorgen".) Packers Team wandte DNA-Fingerprint-Techniken an (Kap. 13), um die genetische Verwandtschaft der Rudelmitglieder zu bestimmen. Wie erwartet, fanden sie heraus, daß Männchen aus kleinen Koalitionen im Durchschnitt geringere genetische Übereinstimmungen aufwiesen als Männchen aus großen Gruppen. Diese Daten stehen in Einklang mit der Behauptung, daß Duos und Trios oft (aber nicht notwendigerweise immer) aus nicht miteinander verwandten Tieren bestehen, die sich zusammengeschlossen haben, um mit anderen Gruppen konkurrieren zu können. Die Mitglieder der großen Gruppen hatten durchgehend sehr ähnliche genetische Fingerabdrücke, was nahelegt, daß es sich um Ansammlungen von Brüdern, Halbbrüdern und Vettern handelte, die aus ihrem Geburtsrudel ausgestoßen wurden und danach zusammenblieben, um gemeinsam die Übernahme eines Weibchenrudels zu verfolgen. In diesen großen Gruppen ließ sich ein Männchen, das einen geringen Reproduktionserfolg hatte, „bei der Fortpflanzung durch seine Gefährten vertreten", um es mit Brian Bertrams Worten auszudrücken, da alle einen gemeinsamen Vorfahren hatten und daher einen relativ hohen Anteil gleicher Allele aufwiesen [74].

16.2.6 Pipra-Koalitionen und kooperative Balz

Die Studie an Löwen liefert ein weiteres Beispiel für einen Fall, in dem Altruisten anscheinend ihren Verwandten helfen. Wenn genetisch fremde Tiere kooperieren, tun sie dies zu ihrem gegenseitigen reproduktiven Nutzen und nicht als Akt der Selbstaufopferung zugunsten eines anderen Tieres. Kann jedoch eine Altruismus- oder Mutualismus-Hypothese das Verhalten der Langschwanzpipra (*Chiroxiphia linearis*), eines Vogels aus Mittelamerika, erklären [319, 628]? Männliche Langschwanzpipras sind zwar nicht größer als Spatzen, sie besitzen aber ein prachtvolles dunkelblau-schwarzes Federkleid mit rauchblauen Flügeldecken und einer karminroten Kappe. Zwei lang ausgezogene Schwanzfedern vervollständigen das Gesamtbild. Diese wunderschönen Tiere gehören zu den wenigen Vogelarten, bei denen die Männchen kooperieren, um Weibchen anzulocken und zu umwerben.

Die Männchen sitzen paarweise an ihrem Balzplatz und rufen gemeinsam bis zu 300 mal pro Stunde. Was wie der Ruf eines einzelnen Männchens klingt, wird in Wirklichkeit von zwei Individuen erzeugt, die absolut synchron rufen. Die angelockten Weibchen fliegen heran und landen an einer zentralen Stelle des Balzplatzes, oft auf einem ungefähr 30 Zentimeter waagrecht über dem Boden verlaufenden Teil einer Lianenranke. Daraufhin stürzen die zwei Männchen herbei und landen in der Nähe der möglichen Partnerin. Als ich aus meinem Unterstand voller Moskitos weiterbeobachtete, was als nächstes passierte, dachte ich nicht mehr weiter an Moskitos. Als erstes zeigen die beiden Partner ein erstaunliches „Kreisspiel" (Abb. 16-3). Das näher zum Weibchen sitzende Männchen fliegt auf und kommt an der Stelle, wo sein Partner sitzt wieder herunter. Um Platz für den landenden Vogel zu machen, rutscht das andere Männchen schnell zum Startpunkt seines Kameraden und fliegt dann seinerseits auf, um mit ihm den Platz zu tauschen. Nach einer Serie von Kreisen springt ein Männchen über den Kopf des zuschauenden Weibchens, der andere Paarpartner folgt augenblicklich und das „Kreisspiel" beginnt von neuem.

Als ob dies nicht schon dramatisch genug wäre, zeigen Langschwanzpipras noch weitere Formen der gemeinsamen Balz, einschließlich eines gemeinsamen, langsamen Flatterfluges, den David McDonald als „Schmetterlingsflug" bezeichnet. Vögel, die auf diese Weise wie ein Hubschrauber vor und zurück schweben, können plötzlich ins andere Extrem fallen und mit Höchstgeschwindigkeit über dem Kopf des sitzenden Weibchens hin und her jagen. Trotz der Dauer und Präzision dieser gemeinsamen „Darbietung" der Männchen zeigen die weiblichen Besucher nur selten ihre Paarungsbereitschaft an, indem sie auf ihrem Sitzplatz herumzuhüpfen beginnen. Auf dieses Zeichen hin verschwindet einer der beiden

Abb. 16-14: **Eine Pavian-Koalition.** Die zwei Männchen rechts haben sich zusammengeschlossen, um dem Männchen links ein östrisches Weibchen abzujagen. Sollte es ihnen gelingen, das ranghöhere Männchen von seiner Partnerin zu trennen, wird sich nur eines der beiden Männchen mit dem Weibchen paaren. Foto von Leanne Nash.

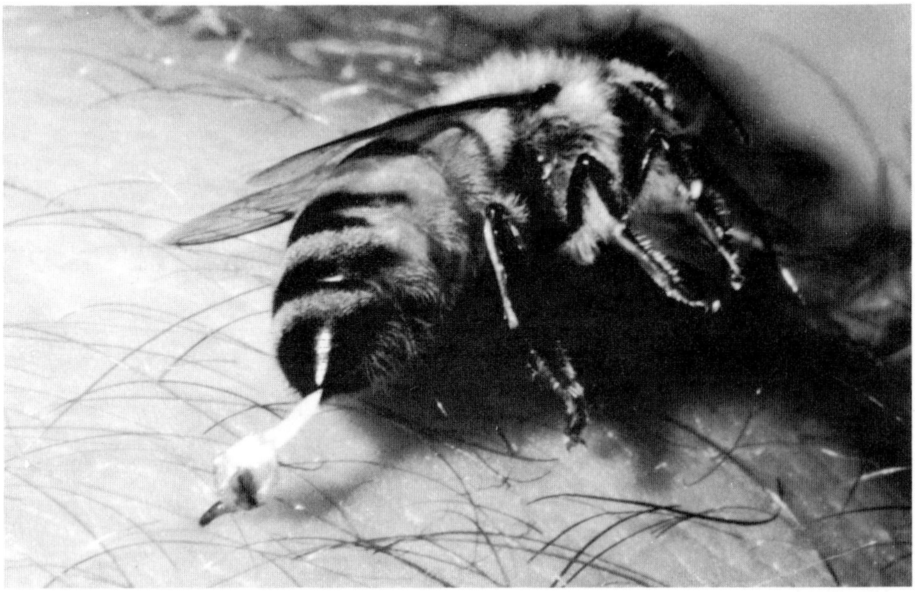

Abb. 16-15: **Selbstmörderischer Altruismus.** Wenn eine Honigbiene ein Wirbeltier sticht, bleibt der Stachel einschließlich der mit ihm verbundenen Giftdrüse im Körper des Opfers stecken. Die Biene stirbt daraufhin. Foto von Bernd Heinrich.

werbenden Partner diskret, während der andere zurückbleibt und sich mit dem Weibchen paart. Danach fliegt das Weibchen weg, und das Männchen, welches sich gepaart hat, ruft nach seinem Partner. Dieser kehrt daraufhin zurück, um seine „Pflichten" beim gemeinsamen Rufen und Balzen weiterhin zu erfüllen.

Durch Markierung der an den Balzplätzen wartenden Vögel haben Wissenschaftler herausgefunden, daß an einem solchen Ort ein einziges Männchen alle anderen dominiert, einschließlich seines bevorzugten Werbepartners, einem Beta-Männchen, das seinerseits über eine unterschiedliche Anzahl anderer „Teilzeit"-Mitarbeiter dominant ist [319, 628, 629]. In McDonalds Studie vollzog das ranghöchste Männchen 115 von 117 Kopulationen, ein Ergebnis, welches die Hypothese eines reziproken Altruismus unhaltbar macht. Darüber hinaus können wir eine auf indirekter Selektion basierende Hypothese ausschließen. Es ist sehr unwahrscheinlich, daß alle Männchen, die zusammen balzen, Brüder sind, insbesondere, weil Pipraweibchen nur ein bis zwei Eier pro Brutsaison legen.

Wie aber läßt sich dieses einvernehmliche Werbeverhalten im Hinblick auf seinen Beitrag zur direkten Fitness des Helfers erklären, wenn es Helfern fast nie gelingt, sich zu paaren? McDonald glaubt, daß nur kooperative niederrangige Männchen die Möglichkeit haben, auf der Rangordnungsleiter an einem Balzplatz emporzusteigen, um ein Beta-Männchen zu werden und zumindest eine winzige Paarungschance zu haben; und nur über die Position eines Beta-Männchens kann eine Langschwanzpipra nach dem Tode des ranghöchsten Männchens die Alpha-Stellung übernehmen. Dies konnte McDonald in allen drei Fällen, in denen während seiner Untersuchung ein Alpha-Männchen verschwand, beobachten. Durch die gemeinsame Balz mit dem Alpha-Männchen begründet ein Beta-Tier seinen Anspruch auf dessen Nachfolge und hält damit andere (jüngere?) Vögel über Jahre hinaus in Schach. Sobald es die Alpha-Position erreicht hat, steigen seine Paarungschancen rapide. Vielleicht ist so eine Kooperation zwischen Alpha- und Beta-Männchen durch direkte Selektion evoluiert; dennoch wäre es schön, ganz sicher zu wissen, daß die kooperierenden Tiere nicht miteinander verwandt sind.

16.2.7 Koalitionen zwischen Pavianen

Männliche Anubispaviane (*Papio anubis*) bilden ebenfalls regelmäßig Allianzen, allerdings nicht zum Zweck der Partnerwerbung. Statt dessen fordern die kooperierenden Tiere höherrangige Männchen des Trupps heraus, um ihnen brünstige Weibchen wegzunehmen (Abb. 16-14) [717]. Craig Packer fand in seiner klassischen Studie dieses Phänomen heraus, daß ein „gestohlenes" Weibchen immer von dem Männchen beansprucht wurde, das sich um Unterstützung durch einen Helfer bemüht hatte. Warum sollte es dann unter diesen Umständen überhaupt Helfer geben?

Die adulten Männchen in einem Trupp sind in der Regel nach und nach aus anderen Gruppen eingewandert und daher selten, wenn überhaupt, eng miteinander verwandt [718]. Aus diesem Grund ist es relativ unwahrscheinlich, daß indirekte Selektion für das Hilfeverhalten der Männchen verantwortlich ist. Packer meint vielmehr, daß Koalitionen zwischen Männchen auf Gegenseitigkeit beruhen [717]. In seiner – zugegebenermaßen kleinen – Beobachtungsstichprobe wechselten sich die Männchen als Helfer und Hilfeempfänger gegenseitig ab und wur-

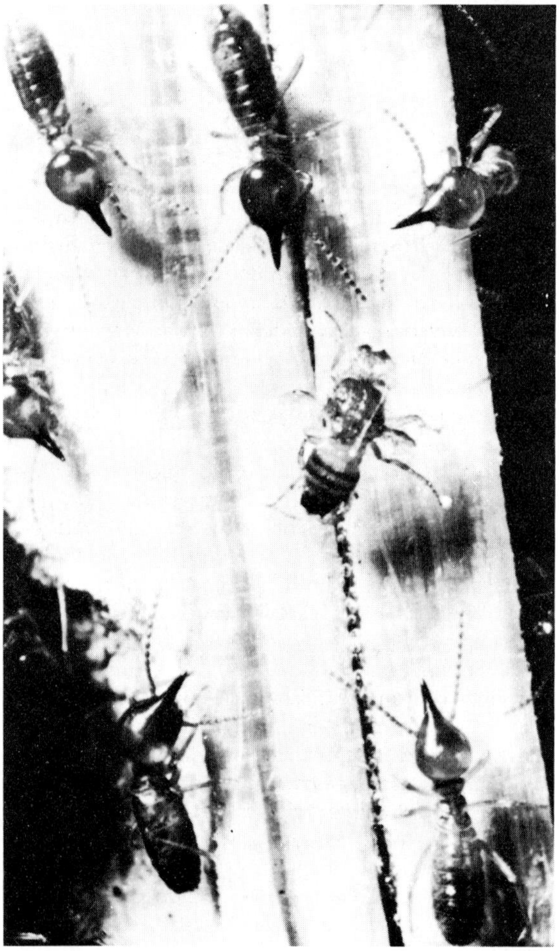

Abb. 16-16: **Sterile Termitensoldaten.** Termiten haben eusoziale Kolonien entwickelt, die denen der eusozialen Hymenopteren mit ihren sterilen Arbeiterinnen und Soldaten ähnlich sind. (Bild oben) Große, sterile Soldaten mit mächtigen, zu Zangen umgebildeten Kiefern bewachen eine Gruppe steriler Arbeiter bei der Nahrungssuche. Foto von E. S. Ross. (Bild unten) Soldaten einer Nasuti-Termitenart besprühen einen Eindringling, in diesem Fall eine Fruchtfliege, mit einer klebrigen Substanz. Foto von E. Ernst.

den so schließlich für ihre Unterstützung belohnt. Die Fähigkeit von Pavianen, einander individuell zu kennen und sich an den Ausgang früherer Interaktionen zu erinnern [902], sollte die Evolution von Reziprozität erleichtert haben, weil die Männchen dadurch vermeiden können, betrogen zu werden.

Allerdings konnten Beobachter anderer Paviangruppen diese von Packer gesehene, ausgewogene Reziprozität nicht bestätigen. Wenn – so fand z. B. Ronald Noë – Männchen eines Trupps, die in der Rangordnung an fünfter bis siebter Stelle standen, Koalitionen aus zwei bis drei Männchen bildeten, um einzelne hochrangige Männchen

Abb. 16-17: **Eine solitäre Wespe, *Ammophila novita*.** Das Weibchen schleppt Raupen wie die, die sie gerade zwischen den Kiefern hält, als Vorrat in ihre Nester, ohne dabei von Artgenossen unterstützt zu werden. Foto des Autors.

zu besiegen, dann beanspruchte das fünftrangige Männchen in 17 von 18 Fällen, in denen es den Partnern gelang, das hochrangige Männchen von seinem Weibchen zu trennen, das östrische Weibchen für sich allein [694].

Wenn Reziprozität als Erklärung nicht zutrifft, was dann? Bedenken Sie, wie es dem sechst- oder siebtrangigen Männchen in Noës Gruppe ergangen wäre, wenn es ein hochrangiges Männchen allein herausgefordert hätte. Die Antwort ist wohl klar. Unter solchen Bedingungen könnten niederrangige Männchen mit anderen Männchen, die sich den Hauptanteil an den durch Kooperation gewonnenen Paarungen sichern, Koalitionen eingehen, um das Beste aus ihrer schlechten Situation zu machen, ein Umstand, der bei vielen Aspekten des Sozialverhaltens eine Rolle spielen mag. Wenn bestimmte Männchen keine Möglichkeit haben, allein zu Paarungen zu kommen, dann könnte die noch so geringe Aussicht auf eine gelegentliche Paarung als Rückzahlung für das eingegangene Bündnis genügen, auch wenn kein reziproker Altruismus vorliegt.

16.3 Die Evolution von eusozialem Verhalten

Obgleich ein Ethologe vom Mars sicherlich vom Einfallsreichtum der irdischen Forscher beeindruckt wäre, mit dem sie alternative Hypothesen zum Hilfeverhalten, wie es von Buschhähern, Löwen und Pavianen gezeigt wird, entwickeln und testen, würde er oder sie es wahrscheinlich noch aufregender finden, von einer Honigbiene gestochen zu werden. Obwohl der schmerzhafte Bienenstich allein schon geeignet ist, Aufmerksamkeit zu erregen, wäre ein Marsmensch, der die Theorie einer Evolution durch natürliche Selektion kennt, noch weit mehr beeindruckt durch die Entdeckung, daß die Biene zugrunde geht, wenn ihr Stachel in der Haut des Opfers steckenbleibt (Abb. 16-15) [846].

Man muß kein Marsmensch sein, um zu erkennen, daß die Evolution von Sterilität und die Bereitschaft zur selbstmörderischen Aufopferung in einer Arbeiterkaste ein faszinierendes evolutionäres Problem darstellt. Extremer Altruismus ereignet sich ständig in Kolonien von Termiten, Ameisen, einigen Bienen- und Wespenarten, Kolonien aus Hunderten oder Zehntausenden von Arbeitern, die sich nicht fortpflanzen, sondern sich statt dessen selbst in verschiedenster Art und Weise für das Wohl anderer aus ihrer Gruppe aufopfern. Zum Beispiel gibt es in diesen sozialen Gruppen oft Spezialisten zur Feindabwehr, eine Soldatenkaste, deren Mitglieder in der Regel größer als die anderen Arbeiter sind und deren einzige Funktion darin besteht, die Kolonie gegen gefährliche Eindringlinge, wie räuberische Ameisen oder Wirbeltiere, zu schützen. Die Reaktion der Soldaten auf Eindringlinge ist von Art zu Art verschieden: sie stechen oder schneiden ihre Gegner mit ihren Mandibeln in zwei Teile (Abb. 16-16A), oder sie schleudern Feinde mit speziellen, „schnippenden" Mandibeln, wie sie einige Termitenarten besitzen, weg. Oder sie sprühen sie mit einem harzigen Leim ein, so wie es Nasuti-Termiten (Nasutitermitinae) tun (Abb. 16-16B) [1006]. Verschiedene Ameisenarten haben Arbeiterinnen, die eine Variante dieser Verteidigungsform praktizieren. Wenn sie bedroht werden, rennen die Arbeiterinnen auf den Feind zu und kontrahieren dabei ihre Abdominalmuskulatur so stark, daß die Körperwand aufbricht und eine große Abdominaldrüse explodiert. Der Klebstoff aus der Drüse hält den Eindringling fest und verhindert so, daß die Kolonie zu Schaden kommt [614].

Die Selbstaufopferung der Soldaten ist nur eine von verschiedenen Formen der Hilfeleistung, die das Leben von eusozialen (kastenbildenden) Insekten bestimmen, wie man durch Gegenüberstellung der Verhaltensweisen einer solitären mit einer eusozialen Wespe sehen kann. Eine solitäre Wespe, wie die Grabwespe *Ammophila novita*, fängt ein einziges, großes Beutetier, gräbt ein Nest,

Abb. 16-18: **Soziale Wespen der Gattung *Polistes*.** Die Weibchen dieser Faltenwespe kooperieren beim Bau und der Verteidigung eines Nestes sowie bei der Fütterung und sonstigen Versorgung der Jungen. Eines der vier adulten Weibchen auf dem Bild ist die Königin, die anderen sind Arbeiterinnen, die bei der Versorgung der Eier (siehe die Zelle in der Mitte) und Larven (bei mehreren der Zellen durchschimmernd) mithelfen. Foto des Autors.

schleppt ihre Beute dort hinein, legt ein Ei auf das Opfer und verschließt beim Verlassen das Nest. Das solitäre Weibchen hat keinen Kontakt zu seinem Nachwuchs und wird bei seiner Arbeit von keinem anderen Tier unterstützt (Abb. 16-17).

Ein völlig anderes Muster finden wir bei den bekannten Faltenwespen der Gattung *Polistes* vor. Diese Insekten haben die Angewohnheit, ihre Nester (Abb. 16-18) unter überstehende Dachränder von Häusern zu bauen. In gemäßigten Breiten schlüpfen bei einer „typischen" *Polistes*-Wespe die fortpflanzungsfähigen Weibchen gegen Ende der Brutsaison aus ihren Nestzellen. Sie paaren sich mit fremden Männchen, die zur gleichen Zeit schlüpfen, und überwintern dann an einem geschützten Ort. Im Frühjahr kommen sie wieder hervor und beginnen mit dem Bau eines Papiernestes aus zerkauten Pflanzenfasern. Das Nest besteht aus mehreren, zusammenhängenden Zellen, in welche die neue Königin je ein Ei legt. Andere überwinternde Weibchen können sich einer Gründerkönigin anschließen; daraus entwickelt sich ein Wettbewerb um die ranghöchste Position und die Bildung einer Hierarchie, wobei sich das dominante Weibchen fortpflanzt und niederrangige Weibchen ihm bei der Larvenaufzucht helfen und das Nest vor Prädatoren, Parasiten [297] und Nesteroberern [330] schützen.

Die frühzeitig in der Saison gelegten Eier sind dazu bestimmt, zu Töchtern zu werden, weil sie alle von der Königin befruchtet werden. Dafür verwendet sie das von der letzten Kopulation im Herbst gespeicherte Sperma. Wenn es erforderlich ist, Söhne zu produzieren, legt die Königin einfach unbefruchtete Eier. Nach dem Schlüpfen werden die Larven mit Wasser, Nektar und Teilen erbeuteter Insekten gefüttert. Wenn die ersten weiblichen Nachkommen geschlüpft sind, helfen sie ihrer Mutter bei der Aufzucht weiterer Töchter (ihre Voll- und Halbschwestern), statt wegzufliegen, um neue Kolonien zu gründen und eigene Nachkommen aufzuziehen. Im Verlaufe des Bestehens einer Kolonie werden auf diese Weise mehrere Bruten produziert, so daß die Zahl der weiblichen Arbeitskräfte immer größer wird. Sie vergrößern das Nest, indem sie Zellen hinzufügen, versorgen die Larven, suchen nach Parasiten und beseitigen diese und schlagen Prädatoren (und Menschen, die das Pech haben, ihnen zu begegnen) mit Stichen in die Flucht.

Schließlich produziert die Königin Bruten, die zunächst aus Weibchen, anschließend aus Männchen bestehen. Diese schließen sich nicht den Arbeiterinnen an, sondern lungern im Nest herum und erbetteln Futter von ihren arbeitenden Schwestern. Die Aktivitäten im Nest gehen dramatisch zurück, wenn diese „faulen" Weibchen und Männchen wegfliegen, um sich woanders zu paaren. Die Männchen sterben daraufhin alle, aber die verpaarten Weibchen – künftige Koloniengründerinnen – überwintern, um im nächsten Frühjahr den Kreislauf fortzusetzen [297].

16.3.1 Eusozialität und indirekte Selektion

Man kann die Evolution des Verhaltens von Arbeiterinnen bei Faltenwespen und anderen sozialen Insekten hinsichtlich (1) des Ursprungs und der Evolutionsgeschichte von Eusozialität und (2) des gegenwärtigen Nutzen des von den Arbeiterinnen gezeigten Altruismus analysieren. Was die Frage nach dem Ursprung angeht, ist es durchaus möglich, daß eusoziales Verhalten bei Insekten, ähnlich wie Hilfeleistungen bei Vögeln, aus einer Veränderung der individuellen Abwanderungstendenzen entstanden ist [130, 981]. Wenn zum Beispiel weibliche Wespen in ihrem Geburtsnest geblieben sind, um die Brutzellen selbst weiter zu benutzen, so hätten sie eine Sozietät gebildet, in der gewisse, schon vorher bestehende Verhaltensmerkmale (Brutpflege, Nestverteidigung) in selbstaufopfernder Weise eingesetzt worden sein könnten [981].

Wie auch immer Ursprung und Evolutionsgeschichte des Altruismus bei sozialen Insekten aussahen – wir können auch fragen, welche Fitnessvorteile den Weibchen

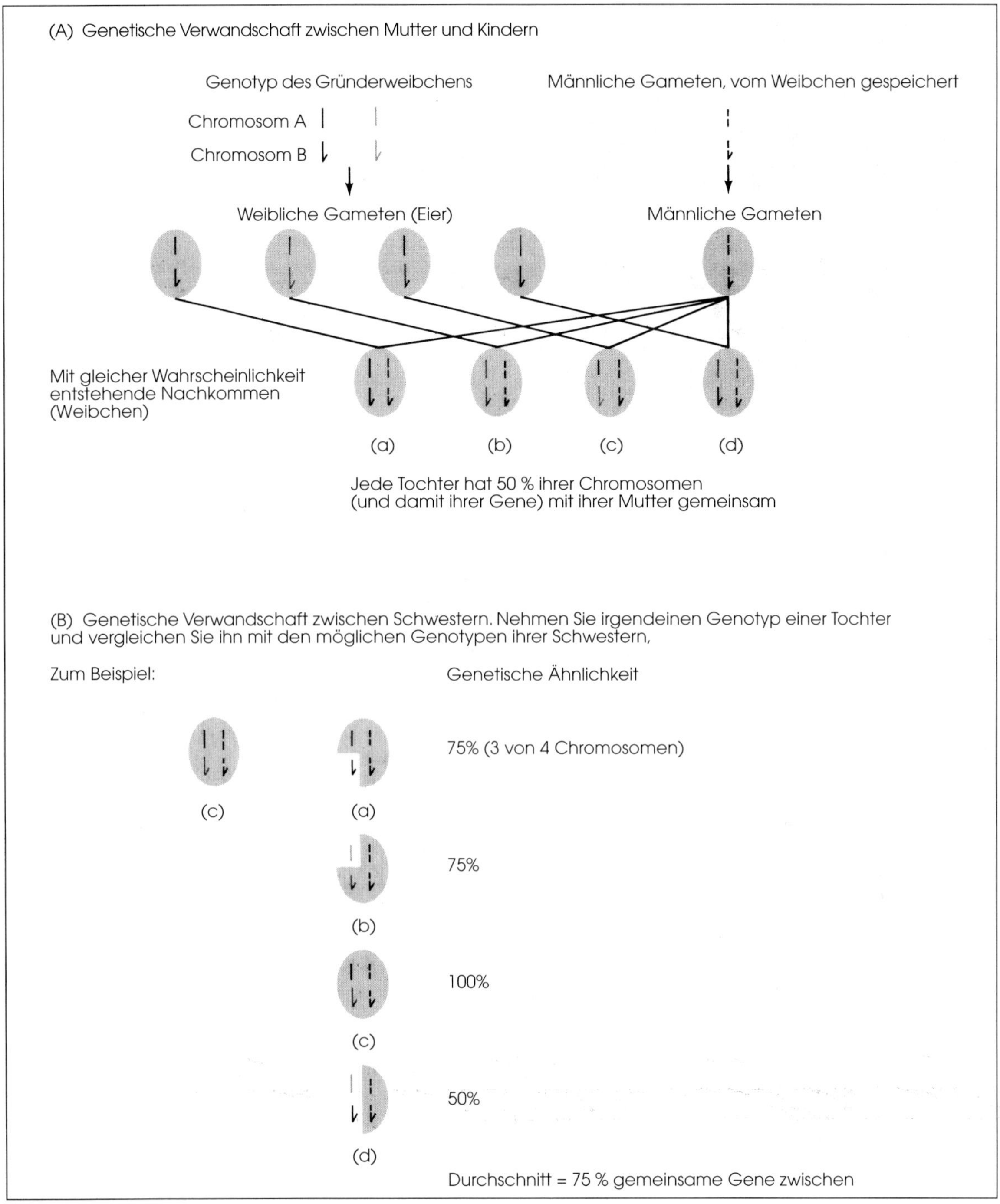

Abb. 16-19: **Haplodiploidie kann bei der Evolution von Eusozialität bei Hymenopteren eine Rolle gespielt haben.** Der genetische Verwandtschaftsgrad zwischen einer weiblichen Wespe, ihrem Nachwuchs (A) und zwischen Schwestern (B). Der Einfachheit halber werden nur zwei Chromosomen betrachtet. Schwestern können untereinander enger verwandt sein als mit ihren Eltern.

durch die Hilfe bei der Aufzucht zusätzlicher Geschwister entstehen. Bei der Gattung *Polistes* und vielen weiteren sozial hochentwickelten Insekten sind Töchter, die zu Arbeiterinnen werden, körperlich nicht zu eigener Fortpflanzung befähigt, selbst wenn sich eine Gelegenheit dazu ergeben würde. Anders als die Helfer bei den Buschhähern sind sie ihr Leben lang an ihre Helferrolle gebunden. Insgesamt genommen geht dies weit über Formen der Kooperation bei der Fortpflanzung, wie sie soziale Wirbeltiere zeigen, hinaus. Die Tatsache, daß obli-

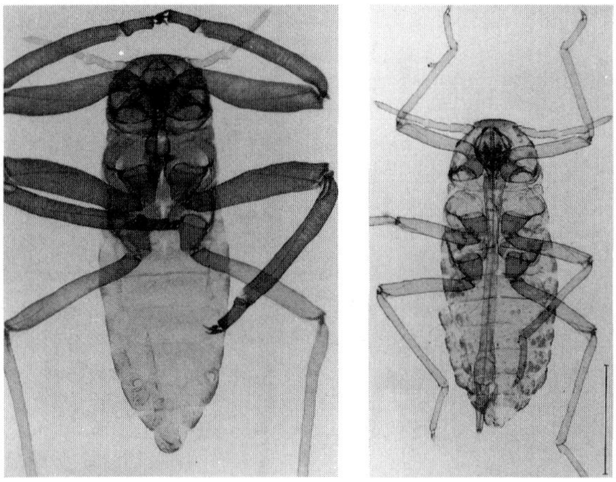

Abb. 16-20: **Altruismus bei Blattläusen.** Bei Soldaten (Bild links), die sich selbst nicht fortpflanzen, haben sich kräftige Stechrüssel (Proboscis) und mächtige Vorderbeine entwickelt. Damit schützen sie andere Artgenossen, welche sich fortpflanzen (Bild rechts). Foto von Shigeyuki Aoki.

gatorisch sterile Arbeiterinnen nur für bestimmte Hymenopteren (Ameisen, Bienen und Wespen) und Termiten bekannt sind, betont zusätzlich die Ungewöhnlichkeit des Phänomens der Eusozialität [1006].

Die Verbindung zwischen Hymenopteren und Eusozialität brachte W. D. Hamilton dazu, über die genetischen Konsequenzen der eigentümlichen Art der Geschlechtsdetermination in dieser Gruppe nachzudenken [400]. Wie bereits erwähnt, sind die Männchen haploid; sie besitzen nur einen einfachen Chromosomensatz, da sie aus unbefruchteten Eiern stammen. Die Weibchen dagegen sind diploid; sie haben zwei Chromosomensätze, einen von der Eizelle, den anderen vom Spermium. Wenn sich ein Weibchen mit nur einem Männchen paart, sind alle Spermien, die sie dabei aufnimmt, identisch (das Männchen verfügt bei der Gametenbildung nur über einen Chromosomensatz als Kopiervorlage). Aus diesem Grund haben alle von der Mutter erzeugten Töchter von ihrem Vater die gleichen Gene. Jede der Töchter hat diese Gene (50 % ihres gesamten Genotyps) mit allen ihren Schwestern gemeinsam. Der andere Chromosomensatz stammt von der Mutter. Die Eier der Gründerin sind nicht genetisch identisch, da die Mutter diploid ist; die Gametenbildung bei Tieren mit zweifachem Chromosomensatz führt zu haploiden Geschlechtszellen. Statistisch betrachtet hat eine Eizelle einer weiblichen Wespe, Biene oder Ameise durchschnittlich 50 % ihrer Allele mit denen der anderen Eier gemeinsam. Dies hat zur Folge, daß der aus der Vereinigung von mehr oder weniger ähnlichen Eiern mit genetisch identischen Spermien stammende Nachwuchs zu durchschnittlich 75 % identische Allele trägt - 50 % der gemeinsamen Allele sind vom Vater und 0 bis 50 % von der Mutter (Abb. 16-19).

Wegen der haplodiploiden Art der Geschlechtsdetermination bei Hymenopteren können Schwestern untereinander genetisch sehr ähnlich sein ($r = 0,75$), ähnlicher sogar, als eine Mutter ihren Töchtern und Söhnen ($r = 0,50$). Da bei den Hymenopteren potentiell eine so nahe Verwandtschaft zwischen Schwestern besteht, schlug Hamilton vor, daß indirekte Selektion die treibende Kraft hinter der Evolution sozialer Insekten darstellen könnte [400, 1006]. Der hohe Anteil identischer Allele, die Schwestern miteinander teilen, erhöht die Wahrscheinlichkeit, daß ein hilfreiches Verhalten untereinander die Gesamtfitness des Altruisten erhöht.

Die Kernaussage von Hamiltons Hypothese ist, daß weibliche Wespen eigentlich ihren reproduktionsfähigen Schwestern (den zukünftigen Königinnen) helfen und nur beiläufig ihre Mutter unterstützen. Mit anderen Worten, das genetische Ziel ihres Verhaltens ist eine Verbesserung der Überlebenschancen ihrer eigenen Gene durch Unterstützung von sehr nah verwandten Geschwistern. Wenn Schwestern wirklich eng miteinander verwandt sind, könnte die indirekte Selektion Weibchen begünstigen, die sozusagen alle eigenen Eier (Allele) ihrer Schwester „überantworten" und die eigene Fortpflanzung völlig aufgeben. Natürlich ist dies davon abhängig, ob genügend reproduktionsfähige Schwestern vorhanden sind, denen man helfen kann. Darüber hinaus muß sich durch die Unterstützung der Helferin die Anzahl überlebender Geschwister erhöhen. Unter geeigneten Umständen ist es dann für eine Arbeiterin theoretisch möglich, ihre Gesamtfitness zu erhöhen, wenn sie eine fortpflanzungsunfähige Helferin ist statt eine sich fortpflanzende Königin.

16.3.2 Überprüfung der Hypothese einer indirekten Selektion zur Eusozialität

Die Hypothese einer indirekten Selektion zur Evolution steriler Kasten sagt voraus, daß die Mitglieder solcher Kasten auch bei anderen Insekten als den Hymenopteren nah verwandten Individuen helfen. Sterile Helfer haben sich nur in wenigen anderen Insektengruppen entwickelt, wo sie die Verteidigung gegen räuberische Insekten übernehmen [199]. So gibt es zum Beispiel bei mehreren Blattlaus-Arten (Aphidina) sterile Soldaten in den Kolonien (Abb. 16-20); die Soldaten benutzen ihre speziell verstärkten Mundwerkzeuge zum Töten der Larven von Marienkäfern (Coccinellidae) und anderen Freßfeinden junger Blattläuse [320]. Bei dem Versuch, ihre Koloniemitglieder zu verteidigen, kommen die Soldaten oft um. Bei einigen dieser eusozialen Arten ist jede einzelne Kolonie ein Klon genetisch identischer Tiere, die von einem einzigen Weibchen parthenogenetisch erzeugt wurden, so daß die Soldaten Verwandte mit einem Verwandtschaftskoeffizient von $r = 1$ verteidigen [21, 477]. Allerdings können Gruppen mit sterilen Soldaten bei anderen Arten mehr als einen Klon enthalten, was darauf hindeutet, daß die Hypothese einer indirekten Selektion in Bezug auf die Evolution von Eusozialität mit Problemen behaftet ist [477], wie sogleich deutlich werden wird.

Ein Weg zur Überprüfung der Hypothese einer indirekten Selektion zur Evolution von sterilen Arbeitern bei sozialen Hymenopteren ist die Feststellung der Geschlechterverhältnisse in Kolonien eusozialer Insekten [940]. Um diesen Ansatz zu verstehen, müssen wir uns Hamiltons Argumentation ins Gedächtnis rufen, daß sich Arbeiterinnen gegenüber ihren Schwestern altruistisch verhalten, weil sie, wie anzunehmen ist, eng mit diesen verwandt sind. Wenn dies zutrifft, ist ein Konflikt zwischen den Arbeiterinnen (die bei Hymenopteren immer Weibchen sind) und der Königin, ihrer Mutter, zu erwarten. Die Königin einer Kolonie hat 50 % ihrer Allele mit ihren männlichen und weiblichen Nachkommen gemeinsam; sie erzielt wahrscheinlich keinen genetischen Gewinn, wenn sie mehr Ressourcen in die Produktion von Weibchen investiert als in die von Männchen, oder umgekehrt. Allerdings sind die Töchter mit ihren Schwestern (r = 0,75) und mit ihren Brüdern (r = 0,25) nicht gleichermaßen verwandt, mit dem Ergebnis, daß sie von einem Investitionsverhältnis von 75:25 (3:1) zugunsten ihrer Schwestern gegenüber ihren Brüdern profitieren würden.

Wenn der vorausgesagte Konflikt zwischen Königin und Arbeiterinnen auftritt, würden die Arbeiterinnen in großen eusozialen Kolonien wohl die Oberhand behalten. Sie sind es, die die Larven umsorgen und füttern; daher könnten sie ihren Brüdern Futter vorenthalten, um es statt dessen ihren Schwestern zukommen zu lassen. Von dieser Argumentation ausgehend sagten Robert Trivers und Hope Hare voraus, daß das Gewicht aller erzeugten Weibchen (ein Maß für die Ressourcen, die insgesamt der Produktion von Weibchen zufließen) das Gesamtgewicht der Männchen im Verhältnis 3:1 übertreffen sollte. Die Beschaffung der benötigten Daten zur Prüfung dieser Voraussage ist schwierig, aber Trivers und Hares Untersuchung des vorliegenden Datenmaterials deutet auf eine starke Tendenz zur verstärkten Investition in Weibchen hin (siehe aber auch [13]).

Ulrich Mueller entwickelte eine andere Möglichkeit zur Überprüfung der Hypothese, daß bei Hymenopteren die Arbeiterinnen in Koloniemitglieder je nach Verwandtschaftsgrad unterschiedlich investieren [678]. In einem Experiment entfernte er aus einigen Kolonien primitiver, eusozialer Bienen die Gründerkönigin, in anderen Kolonien ließ er sie an Ort und Stelle. Bei einer Kolonie mit Gründerkönigin besteht die Asymmetrie in der Verwandtschaft zwischen Arbeiterinnen und ihren Schwestern (r = 0,75) bzw. ihren Brüdern (r = 0,25) fort, und nach der Hypothese einer indirekten Selektion ist eine Bevorzugung des weiblichen Nachwuchses zu erwarten. In den Kolonien hingegen, aus denen die Gründerin entfernt wird, übernimmt eine Tochter die Führungsrolle bei der Fortpflanzung. Unter diesen Bedingungen helfen ihre Schwestern ihr bei der Produktion von Nichten (r = 0,375) und Neffen (r = 0,375) anstatt von weiteren Geschwistern. Wie Sie sehen können, verschwindet die Asymmetrie im Verwandtschaftsgrad, weshalb die Arbeiterinnen den männlichen Nachwuchs in Kolonien ohne Gründerin besser behandeln sollten. Und in der Tat produzierten diese Kolonien mehr Männchen als Kolonien, die ihre Gründerkönigin behalten hatten; das Gesamtgewicht aller Männchen in Kolonien ohne Gründerin betrug 63 % der Koloniemasse, wohingegen es in Kolonien mit Gründerkönigin nur 43 % waren.

16.3.3 Eusozialität und direkte Selektion

Bis heute bewundern selbst Zweifler an Hamiltons Hypothese und ihrer Überprüfung die Genialität, mit der er die mögliche kausale Verbindung zwischen dem haplodiploiden System der Geschlechtsdetermination und der Evolution steriler Weibchenkasten bei Hymenopteren erkannt hat. Wie wir gesehen haben, ergeben sich aus der Haplodiploidie-Hypothese einige Voraussagen, die bestätigt werden konnten. Allerdings konnten, wie Hamilton selbst eingeräumt hat, einige andere Behauptungen nicht gestützt werden, darunter die folgenden:

Voraussage 1: Die Königinnen eusozialer Ameisen,

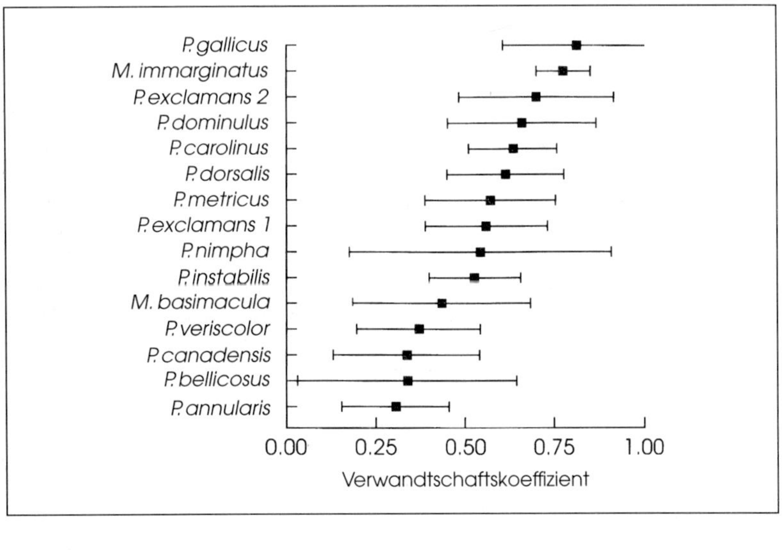

Abb. 16-21: **Der durchschnittliche Verwandtschaftskoeffizient** zwischen weiblichen Koloniemitgliedern bei mehreren Wespenarten; die meisten gehören zur Gattung *Polistes*. Beachtenswert ist, daß die meisten Werte weit unter dem maximal möglichen (0,75) liegen. Quelle: Strassmann et al. (901).

Abb. 16-22: **Eusoziale Säugetiere. Nacktmulle leben in Kolonien mit einer Arbeiterkaste.** Auf dem Bild drängen sich junge und alte Tiere in einer zentral gelegenen Kammer zusammen, wo die Königin mit ihren Königen wohnt. Foto von Jennifer Jarvis.

Bienen und Wespen paaren sich nur ein einziges Mal (weil eine Königin, die sich mit mehr als einem Männchen paart, unterschiedliche männliche Gameten erhält, was eine enge genetische Verwandtschaft zwischen der Königin und ihren Töchtern ausschließt).

Tatsächlich aber paaren sich die Königinnen bei vielen eusozialen Hymenopteren häufiger; bei der bekannten Honigbiene (*Apis mellifera*) beispielsweise paart sich eine Königin mehrmals während einer Reihe von Hochzeitsflügen [524]. Kenneth Ross zeigte, daß die Königinnen zweier eusozialer Wespenarten ebenfalls in der Regel Paarungen mit mehr als einem Männchen eingehen und daß bei ihnen der maximale durchschnittliche Verwandtschaftskoeffizient zwischen den Arbeiterinnen und ihren sich reproduzierenden Schwestern 0,4 nicht überschreitet [804].

Voraussage 2: Eusoziale Hymenopteren bilden Kolonien mit einer einzigen Königin (weil es für Arbeiterinnen einer Kolonie mit mehreren Königinnen schwierig ist, diejenigen Schwestern herauszufinden und zu unterstützen, die einen Verwandtschaftskoeffizient von 0,75 haben).

Viele Kolonien sozialer Insekten haben jedoch mehrere, gemeinsam herrschende Königinnen, wobei die von ihnen gelegten Eier von allen Arbeiterbienen in gleicher Weise umsorgt werden. Sogar in Kolonien der Wespengattung *Polistes*, die im allgemeinen von einem dominanten Weibchen allein geführt zu werden scheinen, haben Joan Strassmann und ihre Mitarbeiter mit Hilfe genetischer Analysen herausgefunden, daß der tatsächliche durchschnittliche r-Wert von Nestgenossinnen fast nie den Höchstwert von 0,75 erreicht und oft sogar weniger als 0,50 beträgt (Abb. 16-21) [901]. Diese Ergebnisse sind ein Hinweis darauf, daß bei den Faltenwespen viele

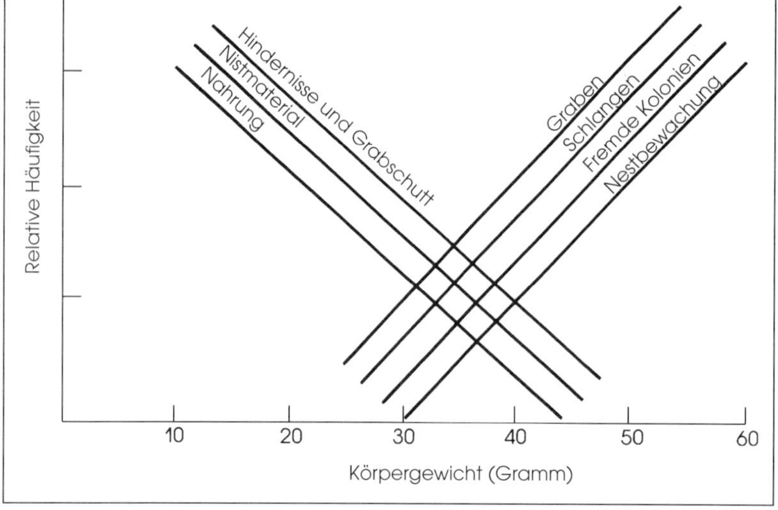

Abb. 16-23: **Arbeitsteilung in Nacktmullkolonien.** Kleinere Tiere führen hauptsächlich Instandhaltungsarbeiten durch; größere Individuen übernehmen Grabarbeiten und Verteidigungsaufgaben. Nur die allergrößten Koloniemitglieder pflanzen sich fort. Aus Lacey und Sherman (546).

Abb. 16-24: **Die Kosten von Abwanderungen** dürften bei eusozialen Arten hoch sein, da die Wahrscheinlichkeit, einen vergleichbar sicheren Platz wie das Geburtsnest zu finden, gering ist. Eusoziale Insekten bewohnen oft große und komplexe Bauten, wie diese australischen Termitenhügel, die schwierig zu errichten sind. Die Chancen für eine Gründerin, eine derartige Kolonie erfolgreich anzulegen, stehen daher schlecht. Fotos des Autors.

Königinnen sich entweder mehrmals paaren oder sich die reproduktiven „Aufgaben" mit anderen Weibchen aus dem Nest teilen.

Voraussage 3: Eusozialität sollte auf haplodiploide Organismen beschränkt sein.

Dieser entscheidenden Aussage aus der Haplodiploidie-Hypothese steht die Entdeckung gegenüber, daß Termiten, obwohl bei ihnen Männchen wie Weibchen diploid sind, eine genauso hochdifferenzierte soziale Organisation aufweisen wie Honigbienen und Faltenwespen. Termitenkolonien können aus Tausenden von sterilen Arbeiterinnen und Arbeitern bestehen (siehe Abb. 16-16), die alle für eine riesige, aufgedunsene Königin sorgen, welche in einer Legekammer inmitten eines gewaltigen, von Gängen durchzogenen Nesthügels sitzt (siehe Abb. 16-24). Es gibt sogar einen Vertreter unter den diploiden Wirbeltieren, der im wesentlichen eusozial lebt [856]. Der bizarr aussehende Nacktmull (*Heterocephalus glaber*) ist ein kleines, haarloses Säugetier (Abb. 16-22), das in Kolonien aus 70 bis 80 Tieren lebt. Jede Kolonie bewohnt einen eigenen, komplex gestalteten Bau aus unterirdischen Gängen, die eine Gesamtlänge von bis zu 3 Kilometern erreichen können. Die riesige Ausdehnung ihres subterranen Heims ist das Ergebnis einer außerordentlichen Kooperationsfähigkeit der Koloniemitglieder, die kettenförmige Arbeitstrupps bilden und so jedes Jahr Tonnen von Erde an die Oberfläche befördern (wenn sie ihre Gänge auf der Suche nach Knollenwurzeln von Pflanzen ausweiten). Wenn es aber zur Fortpflanzung kommt, ist diese auf eine einzige riesige „Königin" und mehrere „Könige", die in einer zentral angelegten Nestkammer leben, beschränkt. Die anderen Weibchen ovulieren nicht einmal, sondern sind sterile Helfer am Nest. Sie sind für spezielle Aufgaben zur Versorgung der Königin und der Könige bestimmt, und dasselbe gilt für die meisten Männchen der Kolonie (Abb. 16-23) [546].

Die Existenz von Termiten und Nacktmullen sagt uns, daß Haplodiploidie keine notwendige Voraussetzung für die Entwicklung von eusozialem Verhalten ist. Dennoch ist es möglich, eine Erklärung auf der Grundlage der indirekten Selektion für den extremen Altruismus bei Termiten und Nacktmullen zu liefern, vorausgesetzt, bei diesen Tieren kommt es zu Inzucht. Bestimmte Inzuchtformen (wiederholte Bruder-Schwester oder Sohn-Mutter Paarungen) können zur Bildung von Kolonien führen, deren Mitglieder sich genetisch sehr ähnlich sind (sich aber von denen anderer Kolonien unterscheiden). Unter diesen Bedingungen könnten Altruisten Individuen helfen, mit denen sie aufgrund ihrer Abstammung einen hohen Anteil an Genen gemeinsam haben. Somit können nichtreproduzierende Termiten oder Nacktmulle sich fortpflanzenden Individuen helfen, deren Nachkommen mit großer Wahrscheinlichkeit die Gene des Altruisten in sich tragen und weitergeben werden. DNA-Fingerprints zeigen, daß die Mitglieder einer Nacktmullkolonie tatsächlich genetisch äußerst ähnlich sind, während sie sich erheblich von den Mitgliedern anderer Kolonien unterscheiden. Unter diesen Bedingungen entsteht den Helfern in einer Kolonie ein großer potentieller Nutzen in Bezug auf ihre indirekte Fitness [780].

16.3.4 Die Ökologie der Eusozialität

Bisher war das Augenmerk auf die besonderen genetischen Bedingungen gerichtet, die indirekte Fitnessvorteile für sterile (oder wenigsten sich nicht fortpflanzende) Arbeiterinnen zur Folge haben können. Aber wie steht es mit den Umweltfaktoren, die einen Einfluß auf die Vor- und Nachteile haben könnten, welche mit den Optionen, in der Geburtskolonie zu helfen oder aber abzuwandern und sich selbst fortzupflanzen, verbunden sind? Malte Andersson nahm an, daß das Abwandern aus der Geburtskolonie für Angehörige eusozialer Arten mit extrem hohen Kosten verbunden ist [19]. Fast alle eusozialen Organismen, ob es nun haplodiploide Ameisen oder diploide Termiten oder Nacktmulle sind, haben Nester, die mit großer Sorgfalt gebaut wurden und in denen der Nachwuchs sicher aufgezogen werden kann (Abb. 16-24). Die Neuanlage eines unterirdischen Baus ist eine monumentale Aufgabe für einen 15 Zentimeter großen Nacktmull (oder ein noch kleineres Termitenpaar oder eine einzelne Ameise als Gründerin). Eine solche Aufgabe ist wohl dazu bestimmt, häufiger zu mißglücken als zu gelingen. Da die Kosten einer Abwanderung so hoch sind, brauchen die Vorzüge, die einen Verbleib in einem sicheren Geburtsnest in Verbindung mit Hilfeleistungen begünstigen, nicht groß sein, falls die seßhaften Tiere ihren Verwandten nützliche Unterstützung bieten können.

Ein kürzlich entdeckter, eusozialer Kernkäfer (*Australoplatypus incompertus*, Platypodidae) entspricht genau diesem Muster [506]. Ein Gründerweibchen dieser Art benötigt sieben Monate, nur um die ersten ca. fünf Zentimeter eines Gangsystems zu errichten, das schließlich das gesamte Kernholz eines Eukalyptusbaumes durchziehen wird. Es erscheint daher ziemlich unwahrscheinlich, daß es den meisten Gründerinnen gelingen könnte, eine neue Kolonie aufzubauen. Eine solche Kolonie enthält eine Anzahl unbefruchteter Helfertöchter, die Teile ihrer Beine verlieren, um sich in dem immer umfangreicher werdenden Gangsystem besser bewegen zu können. Wenn sie erst einmal entstanden sind, können Kolonien Jahrzehnte überdauern; die Helferinnen leben in einem gesicherten Heim, wo sie ihrer Mutter bei der Aufzucht von Männchen und neuen Gründerinnen helfen.

Bei den sozialen Hymenopteren besitzen die Arbeiterinnen einen Stachel, der ihnen ermöglicht, sich als nützliche Helferinnen zu erweisen [892]. Auch sterile Termitenarbeiter und Soldaten wie auch die Helfer bei den Nacktmullen können ihre Geschwister verteidigen und viele weitere Aufgaben übernehmen, darunter auch das Sammeln von Nahrung. Bei Vögeln gibt es Helfer am Nest gewöhnlich bei den Arten, die Nesthocker – hilflose, für einen gewissen Zeitraum auf Versorgung angewiesene Jungtiere – hervorbringen, nicht aber bei Arten mit Nestflüchtern, wo die Jungen innerhalb weniger Stunden oder Tage nach dem Schlüpfen befiedert, mobil und teilweise schon unabhängig sind. Helfer gibt es auch besonders häufig bei carnivoren Säugern, die Baue bewohnen und zur Ernährung ihrer Jungen seltenes und schwierig zu fangendes Wild benötigen. Derartige ökologische Bedingungen erhöhen den Wert altruistischen Verhaltens von Nicht-Elterntieren und verringern gleichzeitig die Chancen, daß abwandernde Eltern, die zum ersten Mal Nachwuchs haben, ihre Jungen allein erfolgreich aufziehen.

Folglich können bestimmte genetische Faktoren der Evolution von Altruismus einen entscheidenden Anstoß geben, vorausgesetzt, die ökologischen Verhältnisse, unter denen eine Art lebt, ermöglichen einem Helfer eine tatkräftige Verwandtenunterstützung und erschweren gleichzeitig die eigene, rasche Fortpflanzung. Allerdings könnte diese Hypothese immer noch nicht hinreichend sein, da es eine Vielzahl nicht-eusozialer Arten gibt, bei denen Abwanderungen anscheinend kostspielig sind und verbleibende Tiere nützliche Hilfe leisten könnten. Zum Beispiel gibt es sieben afrikanische Mullarten, die in unterirdischen Bauen leben und bei denen alle Tiere Eltern werden können. Die Kosten einer Abwanderung aus einem sicheren Erdbau sollten für alle Arten hoch sein, und der Nutzen durch Hilfeleistungen wäre – so hat es den Anschein – substantiell, wenn man die Pflege, welche die Jungen brauchen und die Vorteile der gemeinsamen Errichtung eines Baus in Betracht zieht. Aus diesem Grund würden wir erwarten, bei allen sieben Arten eine eusoziale Lebensweise vorzufinden. Dies ist nicht der Fall. Nur eine dieser Arten hat ein ähnliches Sozialsystem wie das der Nacktmulle entwickelt. Es gibt über die ökologischen und genetischen Grundlagen eines extremen Altruismus noch viel zu lernen.

Zusammenfassung

1. In Tiersozietäten dulden Individuen die Nähe von Artgenossen, obwohl dies einen erhöhten Wettbewerb um begrenzte Ressourcen, ein größeres Krankheitsrisiko und das Risiko einer intraspezifischen Ausbeutung mit sich bringt. Unter manchen ökologischen Bedingungen sind die Vorteile einer sozialen Lebensweise (im allgemeinen ein besserer Schutz vor Raubfeinden) groß genug, um deren Nachteile zu überwiegen. Die verbreitete Ansicht, eine soziale Lebensweise sei einem solitären Dasein immer überlegen, ist falsch.
2. Ein zentrales Problem in der Evolutionsbiologie besteht in der Erklärung der Evolution von Hilfeverhalten, bei dem ein Tier einen Teil seiner direkten Fitness zugunsten eines größeren Fortpflanzungserfolgs Anderer opfert. Dieses Verhalten (Altruismus) ist in Tiersozietäten durchaus nicht selten; dazu gehören die Alarmrufe einiger Vögel und Säugetiere, Hilfeleistung bei der Aufzucht von Jungtieren, die nicht vom Helfer stammen, und sogar ein vollständiger Verzicht steriler Arbeiterinnen und Arbeiter auf die eigene Fortpflanzung zugunsten der Vermehrung anderer Individuen.
3. Es lassen sich mehrere alternative Hypothesen zur Evolution des Helfens anführen. Einige kooperative Aktionen können eine unmittelbare Verbesserung des Fortpflanzungserfolgs des Helfenden bewirken. Andere können die sofortige Bereitstellung mäßig kostspieliger Hilfeleistungen erfordern, die jedoch später durch die höchst nützliche Erwiderung der Unterstützung übertroffen werden. Beide Kategorien der Kooperation können daher das Ergebnis direkter (natürlicher) Selektion sein. Wenn ein Helfer durch seine Hilfeleistungen eine permanente Beeinträchtigung seines persönlichen Fortpflanzungserfolgs erfährt, kann dies dennoch seine Gesamtfitness (die Zahl seiner insgesamt weitergegebenen Gene) verbessern, wenn sein altruistisches Verhalten auf andere Verwandte als seine eigenen Nachkommen ausgerichtet ist. Kostspielige Hilfeleistungen, welche die Fitness dieser Verwandten steigern, können das Ergebnis indirekter Selektion sein.
4. Damit wir entscheiden können, welche der alternativen Hypothesen in einem gegebenen Fall zutrifft, sind bestimmte Informationen besonders nützlich – vor allem solche über den Verwandtschaftsgrad zwischen Helfer und Hilfeempfänger(n) und über die Vor- und Nachteile, die der Geber und der (die) Empfänger durch die Hilfe erfahren. Selbst wenn diese Informationen zur Verfügung stehen, kann es dennoch der Fall sein, daß die relative Bedeutung von indirekter und direkter Selektion bei der Entwicklung eines Merkmals nicht vollständig zu klären ist, wie wir an der andauernden Diskussion über die evolutive Grundlage für die Entstehung steriler Helfer bei eusozialen Tieren sehen können.

Empfohlene Literatur

W. D. Hamiltons Arbeit [400] begründete eine Revolution im Verständnis des Sozialverhaltens; siehe dazu auch neuere Arbeiten von Richard Alexander [9], Mary Jane West-Eberhard [979] und Stephen Emlen [283]. Ich habe vor allem Jerram Browns Buch **Helping and Communal Breeding in Birds** zu Rate gezogen, um die Formen der Selektion, welche die Evolution von Sozialverhalten beeinflussen, zu verstehen [129]. Heinz-Ulrich Reyers Arbeit über den sozialen Graufischer ist hervorragend [782].

Ausgezeichnete Untersuchungen des Sozialverhaltens gibt es über Ameisen [456] und andere soziale Insekten [848, 1006], Löwen [720, 833], Ziesel [850, 851], Eichelspechte [523] und Nacktmulle [856]. Weitere Veröffentlichungen, die im Text nicht erwähnt wurden, aber ebenfalls die Überprüfung alternativer Hypothesen beinhalten, sind [566, 723, 890].

Diskussionsfragen

1. Einige Vampirfledermäuse (Desmodontidae) würgen Blut für hungrige Artgenossen hervor [1000]. Welche Informationen benötigt man mindestens, um entscheiden zu können, ob diese Hilfeleistung durch indirekte bzw. durch direkte Selektion evoluiert ist?
2. Angenommen, Sie berechnen die Gesamtfitness eines Löwenmännchens in einer Koalition folgendermaßen: Sie erhalten den Wert seiner direkten Fitness, indem Sie die Anzahl der von ihm gezeugten Kinder mit 0,5 multiplizieren; dann addieren Sie seine indirekte Fitness, indem Sie die Gesamtzahl der Jungen, die von den anderen Mitgliedern der Koalition gezeugt wurden, mit dem mittleren Verwandtschaftskoeffizient r zwischen den Kindern und dem betreffenden Männchen multiplizieren. Aus welchen Gründen könnte man Ihre Vorgehensweise bei der Berechnung der Gesamtfitness in Frage stellen?
3. Warum sollten sich Weibchen einer sozialen Wespenart überhaupt noch selbst fortpflanzen, wenn ein Weibchen dabei helfen könnte, mehr Weibchen mit $r = 0{,}75$ zu zeugen, und der Verwandtschaftskoeffizient zwischen sich fortpflanzenden Tieren und ihren Kindern 0,5 beträgt?
4. Bei der Ameisenart *Veromessor pergandei* können sich zwei oder drei nicht miteinander verwandte Weibchen zusammenschließen, um eine neue Kolonie zu gründen [790]. Sie arbeiten perfekt zusammen, bis die ersten Nachkommen schlüpfen; von diesem Zeitpunkt an beginnen sie, gegeneinander zu kämpfen, wobei die Gewinnerin ihre Gefährtin(nen) tötet. Entwickeln Sie mindestens eine Kosten-Nutzen-Hypothese, um den Zeitpunkt des Umschwenkens von kooperativem zu aggressivem Verhalten zu erklären.
5. Dieses Kapitel behandelt die Evolution steriler Arbeiterinnen ausschließlich aus der Perspektive von Fitnessgewinnen und -verlusten für die Arbeiterinnen selbst. Wie aber verhält es sich, wenn wir das Ganze vom Standpunkt einer Selektion von Königinnen betrachten? Wie könnten sich Königinnen direkte Fitnessvorteile verschaffen, indem sie einen Teil ihres Nachwuchses dazu „zwingen", Helfer zu werden und sich nicht fortzupflanzen – selbst wenn dadurch die Gesamtfitness dieser Helfer reduziert würde? (Lesen Sie [9, 979], nachdem Sie über eine Antwort nachgedacht haben.)

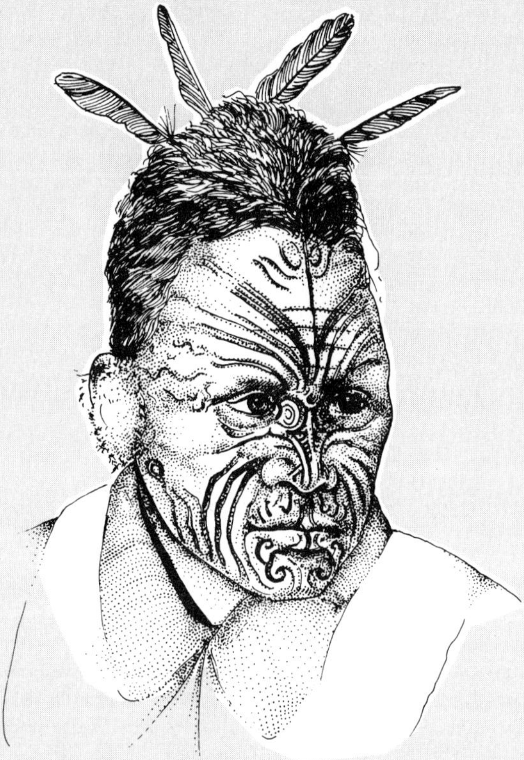

Menschen sind eine Tierart, die eine Evolutionsgeschichte hat. Es stimmt, daß wir eine ungewöhnliche Art sind, doch auch Dreizehenmöwen und Mückenhafte sind einzigartige, wunderbare Lebewesen. Wenn wir die Evolutionstheorie auf Dreizehenmöwen und Mückenhafte anwenden können, sollten wir sie vielleicht ebenso auf den Menschen beziehen können. Es werden keineswegs alle die Auffassung teilen, daß dies wünschenswert oder gewinnbringend ist, und ich werde darlegen, warum so viele von uns nicht wahrhaben wollen, daß unser Verhalten im Laufe der Evolution so geformt wurde, daß es die Gesamtfitness von Individuen erhöht. Aufgrund der Komplexität und Verschiedenartigkeit menschlichen Verhaltens in verschiedenen Kulturen auf der ganzen Welt sind viele Forscher, die menschliches Verhalten untersuchen, überzeugt, daß man einen evolutionären Forschungsansatz auf den Menschen nicht anwenden kann. Befürworter und Gegner eines solchen Unterfangens stehen daher vor der Aufgabe, zu prüfen, ob es ungeachtet der großen Vielfalt kultureller Eigenarten nicht doch grundlegende Elemente der menschlichen Psyche und des menschlichen Verhaltens gibt, die sich evolutionär erklären lassen. Der Evolutionstheorie zufolge steuern unsere Gene die Entwicklung unseres Gehirns so, daß wir uns vorzugsweise adaptiv (in einer Weise, die unsere Fitness steigert) verhalten. Anhand dieser Theorie kann man Hypothesen über psychische Eigenschaften und Verhaltensweisen von Menschen entwickeln, die mit dem Wirken einer direkten (oder indirekten) Selektion vereinbar sind. Ich werde eine Auswahl solcher Hypothesen vorstellen, von denen einige eher spekulativer Natur und andere besser geprüft sind. Keines dieser Erklärungsmodelle wurde umfassend im Vergleich mit einer Reihe von Alternativhypothesen getestet. Ich stelle sie als Gedankenexperimente vor, um zu zeigen, daß man plausible und überprüfbare Hypothesen über die ultimate Bedeutung menschlichen Verhaltens entwickeln kann, obwohl einige Verhaltensweisen auf den ersten Blick sogar maladaptiv zu sein scheinen. Die von mir vorgestellten Beispiele werden nicht das letzte Wort sein, aber ich bin überzeugt, daß eine evolutionäre Sichtweise interessant und fruchtbar ist, wenn wir unser eigenes Verhalten verstehen wollen.

17 Das Verhalten des Menschen aus evolutionsbiologischer Sicht

17.1 Die Angepaßtheit menschlichen Verhaltens

Das Verhalten des Menschen stellt Evolutionsbiologen vor viele faszinierende Rätsel. Beispielsweise ist es üblich, Blut an Blutbanken zu spenden, wie es unter anderem auf dem Campus nordamerikanischer Colleges häufig geschieht. Solch ein Verhalten scheint altruistisch zu sein, da es für den Spender eventuelle, wenn auch geringe Fitnesskosten mit sich bringt, und für den Empfänger mit einem unter Umständen erheblichen Fitnessgewinn verbunden ist. Das Bemerkenswerte an diesem Transfer ist, daß Spender und Empfänger normalerweise nicht verwandt sind und sich aller Wahrscheinlichkeit nach auch nie begegnen werden.

Aus dem letzten Kapitel werden Sie noch in Erinnerung haben, daß eine der ultimaten Hypothesen zur Erklärung von helfendem, selbstlosen Verhalten besagt, daß dieses Verhalten dem Helfer indirekte Fitnessgewinne einbringt. Das Spenden von Blut kann solche Gewinne aber nicht mit sich bringen, wenn Spender und Empfänger nicht verwandt sind. Zudem ist es äußerst unwahrscheinlich, daß es sich hier um einen reziproken Altruismus handelt, bei dem nach einiger Zeit eine Rückzahlung erfolgt, da jemand, der eine Bluttransfusion erhält, selten die Möglichkeit hat, zu erfahren, wer der Spender war.

Deshalb wurde von vielen behauptet, daß das Spenden von Blut ein gutes Beispiel für ein Verhalten ist, das sich einer evolutionären Analyse entzieht, und das „rein" altruistisch ist, da es ohne irgendeinen möglichen Fitnessgewinn praktiziert wird. Laut Peter Singer „sagt uns der gesunde Menschenverstand, daß Menschen, die Blut spenden, dies tun, um anderen zu helfen, und nicht, um unter dem Deckmantel des Helfens selbst einen Gewinn zu erzielen" [871]. Für viele wäre es nicht überraschend, wenn das menschliche Verhalten in seiner ungeheuren kulturellen Vielfalt viele Eigenarten aufweisen würde, die mit Voraussagen aus der Evolutionstheorie nicht zu vereinbaren sind, zumal es sich bei vielen menschlichen Verhaltensweisen, wie dem Spenden von Blut, um sehr junge kulturelle Phänomene handelt.

Wie ich aber in früheren Kapiteln ausgeführt habe, sind Eigenschaften, bei denen der individuelle Vorteil nicht offenkundig ist, für Verhaltensökologen besonders anziehend. Auch im Hinblick auf das Blutspenden wurde schließlich eine adaptionistische Hypothese entwickelt. Nach Richard Alexander ist das Spenden von Blut „ein elegantes Mittel, besonders altruistisch zu erscheinen, indem jemand sich bereit zeigt, einem vollkommen Fremden einen besonders wertvollen Besitz zu überlassen". Dies könnte sich in der Zukunft auszahlen, nicht seitens des fremden Blutempfängers, aber durch die Menschen, die mit dem Blutspender zusammenleben, und die ihn eventuell für kooperativer und hilfsbereiter halten als andere, die nicht als so „altruistisch" bekannt sind.

Martin Daly und Margo Wilson merken dazu an, daß sich Richard Alexanders Argument auf die Möglichkeit stützt, daß Menschen einen psychischen Mechanismus besitzen, der sie anspornt, sich bei wohltätigen Aktionen mit geringen Kosten zu engagieren. Dieser hypothetische, proximate Mechanismus sorgt dafür, daß wir uns gut fühlen, wenn wir anderen helfen, selbst wenn es sich um völlig Fremde handelt, vorausgesetzt, die entstehenden Kosten sind gering. In modernen westlichen Zivilisationen motiviert uns dieses Gefühl, gelegentlich Blut zu spenden oder andere, wenig aufwendige Formen gesellschaftlich anerkannter Wohltätigkeit auszuüben. In Gesellschaften vergangener Zeiten, als sich dieser hypothetische Mechanismus entwickelte, waren die Menschen motiviert, anderen kleine Hilfen zu erweisen, die von ihrer jeweiligen Kultur sanktioniert waren. Auf ultimater Ebene könnte ein solcher Mechanismus den adaptiven Wert gehabt haben (und noch haben), daß eine Person eine gute Reputation für Kooperationsbereitschaft erhält und dadurch in den Genuß von Gegenleistungen kommt, die auf einem reziproken Altruismus beruhen, wie Alexander ihn sich vorstellt.

Aus Alexanders Argumentation ergeben sich mehrere

(bislang weitgehend nicht überprüfte) Voraussagen, etwa daß jemand, der ohne Bezahlung Blut spendet, fast immer einige Leute wissen läßt, daß er Blut gespendet hat. (Wie Bobbi Low und Joel Heinen berichten, sind Studenten der Universität Michigan sehr viel eher bereit, Spenden zu geben, wenn sie eine Anstecknadel oder eine Plakette erhalten, die ihre Beteiligung ausweist. Interessanterweise stellt das Amerikanische Rote Kreuz bei seinen Blutspendeaktionen Anstecknadeln zur Verfügung, die auf eine erfolgte Blutspende hinweisen [592].) Des weiteren sollten Personen eher Blut spenden, wenn man ihnen versichert, daß sie selbst oder Verwandte dann im Bedarfsfall bevorzugt Bluttransfusionen erhalten. Oder, falls Personen die Wahl haben, sich für einen Blutspender oder für jemanden, der kein Blut spenden möchte, als Freund oder Arbeitspartner zu entscheiden, sollten sich die meisten für den Blutspender entscheiden. Vielleicht stellen sich diese Voraussagen schließlich als falsch heraus. In diesem Fall könnten wir eine der adaptionistischen Hypothesen ausschließen. Wenn wir aber nur auf den „gesunden Menschenverstand" hören würden, übersähen wir interessante, überprüfbare Erklärungen zu einem faszinierenden Aspekt menschlichen Verhaltens.

17.2 Die Kontroverse um die Soziobiologie

Alexanders Untersuchung der Frage, warum Menschen Blut spenden, orientiert sich grundsätzlich an dem gleichen verhaltensökologischen Ansatz, der in diesem Buch in einer Vielzahl von Beispielen vorgestellt wird. Um eine ultimate Hypothese über das Blutspenden zu entwickeln, nahm Alexander an, daß dieses Verhalten auf einem evolutiv entstandenen psychischen Mechanismus beruht, der die Gesamtfitness von Individuen mit diesem Mechanismus eher erhöht als erniedrigt. Eine solche Sichtweise führt selten zu heftigen Kontroversen, wenn sie auf Ziesel (*Citellus* sp.) oder Heckenbraunellen (*Prunella modularis*) angewandt wird (siehe aber [365, 517]). Wenn es aber um den Menschen geht, sieht die Sache ganz anders aus.

Die verhaltensökologische Theorie über das menschliche Verhalten wird oft „Soziobiologie" genannt, nach dem gleichnamigen Buch, das E. O. Wilson 1975 schrieb [1007]. Durch dieses Buch wurde eine breitere Öffentlichkeit darauf aufmerksam, daß man menschliches Verhalten evolutionsbiologisch untersuchen kann. Unter den Lesern waren einige von Wilsons eigenen Kollegen an der Harvard-Universität, Stephen J. Gould und Richard Lewontin [15, 363]. Sie und viele andere reagierten sehr ablehnend auf die Erörterung der evolutiven Grundlagen menschlichen Verhaltens im letzten der 27 Kapitel von Wilsons „Soziobiologie".

Nach wie vor stören sich viele an einer soziobiologischen Erklärung menschlichen Verhaltens, obwohl persönliche Angriffe gegen Wilson glücklicherweise abgeklungen sind. Es dürfte wohl unmöglich sein, alle gegenwärtigen Kritiker der Soziobiologie davon zu überzeugen, daß ihre Einwände weitgehend auf Mißverständnissen beruhen. Falsche Vorstellungen über die Soziobiologie sind aber nach wie vor weit verbreitet. Hier sind fünf davon [206]:

„Die Soziobiologie ist Wilsons eigene Theorie über das menschliche Verhalten."

Wie gerade ausgeführt wurde, ist die Soziobiologie weder eine neue Disziplin, noch ist sie auf menschliches Verhalten beschränkt. Wilson tat nichts weiter als einen einfachen und eingängigen Begriff für etwas einzuführen, was ansonsten umständlich die „Untersuchung des Sozialverhaltens aus der Sicht von Darwins Evolutionstheorie" oder „... aus Sicht der Verhaltensökologie" heißen würde. „Soziobiologie" war Wilsons Synthese von Erkenntnissen zum Sozialverhalten, die viele Evolutionsbiologen über das gesamte Tierreich zusammengetragen hatten, von Schleimpilzen bis hin zum Menschen. Im letzten Kapitel entwickelte er auf der Grundlage der Evolutionstheorie eine Reihe von Hypothesen über die mögliche adaptive Bedeutung unserer eigenen Verhaltensweisen. Viele andere vor und nach Wilson haben das gleiche getan.

„Noch nie hat jemand die Gene für irgendein menschliches Verhalten identifiziert."

Viele haben den falschen Eindruck, es sei Ziel der Soziobiologen, Gene für verschiedene menschliche Verhaltensweisen, etwa altruistisches oder aggressives Verhalten, zu entdecken. Um einen adaptionistischen Ansatz auf das Verhalten irgendeiner Tierart anwenden zu können, muß man voraussetzen, daß das fragliche Verhalten eine Evolutionsgeschichte hat. Ein Verhalten, daß im Laufe der Evolution entstanden ist, muß eine genetische Grundlage haben, und Individuen mit unterschiedlichen Allelen müssen unterschiedliches Verhalten gezeigt haben, welches ihre Gesamtfitness beeinflußt hat. Kritiker der Humansoziobiologie haben deshalb behauptet, daß man vom adaptiven Wert menschlichen Verhaltens nicht sprechen kann, da noch nie jemand exakt nachgewiesen hat, welche Gene bestimmten Verhaltenseigenschaften des Menschen zugrunde liegen.

Die Soziobiologie ermöglicht aber, Verhalten auf der ultimaten Ebene zu untersuchen. Untersuchungen zur proximaten Funktion, welche den Genen bei der Verhaltensentwicklung zukommt, sind interessant und wertvoll (siehe Kap. 3). Man braucht aber kein vollständiges Wissen über die proximaten Ursachen eines Verhaltens zu haben, wenn man Hypothesen über seinen Anpassungswert prüfen möchte. Über die genetischen Grundlagen des Verhaltens beim Blaubuschhäher (*Aphelocoma caerulescens*) oder des Ziesel-Alarmrufs wissen wir noch weniger als über die genetischen Grundlagen menschlichen Verhaltens. Glücklicherweise hat dieser Mangel an proximater Information die Evolutionsbiologen nicht davon abgehalten, ultimate Fragen zur Evolution des Verhaltens von Blaubuschhäher und Ziesel zu stellen (und manchmal zu beantworten). Wie wir sehen werden, ist es sehr wohl möglich, soziobiologische Hypothesen über die adaptive Bedeutung bestimmter Eigenschaften des Menschen zu prüfen, ohne daß man die Einzelheiten von Genetik und Entwicklung dieser Verhaltensweisen kennt.

„Menschen tun nicht bestimmte Dinge, nur um ihre Gesamtfitness zu steigern."

Einige Gegner der Soziobiologie haben darauf hingewiesen, daß Menschen selten, falls überhaupt, zu irgendeinem Tun durch den Wunsch motiviert sind, ihren Fortpflanzungserfolg zu erhöhen [822]. Falls sie Picasso gefragt hätten, warum er den Wunsch hatte, schöne Bilder zu malen, oder falls sie Bill die Frage gestellt hätten, warum er den Wunsch hatte, Jane zu heiraten, hätte wohl keiner der beiden eine Antwort gegeben, in der von „Gesamtfitness" die Rede ist. Aber wenn ein junger Kuckuck sprechen könnte, würde er sicher auch nicht antworten, daß er das Ei des Wirts aus dem Nest gerollt hat, „weil ich möglichst viele Kopien meiner Gene weitergeben wollte". Kein Tier, ob Kuckuck oder Mensch, braucht sich der ultimaten Ursachen seiner Handlungen bewußt zu sein, um sich adaptiv zu verhalten. Die Mechanismen unseres Gehirns, welche für Entscheidungen zuständig sind, wurden durch die natürliche Selektion so ausgebildet, daß sie die Fitness steigern, nicht aber, um uns mit der Fähigkeit auszustatten, jedwede Handlung daraufhin zu kontrollieren, welche Folgen sie für die Fitness hat. Es reicht aus, wenn die proximaten Mechanismen Individuen prädisponieren und motivieren, Dinge zu tun, die direkt oder indirekt mit Fitnessgewinnen einhergehen. Auf der proximaten Ebene essen wir gerne süße Nahrungsmittel, verlieben wir uns, fühlen wir Genugtuung über gute Taten, verlangen wir nach Anerkennung durch andere und erlernen wir eine Sprache, da wir physiologische Mechanismen besitzen, die bewirken, daß wir diese Dinge tun wollen. Weil uns Honig gut schmeckt, möchten wir ihn essen, und wenn wir ihn essen, nehmen wir wertvolle Energie auf, die zu unserem Überleben und unserem Fortpflanzungserfolg beiträgt, ohne daß wir uns jemals bewußt sind, daß dies die Funktion unserer Zielvorstellungen sein könnte.

„Nicht alles menschliche Verhalten ist aus biologischer Sicht angepaßt!"

Kritiker der Soziobiologie führen oft an, daß bestimmte kulturelle Praktiken, wie das Spenden von Blut, die Beschneidung, Verbote, bestimmte nahrhafte Speisen zu essen, oder der priesterliche Zölibat, wohl kaum die individuelle Fitness erhöhen. Falls einige Praktiken der Menschen unter heutigen Lebensbedingungen ihre Fitness mindern, kann nach Auffassung dieser Kritiker die Soziobiologie nicht richtig sein. Diese Argumentation impliziert, daß Evolutionsbiologen davon überzeugt sind, daß jede Eigenschaft eines jeden Organismus unter heutigen Lebensbedingungen adaptiv ist.

Für Biologen ist die adaptionistische Methode aber ganz einfach ein Mittel, interessante und noch unverstandene Phänomene ausfindig zu machen und sie sinnvoll zu erklären. Diese Methode ist für die Biologie wesentlich, da man mit ihrer Hilfe zu vielen schwer zu erklärenden Phänomenen überprüfbare Hypothesen entwickeln kann, wie am Beispiel des Blutspendens gezeigt wurde. Falls ein Soziobiologe (oder Adaptionist) den Zölibat bei Priestern in einigen Religionen untersuchen würde, könnte er von der Annahme ausgehen, daß diese Eigenschaft einmal adaptiv war, auch wenn er wüßte, daß der Zölibat tatsächlich das maladaptive Nebenprodukt eines psychischen Mechanismus sein könnte, der in der menschlichen Evolutionsgeschichte ein anderes adaptives Verhalten hervorgebracht hat, das aber unter heutigen Lebensbedingungen nicht mehr adaptiv ist. Er könnte trotzdem zunächst einmal davon ausgehen, der Zölibat sei in der Gegenwart adaptiv oder in der nahen Vergangenheit adaptiv gewesen, um überprüfbare Hypothesen zu entwickeln, ob es (paradoxerweise) möglich sein kann, daß Priester auf diese Weise mehr Kopien ihrer Gene hinterlassen als wenn sie nicht zölibatär lebten. Dies wäre zweifelsohne eine Herausforderung. Für jemanden, der eine indirekte Selektion in Betracht zieht, könnte sie allerdings zu meistern sein.

Selbst wenn eine oder mehrere adaptionistische Hypothesen zum Zölibat entwickelt würden, gäbe es keine Garantie, daß irgendeine von ihnen einer Überprüfung standhält. So sollte es auch sein. T. H. Huxley, ein starker Befürworter von Darwins Evolutionstheorie, schrieb: „Es liegt eine wunderbare Wahrheit in der Redensart, daß es, wenn man auf dieser Welt schon nicht Recht hat, das Nächstbeste ist, definitiv Unrecht zu haben, denn dadurch kommt man irgendwie weiter" [472]. Falls eine soziobiologische Hypothese über den Zölibat bei Priestern falsch wäre, würde dies durch effektive Überprüfungen aufgedeckt. Dann würde eine falsche Idee verworfen, und die Suche nach einer zutreffenden Erklärung könnte gezielter erfolgen.

„Soziobiologie ist hilfreich und bequem für diejenigen, die soziale Ungerechtigkeit und Ungleichheit aufrechterhalten wollen."

Ein fünftes Argument der Kritiker, das für Versuche, die Soziobiologie zurückzuweisen, eine wesentliche Motivation zu sein scheint, besagt, daß die Soziobiologie eine „wissenschaftliche" Rechtfertigung für eine unmenschliche Sozialpolitik liefert [15]. Nach Auffassung der Kritiker impliziert die Aussage, daß eine Eigenschaft adaptiv ist, daß sie genetisch determiniert und gut ist und deshalb weder verändert werden kann noch verändert werden soll. Sie weisen darauf hin, daß biologische Theorien in der Vergangenheit durch rassistische und faschistische Demagogen mißbraucht wurden, um ihre verhängnisvollen politischen Programme durchzusetzen, und sie befürchten, daß die Humansoziobiologie leicht wieder auf diese Weise angewandt werden könnte. Wenn jemand behauptet, daß männliche Dominanz adaptiv ist, bedeutet das letztlich nicht, daß der Status quo in unserer Gesellschaft wünschenswert ist, und daß feministische Forderungen dem, was biologisch festgelegt und notwendig ist, weichen sollten?

Zweifelsohne können wissenschaftliche Erkenntnisse in einer Weise genutzt werden, die für den Forscher oft überraschend und erschreckend ist. Einsteins Grundlagenforschung zum Verhältnis von Materie und Energie trug zu seinem Entsetzen zur Entwicklung von Atomwaffen bei. Darwins Evolutionstheorie wurde von einigen Leuten mißverstanden und mißbraucht, um die These zu verteidigen, daß Reiche evolutiv höher stehende Menschen sind, und um rassistische Pläne zur „Verbesserung der Art" durch selektive Menschenzucht voranzubringen [325].

Wir können hoffen, daß die politisch motivierten Perversionen der Evolutionstheorie so sehr in Mißkredit geraten sind, daß sie sich nicht wiederholen. Der entscheidende Punkt ist aber, daß die Soziobiologie ein Wissenschaftsgebiet ist, welches zu erklären versucht, warum soziales Verhalten existiert, das aber nicht beabsichtigt, irgendein Verhalten zu rechtfertigen. Dieser Unterschied wird problemlos verstanden, wenn es nicht um den Menschen geht. Biologen, die den Infantizid bei Langurenmännchen oder das HIV-Virus studieren, wird niemals vorgeworfen, daß sie den Infantizid oder AIDS gut heißen. Wenn man sagt, daß etwas evolutionsbiologisch gesehen adaptiv ist, bedeutet dies lediglich, daß die Gesamtfitness von Individuen mit dieser Eigenschaft gesteigert wird – mehr nicht.

Außerdem erfordert die Hypothese, daß eine Verhaltensleistung adaptiv ist, nicht, daß diese Eigenschaft durch Gene „determiniert" ist, da Verhaltensleistungen nicht genetisch festgelegt sind (Kap. 3). Es gibt keine Allele für altruistisches oder aggressives oder irgendein anderes Verhalten in dem Sinn, daß ein bestimmtes Gen dieses Verhalten kodiert und es unabhängig von sonstigen Bedingungen hervorbringt. Die Entwicklung eines Verhaltens beruht auf der Wechselwirkung zwischen dem genetischen „Rezept" und der Umwelt eines Individuums. Unter veränderten Umweltbedingungen kann durchaus ein anderes Verhalten resultieren.

Ein klassisches Beispiel aus der Humanbiologie betrifft den Spracherwerb, der eine eindeutig adaptive Fähigkeit mit einer genetischen Grundlage ist (Kap. 2). Unter den vielen Genen, die wir haben, kodieren einige Enzyme, die eine Rolle bei der Entwicklung eines Gehirns spielen, welches Strukturen enthält, die auf das Erlernen von Sprache spezialisiert sind. Aber diese Gene „für" Sprache sind auf die verschiedensten Umweltfaktoren angewiesen, einerseits auf Bausteine für die Herstellung von Enzymen und den Aufbau des Nervensystems, andererseits auf akustische Erfahrung. Unter veränderten Umweltbedingungen verändert sich eine Eigenschaft, was besonders an der Vielfalt verschiedener Sprachen deutlich wird, welche die unterschiedlichen akustischen Umwelten widerspiegeln, in denen Kinder verschiedener Kulturen aufwachsen.

Die Annahme, daß wir evolutiv entstandene, proximate Mechanismen haben, welche sprachlichen Fähigkeiten oder aggressivem Verhalten oder sexueller Eifersucht oder dem Fortpflanzungstrieb zugrunde liegen, verdammt uns nicht dazu, diese für alle Zeit in bestimmter Weise auszuleben. Dank einer Umwelt, in der es Möglichkeiten zur Geburtenkontrolle gibt, konnten meine Frau und ich uns beispielsweise dafür entscheiden, nur zwei Kinder zu haben, und das, obwohl ich als Evolutionsbiologe glaube, daß wir in gewissem Sinn nur dazu da sind, unsere Gene weiterzugeben.

17.3 Wie man soziobiologische Hypothesen entwickelt

Die Soziobiologie bietet einen evolutionsbiologischen Rahmen für die Entwicklung und Prüfung ultimater Hypothesen zum Sozialverhalten. Ihre Anwendung auf das Sozialverhalten des Menschen hat sich aber als schwierig erwiesen, und es ist viel über die richtige Vorgehensweise gestritten worden [156, 744, 914]. Ein Grund, weshalb menschliches Verhalten eine besondere Herausforderung für soziobiologische Untersuchungen ist, zeigt sich, wenn wir uns klar machen, wie unterschiedlich sich Menschen verschiedener Kulturen verhalten. Wie kann man davon sprechen, daß Menschen sich vorzugsweise so verhalten, daß ihre Fitness gesteigert wird, wenn es polyandrische, polygyne und monogame Gesellschaften gibt, Kulturen, in denen Frauen wichtige politische Entscheidungen treffen und andere, in denen die Männer die Frauen dominieren, Gruppen von Menschen, in denen das Führen von Kriegen fester Bestandteil des Lebens ist, und andere, die nie kämpfen? Die Liste kultureller Eigentümlichkeiten scheint endlos zu sein (Farbtafel 21). Je nach dem, wo man geboren ist, muß man Zitate aus dem Koran oder aus der Bibel lernen, spricht man Jivaro oder Japanisch, darf den Cousin heiraten oder nicht, ist es verboten, seine Schwiegermutter anzuschauen, oder wird man gezwungen, sich als Heranwachsender den Penis auf ganzer Länge spalten zu lassen, oder auch nicht.

Obwohl menschliche Kulturen zweifelsohne vielfältig sind, gibt es auch bei vielen anderen Arten verschiedenartiges Verhalten. Erinnern Sie sich an die Diskussion über alternative Taktiken und Strategien (Kap. 13), in der wir gesehen haben, daß das Fortpflanzungsverhalten bei vielen Arten von den jeweiligen Umständen abhängen kann. Erinnern Sie sich an die Heckenbraunelle mit ihren verschiedenen Paarungssystemen (Kap. 14) oder an den Löwen mit den alternativen Formen von Koalitionen unter Männchen (Kap. 16). Vielleicht kann man die kulturelle Vielfalt beim Menschen als eine zugegebenermaßen sehr komplexe Ausformung eines Spektrums an konditionalen Strategien auffassen, welche den Menschen überall zu eigen sind. Diese Strategien erlauben uns, flexibel zu reagieren, je nachdem, welche Verhaltenstaktiken in der Umwelt, in der wir uns gerade befinden, zu größtmöglicher Fitness beitragen.

Diese Argumentation gefällt natürlich denjenigen Erforschern menschlichen Verhaltens nicht, für welche die Vielfalt von Kulturtraditionen ein Beleg ist, daß wir uns von unserer Evolutionsgeschichte losgemacht haben, und daß wir im Tierreich einzigartig sind, indem wir uns unsere eigenen Regeln schaffen und unsere eigenen veränderbaren Gesellschaften. Befürworter dieser Sichtweise behaupten, daß es abwegig und nutzlos ist, nach dem adaptiven Wert der Vorliebe einiger Menschen für Bach-Kantaten oder für Borussia Dortmund oder für den Buddhismus zu suchen, da solche menschlichen Neigungen ganz einfach freie Schöpfungen unseres Intellekts sind [363, 822].

17.3.1 Alternative Hypothesen zur Adoption

Wir können dieser Hypothese der kulturellen Freiheit Hypothesen gegenüberstellen, die aus der Evolutionstheorie abgeleitet sind, indem wir Erklärungen zum Phänomen der Adoption untersuchen. Der Kulturanthropologe Marshall Sahlins schrieb 1976 eine Kritik der Soziobiologie, in der er sich ausführlich mit der Adoption in Ozeanien beschäftigte [822]. Dort ist die Praxis der Adoption in verschiedenen Kulturen so verbreitet, daß etwa 30 % der Kinder adoptiert sind. Sahlins argumentierte, daß die Adoptionspraxis in diesen Kulturen in keinem Zusammenhang mit dem Verwandtschaftsgrad steht. Dies zeigt (laut Sahlins), daß kulturelle Tradition willkürlich und die Evolutionstheorie für das Verständnis menschlichen Verhaltens irrelevant ist.

Sahlins hatte offenbar den Eindruck, daß es nur eine einzige soziobiologische Hypothese zur Adoption gibt, die sich auf indirekte Selektion bezieht. Er argumentierte, daß nach dieser Hypothese Adoption eine Form des Altruismus sei, der durch die Verwandtschaftsbeziehungen zwischen Menschen bestimmt wird. Da manche Menschen in Ozeanien Kinder adoptierten, mit denen sie nicht verwandt waren, kam er zum Schluß, daß die Evolutionstheorie für die Erklärung der Adoption beim Menschen ausscheidet.

Im vorherigen Kapitel wurde deutlich, daß die evolutionäre Untersuchung des Altruismus zu verschiedenen Arten von möglichen Erklärungen führt, von denen nur eine auf der Theorie der indirekten Selektion beruht. Wie die Anthropologin Joan Silk angemerkt hat, verlangt die Hypothese der indirekten Selektion, nach der Individuen durch Adoption ihre Gesamtfitness erhöhen, indem sie Verwandten helfen, im übrigen nicht, daß bei jeder Adoption nahe Verwandte beteiligt sind [867]. Die Hypothese der indirekten Selektion erfordert lediglich, daß sich die Unterstützung durch Adoption häufiger an Verwandte richtet als dies rein zufällig zu erwarten wäre.

Silk analysierte Daten zu den Verwandtschaftsbeziehungen in mäßig großen Stichproben von Adoptiveltern und Adoptivkindern in 11 verschiedenen ozeanischen Kulturen [866]. Diese Daten zeigten, daß die Adoption weitgehend nicht-zufällig erfolgte, was die genetische Verwandtschaft anbetrifft. Eine deutliche Mehrheit kümmerte sich um ein Adoptivkind, daß so eng verwandt war wie ein(e) Cousin(e) oder enger (mindestens r = 0,125) (Abb. 17-1). Diese Ergebnisse lassen erhebliche Zweifel an der Hypothese kultureller Willkür aufkommen, während sie die Hypothese stützen, daß bevorzugt Kinder adoptiert werden, die nah verwandt sind.

Allerdings adoptieren einige Personen in Ozeanien auch die Kinder von vollkommen Fremden und behandeln sie mit der gleichen Liebe und Zuwendung, wie sie Eltern gewöhnlich ihren eigenen Kindern entgegenbringen. Diese Eltern unterstützen offenbar die Gene von genetischen Konkurrenten. Entziehen sich diese Ausnahmen vom typischen Adoptionsverhalten in Ozeanien einer soziobiologischen Erklärung?

In der Tat gibt es verschiedene soziobiologische Hypothesen zur Adoption von Nichtverwandten, die jeweils für bestimmte Fallbeispiele geprüft werden können. Silk führte beispielsweise an, daß die Eltern kleiner Familien in landwirtschaftlich geprägten Kulturen von Adoptiv-

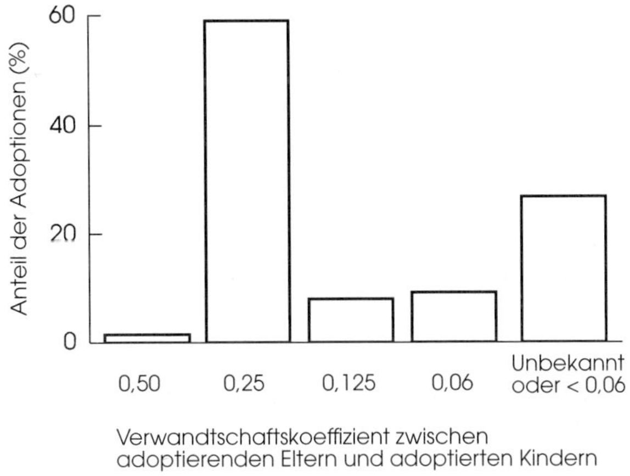

Abb. 17-1: **Die Hypothese, daß Adoptionen die indirekte Fitness fördern,** kann man prüfen, indem man die Verwandtschaftskoeffizienten zwischen Adoptiveltern und Adoptivkindern berechnet. In 11 Inselpopulationen im Pazifik kümmerten sich Adoptiveltern vor allem um recht nahe Verwandte. Dies spricht dafür, daß die Adoption für viele Adoptiveltern indirekte Fitnessgewinne mit sich gebracht haben könnte. Quelle. Silk (866).

Abb. 17-2: **Adoption kommt bei verschiedenen Tieren vor, oft dann,** wenn Eltern gerade ein eigenes Junges verloren haben und auf einen Ersatz treffen. Hier streiten sich zwei Kaiserpinguine (*Aptenodytes forsteri*) um den „Besitz" eines Jungen. Foto von Yvon Le Maho.

kindern profitieren könnten, auch wenn diese nicht mit ihnen verwandt sind. Dies wäre der Fall, wenn die Adoptivkinder zur Arbeitskraft der Familie beitragen und so ermöglichen, daß die Familie insgesamt möglichst ökonomisch produziert. Aus dieser Hypothese ergibt sich die Voraussage, daß kleine Familien in Ozeanien eher Kinder adoptieren sollten als große; dies ist, wie Silk zeigen konnte, tatsächlich so.

Eine andere evolutionäre Hypothese zur Adoption von Nichtverwandten geht davon aus, daß einige Aspekte dieses Verhaltens maladaptive Nebenerscheinungen von zugrunde liegenden proximaten Mechanismen sind, die ansonsten adaptives Verhalten hervorbringen. Die Adoption von Kindern, die nicht verwandt sind, könnte eine Folge davon sein, daß Menschen ein Motivationssystem haben, welches Erwachsene dazu bringt, sich Kinder zu wünschen und eine Familie großzuziehen. Nach dieser Hypothese kann die Adoption von Kindern, die nicht verwandt sind, zwar die Fitness mindern, der Wunsch nach einer Familie und die Liebe zu Kindern erhöhen aber in der Regel die Fitness. Da diese psychischen Mechanismen die Fitness eher steigern, werden sie in menschlichen Populationen aufrechterhalten, obwohl sie in einigen Fällen auch zu maladaptivem Verhalten führen.

Aus der Hypothese, daß die Adoption eine maladaptive Nebenerscheinung ist, lassen sich einige überprüfbare Voraussagen ableiten. Eine dieser Voraussagen ist, das Ehepaare, die ihr einziges Kind verloren haben oder keine eigenen Kinder bekommen können, besonders interessiert sein sollten, fremde Kinder zu adoptieren. Ihr enttäuschtes Verlangen, Eltern zu sein, könnte die proximate Grundlage dafür sein, daß sie einen Ersatz für leibliche Nachkommen adoptieren.

Eine andere Voraussage aus dieser Hypothese ist, daß die Adoption von Nichtverwandten bisweilen auch bei Tieren vorkommen sollte, wenn Eltern ihren eigenen Nachwuchs verloren haben und sie einen Ersatz vorfinden (Abb. 17-2). Ein Roter Kardinal (*Cardinalis cardinalis*) wurde dabei beobachtet, wie er einen Goldfisch fütterte [972], und ein Beluga (*Delphinapterus leucas*), wie er einen treibenden Baumstamm aus dem Wasser heben wollte, als wäre der Stamm ein Säugling, der Hilfe braucht, um zum Atmen die Wasseroberfläche zu erreichen [110]. Die Adoption eines Goldfisches oder eines Baumstamms brachten keinen Vorteil für die Gene des Kardinals oder des Belugas. Aber die betreffenden Individuen hatten mit einiger Sicherheit gerade ihre Jungen verloren und führten unter ungewöhnlichen Umständen elterliche Verhaltensweisen aus, die im allgemeinen adaptiv sind.

Die Gefahr, daß Menschen adaptive psychische Mechanismen in maladaptiver Weise einsetzen, dürfte in modernen Gesellschaften besonders hoch sein, da sie Umweltbedingungen bieten, die von denen, unter denen sich unsere Verhaltensmechanismen entwickelt haben, sehr verschieden sind. In westlichen Kulturen ist es üblich, daß Babys von Nichtverwandten adoptiert werden, die nicht wissen, wer die Eltern der Adoptivkinder sind. Dies ist in fernerer Vergangenheit wohl kaum der Fall gewesen. Unter den neuen Bedingungen können uns unsere Nervensysteme, die sich vor langer Zeit entwickelt haben, zu maladaptivem Verhalten veranlassen. Diese „Fehlleistungen" erlauben interessante Einblicke in Aspekte unserer Psyche, die sich aufgrund natürlicher Selektion entwickelt haben.

Ein anderes Beispiel ist die Vorliebe für Salz, das beim modernen Menschen zu einem schädlichen Bluthochdruck beitragen kann. Die übermäßige Aufnahme von Salz ist durch einen physiologischen Mechanismus bedingt, der in der Vergangenheit sicher adaptiv war, da Salz in den meisten Nahrungsmitteln unserer Vorfahren in relativ geringen Mengen vorhanden war. Unter jenen Bedingungen motivierte ein Verlangen nach seltenen, salzigen Nahrungsmitteln die Menschen, eine hinreichende Menge dieser Speisen zu konsumieren. So nahmen sie notwendige Ionen auf, die im Speiseplan des Pleistozäns Mangelware waren. Dank heutiger Technik gibt es reichlich preiswertes Tafelsalz, so daß einige von uns einem evolutiv entstandenen Verlangen in einem Maße nachgeben können, das die Fitness eher erniedrigt als erhöht wird.

Die Fülle an alternativen soziobiologischen Hypothesen zur Adoption und zu vielen anderen Verhaltensweisen des Menschen zeigt, daß die Evolutionstheorie als konstruktiver Leitfaden für wissenschaftliches Vorgehen dienen kann. Wahrscheinlich kann keine soziobiologische Hypothese alle Fälle von Adoption erklären. Es ist aber unwahrscheinlich, daß die Vielzahl der Adoptionen beim Menschen überzeugend mit der Theorie erklärt werden kann, daß dies Verhalten ein willkürliches Produkt menschlicher Wünsche und menschlichen Intellekts ist.

17.4 Adaptive Entscheidungen: das menschliche Sexualverhalten

In unserer kurzen Diskussion evolutionärer Hypothesen zur Frage, warum Menschen manchmal Kinder adoptieren, begegneten wir Beispielen aus den folgenden unterschiedlichen Kategorien für die Erklärung menschlichen Verhaltens: Erstens kann ein Verhalten unter heutigen Lebensbedingungen eine im statistischen Mittel positive Wirkung auf die indirekte oder direkte Fitness von Individuen haben, die dieses Verhalten ausüben; zweitens kann ein Verhalten die Fitness unter heutigen Lebensbedingungen nicht erhöhen, tat dies aber in der Vergangenheit unter anderen Umständen; eine dritte Möglichkeit besteht darin, daß ein Verhalten weder derzeit adaptiv ist, noch in der Vergangenheit adaptiv war, sondern aus einem psychischen Mechanismus resultiert, der insgesamt (gegenwärtig oder in der Vergangenheit) für die Fitness von Vorteil ist/war, obwohl als Nebeneffekt bisweilen nicht-adaptive oder maladaptive Folgen auftreten.

Wir werden weitere Beispiele für diese Kategorien kennenlernen, wenn wir die Theorie der sexuellen Selektion (Kap. 13) auf den Menschen anwenden [204, 913]. Bevor wir damit beginnen, möchte ich nochmals betonen, daß die Aussage, ein bestimmtes menschliches Verhalten sei adaptiv, keine moralische oder ethische Folgerung beinhaltet, und auch nicht bedeutet, daß sich das Verhalten unabhängig von der Umwelt entwickelt und damit nicht wandelbar ist. Es soll ganz einfach gezeigt werden, wie einige Wissenschaftler mit Hilfe der Evolutionstheorie menschliches Verhalten untersuchen. Sie als Leser sind nicht verpflichtet, irgendeine der hier diskutierten Schlußfolgerungen als richtig zu akzeptieren. Seien Sie ruhig skeptisch. Niemand bezweifelt, daß menschliches Verhalten sehr komplex ist [95], und daß es viele verschiedene Wege gibt, diese Vielfalt zu erklären. An dieser Stelle soll jedoch eine Möglichkeit der Analyse skizziert werden, die auf der Evolutionstheorie gründet.

Weshalb können wir die Theorie der sexuellen Selektion anwenden, um Hypothesen über das Sexualverhalten des Menschen zu entwickeln? Aus dem selben Grund, aus dem diese Theorie auf das Verhalten von Löwen und Heckenbraunellen angewandt wird, weil nämlich das Reproduktionspotential von Männern sehr viel größer ist als das von Frauen. Während Zeit und Energie für die Produktion der Eizelle, für die Schwangerschaft und für die Fürsorge nach der Geburt die Zahl der Nachkommen, die eine Frau im Laufe ihres Lebens haben kann, streng begrenzen, können Männer Sperma, mit dem sie eine Frau inseminiert haben, schnell regenerieren. Der männliche Fortpflanzungserfolg kann durch Beziehungen mit mehreren Partnerinnen erheblich gesteigert werden, entweder durch eine Ehe mit mehreren Frauen (was in der Mehrheit der Kulturen erlaubt ist) oder durch außerehelichen Sex. Tatsächlich ist die Varianz im Reproduktionserfolg von Männern generell höher als bei Frauen (Abb. 17-3, vgl. Abb. 13-6).

Wenn wir von diesen Tatsachen der menschlichen Fortpflanzungsphysiologie ausgehen, sollten wir erwarten, daß Männer um Frauen konkurrieren (falls die sexuelle Selektion die Evolution unseres Verhaltens mitbestimmt hat), da der Zugang zu Weibchen (und ihren Eizellen) den männlichen Fortpflanzungserfolg limitiert. Von Frauen würden wir erwarten, daß sie zwischen potentiellen Partnern sorgfältig wählen, da viele interessierte Männer zur Verfügung stehen sollten, und da jede Variation zwischen Männern, welche für die Fitness der Frauen von Belang ist, zu wählerischem Verhalten der Frauen führen sollte.

17.4.1 Konkurrenz zwischen Männern um Partnerinnen

Es gibt eine Fülle von Hinweisen, daß in allen Gesellschaften Männer um den Zugang zu Frauen konkurrieren. Obwohl die sexuelle Konkurrenz unter Männern alle möglichen Formen annehmen kann, von denen die mei-

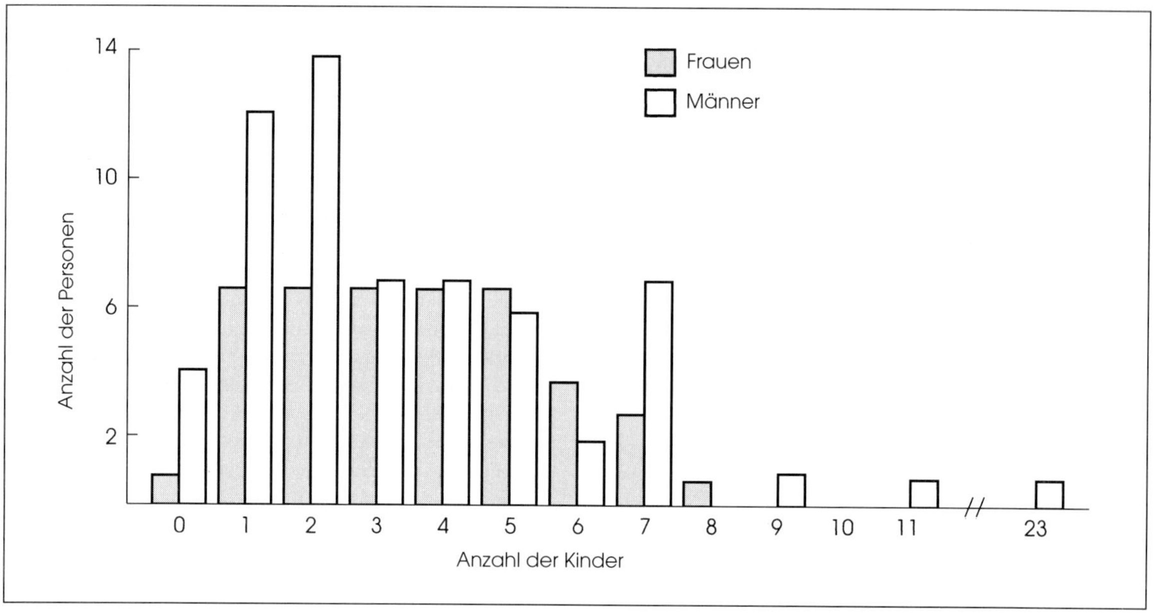

Abb. 17-3: **Fortpflanzungserfolg von Frauen und Männern:** Daten aus einer Population der Xavante-Indianer im Amazonas-Gebiet. Einige wenige Männer in dieser polygynen Gesellschaft hatten einen außergewöhnlichen Reproduktionserfolg, während viele andere nur wenige oder gar keine überlebenden Nachkommen hinterließen. Die meisten Frauen hatten einen mittleren Fortpflanzungserfolg. Quelle: Salzano et al. (826).

sten gewaltfrei sind, kann diese Konkurrenz auch zu körperlichen Auseinandersetzungen führen. Martin Daly und Margo Wilson haben gezeigt, daß viele Morde in modernen Gesellschaften direkt oder indirekt mit der Konkurrenz von Männern um Frauen zusammenhängen [208]. Eine andere auffällige Erscheinung der männlichen Konkurrenz um Partnerinnen ist die größere Bereitschaft von Männern, in einer Weise sexuell aktiv zu sein, die kulturell nicht sanktioniert ist. Beispielsweise sind verheiratete Männer eher untreu als ihre Frauen [913]. Stellen Sie sich einen verheirateten Mann vor, der gemeinsam mit seiner Frau zwei Kinder großzieht, der aber auch noch mit einer anderen Frau ein Kind hat, der er beim Aufziehen des Kindes nicht hilft. Falls dieses Kind überlebt, hat der Mann seine Fitness ohne irgendein zusätzliches Elterninvestment um 50 % gesteigert. Falls dagegen eine Frau ein Kind hat, das Folge eines Seitensprungs ist, kann sie nicht anders, als in erheblichem Umfang in das Kind zu investieren. Sie nährt den Embryo und aller Wahrscheinlichkeit nach kümmert sie sich auch um das Baby. Die physiologische Grenze für den Nutzen von Mehrfachpaarungen macht Sex außerhalb der Ehe für Frauen weniger vorteilhaft, weshalb sie diesen mit geringerer Wahrscheinlichkeit praktizieren – jedenfalls würde so die evolutionäre Argumentation nach dem Kosten-Nutzen-Prinzip lauten.

Nach Donald Symons können wir die Hypothese, daß sich das männliche Sexualverhalten so entwickelt hat, daß Männer nach mehreren Partnerinnen suchen, testen, indem wir eine Voraussage zu den proximaten Ursachen männlicher und weiblicher Sexualität treffen [913]. Danach sollte man erwarten, daß die Gehirne von Männern sich so entwickelt haben, daß Männer mit psychischen Mechanismen ausgestattet sind, welche die Wahrscheinlichkeit erhöhen, daß sie um mehrere Partnerinnen werben. Der Wert, den Männer auf sexuelle Abwechslung um ihrer selbst willen legen, sollte nach seiner Voraussage bei Frauen geringer angesetzt sein, da männliche und weibliche Gehirne funktionelle Differenzen aufweisen.

Es gibt starke Belege für diese Voraussage. Männer suchen häufig weibliche Prostituierte auf, während Frauen fast nie Männer für Sex bezahlen. Männer und nicht Frauen sind die Existenzgrundlage für eine riesige Pornographieindustrie in westlichen Gesellschaften, da Männer, anders als Frauen, bereit sind, allein für den Anblick nackter Personen des anderen Geschlechts zu bezahlen. Es sei darauf hingewiesen, daß diese Aspekte männlichen Verhaltens in modernen Gesellschaften vermutlich maladaptiv sind. Prostituierte sorgen im allgemeinen für eine effektive Empfängnisverhütung, und falls sie doch schwanger werden, treiben sie gewöhnlich ab. Geldaufwendungen für Pornographie tragen wohl kaum zum Fortpflanzungserfolg von Männern bei. Das Prostitutionsgewerbe und die Pornographieindustrie machen sich die männliche Psyche zunutze. Aber solche maladaptiven Verhaltensweisen enthüllen, was die Leute wirklich beschäftigt und erlauben uns so einen Einblick in einige Aspekte der menschlichen Psyche, die sich entwickelt haben, als es noch keine Geburtenkontrolle und keinen „Playboy" gab [206].

Die vermuteten Unterschiede bezüglich psychischer Funktionen kann man noch auf andere Weise prüfen. Donald Symons merkt an, daß in westlichen Gesellschaften das Verhalten von männlichen Homosexuellen sehr verschieden vom Verhalten lesbischer Frauen ist. Homosexualität unter Männern ist nicht nur sehr viel häufiger als die weibliche Variante, auch hatten männliche Homosexuelle bislang meistens wechselnde Partner, während homosexuelle Frauen viel häufiger langfristige, stabile Beziehungen eingingen. Symons erklärt dies damit, daß männliche Homosexuelle sich entsprechend ihrem proximaten psychischen Mechanismus, der Männer im allgemeinen motiviert, nach sexueller Abwechslung zu suchen, so verhalten [913].

17.4.2 Erzwungener Sex

Die Konkurrenz unter Männern um Sexualpartnerinnen zeigt sich auch an der Bereitschaft mancher Männer, Sex gegebenenfalls durch Vergewaltigung zu erzwingen. Obwohl Vergewaltigung oft hart bestraft wird, wurde dieses Verhalten bislang in jeder Kultur gefunden, die daraufhin untersucht wurde [725]. Es gibt viele Versuche, die weite Verbreitung von Vergewaltigungen zu erklären. Eine der Hypothesen dazu stellt Susan Brownmiller in ihrem Buch „Against Our Will" vor, das gute Kritiken erhielt und nach wie vor einflußreich ist [132]. Nach ihrer Auffassung vertreten Vergewaltiger das Interesse aller Männer, allen Frauen Furcht einzuflößen, wodurch es leichter ist, sie einzuschüchtern und zu beherrschen.

Diese „Einschüchterungs-Hypothese" geht von einer Gruppenselektion aus. Brownmiller unterstellt, daß einige Männer das Risiko einer Vergewaltigung, die in vielen Kulturen als schweres Verbrechen gilt, auf sich nehmen, um dadurch den übrigen Männern zu nützen. Dieses Argument hinkt aufgrund der logischen Probleme, die mit der Hypothese vom „Gruppenwohl" verbunden sind (mit der zusätzlichen Schwierigkeit, daß Gruppen, die aus nur einem Geschlecht bestehen, de facto nicht einer Gruppenselektion unterliegen können). Aber wir können die Hypothese so oder so prüfen. Falls die evolutiv entstandene Funktion der Vergewaltigung darin besteht, alle Frauen zu unterwerfen, sollten vor allem ältere, dominante Frauen (oder junge Frauen, die nach Machtpositionen streben) die Opfer sein, da in diesem Fall die Vergewaltigung als Strafe für das Verlassen der traditionellen, untergeordneten Frauenrolle deutlich erkennbar wäre. Diese Voraussage trifft nicht zu. Die meisten Opfer einer Vergewaltigung sind junge, arme Frauen [923]. Dieser Befund läßt deutlich darauf schließen, daß die Einschüchterungs-Hypothese nicht richtig sein kann.

Zu den alternativen evolutionären Erklärungen für die Vergewaltigung gehört eine Hypothese von Randy und Nancy Thornhill. Sie vertreten die Auffassung, daß Vergewaltigung eine mögliche Taktik einer konditionalen sexuellen Strategie ist [923]. Nach dieser Hypothese begünstigte die sexuelle Selektion in der Vergangenheit Männer mit der Fähigkeit, unter gewissen Bedingungen die Vergewaltigung als Mittel einzusetzen, Eizellen zu befruchten und Nachkommen zu hinterlassen. So gesehen wäre die Vergewaltigung beim Menschen analog zur erzwungenen Kopulation bei Skorpionsfliegen der Gattung *Panorpa* (Kap. 13). Hier wechseln Männchen, denen

Tab. 17-1: Alternative ultimate Hypothesen zur Frage, **warum manche Männer vergewaltigen**, und einige Voraussagen, die aus diesen Hypothesen folgen.

Hypothese	Voraussagen
Vergewaltigung ist ein nicht sexuell motivierter Gewaltakt (proximate Hypothese), der für alle Männer eine adaptive Taktik ist, die dazu dient, alle Frauen zu unterwerfen (ultimate Hypothese)	Die Gruppen von Vergewaltigern und Vergewaltigungsopfern sollten sich demographisch ähnlich zusammensetzen wie Gruppen von Opfern und Tätern bei anderen Gewaltverbrechen
	Vergewaltiger sollten es auf Frauen in Machtpositionen abgesehen haben oder solche, die eine Laufbahn einschlagen, welche nicht der traditionellen Frauenrolle entspricht
Vergewaltigung ist eine adaptive Taktik, die von neuronalen Mechanismen herrührt, welche eine adaptive männliche Fortpflanzungsstrategie steuern	Vergewaltigungsopfer sollten vor allem Frauen im besten Fortpflanzungsalter sein
	Vergewaltigungsopfer sollten in einigen Fällen schwanger werden
	Vergewaltiger sollten überwiegend nicht verheiratete, arme Männer sein
Vergewaltigung ist eine Begleiterscheinung adaptiver neuronaler Mechanismen, die das männliche Sexualverhalten steuern	Vergewaltigungsopfer sollten vor allem Frauen im besten Fortpflanzungsalter sein
	Vergewaltiger sollten aus allen Gesellschaftsschichten stammen
	Vergewaltiger sollten einen ungewöhnlich ausgeprägten Sexualtrieb haben

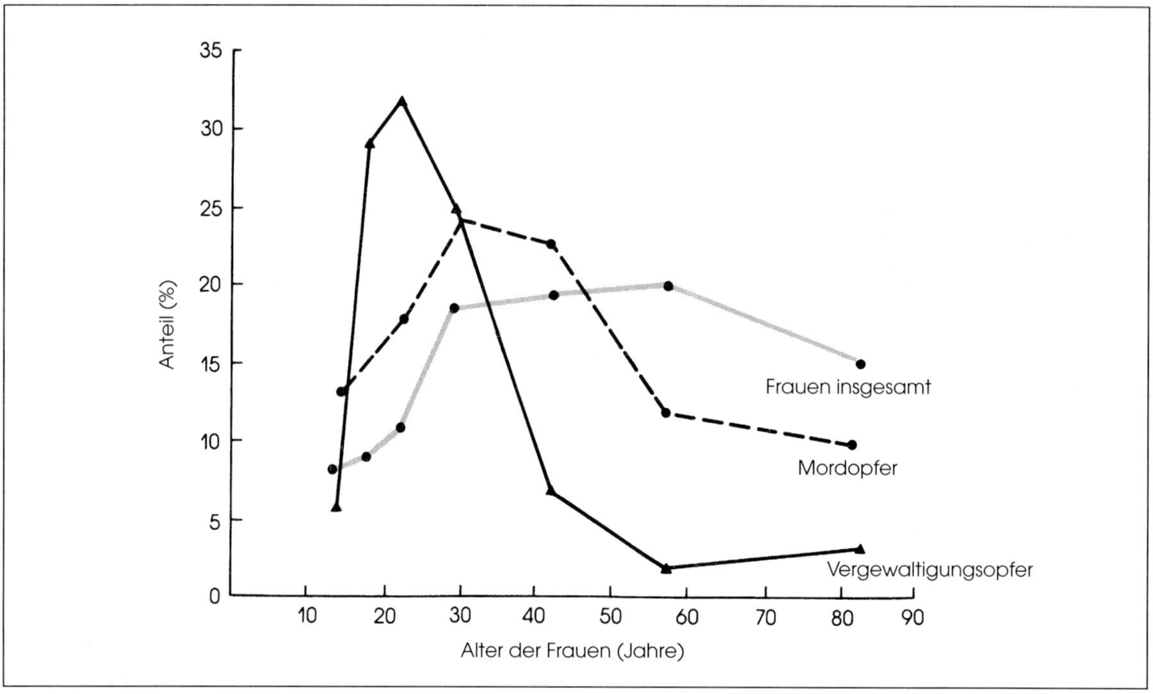

Abb. 17-4: **Hypothesen zur Verursachung von Vergewaltigung.** Falls Vergewaltigungen ausschließlich durch die Absicht, Frauen gewaltsam anzugreifen, motiviert wären (eine proximate Hypothese), sollte man erwarten, daß die Altersverteilung bei Vergewaltigungsopfern ähnlich ist wie bei weiblichen Mordopfern. Vergewaltigungsopfer sind aber besonders häufig junge Frauen. Dies paßt zur ultimaten Hypothese, daß die Vergewaltigung irgend etwas mit männlichen Fortpflanzungstaktiken zu tun hat. Die Daten über Vergewaltigungsopfer stammen aus Polizeiberichten von 1974/75 für 26 Städte der USA. Quelle: Thornhill und Thornhill (923).

in der Konkurrenz um die Fortpflanzung erfolgreichere Wege verwehrt werden, zu einer risikoreichen Alternative mit geringem Gewinn. Männliche *Panorpa*-Fliegen, die in der Lage sind, Weibchen materielle Vorteile zu verschaffen, tun dies, wenn sie dafür kopulieren dürfen; Männchen, die keine Hochzeitsgeschenke anzubieten haben, versuchen, Kopulationen zu erzwingen. Männer, die nicht in der Lage sind, paarungsbereite Frauen für sich zu gewinnen, könnten ebenso die Vergewaltigung als letzte Möglichkeit sehen, sich fortzupflanzen.

Das Argument, daß Vergewaltigungen eine Rolle bei der Fortpflanzung spielen könnten, hat einige Leute verärgert, weil sie das Gefühl haben, daß eine solche Behauptung Vergewaltigungen rechtfertigt und Vergewaltiger entschuldigt [z. B. 310] (dies ist aus den bereits angeführten Gründen aber nicht der Fall). Andere haben gegen diese Hypothese eingewandt, daß Vergewaltiger vom Verlangen motiviert sind, Frauen anzugreifen, zu verletzen und zu demütigen. Dies ist allerdings eine proximate Hypothese und deshalb keine Alternative zur Hypothese, daß die Vergewaltigung eine Taktik einer konditionalen Strategie darstellt. Auf proximater Ebene könnten einige Vergewaltiger durchaus vom Verlangen getrieben sein, Frauen gewaltsam anzugreifen; falls dieses Verhalten aber in einigen Fällen dazu führt, daß die vergewaltigten Frauen schwanger werden, ist es gerechtfertigt, seine ultimate Bedeutung für die Fortpflanzung zu diskutieren. Und vergewaltigte Frauen werden manchmal schwanger, auch in modernen Gesellschaften, in denen viele Frauen die Pille nehmen. In der Vergangenheit, als chemische Mittel zur Empfängnisverhütung nicht zur Verfügung standen und Abtreibungen nicht so leicht durchführbar waren, hatten Vergewaltiger noch größere Chancen, durch erzwungenen Sex Vater eines Kindes zu werden.

Es gibt aber noch eine andere Hypothese zur Vergewaltigung, der zufolge sie ein maladaptives Nebenprodukt der psychischen Mechanismen eines Mannes ist, welche leichte sexuelle Erregbarkeit, den Wunsch nach wechselnden Partnerinnen und die Bereitschaft, Sex ohne sonstigen persönlichen Kontakt auszuüben, fördern. Für die Plausibilität dieser Hypothese spricht auch die Beobachtung, daß die Männchen vieler Tierarten sexuelle Aktivität in Situationen zeigen, wo sie nicht zu Nachkommen führen kann, so etwa, wenn Männchen des Nördlichen See-Elefanten (*Mirounga angustirostris*) entwöhnte Jungtiere besteigen, um mit ihnen zu kopulieren [801]. Auf den Menschen angewandt folgt aus der Hypothese, daß die Vergewaltigung ein Nebeneffekt ist, daß die Motivationssysteme, welche die männliche Sexualität steuern, insgesamt einen positiven Effekt auf die Fitness haben, obwohl der erzwungene Geschlechtsverkehr die Fitness derer, die ihn praktizieren, in der Regel verringern dürfte [726].

Es ist schwierig zu entscheiden, ob die Vergewaltigung ein Nebeneffekt oder eine adaptive Taktik ist, da aus bei-

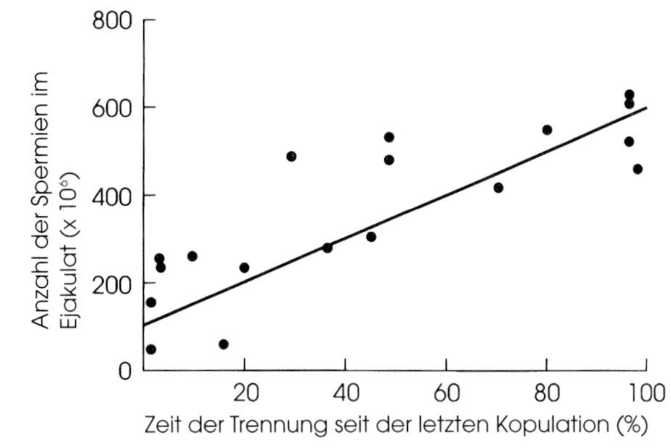

Abb. 17-5: **Spermakonkurrenz beim Menschen?** Die Zahl der Spermien im Ejakulat steigt mit der Zeitdauer, die Mann und Frau seit ihrer letzten Kopulation getrennt waren. Dies könnte dem Mann helfen, Spermien eines Rivalen zu beseitigen, die seine Partnerin vielleicht in seiner Abwesenheit erhalten hat. Quelle: Baker und Bellis (35).

den Hypothesen eine Reihe von gleichen Voraussagen folgt [726], wie Thornhill und Thornhill einräumen [924] (Tab. 17-1). Beispielsweise folgt aus beiden Hypothesen, daß Vergewaltigungsopfer junge Frauen sein sollten, für die eine relativ hohe Wahrscheinlichkeit besteht, schwanger zu werden. Die Tatsache, daß diese Voraussage offenbar richtig ist (Abb. 17-4), erlaubt uns nicht, zwischen beiden Hypothesen zu entscheiden. Aus der Hypothese, daß Vergewaltigung eine adaptive Taktik ist, folgt, daß junge, arme Männer überproportional häufig die Täter sein sollten. Es stimmt zwar, daß viele festgenommene Vergewaltiger junge, arme Männer sind [923], doch werden Männer mit niedrigem Sozialrang nach Straftaten eher inhaftiert und bestraft als Männer mit hohem Sozialrang. Vergewaltigungen durch verheiratete Männer mit hohem sozialen Rang kommen durchaus vor, und es kann gut sein, daß über sie weniger berichtet wird; in diesem Fall können wir uns nicht auf offizielle Kriminalstatistiken berufen, wenn wir die Hypothese prüfen wollen, daß Vergewaltigung eine adaptive Taktik ist.

Aus der Hypothese, daß Vergewaltigungen ein Nebeneffekt sind, folgt eine Voraussage über die proximaten Mechanismen, welche bei Individuen, die zur Vergewaltigung neigen, die Sexualität steuern. Diese Personen sollten eine ungewöhnlich ausgeprägte sexuelle Aktivität haben, sowohl mit Partnerinnen, die einwilligen, als auch mit solchen, die nicht einverstanden sind. Es gibt einige Belege für diese Voraussage [726], aber sie reichen nicht aus, um das Problem zu lösen. Wie bei vielen Fragen der menschlichen Soziobiologie ist die Prüfung von Hypothesen zum erzwungenen Sex ein komplizierter Prozeß, der noch nicht abgeschlossen ist.

17.4.3 Spermakonkurrenz und Partnerbewachung

Obwohl zunächst offen bleiben muß, welche evolutionäre Erklärung der Vergewaltigung richtig ist, besteht Übereinstimmung dahingehend, daß Männer im Durchschnitt stärker als Frauen an Sex mit wechselnden Partnerinnen interessiert sind. Es gibt aber auch Umstände, unter denen es für Frauen vorteilhaft ist, sich für Geschlechtsverkehr mit mehreren Partnern zu entscheiden [z. B. 63, 471, 879; Kap. 14]. Sex mit mehreren Partnern, aus welchen Gründen auch immer, bringt die Möglichkeit mit sich, daß Frauen manchmal mit lebensfähigem Sperma von zwei Männern inseminiert sind, so daß zwischen den Spermien Konkurrenz um die Befruchtung der Eizelle entsteht.

Hat Spermakonkurrenz auch die Evolution von Eigenschaften des Menschen beeinflußt, so wie sie eine entscheidende Rolle bei der Evolution bestimmter Eigenschaften von Vögeln und anderen Tieren spielte (Kap. 13)? Robert L. Smith vermutet, daß verschiedene Besonderheiten in der Anatomie und Physiologie von Männern dazu dienen, ihnen einen Vorteil zu verschaffen, wenn ihr Sperma mit dem Sperma eines Rivalen konkurriert [879]. Beispielsweise wiegen die Hoden von Männern mehr als die Hoden von Gorillamännchen [409], und das Ejakulat enthält auch mehr Spermien. Gorillas sind viel größer als Menschen, aber sie haben ein Fortpflanzungssystem, in dem ein Männchen den Zugang zu mehreren Weibchen vollständig monopolisiert. In einem solchen System ist das Risiko, daß ein fertiles Weibchen Ejakulat von mehr als einem Männchen erhält, sehr gering. Es bietet für ein Gorillamännchen daher keinen besonderen Vorteil, große Mengen von Spermien an eine Partnerin zu übertragen. Beim Menschen kann die Menge an Sperma sehr wohl die Chancen eines Mannes beeinflussen, die Eizelle einer Frau zu befruchten, wenn man von der Möglichkeit ausgeht, daß eine Frau auch mit Sperma von einem anderen Mann inseminiert sein kann.

Falls diese Hypothese richtig ist, können wir voraussagen, daß Männchen die Menge an Sperma, das sie an eine Partnerin übertragen, variieren, je nach dem, wie groß das Risiko ist, daß die Partnerin Sperma von einem Rivalen erhalten hat. Es gibt gute Belege aus einer Untersuchung an Insekten, daß die Männchen zumindest einer Art eine solche Anpassung vornehmen können. Männchen von bestimmten mediterranen Fruchtfliegen, die sich in Anwesenheit eines anderen Männchens mit einem

Weibchen paaren, übertragen etwa dreimal so viel Sperma wie Männchen, die kopulieren, ohne daß ein anderes Männchen in der Nähe ist [328].

Eine an der Universität Manchester durchgeführte Studie deutet darauf hin, daß auch Männer die Menge ihrer Spermien in Relation zum Risiko der Spermakonkurrenz variieren (Abb. 17-5). Je mehr Zeit ein Paar zwischen zwei Kopulationen gemeinsam verbrachte, desto geringer war die Zahl der Spermien im Ejakulat (das im Rahmen der Untersuchung für die spätere Messung mit einem Präservativ aufgefangen wurde). Der Grund dafür könnte sein, daß die Wahrscheinlichkeit, daß die Partnerin Sex mit einem Rivalen hatte, sehr gering ist, wenn die Männer die meiste Zeit mit ihr zusammen sind. Unter diesen Bedingungen brächte es kaum Vorteile für die Fitness, wenn große Mengen an Sperma bereitgestellt würden, um eventuell vorhandenes Sperma eines Konkurrenten fortzuschwemmen. Wenn Männer aber längere Zeit von ihrer Partnerin entfernt sind, steigt die Wahrscheinlichkeit der Spermakonkurrenz, und die Investition in eine größere Spermienmenge, die bei der Kopulation übertragen wird, könnte sich lohnen [35].

Die Anpassung der Spermamenge ist ein Weg, der Möglichkeit Rechnung zu tragen, daß die Partnerin sich mehrfach paart. Eine andere Möglichkeit besteht darin, das Eindringen von Spermien eines Rivalen zu verhindern. Heirat könnte eine kulturelle Einrichtung sein, die aus Sicht des Mannes der Partnerbewachung dient. Die Dauer einiger Ehen beim Menschen ist erstaunlich. Allerdings gibt es langfristige Bindungen zwischen Geschlechtspartnern auch bei anderen Arten. Wie wir bereits diskutiert haben (Kap. 13), geben solche Verbindungen aus Sicht der Evolutionstheorie Rätsel auf, vor allem wegen der Kosten, die für die Männchen entstehen. Sie verlieren schließlich die Gelegenheit, zusätzliche Partnerinnen zu erobern (diese Kosten sind in menschlichen Gesellschaften mit Polygynie reduziert). Ein möglicher Nutzen, der diese Kosten aufwiegen könnte, besteht für die Männchen in der Bewachung der Partnerin, da es so weniger wahrscheinlich ist, daß die Partnerin Sperma von einem Rivalen erhält.

Es ist allgemein bekannt, daß Männer versuchen, den sexuellen Kontakt zu ihrer Partnerin zu monopolisieren (obwohl sie nicht immer Erfolg haben). Diese Bemühungen sind überall als kulturell anerkannte Praxis institutionalisiert. Obwohl manchmal die Rede von „sexuell permissiven" Gesellschaften ist, in denen angeblich völlige Freiheit in sexuellen Dingen die Norm darstellt, scheint diese Auffassung eine (von Wunschvorstellungen geprägte?) Fehlinterpretation von außerhalb stehenden Beobachtern zu sein. In allen Kulturen, die bislang untersucht wurden, gilt ein Seitensprung der Frau (oder auch nur der Verdacht) als Kränkung ihres Mannes und führt oft dazu, daß der Mann gewaltsam gegen seine Frau oder ihren Liebhaber vorgeht [207]. Ein Mord, der von einer „gehörnten" Person begangen wird, gilt bisweilen als legal [210].

Man könnte die Hypothese, daß die menschliche Ehe der Partnerbewachung dient, allerdings aufgrund der Tatsache in Frage stellen, daß Frauen nur an wenigen Tagen eines Monats fertil sind, die Ehe sich aber auch über die übrige Zeit erstreckt. Einer von mehreren Faktoren, der trotzdem eine ausgedehnte Bewachung der Partnerin mittels der Ehe für den Mann adaptiv machen könnte, liegt darin, daß es für Menschen schwierig ist, genau zu bestimmen, wann eine Frau fertil ist. Anders als bei den meisten Arten, wo die Empfängnisbereitschaft auf eine kurze Periode beschränkt ist, in der befruchtungsfähige Eier vorliegen, sind Frauen möglicherweise zu jeder Zeit des Menstruationszyklus rezeptiv. Außerdem ist die Phase, in der die Eizellen befruchtet werden können, für eine Frau und ihren Partner nicht erkennbar [137]. Je schwieriger es für einen Mann ist, zu bestimmen, wann eine Frau erfolgreich befruchtet werden kann, um so mehr Tage (mit wiederholten Kopulationen) muß er bei ihr bleiben, um die Chancen zu erhöhen, daß die Eizellen, sobald sie verfügbar sind, auch befruchtet werden. Die allgemeine Verbreitung der Ehe verringert auch die Zahl unbewachter Frauen, mit denen ein Mann verkehren könnte, so daß sich auch dadurch die Kosten dafür verringern, daß ein Mann bei der gegenwärtigen Partnerin bleibt.

Unter diesen Bedingungen könnte es für einen Mann adaptiv sein, eine Ehe einzugehen. Sie ermöglicht ihm, seine Ressourcen für seinen vermutlichen Nachwuchs bereitzustellen, der wahrscheinlich seine Gene trägt und der erhebliche Vorteile aus den Ressourcen ziehen kann, welche der Mann so für seine Frau und seine Kinder reserviert. Diese Investition erhöht die Chancen der Kinder, bis zu ihrer eigenen Fortpflanzung zu überleben. So entsteht für den Mann ein Fitnessvorteil, der unter Umständen größer ist als bei einer „Casanova-Strategie", die auf zahlreiche sexuelle Eroberungen abzielt.

17.4.4 Partnerwahl durch Frauen

Wenn man davon ausgeht, daß beim Menschen die väterliche Fürsorge wichtig für das Überleben von Kindern ist, sollte man erwarten, daß Frauen vor allem solche Männer als Partner wählen, die über nützliche Ressourcen verfügen. Wenn es um die Wahl eines Ehepartners geht, legen Frauen in westlichen Gesellschaften stets großen Wert auf ein gutes Einkommen des möglichen Partners, während Männer sehr viel größeren Wert auf „körperliche Attraktivität" legen [138]. Es könnte allerdings sein, daß dieser Unterschied ein Artefakt in modernen westlichen Kulturen ist, eine willkürliche Tradition, die von Generation zu Generation weitergegeben wird. Diese Hypothese läßt sich prüfen – aber sie hält einer Prüfung nicht stand. Dieselbe Differenz zwischen den Präferenzen von Frauen und Männern gibt es in einer Vielzahl von Gesellschaften, auch in vielen nicht-westlichen, wie David Buss durch einen Vergleich verschiedener Kulturen gezeigt hat [139]. Dieses Ergebnis stützt die Auffassung, daß Frauen mit großer Wahrscheinlichkeit einen proximaten psychischen Mechanismus haben, der sie solche Partner heiraten läßt, die gut für sie und ihre Kinder sorgen.

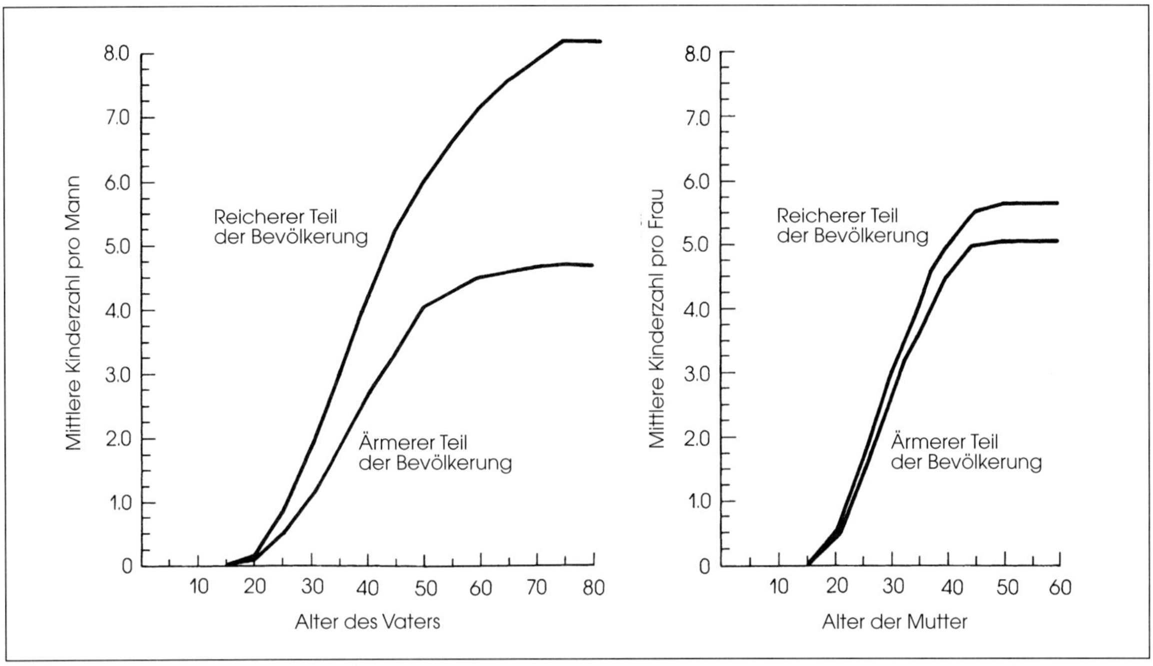

Abb. 17-6: **Fortpflanzungserfolg und Reichtum in einer polygynen Gesellschaft,** den Yomuts im Iran. Wie vorausgesagt, haben Frauen und Männer aus dem reicheren Teil der Bevölkerung einen höheren Fortpflanzungserfolg als ärmere Frauen und Männer. Quelle: Irons (475).

Die Voraussage, daß die Partnerwahl-Präferenzen von Frauen der Fitness dienlich sind, wurde verschiedentlich geprüft, indem die Beziehung zwischen dem Reichtum von Ehemännern und dem Fortpflanzungserfolg ihrer Frauen untersucht wurde. Beispielsweise zeigte eine Studie am Ache-Stamm in Paraguay, daß die Kinder von Männern, die gute Jäger waren, tatsächlich häufiger das fortpflanzungsfähige Alter erreichten als die Kinder von Männern, die weniger Wild für ihre Gruppe erbeuteten [501]. Gute Jäger hatten auch häufiger außereheliche Beziehungen und außereheliche Kinder als schlechte Jäger, was darauf schließen läßt, daß Ache-Frauen die Fähigkeit von Männern, Nahrung zu beschaffen, attraktiv finden.

Darüber hinaus fand Monique Borgerhoff Mulder, daß bei den kenianischen Kipsigis die Zahl überlebender Nachkommen einer Frau positiv mit der Menge an Land, die ihr Ehemann besitzt, korreliert ist. Der Reichtum des Ehemanns bedeutet auch für Frauen in der Yomut-Hirtenkultur im Iran einen Fortpflanzungsvorteil (Abb. 17-6). Dazu ist allerdings anzumerken, daß der Vorteil für die Fortpflanzung bei den Yomut-Frauen im reicheren Teil der Population geringer ist als bei ihren Männern [475], da bei den Yomuts Polygynie erlaubt ist (wie auch bei den Kipsigis [92, 93]), und reichere Männer attraktiv sind für Frauen, die bereit sind, die Ressourcen ihres Ehemanns mit einer weiteren Frau zu teilen. Die Fitness von Frauen, die mit einem polygynen Mann verheiratet

Tab. 17-2: **Fortpflanzungserfolg verheirateter Männer des portugiesischen Adels im 15. und 16. Jahrhundert.** Quelle: Boone (88).

Rang	Alle Kinder		Nur außereheliche Kinder		
	Zahl der Männer	Mittlere Kinderzahl	Zahl der Männer	Mittlere Kinderzahl	Anteil mehrfach verheirateter Männer
Königshaus	96	4,75	50	0,52	22,6
Königliche Verwaltung	168	4,62	43	0,36	18,5
Landadel	216	4,54	80	0,37	13,9
Ohne Titel/ Militär	553	2,33	127	0,23	10,3

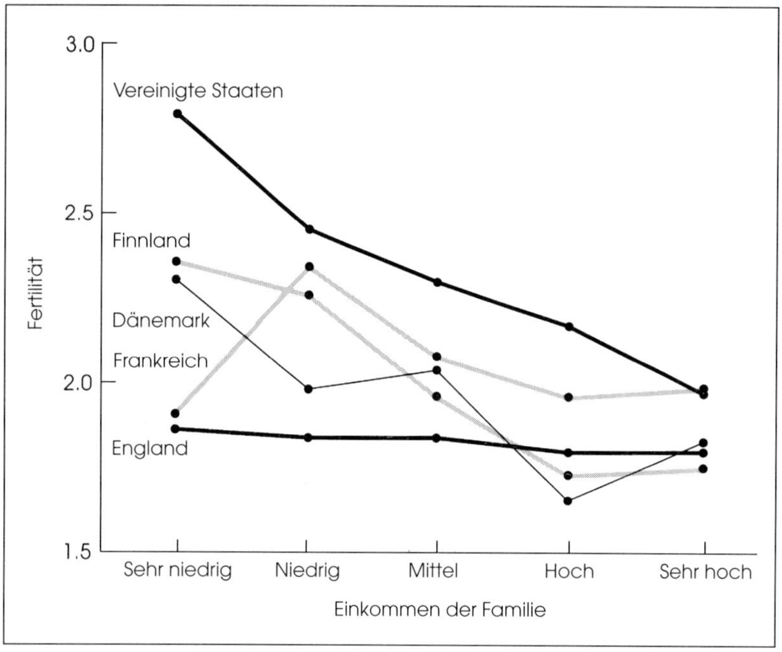

Abb. 17-7: **Die Fertilität, die durchschnittliche Kinderzahl pro Familie,** nimmt in modernen Industriegesellschaften mit steigendem Einkommen vielfach ab. Quelle: Population Series, No. 58, United Nations, 1976.

sind, muß nicht verschlechtert sein; die Hälfte oder ein Drittel aus einem großen Fang können mehr als 100 % aus einem kleinen sein.

Eine Korrelation zwischen Reichtum und Fortpflanzungserfolg findet sich nicht nur bei „traditionellen" Kulturen, sondern auch in Gesellschaften, die mehr Ähnlichkeit mit modernen westlichen Kulturen haben. James Boone fand beispielsweise, daß im 15. und 16. Jahrhundert portugiesische Frauen, die mit Männern aus dem Hochadel (und vermutlich mit dem größten Reichtum) verheiratet waren, mehr Kinder hatten als Frauen von Männern, die keinen Adelstitel hatten oder im Militär dienten. Auch hier war die Varianz im Fortpflanzungserfolg der Frauen sehr viel geringer als bei den Männern, wie das ja auch bei den Yomuts der Fall war [88]. Je höher der soziale Rang eines Manns war, desto mehr Nachkommen hatte er, desto mehr außereheliche Kinder zeugte er und desto häufiger heiratete er mehr als einmal. All das deutet darauf hin, daß Frauen reiche Männer für besonders attraktive Partner hielten (Tab. 17-2). Ein ähnliches Muster findet sich auch in der schwedischen Bevölkerung des 19. Jahrhunderts, die auf dem Weg zu einer modernen Gesellschaft ohne Klassenunterschiede war. Arme Männer und Frauen hatten geringere Heiratsaussichten als reiche Männer und Frauen, und ihre Kinder starben häufiger, bevor sie zehn Jahre alt waren [591].

In modernen westlichen Gesellschaften haben reiche Ehepaare allerdings genauso viele überlebende Kinder wie arme Ehepaare – oder sie haben sogar weniger Kinder (Abb. 17-7) [953]. Dies bedeutet eine Herausforderung für Evolutionsbiologen, welche an den Auswirkungen verschiedener Aspekte moderner Gesellschaften interessiert sind. Insbesondere erlaubt es die moderne Empfängnisverhütung, daß manche Personen weniger Nachkommen haben, als sie haben würden, wenn sie in einer früheren Zeit lebten. Daniel Pérusse hat diese Erklärung für das Fehlen einer positiven Korrelation zwischen Wohlstand und Fortpflanzungserfolg auf folgende Weise geprüft: Mit Hilfe von Fragebögen ermittelte er bei einer großen Zahl von franko-kanadischen Männern Dinge wie den sozioökonomischen Status, die Kinderzahl und die sexuellen Aktivitäten im vorausgegangenen Jahr. Aufgrund ihrer Antworten konnte Pérusse zeigen, daß es keine Korrelation zwischen dem Einkommen (oder anderen Maßen für den sozioökonomischen Status) und der tatsächlichen Fitness, gemessen an der Zahl der Nachkommen, gab. Hätte es aber eine positive Korrelation gegeben, wenn diese Männer in einer Gesellschaft gelebt hätten, in der Empfängnisverhütung noch nicht üblich war?

Aus den Daten über die sexuelle Aktivität der Männer konnte Pérusse die Zahl der potentiellen Vaterschaften abschätzen, für die ein Mann im vorangegangenen Jahr verantwortlich gewesen wäre, falls er und seine Partnerin(nen) von einer Verhütung abgesehen hätten. Die Zahl möglicher Vaterschaften wächst mit der Zahl der Partnerinnen und der Häufigkeit der Kopulation mit der/den Partnerin(nen). Es gab eine hochsignifikante Beziehung zwischen dem Fortpflanzungserfolg der Männer (gemessen an der Zahl der potentiellen Vaterschaften) und dem Einkommen, insbesondere bei unverheirateten Männern (Abb. 17-8). Pérusse folgert daraus, daß unverheiratete franko-kanadische Männer häufig versuchen, Sex mit mehreren Partnerinnen zu haben, daß ihre Möglichkeit dazu aber erheblich von ihrem Geldbeutel und ihrem Rang abhängt, wohl deshalb, weil Frauen reiche Partner bevorzugen. Das Streben nach einem hohen Einkommen und einem hohen Rang, welches Männer moderner Gesellschaften zeigen, kann man daher als eine Folge vergangener Selektion auffassen, die sich unter Umweltbedingungen abspielte, in denen mögliche Vaterschaften häufig auch tatsächliche Vaterschaften waren.

17.4.5 Partnerwahl durch Männer

Bei Arten, bei denen beide Elternteile ein hohes Elterninvestment auf sich nehmen, sollte sich eine Partnerwahl durch Männchen entwickeln (Kap. 13). Männer müssen normalerweise in die Kinder ihrer Frauen investieren. Um die Erwartung zu prüfen, daß Männer ihre Partnerin sehr sorgfältig wählen, wenn sie sich für eine Ehefrau entscheiden, befragten Douglas Kenrick und seine Mitarbeiter College-Studenten, welche Mindestanforderungen sie an die Intelligenz von Personen, mit denen sie sexuelle Beziehungen unterschiedlicher Art hätten, stellen würden. Während Frauen und Männer ähnliche Mindeststandards im Hinblick auf ein mögliches Rendezvous forderten, erwarteten Frauen bei Sex für eine Nacht (ohne weitere Verpflichtungen) einen höheren Standard als bei einem Rendezvous, Männer hingegen setzten in diesem Fall einen niedrigeren Standard an. Wenn es darum ging, einen möglichen Ehepartner auszuwählen, hatten Frauen und Männer wieder ähnliche Präferenzen, die höher waren als für jede der anderen Arten des Kontakts. Beide wünschten sich Ehepartner mit deutlich überdurchschnittlicher Intelligenz (Abb. 17-9) [505]. Aus diesem Resultat folgt die bislang nicht geprüfte Voraussage, daß Frauen mit überdurchschnittlicher Intelligenz mehr überlebende Kinder haben (oder in der Vergangenheit unter anderen Lebensbedingungen hatten) als Frauen mit unterdurchschnittlicher Intelligenz.

Ein Faktor, der zweifelsohne die Fähigkeit einer Frau, überlebende Nachkommen zu haben, beeinflußt, ist ihr Alter. Die Fertilität von Frauen ist im Alter zwischen 23 und 28 Jahren am höchsten. Eine vierzigjährige Frau ist nicht nur weniger fruchtbar, sie hat vor der Menopause auch nur noch wenige Jahre, in denen sie sich fortpflanzen kann. Da die weibliche Fertilität und der Restreproduktionswert stark mit dem Alter korreliert sind, haben Soziobiologen vorausgesagt, daß Männer überall jugendliche Frauen als Partnerinnen bevorzugen sollten.

Der große Wert, den Männer auf die körperliche Attraktivität möglicher Partnerinnen legen [139], steht mit dieser Voraussage in Übereinstimmung, wenn man voraussetzt, daß jüngere Frauen im allgemeinen als

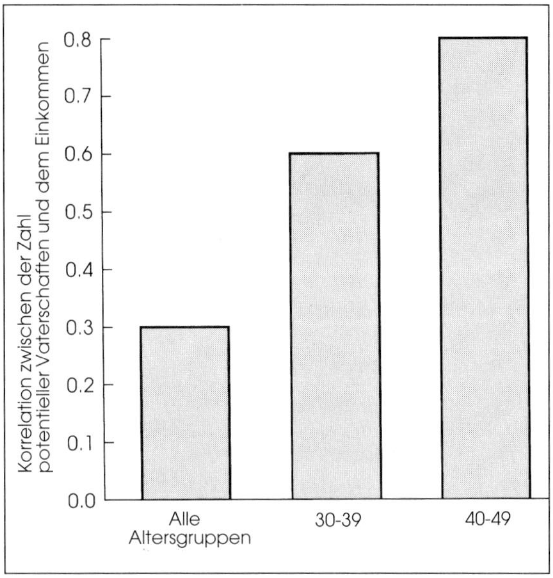

Abb. 17-8: **Korrelation zwischen dem Einkommen** und der Anzahl möglicher Vaterschaften im vorangegangenen Jahr bei unverheirateten franko-kanadischen Männern verschiedener Altersgruppen. Es gibt einen deutlichen Zusammenhang zwischen dem Einkommen und der Zahl der Partnerinnen, mit denen Männer aller Altersgruppen im vorangegangenen Jahr sexuellen Kontakt hatten. Dies gilt besonders für ältere Männer. Nach Pérusse (744).

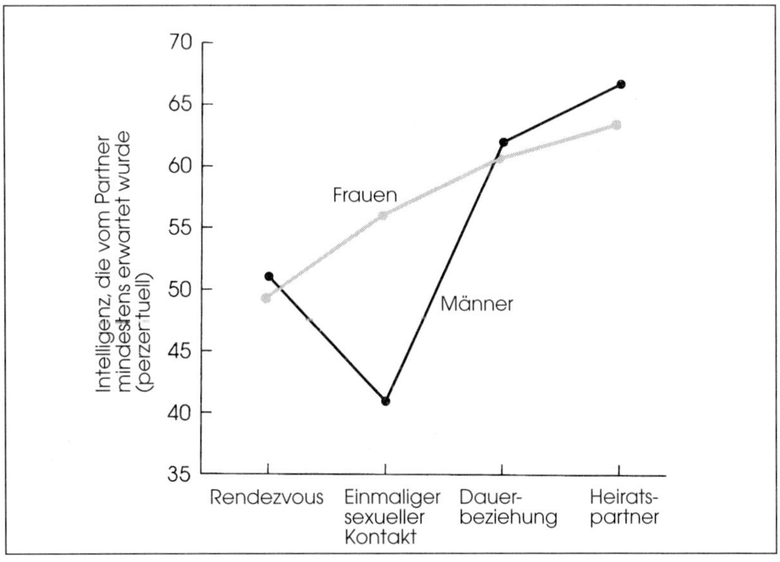

Abb. 17-9: **Unterschiede in der Selektivität bei der Partnerwahl.** Männliche College-Studenten unterscheiden sich von ihren Kolleginnen darin, welche Mindestintelligenz sie von einem Sexualpartner für eine Nacht erwarten. Sie äußern aber vergleichbare Ansprüche im Hinblick auf eine Ehepartnerin. Quelle: Kenrick et al. (505).

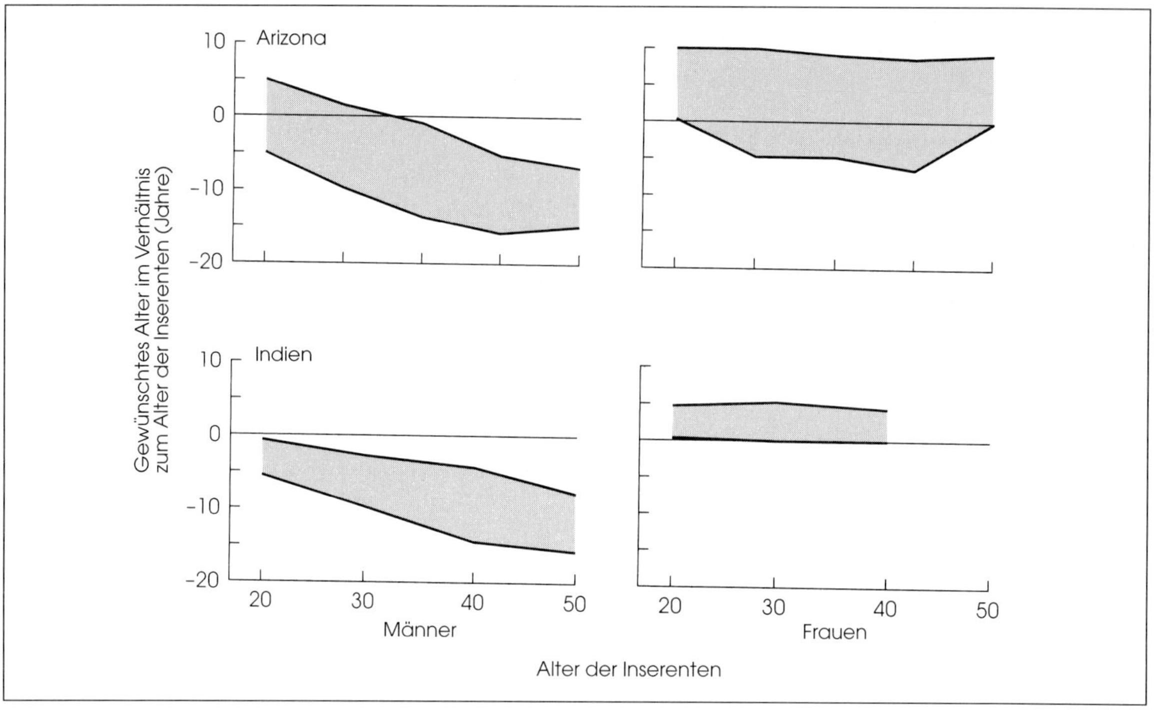

Abb. 17-10: **Bevorzugtes Alter eines Partners bei Frauen und Männern.** Daten aus Heiratsanzeigen von Frauen und Männern in (A) einer Zeitung in Arizona und (B) der „Times" aus Neu-Dehli in Indien. Die Interessenten gaben ihr eigenes Alter an, sowie das Mindest- und Höchstalter ihres Wunschpartners. Quelle: Kenrick und Keefe (504).

attraktiver gelten als ältere Frauen. Die Vorliebe für junge, fertile Frauen mit einem hohen Restreproduktionswert sollte auch in einem mit zunehmendem Alter der Männer größer werdenden Altersunterschied zwischen dem Mann und einer bevorzugten Partnerin zum Ausdruck kommen. Wie können wir die Voraussage prüfen, daß die Bevorzugung bestimmter Partnerinnen durch Männer vom Alter der Frau abhängt? Kenrick und Richard Keefe untersuchten dies anhand von Heiratsanzeigen, wie sie in Zeitungen, so auch in „Arizona Solo", zu finden sind. „Arizona Solo" ist nicht gerade eine Zierde des amerikanischen Journalismus, aber Kenrick und Keefe konnten die Heiratsanzeigen in dieser Zeitung gut verwenden, da manche der Interessenten nicht nur ihr eigenes Alter, sondern auch das gewünschte Mindest- oder Höchstalter des gesuchten Partners angaben. Junge Männer in den

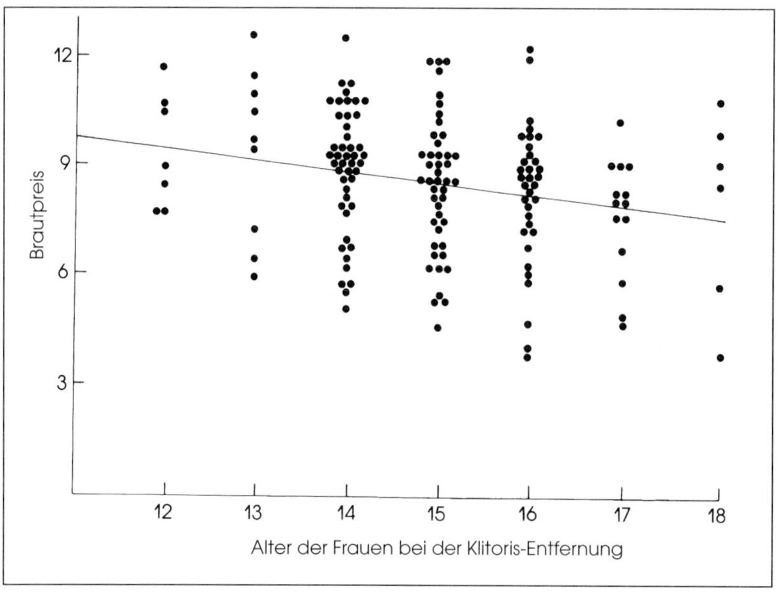

Abb. 17-11: **Partnerbevorzugung in einer traditionellen Gesellschaft.** Bei den Kipsigis wird Frauen traditionell zur Menarche die Klitoris entfernt. Je eher sie in die Pubertät kommen, um so mehr Lebensjahre verbleiben, in denen sie sich fortpflanzen können. Die Männer zahlen einen höheren Brautpreis für Frauen, bei denen die Operation in einem früheren Alter erfolgte. Quelle: Borgerhoff Mulder (91).

Zwanzigern suchten nach Partnerinnen in etwa ihrem Alter, wobei sie Abweichungen nach unten oder oben um bis zu 5 Jahre für akzeptabel hielten; Männer in den Sechzigern wünschten sich hingegen eine Partnerin, die 5 bis 15 Jahre jünger war als sie. Weibliche Interessenten hingegen bekundeten den Wunsch nach einem Partner, der bis zu 5 Jahre jünger oder bis zu 10 Jahre älter sein durfte als sie, unabhängig davon, ob sie selbst alt oder jung waren (Abb. 17-10).

Auch hier wäre es denkbar, das dieses Verhalten lediglich die westliche Kultur mit ihren eigenen sozialen Normen widerspiegelt. Allerdings sind die Alterspräferenzen bei Männern in einem ganz anderen Land, nämlich in Indien, bemerkenswert ähnlich, wie man den Heiratsanzeigen der „Times of India" entnehmen kann. Auch in diesem Fall bevorzugen Männer, wenn sie älter werden, Frauen, die zunehmend jünger als sie selbst sind, während Frauen sich durchweg Partner wünschen, die etwas älter sind als sie selbst.

Darüber hinaus äußerten Männer in 37 Ländern, von Sambia in Afrika bis hin zu Taiwan in Asien und Venezuela in Südamerika, überall eine Vorliebe für Ehefrauen, die jünger waren als sie. Im Gegensatz dazu wünschten Frauen sich ausnahmslos Ehemänner, die älter waren als sie. Diese durchschnittlichen Präferenzen decken sich mit den tatsächlichen Gegebenheiten, wenn es zu Eheschließungen (aus 27 der 37 Länder liegen hierzu Daten vor) kommt. Im allgemeinen heiraten Männer Frauen, die jünger sind als sie [504].

Daß die Präferenzen von Männern in adaptiver Weise mit dem Reproduktionswert möglicher Ehefrauen zusammenhängen, zeigt sich auch an der Bereitschaft von Kipsigis-Männern, einen höheren Brautpreis für Bräute zu zahlen, die früh in die Pubertät gekommen sind. Früh geschlechtsreife Frauen haben in dieser Gesellschaft tatsächlich mehr Kinder als Frauen, die später geschlechtsreif werden [91].

17.5 Adaptive Entscheidungen: Elterliche Fürsorge

Letztlich führen die sexuellen Präferenzen von Frauen und Männern zur Erzeugung von Kindern. Sowohl Männer als auch Frauen sind in der Lage, für ihre Kinder zu sorgen, aber es gibt zwischen verschiedenen Individuen eine große Variabilität im Hinblick darauf, in welchem Umfang sie sich tatsächlich um ihren Nachwuchs kümmern. Mit Hilfe der Evolutionstheorie wurden überprüfbare Hypothesen zu der Frage entwickelt, welche Entscheidungen Menschen bezüglich ihrer Elternfürsorge treffen, wie wir bereits in der Diskussion um die Adoption gesehen haben.

Beispielsweise haben Soziobiologen vorausgesagt, daß verheiratete Männer besonders sorgfältig wählen, wem sie ihr Elterninvestment zuteil werden lassen, und daß sie es freigiebig nur Kindern gewähren, die mit einiger Wahrscheinlichkeit ihre leiblichen Nachkommen sind. In Übereinstimmung mit dieser Voraussage geben Männer in westlichen Gesellschaften, die vermuten oder wissen,

Abb. 17-12: **Elternfürsorge durch Onkel.** In vielen Gesellschaften sorgen Männer für die Kinder ihrer Schwestern. Hier schlachten Kinder aus der Ifaluk-Kultur der westlichen Carolinen-Inseln zusammen mit den Brüdern ihrer Mütter ein Schwein. Die Ifaluk-Kinder leben bei ihren unverheirateten Onkeln. Foto von Laura Betzig.

Wahrscheinlichkeit, daß ein Kind einer Ehefrau die Gene ihres Mannes hat

Anteil gemeinsamer Gene zwischen einem Vater und seinem eigenen Kind

Mittlere genetische Verwandtschaft zwischen einem Vater und jedem der Kinder seiner Frau

(1/4 x 1/2) = 1/8

Wahrscheinlichkeit, daß eine Schwester eine Vollschwester ist (von denselben Eltern wie der Mann)

Anteil gemeinsamer Gene zwischen einem Mann und seiner Vollschwester

Wahrscheinlichkeit, daß eine Schwester eine Halbschwester ist (nur dieselbe Mutter)

Anteil gemeinsamer Gene zwischen einem Mann und seiner Halbschwester

Mittlere genetische Verwandtschaft zwischen einem Mann und einer seiner Schwestern

(1/4 x 1/2) + (3/4 x 1/4) = 5/16

Mittlere genetische Verwandtschaft zwischen einem Mann und einer seiner Schwestern

Anteil gemeinsamer Gene zwischen einer Schwester und ihrem Kind

Mittlere genetische Verwandtschaft zwischen einem Mann und jedem der Kinder seiner Schwester

(5/16 x 1/2) = 5/32

Abb. 17-13: **Vaterschaftswahrscheinlichkeit und Verwandtschaftskoeffizient** zwischen einem Mann und den Kindern seiner Frau. In einer Gesellschaft, in der Ehemänner nur bei jedem vierten Kind ihrer Frauen die leiblichen Väter sind, ist der durchschnittliche Verwandtschaftskoeffizient zwischen Männern und den Kindern ihrer Ehefrauen geringer als der Verwandtschaftskoeffizient zwischen Männern und den Kindern ihrer Schwestern.

daß ihre Frauen ihnen untreu waren, dies oft als Scheidungsgrund an (die Scheidung hat eine Verminderung oder den gänzlichen Wegfall der väterlichen Fürsorge zur Folge), während Frauen, die eine Scheidung einleiten, sehr viel seltener Untreue ihres Partners als Grund nennen [913]. Die Sorge um die Vaterschaft hat in vielen Kulturen einen so hohen Stellenwert, daß die Ehemänner von Vergewaltigungsopfern sich von ihren unglücklichen Frauen scheiden lassen können, was von einer Vielzahl von religiösen Gruppen und über entsprechende Gesetzesvorschriften akzeptiert oder sogar gefordert wird [132].

Es gibt Kulturen, die sexuell freizügiger sind als unsere, etwa auf den Südseeinseln im Pazifik. Obwohl das Ausmaß der sexuellen Libertinage von westlichen Beobachtern erheblich überschätzt worden sein dürfte, ist es dennoch wahrscheinlich, daß die Sicherheit über die Vaterschaft in diesen Kulturen im allgemeinen relativ gering ist. Es ist in solchen Kulturen übliche Praxis, daß die Männer einen Teil oder die gesamte elterliche Fürsorge nicht den Kindern ihrer Frauen, sondern den Kindern ihrer Schwestern zukommen lassen (Abb. 17-12). Richard Alexander hat gezeigt, daß ein Mann, der erwarten darf, daß nur eines von vier Kindern seiner Frau auch sein eigenes ist, 5/32 seiner Gene mit den Kindern seiner Schwester(n) teilt, aber nur 4/32 seiner Gene mit den Kindern seiner Frau (Abb. 17-13). Obwohl die Onkel-Vater-Rolle für Männer nur dann adaptiv ist, wenn die Gewißheit über die Vaterschaft sehr gering ist, stützt das Vorhandensein einer Korrelation zwischen sexueller Freizügigkeit und dieser kulturellen Tradition die Hypothese, daß Männer diesem Faktor Rechnung tragen, wenn sie sich entscheiden, um welche Kinder sie sich kümmern [10]. (Angesichts der Vorteile, die Schwestern daraus ziehen, wenn sie materielle Unterstützung durch ihre Brüder erhalten, gewinnen sie (und ihre Eltern), wenn sie Männer „ermutigen", die Onkel-Vater-Rolle zu übernehmen [209, 414].

Stiefväter sind eine andere Gruppe von Männern, die sich bisweilen in die Lage versetzt sehen, für Kinder zu sorgen, die nicht ihre eigenen sind. Um die Voraussage zu prüfen, daß Stiefväter ihren leiblichen Nachwuchs gegenüber ihren Stiefkindern bevorzugen, untersuchte Mark Flinn die Verhältnisse in einigen Familien auf Trinidad, in denen jeweils ein Stiefvater mit eigenen Kindern und mit Kindern, die seine Frau von einem anderen Mann hatte, zusammenlebte. In diesen Familien gab es deutlich häufiger Auseinandersetzungen zwischen den Stiefvätern und Stiefkindern, als zwischen den Vätern und ihren leiblichen Kindern (Abb. 17-14) [314]. Außerdem verließen Stiefkinder sehr viel häufiger als Kinder ohne Stiefväter die Haushalte, in denen der Stiefvater lebte, und zogen zu Verwandten (etwa ihren Großeltern).

Eine extreme Fehlleistung sorgender Eltern ist die Kindesmißhandlung, die in Flinns Untersuchung auf Trinidad nicht gefunden wurde, die aber mit trauriger Regelmäßigkeit in unserer Gesellschaft vorkommt. Martin Daly und Margo Wilson haben vermutet, daß Kindesmißhandlung ein maladaptiver Nebeneffekt der psychischen Mechanismen ist, die dafür sorgen, daß Menschen ihre elterliche Fürsorge bevorzugt auf ihre leiblichen Nachkommen richten [205, 206].

Im Prinzip gleicht ihre Argumentation derjenigen, die Donald Symons bei seiner Untersuchung männlicher Sexualität anwandte. Der Grundgedanke ist, daß die natürliche Selektion die Evolution des menschlichen Gehirns so gelenkt hat, daß verschiedene Verhaltensweisen gefördert werden, die im Durchschnitt zu einer gesteigerten Fitness führen, die aber als Nebeneffekt einige Individuen veranlassen, sich so zu verhalten, daß ihre Fitness gemindert wird (etwa, wenn ein männlicher Rivale von einem eifersüchtigen Ehemann verletzt oder getötet wird).

Daly und Wilson prüften ihre Hypothese zur Präferenz bei der elterlichen Fürsorge, indem sie voraussagten, daß Stiefväter bei Fällen von Kindesmißhandlung in westlichen Gesellschaften überproportional häufig beteiligt sein sollten. Sie fanden, daß in der kanadischen Stadt Hamilton Kinder, die 4 Jahre alt oder jünger waren, in Familien mit einem Stiefvater 40 mal häufiger Opfer von Kindesmißhandlung (einschließlich sexuellem Mißbrauch) wurden als in Familien mit zwei leiblichen Eltern. Anzumerken ist, daß in beiden Gruppen von Eltern die absolute Wahrscheinlichkeit, daß Kinder mißhandelt wurden, gering war (Abb. 17-15); aber das relative Risiko war für Kinder in Familien mit einem Stiefvater sehr viel größer [205, 207]. Daly und Wilson betonen, daß die selektive Gewährung von elterlicher Liebe und Zuwendung eine psychologische Anpassung im menschlichen Verhalten ist, die Personen davon abhält, die Kinder anderer zu unterstützen. Aber die psychischen Mechanismen, welche für die Selektivität elterlicher Fürsorge zuständig sind, bringen für Erwachsene in der Stiefeltern-Rolle emotionale Probleme mit sich. Die meisten kommen mit dieser Rolle zurecht, einige schaffen das nicht.

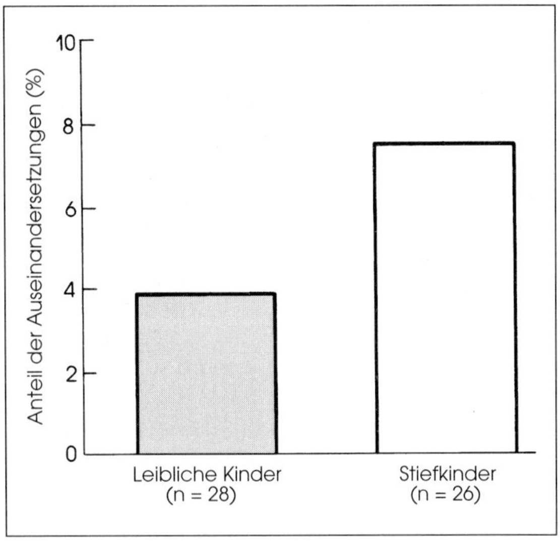

Abb. 17-14: **Konflikte in Familien.** Auseinandersetzungen zwischen Männern und ihren Stiefkindern sind in einem Dorf in Trinidad selten, aber sie sind signifikant häufiger als Konflikte zwischen denselben Männern und ihren leiblichen Kindern. Quelle: Flinn (314).

17.5.1 Heiratshilfe: Mitgift und Brautpreis

Wir haben gesehen, daß Erwachsene gezielt für bestimmte Kinder sorgen können, wobei gewöhnlich leibliche Kinder bevorzugt werden. Allerdings behandeln Eltern Töchter und Söhne keineswegs immer gleich, wenn es um elterliche Zuwendungen geht. Ein Beispiel sind die materiellen Opfer, die Eltern erbringen, um ihren Kindern zu einem Ehepartner zu verhelfen. In einigen Gesellschaften müssen der Bräutigam und seine Familie

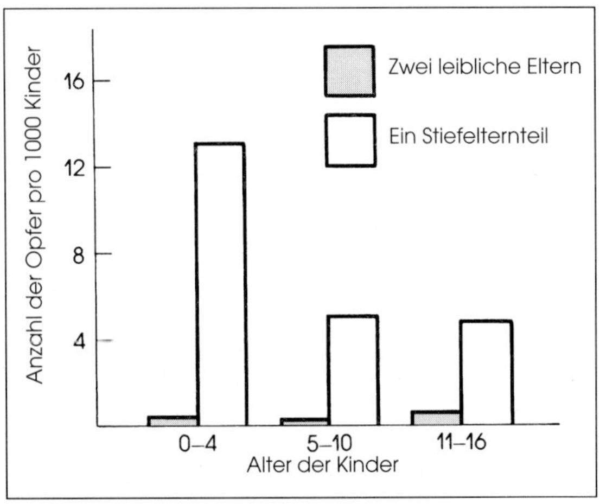

Abb. 17-15: **Kindesmißhandlung** ist in Familien mit einem Stiefvater häufiger als in Familien mit zwei leiblichen Eltern. Quelle: Daly und Wilson (205).

Abb. 17-16: **Mitgift.** Auf den Russel-Inseln im Pazifik schenkt die Familie der Braut dem Bräutigam bei der Hochzeit wertvollen Schmuck. Foto von Irv DeVore/Anthro-Photo.

der Familie der Braut Vieh oder Geld oder Arbeitsleistungen (Brautpreis) aushändigen (Abb. 17-16); in anderen Gesellschaften gibt die Familie der Braut bei ihrer Heirat eine Zuwendung (Mitgift) für ihren Gatten oder seine Familie mit.

Wenn Brautpreis oder Mitgift willkürliche Traditionen wären, zufällige Ergebnisse einer kulturellen Geschichte, sollten wir erwarten, daß die beiden Formen der Auszahlung in verschiedenen Kulturen gleichmäßig vertreten sein sollten. Sie sind es aber nicht [334]. (Bevor Sie weiterlesen, können Sie vielleicht mit Hilfe der Theorie der sexuellen Selektion eine Voraussage treffen, ob die Tradition des Brautpreises oder die der Mitgift in verschiedenen Kulturen häufiger ist.)

Da Männer in der Regel um den Zugang zu Frauen konkurrieren, ergibt sich aus der Theorie der sexuellen Selektion, daß ein Brautpreis weitaus häufiger sein sollte als eine Mitgift. Dies ist auch der Fall. Ein Brautpreis wird aus 66 % der 1267 Kulturen berichtet, die im „Ethnographic Atlas" beschrieben sind, einem Kompendium von Kulturtraditionen auf der ganzen Welt [683]. Eine Mitgift ist nur in 3 % dieser Gesellschaften die Regel. Der Brautpreis ist besonders in polygynen Kulturen verbreitet, wo er in mehr als 90 % derjenigen Gesellschaften auftritt, in denen über 20 % der verheirateten Männer mehr als eine Frau haben (Tab. 17-3). Wenn einige Männer mehrere Frauen monopolisieren, werden heiratsfähige Frauen zu einem besonders seltenen und kostbaren Gut. Ein Weg, sich mehrere Frauen zu sichern und einen besonders hohen Fortpflanzungserfolg zu erzielen, besteht darin, Frauen durch eine Zahlung an ihre Eltern oder andere Verwandte zu „erwerben". Dies setzt oft erhebliche Aufwendungen an materiellen Gütern voraus.

Deshalb können sehr reiche Männer in Gesellschaften, in denen Polygynie verbreitet ist, außergewöhnliche Fitnessvorteile erzielen. Unter diesen Bedingen können Eltern für viele Nachkommen sorgen, indem sie ihren Reichtum in die Hand eines Sohns geben, der dann mehrere Frauen erwerben kann. Ein selektives Elterninvestment kann sogar als Nachlaß erfolgen, indem reiche Eltern ihr Erbe an einen Sohn oder Söhne geben, die dann erfolgreiche „Polygynisten" werden können [94]. Diese Söhne können den verstorbenen Eltern mehr Enkel einbringen als eine Tochter, deren Fortpflanzungserfolg die Zahl der Babys, die sie selber gebären und ernähren kann, niemals übersteigt. John Hartung fand die danach zu erwartende Korrelation zwischen dem Vorkommen von Polygynie in einer Gesellschaft und einem Erbrecht, welches Söhne begünstigt, so daß die materiellen Güter von Individuen angehäuft werden, die dann wirtschaftlich in der Lage sind, polygyn zu werden (Tab. 17-3).

Selbst in den als monogam geltenden westlichen Gesellschaften haben sehr reiche Männer die Gelegenheit, einen ungewöhnlich hohen Fortpflanzungserfolg zu

Tab. 17-3: Die Beziehung zwischen dem **Fortpflanzungssystem in einer Kultur**, Brautpreis-Zahlungen und bevorzugte Weitergabe des Erbes and die Söhne. Quelle: Hartung (413).

	Preis für eine Ehefrau		Erbpraxis	
Fortpflanzungssystem	keine Kosten	Brautpreis	gleich verteilt	Söhne bevorzugt [a]
Monogamie	62 %	38 %	42 %	58 %
Begrenzte Polygynie	47 %	53 %	20 %	80 %
Generelle Polygynie	9 %	91 %	3 %	97 %

Anmerkung: Die Daten stammen aus Murdocks "Ethnographic Atlas" (683), dem die verschiedenen kulturellen Faktoren in dieser Tabelle zu entnehmen sind. Die Prozentanteile beziehen sich auf 112 monogame Kulturen, 290 mit begrenzter Polygynie (weniger als 20 Prozent der Männer sind tatsächlich polygyn) und 448 mit genereller Polygynie (über 20 Prozent der verheirateten Männer haben mehr als eine Frau).
[a] Nach der üblichen Erbpraxis erhalten Söhne den größten Teil oder das gesamte Erbe, während "gleich verteilt" meint, daß die Töchter nur geringfügig benachteiligt sind oder genausoviel erhalten.

erzielen, da ihr Reichtum sie für Frauen attraktiv macht und es ihnen erlaubt, viele Kinder zu unterstützen. Wenn dem so ist, können wir voraussagen, daß sehr reiche Eltern ihr Erbe eher zugunsten von Söhnen verwenden. Eine Gruppe kanadischer Wissenschaftler prüfte diese Voraussage, indem sie 1000 Testamente untersuchte. Die Daten aus dieser Untersuchung sprechen für diese Hypothese [877] (Abb. 17-17).

Im Gegensatz zur weiten Verbreitung eines bevorzugten Elterninvestments in Söhne sind Gesellschaften, in denen die Eltern ihren Töchtern deutlich mehr geben, selten. Dies sollte man auch erwarten, da Frauen normalerweise nicht im Überfluß vorhanden sind und leicht Heiratspartner finden. Die Frage ist, wie die Fitness von Frauen erhöht werden kann, wenn Männer Geld dafür erhalten, daß sie eine Frau heiraten. In monogamen Gesellschaften, in denen Männer üblicherweise in ihre Kinder investieren, könnte es für Eltern allerdings günstig sein, eine solche Zahlung zu machen – vorausgesetzt, sie geht an den richtigen Mann.

In monogamen Kulturen mit verschiedenen Gesellschaftsschichten unterscheiden sich Männer erheblich in ihrem Rang und ihrem Reichtum. Frauen, die mit „Elite"-Männern verheiratet sind, sollten im allgemeinen einen Fortpflanzungsvorteil genießen, da der Reichtum ihres Mannes nicht unter einer Schar von Frauen aufgeteilt werden kann, sondern an die einzige Frau und ihre Kinder geht. In dem Grad, in dem sich sozialer Rang und Vermögen in einen Fortpflanzungsvorteil ummünzen lassen, könnten die Eltern einer Frau Gewinn verbuchen, indem sie mit den Eltern anderer Familien um den richtigen Mann konkurrieren, selbst dann, wenn sie dem richtigen Mann (oder seiner Familie) eine Einstandssumme zahlen. Steven Gaulin und James Boster fanden, daß die Tradition der Mitgiftzahlung in sozial geschichteten monogamen Kulturen etwa 50 mal häufiger ist als in einer polygynen oder egalitären Gesellschaft [334] (Tab. 17-4). Dieses Ergebnis stützt die Hypothese, daß die Mitgift keine zufällige kulturelle Tradition ist, sondern Teil einer adaptiven elterlichen Strategie, welche die gezielte Unterstützung von Töchtern fördert.

Alles in allem zeigen die im letzten Kapitel vorgestellten Beispiele nach meiner Überzeugung, daß es sehr nützlich sein kann, mit Hilfe der Evolutionstheorie die Lebensweise des Menschen zu untersuchen. Falls wir uns selbst besser verstehen wollen, wäre es töricht, irgendeinen erfolgversprechenden Weg auszuklammern, zumal sich die Evolutionstheorie bei Tieren als so hilfreich erwiesen hat. Allerdings bin ich nicht davon überzeugt, daß, nachdem die evolutionäre Untersuchung unseres Verhaltens einigermaßen abgeschlossen ist (was so bald wohl nicht der Fall sein wird), das Wissen in einer Weise verwendet werden wird, welche die meisten Menschen für gut halten. Die Mechanismen in unserem Gehirn, die uns dazu bringen, Rätsel über uns und unsere Welt zu lösen, können uns zu Entdeckungen führen, durch die soziale und militärische Krisen, welche die heutige Welt zu dominieren scheinen, eher verschlimmert als verbessert werden. Aber was immer wir uns wünschen, wir können nicht an der Tatsache vorbei, daß wir eine Tierart sind, die sich im Laufe der Evolution entwickelt hat. Wenn wir die Bedeutung dieser Tatsache verstehen lernen, dann vielleicht nur um einzusehen, daß Pogo wohl recht hatte, als er sagte: „Wir sind dem Feind begegnet, und der Feind sind wir."

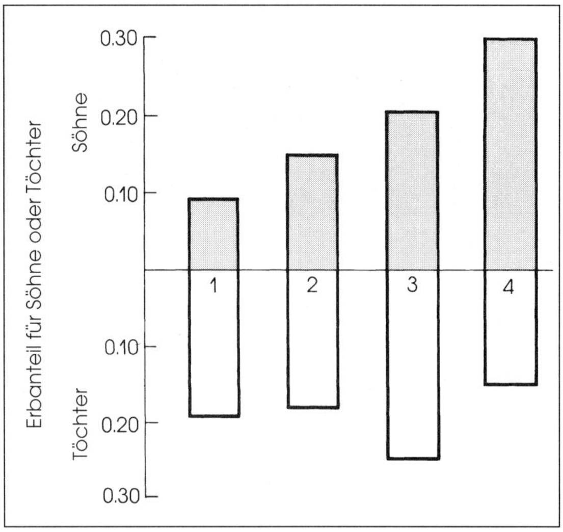

Abb. 17-17: **Einsetzen von Erben.** Überprüfung der Hypothese, daß reiche Eltern ihr Erbe vorzugsweise an ihre Söhne geben, die eher als ihre Töchter den außergewöhnlichen Reichtum in einen außergewöhnlichen Fortpflanzungserfolg umsetzen können. Die Klassen 1 bis 4 entsprechen je einem Viertel der Stichprobe, wobei die im Testament vermachten Summen 20000 Dollar, 20000-53000 Dollar, 53000-111000 Dollar sowie mehr als 111000 Dollar betragen. In Erbfällen der Klasse 1 erhielten die Töchter deutlich mehr, in Fällen der Klasse 4 die Söhne. Quelle: Smith et al. (877).

Tab. 17-4: Die Beziehung zwischen der **Zahlung einer Mitgift** durch die Braut an ihren zukünftigen Mann (oder seine Familie) und dem Grad der gesellschaftlichen Schichtung. Quelle: Gaulin und Boster (334).

	Nicht geschichtet		Geschichtet[a]	
Gesellschaft	Polygyn	Monogam[b]	Polygyn	Monogam[b]
Keine Mitgift	624	99	263	45
Mitgift	1	2	5	27

[a] Geschichtete Gesellschaften sind nach dem „Ethnographic Atlas" (683) solche mit einer Eliteschicht oder einer komplexen gesellschaftlichen Schichtung.
[b] Einschließlich polyandrischer Gesellschaften.

Zusammenfassung

1. Menschen sind eine Tierart mit einer Evolutionsgeschichte. Die Humansoziobiologie wendet die Evolutionstheorie an, um prüfbare Hypothesen über unser Verhalten zu entwickeln. Dabei geht sie von der Annahme aus, daß das, was Individuen tun, im allgemeinen nützlich für die Weitergabe ihrer Gene ist.
2. Soziobiologische Untersuchungen menschlichen Verhaltens waren Anlaß für heftige Kontroversen, die zum Teil aufgrund von Mißverständnissen über Ziele und Methoden dieser Disziplin entstanden sind. Die Soziobiologie geht nicht davon aus, daß menschliches Verhalten, sofern es adaptiv ist, auch unveränderbar oder gesellschaftlich wünschenswert ist.
3. Soziobiologen wenden eine Reihe allgemeiner Hypothesen an, anhand derer sie spezielle menschliche Verhaltensweisen untersuchen. Ein Verhalten kann unter heutigen Lebensbedingungen die Gesamtfitness von Individuen, welche dieses Verhalten zeigen, steigern. Oder es kann unter heutigen Lebensbedingungen maladaptiv sein, aber die Fitness in der Vergangenheit unter anderen Umweltbedingungen gefördert haben. Oder es kann zu keiner Zeit adaptiv gewesen sein, sondern ist ein bisweilen auftretender Nebeneffekt von psychischen Mechanismen, die adaptiv sind oder waren. Auf Grundlage dieser allgemeinen Annahmen kann man überprüfbare Hypothesen zur evolutionären Bedeutung von Verhaltensweisen entwickeln, etwa über die Adoption, den Kindesmißbrauch, Erbpraktiken und andere Phänomene.
4. Unter den überprüfbaren soziobiologischen Hypothesen beziehen sich einige auf das menschliche Sexualverhalten. Nach der Theorie der sexuellen Selektion ist zu erwarten, daß Männer und Frauen sich hinsichtlich ihrer sexuellen Taktiken unterscheiden, da die Fitness von Männern oft mit der Zahl verschiedener Frauen, die ein Mann inseminiert, korreliert ist, während eine Frau höchstens etwa ein Kind pro Jahr haben kann, egal wie hoch die Zahl ihrer Partner ist. Allerdings verzichten Männer oft auf die Gelegenheit, um weitere Partnerinnen zu werben, und investieren statt dessen in die Kinder ihrer Frauen. Falls das männliche Verhalten Folge der natürlichen Selektion ist, läßt sich voraussagen, daß Männer sich so verhalten, daß die von ihnen unterstützten Kinder mit möglichst großer Wahrscheinlichkeit ihre Gene tragen und nicht die Gene eines anderen Mannes. Die Partnerbewachung ist ein proximater Mechanismus, der diesem ultimaten Ziel dient.
5. Wenn wir etwas über die Evolution menschlichen Verhaltens wissen wollen, bietet uns die Soziobiologie Möglichkeiten der Untersuchung, die uns andere Ansätze nicht bieten können. Zwar sind mit der Anwendung der Soziobiologie auch Risiken verbunden, doch gilt dies für jedes wissenschaftliche Programm, das menschliche Belange berührt.

Empfohlene Literatur

Die Diskussion um die Soziobiologie begann mit E. O. Wilson ([1007]: siehe das letzte Kapitel und auch [1008], sowie eine Arbeit seiner Gegner [15]). Später haben viele andere eingestimmt, an vorderster Front Stephen J. Gould [z. B. 367, 368] und Philip Kitcher [517]. Die Kommentare verschiedener Wissenschaftler zur jüngsten Arbeit von Randy Thornhill und Nancy Thornhill über die Vergewaltigung erhellen die andauernden Mißverständnisse um die Humansoziobiologie und zeigen, mit welcher emotionalen Beteiligung die Diskussion immer noch geführt wird [924]. Zu den Vertretern einer evolutionären Deutung menschlichen Verhaltens gehören Richard Alexander [10, 11], Helena Cronin [198] und Donald Symons, dessen Buch über das menschliche Sexualverhalten eine besonders ansprechende Lektüre ist [913]. Die Theorie, daß unsere psychischen Mechanismen sich durch natürliche Evolution so entwickelt haben, daß bestimmtes Verhalten bevorzugt erfolgt, wird auch in zwei Büchern untersucht [46, 75], von denen eines ein Kapitel von Martin Daly und Margo Wilson über die evolutionäre Analyse menschlichen Sexualverhaltens enthält [209]. Daly und Wilson haben darüber hinaus ein ausgezeichnetes Buch über die evolutionären Grundlagen des Mordes geschrieben [208]. Wer an evolutionären Untersuchungen zum Krieg interessiert ist, der in meinem Buch nicht behandelt wird, sollte [10, 161, 282] lesen.

Diskussionsfragen

1. Marshall Sahlins hat gegen die Soziobiologie eingewandt, daß es in den meisten Kulturen nicht einmal Worte gibt, um mathematische Brüche auszudrücken. Ohne Brüche ist es seiner Meinung nach aber nicht möglich, Verwandtschaftskoeffizienten zu berechnen, so daß die Menschen dieser Kulturen nicht in der Lage sein dürften, ihr Verhalten auf die Steigerung der indirekten Fitness auszurichten [822]. Hat Sahlins mit seiner Überzeugung recht, daß dies ein starkes Argument gegen die Soziobiologie ist?
2. Philip Kitcher vertritt die Auffassung, daß „gesellschaftlich relevante Wissenschaft" wie die Soziobiologie „höhere Standards der Evidenz" erfordert. Im Falle eines Irrtums (wenn eine falsche Hypothese als gesichert dargestellt wird) könnten die gesellschaftlichen Auswirkungen besonders gravierend sein. Beispielsweise sei die Hypothese, daß Männer stärker als Frauen nach politischer Macht und hohen Positionen in Wirtschaft und Wissenschaft streben, gefährlich, da sie „die Ambitionen von Millionen von Menschen zu ersticken droht" [517]. Meinen Sie auch, daß für die Soziobiologie besonders hohe Anforderungen an die Wissenschaftlichkeit gestellt werden sollten? Nach der Kritik an der Kulturanthropologie durch einige Anthropologen zu urteilen (siehe [126, 325]), ist der Standard der Soziobiologie bereits als recht hoch anzusehen. Stimmen Sie mit der Auffassung überein, daß das Risiko eines gesellschaftlichen Schadens durch die Soziobiologie besonders hoch ist, höher als durch Hypothesen, die von einer kulturellen Freiheit ausgehen?
3. Entwickeln sie verschiedene alternative proximate und ultimate Hypothesen zur Erklärung von Homosexualität bei Männern und beschreiben Sie, wie Sie die ultimaten Alternativhypothesen prüfen würden.
4. Vor allem in den ersten drei Monaten einer Schwangerschaft leiden Frauen häufig an Übelkeit und Erbrechen. Entwickeln Sie vor dem Hintergrund, daß die menschliche Nahrung im Pleistozän mit einiger Sicherheit eine Vielzahl von leicht giftigen Pflanzen enthielt, eine verhaltensökologische Hypothese über morgendliche Übelkeit. Stellen Sie dieser Hypothese eine nicht-adaptionistische Alternativhypothese gegenüber und beschreiben Sie, wie Sie beide Hypothesen prüfen würden [767].

Glossar

Adaptation Anpassung; eine Eigenschaft, die Individuen zu einer höheren Gesamtfitness verhilft als jede existierende, von anderen Individuen einer Population gezeigte Alternative; ein Merkmal, das sich in einer Population aufgrund natürlicher oder indirekter Selektion ausgebreitet hat oder ausbreiten wird.

Adaptionist Ein Verhaltensbiologe, der von der Annahme ausgeht, daß die Eigenschaften von Individuen Adaptationen darstellen, um überprüfbare Hypothesen zu den Auswirkungen eines bestimmten Merkmals auf die Fitness entwickeln zu können.

Aktionspotential Eine plötzliche Änderung der Verteilung elektrischer Ladung an Innen- und Außenseite einer Nervenzellmembran nach dem Alles-oder-Nichts-Prinzip, verursacht durch eine Permeabilitätsänderung der Membran für Natrium-Ionen; Nervenimpuls.

Aktivierender Effekt Die Fähigkeit von Hormonen, das Auftreten bestimmter Verhaltensweisen zu verursachen, indem sie proximate Mechanismen aktivieren, welche diesen Verhaltensweisen zugrunde liegen.

Allel Zustandsform eines Gens; unterschiedliche Allele kodieren normalerweise verschiedene Varianten desselben Enzyms.

Altruismus Hilfreiches Verhalten, welches die direkte Fitness des Rezipienten erhöht, während es die direkte Fitness des Helfenden vermindert.

Auslöser Schlüsselreiz, der als soziales Signal von einem Individuum an ein anderes übermittelt wird.

Brutparasit Ein Tier, das die elterlichen Fürsorgeleistungen von Individuen ausnutzt, die nicht seine Eltern sind.

Circadianer Rhythmus Ein Verhaltenszyklus von ungefähr 24 Stunden, der unabhängig von Veränderungen in der Umwelt gezeigt wird.

Circannualer Rhythmus Ein Jahreszyklus im Verhalten, der unabhängig von Veränderungen in der Umwelt gezeigt wird.

Diploidie Das Auftreten von zwei Exemplaren jedes Gens bei einem Genotyp.

Direkte Fitness Siehe Fitness.

Display Eine relativ gleichförmig ausgeführte Verhaltensweise, die als Kommunikationssignal zwischen Individuen – im allgemeinen als Bestandteil des Imponier- oder Werbeverhaltens – dient.

Divergente Evolution Die Evolution von Unterschieden zwischen nah verwandten Arten, die unter verschiedenen Umweltbedingungen leben.

Dominanzhierarchie Eine soziale Rangfolge innerhalb einer Gruppe, die u.a. daran zu erkennen ist, daß manche Individuen anderen ausweichen und diesen nützliche Ressourcen kampflos überlassen.

Ehrliche Signale Signale, die zutreffende und genaue Informationen über die Kampffähigkeit des Signalgebers oder seine potentiellen Qualitäten als Paarungspartner enthalten.

Eigennützige Herde Eine Gruppe von Individuen, von denen jedes die anderen als lebenden Schild gegen Beutegreifer benutzt.

Elterninvestment Die Risiken, die ein Elter auf sich nimmt, sowie die Zeit und Energie, die er in vorhandene Nachkommen investiert und die seine Chancen, in Zukunft weiteren Nachwuchs zu produzieren, vermindern.

Entwicklungshomöostasis Die Fähigkeit von Entwicklungsmechanismen, welche in Lebewesen ablaufen, den Verlauf einer Entwicklung trotz potentiell schädlicher Auswirkungen mutierter Gene oder suboptimaler Umweltbedingungen mit einem adaptiven Ergebnis abzuschließen.

Erbkoordination Eine angeborene, in hohem Maße formkonstante Verhaltensreaktion, die durch einen spezifischen, relativ einfachen Reiz ausgelöst wird; wenn ein solches Verhaltensmuster einmal aktiviert ist, wird es vollständig ausgeführt.

Erzwungene Kopulation Vergewaltigung; ein Männchen begattet ein Weibchen ohne dessen Einwilligung; dies hat im allgemeinen zur Folge, daß sich die durchschnittliche Fitness des Weibchens verringert.

Ethologie Verhaltensbiologie; die Erforschung von proximaten Ursachen des Verhaltens, seines adaptiven Wertes und seiner stammesgeschichtlichen Entstehung und Entwicklung (Phylogenese).

Evolutionsstabile Strategie Siehe Strategie.

Explosive breeding assemblage Die Bildung großer Ansammlungen durch reproduktionsfähige Individuen bei Arten, die sich nur während weniger Tage im Jahr fortpflanzen.

Fitness Ein Maß für den genetischen Beitrag eines Individuums zur nächsten Generation, oft als Anzahl überlebender Junge, die ein Individuum hervorbringt, angegeben.

Direkte Fitness Der genetische Beitrag eines Individuums zur Nachkommenschaft durch eigene Fortpflanzung.

Indirekte Fitness Der indirekte genetische Beitrag eines Individuums zur nächsten Generation durch Unterstützung von Verwandten, die nicht seine eigenen Nachkommen sind, wodurch letztlich Verwandte entstehen, die ohne diese Unterstützung nicht existierten.

Gesamtfitness Die Summe aus direkter und indirekter Fitness eines Individuums.

Fitnesskosten Eigenschaften eines Merkmals, die zur Verringerung der Gesamtfitness eines Individuums führen.

Fitnessnutzen Eigenschaften eines Merkmals, die zur Erhöhung der Gesamtfitness eines Individuums führen.

Freilaufender Zyklus Der Aktivitätszyklus eines Individuums, der sich unter konstanten Umweltbedingungen einstellt.

Frequenzabhängige Selektion Siehe Selektion.

Ganglion Eine dichte Ansammlung vieler Neuronen im Zentralnervensystem.

Genetisches Mosaik Ein Individuum, dessen Körpergewebe aus unterschiedlichen Genotypen zusammengesetzt sind.

Genotyp Die genetische Konstitution eines Individuums; der Begriff kann sich auf die Allele eines Gens, das ein Individuum besitzt, beziehen oder auf die Gesamtheit aller Erbfaktoren eines Individuums.

Gesamtfitness Siehe Fitness

Geschlechtsdimorphismus Ein Unterschied im Erscheinungsbild von Männchen und Weibchen einer Art.

„Good genes"-Hypothese Die Ansicht, daß durch Partnerwahl die direkte Fitness erhöht werden kann, da wählerische Individuen die Überlebenschancen von Nachkommen verbessern können, indem sie diese mit Genen ausstatten, welche deren Überlebensfähigkeit erhöhen.

Gruppenselektion Siehe Selektion.

Habituation Eine Form des Lernens, bei der Individuen aufhören, auf Reize zu reagieren, die keinerlei Folgen haben, welche sich verstärkend auf die Reaktion auswirken könnten.

Haploidie Das Auftreten nur eines Exemplars jedes Gens bei einem Genotyp; beispielsweise sind die Spermien und die Eier von diploiden Organismen, welche sich sexuell fortpflanzen, im Normalfall haploid.

Heritabilität Der Anteil an der gesamten Varianz von Phänotypen in einer Population, der auf die genetische Varianz zwischen den Individuen zurückgeführt werden kann, oder V_g dividiert durch $V_g + V_e$, wobei V_g die phänotypische Varianz durch genetische Unterschiede zwischen den Individuen wiedergibt und V_e die phänotypische Varianz zwischen Individuen, welche durch die Umwelt hervorgerufen wird.

Hochzeitsgeschenk Ein Nahrungsstück, das ein Männchen direkt vor oder während der Kopulation einem Weibchen überreicht.

Indirekte Fitness Siehe Fitness.

Indirekte Selektion Siehe Selektion.

Instinkt Ein Verhaltensmuster, das durch bestimmte Reize („Schlüsselreize") ausgelöst werden kann und bereits voll funktionsfähig ist, wenn es zum ersten Mal ausgeführt wird.

Interneuron Eine Nervenzelle im Zentralnervensystem (ZNS), die entweder Signale von Rezeptorneuronen an andere Zellen des ZNS (sensorisches Interneuron) oder von Zellen des ZNS an Neuronen, die Muskelzellen steuern (motorisches Interneuron), weiterleitet.

Inzuchtdepression Eine geringere Fitness, die ingezüchtete Lebewesen tendenziell im Vergleich zu nicht ingezüchteten Individuen derselben Art aufweisen.

Klassische Konditionierung Eine Form des Lernens, in deren Verlauf ein Verhalten, das normalerweise durch einen natürlichen Reiz ausgelöst wird (wie z. B. der Speichelfluß bei der Wahrnehmung von Nahrungsreizen), auch durch zuvor indifferente Reize (beispielsweise durch den Klang einer Glocke oder ein Lichtsignal) hervorgerufen werden kann, wenn diese vorübergehend zusammen mit dem natürlichen Reiz geboten werden.

Kommunikation Die kooperative Signalübertragung von einem Signalgeber auf einen Signalempfänger.

Konditionale Strategie Siehe Strategie.

Konfliktverhalten Verhaltensweisen, die auftreten, wenn bei einem Tier zwei Motivationssysteme gleichzeitig aktiviert sind.

Konvergente Evolution Die unabhängige evolutive Ausbildung ähnlicher Eigenschaften bei zwei oder mehr nicht miteinander verwandten Arten als Ergebnis einer natürlichen Selektion durch ähnliche Umwelteinflüsse.

Kooperation Gegenseitige Hilfeleistung.

Künstliche Zuchtwahl Siehe Selektion.

Kumulative Selektion Siehe Selektion.

Lek Ein traditioneller Balzplatz, an dem sich Männchen versammeln, um kleine Territorien zu verteidigen, welche keinerlei nützliche Ressourcen für Weibchen enthalten, gleichwohl aber von diesen aufgesucht werden.

Lek-Polygynie Siehe Polygynie.
Lernen Eine dauerhafte und normalerweise adaptive Änderung im Verhalten eines Lebewesens, die auf eine spezifische Erfahrung während seines Lebens zurückgeführt werden kann.

Monogamie Ein Paarungssystem, bei dem sich ein Männchen während einer Brutsaison mit nur einem Weibchen verpaart.
Mutualismus Eine Beziehung oder eine Handlung, die zu einem gegenseitigen Nutzen sind.

Natürliche Selektion Siehe Selektion.
Neuron Eine Nervenzelle.
Neurotransmitter Eine chemische Substanz, die von einem Neuron freigesetzt wird und Einfluß auf die Wahrscheinlichkeit hat, mit der die nächste Zelle im neuronalen Netzwerk feuern wird.

Operante Konditionierung Ein Lernvorgang, bei dem ein spontan gezeigtes Verhalten belohnt wird (Verstärkung), was ein häufigeres Auftreten des betreffenden Verhaltens zur Folge hat. Als Form der operanten Konditionierung gilt auch das Lernen durch „Versuch und Irrtum".
Opportunistische Polygynie Siehe Polygynie.
Optimalitätstheorie Die Theorie, daß die Eigenschaften von Organismen optimal sind (d. h. das beste Verhältnis von Fitnessnutzen zu Fitnesskosten bieten); diese Theorie wird bei der Hypothesenbildung über den adaptiven Wert von Eigenschaften angewandt. Ein Beispiel ist die Theorie des optimalen Nahrungserwerbs, in deren Zusammenhang Entscheidungsalternativen beim Nahrungserwerb hinsichtlich ihrer jeweiligen Fitnessauszahlung analysiert werden.
Organisierender Effekt Der gestaltende Einfluß bestimmter Hormone auf die Entwicklung der proximaten Mechanismen, die einem Verhaltensmerkmal zugrunde liegen.

Phänotyp Jeder meßbare Aspekt im Erscheinungsbild eines Organismus; eine Eigenschaft, die durch Wechselwirkungen zwischen den Erbanlagen und der Umwelt während der Entwicklung eines Individuums entsteht.
Phänotyp-Matching Ein proximater Mechanismus der Verwandtendiskrimination, bei dem sich das Verhalten eines Individuums gegenüber einem anderen danach richtet, wie ähnlich sich beide im Erscheinungsbild, Geruch oder anderen phänotypischen Merkmalen sind.
Pheromon Eine flüchtige chemische Substanz, die von einem Individuum freigesetzt wird und der Kommunikation mit anderen dient.
Photoperiode Die Lichtstunden in einem 24-Stunden-Zyklus.
Phylogenie Ein Stammbaum, der die evolutionären Verwandtschaftsbeziehungen zwischen Arten, Gattungen oder anderen Gruppen von Organismen wiedergibt.
Pleiotropie Das Potential eines Gens, die Ausbildung verschiedener Eigenschaften eines Individuums zu beeinflussen.
Polyandrie Ein Paarungssystem, bei dem sich ein Weibchen innerhalb einer Fortpflanzungssaison mit mehreren Männchen verpaart.
Polygenie Das Potential mehrerer Gene, Einfluß auf die Entwicklung eines Merkmals auszuüben.
Polygynie Ein Paarungssystem, bei dem sich ein Männchen innerhalb einer Fortpflanzungssaison mit mehreren Weibchen verpaart.
Lek-Polygynie Männchen balzen auf kleinen, ressourcenlosen Paarungsterritorien, um Weibchen herbeizulocken.
Opportunistische Polygynie Männchen sind nicht territorial und suchen nach den verstreut lebenden, paarungsbereiten Weibchen.
Ressourcenverteidigungs-Polygynie Männchen monopolisieren Ressourcen, die von paarungsbereiten Weibchen genutzt werden.
Weibchenverteidigungs-Polygynie Männchen verteidigen ihre Partnerinnen gegenüber anderen Männchen.
Prägung Ein Lernvorgang, der im allgemeinen in einem frühen Stadium der Verhaltensentwicklung stattfindet und bei dem ein Individuum eine Assoziation zwischen einem bestimmten Reiz und eigenen Verhaltensweisen, die aber bei manchen Formen der Prägung (z. B. sexuelle Prägung) erst in einem späteren Lebensabschnitt gezeigt werden, bildet. Charakteristisch für diese Form des Lernens sind eine „sensible Phase", ein Lebensabschnitt, in dem die Aufnahmefähigkeit für bestimmte Erfahrungen besonders groß ist, und die große Stabilität des Lernergebnisses.
Proximate Ursache Eine mittelbare Ursache, die sich auf die internen, mechanistischen Vorgänge bei einem Individuum bezieht.

Reizfilterung Die Fähigkeit von Sinneszellen, Nervenzellen und neuronalen Netzwerken, auf Reize selektiv zu reagieren.
Reproduktionserfolg Die Anzahl an überlebenden Nachkommen, die ein Individuum erzeugt; direkte Fitness.
Ressourcenverteidigungs-Polygynie Siehe Polygynie.
Rezeptives Feld Der Anteil der Rezeptorzellen eines Sinnesorgans, der mit einer übergeordneten Nervenzelle verbunden ist.
Reziproker Altruismus eine Hilfeleistung, die zu einem späteren Zeitpunkt von dem Empfänger der Hilfe zurückerstattet wird; Reziprozität.
Runaway-Selektion Siehe Selektion.

Satelliten-Männchen Ein Männchen, das in der Nähe eines dominanten Männchens abwartet, um ein paarungsbereites Weibchen abzufangen, das durch das Werben des Rivalen angelockt wird.
Schlüsselreiz Der wirksame Bestandteil einer Handlung oder eines Gegenstands, der in einem Tier eine Erbkoordination auslöst.

Selektion Die unterschiedliche Fähigkeit von Individuen, Kopien ihrer Gene an die nächste Generation weiterzugeben.

Frequenzabhängige Selektion Eine Form der natürlichen Selektion, bei der die Fitness eines Individuums von der Häufigkeit seines Phänotyps in einer Population mit zwei oder mehr alternativen Phänotypen abhängt.

Gruppenselektion Der Prozeß, der stattfindet, wenn sich Gruppen in ihren kollektiven Merkmalen unterscheiden und diese Unterschiede mit unterschiedlichen Überlebenschancen der Gruppen korreliert sind.

Indirekte Selektion Der Prozeß, der stattfindet, wenn sich Individuen bezüglich ihres Einflusses auf die Überlebenschancen verwandter Individuen unterscheiden, welche keine direkten Nachfahren sind. Auf diese Weise entstehen Unterschiede in der indirekten Fitness der Individuen, die mit diesen Verwandten interagieren.

Künstliche Zuchtwahl Ein Prozeß, der genau wie die natürliche Selektion verläuft, nur daß der Reproduktionserfolg alternativer Typen einer Population vom Menschen bestimmt wird.

Kumulative Selektion Die Akkumulation vieler kleiner Veränderungen in einer Population, welche aufgrund von aufeinander folgenden, natürlichen Selektionsschritten auftreten. Viele kleine Veränderungen können sich zu einer großen evolutiven Veränderung aufsummieren.

Natürliche Selektion (Direkte Selektion) Der Prozeß, der stattfindet, wenn sich Individuen bezüglich ihrer Eigenschaften unterscheiden und diese Unterschiede mit Unterschieden ihres Reproduktionserfolgs korreliert sind. Natürliche Selektion kann zu evolutiven Veränderungen führen, wenn solche Unterschiede vererbt werden.

Runaway-Selektion Eine Form der natürlichen Selektion, die stattfindet, wenn Präferenzen, die Weibchen bei ihrer Partnerwahl für bestimmte männliche Attribute entwickeln, eine positive Rückkopplung erzeugen. Diese Rückkopplung bevorteilt Männchen mit solchen Attributen und Weibchen, die solche Männchen bevorzugen.

Sexuelle Selektion Eine Form der natürlichen Selektion, die stattfindet, wenn sich Individuen entweder bezüglich ihrer Fähigkeit unterscheiden, mit anderen um Geschlechtspartner zu konkurrieren (die Komponente des Wettbewerbs um den Geschlechtspartner), oder bezüglich ihrer Attraktivität für Angehörige des jeweils anderen Geschlechts (die Komponente der Wahl durch den Geschlechtspartner). Wie die natürliche Selektion führt auch die sexuelle Selektion mit der Zeit zu genetischen Veränderungen in einer Population, wenn die Unterschiede zwischen Individuen mit genetischen Unterschieden korreliert sind.

Verwandtenselektion Der Prozeß, der stattfindet, wenn sich Individuen in einer Weise unterscheiden, die sich auf ihre elterlichen Fürsorgeleistungen oder ihr Hilfeverhalten auswirkt und damit die Überlebenschancen ihrer Nachkommen oder von anderen Verwandten verändert.

Sensible Phase Eine Phase im Leben eines Lebewesens, während der es für bestimmte Lernerfahrungen besonders empfänglich ist und in der solche Erfahrungen einen besonders großen Einfluß auf seine weitere Entwicklung haben können.

„Sensory exploitation"-Hypothese Die Annahme, daß bei manchen Kommunikationsvorgängen ein Signalgeber dazu in der Lage ist, bereits existierende Einstellungen im Sinnessystem des Empfängers so zu nutzen, daß seine Botschaft eine größere Wirkung erzielt, als auf andere Weise möglich wäre.

Sexuelle Selektion Siehe Selektion.

Soziobiologie Ein Teilgebiet der Verhaltensbiologie, in dem evolutionstheoretische Modelle als Grundlage für das Studium des Sozialverhaltens angewandt werden.

Spermakonkurrenz Wettstreit zwischen Spermien von zwei oder mehr Männchen um die Befruchtung von Eiern.

Spieltheorie Die Anwendung eines Optimalitätsmodells bei Untersuchungen zum adaptiven Wert von Merkmalen, wobei zur Bestimmung von Fitnessauszahlungen insbesondere die Auswirkungen bestimmter Verhaltensweisen auf andere Individuen derselben Art betrachtet werden.

Strategie Ein genetisch bestimmter Satz von Verhaltensregeln, die ein Individuum zeigt.

Evolutionsstabile Strategie (ESS) Derjenige Satz von Verhaltensregeln, der von keiner Alternativstrategie abgelöst werden kann, wenn er von einem bestimmten Anteil einer Population befolgt wird.

Konditionale Strategie Eine Reihe von Regeln, die Individuen dazu in die Lage versetzt, unter verschiedenen Umweltbedingungen unterschiedliche Taktiken zu verfolgen; die Fähigkeit, sich flexibel zu verhalten.

Streifgebiet (Aktionsraum „home range") Ein Gebiet, das ein Tier in Anspruch nimmt, aber nicht verteidigt (im Gegensatz zu einem Territorium, welches verteidigt wird).

Suchbild Ein hypothetisches, mentales Bild eines Beutestückes, daß ein Beutegreifer bei seiner Suche nach einer schwer zu entdeckenden, häufig auftretenden, eßbaren Beute nutzt.

Synapse Eine Kontaktzone zwischen zwei Nervenzellen, die der Signalübertragung dient.

Synchronisation Im Zusammenhang mit circadianen (oder circannualen Rhythmen) die Abstimmung des Aktivitätsmusters eines Individuums mit lokal vorherrschenden Bedingungen, indem Umweltveränderungen Einfluß auf die Mechanismen nehmen, die diese Rhythmen steuern.

Taktik Eine der Optionen, die ein Tier verfolgen kann, dessen Verhalten auf einer konditionalen Strategie beruht.

Territorium Das Gebiet, das von einem Tier gegen Eindringlinge verteidigt wird.

Übernormaler Auslöser Ein Schlüsselreiz, der eine Reaktion effektiver auslöst als natürlich vorkommende Handlungen oder Gegenstände.

Ultimate Ursache Die evolutionäre, historische Grundlage dafür, warum etwas so ist, wie es ist.

Verdünnungseffekt Sicherheit durch große Anzahl; die geringere Wahrscheinlichkeit für Mitglieder einer großen Gruppe, von Prädatoren erbeutet zu werden, als für Mitglieder einer kleinen Gruppe.

Vergleichende Methode Eine Vorgehensweise zur Überprüfung von Hypothesen über den adaptiven Wert eines Merkmals, bei der gezielte Vergleiche zwischen verschiedenen Arten vorgenommen werden.

Verhaltensökologie Ein Teilgebiet der Verhaltensbiologie, in dem theoretische Konzepte der Evolutionsbiologie bei der Untersuchung von Beziehungen zwischen dem Verhalten von Tieren und ihrer Umwelt angewandt werden. Dabei werden Verhaltenseigenschaften, die der Überwindung umweltbedingter Hindernisse für eine erfolgreiche Fortpflanzung dienen, einer Kosten-Nutzen-Analyse unterzogen, wodurch überprüfbare Voraussagen über ihren adaptiven Wert getroffen werden können.

Verwandtendiskrimination Der selektive Umgang mit Angehörigen derselben Art in einer Form, die mit dem Grad genetischer Verwandtschaft zwischen den interagierenden Individuen zusammenhängt.

Verwandtenselektion Siehe Selektion.

Verwandtschaftskoeffizient Ein Maß für den Anteil gemeinsamer Gene durch Abstammung von einem gemeinsamen Vorfahren; die Wahrscheinlichkeit, daß ein Allel, welches ein Individuum aufweist, auch bei einem Verwandten dieses Individuums auftritt; der Anteil am gesamten Genotyp eines Individuums, der sich auch bei einem anderen aufgrund gemeinsamer Vorfahren findet.

Weibchenverteidigungs-Polygynie Siehe Polygynie.

Wirksames Geschlechterverhältnis („operational sex ratio") Das Verhältnis von paarungsbereiten Männchen zu paarungsbereiten Weibchen in einer Population zu einem gegebenen Zeitpunkt; ein Maß für die Intensität des Wettbewerbs zwischen den Männchen um Paarungspartnerinnen.

Zentraler Mustergenerator Eine Gruppe von Zellen im zentralen Nervensystem, die das zur Ausführung eines funktionalen Verhaltensmusters benötigte Signalmuster erzeugen kann.

Literatur

1 Adkins-Regan, E. 1981. Hormone specificity, androgen metabolism, and social behavior. *American Zoologist* 21:257-271.

2 Alatalo, R. V., and A. Lundberg. 1984. Polyterritorial polygyny in the pied flycatcher *Ficedula hypoleuca*: evidence for the deception hypothesis. *Annales Zoologici Fennici* 21:217-228.

3 Alatalo, R. V., J. Hoglund, and A. Lundberg. 1991. Lekking in the black grouse: a test of male viability. *Nature* 352:155-156.

4 Alatalo, R. V., A. Lundberg, and K. Stahlbrandt. 1984. Female mate choice in the pied flycatcher *Ficedula hypoleuca*. *Behavioral Ecology and Sociobiology* 14:253-262.

5 Alatalo, R. V., A. Carlson, A. Lundberg, and S. Ulfstrand. 1981. The conflict between male polygamy and female monogamy: the case of the pied flycatcher *Ficedula hypoleuca*. *American Naturalist* 117:738-753.

6 Alatalo, R. V., D. Eriksson, L. Gustafsson, and K. Larsson. 1987. Exploitation competition influences the use of foraging sites by tits: experimental evidence. *Ecology* 68:284-290.

7 Alcock, J. 1987. The effects of experimental manipulation of resources on the behavior of two calopterygid damselflies that exhibit resource-defense polygyny. *Canadian Journal of Zoology* 65:2475-2482.

8 Alcock, J., G. C. Eickwort, and K. R. Eickwort. 1977. The reproductive behavior of *Anthidium maculosum* and the evolutionary significance of multiple copulations by females. *Behavioral Ecology and Sociobiology* 2:385-396.

9 Alexander, R. D. 1974. The evolution of social behavior. *Annual Review of Ecology and Systematics* 5:325-383.

10 Alexander, R. D. 1979. *Darwinism and Human Affairs*. University of Washington Press, Seattle, WA.

11 Alexander, R. D. 1987. *The Biology of Moral Systems*. Aldine de Gruyter, New York.

12 Alexander, R. D. 1990. How did humans evolve? Museum of Zoology, University of Michigan, Special Publication No. l:l-38.

13 Alexander, R. D., and P. W. Sherman. 1977. Local mate competition and parental investment in social insects. *Science* 196:494-500.

14 Alexander, R. D., J. L. Hoogland, R. D. Howard, K. M. Noonan, and P. W. Sherman. 1979. Sexual dimorphism and breeding systems in pinnipeds, ungulates, primates and humans. *In Evolutionary Biology and Human Social Behavior: An Anthropological Perspective*, N. A. Chagnon and W. Irons (eds.). Duxbury Press, North Scituate, MA.

15 Allen, G. E. et al. 1976. Sociobiology-another biological determinism. *BioScience* 26:183-186.

16 Andelman, S. J. 1987. Evolution of concealed ovulation in vervet monkeys (*Cercopithecus aethiops*). *American Naturalist* 129:785-799.

17 Anderson, R. A., and L. J. Vitt. 1990. Sexual selection versus alternative causes of sexual dimorphism in teiid lizards. *Oecologia* 84:145-157.

18 Andersson, M. 1982. Female choice selects for extreme tail length in a widowbird. *Nature* 299:818-820.

19 Andersson, M. 1984. The evolution of eusociality. *Annual Review of Ecology and Systematics* 15:165-189.

20 Andersson, M., F. Gotmark, and C.G. Wiklund.1981. Food information in the blackheaded gull, *Larus ridibundus*. *Behavioral Ecology and Sociobiology* 9:199-202.

21 Aoki, S. 1983. A new Taiwanese species of *Colophina* (Homoptera, Aphidoidea) producing large soldiers. *Kontyu* 51:282-288.

22 Appleby, M. C. 1982. The consequences and causes of high social rank in red deer stags. *Behaviour* 80:259-282.

23 Arak, A. 1983. Sexual selection by male-male competition in natterjack toad choruses. *Nature* 306:261-262.

24 Armitage, K. B. 1986. Marmot polygyny revisited: the determinants of male and female reproductive strategies. In *Ecological Aspects of Social Evolution: Birds and Mammals*, D. I. Rubenstein and R. W. Wrangham (eds.). Princeton University Press, Princeton, NJ.

25 Arms, K. P., P. Feeny, and R. C. Lederhouse. 1974. Sodium: stimulus for puddling behavior by tiger swallowtail butterflies, *Papilio glaucus*. *Science* 185:372-374.

26 Armstrong, D. P. 1991. Levels of cause and effect as organizing principles for research in animal behaviour. *Journal of Zoology* 69:823-829.

27 Armstrong, E. 1983. Relative brain size and metabolism in mammals. *Science* 220:1302-1304.

28 Arnold, S. J. 1976. Sexual behavior, sexual interference and sexual defense in the salamanders *Ambystoma maculatum, Ambystoma tigrinum* and *Plethodon jordani. Zeitschrift für Tierpsychologie* 42:247-300.

29 Arnold, S. J. 1980. The microevolution of feeding behavior. In *Foraging Behavior: Ecological, Ethological and Psychological Approaches*, A. Kamil and T. Sargent (eds.). Garland STPM Press, New York.

30 Arnold, S. J. 1982. A quantitative approach to antipredator performance: salamander defense against snake attack. *Copeia* 1982:247-253.

31 Arnold, S. J. 1983. Sexual selection: the interface of theory and empiricism. In *Mate Choice*, P. P. G. Bateson (ed.). Cambridge University Press, Cambridge.

32 Axelrod, R., and W. D. Hamilton. 1981. The evolution of cooperation. *Science* 211:1390-1396.

33 Bailey, J. M., and R. C. Pillard. 1991. A genetic study of male sexual orientation. *Archives of General Psychiatry* 48:1089-1096.

34 Baker, R. R. 1978. *The Evolutionary Ecology of Animal Migration*. Hodder & Stoughton, London.

35 Baker, R. R., and M. A. Bellis. 1989. Number of sperm in human ejaculates varies in accordance with sperm competition theory. *Animal Behaviour* 37:867-869.

36 Balcombe, J. P. 1990. Vocal recognition of pups by mother Mexican free-tailed bats, *Tadarida brasiliensis mexicana. Animal Behaviour* 39:960-966.

37 Balda, R. P. 1980. Recovery of cached seeds by a captive Nucifraga caryocatactes. *Zeitschrift für Tierpsychologie* 52:331-346.

38 Baldaccini, N. E., S. Benvenuti, V. Fiaschi, and F. Papi. 1975. Pigeon navigation: effects of wind deflection at home cage and homing behavior. *Journal of Comparative Physiology* 99:177-186.

39 Balmford, A., and A. F. Read. 1991. Testing alternative models of sexual selection through female choice. *Trends in Ecology and Evolution* 6:274-276.

40 Banziger, H. 1971. Bloodsucking moths of Malaya. *Fauna* 1:4-16.

41 Banziger, H. 1986. Skin-piercing blood-sucking moths IV: biological studies on adults of 4 *Calyptra* species and 2 subspecies (Lep., Noctuidae). *Bulletin de la Societe Entomologique Suisse* 59:111-138.

42 Baptista, L. F., and C. K. Catchpole. 1989. Vocal mimicry and interspecific aggression in songbirds: experiments using white-crowned sparrow imitation of song sparrow song. *Behaviour* 109:247-257.

43 Baptista, L. F., and M. L. Morton. 1988. Song learning in montane white-crowned sparrows: from whom and when. *Animal Behaviour* 36:1753-1764.

44 Baptista, L. F., and L. Petrinovich. 1984. Social interaction, sensitive phases and the song template hypothesis in the white-crowned sparrow. *Animal Behaviour* 32:172-181.

45 Baptista, L. F., and L. Petrinovich. 1986. Song development in the white-crowned sparrow: social factors and sex differences. *Animal Behaviour* 34:1359-1371.

46 Barkow, J., and L. Cosmides (eds.). 1992. *The Adapted Mind*. Oxford University Press, New York.

47 Barnosky, A. D. 1985. Taphonomy and herd structure of the extinct Irish elk, *Megaloceros giganteus. Science* 228:340-344.

48 Basolo, A. L. 1990. Female preference predates the evolution of the sword in swordtail fish. *Science* 250:808-810.

49 Basolo, A. L. 1991. Male swords and female preferences. *Science* 253:1426-1427.

50 Bateman, A. J. 1948. Intra-sexual selection in *Drosophila. Heredity* 2:349-368.

51 Bateson, P. P. G. 1976. Rules and reciprocity in behavioural development. In *Growing Points in Ethology*, P. P. G. Bateson and R. A. Hinde (eds.). Cambridge University Press, Cambridge.

52 Baylies, M. K., T. A. Bargiello, F. R. Jackson, and M. W. Young. 1987. Changes in abundance or structure of the per gene product can alter periodicity of the *Drosophila* clock. *Nature* 326:390-392.

53 Beach, F. 1976. Sexual attractivity, proceptivity, and receptivity in female mammals. *Hormones and Behavior* 7:105-138.

54 Beecher, M. D. 1982. Signature systems and kin recognition. *American Zoologist* 22:477-490.

55 Beecher, M. D. 1988. Some comments on the adaptationist approach to learning. In *Evolution and Learning*, R. C. Bolles and M. D. Beecher (eds.. Lawrence Erlbaum Associates, Hillsdale, NJ.

56 Beecher, M. D. 1992. Successes and failures of parent offspring recognition in animals. In *Kin Recognition*, P. G. Hepper (ed.). Cambridge University Press, Cambridge.

57 Beecher, M. D., and I. M. Beecher. 1979. Sociobiology of bank swallows: reproductive strategy of the male. *Science* 205:1282-1285.

58 Beecher, M. D., M. B. Medvin, P. K. Stoddard, and P. Loesche. 1986. Acoustic adaptations for parent offspring recognition in swallows. *Experimental Biology* 45:179-183.

59 Beehler, B. M. 1989. The birds of paradise. *Scientific American* 261 (Dec):116-123.

60 Beehler, B. M., and S. G. Pruett-Jones. 1983. Display dispersion and diet of birds of paradise: a comparison of nine species. *Behavioral Ecology and Sociobiology* 13:229-238.

61 Beletsky, L. D., and G. H. Orians. 1987. Territoriality among male red-winged blackbirds. I. Site fidelity and movement patterns. *Behavioral Ecology and Sociobiology* 20:21-34.

62 Beletsky, L. D., and G. H. Orians. 1989. Territoriality among male red-winged blackbirds. III. Testing hypotheses of territorial dominance. *Behavioral Ecology and Sociobiology* 24:333-339.

63 Bellis, M. A., and R. R. Baker. 1990. Do females promote sperm competition? Data for humans. *Animal Behaviour* 40:996-997.

64 Bentley, D., and R. R. Hoy. 1974. The neurobiology of cricket song. *Scientific American* 231 (Aug): 34-44.

65 Bentley, D., and H. Keshishian. 1982. Pathfinding by peripheral pioneer neurons in grasshoppers. *Science* 218:1082-1088.

66 Benzer, S. 1973. Genetic dissection of behavior. *Scientific American* 229 (Dec):24-37.

67 Bercovitch, F. B. 1986. Male rank and reproductive activity in savanna baboons. *International Journal of Primatology* 7:533-550.

68 Bercovitch, F. B. 1991. Social stratification, social strategies, and reproductive success in primates. *Ethology andSociobiology* 12:315-333.

69 Berens von Rautenfeld, D. 1978. Bemerkungen zur Austauschbarkeil von Küken der Silbermöve (*Larus argentatus*) nach der ersten Lebenswoche. *Zeitschrift für Tierpsychologie* 47:180-181.

70 Berger, J. 1983. Induced abortion and social factors in wild horses. *Nature* 303:59-61.

71 Berglund, A., G. Rosenqvist, and I. Svensson. 1986. Mate choice, fecundity and sexual dimorphism in two pipefish species (*Syngnathidae*). *Behavioral Ecology and Sociobiology* 19:301-307.

72 Berthold, P. 1991. Genetic control of migratory behaviour in birds. *Trends in Ecology and Evolution* 6:254-257.

73 Berthold, P., W. Wiltschko, H. Miltenberger, and U. Querner. 1990. Genetic transmission of migratory behavior into a nonmigratory bird population. *Experientia* 46:107-108.

74 Bertram, B. C. R. 1978. Kin selection in lions and evolution. In *Growing Points in Ethology*, P. P. G. Bateson and R. A. Hinde (eds.). Cambridge University Press, New York.

75 Betzig, L., M. Borgerhoff Mulder, and P. Turke (eds.). 1988. *Human Reproductive Behaviour: A Darwinian Perspective*. Cambridge University Press, Cambridge.

76 Bildstein, K. L. 1983. Why white-tailed deer flag their tails. *American Naturalist* 121:709-715.

77 Birch, H. C. 1978. Chemical communication in pine bark beetles. *American Scientist* 66:409-441.

78 Birkhead, T. R., and A. P. Møller. 1992. A pairwise comparative method as illustrated by copulation frequency in birds. *American Naturalist* 139:644-656.

79 Birkhead, T. R., and A. P. Møller. 1992. *Sperm Competition in Birds: Evolutionary Causes and Consequences*. Academic Press, London.

80 Birkhead, T. R., K. F. Lee, and P. Young. 1988. Sexual cannibalism in the praying mantis *Hierodula membranacea*. *Behaviour* 106:112-118.

81 Bjorklund, M., and B. Westman. 1986. Adaptive advantages of monogamyin the great tit (*Parus major*): an experimental test of the polygyny threshold model. *Animal Behaviour* 34:1436-1440.

82 Black, A. H. 1971. The direct control of neural processes by reward and punishment. *American Scientist* 59:236-245.

83 Blaustein, A. R., and R. K. O'Hara. 1982. Kin recognition in *Rana cascadae* tadpoles: maternal and paternal effects. *Animal Behaviour* 39:1151-1157.

84 Blest, A. D. 1957. The evolution of protective displays in the Saturnoidea and Sphingidae (Lepidoptera). Behaviour 11:257-309.

85 Blest, A. D. 1957. The function of eye-spot patterns in the Lepidoptera. *Behaviour* 11:209-256.

86 Boggess, J. 1984. Infant killing and male reproductive strategies in langurs (Presbytis entellus). In *Infanticide: Comparative and Evolutionary Perspectives*, G. Hausfater and S. B. Hrdy (eds.). Aldine, Chicago.

87 Bolles, R. C. 1973. The comparative psychology of learning: the selection association principle and some problems with general" laws of learning. In *Perspectives in Animal Behavior*, G. Bermant (ed.). Scott, Foresman 8 Company, Glenview, IL.

88 Boone, J. L. Ill. 1986. Parental investment and elite family structure in preindustrial states: a case study of late medieval early modern Portuguese genealogies. *American Anthropologist* 88:859-878.

89 Boppre, M. 1986. Insects pharmacophagously utilizing defensive plant chemicals (pyrrolizidine alkaloids). *Naturwissenschaften* 73:17-26.

90 Borg-Karlson, A.-K. 1990. Chemical and ethological studies of pollination in the genus *Ophrys* (Orchidaceae). *Phytochemistry* 29:1 359-387.

91 Borgerhoff Mulder, M. 1987. Kipsigis bridewealth payments. In *Human Reproductive Behavior: A Darwinian Perspective*, L. L. Betzig, M. Borgerhoff Mulder, and P. Turke (eds.). Cambridge University Press, Cambridge.

92 Borgerhoff Mulder, M. 1987. On cultural and reproductive success: Kipsigis evidence. *American Anthropologist* 89:617-634.

93 Borgerhoff Mulder, M. 1987. Resources and reproductive success in women with an example from the Kipsigis of Kenya. *Journal of Zoology* 213:489-505.

94 Borgerhoff Mulder, M. 1988. Reproductive consequences of sex-biased inheritance. In *Comparative Socioecology of Mammals and Man*, V. Standen and R. Foley (eds.). Blackwell Scientific Publications, London.

95 Borgerhoff Mulder, M. 1991. Human behavioural ecology. In *Behavioural Ecology: An Evolutionary Approach* (3rd edition), J. R. Krebs and N. B. Davies (eds.). Blackwell Scientific Publications, Oxford.

96 Borgia, G. 1979. Sexual selection and the evolution of mating systems. In *Sexual Selection and Reproductive Competition in Insects*, M. S. Blum and N. A. Blum (eds.). Academic Press, New York.

97 Borgia, G. 1985. Bower destruction and sexual competition in the satin bowerbird (*Ptilonorhynchus violaceus*). *Behavioral Ecology and Sociobiology* 18:91-100.

98 Borgia, G. 1985. Bowerquality, number of decorations and mating success of male satin bowerbirds (*Ptilonorhynchus violaceus*). *Animal Behaviour* 33:266-271.

99 Borgia, G. 1986. Sexual selection in bowerbirds. *Scientific American* 254 (June):92-100.

100 Borgia, G., and K. Collis. 1989. Female choice for parasite-free male satin bowerbirds and the evolution of bright male plumage. *Behavioral Ecology and Sociobiology* 25:445-453.

101 Bouchard, T. J., Jr., and M. McGue. 1981. Familial studies of intelligence: a review. *Science* 212:1055-1059.

102 Bouchard, T. J., Jr., D. T. Lykken, M. McGue, N. L. Segal, and A. Tellegen. 1990. Sources of human psychological differences: the Minnesota study of twins reared apart. *Science* 250:223-228.

103 Boucot, A. J. 1990. *Evolutionary Paleobiology of Behavior and Coevolution*. Elsevier, New York.

104 Bradbury, J. W. 1977. Lek mating behavior in the hammer-headed bat. *Zeitschrift für Tierpsychologie* 45:225-255.

105 Bradbury, J. W. 1982. The evolution of leks. In *Natural Selection and Social Behavior*, R. D. Alexander and D. W. Tinkle (eds.). Chiron Press, New York.

106 Bradbury, J. W., S. L. Vehrencamp, and R. M. Gibson. 1989. Dispersion of displaying male sage grouse. I. Patterns of temporal variation. *Behavioral Ecology and Sociobiology* 24:1-14.

107 Brady, R. O. 1976. Inherited metabolic diseases of the nervous system. *Science* 193:733739.

108 Breitwisch, R. 1989. Mortality patterns, sex ratios, and parental investment in monogamous birds. *Current Ornithology* 6:1-50.

109 Breitwisch, R., and G. H. Whitesides. 1987. Directionality of singing and non-singing behaviour of mated and unmated northern mockingbirds, Mimus polyglottos. *Animal Behaviour* 35:331-339.

110 Bremmer, F. 1986. White whales on holiday. *Natural History* 95 (Jan):40-49.

111 Brenowitz, E. A. 1991. Altered perception of species-specific song by female birds after lesions of a forebrain nucleus. *Science* 251:303 305.

112 Brenowitz, E. A., and A. P. Arnold. 1986. Interspecific comparisons of the size of neural song control regions and song complexity in duetting birds: evolutionary implications. *Journal of Neuroscience* 6:2875-2879.
113 Breven, K. A. 1981. Mate choice in the wood frog, *Rana sylvatica*. *Evolution* 35:707-722.
114 Brockmann, H. J. 1990. Mating behavior of horseshoe crabs, *Limulus polyphemus*. *Behaviour* 114:206-220.
115 Brockway, B. F. 1964. Social influences on reproductive physiology and ethology of budgerigars (*Melopsittacus undulatus*). *Animal Behaviour* 12:493-501.
116 Brockway, B. F. 1965. Stimulation of ovarian development and egglaying by male courtship vocalizations in budgerigars (*Melopsittacus undulatus*). *Animal Behaviour* 13:575 578.
117 Brodie, E. D., Jr. 1977. Hedgehogs use toad venom in their own defense. *Nature* 268:627-628.
118 Brooks, D. R., and D. A. McLennan. 1991. *Phylogeny, Ecology and Behavior: A Research Program in Comparative Biology*. University of Chicago Press, Chicago.
119 Brower, J. V. 1958. Experimental studies of mimicry in some North American butterflies. I. The monarch, *Danaus plexippus*, and viceroy, *Limenitis archippus*. *Evolution* 12:3-47.
120 Brower, J. V., and L. P. Brower. 1962. Experimental studies of mimicry. 6. The reaction of toads (*Bufo terrestris*) to honeybees (*Apis mellifera*) and their dronefly mimics (*Eristalis vinetorum*). *American Naturalist* 96:297-307.
121 Brower, L. P. 1985. Foraging dynamics of bird predators on overwintering monarch butterflies in Mexico. *Evolution* 39:852-868.
122 Brower, L. P., and W. H. Calvert. 1984. Chemical defence in butterflies. In *The Biology of Butterflies*, R. I. Vane-Wright and P. R. Ackery (eds.). Academic Press, London.
123 Brower, L. P., W. N. Ryerson, J. L. Coppinger, and S. C. Glazier. 1968. Ecological chemistry and the palatability spectrum. *Science* 161:1349-1351.
124 Brown, C. R., and M. B. Brown. 1986. Ectoparasitism as a cost of coloniality in cliff swallows (*Hirundo pyrrhonota*). *Ecology* 67:1206-1218.
125 Brown, C. R., and M. B. Brown. 1989. Behavioural dynamics of intraspecific brood parasitism in colonial cliff swallows. *Animal Behaviour* 37:777-796.
126 Brown, D. E. 1991. *Human Universals*. Temple University Press, Philadelphia, PA.
127 Brown, J. L. 1975. *The Evolution of Behavior*. Norton, New York.
128 Brown, J. L. 1982. The adaptationist program. *Science* 217:884-886.
129 Brown, J. L. 1987. *Helping and Communal Breeding in Birds: Ecology and Evolution*. Princeton University Press, Princeton, NJ.
130 Brown, J. L. 1987. Testing inclusive fitness theory with social birds. In *Animal Societies: Theories and Facts*, Y. Ito, J. L. Brown, and J. Kikkawa (eds.). Japan Scientific Societies Press, Tokyo.
131 Brown, J. L., and G. H. Orians. 1970. Spacing patterns in mobile animals. *Annual Review of Ecology and Systematics* 1:239-262.
132 Brownmiller, S. 1975. *Against Our Will: Men, Women, and Rape*. Simon & Schuster, New York.
133 Buchsbaum, M. S., R. D. Coursey, and D. L. Murphy. 1976. The biochemical high-risk paradigm: behavioral and familial correlates of low platelet monamine oxidase activity. *Science* 194:339-341.
134 Burgham, M. C. J., and J. Picman. 1989. Effect of brown-headed cowbirds on the evolution of yellow warbler anti-parasite strategies. *Animal Behaviour* 38:298-308.
135 Burke, T., N. B. Davies, M. W. Bruford, and B. J. Hatchwell. 1989. Parental care and mating behaviour of polyandrous dunnocks *Prunella modularis* related to paternity by DNA fingerprinting. *Nature* 338:249-251.
136 Burkhardt, D., and I. de la Motte. 1983. How stalk-eyed flies eye stalk-eyed flies: observations and measurements of the eyes of *Cyrtodiopsis whitei* (Diopsidae, Diptera). *Journal of Comparative Physiology* A 151:407-421.
137 Burley, N. 1979. The evolution of concealed ovulation. *American Naturalist* 114:835-858.
138 Buss, D. M. 1987. Sex differences in human mate selection criteria: an evolutionary perspective. In *Sociobiology and Psychology: Ideas, Issues, and Applications*, C. Crawford, C. Smith, and D. Krebs (eds.). Lawrence Erlbaum Associates, Hillsdale, NJ.
139 Buss, D. M. 1989. Sex differences in human mate preferences: evolutionary hypotheses tested in 37 cultures. *Behavioral and Brain Sciences* 12:114.
140 Bygott, J. D., B. C. R. Bertram, and J. P. Hanby. 1979. Male lions in lage coalitions gain reproductive advantag. *Nature* 282:839-841.
141 Cade, W. 1980. Alternative male reproductive strategies. *Florida Entomologist* 63:30-45.
142 Cade, W. 1981. Alternative male strategies: genetic differences in crickets. *Science* 212:563-564.
143 Cain, A. J. 1989. The perfection of animals. *Biological Journal of the Linnean Society* 36:329.
144 Calvert, W. H., and L. P. Brower. 1986. The location of monarch butterfly (*Danaus plexippus* L.) overwintering colonies in Mexico in relation to topography and climate. *Journal of the Lepidopterists' Society* 40:164-187.
145 Calvert, W. H., L. E. Hedrick, and L. P. Brower. 1979. Mortality of the monarch butterfly (*Danaus plexippus* L.): avian predation at five overwintering sites in Mexico. *Science* 204:847-851.
146 Camhi, J. M. 1984. *Neuroethology*. Sinauer Associates, Sunderland, MA.
147 Campagna, C., B. J. LeBoeuf, and H. L. Cappozzo. 1988. Group raids: a mating strategy of male southern sea lions. *Behaviour* 105:224-249.
148 Caple, G., R. P. Balda, and W. R. Willis. 1983. The physics of leaping animals and the evolution of preflight. *American Naturalist* 121:455-476.
149 Caraco, T. 1979. Time budgeting and group size: a test of theory. *Ecology* 60:618-627.
150 Caraco, T., and L. L. Wolf. 1975. Ecological determinants of group sizes of foraging lions. *American Naturalist* 109:343-352.
151 Carey, M., and V. Nolan, Jr. 1975. Polygyny in indigo buntings: a hypothesis tested. *Science* 190:1296-1297.
152 Carey, M., and V. Nolan, Jr. 1979. Population dynamics of indigo buntings and the evolution of avian polygyny. *Evolution* 33:1180-1192.
153 Carlsson, B.-G. 1991. Recruitment of mates and deceptive behavior by male Tengmalm's owls. *Behavioral Ecology and Sociobiology* 28:321-328.
154 Caro, T. M. 1986. The functions of stotting: a review of the hypotheses. *Animal Behaviour* 34: 649-662.
155 Caro, T. M. 1986. The functions of stotting in Thomson's gazelles: some tests of the predictions. *Animal Behaviour* 34:663-684.
156 Caro, T. M., and M. Borgerhoff Mulder. 1987. The problem of adaptation in the study of human behavior. *Ethology and Sociobiology* 8:61-72.

157 Carpenter, F. L., D. C. Paton, and M. H. Hixon. 1983. Weight gain and adjustment of feeding territory size in migrant hummingbirds. *Proceedings of the National Academy of Sciences* 80:7259-7263.
158 Carr, A. 1967. Adaptive aspects of the scheduled travel of Chelonia. In *Animal Orientation and Navigation*, R. M. Storm (ed.). Oregon State University Press, Corvallis.
159 Carter-Saltzman, L. 1980. Biological and sociocultural effects on handedness: comparison between biological and adoptive families. *Science* 209:1263-1265.
160 Catchpole, C. K. 1980. Sexual selection and the evolution of complex songs among European warblers of the genus *Acrocephalus. Behaviour* 74:149-166.
161 Chagnon, N. A. 1988. Life histories, blood revenge, and warfare in a tribal population. *Science* 239:985-991.
162 Chai, P., and R. B. Srygley. 1990. Predation and the flight, morphology, and temperature of Neotropical rain-forest butterflies. *American Naturalist* 135:748-765.
163 Chen, J.-S., and A. Amsel. 1980. Recall (versus recognition) of taste and immunization against aversive taste anticipations based on illness. *Science* 209:831-833.
164 Cheney, D. L., and R. M. Seyfarth. 1985. Vervet monkey alarm calls: manipulation through shared information? *Behaviour* 93:150-166.
165 Cheney, D. L., and R M. Seyfarth. 1990. *How Monkeys See the World*. University of Chicago Press, Chicago.
166 Cicirello, D. M., and J. O. Woolf. 1990. The effects of mating on infanticide and pup discrimination in white-footed mice. *Behavioral Ecology and Sociobiology* 26:275-279.
167 Clark, E., M. Pohle, and J. Rabin. 1991. Stability and flexibility through community dynamics of the spotted sandperch. *National Geographic Research and Exploration* 7:138-155.
168 Clark, L. 1990. Starlings as herbalists: countering parasites and pathogens. *Parasitology Today* 6:358-360.
169 Clutton-Brock, T. H. 1991. *The Evolution of Parental Care*. Princeton University Press, Princeton, NJ.
170 Clutton-Brock, T. H., and S. D. Albon. 1979. The roaring of red deer and the evolution of honest advertisement. *Behaviour* 69:145-170.
171 Clutton-Brock, T. H., and P. H. Harvey. 1984. Comparative approaches to investigating adaptation. In *Behavioural Ecology: An Evolutionary Approach* (2nd edition), J. R. Krebs and N. B. Davies (eds.). Blackwell Scientific Publications, Oxford.
172 Clutton-Brock, T. H., and AC. J. Vincent. 1 991. Sexual selection and the potential reproductive rates of males and females. *Nature* 351:58-60.
173 Clutton-Brock, T. H., M. Hiraiwa-Hasegawa, and A. Robertson. 1989. Mate choice on fallow deer leks. *Nature* 340:463-465.
174 Clutton-Brock, T. H., S. D. Albon, R. M. Gibson, and F. E. Guinness. 1979. The logical stag: adaptive aspects of fighting in red deer. *Animal Behaviour* 27:211-225.
175 Coleman, R. M., and M. R. Gross. 1991. *Parental investment theory: the role of past investment Trends in Ecology and Evolution* 6:404-406.
176 Connor, R. C., R. A. Smolker, and A. F. Richards. 1992. Two levels of alliance formation among male bottlenose dolphins (*Tursiops* sp.). *Proceedings of the National Academy of Sciences* 89:987-990.
177 Cook, D. 1990. Differences between courtship, mating and postcopulatory behaviour between male morphs of the dung beetle *Onthophagus binodis* Thunberg (Coleoptera: Scarabaeidae). *Animal Behaviour* 40:428-436.
178 Cooper, W. E., Jr., and L. J. Vitt. 1985. Bluetails and autotomy: enhancement of predation avoidance in juvenile skinks. *Zeitschrift für Tierpsychologie* 70:265-276.
179 Cosmides, L., and J. Tooby. 1987. From evolution to behavior: evolutionary psychology as the missing link. In *The Latest on the Best*, J. Dupre (ed.). MIT Press, Cambridge, MA.
180 Cosmides, L., and J. Tooby. 1989. Evolutionary psychology and the generation of culture, part 11. *Ethology and Sociobiology* 10:51-97.
181 Cowlishaw, G., and R. I. M. Dunbar. 1991. Dominance rank and mating success in male primates. *Animal Behaviour* 41:1045-1056.
182 Cox, G. W. 1985. The evolution of avian migration systems between temperate and tropical regions of the New World. *American Naturalist* 1 26:45 1-474.
183 Craig, C. L., and G. D. Bernard. 1990. Insect attraction to ultraviolet-reflecting spider webs and web decorations. *Ecology* 71:616-623.
184 Craig, J. L., and M. E. Douglas. 1986. Resource distribution, aggressive asymmetries and variable access to resources in the nectar feeding bellbird. *Behavioral Ecology and Sociobiology* 18:231-240.
185 Creel, S. R., and N. M. Creel. 1991. Energetics, reproductive suppression and obligate communal breeding in carnivores. *Behavioral Ecology and Sociobiology* 28:263-270.
186 Crespi, B. J. 1986. Size assessment and alternative fighting tactics in Elaphrothrips tuberculatus (Insecta: Thysanoptera). *Animal Behaviour* 34:1324-1335.
187 Crews, D. 1975. Psychobiology of reptilian reproduction. *Science* 189:1059-1065.
188 Crews, D. 1984. Gamete production, sex hormone secretion, and mating behavior uncoupled. *Hormones and Behavior* 18:22-28.
189 Crews, D. (ed.). 1987. *Psychobiology of Reproductive Behavior: An Evolutionary Perspective*. Prentice-Hall, Englewood Cliffs, NJ.
190 Crews, D. 1991. Trans-seasonal action of androgen in the control of spring courtship behavior in male red-sided garter snakes. *Proceedings of the National Academy of Sciences* 88:3545-3548.
191 Crews, D. 1992. Behavioral endocrinology and reproduction: an evolutionary perspective. *Oxford Reviews of Reproductive Biology* 14:303-370.
192 Crews, D. 1992. Diversity of hormone-behavior relations. In *Introduction to Behavioral Endocrinology*, J. Becker, M. Breedlove, and D. Crews (eds.). MIT Press/Bradford Books, Cambridge, MA.
193 Crews, D., and N. Greenberg. 1981. Function and causation of social signals in lizards. *American Zoologist* 21:273-294.
194 Crews, D., and M. C. Moore. 1986. Evolution of mechanisms controlling mating behavior. *Science* 231:121-125.
195 Crews, D., and M. C. Moore. In press. Reproductive biology of parthenogenetic whiptail lizards. In *Biology of the Cnemidophorus*, J. Wright, (ed.). Allen Press, Lawrence, KS.
196 Crews, D., V. Hingorani, and R. J. Nelson.1988. Role of the pineal gland in the control of annual reproductive behavioral and physiological cycles in the red-sided garter snake (*Thamnophis sirtalis parietalis*). *Journal of Biological Rhythms* 3:293-302.

197 Cronin, E. W., Jr. and P. W. Sherman. 1977. A resource-based mating system: the orangerumped honey guide. *Living Bird* 15:5-32.

198 Cronin, H. 1991. *The Ant and the Peacock*. Cambridge University Press, Cambridge.

199 Cruz, Y. P. 1981. A sterile defender morph in a polymorphic hymenopterous parasite. *Nature* 294:446-447.

200 Cullen, E. 1957. Adaptations in the kittiwake to cliff nesting. *Ibis* 99:275-302.

201 Curio, E. 1976. *The Ethology of Predation*. Springer-Verlag, New York.

202 Cuthill, I. C., and W. A. Macdonald. 1990. Experimental manipulation of the dawn and dusk chorus in the blackbird *Turdus merula*. *Behavioral Ecology and Sociobiology* 26:209-216.

203 Daan, S., and J. Tinbergen. 1979. Young guillemots (*Uria lomvia*) leaving their arctic breeding cliffs: a daily rhythm in numbers and risk. *Ardea* 67:96-100.

204 Daly, M., and M. Wilson. 1983. *Sex, Evolution and Behavior* (2nd edition). Willard Grant Press, Boston.

205 Daly, M., and M. Wilson. 1985. Child abuse and other risks of not living with both parents. *Ethology and Sociobiology* 6:197-210.

206 Daly, M., and M. Wilson. 1987. Children as homicide victims. In *Child Abuse and Neglect: Biosocial Dimensions*, R. Gelles and J. Lancaster (eds.). Aldine de Gruyter, New York.

207 Daly, M., and M. Wilson. 1987. Evolutionary psychology and family violence. In *Sociobiology and Psychology*, C. Crawford, M. Smith, and D. Krebs (eds.). Lawrence Erlbaum Associates, Hillsdale, NJ.

208 Daly, M., and M. Wilson. 1988. *Homicide*. Aldine de Gruyter, Chicago.

209 Daly, M., and M. Wilson. 1992. The man who mistook his wife for a chattel. In *The Adapted Mind*, J. Barkow and L. Cosmides (eds.). Oxford University Press, New York.

210 Daly, M., M. Wilson, and S. J. Weghorst. 1982. Male sexual jealousy. *Ethology and Sociobiology* 3:11-27.

211 Darwin, C. 1859. *On the Origin of Species*. Murray, London. In deutscher Übersetzung erhältlich als *„Über die Entstehung der Arten durch natürliche Zuchtwahl oder die Erhaltung der begünstigten Rassen im Kampf ums Dasein"*. 1992. Wissenschaftliche Buchgesellschaft, Stuttgart

212 Darwin, C. 1992. *Die Abstammung des Menschen*. 2. Auflage. Fourier, Wiesbaden.

213 Davies, N. B. 1977. Prey selection and social behaviour in wagtails (Aves: Motacillidae). *Journal of Animal Ecology* 46:37-57.

214 Davies, N. B. 1978. Territorial defence in the speckled wood butterfly (*Pararge aegeria*): the resident always wins. *Animal Behaviour* 26:138-147.

215 Davies, N. B. 1983. Polyandry, cloaca-pecking and sperm competition in dunnocks. *Nature* 302:334-336.

216 Davies, N. B. 1985. Cooperation and conflict among dunnocks, *Prunella modularis*, in a variable mating system. *Animal Behaviour* 33:628-648.

217 Davies, N. B. 1989. Sexual conflict and the polygamy threshold. *Animal Behaviour* 38:226-234.

218 Davies, N. B. 1991. Mating systems. In *Behavioural Ecology: An Evolutionary Approach* (3rd edition), J. R. Krebs and N. B. Davies (eds.). Blackwell Scientific Publications, Oxford.

219 Davies, N. B., and M. de L. Brooke. 1988. Cuckoos versus reed warblers: adaptations and counteradaptations. *Animal Behaviour* 36:262-284.

220 Davies, N. B., and T. R. Halliday. 1978. Deep croaks and fighting assessment in toads *Bufo bufo*. *Nature* 275:683-685.

221 Davies, N. B., and A. I. Houston. 1981. Owners and satellites: the economics of territory defense in the pied wagtail, *Motacilla alba*. *Journal of Animal Ecology* 50:157-180.

222 Davies, N. B., and A. Lundberg. 1984. Food distribution and a variable mating system in the dunnock, Prunella modularis. *Journal of Animal Ecology* 53:895-912.

223 Davies, N. B., A. F. G. Bourke, and M. de L. Brooke. 1989. Cuckoos and parasitic ants: interspecific brood parasitism as an evolutionary arms race. *Trends in Ecology and Evolution* 4:274-278.

224 Davies, N. B., B. J. Hatchwell, T. Robson, and T. Burke. 1992. Paternity and parental effort in dunnocks *Prunella modularis*: how good are male chick-feeding rules? *Animal Behaviour* 43: 729-745.

225 Davis, L. S., and S. Downes. In press. Infanticide in langurs: model or myth for behavioral ecology? *Behavioral Ecology and Sociobiology*.

226 Dawkins, M. S. 1986. *Unravelling Animal Behaviour*. Longman Group, Harlow, Essex.

227 Dawkins, R. 1994. *Das egoistische Gen*. Spektrum Akademischer Verlag, Heidelberg.

228 Dawkins, R. 1980. Good strategy or evolutionarily stable strategy? In *Sociobiology: Beyond Nature/Nurture?* G. W. Barlow and J. Silverberg (eds.). Westview Press, Boulder, CO.

229 Dawkins, R. 1987. *Der blinde Uhrmacher*. Kindler München.

230 Dawkins, R., and J. Krebs. 1978. Animal signals: information or manipulation? In *Behavioural Ecology, An Evolutionary Approach* (1 st edition), J. R. Krebs and N. B. Davies (eds.). Blackwell Scientific Publications, Oxford.

231 de Belle, J. S., and M. B. Sokolowski. 1987. Heredity of *rover/sitter:* alternative foraging strategies of *Drosophila melanogaster* larvae. *Heredity* 59:73-83.

232 de Belle, J. S., A. J. Hilliker, and M. B. Sokolowski. 1989. Genetic localization of *foraging* (for): a major gene for larval behavior in *Drosophila melanogaster*. *Genetics* 123:157-163.

233 DeCoursey, P. J., and J. Buggy. 1989. Circadian rhythmicity after neural transplant to hamster third ventricle: specificity of suprachiasmatic nuclei. *Brain Research* 500:263-275.

234 de la Motte, I., and D. Burkhardt. 1983. Portrait of an Asian stalk-eyed fly. *Naturwissenschaften* 70:451-461.

235 Dethier, V. G. 1962. *To Know A Fly*. HoldenDay, San Francisco.

236 Dethier, V. G. 1976. *The Hungry Fly: A Physiological Study of the Behavior Associated with Feeding*. Harvard University Press, Cambridge, MA.

237 Deutsch, C. J., M. P. Haley, and B. J. Le Boeuf. 1990. Reproductive effort of male northern elephant seals: estimates from mass loss. *Canadian Journal of Zoology* 68:2580-2593.

238 DeVoogd, T. J. 1991. Endocrine modulation of the development and adult function of the avian song system. *Psychoneuroendocrinology* 1 6:41-66.

239 DeWolfe, B. B., L. F. Baptista, and L. Petrinovich. 1989. Song development and territory establishment in Nuttall's white-crowned sparrow. *Condor* 91:397-407.

240 Dhondt, A. A., and J. Schillemans. 1983. Reproductive success of the great tit in relation to its territorial status. *Animal Behaviour* 31:902-912.

241 Dial, B. E., and L. C. Fitzpatrick. 1983. Lizard tail autotomy: function and energetics of postautotomy tail movement in *Scincella lateralis*. *Science* 219:391-393.

242 Diamond, J. 1991. Nature's infinite book. *Natural History* (May):22-28.

243 Diamond, J. M., E. Cooper, C. Turner, and L. Macintyre. 1976. Trophic regulation of nerve sprouting. *Science* 193:371-377.

244 Dill, L. M., and A. H. G. Fraser. 1984. Risk of predation and the feeding behavior of juvenile coho salmon (*Oncorhynchus kisutch*). *Behavioral Ecology and Sociobiology* 16:65-71.

245 Dodd, J., and J. M. Jessell. 1988. Axon guidance and the patterning of neuronal projections in vertebrates. *Science* 242:692-699.

246 Dodson, G. 1989. The horny antics of antlered flies. *Australian Natural History* 22:604-611.

247 Doherty, J. A., and H. C. Gerhardt. 1983. Hybrid tree frogs: vocalizations of males and selective phonotaxis of females. *Science* 220:1078-1080.

248 Dominey, W. J. 1980. Female mimicry in male bluegill sunfish: A genetic polymorphism? *Nature* 284:546-548.

249 Dominey, W. J. 1984. Alternative mating tactics and evolutionarily stable strategies. *American Zoologist* 24:385-396.

250 Domjan, M., and B. Burkhard. 1986. *The Principles of Learning and Behavior* (2nd edition). Brooks/Cole, Monterey, CA.

251 Dow, H., and S. Fredga. 1983. Breeding and natal dispersal of the goldeneye, *Bucephala clangula*. *Journal of Animal Ecology* 52:681-695.

252 Downes, J. A. 1973. Lepidoptera feeding at puddle-margins, dung, and carrion. *Journal of the Lepidopterists' Society* 27:89-99.

253 Downhower, J. F., and K. B. Armitage. 1971. The yellow-bellied marmot and the evolution of polygamy. *American Naturalist* 105:355-370.

254 Duchin, L. E. 1990. The evolution of articulate speech: comparative anatomy of the oral cavity in Pan and Homo. *Journal of Human Evolution* 19:687-697.

255 Duffey, S. S. 1970. Cardiac glycosides and distastefulness: some observations on the palatability spectrum of butterflies. *Science* 169:78-79.

256 Dumont, J. P. C., and R. M. Robertson. 1986. Neuronal circuits: an evolutionary perspective. *Science* 233:849-853.

257 Dunn, J. 1976. How far do early differences in mother-child relations affect later development? In *Growing Points in Ethology*, P. P. G. Bateson and R. A. Hinde (eds.). Cambridge University Press, Cambridge.

258 Dussourd, D. E., C. A. Harvis, J. Meinwald, and T. Eisner. 1991. Pheromonal advertisement of a nuptial gift by a male moth (*Utetheisa ornatrix*). *Proceedings of the National Academy of Sciences* 88:9224-9227.

259 Dussourd, D. E., K. Ubik, C. Harvis, J. Resch J. Meinwald, and T. Eisner. 1988. Biparental defensive endowment of eggs with acquired plant alkaloid in the moth *Utetheisa ornatrix*. *Proceedings of the National Academy of Sciences* 85:5992-5996.

260 Duvall, D., M. B. King, and K. J. Gutzwiller. 1985. Behavioral ecology and ethology of the prairie rattlesnake. *National Geographic Research* 1:80-111.

261 Dyer, F. C., and J. L. Gould. 1983. Honey bee navigation. *American Scientist* 71:587-597.

262 Earle, M. 1987. A flexible body mass in social carnivores. *American Naturalist* 129:755-760

263 Eberhard, W. G. 1980. The natural history and behavior of the bolas spider *Mastophora dizzydeani* sp. n. (Araneidae). *Psyche* 87:143-169.

264 Eberhard, W. G. 1985. *Sexual Selection and Animal Genitalia*. Harvard University Press, Cambridge, MA.

265 Eberhard, W. G. 1990. Function and phylogeny of spider webs. *Annual Review of Ecology and Systematics* 21:341-372.

266 Eberhard, W. G. 1991. Copulatory courtship and cryptic female choice in insects. *Biological Reviews* 66:1-31.

267 Eckert, E. D., T. J. Bouchard, Jr., J. Bohlen, and L. L. Heston. 1986. Homosexuality in monozygotic twins reared apart. *British Journal of Psychiatry* 148:421-425.

268 Eckert, R., and Y. Naitoh. 1972. Bioelectric control of locomotion in the ciliates. *Journal of Protozoology* 19:237-243.

269 Edmunds, M. 1974. *Defence in Animals*. Longman Group, Harlow, Essex.

270 Edwards, J. S. 1966. Observations on the life history and predatory behaviour of *Zelus exsanguis* (Stal) (Heteroptera; Redviidae). *Proceedings of the Royal Entomological Society of London* (A) 41:21-24.

271 Eens, M., R. Pinxten, and R. F. Verhegen. 1991. Male song as a cue for mate choice in the European starling. *Behaviour* 116:210-238.

272 Ehrman, L., and P. A. Parsons. 1976. *The Genetics of Behavior*. Sinauer Associates, Sunderland, MA.

273 Eimas, P. D. 1975. Speech perception in early infancy. In *Infant Perceptions from Sensation to Cognition*, L. B. Cohen and P. Salapatek (eds.). Academic Press, New York.

274 Eisner, T. E. 1966. Beetle spray discourages predators. *Natural History* 75 (Feb):42-47.

275 Eisner, T. E. 1970. Chemical defense against predation in arthropods. In *Chemical Ecology*, E. Sondheimer and J. B. Simeone (eds.). Academic Press, New York.

276 Eisner, T., and S. Nowicki. 1983. Spider web protection through visual advertisement: role of the stabilimentum. *Science* 219:185-186.

277 Elgar, M. A. 1986. The establishment of foraging flocks in house sparrows: risk of predation and daily temperature. *Behavioral Ecology and Sociobiology* 19:433-438.

278 Elliott, P. F. 1975. Longevity and the evolution of polygamy. *American Naturalist* 109:281-287.

279 Emlen, J. T., and R. L. Penney. 1966. The navigation of penguins. *Scientific American* 218 (Oct): 104-113.

280 Emlen, S. T. 1975. Migration: orientation and navigation. In *Avian Biology*, D. S. Farner and J. R. Kings (eds.). Academic Press, New York.

281 Emlen, S. T. 1978. Cooperative breeding. In *Behavioural Ecology: An Evolutionary Approach* (1st edition), J. R. Krebs and N. B. Davies (eds.). Blackwell Scientific Publications, Oxford.

282 Emlen, S. T. 1980. Ecological determinism and sociobiology. In *Sociobiology: Beyond Nature/ Nurture?* G. W. Barlow and J. Silverberg (eds.). Westview Press, Boulder, CO.

283 Emlen, S. T. 1991. Evolution of cooperative breeding in birds and mammals. In *Behavioural Ecology: An Evolutionary Approach* (3rd edition), J. R. Krebs and N. B. Davies (eds.). Blackwell Scientific Publications, Oxford.

284 Emlen, S. T., and L. W. Oring. 1977. Ecology, sexual selection and the evolution of mating systems. *Science* 197:215-223.

285 Emlen, S. T., and P. H. Wrege. 1986. Forced copulations and intra-specific parasitism: two costs of social living in the white-fronted bee-eater. *Ethology* 71:2-29.

286 Emlen, S. T., and P. H. Wrege. 1988. The role of kinship in helping decisions among whitefronted bee-eaters. *Behavioral Ecology and Sociobiology* 23:305-315.

287 Emlen, S. T., N. J. Demong, and D. I. Emlen. 1989. Experimental induction of infanticide in female wattled jacanas. *Auk* 106:1-7.

288 Emlen, S. T., W. Wiltschko, N. J. Demong, R. Wiltschko, and S. Berian. 1976. Magnetic direction finding: evidence for its use in migratory indigo buntings. *Science* 193:505-508.

289 Emlen, S. T., H. K. Reeve, P. W. Sherman, P. H. Wrege, F. L. W. Ratnieks, and J. Shellman-Reeve. 1991. Adaptive versus nonadaptive explanations of behavior: the case of alloparental helping. *American Naturalist* 138:259-270.

290 Endler, J. A. 1986. *Natural Selection in the Wild.* Princeton University Press, Princeton, NJ.

291 Endler, J. A. 1991. Interactions between predators and prey. In *Behavioural Ecology: An Evolutionary Approach* (3rd edition), J. R. Krebs and N. B. Davies (eds.). Blackwell Scientific Publications, Oxford.

292 Epstein, R., R. P. Lanza, and B. F. Skinner. 1980. Symbolic communication between two pigeons (*Columba livia domestica*). *Science* 207:543-545.

293 Erikkson, D., and L. Wallin. 1986. Male bird song attracts females-a field experiment. *Behavioral Ecology and Sociobiology* 1 9:297-299.

294 Esch, H. 1967. The evolution of bee language. *Scientific American* 216 (Apr):96-104.

295 Evans, H. E. 1966. *Life on a Little Known Planet.* Dell, New York.

296 Evans H. F. 1973. *Wasp Farm.* Anchor Press, Garden City, NY.

297 Evans, H. E., and M. J. W. Eberhard. 1970. *The Wasps.* University of Michigan Press, Ann Arbor.

298 Evans, M. R., and B. J. Hatchwell. 1992. An experimental study of male adornment in the scarlet-tufted malachite sunbird: I. The role of pectoral tufts in territorial defence. *Behavioral Ecology and Sociobiology* 29:413-420.

299 Ewald, P. W., and R. J. Bransfield. 1987. Territory quality and territorial behavior in two sympatric species of hummingbirds. *Behavioral Ecology and Sociobiology* 20:285-293.

300 Ewald, P. W., and S. A. Rohwer. 1982. Effects of supplemental feeding on timing of breeding, clutch-sie, and polygyny in red-winged blackbirds. *Science* 250:1394-1397.

301 Ewer, R. F. 1973. *The Carnivores.* Cornell University Press, Ithaca, NY.

302 Ewert, J.-.P. 1974. The neural basis of visually guided behavior. *Scientific American* 230 (Mar):34-42.

303 Ewert, J.-P. 1980. *Neuro-Ethology.* SpringerVerlag, New York.

304 Falk, D. 1984. The petrif!ed brain. *Natural History* 93 (Sept):36-39.

305 Falls, J. B. 1988. Does song deter territorial intrusion in white-throated sparrows (*Zonotrichia albicollis*)? *Canadian Journal of Zoology* 66:206-211.

306 Farentinos, R. C., P. J. Capretta, R. E. Kepner, and V. M. Littlefield. 1981. Selective herbivory in tassel-eared squirrels: role of monoterpenes in ponderosa pines chosen as feeding trees. *Science* 213:1273-1275.

307 Farley, C. T., and C. R. Taylor. 1991. A mechanical trigger for the trot-gallop transition in horses. *Science* 253:306-308.

308 Farner, D. S. 1964. Time measurement in vertebrate photoperiodism. *American Naturalist* 95:375-386.

309 Farner, D. S., and R. A. Lewis. 1971. Photoperiodism and reproductive cycles in birds. *Photophysiology* 6:325-370.

310 Fausto-Sterling, A. 1985. *Myths of Gender.* Basic Books, New York.

311 Feduccia, A., and H. B. Tordoff. 1970. Feathers of Archeopteryx: asymmetric vanes indicate aerodynamic function. *Science* 203:1021-1022.

312 Fink, L. S., and L. P. Brower. 1981. Birds can overcome the cardenolide defence of monarch butterflies in Mexico. *Nature* 291:67-70.

313 Fisher, R. A. 1930. *The Genetical Theory of Natural Selection.* Clarendon Press, Oxford.

314 Flinn, M. V. 1988. Step-parent/step-offspring interactions in a Caribbean village. *Ethology and Sociobiology* 9:335-369.

315 Foltz, D. W., and P. L. Schwagmeyer. 1989. Sperm competition in the thirteen-lined ground squirrel: differential fertilization success under field conditions. *American Naturalist* 133:257-265.

316 Ford, E. B. 1955. *Moths.* Collins, London.

317 Forsyth, A., 1986. *The Natural History of Sex.* Scribners, New York.

318 Forsyth, A., and J. Alcock. 1990. Female mimicry and resource defense polygyny by males of a tropical rove beetle, Leistotrophus versicolor (Coleoptera: Staphylinidae). *Behavioral Ecology and Sociobiology* 26:325-330.

319 Foster, M. S. 1977. Odd couples in manakins: a study of social organizztion and cooperative breeding in Chiroxiphia linearis. *American Naturalist* 111:845-853.

320 Foster, W. A. 1990. Experimental evidence for effective and altruistic colony defence against natural predators by soldiers of the gall-forming aphid *Pemphigus spyrothecae* (Hemiptera: Pemphigidae). *Behavioral Ecology and Sociobiology* 27:421-430.

321 Francis, R. C., and R. D. Fernald. In press. Social regulation of reproduction mediated by size changes in GNRH neurons. *Nature.*

322 Frank, L. G. 1986. Social organization of the spotted hyena Crocuta crocuta. 11. Dominance and reproduction. *Animal Behaviour* 34:1510-1527.

323 Frank, L. G., S. E. Glickman, and P. Licht. 1991. Fatal sibling aggression, precocial development, and androgens in neonatal spotted hyenas. *Science* 252:702-704.

324 Franklin, W. L. 1974. The social behaviour of the vicuna. In *The Behaviour of Ungulates and Its Relation to Management,* V. Giest and F. Walther (eds.). IUCN Publications, Morges, Switzerland.

325 Freedman, D. 1983. *Margaret Mead and Samoa.* Harvard University Press, Cambridge, MA.

326 Friesen, W. O., M. Poon, and G. S. Stent. 1978. Neuronal control of swimming in the medicinal leech. IV. Identification of a network of oscillatory interneurones. *Journal of Experimental Biology* 75:25-43.

327 Gadgil, M. 1972. Male dimorphism as a consequence of sexual selection. *American Naturalist* 106:574-580.

328 Gage, M. J. G., and R. R. Baker 1991. Ejaculate size varies with socio-sexual situation in an 34 insect. *Ecological Entomology* 16:331-337.

329 Galef, B. G., Jr., and H. C. Kaner. 1980. Establishment and maintenance of preferences for maternal and artificial olfactory stimuli in juvenile rats. *Journal of Comparative and Physiological Psychology* 94:588-595

330 Gamboa, G. J. 1978. Intraspecific defense: advantage of social cooperation among paper wasp foundresses. *Science* 199:1463-1465.

331 Ganzhorn, J. U. 1990. Towards the map of the homing pigeon? *Animal Behaviour* 40:65-78.

332 Garcia, J., and F. R. Ervin. 1968. Gustatoryvisceral and telereceptor-cutaneous conditioning: adaptation in internal and external milieus. *Communications in Behavioral Biology* (A) 1:389-415.
333 Garcia, J., W. G. Hankins, and K. W. Rusiniak. 1974. Behavioral regulation of the milieu interne in man and rat. *Science* 185:824-831.
334 Gaulin, S. J. C., and J. S. Boster. 1990. Dowry as female competition. *American Anthropologist* 92:994-1005.
335 Gaulin, S. J. C., and R. W. FitzGerald. 1986. Sex differences in spatial ability: an evolutionary hypothesis and test. *American Naturalist* 127:74-88.
336 Gaulin, S. J. C., and R. W. FitzGerald 1989. Sexual selection for spatial-learning ability. *Animal Behaviour* 37:322-331.
337 Gavin, T. A., and E. K. Bolliriger. 1988. Reproductive correlates of breeding-site fidelity in bobolinks (*Dolichonyx oryzivorous*). *Ecology* 69:96-103.
338 Gerhardt, H. C. 1988. Acoustic properties used in call recognition by frogs and toads. In *The Evolution of the Amphibian Auditory System*, B. Fritzsch (ed.). John Wiley & Sons, New York.
339 Getting, P. A. 1983. Mechanisms of pattern generation underlying swimming in *Tritonia*. II. Network reconstruction *Journal of Neurophysiology* 49:1017-1035.
340 Getting, P. A. 1983. Mechanisms of pattern generation underlying swimming in *Tritonia*. III. Intrinsic and synaptic mechanisms for delayed excitation. *Journal of Neurophysiology* 49: 1036-1050.
341 Ghiselin, M. T. 1974. *The Economy of Nature and the Evolution of Sex*. University of California Press, Berkeley.
342 Ghysen, A. 1978. Sensory neurones recognize defined pathways in *Drosophila* central nervous system. *Nature* 274:869-872.
343 Gibbs, H. L., P. J. Weatherhead, P. T. Boag, B. N. White, L. M. Tabak, and D. J. Hoysak. 1990. Realized reproductive success of polygynous red-winged blackbirds revealed by DNA markers. *Science* 250:1394-1397.
344 Gibson, R. M., and J. W. Bradbury. 1986. Male and female mating strategies on sage grouse leks. In *Ecological Aspects of Social Evolution: Birds and Mammals*, D. I. Rubenstein and R. W. Wrangham (eds.). Princeton University Press, Princeton, NJ.
345 Gill, F. B., and L. L. Wolf. 1975. Economics of feeding territoriality in the golden-winged sunbird. *Ecology* 56:333-345.
346 Gill, F. B., and L. L. Wolf. 1975. Foraging strategies and energetics of East African sunbirds at mistletoe flowers. *American Naturalist* 109:491-510.
347 Gill, F. B., and L. L. Wolf. 1978. Comparative foraging efficiencies of some montane sunbirds in Kenya. *Condor* 80:391-400.
348 Ginsberg, J. R., and D. I. Rubenstein. 1990. Sperm competition and variation in zebra mating behavior. *Behavioral Ecology and Sociobiology* 26:427-434.
349 Gittleman, J. L., and P. H. Harvey. 1980. Why are distasteful prey not cryptic? *Nature* 286:149-150.
350 Gjershaug, J. O., T. Järvi, and E. Røskaft. 1989. Marriage entrapment by "solitary" mothers: a study of male deception by female pied flycatchers. *American Naturalist* 133:273-276.
351 Glander, K. E. 1981. Feeding patterns in mantled howling monkeys. In *Foraging Behavior: Ecological, Ethological and Psychological Approaches*, A. C. Kamil and T. D. Sargent (eds.). Garland Press, New York.
352 Glickman, S. E., L. G. Frank, P. Licht, T. Yalckinkaya, P. K. Siiteri, and J. Davidson. In press. Sexual differentiation of the female spotted hyena: one of nature's experiments. *Annals of the New York Academy of Sciences*.
353 Goldberg, T., and P. Ewald 1991. Territorial song in the Anna's hummingbird, Calypte anna: costs of attraction and benefits of deterrence. *Animal Behaviour* 42:221-226.
354 Goldizen, A. W. 1987. Facultative polyandry and the role of infant-carrying in the wild saddle-back tamarins (*Saguinus fuscicollis*). *Behavioral Ecology and Sociobiology* 20:99-109.
355 Goodman, C. S., and N. C. Spitzer. 1979. Embryonic development of identified neurones: differentiation from neuroblast to neurons. *Nature* 280:208-214.
356 Gosling, L. M., and M. Petrie. 1990. Lekking in topi: a consequence of satellite behaviour by small males at hotspots. *Animal Behaviour* 40:272-287.
357 Gotceitas, V. 1990. Foraging and predator avoidance: a test of a patch choice model with juvenile bluegill sunfish. *Oecologia* 83:346-351
358 Gotmark, F. 1990. A test of the informationcentre hypothesis in a colony of sandwich terns *Sterna sandvicensis*. *Animal Behaviour* 39:487-495.
359 Gotmark, F., D. W. Winkler, and M. Andersson. 1986. Flock-feeding on fish schools increases individual success in gulls. *Nature* 31 9:589-591.
360 Gould, J. L. 1975. Honey bee recruitment. *Science* 189:685-693.
361 Gould, J. L. 1982. *Ethology: The Mechanisms and Evolution of Behavior*. Norton, New York.
362 Gould, J. L. 1982. Why do honey bees have dialects? *Behavioral Ecology and Sociobiology* 10:53-56.
363 Gould, S. J. 1974. This view of life: the nonscience of human nature. *Natural History* 83 (Apr): 21-25.
364 Gould, S. J. 1981. Hyena myths and realities. *Natural History* 90 (Feb):16-24.
365 Gould, S. J. 1984. Only his wings remained. *Natural History* 93 (Sept):10-18.
366 Gould, S. J. 1986. Evolution and the triumph of homology, or why history matters. *American Scientist* 74:60-69.
367 Gould, S. J. 1986. Review of Vaulting Ambition. *New York Review of Books* 33 (Sept 25):47 ff.
368 Gould, S. J., and R. C. Lewontin. 1981. The spandrels of San Marco and tie Panglossian paradigm: a critique of the adaptationist programme. *Proceedings of the Royal Society of London* B 205:581-598.
369 Gould, S. J., and E. Vrba. 1982. Exaptation: a missing term in the science of form. *Paleobiology* 8:4-15.
370 Graves, J. A., and A. Whiten. 1980. Adoption of strange chicks by herring gulls, Larus argentatus. *Zeitschrift für Tierpsychologie* 54:267-278.
371 Greene, E. 1987. Individuals in an osprey colony discriminate between high and low quality information. *Nature* 329:239-241.
372 Greene, E., L. T. Orsak, and D. W. Whitman. 1987. A tephritid fly mimics the territorial displays of its jumping spider predators. *Science* 236:310-312.
373 Greene, H. W., and J. A. Campbell. 1972. Note on the use of caudal lures by arboreal green pit vipers. *Herpetologica* 28:32-34.
374 Greenwood, P. J. 1980. Mating systems, philopatry, and dispersal in birds and mammals. *Animal Behaviour* 28:1140-1162.
375 Gregory, E. 1991. Tuned-in, turned-on platypus. *Natural History* 99 (May):30-37.

376 Grieg-Smith, P. W. 1982. Song-rates and parental care by individual male stonechats (*Saxicola torquata*). *Animal Behaviour* 30:245-252.

377 Griffin, D. R. 1958. *Listening in the Dark.* Yale University Press, New Haven, CT.

378 Griffin, D. R., F. A. Webster, and C. R. Michael. 1960. The echolocation of flying insects by bats. *Animal Behaviour* 8:141-154.

379 Grillner, S., and P. Wallen. 1985. Central pattern generators for locomotion, with special reference to vertebrates. *Annual Review of Neuroscience* 8:233-261.

380 Grillner, S., P. Wallen, and L. Brodin. 1991. Neuronal networks generating locomotor behavior in lamprey: circuitry, transmitters, membrane properties, and simulation. *Annual Review of Neuroscience* 14:169-199.

381 Gross, M. R. 1982. Sneakers, satellites, and parentals: polymorphic mating strategies in North American sunfishes. *Zeitschrift für Tierpsychologie* 60:1-26.

382 Gross, M. R. 1987. Evolution of diadromy in fishes. American Fisheries Society Symposium 1:14-25.

383 Gross, M. R. 1991. Evolution of alternative reproductive strategies: frequency-dependent sexual selection in male bluegill sunfish. *Philosophical Transactions of the Royal Society of London* B 332:59-66.

384 Gross, M. R., and E. L. Charnov. 1980. Alternative life histories in bluegill sunfish. *Proceedings of the National Academy of Sciences* 77:6937-6940.

385 Gross, M. R., and A. M. MacMillan. 1981. Predation and the evolution of colonial nesting in bluegill sunfish (Lepomis macrochirus). *Behavioral Ecology and Sociobiology* 8:163-174.

386 Gross, M. R., and R. C. Sargent. 1985. The evolution of male and female parental care in fishes. *American Zoologist* 25:807-822.

387 Gross, M. R., and R. Shine. 1981. Parental care and mode of fertilization in ectothermic vertebrates. *Evolution* 35:775-793.

388 Gurney, M. E., and M. Konishi. 1980. Hormone-induced sexual differentiation of brain and behavior in zebra finches. *Science* 208:1380-1383.

389 Gwinner, E., and J. Dittami. 1990. Endogenous reproductive rhythms in a tropical bird. *Science* 249:906-908.

390 Gwinner, E., and W. Wiltschko. 1980. Circannual changes in migratory orientation of the garden warbler, *Sylvia borin*. *Behavioral Ecology and Sociobiology* 7:73-78.

391 Gwynne, D. T. 1981. Sexual difference theory: Mormon crickets show role reversal in mate choice. *Science* 213:779-780.

392 Gwynne, D. T. 1984. Courtship feeding increases female reproductive success in bushcrickets. *Nature* 307:361-363.

393 Gwynne, D. T. 1991. Sexual competition among females: what causes courtship-role reversal? *Trends in Ecology and Evolution* 6:118-121.

394 Gwynne, D. T., and L. W. Simmons. 1990. Experimental reversal of courtship roles in an insect. *Nature* 346:172-174.

395 Hailman, J. P. 1967. The ontogeny of an instinct. *Behaviour Supplements* 15:1-159.

396 Hall, J. C. 1977. Portions of the central nervous system controlling reproductive behavior in *Drosophila melanogaster*. *Behavior Genetics* 7:291-312.

397 Hall, J. C. 1985. Genetic analysis of behavior in insects. In *Comprehensive Insect Physiology, Biochemistry and Pharmacology*, G. A. Kerkut and L. I. Gilbert (eds.). Pergamon, Oxford.

398 Hall, J. C., R. J. Greenspan, and W. A. Harris. 1982. *Genetic Neurobiology*. MIT Press, Cambridge, MA.

399 Halliday, T. 1983. Do frogs and toads choose their mates? *Nature* 306:226-227.

400 Hamilton, W. D. 1964. The evolution of social behavior. *Journal of Theoretical Biology* 7:1-52.

401 Hamilton, W. D. 1971. Geometry for the selfish herd. *Journal of Theoretical Biology* 31: 295-311.

402 Hamilton, W. D., and M. Zuk. 1982. Heritable true fitness and bright birds: a role for parasites. *Science* 218:384-387.

403 Hamilton, W. J., and G. H. Orians. 1965. Evolution of brood parasitism in altricial birds. *Condor* 67:361-382.

404 Hamilton, W. J., R. L. Tilson, and L. G. Frank. 1986. Sexual monomorphism in spotted hyenas, *Crocuta crocuta*. *Ethology* 71:63-73.

405 Hamner, W. M. 1964. Circadian control of photoperiodism in the house finch demonstrated by interrupted-night experiments. *Nature* 203:1400-1401.

406 Hanby, J. P., and J. D. Bygott. 1987. Emigration of subadult lions. *Animal Behaviour* 35:161-169.

407 Hannon, S. J. 1984. Factors limiting polygyny in the willow ptarmigan. *Animal Behaviour* 32:153-161.

408 Hannon, S. J., and K. Martin. 1992. Monogamy in willow ptarmigan: is male vigilance important for reproductive success and survival of females? *Animal Behaviour* 43:747-757.

409 Harcourt, A. H., P. H. Harvey, S. G. Larson, and R. V. Short. 1981. Testis weight, body weight and breeding system in primates. *Nature* 293:55-57.

410 Harlow, H. F., and M. K. Harlow. 1962. Social deprivation in monkeys. *Scientific American* 207 (Nov):136-146.

411 Harlow, H. F., M. K. Harlow, and S. J. Suomi. 1971. From thought to therapy: lessons from a rimate laboratorv. *American Scientist* 59:538-549

412 Harper, D. G. C. 1991. Communication. In *Behavioural Ecology: An Evolutionary Approach* (3rd edition), J. R. Krebs and N. B. Davies (eds.). Blackwell Scientific Publications, Oxford.

413 Hartung, J. 1982. Polygyny and inheritance of wealth. *Current Anthropology* 23:1-12.

414 Hartung, J. 1985. Matrilineal inheritance: new theory and analysis. *Behavioral and Brain Sciences* 8:661-685.

415 Harvey, P. H., and J. R. Krebs. 1990. Comparing brains. *Science* 249:140-146.

416 Harvey, P. H., and M. D. Pagel. 1991. *The Comparative Method in Evolutionary Biology*. Oxford University Press, London.

417 Haseltine, F. P., and S. Ohno. 1981. Mechanisms of gonadal differentiation. *Science* 211:1272-1277.

418 Hasselqvist, D., and S. Bensch. 1991. Trade-off between mate guarding and mate attraction in the polygynous great reed warbler. *Behavioral Ecology and Sociobiology* 28:187-193.

419 Hasson, O., R. Hibbard, and G. Ceballos. 1989. The pursuit deterrent function of tailwagging in the zebra-tailed lizard (*Callisaurus draconoides*). *Canadian Journal of Zoology* 67: 1203-1209.

420 Hausfater, G. 1975. Dominance and reproduction in baboons (*Papio cynocephalus*): a quantitative analysis. *Contributions in Primatology* 7:1-150.

421 Hausfater, G., and S. B. Hrdy (eds.). 1984. *Infanticide: Comparative and Evolutionary Perspectives*. Aldine, Chicago.

422 Hay, R. L., and M. D. Leakey. 1982. The fossil footprints of Laetoli. *Scientific American* 246 (Feb):50-57.

423 Hebblethwaite, M. L., and W. M. Shields. 1990. Social influences on barn swallow foraging in the

Adirondacks: a test of competing hypotheses. *Animal Behaviour* 39:97-104.

424 Hedrick, A. V. 1986. Female preferences based on male calling in a field cricket. *Behavioral Ecology and Sociobiology* 19:73-77.

425 Hedrick, A. V., and S. E. Reichert. 1989. Genetically-based variation between two spider populations in foraging behavior. *Oecologia* 80:533-539.

426 Hedrick, A. V., and E. J. Temeles. 1989. The evolution of sexual dimorphism in animals: hypotheses and tests. *Trends in Ecology and Evolution* 4:131-135.

427 Hegner, R. E., and S. T. Emlen. 1987. Territorial organization of the white fronted bee-eater in Kenya. *Ethology* 76:189-222.

428 Heiligenberg, W. 1991. The neural basis of behavior: a neuroethological view. *Annual Review of Neuroscience* 14:247-267

429 Heinrich, B. 1979. *Bumblebee Economics.* Harvard University Press, Cambridge, MA.

430 Heinrich, B. 1979. Foraging strategies of caterpillars: leaf damage and possible predator avoidance strategies. *Oecologia* 42:325-337.

431 Heinrich, B. 1984. *In a Patch of Fireweed.* Harvard University Press, Cambridge, MA.

432 Heinrich, B. 1988. Winter foraging at carcasses by three sympatric corvids, with emphasis on recruitment by the raven, *Corvus corax. Behavioral Ecology and Sociobiology* 23:141-156.

433 Heinrich, B. 1992. *Die Seele der Raben.* Paul List, München.

434 Heinrich, B., and G. A. Bartholomew. 1979. The ecology of the African dung beetle. *Scientific American* 241 (Nov):146-156.

435 Heinrich, B., and S. L. Collins. 1983. Caterpillar leaf damage, and the game of hide-and-seek with birds. *Ecology* 64:592-602.

436 Helbig, A. J. 1991. Inheritance of migratory direction in a bird species: a cross-breeding experiment with SE- and SW-migrating blackcaps (*Sylvia atricapilla*). *Behavioral Ecology and Sociobiology* 28:9-12.

437 Hennessy, D. F., and D. H. Owings. 1978. Snake species discrimination and the role of olfactory cues in the snake-directed behavior of the California ground squirrel. *Behaviour* 65: 115-124.

438 Henry, C. S. 1972. Eggs and rapagula of *Ulolodea* and *Ascaloptynx* (Neuroptera: Ascalaphidae): a comparative study. *Psyche* 79:1-22.

439 Hepper, P. G. (ed.). 1991. *Kin Recognition.* Cambridge University Press, Cambridge.

440 Heske, J. 1990. Why do horse lubbers roost in the bushes? *Southwestern Naturalist* 35:455 458.

441 Heston, L. L. 1970. The genetics of schizophrenic and schizoid disease. *Science* 167:248-255.

442 Heston, L. L., and J. Shields. 1968. Homosexuality in twins: a family study and a registry study. *Archives of General Psychiatry* 18:149-160.

443 Hilborn, A., and S. C. Stearns. 1982. On inference in ecology and evolutionary biology: the problem of multiple causes. *Acta Biotheoretica* 31:145-164.

444 Hirth, D. H., and D. R. McCullough. 1977. Evolution of alarm signals in ungulates with special reference to white-tailed deer. *American Naturalist* 111:31-42.

445 Hissa, R., S. Saarela, J. Balthazart, and R. J. Etches. 1983. Annual variation in the concentrations of circulating hormones in capercaillie (*Tetrao urogallus*). *General and Comparative Endocrinology* 51:183-190.

446 Hitchcock, C. L., and D. F. Sherry. 1990. Long-term memory for cache sites in the blackcapped chickadee. *Animal Behaviour* 40:701-712.

447 Hoffmann, A. A. 1988. Heritable variation for territorial success in two *Drosophila melanogaster* populations. *Animal Behaviour* 36:1180-1189.

448 Hogg, J. T. 1984. Mating in bighorn sheep: multiple creative male strategies. *Science* 225:526-529.

449 Hoglund, J., and A. Lundberg. 1987. Sexual selection in monomorphic lek-breeding bird: correlates of male mating success in the great snipe *Gallinago media. Behavioral Ecology and Sociobiology* 21:211-216.

450 Hoglund, J., and J. G. M. Robertson. 1990. Spacing of leks in relation to female home ranges, habitat requirements and male attractiveness in the great snipe (*Gallinago media*). *Behavioral Ecology and Sociobiology* 26:173-180.

451 Hogstedt, G. 1983. Adaptation unto death: function of fear screams. *American Naturalist* 121:562-570.

452 Holden, C. 1980. Identical twins reared apart. *Science* 207:1323-1328.

453 Holekamp, K. E. 1984. Natal dispersal in Belding's ground squirrels (*Spermophilus beldingi*). *Behavioral Ecology and Sociobiology* 16:2130.

454 Holekamp, K. E., and P. W. Sherman. 1989. Why male ground squirrels disperse. *American Scientist* 77:232-239.

455 Holldobler, B. 1971. Communication between ants and their guests. *Scientific American* 224 (Mar):86-95.

456 Hölldobler, B. und Wilson, E. O. 1995. *Ameisen – Die Entdeckung einer faszinierenden Welt.* Birkhäuser, Basel.

457 Holley, A. J. F. 1984. Adoption, parent-chick recognition, and maladaptation in the herring gull *Larus argentatus. Zeitschrift für Tierpsychologie* 64:9-14.

458 Holmes, W. G. 1984. Predation risk and foraging behavior of the hoary marmot in Alaska. *Behavioral Ecology and Sociobiology* 15:293-302.

459 Holmes, W. G. 1986. Identification of paternal half-siblings by captive Belding's ground squirrels. *Animal Behaviour* 34:321-327.

460 Holmes, W. G., and P. W. Sherman. 1982. The ontogeny of kin recognition in two species of ground squirrels. *American Zoologist* 22: 491-517.

461 Holmes, W. G., and P. W. Sherman. 1983. Kin recognition in animals. *American Scientist* 71:46-55

462 Hoogland, J. L. 1981. The evolution of coloniality in white-tailed and black-tailed prairie dogs (Sciuridae: *Cynomys leucurus* and *C. ludovicianus*). *Ecology* 62:252-272.

463 Hoogland, J. L., and P. W. Sherman. 1976. Advantages and disadvantages of bank swallow (*Riparia riparia*) coloniality. *Ecological Monographs* 46:33-58.

464 Hotta, Y., and S. Benzer. 1979. Courtship in *Drosophila* mosaics: sex-specific foci for sequential action patterns. *Proceedings of the National Academy of Science* 73:4154-4158.

465 Howard, J. J. 1987. Diet selection by the leafcutting ant *Atta cephalotes*-The role of nutrients, water, and secondary chemistry. *Ecology* 68:503-515.

466 Howard, R. D. 1978. The evolution of mating strategies in bullfrogs, *Rana catesbiana. Evolution* 32:850-871.

467 Howard, R. D. 1980. Mating behaviour and mating success in woodfrogs, *Rana sylvatica. Animal Behaviour* 28:705-716.

468 Howlett, R. J., and M. E. N. Majerus. 1987. The understanding of indusrial melanism in the peppered moth (*Biston betularia*) (Lepidoptera: Geometridae). *Biological Journal of the Linnean Society* 30:31-44.

469 Hrdy, S. B. 1977. Infanticide as a primate reproductive strategy. *American Scientist* 65:40-49.

470 Hrdy, S. B. 1977. *The Langurs of Abu.* Harvard University Press, Cambridge, MA.

471 Hrdy, S. B. 1981. *The Woman That Never Evolved.* Harvard University Press, Cambridge, MA.
472 Huxley, T. H. 1910. *Lectures and Lay Sermons.* E. P. Dutton, New York.
473 Immelmann, K. 1969. Song development in the zebra finch and other estrildid finches. In *Bird Vocalizations,* R. A. Hinde (ed.). Cambridge University Press, Cambridge.
474 loale, P., M. Nozzolini, and F. Papi. 1990. Homing pigeons do extract directional information from olfactory stimuli. *Behavioral Ecology and Sociobiology* 26:301-306.
475 Irons, W. 1979. Cultural and biological success. In *Evolutionary Biology and Human Social Behavior,* N. Chagnon and W. Irons (eds.). Duxbury, North Scituate, MA.
476 Isbell, L. A., D. L. Cheney, and R. M. Seyfarth. 1990. Costs and benefits of home range shifts among vervet monkeys (*Cercopithecus aethiops*) in Amboseli National Park, Kenya. *Behavioral Ecology and Sociobiology* 27:351-358.
477 Ito, Y. 1989. The evolutionary biology of sterile soldiers in aphids. *Trends in Ecology and Evolution* 4:69-73.
478 Jackson, R. R., and R. S. Wilcox. 1990. Aggressive mimicry, prey-specific predatory behaviour and predator-recognition in the predator-prey interactions of *Portia fimbriata* and *Euryattus* sp., jumping spiders from Queensland. *Behavioral Ecology and Sociobiology* 26: 111-119.
479 Jacobs, L. F., S. J. C. Gaulin, D. F. Sherry, and G. E. Hoffman. 1990. Evolution of spatial cognition: sex-specific patterns of spatial behavior predict hippocampal size. *Proceedings of the National Academy of Sciences* 87:6349-6352.
480 Jakobsson, S. 1988. Territorial fidelity of willow warbler (*Phylloscopus trochilus*) males and success in competition over territories. *Behavioral Ecology and Sociobiology* 22:79-84.
481 Jamieson, I. G. 1989. Behavioral heterochrony and the evolution of birds' helping at the nest: an unselected consequence of communal breeding? *American Naturalist* 133:394-406.
482 Jamieson, I. G. 1991. The unselected hypothesis for the evolution of helping behavior: too much or too little emphasis on natural selection? *American Naturalist* 138:271-282.
483 Jamieson, I. G., and P. W. Colgan. 1989. Eggs in the nests of males and their effect on mate choice in the three-spined stickleback. *Animal Behaviour* 38:859-865.
484 larman, M. V. 1979. Impala social behaviour. Territory, hierarchy mating and use of space. *Fortschritte Verhaltensforschung* 21:1-92.
485 Jaycox, E. R., and S. G. Parise. 1980. Homesite selection by Italian honey bee swarms, *Apis mellifera ligustica* (Hymenoptera: Apidae). *Journal of the Kansas Entomological Society* 53:171-178.
486 Jaycox, E. R., and S. G. Parise. 1981. Homesite selection by swarms of black-bodied honey bees, *Apis mellifera caucasia* and *A. m. carnica. Journal of the Kansas Entomological Society* 54:697-703.
487 Jeanne, R. L. 1970. Chemical defense of brood by a social wasp. *Science* 168:1465-1466.
488 Jeanne, R. L., H. A. Downing, and D. C. Post. 1983. Morphology and function of sternal glands in polistine wasps (Hymenoptera: Vespidae). *Zoomorphology* 103:149-184.
489 Jenni, D. A. 1974. Evolution of polyandry in birds. *American Zoologist* 14:129-144.
490 Jenni, D. A., and G. Collier. 1972. Polyandry in the American jacana. *Auk* 89:743-765.
491 Jeppsson, B. 1986. Mating by pregnant water voles (*Arvicola terrestris*): a strategy to counter infanticide by males? *Behavioral Ecology and Sociobiology* 19:293-296.
492 Jerison, H. J. 1973. *Evolution of the Brain and Intelligence.* Academic Press, New York.
493 Johanson, D. C., and M. A. Edey. 1981. *Lucy: The Beginnings of Humankind.* Simon and Schuster, New York.
494 Johns, T. 1990. *With Bitter Herbs They Shall Eat It: Chemical Ecology and the Origins of Human Diet and Medicine.* University of Arizona Press, Tucson, AZ.
495 Johnson, C. H., and J. W. Hasting. 1986. The elusive mechanisms of the circadian clock. *American Scientist* 74:29-37.
496 Johnson, L. S., and L. H. Kermott. 1991. The functions of song in male house wrens (*Troglodytes aedon*). *Behaviour* 116:190-209.
497 Johnston, T. D. 1982. Selective costs and benefits in the evolution of learning. *Advances in the Study of Behavior* 12:65-106.
498 Just, J. 1988. Siphonoecetinae (Corophiidae) 6: A survey of phylogeny, distribution, and biology. Crustaceana, *Supplement* 13:193-208.
499 Kacelnik, A. 1984. Central place foraging in starlings (*Sturnus vulgaris*) I. Patch residence time. *Journal of Animal Ecology* 53:283-299.
500 Kagan, J., and R. E. Klein 1973. Cross-cultural perspectives on early development. *American Psychologist* 28:947-961.
501 Kaplan, H., and K. Hill. 1985. Hunting ability and reproductive success among male Ache foragers: preliminary results. *Current Anthropology* 26:131-133.
502 Keeton, W. T. 1974. The orientational and navigational basis of homing in birds. *Advances in the Study of Behavior* 5:47-132.
503 Kendrick, K. 1990. Through a sheep's eye. *New Scientist* 125 (12 May):62-65.
504 Kenrick, D. T., and R. C. Keefe. 1992. Age preferences in mates reflect sex differences in reproductive strategies. *Behavioral and Brain Sciences* 15:75-133.
505 Kenrick, D. T., E. K. Sadalla, G. Groth, and M. R. Trost. 1990. Evolution, traits, and the stages of human courtship: qualifying the parental investment model. *Journal of Personality* 58:97-116.
506 Kent, D. S., and J. A. Simpson. 1992. Eusociality in the beetle *Australoplatypus incompertus* (Coleoptera: Curculionidae). *Naturwissenschaften* 79:86-87.
507 Kenward, R. E. 1978. Hawks and doves: factors affecting success and selection in goshawk attacks on wild pigeons. *Journal of Animal Ecology* 47:449 460.
508 Kermott, L. H., L. S. Johnson, and M. S. Merkle. 1991. Experimental evidence for the function of mate replacement and infanticide by males in a north-temperate population of house wrens. *Condor* 93:630 636.
509 Kettlewell, H. B. D. 1955. Selection experiments on industrial melanism in the Lepidoptera. *Heredity* 9:323-343.
510 Kiepenheuer, J. 1985. Can pigeons be fooled about the actual release site position by presenting them information from another site? *Behavioral Ecology and Sociobiology* 18:75-82.
511 King, A. P., and M. J. West. 1983. Epigenesis of cowbird song-a joint endeavour of males and females. *Nature* 305:704-706.

512 King, A. P., and M. J. West. 1983. Female perception of cowbird song: a closed developmental program. *Developmental Psychobiology* 16:335-342.
513 Kirkpatrick, M. 1982. Sexual selection and the evolution of female choice. *Evolution* 36:1-12.
514 Kirkpatrick, M., and M. J. Ryan. 1991. The evolution of mating preferences and the paradox of the lek. *Nature* 350:33-38.
515 Kirn, J. R., and T. J. DeVoogd. 1989. The genesis and death of vocal control neurons during sexual differentiation in the zebra finch. *Journal of Neuroscience* 9:3176-3187.
516 Kitchener, A. 1987. Fighting behaviour of the extinct Irish elk. *Modern Ceology* 11:1-28.
517 Kitcher, P. 1985. *Vaulting Ambition.* MIT Press, Cambridge, MA.
518 Klump, G. M., E. Kretzschmar, and E. Curio. 1986. The hearing of an avian predator and its avian prey. *Behavioral Ecology and Sociobiology* 18:317-324.
519 Knudsen, B., and R. M. Evans. 1986. Parentyoung recognition in herring gulls (*Larus argentatus*). *Animal Behaviour* 34:77-80.
520 Knudsen, E. I., S. du Lac, and S. D. Esterly. 1987. Computational maps in the brain. *Annual Review of Neuroscience* 10:41-65.
521 Kodric-Brown, A. 1986. Satellites and sneakers: opportunistic male breeding tactics in pupfish (Cyprinodon pecoensis). *Behavioral Ecology and Sociobiology.* 19:425-432.
522 Kodric-Brown, A., and J. H. Brown. 1984. Truth in advertising: the kinds of traits favored by sexual selection. *American Naturalist* 124:309-323.
523 Koenig, W. D., and R. L. Mumme. 1987. *Population Ecology of the Cooperatively Breeding Acorn Woodpecker.* Princeton University Press, Princeton, NJ.
524 Koeniger, G. 1986. Mating sign and multiple mating in the honeybee. *Bee World* 67:141-150.
525 Kojima, J. 1983. Defense of the pre-emergence colony against ants by means of a chemical barrier in *Ropalidia fasciata* (Hymenoptera, Vespidae). *Japanese Journal of Ecology* 33:213-223.
526 Komdeur, J. 1992. Influence of territory quality and habitat saturation on dispersal options in the Seychelles warbler: an experimental test of the habitat saturation hypothesis for cooperative breeding. *Acta XX Congressus Internationalis Ornithologici:* 1325-1332.
527 Konishi, M. 1965. The role of auditory feedback in the control of vocalization in the whitecrowned sparrow. *Zeitschrift für Tierpsychologie* 22:770-783.
528 Konishi, M. 1985. Birdsong: from behavior to neurons. *Annual Review of Neuroscience* 8:125-170.
529 Korpimaki, E. 1991. Poor reproductive success of polygynously mated female Tengmalm's owls: are better options available? *Animal Behaviour* 41:49-60.
530 Krebs, J. R. 1971. Territory and breeding density in the great tit, *Parus major* L. *Ecology* 52:2-22.
531 Krebs, J. R. 1977. The significance of song repertoires: the Beau Geste hypothesis. *Animal Behaviour* 25:475-478.
532 Krebs, J. R. 1982. Territorja defence in the great tit (*Parus major*): Do residents always win? *Behavioral Ecology and Sociobiology* 11:185-194.
533 Krebs, J. R. 1990. Food-storing birds: adaptive specialization in brain and behaviour? *Philosophical Transactions of the Royal Society, Biological Sciences* B 329:153-160.
534 Krebs, J. R., and A. Kacelnik. 1991. Decisionmaking. In *Behavioural Ecology: An Evolutionary Approach* (3rd edition), J. R. Krebs and N. B. Davies (eds.). Blackwell Scientific Publications, Oxford.
535 Krebs, J. R., R. Ashcroft, and M. Webber. 1978. Song repertoires and territory defense in the great tit. *Nature* 271:539-542.
536 Krebs, J. R., S. D. Healy, and S. J. Shettleworth. 1990. Spatial memory of Paridae: comparison of a storing and a non-storing species, the coal tit, *Parus ater,* and the great tit, *P. major. Animal Behaviour* 39:1127-1137.
537 Kroodsma, D. E., and B. E. Byers. 1991. The function(s) of bird song. *American Zoologist* 31:109-114.
538 Kroodsma, D. E., and R. A. Canady. 1985. Differences in repertoire size, singing behavior, and associated neuroanatomy among marsh wren populations have a genetic basis. *Auk* 102:439-446.
539 Kroodsma, D. E., and R. Pickert. 1984. Repertoire size, auditory templates, and selective vocal learning in songbirds. *Animal Behaviour* 32:395-399.
540 Kruuk, H. 1964. Predators and anti-predator behaviour of the black-headed gull *Larus ridibundus. Behaviour Supplements* 11:11-29.
541 Kruuk, H. 1972. *The Spotted Hyena.* University of Chicago Press, Chicago.
542 Kruuk, H. 1976. Feeding and social behavior of the striped hyaena (*Hyaena vulgaris* Desmaret). *East African Wildlife Journal* 14:91-111.
543 Kung, C., S.-Y. Chang, Y. Satow, J. van Houten, and H. Hansma. 1975. Genetic dissection of behavior in Paramecium. *Science* 188:898-904.
544 Labov, J. B. 1981. Pregnancy blocking in rodents: adaptive advantages for females. *American Naturalist* 118:361-371.
545 Labov, J. B., V. W. Huck, R. W. Elwood, and R. J. Brooks. 1985. Current problems in the study of infanticidal behavior of rodents. *Quarterly Review of Biology* 60:1-20.
546 Lacey, E. A., and P. W. Sherman. 1991. Social organization of naked mole-rat colonies: evidence for divisions of labor. In *The Biology of the Naked Mole-Rat,* P. W. Sherman, J. U. M. Jarvis, and R. D. Alexander (eds.). Princeton University Press, Princeton, NJ.
547 Lack, D. 1966. *Population Studies of Birds.* Clarendon Press, Oxford.
548 Lack, D. 1968. *Ecological Adaptations for Breeding in Birds.* Methuen, London.
549 Laitman, J. T. 1984. The anatomy of human speech. *Natural History* 93(8):20 27.
550 Lande, R. 1981. Models of speciation by sexual selection of polygenic traits. *Proceedings of the National Academy of Sciences* 78:372- 3725.
551 Lank, D. B., L. W. Oring, and S. J. Maxson. 1985. Mate and nutrient limitation of egglaying in a polyandrous shorebird. *Ecology* 66:1513-1524.
552 Lanyon, S. M. 1992. Interspecific brood parasitism in blackbirds (Icterinae): a phylogenetic perspective. *Science* 255:77-79.
553 Lawrence, E. S. 1985. Evidence for search image in blackbirds *Turdus merula* L.: long-term learning. *Animal Behaviour* 33:1301-1309.
554 LeBoeuf, B. J. 1974. Male male competition and reproductive success in elephant seals. *American Zoologist* 14:163-176.
555 Lee, J. C., and E. A. Bernays. 1990. Food tastes and toxic effects: associative learning by the polyphagous grasshopper *Schistocerca americana* (Drury) (Orthoptera: Acrididae). *Animal Behaviour* 39:163-173.
556 Lemon, W. C. 1991. Fitness consequences of foraging behaviour in the zebra finch. *Nature* 352:153-155.
557 Lendrem, D. W. 1985. Kinship affects puberty acceleration in mice (*Mus musculus*). *Behavioral Ecology and Sociobiology* 17:397-400.

558 Lendrem, D. W. 1986. *Modelling in Behavioural Ecology: An Introductory Text.* Croom Helm, London.

559 Leopold, A. S. 1977. *The California Quail.* University of California Press, Berkeley.

560 LeVay, S. 1991. A difference in hypothalamic structure between heterosexual and homosexual men. *Science* 253:1034-1037.

561 Levick, M. G. 1914. *Antarctic Penguins: A Study of Their Social Habits.* William Heineman, London.

562 Levine, S. 1966. Sex differences in the brain. *Scientific American* 214 (Apr):84-90.

563 Lewin, R. 1983. Were Lucy's feet made for walking? *Science* 220:700-702.

564 Licht, P. 1973. Influence of temperature and photoperiod on the annual ovarian cycle of the lizard *Anolis carolinensis. Copeia* 1973:465

565 Ligon, J. D. 1978. Reproductive interdependence of pinyon jays and pinyon pines. *Ecological Monographs* 48:111126.

566 Ligon, J. D., S. H. Ligon, and H. A. Ford. 1991. An experimental study of the bases of male philopatry in the cooperative breeding superb fairy-wren *Malurus cyaneus. Ethology* 87:134-148.

567 Lill, A. 1974. Sexual behavior of the lek-forming white-bearded manakin (*Manacus manacus trinitatis* Hartert). *Zeitschrift für Tierpsychologie* 36:1-36.

568 Lill, A. 1974. Social organization and space utilization in the lek-forming white-bearded manakin, *M. manacus trinitatis* Hartert. *Zeitschrift für Tierpsychologie* 36:513-530.

569 Lima, S. L. 1985. Maximizing efficiency and minimizing time exposed to predators: a tradeoff in the black-capped chickadee. *Oecologia* 66:60-67.

570 Lima, S. L., and L. M. Dill. 1990. Behavioral decisions made under the risk of predation: a review and prospectus. *Canadian Journal of Zoology* 68:619-640.

571 Lincoln, G. A., F. Guinness, and R. V. Short. 1972. The way in which testosterone controls the social and sexual behavior of the red deer stag (*Cervus elaphus*). *Hormones and Behavior* 3:375-396.

572 Lindauer, M. 1975. *Verständigung im Bienenstaat.* Gustav Fischer, Stuttgart.

573 Lissmann, H. W. 1963. Electric location by fishes. *Scientific American* 208 (Mar):50-59.

574 Lloyd, J. E. 1965. Aggressive mimicry in *Photuris*: firefly femmes fatales. *Science* 149:653-654

575 Lloyd, J. E. 1975. Aggressive mimicry in *Photuris* fireflies: signal repertoires by femmes fatales. *Science* 197:452-453.

576 Lloyd, J. E. 1979. Mating behavior and natural selection. *Florida Entomologist* 62:17-34.

577 Lloyd, J. E. 1986. Firefly communication and deception: "Oh, what a tangled web." In *Deception: Perspectives on Human and Nonhuman Deceit,* R. W. Mitchell and N. S. Thompson (eds.). State University of New York Press, Albany.

578 Lockard, R. B. 1978. Seasonal change in the activity pattern of Dipodomys spectabilis. *Journal of Mammalogy* 59:563-568.

579 Lockard, R. B. and D. H. Owings. 1974. Seasonal variation in moonlight avoidance by bannertail kangaroo rats. *Journal of Mammalogy* 55:189-193.

580 Loesche, P., P. K. Stoddard, B. J. Higgins, and M. D. Beecher. 1991. Signature versus perceptual adaptations for individual vocal recognition in swallows. *Behaviour* 118:15-25.

581 Loher, W. 1972. Circadian control of stridulation in the cricket Teleogryllus commodus Walker. *Journal of Comparative Physiology* 79:173-190.

582 Loher, W. 1979. Circadian rhythmicity of locomotor behavior and oviposition in female *Teleogryllus commodus. Behavioral Ecology and Sociobiology* 5:383-390.

583 Loher W., and L. J. Orsak. 1985. Circadian patterns of premating behavior in *Teleogryllus oceanicus* Le Guillou under laboratory and field conditions. *Behavioral Ecology and Sociobiology* 16:223-231.

584 Lore, R., and K. Flannelly. 1977. Rat societies. *Scientific American* 236 (May):106-116.

585 Lorenz, K. Z. 1952. *King Solomon's Ring.* Crowell, New York.

586 Lorenz, K. Z. 1965. *Evolution and Modification of Behavior.* University of Chicago Press, Chicago.

587 Lorenz, K. Z. 1984. *Das sogenannte Böse.* Piper, München.

588 Lorenz, K. Z. 1969. Innate bases of learning. In *On the Biology of Learning,* K. H. Pribram (ed.). Harcourt Brace Jovanovich, New York.

589 Lorenz, K. Z. 1970. Companions as factors in the bird's environment. In *Studies on Animal and Human Behavior,* K. Z. Lorenz (ed.). Harvard University Press, Cambridge, MA.

590 Lott, D. F. 1979. Dominance relations and breeding rate in mature male American bison. *Zeitschrift für Tierpsychologie* 49:418-432.

591 Low, B. S., and A. L. Clarke. In press. Resources and the life course: patterns through the demographic transition. *Ethology and Sociobilogy.*

592 Low, B. S., and J. T. Heinen. In press. Population, resources, and environment: implications of human behavioral ecology for conservation. *Population and Environment.*

593 Lundberg, P. 1988. The evolution of partial migration in birds. *Trends in Ecology and Evolution* 3:172-176.

594 Lynch, C. B. 1980. Response to divergent selection for nesting behavior in *Mus musculus. Genetics* 96:757-765.

595 Lyon, B. E., R. D. Montgomerie, and L. D. Hamilton. 1987. Male parental care and monogamy in snow buntings. *Behavioral Ecology and Sociobiology* 20:377-382.

596 Mace, R. 1987. The dawn chorus in the great tit Parus major is directly related to female fertility. *Nature* 330:745-746.

597 Machesseault, L., and P. W. Ewald. 1991. Effect of territory quality on intrusion rate in nonbreeding hummingbirds. *Behavioral Ecology and Sociobiology* 28:305-308.

598 MacLusky, N. J., and F. Naftolin. 1981. Sexual differentiation of the central nervous system. *Science* 211:1294-1302. 1

599 Madsen, T., R. Shine, J. Loman, and T. Hakansson. 1992. Why do female adders copulate so frequently? *Nature* 355:440-442.

600 Malcolm, S. B. 1987. Monarch butterfly migration in North America: controversy and conservation. *Trends in Ecology and Evolution* 2:135-139.

601 Mangel, M., and C. Clark. 1988. *Dynamic Modelling in Behavioral Ecology.* Princeton University Press, Princeton, NJ.

602 Marden, J. H., and P. Chai. 1991. Aerial predation and butterfly design: how palatability, mimicry, and the need for evasive flight constrain mass allocation. *American Naturalist* 138:15-36.

603 Marden, J. H., and J. K. Waage. 1990. Escalated damselfly territorial contests and energetic wars of attrition. *Animal Behaviour* 39:954- 959.

604 Marler, C. A., and M. C. Moore. 1989. Time and energy costs of aggression in testosteroneimplanted

free-living male mountain spiny lizards (*Sceloporus jarrovi*). *Physiological Zoology* 62:1334-1350.
605 Marler, C. A., and M. C. Moore. 1991. Supplementary feeding compensates for testosteroneinduced costs of aggression in male mountain spiny lizards, Sceloporus jarrovi. *Animal Behaviour* 42:209-219.
606 Marler, P. 1955. Characteristics of some animal calls. *Nature* 176:6-8.
607 Marler, P. 1970. Birdsong and speech development: could there be parallels? *American Scientist* 58:669-673.
608 Marler, P. 1990. Song learning: the interface between behaviour and neuroethology. *Philosophical Transactions of the Royal Society of London* B 329:109-114.
609 Marler, P., and W. J. Hamilton. 1966. Mechanisms of *Animal Behavior*. Wiley, New York.
610 Marler, P., and S. Peters. 1989. Species differences in auditory responsiveness in early vocal learning. In *The Comparative Psychology of Audition: Perceiving Complex Sounds*, R. J. Dooling and S.H. Hulse (eds.). Lawrence Erlbaum Associates, Hillsdale, NJ.
611 Marler, P., and V. Sherman. 1985. Innate differences in singing behaviour of sparrows reared in isolation from adult conspecific song. *Animal Behaviour* 33:57-71.
612 Marler, P., and M. Tamura. 1964. Culturally transmitted patterns of vocal behavior in sparrows. *Science* 146:1483-1486.
613 Marr, D. 1982. *Vision*. W. H. Freeman, San Francisco.
614 Maschwitz, U., and E. Maschwitz. 1974. Platzende Arbeiterinnen: Eine neue Art der Feindabwehr bei sozialen Hautfluglern. *Oecologia* 14:289-294.
615 Mason, W. A. 1978. Social experience and primate cognitive development. In *The Development of Behavior: Comparative and Evolutionary Aspects*, G. M. Burghardt and M. Bekoff (eds.). Garland STPM Press, New York.
616 Mather, M. H., and B. D. Roitberg. 1987. A sheep in wolf's clothing: tephritid flies mimic spider predators. *Science* 236:308-310.
617 May, M. 1991. Aerial defense tactics of flying insects. *American Scientist* 79:316-329.
618 Maynard Smith, J. 1974. The theory of games and the evolution of animal conflict. *Journal of Theoretical Biology* 47:209-221.
619 Mayr, E. 1961. Cause and effect in biology. *Science* 134:1501-1506.
620 Mayr, E. 1963. *Animal Species and Evolution*. Harvard University Press, Cambridge, MA.
621 Mayr, E. 1983. How to carry out the adaptationist program? *American Naturalist* 121:324-334.
622 McAllister, L. B., R. H. Scheller, E. R. Kandel, and R. Axel. 1983. In situ hybridization to study the origin and fate of identified neurons. *Science* 222:800-808.
623 McCann, T. S. 1981. Aggression and sexual activity of male southern elephant seals, *Mirounga leonina*. *Journal of Zoology* 195:295 310.
624 McComb, K. E. 1991. Roaring by red deer stags advances date of oestrus in hinds. *Nature* 330:648-649.
625 McCracken, G. F. 1984. Communal nursing in Mexican free-tailed bat maternity colonies. *Science* 223:1090-1091.
626 McCracken, G. F., and J. W. Bradbury. 1981. Social organization and kinship in the polygynous bat *Phyllostomus hastatus*. *Behavioral Ecology and Sociobiology* 8:11-34.
627 McCracken, G. F., and M. K. Gustin. 1991. Nursing behavior in Mexican free-tailed bat maternity colonies. *Ethology* 89:305-321.
628 McDonald, D. B. 1989. Correlates of male mating success in a lekking bird with malemale cooperation. *Animal Behaviour* 37: 1007-1022.
629 McDonald, D. B. 1989. Cooperation under sexual selection: age-graded changes in a lekking bird. *American Naturalist* 134:709-730.
630 McEwen, B. S. 1981. Neural gonadal steroid actions. *Science* 211:1303-1311.
631 McGowan, K. J., and G. E. Woolfenden. 1989. A sentinel system in the Florida scrub jay. *Animal Behaviour* 37:1000-1006.
632 McKaye, R., S. M. Louda, and J. R. Stauffer, Jr. 1990. Bower size and malR.reproductive success in a cichlid fish lek. *American Naturalist* 135:597-613.
633 M'Closkey, R. T., K. A. Baia, and R. W. Russell. 1987. Defense of mates: a territory departure rule for male tree lizards following sexratio manipulation. *Oecologia* 73:28-31.
634 McNab, B. K., and J. F. Eisenberg. 1989. Brain size and its relation to the rate of metabolism in mammals. *American Naturalist* 133:157-167.
635 McNicol, D., Jr., and D. Crews. 1979. Estrogen/progesterone synergy in the control of female sexual receptivity in the lizard, *Anolis carolinensis*. *General and Comparative Endocrinology* 38:68-74.
636 Mech, L. D. 1970. *The Wolf: The Ecology and Behavior of an Endangered Species*. Doubleday (Natural History Press), Garden City, NY.
637 Medvin, M. B., and M. D. Beecher. 1986. Parent offspring recognition in the barn swallow (*Hirundo rustica*). *Animal Behaviour* 34:16271639.
638 Meier, R. P. 1991. Language acquisition by deaf children. *American Scientist* 79:60-70.
639 Meire, P. M., and A. Ervynck. 1986. Are oystercatchers (*Haemoptopus ostralegus*) selecting the most profitable mussels (*Mytilus edulis*)? *Animal Behaviour* 34:1427-1435.
640 Meister, M., R. O. L. Wong, D. A. Baylor, and C. J. Shatz. 1991. Synchronous bursts of action potentials in ganglion cells of the developing mammalian retina. *Science* 252:939-943.
641 Mendlewicz, J., and J. D. Ranier. 1977. Adoption study supporting genetic transmission of manic-depressive illness. *Nature* 268:327-329.
642 Meylan, A. B., B. W. Bowen, and J. C. Avise. 1990. A genetic test of the natal homing versus social facilitation models for green turtle migration. Science 248:724-727.
643 Michelsen, A., B. B. Andersen, W. H. Kirchner, and M. Lindauer. 1989. Honeybees can be recruited by a mechanical model of a dancing bee. *Naturwissenschaften* 76:277-280.
644 Milinski, M. 1984. Parasites determine a predator's optimal feeding strategy. *Behavioral Ecology and Sociobiology* 15:35-38.
645 Miller, D. E., and J. T. Emlen, Jr. 1975. Individual chick recognition and family integrity in the ring-billed gull. *Behaviour* 52:124-144.
646 Miller, L. A. 1983. How insects detect and avoid bats. In *Neuroethology and Behavioral Physiology*, F. Huber and H. Markl (eds.). Springer-Verlag, Berlin.
647 Miller, L. A., and J. Olesen. 1979. Avoidance behavior in green lacewings. I. Behavior of free flying green lacewings to hunting bats and ultrasound. *Journal of Comparative Physiology* 131:113-120.
648 Millington, S. J., and T. D. Price. 1985. Song inheritance and mating patterns in Darwin's finches. *Auk* 102:342-346.

649 Mills, M. G. L. 1990. *Kalahari Hyaenas*. Unwin Hyman, London.
650 Miquelle, D. G. 1990. Why don't bull moose eat during the rut? *Behavioral Ecology and Sociobiology* 27:145-151.
651 Mitani, J. C. 1984. The behavioral regulation of monogamy in gibbons (*Hylobates muelleri*). *Behavioral Ecology and Sociobiology* 15:225-229.
652 Mitchell, S. L. 1990. The mating system genetically affects offspring performance in Woodhouse's toad (*Bufo woodhousei*). *Evolution* 44:502-519
653 Mlot, C. 1991. A well-rounded worm. *Science* 252:1619-1620.
654 Mock, D. W. 1984. Siblicidal aggression and resource monopolization in birds. *Science* 225:731-733.
655 Mock, D. W., and B. J. Ploger. 1987. Parental manipulation of optimal hatch asynchrony in cattle egrets: an experimental study. *Animal Behaviour* 35:150-160.
656 Mock, D. W., H. Drummond, and C. H. Stinson. 1990. Avian siblicide. *American Scientist* 78:438-449.
657 Mock, D. W., T. C. Lamey, and D. B. A. Thompson. 1988. Falsifiability and the information centre hypothesis. *Ornis Scandinavica* 19:231-248.
658 Moiseff, A., G.S. Pollack, and R. R. Hoy. 1978. Steering responses of flying crickets to sound and ultrasound: mate attraction and predator avoidance. *Proceedings of the National Academy of Sciences* 75:4052-4056.
659 Møller, A. P. 1988. False alarm calls as a means of resource usurpation in the great tit *Parus major*. *Ethology* 79:25-30.
660 Møller, A. P. 1988. Female choice selects for male sexual tail ornaments in the monogamous swallow. *Nature* 332:640-642.
661 Møller, A. P. 1990. Effects of a haemotophagous mite on the barn swallow (*Hirundo rustica*): a test of the Hamilton and Zuk hypothesis. *Evolution* 44:771-784.
662 Møller, A. P. 1990. Parasites and sexual selection: current status of the Hamilton and Zuk hypothesis. *Journal of Evolutionary Biology* 3:319-328.
663 Møller, A. P. 1991. Parasite load reduces song output in a passerine bird. *Animal Behaviour* 41:723-730.
664 Møller, A. P. 1991. Why mated songbirds sing so much: mate guarding and male announcement of mate fertility status. *American Naturalist* 138:994-1014.
665 Money, J., and A. A. Ehrhardt. 1972. *Man and Woman, Boy and Girl*. Johns Hopkins University Press, Baltimore, MD.
666 Montgomerie, R., and R. Thornhill. 1989. Fertility advertisement in birds: a means of inciting male-male competition? *Ethology* 81:209-220.
667 Montgomerie, R. D., and P. J. Weatherhead. 1988. Risks and rewards of nest defence by parent birds. *Quarterly Review of Biology* 63:167-187.
668 Moore, A. J. 1988. Female preferences, male social status and sexual selection in *Nauphoeta cinerea*. *Animal Behaviour* 36:303-305.
669 Moore, A. J. 1990. The inheritance of social dominance, mating behaviour and attractiveness to mates in male *Nauphoeta cinerea*. *Animal Behaviour* 39:388-397.
670 Moore, J., and R. Ali. 1984. Are dispersal and inbreeding avoidance related? *Animal Behaviour* 32:94-112.
671 Moore, M. C. 1986. Elevated testosterone levels during nonbreeding-season territoriality in fall-breeding lizard, *Sceloporus jarrovi*. *Journal of Comparative Physiology* A 158:159-163.
672 Moore, M. C., and B. Kranz. 1983. Evidence for androgen independence of male mounting behavior in white-crowned sparrows (*Zonotrichia leucophrys gambelii*). *Hormones and Behavior* 17:414-423.
673 Morton, E. S. 1977. On the occurrence and significance of motivation-structural rules in some bird an mammal sounds. *American Naturalist* 111:855-869
674 Morton, E. S., L. Forman, and M. Braun. 1990. Extrapair fertilizations and the evolution of colonial breeding in purple martins. *Auk* 107: 275-283.
675 Moskowitz, B. A. 1978. The acquisition of language. *Scientific American* 239 (Nov):91-108.
676 Moss, C. 1988. *Elephant Memories*. William Morrow, New York.
677 Mountjoy, D. J., and R. E. Lemon. 1991. Song as an attractant for male and female European starlings, and the influence of song complexity on their response. *Behavioral Ecology and Sociobiology* 28:97-100.
678 Mueller, U. G. 1991. Haplodiploidy and the evolution of facultative sex ratios in a primitively eusocial bee. *Science* 254:442-444.
679 Mumme, R. L., W. D. Koenig, and F. A. Pitelka. 1983. Reproductive competition in the communal acorn woodpecker: sisters destroy each other's eggs. *Nature* 306:583-584.
680 Mumme, R. L., W. D. Koenig, and F. L. W. Ratnieks. 1989. Helping behaviour, reproductive value, and the future component of indirect fitness. *Animal Behaviour* 38:331-343.
681 Munn, C. A. 1986. Birds that "cry wolf." *Nature* 319:143-145.
682 Munn, C. A. 1991. Macaw biology and ecotourism, or "when a bird in the bush is worth two in the hand". In *New World Parrots in Crisis*, 5. R. Beisinger and N. F. R. Snyder (eds.). Smithsonian Institution Press, Washington, DC.
683 Murdock, G. P. 1967. *Ethnographic Atlas*. Pittsburgh University Press, Pittsburgh, PA.
684 Murray, B. G., Jr. 1989. A critical review of the transoceanic migration of the blackpoll warbler. *Auk* 106:8-17.
685 Naftolin, F., and E. Butz. 1981. Sexual dimorphism. *Science* 211:1263-1324.
686 Nalepa, C. A., and S. C. Jones. 1991. Evolution of monogamy in termites. *Biological Reviews* 66:83-87.
687 Narins, P. M., and E. R. Lewis. 1984. The vertebrate ear as an exquisite seismic sensor. *Journal of the Acoustic Society of America* 76:1384-1387.
688 Nemeroff, C. B., W. W. Youngblood, P. J. Manberg, A. J. Prange, Jr., and J. S. Kizer. 1983. Regional brain concentrations of neuropeptides in Huntington's chorea and schizophrenia. *Science* 221:972-975.
689 Newsome, W. T., and E. B. Pare. 1988. Selective impairment of motion perception following lesions of the middle temporal visual area (MT). *Journal of Neuroscience* 8:2201-2211.
690 Newsome, W. T., K. H. Britten, C. D. Salzman, and J. A. Movshon. 1990. Neuronal mechanisms of motion perception. *Cold Spring Harbor Symposia on Quantitative Biology* 55:697-705.
691 Newton, P. N. 1986. Infanticide in an undisturbed forest population of hanuman langurs, *Presbytis entellus*. *Animal Behaviour* 34:785789.
692 Nicol, S. E., and I. I. Gottesman. 1983. Clues to the genetics and neurobiology of schizophrenia. *American Scientist* 71:398-404.
693 Nicoletto, P. F. 1991. The relationship between male ornamentation and swimming performance in the

guppy, *Poecilia reticulata*. *Behavioral Ecology and Sociobiology* 28:365-370.
694 Noe, R. 1990. A Veto game played by baboons: a challenge to the use of the Prisoner's Dilemma as a paradigm for reciprocity and cooperation. *Animal Behaviour* 39:78-90.
695 Noe, R., and A. A. Sluijter. 1990. Reproductive tactics of male savanna baboons. *Behaviour* 113:117-170.
696 Nolen, T. G., and R. R. Hoy. 1984. Phonotaxis in flying crickets: neural correlates. *Science* 226:992-994.
697 Noonan, K. C. 1983. Female choice in the cichlid fish *Cichlasoma nigrofasciatum*. *Animal Behaviour* 31:1005-1010.
698 Norberg, U. M. 1985. Evolution of vertebrate flight: an aerodynamic model for the transition from gliding to active flight. *American Naturalist* 126:303-327.
699 Nordeen, K. W., and E. J. Nordeen. 1988. Projection neurons within a vocal motor pathway are born during song learning in zebra finches. *Nature* 334:149-151.
700 Norris, K. J. 1990. Female choice and the quality of parental care in the great tit *Parus major*. *Behavioral Ecology and Sociobiology* 27:275-282.
701 Norris, K. S. 1967. Some observations on the migration and orientation of marine mammals. In *Animal Orientation and Navigation*, R. M. Storm (ed.). Oregon State University Press, Corvallis.
702 Nottebohm, F., and M. E. Nottebohm. 1971. Vocalization and breeding behaviour of surgically deafened ring doves (*Streptopelia risoria*). *Animal Behaviour*. 19:313-327.
703 Novacek, M. J. 1985. Evidence for echolocation in oldest known bats. *Nature* 315:140-141.
704 Nusbaum, M. D., W. O. Friesen, W. B. Kristan, Jr., and R. A. Pearce. 1987. Neural mechanisms generating the leech swimming rhythm: swim-initiator neurons excite the network of swim oscillator neurons. *Journal of Comparative Physiology* A 161:355-366.
705 O'Neill, K. M 1983. Territoriality, body size, and spacing in males of the bee wolf *Philanthus basilaris* (Hymenoptera; Sphecidae). *Behaviour* 86:295-321.
706 O'Neill, W. E., and N. Suga. 1979. Target range-sensitive neurons in the auditory cortex of the mustache bat. *Science* 203:69-72.
707 Orians, G. H 1962. Natural selection and ecological theory. *American Naturalist* 96:257-264.
708 Orians, G. H. 1969. On the evolution of mating systems in birds and mammals. *American Naturalist* 103:589-603.
709 Oring, L. W. 1985. Avian polyandry. *Current Ornithology* 3: 309 351.
710 Oring, L. W., and M. L. Knudson 1973. Monogamy and polyandry in the spotted sandpiper. *The Living Bird* 11:59-73.
711 Oring, L. W., M. A. Colwell, and J. M. Reed. 1991. Lifetime reproductive success in the spotted sandpiper (*Actitis macularia*): sex differences and variance components. *Behavioral Ecology and Sociobiology* 28:425-432.
712 Ostrom, J. H 1974. *Archaeopteryx* and the origin of flight. *Quarterly Review of Biology* 49:27-47.
713 Otte, D. 1974. Effects and functions in the evolution of signaling systems. *Annual Review of Ecology and Systematics* 5:385-417.
714 Owens, D. D., and M. J. Owens 1979. Communal denning and clan associations in brown hyenas (Hyaena brunnea, Thunberg) in the central Kalahari Desert. *African Journal of Ecology* 17:35-44.
715 Owings, D. H., and R. G. Coss 1977. Snake mobbing by California ground squirrels: adaptive variation and ontogeny. *Behaviour* 62:50-69.
716 Packard, J. M., U. S. Seal, L. D Mech, and E. D. Plotka. 1985. Causes of reproductive failure in two family groups of wolves (*Canis lupus*). *Zeitschrift für Tierpsychologie* 69:24-40.
717 Packer, C 1977. Reciprocal altruism in *Papio anubis*. *Nature* 265:441-443.
718 Packer, C 1979. Inter-troop transfer and inbreeding avoidance in *Papio anubis*. *Animal Behaviour* 27:1-36.
719 Packer, C 1986. The ecology of sociality in felids. In *Ecological Aspects of Social Evolution*, D. I. Rubenstein and R. W. Wrangham (eds.). Princeton University Press, Princeton.
720 Packer, C., D. Scheel, and A. E. Pusey. 1990. Why lions form groups: food is not enough. *American Naturalist* 136:1-l9.
721 Packer, C., D. A. Gilbert, A E. Pusey, and S. J. O'Brien. 1991. A molecular genetic analysis of kinship and cooperation in African lions. *Nature* 351:562-565
722 Packer, C., L. Herbst, A. E. Pusey, J. D. Bygott, 5. J. Cairns, and M Borgerhoff Mulder. 1987. Reproductive success of lions. In *Reproductive Success*, T. H. Clutton-Brock (ed.). University of Chicago Press, Chicago.
723 Page, R. E., Jr., G. E. Robinson, and M. K. Fondrk. 1989. Genetic specialization, kin recognition and nepotism in honey-bee colonies. *Nature* 338:576-579.
724 Page, T. L. 1985. Clocks and circadian rhythms. In *Comprehensive Insect Physiology, Biochemistry, and Pharmacology*, G. A. Kerkut and L. I. Gilbert (eds.). Pergamon Press, New York.
725 Palmer, C. T 1989. Is rape a cultural universal? A re-examination of the ethnographic data. *Ethnology* 28:1-16.
726 Palmer, C. T. 1991. Human rape: adaptation or by-product? *Journal of Sex Research* 28:365-386.
727 Palmer, J. D. 1976. *An Introduction to Biological Rhythms*. Academic Press, New York.
728 Papi, F. 1975. La navigazione dei colombi viaggiatori. *Le Scienze* 78:66-75.
729 Papi, F. 1986. Pigeon navigation: solved problems and open questions. *Monitore Zoologici Italiana* 20:471-517.
730 Parker, G. A. 1970. Sperm competition and its evolutionary consequences in the insects. *Biological Reviews* 45:525-567.
731 Parker, G. A 1974. Assessment strategy and the evolution of fighting behaviour. *Journal of Theoretical Biology* 47:223-243.
732 Parker, G. A., R. R. Baker, and V. G. F. Smith. 1972. The origin and evolution of gamete dimorphism and the male-female phenomenon. *Journal of Theoretical Biology* 36:529-553.
733 Part, T. 1991. Is dawn singing related to paternity insurance? The case of the collared flycatcher. *Animal Behaviour* 41:451-456.
734 Partridge, L. 1974. Habitat selection in titmice. *Nature* 247:573 574.
735 Partridge, L 1976. Field and laboratory observations on the foraging and feeding techniques of blue tits (*Parus caeruleus*) and coal tits (*Parus ater*) in relation to their habitats. *Animal Behaviour* 24:534-544.
736 Paton, D. C., and H. A. Ford. 1983. The influence of plant characteristics and honeyeater size on levels of pollination in Australian plants. In *Handbook of Experimental Pollination Biology*, C. E. Jones and R. J. Little (eds.). Van Nostrand Reinhold, New York.
737 Payne, K. B., W. R. Langbauer, Jr., and E. M. Thomas. 1986. Infrasonic calls of the Asian elephant (*Elephas*

maximus). *Behavioral Ecology and Sociobiology* 18:297-301.
738 Payne, R. B. 1982. Ecological consequences of song matching: breeding success and intraspecific song mimicry in indigo buntings. *Ecology* 63:401-411.
739 Peakall, R. 1990. Responses of male Zaspilothynnus trilobatus Turner wasps to females and the sexually deceptive orchid it pollinates. *Functional Ecology* 4:159-167.
740 Pengelley, E. T., and S. J. Asmundson. 1974. Circannual rhythmicity in hibernating animals. In *Circannual Clocks*, E. T. Pengelley (ed.). Academic Press, New York.
741 Perrett, D. I., and E. T. Rolls. 1983. Neural mechanisms underlying the visual analysis of faces. In *Advances in Vertebrate Neuroethology*, J.-P. Ewert, R. R. Capranica, and D. J. Ingle (eds.). Plenum Press, New York.
742 Perrigo, G., W. C. Bryant, and F. S. vom Saal. 1990. A unique neural timing system prevents male mice from harming their own offspring. *Animal Behaviour* 39:535 539.
743 Perrill, S. A., H. C. Gerhardt, and R. Daniel. 1978. Sexual parasitism in the green tree frog (*Hyla cinerea*). *Science* 200:1179-1180.
744 Perusse, D. In press. Cultural and reproductive success in industrial societies: Testing the relationship at the proximate and ultimate levels. *Behavioral and Brain Sciences.*
745 Petit, L. J. 1991. Adaptive tolerance of cowbird parasitism by prothonotary warblers: a consequence of site limitation? *Animal Behaviour* 41:425-432.
746 Petrie, M. 1983. Female moorhens compete for small fat males. *Science* 220:413-415.
747 Petrie, M., T. Halliday, and C. Sanders. 1991. Peahens prefer peacocks with elaborate trains. *Animal Behaviour* 41:323-332.
748 Pfennig, D. W. 1990. "Kin recognition among spadefoot toad tadpoles: a side-effect of habitat selection? *Evolution* 44:785-798.
749 Pfennig, D. W., G. J. Gamboa, H. K. Reeve, J 5 Reeve, and I. D. Ferguson. 1983. The mechanism of nestmate discrimination in social wasps (Polistes, Hymenoptera: Vespidae). *Behavioral Ecology and Sociobiology* 13:299-305.
750 Pierce, G. J., and Ollason, J. G. 1987. Eight reasons why optimal foraging theory is a complete waste of time. *Oikos* 49:1-18.
751 Pierce, N. E., and P. S. Mead. 1981. Parasitoids as selective agents in the symbiosis between Iycaenid butterfly larvae and ants. *Science* 211:1185-1187.
752 Pierotti, R., and E. C. Murphy. 1987. Intergenerational conflicts in gulls. *Animal Behaviour* 35:435-444.
753 Pietrewicz, A. T., and A. C. Kamil. 1977 Visual detection of cryptic prey by blue jays (*Cyanocitta cristata*). *Science* 195:580-582.
754 Pietrewicz, A. T., and A. C. Kamil 1979. Search image formation in the blue jay *Cyanocitta cristata*. *Science* 204:1332-1333.
755 Pietsch, T. W., and D. B. Grobecker. 1978. The compleat angler: aggressive mimicry in the antennariid anglerfish. *Science* 201:369-370.
756 Pinker, S. 1991. Rules of language. *Science* 253:530-535.
757 Pitcher, T. 1979. He who hesitates lives. Is stotting antiambush behavior? *American Naturalist* 113:453-456.
758 Plomin, R. 1990. The role of inheritance in behavior. *Science* 248:183-188.
759 Plomin, R., and D. C. Rowe. 1978. Genes, environment and development of temperament in young human twins. In *The Development of Behavior*, G. M. Burghardt and M. Bekoff (eds.). Garland STPM Press, New York.
760 Pohl-Apel, G., and R. Sossinka. 1984. Hormonal determination of song capacity in females of the zebra finch: critical phase of treatment. *Zeitschrift für Tierpsychiologie* 64:330-336.
761 Pollak, G., D. Marsh, R. Bodenhamer, and A. Souther. 1977. Echo-detectingcharacteristicsof neurons in inferior colliculus of unanesthetized bats. *Science* 196:675-677.
762 Poole, J. H. 1989. Mate guarding, reproductive success and female choice in African elephants. *Animal Behaviour* 37:842-849.
763 Porter, R. H., V. J. Tepper, and D. M. White. 1981. Experiential influences on the development of huddling preferences and "sibling" recognition in spiny mice. *Developmental Psychobiology* 14:375-382.
764 Powell, G. V. N. 1974. Experimental analysis of the social value of flocking by starlings (*Sturnus vulgaris*) in relation to predation and foraging. *Animal Behaviour* 22:501-505.
765 Prior, K. A., and P. J. Weatherhead. 1991. Turkey vultures foraging at experimental food patches: a test of information transfer at communal roosts. *Behavioral Ecology and Sociobiology* 28:385-390.
766 Pritchard, P. C. H. 1976. Post-nesting movements of marine turtle (Cheloniidae and Dermochelyidae) tagged in the Guianas. *Copeia* 1976:749-754.
767 Profet, M. 1988. The evolution of pregnancy sickness as protection to the embryo against *Pleistocene teratogens. Evolutionary Theory* 8:177-190.
768 Provine, R. R. 1986. Yawning as a stereotyped action pattern and releasing stimulus. *Ethology* 72:109-122.
769 Pruett-Jones, S. G. 1988. Lekking versus solitary display: temporal variations in dispersion in the buff-breasted sandpiper. *Animal Behaviour* 36:1740-1752.
770 Pruett-Jones, S. G., and M. J. Lewis. 1990. Sex ratio and habitat limitation promote delayed dispersal in superb fairy-wrens. *Nature* 348: 541-542.
771 Pruett-Jones, S. G., and M. A. Pruett-Jones. 1990. Sexual selection through female choice in Lawes' Parotia, a lek-mating bird of paradise. *Evolution* 44:486-501.
772 Purcell, J. E. 1980. Influence of siphonophore behavior upon their natural diets: evidence for aggressive mimicry. *Science* 209:1045-1047.
773 Pusey, A. E., and C. Packer. 1987. The evolution of sex-biased dispersal in lions. *Behaviour* 101:275-310.
774 Pusey, A. E., and C. Packer. 1992. Infanticide in lions. In *Infanticide and Parental Care*, S. Parmigiani, F. vom Saal, and B. Svare (eds.). Harwood Academic Press, London.
775 Pyle, D. W., and M. H. Gromko. 1978. Repeated mating by female *Drosophila melanogaster:* the adaptive importance. *Experientia* 34:449-450.
776 Quinn, T. P., and A. H. Dittman. 1990. Pacific salmon migrations and homing: mechanisms and adaptive significance. *Trends in Ecology and Evolution* 5:174-177.
777 Ralls, K., K. Brugger, andJ. Ballou. 1979. Inbreeding and juvenile mortality in small populations of ungulates. *Science* 206:1101-1103.
778 Randall, J. A. 1991. Mating strategies of a nocturnal, desert rodent (*Dipodomys spectabilis*). *Behavioral Ecology and Sociobiology* 28:215-220.

779 Rasa, O. A. E. 1984. Dwarf mongoose and hornbill mutualism in the Taru desert, Kenya. *Behavioral Ecology and Sociobiology* 12:181-190.

780 Reeve, H. K., D. F. Westneat, W. A. Noon, P W. Sherman, and C. F. Aquadro. 1990. DNA "fingerprinting" reveals high levels of inbreeding in colonies of the eusocial naked mole-rat. *Proceedings of the National Academy of Sciences* 87:2496-2500.

781 Reichert, S. E., and A. V. Hedrick. 1990. Levels of predation and genetically based antipredator behaviour in the spider, *Agelenopsis aperta. Animal Behaviour* 40:679-687.

782 Reyer, H.-U. 1984. Investment and relatedness: a cosVbenefit analysis of breeding and helping in the pied kingfisher. *Animal Behaviour* 32:1163-1178.

783 Reynolds, J. D. 1987. Mating system and nesting biology of the red-necked phalarope *Phalaropus lobatus. Ibis* 129:225-242

784 Reynolds, J. D., and M. R. Gross. 1990. Costs and benefits of female mate choice: is there a lek paradox? *American Naturalist* 136:230-243.

785 Reynolds, J. D., M. A. Colwell, and F. Cooke. 1986. Sexual selection and spring arrival times of red-necked and Wilson's phalaropes. *Behavioral Ecology and Sociobiology* 18:303-310.

786 Richardson, H., and N. A. M. Verbeek. 1986. Diet selection and optimization by northwestern crows feeding on Japanese littleneck clams. *Ecology* 67:1219-1226.

787 Ridley, M. 1983. *The Explanation of Organic Diversity.* Oxford University Press, Oxford.

788 Ridley, M. 1988. Mating frequency and fecundity in insects. *Biological Reviews* 63:509-549.

789 Ringo, J., R. Werczberger, M. Altaratz, and D. Segal. 1991. Female sexual receptivity is defective in juvenile hormone-deficient mutants of the apterous gene of Drosophila melanogaster. *Behavior Genetics* 21:453-469.

790 Rissing, S. W., G. B. Pollock, M. R. Higgins, R. H. Hager, and D. R. Smith. 1989. Foraging specialization without relatedness or dominance among co-founding ant queens. *Nature* 338:420-422.

791 Robbins, R. K. 1981. The "false head hypothesis: predation and wing pattern variation of Iycaenid butterflies. *American Naturalist* 118:770-775.

792 Robertson, R. M., and K. G. Pearson. 1982. A preparation for the intracellular analysis of neuronal activity during flight in the locust. *Journal of Comparative Physiology* 146:311-320.

793 Robertson, R. M., and K. G. Pearson. 1984. Interneuronal organization in the flight system of the locust. *Journal of Insect Physiology* 30:95-101.

794 Roeder, K. D. 1963. *Nerve Cells and Insect Behavior.* Harvard University Press, Cambridge, MA.

795 Roeder, K. D. 1965. Moths and ultrasound. *Scientific American* 212 (Apr):94-102.

796 Roeder, K. D. 1970. Episodes in insect brains. *American Scientist* 58:378-389.

797 Roeder, K. D. 1973. Dogs world view. *Natural History* 82(7):12-18,84-85.

798 Roeder, K. D., and A. E. Treat. 1961. The detection and evasion of bats by moths. *American Scientist* 49:135-148.

799 Rohwer, S., and C. D. Spaw. 1988. Evolutionary lag versus bill-size constraints: a comparative study of the acceptance of cowbird eggs by old hosts. *Evolutionary Ecology* 2:27-36.

800 Rood, J. P. 1990. Group size, survival, reproduction, and routes to breeding in dwarf mongooses. *Animal Behaviour* 39:566-572.

801 Rose, N. A., C. J. Deutsch, and B. J. Le Boeuf. 1991. Sexual behavior of male northern elephant seals: III. The mounting of weaned pups. *Behaviour* 119:171-192.

802 Rosenblatt, J. S., H. I. Siegel, and A. D. Mayer. 1979. Progress in the study of maternal behavior in the rat: hormonal, nonhormonal, sensory, and developmental aspects. *Advances in the Study of Behavior* 10:225-331.

803 Rosenqvist, G. 1990. Male mate choice and female female competition for mates in the pipefish Nerophis ophidion. *Animal Behaviour* 39:1110-1116.

804 Ross, K. G. 1986. Kin selection and the problem of sperm utilization in social insects. *Nature* 323:798-800.

805 Rothstein, S. I. 1986. A test of optimality: egg recognition in the eastern phoebe. *Animal Behaviour* 34:1109-111 9.

806 Rothstein, S. I., and R. C. Fleischer. 1987. Vocal dialects and their possible relation to honest status signalling in the brown-headed cowbird. *Condor* 89:1-23.

807 Rothstein, S. I., D. A. Yokel, and R. C. Fleischer. 1988. The agonistic and sexual functions of vocalizations of male brown-headed cowbirds, *Molothrus ater. Animal Behaviour* 36:73-86.

808 Routtenberg, A. 1978. The reward system of the brain. *Scientific American* 239 (Nov):154-165.

809 Rowe, M. P., R. G. Coss, and D. H. Owings. 1986. Rattlesnake rattles and burrowing owl hisses: a case of acoustic Batesian mimicry. *Ethology* 72:53-71.

810 Rowley, I., and G. Chapman. 1986. Cross-fostering, imprinting, and learning in two sympatric species of cockatoos. *Behaviour* 96:1-16.

811 Rowley, I., and E. Russell. 1990. "Philandering"-a mixed mating strategy in the splendid fairy-wren Malurus splendens. *Behavioral Ecology and Sociobiology* 27:431-438.

812 Ruben, J. 1991. Reptilian physiology and the flight capacity of *Archaeopteryx. Evolution* 45:1-17.

813 Rusak, B., H. A. Robertson, W. Wisden, and 5. P. Hunt. 1990. Light pulses that shift rhythms induce gene expression in the suprachiasmatic nucleus. *Science* 248:1237-1240.

814 Rutowski, R. L., and G. W. Gilchrist. 1986. Copulation in *Colias eurytheme* (Lepidoptera: Pieridae): patterns and frequency. *Journal of Zoology* 209:115-124.

815 Ryan, M. J. 1980. Female mate choice in a neotropical frog. *Science* 209:523-525.

816 Ryan, M. J. 1983. Frequency modulated calls and species recognition in a Neotropical frog, *Physalaemus pustulosus. Journal of Comparative Physiology* 150:217-221.

817 Ryan, M. J. 1983. Sexual selection and communication in a neotropical frog, *Physalaemus pustulosus. Evolution* 37:261-272.

818 Ryan, M. J. 1985. *The Tungara Frog.* University of Chicago Press, Chicago.

819 Ryan, M. J., and M. D. Tuttle. 1983. The ability of the frog-eating bat to discriminate among novel and potentially poisonous frog species using acoustic cues. *Animal Behaviour* 31:827-833.

820 Ryan, M. J., M. D. Tuttle, and L. K. Taft. 1981. The costs and benefits of frog chorusing behavior. *Behavioral Ecology and Sociobiology* 8:273-278.

821 Ryker, L. C. 1984. Acoustic and chemical signals in the life cycle of a beetle. *Scientific American* 250 (June):112-123.

822 Sahlins, M. 1976. *The Use and Abuse of Biology.* University of Michigan Press, Ann Arbor.

823 Sakaluk, S. K. 1984. Male crickets feed females to ensure complete sperm transfer. *Science* 223: 609-610.

824 Sakaluk, S. K. 1986. Is courtship feeding by male insects parental investment? *Ethology* 73:161-166.

825 Sakaluk, S. K. 1991. Post-copulatory mate guarding in decorated crickets. *Animal Behaviour* 41:207-216.

826 Salzano, F. M., J. V. Neel, and D. MayburyLewis. 1967. Further studies on the Xavante Indians. I. Demographic data on two additional villages: Genetic structure of the tribe. *American Journal of Human Genetics* 19:463-489.

827 Salzman, C. D., K. H. Britten, and W. T. Newsome. 1990. Cortical microstimulation influences perceptual judgements of motion direction. *Nature* 346:174-177.

828 Sargent, R. Ç. 1989. Allopaternal care in the fathead minnow, Pimephales promelas: stepfathers discriminate against their adopted eggs. *Behavioral Ecology and Sociobiology* 25:379-386.

829 Sargent, R. C., and M. R. Gross. 1985. Parental investment decision rules and the Concorde fallacy. *Behavioral Ecology and Sociobiology* 17:43-45.

830 Sargent, T. D. 1969. Behavioural adaptations of cryptic moths. III. Resting attitudes of two barklike species, *Melanolophis canadaria* and *Catocala ultronia*. *Animal Behaviour* 17:670-672.

831 Sargent, T. D. 1976. *Legion of Night: The Underwing Moths*. University of Massachusetts Press, Amherst.

832 Schaller, G. B. 1964. *The Year of the Gorilla*. University of Chicago Press, Chicago.

833 Schaller, G. B. 1972. *The Serengeti Lion*. University of Chicago Press, Chicago.

834 Scheel, D., and C. Packer. 1991. Group hunting behaviour of lions: a search for cooperation. *Animal Behaviour* 41:711-722.

835 Schlenoff, D. H. 1985. The startle response of blue jays to *Catocala* (Lepidoptera: Noctuidae) prey models. *Animal Behaviour* 33:1057-1067.

836 Schmidt-Koenig, K., and J. U. Ganzhorn. 1991. On the problem of bird navigation. *Perspectives in Ethology* 9:261-283.

837 Schuckit, M. A., and V. Rayses. 1979. Ethanol ingestion: differences in blood acetaldehyde concentrations in relatives of alcoholics and controls. *Science* 203:54-55.

838 Schwabl, H. 1983. Auspragung und Bedeutung des Teilzugverhaltens einer südwestdeutschen Population der Amsel *Turdus merula*. *Journal für Ornithologie* 124:101-116.

839 Schwagmeyer, P. L. 1979. The Bruce effect: an evaluation of male/female advantages. *American Naturalist* 114:932-938.

840 Schwagmeyer, P. L. 1988. Scramble-competition polygyny in an asocial mammal: male mobility and mating success. *American Naturalist* 131:885-892.

841 Schwagmeyer, P. L., and G. A. Parker. 1987. Queuing for mates in thirteen-lined ground squirrels. *Animal Behaviour* 35:1015-1025.

842 Scott, M. P. 1989. Male parental care and reproductive success in the burying beetle, Nicrophorus orbicollis. *Journal of Insect Behavior* 2:133-137.

843 Scott, M. P. 1990. Brood guarding and the evolution of male parental care in burying beetles. *Behavioral Ecology and Sociobiology* 26:31-40.

844 Searcy, W. A., and K. Yasukawa. 1989. Alternative models of territorial polygyny in birds. *American Naturalist* 134:323-343.

845 Seeley, T. D. 1977. Measurement of nest cavity volume by the honey bee (*Apis mellifera*). *Behavioral Ecology and Sociobiology* 2:201-227.

846 Seeley, T. D. 1985. *Honeybee Ecology: A Study of Adaptation in Social Life*. Princeton University Press, Princeton, NJ.

847 Seeley, T. D., R. H. Seeley, and P. Akratanakul. 1982. Colony defense strategies of the honeybees in Thailand. *Ecological Monographs* 52:43-63.

848 Seger, J. 1991. Cooperation and conflict in social insects. In *Behavioural Ecology: An Evolutionary Approach* (3rd edition), J. R. Krebs and N. B. Davies (eds.). Blackwell Scientific Publications, Oxford.

849 Shelly, T. E., and M. D. Greenfield. 1991. Dominions and desert clickers (Orthoptera: Acrididae): influences of resources and male signaling on female settlement patterns. *Behavioral Ecology and Sociobiology* 28:133-140.

850 Sherman, P. W. 1977. Nepotism and the evolution of alarm calls. *Science* 197:1246-1253.

851 Sherman, P. W. 1981. Kinship, demography and Belding's ground squirrel nepotism. *Behavioral Ecology and Sociobiology* 8:251-259.

852 Sherman, P. W. 1985. Alarm calls of Belding's ground squirrels to aerial predators: nepotism or self-preservation? *Behavioral Ecology and Sociobiology* 17:313-323.

853 Sherman, P. W. 1988. The levels of analysis. *Animal Behaviour* 36:616-618.

854 Sherman, P. W. 1989. Mate guarding as paternity insurance in Idaho ground squirrels. *Nature* 338:418-420.

855 Sherman, P. W., and W. G. Holmes. 1985. Kin recognition: issues and evidence. In *Experimental Behavioral Ecology and Sociobiology*, B. Holldobler and M. Lindauer (eds.). G. Fischer Verlag, Stuttgart.

856 Sherman, P. W., J. U. M. Jarvis, and R. D. Alexander (eds.) 1991. *The Biology of the Naked Mole-Rat*. Princeton UniverSity Press, Princeton, NJ.

857 Sherry, D. 1984. Food storage by black-capped chickadees: memory of the location and contents of caches. *Animal Behaviour* 32:451-464.

858 Shields, W. M. 1983. Optimal inbreeding and the evolution of philopatry. In *The Ecology of Animal Movement*, I. R. Swingland and P. J. Greenwood (eds.). Clarendon Press, Oxford.

859 Shields, W. M. 1984. Barn swallow mobbing: self-defence, collateral kin defence, group defence, or parental care? *Animal Behaviour* 32:132-148.

860 Shuster, S. M. 1989. Male alternative reproductive strategies in a marine isopod crustacean (*Paracerceis sculpta*): the use of genetic markers to measure differences in the fertilization success among and y-males. *Evolution* 43:1683-1698.

861 Shuster, S. M. 1992. The reproductive behaviour of α-, β- and γ-male morphs in *Paracerceis sculpta*, a marine isopod crustacean. *Behaviour* 121:259-287.

862 Shuster, S. M., and C. A. Sassaman. In press. Genetically distinct alternative reproductive strategies in a marine isopod crustacean (*Paracerceis sculpta*). *Genetics*.

863 Shuster, S. M., and M. J. Wade. 1991. Equal mating success among male reproductive strategies in a marine isopod. *Nature* 350:608-610.

864 Shutler, D., and P. J. Weatherhead. 1991. Owner and floater red-winged blackbirds: determinants of status. *Behavioral Ecology and Sociobiology* 28:235-242

865 Siegel, R. W., J. C. Hall, D. A. Gailey, and C. P. Kyriacou. 1984. Genetic elements of courtship in *Drosophila*: mosaics and learning mutants. *Behavior Genetics* 14:383-410.

866 Silk, J. B. 1980. Adoption and kinship in Oceania. *American Anthropologist* 82:799-820.
867 Silk, J. B. 1990. Human adoption in evolutionary perspective. *Human Nature* 1:25-52.
868 Sillen-Tullberg, B. 1985. Higher survival of an aposematic form than of a cryptic form of a distasteful bug. *Oecologia* 67:411-415.
869 Sillen-Tullberg, B. 1990. Do predators avoid groups of aposematic prey? An experimental test. *Animal Behaviour* 40:856-860.
870 Silverin, B. 1980. Effects of long-acting testosterone treatment on free-living pied flycatchers, Ficedula hypoleuca, during the breeding period. *Animal Behaviour* 28:906-912.
871 Singer, P. 1981. *The Expanding Circle: Ethics and Sociobiology.* Farrar, Straus, and Giroux, New York.
872 Skinner, B. F. 1966. Operant behavior. In *Operant Behavior,* W. K. Honig (ed.). Appleton-Century-Crofts, New York.
873 Sloane, S. A. 1991. The shrike's display advertising. *Natural History* (June):32-39.
874 Slobodchikoff, C. N. 1978. Experimental studies of tenebrionid beetle predation by skunks. *Behaviour* 66:313-322.
875 Smith, H. G., and R. Montgomerie. 1991. Sexual selection and the tail ornaments of North American barn swallows. *Behavioral Ecology and Sociobiology* 28:195-202.
876 Smith, H. G., R. Montgomerie, T. Poldmaa, B. N. White, and P. T. Boag. 1991. DNA fingerprinting reveals relation between tail ornaments and cuckoldry in barn swallows, *Hirundo rustica. Behavioral Ecology* 2:90-98.
877 Smith, M. S., B. J. Kish, and C. B. Crawford. 1987. Inheritance of wealth as human kin investment. *Ethology and Sociobiology* 8:171-182.
878 Smith, R. L. 1979. Paternity assurance and altered roles in the mating behavior of a giant water bug *Abedus herberti* (Heteroptera: Belostomatidae). *Animal Behaviour* 27:716-728.
879 Smith, R. L. 1984. Human sperm competition. In *Sperm Competition and the Evolution of Animal Mating Systems,* R. L. Smith (ed.). Academic Press, New York.
880 Smith, S. M. 1975. Innate recognition of coral snake pattern by a possible avian predator. *Science* 187:759-780.
881 Smith, S. M. 1978. The "underworld" in a territorial species: adaptive strategy for floaters. *American Naturalist* 112:571-582.
882 Snow, D. W. 1956. Courtship ritual: the dance of the manakins. *Animal Kingdom* 59:86-91.
883 Sokolowski, M. B. 1985. Genetics and ecology of Drosophila melanogaster larval foraging and pupation behaviour. *Journal of Insect Physiology* 31:857-864.
884 Sommer, V. 1987. Infanticide among free-ranging langurs (*Presbytis entellus*) at Jodhpur (Rajasthan/India): recent observations and a reconsideration of hypotheses. *Primates* 28:163-197.
885 Sommer, V. In press. Infanticide among the langurs of Jodhpur: Testing the sexual selection hypothesis with a long-term record. In *Protection and Abuse of Young in Animals and Man,* S. Parmigiani, B. Svare, and F. vom Saal (eds.). Harwood Academic, London.
886 Sommer, V., and S. M. Mohnot. 1985. New observations on infanticides among hanuman langurs (*Presbytis entellus*) near Jodhpur (Rajasthan/India). *Behavioral Ecology and Sociobiology* 16:245-248.
887 Spangler, H. G. 1984. Silence as a defence against predatory bats in two species of calling insects. *Southwestern Naturalist* 29:481-488.
888 Srygley, R. B., and P. Chai'. 1990. Predation and the elevation of thoracic temperature in brightly colored, neotropical butterflies. *American Naturalist* 135:766-787.
889 Stacey, P. B., and W. D. Koenig (eds.). 1990. *Cooperative Breeding in Birds.* Cambridge University Press, Cambridge.
890 Stacey, P. B., and J. D. Ligon. 1987. Territory quality and dispersal options in the acorn woodpecker, and a challenge to the habitatsaturation model of cooperative breeding. *American Naturalist* 130:654-676.
891 Stander, P.E. 1992. Cooperative hunting in lions: the role of the individual. *Behavioral Ecology and Sociobiology* 29:445-454.
892 Starr, C. K. 1985. Enabling mechanisms in the origin of sociality in the Hymenoptera-the sting's the thing. *Annals of the Entomological Society of America* 78:836-840.
893 Stein, Z., M. Susser, G. Saenger, and F. Marolla. 1972. Nutrition and mental performance. *Science* 178:708-713.
894 Stenmark, G., T. Slagsvold, and J. T. Lifield. 1988. Polygyny in the pied flycatcher, *Ficedula hypoleuca*: a test of the deception hypothesis. *Animal Behaviour* 36:1646-1657.
895 Stephens, D. W., and J. R. Krebs. 1986. *Foraging Theory.* Princeton University Press, Princeton, NJ.
896 Stephens, M. 1982. Mate takeover and possible infanticide by a female northern jacana (*Jacana spinosa*). *Animal Behaviour* 30:1253-1254.
897 Sternberg, D. E., D. P. van Kammen, P. Lerner, and W. E. Bunney. 1982. Schizophrenia: dopamine ,b-hydroxylase activity and treatment response. *Science* 216:1423-1425.
898 Stewart, K. J. 1987. Spotted hyaenas: the importance of being dominant. *Trends in Ecology and Evolution* 2:88-89.
899 Stoddard, P. K., M. D. Beecher, C. L. Horning, and M. S. Willis. 1990. Strong neighborstranger discrimination in song sparrows. *Condor* 92:1051-1056.
900 Stoutamire, W. P. 1974. Australian terrestrial orchids, thynnid wasps and pseudocopulation. *American Orchid Society Bulletin* 43:13-18.
901 Strassmann, J. E., C. R. Hughes, D. C. Queller, S. Turillazzi, R. Cervo, S. K. Davis, and K. F. Goodnight. 1989. Genetic relatedness in primitively eusocial wasps. *Nature* 342:268-269.
902 Strum, S. C. 1987. *Almost Human.* W. W. Norton, New York.
903 Suga, N. 1990. Biosonar and neural computation in bats. *Scientific American* 262 (June):3441.
904 Suga, N., and W. E. O'Neill. 1979. Neural axis representing target range in the auditory cortex of the mustache bat. *Science* 206:351-353.
905 Sugiyama, Y. 1984. Proximate factors of infanticide among langurs at Dharwar: a reply to Boggess. In *Infanticide: Comparative and Evolutionary Perspectives,* G. Hausfater and S. B. Hrdy (eds.). Aldine, Chicago.
906 Sullivan, B. K. 1983. Sexual selection in Woodhouse's toad (*Bufo woodhousei*). II. Female choice. *Animal Behaviour* 31:1011-1017.
907 Sullivan, B. K. 1991. Parasites and sexual selection: separating causes from effects. *Herpetologica* 47:250-264.

908 Sullivan, K. A. 1988. Age-specific profitability and prey choice. *Animal Behaviour* 36:613-615.
909 Susman, R. L., and J. T. Stern. 1982. Functional morphology of *Homo habilis*. *Science* 217:931-934.
910 Sutherland, W. J. 1985. Chance can produce a sex difference in variance in mating success and explain Bateman's data. *Animal Behaviour* 33:1349-1352.
911 Swan, L. W. 1970. Goose of the Himalayas. *Natural History* 79 (Dec):68-75.
912 Sweeney, B. W., and R. L. Vannote. 1982. Population synchrony in mayflies: a predator satiation hypothesis. *Evolution* 36:810-821.
913 Symons, D. 1979. *The Evolution of Human Sexuality*. Oxford University Press, New York.
914 Symons, D. 1987. If we're all Darwinians, what's the fuss about? In *Sociobiology and Psychology: Ideas, Issues, and Applications*, C. Crawford, M. Smith, and D. Krebs (eds.). Lawrence Erlbaum Associates, Hillsdale, NJ.
915 Temeles, E. J. 1987. The relative importance of prey availability and intruder pressure in feeding territory size regulation by harriers, *Circus cyaneus*. *Oecologia* 74:286-297.
916 Temrin, H. 1989. Female pairing options in polyterritorial wood warblers *Phylloscopus sibilatrix*: are females deceived? *Animal Behaviour* 37:579-586.
917 Temrin, H., and A. Arak. 1989. Polyterritoriality and deception in passerine birds. *Trends in Ecology and Evolution* 4:106-108.
918 Thompson, D. B. A. 1986. The economics of kleptoparasitism: optimal foraging, host and prey selection by gulls. *Animal Behaviour* 34:1189-1205.
919 Thornhill, R. 1976. Sexual selection and nuptial feeding behavior in *Bittacus apicalis* (Insecta: Mecoptera). *American Naturalist* 110:529-548.
920 Thornhill, R. 1981. *Panorpa* (Mecoptera: Panorpidae) scorpionflies: systems for understanding resource-defense polygyy and alternative male reproductive efforts. *Annual Review of Ecology and Systematics* 12:355-386.
921 Thornhill, R., and J. Alcock. 1983. *The Evolution of Insect Mating Systems*. Harvard University Press, Cambridge, MA.
922 Thornhill, R., and D. T. Gwynne. 1986. The evolution of sexual differences in insects. *American Scientist* 74:382-389.
923 Thornhill, R., and N. W. Thornhill. 1983. Human rape: an evolutionary analysis. *Ethology and Sociobiology* 4:137-173.
924 Thornhill, R., and N. W. Thornhill 1992. The evolutionary psychology of men's coercive sexuality. *Behavioral and Brain Sciences* 15:363-421.
925 Tierney, A. J. 1986. The evolution of learned and innate behavior: contributions from genetics and neurobiology to a theory of behavioral evolution. *Animal Learning and Behavior* 14:339-348.
926 Tinbergen, L. 1960. The natural control of insects in pinewoods. I. Factors influencing the intensity of predation by songbirds. *Archives Neerlandaises de Zoologie* 13:265-343.
927 Tinbergen, N. 1952. *Instinktlehre*. Parey, Hamburg.
928 Tinbergen, N. 1968. *Tierbeobachtungen zwischen Arktis und Afrika*. Parey, Hamburg.
929 Tinbergen, N. 1959. Comparative studies of the behavior of gulls (Laridae): a progress report. *Behaviour* 15:1-70.
930 Tinbergen, N. 1960. *The Herring Gull's World*. Doubleday, Garden City, NY.
931 Tinbergen, N. 1963. On aims and methods of ethology. *Zeitschrift für Tierpsychologie* 20:410-433.
932 Tinbergen, N. 1963. The shell menace. *Natural History* 72 (Aug):28-35.
933 Tinbergen, N., and A. C. Perdeck. 1950. On the stimulus situations releasing the begging response in the newly hatched herring gull (*Larus argentatus* Pont.). *Behaviour* 3:1-39.
934 Todd, I. A., and R. J. Cowie. 1990. Measuring the risk of predation in an energy currency: field experiments with foraging blue tits, *Parus caeruleus*. *Animal Behaviour* 40:112-117.
935 Tokarz, R. R., and D. Crews. 1981. Effects of prostaglandins on sexual receptivity in the female lizard, *Anolis carolinensis*. *Endocrinology* 109:451-457.
936 Tompkins, L., and J. C. Hall. 1983. Identification of brain sites controlling female receptivity in mosaics of *Drosophila melanogaster*. *Genetics* 103:179-195.
937 Trivers, R. L. 1971. The evolution of reciprocal altruism. *Quarterly Review of Biology* 46:35
938 Trivers, R. L. 1972. Parental investment and sexual selection. In *Sexual Selection and the Descent of Man*, B. Campbell (ed.). Aldine, Chicago.
939 Trivers, R. L. 1985. *Social Evolution*. Benjamin/ Cummings Publishing, Menlo Park, CA.
940 Trivers, R. L., and H. Hare. 1976. Haplodiploidy and the evolution of the social insects. *Science* 191:249-263.
941 Truman, J., and L. Riddiford. 1970. Neuroendocri ne control of ecdysis in silkmoths. *Science* 167:1624-1626.
942 Trumbo, S. T. 1990. Reproductive benefits of infanticide in a biparental burying beetle *Nicrophorus orbicollis*. *Behavioral Ecology and Sociobiology* 27:269-274.
943 Turner, J. R. G. 1986. Drinking crocodile tears: the only use for a butterfly. *Antenna* 10:119-120.
944 Tuttle, M. D., L. J. Taft, and M. J. Ryan. 1982. Evasive behaviour of a frog in response to bat predation. *Animal Behaviour* 30:393-397.
945 Tuttle, R. H. 1969. Knuckle-walking and the problem of human origins. *Science* 166:953-961.
946 Unger, L. M., and R. C. Sargent. 1988. Allopaternal care in the fathead minnow, *Pimephales promelas*: females prefer males with eggs. *Behavioral Ecology and Sociobiology* 23:27-32.
947 Urquhart, F. A. 1960. *The Monarch Butterfly*. University of Toronto Press, Toronto.
948 van den Berghe, E. P. 1988. Piracy as an alternative reproductive tactic for males. *Nature* 334:697-698.
949 van Lavick, H., and van Lavick-Goodall, J. 1972. *Unschuldige Mörder*. Rowolth, Reinbek.
950 Veiga, J. P. 1990. Infanticide by male and female house sparrows. *Animal Behaviour* 39:496-502.
951 Vetter, R. S. 1980. Defensive behavior of the black widow spider *Latrodectus hesperus* (Araneae: Theridiidae). *Behavioral Ecology and Sociobiology* 7:187-193.
952 Vickers-Rich, P., and T. H. Rich. 1991. The dinosaurs of winter. *Natural History* (Apr):32-37.
953 Vining, D. R., Jr. 1986. Social vs. reproductive success: the central theoretical problem of human sociobiology. *Behavioral and Brain Sciences* 9:167-186.
954 vom Saal, F. S., and L. S. Howard. 1982. The regulation of infanticide and parental behavior: implication for reproductive success in male mice. *Science* 215:1270-1272.
955 vom Saal, F. S., W. M. Grant, C. W. McMullen, and K. S. Laves. 1983. High fetal estrogen concentrations: correlation with increased adult sexual activityand decreased aggression in male mice. *Science* 220:1306-1309.

956 von Frisch, K. 1953. *The Dancing Bees.* Harcourt Brace Jovanovich, New York.
957 von Frisch, K. 1967. *The Dance Language and Orientation of Bees.* Harvard University Press, Cambridge, MA.
958 Waage, J. K. 1973. Reproductive behavior and its relation to territoriality in *Calopteryx maculata* (Beauvois) (Odonata: Calopterygidae). *Behaviour* 47:240-256.
959 Waage, J. K. 1979. Dual function of the damselfly penis: sperm removal and transfer. *Science* 203:916-918.
960 Waddington, C. H. 1957. *The Strategy of Genes.* Allen and Unwin, London.
961 Walcott, C. 1972. Bird navigation. *Natural History* 81 (June): 32-43.
962 Walker, A., and R. E. F. Leakey. 1978. The hominids of East Turkana. *Scientific American* 239 (Aug):44-56.
963 Wallraff, H. G. 1983. Relevance of atmospheric odours and geomagnetic field to pigeon navigation: what is the "map" basis? *Comparative and Biochemical Physiology* 76A:643-663.
964 Walter, H. 1979. *Eleonora's Falcon; Adaptations to Prey and Habitat in a Social Raptor.* University of Chicago Press, Chicago.
965 Ward, P., and A. Zahavi. 1973. The importance of certain assemblages of birds as "information-centres" for food finding. *Ibis* 115:517-534.
966 Waser, P. M., and W. T. Jones. 1983. Natal philopatry among solitary mammals. *Quarterly Review of Biology* 58:355-390.
967 Watson, P. J. 1991. Multiple paternity as genetic bethedging in female sierra dome spiders, *Linyphia litigiosa* (Linyphiidae). *Animal Behaviour* 41:343-360.
968 Wehner, R. 1983. Celestial and terrestrial navigation: human strategies-insect strategies. In *Neuroethology and Behavioral Physiology,* F. Huber and H. Markl (eds.). Springer-Verlag, Berl in.
969 Wehner, R. 1987. 'Matched filters'-neural models of the external world. *Journal of Comparative Physiology* A 161:511-531.
970 Wells, K. D. 1977. Territoriality and male mating success in the green frog (*Rana clamitans*). *Ecology* 58:750-762.
971 Wells, K. D., and T. L. Taigen. 1986. The effect of social interactions on calling energetics in the gray treefrog (*Hyla versicolor*). *Behavioral Ecology and Sociobiology.* 19:9-18.
972 Welty, J. 1975. *The Life of Birds* (2nd edition). Saunders, Philadelphia.
973 Wenner, A. M., and P. Wells. 1990. *Anatomy of a Controversy.* Columbia University Press, New York.
974 Werner, E. C., J. F. Gilliam, D. J. Hall, and G. G. Mittelbach. 1983. An experimental test of the effects of predation risk on habitat use in fish. *Ecology* 64:1540 1548.
975 Werren, J. H., M. R. Gross, and R. Shine. 1980. Paternity and the evolution of male parental care. *Journal of Theoretical Biology* 82:619-631.
976 West, M. J., and A. P. King. 1985. Social guidance of vocal learning by female cowbirds: validating its functional significance. *Zeitschrift für Tierpsychologie* 70:225-235.
977 West, M. J., and A. P. King. 1990. Mozart's starling. *American Scientist* 78:106-114.
978 West, M. J., A. P. King, and D. H. Eastzer. 1981. The cowbird: reflections on development from an unlikely source. *American Scientist* 69:56-66.
979 West-Eberhard, M. J. 1975. The evolution of social behavior by kin selection. *Quarterly Review of Biology* 50:1-33.
980 West-Eberhard, M. J. 1979. Sexual selection, social competition, and evolution. *Proceedings of the American Philosophical Society* 123:222-234.
981 West-Eberhard, M. J. 1987. Flexible strategy and social evolution. In *Animal Societies: Theories and Facts,* Y. Ito, J. L. Brown, and J. Kikkawa (eds.). Japan Scientific Societies Press, Tokyo.
982 Westneat, D. F. 1990. Genetic parentage in the indigo bunting: a study using DNA fingerprinting. *Behavioral Ecology and Sociobiology* 27:67-76.
983 Westneat, D. F., P. W. Sherman, and M. L. Morton. 1990. The ecology and evolution of extra-pair copulations in birds. *Current Ornithology* 7:330-369.
984 Wheeler, D. A., C. P. Kyriacou, M. L. Greenacre, Q. Yu, J. E. Rutila, M. Rosbash, and J. C. Hall. 1991. Molecular transfer of a speciesspecific behavior from *Drosophila simulans* to *Drosophila melanogaster. Science* 251:1082-1085.
985 Wheeler, P. E. 1991. The influence of bipedalism on the energy and water budgets of early hominids. *Journal of Human Evolution* 21:117-136.
986 Wheeler, P. E. 1991. The thermoregulatory advantages of hominid bipedalism in open equatorial environments: the contribution of increased convective heat loss and cutaneous evaporative cooling. *Journal of Human Evolution* 21:107-115.
987 White, T. D. 1980. Evolutinary implications of pliocene hominid footprints. *Science* 208:175-176.
988 Whitfield, D. P. 1990. Male choice and sperm competition as constraints on polyandry in the red-necked phalarope *Phalaropus lobatus. Behavioral Ecology and Sociobiology* 27:247-254.
989 Whitham, T. G. 1979. Habitat selection by *Pemphigus aphids* in response to resource limitation and competition. *Ecology* 59:1164-1176.
990 Whitham, T. G. 1979. Territorial defense in a gall aphid. *Nature* 279:324-325.
991 Whitham, T. G. 1980. The theory of habitat selection: examined and extended using *Pemphigus aphids. American Naturalist* 115:449-466.
992 Whitham, T. G. 1986. Costs and benefits of territoriality: behavioral and reproductive release by competing aphids. *Ecology* 67:139-147.
993 Wickler, W. 1968. *Mimikry – Nachahmung und Täuschung in der Natur.* Kindler, München.
994 Wickler, W., and U. Seibt. 1981. Monogamy in Crustacea and man. *Zeitschrift für Tierpsychologie* 57:215-234.
995 Wickman, P.-O., and C. Wiklund. 1983. Territorial defence and its seasonal decline in the speckled wood butterfly (*Pararge aegeria*). *Animal Behaviour* 31:1206-1216.
996 Wiklund, C., and T. Jarvi. 1982. Survival of distasteful insects after being attacked by naive birds: a reappraisal of the theory of aposematic coloration evolving through individual selection. *Evolution* 36:998-1002.
997 Wiklund, C., and B. Sillen-Tullberg. 1985. Why distasteful butterflies have aposematic larvae and adults, but cryptic pupae: evidence from predation experiments on the monarch and the European swallowtail. *Evolution* 39:1155-1158.
998 Wilcox, S. 1979. Sex discrimination in *Gerris remigis*: role of a surface wave signal. *Science* 206:1325-1327.
999 Wiley, R. H., B. J. Hatchwell, and N. B. Davies. 1991. Recognition of individual males' songs by female

dunnocks: a mechanism increasing the number of copulatory partners and reproductive success. *Ethology* 88:145-153.

1000 Wilkinson, G. S. 1984. Reciprocal food sharing in the vampire bat. *Nature* 308:181-184.

1001 Williams, G. C. 1966. *Adaptation and Natural Selection.* Princeton University Press, Princeton, NJ.

1002 Williams, G. C. 1975. *Sex and Evolution.* Princeton University Press, Princeton, NJ.

1003 Williams, G. C. 1985. A defense of reductionism in evolutionary biology. *Oxford Surveys in Evolutionary Biology* 2:1-27.

1004 Williams, T. C., and J. M. Williams. 1978. An oceanic mass migration of land birds. *Scientific American* 239 (Oct):166-176.

1005 Willows, A. O. D. 1971. Giant brain cells in mollusks. *Scientific American* 224 (Feb):68-75.

1006 Wilson, E. O. 1971. *The Insect Societies.* Harvard University Press, Cambridge, MA.

1007 Wilson, E. O. 1975. *Sociobiology: The New Synthesis.* Harvard University Press, Cambridge, MA.

1008 Wilson, E. O. 1976. Academic vigilantism and the political significance of sociobiology. *BioScience* 26(183): 187-190.

1009 Wiltschko, R., D. Nohr, and W. Wiltschko. 1981. Pigeons with a deficient sun compass use the magnetic compass. *Science* 214:343-345.

1010 Wiltschko, W., R. Wiltschko, and C. Walcott. 1987. Pigeon homing: different effects of olfactory deprivation in different countries. *Behavioral Ecology and Sociobiology* 21:333-342.

1011 Wingfield, J. C., and M. C. Moore. 1987. Hormonal, social and environmental factors in the reproductive biology of free-living male birds. In *Psychobiology of Reproductive Behavior: An Evolutionary Perspective,* D. Crews (ed.). Prentice-Hall, Englewood Cliffs, NJ.

1012 Wingfield, J. C., R. E. Hegner, A. M. Dufty, Jr., and G. F. Ball. 1990. The "challenge hypothesis": theoretical implications for patterns of testosterone secretion, mating systems, and breeding strategies. *American Naturalist* 136:829-846.

1013 Wittenberger, J. F. 1981. *Animal Social Behavior.* Duxbury Press, Boston.

1014 Wolf, L. L. 1975. "Prostitution" behavior in a tropical hummingbird. *Condor* 77:140-144.

1015 Wong, Z., V. Wilson, A. J. Jeffreys, and S. L.Thein. 1986. Cloning a selected fragment from a human DNA "fingerprint": isolation of anextremely polymorphic minisatellite. *Nucleic Acids Research* 14:4605-4616.

1016 Woodward, B. D. 1986. Paternal effects on juvenile growth in *Scaphiopus multiplicatus* (the New Mexico spadefoot toad). *American Naturalist* 128:58-65.

1017 Woolfenden, G. E., and J. W. Fitzpatrick. 1984. *The Florida Scrub lay: Demography of a Cooperative-Breeding Bird.* Princeton University Press, Princeton, NJ.

1018 Wourms, M. K., and F. E. Wasserman. 1985. Butterfly wing markings are more advantageous during handling than during the initial strike of an avian predator. *Evolution* 39:845-851.

1019 Wynne-Edwards, V. C. 1962. *Animal Dispersion in Relation to Social Behaviour.* Oliver & Boyd, Edinburgh.

1020 Yager, D. D., and M. L. ay. 1990. Ultrasound-triggered, flight-gated evasive maneuvers in the flying praying mantis, *Parasphendale agrionina.* II. Tethered flight. *Journal of Experimental Biology* 152:41-58.

1021 Yalden, D. W. 1985. Forelimb function in *Archaeopteryx.* In *The Beginnings of Birds,* M. K. Hecht, J. H. Ostrom, G. Viohl, and P. Wellnhofer (eds.). Freunde des Jura-Museums Eichstatt, Willibaldsburg, West Germany.

1022 Yasukawa, K., and W. A. Searcy. 1985. Song repertoires and density assessment in redwinged blackbirds: fürther tests of the Beau Geste hypothesis. *Behavioral Ecology and Sociobiology* 16:171-176.

1023 Ydenberg, R. C., and L. M. Dill. 1986. The economics of fleeing from predators. *Advances in the Study of Behavior* 16:229-249.

1024 Young, D. 1989. *Nerve Cells and Animal Behaviour.* Cambridge University Press, Cambridge.

1025 Young, V R., and N. S. Scrimshaw. 1971. The physiology of starvation. *Scientific American* 225 (Oct):14-21.

1026 Yu, O., A. C. Jacquier, Y. Citri, M. Hamblen, J. C. Hall, and M. Rosbash. 1987. Molecular mapping of point mutations in the period gene that stop or speed up biological clocks in *Drosophila melanogaster. Proceedings of the National Academy of Sciences* 84:784-788.

1027 Zach, R. 1979. Shell-dropping: decision-making and optimal foraging in northwestern crows. *Behaviour* 68:106-117.

1028 Zahavi, A. 1975. Mate selection-A selection for a handicap. *Journal of Theoretical Biology* 53:205-214.

1029 Zeh, D. W., and R. L. Smith. 1985. Paternal investment in terrestrial arthropods. *American Zoologist* 25:785-805.

1030 Zehring, W. A., D. A. Wheeler, P. Reddy, R. J. Konopka, C. P. Kyriacou, M. Rosbach, and J. C. Hall. 1984. P-element transformation with period locus DNA restores rhythmicity to mutant, arrhythmic *Drosophila melanogaster. Cell* 39:369-376.

1031 Zippelius, H. 1972. Die Karawanenbildung bei Feld- und Hausspitzmaus. *Zeitschrift für Tierpsychologie* 30:305-320.

1032 Zucker, I. 1983. Motivation, biological clocks and temporal organization of behavior. In *Handbook of Behavioral Neurobiology: Motivation,* E. Satinoff and P. Teitelbaum (eds.). Plenum Press, New York.

1033 Zuk, M., K. Johnson, R. Thornhill, and J. D. Ligon. 1990. Mechanisms of female choice in red jungle fowl. *Evolution* 44:477-485.

1034 Zuk, M., R. Thornhill, J. D. Ligon, and K. Johnson. 1990. Parasites and mate choice in red jungle fowl. *American Zoologist* 30:235244.

Abbildungsnachweis

FIGURE 14: From F. J. Ayala, 1978. The mechanisms of evolution. *Scientific American* 239 (Sept.):57. Copyright 1978 by Scientific American, Inc. All rights reserved. FIGURE 1-7: From "The Far Side" by Gary Larson. Reproduced by permission of Chronicle Features, San Francisco. FIGURE 2-18: After J. Garcia, et al., 1974. Behavioral regulation of the milieu interne in man and rat. *Science* 185:824-831. Adapted with permission. FIGURE 2-21: Copyright 1990 by the University of Chicago Press. Adapted with permission. TABLE 2-1: Copyright 1977 by Macmillan Magazines, Ltd. Adapted with permission. FIGURE 3-3A: After S. T. Emlen, 1975. The stellar-orientation system of a migratory bird. *Scientific American* 223 (Aug.):102-111. Copyright 1975 by Scientific American, Inc. All rights reserved. FIGURE 3-5: Copyright 1987 by Macmillan Magazines, Ltd. Adapted with permission. FIGURE 3-8: Copyright 1991 by the AAAS. Adapted with permission. FIGURE 3-13: Copyright 1981 by the AAAS. Adapted with permission. TABLE 3-1: Copyright 1981 by the AAAS. Reprinted with permission. FIGURE 44: Copyright 1983 by the AAAS. Adapted with permission. FIGURE 4-11: From K. Iizuka, 1987. *Kuro the Starling*. Copyright 1987 by Thomson Canada, Ltd. Reprinted with permission. FIGURE 4-14: Copyright 1979 by Macmillan Magazines, Ltd. Reprinted with permission. FIGURE 4-18: Copyright 1972 by the AAAS. Adapted with permission. TABLE 4-1: Copyright 1983 by Macmillan Magazines, Ltd. Adapted with permission. FIGURE 5-1: From M. Barinaga, 1991.Is homosexuality biological? *Science* 253:956-957. Copyright 1991 by the AAAS. Reprinted with permission. FIGURE 5-2: Copyright 1963 by Harvard University Press. Adapted with permission. FIGURE 5-9: Copyright 1991 by the AAAS. Adapted with permission. FIGURE 5-10: Copyright 1977 by the AAAS. Adapted with permission. FIGURE 5-13: Copyright 1974 by Scientific American. Adapted with permission. FIGURE 5-20: Copyright 1971 by Scientific American, Inc. All rights reserved. Adapted with permission. FIGURE 6-11: Copyright 1975 by the AAAS. Adapted with permission. FIGURE 6-14: Copyright 1990 by the AAAS. Adapted with permission. FIGURE 6-16: Copyright 1991 by Macmillan Magazines, Ltd. Adapted with permission. FIGURE 7-12: Copyright 1992 by the AAAS. Adapted with permission. FIGURE 7-14: From D. Crews (ed.), 1987. *Psychobiology of Reproductive Behavior: An Evolutionary Perspective*. Copyright 1987 by Prentice-Hall, Inc., Englewood Cliffs, N). Reprinted with permission. FIGURE 8-1: From N. Tinbergen and H. Falkus, 1970. *Signals for Survival*. Copyright 1970 by Oxford University Press, New York. FIGURE 8-10: Copyright 1991 by the AAAS. Adapted with permission. FIGURE 9-4B: From M. Ryan, 1985. *The Tungara Frog*. Copyright 1985 by The University of Chicago Press, Chicago. FIGURE 9-5: Copyright 1991 by the AAAS. Adapted with permission. FIGURE 9-10: Copyright 1961 by Harvard University Press, Cambridge, MA. Reprinted with permission. FIGURE 9-15: Copyright 1987 by Macmillan Magazines, Ltd. Adapted with permission. FIGURE 9-20: Copyright 1955 by Macmillan Magazines, Ltd. Adapted with permission. FIGURE 9-22: Copyright 1986 by Macmillan Magazines, Ltd. Adapted With permission. FIGURE 9-23: Copyright 1978 by Macmillan Magazines, Ltd. Adapted with permission. FIGURE 10-15: Copyright 1979 by Macmillan Magazines, Ltd. Reprinted with permission. FIGURE 11-3: Copyright 1977 by the AAAS. Adapted with permission. FIGURE 11-5: Copyright 1987 by Macmillan Magazines, Ltd. Adapted with permission. FIGURE 11-6: From W. G. Eberhard, 1977. Aggressive chemical mimicry by a bolas spider. *Science* 198: 1173-1175. Copyright 1977 by the AAAS. Reprinted with permission. FIGURE 11-9: Copyright 1978 by the AAAS. Reprinted with permission. FIGURE 11-18: Copyright 1986 by Macmillan Magazines, Ltd. Adapted with permission. FIGURE 12-2: Copyright 1976 by the University of Massachusetts Press, Amherst, MA. Reprinted with permission. FIGURE 12-6B: Copyright 1970 by the AAAS. Adapted with permission. FIGURE 12-10: Copyright 1987 by the AAAS. Reprinted with permission. FIGURE 12-35: Copyright 1979 by the AAAS. Adapted with permission. TABLE 12-2: Copyright 1981 by the AAAS. Reprinted with permission. FIGURE 13-6B: Copyright 1987 by the University of Chicago Press. Adapted With permission. FIGURE 13-9: Copyright 1981 by the AAAS. Adapted with permission. FIGURE 13-33: Copyright 1988 by Macmillan Magazines, Ltd. Adapted with permission. TABLE 13-1: Copyright 1990 by Macmillan Magazines, Ltd. Reprinted with Permission. TABLE 13-2: Copyright 1984 by Macmillan Magazines, Ltd. Reprinted with permission. FIGURE 144: Copyright 1989 by Macmillan Magazines, Ltd. Reprinted with permission. FIGURE 16-9: Copyright 1975 by Harvard University Press, Cambridge, MA. Reprinted with permission. FIGURE 16-21: Copyright 1989 by Macmillan Magazines, Ltd. Adapted with permission.

Register

Die kursiven Zahlen verweisen auf Nennungen des Stichwortes in einer Abbildung oder einer Tabelle

A

B

C

D

E

H

I

T

U

V

W

X

Z